국 가 기 술 자 격 검 정 시 험 대 비

최신판

전기공사 기사

실기

인천대산전기직업학교 저

PART 01 전원설비

PART 02 전기공사

PART 03 조명설계

PART 04 자동제어 운용

PART 05 과년도 기출문제

예문사

머리말

PREFACE

"지금 잠을 자면 꿈을 꾸지만 공부를 하면 꿈을 이룬다."

하버드대학 도서관에 쓰여 있는 너무나 유명한 이 문구는 학창시절 누구나 한 번은 들어봤을 것입니다. 목표를 세우고 정진하는 사람들에게 있어 절제와 노력은 반드시 필요한 것이며, 이를 기본으로 효율적인 방법이 더해질 때 확실한 결실을 거두게 될 것입니다.

인천대산 전기공사기사 · 산업기사는 국가 기초산업의 근간이 되는 전기 분야에서 뜻을 세우고 그 목적을 이루기 위해 노력하는 모든 수험생들에게 보다 효율적이고 수월한 목표 달성을 위해 가장 최적화된 교재를 제공하기 위한 목적으로 출판되었습니다.

따라서 본 책의 각 과목들은 모두 오랜 강의경험과 기술사, 공학박사, 석사 등의 자격과 학위를 가진 최고의 강사들이 자신들의 노하우를 토대로 다양하게 출제되는 문제를 최대한 쉽게 접근할 수 있도록 다음과 같은 특징에 초점을 맞추어 구성하였습니다.

◆ 본서의 특징

- 기출문제를 분석하여 쉽게 이해할 수 있도록 풀이하였습니다.
- 과목별로 다양한 문제를 핵심풀이를 통해 간결하게 정리하였습니다.
- 저자 직강 동영상 강좌를 저렴한 가격으로 수강할 수 있습니다.

부디 이 교재가 목표를 위해 정진하는 모든 수험생들이 아름다운 결실을 거두는 데 좋은 길잡이가 되기를 기원하며, 출간을 위해 애써주신 예문사에 진심으로 감사드립니다.

인천대산전기연구회 대표이사 **송우근**

수험정보

직무 분야	전기·전자	중직무 분야	전기	자격 종목	전기공사기사	적용 기간	2021.1.1.~2023.12.31.

○ 직무내용 : 전기공사에 관한 공학기초지식을 가지고 전기공작물의 재료견적, 공사시공, 관리, 유지 및 이와 관련된 보수공사와 부대공사 시공의 관리에 관한 업무를 수행하는 직무이다.

○ 수행준거 : 1. 전기설비도면을 해독하고, 설치 작업절차에 따라 시공, 관리업무를 수행할 수 있다.
2. 전기설비도면에 대한 공사원가를 산정할 수 있다.
3. 전기설비 공사 관리에 대한 전반적인 업무를 수행할 수 있다.

실기검정방법	필답형	시험시간	2시간 30분

실기 과목명	주요항목	세부항목	세세항목
전기설비 견적 및 시공	1. 시공계획	1. 설계도서 검토하기	1. 공사내용, 공사자재, 시공방법을 확인하기 위하여 설계도서(시방서, 내역서, 도면)를 검토할 수 있다. 2. 현장 환경이 고려되어 작성되었는지 확인하기 위하여 설계도서를 검토할 수 있다. 3. 타 공정(토목, 건축, 기계설비)과의 연계를 위하여 현장 환경을 설계도서와 비교할 수 있다. 4. 공사자재를 확인하기 위하여 전기공사의 종류, 자재의 규격 등을 고려하여 설계되었는지 검토할 수 있다. 5. 도면 검토 결과 공사 가능 부분을 결정하고, 부족한 부분은 재협의하기 위하여 도면에 표기할 수 있다. 6. 발주처 요구사항, 전기설비기술기준, 공사시방서에 적합한지 확인하기 위하여 설계도서를 검토할 수 있다.
		2. 현장조사 및 분석하기	1. 전기설비의 용도, 부하의 위치, 규모에 따라 이에 적합한 최적의 설비를 구축할 수 있다. 2. 현장의 위치를 파악하여 전력의 인입, 공급계획을 수립할 수 있다. 3. 현장의 대지저항률을 측정, 분석하여 접지설비를 계획할 수 있다. 4. 현장의 낙뢰빈도를 조사하여 피뢰설비를 계획할 수 있다.
		3. 법규 및 규정 검토하기	1. 전기설비기술기준 및 판단기준, 규정(배전, 내선)을 검토하여 적용할 수 있다. 2. 전기공사와 관련된 관계법을 구분하고 업무의 범위를 정확히 판단할 수 있다. 3. 전기설비의 설계, 감리, 유지관리에 관련된 관계법을 구분하고, 업무의 범위를 판단할 수 있다. 4. 전기설비의 기능, 용도, 안전성을 확보하기 위해서는 기초 이론을 바탕으로 설명할 수 있다.

실기 과목명	주요항목	세부항목	세세항목
		4. 공정 및 안전관리 계획하기	1. 네트워크 공정표(PERT, CPM 등)로 작성된 주공정의 공정표를 이해하고 분석할 수 있다. 2. 공사의 진행 순서 및 투입요소를 판단할 수 있다. 3. 안전관리의 기본원칙과 규정을 알고 있다. 4. 전기안전에 관한 규제사항을 이해하고 실무에 적용할 수 있다.
		5. 시공자재 선정하기	1. 재료비 구성요소의 세부항목과 내용을 판단할 수 있다. 2. 산출수량을 검증할 수 있다. 3. 품목별 규격별 적용할 단가를 판단할 수 있다. 4. 설계도서에 따른 시공방법 및 요구사항을 이해할 수 있다.
	2. 공사비 산정	1. 공사내역 및 원가계산 기준 검토하기	1. 설계도서에 따른 시공방법 및 구성요소를 이해할 수 있다. 2. 계약의 종류 및 방법, 구성요소를 이해하고 활용할 수 있다. 3. 국가 계약법 등 각종 규제사항을 이해 및 활용할 수 있다. 4. 자재 산출 및 인건비, 경비를 산출할 수 있다. 5. 일반 관리비, 이윤 등을 산출할 수 있다.
		2. 재료비 산출하기	1. 재료비 내용을 구성하고 있는 세부비목과 내용 또는 범위를 결정할 수 있다. 2. 적산 수량의 계산을 할 수 있다. 3. 품목별, 규격별 적용할 단가를 결정할 수 있다.
		3. 노무비 산출하기	1. 전기공사의 적정인건비 산출을 위한 일반적인 기준을 이해할 수 있다. 2. 현장여건, 기후특성, 작업여건 등에 따라 공량을 조정하여 적용할 수 있다. 3. 공사의 규모, 기간, 시공조건을 감안하여 공량을 선택 적용할 수 있다.
		4. 경비 산출하기	1. 원가계산에 의한 예가작성기준을 이해할 수 있다. 2. 실적공사비에 의한 예가작성기준을 이해할 수 있다. 3. 공사비 조정에 따른 각종 요율의 반영 방식을 이해할 수 있다.

수험정보

실 기 과목명	주 요 항 목	세 부 항 목	세 세 항 목
	3. 전기설비 설치	1. 송전설비 설치하기	1. 철탑기초 시공에 대하여 설명할 수 있다. 2. 철탑 조립, 볼트 채움, 조이기, 가선공사 등에 대하여 설명할 수 있다. 3. 송전접지 시공 및 접지저항을 측정할 수 있다. 4. 가선공사 시공 및 와이어, 전력선 연선 작업에 대하여 설명할 수 있다. 5. 애자장치 조립, 이도 측정, 댐퍼 취부 작업에 대하여 설명할 수 있다.
		2. 배전설비 설치하기	1. 지지물 및 지선 설치에 대하여 설명할 수 있다. 2. 배전접지 시설에 대하여 설명할 수 있다. 3. 장주 및 가선 설치에 대하여 설명할 수 있다. 4. 주상 기기 설치에 대하여 설명할 수 있다. 5. 인입선 설치 및 계기 부설에 대하여 설명할 수 있다.
		3. 변전설비 설치하기	1. 변전소접지 시공에 대하여 설명할 수 있다. 2. 모선 및 변압기 설치에 대하여 설명할 수 있다. 3. 가스절연개폐장치의 설치에 대하여 설명할 수 있다. 4. 개폐장치 및 전압조정설비, 변성기, 피뢰기의 설치에 대하여 설명할 수 있다. 5. 보호계전기반, 감시제어장치 설치에 대하여 설명할 수 있다.
		4. 부하설비 설치하기	1. 수변전설비의 설치에 대하여 설명할 수 있다. 2. 예비전원설비의 설치에 대하여 설명할 수 있다. 3. 조명 및 전열설비, 동력설비의 설치에 대하여 설명할 수 있다. 4. 간선설비의 설치에 대하여 설명할 수 있다. 5. 엘리베이터, 에스컬레이터 등의 설치에 대하여 설명할 수 있다.
		5. 신재생에너지 설치하기	1. 태양광발전설비의 설치에 대하여 설명할 수 있다. 2. 풍력발전의 설치에 대하여 설명할 수 있다. 3. 연료전지발전의 설치에 대하여 설명할 수 있다. 4. 기타 신재생에너지설비의 설치에 대하여 설명할 수 있다.
	4. 시험검사	1. 시험 측정하기	1. 전기설비의 접지저항, 절연저항에 대하여 설명할 수 있다. 2. 전압 및 전류 측정에 대하여 설명할 수 있다. 3. 상회전 방향을 측정하고 설명할 수 있다. 4. 조도측정에 대하여 설명할 수 있다.

실 기 과목명	주요항목	세부항목	세세항목
		2. 시운전하기	1. 수변전설비의 보호 장치에 대한 종합 연동시험에 대하여 설명할 수 있다. 2. 변압기 운전에 대하여 설명할 수 있다. 3. 발전기 운전 및 절체 시험에 대하여 설명할 수 있다. 4. 전선로(가공, 지중) 가압시험에 대하여 설명할 수 있다. 5. 계통연계장치 구성 및 동작에 대하여 설명할 수 있다.
		3. 사용 전 검사하기	1. 전기 기기의 구조 및 외관검사에 대하여 설명할 수 있다. 2. 접지저항, 절연저항, 절연내력, 절연유성능, 시스템 동작, 단락개방시험 등 각종 시험에 대하여 설명할 수 있다. 3. 전선로검사(가공 및 지중)에 대하여 설명할 수 있다. 4. 보호 장치의 정정 및 계측에 대하여 설명할 수 있다. 5. 제어회로 및 기기 종합조작시험(종합연동, 인터록)에 대하여 설명할 수 있다.

이책의 차례

제1장 수변전설비

제2편 전기공사

제1장 공사단답

제2장 견적

이책의 차례

제1장 조명설계

제2장 심벌

제4편 자동제어 운용

제1장 시퀀스

제2장 PLC

이책의 차례

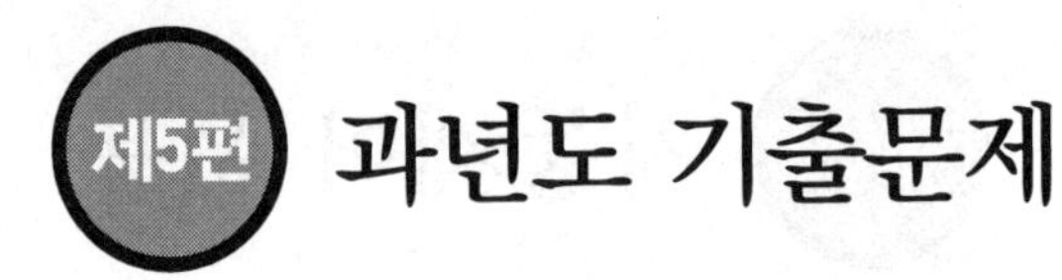

ENGINEER ELECTRIC WORK

전원설비

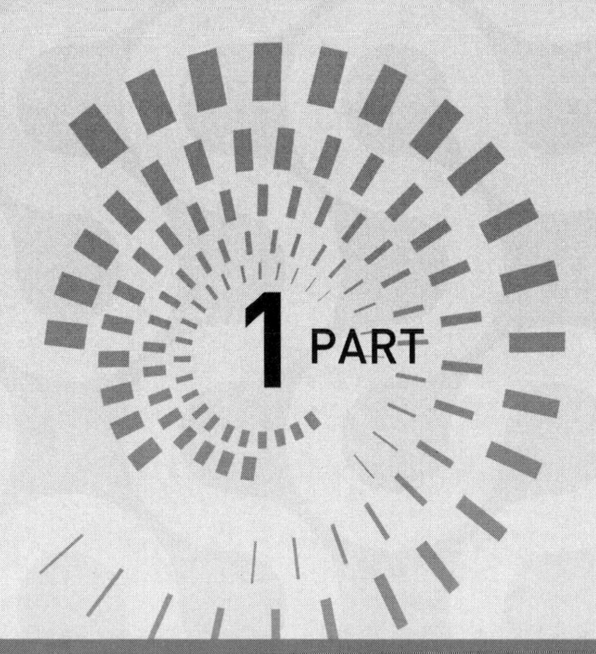

Chapter 01 수변전설비

1 수변전설비용 기기의 명칭 및 내용

명 칭	문자 기호	기능 및 용도
전류계	A	부하에 흐르는 전류를 측정하는 지시계기
전압계	V	부하에 걸리는 전압을 측정하는 지시계기
전력계	W	전력을 표시하는 지시계기
전류계전환 개폐기	AS	하나의 전류계로 3상의 전류를 측정하기 위한 전환개폐기
전압계전환 개폐기	VS	하나의 전압계로 3상의 전압을 측정하기 위한 전환개폐기
표시등	PL	전압의 유무를 확인 표시등(전원의 정전 여부를 표시함)
계기용 변압기	PT	고전압을 저압으로 변성, 전압계 등의 전원으로 사용
변류기	CT	큰 부하전류를 작게 변류하여 전류계 및 과전류 계전기에 공급하여 전류계 측정
단로기	DS	전로의 개폐(전류가 흐르지 않을 때)를 행함
차단기	CB	부하전류의 개폐 및 고장전류의 차단을 행함
유입개폐기	OS	통상의 부하전류를 개폐함
피뢰기	LA	이상 전압을 대지로 방류시키고 그 속류를 차단함
트립코일	TC	사고 시에 전류가 흘러서 차단기를 개방함
지락계전기	GR	지락 시 지락전류로부터 차단기를 개방함
영상변류기	ZCT	영상전류를 검출하여 지락계전기를 작동시키기 위한 것
과전류계전기	OCR	과부하나 단락 시에 차단기를 개방함
전력수급용 계기용 변성기	MOF (PCT)	사용 전력량계를 측정하기 위한 PT와 CT를 조합한 것
프라이머리 컷아웃	PC	사고전류차단하여 COS를 소형으로 개량한 것
진상용콘덴서	SC	진상 무효전력을 공급하여 부하에 역률을 개선하는 것
방전코일	DC	개폐기 개방 시 콘덴서의 잔류전하를 방전시키는 것
직렬 리액터	SR	제5고조파를 제거하여 파형 개선 및 콘덴서 회로 개폐기 고전압으로부터 콘덴서 보호
케이블 헤드	CH	고압 케이블을 끝단말 처리하여 케이블을 절연보호
비율 차동계전기	RDF	1차와 2차의 전류 차에 의해서 동작하여 변압기 내부고장 검출보호

2 시험에 자주 출제되는 계전기 기구 번호

기구 번호	명칭	동작설명
27	교류 부족전압 계전기 (Under Voltage Relay)	상시전원 정전 시 또는 부족전압 시 동작
47	결상 또는 역상전압 계전기 (Open Phase Relay)	결상 또는 역상전압일 때 동작
49	열동계전기(Thermal Relay)	과부하 시 동작하여 전동기를 보호
50	다회선 : 지락 선택계전기 (Selective Ground Relay)	지락사고 시 선택차단하여 차단기를 개방
	1회선 : 지락계전기 (Ground Relay)	지락 시 지락전류로부터 차단기 개방
51	교류 과전류 계전기 (Over Current Relay)	단락이나 과부하 시 동작하여 차단기를 개방
	지락 과전류 계전기 (Over Current Ground Relay)	지락 과전류로 차단기를 개방
52	교류차단기(Circuit Breakers)	고장전류를 차단하고 부하전류를 개폐
59	교류 과전압 계전기 (Over Voltage Relay)	교류 과전압으로 차단기를 개방
64	지락 과전압 계전기 (Over Voltage Ground Relay)	지락 시 과전압으로부터 차단기 개방
67	지락방향 계전기 (Directional Ground Relay)	회로의 전력방향 또는 지락방향에 의하여 차단기 개방
87	비율 차동계전기	변압기 1차와 2차의 전류차에 의해 동작 변압기 내부고장 보호
89	단로기(부하 개폐기)	무부하 전로를 개폐
96	부흐홀츠 계전기	변압기 내부고장(기계적인 고장)을 보호

핵심 과년도 문제

01 그림과 같은 고압수전설비의 단선결선도에서 ①에서 ⑩까지의 심벌의 약호와 명칭을 번호별로 작성하시오.

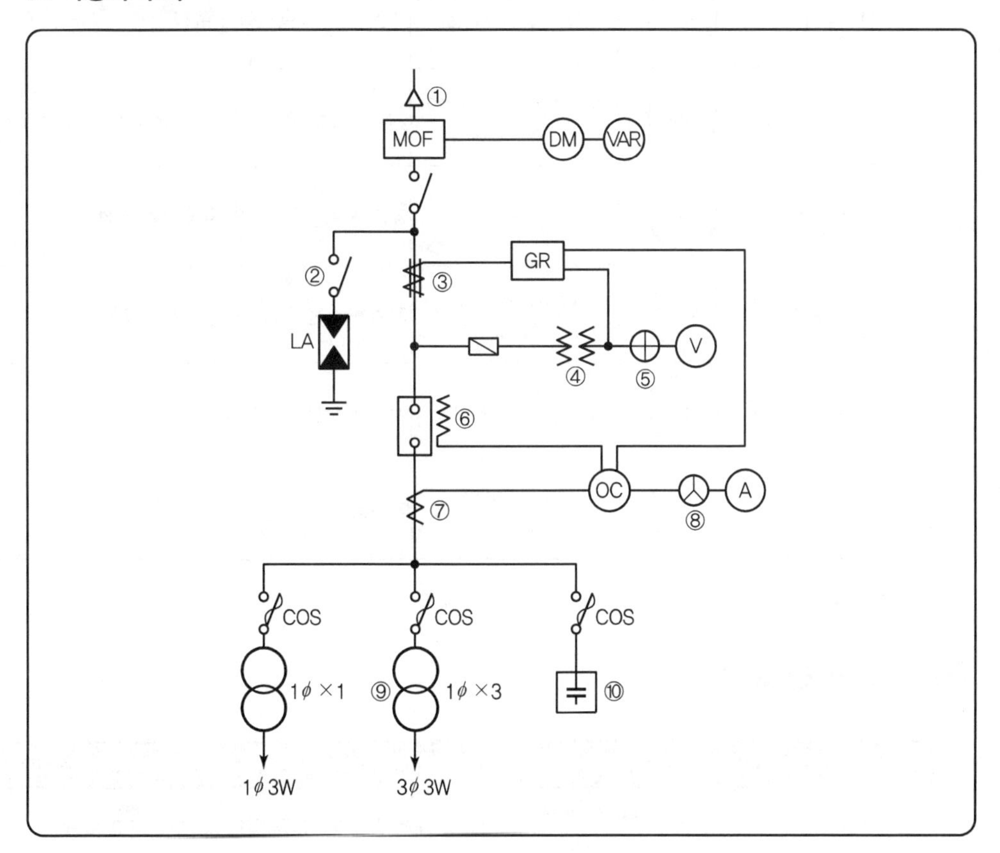

해답 ① CH : 케이블 헤드
② DS : 단로기
③ ZCT : 영상변류기
④ PT : 계기용 변압기
⑤ VS : 전압계용 전환 개폐기
⑥ TC : 트립코일
⑦ CT : 변류기
⑧ AS : 전류계용 전환 개폐기
⑨ Tr : 전력용 변압기
⑩ SC : 전력용 콘덴서

3 시험에 자주 출제되는 계기 및 측정기

명 칭	약호(심벌)	원 어	역할 및 용도(기능)
전력량계	WH	Watt hour Meter	수용가 측 사용전력량 측정
최대수요전력량계	DM	Maixmum Demand Wattmeter	자가용 설비 수용가의 최대(Pike)치를 측정하여 기록함
무효전력계	VAR	Varmeter	자가용수용가 설비의 무효전력 측정
무효전력량계	VARH	Varmeter Watt Hour	자가용 수용가 설비의 무효전력량을 측정하여 기록함
주파수계	F	Frequency Meter	자가용 수용가 설비의 주파수 측정
역률계	PF	Power factor Meter	자가용 수용가 설비의 역률 측정

4 개폐기 및 퓨즈

명 칭	약 호	원 어	역할 및 용도(기능)
고압부하개폐기	LBS	Load Break Switch	인입 개폐기로 부하전류 차단 및 결상 사고 차단
선로 개폐기 (기중부하개폐기)	LS (IS)	Line Switch Interrupter Switch	인입구 개폐로기 사용되며 소전류 및 충전 전류 개폐 가능함
자동고장구분 개폐기	ASS	Automatic section Switch	① 사고 시 전기사업자측(리클로저, CB)와 협조하여 파급 사고 방지 ② 부하전류차단 ③ 과부하 보호기능
자동절체개폐기	ATS	Auto Transfer switch	갑작스러운 부하 측 고장으로 주차단기가 트립되거나 돌발적인 정전으로 전원 공급이 어려울 때 비상 발전기 선로에 절체되어 전원공급을 가능하게 함
전력용 퓨즈	PF	Power Fuse	단락 전류 차단 및 사고 파급 방지

5 DS : 단로기

1) 목적(기능)

무부하 전로개폐(기기 고장 점검 시 회로 분리)

2) 단로기 정격전압 : 공칭전압× $\frac{1.2}{1.1}$

공칭전압[kV]	정격 전압[kV]	
	이론계산값	실무(설계)사용값
6.6	$6.6 \times \frac{1.2}{1.1} = 7.2$	7.2
22.9	$22.9 \times \frac{1.2}{1.1} = 24.98$	25.8
66	$66 \times \frac{1.2}{1.1} = 72$	72.5
154	$154 \times \frac{1.2}{1.1} = 168$	170

3) 단로기와 전로(설비) 접속방법

① F－표면 접속(프레임 TYPE)

② B－이면 접속(큐비클 TYPE)

예 F－B : 표면－이면 접속형

4) 개폐기와 차단기의 조작

예

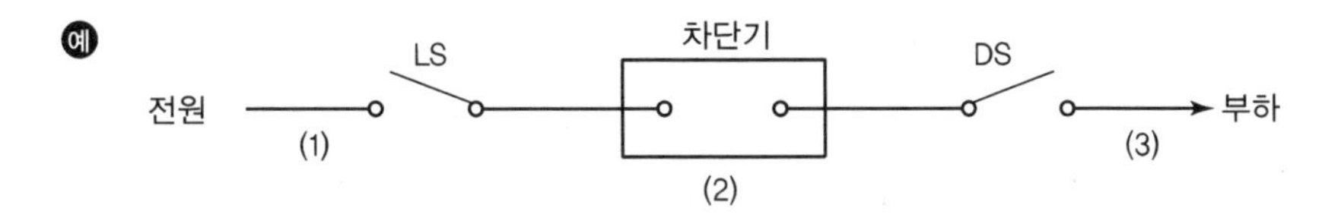

• 차단순위 : (2) → (3) → (1)
• 투입순위 : (3) → (1) → (2)

예

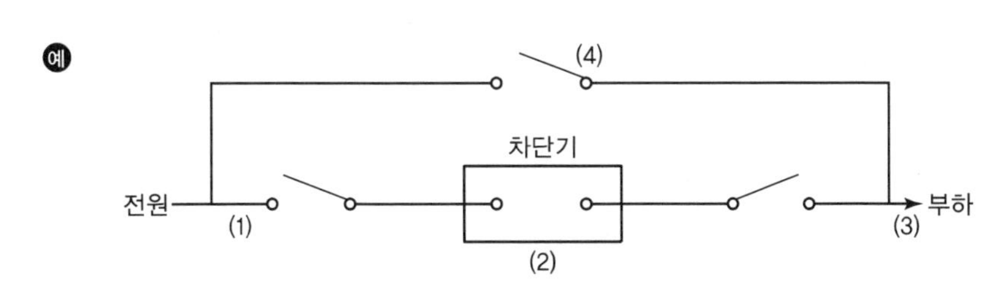

- 차단순위 : (4) 투입 → (2) → (3) → (1)
  (OCB 차단하고 '바이패스'를 사용할 때)
- 투입순서 : (3) → (1) → (2) → (4) 개로
  ('바이패스')를 개로하고, (1), (2), (3) 폐로할 때

핵심 과년도 문제

02 **그림과 같은 계통에서 측로 단로기 DS_3을 통하여 부하에 공급하고 차단기 CB를 점검하기 위한 조작순서를 쓰시오.(단, 평상시에 DS_3은 개방 상태임)**

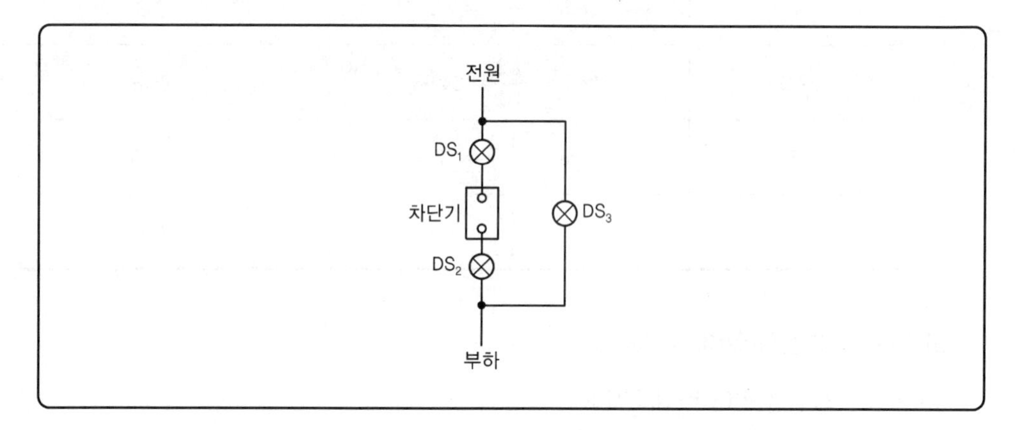

해답 DS_3ON－차단기 OFF－DS_2OFF－DS_1OFF

TIP

DS_3는 바이페스 단로기로 무정전 상태에서 점검을 하기 위한 방법

03 DS 및 CB로 된 선로와 접지용구에 대한 그림을 보고 다음 각 물음에 답하시오.

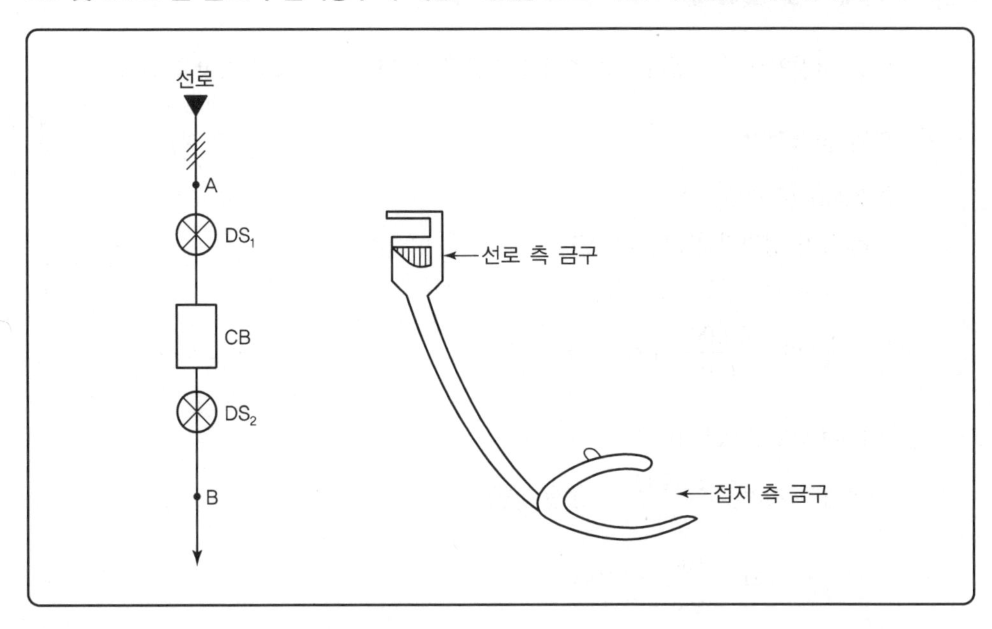

1 접지용구를 사용하여 접지하고자 할 때 접지순서 및 접지개소에 대하여 설명하시오.
2 부하 측에서 휴전작업을 할 때의 조작순서를 설명하시오.
3 휴전작업이 끝난 후 부하 측에 전력을 공급하는 조작순서를 설명하시오.
(단, 접지되지 않은 상태에서 작업한다고 가정한다.)
4 긴급할 때 DS로 개폐 가능한 전류의 종류를 2가지만 쓰시오.

해답 1 접지순서 : 대지에 연결 후 선로 측 연결
접지개소 : 선로 측 A와 부하 측 B
2 CB OFF → DS_2 OFF → DS_1 OFF
3 DS_2 ON → DS_1 ON → CB ON
4 ① 변압기 여자전류
② 선로의 충전전류

TIP

1 단락접지용구는 정전 후 오송전, 충전전류 등 작업자를 보호하기 위한 것이다.
2 기기수리, 교체 시 한전 측에서 먼저 정전시키므로 A점에는 전류가 흐르지 않는다.

6 PT(계기용 변압기)

고전압을 저전압으로 변성하여 계측기 전원공급 및 전압계 측정의 역할을 한다.

1) PT의 정격전압

① $3\phi 3w$(6,600[V])

㉠ 1차 정격전압 : 6,600[V]

㉡ 2차 정격전압 : 110[V]

$\therefore$ PT비 : $\dfrac{6,600}{110}$ 표기

② $3\phi 4w$(22,900[V])

㉠ 1차 정격 : $\dfrac{22,900}{\sqrt{3}}=13,200$[V]

㉡ 2차 정격 : $\dfrac{190}{\sqrt{3}}=110$[V]

※ 변압비, 변류비는 단위가 없다.

※ PT의 2차 정격전압은 항상 110[V]이다.

2) PT의 결선방법

① 고압

㉠ $3\phi 3w$: 6,600[V]

㉡ PT×2대 : V결선

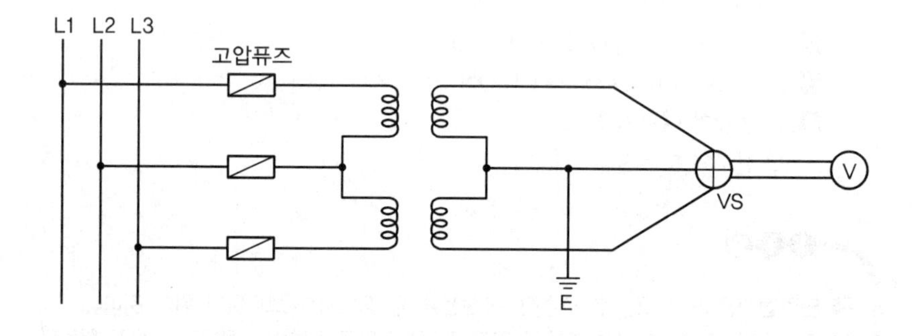

② **특고압**

㉠ $3\phi 4w$: 22,900[V]　　　　㉡ PT×3대 : Y결선($V_l = \sqrt{3}\, V_p$)

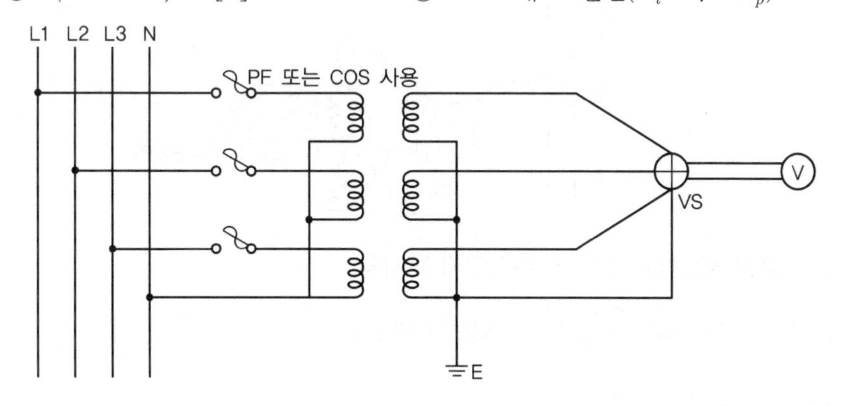

3) PT 2차 전로 측 접지

① 혼촉사고로 인한 2차 고전압 유기 방지 및 1, 2차 두 권선 간의 정전 유도로 2차 회로에 고전압 유기 현상을 방지함

② 혼촉사고 시 지락전류 검출하여 보호 계전기를 동작시키기 위함

4) PT 1차 측 Fuse 설치

PT의 고장이 선로에 파급되는 것을 방지하기 위함

5) PT 2차 측 Fuse 설치

오접속, 부하의 고장 등으로 인한 2차 측의 단락 발생 시 PT로 사고가 파급되는 것을 방지하기 위함

6) 오결선의 오류 방지를 위해 전선에는 색별 변호를 붙인다.

7) 계기용 변성기(PT, CT)결선은 감극성을 표준으로 한다.

8) 계기용 변성기 1차, 2차 간의 결선은 Y-Y, V-V 같은(동위상) 결선으로 하여야 한다.

9) 접지 계기용 변압기(GPT)

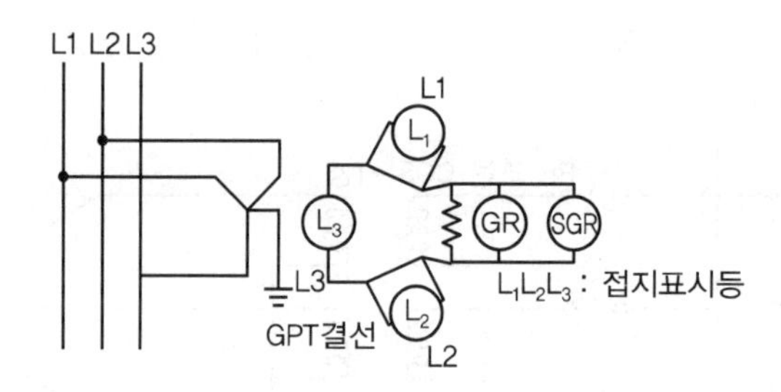

(1) L_1상 고장 시(완전 지락 시) 2차 접지 표시등

L_1은 소등(어둡다), L_2, L_3는 점등(더욱 밝다)

(2) 지락사고 시 전위상승

① 1, 2차 측 : $\sqrt{3}$ 배

② 개방단 : 3배

핵심 과년도 문제

04 CT 및 PT에 대한 다음 각 물음에 답하시오.

1 CT는 운전 중에 2차 측을 개방하여서는 아니된다. 그 이유는?

2 PT의 2차 측 정격전압과 CT의 2차 측 정격전류는 얼마인가?

① PT의 2차 측 정격전압

② CT의 2차 측 정격전류

3 3상 간선의 전압 및 전류를 측정하기 위하여 PT와 CT를 설치할 때, 다음 그림의 결선도를 답안지에 완성하시오. 퓨즈와 접지가 필요한 곳에는 표시하시오.

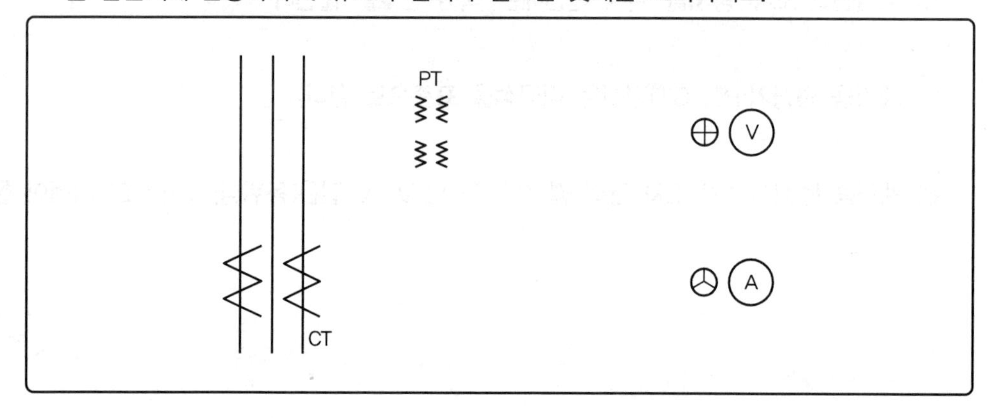

(해답) ❶ CT의 2차 측 개방 시 과전압이 발생되어 절연소손

❷ ① PT의 2차 정격전압 답 110[V]
② CT의 2차 정격전류 답 5[A]

❸

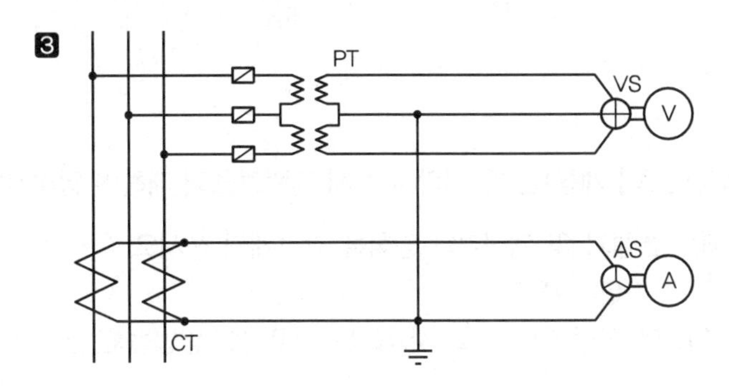

05 비접지 선로의 접지 전압을 검출하기 위하여 그림과 같은 Y－개방 △ 결선을 한 GPT가 있다.

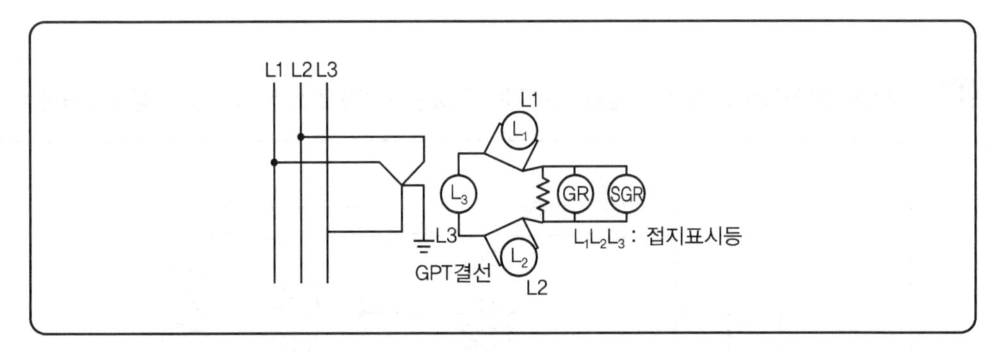

❶ L_1상 고장 시(완전 지락 시) 2차 접지 표시등 (L_1), (L_2), (L_3)의 점멸 상태와 밝기를 비교하시오.

❷ 1선 지락사고 시 건전상의 대지 전위의 변화를 간단히 설명하시오.

❸ GR, SGR의 우리말 명칭을 간단히 쓰시오.

(해답) ❶ (L_1) : 소등, 어둡다.
(L_2), (L_3) : 점등, 더욱 밝아진다.

❷ 전위가 상승한다.

❸ GR : 지락(접지) 계전기
SGR : 선택지락(접지) 계전기

TIP

1 지락된 상의 전압은 0이고 지락되지 않은 상은 전위가 상승한다. A상이 지락되었으므로 (L_1)은 소등하고, (L_2), (L_3)는 점등한다.

06 비접지 3상 △ 결선(6.6[kV] 계통)일 때 지락사고 시 지락보호에 대하여 답하시오.

1 지락보호에 사용되는 변성기 및 계전기의 명칭을 각 1개씩 쓰시오.
① 변성기 ② 계전기

2 영상전압을 얻기 위하여 단상 PT 3대를 사용하는 경우 접속방법을 간단히 설명하시오.

해답 1 ① 변성기 : 접지형 계기용 변압기(GPT) 또는 영상변류기(ZCT)
② 계전기 : 지락방향 계전기(DGR) 또는 지락과전압 계전기(OVGR)

2 1차 측을 Y결선하여 중성점을 직접 접지하고, 2차 측은 개방 △결선한다.

07 계기용 변성기(PT)와 전위절환 개폐기(VS 혹은 VCS)로 모선전압을 측정하고자 한다.

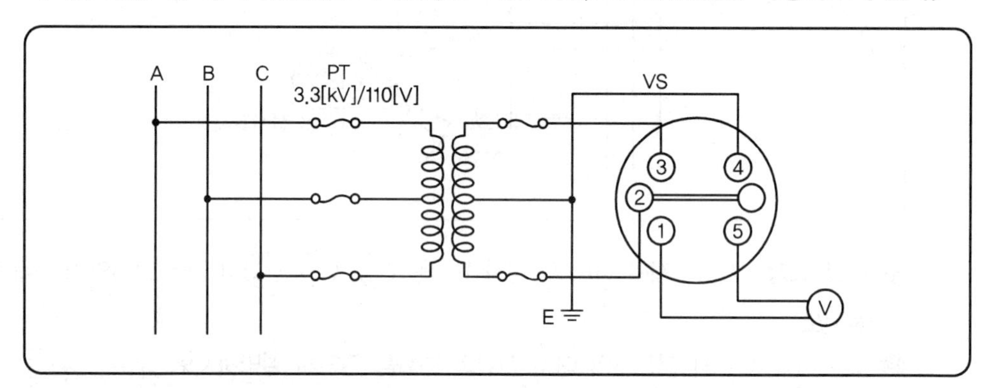

1 VAB 측정 시 VS 단자 중 단락되는 접점을 2가지 쓰시오.

2 VBC 측정 시 VS 단자 중 단락되는 접점을 2가지 쓰시오.

3 PT 2차 측을 접지하는 이유를 기술하시오. **※ KEC 규정에 따라 변경**

4 PT의 결선방법에서 모든 PT는 무엇을 원칙으로 하는가?

5 PT가 Y−△ 결선일 때에는 △가 Y에 대하여 몇 도 늦은 상변위가 되도록 결선을 하여야 하는가?

해답 1 ③−①, ④−⑤

2 ①−②, ④−⑤

3 이유 : 혼촉에 의한 기기 손상 방지

4 감극성

5 30°

TIP

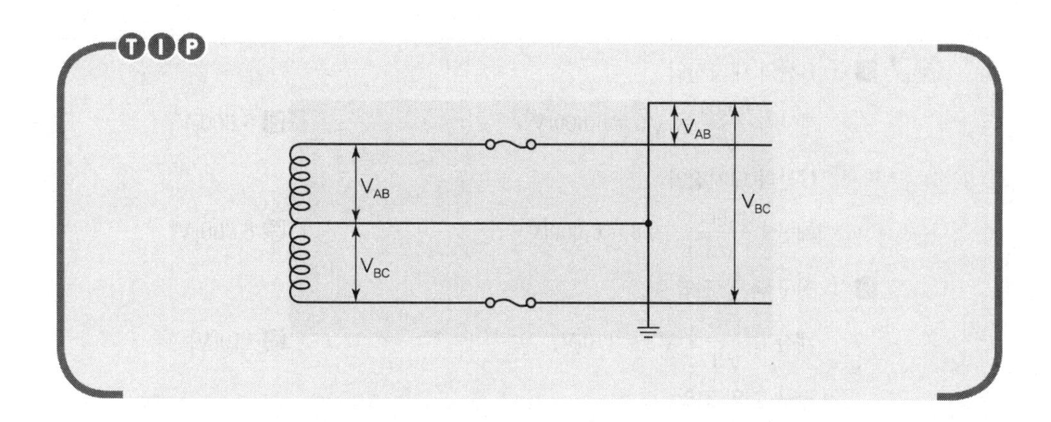

08 고압 선로에서의 접지사고 검출 및 경보장치를 그림과 같이 시설하였다. A선에 누전사고가 발생하였을 때 다음 각 물음에 답하시오.(단, 전원이 인가되고 경보벨의 스위치는 닫혀 있는 상태라고 한다.)

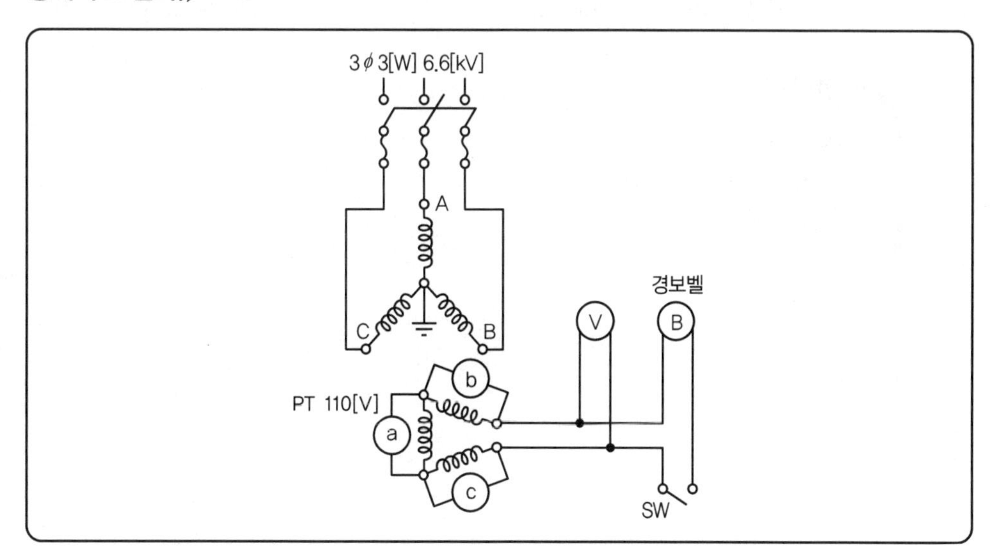

1 1차 측 A선의 대지 전압이 0[V]인 경우 B선 및 C선의 대지 전압은 각각 몇 [V]인가?

① B선의 대지전압

② C선의 대지전압

2 2차 측 전구 ⓐ의 전압이 0[V]인 경우 ⓑ 및 ⓒ 전구의 전압과 전압계 Ⓥ의 지시전압, 경보벨 Ⓑ에 걸리는 전압은 각각 몇 [V]인가?

① 전구 ⓑ의 전압

② 전구 ⓒ의 전압

③ 전압계 Ⓥ의 지시 전압

④ 경보벨 Ⓑ에 걸리는 전압

해답 **1** ① B선의 대지전압

계산 : $\frac{6,600}{\sqrt{3}} \times \sqrt{3} = 6,600[V]$ 답 6,600[V]

② C선의 대지전압

계산 : $\frac{6,600}{\sqrt{3}} \times \sqrt{3} = 6,600[V]$ 답 6,600[V]

2 ① 전구 ⓑ의 전압

계산 : $\frac{110}{\sqrt{3}} \times \sqrt{3} = 110[V]$ 답 110[V]

② 전구 ⓒ의 전압

계산 : $\frac{110}{\sqrt{3}} \times \sqrt{3} = 110[V]$ 답 110[V]

③ 전압계 Ⓥ의 지시전압

계산 : $110 \times \sqrt{3} = 190.53[V]$ 답 190.53[V]

④ 경보벨 Ⓑ에 걸리는 전압

계산 : $110 \times \sqrt{3} = 190.53[V]$ 답 190.53[V]

TIP

① 지락된 상 : 0[V]
② 지락되지 않은 상 : $\sqrt{3}$ 배
② 개방단 : 3배

7 CT(변류기)

대전류를 소전류로 변류하여 과전류 계전기의 동작 및 전류계를 측정하는 역할을 한다.

1) 변류기 표준정격

	정격 1차 전류[A]	정격 2차 전류[A]	정격 부담[VA]
CT	5, 10, 15, 20, 30, 40, 50, 75 100, 150, 200, 300, 400, 500, 600, 750, 1000, 1500, 2000, 2500	5	일반적으로 고압회로 : 40[VA] 이하 저압회로 : 15[VA] 이하

2) 정격 1차 전류

① **배수가 1.25인 경우** : 계산치보다 큰 것 선택

예 $= \dfrac{450}{\sqrt{3} \times 22.9} \times 1.25 = 14.18$ ∴ 15/5 사용

② **배수가 1.5인 경우** : 계산치의 근삿값 사용

예 $= \dfrac{450}{\sqrt{3} \times 22.9} \times 1.5 = 17.01$ ∴ 15/5 사용

※ 2차 전류는 항상 5[A]이다.(변전소용은 10[A]도 사용)

3) CT 2차 측 전류

① I_1(1차 측)$= I_2 \times \text{CT비}$

② I_2(2차 측)$= I_1 \times \dfrac{1}{\text{CT비}}$

③ OCR(Trip)$= I_1 \times \dfrac{1}{\text{CT비}} \times$ 배수$(1.25 \sim 1.5)$

4) 변류기 결선도(복선도)

① **3상 3선식**(CT×2, OCR×2)–고압

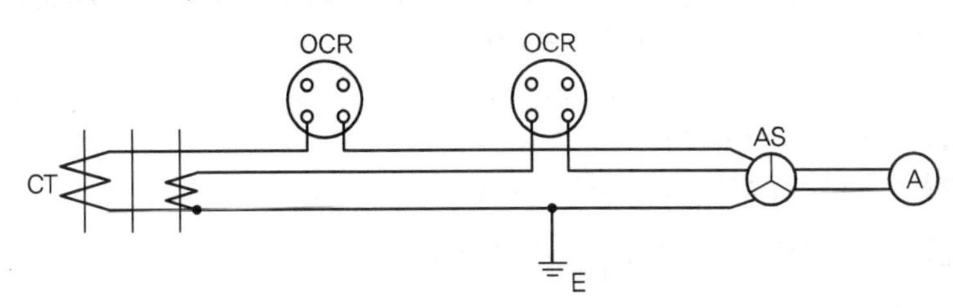

② **3상 4선식**(OCR×3, CT×3, OCGR×1)－특고압

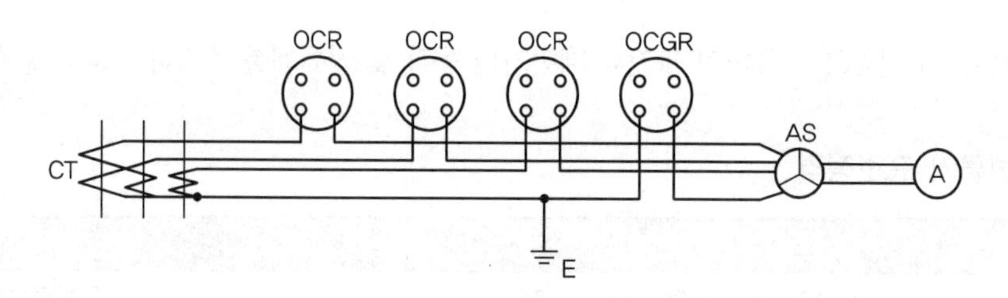

5) 변류기 교체작업 시

2차를 개방한 상태에서 1차 전류를 보내면 2차 단자에 고전압이 발생하여 2차 회로가 절연 파괴될 염려가 있고 철손 증대로 인한 과열의 원인이 되므로 **단락 후에 교체**한다.

6) 변류기의 종류

① **권선형** : 철심에 전용의 1차, 2차 권선이 감겨 있으며 필요에 따라 1차 권선의 권수를 2회 이상으로 할 수 있기에 저전류 특성에 좋다.

② **관통형 부싱형** : 1차 측 도체가 변류기 1차 권선으로 그대로 쓰이기 때문에 1차 권수는 1로 제한된다.

핵심 과년도 문제

09 변류기(CT)에 관한 다음 각 물음에 답하시오.

1 통전 중에 있는 변류기 2차 측에 접속된 기기를 교체하고자 할 때 가장 먼저 취하여야 할 사항을 설명하시오.

2 Y－△로 결선한 주변압기의 보호로 비율차동계전기를 사용한다면 CT의 결선은 어떻게 하여야 하는지 설명하시오.

3 수전전압이 154[kV], 수전설비의 부하전류가 80[A]이다. 100/5[A]의 변류기를 통하여 과부하계전기를 시설하였다. 125[%]의 과부하에서 차단기를 차단시킨다면 과부하계전기의 전류값은 몇 [A]로 설정해야 하는가?

해답 **1** 2차 측을 단락시킨다.

2 △－Y를 결선하여 위상차를 보상한다.

3 계산 : 계전기 탭$=80\times\frac{5}{100}\times1.25=5$[A]

답 5[A]

TIP

① 비율차동계전기 CT결선은 30° 위상을 보정하기 위하여 변압기 결선과 반대로 한다.
② 점검 시
PT : 개방, CT : 단락(2차 측)

10 3상 4선식 22.9[kV] 수전 설비의 부하 전류가 30[A]이다. 60/5[A]의 변류기를 통하여 과부하 계전기를 시설하였다. 120[%]의 과부하에서 차단기를 동작시키려면 과부하 트립 전류값은 몇 [A]로 설정해야 하는가?

해답 $\text{OCR 탭(트립)} = \text{부하전류} \times \dfrac{1}{\text{CT비}} \times (1.25 \sim 1.5)$

계산 : $30 \times \dfrac{5}{60} \times 1.2 = 3[A]$

답 3[A]

TIP

① 전류계 지시값 $Ⓐ = I \times \dfrac{1}{\text{CT비}}$
② OCR 탭(Trip) $= I \times \dfrac{1}{\text{CT비}} \times (1.25 \sim 1.5)$
③ I(부하전류) $= Ⓐ \times \text{CT비}$
④ Tap(탭) 표준값 : 2, 3, 4, 5, 6, 7, 8, 9, 10[A]
⑤ 문제 조건이 먼저이므로 1.2배를 적용한다.

11 평형 3상 회로에 변류비 100/5인 변류기 2개를 그림과 같이 접속하였을 때 전류계에 3[A]의 전류가 흘렀다. 1차 전류의 크기는 몇 [A]인가?

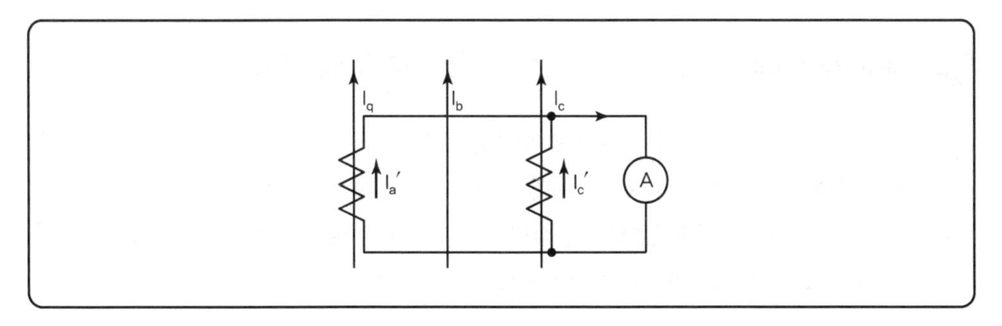

해답 계산 : $I_1 = 3 \times \frac{100}{5} = 60$

답 60[A]

TIP

CT 결선은 화동(가동) 결선

12 **변류비 30/5인 CT 2개를 그림과 같이 접속할 때 전류계에 2[A]가 흐른다면 CT 1차 측에 흐르는 전류는 몇 [A]인가?**

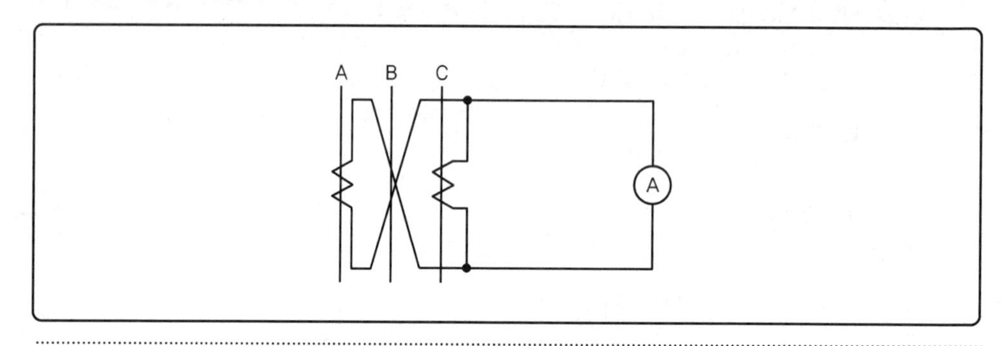

해답 계산 : CT 1차 측 전류$= \frac{\text{전류계 지시값}}{\sqrt{3}} \times$변류비$= \frac{2}{\sqrt{3}} \times \frac{30}{5} = 6.93$[A]

답 6.93[A]

TIP

CT가 차동 접속되어 있으므로 CT 1차 측 전류는 전류계 지시값의 $\frac{1}{\sqrt{3}}$이 된다.

8 MOF(Metering Out Fit) – 전력수급용 계기용 변성기

계기용 변성기(MOF)는 수용가의 전력 사용량을 계량하기 위해서 PT와 CT를 함에 내장한 것으로 최대 수용 전력량계와 무효전력량계에 전달하여 주는 장치이다. MOF는 전원방식에 따라 $3\phi 3w$, $3\phi 4w$의 2가지를 많이 사용하며 CT, PT에 비해 정밀도가 높은 **0.5급**을 사용하고 10,000[kVA] 미만의 수용가는 **1.0급**의 정밀 전력량계를 사용한다.

1) 단선도

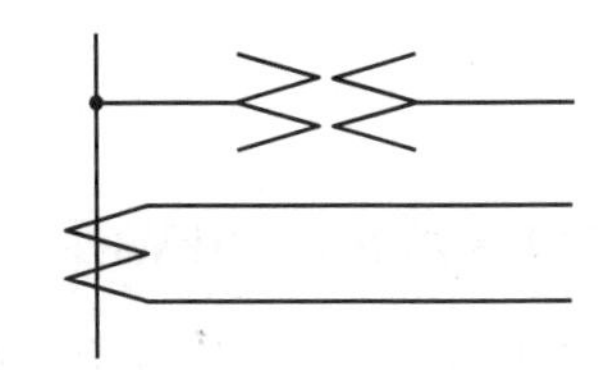

2) $3\phi 3w$ 복선도(6,600[V])(PT×2, CT×2)

MOF에서 인출되는 최소 가닥 수 – 5가닥

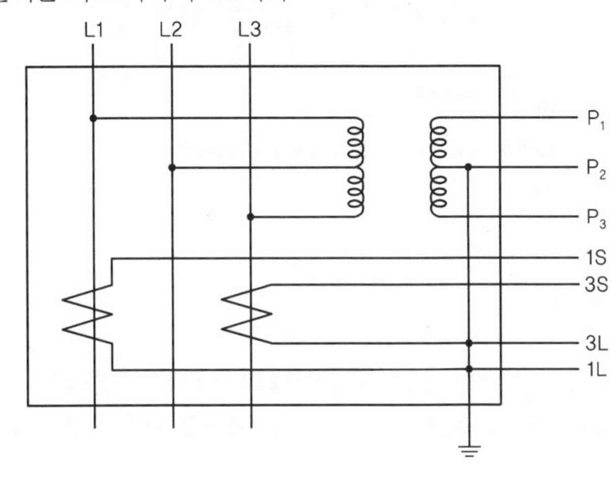

3) $3\phi 4\omega$식 복선도(22.9[kV]) = 인출 수 7가닥

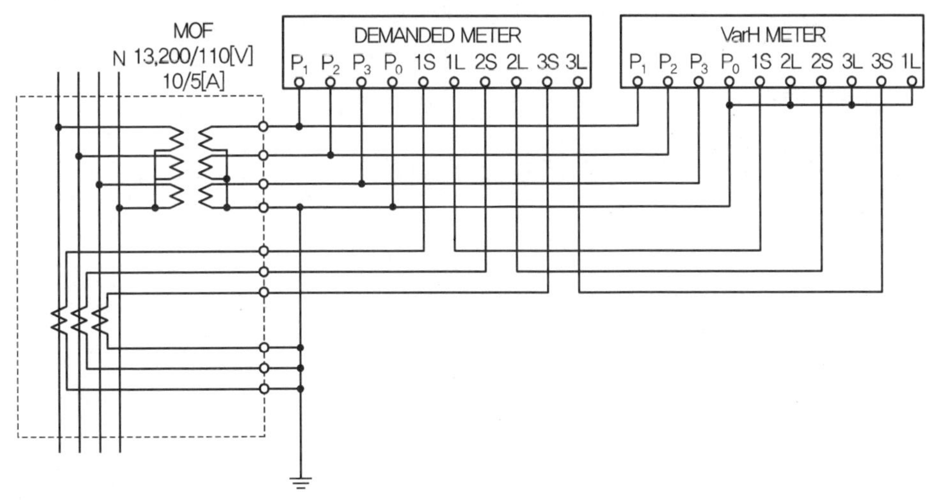

명칭 : D/M – (최대 수요 전력량계), VARH – (무효전력량계)

4) MOF 승률(비율, 배율)

PT비×CT비

5) P_1 = MOF 승률(PT비×CT비)× $P_2 \times 10^{-3}$ [kWH]

여기서, P_1 : 1차 전력량(사용전력량), P_2 : 2차 전력량(측정전력량)

6) WH 전력량 계산

$$P_2 = \frac{3,600 \times 1,000 \times n}{k \cdot T}\text{[W]} \text{ 또는 } = \frac{3,600 \times n}{k \cdot T}\text{[kW]}$$

$$n = \frac{P \times k \times T}{3,600 \times 1,000}\text{[rev/sec]}$$

여기서, n : 회전수, T : 시간(sec), k : 계기정수

핵심 과년도 문제

13 3상 3선식 6[kV] 수전점에서 100/5[A] CT 2대, 6,600/110[V] PT 2대를 정확히 결선하여 CT 및 PT의 2차 측에서 측정한 전력이 300[W]라면 수전전력은 얼마이겠는가?

해답 계산 : 수전전력(P_1) = P_2 × PT 비 × CT 비 × 10^{-3}

$$= 300 \times \frac{6,600}{110} \times \frac{100}{5} \times 10^{-3} = 360\text{[kW]}$$

답 360[kW]

TIP

승률(배율)=PT비×CT비

14 그림은 $3\phi 4W$ Line에 WHM을 접속하여 전력량을 적산하기 위한 결선도이다. 다음 물음에 답하시오.

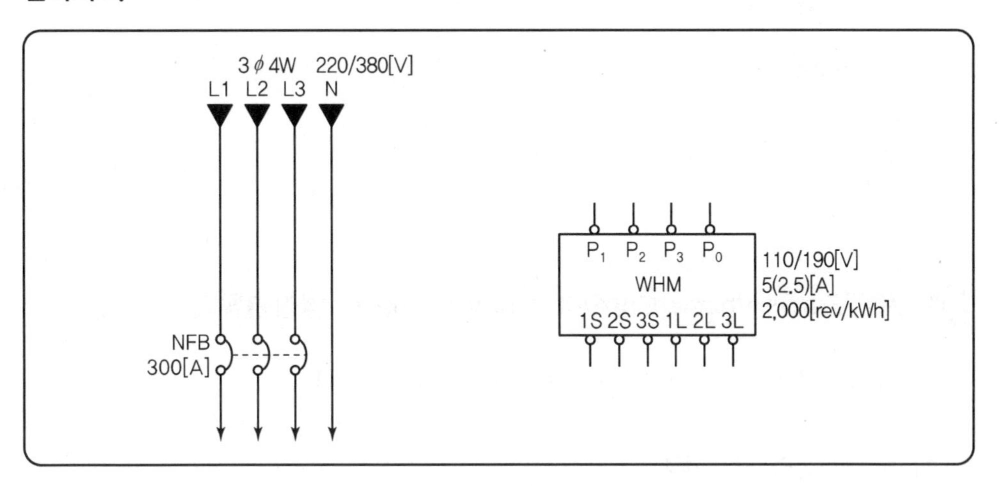

❶ WHM이 정상적으로 적산이 가능하도록 변성기를 추가하여 결선도를 완성하시오.

❷ 필요한 PT 비율은?

❸ 이 WHM의 계기 정수는 2,000[rev/kWh]이다. 지금 부하 전류가 150[A]에서 변동 없이 지속되고 있다면 원판의 1분간의 회전수는?(단, CT비 : 300/5[A], $\cos\phi = 1$, 50[%] 부하시 WHM으로 흐르는 전류는 2.5[A])

❹ WHM의 승률은?(단, CT비는 300/5, rpm = 계기 정수×전력)

해답 ❶

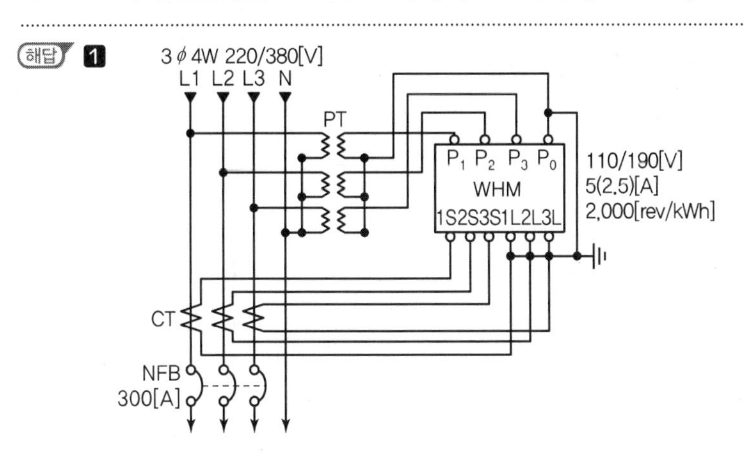

❷ $PT = \dfrac{220}{110}$

❸ 계산 : $P_2 = \dfrac{3{,}600n}{TK}$[kW]

$$n = \frac{60 \times 2{,}000 \times \sqrt{3} \times 190 \times 2.5 \times 10^{-3}}{3{,}600} = 27.42[\text{회}]$$

답 27.42[회]

4 계산 : 승률 $= \mathrm{PT} \times \mathrm{CT} = \dfrac{220}{110} \times \dfrac{300}{5} = 120$

답 120

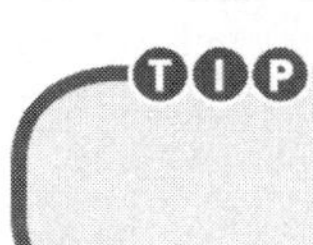

$$\mathrm{P}_2 = \sqrt{3}\,\mathrm{VI}\cos\theta$$

9 ZCT(Zero-Phase Current Trans former) : 영상변류기

영상전류를 검출하여 지락계전기를 동작시키는 역할을 한다.

1) ZCT의 정격 1차 전류

① **일반설비(큐비클)** : 200[mA]

② **케이블일 경우** : 400[mA]

2) ZCT의 정격 2차 전류

1.5[mA], 3[mA] 중 아무런 조건이 없을 경우는 1.5[mA]를 표준으로 한다.

3) ZCT의 관통선에 사용할 수 있는 전선

고압케이블 및 절연전선

4) ZCT의 결선도

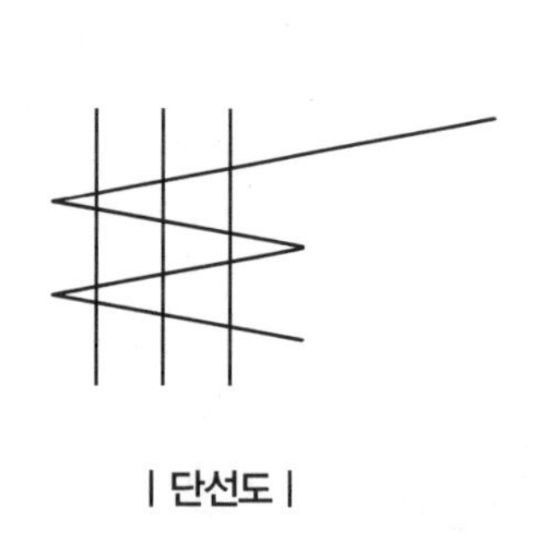

| 단선도 |

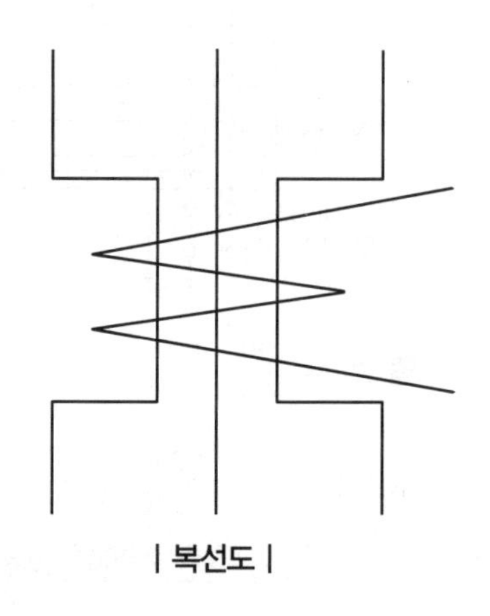

| 복선도 |

10 CB(교류차단기)

고장 전류(단락, 과부하, 지락) 차단 및 부하 전류 개폐를 한다.

1) 차단기의 종류 및 명칭, 소호원리

① **OCB(유입 차단기)** : 소호실 내의 아크에 의한 절연유의 분해 가스로 소호시킨다.

② **MBB(자기 차단기)** : 대기 중의 전자력을 이용하여 아크를 소호실 내로 흡수시켜 소호시킨다.

③ **VCB(진공 차단기)** : 진공 중의 절연내력을 이용하여 소호시킨다.

④ **ABB(공기 차단기)** : 압축된 공기로 분사하여 소호시킨다.

⑤ **GCB(가스 차단기)** : SF_6 가스를 이용하여 소호시킨다.

⑥ **ACB(기중 차단기)** : 600[V] 이하 저압에만 사용한다.

2) 차단기 정격전압 및 차단시간

공칭전압[kV]	정격 전압[kV]	차단시간(C/S)
6.6	7.2	5
22.9	25.8	5
66	72.5	5
154	170	3
345	362	3
765	800	2

3) 정격전압 = 공칭전압 × $\frac{1.2}{1.1}$

예 $=22.9\times\frac{1.2}{1.1}=24.98$ $\quad\therefore$ 25.8[kV]

4) 차단기 용량 선정

① **퍼센트 임피던스(%Z)를 주었을 경우**

$$P_s=\frac{100}{\%Z}\times P_n\text{(자기용량, 기준용량)}$$

여기서, $\%Z$: 전원 측 합성 임피던스

P_n : 자기용량은 변압기 용량을 말하고 기준용량은 전원 측(전력회사) 용량을 말한다.(자기용량과 기준용량이 다 주어지면 기준용량을 기준으로 계산한다.)

② **정격 차단전류[kA]가 주어졌을 경우**

$P_s = \sqrt{3} \times$ 정격전압[kV] × 정격차단전류[kA] = [MVA]

예 22.9[kV] 수전인 경우(정격 전압이 24 또는 25.8[kV]로 주어진 경우)
$P_s = \sqrt{3} \times (24$ 또는 $25.8) \times$ 정격차단전류[kA]로 계산한다.

5) 단락전류

① **퍼센트 임피던스(%Z)를 주었을 경우**

$$I_S = \frac{100}{\%Z} I_n \text{(A)}$$

② **임피던스(Z)를 주었을 경우**

$$I_S = \frac{E}{Z} = \frac{\frac{V}{\sqrt{3}}}{Z} \text{(A)}$$

6) 단락전류 억제 대책

① 계통을 분리
② 변압기 임피던스 조정(저압)
③ 한류리액터 설치(저압)
④ 캐스케이딩 방식 채용
⑤ 계통연계기 설치(저압)

7) 차단기의 용어해설

① 정격전압 = 공칭 × $\frac{1.2}{1.1}$ [kV](규정한 조건에 따라 그 차단기에 인가될 수 있는 사용회로 전압의 상한치를 말함)

② 정격차단 시간 : 개극 시간과 아크 시간(Are가 소호되는 순시까지 시간)의 합

8) 가스차단기(GCB ; Gas Circuit Breaker)

① **원리**

가스차단기는 전로의 차단이 육불화유황(SF_6) 기체인 불활성 가스를 소호매질로 사용하는 차단기를 말한다.

② **장점**

㉠ 전기적 성질이 우수하다.
㉡ 소호능력이 대단히 크다.(100~200배 정도 높다.)
㉢ 회복능력이 빨라 고전압 대전류 차단에 적합하다.

㉣ 소음공해가 전혀 없다.
㉤ 변압기의 여자전류 차단과 같은 소전류 차단에도 안정된 차단이 가능하다.
㉥ 절연내력은 공기의 2~3배 정도 높다.

③ **SF_6 가스의 특징**
㉠ 열전도성이 뛰어나다.
㉡ 화학적으로 불활성이므로 화재위험이 없다.
㉢ 무색, 무취, 무해하다.(독성이 없다.)
㉣ 안정성이 뛰어나다.
㉤ 절연내력이 높다.
㉥ 소호능력이 뛰어나다.
㉦ 절연회복이 빠르다.

핵심 과년도 문제

15 교류 동기 발전기에 대한 다음 각 물음에 답하시오.

1 정격전압 6,000[V], 용량 5,000[kVA]인 3상 교류 동기 발전기에서 여자전류가 300[A], 무부하 단자전압은 6,000[V], 단락전류는 700[A]라고 한다. 이 발전기의 단락비를 구하시오.

2 다음 (　) 안에 알맞은 내용을 쓰시오.[단, ①~⑥의 내용은 크다(고), 작다(고), 낮다(고) 등으로 표현한다.]

단락비가 큰 교류발전기는 일반적으로 기계의 치수가 (①), 가격이 (②), 풍손 · 마찰손 · 철손이 (③), 효율은 (④), 전압 변동률은 (⑤), 안정도는 (⑥).

3 비상용 동기발전기의 병렬운전 조건 4가지를 쓰시오.

해답 **1** 계산 : $I_n = \dfrac{P}{\sqrt{3}V} = \dfrac{5,000 \times 10^3}{\sqrt{3} \times 6,000} = 481.13[A]$

$\therefore$ 단락비 $K_s = \dfrac{I_s}{I_n} = \dfrac{700}{481.13} = 1.45$

답 1.45

2 ① 크고 ② 높고 ③ 많고 ④ 낮고 ⑤ 낮고 ⑥ 높다.

3 ① 기전력의 위상이 같을 것
② 기전력의 크기가 같을 것
③ 기전력의 주파수가 같을 것
④ 기전력의 파형이 같을 것

16 그림에서 B점의 차단기 용량을 100[MVA]로 제한하기 위한 한류 리액터의 리액턴스는 몇 [%]인가?(단, 20[MVA]를 기준으로 한다.)

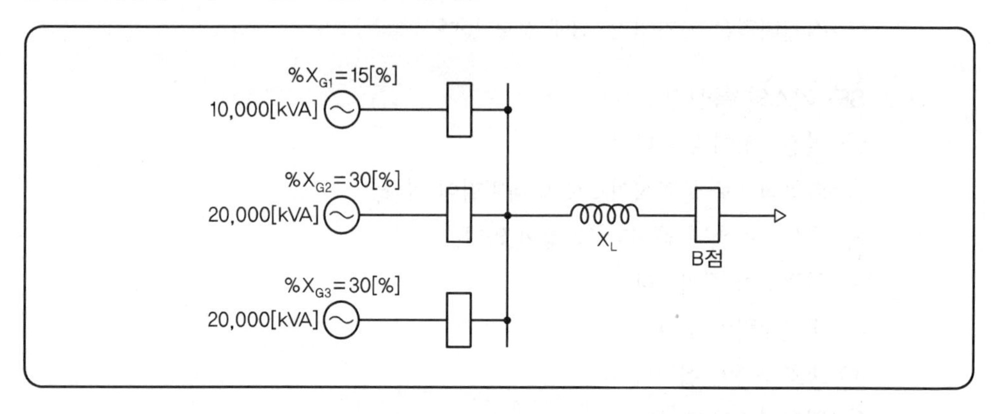

해답 계산 : 20[MVA] 기준이므로 우선 $\%X_{G1}$을 기준용량으로 환산한다.

$10[\text{MVA}] : 15[\%] = 20[\text{MVA}] : \%X'_{G1}$

$\%X'_{G1} = 30[\%]$

$\%X'_{G1}$, $\%X_{G2}$, $\%X_{G3}$는 병렬이므로 합성 $\%X_G = \dfrac{30}{3} = 10[\%]$

B점의 $\%X_B$를 구하면 $P_s = \dfrac{100}{\%X_B} \times P_n$에서

$\%X_B = \dfrac{100}{P_s} \times P_n = \dfrac{100}{100[\text{MVA}]} \times 20[\text{MVA}] = 20[\%]$

따라서, 합성 $\%X_G + \%X_L = \%X_B$

$\%X_L = \%X_B -$ 합성 $\%X_G = 20[\%] - 10[\%] = 10[\%]$

답 10[%]

TIP

① 한류리액터 : 단락전류를 억제하기 위한 리액턴스

② $\%X(\%Z) = \dfrac{\text{기준용량}}{\text{자기용량}} \times \% \times \%Z$

③ 발전기 3대가 병렬이므로 $= \dfrac{\text{1대의 }\%X}{3}$

17 그림과 같은 송계계통 S점에서 3상 단락사고가 발생하였다. 주어진 도면과 표를 참고하여 변압기(T_2)의 각각의 %리액턴스를 100[MVA] 출력으로 환산하고, 1차(P), 2차(T), 3차(S)의 %리액턴스를 구하시오.

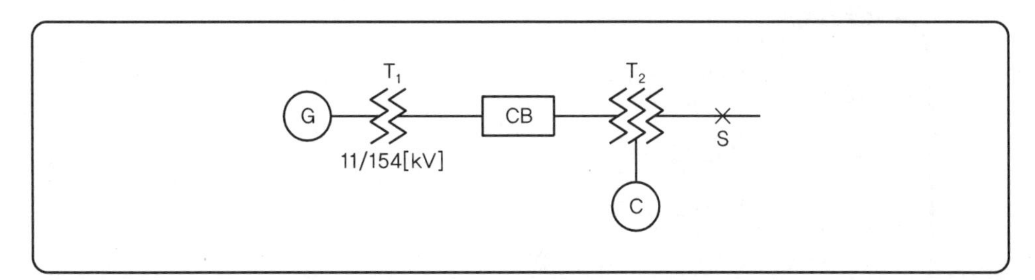

[조건]

번호	기기명	용량	전압	%X
1	발전기(G)	50,000[kVA]	11[kV]	30
2	변압기(T_1)	50,000[kVA]	11/154[kV]	12
3	송전선	10,000[kVA]	154[kV]	10
4	변압기(T_2)	1차 25,000[kVA]	154[kV]	1~2차 12
		2차 25,000[kVA]	77[kV]	2~3차 15
		3차 10,000[kVA]	11[kV]	3~1차 10.8
5	조상기(C)	10,000[kVA]	11[kV]	20

❶ 1차
❷ 2차
❸ 3차

해답 ❶ 1~2차 간

계산 : $X_{P-T}=\dfrac{100}{25}\times 12=48[\%]$

❷ 2~3차 간

계산 : $X_{T-S}=\dfrac{100}{25}\times 15=60[\%]$

❸ 3~1차 간

계산 : $X_{S-P}=\dfrac{100}{10}\times 10.8=108[\%]$

그러므로

1차 $X_P=\dfrac{48+108-60}{2}=48[\%]$

2차 $X_T=\dfrac{48+60-108}{2}=0[\%]$

3차 $X_S = \frac{60+108-48}{2} = 60[\%]$

답 1차 : 48[%], 2차 : 0[%], 3차 : 60[%]

TIP

① 1차 X_P : $\frac{X_P\text{상 더하고}-\text{기타}}{2}$

② 2차 X_T : $\frac{X_T\text{상 더하고}-\text{기타}}{2}$

③ 3차 X_S : $\frac{X_S\text{상 더하고}-\text{기타}}{2}$

18 전력계통에 발생되는 단락용량 경감대책 5가지를 쓰시오.

해답 ① 계통의 분리
② 변압기 임피던스 변화
③ 한류 리액터 설치
④ 캐스케이드 보호방식
⑤ 계통 연계기 설치
⑥ 한류 퓨즈에 의한 백업 차단 특성

TIP

➤ **저압 측 대책**
① 변압기 임피던스 변화
② 한류 리액터 설치
③ 계통 연계기 사용

19 수전전압 6,600[V], 가공 배전 전선로의 %임피던스가 60.5[%]일 때 수전점의 3상 단락 전류가 7,000[A]인 경우 기준 용량을 구하고 수전용 차단기의 차단 용량을 선정하시오.

| 차단기의 정격 용량[MVA] |

10	20	30	50	75	100	150	250	300	400	500

1 기준용량을 구하시오.

2 1번의 기준용량을 이용하여 차단용량을 구하시오.

해답 **1** 계산 : $I_s = \frac{100}{\%Z} I_n$

$$I_n = \frac{I_s \%Z}{100} = \frac{60.5}{100} \times 7{,}000 = 4{,}235[\text{A}]$$

$$P = \sqrt{3}\, VI_n = \sqrt{3} \times 6{,}600 \times 4{,}235 \times 10^{-6} = 48.412[\text{MVA}]$$

답 48.41[MVA]

2 계산 : $P_s = \frac{100}{\%Z} \times P = \frac{100}{60.5} \times 48.41 = 80.02[\text{MVA}]$

답 100[MVA]

TIP

① 차단기 용량(P_s)= $\frac{100}{\%Z}$P(기준 용량)

② 차단기 용량(P_s)= $\sqrt{3}$ ×정격전압×단락전류(정격차단전류)

20 다음의 임피던스 맵(Impedance Map)과 조건을 보고, 각 물음에 답하시오.

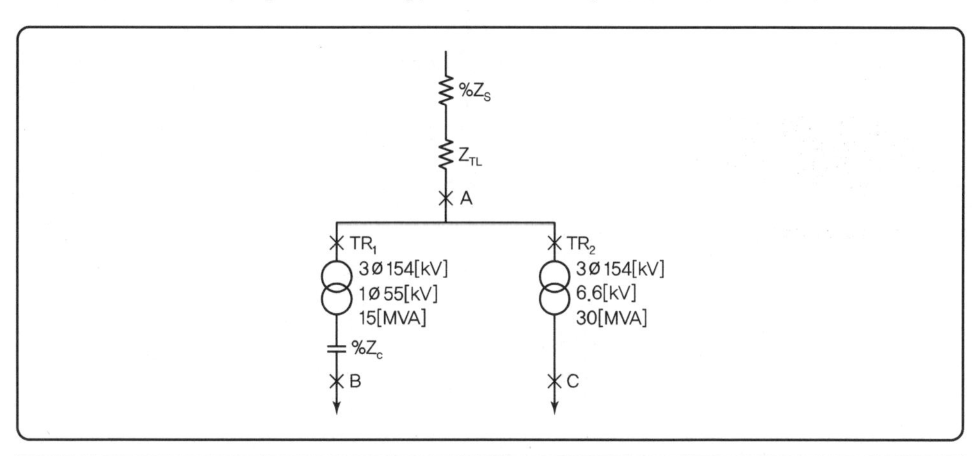

[조건]

- $\%Z_S$: 한전 s/s의 154[kV] 인출 측의 전원 측 정상 임피던스 1.2[%](100[MVA] 기준)
- Z_{TL} : 154[kV] 송전선로의 임피던스 1.83[Ω]
- $\%Z_{TR1}$ = 10[%](15[MVA] 기준)
- $\%Z_{TR2}$ = 10[%](30[MVA] 기준)
- $\%Z_C$ = 50[%](100[MVA] 기준)

1 다음 임피던스의 100[MVA] 기준 %임피던스를 구하시오.

① $\%Z_{TL}$　　② $\%Z_{TR1}$　　③ $\%Z_{TR2}$

2 A, B, C 각 점에서의 합성 %임피던스를 구하시오.

① $\%Z_A$　　② $\%Z_B$　　③ $\%Z_C$

3 A, B, C 각 점에서 차단기의 소요차단 전류는 몇 [kA]가 되겠는가?(단, 비대칭분을 고려한 상승 계수는 1.6으로 한다.)

① I_A　　② I_B　　③ I_C

해답 **1** ① 계산 : $Z_{TL}=1.83[\Omega]$이고 100[MVA]를 기준으로 하여

$$\%Z_{TL}=\frac{PZ}{10V^2}=\frac{100\times 10^3\times 1.83}{10\times 154^2}=0.77[\%]$$

답 0.77[%]

② 계산 : $\%Z_{TR1}'=10\times\frac{100}{15}=66.67[\%]$

답 66.67[%]

③ 계산 : $\%Z_{TR2}'=10\times\frac{100}{30}=33.33[\%]$

답 33.33[%]

2 100[MVA]를 기준으로 한 %Z 값을 도면에 다시 써서 그리면

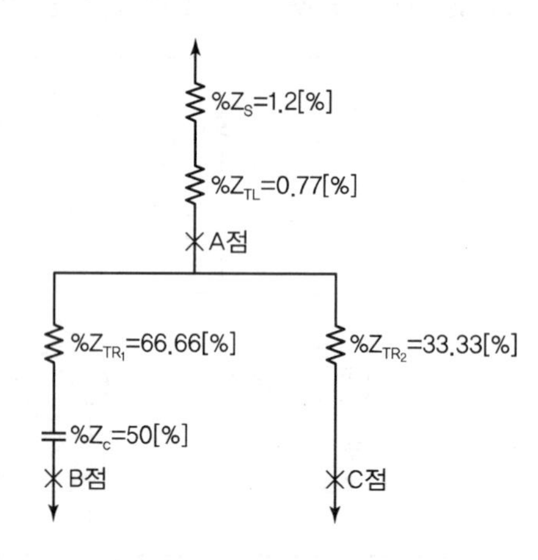

① 계산 : $\%Z_A=1.2+0.77=1.97[\%]$

답 1.97[%]

② 계산 : $\%Z_B=1.2+0.77+66.67-50=18.64[\%]$

답 18.64[%]

③ 계산 : $\%Z_C=1.2+0.77+33.33=35.3[\%]$

답 35.3[%]

3 ① 계산 : $I_A = \frac{100}{1.97} \times \frac{100 \times 10^3}{\sqrt{3} \times 154} \times 10^{-3} \times 1.6 = 30.45[kA]$

답 30.45[kA]

② 계산 : $I_B = \frac{100}{18.64} \times \frac{100 \times 10^3}{55} \times 10^{-3} \times 1.6 = 15.61[kA]$

답 15.63[kA]

③ 계산 : $I_C = \frac{100}{35.3} \times \frac{100 \times 10^3}{\sqrt{3} \times 6.6} \times 10^{-3} \times 1.6 = 39.65[kA]$

답 39.65[kA]

TIP

① 콘덴서 %Z는 진상이므로 −%Z 값을 갖는다.

② $\%Z = \frac{기준용량}{자기용량} \times \%Z$

21 66[kV]/6.6[kV], 6,000[kVA]의 3상 변압기 1대를 설치한 배전 변전소로부터 선로 길이 1.5[km]의 1회선 고압 배전 선로에 의해 공급되는 수용가 인입구에서 3상 단락고장이 발생하였다. 선로의 전압강하를 고려하여 다음 물음에 답하시오.(단, 변압기 1상당의 리액턴스는 0.4[Ω], 배전선 1선당의 저항은 0.9[Ω/km], 리액턴스는 0.4[Ω/km]라 하고 기타의 정수는 무시하는 것으로 한다.)

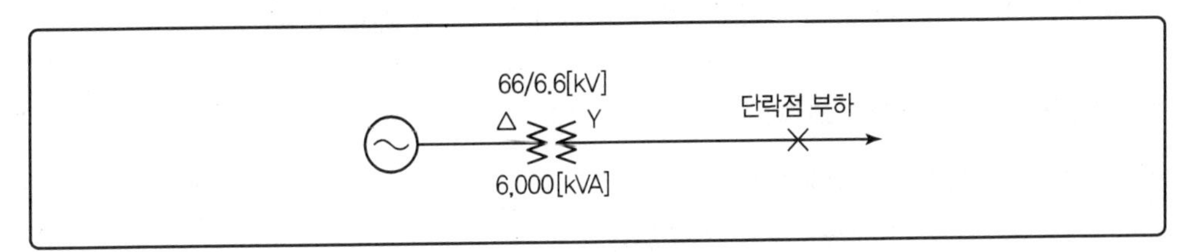

1 1상분의 단락회로를 그리시오.

2 수용가 인입구에서의 3상 단락전류를 구하시오.

3 이 수용가에서 사용하는 차단기로서는 몇 [MVA]인 것이 적당하겠는가?

해답 **1**

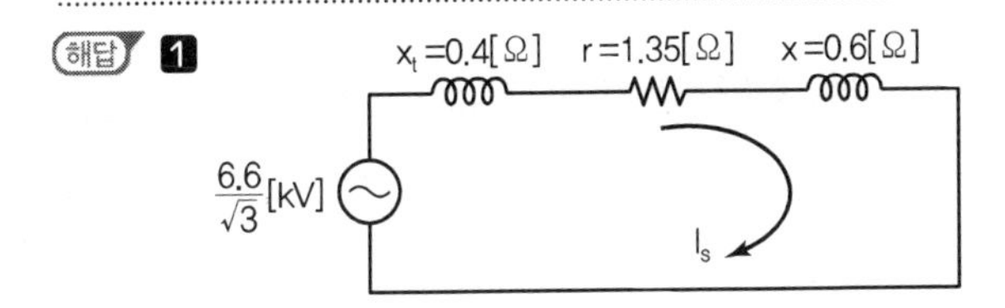

2 계산 : 선로 임피던스는

$r = 0.9 \times 1.5 = 1.35[\Omega]$

$x = 0.4 \times 1.5 = 0.6[\Omega]$

변압기 리액턴스 $x_t = 0.4[\Omega]$

$$\therefore \text{단락 전류 } I_s = \frac{E}{\sqrt{r^2 + (x_t + x)^2}} = \frac{\frac{6.6 \times 10^3}{\sqrt{3}}}{\sqrt{1.35^2 + (0.4 + 0.6)^2}} = 2,268.12[A]$$

답 2,268.12[A]

3 차단기 용량

계산 : $P_s = \sqrt{3}\,VI_s = \sqrt{3} \times 6,600 \times \frac{1.2}{1.1} \times 2,268.12 \times 10^{-6} = 28.29[MVA]$

답 28.29[MVA]

TIP

① 차단기 용량 $P_a = \sqrt{3} \times$정격전압×정격차단전류

② 정격전압=공칭전압×$\frac{1.2}{1.1}$

11 OCR(과전류 계전기)

단락, 과부하 시 동작하여 트립코일을 여자시켜 차단기를 개로시킨다.

1) 차단기 트립 방식 4가지

① **직류전압 트립방식(DC)** : 고장 발생 시 보호계전기가 동작하면 **직류전원으로 트립코일이 여자되어 차단하는 방식－특고압용**

② **콘덴서 트립방식** : 고장 발생 시 계전기가 동작하면 **콘덴서 충전전하가 방전되어 트립되는 방식－특고압용**

③ **과전류 트립방식** : 고장 발생 시 **보호계전기**가 동작하면 CT 2차 전류가 **트립코일을 여자시켜 차단하는 방식－고압용**

④ **부족전압 트립방식** : 고장 발생 시 **부족전압계전기**와 **CT 2차 전류로 트립시키는 방식**

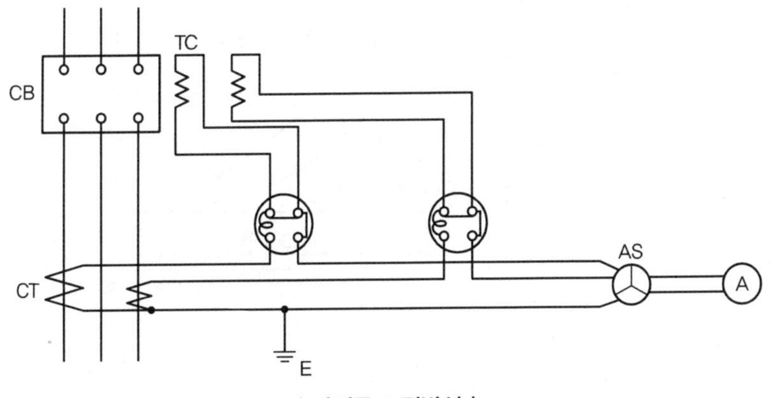

| 과전류 트립방식 |

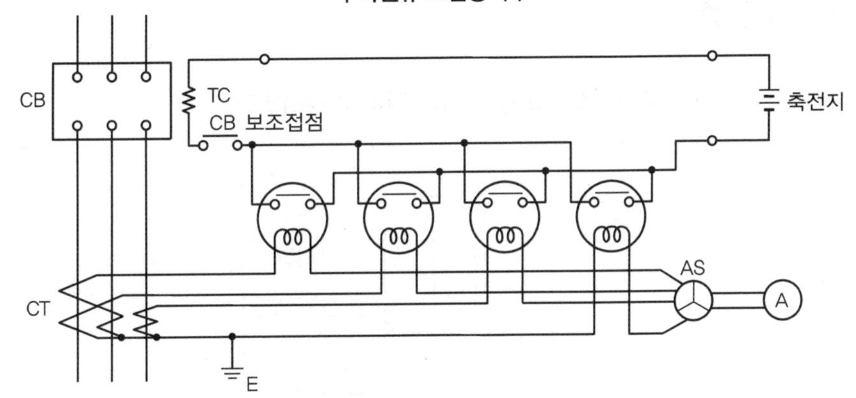

| 직류전압 트립방식 |

2) OCR(과전류 계전기)의 동작 특성

① **순한시 계전기** : 정정(Set)된 최소 동작전류 이상의 전류가 흐르면 즉시 동작하는 것으로서 한도를 넘는 양과는 아무 관계가 없다. 동작시간은 0.3초 이내에서 동작하도록 하고 있으나 그중에서도 0.5~2사이클 정도의 짧은 시간에서 동작하는 것을 고속도 계전기라고 부르고 있다.

② **정한시 계전기**(부족전압계전기) : 정정된 값 이상의 전류가 흘렀을 때 동작전류의 크기와는 관계없이 항상 정해진 시간이 경과한 후에 동작하는 것

③ **반한시 계전기**(과전류 계전기) : 정정된 값 이상의 전류가 흘러서 동작할 때 동작 전류값에 반비례시킨다든지 전류값이 클수록 빨리 동작하고 반대로 전류값이 작을수록 느리게 동작하는 것

④ **반한시성 정한시 계전기** : ②와 ③의 특성을 조합한 것으로서 어느 전류값까지는 반한시성이고 그 이상이 되면 정한시로 동작하는 것

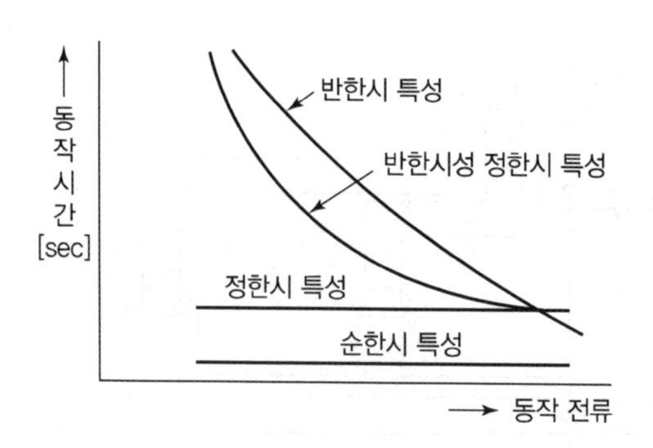

핵심 과년도 문제

22 CT 2대를 V결선하여 OCR 3대를 그림과 같이 연결하였다.

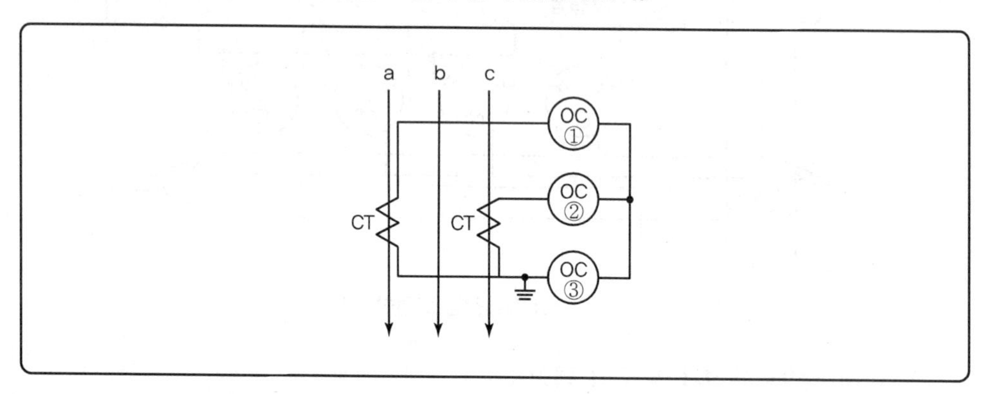

1. 일반적으로 우리나라에서 사용하는 CT의 극성은?
2. 변류기 2차 측에 접속하는 외부 부하 임피던스를 무엇이라고 하는가?
3. ③번 OCR에 흐르는 전류는 어떤 상의 전류인가?
4. OCR은 어떤 고장(사고)이 발생하였을 때 동작하는가?
5. 이 선로의 배전 방식은?

해답
1. 감극성
2. 2차 부담
3. b상
4. 과부하, 단락사고
5. 3상 3선식($3\phi 3W$)

TIP

5 3상 3선식의 OCR은 CT가 2개이므로 일반적으로 2개를 설치한다.

23 차단기의 트립 방식을 4가지 쓰고 각 방식을 간단히 설명하시오.

해답 ① 직류전압 트립 방식 : 별도로 설치된 축전지 등의 제어용 직류전원의 에너지에 의하여 트립되는 방식
② 과전류 트립 방식 : 차단기의 주회로에 접속된 변류기의 2차 전류에 의하여 차단기가 트립되는 방식
③ 콘덴서 트립 방식 : 충전된 콘덴서의 에너지에 의하여 트립되는 방식
④ 부족 전압 트립 방식 : 부족 전압 트립 장치에 인가되어 있는 전압의 저하에 의하여 차단기가 트립되는 방식

12 LA(Lightning Arrester) : 피뢰기

이상전압 발생 시 (낙뢰) 대지로 방류시키고 그 속류 차단

1) 피뢰기의 종류

밸브형, 밸브저항형, 저항형, 방출형,산화 아연형(현재는 **산화 아연형**을 많이 사용)

2) 피뢰기 정격전압(내선규정)

공칭전압	중성점 접지상태	피뢰기 정격전압		이격거리[m] 이내
		변전소	선로	
345	유효접지	288	–	85
154	유효접지	144	–	65
66	PC 접지	72	–	45
22	비접지	24	–	20
22.9	3상 4선식 다중접지	21	18	20
6.6	비접지	7.5	7.5	20

① **피뢰기 정격전압의 계산식**

㉠ 직접접지계통 : 0.8[V]~1.0[V]×공칭전압

㉡ 저항, 소호리액터 비접지 : 1.4[V]~1.6[V]×공칭전압

예 22.9[kV]×0.8=18.32[kV]
∴ 18[kV] 사용

② 정격전압=접지계수×유도계수×계통최고전압

3) 피뢰기 공칭방전전류

공칭방전전류	설치장소	적용조건
10,000[A]	발전소	전 발전소
–	변전소	① 154[kV] 이상의 계통 ② 66[kV] 및 그 이하에서 Bank 용량이 3,000[kVA]를 초과하거나 중요한 곳 ③ 장거리 송전선, 케이블 및 정전 축전기 Bank를 개폐하는 곳
5,000[A]	변전소	66[kV] 및 그 이하에서 3,000[kVA] 이하
2,500[A]	선 로 변전소	22.9[kV] 이하의 배전선로 및 배전선로 피더 인출 측

4) 피뢰기 구성요소

직렬갭과 특성요소로 구성

5) 피뢰기 정격전압

속류를 차단할 수 있는 최고의 교류전압

6) 피뢰기 제한전압

피뢰기 동작 중 단자전압의 파고치

7) 갭레스형 피뢰기의 특성

① 방전갭(직렬갭)이 없으므로 구조가 간단하다.
② 소형 · 경량이며 가격이 가장 싸다.
③ 동작 시 소손의 위험이 적고 뛰어난 성능을 기대할 수 있다.
④ 속류가 없이 빈번한 작동에 잘 견디며 특성 요소 변화가 적다.
⑤ 특성 요소만으로 절연 : 특성 요소 사고 시 단락사고를 유발할 가능성이 있다.

핵심 과년도 문제

24 154[kV] 중성점 직접접지 계통의 피뢰기 정격전압은 어떤 것을 선택해야 하는가?(단, 접지계수는 0.75이고, 여유도는 1.1이다.)

| 피뢰기의 정격전압(표준값[kV]) |

126	144	154	168	182	196

해답 계산 : $V_n = \alpha \cdot \beta \cdot V_m = 0.75 \times 1.1 \times 170 = 140.25$[kV]

답 144[kV]

TIP

피뢰기의 정격전압[kV]=접지계수×여유도×계통의 최고 전압

25 피뢰기에 대한 다음 각 물음에 답하시오.

1. 현재 사용되고 있는 교류용 피뢰기의 구조는 무엇과 무엇으로 구성되어 있는가?
2. 피뢰기의 정격전압은 어떤 전압을 말하는가?
3. 피뢰기의 제한전압은 어떤 전압을 말하는가?

해답
1. 직렬갭과 특성요소
2. 속류를 차단할 수 있는 교류 최고 전압
3. 피뢰기 방전 중 피뢰기 단자전압의 파고치

TIP

➤ 제한전압
뇌전류 방전 시 직렬갭에 나타나는 전압

26 피뢰기에 대한 다음 각 물음에 답하시오.

1. 현재 사용되고 있는 교류용 피뢰기의 주요 구조는 무엇과 무엇으로 구성되어 있는가?
2. 피뢰기의 정격전압은 어떤 전압을 말하는가?
3. 피뢰기의 제한전압은 어떤 전압을 말하는가?
4. 피뢰기의 기능상 필요한 구비조건을 4가지만 쓰시오.

해답 **1** 직렬 갭과 특성요소

2 속류를 차단할 수 있는 최고의 교류전압

3 피뢰기 방전 중 단자에 남게 되는 충격전압(뇌전류 방전 시 직렬 갭에 나타나는 전압)

4 ① 충격방전 개시 전압이 낮을 것

② 상용주파 방전개시 전압이 높을 것

③ 방전내량이 크면서 제한 전압이 낮을 것

④ 속류차단 능력이 충분할 것

27 전력계통의 절연협조에 대하여 설명하고 관련 기기에 대한 기준충격절연강도를 비교하여 절연협조가 어떻게 되어야 하는지를 쓰시오.(단, 관련 기기는 선로애자, 결합 콘덴서, 피뢰기, 변압기에 대하여 비교하도록 한다.)

1 절연협조

2 기준충격절연강도 비교

해답 **1** 절연협조 : 계통 내의 각 기기, 기구 및 애자 등의 상호 간에 적정한 절연강도를 지니게 함으로써 계통 설계를 합리적, 경제적으로 할 수 있게 한 것을 절연 협조라 한다.

2 기준충격절연강도 비교 : 피뢰기 < 변압기 < 결합 콘덴서 < 선로애자

TIP

피뢰기(L.A)는 변압기를 보호하는 것으로 절연강도가 가장 낮다.

28 피뢰기에 흐르는 일반적인 시설장소별로 적용할 피뢰기의 공칭방전전류를 쓰시오.

공칭방전전류	설치장소	적용조건
① [A]	변전소	• 154[kV] 이상의 계통 • 66[kV] 및 그 이하의 계통에서 Bank 용량이 3,000[kVA]를 초과하거나 특히 중요한 곳
② [A]	변전소	66[kV] 및 그 이하의 계통에서 Bank 용량이 3,000[kVA] 이하인 곳
③ [A]	선로	22.9[kV] 배전선로

해답 ① 10,000

② 5,000

③ 2,500

13 수전설비의 명칭 및 기능

1) 수전설비의 명칭과 기능 및 용도

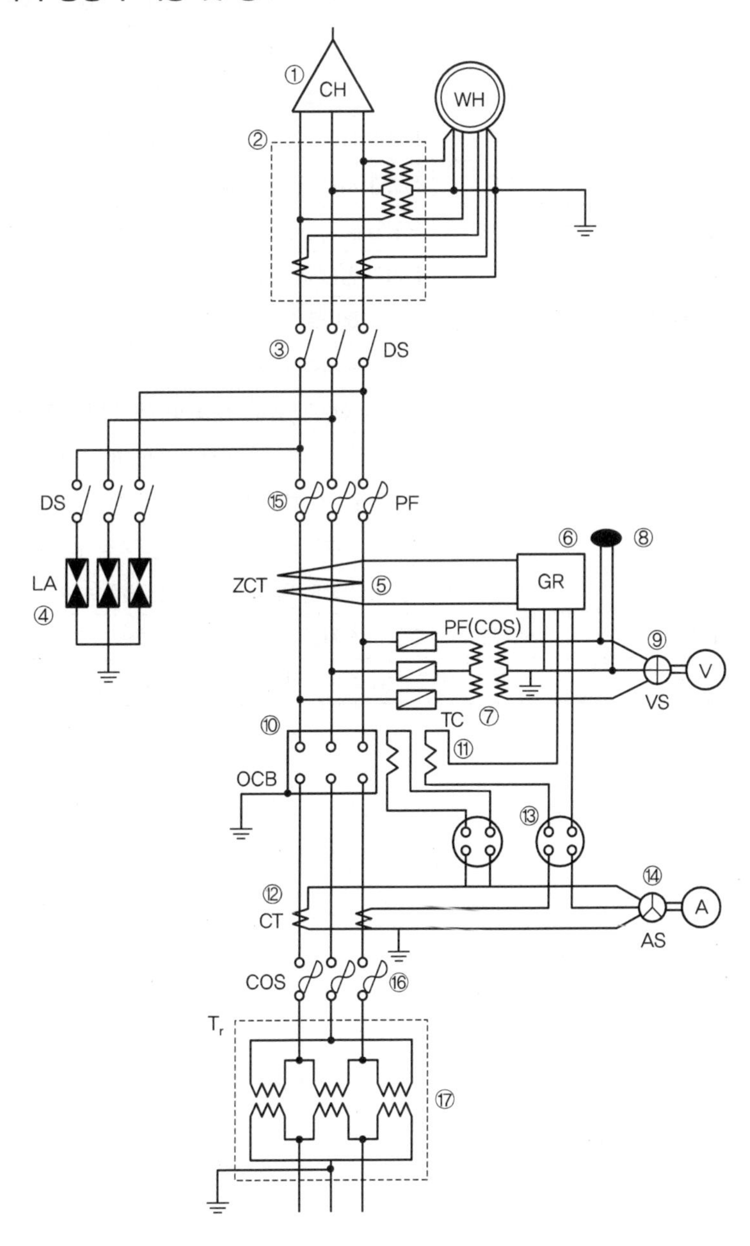

명칭	문자 기호	기능 및 용도
① 케이블헤드	CH	케이블 단말처리하고 절연열화 방지
② 전력수급용 계기용변성기	MOF	전력량계 산출을 위해 PT와 CT를 하나의 함 속에 넣은 것
③ 단로기	DS	무부하 시 회로 개폐
④ 피뢰기	LA	이상전압 발생 시 대지로 방전시키고 속류 차단
⑤ 영상변류기	ZCT	지락 영상전류 검출
⑥ 지락계전기	GR	전로가 지락 시 지락전류를 동작하여 차단기를 개방
⑦ 계기용변압기	PT	고저압을 저전압으로 변압하여 계전기나 계측기에 전원 공급
⑧ 표시등	PL	전원의 정전 여부를 표시
⑨ 전압계용 전환 개폐기	VS	전압계 하나로 3상의 선간전압을 측정하기 위한 전환 개폐기
⑩ 유입차단기	OCB	부하전류 개폐 및 고장전류 차단
⑪ 트립코일	TC	사고 시 전류가 흘러 여자되어 차단기를 개로시킴
⑫ 계전기용 변류기	CT	대전류를 소전류로 변류하여 계전기나 계측기에 전원을 공급
⑬ 과전류계전기	OCR	과전류로부터 차단기 개방
⑭ 전류계용 전환개폐기	AS	하나의 전류계로 3상의 선전류를 측정하기 위한 전환 개폐기
⑮ 전력용 퓨즈	PF	사고파급 방지 및 고장전류 차단(단락보호)
⑯ 컷아웃스위치	COS	고장전류 차단
⑰ 수전용 변압기	Tr	고전압을 저전압으로 변압하여 부하에 전원 공급

2) 고압 정식수전설비(CB방식)

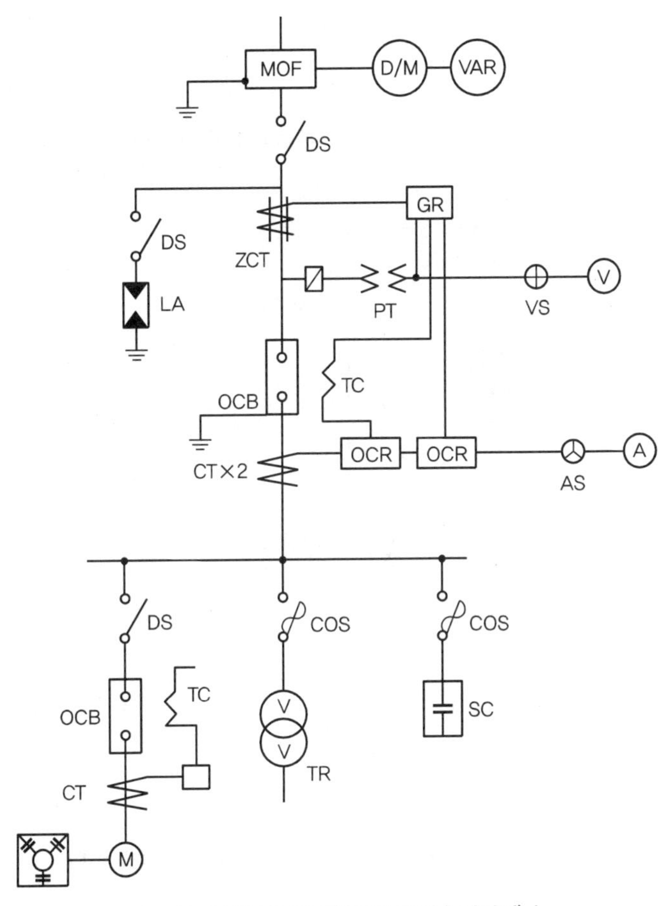

| 고압 수전설비 종류(CB형 정식수전설비) |

(1) 주의사항

① 고압 전동기의 조작용 배전반에는 **과부족전압계전기** 및 **결상계전기**를 장치하는 것이 바람직하다.

② 계기용 변성기(MOF)는 **몰드형**이나 유입형이 바람직하다.

③ 계전기용 변류기(CT)는 **고장점 보호범위를 넓히기 위하여** 차단기의 전원 측에 설치하는 것이 바람직하다.

④ 차단기의 트립방식은 변류기 2차전류 트립방식을 사용한다. **특고압일 경우는 DC 또는 CTD** 방식을 사용한다.

⑤ **LA용의 DS는 생략이 가능**하다.

3) 특고압 간이수전설비(PF－ASS)

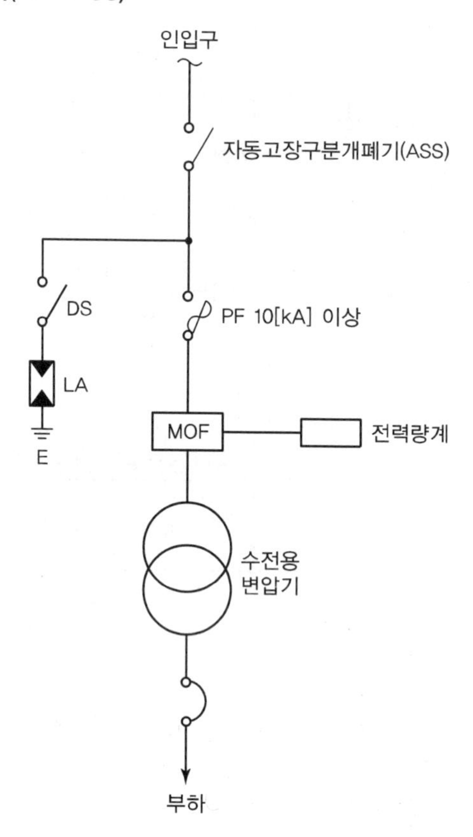

| 특고압 수전설비 종류(PF－ASS형 간이수전설비) |

(1) 주의사항

① LA용 DS는 생략할 수 있으며 22.9[kVY]용의 LA는 **Disconnector(또는 Isolator) 붙임형**을 사용하여야 한다.

② 인입선을 지중선으로 시설하는 경우로 공동주택 등 고장 시 정전피해가 큰 때에는 예비 지중선을 포함하여 **2회선**으로 시설하는 것이 바람직하다.

③ 지중인입선의 경우 22.9[kVY] 계통은 **CNCV－W 케이블**(수밀형) 또는 **TR CNCV－W**(트리억제형)을 사용하여야 한다. 다만, 전력구, 공동구, 덕트, 건물구내 등 화재의 우려가 있는 장소에서는 **FR CNCO－W**(난연) 케이블을 사용하는 것이 바람직하다.

④ 300[kV] 이하인 경우는 PF 대신 COS(비대칭 차단전류 **10[kA] 이상**의 것)를 사용할 수 있다.

⑤ 특고압 간이수전설비는 PF의 용단 등의 결상사고에 대한 대책이 없으므로 변압기 2차 측에 설치되는 주차단기에는 **결상계전기** 등을 설치하여 **결상사고**에 대한 보호능력을 갖추는 것이 바람직하다.

4) 특고압 정식수전설비(CT를 CB 1차 측에 시설하는 경우)

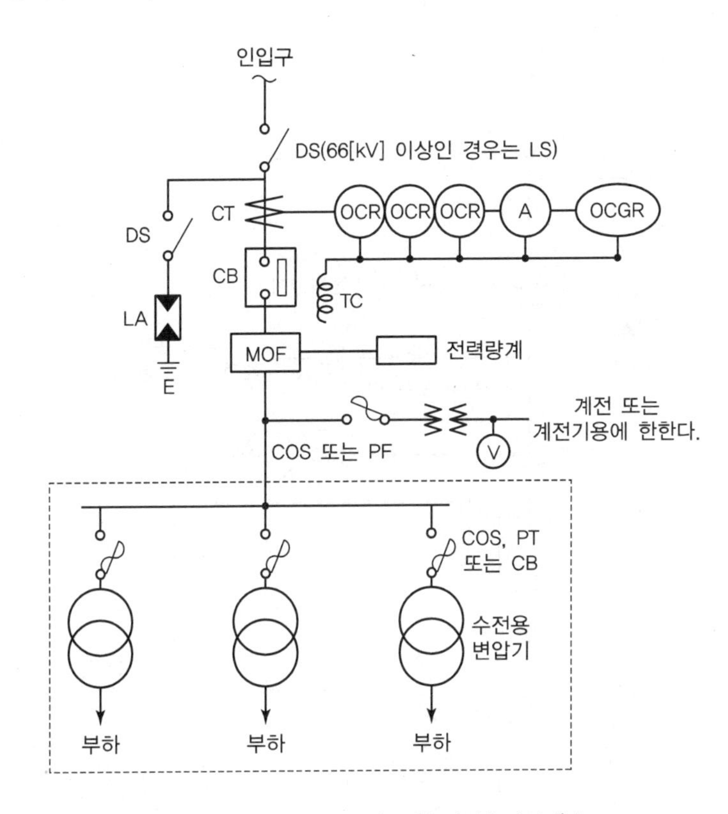

| 특고압 수전설비 종류(CB형 정식수전설비) |

5) 특고압 정식수전설비(PF-CB방식)

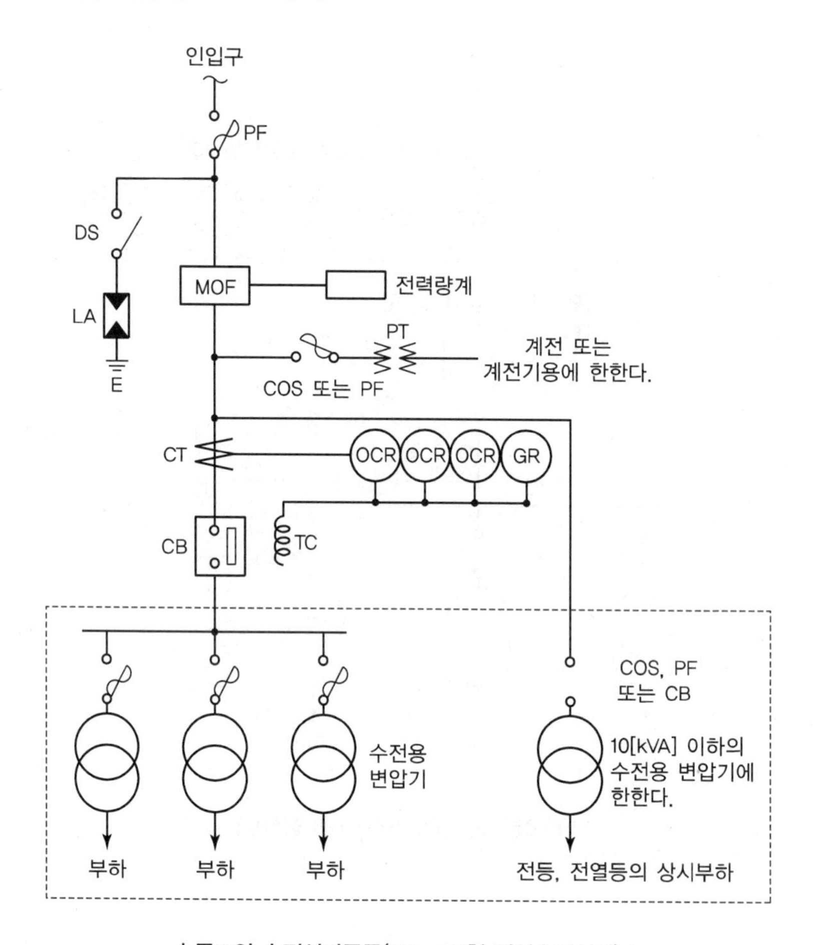

| 특고압 수전설비종류(PF-CB형 정식수전설비) |

6) 특고압 정식수전설비(CT를 CB 2차 측에 시설하는 경우)

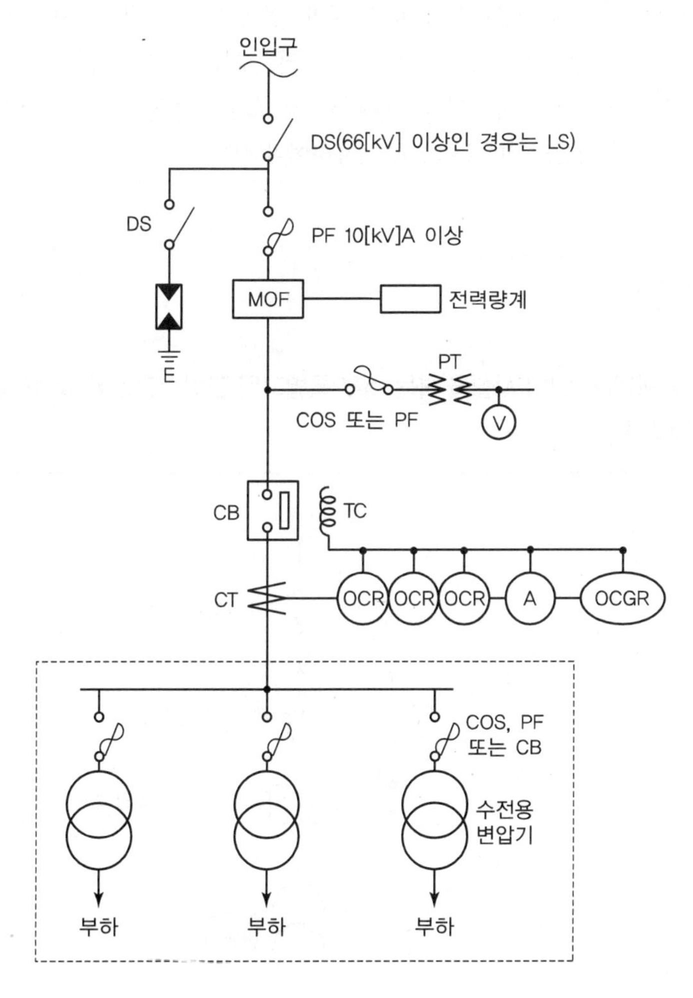

| 특고압 수전설비 종류(PF－CB형 정식수전설비) |

(1) 주의사항

① 위의 결선도 중 점선 내의 부분은 참고용 예시이다.

② 차단기의 트립전원은 직류(DC) 또는 콘덴서방식(CTD)이 바람직하며, **66[kV] 이상의 수전설비는 직류(DC)**이어야 한다.

③ LA용 DS는 생략할 수 있으며, 22.9[kVY]용의 LA는 Disconnector(또는 Isolator) 붙임형을 사용하여야 한다.

④ 인입선을 지중선으로 시설하는 경우에 공동주택 등 고장 시 정전피해가 큰 경우는 예비 지중선을 포함하여 2회선으로 시설하는 것이 바람직하다.

⑤ 지중인입선의 경우에 22.9[kVY] 계통은 CNCV－W 케이블(수밀형) 또는 TR CNCV－W(트리억제형)을 사용하여야 한다. 다만, 전력구 · 공동구 · 덕트 · 건물구내 등 화재의 우려가 있는 장소에는 FR CNCO－W(난연) 케이블을 사용하는 것이 바람직하다.

⑥ DS 대신 자동고장구분개폐기(7,000[kVA] 초과 시는 Sectionalizer)를 사용할 수 있으며, 66[kV] 이상의 경우는 LS를 사용하여야 한다.

핵심 과년도 문제

29 그림은 22.9[kV－Y]의 시설을 하는 경우 특별고압 간이수전설비 결선도이다. ①~⑤ 내용을 알맞게 쓰시오.

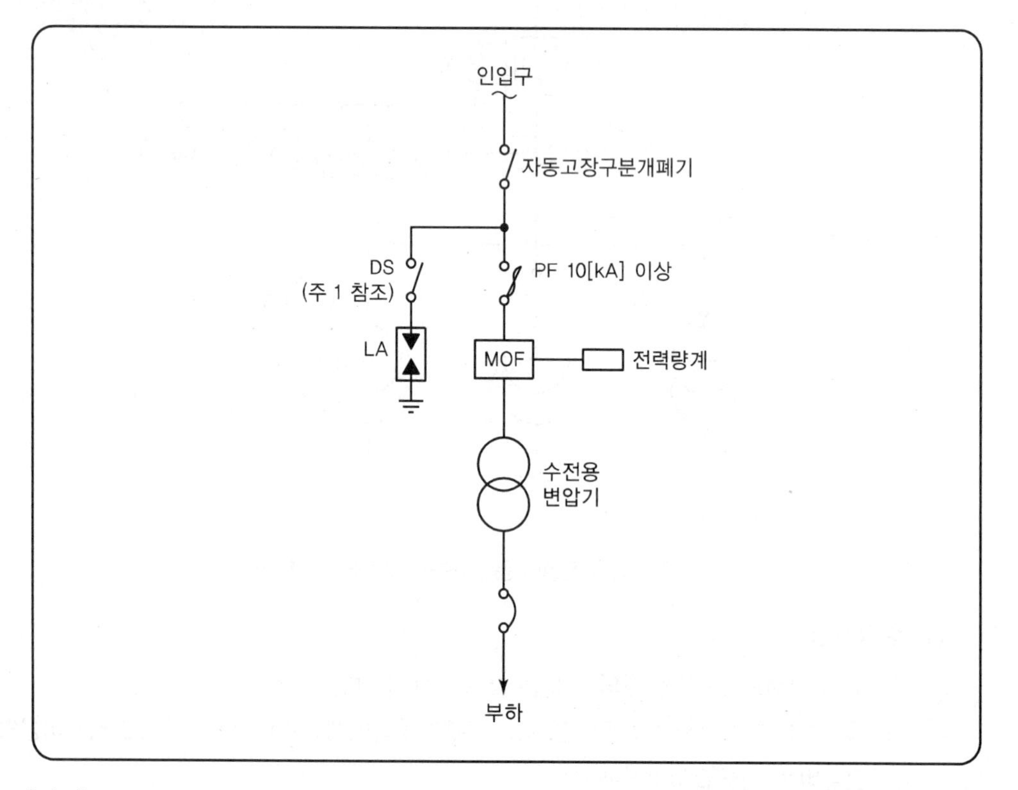

[비고]

1. LA용 DS는 생략할 수 있으며 22.9[kV－Y]용 LA는 (①)(또는 Isolator) 붙임형을 사용하여야 한다.
2. 인입선을 지중선으로 시설하는 경우로 공동주택 등 고장 시 정전피해가 큰 경우는 예비 지중선을 포함하여 (②)으로 시설하는 것이 바람직하다.

3. 지중 인입선의 경우에 22.9[kV－Y] 계통은 CNCV－W 케이블(수밀형) 또는 TR CNCV－W(트리억제형)을 사용하여야 한다. 다만, 전력구 · 공동구 · 덕트 · 건물구 내 등 화재 우려가 있는 장소에서는 (③)을 사용하는 것이 바람직하다.
4. 300[kVA] 이하인 경우는 PF 대신 (④)을 사용할 수 있다.
5. 특별고압 간이수전설비는 PF의 용단 등의 결상사고에 대한 대책이 없으므로 변압기 2차 측에 설치되는 주 차단기에는 (⑤) 등을 설치하여 결상사고에 대한 보호능력이 있도록 함이 바람직하다.

해답 ① 디스커넥터
② 2회선
③ FR CNCO－W(난연)
④ COS(비대칭 차단전류 10[kA] 이상)
⑤ 결상계전기

TIP

➤ **특고압 간이수전설비**

① LA용 DS는 생략할 수 있으며 22.9[kV－Y]용 LA는 Disconnector(또는 Isolator) 붙임형을 사용하여야 한다.
② 인입선을 지중선으로 시설하는 경우로 공동주택 등 고장 시 정전 피해가 큰 경우는 예비지중선을 포함하여 2회선으로 시설하는 것이 바람직하다.
③ 지중인입선의 경우에 22.9[kV－Y] 계통은 CNCV－W 케이블(수밀형) 또는 TR CNCV－W(트리억제형)을 사용하여야 한다. 다만, 전력구 · 공동구 · 덕트 · 건물구내 등 화재 우려가 있는 장소에서는 FR CNCO－W(난연) 케이블을 사용하는 것이 바람직하다.
④ 300[kVA] 이하인 경우는 PF 대신 COS(비대칭 차단전류 10[kA] 이상의 것)을 사용할 수 있다.
⑤ 특별고압 간이수전설비는 PF의 용단 등의 결상사고에 대한 대책이 없으므로 변압기 2차 측에 설치되는 주차단기에는 결상계전기 등을 설치하여 결상사고에 대한 보호능력이 있도록 함이 바람직하다.

30 그림은 특고압 수전설비 표준 결선도이다. 다음 ( ) 안에 알맞은 내용을 쓰시오.

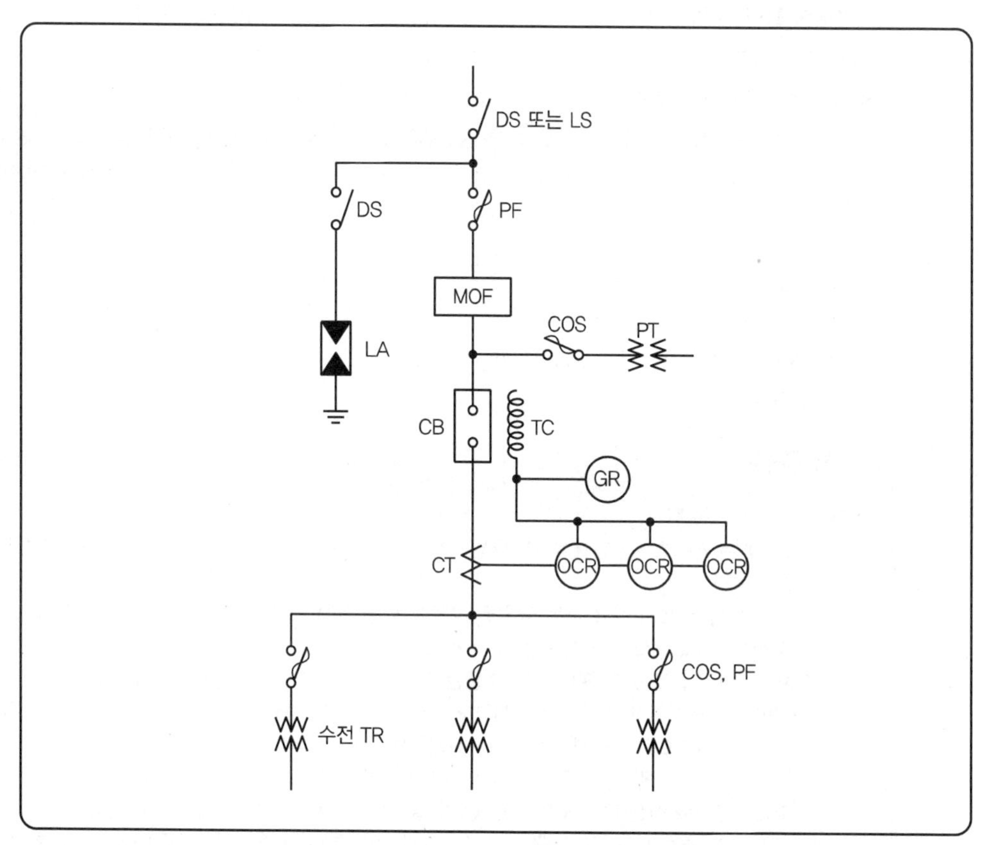

1. 수전전압이 154[kV], 수전전력이 2,000[kVA]인 경우 차단기의 트립 전원은 (   ) 방식으로 한다.
2. 아파트 및 공동주택 등의 수전설비 인입선을 지중선으로 인입하는 경우, 수전전압이 22.9[kV－Y]일 때, 지중선으로 사용할 케이블은 (   ) 케이블을 사용한다.
3. 위의 2에서 수전설비 인입선은 사고 시 정전에 대비하기 위하여 (   )회선으로 인입하는 것이 바람직하다.
4. 그림에서 수전전압이 (   )[kV] 이상인 경우에는 LS를 사용하여야 한다.

해답
1. 직류(DC)
2. CNCV－W(수밀형) 또는 TR CNCV－W(트리 억제형)
3. 2
4. 66

TIP

➤ CB 1차 측에 PT를 CB 2차 측에 CT를 실시하는 경우

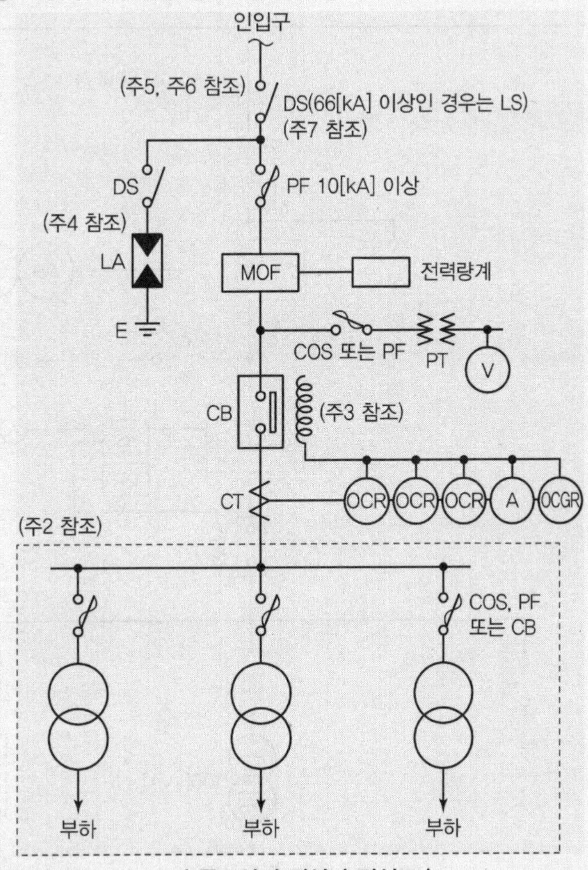

| 특고압 수전설비 결선도 |

[주1] 22.9[kV-Y], 1,000[kVA] 이하인 경우는 간이 수전설비를 할 수 있다.

[주2] 결선도 중 점선 내의 부분은 참고용 예시이다.

[주3] 차단기의 트립 전원은 직류(DC) 또는 콘덴서 방식(CTD)이 바람직하며 66[kV] 이상의 수전설비에는 직류(DC)이어야 한다.

[주4] LA용 DS는 생략할 수 있으며 22.9[kV-Y]용의 LA는 Disconnector(또는 Isoaltor) 붙임형을 사용하여야 한다.

[주5] 인입선을 지중선으로 시설하는 경우에 공동주택 등 고장 시 정전 피해가 큰 경우는 예비 지중선을 포함하여 2회선으로 시설하는 것이 바람직하다.

[주6] 지중인입선의 경우에 22.9[kV-Y] 계통은 CNCV-W 케이블(수밀형) 또는 TR CNCV-W(트리 억제형)을 사용하여야 한다. 다만, 전력구 · 공동구 · 덕트 · 건물구내 등 화재의 우려가 있는 장소에서는 FR CNCO-W(난연) 케이블을 사용하는 것이 바람직하다.

[주7] DS 대신 자동고장구분 개폐기(7,000[kVA] 초과 시에는 Sectionalizer)를 사용할 수 있으며 66[kV] 이상의 경우는 LS를 사용하여야 한다.

31 $3\phi4W$ 22.9[kV] 수전설비 단선 결선도이다. 그림의 ①~⑩번까지 표준 심벌을 사용하여 도면을 완성하고 표의 빈칸 ①~⑩에 알맞은 내용을 쓰시오.

1

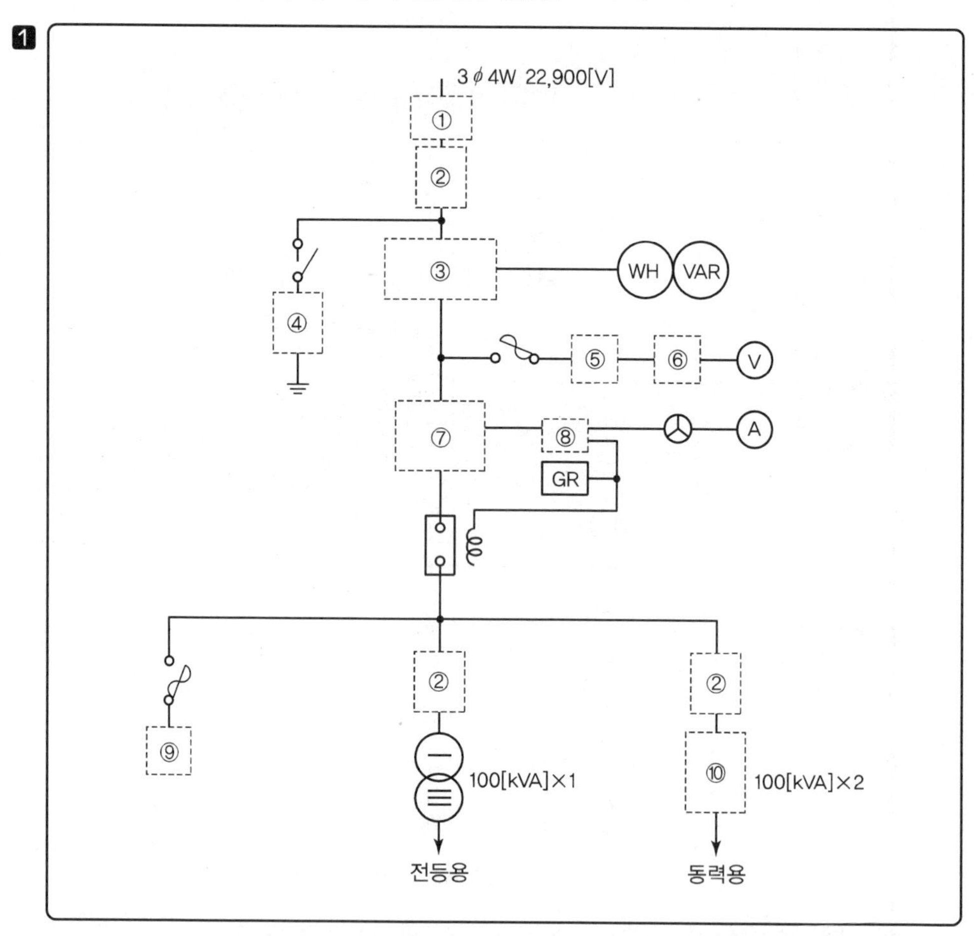

2

번호	약호	명칭	용도 및 역할
①			
②			
③			
④			
⑤			
⑥			
⑦			
⑧			
⑨			
⑩			

해답 **1**

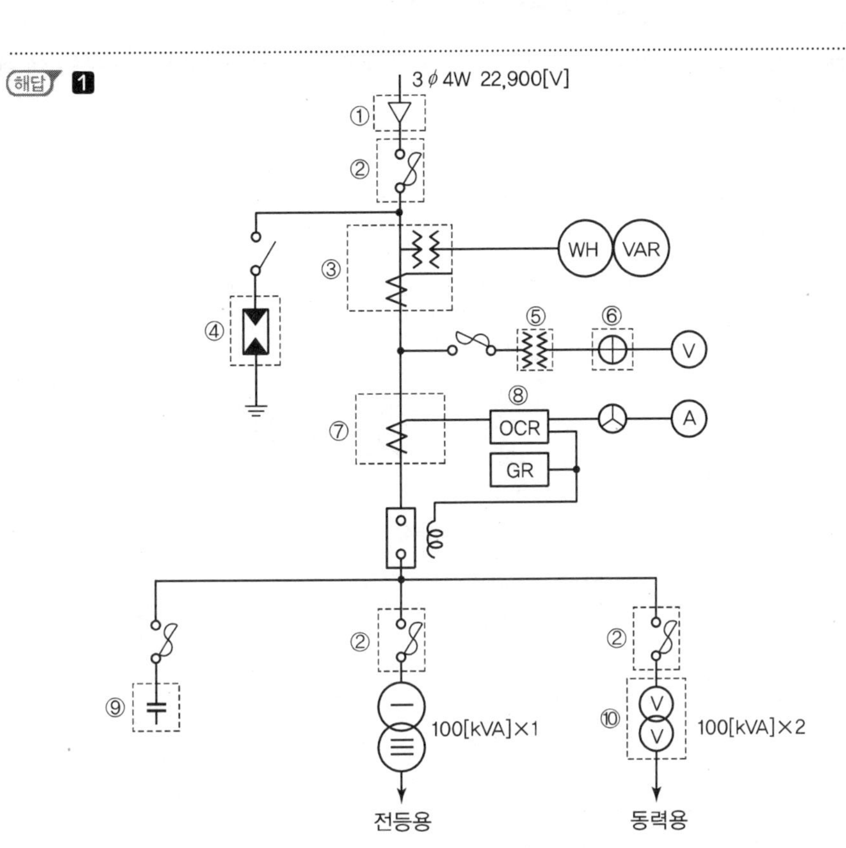

2

번호	약호	명칭	용도 및 역할
①	CH	케이블 헤드	케이블의 단말을 처리하여 절연보호
②	PF	전력 퓨즈	사고 파급 방지 및 사고전류 차단
③	MOF	전력수급용 계기용 변성기	전력량을 측정하기 위해 PT 및 CT를 한 탱크 속에 넣은 것
④	LA	피뢰기	이상 전압을 대지로 방전시키고 그 속류를 차단
⑤	PT	계기용 변압기	고전압을 저전압으로 변성하여 계기나 계전기의 전압원으로 사용
⑥	VS	전압계용 전환 계폐기	3상 회로에서 각 상의 전압을 1개의 전압계로 측정하기 위하여 사용하는 전환 스위치
⑦	CT	계전기용 변류기	대전류를 소전류로 변류하여 전류를 측정
⑧	OCR	과전류 계전기	과전류로부터 차단기를 개방
⑨	SC	전력용 콘덴서	부하의 역률을 개선하기 위하여 사용
⑩	TR	수전용 변압기	고압을 저압으로 변성하여 부하의 전력 공급

32 도면은 154[kV]를 수전하는 어느 공장의 수전설비에 대한 단선도이다. 이 단선도를 보고 다음 각 물음에 답하시오.

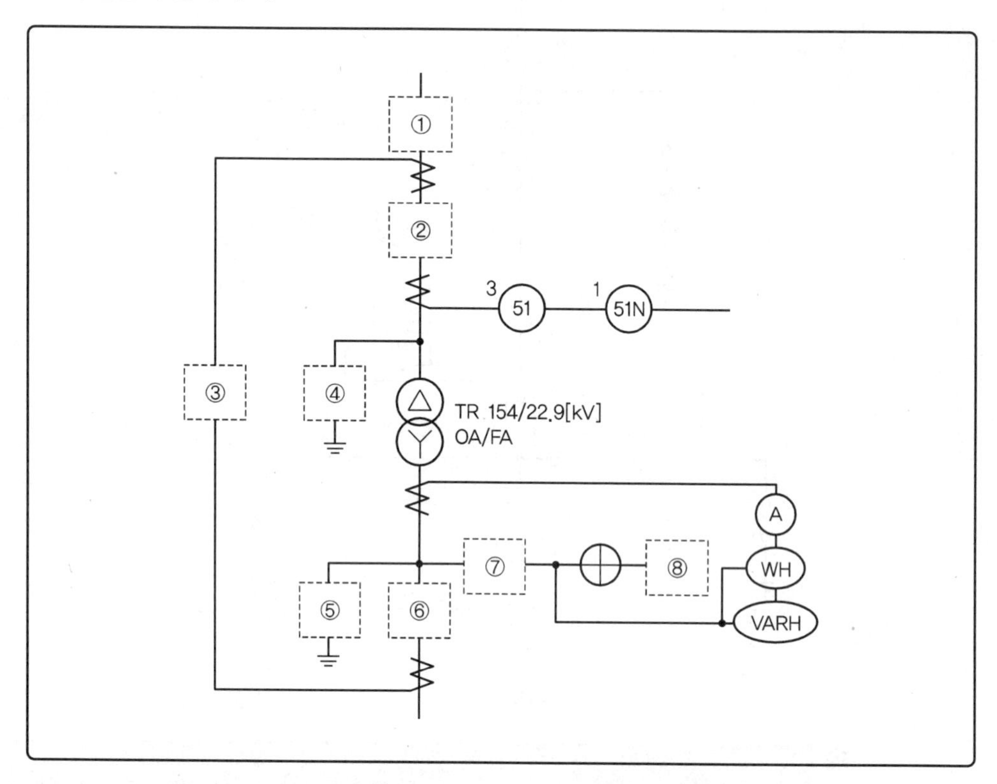

1. ①에 설치되어야 할 기기의 심벌을 그리고, 그 명칭을 쓰시오.
2. ②에 설치되어야 할 기기의 심벌을 그리고, 그 명칭을 쓰시오.
3. ③에 설치되어야 할 기기의 심벌을 그리고, 그 명칭을 쓰시오.
4. ④에 설치되어야 할 기기의 심벌을 그리고, 그 명칭을 쓰시오.
5. ⑤에 설치되어야 할 기기의 심벌을 그리고, 그 명칭을 쓰시오.
6. ⑥에 설치되어야 할 기기의 심벌을 그리고, 그 명칭을 쓰시오.
7. ⑦에 설치되어야 할 기기의 심벌을 그리고, 그 명칭을 쓰시오.

해답 1 • 심벌 : LS • 명칭 : 선로개폐기

2 • 심벌 : 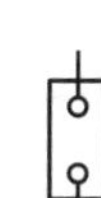 • 명칭 : 차단기

3 • 심벌 : 

• 명칭 : 주변압기 비율차동계전기

4 • 심벌 :  • 명칭 : 피뢰기

5 • 심벌 :  • 명칭 : 피뢰기

6 • 심벌 : 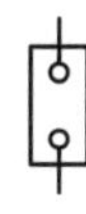 • 명칭 : 차단기

7 • 심벌 : • 명칭 : 계기용 변압기

TIP

① 심벌은 단선도를 기준으로 할 것
② 명칭은 우리말로 쓸 것
- OA : 유입 자냉식
- FA : 유입 풍냉식
- OW : 유입 수냉식
- AN : 건식 자냉식
- AF : 건식 풍냉식

33 그림은 3상 4선식 22.9[kV] 수전설비 단선결선도이다. 다음 각 물음에 답하시오.

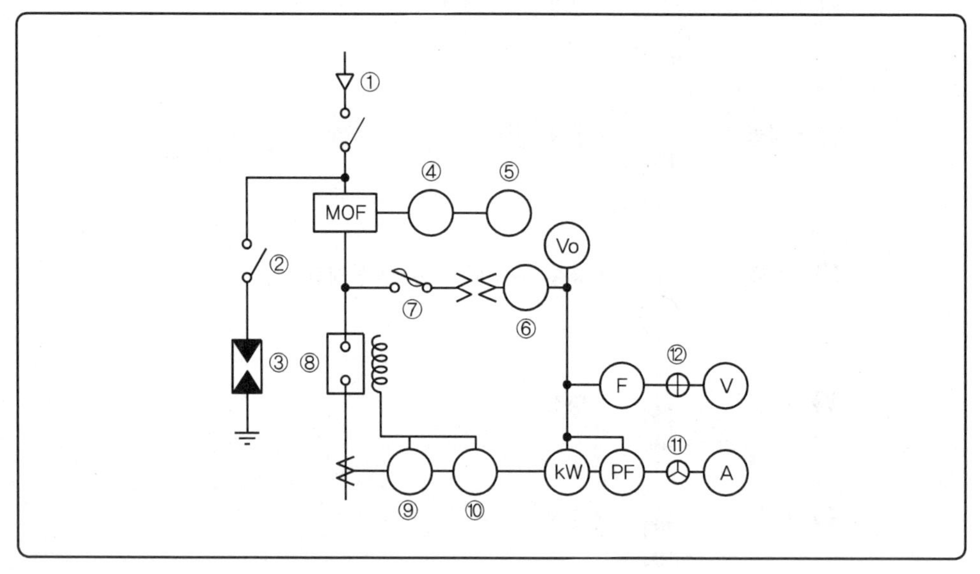

1. ①의 심벌의 용도를 쓰시오.
2. ②의 심벌의 명칭과 용도를 쓰시오.
3. ③의 심벌의 명칭과 용도를 쓰시오.
4. ④부터 ⑫까지의 심벌의 명칭을 쓰시오.

해답
1. 용도 : 케이블의 단말처리
2. • 명칭 : 단로기
   • 용도 : 피뢰기 전원개방
3. • 명칭 : 피뢰기
   • 용도 : 뇌전류를 대지로 방전시키고 속류를 차단
4. ④ 최대수요전력량계 ⑤ 무효전력량계
   ⑥ 지락과전압계전기 ⑦ 전력퓨즈 또는 컷아웃스위치
   ⑧ 교류차단기 ⑨ 과전류계전기
   ⑩ 지락과전류계전기 ⑪ 전류계용 전환개폐기
   ⑫ 전압계용 전환개폐기

14 비율차동계전기(RDF ; Ratio Differential Relay)

1) 목적

변압기 내부사고(단락, 지락) 시 차전류에 의해 동작하는 것

2) 비율차동계전기의 결선 및 부분 명칭과 기능

① **동작코일** : 변압기 내부코일의 층간 단락, 지락사고 시 1차와 2차의 전류차로 동작하여 차단기를 개로시킨다.

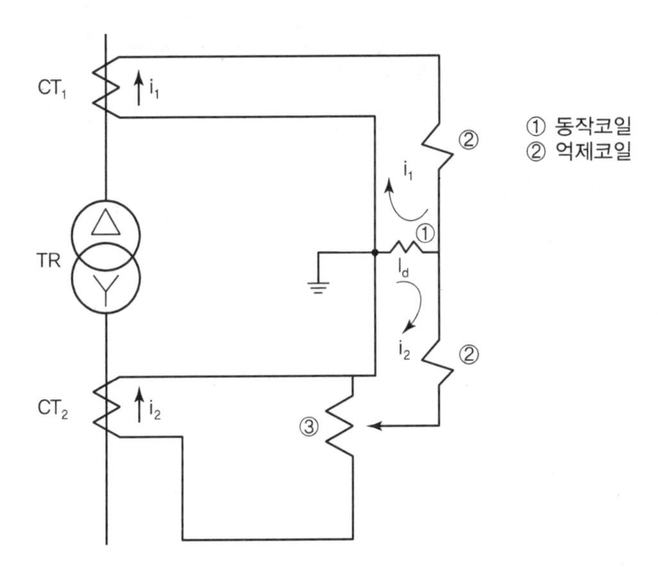

㉠ 정상 시 $I_d = i_1 - i_2 = 0$이면 부동작

㉡ 고장 시 $I_d = i_1 - i_2 \neq 0$ 아니면 차전류가 흘러서 동작

② **억제코일** : 외부 사고 시 과대 전류가 동작코일에 흐르더라도 억제코일 전류에 대한 비율이 어떤 값(30%) 이상이 되어야만 동작하기 때문에 이 전류를 30%로 억제시킨다.(차단기 개폐 시 과도 돌입 전류 억제)

③ **보상변류기** : 주 변압기 1차 전압과 2차 전압의 크기가 다르기 때문에 비율차동계전기 2차에 흐르는 전류의 크기도 달라진다. 이 전류의 크기를 같게 하기 위하여 내부 또는 외부에 보상 CT를 설치하여 **1차와 2차의 전류차를 보상**한다.

④ **오동작 억제대책**

㉠ 감도저하법

㉡ Trip Lock법

㉢ 고조파 억제법

⑤ **비율차동계전기의 탭 설정**

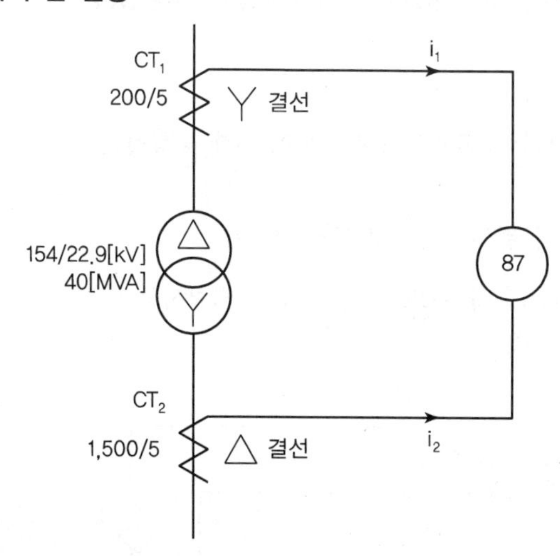

$$\mathrm{CT_1} = \frac{40 \times 10^3}{\sqrt{3} \times 154} \times 1.5 \text{ 여유} = 224.95 \qquad \therefore 200/5$$

$$\mathrm{CT_2} = \frac{40 \times 10^3}{\sqrt{3} \times 22.9} \times 1.5 = 1512.75 \qquad \therefore 1,500/5$$

$$i_1 = \frac{40 \times 10^3}{\sqrt{3} \times 154} \times \frac{5}{200} = 3.75[\mathrm{A}]$$

$$i_2 = \frac{40 \times 10^3}{\sqrt{3} \times 22.9} \times \frac{5}{1500} \times \sqrt{3} = 5.82[\mathrm{A}]$$

$$i_1 = \frac{40 \times 10^3}{\sqrt{3} \times 154}$$

㉠ 보상변류기 탭 설정

i_2 전류계산기 CT의 결선이 △결선이므로 $I_l = \sqrt{3}\, I_p$관계에서 $\sqrt{3}$을 곱해야 한다.

∴ 보상변류기 탭 $= \frac{3.75}{5.82} \times 100 = 64.43$ 턴에 선정

㉡ 보상 변류기를 전류가 큰 쪽에 설치하는 이유

계전기에 흐르는 전류가 계전기 정격전류 이하가 되도록 결정하여 CT 및 계전기 부담을 작게 해준다.

⑥ **87B** : 모선보호 비율차동계전기

87G : 발전기용 비율차동계전기

87T : 주변압기 비율차동계전기

3) 비율차동계전기의 C.T결선 방법

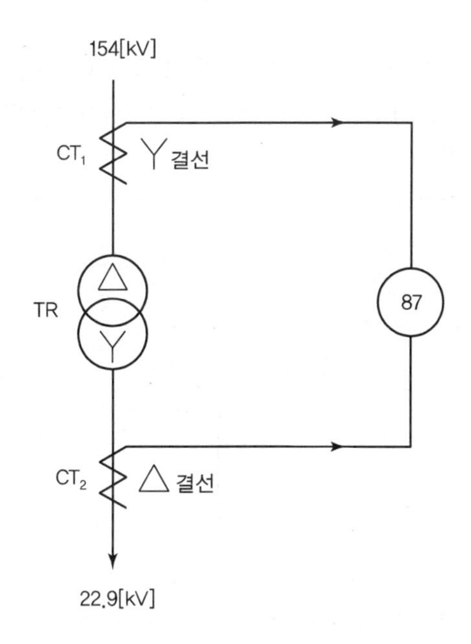

4) 보호 계전방식에 의한 분류

① 모선 보호 계전기

㉠ 전압 차동 계전기　　㉡ 전류 차동 계전기

㉢ 거리 계전기　　㉣ 위상 비교 계전기

㉤ 전력 방향 계전기

② 송전 선로의 보호 계전기

㉠ 거리 계전기 : 동작 시간이 고장점까지의 거리에 따라 변환되는 계전기

㉡ 반송 계전방식 : 전력선에 반송파를 보내 고장 발생 시 송수전 양단을 고속 차단하는 방식

㉢ 표시선 계전방식 : 고장 발생 시 고장점의 위치에 상관없이 송수 양단에서 고속 차단하는 방식(방향비교, 전압방향, 전류순환)

핵심 과년도 문제

34 **답안지의 그림은 1, 2차 전압이 66/22[kV]이고, Y-△결선된 전력용 변압기이다. 1, 2차에 CT를 이용하여 변압기의 비율차동계전기를 동작시키려고 한다. 주어진 도면을 이용하여 다음 각 물음에 답하시오.**

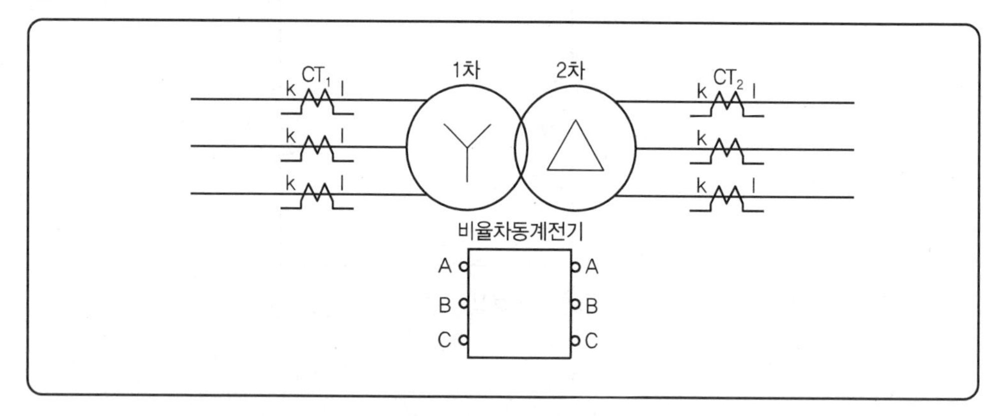

1 CT와 비율차동계전기의 결선을 주어진 도면에 완성하시오.

2 1차 측 CT의 권수비를 200/5로 했을 때 2차 측 CT의 권수비는 얼마가 좋은지를 쓰고, 그 이유를 설명하시오.

3 변압기를 전력 계통에 투입할 때 여자 돌입 전류에 의한 비율차동계전기의 오동작을 방지하기 위하여 이용되는 비율차동계전기의 종류(또는 방식)를 한 가지만 쓰시오.

4 우리나라에서 사용되는 CT의 극성은 일반적으로 어떤 극성의 것을 사용하는가?

해답 1

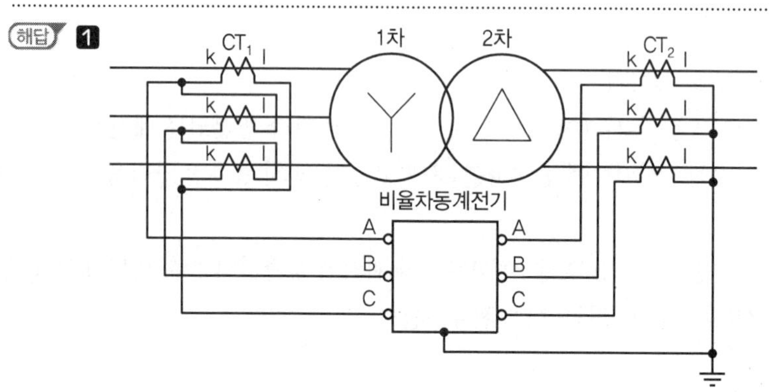

2 1차 전압이 3배 크므로 2차 측 전류가 3배 크다.

$$\frac{200}{5} \times 3 = \frac{600}{5}$$

답 600/5 선정

3 감도저하법

4 감극성

TIP

① 변압기의 권선이 Y-△이므로 CT_1은 △결선 CT_2는 Y결선한다.
② 오동작 방지법
- 감도저하법
- Trip Rook 법
- 고조파 억제법

35 그림은 발전기의 단락 보호 계전방식의 도면이다. 이 도면을 보고 다음 각 물음에 답하시오.

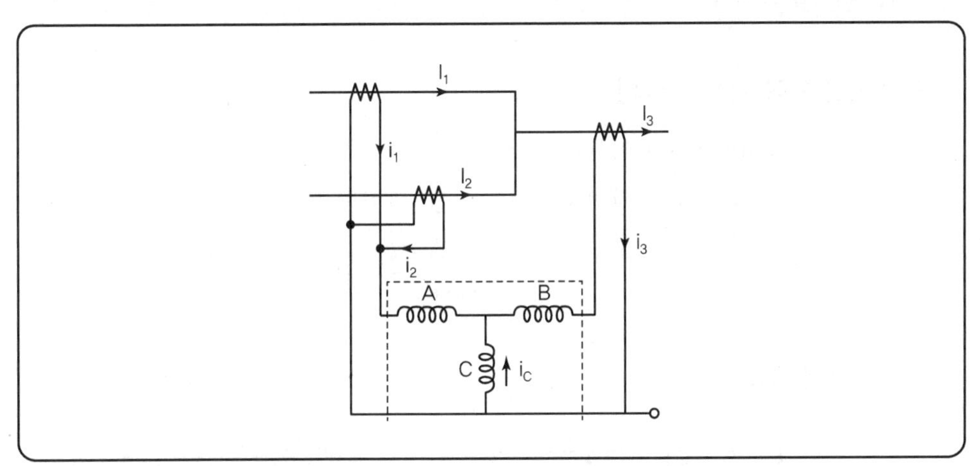

1 점선 안의 계전기 명칭은?
2 A, B, C 코일의 명칭을 쓰시오.
3 발전기에 상간 단락이 생길 때 코일 C의 전류 i_C는 어떻게 표현되는가?

해답 **1** 비율차동계전기
2 A : 억제코일
B : 억제코일
C : 동작코일
3 $i_C = |(i_1 + i_2) - i_3|$

15 SC(Static Condenser, 전력용 콘덴서)

앞선 무효전력을 공급하여 부하 측 역률개선의 역할을 한다.

1) 콘덴서의 역률개선 시 다음과 같은 효과를 얻을 수 있다.

① 변압기, 배전선의 손실 저감(전력손실 저감)
② 설비용량의 여유 증가(설비 이용률 증가)
③ 전압강하 경감
④ 전기요금 절감

2) 콘덴서 용량 계산식[kVA]

$Q = P \times (\tan\theta_1 - \tan\theta_2)$

여기서, $\tan\theta_1$: 개선 전 역률, $\tan\theta_2$: 개선 후 역률

$$= P[\mathrm{kW}] \times \left(\frac{\sqrt{1 - \cos^2\theta_1}}{\cos\theta_1} - \frac{\sqrt{1 - \cos^2\theta_2}}{\cos\theta_2} \right) [\mathrm{kVA}]$$

3) 역률개선 원리

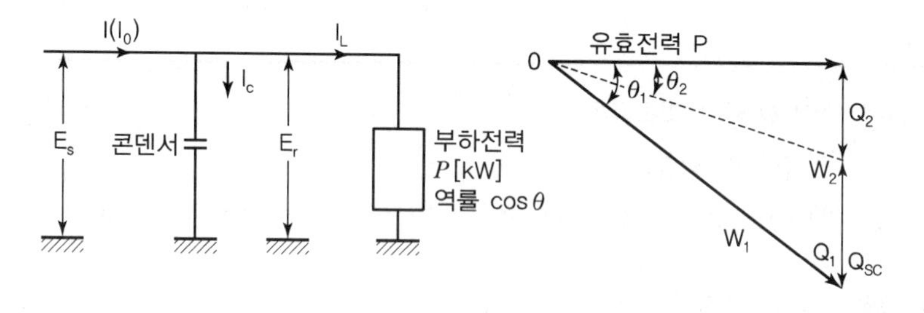

위 그림에서
P : 유효전력
W_1 : 개선 전의 피상전력
W_2 : 개선 후의 피상전력
Q_1 : 부하 측에서 소비된 무효전력의 합
Q_2 : 전력회사에서 공급받는 무효전력
Q_{SC} : 전력용 콘덴서로부터 공급받는 무효전력

4) SC 뱅크 수 결정

① **300[kVA] 이하** : 1개군 설치
② **300[kVA] 초과~600[kVA] 이하** : 2개군 설치

③ **600[kVA] 초과** : 3개군 설치

5) 콘덴서 보호장치

① OCR(과전류계전기) : 콘덴서의 단락사고 보호
② OVR(과전압계전기) : 선로의 과전압 시 보호
③ UVR(부족전압계전기) : 선로의 부족전압(상시전원 정전 시) 보호

6) 콘덴서 설치 시 주의사항

① **콘덴서 과보상 시 나타나는 현상**
㉠ 모선전압의 상승
㉡ 전력손실 증가
㉢ 고조파 왜곡 증대
㉣ 역률 저하
㉤ 계전기 오동작

② 콘덴서는 개폐 시에 다음과 같은 특이 현상이 일어나므로 주의하여야 한다.
㉠ 콘덴서를 투입할 때 돌입 전류에 의한 변류기 2차 회로의 과전압 유발
㉡ 콘덴서 투입 시 모선의 순시 전압 강하
㉢ 콘덴서를 개방할 때 개폐기의 극 간(회복전압에 의한) 재점호 현상
③ 진상 콘덴서는 일반 전기기기와는 달리 현상 전부하 상태로 운전하고 있다. 따라서 주위 온도에 대해서는 충분히 유의하고 경우에 따라서는 환기를 하여야 한다.
④ 콘덴서는 현장조작 개폐기 또는 이에 상당하는 **개폐기보다 부하 측에 설치**할 것

7) 역률 유지

① 부하 역률을 기준으로 **90[%] 이상**으로 유지하여야 한다.
② 수용가는 90[%] 초과 역률에 대하여 95[%]까지는 초과하는 매 1[%]에 대하여 기본요금의 0.2[%]씩을 감액한다. 수용가의 역률이 90[%]에 미달하는 경우에는 미달하는 매 1[%]에 대하여 기본요금의 0.2[%]씩을 전기요금으로 추가한다.

8) 콘덴서 제어방식의 종류

① 부하전류에 의한 제어
② 수전점 역률에 의한 제어
③ 모선 전압에 의한 제어
④ 프로그램에 의한 제어
⑤ 특성부하 개폐 신호에 의한 제어
⑥ 수전점 무효전력에 의한 제어

9) 콘덴서 회로의 부속 기기별 역할

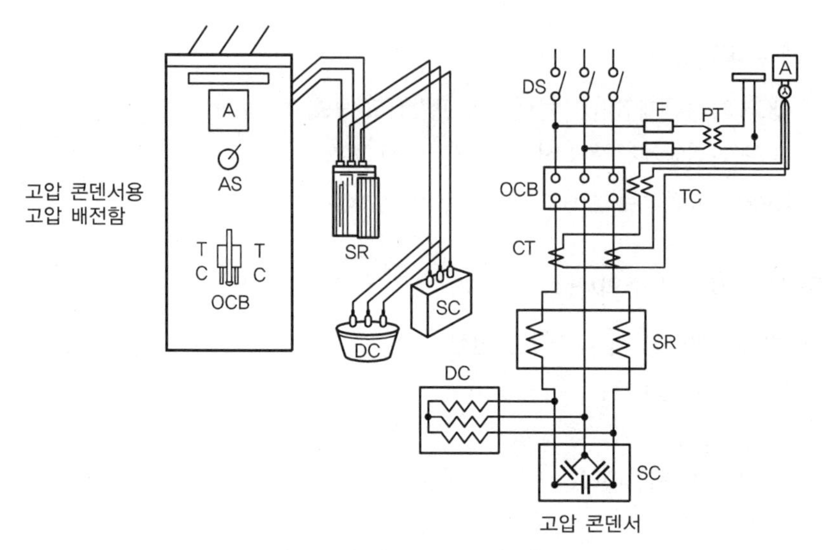

| 콘덴서 회로의 부속 기기 |

① **직렬 리액터**(SR ; Series Reactor)

㉠ 목적

- 제5고조파를 제거
- 콘덴서 투입 시 돌입전류 방지
- 개폐 시 계통의 과전압 억제
- 고조파에 의한 계전기 오동작 방지

㉡ **직렬 리액터 용량** : 이론상은 콘덴서 용량의 4[%], 실제상은 주파수 변동을 고려하여 콘덴서 용량은 6[%]

② **방전코일**(DS ; Discharging Coil)

콘덴서 전원 개방 시 **잔류전압을 방전**하여 인체의 감전사고를 방지하고 재투입 시 콘덴서에 걸리는 과전압을 방지한다.

③ **전력용 콘덴서**(SC ; Static Condenser)

앞선 무효전력을 공급하여 **부하의 역률을 개선**한다.

핵심 과년도 문제

36 **부하전력이 4,000[kW], 역률 80[%]인 부하에 전력용 콘덴서 1,800[kVA]를 설치하였다. 이때 다음 각 물음에 답하시오.**

1 역률은 몇 [%]로 개선되었는가?

2 부하설비의 역률이 90[%] 이하일 경우(즉, 낮은 경우) 수용가 측면에서 어떤 손해가 있는지 3가지만 쓰시오.

3 전력용 콘덴서와 함께 설치되는 방전코일과 직렬 리액터의 용도를 간단히 설명하시오.

해답 **1** 계산 : 무효전력 $Q = 4{,}000 \times \dfrac{0.6}{0.8} = 3{,}000[\text{kVar}]$

$$\cos\theta = \frac{4{,}000}{\sqrt{4{,}000^2 + (3{,}000 - 1{,}800)^2}} \times 100 = 95.78[\%]$$

답 95.78[%]

2 ① 전력손실이 커진다.
② 전압강하가 커진다.
③ 전기요금이 증가한다.

3 • 방전 코일 : 전원 개방 시 콘덴서에 축적된 잔류전하 방전
• 직렬 리액터 : 제5고조파를 제거하여 파형 개선

TIP

① $Q = P\tan\theta$

② $\cos\theta = \dfrac{P}{\sqrt{P^2 + (Q - Q_c)^2}} \times 100$

여기서, P : 유효전력
Q : 무효전력
Q_c : 콘덴서 용량

37 그림은 고압 진상용 콘덴서 설치도이다. 다음 물음에 답하시오.

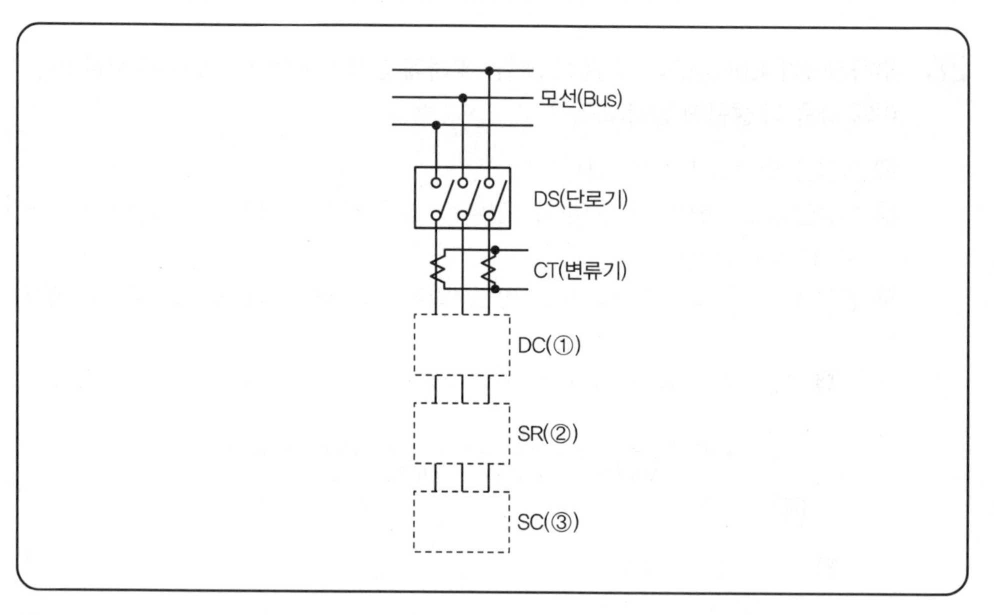

1 ①, ②, ③의 명칭을 우리말로 쓰시오.

① (　　　　　), ② (　　　　　), ③ (　　　　　)

2 ①, ②, ③의 설치 이유를 쓰시오.

①

②

③

3 ①, ②, ③의 회로를 완성하시오.

①　　　　　②　　　　　③

해답 **1** ① 방전 코일, ② 직렬 리액터, ③ 전력용 콘덴서

2 ① 전원 개방 시 콘덴서에 잔류전하 방전

② 제5고조파 제거

③ 역률 개선

3 ①　②　③

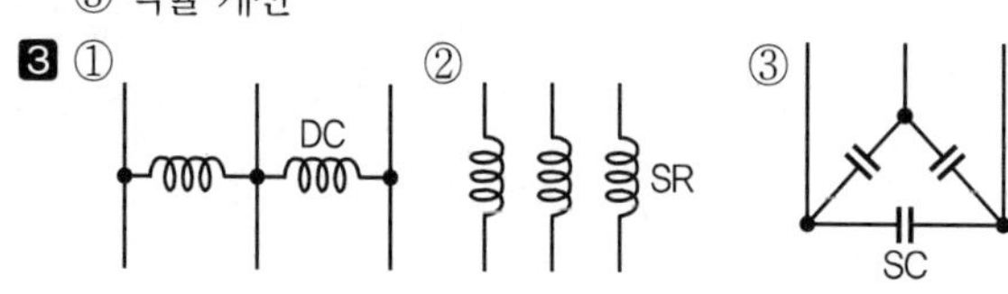

TIP

약호(DC, SR, SC)가 주어지지 않은 상태에서 회로를 완성해 보세요.

38 다음 계통도에서 (1), (2), (3)의 명칭과 역할을 간단히 설명하시오.

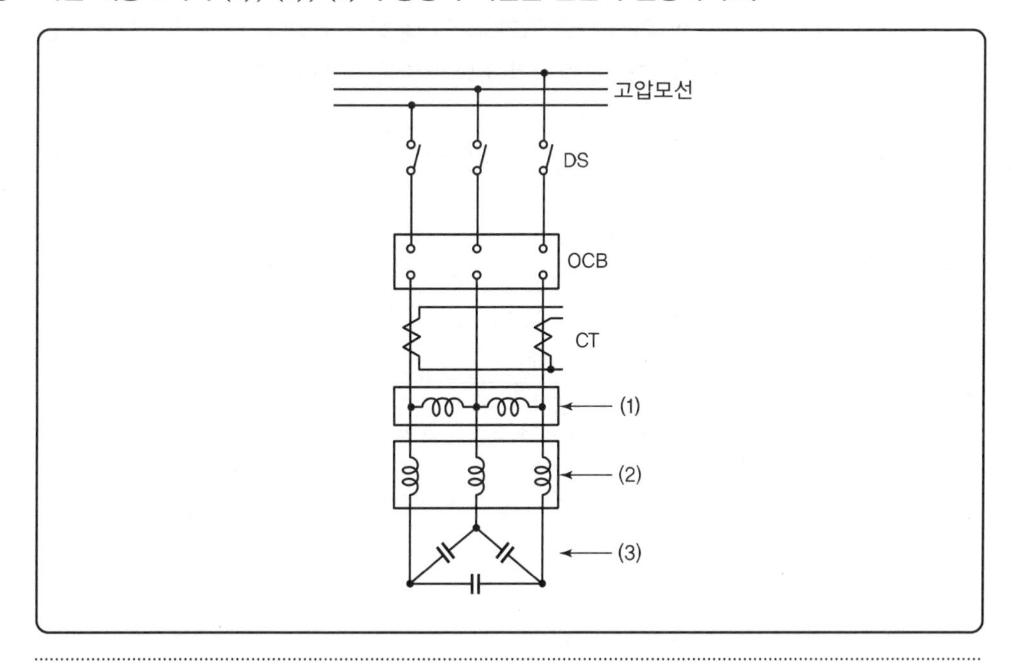

해답 (1) 방전 코일(DC) : 전원(콘덴서 회로) 개방 시 잔류전하를 방전하여 인체의 감전사고를 방지
(2) 직렬 리액터(SR) : 제5고조파를 제거하여 전압의 파형 개선
(3) 전력용 콘덴서(SC) : 진상무효전력을 공급하여 부하의 역률 개선

TIP

방전코일, 직렬리액터 그림도 암기할 것!

39 전력용 콘덴서를 통해 역률 과보상 시 나타나는 현상 3가지를 쓰시오.

해답 ① 모선 전압의 상승
② 계전기 오동작
③ 고조파 왜곡의 증대
그 외
④ 송전 손실 증가

40 어느 수용가가 당초 역률(지상) 80[%]로 60[kW]의 부하를 사용하고 있었는데 새로이 역률(지상) 60[%]로 40[kW]의 부하를 증가해서 사용하게 되었다. 이때 콘덴서로 합성역률을 90[%]로 개선하려고 할 경우 콘덴서의 소요 용량은 몇 [kVA]인가?

해답 계산 : 60[kW]의 무효전력 $Q_1 = 60 \times \dfrac{0.6}{0.8} = 45[\text{kVA}]$

40[kW]의 무효전력 $Q_2 = 40 \times \dfrac{0.8}{0.6} = 53.33[\text{kVA}]$

합성유효분=60+40=100[kW]

합성무효분=45+53.33=98.33[kVA]

합성역률 $\cos\theta_1 = \dfrac{100}{\sqrt{100^2 + 98.33^2}} = 0.713$

$\cos\theta_2$를 0.9로 개선하기 위한 콘덴서 용량 Q_C

$$= 100\left[\frac{\sqrt{1-0.713^2}}{0.713} - \frac{\sqrt{1-0.9^2}}{0.9}\right] = 49.908[\text{kVA}]$$

답 49.91[kVA]

TIP

$Q_C = P(\tan\theta_1 - \tan\theta_2)[\text{kVA}]$

여기서, P : 유효전력[kW]

41 3상 200[V], 20[kW], 역률 80[%]인 부하의 역률을 개선하기 위하여 15[kVA]의 진상 콘덴서를 설치하는 경우 전류의 차(역률 개선 전과 역률 개선 후)는 몇 [A]가 되겠는가?

해답 계산 : ① 역률 개선 전 전류 I_1

$$I_1 = \frac{20{,}000}{\sqrt{3} \times 200 \times 0.8} = 72.17[\text{A}]$$

② 역률 개선 후 전류 I_2

- 콘덴서 설치 후 무효전력 $Q = P\tan\theta - Q_c = 20 \cdot \dfrac{0.6}{0.8} - 15 = 0[\text{kVar}]$
- 콘덴서 설치 후 역률 $\cos\theta_2 = \dfrac{P}{\sqrt{P^2 + Q^2}} = \dfrac{20}{\sqrt{20^2 + 0^2}} = 1$
- 역률 개선 후 전류 $I_2 = \dfrac{20{,}000}{\sqrt{3} \times 200 \times 1} = 57.74[\text{A}]$

③ 차전류 $I = I_1 - I_2 = 72.17 - 57.74 = 14.43[\text{A}]$

답 14.43[A]

TIP

$$I = \frac{P}{\sqrt{3}\,V\cos\theta}$$

42 정격용량 500[kVA]의 변압기에서 배전선의 전력손실을 40[kW]로 유지하면서 부하 L_1, L_2에 전력을 공급하고 있다. 지금 그림과 같이 전력용 콘덴서를 기존 부하와 병렬로 연결하여 합성 역률을 90[%]로 개선하고 새로운 부하를 증설하려고 할 때 다음 물음에 답하시오.(단, 여기서 부하 L_1은 역률 60[%], 180[kW]이고, 부하 L_2의 전력은 120[kW], 160[kVar]이다.)

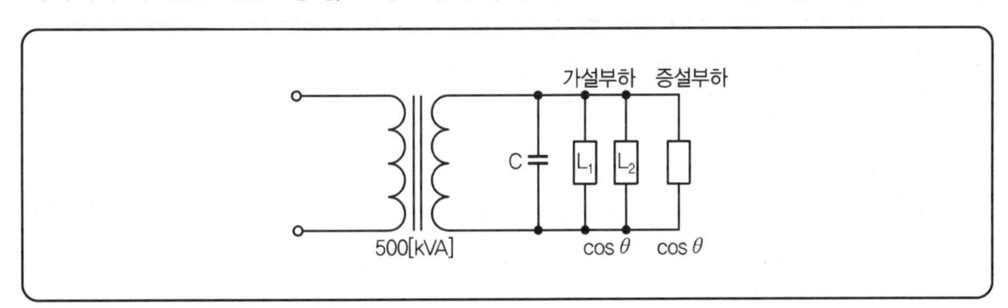

1 부하 L_1과 L_2의 합성용량[kVA]과 합성역률은?
① 합성용량　　② 합성역률

2 역률 개선 시 변압기 용량의 한도까지 부하설비를 증설하고자 할 때 증설부하용량은 몇 [kW]인가?

해답 **1** ① 합성용량

계산 : 유효전력 $P = P_1 + P_2 = 180 + 120 = 300[\text{kW}]$

무효전력 $Q = Q_1 + Q_2 = P_1 \tan\theta_1 + Q_2$

$$= 180 \times \frac{0.8}{0.6} + 160 = 400[\text{kVar}]$$

합성용량 $P_a = \sqrt{P^2 + Q^2} = \sqrt{300^2 + 400^2} = 500[\text{kVA}]$　　답 500[kVA]

② 합성역률

계산 : $\cos\theta = \frac{P}{P_a} \times 100 = \frac{300}{\sqrt{300^2 + 400^2}} \times 100 = 60[\%]$　　답 60[%]

2 계산 : 증설부하용량을 ΔP라 하면

역률 개선 후 총 유효전력 $P_o = P_a \cos\theta = 500 \times 0.9 = 450[\text{kW}]$

증설부하용량 $\Delta P = P_o - P_H = 450 - (180 + 120 + 40) = 110$

여기서, P_H : 역률 개선 전 전력

답 110[kW]

43 그림과 같은 3상 배전선에서 변전소(A점)의 전압은 3,300[V], 중간(B점) 지점의 부하는 50[A], 역률 0.8(지상), 말단(C점)의 부하는 50[A], 역률 0.8이다. A와 B 사이의 길이는 2[km], B와 C 사이의 길이는 4[km]이며, 선로의 [km]당 임피던스는 저항 0.9[Ω], 리액턴스 0.4[Ω]이라고 할 때 다음 각 물음에 답하시오.

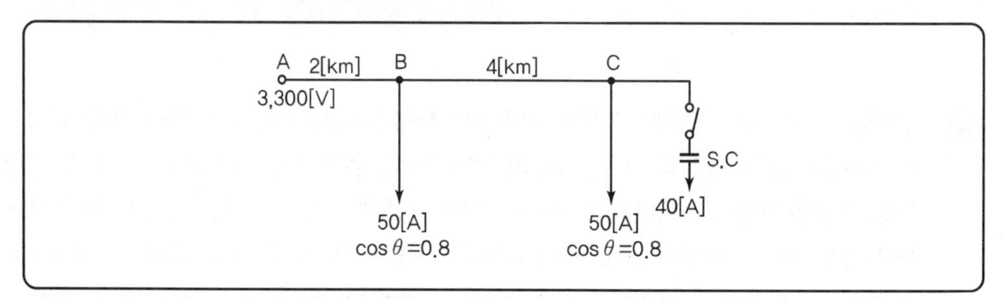

1 이 경우의 B점과 C점의 전압은 몇 [V]인가?

① B점의 전압

② C점의 전압

2 C점에 전력용 콘덴서를 설치하여 진상 전류 40[A]를 흘릴 때 B점과 C점의 전압은 각각 몇 [V]인가?

① B점의 전압

② C점의 전압

3 전력용 콘덴서를 설치하기 전과 후의 선로의 전력 손실을 구하시오.

① 전력용 콘덴서 설치 전

② 전력용 콘덴서 설치 후

해답 **1** 콘덴서 설치 전 B, C점의 전압

① B점의 전압

계산 : $V_B = V_A - \sqrt{3} I_1 (R_1 \cos\theta + X_1 \sin\theta)$

$= 3{,}300 - \sqrt{3} \times 100(0.9 \times 2 \times 0.8 + 0.4 \times 2 \times 0.6) = 2{,}967.45[V]$

답 2,967.45[V]

② C점의 전압

계산 : $V_C = V_B - \sqrt{3} I_2 (R_2 \cos\theta + X_2 \sin\theta)$

$= 2{,}967.45 - \sqrt{3} \times 50(0.9 \times 4 \times 0.8 + 0.4 \times 4 \times 0.6) = 2{,}634.9[V]$

답 2,634.9[V]

2 콘덴서 설치 후 B, C점의 전압

① B점의 전압

계산 : $V_B = V_A - \sqrt{3}\{I_1 \cos\theta \cdot R_1 + (I_1 \sin\theta - I_C) \cdot X_1\}$

$= 3{,}300 - \sqrt{3} \times \{100 \times 0.8 \times 1.8 + (100 \times 0.6 - 40) \times 0.8\} = 3{,}022.87[V]$

답 3,022.87[V]

② C점의 전압

계산 : $V_C = V_B - \sqrt{3} \times \{I_2 \cos\theta \cdot R_2 + (I_2 \sin\theta - I_C) \cdot X_2\}$

$= 3{,}022.87 - \sqrt{3} \times \{50 \times 0.8 \times 3.6 + (50 \times 0.6 - 40) \times 1.6\} = 2{,}801.17[V]$

답 2,801.17[V]

3 전력 손실

① 콘덴서 설치 전

계산 : $P_{L1} = 3I_1^2R_1 + 3I_2^2R_2 = 3 \times 100^2 \times 1.8 + 3 \times 50^2 \times 3.6 = 81{,}000[W] = 81[kW]$

답 81[kW]

② 콘덴서 설치 후

계산 : $I_1 = \sqrt{(100 \times 0.8)^2 + (100 \times 0.6 - 40)^2} = 82.46[A]$

$I_2 = \sqrt{(50 \times 0.8)^2 + (50 \times 0.6 - 40)^2} = 41.23[A]$

$\therefore\ P_{L2} = 3 \times 82.46^2 \times 1.8 + 3 \times 41.23^2 \times 3.6 = 55{,}080 = 55.08[kW]$

답 55.08[kW]

TIP

① 3상 전력손실 $= 3I^2R$

② 콘덴서 전류 = 진상무효전류$(-I_C)$

44 그림과 같은 송전계통 S점에서 3상 단락사고가 발생하였다. 주어진 도면과 조건을 참고하여 고장점 및 차단기를 통과하는 단락전류를 구하시오.

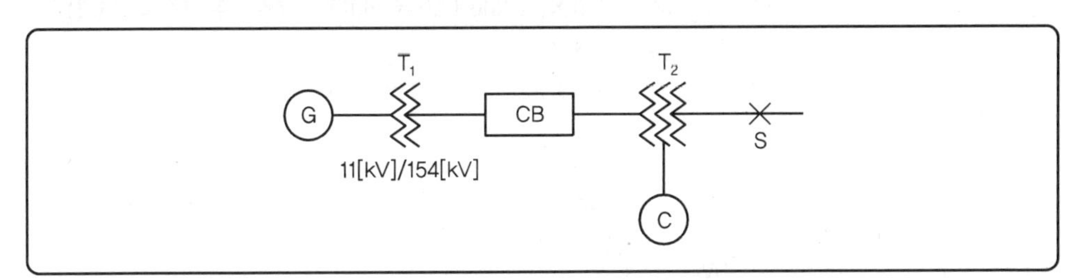

번호	기기명	용량	전압	%X
1	발전기(G)	50,000[kVA]	11[kV]	30
2	변압기(T_1)	50,000[kVA]	11/154[kV]	12
3	송전선	–	154[kV]	10(10,000[kVA] 기준)
4	변압기(T_2)	1차 25,000[kVA]	154[kV]	12(25,000[kVA] 기준, 1차~2차)
		2차 30,000[kVA]	77[kV]	15(25,000[kVA] 기준, 2차~3차)
		3차 10,000[kVA]	11[kV]	10.8(10,000[kVA] 기준, 3차~1차)
5	조상기(C)	10,000[kVA]	11[kV]	20(10,000[kVA])

1 고장점의 단락전류

2 차단기의 단락전류

해답 **1** 계산 : $I_s = \frac{100}{\%Z} \times I_n$에서 %Z를 구하기 위해서 먼저 100[MVA]로 환산

- G의 $\%X = \frac{100}{50} \times 30 = 60[\%]$
- T_1의 $\%X = \frac{100}{50} \times 12 = 24[\%]$
- 송전선의 $\%X = \frac{100}{10} \times 10 = 100[\%]$
- C의 $\%X = \frac{100}{10} \times 20 = 200[\%]$
- T_2의 %X

1~2차 : $\frac{100}{25} \times 12 = 48[\%]$

2~3차 : $\frac{100}{25} \times 15 = 60[\%]$

3~1차 : $\frac{100}{10} \times 10.8 = 108[\%]$

1차$= \frac{48+108-60}{2} = 48[\%]$

2차$= \frac{48+60-108}{2} = 0[\%]$

3차$= \frac{60+108-48}{2} = 60[\%]$

G에서 T_2 1차까지 $\%X_1 = 60+24+100+48 = 232[\%]$

C에서 T_2 3차까지 $\%X_3 = 200+60 = 260[\%]$ (조상기는 3차 측 연결)

합성 $\%Z = \frac{\%X_1 \times \%X_3}{\%X_1 + \%X_3} + \%X_2 = \frac{232 \times 260}{232+260} + 0 = 122.6[\%]$

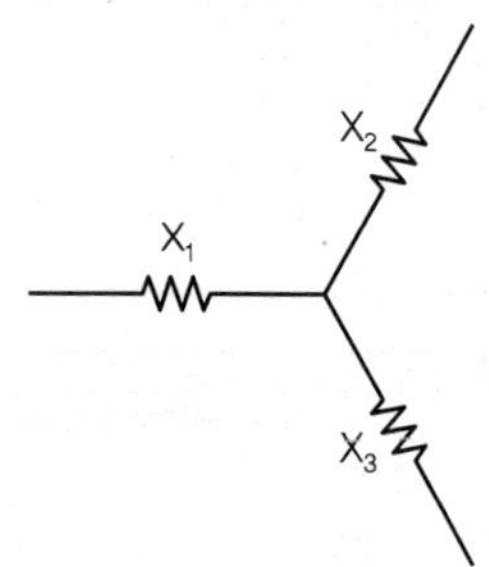

고장점의 단락전류 $I_s = \frac{100}{122.6} \times \frac{100 \times 10^3}{\sqrt{3} \times 77} = 611.59[A]$

답 611.59[A]

2 계산 : 전류분배의 법칙을 이용하여

$I_{s1}' = I_s \times \dfrac{\%X_3}{\%X_1 + \%X_3} = 611.59 \times \dfrac{260}{232+260}$ 을 구한 후,

전류와 전압의 반비례 관계를 이용하여 154[kV]를 환산하면

차단기의 단락전류 $I_s' = 611.59 \times \dfrac{260}{232+260} \times \dfrac{77}{154} = 161.6[A]$

답 161.6[A]

45 수용가의 수전설비의 결선도이다. 다음 물음에 답하시오.

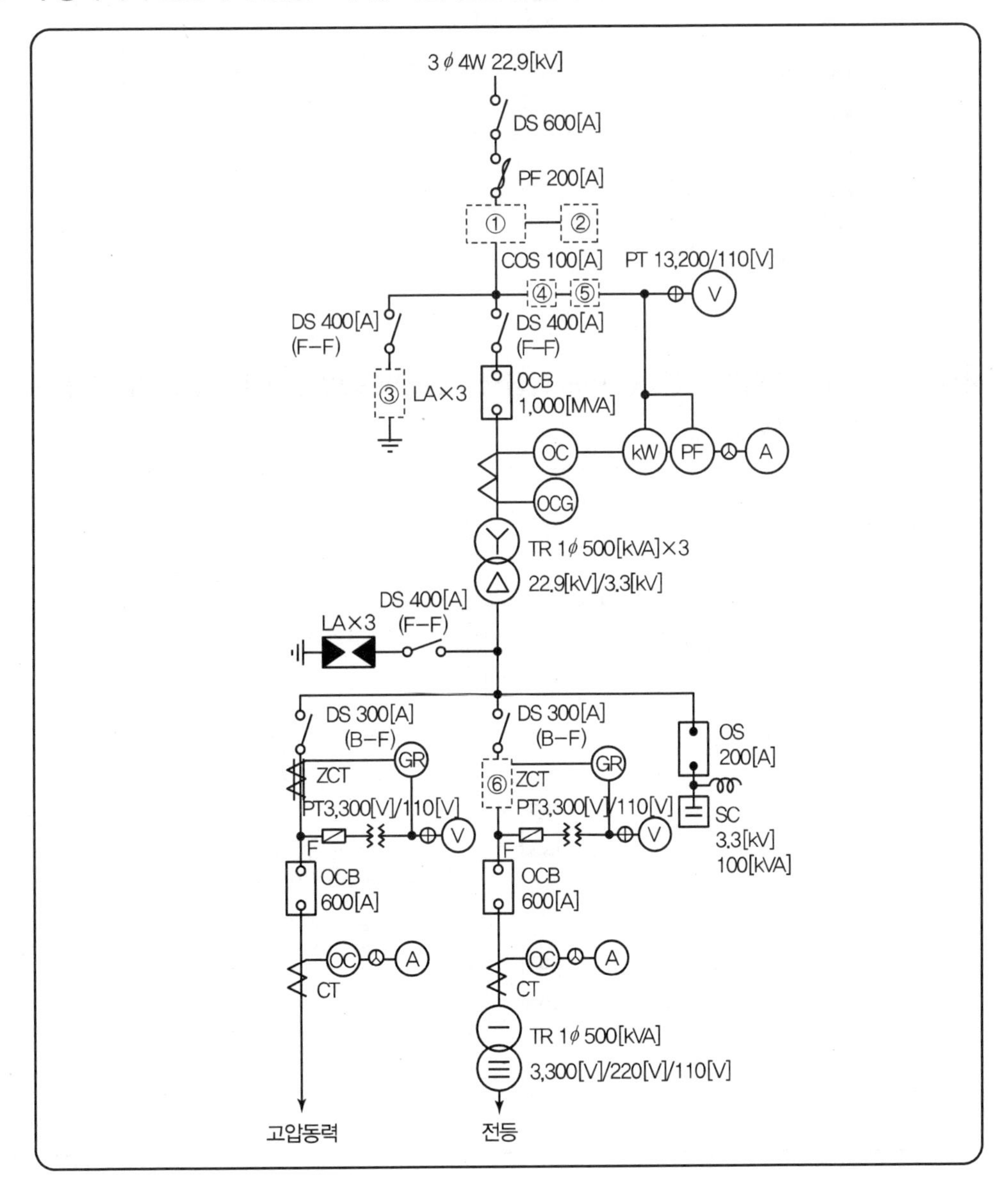

1 미완성 결선도에 심벌을 넣어 도면을 완성하시오.
2 22.9[kV] 측의 DS의 정격전압[kV]은?
3 22.9[kV] 측의 LA의 정격전압[kV]은?
4 3.3[kV] 측의 옥내용 PT는 주로 어떤 형을 사용하는가?
5 22.9[kV] 측 CT의 변류비는?(단, 1.25배의 값으로 변류비를 결정한다.)

해답 1

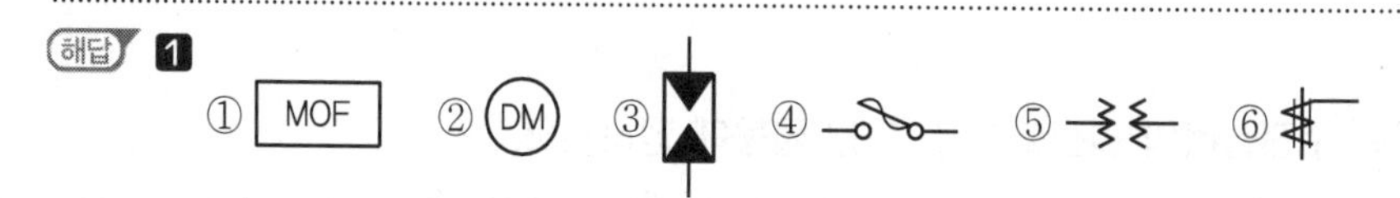

2 25.8[kV]
3 18[kV]
4 몰드형
5 계산 : $I = \frac{500 \times 3}{\sqrt{3} \times 22.9} \times 1.25 = 47.27$

답 50/5

46 그림은 154[kV]를 수전하는 어느 공장의 수전설비 도면의 일부분이다. 이 도면을 보고 각 물음에 답하시오.

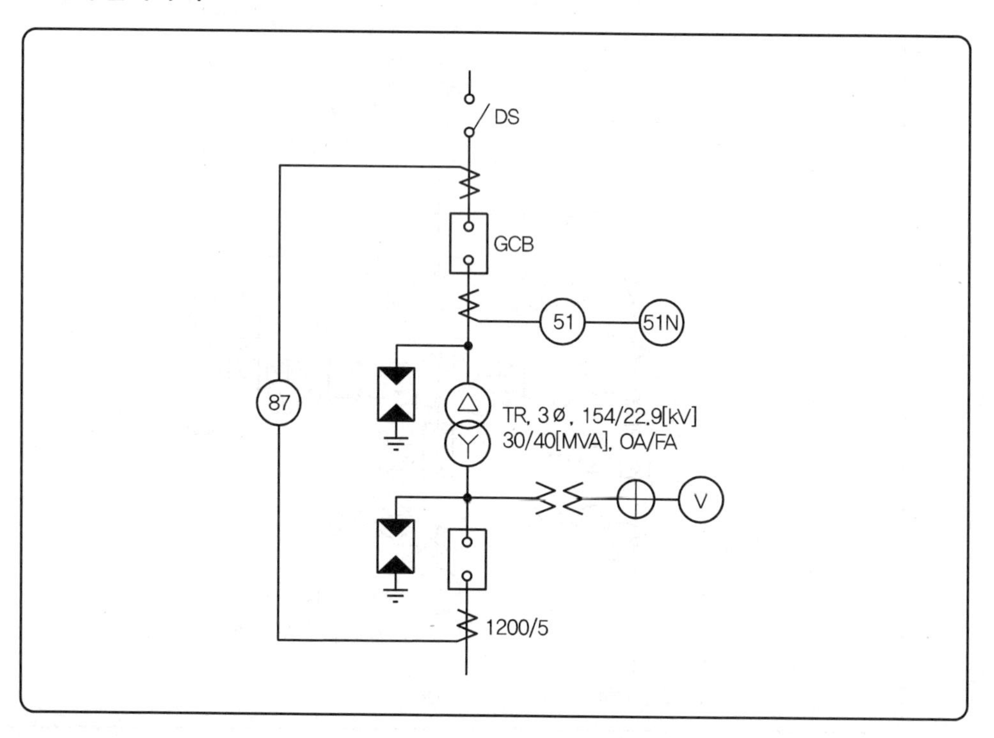

1 그림에서 87과 51N의 명칭은 무엇인가?
① 87
② 51N

2 154/22.9[kV] 변압기에서 FA 용량기준으로 154[kV] 측의 전류와 22.9[kV] 측의 전류는 몇 [A]인가?
① 154[kV] 측
② 22.9[kV] 측

3 GCB에는 주로 어떤 절연재료를 사용하는가?

4 △-Y 변압기의 복선도를 그리시오.

해답 **1** ① 비율차동계전기
② 중성점 과전류계전기

2 ① 계산 : $I = \dfrac{40,000}{\sqrt{3} \times 154} = 149.96\,[A]$

답 149.96[A]

② 계산 : $I = \dfrac{40,000}{\sqrt{3} \times 22.9} = 1,008.47\,[A]$

답 1,008.47[A]

3 SF_6(육불화유황) 가스

4

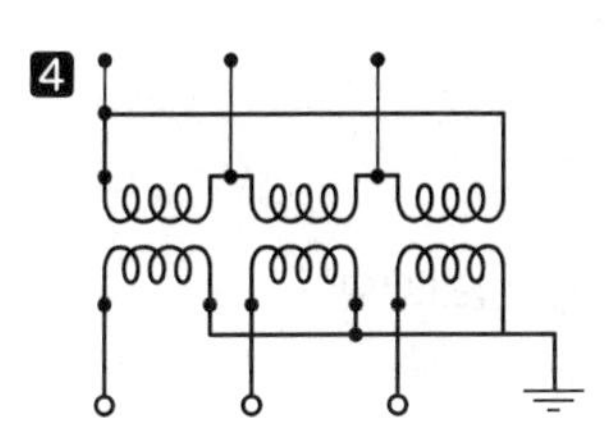

TIP

① FA : 유입풍냉식, OA : 유입자냉식
② 40[MVA] 기준
③ Y결선은 중성점을 접지할 것

47 도면은 154[kV]를 수전하는 어느 공장의 수전설비에 대한 단선도이다. 이 단선도를 보고 다음 각 물음에 답하시오.

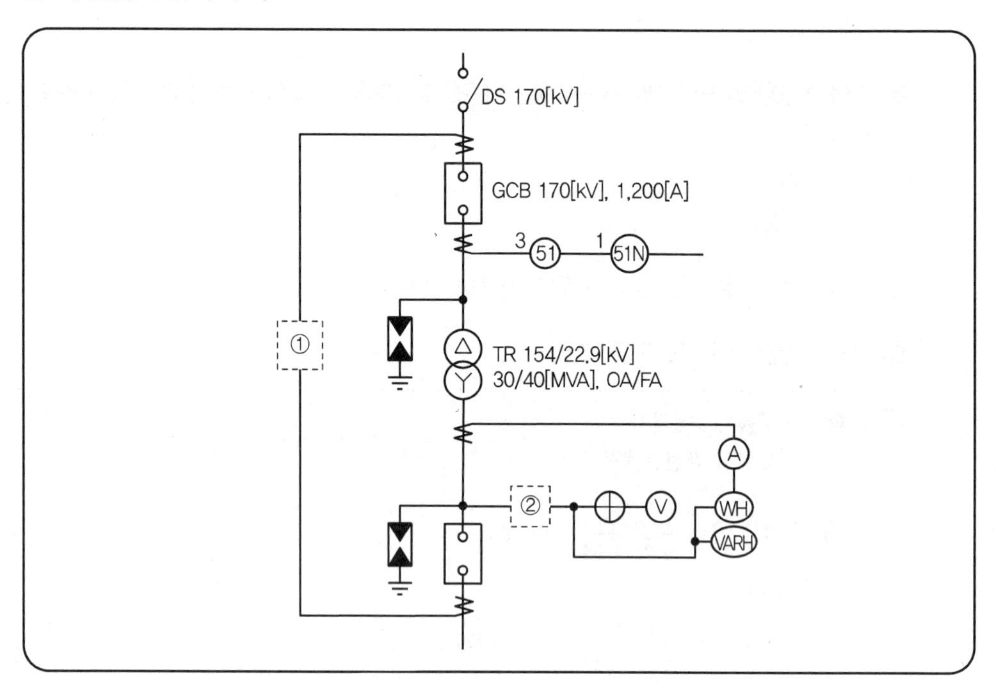

1 ①에 설치되어야 할 기기의 심벌을 그리고, 그 명칭을 쓰시오.
2 ②에 설치되어야 할 기기의 심벌을 그리고, 그 명칭을 쓰시오.
3 변압기에 표시되어 있는 OA/FA의 의미를 쓰시오.
4 22.9[kV] 계통에서 CT의 변류비는 얼마인가?
5 CT와 51, 51N 계전기의 복선도를 완성하시오.
6 154/22.9[kV]로 표시되어 있는 주변압기 복선도를 그리시오.

해답 1 • 심벌 : 87T

• 명칭 : 주변압기 비율차동 계전기

2 • 심벌 : 

• 명칭 : 계기용 변압기

3 OA : 유입자냉식
FA : 유입풍냉식

4 $I = \frac{40 \times 10^3}{\sqrt{3} \times 22.9} \times (1.25 \sim 1.5) = 1{,}008.47 \times (1.25 \sim 1.5) = 1{,}260.59 \sim 1{,}512.7$[A]

답 1,500/5

5

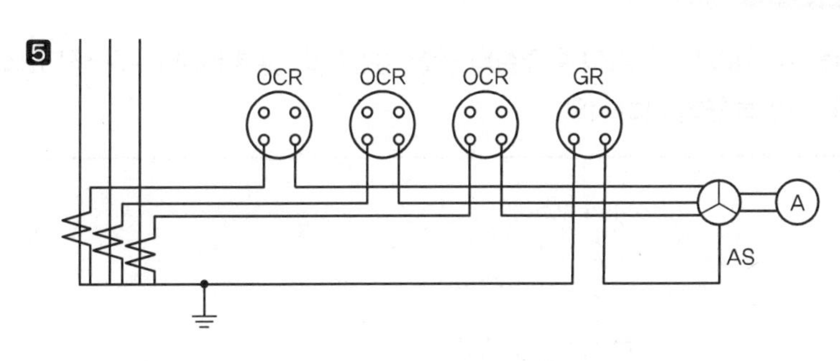

6

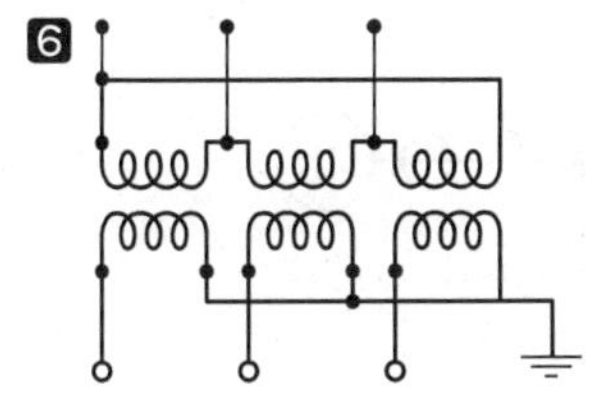

48 도면은 어느 154[kV] 수용가의 수전설비 단선 결선도의 일부분이다. 주어진 표와 도면을 이용하여 다음 각 물음에 답하시오.

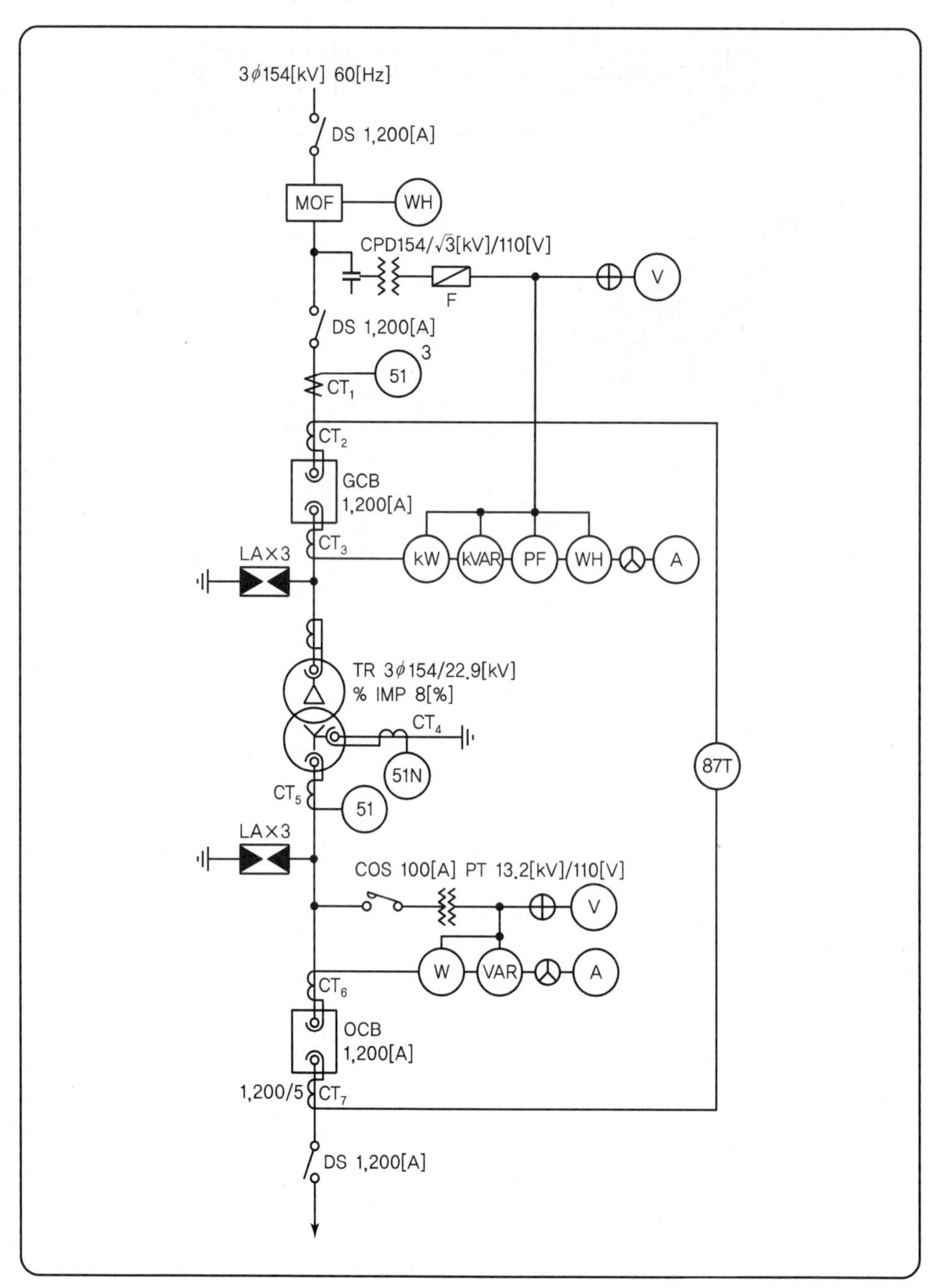

| CT의 정격 |

1차 정격 전류[A]	200	400	600	800	1,200	1,500
2차 정격 전류[A]	5					

1. 변압기 2차 부하설비 용량이 51[MW], 수용률이 70[%], 부하역률이 90[%]일 때 도면의 변압기 용량은 몇 [MVA]가 되는가?
2. 변압기 1차 측 DS의 정격전압은 몇 [kV]인가?
3. CT_1의 비는 얼마인지를 계산하고 표에서 선정하시오.
4. GCB 내에서 주로 사용되는 가스의 명칭을 쓰시오.
5. OCB의 정격 차단전류가 23[kA]일 때, 이 차단기의 차단용량은 몇 [MVA]인가?
6. 과전류 계전기의 정격부담이 9[VA]일 때 이 계전기의 임피던스는 몇 [Ω]인가?
7. CT_7 1차 전류가 600[A]일 때 CT_7의 2차에서 비율차동계전기의 단자에 흐르는 전류는 몇 [A]인가?

해답 1. 계산 : $\text{변압기 용량} = \dfrac{\text{설비용량[MW]} \times \text{수용률}}{\text{역률}} = \dfrac{51 \times 0.7}{0.9} = 39.67[\text{MVA}]$

답 39.67[MVA]

2. 170[kV]

3. 계산 : $\text{CT의 1차 전류} = \dfrac{39.67 \times 10^6}{\sqrt{3} \times 154 \times 10^3} = 148.72[\text{A}] \times 1.25\text{배} = 186[\text{A}]$

답 200/5

4. SF_6(육불화황)

5. 계산 : $P_s = \sqrt{3}\, V_n I_s [\text{MVA}] = \sqrt{3} \times 25.8 \times 23 = 1{,}027.8[\text{MVA}]$

답 1,027.8[MVA]

6. 계산 : $P = I^2 Z$

$$\therefore\ Z = \frac{P}{I^2} = \frac{9}{5^2} = 0.36[\Omega]$$

답 0.36[Ω]

7. 계산 : $I_2 = 600 \times \dfrac{5}{1{,}200} \times \sqrt{3} = 4.33[\text{A}]$

답 4.33[A]

TIP

① 비율차동계전기 87T의 CT_7 결선이 Δ결선을 해야 하므로 $\sqrt{3}$ 배를 곱한다.
② 변압기용량은 표준값을 적용하지 말 것!

49 그림과 같은 특고압 간이 수전설비에 대한 결선도를 보고 다음 각 물음에 답하시오.

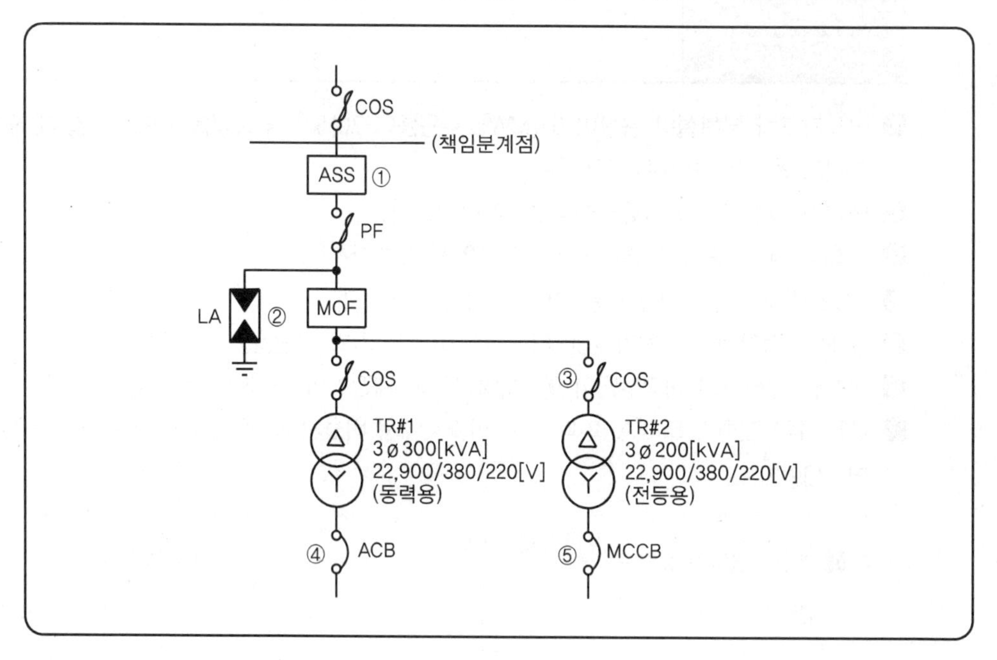

1 수전실의 형태를 Cubicle Type으로 할 경우 고압반(HV : High voltage) 4면과 저압반(LV : Low voltage) 2면으로 구성된다. 수용되는 기기의 명칭을 각각 쓰시오.

2 ①, ②, ③의 정격전압과 정격전류를 구하시오.
① ASS, ② LA, ③ COS

3 ④, ⑤ 차단기의 용량(AF, AT)은 어느 것을 선정하면 되겠는가?(단, 역률은 100[%]로 계산한다.)

해답 **1** • 고압반 : 피뢰기, 전력 수급용 계기용 변성기, 전등용 변압기, 동력용 변압기, 컷아웃스위치, 전력퓨즈
• 저압반 : 기중 차단기, 배선용 차단기

2 ① 정격전압 : 25.8[kV], 정격전류 : 200[A]
② 정격전압 : 18[kV], 정격전류 : 2,500[A]
③ 정격전압 : 25[kV] 또는 25.8[kV], 정격전류 : 100[AF], 8[A]

3 ④ 계산 : $I_1 = \dfrac{300 \times 10^3}{\sqrt{3} \times 380} = 455.82[A]$

답 AF : 630[A], AT : 600[A]

⑤ 계산 : $I_1 = \dfrac{200 \times 10^3}{\sqrt{3} \times 380} = 303.87[A]$

답 AF : 400[A], AT : 350[A]

TIP

➤ ACB, MCCB(AT, AF) 차단기 용량

AF	AT
400	250, 300, 350, 400
630	400(ACB), 500(MCCB), 630(600)
800	700, 800
1,000	1,000
1,200	1,200

50 그림은 자가용 수변전설비 주회로의 절연저항 측정시험에 대한 기기 배치도이다. 다음 각 물음에 답하시오.

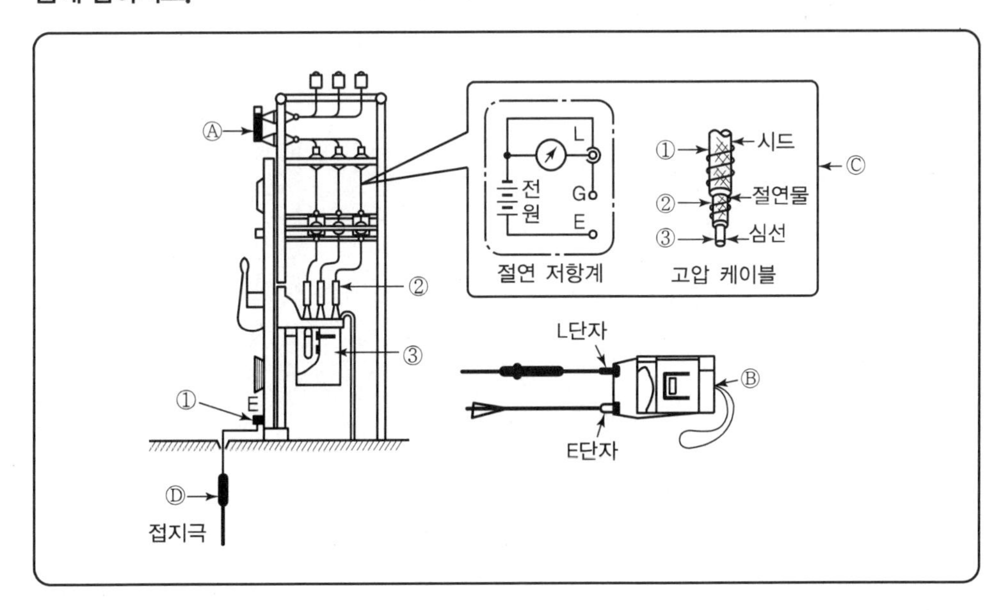

1. 절연저항 측정에서 기기 Ⓐ의 명칭과 개폐상태는?
2. 기기 Ⓑ의 명칭은?
3. 절연저항계의 L단자, E단자 접속에서 맞는 것은?
4. 절연저항계의 지시가 잘 안정되지 않을 때는?
5. Ⓒ의 고압케이블과 절연저항 단계의 접속에서 맞는 것은?
6. 접지극 Ⓓ의 접지공사의 종류는? ※ **KEC 규정에 따라 삭제**

해답
1. 명칭 : 단로기, 개폐상태 : 개방
2. 절연 저항계(메거)
3. L단자 : ②, E단자 : ①
4. 1분 후 재측정한다.
5. L단자 : ③, G단자 : ②, E단자 : ①
6. ※ **KEC 규정에 따라 삭제**

TIP

케이블의 절연저항은 시드(외장), 절연물, 심선 3곳을 접속하여 측정한다.

ENGINEER ELECTRIC WORK

전기공사

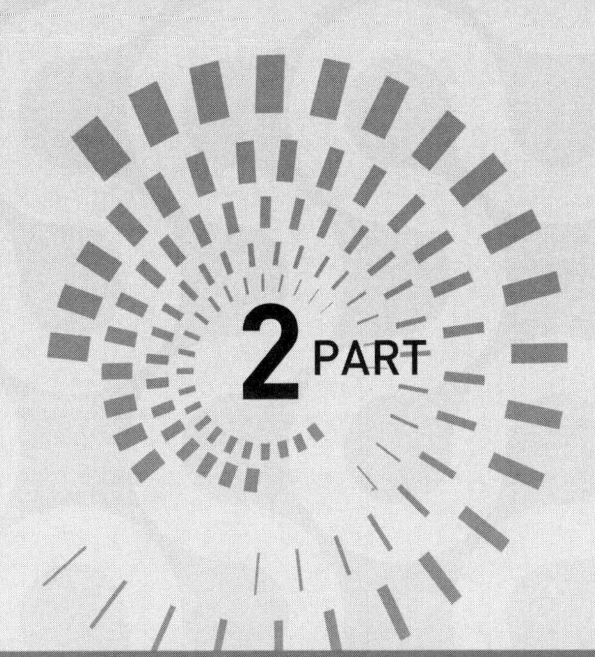

Chapter 01 공사단답

1 전기설비

1) 전압

① 전압의 구분

㉠ 저압 : 직류 1,500[V], 교류 1,000[V] 이하
㉡ 고압 : 저압을 넘고 7,000[V] 이하
㉢ 특고압 : 7,000[V] 초과

② 100[V]에서 220[V]로 승압할 경우의 장단점

㉠ 장점
- 공급전력이 2.2배 증대(P=VI)
- 전력손실이 79.33% 감소
- 전압강하율이 79.33% 감소
- 전선량이 감소

㉡ 단점
- 시설비의 증가
- 인축접지사고의 증가
- 유도장해의 증가

2) 전선

① 전선의 선정 조건 : 허용전류, 전압강하, 기계적 강도

② 전선의 구비 조건

㉠ 비중이 작을 것
㉡ 도전율이 클 것
㉢ 가설하기 용이할 것
㉣ 기계적 강도가 클 것
㉤ 내부식성이 있을 것
㉥ 경제적일 것

③ 전선의 규격과 종류

| KSC 전선규격 |

종류	전선의 굵기										
mm	1.6	2.0	2.6	3.2								
mm^2	2.0	3.5	5.5	8	14	22	38	60	100	150	200	250

| KSC IEC 규격 |

종류	전선의 굵기						
mm	1.38	1.78	2.25	2.76	3.56		
mm^2	1.5	2.5	4	6	10	16	25
35	50	70	95	120	150	185	240

약 호	명 칭
NR	450 / 750V 일반용 단심 비닐절연전선
NF	450 / 750V 일반용 유연성 단심 비닐절연전선
NRI (70)	300 / 500V 기기 배선용 단심 비닐절연전선(70[℃])
NFI (70)	300 / 500V 기기 배선용 유연성 단심 비닐절연전선(70[℃])
NRI (90)	300 / 500V 기기 배선용 단심 비닐절연전선(90[℃])
NFI (90)	300 / 500V 기기 배선용 유연성 단심 비닐절연전선(90[℃])
HFIX	450 / 750V 저독성 난연 가교폴리올레핀 절연전선(90[℃])
HFIO	450 / 750V 저독성 난연 폴리올레핀 절연전선(90[℃])
HLPC	300 / 300V 내열성 연질 비닐시스코드(90[℃])
HOPC	300 / 500V 내열성 범용 비닐시스코드(90[℃])
HRS	300 / 500V 내열 실리콘 고무절연전선(180[℃])

* 연선 계산식

$$N = 3n(n+1)+1\,[\text{가닥}]$$

여기서, N : 소선 수, n : 층 수

$$D = (2n+1)d\,[\text{mm}]$$

여기서, D : 전선의 지름, d : 소선의 지름

$$A = \frac{\pi}{4}d^2 N\,[\text{mm}^2]$$

여기서, A : 전선의 단면적

④ **전압 강하 및 전선 굵기**

㉠ 전압 강하 계산

ⓐ 조건

- 교류의 경우 역률 $\cos\theta = 1$
- 각상 부하 평형
- 전선의 도전율은 97[%]

$$e_1 = IR = I \times \rho \frac{L}{A} = I \times \frac{1}{58} \times \frac{100}{C} \times \frac{L}{A}$$
$$= I \times \frac{1}{58} \times \frac{100}{97} \times \frac{L}{A} = 0.0178 \times \frac{L}{A} = \frac{17.8LI}{1,000A}$$

전기 방식	전압 강하		전선 단면
단상 3선식, 직류 3선식, 3상 4선식	$e_1 = IR$	$e_1 = \frac{17.8LI}{1,000A}$	$A = \frac{17.8LI}{1,000e_1}$
단상 2선식 및 직류 2선식	$e_2 = 2IR = 2e_1$	$e_2 = \frac{35.6LI}{1,000A}$	$A = \frac{35.6LI}{1,000e_2}$
3상 3선식	$e_3 = \sqrt{3}IR = \sqrt{3}e_1$	$e_3 = \frac{30.8LI}{1,000A}$	$A = \frac{30.8LI}{1,000e_3}$

여기서, A : 전선의 단면적[mm^2]

e_1 : 외측선 또는 각 상의 1선과 중성선 사이의 전압 강하[V]

e_2, e_3 : 각 선간의 전압 강하[V]

L : 전선 1본의 길이[m]

C : 전선의 도전율(97[%])

㉡ 전압과의 관계

ⓐ 전압 강하

단상 2선식 $e = 2I(R\cos\theta + X\sin\theta)$ [V]

단상 3선식, 3상 4선식 $e = I(R\cos\theta + X\sin\theta)$ [V]

3상 3선식 $e = \sqrt{3}I(R\cos\theta + X\sin\theta) = \frac{P}{V}(R + X\tan\theta)$ [V]

여기서, X : 전선 1선의 리액턴스[Ω], I : 전류[A]

R : 전선 1선의 저항[Ω], P : 전력[W], V : 전압[V]

ⓑ 전압강하율

$$\delta = \frac{V_S - V_R}{V_R} \times 100 = \frac{e}{V_R} \times 100 \qquad \delta = \frac{P}{V^2}(R + X\tan\theta) \rightarrow \delta \propto \frac{1}{V^2}$$

여기서, V_S : 송전단전압[V], V_R : 수전단전압[V]

ⓒ 전압변동률

$$\varepsilon = \frac{V_{R0} - V_R}{V_R} \times 100$$

여기서, V_{R0} : 무부하시 수전단전압[V], V_R : 전부하시 수전단전압[V]

3) 전력계통

① 1ϕ3w 시설 기준

㉠ 중성선에 접지시설 및 동시개폐기 시설

㉡ 중성선에 퓨즈 넣지 않는다.

※ 저압 밸런서의 역할 : 중성선 단선시 설비 불평형률 개선

② 전기방식에 따른 전선량

방식	1ϕ 2w 전선량이 100%일 경우	절약량
1ϕ3w	3/8=37.5% 소요	62.5%
3ϕ3w	3/4=75.0% 소요	25.0%
3ϕ4w	4/12=33.3% 소요	66.7%

4) 부하설비용량 산정

① 부하설비용량의 산정식

(표준부하×바닥면적)+(부분부하×부분면적)+가산부하

② 건축물에 따른 표준부하

건물의 종류	표준 부하[VA/m^2]
공장, 교회당, 사원, 극장 등	10
기숙사, 하숙집, 여관, 호텔, 병원 등	20
주택, 아파트, 사무소, 은행, 상점 등	30(40)

③ 건물에서의 부분부하

건물 부분	부분 부하[VA/m^2]
낭하, 계단, 화장실, 창고	5
저장실, 강당, 관객석	10

④ 표준 부하에 따라 산출한 수치에 가산하여야 할 [VA] 수

㉠ 주택, 아파트(1세대마다)에 대하여는 500~1,000[VA]

㉡ 상점의 진열창에 대하여는 진열창 폭 1[m]에 대하여 300[VA]

㉢ 옥외의 광고등, 전광사인, 네온사인등의 [VA] 수

⑤ **분기회로 수**

$$\text{분기회로 수} = \frac{\text{표준 부하 밀도}[\text{VA/m}^2] \times \text{바닥 면적}[\text{m}^2]}{\text{전압}[\text{V}] \times \text{분기회로의 전류}[\text{A}]}$$

※ 계산결과에 소수가 발생하면 절상할 것

※ 대형 전기 기계 · 기구에 대하여는 별도로 전용 분기회로로 만들 것

5) 간선의 수용률

① **옥내 배선의 설계에 있어서 간선의 굵기를 선정할 때 전등 및 소형 전기기계 · 기구 용량의 합계가 10[kVA]를 넘을 때**

㉠ 학교, 사무실, 은행 등 → 70%의 수용률 적용

㉡ 주택, 기숙사, 여관 등 → 50%의 수용률 적용

② **수용가 설비의 인입구로부터 기기까지의 전압강하**

| 수용가설비의 전압강하 |

설비의 유형	조명[%]	기타[%]
A-저압으로 수전하는 경우	3	5
B-고압 이상으로 수전하는 경우[a]	6	8

[주]
a : 가능한 한 최종회로 내의 전압강하가 A 유형의 값을 넘지 않도록 하는 것이 바람직하다.
사용자의 배선설비가 100[m]를 넘는 부분의 전압강하는 미터당 0.005[%] 증가할 수 있으나 이러한 증가분은 0.5[%]를 넘지 않아야 한다.

③ 다음의 경우에는 위의 표보다 더 큰 전압강하를 허용할 수 있다.

㉠ 기동시간 중의 전동기

㉡ 돌입전류가 큰 기타 기기

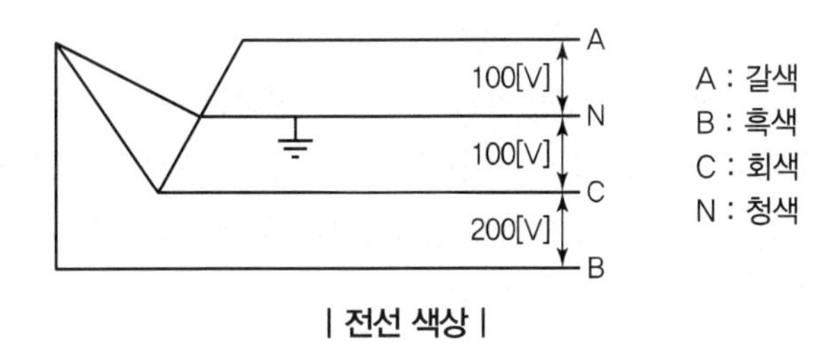

| 전선 색상 |

6) 부하와의 관계

① 수용률

$$\text{수용률} = \frac{\text{최대수용전력[kW]}}{\text{설비용량[kW]}} \times 100$$

② 부하율

$$\text{부하율} = \frac{\text{평균수용전력[kW]}}{\text{최대수용전력[kW]}} \times 100$$

※ 부하율이 클수록 그에 대한 공급설비가 유효하게 사용됨

③ 부등률

$$\text{부등률} = \frac{\text{각개 최대 수용전력의 합(설비용량} \times \text{수용률)[kW]}}{\text{합성최대 수용전력[kW]}}$$

7) 설비 불평형 부하 제한

① 저압 수전의 단상 3선식

$$\text{설비 불평형률} = \frac{\text{중성선과 각 전압측 전선 간에 접속하는 부하설비 용량[kVA]의 차}}{\text{총 부하설비 용량[kVA]의 1/2}} \times 100[\%]$$

여기서, 불평형률은 40[%] 이하이어야 한다.

② 저압, 고압 및 특별고압 수전의 3상 3선식 또는 3상 4선식

$$\text{설비 불평형률} = \frac{\text{각 선간에 접속되는 단상 부하 총 부하설비 용량[kVA]의 최대와 최소의 차}}{\text{총 부하설비 용량[kVA]의 1/3}} \times 100[\%]$$

여기서, 불평형률은 30[%] 이하이어야 한다.

㉠ 30%를 초과할 수 있는 경우

- 저압수전에서 전용변압기 등으로 수전하는 경우
- 고압 및 특별고압 수전에서는 100[kVA] 이하의 단상부하인 경우
- 고압 및 특별고압 수전에는 단상부하 용량의 최대와 최소의 차가 100[kVA] 이하인 경우
- 특별고압 수전에서 100[kVA] 이하의 단상 변압기 2대로 역V결선하는 경우

㉡ 특별고압 및 고압수전에서 대용량의 단상전기로 등의 사용에서 저항의 제한에 따르기 어려울 때는 전기사업자와 협의하여 다음 각 호에 의하여 포설한다.

- 단상부하 1개의 경우에는 2차 역V결선에 의할 것. 다만, 300[kVA] 이하인 경우
- 단상부하 2개의 경우에는 스코트 결선에 의할 것. 다만, 300[kVA] 이하인 경우
- 단상부하 3개의 경우에는 가급적 선로 전류가 평형이 되도록 각 선 간에 부하를 접속할 것

8) 부하공용에 대한 전선이 허용 전류

I = (일반부하전류 + 심야전력부하의 전류) × 중첩률[A] 이상

9) 직선부하에서의 부하 중심점까지 거리

$$L = \frac{L_1 I_1 + L_2 I_2 + L_3 I_3}{I_1 + I_2 + I_3} \text{ [m]}$$

2 절연 및 접지공사

1) 저압 전로의 절연저항 및 누설전류 제한

① 절연저항값

전로의 사용전압[V]	DC시험전압[V]	절연저항[MΩ]
SELV 및 PELV	250	0.5
FELV, 500[V] 이하	500	1.0
500[V] 초과	1,000	1.0

[주] 특별저압(Extra Low Voltage : 2차 전압이 AC 50[V], DC 120[V] 이하)으로 SELV(비접지회로 구성) 및 PELV(접지회로 구성)는 1차와 2차가 전기적으로 절연된 회로, FELV는 1차와 2차가 전기적으로 절연되지 않은 회로

SPD 또는 기타 기기 등은 측정 전에 분리시켜야 하고, 부득이하게 **분리가 어려운 경우**에는 시험전압을 **250[V]** DC로 낮추어 측정할 수 있지만 절연저항 값은 **1[M] 이상**이어야 한다.

② 누설전류의 제한

사용전압이 저압인 전로에서 정전이 어려운 경우 등 절연저항 측정이 곤란한 경우에는 저항성 누설전류를 **1[mA] 이하**로 유지하여야 한다.

2) 절연내력시험

① 고압 및 특고압 기계 · 기구의 절연내력 시험(10분간 인가)

구분		배수	최저전압
비접지식	7,000[V] 이하	최대사용전압×1.5배	500[V]
	60,000[V] 이하	최대사용전압×1.25배	10,500[V]
중성점 비접지	60,000[V] 초과	최대사용전압×1.25배	×
중성점 다중접지	25,000[V] 이하	최대사용전압×0.92배	×
중성점 접지식	60,000[V] 초과	최대사용전압×1.1배	75,000[V]
중성점 직접 접지식	170,000[V] 이하	최대사용전압×0.72배	×
	170,000[V] 초과	피뢰기 설치 有 최대사용전압×0.72배	×
		피뢰기 설치 無 최대사용전압×0.64배	

㉠ 전로 : 교류시험전압 기준(단, 케이블인 경우는 교류시험전압의 2배)

㉡ 정류기 절연내력시험 전압(연속 10분간)

- 최대사용전압 60,000[V] 이하 : 직류측 최대사용전압의 1배의 교류전압-충전부분과 외함 간
- 최대사용전압 60,000[V] 초과 : 교류측의 최대사용전압의 1.1배의 교류전압 또는 직류측의 최대사용전압의 1.1배의 직류전압-교류측 및 직류 고전압측 단자와 대지 간

㉢ 연료전지 및 태양전지 모듈 절연내력시험 : 1.5배 직류전압 또는 1배의 교류전압

※ 전로의 경우 직류시험전압은 교류시험전압의 2배, 중성점비접지 및 회전기는 7[kV] 이상은 1.25배

3) 접지공사

① **목적**

고저압 혼촉 시 저압선 전위 상승 억제, 기기의 지락사고 발생 시 사람에게 걸리는 분담전압의 억제, 선로로부터 유도에 의한 감전 방지, 이상전압 억제에 의한 절연계급 저감 보호장치의 동작 확실화

② **세부분류**

㉠ 전기설비의 금속제 외함 및 철대 접지 : 절연물의 열화나 손상에 의한 누설전류로부터 인체의 감전사고 방지

㉡ 전력계통의 접지 : 고장전류나 뇌격전류의 유입에 대하여 보호장치의 완전한 동작(유효접지계 : 발전기 또는 변압기 등 전력계통의 중성점을 접지시키는 것으로 전력계통에 설치한 보호계전기로 하여금 고장점을 판별시킬 목적으로 접지)

㉢ 피뢰기접지 : 전기설비나 전기기기 등을 이상전압으로부터 보호

㉣ 전기전자 통신설비 접지 : 전자통신장비의 기준전위 확보 및 Noise 방지기기의 안정된 동작을 확보할 목적

③ 접지 목적에 따른 분류

㉠ 보안용 접지 : 누전에 의한 감전 및 기기의 손상, 화재, 폭발 방지 등 전기설비의 안전 확보를 목적으로 한 접지 종류

- 기기접지 : 누전되고 있는 기기에 접촉시 감전 방지
- 계통접지 : 고압전로와 저압전로가 혼촉되었을때 감전이나 화재 방지
- 뇌해 방지용 접지 : 피뢰기, 가공지선, 피뢰침
- 정전기 방지용 접지 : 정전기 축적에 의한 폭발재해 방지
- 등전위 접지 : 정전기 또는 전위차로 인한 장애가 발생하지 않도록 병원에서는 의료기기 사용 시 안전을 확보
- 노이즈 방지용 접지 : 전자 정전 노이즈로 인한 전자장치 오동작, 타 기기 장해 방지용
- 지락 검출용 접지 : 누전차단기의 동작을 확실하게 하기 위함

㉡ 기능용 접지

- 신호용 접지(시스템접지) : 전산 통신기기의 정상적인 동작확보 또는 계장공사의 접지 공사에서 신호선 한쪽을 접지하는 것
- 방식용 접지 : 지중에 매설되어 있는 배관설비 등의 전식 방지

4) 접지도체 · 보호도체

① 접지도체의 선정

㉠ 접지도체의 단면적은 큰 고장전류가 접지도체를 통하여 흐르지 않을 경우

- 구리 : 6[mm^2] 이상
- 철 : 50[mm^2] 이상

㉡ 접지도체에 피뢰시스템이 접속되는 경우

- 구리 : 16[mm^2] 이상
- 철 : 50[mm^2] 이상

㉢ 접지도체는 지하 0.75[m]부터 지표상 2[m]까지 부분은 합성수지관(두께 2[mm] 이상의 합성수지관 또는 몰드)을 사용하며 접지도체의 지표상 0.6[m]까지 절연전선을 사용한다.

② 보호도체

㉠ 표

상도체의 단면적 S (mm², 구리)	보호도체의 최소 단면적(mm², 구리)	
	보호도체의 재질	
	상도체와 같은 경우	상도체와 다른 경우
$S \leq 16$	S	$(k_1/k_2) \times S$
$16 < S \leq 35$	$16(a)$	$(k_1/k_2) \times 16$
$S > 35$	$S(a)/2$	$(k_1/k_2) \times (S/2)$

㉡ 계산

$$S = \frac{\sqrt{I^2 t}}{K} [\mathrm{mm}^2]$$

여기서, S : 단면적[mm²]

I : 예상 고장전류 실횻값[A]

t : 보호장치 동작시간[S]

K : 계수

③ **케이블 차폐 접지**

㉠ ZCT를 전원측에 설치 시 전원측 케이블 차폐의 접지는 ZCT를 관통시켜 접지한다.

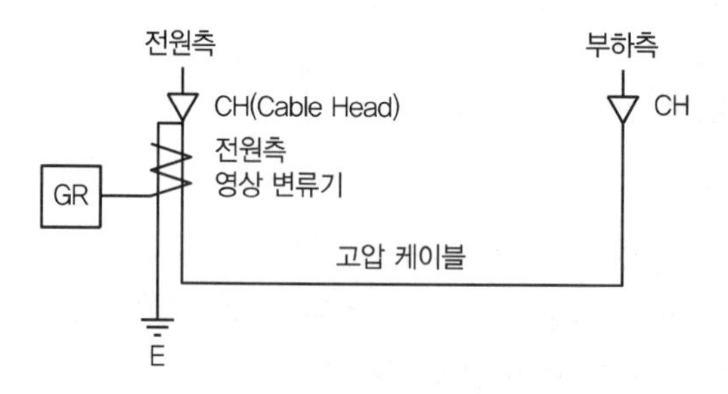

㉡ ZCT를 부하측에 설치시 케이볼 차폐의 접지는 ZCT를 관통시키지 않고 접지한다.

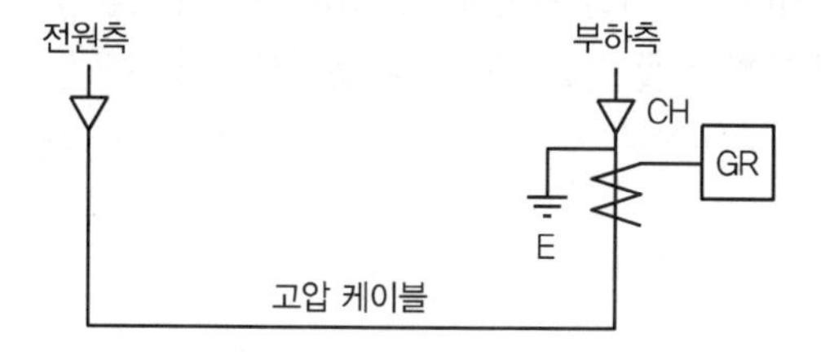

④ **접지공사를 생략할 수 있는 경우**

㉠ 교류 대지전압 150[V] 이하 회로에 사용하는 기기를 건조한 장소에 시설

㉡ 저압용 기계 · 기구를 건조한 목재마루 등 절연이 우수한 장소에 시설

㉢ 목주 등 절연성 물체 위에 시설되어 사람의 접촉 우려가 없도록 시설

㉣ 철대 또는 외함 주위에 절연대 또는 절연난간대 설치

㉤ 전기용품안전관리법의 적용을 받는 이중절연구조의 기계 · 기구

㉥ 계기용 변성기 등 고무나 합성수지 등의 절연물로 완전 피복된 것

㉦ 절연변압기를 채용한 저압전로

㉧ 전기용품안전관리법의 적용을 받는 인체감전보호용 누전차단기를 시설하는 경우

⑤ **접지극**

㉠ 동판 : 두께 0.7[mm] 이상, 단면적 900[cm^2] 이상

㉡ 동봉(탄소피복강) : 지름 8[mm] 이상 길이 0.9[m] 이상(철관 직경 25mm 이상, 철봉 직경12mm 이상)

㉢ 동복강판 : 두께 1.6[mm] 이상, 길이 0.9[m] 이상, 면적 250[cm^2]

㉣ 매설지선 : 14[mm^2] 이상, 나연동선

⑥ **접지공사 방법**

㉠ 접지극은 지하 75[cm] 이상의 깊이에 매설한다.

㉡ 접지극을 철주 바로 밑에 시설 시에는 30[cm]를 이격하며 이외에는 금속체와 1[m] 이상 이격하여 시설한다.

㉢ 접지선은 접지극에서 지상 60[cm]까지 절연전선 또는 케이블을 사용한다.

㉣ 접지선의 지표면하 75[cm]에서 지상 2[m]까지 합성수지관(두께 2[mm]) 또는 이와 동등 이상의 절연효력 및 강도가 있는 것으로 몰드한다.

㉤ 접지극 병렬 매설 시 접지극 상호 간 2[m] 이상 이격한다.

⑦ **접지도체**

㉠ 구비조건

- 기계적 강도
- 전류용량
- 내부식성

㉡ 접지도체의 온도 상승

$$\theta = 0.008\left(\frac{I}{A}\right)^2 t\ [℃]$$

θ : 동선의 온도상승[℃]=나연동선 : 850, GV : 120, 주위온도 : 30

여기서, I : 전류

A : 동선의 단면적[mm^2]

t : 통전시간

㉢ 계산조건

- 접지선에 흐르는 고장전류의 값은 전원측 과전류차단기 정격전류의 20배로 한다.
- 과전류차단기는 정격전류 20배의 전류에서는 0.1초 이하에서 끊어지는 것으로 한다.
- 고장전류가 흐르기 전의 접지선 온도는 30[℃]로 한다.
- 고장전류가 흘렀을 때의 접지선의 허용온도는 150[℃]로 한다.(따라서, 허용온도 상승은 120[℃]가 된다.)

계산식 : $120 = 0.008\left(\frac{20\,I}{A}\right)^2 0.1$ [℃], $A = 0.052\,I$ [mm^2]

㉣ 계산식에 의한 굵기

- 나연동선인 경우 : $A = \sqrt{\frac{8.5 \times 10^{-6} \times S}{\log_{10}\left(\frac{t}{274} + 1\right)}} \times I$
- IV 전선 : $A = 9.4 \times I \times \sqrt{t}$

여기서, A : 접지선의 굵기[mm^2]
I : 고장전류(지락전류)[kA]
S : 고장지속시간(보통 0.5초)
t : 접지선용단 시 최고허용온도[℃]=나연동선 850, GV 120 주위온도 30

㉤ 피뢰기 접지선의 굵기

$\frac{\sqrt{t}}{282} \times I_s$ (t = 고장시간 22[kV]급 = 1.1, I_s = 낙뢰고장전류)

$$I_s = \frac{\text{수전차단용량 (MVA)} \times 1{,}000}{\sqrt{3} \times \text{선로용량[kV]}}$$

⑧ **접촉 전압의 계산**

㉠ 대지전압

- 접지식 전로 : 전선과 대지 사이의 전압
- 비접지식 전로 : 전선과 그 전로 중의 임의의 다른 전선 사이의 전압

㉡ 지락 사고 시 지락 전류 및 접촉 전압 : 그림과 같이 전동기에서 완전 지락된 경우 지락 전류와 접촉 전압은 다음과 같다.

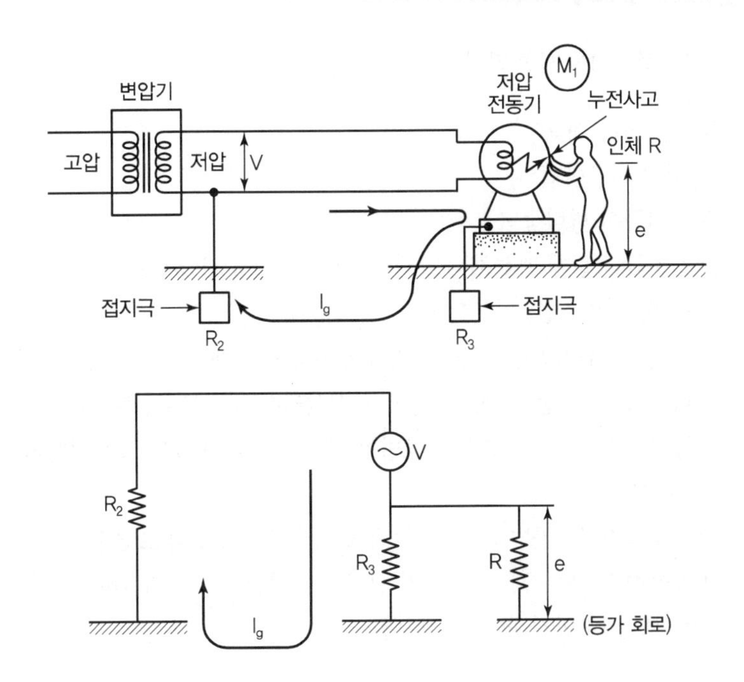

• 인체 비접촉 시

$$\text{지락 전류 } I_g = \frac{V}{R_2 + R_3}$$

$$\text{대지 전압 } e = I_g R_3 = \frac{V}{R_2 + R_3} R_3$$

• 인체 접촉 시

$$\text{인체에 흐르는 전류 : } I = \frac{V}{R_2 + \frac{RR_3}{R + R_3}} \times \frac{R_3}{R + R_3}$$

여기서, R_2 : 변압기 저압측 접지저항값

R_3 : 전동기외함 접지저항값

R : 인체 저항

㉢ 접지 저항 및 보폭 전압, 접촉 전압 결정요소

- 흙의 종류
- 흙에 함유된 수분의 양
- 온도
- 입자의 크기
- 흙의 단단함
- 흙에 함유된 물에 용해하고 있는 물질 및 농도

⑨ 토지의 고유 저항이 300[Ω · m] 이내이면 접지시공 가능

㉠ 대지 고유저항 측정방법 : Wenner의 4극 전극법, 전기 검층법, 역산법, 콜라우시 브

리지법, 접지저항 테스터법, 전위 강하법

㉡ 접지저항 저감 대책

ⓐ 물리적 저감방법

- 접지극의 병렬증법
- 접지극을 깊게 매설하는 방법 : 수직공법에서 심타공법, 보링법, 타입법, 수반법, 구법, 체류조법
- 매설지선접지공법 : 집중접지와 분포접지가 대표적이며 종류는 1가닥연속, 2가닥연속, 방사상, 연속 및 방사상 매설지선으로 분류한다.
- 평판접지 : 직렬 · 병렬 시공법이 있으며 전극의 표면 접촉저항의 증가를 고려해야 한다.
- 다중접지시트공법 : 알루미늄박과 특수유리를 교대로 3매 겹쳐서 만든 것이다.
- 망상접지공법=Mesh : 서지 임피던스 저감효과가 대단히 크고 공용 접지방식으로 채택 시 안정성이 뛰어나다.

ⓑ 고강도 접지 저항 저감재(토양에 화학처리)

- 비반응형 : 염, 황산 암모니아, 탄산소다, 카본분말 등
- 반응형 : 화이트 아스론, 티코겔 등
- 저감재 시공방법 : 도량법, 흘림법, 압력 주입법

ⓒ 토지 상황

일반적인 경우	접지장소의 토질여건, 현장여건 등으로 인하여 규정된 접지저항값을 얻기 어려운 경우	접지봉(봉상접지) 타입방식으로 기준 저항치를 얻기 어려운 경우
• 접지봉, 접지판의 매설깊이를 깊게 한다. • 접지봉의 경우, 접지판의 면적을 크게 한다. • 접지극의 포설방법에 따라 병렬로 접지한다.	• 다극 접지공법 • 심타접지공법 • 고강도 접지저항저감재	• 접지판 방식 • 매시포설방법 • 매설지선 방식

⑩ 중성선 접지(특고압 중성선)

㉠ 매 전주마다 다중 접지한다.(단, 인가가 없는 야외 지역과 접지 저항치를 얻기 용이한 지역은 매 300[m] 이하마다 1개소 이상 접지할 수 있다.)

㉡ 특고압중성선과 대지 사이의 합성 저항치는 매 km당 5[Ω] 이하가 되도록 하며 중성선을 분리했을 경우 단독 접지저항치는 100[Ω] 이하로 한다.

⑪ **완철 접지**

㉠ 특고압 배전선로용 완철은 다중 접지된 중성선과 연결하여야 하며 대지와는 별도의 접지는 하지 않는다.

㉡ 완철의(강관주) 접지선은 450/750[V] 일반용 단심 비닐 절연전선 22[mm²]를 사용한다.

㉢ 완철과 완철 접지선과의 접속은 완철용 접지 클램프를 사용하고 다중 접지 중성선과의 접속은 분기 슬리브를 사용한다.

⑫ **피뢰기의 접지**

접지 계통의 선로에 시설하는 피뢰기 접지선은 중성선에 연결하고 그 전주에서 접지한다. 이때 접지저항값은 다음 표와 같고 피뢰기의 접지극은 기기, 가공지선등 다른 접지극과 상호 1[m] 이상 이격해야 한다.

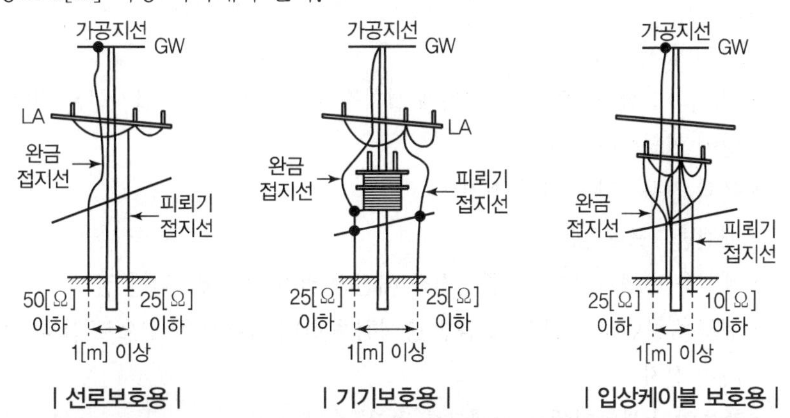

| 선로보호용 | | 기기보호용 | | 입상케이블 보호용 |

보호용	완금접지선 저항값[Ω]	피뢰기접지 선저항값[Ω]	완금접지선과 피뢰기 접지선의 이격거리[m]
선로	50	25	1
기기, 주상변압기	25	25	1
입상케이블	25	10	1

⑬ **접지저항 측정방법(22.9[kV] 다중접지)**

㉠ 접지선의 중성선이 연결되어 있지 않은 경우 : 보조 접지극에 의한 수동식, 전지식 접지 저항기

㉡ 접지선이 활선되고 중성선이 연결되어 있는 Hook On식

⑭ **배전용 변전소 접지**

㉠ 접지 목적

- 기기의 보호

- 송전 시스템의 중성점 보호
- 근무자 및 공중의 안전보호

㉡ 중요 접지개소

- 피뢰기
- 철탑, 철주, 강관주
- 주변압기 중성점
- 계기용 변성기 2차측
- 건물 금속체 부분
- 송전선과 교차 접근 시 시설하는 보호망
- 주상에 설치하는 3상 4선식 접지계통의 변압기 및 기기 외함
- 옥내 또는 지상에 시설하는 특고압 또는 고압기기의 외함

㉢ 기기의 접지 방법

- 피뢰기 : 접지망의 교점 위치에 설치될 수 있도록 하고, 접지선은 최단거리로 접지망에 연결한다.
- 옥외 철구 : 각 주마다 접지
- 배전반 : 프레임을 접지
- 계기용 변성기 2차측 : 중성접을 배전반 접지 모선에 1점만 접지
- 전력용 콘덴서 : 개별 · 그룹별 중성점을 한데 묶어서 한 선으로 접지망에 짧게 연결하여 접지
- 주변압기(분로리액터) : 탱크를 접지
- 차폐케이블 : 차폐층 양단
- 소내변압기 : 탱크 및 2차측의 1단자를 접지

⑮ 송전계통의 변압기 중성점 접지방식 4가지

㉠ 비접지 방식 : 중성점을 접지하지 않는다.
1선 지락 고장 시 충전 전류에 의해 간헐적으로 아크 지락을 일으켜서 이상전압이 발생하므로 고전압 송전선로에 사용되지 않는다.

㉡ 직접접지 방식 : 중성점을 접지선으로 집적 접지하는 방식이다.
1선 지락 시 건전상의 전위 상승이 높지 않아 유효 접지의 대표적인 방식으로, 초고압 송전선로에서 경제성이 매우 우수하여 우리나라 송전계통에서 사용한다.

㉢ 저항접지 방식 : 중성점을 저항으로 접지하는 방식으로 저저항 방식과 고저항 방식이 있다.

㉣ 소호리액터 접지방식 : 선로의 정전용량과 리액터의 병렬 공진을 이용한다.

3 접지 시스템

1) 공통접지 및 통합접지

① 공통접지

저압 전기설비의 접지극이 고압 및 특고압 접지극의 접지저항 형성영역에 완전히 포함되어 있는 경우 공통접지를 할 수 있다.

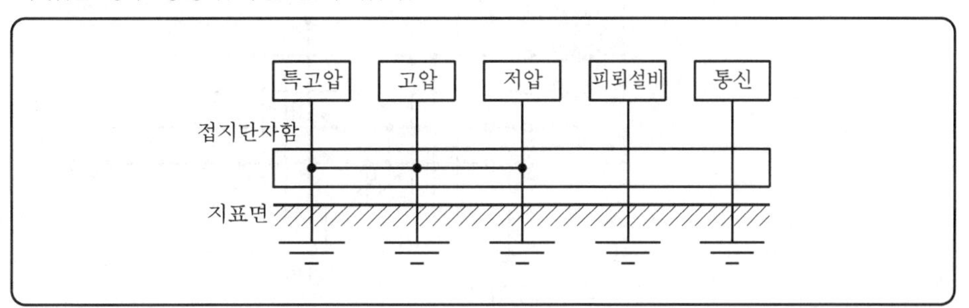

② 통합접지

전기설비의 접지설비 · 건축물의 피뢰설비 · 전자통신설비 등의 접지극을 공용하는 통합접지시스템으로 하는 경우를 말한다.

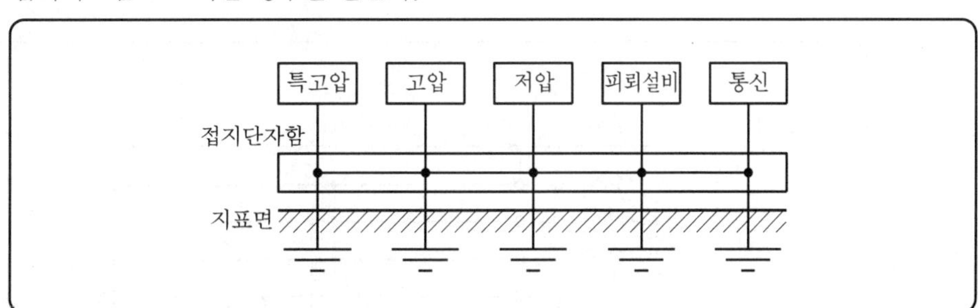

2) 저압 계통접지

① 종류

㉠ TN 계통

㉡ TT 계통

㉢ IT 계통

② 각 계통에서 나타내는 그림의 기호

	중성선(N), 중간도체(M)
	보호도체(PE)
	중성선과 보호도체 겸용(PEN)

(1) TN 계통

전원 측의 한 점을 직접접지하고 설비의 노출도전부를 보호도체로 접속시키는 방식이다.

① TN－S 계통은 계통 전체에 대해 별도의 중성선 또는 PE 도체를 사용한다.

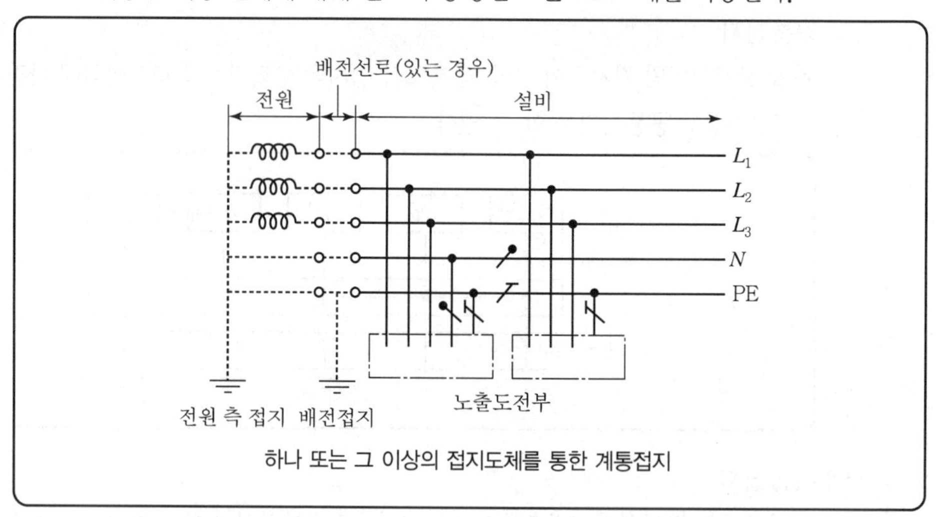

| 계통 내에서 별도의 중성선과 보호도체가 있는 TN－S 계통 |

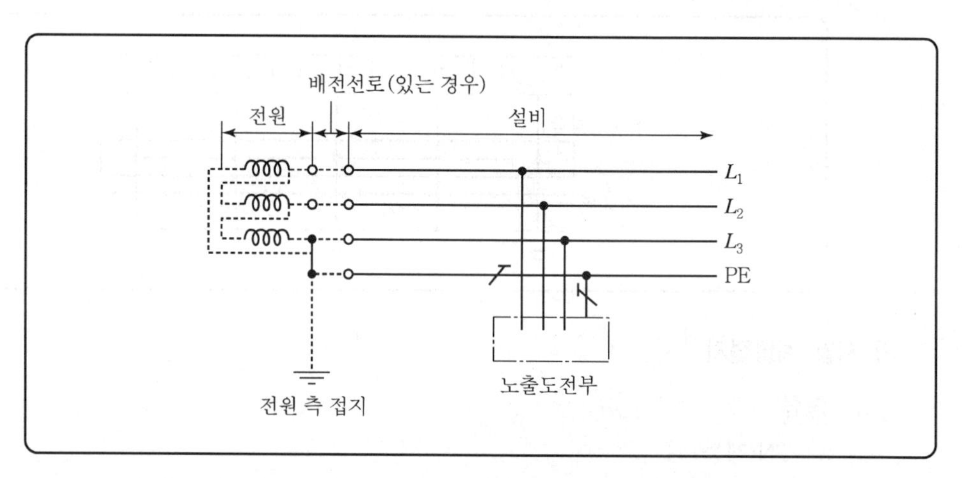

| 계통 내에서 별도의 접지된 선도체와 보호도체가 있는 TN－S 계통 |

② TN－C 계통은 그 계통 전체에 대해 중성선과 보호도체의 기능을 동일도체로 겸용한 PEN 도체를 사용한다.

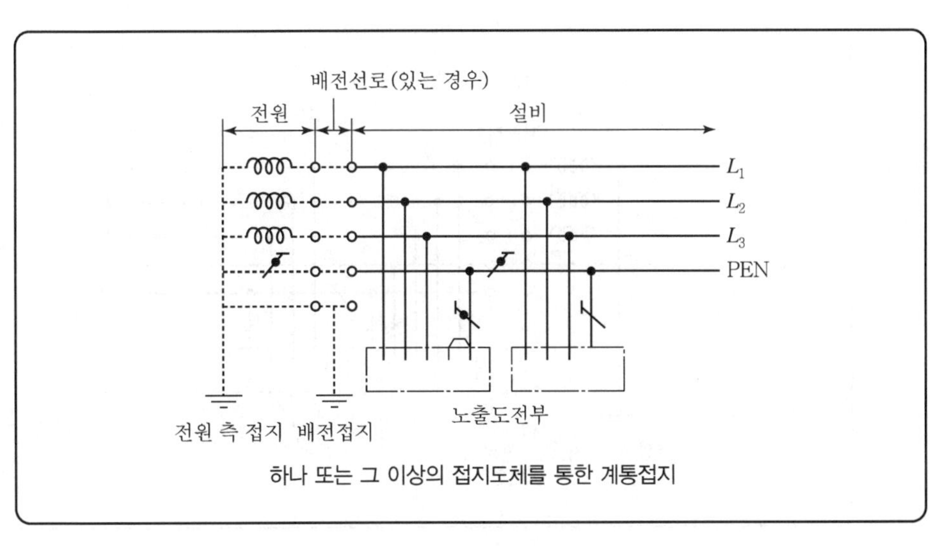

| TN-C 계통 |

③ TN-C-S 계통은 계통의 일부분에서 PEN 도체를 사용하거나, 중성선과 별도의 PE 도체를 사용하는 방식이 있다.

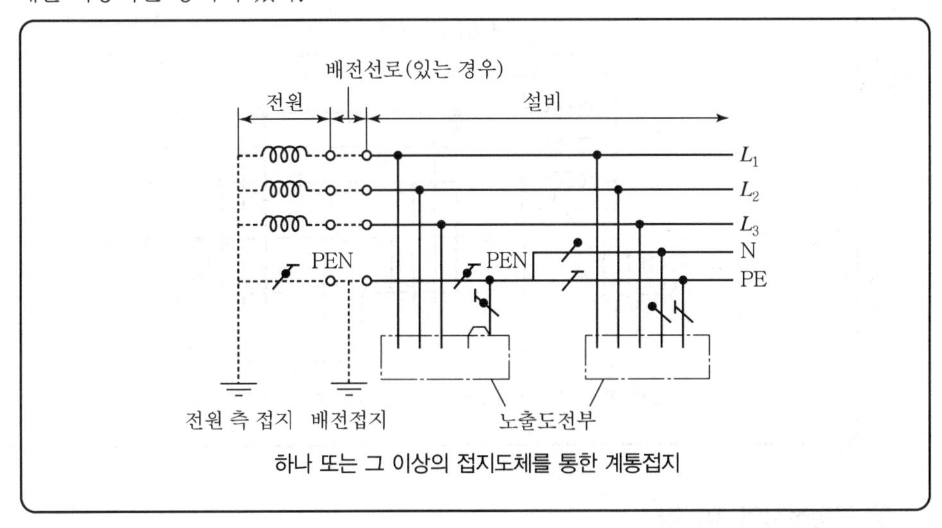

| 설비의 어느 곳에서 PEN이 PE와 N으로 분리된 3상 4선식 TN-C-S 계통 |

(2) TT 계통

전원의 한 점을 직접 접지하고 설비의 노출도전부는 전원의 접지전극과 전기적으로 독립적인 접지극에 접속시킨다.

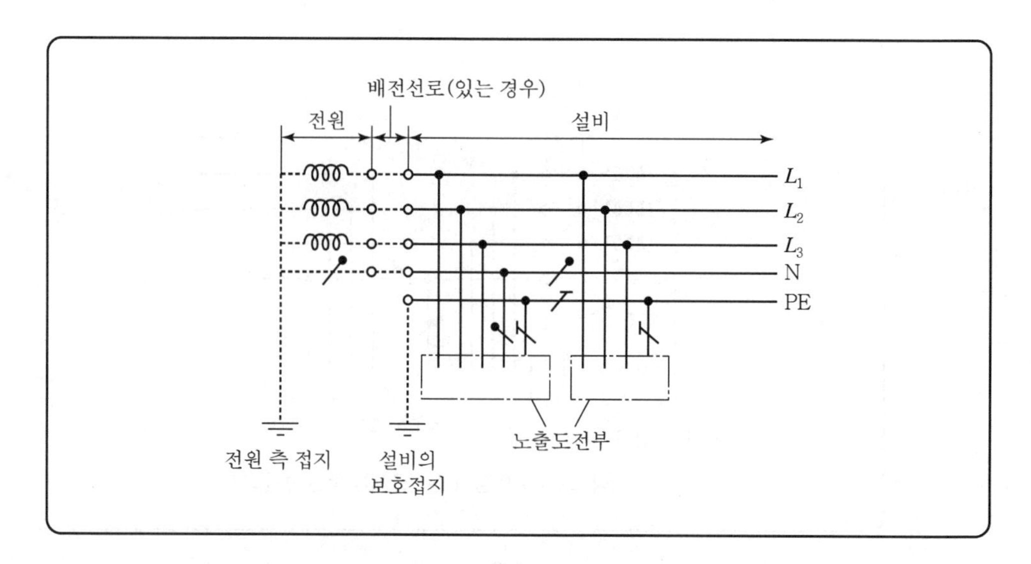

(3) IT 계통

충전부 전체를 대지로부터 절연시키거나, 한 점을 임피던스를 통해 대지에 접속시킨다.

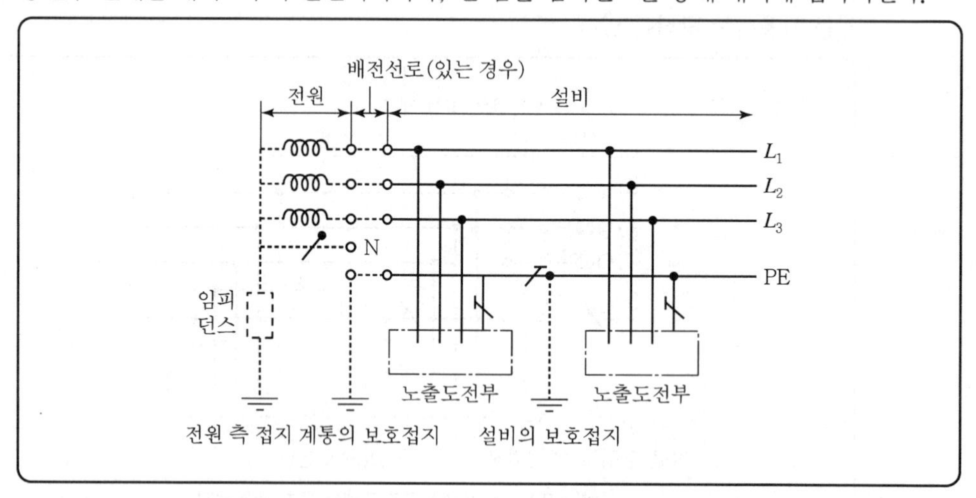

3) 공통접지의 장단점

① 장점

㉠ 병렬접지효과로 낮은 접지저항

㉡ 접지전극 및 접지선의 일부 불량 시에도 접지 신뢰도 유지

㉢ 접지계통이 단순하여 보수 및 점검 등 유지보수 용이

㉣ 전원 측 및 부하 측 접지의 공통으로 지락보호 및 부하기기에 대한 접촉전압 관점에서 시스템적으로 안전

㉤ 접지극의 수량 감소

② **단점**

㉠ 계통의 이상전압 발생 시 전압 상승

㉡ 다른 기기 계통으로부터 사고 파급

㉢ 피뢰설비접지에 따른 뇌서지의 영향

4) 독립접지의 장단점

① **장점**

㉠ 다른 접지에 영향을 주지도 받지도 않음

㉡ 컴퓨터 및 정보통신 등 정상 가동 확보

㉢ 계통의 영향을 받지 않음

② **단점**

㉠ 신뢰성이 떨어짐

㉡ 접지 공사비가 고가

㉢ 낮은 접지저항을 얻기 어려움

㉣ 제한되는 면적으로 시공이 어려움

5) 서지보호에 관한 용어

① **서지보호기(SPD : Surge Protective Device)**

과도적인 과전압을 제한하고 서지 전류를 분류(分流)하는 것을 목적으로 하는 장치를 말한다.

㉠ SPD 기능

- 전압 스위칭형 SPD : 서지가 인가되지 않는 경우에는 높은 임피던스 상태에 있으며 전압서지에 응답하여 급격하게 낮은 임피던스 값으로 변화하는 기능을 갖는 SPD를 말한다.
- 전압제한형 SPD : 서지가 인가되지 않은 경우에는 높은 임피던스 상태에 있으며 전압서지에 응답한 경우에는 임피던스가 연속적으로 낮아지는 기능을 갖는 SPD를 말한다.
- 복합형 SPD : 전압스위칭형 소자 및 전압제한형 소자의 모든 기능을 갖는 SPD를 말한다.

㉡ SPD 설치장소와 설치방법 : 과전압을 억제하기 위한 시설에 따라 건축물 내에 SPD를 설치하는 경우에 다음과 같이 설치하여야 한다.

ⓐ SPD는 설비 인입구 또는 건축물 인입구와 가까운 장소에 설치할 것

ⓑ 설비 인입구 또는 그 부근에서 중성선이 보호도체(PE)에 접속되어 있는 경우 또는 중성선이 없는 경우에는 SPD를 선도체와 주접지단자 간 또는 보호도체 간에 설치할 것

ⓒ 설비 인입구 또는 그 부근에서 중성선이 보호도체에 접속되어 있지 않은 경우에는 다음에 따를 것

- SPD를 ELB의 부하측에 설치하는 경우에는 SPD를 선도체와 주접지단자 또는 보호도체 간 및 중성선과 주접지단자 간 또는 보호도체 간에 설치한다.
- SPD를 ELB의 전원측에 설치하는 경우에는 SPD를 선도체와 중성선 간 및 중성선과 주접지단자 또는 보호도체 간에 설치한다.

ⓓ SPD의 모든 접속도체(선도체에서 SPD까지의 도체 및 SPD에서 주접지단자 또는 보호도체까지의 도체를 말함)는 최적의 과전압 보호 관점에서 선도체와 주접지단자 간 선도체와 보호도체 간의 길이를 비교하여 짧은 쪽에 설치하는 등 가능한 한 짧게 할 것

② **SPD : 접지도체**

㉠ 단면적 : [16mm^2] 이상

㉡ 접속도체 길이 : 0.5[m] 이하

③ **뇌전자임펄스(LEMP ; Lightning Electro－Magnetic Impulse)**

뇌에 의해 발생하는 전자임펄스를 말한다.

④ **뇌 보호영역(LPZ ; Lightning Protection Zone)**

뇌에 의해 발생하는 전자기적 환경의 영향 정도에 따라 분류한 영역을 말한다.

4 옥내배선시설

1) 시설장소에 따른 저압 배선 방법

① 400[V] 이하

배선 방법		옥내						옥측 옥외	
		노출 장소		은폐 장소					
				점검 가능		점검 불가능			
		건조한 장소	습기가 많은 장소 또는 물기가 있는 장소	건조한 장소	습기가 많은 장소 또는 물기가 있는 장소	건조한 장소	습기가 많은 장소 또는 물기가 있는 장소	우선 내	우선 외
애자		○	○	○	○	×	×	①	①
금속관		○	○	○	○	○	○	○	○
합성 수지관	합성수지관 (CD관 제외)	○	○	○	○	○	○	○	○
	CD관	②	②	②	②	②	②	②	②
가요 전선관	1종 가요전선관	○	×	○	×	×	×	×	×
	2종 가요전선관	○	○	○	○	○	○	○	○
금속몰드		○	×	○	×	×	×	×	×
합성수지몰드		○	×	○	×	×	×	×	×
플로어덕트		×	×	×	×	③	×	×	×
셀룰러덕트		×	×	○	×	③	×	×	×
금속덕트		○	×	○	×	×	×	×	×
라이팅덕트		○	×	○	×	×	×	×	×
버스덕트		○	×	○	×	×	×	④	④
케이블		○	○	○	○	○	○	○	○
케이블트레이		○	○	○	○	○	○	○	○

② 400[V] 초과

배선 방법		옥내						옥측 옥외	
		노출 장소		은폐 장소					
				점검 가능		점검 불가능			
		건조한 장소	습기가 많은 장소 또는 물기가 있는 장소	건조한 장소	습기가 많은 장소 또는 물기가 있는 장소	건조한 장소	습기가 많은 장소 또는 물기가 있는 장소	우선 내	우선 외
애자사용		○	○	○	○	×	×	①	①
금속관		○	○	○	○	○	○	○	○
합성수지관 배선	합성수지관(CD관 제외)	○	○	○	○	○	○	○	○
	CD관	②	②	②	②	②	②	②	②
가요전선관 배선	1종 가요전선관	③	×	③	×	×	×	×	×
	2종 가요전선관	○	○	○	○	○	○	○	○
금속덕트		○	×	○	×	×	×	×	×
버스덕트		○	×	○	×	×	×	×	×
케이블 배선		○	○	○	○	○	○	○	○
케이블트레이		○	○	○	○	○	○	○	○

- ○ : 시설할 수 있다.
- × : 시설할 수 없다.
- ①은 노출 장소 및 점검할 수 있는 은폐 장소에 한하여 시설할 수 있다.
- ③은 콘크리트 등의 바닥 내에 한한다.
- ④는 옥외용 덕트를 사용하는 경우에 한하여(점검할 수 없는 은폐장소를 제외한다.) 시설할 수 있다.
- ⑤는 전동기에 접속하는 짧은 부분으로 가요성을 필요로 하는 부분의 배선에 한하여 시설할 수 있다.

2) 전선

① 배선에 사용하는 전선의 굵기

㉠ 단면적 2.5[mm²] 이상의 연동선

㉡ 단면적 1[mm²] 이상의 미네럴인슈레이션케이블

㉢ 전광표시 장치, 제어회로 등에 단면적 1.5[mm²] 이상의 연동선 및 단면적 0.75[mm²] 이상인 다심케이블 또는 다심 캡타이어 케이블을 사용

② 전선 고정 시 진동 등으로 헐거워질 우려가 있을 경우 이중 너트, 스프링와셔 및 나사이완 방지기구가 있는 것을 사용할 것

3) 애자사용공사

① 애자는 내수성, 난연성, 절연성이 있는 것이어야 한다.

② 애자 사용 배선 시 바인드선의 굵기

바인드선의 굵기[mm]	동 전선의 굵기[mm²]
0.9	16 이하
1.2(또는 0.9×2)	50 이하
1.6(또는 1.2×2)	50 초과

㉠ 저압애자 바인드법 : 일자, 십자, 인류

㉡ 가공전선(고압) 애자 바인드법 : 두부, 측부, 인류

③ 애자 사용 배선 시 전선의 이격거리

㉠ 전선 상호 간의 거리 : 6[cm]

㉡ 전선과 조영재와의 거리 : 400[V] 이하 : 2.5[cm], 400[V] 초과 : 2.5[cm]
단, 물기, 습기 : 4.5[cm]

④ 전선이 조영재를 관통하는 경우에 사용하는 애관, 합성수지관 등의 양단은 1.5[cm] 이상 돌출되어야 한다.

4) 금속관 공사

① 관의 두께

㉠ 콘크리트 매입한 경우 : 1.2[mm] 이상

㉡ 기타의 경우(노출) : 1.0[mm] 이상

② 관의 굵기[mm]

㉠ 박강(근사외경) : 19, 25, 31, 39, 51, 63, 75

㉡ 후강(근사내경) : 16, 22, 28, 36, 42, 54, 70, 82, 92, 104

※ 1본 길이 : 3.66[m], 지지점 : 2[m]

③ **절연전선을 합성수지제 관 내에 넣을 경우의 보정계수**

도체 단면적 [mm^2]	보정 계수	
	경질 비닐전선관	합성수지제 가요관 (PF관, CD관)
2.5, 4.0	2.0	1.3
6, 10	1.2	1.0
16 이상	1.0	1.0

④ 굵기가 다른 절연전선을 동일 관 내에 넣어 시설하는 경우 절연피복물 포함한 관 내 단면적의 $\frac{1}{3}$ 이하가 되도록 선정한다.

⑤ 아웃렛박스 또는 전선 인입구를 가지는 기구 내의 금속관에는 3개소를 초과하는 직각 굴곡개소를 만들어서는 안 된다.

⑥ 굴곡개소가 많거나 관의 길이가 30[m]를 초과하는 경우에는 풀박스를 설치하는 것이 바람직하다.

⑦ 관단에는 부싱을 사용할 것. 다만, 금속관에서 애자사용배선으로 바뀌는 개소에는 절연부싱, 터미널캡, 엔트런스캡 등을 사용할 것

⑧ **수직으로 배관한 금속관 내 전선의 지지점 간 거리**

전선 굵기[mm^2]	지지점 간 거리	전선 굵기[mm^2]	지지점 간 거리
50	30[m]	100	25[m]
150	20[m]	250	15[m]
250	12[m]	–	–

⑨ **저압옥내배선의 사용전압이 다음에 해당하는 경우는 접지 생략 가능**

㉠ 관의 길이가 4[m] 이하인 것을 건조한 장소에 시설

㉡ 관의 길이가 8[m]이면서 직류사용전압이 300[V], 교류대지전압이 150[V] 이하이고, 사람이 쉽게 접촉할 우려가 없는 경우

⑩ **관 구부리기(관 안지름의 6배 이상)**

㉠ 곡률 반지름 : $r \geq 6d + \frac{D}{2}$[mm]

여기서, D : 관 바깥지름 d : 관 안지름

㉡ 구부리는 길이 : $L \geq 2\pi r \times \frac{1}{4}$[mm]

5) 금속관배관에 사용하는 재료

① **로크너트** : 박스에 금속관을 고정시킬 때 쓰임

② **Out-let Box(스위치박스)** : 매입형 스위치를 수용하거나 전선접속, 조명기구(리셉터클), 콘센트 취부 시 사용

③ **절연부싱** : 전선의 피복손상 방지를 위해 관 끝에 설치

④ **링레듀서** : 박스와 관 접속 시 박스의 지름이 관의 지름보다 커서 로크너트만으로 고정이 어려울 때 사용

⑤ **커플링** : 관과 관의 상호접속(유니언 커플링)

⑥ **서비스(터미널)캡** : 옥내 저압가공 인입선에서 금속관으로 옮겨지는 곳 또는 금속관에서 전선을 뽑아 전동기 단자 부분에 접속할 때 전선을 보호하기 위해 관 끝에 설치

⑦ **엔트런스캡** : 저압 가공 인입구 · 인출구 수직배관 상부에 사용하며 수용장소로 들어가는 관단에 설치하여 빗물의 침입을 방지

⑧ **픽스처 스터드(히키)** : 무거운 조명기구를 박스에 취부할 때 사용

⑨ **노멀벤드** : 매입배관공사 시 관을 직각으로 구부리는 데 사용(후강전선관용, 박강전선관용, 나사 없는 전선관용)

⑩ **유니버설엘보** : 노출배관공사 시 관을 직각으로 구부리는 데 사용(T, LL, LB, C형이 있다.)

⑪ **플로어 박스** : 바닥에 매입배선 시 콘센트 등을 바닥에 취부하기 위해 사용

⑫ **콘크리트 박스** : 천장 슬래브 배관에 많이 쓰는 박스

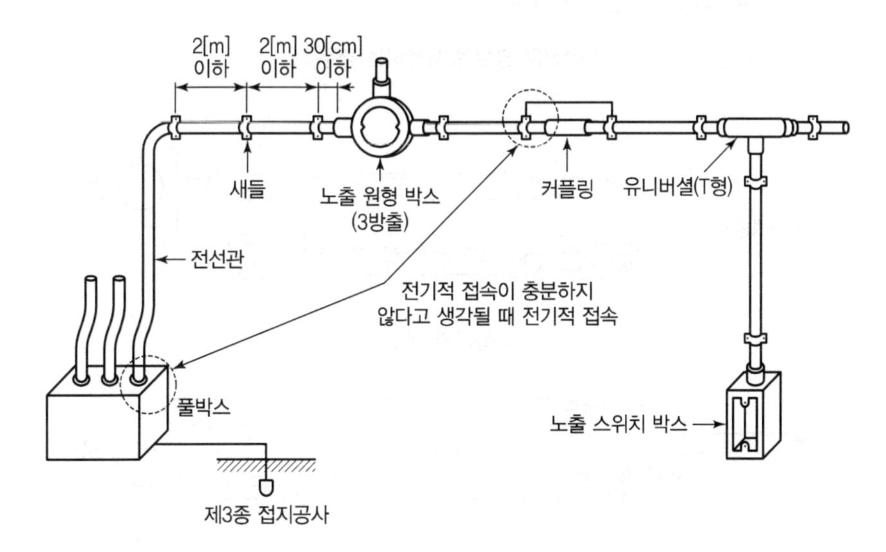

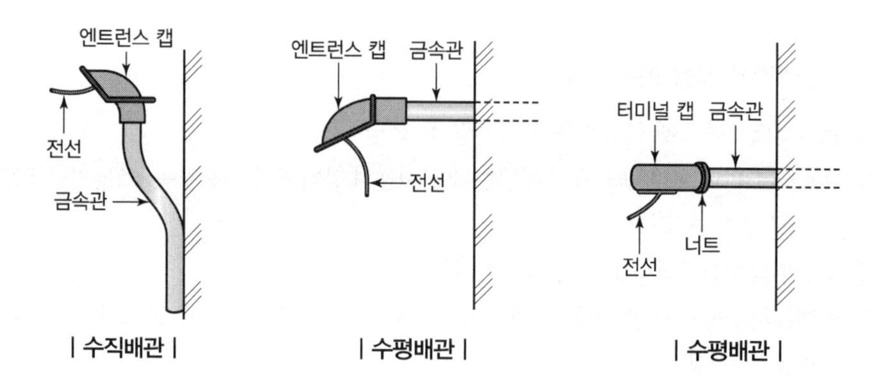

| 수직배관 | | 수평배관 | | 수평배관 |

6) 전선의 병렬 사용

교류 회로에서 전선을 병렬로 사용하는 경우에는 "전선의 병렬사용 규정"에 따르며, 관 내에 전자적 불평형이 생기지 아니하도록 시설하여야 한다.

① **금속관 배선에서 전선을 병렬로 사용하는 경우**

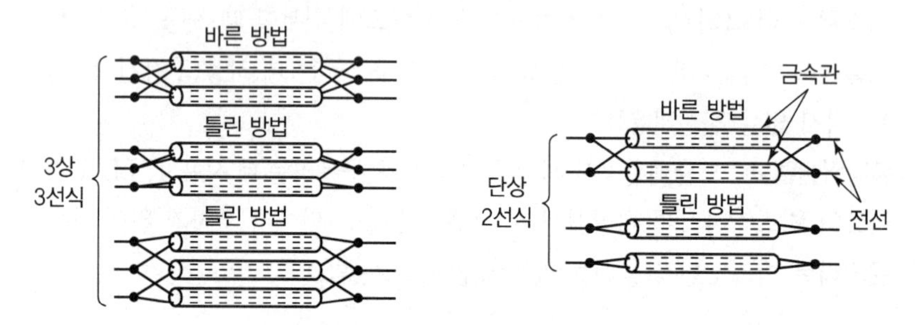

| 전선을 병렬로 사용하는 경우 |

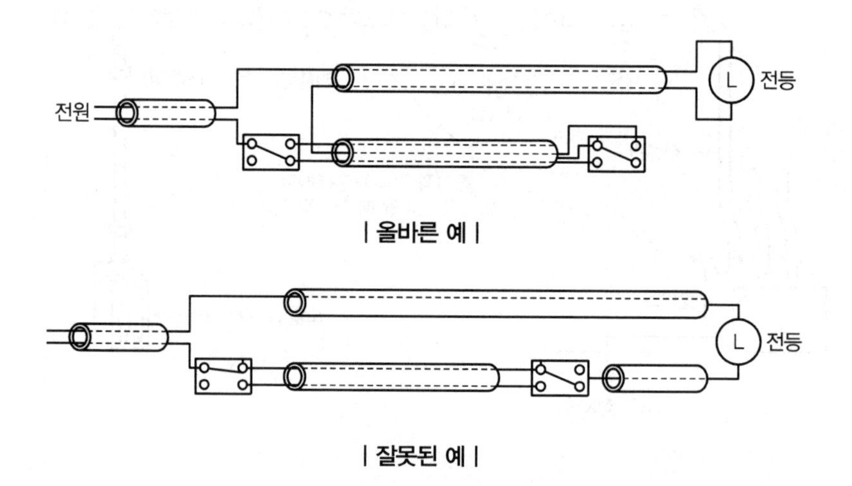

| 올바른 예 |

| 잘못된 예 |

② **전선의 병렬 사용 규정**

㉠ 병렬로 사용하는 각 전선의 굵기는 동은 50[mm^2] 이상, 알루미늄은 70[mm^2] 이상이고 또한 동일한 도체, 굵기, 길이이어야 한다.

㉡ 전선의 접속은 동일한 터미널 러그에 완전히 접속시킬 것

㉢ 동극인 각 전선의 터미널 러그는 동일한 도체에 2개 이상의 리벳 또는 2개 이상의 나사로 확실하게 접속할 것

㉣ 병렬로 사용하는 전선에는 각각에 퓨즈를 설치하지 말 것

㉤ 전류의 불평형이 발생하지 않도록 할 것

7) 합성수지관 공사

① **합성수지관 접속시 투입하는 길이** : 관 바깥지름의 1.2배 이상, 접착제 사용 시 0.8배

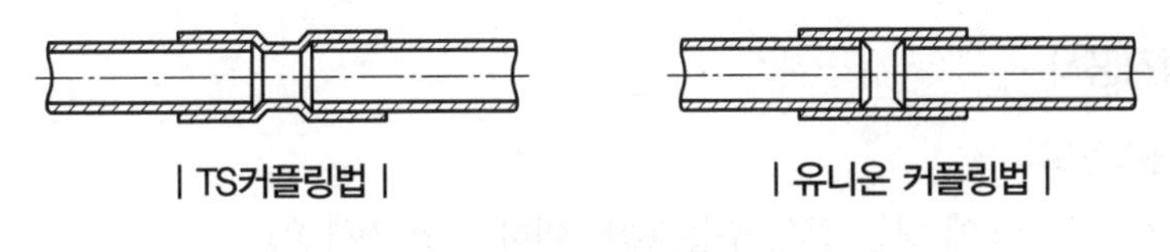

| TS커플링법 |　　| 유니온 커플링법 |

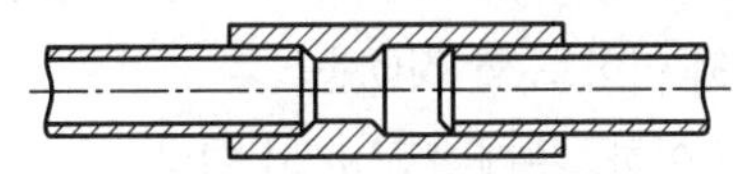

| 콤비네이션 커플링법 |

② **관의 두께** : 2[mm] 이상일 것

※ 1본 4.0[m]

③ **합성수지관의 지지점 간 거리** : 1.5[m]

④ **관의 굵기[mm]** : 14, 16, 22, 28, 36, 42, 54, 70, 82, 100, 104, 125

8) 가요전선관공사

① **작은 증설공사 및 승강기 전동차 배선 시** : 전동기와 스위치함 사이

② **길이** : 10, 15, 30[m]

③ **지지점 간의 거리** : 1[m]

④ **관의 굵기[mm]** : 15, 19, 25

⑤ **구부리기** : 제1종 6배, 제2종 6배(단, 제거가 용이하면 3배)

⑥ **가요전선관 재료**

㉠ 전선관과 박스와의 접속 : 스트레이트 박스 커넥터 또는 앵글 박스 커넥터

㉡ 가요전선관과 금속관이 결합하는 곳에 사용 : 콤비네이션 커플링

ⓒ 돌려서 접속할 수 없는 경우의 가요 전선관과 금속관을 결합하는 곳에 사용 : 콤비네이션 유니온 커플링

ⓓ 직각으로 박스에 붙일 때 사용 : 스트레이트 박스 커넥터 또는 앵글 박스 커넥터

ⓔ 가요전선관과 상호를 결합하는 곳에 사용 : 플렉시블 커플링

| 가요전선관 | | 스트레이트 박스 커넥터 | | 앵글박스 커넥터 |

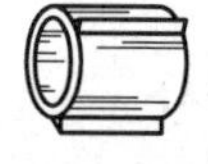

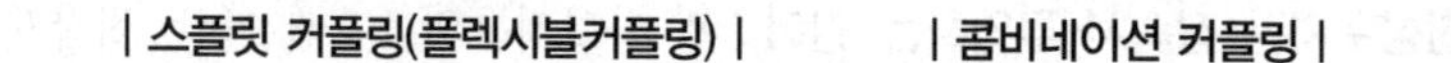

| 스플릿 커플링(플렉시블커플링) | | 콤비네이션 커플링 |

9) 트렁킹공사

① **금속몰드**

㉠ 금속몰드에 넣는 전선 수는 10본 이하로 할 것(1종)

㉡ 전선 수는 20[%] 이하로 할 것(2종)

㉢ 규격 : 폭 5[cm] 이하, 두께 0.5[mm] 이상

② **합성수지몰드**

㉠ 규격 : 깊이 3.5[cm] 이하, 폭 3.5[cm] 이하 두께 2[mm] 이상

㉡ 사람이 접촉할 우려가 없는 경우 폭 5[cm]

10) 케이블 덕팅 공사

① 금속덕트

㉠ 규격 : 폭 4[cm] 이상 두께 1.2[mm] 이상의 철판

㉡ 내단면적의 20[%] 이하로 선정(가닥 수는 30본)
단, 제어회로는 50[%]까지

㉢ 지지점 : 3[m](수직 6[m] 이하)

② 버스덕트

㉠ 종류

- 피더 버스덕트 : 도중에 부하를 접속하지 않는 버스덕트
  옥내용(환기형 비환기형), 옥외용(환기형 비환기형)
- 익스팬션 버스덕트 : 옥내용(비환기형)으로, 직선부분이 30[m] 초과 시 삽입하여 온도변화, 진동 등으로 인한 버스덕트의 신축작용 등을 흡수하기 위하여 사용
- 탭붙이 버스덕트 : 옥내용(비환기형). 버스덕트를 배전반에 접속할 때 사용
- 트랜스포지션 버스덕트 : 옥내용(비환기형). 각 상의 임피던스 평균을 측정하기 위해 도체 상호 간의 위치를 바꾼 것
- 플러그인 버스덕트 : 도중에 부하접속용으로 꽂음 플러그를 설치. 옥내용(환기형 비환기형)
- 트롤리 버스덕트 : 도중에 이동 부하 접속용 트롤리 접촉식 구조

㉡ 지지점 간의 거리 : 3[m] 이하

㉢ 버스덕트 내 도체 지지 간격 : 0.5[m] 이하

③ 플로어 덕트

통신선 전력선(케이블)을 바닥에 배선하는 대규모 사무실, 백화점, 실험실에 설비

㉠ 바닥면에 매입하여 전원을 쓸 수 있게 한 덕트

㉡ 내단면적 32[%]까지 사용

④ 라이팅 덕트

㉠ 사용전압 400[V] 이하

㉡ 라이팅 덕트 지지점 간의 거리 : 2[m]

⑤ 금속덕트 및 버스덕트 자재

㉠ 엘보 : 덕트의 경로를 직각으로 바꿀 때 사용

㉡ 오프셋 : 경로 중 고저차가 있거나 장해물을 피할 때

㉢ 티 : 경로에서 어떤 직각 1방향으로 덕트를 분기할 때

㉣ 크로스 : 경로에서 3방향으로 덕트를 분기할 때

㉤ 레듀서 : 회로의 도중에 정격전류를 저감할 때

㉥ 블랭크와셔, 마커시트, 인서트 플러그 : 종단부를 폐쇄

⑥ **셀룰러 덕트**

㉠ 폭 150[mm] 이하 : 두께 1.2[mm] 이상

폭 150[mm] 초과 200[mm] 이하 : 두께 1.4[mm] 이상

폭 200[mm] 초과 : 두께 1.6[mm] 이상

㉡ 단면적 20[%](전광표시 자동제어회로 소세력회로 50[%])

㉢ 400[V] 이하

11) 케이블 공사

① **지지점 간의 거리**

㉠ 조영재의 측면 또는 하면에서 수평 방향으로 시설 : 2[m]

㉡ 사람이 접촉할 우려가 없는 곳에 수직으로 붙이는 경우 : 6[m]

㉢ 케이블과 박스기구와의 접속개소에서 : 0.3[m]

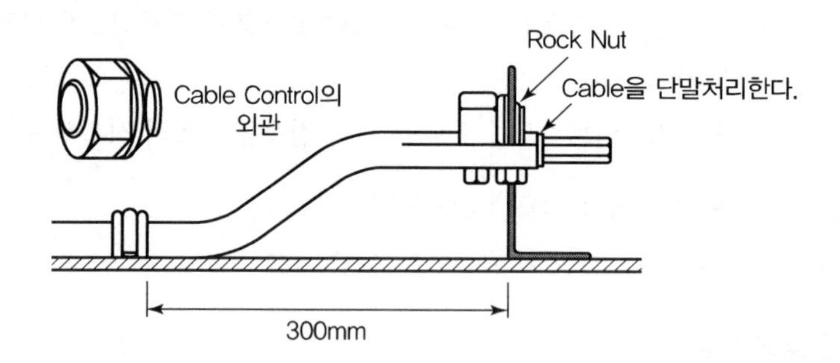

② **케이블의 굴곡(저압)**

㉠ 비닐외장케이블, 클로로프렌 케이블 : 외경의 5배

㉡ 연피 케이블 : 외경의 12배

③ **케이블 접속** : 직선, 분기, 종단, 엘보 접속재에 의한 접속

④ **전력케이블의 허용전류** : 연속사용 허용전류, 순시허용전류, 단시간 허용전류

⑤ **고압 케이블의 단말 처리의 목적** : 케이블 부식 방지

⑥ **케이블의 절단** : 케이블 커터

⑦ **케이블 시스 유기전위 저감대책**

㉠ 케이블의 적절한 배열

㉡ 완전 접지

㉢ 편단접지

㉣ 크로스 본드 접지

12) 실내배선공사에 사용하는 공구

① **와이어 스크리퍼** : 전선피복을 벗기는 공구

② **워터 펌프 플라이어** : 금속관 배관공사시 관 상호 접속 등

③ **드라이브 잇** : 콘크리트면이나 철판 등에 기구 취부용 나사를 쏘아 넣는 것

④ **프레셔툴(압착 펜치)** : 터미널 리그, 링 슬리브 등을 압착

⑤ **노크아웃 펀치** : 철판의 구멍 뚫기에 사용

⑥ **홀쏘** : (드릴에 취부하여) 금속판의 구멍 뚫기에 사용

⑦ **버니어 캘리퍼스** : 외경 및 내경 판 두께 측정

⑧ **네온 검전기** : 접지, 비접지극 조사 및 충전 유무 조사

⑨ **파이프 드레더** : 금속관에 대한 나사 내기에 사용

⑩ **쇠톱** : 금속관, 비닐관, 강재 등의 절단

⑪ **볼트 클리퍼** : 볼트, 철근, 철선, 굵은 전선 등의 절단

⑫ **케이블 커터** : 케이블, 굵은 전선 등 절단

⑬ **유압식 파이프 벤더** : 굵은 금속관의 굽힘 가공

⑭ **파이프 바이스** : 금속관을 절단, 나사 내기 등을 할 때 관 고정

⑮ **파일럿 테이프** : 굴곡이 있는 관 안에 전선을 넣을 때 사용

13) 전선의 접속

① **직선접속** : 가는 단선(단면적 6[mm^2] 이하)의 직선접속(트위스트조인트)

② **분기접속** : 가는 단선(단면적 6[mm^2] 이하)의 분기접속

③ **종단접속(終端接續)**

㉠ 가는 단선(단면적 4[mm^2] 이하)의 종단접속

㉡ 가는 단선(단면적 4[mm^2] 이하)의 종단접속(지름이 다른 경우)

㉢ 종단겹침용 슬리브(E형)에 의한 접속

④ **슬리브에 의한 접속**

㉠ S형 슬리브에 의한 직선 접속

O형, B형 슬리브에 의한 접속 → 직선 접속

S형 슬리브에 의한 분기 접속

㉡ S형 슬리브에 의한 분기(分岐)접속

㉢ 매킹타이어 슬리브에 의한 직선접속
양쪽 비틀림, 한쪽 비틀림

㉣ 테이프
- 자기융착(비닐외장 및 클로로프렌)
- 리노테이프(연피케이블)

14) 특수 장소에 대한 기구 시설

① 화약고 등의 위험장소

㉠ 대지전압 300[V]
㉡ 전기기계 · 기구는 전폐형의 것을 사용
㉢ 개폐기 및 과전류 차단기에서 화약고의 인입구까지의 배선은 케이블 공사

② 폭연성 분진 또는 화약류의 분말이 전기설비가 발화원이 되어 폭발할 우려가 있는 곳

㉠ 금속관, 케이블공사(캡타이어케이블 제외)
㉡ 금속관은 박강전선관
㉢ 관 상호 간, 관 박스 및 기타 부속품접속 시 5턱 이상 나사 조임
㉣ 개장된 케이블 또는 MI 케이블 사용

③ 가연성 분진에 전기설비가 발화원이 되어 폭발할 우려가 있는 곳

㉠ 합성수지관, 금속관, 케이블 공사
㉡ 박스 기타 부속품과 접속되는 부분에는 마모, 부식에 의한 손상 우려가 없도록 패킹을 사용

④ 셀룰로이드, 성냥, 석유류 등 위험물질을 제조하거나 저장하는 장소

㉠ 합성수지관, 금속관, 케이블 공사
㉡ 이동전선은 캡타이어케이블 이외의 접속점이 없는 캡타이어케이블 사용

⑤ 유희용 전차의 시설

㉠ 전로의 사용전압 : 직류 60[V] 이하, 교류 40[V] 이하
㉡ 접촉전선은 제3궤조방식에 의하여 시설할 것
㉢ 유희용 전차의 전차 내에서 승압하여 사용하는 경우 변압기는 절연변압기를 사용하고 2차 전압은 150[V] 이하로 할 것

⑥ 전극식 온천 승온기

㉠ 사용전압 400[V] 이하
㉡ 절연변압기 절연내력시험 : 교류 2,000[V]의 시험전압을 권선과 권선 사이, 권선과 외함 사이에 계속적으로 1분간 가하여 견딜 것
㉢ 접지극은 2[m] 이상 이격

⑦ **전기욕기 시설**

㉠ 대지전압 300[V] 이하
㉡ 전원변압기 2차측 전압 : 10[V] 이하
㉢ 유도전류의 2차측 전압의 파고치 30[V] 이하
㉣ 욕조 전극 간의 거리 : 1[m] 이상
㉤ 절연변압기 퓨즈의 정격은 1[A]
㉥ 절연저항 0.1[MΩ] 이상

⑧ **수중조명등**

㉠ 절연변압기 2차측은 접지하지 않는다.
㉡ 2차측 전로의 사용전압이 30[V] 이하일 경우
1차 권선과 2차 권선 사이에 금속제 혼촉방지판 설치 후 접지공사
㉢ 2차측 전로의 사용전압이 30[V] 초과일 경우
2차 회로에 지기가 생겼을 경우에 자동적으로 전로를 차단하는 누전차단장치 시설

⑨ **항공장해등**

㉠ 60[m] 이상의 높이의 조영물에 시설
㉡ 고광도 항공장해등 2,000[cd]
㉢ 저광도 항공장해등 20[cd]
㉣ 피뢰침 접지선과 1.5[m] 이상 이격할 것
㉤ 점멸기 장치는 지상 3[m] 이상 5[m] 이하 되는 곳에 시설

⑩ **네온방전등**

㉠ 대지전압 300[V] 이하
㉡ 네온방전등은 16[A] 분기회로 또는 20[A] 배선용 차단기 분기회로로 사용하여야 한다.
이 경우 네온방전등과 전등 및 소형 기계 · 기구를 병용할 수 있다.
㉢ 전선은 네온 전선을 사용할 것(7,500[V]와 15,000[V])
㉣ 전선 상호 간 이격거리는 6[cm] 이상일 것
㉤ 전선과 조영재의 이격거리(노출장소)

전압구분	이격거리
6,000[V] 이하	2[cm]
6,000[V] 초과 9,000[V] 이하	3[cm]
9,000[V] 초과	4[cm]

※ 은폐장소는 6[cm] 이상

㉥ 전선 지지점 간의 이격은 1[m] 이하

⑪ **기타 설비**

㉠ 교통신호등의 시설 : 사용전압 300[V] 이하

㉡ 전기방식 : 전기방식회로의 사용전압은 60[V] 이하

15) 누전차단기

① 사람이 쉽게 접촉될 경우가 있는 장소에 시설

② 사용전압 50[V]를 초과하는 저압의 금속제 외함을 가지는 기계 · 기구에 전기를 공급하는 전로에 지기가 발생했을 때 자동적으로 차단하는 누전차단기 등을 설치한다.
단, 다음 상황에 해당할 경우 그러하지 아니하다.

㉠ 대지전압 150[V] 이하인 기계 · 기구를 물기가 없는 곳에 시설한 경우

㉡ 전기용품안전관리법의 적용을 받는 2중 절연구조의 기계 · 기구를 시설한 경우

㉢ 전로의 전원측에 절연변압기(2차 전압이 300[V] 이하이며 정격용량이 3[kVA] 이하인 것에 한한다.)를 시설하고 당해 절연변압기의 부하측의 전로에 접지하지 아니한 경우

③ **시설방법** : 분전반의 분기회로수가 7회로 이상인 경우에 누전차단기를 인입개폐기로 병용할 경우에는 과전류 차단기가 붙은 것이어야 한다.

④ **누전차단기 시설 예**

기계 · 기구 시설장소의 전로 대지전압	옥내		옥측		옥외	물기가 있는 장소
	건조한 장소	습기가 많은 장소	우선내	우선외		
150[V] 이하	×	×	×	□	□	○
150[V] 초과 300[V] 이하	△	○	×	○	○	○

[비고] 표에 표시한 기호의 뜻은 다음과 같다.

- ○ : 누전차단기를 시설할 곳
- △ : 주택에 기계 · 기구를 시설하는 경우에는 누전차단기를 시설할 것
- □ : 주택구내 또는 도로에 접한 면에 룸 에어컨디셔너, 아이스박스, 진열창, 자동판매기 등 전동기를 부품으로 한 기계 · 기구를 시설하는 경우 누전차단기를 시설하는 것이 바람직한 곳
- × : 누전차단기를 설치하지 않아도 되는 곳

16) 수급계기 등의 설치

옥내에 설치하는 경우에는 인입구 근처 바닥에서 1.8~2.2[m] 이하의 높이로 설치할 것

17) 전등 및 가정용 전기 기계 · 기구 시설

① **소형 기계 · 기구** : 소비전류 6[A] 이하(전동기에서는 정격출력 200[W] 이하)의 가정용 전기기계 · 기구를 말함

② 코드 사용전압 400[V] 이하(2심부터 4심까지 있다.)

③ **콘센트의 취부 높이**

㉠ 지상 30[cm] 정도에 시설하며

㉡ 고속도 고감도형 누전차단기(30[mA] 0.03[초] 동작) 또는 절연변압기(정격용량 3[kVA] 이하)로 보호된 회로에 접속하고 콘센트의 취부 높이는 80[cm] 이상

④ **점멸기의 시설**

㉠ 1개의 점등군에 속하는 등기구 수는 6개 이내로 할 것

㉡ 타임 S/W

- 일반 주택 및 아파트 객실 현관 : 3분 이내에 소등
- 호텔 또는 여관객실 입구 : 1분 이내에 소등

⑤ **테이블탭**

㉠ 단면적 1.5[mm^2] 이상의 코드를 사용하고 플러그를 부속시킬 것

㉡ 코드의 길이는 3[m] 이하일 것

㉢ 옥내 배선과 접속은 콘센트로 할 것

18) 기계 · 기구 설치

① **코드 펜던트 시설방법** : 중량은 3[kg] 이하일 것

② **진열창**

㉠ 진열함의 내부배선

㉡ 내부 사용전압 400[V] 이하

㉢ 전선 단면적 0.75[mm^2] 이상의 코드 또는 캡타이어 케이블

③ **고압 옥내 배선(케이블, 애자사용공사)**

㉠ 전선은 최소 6.0[mm^2], 최고 25[mm^2]의 연동선

㉡ 전선 상호 간 간격 8[cm]

㉢ 조영재의 이격거리 5[cm]

④ **특별고압옥내배선**

㉠ 사용전압 100[kV] 이하일 것

㉡ 전선은 케이블

㉢ 특고압 옥내배선과 저고압 옥내배선과의 이격거리 60[cm]

⑤ **옥외등**

㉠ 옥외등 시설

- 애자사용공사
- 금속관공사
- 합성수지관공사
- 케이블공사

㉡ 전주외등

- 부착중량 100[kg] 이하일 것
- 기구 부착 높이는 지표상 4.5[m] 이상
- 교통의 지장이 없는 경우에는 지표상 3.0[m] 이상
- 점멸기는 방수형 자동 점멸기
- 2.5[mm^2] 이상 절연전선
- 금속관공사, 합성수지관공사, 케이블공사

19) 용어

① **수구** : 소켓, 리셉터클, 콘센트 등의 총칭을 말한다.

② **뱅크** : 전로에 접속된 변압기 또는 콘덴서의 결선상 단위를 말한다.

③ **지락차단장치** : 전로에 지락이 생겼을 경우에 이를 검출하여 신속하게 차단하기 위한 장치

④ **플로어 덕트** : 마루 밑에 매입하는 배선용의 홈통으로 마루 위로 전선 인출을 목적으로 하는 것을 말한다.

⑤ **신호회로** : 벨, 버저, 신호등 등의 신호를 발생하는 장치에 전기를 공급하는 회로

20) 저압전로 중의 과전류차단기의 시설

① 과전류차단기로 저압전로에 사용하는 퓨즈

정격전류의 구분	시간	정격전류의 배수	
		불용단전류	용단전류
4[A] 이하	60분	1.5배	2.1배
4[A] 초과 16[A] 미만	60분	1.5배	1.9배
16[A] 이상 63[A] 이하	60분	1.25배	1.6배
63[A] 초과 160[A] 이하	120분	1.25배	1.6배
160[A] 초과 400[A] 이하	180분	1.25배	1.6배
400[A] 초과	240분	1.25배	1.6배

② 과전류차단기로 저압전로에 사용하는 배선용 차단기

다만, 일반인이 접촉할 우려가 있는 장소(세대 내 분전반 및 이와 유사한 장소)에는 주택용 배선차단기를 시설하여야 한다.

| 과전류트립 동작시간 및 특성(산업용 배선용 차단기) |

정격전류의 구분	시간	정격전류의 배수(모든 극에 통전)	
		부동작 전류	동작 전류
63[A] 이하	60분	1.05배	1.3배
63[A] 초과	120분	1.05배	1.3배

| 순시트립에 따른 구분(주택용 배선용 차단기) |

형	순시트립범위
B	3In 초과 ~ 5In 이하
C	5In 초과 ~ 10In 이하
D	10In 초과 ~ 20In 이하

[비고]
1. B, C, D : 순시트립전류에 따른 차단기 분류
2. In : 차단기 정격전류
3. 돌입전류에 대한 순시트립 범위를 말한다.

예 배선용 차단기 명판에 D20A 차단기 정격전류 20[A], 돌입전류가 10배를 초과~20배 이하인 경우 0.1초에 차단한다.

| 과전류트립 동작시간 및 특성(주택용 배선용 차단기) |

정격전류의 구분	시간	정격전류의 배수(모든 극에 통전)	
		부동작 전류	동작 전류
63[A] 이하	60분	1.13배	1.45배
63[A] 초과	120분	1.13배	1.45배

5 동력설비

1) 3상 유도전동기

농형, 권상형

2) 단상 유도전동기

반발기동형, 반발유도형, 콘덴서기동형, 분상기동형, 셰이딩코일형

3) 전동기 시동법과 속도제어

종 류	기동법	속도제어
직류전동기	직입, 저항, 레오너드	계자제어, 저항제어, 전압제어 (일그너, 워드레오너드)
동기전동기	2차 권선법	
농형 유도전동기	직입, Y－Δ, 기동보상기, 리액터기동법	극수변환법, 주파수변환법, 1차 전압제어
권선형 유도전동기	2차 저항 기동방식(비례추이)	2차 저항제어, 2차 여자제어, 1차 전압제어

4) 각종 부하의 소요동력 계산

① 권상기용 엘리베이터

$$P = \frac{WVC}{6.12\eta}[kW]$$

여기서, W : 하중[ton], V : 승강속도[m/min], C : 평형률

② 양수펌프

$$P = \frac{QHK}{6.12\eta}[kW]$$

여기서, Q : 양수량[m^3/min], H : 총양정, K : 여유계수

③ 풍력 에너지

$$P = \frac{1}{2}\rho AV^3[W]$$

여기서, ρ : 공기 밀도[kg/m^3], A : 블레이드의 회전 단면적[m^2], V : 바람의 속도[m/s]

㉠ 전기적 제동 : 발전제동, 역상제동(Plugging), 회생제동

㉡ 전동기 보호 계전기 중 3E
- 과부하 운전 방지장치
- 단상운전 방지 보호장치
- 역상운전 방지 보호장치

④ **전기기계의 방폭구조**

㉠ 방폭구조의 분류
- 내압방폭구조(Flameproof Type, d) : 전폐구조로 용기 내부에서 폭발성 가스 또는 증기가 폭발했을 때 용기가 그 압력에 견디며, 접합면, 개구부 등을 통해 외부의 폭발성 가스에 인화될 우려가 없도록 한 구조를 말한다.
- 압력방폭구조(Pressurized Type, p) : 용기 내부에 보호기체(신선한 공기 또는 질소 등의 불연성 기체)를 압입하여 내부 압력을 유지함으로써 폭발성 가스 또는 증기가 침입하는 것을 방지하는 구조를 말한다.
- 유입방폭구조(Oil Immersed Type, o) : 전기기기의 불꽃, 아크 또는 고온이 발생하는 부분을 기름 속에 넣어 기름면 위에 존재하는 폭발성 가스 또는 증기에 인화될 우려가 없도록 한 구조를 말한다.
- 안전증방폭구조(Increased Safety Type, e) : 정상운전 중에 폭발성 가스 또는 증기에 점화원이 될 전기불꽃 아크, 또는 고온이 되어서는 안 될 부분에 이런 것의 발생을 방지하기 위하여 기계적 · 전기적 구조상 또는 온도 상승에 대해서 특히 안전도를 증가시킨 구조를 말한다.
- 본질안전방폭구조(Intrinsic Safety Type, ia) : 정상 시 및 사고 시(단선 · 단락 · 지락 등)에 발생하는 전기불꽃, 아크 또는 고온에 의하여 폭발성 가스 또는 증기에 점화되지 않는 것이 점화시험 등에 의하여 확인된 구조를 말한다.
- 특수방폭구조 : 특수방폭구조에 대해서는 방폭검정규격의 제3조제1항제6호에서 위의 내압 · 압력 · 안전증 · 유입 · 본질안전방폭구조까지 "이 외의 방폭구조로서 폭발성 가스 또는 증기에 점화 또는 위험분위기로 인화를 방지할 것이 시험, 기타에 의하여 확인된 구조를 말한다."라는 총괄적인 요건이 표시되어 있다.

6 송 · 배전설비 공사

1) 가공전선로

① 풍압하중

㉠ 갑종 풍압하중 : 수직투영면적 1[m^2]당

- 원형 목주, CP주, 철주 : 588[Pa]
- 전선 및 가섭선 – 다도체(복도체) : 666[Pa], 단도체 : 745[Pa]
- 애자장치 : 1,039[Pa]
- 철탑(강관) : 1,255[Pa]
- 완금류 – 단일재 : 1,196[Pa]
- 기타 : 1,627[Pa]

㉡ 을종 풍압하중

빙설두께 : 6[mm], 비중 0.9 → 갑종 풍압하중의 1/2

㉢ 병종 풍압하중

인가 밀집지역 → 갑종 풍압하중의 1/2

② 지지물

㉠ 종류 : 목주, CP주, 철주, 철탑

CP주 일반용, 중하용 규격 : 8, 10, 12, 14, 16[m]

㉡ 중하용 사용처

- 절연전선(ACSR – OC 160[mm^2] 이하) 2단 장주선로
- 태풍 피해 심한 해안지역
- 병가 및 공가 선로
- 변전소 인출 1[km] 내외 선로
- 각도주, 인류주, 편출장주 등 편하중이 걸리는 개소

※ 배전용 강관전주 : 도로가 협소하거나 CP주 운반이 곤란한 경우
규격 : 11, 14, SP18, SP20[m]

㉢ 지지물의 최소길이 : 저압 8[m], 고압 10[m]

㉣ 전주의 근입

<table>
<tr><th>설계하중 6.8[kN] 이하, 전장 16[m] 이하인 CP주 · 목주 · 철주</th><th colspan="3">철근콘크리트주</th></tr>
<tr><td rowspan="5">㉠ 전장 15[m] 이하 : 전장 ×1/6 이상
㉡ 전장 15[m] 초과 : 2.5[m] 이상
㉢ 지반이 약한 곳 : 0.5[m] 이상 깊이에 근가를 설치</td><td>설계하중 6.8[kN] 이하, 전장16[m] 초과, 20[m] 이하</td><td colspan="2">2.8[m]</td></tr>
<tr><td>설계하중 9.8[kN] 이하, 전장 14[m] 이상, 20[m] 이하</td><td colspan="2">㉠, ㉡+0.3[m]</td></tr>
<tr><td rowspan="3">설계하중 14.72[kN] 이하, 전장14[m] 이상, 20[m] 이하</td><td colspan="2">15[m] 이하
㉠+0.5[m]</td></tr>
<tr><td>18[m] 이하</td><td>3[m]</td></tr>
<tr><td>20[m] 이하</td><td>3.2[m]</td></tr>
</table>

㉤ 근가 취부

- 지표면하 보통 0.4[m]로 산정. 지반이 연약한 곳은 0.5[m] 이상의 깊이에 근가를 취부한다.

| 근가의 규격 |

전주길이[m]	7, 8	9, 10	11~14	15	16
근가길이[m]	1.0	1.2	1.5	1.8	1.8 이상

- 근가블록의 취부 방향은 직선선로에서는 전로 방향으로 전주 1본마다, 좌우 교대로 취부한다.

  ※ CP주 지름 증가율 : 75[cm]당 1[cm], 목주 지름 증가율 : 5/1,000

| 전주의 규격에 따른 U-Bolt 직경 |

전주길이	8	10	12~14	16
직경×길이[mm]	270×500	320×550	360×590	400×630

㉥ 근가 설치방향

- 직선개소 : 전선로 방향으로 좌우 교대로 설치한다.

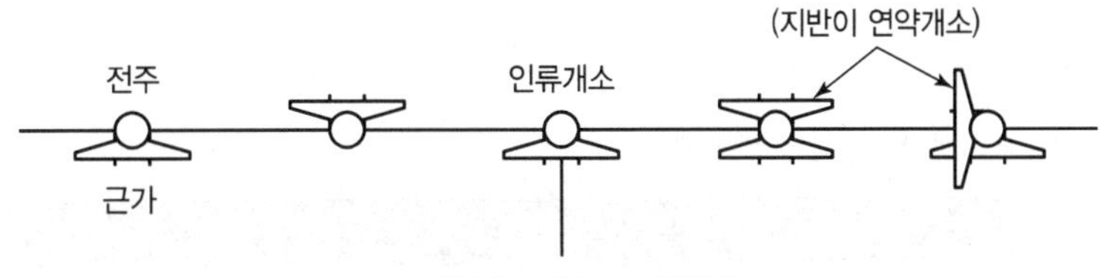

| 직선개소의 근가 설치 |

- 각도개소, 인류개소 : 각 장력의 합성방향에 직각으로 설치한다.

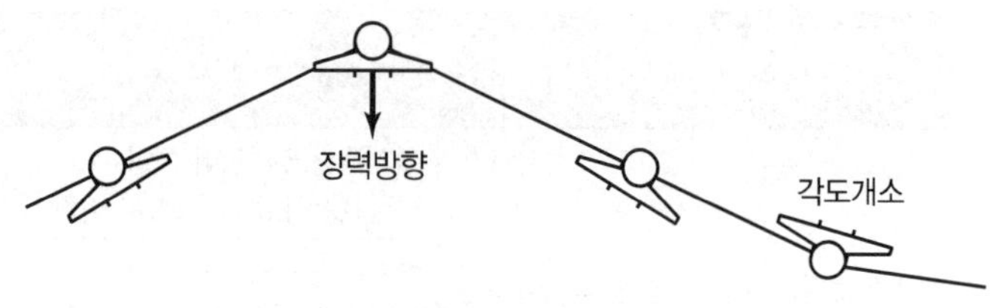

| 각도개소의 근가 설치 |

- 고속도로, 철도, 전철 등의 횡단개소 : 횡단개소의 안쪽으로 장력방향과 직각으로 설치한다.

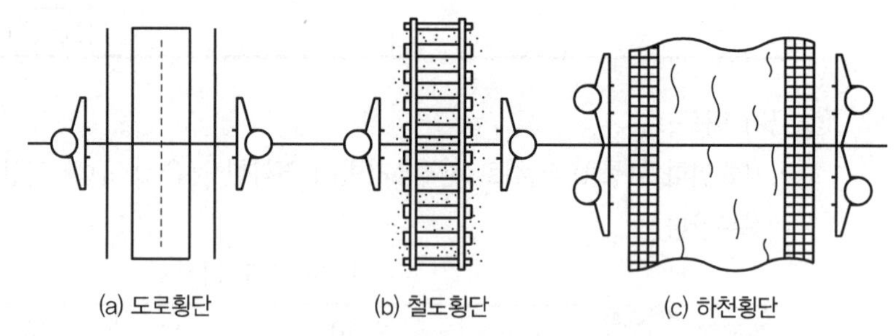

| 도로 등의 횡단개소의 근가 설치 |

ⓢ 경간

종류	표준경간	장경간	저 · 고압 보안공사	특1종 보안공사	특2종 보안공사
A종	150	300	100	×	100
B종	250	500	150	150	200
철탑	600	–	400	400	400

ⓞ 안전율

- 지지물 : 2.0 이상(이상 시 상정하중의 철탑 : 1.33)
- 지선 : 2.5 이상
- 전선 : 경동선 2.2, Al선 2.5

③ **장주**

㉠ 배전용 완철의 표준길이

가선수	저압	고압	특고압
1	–	–	900
2	900	1,400	1,800
3	1,400	1,800	2,400
4	–	2,400	–
5	–	2,600	–

ⓐ ㄱ완철

• 배전용 : 900, 1,400, 1,800, 2,400, 2,600

• 송전용 : 3,200, 3,400, 5,400

ⓑ ㅁ완철

900, 1,400, 1,400S, 1800, 1,800S, 2,400

여기서, S는 직선 핀장주 및 COS 완금용

㉡ 장주우선순위

• 높은 전압이 상단으로

• 전용선은 상단으로

• 원거리선을 상단으로

• 통신선은 중성선또는 저압선의 하단에 시설

㉢ 장주용 자재 종류

• ㄱ형 완철 : U볼트로 취부 암타이, 암타이밴드로 고정한다.

• 경완철 : U볼트로 취부 암금밴드로 고정한다.

※ 완금과 경완금은 최상단의 완금은 목주인 경우 30[cm], CP주인 경우 25[cm]의 위치에 취부한다.

• 랙(래크) : 저압가공전선을 수직 배선하고자 할 때 암타이 밴드에 연결하여 사용하는 금구류로 가공 배전선로 및 인입선에서 인류애자를 취부하기 위하여 사용되는 금구

• 발판볼트 : 지표상 1.8[m]에서 완철하부 0.9[m]까지 취부한다.

㉣ 장주도

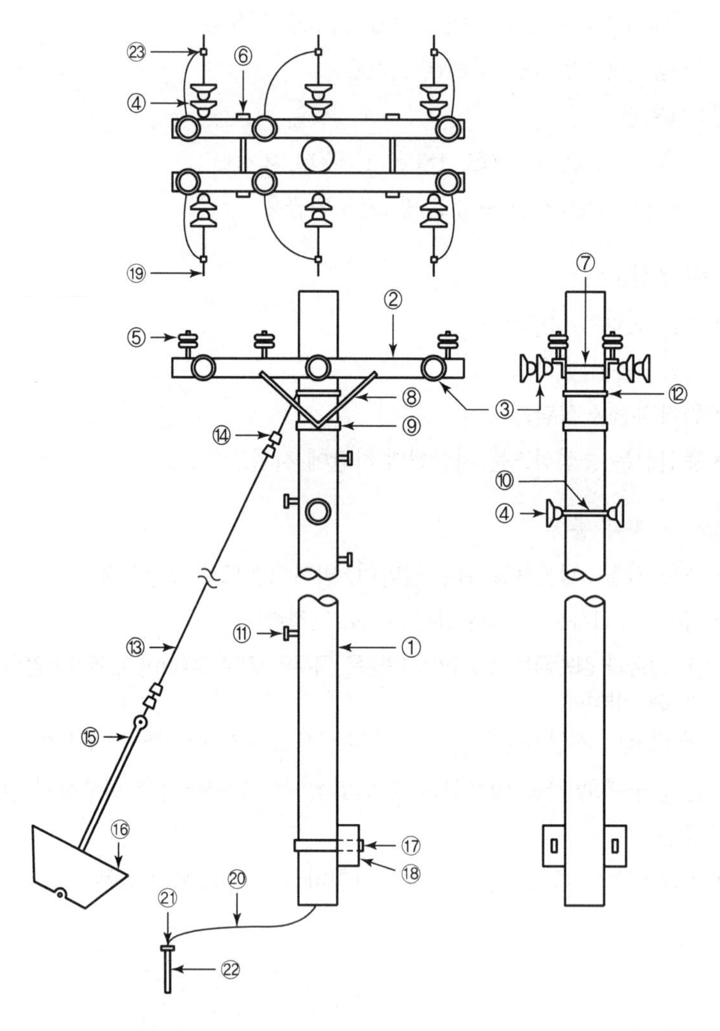

장주의 각 부분 명칭

① CP주	② 완금	③ 현수애자
④ 점퍼선	⑤ 특고압 핀애자	⑥ 머신볼트
⑦ 완금밴드	⑧ 암타이	⑨ 암타이밴드
⑩ 랙밴드	⑪ 발판볼트	⑫ 지선밴드
⑬ 지선	⑭ 지선클램프	⑮ 지선로드
⑯ 지선근가	⑰ 근가용U볼트	⑱ 전주근가
⑲ 전선	⑳ 접지전선	㉑ 접지동봉클램프
㉒ 접지동봉	㉓ 활선용커넥터	

㉤ 장주의 종류

• 수평배열(특고압 선로에 적용)

• 수직배열(저압전로) : 랙장주, 돌출랙(편출용 D형) 장주

• 인류장주 : 전선의 수평각도가 30° 이상, 전선의 분기 및 종단개소

• 내장주 : 전선의 종류와 굵기가 다른 점퍼선에 접속하는 곳
전선의 수직각도가 15° 이상
ACSR 58[mm^2] 이상의 전선이 수평각도 15° 초과 30° 미만
장경간 개폐기 보호선 보호망 설치주
기타 중요한 시설의 횡단 장소

• 핀장주 : 위 외의 장소
수평각도 10° 미만 단완철 시공
수평각도 10° 초과 15° 미만 겹완철 시공

④ **지선 설비**

㉠ 지선의 설치목적

• 지지물의 강도를 보강
• 전선로의 안전성을 증대하기 위해
• 불평형 하중에 대한 평형을 이루기 위해
• 전선로가 건조물 등과 접근할 경우에 보안을 위해

㉡ 지선의 설치 장소

• 전선을 끝맺는 경우 또는 불평형 장력이 작용하는 경우
• 선로의 방향을 바꾸는 경우
• 전주의 강도가 부족하거나 지반이 연약한 경우
• 전주가 넘어질 우려가 있는 경우

㉢ 지선의 설치

• 인장하중 440[kg] 이상(특고압 배전선로는 500[kg])
• 2.6[mm]×3가닥(단, 특고압 : 2.6[mm]×7가닥)
• 지중부분과 지표상 30[cm] 아연도금 철봉－부식 방지

- 안전율 : 2.5

※ 지선 시설 시 가장 경제적인 각도 26.5°

- 지선의 장력

$$P = \frac{T수평장력(전선의\ 장력)}{\cos\theta}[kg]$$

- 지선의 가닥수

$$P \leq \frac{tn}{K},\ n = \frac{PK}{t}$$

여기서 P : 지선의 장력
t : 소선의 인장강도
K : 안전율
n : 소선수

㉣ 지선의 종류

지선을 사용 목적에 따라 형태별로 분류하면 다음과 같다.

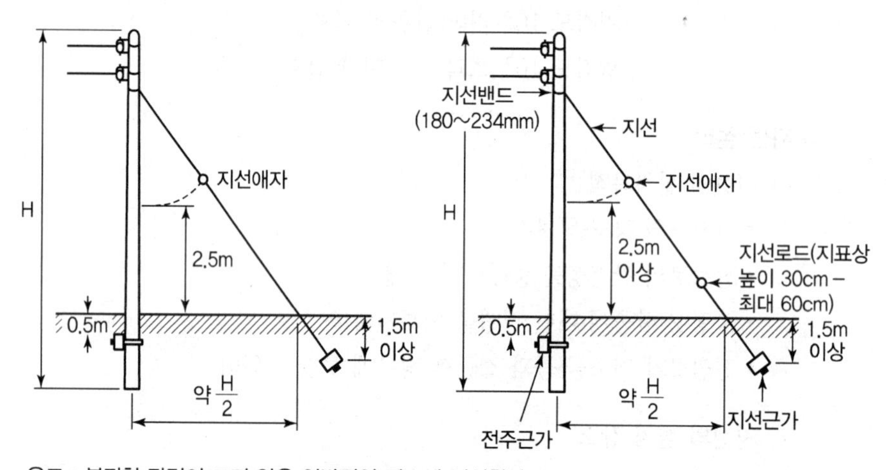

용도 : 불평형 장력이 크지 않은 일반적인 장소에 시설한다.

| 보통 지선 |

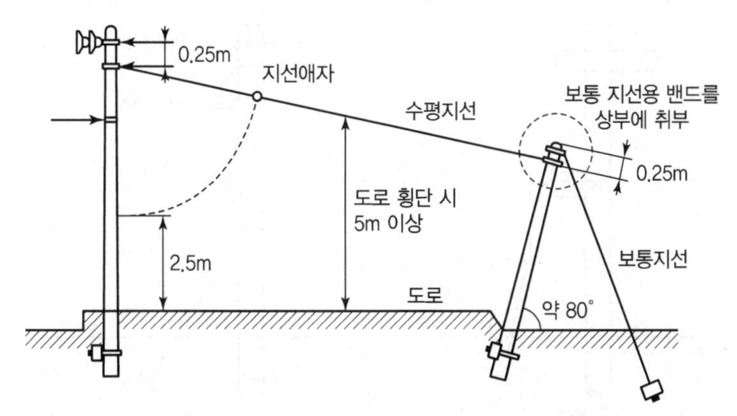

용도 : 토지의 상황이나 기타 사유로 인하여 보통 지선을 시설할 수 없는 경우

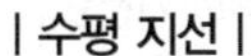

| 수평 지선 |

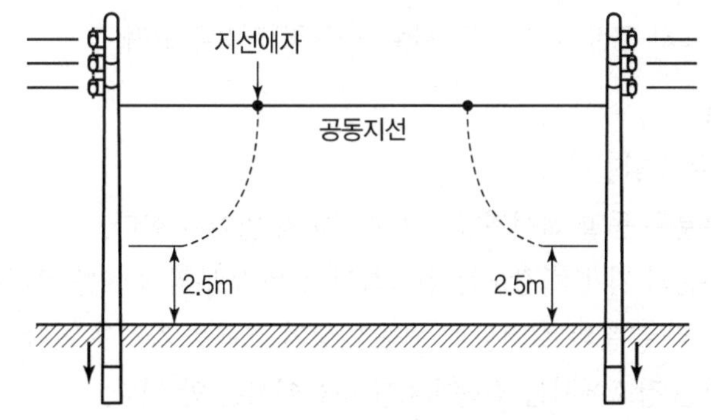

용도 : 지지물 상호 간의 거리가 비교적 접근하여 있을 경우에 시설한다.

| 공동 지선 |

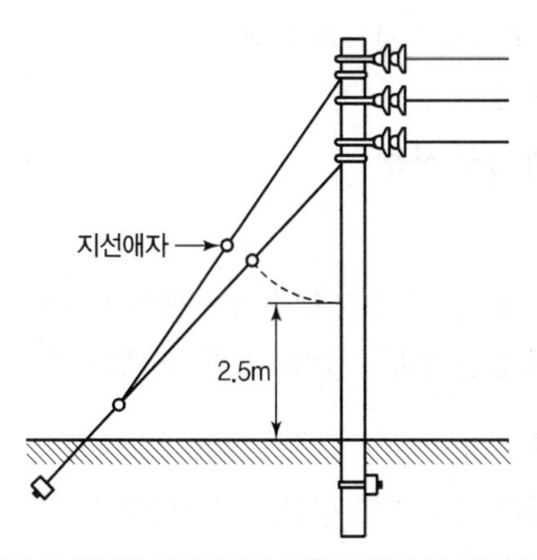

용도 : 다단의 완금이 설치되거나 또한 장력이 큰 경우에 시설한다.

| Y지선 |

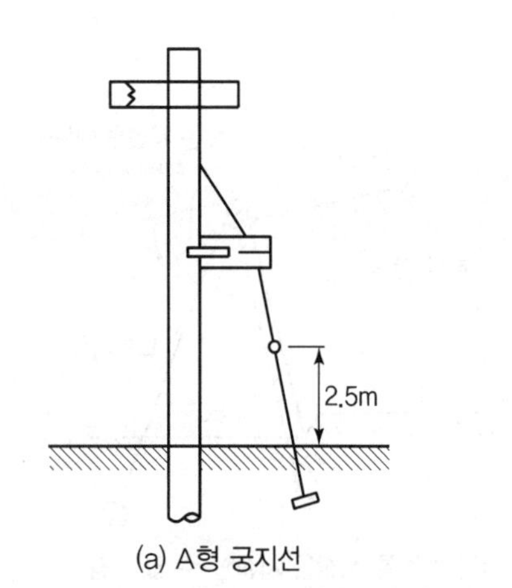

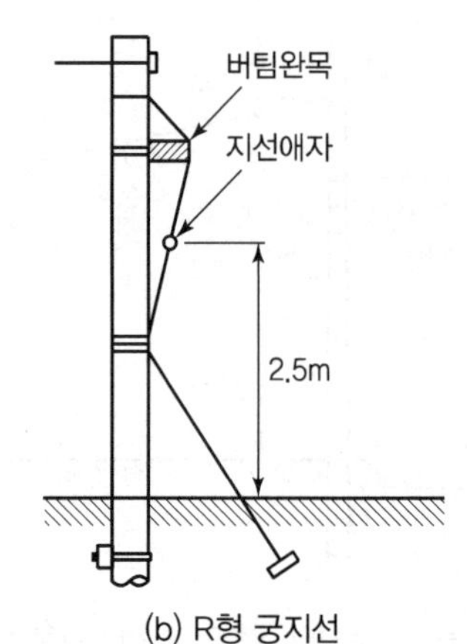

(a) A형 궁지선 (b) R형 궁지선

용도 : 비교적 장력이 작고 다른 종류의 지선을 시설할 수 없는 경우에 시설한다.

| 궁지선 |

※ 지선 설치 곤란 시 지주를 시설 : 불균형 장력을 고려

⑤ **전선의 접속**

㉠ 전선 접속의 일반사항

- 접속부분은 동일 전선저항보다 증가하지 않아야 한다.
- 접속부분의 기계적 강도는 접속하지 않은 부분의 80%를 유지해야 한다.
- 절연은 타 부분의 절연물과 동등 이상의 효력을 가져야 한다.
- 횡단하는 장소에서는 접속개소를 만들어서는 안 된다.

※ 가공 송전선로의 전선의 구비조건 추가 : 전압강하가 작고 코로나 손실이 작을 것

㉡ Al 전선의 접속

- 브러시 · 샌드페이퍼로 산화피막 제거
- 도전성 콤파운드 도포
- 적합한 금구와 공구 사용

㉢ 동선의 접속

- 장력이 걸리는 부분 : 권부접속(슬리브 브리타니어, 압축슬리브접속)
- 장력이 걸리지 않는 부분 : 클램프접속, 커넥터 접속

㉣ 콤파운드의 사용목적

- 알루미늄 전선의 산화 피막 생성을 방지한다.
- 접속저항을 감소시킨다.
- 수밀성이므로 수분 침입을 막아 부식을 방지한다.

⑥ **이도**

고저차가 없고 지지점의 높이가 같을 때만 적용

㉠ 전선의 이도

$$이도\ D = \frac{WS^2}{8T}[m]$$

여기서, W : 전선의 중량[kg/m]

$W = \sqrt{(전선자중 + 빙설하중)^2 + 풍압하중^2}$

S : 경간(span)[m]

T : 전선의 수평장력[kg]

$T = \frac{인장하중}{안전율}$

㉡ 전선의 실제 길이

$$실장\ L = S + \frac{8D^2}{3S}[m]$$

㉢ 전선의 평균 높이

$$h = h' - \frac{2}{3}D$$

여기서, h' : 지지점의 높이, D : 이도

㉣ 이도 증가 시 장단점

장점	단점
• 안정도 증가 • 진동 방지 • 지지물에 가해지는 장력 감소	• 지지물이 높아짐 • 전선 접촉사고가 많아짐

㉤ 이도 측정 방법

등장법, 이장법, 각도법, 수평이도법, 장력계법

㉥ 전선 가선 시 소요량 계산

- 선로평탄 : {선로의 길이×전선조수}×1.02
- 고저차 : {선로의 길이×전선조수}×1.03
- 철거 시 : {선로의 길이×전선조수}

⑦ **철탑 설계**

㉠ 송전선로 건설 : 굴착 → 각입 → 타설 → 조립 → 연선 → 긴선

㉡ 철탑의 종류

- 직선형 : 수평각도가 작은 개소에 사용, 직선형 철탑이 연속될 때 10기 이하마다 1기씩 내장애자 장치의 각도형 철탑을 사용 → 내장보강형
- 각도형 : 수평각도가 크고 내장애자 장치 철탑을 말함
- 인류형 : 전체의 간섭선을 인류하는 개소에 사용하는 철탑
- 내장형 : 경간차가 매우 크고 불평형장력을 발생할 염려가 있는 개소
- 보강형 : 전선로의 직선 부분에 그 보강을 위하여 사용하는 것

㉢ 철탑 각부의 명칭

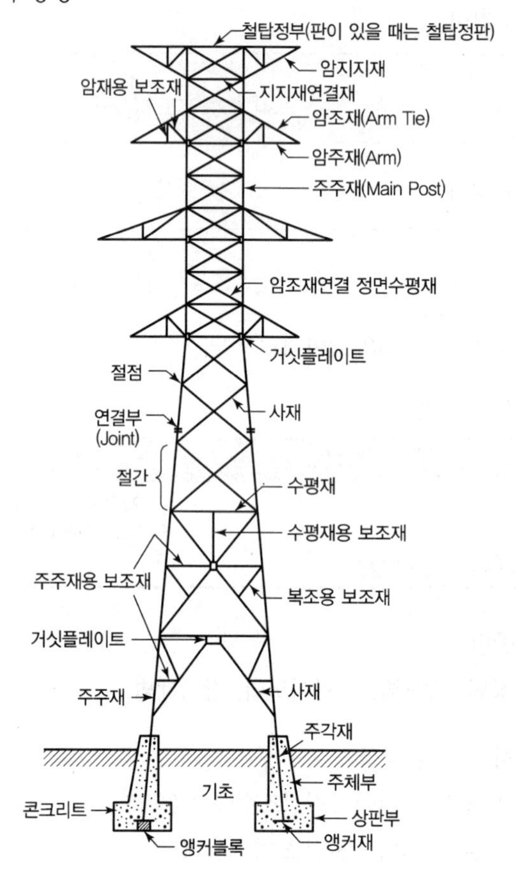

- 부재 : 주주재, 복재, 암재의 총칭
- 암재 : 암을 구성하는 부재
- 철탑부재 : 암을 제외한 철탑지 상부

- 주주재 : 철탑을 구성하는 부재 중 중요한 부분
- 복재 : 주주재 및 암주재를 제외한 부분

㉣ 철탑의 터파기량 : 터파기량 = 가로 × 세로 × 높이 × 1.21

㉤ 철탑모형 결정에 필요한 4가지

- 경과지 조건
- 애자장치
- 절연설계
- 표준모형의 배려

| 싱글와렌 |

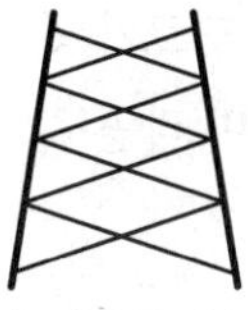
| 더블와렌 |

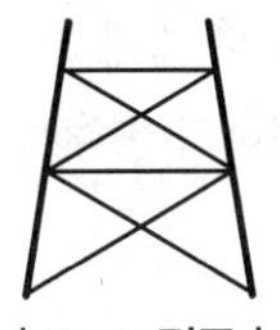
| Fault 결구 |

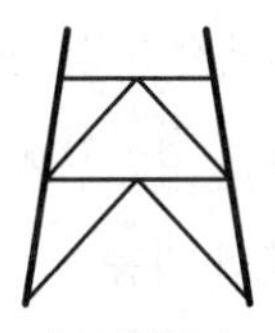
| K 결구 |

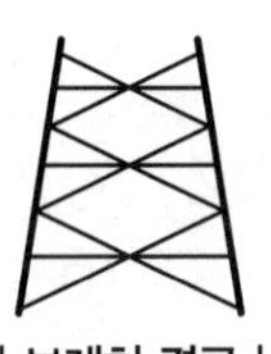
| 브레히 결구 |

㉥ 철탑 결구의 종류

ⓐ 탑각 접지

- 상용주파 대지 전압 상승 억제
- 임펄스에 의한 대지전위 상승 억제
- 낙뢰에 의한 역섬락 방지
- 접지저항값 : 66[kV] = 30[Ω], 154[kV] = 15[Ω], 345[kV] = 20[Ω]

ⓑ 철탑접지공사

- 분포접지 : 탑각에서 방사형으로 매설지선을 포설하여 접지
- 집중접지 : 탑각에서 10[m] 떨어진 지점의 직각 방향으로 접지하는 방식

※ 매설지선은 대지고유저항 300[Ωm] 이상 시 시공
38[mm2](7/2.6) 동복강연선 길이는 20~80[m], 깊이는 50[cm] 이상

⑧ **애자장치**

㉠ 애자구비조건

- 절연저항이 클 것
- 기계적 강도가 클 것
- 절연내력이 클 것
- 정전용량이 작을 것
- 경제적일 것

㉡ 가공송전선로에서 쓰이는 애자의 종류

- 핀애자
- 현수애자
- 장간애자
- 내무애자
- 라인포스트애자

㉢ 가공배전선로에서 쓰이는 애자 종류

- 핀애자 : 직선 선로 33[kV] 이하
- 현수애자 : 66[kV] 이상 인류 및 내장개소 클레비스형과 볼소켓형
- 라인포스트애자 : 절연전선 및 B급 이상 염진해 지역
- 인류애자 : 인류개소 및 배전선로 중성선
- 내장애자 : 전선로의 지지물의 경간차가 큰 부분
- 가지애자 : 전선로를 다른 방향으로 돌릴 때
- 지지애자 : 발 · 변전소나 개폐소의 모선 단로기 및 기타의 기기를 지지, 연가용 철탑 등에서 점퍼선을 지지하기 위해서 쓰이며 라인포스트애자가 대표적인 애자

㉣ 아크혼의 기능

- 내뢰보호
- 코로나 방호
- 애자분담 전압의 완화
- 내아크 보호
- 섬락 시 애자련 보호
- 역섬락 방지
- 애자련 전압분포 개선

㉤ 사용전압에 따른 애자의 색

애자종류	색별
특고압 핀애자	적색
저압용 애자(접지측 제외)	백색
접지측 애자	청색

㉥ 애자장치도에서의 용어 정리

- 소켓아이 : 현수애자와 클램프 사이를 연결하는 금구
- 볼쇄클 : 경완금에 현수애자 장치시(앵커쇄클과 볼클레비스를 사용하지 않아도 됨)
- 데드엔드클램프 : 현수애자 설치 시 가공 AL 배전선의 인류 및 내장개소에 AL 전선을 현수애자에 설치하기 위한 금구류
- 볼아이 : 가공 송배전선로와 변전소 등의 애자장치에 사용되는 금구류
- 인류스트랩 : 가공배전선로 및 인입선에서 인류하는 개소에 사용하는 금구류로 인류애자와 데드엔드 클램프를 연결하기 위한 금구류
- 랙(래크) : 저압가공전선을 수직 배선하고자 할 때 암타이 밴드에 연결하여 사용하는 금구류로 가공 배전선로 및 인입선에서 인류애자를 취부하기 위하여 사용되는 금구

※ 가공전선(고압) 애자 바인드법 : 두부, 측부, 인류 바인드 시 바인드선은 10[mm] 간격으로 6~10회 감을 것

ⓢ 애자소요수 결정요소 : 내뢰설계, 내개폐서지설계, 내염해설계

ⓞ 254[mm] 현수애자 BIL

- 건조 : 80[kV]
- 주수 : 50[kV]
- 충격 : 125[kV]
- 유중 : 150[kV]

ⓩ 현수애자 개수

전압[kV]	66	154	220	345	765
개수	4~6	10~11	12~13	18~20	40~45

⑨ **애자장치도**

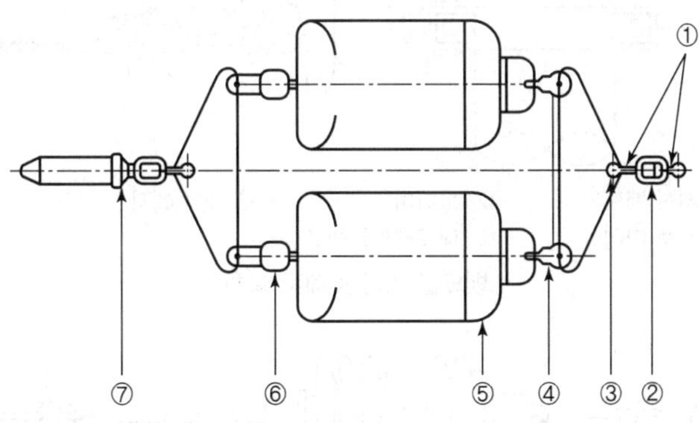

① 앵커쇄클 ② 체인링크 ③ 삼각요크
④ 볼크레비스 ⑤ 현수애자 ⑥ 소켓 크레비스
⑦ 압축형 인류클램프

| 2련 내장 애자장치 |

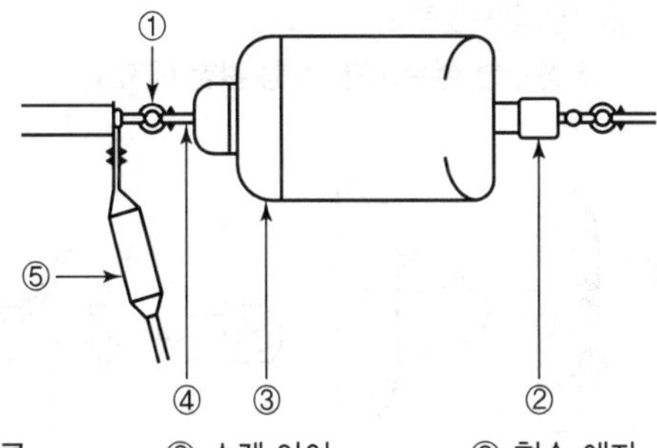

① 앵커 쇄클 ② 소켓 아이 ③ 현수 애자
④ 볼 크레비스 ⑤ 압축형 인류 클램프

| 1련 내장 애자장치(역조형) |

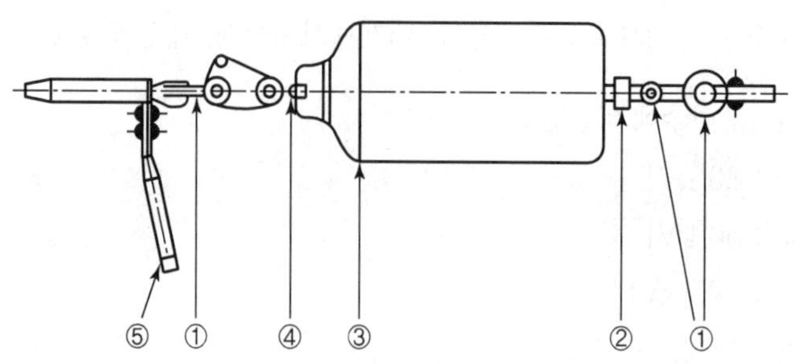

① 앵커 쇄클 ② 소켓 아이 ③ 현수애자
④ 볼 크레비스 ⑤ 압축형 인류 클램프

| 1련 내장 애자장치(역조형) |

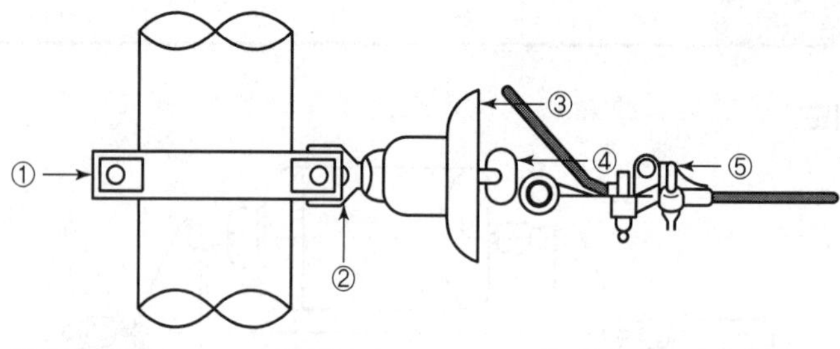

① 지선 밴드 ② 볼아이 ③ 현수애자
④ 소켓 아이 ⑤ 데드엔드클램프

| 밴드를 이용한 애자 설치 |

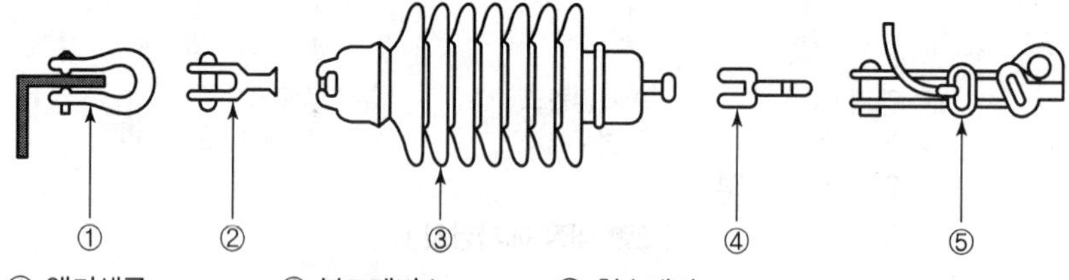

① 앵커쇄클 ② 볼크레비스 ③ 현수애자
④ 소겟아이 ⑤ 데드엔드클램프

| 장간형 현수애자, ㄱ형 완철 애자 |

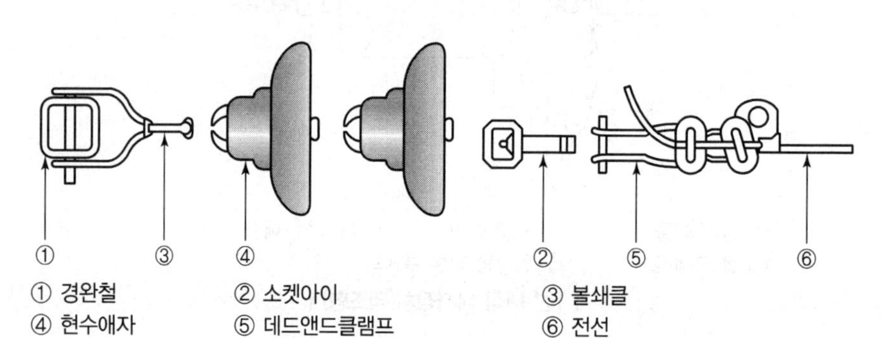

① 경완철 ② 소켓아이 ③ 볼쇄클
④ 현수애자 ⑤ 데드앤드클램프 ⑥ 전선

| 경완철에서 현수애자 설치 |

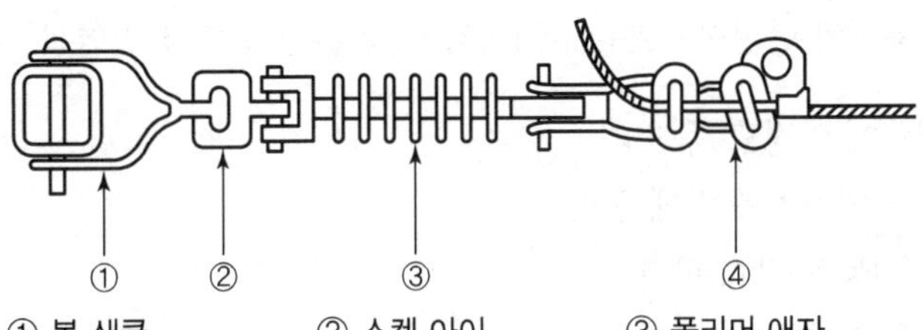

① 볼 쇄클 ② 소켓 아이 ③ 폴리머 애자
④ 데드엔드 크램프

| 폴리머애자 설치 |

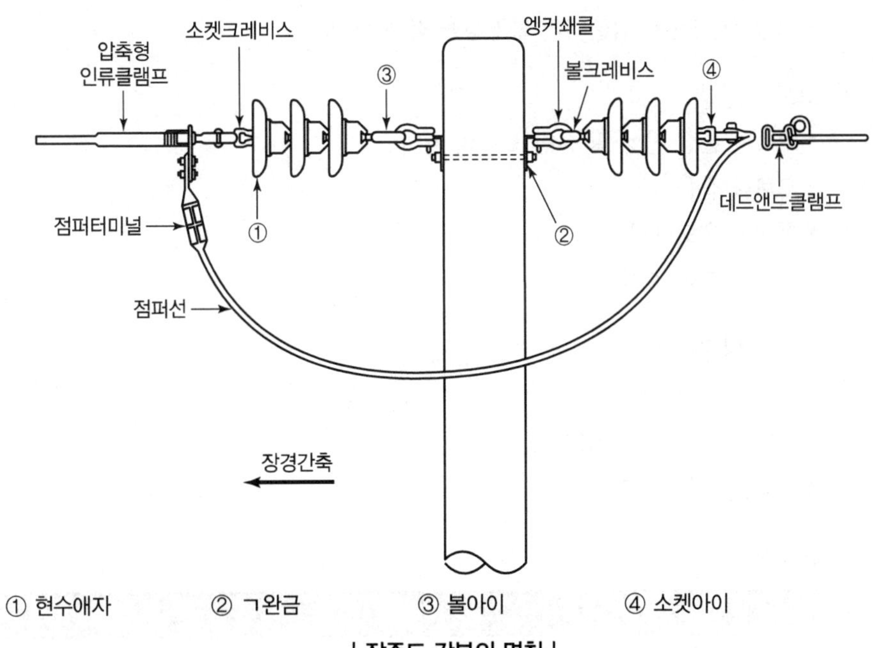

① 현수애자 ② ㄱ완금 ③ 볼아이 ④ 소켓아이

| 장주도 각부의 명칭 |

㉠ 애자의 오손 및 염해 대책 3가지

- 과절연 • 애자 청소 • 실리콘 콤파운드 도포

㉡ 가공전선로에서 애자를 바인드하는 방법

- 인류 바인드
- 측부 바인드
- 두부 바인드

⑩ 기타 송배전선로 단답

㉠ 조가용선

- 조가용선에 50[cm]마다 행거로 시설
- 금속테이프 간격 20[cm]

• 조가용선의 단면적 : 22[mm^2] 3조 이상 꼰 아연도금 철연선

㉡ 송전선로에 안정도 증진방법
- 직렬 리액턴스를 작게 한다.
- 전압 변동을 작게 한다.
- 계통을 연계한다.
- 고장전류를 줄이고 고장구간을 고속도 차단한다.
- 중간 조상 방식을 채택한다.
- 고장 시 발전기 입출력의 불평형을 작게 한다.

㉢ 코로나 영향
- 코로나 손실 발생 및 송전 효율의 저하
- 코로나 잡음
- 통신선 유도장해
- 전선의 부식 촉진

㉣ 코로나 방지대책
- 전선을 굵게 한다.
- 복도체 다도체를 사용한다.
- 가선금구를 개량한다.

㉤ 유도장해

근본대책	전력선측 대책	통신선측 대책
• 지중케이블화 • 이격거리를 크게 함	• 연가를 충분히 함 • 고장회선을 고속도 차단함 • 소호리액터 채용 • 2회선 송전선의 경우 역상순 배열 • 지중케이블화 • 고장전류를 줄임 • 이격거리를 크게 함	• 나선을 연피 케이블화함 • 배류코일 사용 • 차폐선 시설 • 피뢰기 설치 • 통신선로 수직교차 • 통신선 및 통신기기의 절연강화 • 통신선 케이블화

㉥ 송전신의 굵기 신징
- 연속 허용전류와 단시간 허용전류
- 경제전류
- 순시허용전류
- 전압 강하와 전압 변동
- 코로나

※ 켈빈의 법칙 : 경제적인 송전선의 전선의 굵기를 결정

ⓢ Still's Law : 경제적인 송전전압

$$E=5.5\sqrt{0.6l+0.01P}$$

ⓞ 산본측량 : 전선이 소정의 각도 내를 횡진한 경우 지표면 수목회단 또는 접근하는 타 건조물로부터 규정 이격거리를 유지하기 위해 측량

ⓙ 복도체 스페이셔 규격
- 154[kV] : 400[mm]
- 345[kV] : 2B=457[mm], 4B=400[mm]

⑪ 직류송전방식

㉠ 장점
- 선로의 리액턴스가 없으므로 안정도가 높다.
- 유전체손 및 충전용량이 없고 절연 내력이 강하다.
- 비동기 연계가 가능하다.
- 단락전류가 적고 임의 크기의 교류계통을 연계시킬 수 있다.
- 코로나손 및 전력 손실이 적다.
- 표피효과나 근접효과가 없으므로 실효 저항의 증대가 없다.

㉡ 단점
- 직교 변환장치가 필요하다.
- 전압의 승압 및 강압이 어렵다
- 고조파나 고주파 억제대책이 필요하다.
- 직류 차단기가 개발되어 있지 않다.

⑫ 가공지선
- 송전선에 뇌격에 대한 차폐용으로 송전선로 지지물 최상단에 설치
- 뇌해를 방지
- 고압 4.0[mm], 특고압 5.0[mm]

2) 지중전선로

① 지중 cable 인입 시공

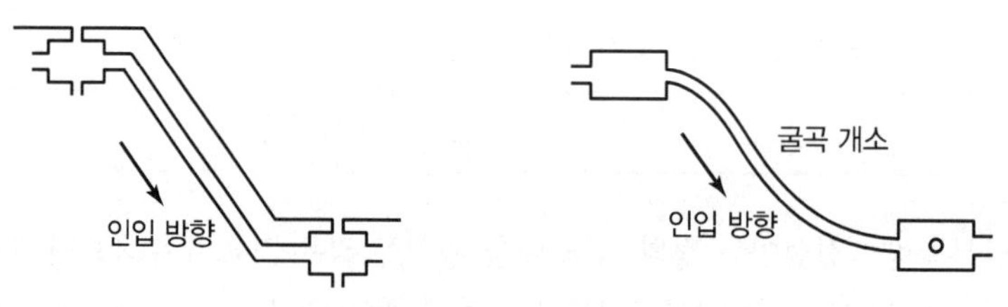

| 고저차가 있는 cable 인입방향 |　　| 굴곡 개소가 있는 cable 인입방향 |

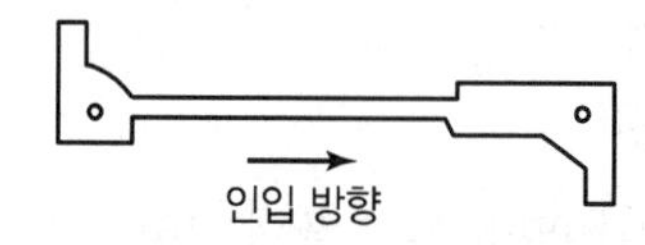

| 맨홀 길이에 따른 cable 인입 방향 |

* 케이블 포설공사 시 유의사항
- 맨홀 내의 가스 검출, 산소측정, 환기
- 맨홀 내의 배수 및 청소
- 드럼측과 윈치측의 연락체계 확인
- 맨홀 내의 롤러, 활차 등의 고정 상태 확인 및 외상 방지대책
- 와이어의 강도, 소선 단선, 킹크 여부 확인
- 기자재의 정리 정돈

② 케이블 단말처리(케이블헤드)

㉠ 고압케이블에서 단말처리의 주목적 : 케이블 내부로의 습기 및 먼지의 침입으로 인한 절연 열화 방지

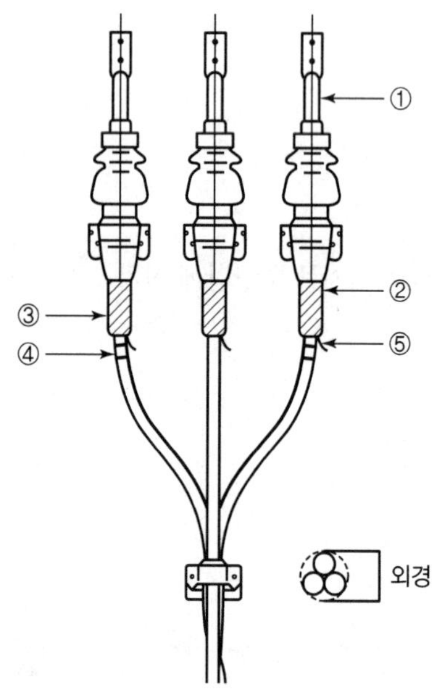

① 케이블의 도체와 단자와의 접속법 : 터미널러그 압착접속공법
② 절연 테이프의 명칭 : 폴리에틸렌테이프(방수 테이프)
③ 최외각 층에 테이프를 감는 방법 : 하부에서 상부로 향해서 감는다.
④ 테이프 용도 : 색상별 구별
⑤ 선의 종류 : 접지선

| 케이블의 단말처리와 단면도 |

㉡ 케이블의 허용 구부림 반경(고압)
- 3심 일괄 다심(외부피복이 붙은 것으로 완성품 바깥지름의 10배)
- 절연체를 노출할 때 단심(완성품 바깥지름의 8배)

㉢ 3심 가교 폴리에틸렌 절연 비닐 외장 케이블(CV)의 옥외 종단개소의 처리

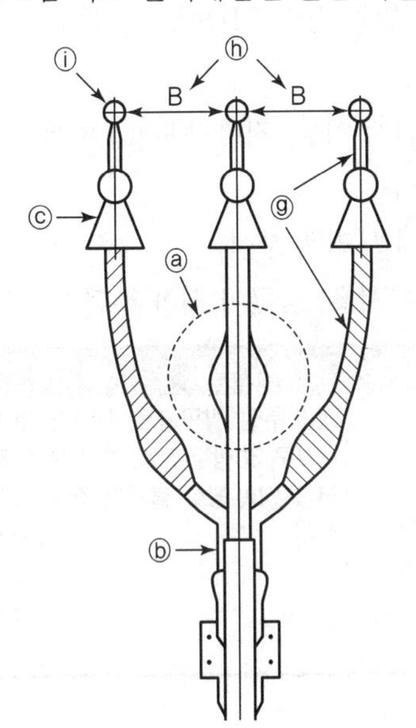

ⓐ 재료 명칭 : 스트레스콘, 목적 : 전계의 세기 완화
ⓑ 재료 명칭 : 3분지관
ⓒ 명칭과 용도 : 우복=빗물막이, 빗물(수분) 침투 방지
ⓖ 테이프 감는 방법 : 아래에서 위로 감는다.

| B의 표준치수 : 200[mm](특고 500[mm]) |

③ 지중배전선로 케이블종류

약호	명칭	용도
CV	가교폴리에틸렌 절연 비닐 외장케이블	22, 154[kV] 지중전선로
CV-CN	단심 동심 중성선형-CV케이블	22.9[kV] 지중전선로
CN-CV	동심 중성선 차수형 전력케이블	22.9[kV] 지중전선로

④ 최근에 가장 많이 사용하는 케이블

㉠ 일반형(차수형) 22.9[kV] CNCV 케이블(중성선측만 수밀처리) : 동심 중성선 가교 폴리에틸렌 절연 비닐시스 케이블

㉡ 수밀형 22.9[kV] CNCV-W 케이블(중성선 및 도체부분 수밀처리) : 수밀형 동심 중성선 가교폴리에틸렌 절연 비닐시스 케이블

㉢ 트리억제형 22.9[kV] TR CNCV-W 케이블 : 트리 억제 수밀형 동심 중성선 가교폴리에틸렌 절연 비닐시스 케이블, 절연층 재료(TR-XLPE 콤파운드), 반도전층재료(고순도 콤파운드), 절연층 두께(6.6mm)

㉣ 난연성 22.9[kV] FR CNCO-W 케이블 : 난연성 수밀형 동심 중성선 가교폴리에틸렌 절연 비닐시스 케이블

⑤ **지중배선공사의 현장시험항목**

절연저항, 절연레벨, 접지저항, 상일치, 검상 시험

⑥ **지중전선로의 종류와 매설깊이**

㉠ 차량 또는 중량물의 압력을 받을 우려가 있는 장소 : 1[m]

㉡ 기타의 장소 : 0.6[m]

㉢ 지중전선로 케이블의 방호범위 : 지상 2[m] 이상, 지하 20[cm] 이상

㉣ 지중전선로 : 직접매설식, 관로식, 암거식

㉤ 직접매설식 : 구내 인입선 케이블 시공 시 트러프 부설

㉥ 관로식 : 22.9[kV] 시가지 배전선로 강관 사용, 굴곡이 심한 주택가는 PE 사용

관로식 허용 전류	관로식 맨홀의 종류	관로식 맨홀 부속 설비	암거식
• 관로 거리가 가까울수록 감소 • 깊이가 깊을수록 감소 • 관로공수가 많을수록 감소	• A : 직선형 • B : 직각형 • C : 각도형 • D : 짧은 다리 T형 • E : 긴 다리형 • X : 사방형 • SA : 특수형	맨홀 뚜껑, 발판볼트, 사다리, 관로구 및 방수 장치, 훅 서포터 및 앵커 볼트, 물받이, 접지장치	발변전소 인입구 인출구 부근 또는 고전압 대용량 시가지 전선, 22.9[kV]와 약전선 공동부설

⑦ **지중 케이블 고장개소 찾는 방법**

㉠ 머레이루프법, 펄스레이더법, 정전용량법, 수색코일법, 음향에 의한 방법

㉡ 절연 감시법 : 메거법, $\tan\delta$ 측정법, 부분방전법

⑧ **기타**

㉠ 지중전선로 절연내력시험 : 10분간

유 · 수압 : 1.5배, 기압 : 1.25배

㉡ 매설깊이 : 압력 우려 1[m], 기타 0.6[m]

㉢ 지중에서 약전선 ↔ 고 · 저 지중선 : 30[cm]

약전선 ↔ 특고압 지중선 : 60[cm]

가스관 ↔ 특고압 지중선 : 1[m]

3) 특고압 가공전선로

① 지지물의 최소 길이 10[m], 기기 장착 시 12[m]

② **완금접지** : 특고압선로의 완금은 접지하며 접지선은 중성선에 연결

③ **가공전선의 최소 굵기**

㉠ 경동선 : 22[mm^2] 이상(경동선 : 22, 38, 60, 100, 150[mm^2])

㉡ ACSR선 : 32[mm^2] 이상(ACSR : 32, 58, 95, 160, 240, 330, 410, 480, 520[mm^2])
ACSR : 특고압 전압선 및 중성선

④ **중성선의 굵기**

㉠ 최소 : 32[mm^2] 이상

㉡ 최대 : 95[mm^2] 이상

⑤ **배전선로에서 전압 조정하기**

㉠ 승압기

㉡ 유도전압조정기

㉢ 주상변압기 탭 조정

㉣ 정지형 무효전력 보상장치(SVC)

⑥ **캐스케이딩** : 저압선의 고장으로 건전한 변압기 일부 또는 전부가 차단되는 현상

7 배전 활선

1) 정전 및 활선작업

① **정전의 5단계**

㉠ 1단계 : 작업 전 전원 차단

㉡ 2단계 : 전원 투입의 방지(시건장치 및 통전금지 표지판 설치)

㉢ 3단계 : 작업 장소의 무전압 여부 확인(잔류 전하 방전 → 검전기 사용)

㉣ 4단계 : 단락 접지(단락 접지기구 사용)

㉤ 5단계 : 작업 장소의 보호

② **활선작업공구**

- 고무브래킷 : 활선작업 시 작업자에게 위험한 충전 부분을 절연하기에 아주 편리한 고무판으로서 접거나 둘러 쌓을 수도 있고 걸어 놓을 수도 있는 다목적 절연 보호장구이다. 주로 변압기 1, 2차측 내장애자개소, COS 등 덮개류로 절연하기 어려운 여러 가지 개소에 사용한다.
- 고무소매 : 방전 고무장갑과 더불어 작업자의 팔과 어깨가 충전부에 접촉되지 않도록 착용하는 절연장구
- 그립올 클램프 스틱 : 활선 바인드 작업 시 전선의 진동 방지 및 절단된 전선을 슬리브에

삽입할 때 전선이 빠지지 않도록 잡아주며, 간접 작업 시 활선 장구류(덮개)의 설치 및 제거 등 여러 용도로 사용되는 절연봉

- 나선형 링크스틱 : 작업 장소가 좁아서 스트레인 링크스틱을 직접 손으로 안전하게 설치할 수 없을 때 사용하는 절연장구
- 데드엔드 덮개 : 활선작업 시 작업자가 현수애자 및 데드엔드 클램프에 접촉되는 것을 방지하기 위하여 사용되는 절연장구
- 라인호스 : 활선작업자가 활선에 접촉되는 것을 방지하고자 절연고무관으로 전선을 덮어 씌워 절연하는 장구로서 유연성이 있어 설치, 제거가 용이하고 내면이 나선형으로 굴곡이 져 있어서 취부개소로부터 미끄러지지 않는다.
- 래칫형 전선커터 : 이 전선 절단기는 아주 제한된 작업 구간 내에서 전선, 점퍼선, 바인드선 등을 절단할 수 있는 절연장구
- 롤러링크 스틱 : 전주 교체 시 전주에 전선이 닿지 않도록 전선을 벌려 주어야 할 때 봉의 밑고리에 로프를 매어 양편으로 잡아당겨 전선 간격을 벌려주어 전주 교체 작업이 수월하도록 사용되는 절연장구
- 바이패스 점퍼스틱 : 활선작업 시 점퍼선을 절단할 필요가 있을 때 정전되지 않도록 전류를 바이패스시켜 주는 절연봉과 케이블, 클램프로 구성된 장구
- 애자덮개 : 활선작업 시 특고핀 및 라인포스트 애자를 절연하여 작업자의 부주의로 접촉되더라도 안전사고가 발생하지 않도록 사용되는 절연 덮개
- 와이어 홀딩스틱 : 점퍼선 작업 시 형태잡기, 구부리기, 위치 잡아주기 등 기타 작업 시에 전선을 다각도에서 잡아주는 데 편리하고 안전하게 작업할 수 있는 장구
- 와이어 통 : 핀 애자나 현수애자의 장주에서 활선을 작업권 밖으로 밀어낼 때 사용하는 절연봉
- 절연고무장화 : 활선작업 시 작업자가 전기적 충격을 방지하기 위하여 고무장갑과 더불어 이중절연의 목적으로 작업화 위에 신고 작업할 수 있는 절연장구
- 핫스틱 텐션풀러 : 내장형 장주에서 현수애자 교체 또는 이도 조정 작업 시 전선의 장력을 잡아주는 래칫식(기계식)으로 된 절연장구
- 회전 갈퀴형 바인드 스틱 : 주로 바인드 선을 감거나 풀 때 많이 사용되는 봉으로서 전선에 캄아롱을 부착할 때 고리에 갈퀴를 걸어 사용한다.
- 활선 클램프 : 활선작업 시 분기고리와 결합하여 COS 1차측 인하선에 연결하는 금구류로 가공 배전선로의 장력이 걸리지 않는 장소에 사용
- 활선 피박기 : 활선 상태에서 전선의 피복을 벗기는 공구

③ **활선근접작업** : 나도체(22.9[kV]ACSR－OC 절연전선 포함) 상태에서 이격거리 이내에 근접하여 작업함을 말하며 AC 60[V] 이상 1,000[V] 미만, DC60[V] 이상 1,500[V] 미만

은 절연물로 피복된 경우 나도체된 부분으로부터 이격거리 내에 작업할 때를 말한다.

④ **감전 위험이 있는 전기설비 부위에 활선 표시장치를 해야 할 3가지 개소**
㉠ 수전점 개폐기의 전원측, 부하측 각 상
㉡ 분기 회로 개폐기의 전원측, 부하측 각 상
㉢ 변압기 등의 전원측, 부하측 각 상

⑤ 절연 바스켓 차량을 이용하여 활선작업시 컷아웃 스위치(COS) 조작은 반드시 조작봉(COS 조작봉, 핫티스트 봉, 핫스틱)을 사용한다.
⑥ 배전선로에서 단로기의 개폐 시 사용하는 공구는 훅봉, 단로기조작봉(활선작업 시 통칙 핫스틱이라 함)
⑦ **설비공사 시 안전장구의 종류** : 안전모, 절연장갑, 주상안전대, 저 · 고압 및 특고압검전기, 작업창, 구획표지용구, 단락접지용구, DS 조작봉, 위험표지판(활선작업시도 동일함)

2) 전기 사용 전 검사

① **공사계획에 의한 수전설비의 일부가 완성되어 그 완성된 설비만을 사용하고자 할 때, 전기설비 검사항목 처리 지침서에 의한 검사항목**
㉠ 외관검사
㉡ 접지저항 측정
㉢ 계측 장치 설치 상태
㉣ 보호 장치 설치 및 동작 상태
㉤ 절연유 내압 및 산가 측정
㉥ 절연 내력 시험
㉦ 절연저항 측정

② **변전설비에서 차단기 사용 전 검사항목을 전기설비 검사 업무 처리 지침서에 의거한 검사항목**
㉠ 외관 검사
㉡ 접지 저항 측정
㉢ 절연 저항 측정
㉣ 절연 내력 시험
㉤ 보호장치 설치 및 동작 상태
㉥ 절연유 내압 및 산가 측정
㉦ 계측장치 설치 상태

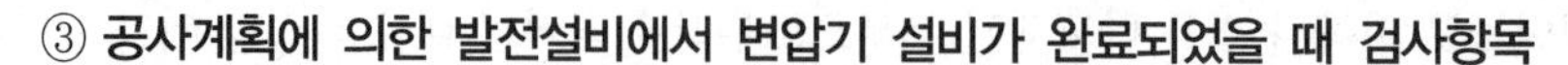

③ **공사계획에 의한 발전설비에서 변압기 설비가 완료되었을 때 검사항목**

㉠ 외관검사
㉡ 절연 저항 측정
㉢ 접지 저항 측정
㉣ 절연 내력시험
㉤ 보호 계전기 설치 및 동작상태 검사
㉥ 계측장치 설치 및 동작상태 검사
㉦ 절연유 내압시험 및 산가 측정

8 수변전설비 기기 및 기구

1) 변전실 위치

① 부하중심일 것
② 외부로부터 송전선 유입이 쉬울 것
③ 기기의 반출입에 지장이 없을 것
④ 지반이 튼튼하고 침수, 기타 재해가 일어날 염려가 적을 것
⑤ 주위에 화재, 폭발 등의 위험성이 적을 것
⑥ 염해, 유독가스 등의 발생이 적을 것
⑦ 종합적으로 경제적일 것

2) 차단기(CB ; Current Breaker)

① **용도**

㉠ 선로 이상상태(과부하, 단락, 지락) 및 고장 시 고장전류 차단
㉡ 부하전류, 무부하전류를 차단한다.

② **차단기 종류**

㉠ 유입차단기(OCB) : 아크를 절연유의 소호작용으로 소호하는 구조
㉡ 공기차단기(ABB) : 압축공기로 불어 소호하는 구조로 특고압용으로 쓰인다.
㉢ 기중차단기(ACB) : 공기 차단기의 일종, 저압용으로 쓰인다.
㉣ 진공차단기(VCB) : 진공에서의 높은 절연 내력과 아크 생성물의 진공 중으로 급속한 확산을 이용하여 소호하는 구조
㉤ 자기차단기(MBB) : 아크와 차단 전류에 의해 만들어진 자계 사이의 전자력에 의해 아크를 소호실로 끌어 넣어 차단하는 구조

ⓑ 가스차단기(GCB) : SF_6 가스 이용, 고압 또는 특별고압 수전설비에 설치하는 차단기 중 유도성 소전류 차단기로서 이상 전압이 발생치 아니하는 차단기

③ SF_6의 전기적 특성

㉠ 절연 내력이 높다.
㉡ 소호능력이 뛰어나다.
㉢ 아크가 안정되어 있다.
㉣ 절연 회복이 빠르다.

④ SF_6의 물리적 · 화학적 특성

㉠ 열 전달성이 뛰어나다.
㉡ 화학적으로 불활성이므로 매우 안정된 가스이다.
㉢ 무색 · 무취 · 무해의 불연성 가스이다.
㉣ 열적 안정성이 뛰어나다.

⑤ **재점호가 발생치 않는 차단기** : 진공차단기, 가스차단기
⑥ **수전설비에서 저압 단락보호장치** : 기중차단기, 배선용 차단기, 한류퓨즈

3) 전력용 퓨즈(PF ; Power Fuse)

① 전력용 퓨즈의 장점

㉠ 가격이 싸다.
㉡ 소형 경량이다.
㉢ 보수가 간단하다.
㉣ 고속도 차단한다.
㉤ 소형으로 큰 차단 용량을 갖는다.
㉥ 릴레이나 변성기가 필요 없다.

② 전력용 퓨즈의 단점

㉠ 재투입할 수 없다.
㉡ 과도 전류로 용단하기 쉽다.

4) 피뢰기(LA ; Lightning Arrester)

① 단독접지 시 30[Ω] 가능

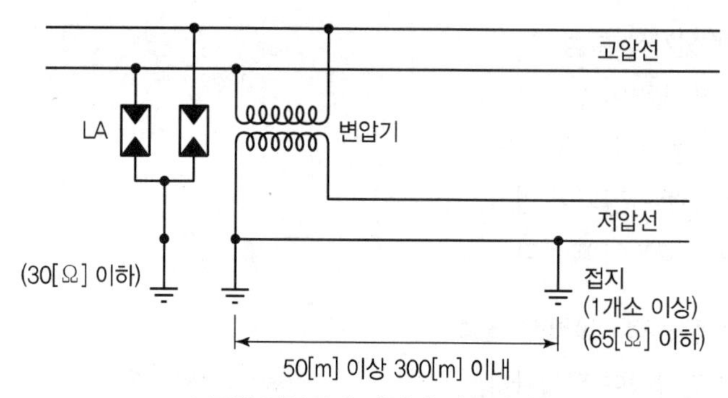

| 주상 변압기와 피뢰기 별도접지 |

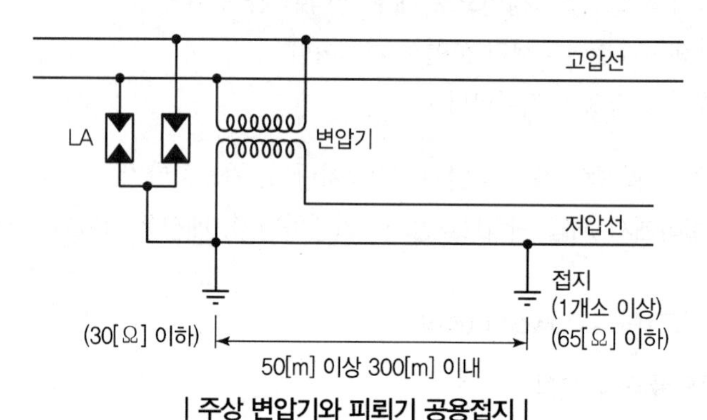

| 주상 변압기와 피뢰기 공용접지 |

② **피뢰기의 설치목적**

㉠ 외부 이상전압 억제

㉡ 기계 · 기구의 절연보호

㉢ 이상전압을 대지로 방전시키고 속류 차단

③ **피뢰기의 구비조건** : 이상전압 침입 시 신속하게 방전하는 특성이 있어야 하고 피뢰기 동작시 단자 전압을 일정 전압 이하로 억제할 수 있어야 한다.

㉠ 충격방전 개시 전압이 낮을 것

㉡ 상용주파 방전 전압이 높을 것

㉢ 속류 차단 능력이 있을 것

㉣ 제한 전압이 낮을 것

㉤ 반복동작이 가능할 것

④ **피뢰기의 구조**

㉠ 직렬갭 : 뇌전류를 방전하고 속류 차단

㉡ 특성요소 : 자체의 전위 상승 억제

⑤ **피뢰기의 설치장소(법령상)**

㉠ 발 · 변전소의 인입 · 인출구

㉡ 배전용 변압기의 고압 및 특고압측

㉢ (특)고압 수용가 인입구

㉣ 지중전선과 가공전선로가 접속되는 곳

㉤ 피뢰기 설치 제외 장소

- 가공전선이 짧은 경우
- 습뢰빈도가 작고 방출보호통 등을 사용한 경우

⑥ **피뢰기 설치장소 보호 목적 분류**

㉠ 기기 및 특수 개소

- 발변전소 모선으로부터 배전선로의 인출구
- 가공전선과 지중전선의 접속점
- 절연 변압기의 전원측과 부하측 각 상
- 콘덴서의 전원측 각 상
- IKL 11일 이상 지역에 설치된 주상 변압기
- 개폐기가 설치된 개폐장치의 전원측 및 부하측의 각 상

㉡ 선로

- 분기주, 말단주, 내장주 및 인류주
- IKL 11일 이상 지역의 전선로 매 500[m] 이내마다
- 절연전선과 나전선의 접속개소
- 가공지선의 시단과 말단
- 전선의 선종이 바뀌는 내장개소
- 2회선 이상 병가 회로

⑦ **피뢰기의 정격전압** : 속류를 차단하는 교류최고 전압

㉠ 비유효 접지계통 : 공칭전압$\times \frac{1.4}{1.1}$ [kV]

㉡ 유효 접지계통 : $E_R = \alpha\beta \times Vm\left(Vm = V \times \frac{1.15}{1.1}\right)$

여기서, α : 접지계수, β : 여유도

㉢ 접지계 : 직접접지계 0.8~1.0[V], 저항소호리액터 접지 1.4~1.6[V]

⑧ **피뢰기의 제한전압**

뇌전류 방전 시 직렬갭 양단에 나타나는 전압

㉠ 피뢰기 공칭 방전 전류

공칭방전전류	설치장소	적용조건
10,000[A]	변전소	• 154[kV] 이상 계통 • 66[kV] 이하 계통에서 용량이 3,000[kVA]를 초과하는 곳
5,000[A]	변전소	66[kV] 이하 계통에서 용량이 3,000[kVA] 이하인 곳
2,500[A]	선로	배전선로(22.9[kV])
	변전소	배전선 피더 인출측

㉡ 전압 22.9[kV] 이하(22[kV] 비접지 제외)에서는 2,500[A] 적용

- 배전선로에 보통 사용되는 피뢰기 : 저항형, 밸브형, 밸브저항형, 방출통형, 펠릿형
- 배전선로에 최근 사용되기 시작한 피뢰기 : GAP LESS형

⑨ **피뢰기 설치 전 점검사항**

㉠ 애자부분의 손상 여부를 점검

㉡ 피뢰기 1차, 2차 단자 및 단자 볼트의 이상 유무 점검

㉢ 절연저항측정

㉣ 절연저항은 1,000[V]급 메가로 1차, 2차 단자 간 금속부분에 1,000[MΩ] 이상이면 양호

⑩ **피뢰기 구성부품**

㉠ 하우징(피뢰기 몸체)

㉡ 브래킷(설치금구)

㉢ 브래킷 설치용 볼트, 너트

㉣ 터미널커버(단자커버)

㉤ 몸체 고정밴드

㉥ 디스커넥터(Disconnector)

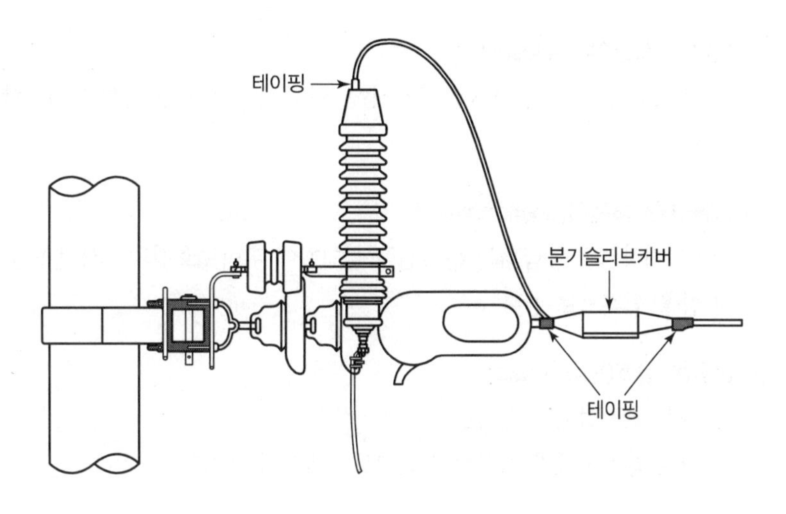

5) 서지 흡수기(SA)

개폐 서지 등 이상전압으로부터 기기를 보호. 개폐서지를 발생하는 차단기 후단과 부하측 사이에 설치

공칭전압[kV]	3.3	6.6	22.9
정격전압[kV]	4.5	7.5	18
공칭 방전 전류[kA]	5	5	5

| 적용범위 |

차단기종류		VCB				
전압등급[kV]		3	6	10	20	30
2차 보호기기		–				
전동기		적용	적용	적용	–	–
변압기	유입식	불필요	불필요	불필요	불필요	불필요
	몰드식	적용	적용	적용	적용	적용
	건식	적용	적용	적용	적용	적용
콘덴서		불필요	불필요	불필요	불필요	불필요
변압기와 유도기기의 혼용시		적용	적용	–	–	–

6) 개폐기

① **단로기(DS ; Disconnection Switch)**

단로기는 개폐기의 일종으로 수용가 구내 인입구에 설치하여 무부하 상태의 전로를 개폐하는 역할을 하거나 차단기, 변압기, 피뢰기 등 고전압 기기의 1차측에 설치하여 기기를 점검, 수리할 때 전원으로부터 이들 기기를 분리하기 위해 사용한다.

② **재폐로 차단기(Recloser)**

3상 Recloser는 간선과 3상 분기선에, 단상 Recloser는 단상 분기선에 설치함을 원칙으로 한다.

③ **자동구간 개폐기(Sectionalizer)**

간선과 3상으로 공급되는 분기선을 설치하여 후비보호장치로서 반드시 Recloser가 있어야 함을 원칙으로 한다.

④ **선로용 퓨즈(Line Fuse)**

㉠ 간선에는 설치하지 않는다.

㉡ 단상 분기선에만 설치하고 직렬로 2대까지 설치할 수 있다.

⑤ **고장구간 자동 개폐기(ASS ; Automatic Section Switch)**

고장구간 자동 개폐기는 수용가 구내에서의 사고(지락사고, 단락사고 등) 시 전원으로부터 즉시 분리하여 사고의 파급 확대를 방지하고 구내설비의 피해를 최소화하는 개폐기이다. 이 기기는 대부분 간이수전방식에 채택이 되어 사용되고 있다.

⑥ **자동 전환 개폐기(ATS ; Automatic Transfer Switch)**

자동 부하전환 개폐기는 22,900[V] 접지계통의 지중 배전 선로에 사용되는 개폐기로서 중요시설(공공기관, 병원, 인텔리전트 빌딩, 상하수도 처리시설 등)의 정전 시 큰 피해가 예상되는 수용가에 이중전원을 확보하여 주전원의 정전 시나 정격전압 이하로 떨어지는 경우 예비전원으로 자동 전환되어 무정전 전원 공급을 수행하는 개폐기이다.

⑦ **부하 개폐기(LBS ; Load Breaker Switch)**

고압 또는 특별고압 부하 개폐기는 고압 전로에 사용하며, 정상 상태에서는 소정의 전류를 개폐 및 통전하고, 그 전로가 단락 상태가 되어 이상전류가 흐르면 규정시간 동안 통전할 수 있는 개폐기이다. 여기서, 소정의 전류란 부하전류, 여자전류 및 충전전류를 말하며, 실제로 사용할 때는 전력 퓨즈를 부착하여 사용한다.

⑧ **선로 개폐기(LS ; Line Switch)**

선로 개폐기는 보안상 책임 분계점에서 보수 · 점검시 전로를 개폐하기 위하여 시설하는 것으로 반드시 무부하 상태에서 개방하여야 하며, 단로기와 비슷한 용도로 사용한다. 근래에는 LS 대신 ASS를 사용하며, 대부분 66,000[V] 이상의 경우에 LS를 사용한다.

⑨ **자동루프 스위치(Loop Switch)**

3－Recloser에 의한 자동 Loop 방식을 표준으로 한다.

⑩ **인터럽터 스위치(INT ; Interrupter Switch)**

배전 선로 및 수용가의 고압 인입구에 설치하여 수동 또는 자동으로 원방 조작에 의해 부하의 분리 및 투입 시 사용한다. 개폐 시 발생하는 아크는 소호통에 의해 소멸되며 소호통은 개폐 시 발생하는 아크를 소호통의 좁은 통로를 지나는 동안에 냉각, 분산하여 소호시킨다.

⑪ **컷아웃 스위치(COS ; Cut Out Switch)**

변압기 및 주요 기기의 1차측에 부착하여 단락 등에 의한 과전류로부터 기기를 보호하는 데 사용된다.

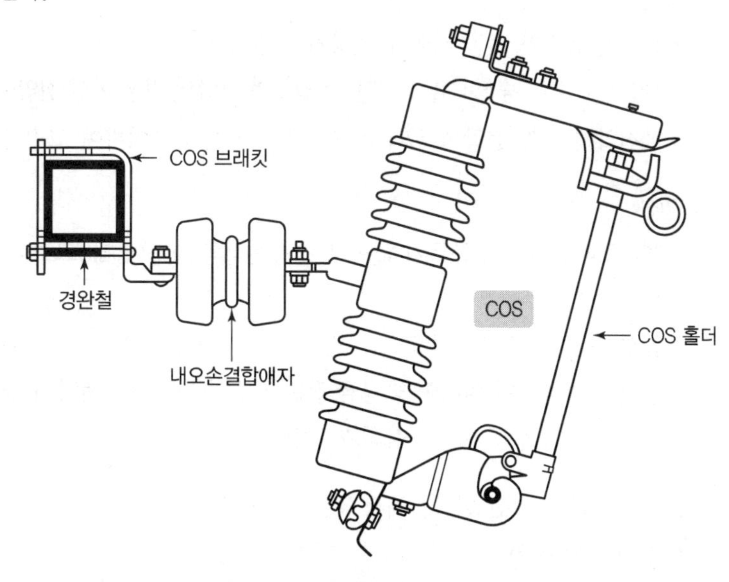

| 특별고압 컷아웃 스위치 정격 |

정격전압	정격전류	정격차단전류[A]		정격주파수
		비대칭실효값	대칭실효값	
25[kV]	100[A]	6,000	4,000	60[Hz]
		10,000	7,100	
		12,000	8,000	

7) 변압기

① △－△ **결선**

㉠ 장점

- 제3고조파 전류가 △결선 내를 순환하므로 정현파교류 전압을 유기하여 기전력의 파형이 왜곡되지 않는다.
- 1상분이 고장이 나면 나머지 2대로써 V결선 운전이 가능하다.
- 각 변압기의 상전류가 선전류의 $1/\sqrt{3}$ 이 되어 대전류에 적당하다.

㉡ 단점

- 중성점을 접지할 수 없으므로 지락 사고의 검출이 곤란하다.
- 권수비가 다른 변압기를 결선하면 순환 전류가 흐른다.
- 각 상의 임피던스가 다를 경우 3상 부하가 평형이 되어도 변압기의 부하 전류는 불평형이 된다.

② **Y-Y 결선**

㉠ 장점

- 1차 전압, 2차 전압 사이에 위상차가 없다.
- 1차, 2차 모두 중성점을 접지할 수 있으며 고압의 경우 이상 전압을 감소시킬 수 있다.
- 상전압이 선간 전압의 $1/\sqrt{3}$ 배이므로 절연이 용이하여 고전압에 유리하다.

㉡ 단점

- 제3고조파 전류의 통로가 없으므로 기전력의 파형이 제3고조파를 포함한 왜형파가 된다.
- 중성점을 접지하면 제3고조파 전류가 흘러 통신선에 유도 장해를 일으킨다.
- 부하의 불평형에 의하여 중성점 전위가 변동하여 3상 전압이 불평형을 일으키므로 송·배전 계통에 거의 사용하지 않는다.

㉢ Y-Y-△의 3권선 변압기에서 3권선의 용도

- 제3고조파 제거
- 조상설비 설치
- 소내 전력 공급용

③ **Y-△, △-Y 결선**

㉠ 장점

- 한쪽 Y결선의 중성점을 접지할 수 있다.
- Y결선의 상전압은 선간 전압의 $1/\sqrt{3}$ 이므로 절연이 용이하다.
- 1, 2차 중에 △결선이 있어 제3고조파의 장해가 적고, 기전력의 파형이 왜곡되지 않는다.
- Y-△ 결선은 강압용으로, △-Y 결선은 승압용으로 사용할 수 있어서 송전 계통에 융통성 있게 사용된다.

㉡ 단점

- 1, 2차 선간전압 사이에 30°의 위상차가 있다.
- 1상에 고장이 생기면 전원 공급이 불가능해진다.

• 중성점 접지로 인한 유도 장해를 초래한다.

④ **V-V 결선**

㉠ 장점

• △-△ 결선에서 1대의 변압기 고장 시 2대만으로도 3상 부하에 전력을 공급할 수 있다.

• 설치 방법이 간단하고, 소용량이면 가격이 저렴하므로 3상 부하에 널리 이용된다.

㉡ 단점

• 설비의 이용률이 86.6[%]로 저하된다.

• △결선에 비해 출력이 57.7[%]로 저하된다.

• 부하의 상태에 따라서, 2차 단자 전압이 불평형이 될 수 있다.

⑤ **변압기의 병렬 운전**

㉠ 단상 변압기의 병렬 운전 조건

• 각 변압기의 극성이 같을 것 : 극성이 같지 않을 경우 2차 권선의 순환 회로에 2차 기전력의 합이 가해지고 권선의 임피던스는 작으므로 큰 순환 전류가 흘러 권선을 소손시킨다.

• 각 변압기의 권수비 및 1차, 2차 정격 전압이 같을 것 : 2차 기전력의 크기가 다르면 순환 전류가 흘러 권선을 과열시킨다.

• 각 변압기의 %임피던스 강하가 같을 것 : %임피던스 강하가 다르면 부하 분담이 각 변압기의 용량의 비가 되지 않아 부하 분담의 균형을 이룰 수 없다.

• 각 변압기의 저항과 누설 리액턴스 비가 같을 것 : 변압기 간의 저항과 누설 리액턴스 비가 다르면 각 변압기의 전류간에 위상차가 생기기 때문에 동손이 증가한다.

㉡ 3상 변압기의 병렬 운전 조건 : 3상 변압기의 병렬 운전 조건은 단상 변압기의 병렬 운전 조건 이외의 다음 조건을 만족해야 한다.

• 상회전 방향이 같을 것

• 위상 변위가 같을 것

㉢ 3상 변압기 병렬 운전의 결선 조합

병렬 운전 가능	병렬 운전 불가능
△-△와 △-△ Y-△와 Y-△ Y-Y와 Y-Y △-Y와 △-Y △-△와 Y-Y △-Y와 Y-△	△-△와 △-Y △-Y와 Y-Y

⑥ **변압기 절연물의 종류**

Y	A	E	B	F	H	C
90℃	105℃	120℃	130℃	155℃	180℃	180℃ 초과

⑦ **절연유의 구비 조건**

㉠ 절연내력이 클 것
㉡ 인화점이 높을 것
㉢ 화학적으로 안정될 것
㉣ 응고점이 낮을 것
㉤ 냉각작용이 양호할 것
㉥ 증발량이 적을 것

⑧ **절연유의 열화 원인**

㉠ 수분의 흡수 및 산화작용
㉡ 금속의 접촉작용
㉢ 절연재료의 영향
㉣ 광선의 영향
㉤ 이종절연유의 혼합

⑨ **변압기 효율이 떨어지는 경우**

㉠ 변압기 역률이 나쁠 때
㉡ 부하 변동이 심할 때
㉢ 유도전동기의 경부하 운전 시

⑩ **변압기 전원을 처음 인가 시 소음 원인**

㉠ 변압기의 하부의 앵커볼트 조임 상태 불량
㉡ 변압기의 탭전압보다 높은 전압이 들어오는 경우
㉢ 변전실 내 및 외함 내에서 공진 현상
㉣ 볼트의 조임 상태 불량
㉤ 변압기의 전원전압이 정격전압보다 높은 경우
㉥ 철심의 찌그러짐
㉦ 변압기 단자에 부스바를 직접 연결한 경우

⑪ **변압기 냉각 방식**

㉠ AA(AN) : 건식 자냉식
㉡ OA(ONAN) : 유입자냉식
㉢ FA(ONAF) : 유입풍냉식
㉣ OW(ONWF) : 유입수냉식
㉤ FOA(OFAF) : 송유풍냉식
㉥ FOW(OFWF) : 송유수냉식

⑫ **주상 변압기 설치 시 고려사항**

㉠ 설치 전
- 절연저항 측정
- 절연유 상태(유량, 누유 상태)
- 외관 상태(부싱의 손상 유무), 핸드홀 커버의 조임 상태

• Tap Changer의 위치(1차, 2차의 전압비)
• 변압기의 명판 확인

㉡ 설치 후

• 2차 전압 측정
• 상 측정
• 변압기의 이상 유무 확인
• 점검 및 측정결과 기록

㉢ 주상변압기 설치시 실시하는 측정 및 시험 : 절연저항 측정, 여자 시험, 전압비 시험, 위상각 시험, 절연유 내압시험

㉣ 345[kVA] · 154[kVA] 변압기의 보호 계전기

• 비율 차동 계전기
• 부흐홀츠 계전기
• 온도 계전기
• 과전류 계전기
• 충격압력 계전기

㉤ 콘서베이터 : 공기와 접촉에 의한 변압기유의 소화를 막기 위해 질소를 봉입

㉥ 3상에서 단상의 전원을 얻는 법

• 3상 배전선 중에서 2선만 사용
• 3상 변압기의 2개의 단자에서 단상 1회로를 얻음
• 스코트 결선
• 역 V결선

㉦ 리액터의 목적

ⓐ 한류리액터 : 단락전류 제한

ⓑ 분로리액터 : 페란티 현상 방지

ⓒ 직렬리액터

• 제5고조파에 의한 전압 파형의 찌그러짐 방지
• 콘덴서 투입 시 돌입전류 방지
• 개폐 시 계통의 과전압 억제
• 고조파 전류에 의한 계전기 오동작 방지

ⓓ 소호리액터 : 아크소호

㉧ 345[kV] 변전소 모선에 알루미늄 파이프 설치 시 결로에 의한 알루미늄 파이프 내부에 생긴 수분을 제거하기 위해 단위길이당 직경 10[mm]의 구멍을 낼 것

8) 폐쇄형 수전설비

수전설비를 구성하는 기기를 단위폐쇄 배전반이라 불리는 금속제 외함(函)에 넣어서 수전설비를 구성하는 것으로 다음과 같은 종류가 있다.

- Metal Enclosed Switchgear
- Metal Clad Switchgear
- Cubicle

① 폐쇄형 수전설비의 특징(개방형 수전설비와 비교)

㉠ 안정성이 높다. 충전부는 접지된 금속제함 내에 있으므로 운전보수상 안전하다. 또한 단위회로마다 구획되어 있으므로 만일의 사고가 발생될 경우 사고의 확대가 방지된다.

㉡ 단위회로로 제작소에서 표준화할 수 있으므로 장치에 호환성이 있어 증설이나 보수에 편리하다.

㉢ 현지공사의 단축을 꾀할 수 있다. 즉, 제작소에서 완전히 조립, 시험을 거쳐 수송할 수 있으므로 신뢰도가 높고, 현지작업이 용이하며, 공사기간의 단축을 기할 수 있어 공사비도 저렴해진다.

㉣ 전용면적을 줄일 수 있다. 일반적으로 폐쇄형으로 할 경우 개방형에 비하여 약 30~40[%]의 전용면적을 줄일 수 있다.고 한다.

㉤ 보수 · 점검이 용이하다. 특히 Metal－Clad Switchgear에서는 차단기를 반외로 간단히 빼낼 수 있기 때문에 기기의 보수 · 점검이 아주 용이하고 안전할 수 있다.

② Metal－Clad와 Cubicle의 차이점

메탈클래드와 큐비클은 외견상으로는 그 차이점을 확실하게 구분하여 설명하기 어렵다. 일반적으로 차단기, 단로기, 모선, 기타의 것들을 정지된 금속으로 둘러싼 한 개의 것으로 된 것을 큐비클이라 한다. 또 큐비클 내부를 모선실, 차단기실과 같이 접지금속으로 칸을 만들어 거기에다 차단기, 계기용 변압기, 피뢰기 등은 볼트, 너트류가 밖에 나타나게 하지 않고, 차단기는 차단기가 "열림"상태가 아니면 인출할 수 없도록 인터로크(interlock)되어 있는 것을 메탈클래드라 부른다. 또 수전설비를 주차단장치(수전용 차단기)의 구성으로 분류하면 CB형, PF · CB형, PF · S형의 3가지 종류로 분류할 수 있다.

㉠ 배전반 : 주회로 기기 및 감시 제어장치를 수용하고 그 외주의 전후, 좌우 및 윗면을 접지 금속벽으로 덮은 것. 교류 전력 회로에 사용되는 폐쇄 배전반은 주회로 전압, 보호구조 등에 따라 전압으로 분류 시 저압 · 고압 · 특고압으로 나누어진다.

㉡ 단위 폐쇄 배전반은 단위 구획으로 나눈 것으로 다음과 같은 구비조건을 갖추어야 한다.

- 단위 회로마다 장치가 일괄해서 접지 금속함 내에 수납되어 있을 것

- 주회로와 감시 제어반 측과 접지된 금속의 격벽에 의하여 격리할 것
- 차단기가 폐로된 상태에서는 단로기를 조작할 수 없도록 인터록을 설치할 것
- 차단기는 반출할 수 있는 구조일 것
- 차단기는 주회로와 제어회로에 자동 연결부가 있는 추출형일 것
- 주회로의 중요한 기기는 상호 간에 접지금속 벽으로부터 절연벽에 의하여 격리되어 있을 것
- 주회로의 도전부(모선, 접속선, 접속부 등)는 충분히 절연할 것

9) 태양광 발전설비

태양광 발전이란 지상으로 내리쬐는 태양 에너지를 태양전지를 이용하여 직접 전기적 에너지로 변환하는 발전 방식

① 장점

㉠ 규모에 관계없이 발전 효율이 일정하다.
㉡ 태양이 내리쬐는 곳이라면 어디서나 설치할 수 있고 보수가 용이하다.
㉢ 자원이 반영구적이다.
㉣ 확산광(산란광)도 이용할 수 있다.
㉤ 친환경 에너지이다.

② 단점

㉠ 태양광의 에너지 밀도가 낮다.
㉡ 비가 오거나 흐린 날씨에는 발전 능력이 저하한다.

③ 주택용 계통 연계형 태양광 발전 설비의 태양전지 출력 20[kW]

④ 태양 전지 모듈

㉠ 부하측 전로에는 그 접속점에 근접하여 개폐기 및 과전류 차단기를 시설할 것
㉡ 전선은 1.04[kN] 이상 또는 지름 2.5[mm^2]의 연동선
㉢ 합성수지관공사, 금속관공사, 가요전선관공사, 케이블공사

10) 연료전지 발전

① 발전효율이 높다.
② 환경상의 문제가 없어 수용가 근처에 설치가 가능하다.
③ 배열은 냉난방 및 온수 공급용으로 사용할 수 있으므로 열병합 발전이 가능하다.
④ 단위 출력당의 용적 또는 무게가 적다.
⑤ 부하 조정이 용이하고 저부하에서도 발전 효율의 저하가 적다.
⑥ 설비의 모듈화가 가능해서 대량 생산이 가능하고 설치 공기가 짧다.

⑦ 수용지 부근 도심지에 설치가 가능하다.

⑧ 연료로는 천연가스, 메탄올, 석탄가스도 사용이 가능하므로 석유대체효과를 기대할 수 있으며 도시가스 배관망에 의한 연료 공급도 가능하다.

⑨ 부하 변동에 따라 신속히 반응하며 현지 전원용, 분산 전원용, 중앙 집중 전원용으로 사용할 수 있다.

9 예비전원설비

예비전원설비 또는 비상전원설비는 정전 시 비상용 전원으로 설비하는 저압 발전기, 고압 발전기, 축전지 등을 말하며 비상용 발전기류를 포함한다.

1) 예비전원시설 개요

① 구비조건

㉠ 비상용 부하의 사용 목적에 적합한 방식

㉡ 신뢰도가 높은 것

㉢ 취급 · 운전 · 조작이 용이한 것

㉣ 경제적인 것

② 수전설비용량에 대한 예비 비용 자가 발전 용량

㉠ 빌딩 : 20%, 병원 : 30%

㉡ 전신전화설비 : 65%, 상하수도설비 : 80%

③ 예비전원과 부하에 이르는 전로시설 기구

㉠ 예비 발전기와 연결 시 : 개폐기, 과전류 차단기, 전류계, 전압계 시설

㉡ 예비 축전기와 연결 시 : 개폐기, 과전류 차단기

㉢ 양전원 접속점에 전환 개폐기(절체개폐기) 시설

2) 자가 발전기의 출력결정

① 단순부하

발전기 용량[kVA] = 부하의 총 정격입력[kW] × 수용률

② **전동기 부하**

$$\text{발전기정격출력} > \left(\frac{1}{e}-1\right)\times X_d \times \text{전동기 기동용량}$$

여기서, e : 허용 전압강하

X_d : 발전기의 과도 리액턴스(보통 25~30%)

$$\text{전동기기동용량(kVA)} = \sqrt{3}\times\text{정격전압}\times\text{기동전류}\times 10^{-3}$$

3) 엔진출력 결정

① **조건**

㉠ 전부하에서 운전이 가능

㉡ 유도전동기가 기동할 때 과부하에 견딜 것

② **엔진출력[PS]**

$$\text{엔진 출력} = \frac{\text{발전기 용량[kVA]}\times\text{역률[\%]}}{\text{발전기효율}}\times\frac{1}{0.736}$$

③ **발전실 넓이**

$$S = 1.7\sqrt{PS} \qquad PS = 1.36\times\text{기동용량}$$

4) 축전지 설비

① **축전지 구성요소**

㉠ 축전지　　㉡ 보안장치

㉢ 충전장치　　㉣ 제어장치

② **축전지의 충전 방식**

㉠ 보통충전　　㉡ 균등충전

㉢ 급속충전　　㉣ 세류충전

㉤ 부동충전

③ **부동충전** : 가장 많이 사용되는 방식

㉠ 정의 : 축전지가 자기방전을 보충함과 동시에 상용 부하에 대한 전력공급은 충전기가 부담하고 충전기가 부담하기 어려운 일시적 대전류 부하를 축전지가 부담케 하는 방식

㉡ 결선도

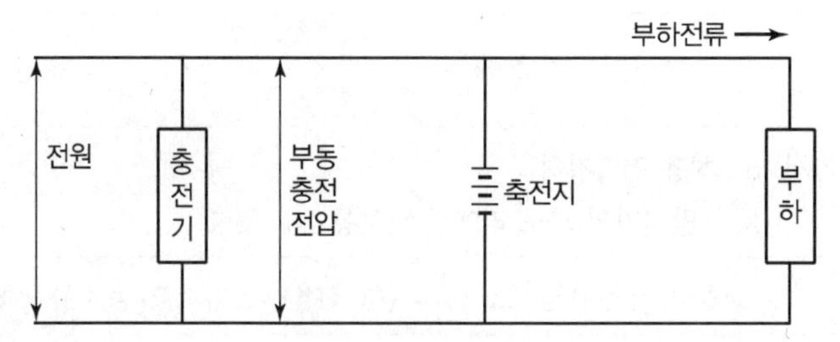

④ **연축전지와 알칼리 축전지의 비교**

구분	연축전지	알칼리 축전지
기전력	약 2.05~2.08[V]	1.32[V]
공칭 전압	2.0[V]	1.2[V]
충전 시간	길다.	짧다.
정격 용량	10시간 방전율	5시간 방전율
수명	10~20년	30년
온도 특성	열등하다.	우수하다.

⑤ **알칼리 축전지의 특성**

㉠ 장점

- 수명이 길다.(납 축전지의 3~4배)
- 진동과 충격에 강하다.
- 충 · 방전 특성이 양호하다.
- 방전 시 전압 변동이 작다.
- 사용 온도 범위가 넓다.

㉡ 단점

- 납축전지보다 공칭 전압이 낮다.
- 가격이 비싸다.

⑥ **축전지 화학 반응식**

㉠ 연축전지

$$PbO_2 + 2H_2SO_4 + Pb \rightleftharpoons PbSO_4 + 2H_2O + PbSO_4$$

㉡ 알칼리 축전지

$$2NiOOH + 2H_2O + Cd \rightleftharpoons 2Ni(OH)_2 + Cd(OH)_2$$

⑦ **셀페이션 현상**

㉠ 현상

- 극판이 백색으로 되거나 표면에 백색 반점이 생긴다.
- 비중이 저하하고 충전용량이 감소한다.
- 충전시 전압 상승이 빠르고 가스 발생이 심하나 비중이 증가하지 않는다.

㉡ 원인

- 방전상태로 장기간 방치
- 충전상태에서 보충을 하지 않고 방치
- 충전 부족 상태에서 장기간 사용
- 전해액의 부족으로 극판이 노출되어 있을 때
- 비중 과다
- 불순물

⑧ **축전지 용량 일반 산출식**

㉠ 공식

$$C = \frac{1}{L}[K_1 I_1 + K_2(I_2 - I_1) + \ldots + K_n(I_n - I_{n-1})]$$

여기서, C : 축전지 용량(25[℃]일 때)[Ah]
L : 보수율(경년 용량 저하율, 일반적으로 0.8)
K : 전류 환산시간, I : 방전 전류[A]

㉡ 충전전류

$$I = \frac{\text{축전기용량[Ah]}}{\text{정격방전율[h]}10(5)} + \frac{P\,[VA]}{V\,[V]}$$

여기서, (5) : 알칼리
10 : 납축전지

⑨ **축전기 한 개의 허용 최저 전압**

$$V = \frac{V_a + V_c}{n}$$

여기서, V_a : 부하의 처용 최저전압
V_c : 축전지와 부하 사이 접속선의 전압강하
n : 직렬로 접속된 전지의 개수(셀 수)

5) 무정전 전원 장치(UPS ; Uninterruptible Power Supply)

① **개요**

UPS는 축전지, 정류 장치(Converter)와 역변환 장치(Inverter)로 구성되어 있으며 선로의 정전이나 입력 전원에 이상 상태가 발생하였을 경우에도 정상적으로 전력을 부하측에 공급하는 설비를 UPS라 한다.

② **UPS의 구성도**

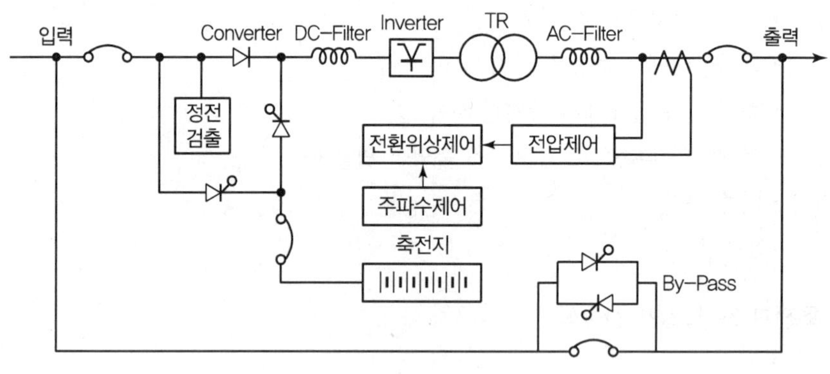

| UPS의 구성회로 |

③ **기능**

㉠ 정류장치(Converter) : 교류를 직류로 변환

㉡ 축전지 : 정류장치에 의해 변환된 직류 전력을 저장

㉢ 역변환 장치(Inverter) : 직류를 사용 주파수의 교류 전압으로 변환

㉣ DC/AC 필터 : 직류필터는 정류기에서 DC로 변환된 직류 전압의 리플을 평활하게 해주며 교류필터는 DC에서 AC로 변환된 출력교류전압에 포함된 고조파를 제거

㉤ 바이패스(By-Pass)회로 : 무정전 전원장치의 고장으로 차단되었을 경우 상용전원을 그대로 부하에 공급하는 회로

④ **비상 전원으로 사용되는 UPS의 블록 다이어그램**

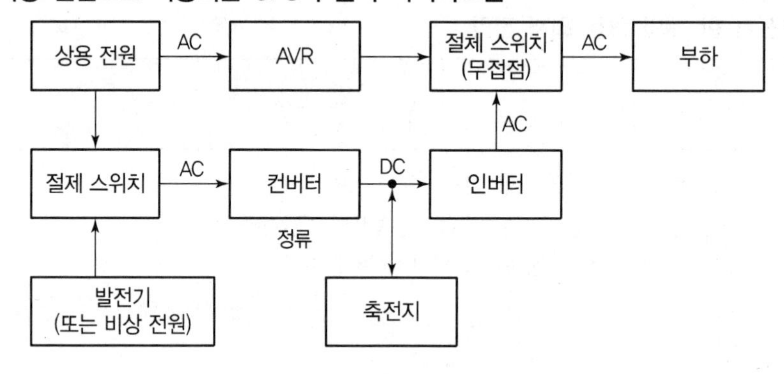

6) 각종 전원 시스템

① **자동전압 조절장치(AVR)**

전원 전압의 변동에 비해 부하전압을 일정하게 유지하여 주는 장치를 말한다.

② **정전압 정주파수 전원장치(CVCF)**

전압과 주파수를 일정하게 유지시켜주는 장치로 주파수 변환장치도 포함한다.

10 피뢰시스템

1) 적용범위

① **전기전자설비**가 설치된 건축물 · 구조물로서 낙뢰로부터 보호가 필요한 것 또는 지상으로부터 높이가 **20[m] 이상**인 것

② 전기설비 및 전자설비 중 **낙뢰로부터 보호**가 필요한 설비

2) 수뢰부시스템

① 수뢰부는 **돌침**, **수평도체**, **메시도체**의 요소 중에 한 가지 또는 이를 조합한 형식으로 시설하여야 한다.

② 수뢰부시스템의 배치는 **보호각법**, **회전구체법**, **메시법** 중 하나 또는 조합된 방법으로 배치하여야 한다.

3) 인하도선 최대 간격

피뢰시스템의 등급	간격[m]
I	10
II	10
III	15
IV	20

4) 건축물 피뢰설비 보호능력 4등급

① **완전보호** : 금속체로 CAGE를 구성하는 완전보호방식이다.

② **증강보호**

③ **보통보호**

④ **간이보호**

11 시험 및 측정

1) 계기 오차

① 오차=측정값(M)−참값(T)

② 오차율 $\%\varepsilon = \frac{M-T}{T} \times 100$, 보정률 $\%\delta = \frac{T-M}{T} \times 100$

2) 계기의 등급

① **대형 부표준기** : 0.2
② **휴대용 계기(정밀급)** : 0.5
③ **소형 휴대용 계기(정밀측정)** : 1.0
④ **배전반용 계기(공업용 보통측정)** : 1.5
⑤ **배전반용 소형 계기** : 2.5

3) 적산전력계

① **구비조건**

㉠ 부하의 특성이 좋을 것
㉡ 과부하 내량이 클 것
㉢ 내구성과 기계적 강도가 클 것
㉣ 기동전류 및 내부 손실이 적을 것
㉤ 온도 및 주파수 보상이 되어 있을 것

② **잠동현상**

㉠ 무부하상태에서 적산전력계 원판이 정격전압, 정격주파수의 110[%]를 인가하여 1회전 이상 회전하는 현상
㉡ 잠동 방지 방법
- 원판에 조그만 구멍을 뚫는다.
- 원판축에 소철편을 붙인다.

③ **적산전력계의 측정값**

$$P = \frac{3{,}600 \cdot n}{t \cdot k} [kW]$$

여기서, n : 회전수[회]
t : 시간[sec]
k : 계기정수[rev/kWh]

4) 저항측정법

① **굵은 나전선** : 켈빈더블 브리지
② **수천옴의 가는 전선의 저항** : 휘트스톤 브리지
③ **전해액의 저항** : 콜라우시 브리지
④ **절연저항** : 메거(저압 500[V]급, 고압 1,000[V]급)

5) 콜라우시 브리지법

① **접지저항계** : 각 단자 간 간격 : 10[m] 이상
② **접지저항값**

$$R_a = \frac{1}{2}(R_{ab} + R_{ca} - R_{bc})$$

③ **전기재해의 종류**
㉠ 감전 : 충전부분 노출 전선의 피복노출
㉡ 누전 : 전기기기 절연파괴, 화재 발생
㉢ 낙뢰 : 전기기기 절연파괴, 인명피해, 뇌로 인한 화재

6) 전력의 측정 및 오차

① **3전압계법**

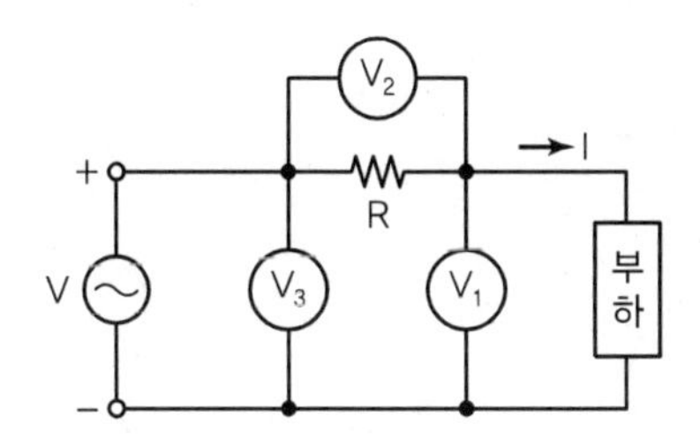

$$P = \frac{1}{2R}(V_3^2 - V_1^{\,2} - V_2^{\,2})\,[W] \quad 즉,\ P = \frac{V^2}{R}의\ 형태임$$

② **3전류계법**

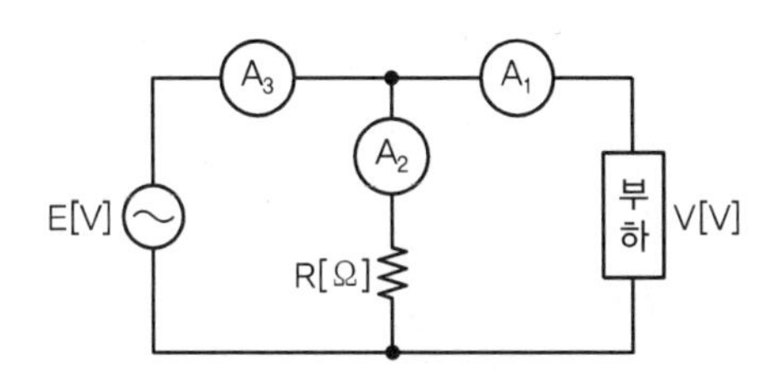

$$P=\frac{R}{2}(A_3^2-A_1^{\ 2}-A_2^{\ 2})[W]$$ 즉, $P=I^2R$의 형태임

③ **2전력계법**

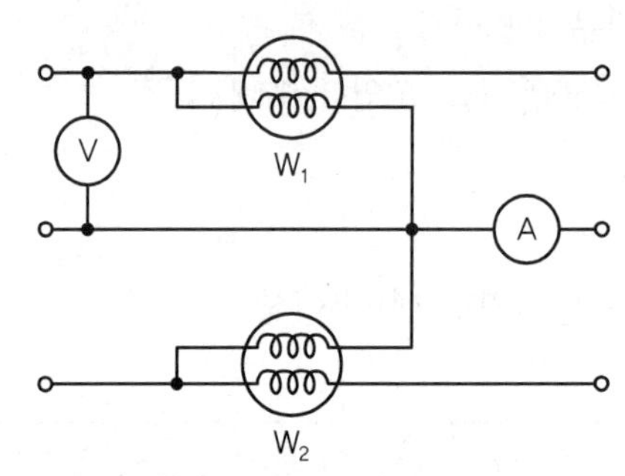

㉠ 유효전력 : $P=W_1+W_2[W]$

㉡ 무효전력 : $P_r=\sqrt{3}(W_1-W_2)[VAR]$

㉢ 피상전력 : $P_a=2\sqrt{W_1^{\ 2}+W_2^{\ 2}-W_1W_2}\,[VA]$

$P_a=\sqrt{3}VI[VA]$

㉣ 역률 : $\cos\theta=\dfrac{W_1+W_2}{2\sqrt{W_1^{\ 2}+W_2^{\ 2}-W_1W_2}}=\dfrac{W_1+W_2}{\sqrt{3}VI}$

Chapter 01 실·전·문·제

01 전선의 굵기를 나타내는 방법으로 연선과 단선은 어떻게 표시하는가?

1 연선
2 단선

해답 1 공칭단면적[mm^2]
2 단선 : 공칭직경[mm]

02 "분기회로"의 정의를 쓰시오.

해답 분기회로란 간선에서 분기하여 분기과전류차단기를 거쳐서 부하에 이르는 사이의 배선을 말한다.

TIP

1 간선 : 인입구에서 분기 과전류 차단기에 이르는 배선으로 분기회로의 분기점에서 전원측의 부분을 말한다.
2 KEC 규정
① 분기회로 : 전기사용기기 또는 콘센트에 직접 접속되는 회로
② 간선 : 분전반에 전력을 공급하는 선

03 단상 2선식 저압 배전선이 길이 150[m], 부하전류 20[A]인 경우 전압강하를 2[V]로 유지하기 위해 필요한 전선 단면적을 산정하시오.

해답 계산 : $A = \dfrac{35.6 \times LI}{1,000e}$

$= \dfrac{35.6 \times 150 \times 20}{1,000 \times 2}$

$= 53.4[mm^2]$

답 $70[mm^2]$

TIP

➤ **전선 굵기[mm^2]**
1.5, 2.5, 4, 6, 10, 16, 25, 35, 50, 70, 95, 120, 150, 185, 240, 300, 400, 500, 630

04 분전반에서 40[m] 떨어진 회로의 끝에서 단상 2선식 220[V] 전열기 7,500[W] 2대를 사용할 때 NR 전선의 굵기는?(단, 전압강하는 5[%] 이내로 하고 전류감소계수는 없는 것으로 하며 최종 답은 공칭 단면적 값을 쓰시오.)

해답 계산 : 부하전류 $I = \frac{P}{V} = \frac{7,500 \times 2}{220} = 68.181 ≒ 68.18[A]$

전압강하 2[%] $e = 220 \times 0.05 = 11\ [V]$

$A = \frac{35.6LI}{1,000e} = \frac{35.6 \times 68.18 \times 40}{1,000 \times 11} = 8.826$

답 10[mm^2]

05 3상 3선식 380[V]로 수전하는 수용가의 부하전력이 75[kW], 부하역률이 85[%], 구내배선의 긍장이 200[m]이며 배선에서 전압강하를 6[V]까지 허용하는 경우 배선의 굵기를 구하시오.(단, 이때 배선의 굵기는 전선의 공칭 단면적으로 표시하시오.)

해답 계산 : $I = \frac{P}{\sqrt{3}V\cos\theta} = \frac{75 \times 10^3}{\sqrt{3} \times 380 \times 0.85} = 134.059\,[A]$

전압강하 e = 6[V], 길이 L=200[m]

$A = \frac{30.8LI}{1,000e} = \frac{30.8 \times 200 \times 134.059}{1,000 \times 6} = 137.633$

답 150[mm^2]

06 가정용 100[V] 전압을 220[V]로 승압할 경우 저압전선에 나타나는 효과로서 전압강하율의 감소는 몇 [%]인가?

해답 계산 : $\delta = \frac{1}{V^2} = \frac{1}{2.2^2} = 0.2066$

$\therefore \frac{1 - 0.2066}{1} \times 100 = 79.34\%$

답 79.34[%]

07 주택, 기숙사, 병원 등의 옥내배선의 설계에 있어서 간선의 굵기를 선정할 때 전등 및 소형 전기기계 · 기구의 용량의 합계가 10[kVA]를 넘는 것에 대한 수용률은 내선 규정에서 몇 [%]를 적용하도록 정하고 있는가?

해답 50[%](학교, 사무실, 은행 70[%] 적용)

08 건물의 종류에 대응한 표준 부하값을 주어진 답안지에 답하시오.

건축물의 종류	표준부하[VA/m²]
공장, 공회당, 사원, 교회, 극장, 영화관, 연회장등	❶
기숙사, 여관, 호텔, 병원, 학교, 음식점, 다방, 대중목욕탕	❷
주택, 아파트, 사무실, 은행, 상점, 이발소, 미장원	❸

해답 ❶ 10
❷ 20
❸ 30

09 그림과 같은 평면의 건물에 대한 배선설계를 하기 위하여 주어진 조건을 이용하여 분기회로 수를 결정하시오.(단, 분기회로는 16[A] 분기회로로 하고, 배전 전압은 220[V] 기준으로 한다.)

사무실 : 66[m²]	주거 : 80[m²]
사무실 : 66[m²]	

[조건]
- 사무실 : 66[m²], 20[VA/m²], 사무실 : 66[m²], 20[VA/m²]
- 주거 : 80[m²], 30[VA/m²], 가산부하 : 500[VA]

해답 계산 : • 설비부하용량 $=66\times20+66\times20+80\times30+500$
$=5,540[VA]$

• 분기회로 수 $=\dfrac{5,540}{16\times220}=1.573$

답 16[A] 2회로

10 그림과 같은 3상 3선식 330[V] 배전선로에서 단상 및 3상 변압기에 전력을 공급하고자 한다. 선로의 불평형률은 몇 [%]인가?(단, 소수 첫째 자리까지 적으시오.)

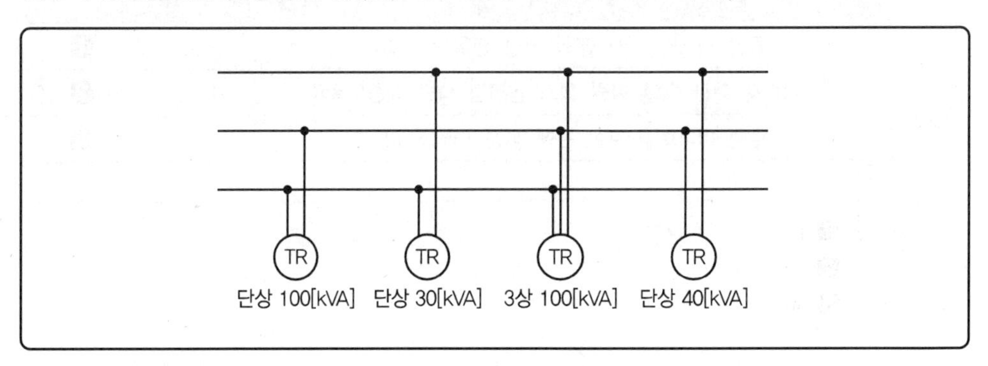

해답 계산 : 설비 불평형률 $= \dfrac{100-30}{(100+30+100+40)\times\dfrac{1}{3}}\times 100 = 77.777$

답 77.7[%]

11 다음의 회로와 같은 단상 3선식 100/200[V]로 전열기 및 전동기에 전기를 공급하는 경우 설비의 불평형률을 구하시오.

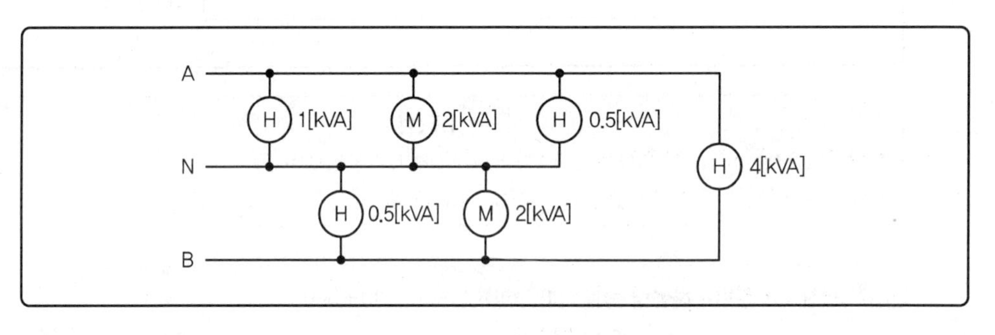

해답 계산 : 설비 불평형률 $= \dfrac{(1+2+0.5)-(0.5+2)}{(1+2+0.5+0.5+2+4)\times\dfrac{1}{2}}\times 100 = 20[\%]$

답 20[%]

12 다음의 단상 3선식 회로를 보고 물음에 답하시오.(단, L_1은 8[kW], 역률 80[%]이고, L_2는 9[kW], 역률 90[%]이며, L_3는 18[kW], 역률 75[%]이다.)

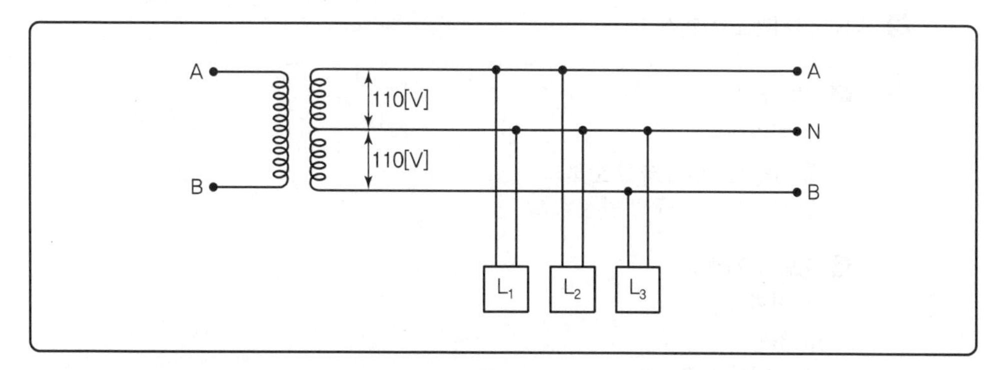

❶ 단상 3선식의 회로에서 설비 불평형률 기준은?

❷ 상기 회로의 설비 불평형률을 구하시오.

해답 ❶ 40% 이하

❷ 계산 : $\dfrac{\dfrac{18}{0.75}-\left(\dfrac{8}{0.8}+\dfrac{9}{0.9}\right)}{\left(\dfrac{18}{0.75}+\dfrac{8}{0.8}+\dfrac{9}{0.9}\right)\times\dfrac{1}{2}}\times 100 = 18.18[\%]$

답 18.18[%]

13 특별고압 및 고압수전에서 대용량의 단상전기로 등의 사용으로 설비 불평형 제한규정을 따르기가 어려울 경우에는 전기사업자와 협의하여 다음에 각 호에 의하여 포설하는 것을 원칙으로 한다. 다음 각 호의 (　　) 안에 알맞은 말을 쓰시오.

- 단상부하 1개의 경우에는 2차 (①) 접속에 의할 것
- 단상부하 2개의 경우에는 (②) 접속에 의할 것
- 단상부하 3개 이상인 경우에는 가급적 선로전류가 (③)이 되도록 각 선간에 부하를 접속할 것

해답 ① 역V

② 스코트

③ 평형

14 배전용 변전소에 있어서 접지목적 3가지를 들고 중요 접지개소 5개소를 쓰시오.

1 접지목적 3가지

2 중요 접지개소 5개소

해답 1 접지목적

① 기기보존
② 송전시스템이 중성점 보호
③ 근무자 및 공중의 안전보호

2 중요 접지개소

① 피뢰기
② 철탑
③ 주변압기 중성점
④ 계기용 변성기 2차측
⑤ 건물금속체 부분

15 고장전류(지락전류) 10,000[A], 전류통전시간 0.5[sec], 접지선(동선)의 허용 온도상승률을 1,000[℃]로 하였을 경우 접지도체의 단면적을 계산하시오.

해답 계산 : $A = \sqrt{\dfrac{8.5 \times 10^{-6} \times S}{\log_{10}\left(\dfrac{t}{274}+1\right)}} \times I_g$

$= \sqrt{\dfrac{8.5 \times 10^{-6} \times 0.5}{\log_{10}\left(\dfrac{1,000}{274}+1\right)}} \times 10,000 = 25.234[\text{mm}^2]$

답 $A = 25[\text{mm}^2]$

16 접지도체의 온도 상승에서 동선에 단시간 전류가 흘렀을 경우 온도 상승은 보통 어떤 식으로 산정하는가?

해답 $\theta = 0.008\left(\dfrac{I}{A}\right)^2 t$

여기서, θ : 동선의 온도상승[℃]

I : 전류[A]

A : 동선의 단면적[mm^2]

t : 통전시간[초]

17 접지도체의 굵기를 결정하기 위한 계산조건을 다음 물음에 따라 답하시오.

1 접지도체에 흐르는 고장전류의 값은 전원측 과전류차단기 정격 전류의 몇 배로 하는가?
2 과전류 차단기는 정격전류 20배의 전류에서 몇 초 이하에서 끊어지는 것으로 하는가?
3 고장전류가 흐르기 전의 접지선 온도는 몇 도로 하는가?
4 고장전류가 흘렀을 때의 접지선의 허용온도는 몇 도로 하는가?

해답 1 20배
2 0.1초 이내
3 30[℃]
4 150[℃]

18 수전용 유입 차단기(OCB)의 정격전류가 800[A]일 경우 접지선의 굵기는 몇 [mm²]를 사용하여야 하는가?

해답 계산 : $A = 0.052I_n = 0.052 \times 800 = 41.6$
답 50[mm²]

19 접지 저감재의 시공방법 5가지를 쓰시오.

해답 ① 타입법
② 보링법
③ 수반법
④ 구법
⑤ 체류조법

20 접지공사에 있어서 자갈층 또는 산간부에 암반지대층 토양의 고유저항이 높은 지역 등에서는 규정의 정항치를 얻기 곤란하나 이와 같은 장소에 있어서의 접지저항 저감방법 3가지를 쓰시오.

해답 접지장소의 토질 또는 현장여건 등으로 인하여 규정된 접지저항치를 얻기 어려운 장소의 방법
① 다극접지공법
② 심타접지공법
③ 고강도 접지저항 저감재 사용법(토양의 화학적 처리를 시행하여 대지 저항률을 낮추어 접지저항을 줄이는 방법임)

TIP

➤ **접지저항을 줄이는 방법**

① 일반적인 방법
- 접지봉, 접지판의 매설깊이를 깊게 한다.
- 접지봉의 지름, 접지판의 면적을 크게 한다.
- 접지극의 포설방법에 따라 병렬로 접지한다.

② 접지장소의 토질 또는 현장여건 등으로 인하여 규정된 접지 저항치를 얻기 어려운 장소의 방법
- 다극접지공법
- 심타접지공법
- 고강도 접지저항 저감재 사용법(토양의 화학적 처리를 시행하여 대지 저항률을 낮추어 접지저항을 줄이는 방법임)

③ 접지봉 타입방식으로 기준 저항치를 얻기 어려운 경우에는 다음과 같이 적용할 수 있다.
- 접지판 방식
- 메시 포설방식
- 매설지선 방식

21 단독접지의 시공방법에서 다음 물음에 답하시오.

❶ 접지봉 사용 시 직경은 몇 [mm] 이상이며, 길이는 몇 [m]이어야 하는가?

❷ 접지판 사용 시 두께는 몇 [mm] 이상이며, 넓이 산정식 A[mm]×B[mm]에서 A와 B에 들어갈 숫자는 얼마인가?

❸ 접지선(GV)은 몇 [mm^2] 이상의 나동선을 사용하는가?

❹ 매설깊이는 몇 [m]인가?

❺ 병렬 접지 시 타 접지극과 몇 [m] 이상 이격하여야 하는가?

해답 ❶ 8[mm], 0.9[m] ❷ 0.7[mm], 300[mm]×300[mm]
❸ 25[mm^2] ❹ 0.75[m]
❺ 2[m]

22 접지봉에 관한 방법이다. ( ) 안에 알맞은 답을 쓰시오.

❶ 접지봉은 철주에서 몇 [m] 이격시켜 매설하는가?

❷ 접지봉을 2개 이상 병렬로 매설할 때는 상호 간격을 몇 [m] 정도 이격시켜야 하는가?

❸ 접지봉은 지하 몇 [m] 이상 깊이로 매설하는가?

❹ 접지봉을 2개 이상 매설할 때는 가급적 ( )로 연결하고 접지봉은 ( )법으로 시공한다.

❺ 접지선은 450/750 일반용 단심 비닐절연전선 몇 [mm^2]를 사용하는가?

해답 ❶ 1[m] ❷ 2[m]
❸ 0.75[m] ❹ 직렬, 심타
❺ 25[m^2]

23 접지공사기준에서 접지공사에 대한 다음 물음에 답하시오.

1. 접지선의 접지극은 지표면 하 몇 [m] 이상의 깊이에 매설하는가?
2. 가공전선로에 가공약전류전선 또는 가공광섬유케이블의 접지극과는 몇 [m] 이상 이격하여 시설하는가?
3. 접지극을 지표면으로부터 깊이 매설할수록 효과적이므로 가급적 병렬로 연결할 때는 접지봉을 몇 개 이상 매설하는 것이 좋은가?
4. 접지선은 전주의 어떤 측에 시설하는 것을 원칙으로 하는가?
5. 접지선과 접지극 리드선의 접속은 슬리브 등에 의한 압축접속 또는 어떤 접속방법으로 접속하는가?
6. 접지장소의 토질 또는 현장여건으로 인하여 규정된 접지저항치를 얻기 어려운 곳에서는 심타 접지공법과 어떤 접지공법을 적용하여야 하는가?

해답
1 0.75[m] 이상
2 1[m] 이상
3 2개
4 내측
5 권부접속
6 다극접지공법

24 1개소 또는 여러 개소에 시공한 공용의 접지 전극에 개개의 기계 · 기구를 모아서 접속하여 접지를 공용화하는 것이 공용접지이다. 장점 4가지를 쓰시오.

해답
① 접지선이 짧아져 접지 계통이 단순해지기 때문에 보수 · 점검이 쉬워진다.
② 각 접지 전극이 병렬로 되면 독립접지에 비하여 합성저항이 낮아지고 건축구조체를 이용하면 접지저항이 더욱 낮아지기 때문에 공용 접지의 이점이 생긴다.
③ 접지전극 중 하나가 불능이 되어도 타극으로 보완할 수 있어서 접지의 신뢰도가 향상된다.
④ 접지전극의 수가 적어져서 설비시공비의 면에서 경제적이다.

25 등전위 접속선에서 주 접지단자에 접속되는 등전위 접속선의 단면적에 대한 다음 물음에 답하시오.

1. 동은 몇 [mm^2] 이상인가?
2. 알루미늄은 몇 [mm^2] 이상인가?
3. 철은 몇 [mm^2] 이상인가?

해답
1 6[mm^2]
2 16[mm^2]
3 50[mm^2]

TIP

등전위 접속선의 조건을 적으라는 문제라면 두 개의 노출 도전성 부분을 접속시 노출 도전성 부분에 접속된 작은 보호선의 도전성보다 큰 도전성을 가져야 하며 보호선 단면적의 1/2 이상의 도전성을 가질 것

26 요구하는 접지의 목적과 접지저항값을 얻기 위해서는 대지의 구조에 따라 경제적이고 신뢰성 있는 접지를 채택하여야 한다. 접지공법을 대별하면 봉상접지공법, 망상접지법(Mesh 공법), 건축 구조체 접지공법이 있다. 이 중 봉상접지공법에 대하여 간단히 설명하시오.

해답 봉상접지공법에는 심타공법과 병렬접지공법이 있다.

① 심타공법 : 접지봉을 지표에서 타인하는 방법으로 접지봉을 직렬 접속한다.

② 병렬접지공법 : 독립 접지봉을 여러 개 묻고 각 접지봉을 병렬로 연결하는 방법

27 다음 접지설비의 분류에서 접지의 목적을 쓰시오.

1 계통접지
2 기기접지
3 지락 검출용 접지
4 정전기 접지
5 등전위 접지

해답 1 고압전로와 저압전로가 혼촉되었을 때 감전이나 화재 발생

2 누전되고 있는 기기에 접촉 시 감전 방지

3 누전차단기의 동작을 확실하게 하기 위함

4 정전기의 축적에 의한 폭발 재해 방지

5 병원에서 의료기기 사용 시 안전을 확보하기 위함

28 계장공사의 접지공사에서 신호선 한쪽을 접지하는 것을 무엇이라 하는가?

해답 시스템 접지

29 "노이즈 방지용 접지"란 어떤 접지인지 쓰시오.

해답 어떤 전자장치의 노이즈 발생 또는 기타 발생원인으로부터 또 다른 전자장치의 오동작, 통신장애, 기타 다른 기기에 장애를 일으키지 않도록 하기 위한 접지. 즉, 노이즈 방지용 접지관 에너지를 대지로 방출하기 위한 접지를 말한다.

30 접지의 목적을 3가지만 쓰시오.

해답 ① 고・저압 혼촉 시 저압선 전위 상승 억제 및 보호
② 기기의 지락사고 발생 시 인체에 걸리는 분담 전압의 억제
③ 선로로부터의 유도에 의한 감전 방지
그 외
④ 이상전압 억제에 의한 절연 계급저감, 보호장치의 동작 확실화

31 변전소에 설치되는 다음 기기 등에 접지를 하려고 한다. 어느 개소에 어떻게 하여야 하는지 예시와 같이 설명하시오.

피뢰기 : 접지망의 교점위치에 설치될 수 있도록 하고, 접지선은 최단거리로 접지망에 연결한다.

1 옥외철구
2 차단기
3 배전반
4 계기용 변성기 2차측
5 전력용 콘덴서

해답 1 각주마다 접지
2 탱크와 취부가대를 접지
3 프레임을 접지
4 중성점을 배전반 접지 모선에 1점만 접지
5 개별, 그룹별 중성점을 한데 묶어 한 선으로 접지망에 짧게 연결하여 접지

TIP

➤ **접지선을 이용하여 접지를 하여야 할 개소 6개소**
① 일반 기기 및 제어반의 외함
② 피뢰기 및 피뢰침
③ 계기용 변상기의 2차측
④ 다선식 전로의 중성선
⑤ 케이블의 차폐선
⑥ 옥외철구

32 화학설비에 접지를 실시하는 1차적 목적은?

해답 전기 대전 방지로 인한 정전기 발생 억제

33 220[V] 전동기의 철대를 접지하여 절연 파괴로 인한 철대와 대지 사이의 위험 접촉 전압을 25[V] 이하로 하고자 한다. 공급 변압기의 저압측 접지 저항값이 10[Ω], 저항 전로의 임피던스를 무시할 경우 전동기의 외함 접지 저항값은 몇 [Ω] 이하로 하면 되는가?

해답 계산 : $e = V\frac{R_3}{R_2 + R_3}$

$25 = 220 \times \frac{R_3}{10 + R_3}$

$R_3 \fallingdotseq 1.28[\Omega]$

답 1.28[Ω]

34 아래 그림은 저압 전로에 있어서의 지락 고장을 표시한 그림이다. 그림의 전동기 Ⓜ (단상, 110[V])의 내부와 외함 간에 누전으로 지락 사고를 일으킨 경우 변압기 저압측 전로의 1선은 전기설비기술기준에 의거 고 · 저압 혼촉시의 대지 전위 상승을 억제하기 위한 접지 공사를 하도록 규정하고 있다. 아래 물음에 답하시오.

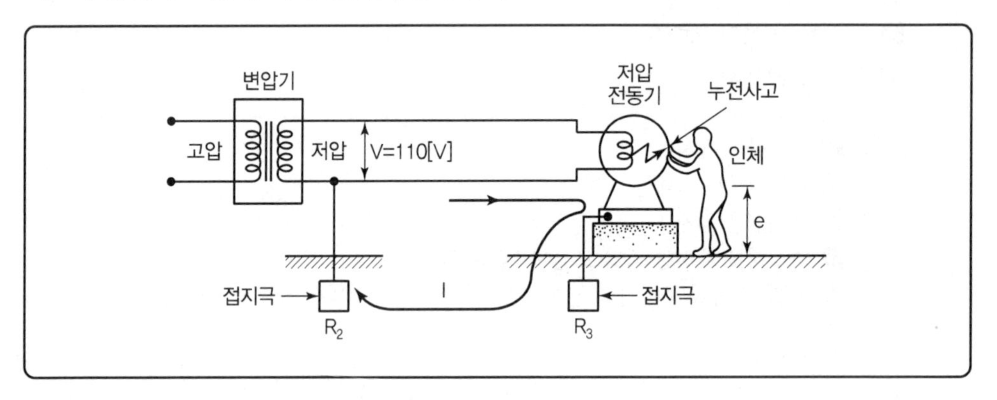

1 위 그림에 대한 등가 회로를 그리면 아래와 같다. 물음에 답하시오.

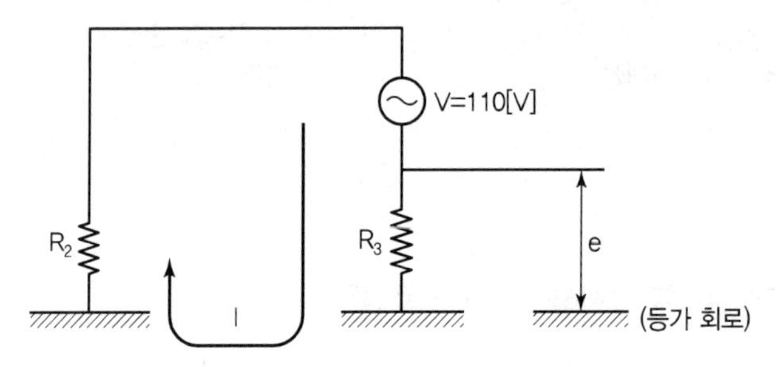

① 등가 회로상의 e는 무엇을 의미하는가?

② 등가 회로상의 e의 값을 표시하는 수식을 표시하시오.

③ 저압 회로의 지락 전류 $I = \frac{V}{R_A + R_B}$[A]로 표시할 수 있다. 고압측 전로의 중성점이 비접지식인 경우에 고압측 전로의 1선 지락 전류가 4[A]라고 하면 변압기의 2차측(저압측)에 대한 접지 저항값은 얼마인가? 또, 위에서 구한 접지 저항값(R_A)을 기준으로 하였을 때의 R_B의 값을 구하고 위 등가 회로상의 I, 즉 저압측 전로의 1선 지락 전류를 구하시오.(단, e의 값은 25[V]로 제한하도록 한다.)

2 접지극의 매설 깊이는 얼마 이상으로 하는가?

3 변압기 2차측 접지선의 단면적은 몇 [mm²] 이상의 경동선이나 이와 동등 이상의 세기 및 굵기의 것을 사용하는가?

해답 **1** ① 전동기외함의 대지전위상승분 또는 인체에 가해지는 대지전위상승분

② $e = V\frac{R_B}{R_A + R_B}$

③ 계산 : $R_A = \frac{150}{I_1} = \frac{150}{4} = 37.5[\Omega]$

$e = V\frac{R_B}{R_A + R_B}$

$25 = 110\frac{R_B}{37.5 + R_B}$

$R_B \fallingdotseq 11.03[\Omega]$

$I = \frac{110}{37.5 + 11.03} = 2.268[A]$

답 2.27[A]

2 75cm(0.75m)

3 6[mm²] 이상 연동선

특고압에서 저압 혼촉 방지 16[mm²]

25kV−Y(고압)에서 저압 혼촉 방지 6[mm²]

35

다음 그림에서 기기의 A점에 완전 지락 사고가 발생하였을 때 기기 외함에 인체가 접촉되었다면 인체를 통하여 흐르는 전류를 구하여라.(단 인체의 저항은 $R = 3,000[\Omega]$, $R_2 = 15[\Omega]$, $R_3 = 75[\Omega]$)

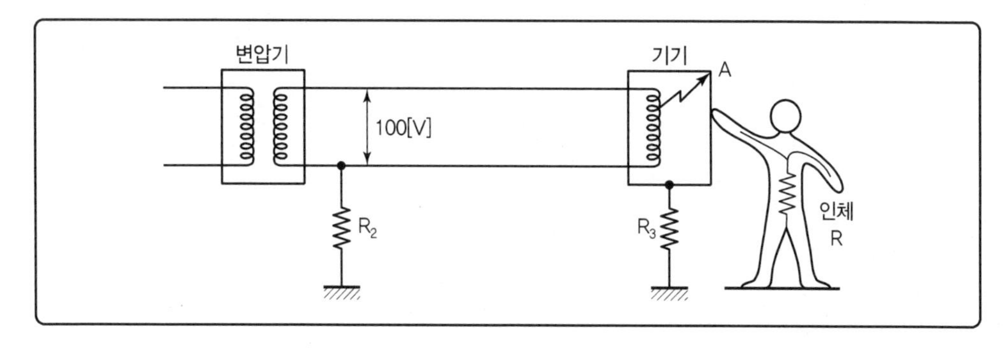

(해답) 인체에 흐르는 전류

$$I = Ig\frac{R_3}{R_3 + R}$$

$$= \frac{V}{R_2 + \frac{R_3 \cdot R}{R_3 + R}} \times \frac{R_3}{R_3 \times R}$$

$$I = \frac{100}{15 + \frac{75 \times 3,000}{75 + 3,000}} \times \frac{75}{75 + 3,000} \times 10^3$$

$I = 27.66[mA]$

답 27.66[mA]

36 그림과 같은 회로에서 전동기가 누전된 경우 3,000[Ω]의 인체 저항을 가진 사람이 전동기에 접촉할 때 대략 인체에 흐르는 전류시간 합계[mA · sec]는?(단, 30[mA], 0.1[sec]의 정격 ELB를 설치하였다.)

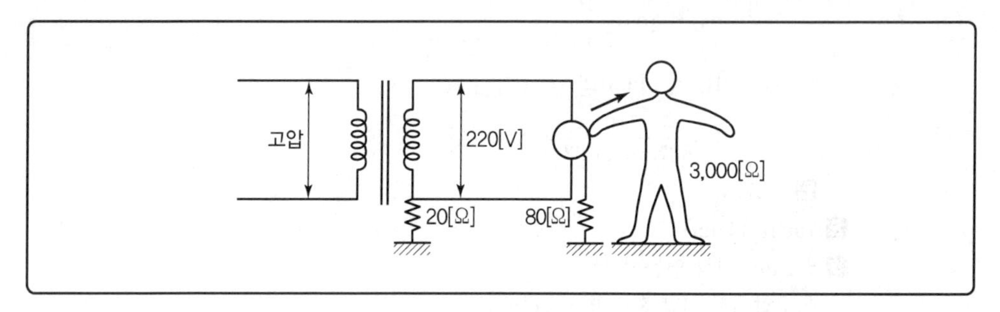

(해답) $$I = \frac{220}{20 + \frac{80 \times 3,000}{80 + 3,000}} \times \frac{80}{80 + 3,000} \times 10^3$$

$I = 58.35[mA] \times 0.1[sec]$

$= 5.835$

$= 5.84[mA \cdot sec]$

37 다음 그림은 전자식 접지 저항계를 사용하여. 접지극의 접지 저항을 측정하기 위한 배치도이다. 물음에 답하여라.

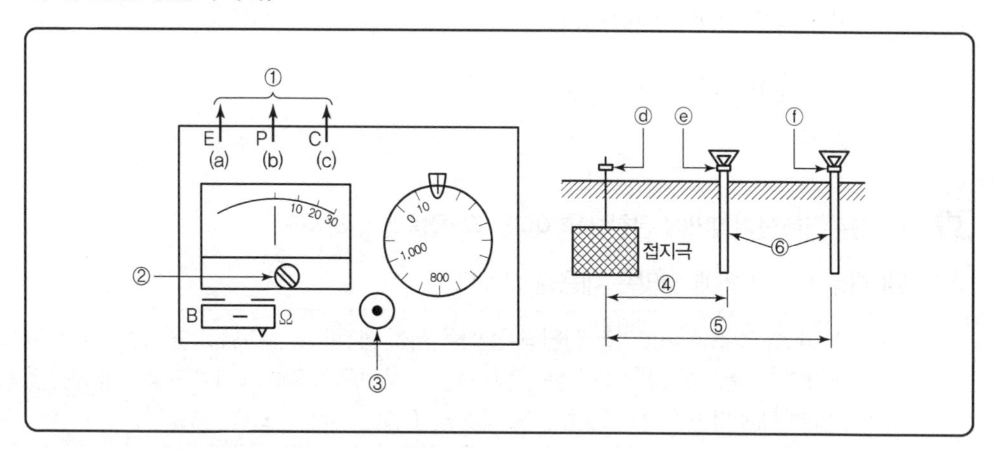

❶ 그림에서 ①의 측정 단자와 각 접지극의 접속은?

❷ 그림에서 ②의 명칭은?

❸ 그림에서 ③의 명칭은?

❹ 그림에서 ④의 거리는 몇 [m] 이상인가?

❺ 그림에서 ⑤의 거리는 몇 [m] 이상인가?

❻ 그림에서 ⑥의 명칭은?

해답 ❶ ⓐ−ⓓ, ⓑ−ⓔ, ⓒ−ⓕ
❷ 영점조정기
❸ 전원스위치
❹ 10[m]
❺ 20[m]
❻ 보조접지극

38 콜라우시(Kohlrausch) 브리지법에 의해 그림과 같이 접지 저항을 측정하였을 경우 접지판 X의 접지 저항값은?(단, $R_{ab} = 70[\Omega]$, $R_{bc} = 125[\Omega]$, $R_{ca} = 95[\Omega]$)

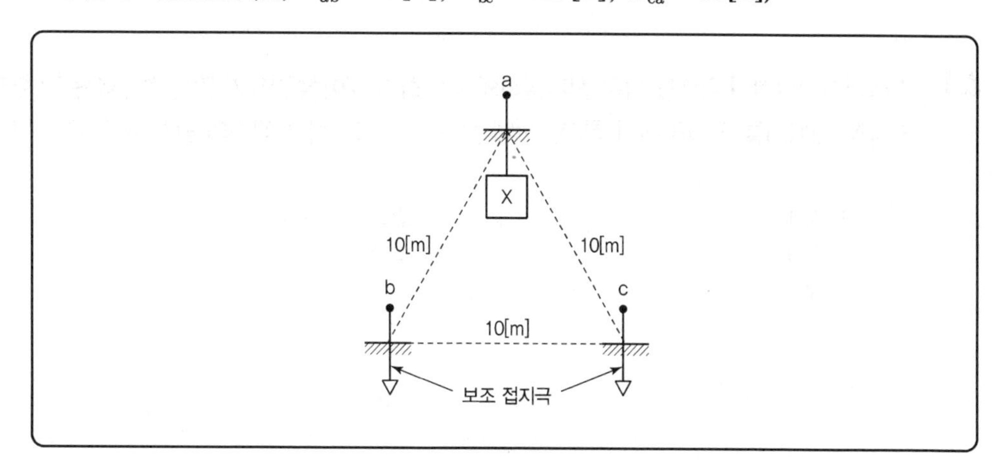

해답 접지판의 저항값

$$R_x = \frac{1}{2}[R_{ab} + R_{ca} - R_{bc}]$$

$$= \frac{1}{2}[70 + 95 - 125] = 20[\Omega]$$

39 다음은 건축전기설비에 관한 사항이다. 각 물음에 답하시오.

1 다음 ( ) 안에 알맞은 내용을 쓰시오.

TN 계통(TN System)이란 전원의 한 점을 직접 접지하고 설비의 노출 도전성 부분을 보호선(PE)을 이용하여 전원의 한 점에 접속하는 접지 계통을 말한다. TN 계통은 중성선 및 보호선의 배치에 따라 (①)계통 (②)계통, (③)계통이 있다.

2 TT 계통(TT Syatem)이란?

해답 1 ① TN−S 계통, ② TN−C−S 계통, ③ TN−C 계통

2 전원의 한 점을 직접 접지하고 설비의 노출 도전성 부분을 전원계통의 접지극과는 전기적으로 독립한 접지극에 접지하는 접지계통을 말한다.

40 건축전기설비에 있어서 감전예방의 종류 중 직접접촉에 대한 감전 예방의 확인사항 5가지를 쓰시오.

해답 ① 충전부의 절연에 의한 보호
② 격벽 또는 외함에 의한 보호
③ 장애물에 의한 보호
④ 손의 접근 한계 외측 시설에 의한 보호
⑤ 누전차단기에 의한 추가 보호

41 건축전기설비에서 회로를 다른 전기설비와 독립하여 제어할 필요가 있는 경우에는 각 부분에 기능적 개폐기를 시설하여야 한다. 이때 사용되는 기능적 개폐기의 종류 5가지를 쓰시오.

해답 ① 개폐기
② 반도체 개폐장치
③ 차단기
④ 접촉기
⑤ 계전기

42 건축전기설비에서 사용하는 것으로 PEN선, PEM선, PEL선 중 보호선과 중간선의 기능을 겸한 전선은?

해답 PEM선

43 연접 인입선이라 함은 어떤 용어인지 간단하게 쓰시오.

해답 연접 인입선이라 함은 하나의 수용장소의 인입선 접속점에서 분기하여 다른 지지물을 거치지 아니하고 다른 수용장소의 인입선 접속점에 이르는 전선을 말한다.

44 다음은 용어에 대한 설명이다. ( ) 안에 알맞은 용어를 쓰시오.

- (①)이라 함은 가공전선로의 지지물에서 다른 지지물을 거치지 아니하고 수용장소의 인입선 접속점에 이르는 가공전선을 말한다.
- (②) 이라 함은 지중전선로의 배전탑 또는 가공전선로의 지지물에서 직접 수용장소에 이르는 지중전선로를 말한다.
- (③) 이라 함은 하나의 수용장소의 인입선 접속점에서 분기하여 지지물을 거치지 아니하고 다른 수용장소의 인입선 접속점에 이르는 전선을 말한다.

해답 ① 가공인입선
② 지중인입선
③ 연접인입선

45 클리퍼, 플라이어 , 프레셔 툴 중에서 전선을 솔더리스(Solder Less) 터미널에 압착하고 접속하여 쓰는 공구는?

해답 프레셔 툴

46 무거운 기구를 박스에 취부할 때 사용하는 재료는?

해답 픽스처스터드 및 히키

47 금속관 공사 때 사용하는 부속품이다. 번호에 해당하는 부품의 명칭과 용도를 간단하게 쓰시오.

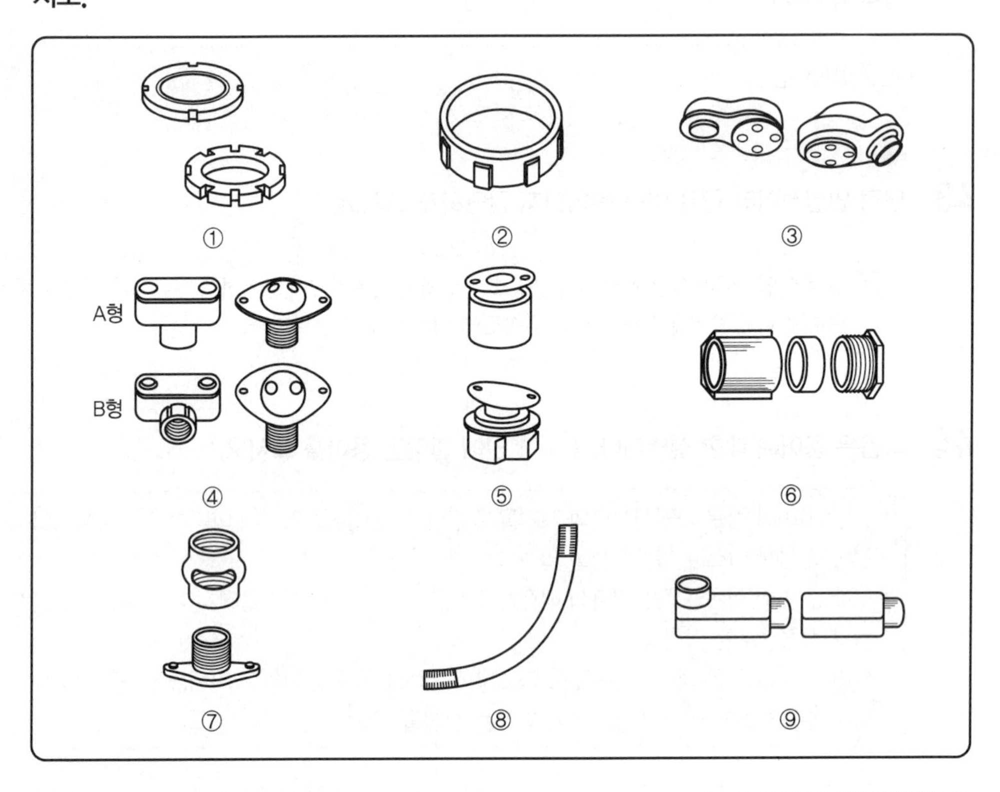

해답 ① 로크너트 : 박스에 금속관을 고정할 때 사용
② 절연 부싱 : 전선의 절연 피복을 보호하기 위하여 금속관 끝에 취부하여 사용
③ 엔트런스 캡 : 저압 가공 인입선의 인입구에 사용
④ 터미널 캡 : 저압 가공 인입선에서 금속관 공사로 옮겨지는 곳 또는 금속관으로부터 전선을 뽑아 전동기 단자 부분에 접속할 때 사용
⑤ 플로어 박스 : 바닥 밑으로 매입 배선할 때 사용
⑥ 유니온 커플링 : 금속관 상호 접속용으로 관이 고정되어 있을 때 사용
⑦ 픽스처 스터드와 히키 : 무거운 조명기구를 파이프로 매달 때 사용
⑧ 노멀밴드 : 배관의 직각 굴곡 부분에 사용
⑨ 유니버설 엘보 : 노출 배관 공사에서 관을 직각으로 굽히는 곳에 사용

48 노멀밴드(전선관용)의 종류 3가지를 쓰시오.

해답 ① 후강전선관용
② 박강전선관용
③ 나사 없는 전선관용

49 본드선이란 무엇인지 간단하게 설명하시오.

해답 금속박스와 금속관, 금속관 상호 간 및 금속박스 상호 간을 전기적으로 연결하는 금속선

50 그림은 콘크리트 매입배관에서 박스에 파이프를 부착하는 방법이다. 물음에 답하시오.

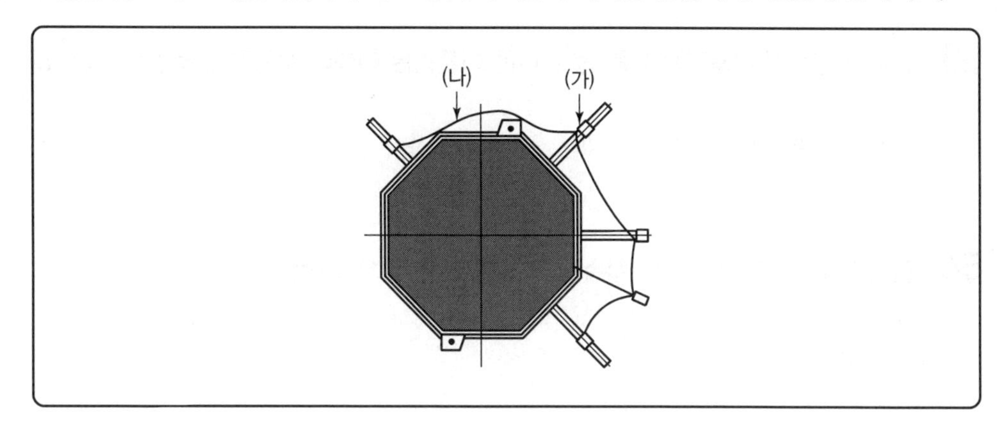

1 그림에서 표시된 (가)의 재료 명칭은?

2 그림에서 표시된 (나)의 전선은 무슨 선인가?

해답 1 접지클램프

2 본딩선

51 다음 금속관 공사에 필요한 재료들이다. 보기를 참고하여 정확한 답안을 찾아 물음에 답하시오.

• 유니버셜 엘보	• 엔트럽스 캡	• 노멀밴드
• 링레듀서	• 픽스처스터드	

1 저압가공 인입구에 사용하는 재료는?

2 배관을 직각으로 굽히는 곳에 관 상호 간 접속하는 재료는?

3 노출 배관 공사 시 관을 직각으로 굽히는 곳에 사용하는 재료는?

4 무거운 기구를 박스에 취부할 때 사용하는 재료는?

5 금속관을 아웃렛 박스에 로크너트만으로 고정하기 어려울 때 사용하는 재료는?

해답 1 엔트럽스 캡　　2 노멀밴드

3 유니버셜 엘보　　4 픽스처스터드

5 링레듀서

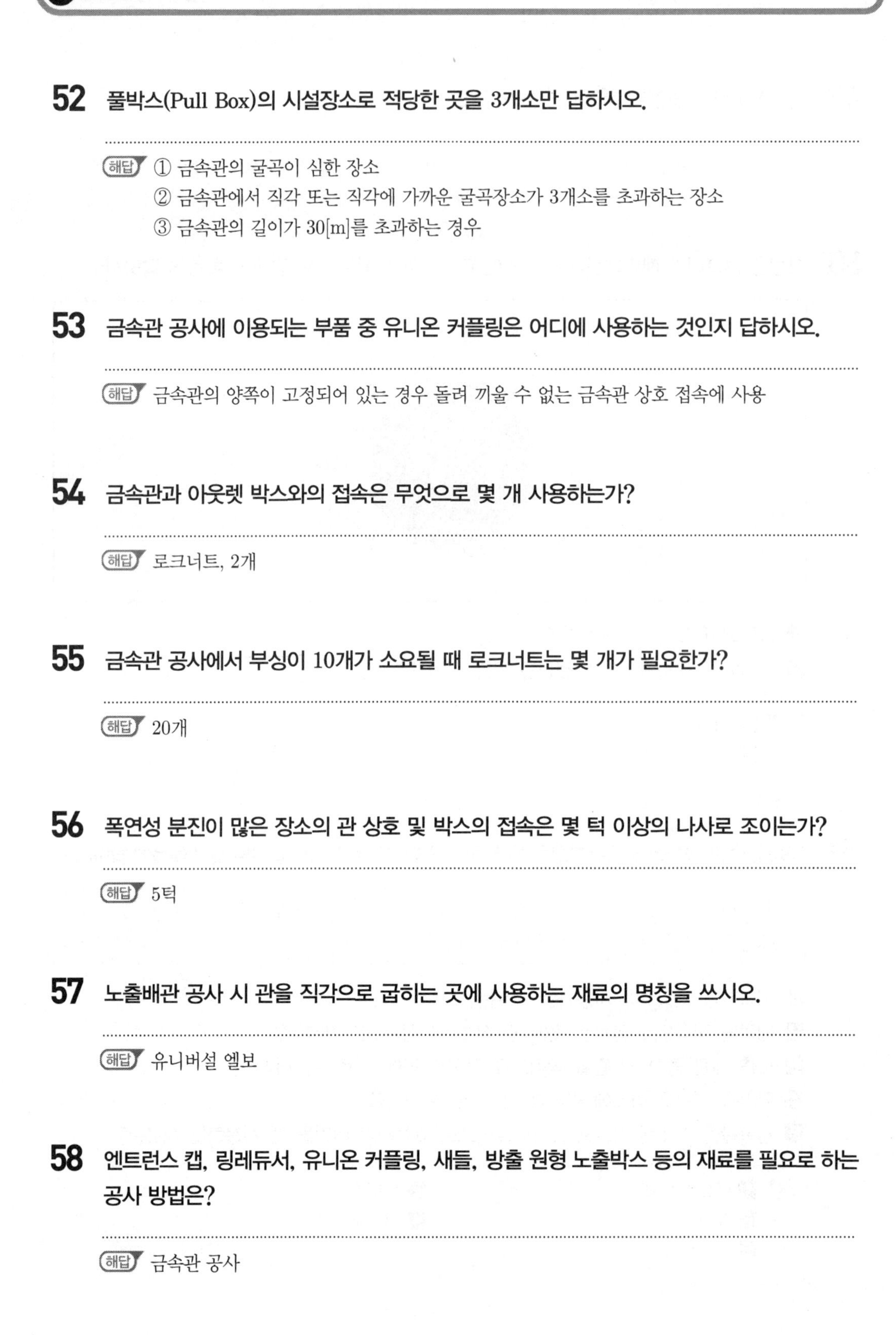

52 풀박스(Pull Box)의 시설장소로 적당한 곳을 3개소만 답하시오.

해답 ① 금속관의 굴곡이 심한 장소
② 금속관에서 직각 또는 직각에 가까운 굴곡장소가 3개소를 초과하는 장소
③ 금속관의 길이가 30[m]를 초과하는 경우

53 금속관 공사에 이용되는 부품 중 유니온 커플링은 어디에 사용하는 것인지 답하시오.

해답 금속관의 양쪽이 고정되어 있는 경우 돌려 끼울 수 없는 금속관 상호 접속에 사용

54 금속관과 아웃렛 박스와의 접속은 무엇으로 몇 개 사용하는가?

해답 로크너트, 2개

55 금속관 공사에서 부싱이 10개가 소요될 때 로크너트는 몇 개가 필요한가?

해답 20개

56 폭연성 분진이 많은 장소의 관 상호 및 박스의 접속은 몇 턱 이상의 나사로 조이는가?

해답 5턱

57 노출배관 공사 시 관을 직각으로 굽히는 곳에 사용하는 재료의 명칭을 쓰시오.

해답 유니버설 엘보

58 엔트런스 캡, 링레듀서, 유니온 커플링, 새들, 방출 원형 노출박스 등의 재료를 필요로 하는 공사 방법은?

해답 금속관 공사

59 후강전선관은 공장 등의 배관에서 특히 강도를 필요로 하는 경우 또는 폭발성 가스나 부식성 가스가 있는 장소에 사용하며 관 굵기의 종류에는 10종류가 있다. 그 종류를 모두 나열할 때 ( ) 안에 들어갈 규격을 쓰시오.

(①), 22, 28, (②), 42, (③), 70, (④), (⑤), (⑥)[mm]

해답 ① 16 ② 36
③ 54 ④ 82
⑤ 92 ⑥ 104

배관명	종류	규격[mm]
박강전선관	7종	19, 25, 31, 39, 51, 63, 75
후강전선관	10종	16, 22, 28, 36, 42, 54, 70, 82, 92, 104
합성수지관	9종	14, 16, 22, 28, 36, 42, 54, 70, 82

60 금속관 배선에 사용하는 금속관의 단구에는 전선의 인입 또는 교체 시에 전선의 피복이 손상되지 아니하도록 시설 장소에 따라 다음 각 호에 의하여 시설하여야 한다. ①~⑦에 알맞은 부품을 써 넣으시오.

- 관단에는 (①)을 사용하여야 한다. 다만, 금속관에서 애자사용배선으로 바뀌는 개소에는 (②), (③), (④) 등을 사용하여야 한다.
- 우선 외에서 수직배관의 상단에는 (⑤)을 사용하여야 한다.
- 우선 외에서 수평배관의 말단에는 (⑥) 또는 (⑦)을 사용하여야 한다.

해답 ① 부싱
② 절연부싱
③ 터미널 캡
④ 엔드
⑤ 엔트런스 캡
⑥ 터미널 캡
⑦ 엔트런스 캡

61 가요 전선관 공사에 사용되는 부품 중 전선관 상호 간에 접속되는 연결구로 사용되는 부품의 명칭은?

해답 스플릿 커플링 또는 플렉시블 커플링

TIP

➤ **가요전선관 배관재료**

① 스트레이트 박스 커넥터 : 전선관과 박스의 접속에 사용
② 콤비네이션 커플링 : 가요전선관과 금속관을 결합하는 곳에 사용
③ 콤비네이션 유니온 커플링 : 돌려서 접속할 수 없는 경우의 가요 전선관과 금속관을 결합하는 곳에 사용
④ 앵글박스 커넥터 : 직각으로 박스에 붙일 때 사용
⑤ 스플릿 커플링 : 가요전선관 상호를 결합하는 곳에 사용

62 플렉시블피팅을 사용한 전동기의 배선 예이다. 그림에서 A로 표시된 것의 명칭은?

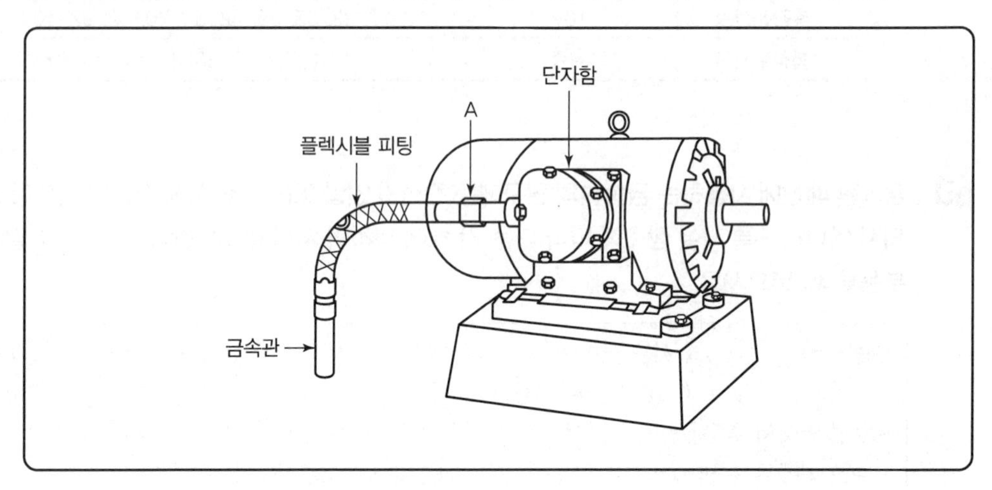

해답 유니온 커플링

63 1종, 2종 금속제 가요전선관을 구부리는 경우의 시설이다. 다음 각 물음에 답하시오.

1 노출장소 또는 점검 가능한 은폐장소에서 관을 시설하고 제거하는 것이 자유로운 경우에는 곡률 반지름을 2종 금속제 가요전선관 안지름의 몇 배 이상으로 하여야 하는가?

2 노출장소 또는 점검 가능한 은폐장소에서 관을 시설하고 제거하는 것이 자유롭지 못하거나 또는 점검이 불가능한 경우에는 곡률 반지름은 2종 금속제 가요전선관 안지름의 몇 배 이상으로 하여야 하는가?

3 1종 금속제 가요전선관을 구부릴 경우의 곡률 반지름은 관 안지름의 몇 배 이상으로 하여야 하는가?

해답 1 3배 2 6배 3 6배

64 그림은 합성수지관의 접속도이다. 설명을 읽고 어떤 커플링 접속법인가 답하시오.

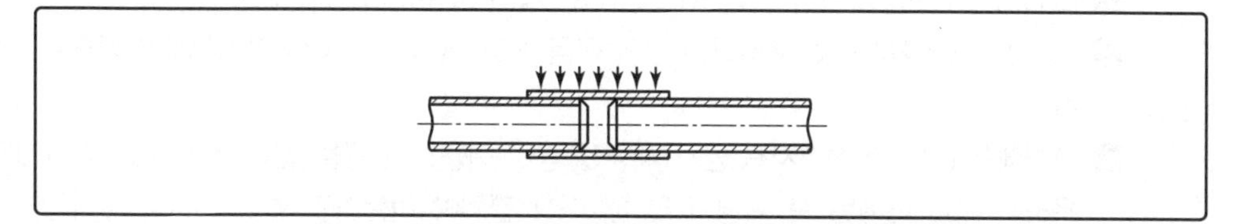

[설명]

- 양쪽의 관단내면을 관 두께의 1/3 정도 남을 때까지 깎아낸다.
- 커플링 안지름 및 관 송출부의 바깥지름을 잘 닦는다.
- 커플링 안지름 및 관접속부 바깥지름에 접착제(이 경우는 속효성의 것이 바람직하다.)를 엷게 고루 바른다.
- 한쪽의 관을 들어올려서 커플링을 다른 쪽 관에 보내서 소정의 접속부로 복원시킨다.
- 토치램프 등으로 커플링을 사방에서 타지 아니하도록 가열해서 복원시켜 접속을 완료한다.

해답 유니온 커플링

65 경질비닐전선관의 최소 굵기와 최대 굵기[mm]를 쓰시오.

1 최소 굵기
2 최대 굵기

해답 1 14[mm]
2 82[mm]

66 그림은 합성 수지관 공사 도면의 일부이다. 이 그림을 보고 다음 각 물음에 답하시오.(단, R은 곡률 반지름, D는 합성수지관의 외경이다.)

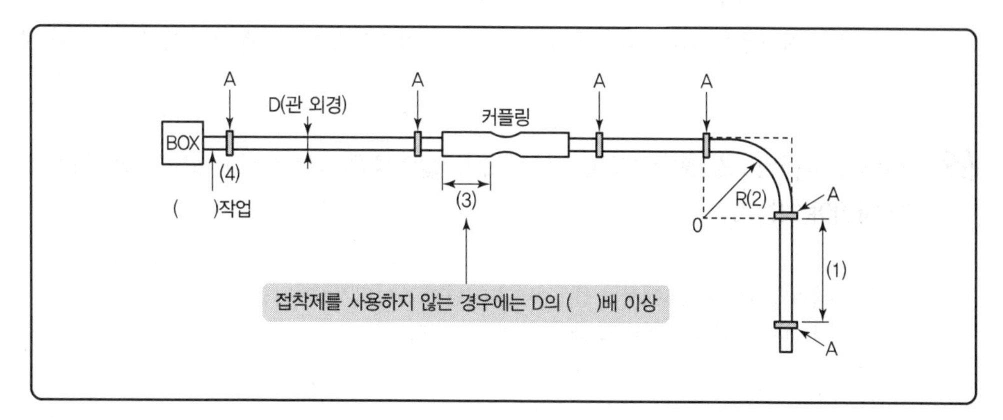

1 도면에서 A는 관을 지지하는 지지물이다. A의 명칭은 무엇인가?
2 그림에서 (1)의 지지점 간의 최소 간격은 몇 [m] 이하로 하는가?
3 그림과 같이 직각으로 구부러진 관의 곡률 반경 R(2)는 관 내경의 몇 배 이상으로 하여야 하는가?
4 그림에서 (3)은 합성수지관 공사 시 커플링을 이용하여 관을 접속한 경우로, 접착제를 사용하지 않을 때에는 관 외경의 몇 배 이상 겹쳐야 하는가?
5 그림에서 (4)는 관을 접속함과 결합시키는 부분으로 지지점과 접속함 사이에 일정수준의 높이를 가지고 있다. 이와 같이 하는 것을 무슨 작업이라 하는지 가장 적합한 작업 명칭을 쓰시오.

해답 1 새들 2 1.5[m]
3 6배 4 1.2배
5 오프셋

67 1종 금속 몰드(메탈 몰딩) 공사에 사용하는 부속품 4가지를 쓰시오.

해답 ① 조인트 커플링
② 부싱
③ 플랫 엘보
④ 인터널 엘보

68 전선 접속 시 유의사항을 4가지만 쓰시오.

해답 ① 전선을 접속하는 경우에는 접속점에 전기저항을 증가시키지 말 것
② 전선 접속 시 전선의 세기(인장하중)는 20[%] 이상 감소시키지 말 것
③ 절연전선 상호, 코드 상호, 캡타이어케이블을 상호 접속하는 경우 코드 접속기 또는 접속함 기구를 사용할 것
④ 도체에 알루미늄 동선 등을 접속하는 경우 접속점에 전기적 부식이 생기지 아니할 것

69 35[mm^2](단위 : 스퀘어) 전선을 우산형 전선접속을 하면서 소선이 2가닥 절단되었다. 어떻게 하여야 하는가?

해답 소선의 구성이 7/2.6에서 소선 1가닥을 절단하고 나머지 6가닥을 접속해야 하므로 2가닥이 절단되어 전체 소선을 잘라내고 다시 접속하면 된다.

70 **옥내배선 아웃렛 박스 등의 접속함 내 가는 전선의 접속 방법을 쓰시오.**

해답 쥐꼬리 접속법

71 **다음 (　) 안에 알맞은 내용을 쓰시오.**

> 동전선의 접속에서 직선 맞대기용 슬리브(B형)에 의한 압착접속법은 (①) 및 (②)에 적용된다.

해답 ① 단선
② 연선

72 **애자사용공사에 사용되는 애자에 대한 다음 (　) 안에 알맞은 말을 써 넣으시오**

> 애자사용배선에 사용하는 (①), (②) 및 (③)이 있는 것이어야 한다.

해답 ① 절연성
② 난연성
③ 내수성

73 **다음 (　) 안에 알맞은 내용을 쓰시오.**

> 애자사용 배선의 진선은 애자로 지지하고 조영재 등에 접촉될 우려가 있는 개소는 전선을 (①) 또는 (②)에 넣어 시설하여야 한다.

해답 ① 애자
② 합성수지관

74 **가공전선을 애자에 바인드하는 방법은 어떤 바인드법이 있는지 3가지를 쓰시오.**

해답 ① 두부바인드법
② 측부바인드법
③ 인류바인드법

75 버스덕트 종류 중 도중에 이동부하를 접속할 수 있도록 만든 덕트를 무엇이라 하는가?

해답 트롤리 버스덕트(TBD)

TIP

종류	용도
피더 버스덕트[FBD]	도중에 부하를 접속하지 아니한 것
플러그인 버스덕트[PBD]	도중에 부하를 접속할 수 있는 구조의 것
트롤리 버스덕트[TBD]	도중에 이동부하를 접속할 수 있는 구조의 것

76 버스덕트의 종류 5가지를 쓰시오.

해답 ① 피더 버스덕트
② 익스팬션 버스덕트
③ 탭붙이 버스덕트
④ 트랜스포지션 버스덕트
⑤ 플러그인 버스덕트

77 그림은 버스 덕트 구조를 나타낸 모양이다. 어떤 버스 덕트인가?

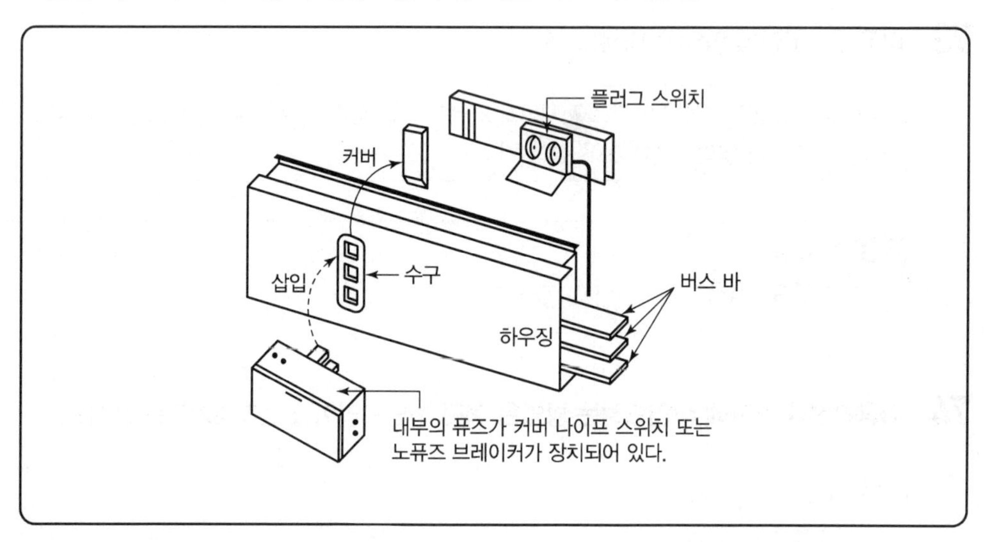

해답 플러그인 버스덕트

78 **합성수지 몰드 배선은 옥내의 건조한 두 장소에 한하여 시설할 수 있다. 어떤 장소인가?**

해답 전개된 장소 및 점검할 수 있는 은폐장소

79 **2중 천장 내에서 옥내배선으로부터 분기하여 조명기구에 접속하는 배선은 원칙적으로 어떤 배선인가?**

해답 천장노출배선으로 금속제 가요전선관을 이용하여 배선 또는 케이블 배선한다.

80 **폭연성 분진 또는 화약류의 분말이 전기설비의 점화원이 되어 폭발할 우려가 있는 곳의 저압 옥내 전기설비는 어느 공사에 의하는가?**

해답 금속관공사 또는 케이블

81 **부식성 가스 등이 있는 장소의 배선에 관한 사항이다. 다음 (　) 안에 알맞은 내용을 쓰시오.**

배선은 부식성 가스 또는 용액의 종류에 따라서 (①)배선 · (②)배선 · (③)배선 · (④)배선 · (⑤)배선 또는 캡타이어 케이블 배선에 의하여 시설하여야 한다.

해답 ① 애자사용　② 금속관
③ 합성수지관　④ 금속제가요전선관
⑤ 케이블

82 **액세스플로어(Movable Floor 또는 OA Floor)의 정의를 쓰시오.**

해답 컴퓨터실, 통신기계실, 사무실 등에서 배선, 기타의 용도를 위한 2중 구조의 바닥을 말한다.

83 **블랭크 와셔(BLANK WASHER)란 무엇인지 간단히 쓰시오.**

해답 박스와 관을 접속한 후 남아 있는 구멍을 막아주는 재료

84 옥내에서 전선을 병렬로 사용하는 경우의 원칙을 5가지만 쓰시오.

해답 ① 각 전선의 굵기는 동 50[mm²], 알루미늄 70[mm²] 이상이고 동일한 굵기, 도체, 길이일 것
② 동극의 각 전선은 동일한 터미널 러그에 완전히 접속할 것
③ 동극의 각 전선은 동일한 터미널 러그에 동일한 도체에 2개 이상의 리벳 또는 2개 이상의 나사로 확실하게 접속할 것
④ 전류의 불평형이 생기지 않도록 할 것
⑤ 각각에 퓨즈를 설치하지 말 것

85 전기기기의 선정과 시설에 관한 일반사항이다. 배선설비의 선정 및 시공 시 고려할 사항 5가지만 쓰시오.

해답 ① 감전예방
② 열전 영향에 대한 보호
③ 과전류에 대한 보호
④ 고장전류에 대한 보호
⑤ 과전압에 대한 보호

86 전기설비의 시공에 대한 검사는 육안검사 및 시험에 따른다. 이때 육안검사 항목을 5가지만 쓰시오.

해답 ① 전기기기의 표시 확인과 손상 유무 점검
② 감전예방의 종류 확인
③ 허용전류 및 전압강하에 관한 전선 선정
④ 보호장치 및 감전장치의 선택 및 시설
⑤ 단로장치 및 개폐장치의 시설

87 전기설비의 방폭에서 방폭구조의 종류를 5가지만 쓰시오.

해답 ① 내압방폭구조
② 유입방폭구조
③ 안전증가방폭구조
④ 본질안전방폭구조
⑤ 특수 방폭구조

88 기계 · 기구 및 전선을 보호하기 위하여 필요한 곳에는 과전류차단기를 시설하여야 하는데 과전류차단기의 시설을 제한하고 있는 곳이 있다. 이 과전류차단기의 시설제한 개소를 3가지 쓰시오.

해답 ① 접지공사의 접지선
② 다선식 전로의 중성선
③ 저압 가공전선로의 접지측 전선

89 다음 그림은 심야 전력기기의 인입구 장치 부분의 배선을 나타낸 것이다. 그림은 어떤 경우의 시설을 나타낸 것인가?

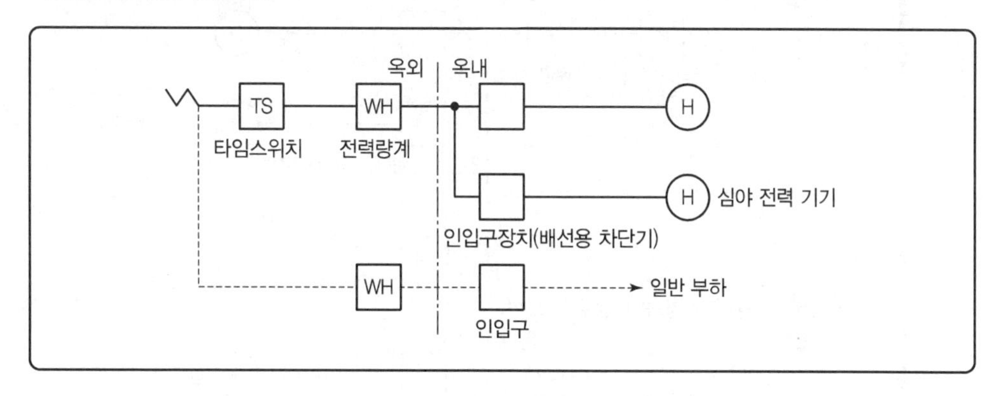

해답 종량제인 경우 포설

90 다음 그림은 심야 전력기기의 인입구 장치부분의 배선을 나타낸 것이다. 그림은 어떤 경우의 시설을 나타낸 것인가?

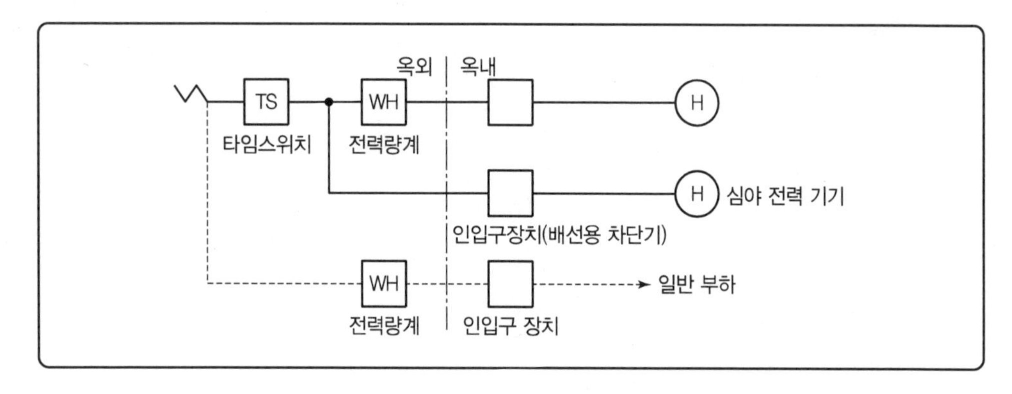

해답 정액제 및 종량제 병용인 경우의 포설

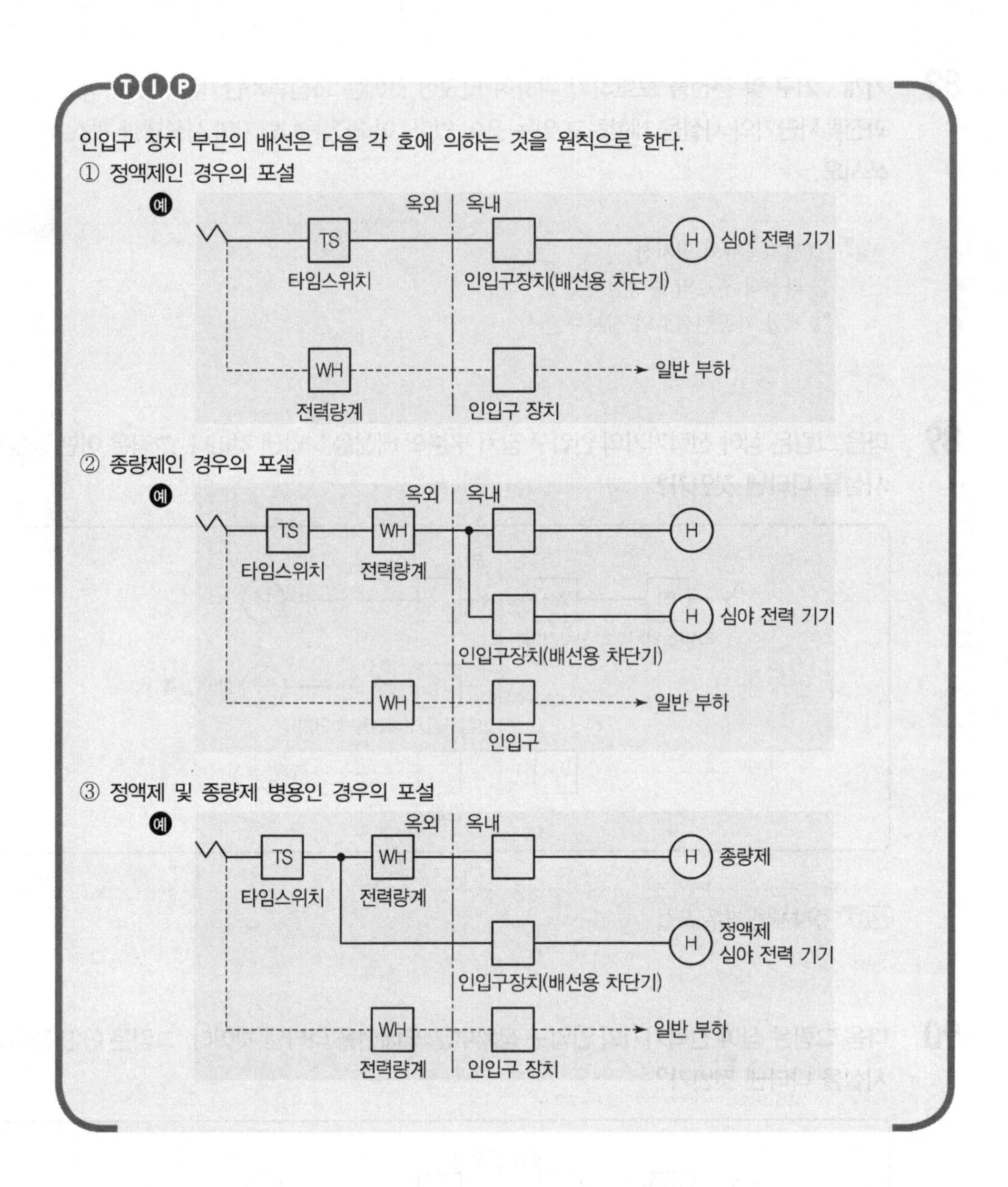
TIP
인입구 장치 부근의 배선은 다음 각 호에 의하는 것을 원칙으로 한다.
① 정액제인 경우의 포설
예
옥외
옥내
TS
타임스위치
인입구장치(배선용 차단기)
H
심야 전력 기기
WH
전력량계
인입구 장치
일반 부하
② 종량제인 경우의 포설
예
옥외
옥내
TS
WH
타임스위치
전력량계
H
H
심야 전력 기기
인입구장치(배선용 차단기)
WH
일반 부하
인입구
③ 정액제 및 종량제 병용인 경우의 포설
예
옥외
옥내
TS
WH
H
종량제
타임스위치
전력량계
H
정액제
심야 전력 기기
인입구장치(배선용 차단기)
WH
일반 부하
전력량계
인입구 장치

91 다음 물음에 답하시오.

1 저압, 고압 및 특별고압 수전의 3상 3선식 또는 3상 4선식에서 불평형률을 30[%] 이하로 할 때 설비 불평형률 식을 쓰시오.

2 그림은 전류제한기 설치도이다. 그림에서 ELB의 정확한 명칭은?

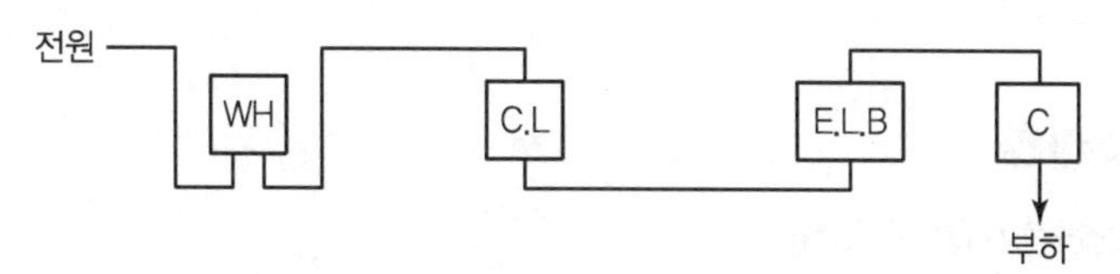

3 현수애자를 설치한 가공배전선의 내장 및 인류개소에 AL 전선을 현수애자에 설치하기 위해 사용하는 금구류의 자재명은?

4 still 식은 송전전압 계산식이다. 공식을 쓰시오.

5 금속관 배관에서 전선을 병렬로 사용하는 경우 다음 (a), (b) 중에서 옳은 방법은?

해답 **1** $\dfrac{\text{각 선간에 접속되는 단상부하설비의 최대와 최소의 차[kVA]}}{\text{총 부하설비 용량[kVA]} \times 1/3} \times 100\%$

2 누전차단기

3 데드엔드클램프

4 $V_s = 5.5\sqrt{0.6l + \dfrac{9}{100}}$

5 (a)

92 다음 그림과 같이 영상 변류기를 당해 케이블의 전원측에 설치하는 경우의 케이블 차폐층의 접지선은 어떻게 시설하는 것이 알맞은가? 접지선을 추가로 그리시오.

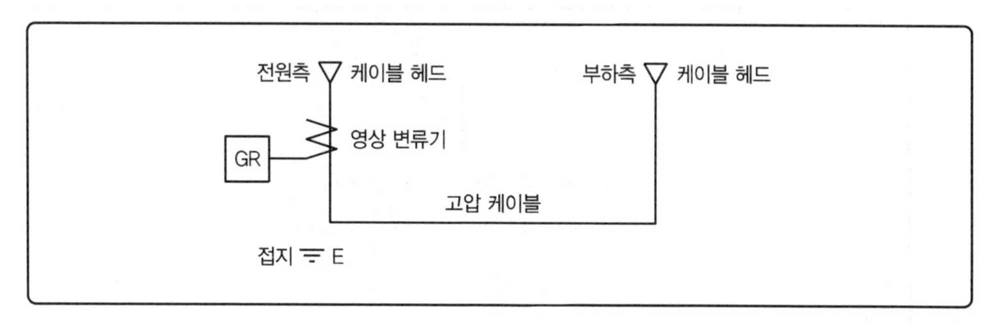

해답

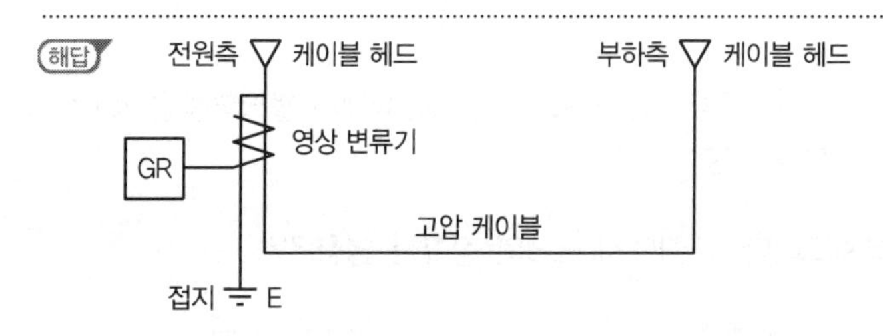

TIP

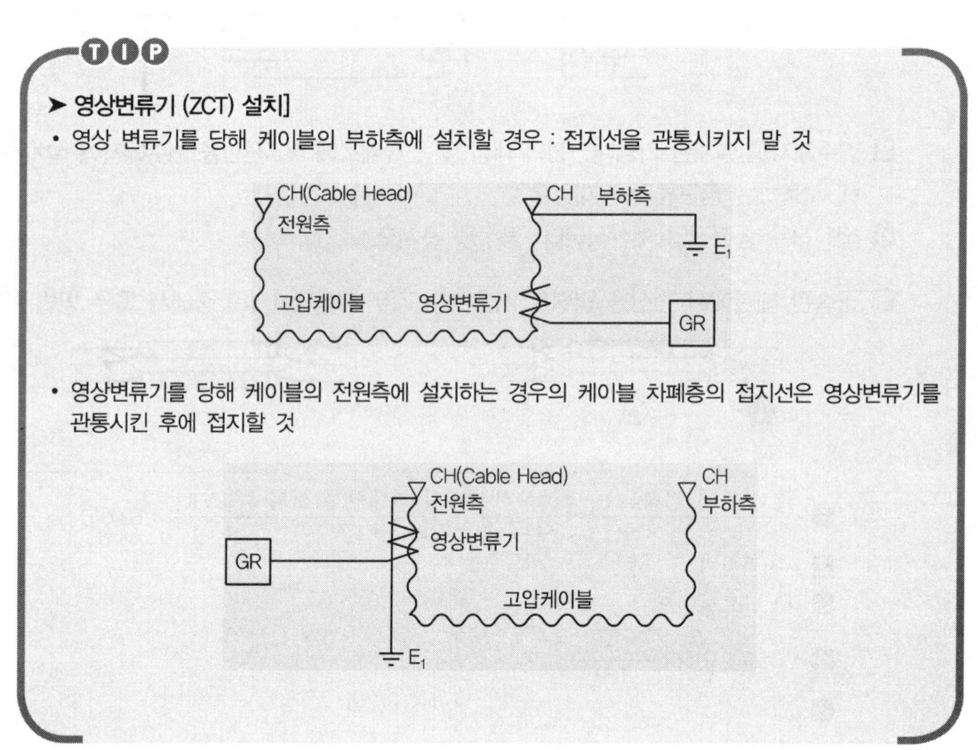

93 그림은 전류 동작형 누전 차단기의 원리를 나타낸 것이다. 여기에서 저항 R의 설치목적은?

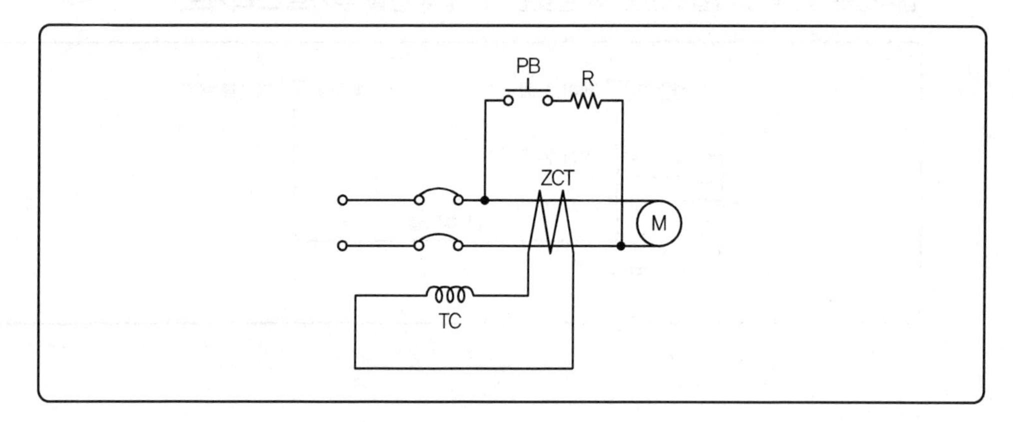

해답 테스트장치로서 ZCT를 통과하는 전류를 인위적으로 동작시키기 위한 장치이다.

94 누전차단기의 동작이 정상인지 아닌지를 판별하는 방법을 간단히 답하시오.

해답 누전차단기의 점검시험 버튼을 눌러서 확인한다.

95 ZCT와 CT의 결선의 차이점은?

해답 ZCT : 3선을 일괄하여 관통시킨다.
CT : 각 상의 1선씩 관통시킨다.

96 다음 그림은 무엇을 측정하기 위한 것인가?

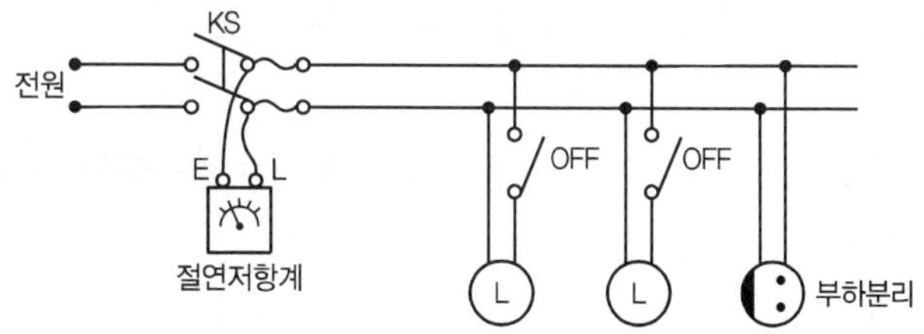

해답 옥내전로의(선간) 절연저항 측정

97 1차 전압 6,600[V], 2차 전압 210[V]인 주상 변압기 용량이 15[kVA]이다. 이 변압기에서 공급하는 저압 전선로 누설 전류[mA]의 최대한도는?

해답 계산 : $I_m = \frac{P}{V} \times \frac{1}{2,000} \times 10^3$ [mA]

$$= \frac{15 \times 10^3}{210} \times \frac{1}{2,000} \times 10^3 = 35.714$$

답 35.71[mA]

98 다음 물음에 답하시오.

1. 전동기가 Star-Delta 기동기(Y－△)인 경우 기동전류는 전전압기동의 몇 배가 흐르는가?
2. Still 식은 송전선로에서 무엇을 구하기 위한 실험식인가?
3. Y－Y 결선의 전압기와 Y－△ 결선의 변압기는 병렬 운전할 수 없다. 그 이유를 설명하시오.
4. 최대사용전압이 6,900[V]일 때 절연 내력시험을 직류전압으로 하는 경우의 시험 전압은?
5. 시험용 변압기에 의한 절연내력시험에서 시험전압을 연속해서 인가하는 시간(분)은?

해답
1. Y기동$=\mathrm{V}=\dfrac{1}{\sqrt{3}}$기동, $\mathrm{I_s}=\dfrac{1}{\mathrm{V}^2}=\left(\dfrac{1}{\sqrt{3}}\right)^2=\dfrac{1}{3}$배
2. 송전전압 계산 $\mathrm{V_s}=5.5\sqrt{0.6l+\dfrac{\mathrm{P}}{100}}$ [kV]
3. 2차 전압에 30°의 위상차가 생기므로
4. $\mathrm{E}=6{,}900\times1.5\times2=20{,}700$[V]
5. 10분

99 근가용 U볼트의 용도는?

해답 지지물(전주)과 전주 근가블록을 고정시키는 부속자재

100 15[m] 철근 콘크리트주를 시설하는 경우 매입 깊이는 얼마이고 근가는 몇 [m] 길이의 것을 사용하여야 하는가?

해답 매입깊이 : 2.5[m], 근가의 길이 : 1.8[m]

TIP

• 근입깊이(땅에 묻히는 깊이)

<table>
<tr><th>설계하중 6.8[kN] 이하, 전장 16[m] 이하인 CP주 · 목주 · 철주</th><th colspan="3">철근콘크리트주</th></tr>
<tr><td rowspan="5">㉠ 전장 15[m] 이하 : 전장×1/6 이상
㉡ 전장 15[m]초과 : 2.5[m] 이상
㉢ 지반이 약한 곳 : 0.5[m] 이상 깊이에 근가를 설치</td><td>설계하중 6.8[kN] 이하, 전장 16[m] 초과, 20[m] 이하</td><td colspan="2">2.8[m]</td></tr>
<tr><td>설계하중 9.8[kN] 이하, 전장 14[m] 이상, 20[m] 이하</td><td colspan="2">㉠, ㉡+0.3[m]</td></tr>
<tr><td rowspan="3">설계하중 14.72[kN] 이하, 전장 14[m] 이상, 20[m] 이하</td><td colspan="2">15[m] 이하
㉠, ㉡+0.5[m]</td></tr>
<tr><td>18[m] 이하</td><td>3[m]</td></tr>
<tr><td>20[m] 이하</td><td>3.2[m]</td></tr>
</table>

• 근가의 길이[m]

전주의 길이[m]	7	8	9	10	11	12	13	14	15	16 이상
표준의 깊이[m]	1.2	1.4	1.5	1.7	1.9	2.0	2.2	2.4	2.5	2.5 이상
근가의 길이[m]	1.0	1.0	1.2	1.2	1.5	1.5	1.5	1.5	1.8	1.8 이상

101 다음 (   ) 안에 알맞은 것은?

전선 기타 가섭선의 을종 풍압 하중은 가섭선 주위에 두께 (①)[mm], 비중 (②)의 빙설이 부착한 상태에서 수직 투영 면적 1[m^2]당 (③)[Pa]로 계산한다.

해답 ① 6
② 0.9
③ 372

102 다음 문제를 읽고 (   ) 안을 채우시오.

- 특별고압 가공전선은 케이블인 경우를 제외하고 단면적 (①)의 (②) 또는 이와 동등 이상 세기 및 굵기의 (③)이어야 한다.
- 지중전선로는 전선에 케이블을 사용하고 또한 (④), (⑤) 또는 (⑥)에 의하여 시설하여야 한다.
- 사용전원의 정전시에 사용하는 비상용 예비전원을 (수용장소에 시설하는 것에 한한다.) (⑦) 측의 전로와 (⑧)으로 접속되지 아니하도록 한다.
- 고압 또는 특별고압의 전로 중에 있어서 (⑨)및 (⑩)을 보호하기 위하여 필요한 곳에는 과전류 차단기를 시설하여야 한다.

해답 ① 22[mm^2]
② 경동연선
③ 연선
④ 관로식
⑤ 암거식
⑥ 직접매설식
⑦ 상용전원
⑧ 전기적
⑨ 기계 · 기구
⑩ 전선

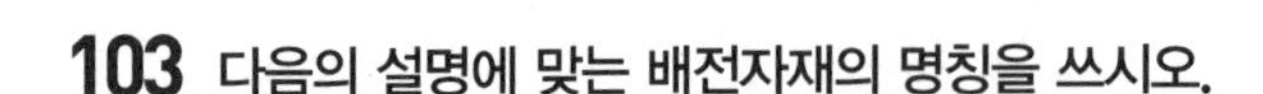

103 다음의 설명에 맞는 배전자재의 명칭을 쓰시오.

1. 주상변압기를 전주에 설치하기 위해 사용하는 밴드는?
2. 전주에 암타이 및 랙을 설치하기 위하여 사용하는 밴드는?
3. 가공배전선로 및 인입선공사에서 인류애자를 설치하기 위해 사용하는 금구는?
4. 현수애자를 설치한 가공 ACSR 밴전선의 인류 및 내장개소에 ACSR 전선을 현수애자에 설치하기 위해 사용하는 금구는?

해답 1 행거밴드　　2 암타이밴드 및 랙밴드
3 랙(래크)　　4 데드엔드클램프

104 장주의 종류에서 수평배열에 해당하는 장주 3종류와 수직배열에 해당하는 장주 1종류를 쓰시오.

1. 수평배열
2. 수직배열

해답 1 ① 보통장주　② 창출장주　③ 편출장주
2 랙장주

105 가공배전선로에서 전선을 수평으로 배열하기 위한 크로스 완금의 길이[mm]를 표의 빈칸 ①~⑥에 쓰시오.

| 완금의 길이 |

전선수조	특고압	고압	저압
2	①	②	③
3	④	⑤	⑥

해답 ① 1,800　　② 1,400
③ 900　　④ 2,400
⑤ 1,800　　⑥ 1,400

106 조가선(Messenger Wire)이란 무엇인지 간단히 설명하시오.

해답 케이블을 가공으로 설치 시 케이블을 행거하기 위해서 지지하는 아연도금철연선

107 다음 각 항의 문제를 읽고 물음에 답하시오.

1 가공배전 선로에 주로 쓰이는 애자에서 전선로의 방향을 바꾸는 부분에 사용하는 애자는?

2 전력선의 이도(dip)를 결정하는 요소 4가지를 쓰시오.

3 22.9[kV] 지중 케이블 접속방법 4가지를 쓰시오.

4 간접조명이지만 특히 간접조명기구를 사용하지 않고 천장 또는 벽의 구조로서 만들어 놓은 건축화 조명기구는 무엇인가?

5 피뢰침의 인하도선의 수는 2조 이상으로 하여야 한다. 다만, 피보호물의 수평 투영 면적이 몇 [m²] 이하일 때 1조로 할 수 있는가?

해답 **1** 가지애자

2 ① 전선자체하중
② 풍압하중
③ 빙설하중
④ 온도

3 직선접속, 분기접속, 종단접속, 엘보접속

4 코브라이트

5 50[m²]

108 지선(Stay)의 시설목적을 아는 대로 나열하시오.

해답 ① 지지물의 강도를 보강하고자 할 때
② 전선로의 안전성을 증대하기 위하여
③ 전선로의 불평형 하중에 대한 평형을 보강하고자 할 때
④ 전선로가 건조물 등과 접근할 경우에 보안을 위하여 필요로 할 때

109 가공 전선로의 지지물에 시설하는 지선은 다음과 같다. 물음에 답하시오.

1 지선의 안전율은 2.5 이상으로 하고 허용 인장 하중의 최소는 몇 [kN]으로 하여야 하는가?

2 소선은 몇 [조] 이상을 꼬은 연선을 사용하여야 하는가?

3 소선의 지름 몇 [mm] 이상의 금속선을 사용하여야 하는가?

4 지선의 근가는 지선의 무엇에 충분히 견디도록 시설하여야 하는가?

해답 ❶ 4.31[kN] ❷ 3조(3가닥)
❸ 2.6[mm] ❹ 인장하중

110 **고압 수용가 주상에 구내 고압 전로의 케이블 입상부의 실체도이다. 그림 ①~⑧에 대한 물음에 답하시오.(단, 전주의 전장은 16[m]이고, 설계하중 6.8[kN] 이하의 철근 콘크리트주이다.)**

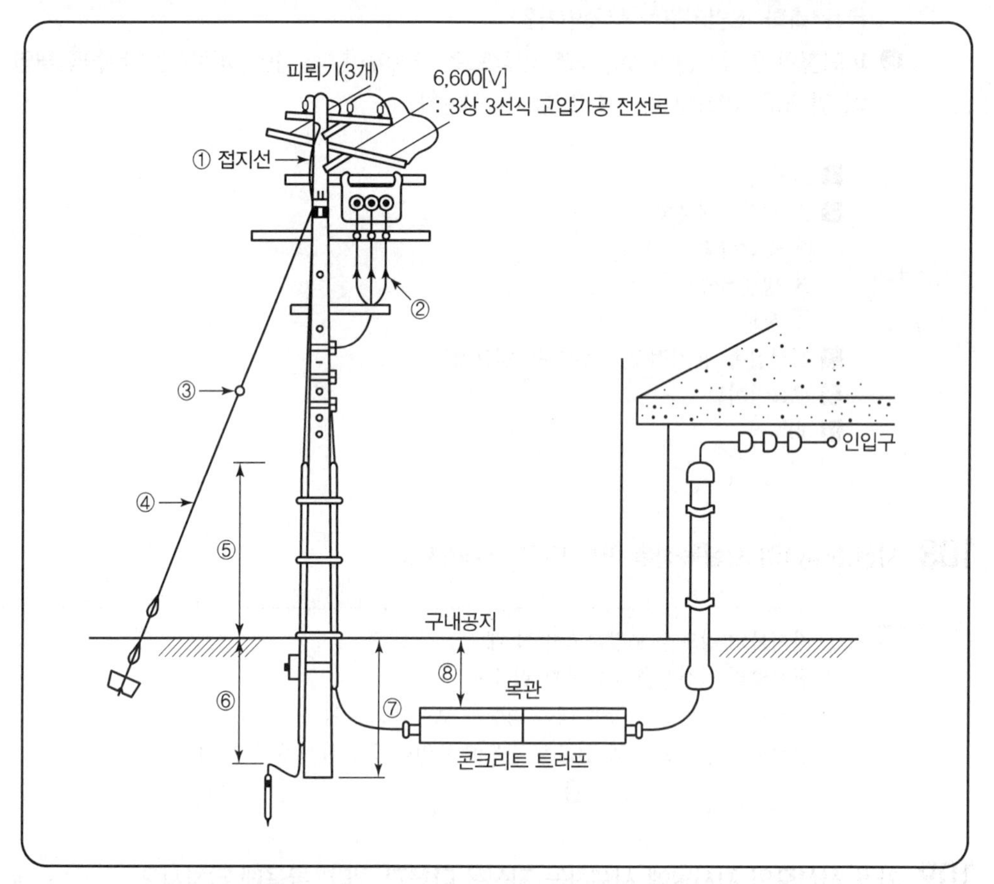

❶ 그림 ①에 표시된 접지선의 최소 단면적[mm²]은?
❷ 그림 ②로 표시된 부분의 명칭은?
❸ 그림 ③에 표시된 재료의 명칭은?
❹ 그림 ④에 표시된 명칭은?
❺ 그림 ⑤는 지표상에서 최소 몇 [m]의 높이인가?(케이블 보호관임)
❻ 그림 ⑥에서 접지극 매설의 최소 깊이는[m]는?
❼ 그림 ⑦에서 땅속으로 묻히는 길이는 최소 몇 [m]인가?
❽ 그림 ⑧에서 이 부분의 토관의 최소깊이는[m]는?(단, 중량물에 의한 압력을 받지 않는다.)

❶ 6[mm²]	❷ 케이블헤드
❸ 지선애자	❹ 지선
❺ 2[m]	❻ 0.75[m] 이상
❼ 2.5[m] 이상	❽ 0.6[m] 이상

111 지선 및 지주공사에서 지선공사용 재료 6가지만 쓰시오.

① 지선밴드	② 지선클램프
③ 지선애자	④ 지선로드(지선봉)
⑤ 지선근가	⑥ 지선표식
⑦ 지선용 콘크리트 근가	⑧ 아연도 철선(철연선)

112 그림과 같이 시설하는 지선의 명칭은?

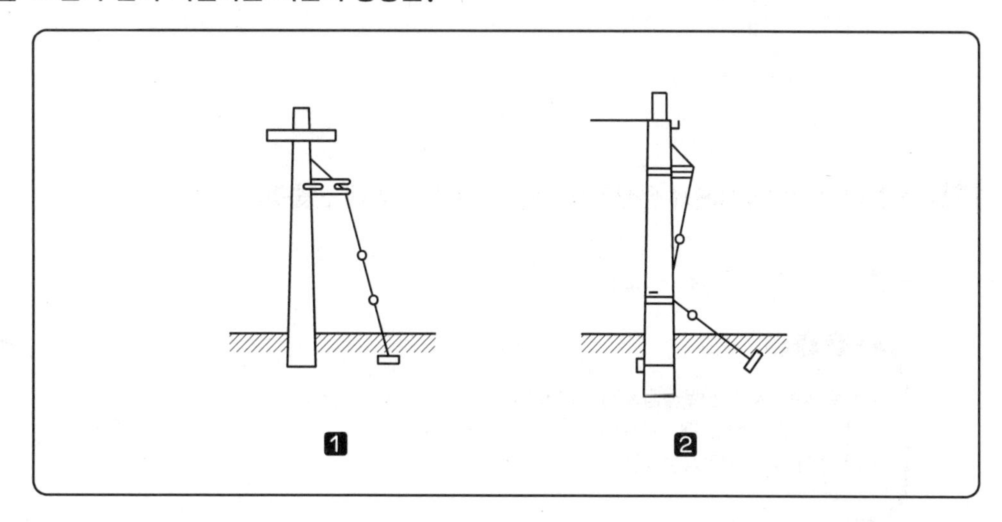

❶ A형 궁지선
❷ R형 궁지선

113 궁지선의 용도를 간단히 쓰시오.

해답 전선장력이 작고 지선 설치공간이 좁아 지선 설치가 곤란한 장소에 시설

114 그림과 같이 전선 1조마다 0.49[kN]의 장력을 받는 전선 3조와 인류지선을 시설하고자 한다. 이 경우 지선이 받는 장력[kN]을 구하시오.

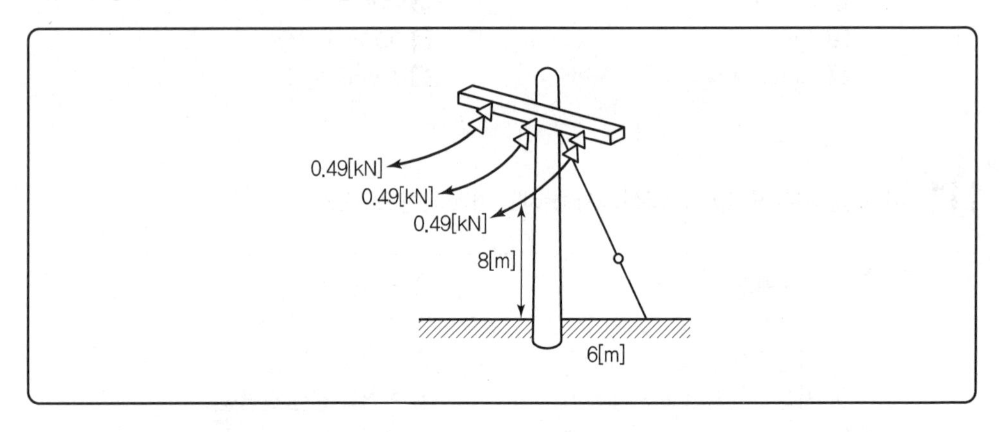

해답 지선장력 $= \dfrac{\text{수평장력}}{\cos\theta}$

$$P = \frac{0.49 \times 3}{\dfrac{6}{\sqrt{8^2 + 6^2}}} = 2.45\,[\text{kN}]$$

115 전선의 소요량계산에서 전선가선 시 고저차가 심할 때 산출하는 식은?

해답 (선로긍장×전선수)×1.03

TIP

- 선로 평탄 시 : (선로긍장×전선수)×1.02
- 선 고저차가 심할 때 : (선로긍장×전선수)×1.03
- 선 철거 시 : (선로긍장×전선수)

116 전선을 철거할 때의 실 회수량은 어떻게 산출하는가?

해답 선로긍장×전선수

117 지금 10[mm]의 경동선을 사용한 가공전선로가 있다. 경간은 100[m]로 지지점의 높이는 동일하다. 지금 수평 풍압 110[kg/m²]인 경우에 전선의 안전율을 2.2로 하기 위하여 전선의 길이를 얼마로 하면 좋은가?(단, 전선 1[m]의 무게는 0.7[kg], 전선의 인장 강도는 2,860[kg]으로서 장력에 이하는 전선의 신장은 무시한다.)

해답
• $w = \sqrt{0.7^2 + \left(\frac{110}{100}\right)^2} = 1.303 = 1.3$

• $D = \dfrac{1.3 \times 100^2}{8 \times \dfrac{2,860}{2.2}} = 1.25$

$L = 100 + 8 \times \dfrac{1.25^2}{3 \times 100} = 100.04[\text{m}]$

답 100.04[m]

118 공칭단면적 200[mm²], 전선 무게 1.838[kg/m], 전선의 바깥 지름 18.5[mm]인 경동연선을 경간 200[m]로 가설하는 경우 이도(Dip)와 전선의 실제 거리는?(단, 경동연선의 인장 하중은 7,910[kg], 빙설하중은 0.416[kg/m], 풍압하중은 1.525[kg/m]이고 안전율은 2.2라 한다.

1 이도
2 전선의 실제 길이

해답 1 계산 : 이도$= \dfrac{\sqrt{(1.838+0.416)^2 + 1.525^2} \times 200^2}{8 \times \dfrac{7,910}{2.2}} = 3.78[\text{m}]$

답 3.78[m]

2 계산 : 전선의 실제 길이 $L = 200 + \dfrac{8 \times 3.78^2}{3 \times 200} = 200.19[\text{m}]$

답 200.19[m]

119 전선로에서 애자가 구비하여야 하는 조건을 아는 대로 5가지만 쓰시오.

해답
① 절연내력이 클 것
② 절연저항이 크고 누설전류가 작을 것
③ 기계적 강도가 클 것
④ 정전용량이 작을 것
⑤ 경제적일 것

120 240[mm^2] ACSR 전선을 200[m]의 경간에 가설하려고 하는 이도는 계산상 8[m]였지만 가설 후의 실측결과는 6[m]이어서 2[m] 증가시키려고 한다. 이때 전선을 경간에 몇 [m]만큼 밀어 넣어야 하는가?

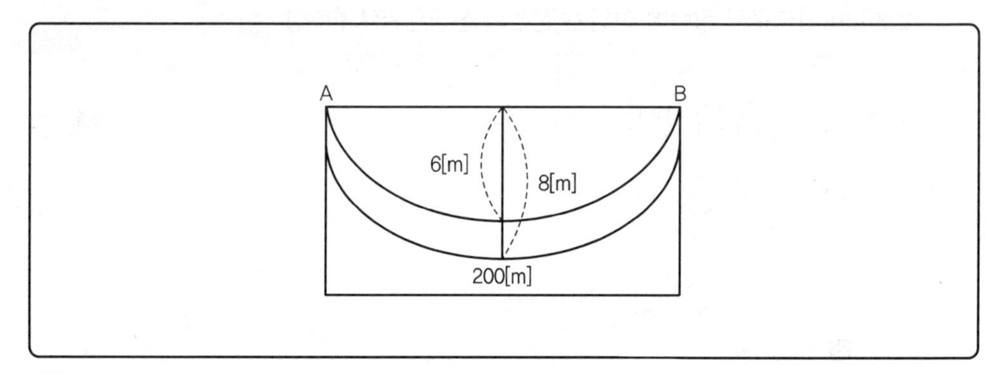

해답 8[m]일 때 $L_1 = 200 + \frac{8 \times 8^2}{3 \times 200} = 200.853 = 200.85$

6[m]일 때 $L_2 = 200 + \frac{8 \times 6^2}{3 \times 200} = 200.48$

$L = L_1 - L_2 = 200.85 - 200.48 = 0.37[m]$

답 0.37[m]

121 애자는 사용전압에 따라 원칙적으로 하는 색채가 있다. 주어진 답안지의 사용전압을 보고 답안지에 색채를 답하시오.

애자 종류	색별
특고압용 핀애자	①
저압용애자(접지측 제외)	②
접지측 애자	③

해답 ① 적색 ② 백색 ③ 청색

122 22.9[kV]선로의 저압 인입 장주도에서 사용되는 인류스트랩이란 어떤 용도인지 간단히 쓰시오.

해답 인류개소에서 저압인입선 및 저압가공전선로 설치 시 사용하는 금구류

123 장간형 현수애자 설치방법이다. ①~⑤의 명칭을 답하시오.

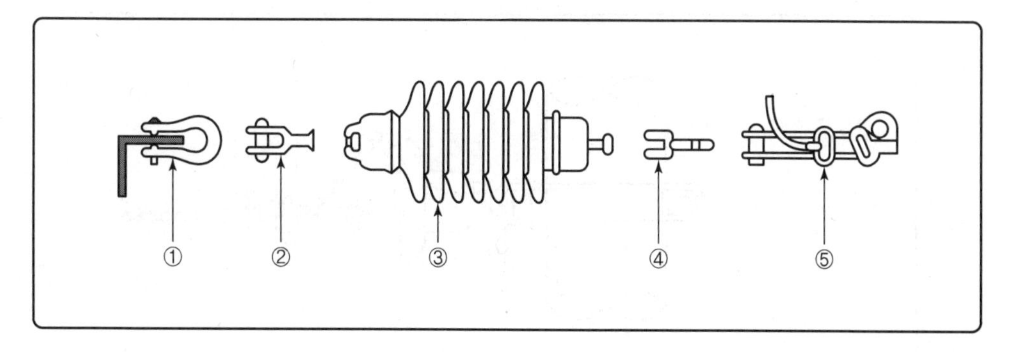

해답 ① 앵커쇄클
② 볼크레비스
③ 현수애자
④ 소켓아이
⑤ 데드엔드클램프

124 그림의 경완철에서 현수애자를 설치하는 순서이다. ①~⑥의 명칭을 답하시오.

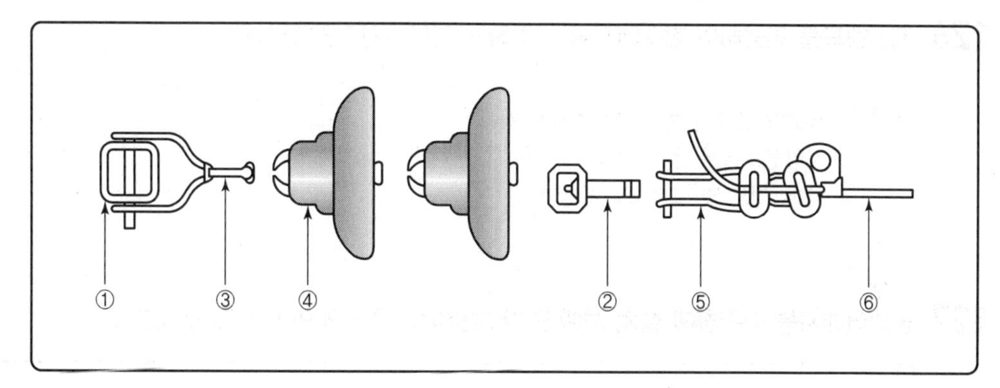

해답 ① 경완철
② 소켓아이
③ 볼쇄클
④ 현수애자
⑤ 데드엔드클램프
⑥ 전선

125 밴드를 이용한 애자 설치이다. 그림을 보고 ①~⑤의 명칭을 쓰시오.

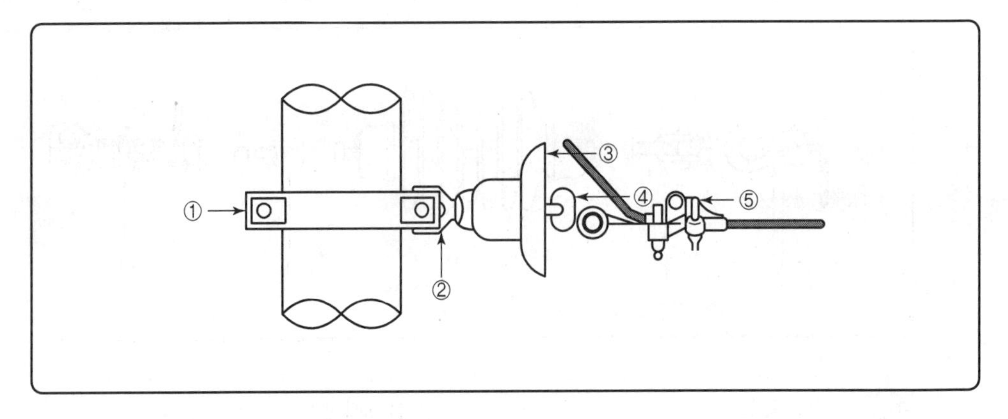

해답 ① 지선밴드 ② 볼아이
③ 현수애자 ④ 소켓아이
⑤ 데드엔드클램프

126 지선밴드를 이용하여 현수애자를 설치하는 경우 3가지만 쓰시오

해답 ① 특고압 장경간 개소에서 중성선 지지
② 저압선로에서 알루미늄전선 사용 시 인류 또는 내장개소
③ 하천, 철도 및 고속도로 횡단개소

127 폴리머애자를 경완철에 설치 시에 관한 그림이다. ①~④의 명칭을 쓰시오.

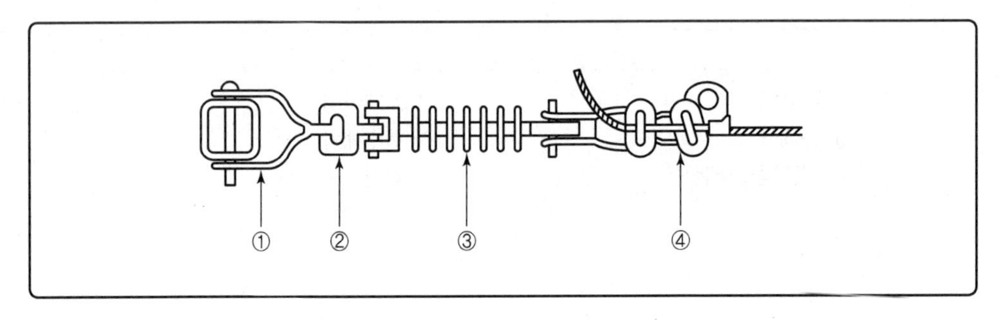

해답 ① 볼쇄클 ② 소켓아이
③ 폴리머애자 ④ 데드엔드클램프

128 그림에 표시된 번호의 명칭을 정확하게 답하시오.(단, 그림은 1련내장 애자 장치(역조형)이다.)

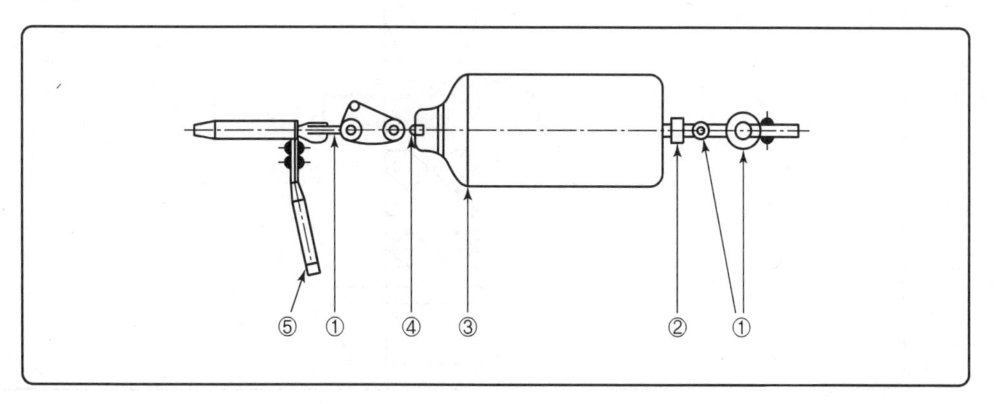

해답 ① 앵커쇄클
② 소켓아이
③ 현수애자
④ 볼크레비스
⑤ 압축형 인류클램프

129 긴선 작업 후 전선의 높이를 미세 조정하는 기구는?

해답 이도 조정금구

130 장선기(시메라)는 어떤 용도로 쓰이는 공구인가?

해답 전선가선 시 적정이도까지 전선을 당겨주는 공구

131 다음 철탑의 명칭은?

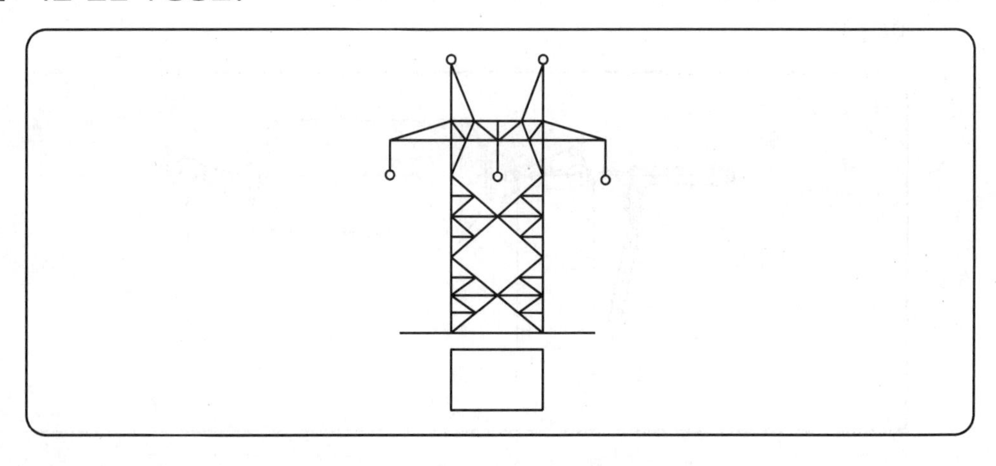

해답 방형 철탑

132 다음 철탑의 명칭은?

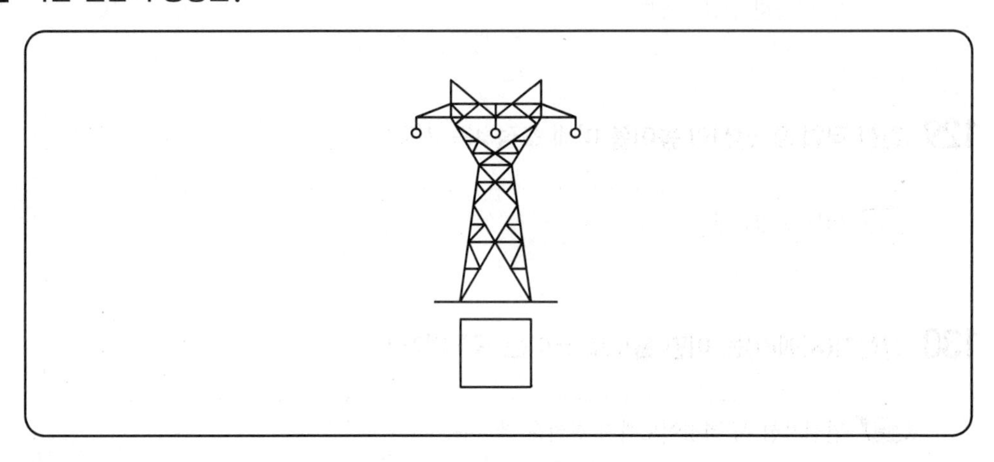

해답 우두형 철탑

TIP

➤ 각종 철탑의 종류 예

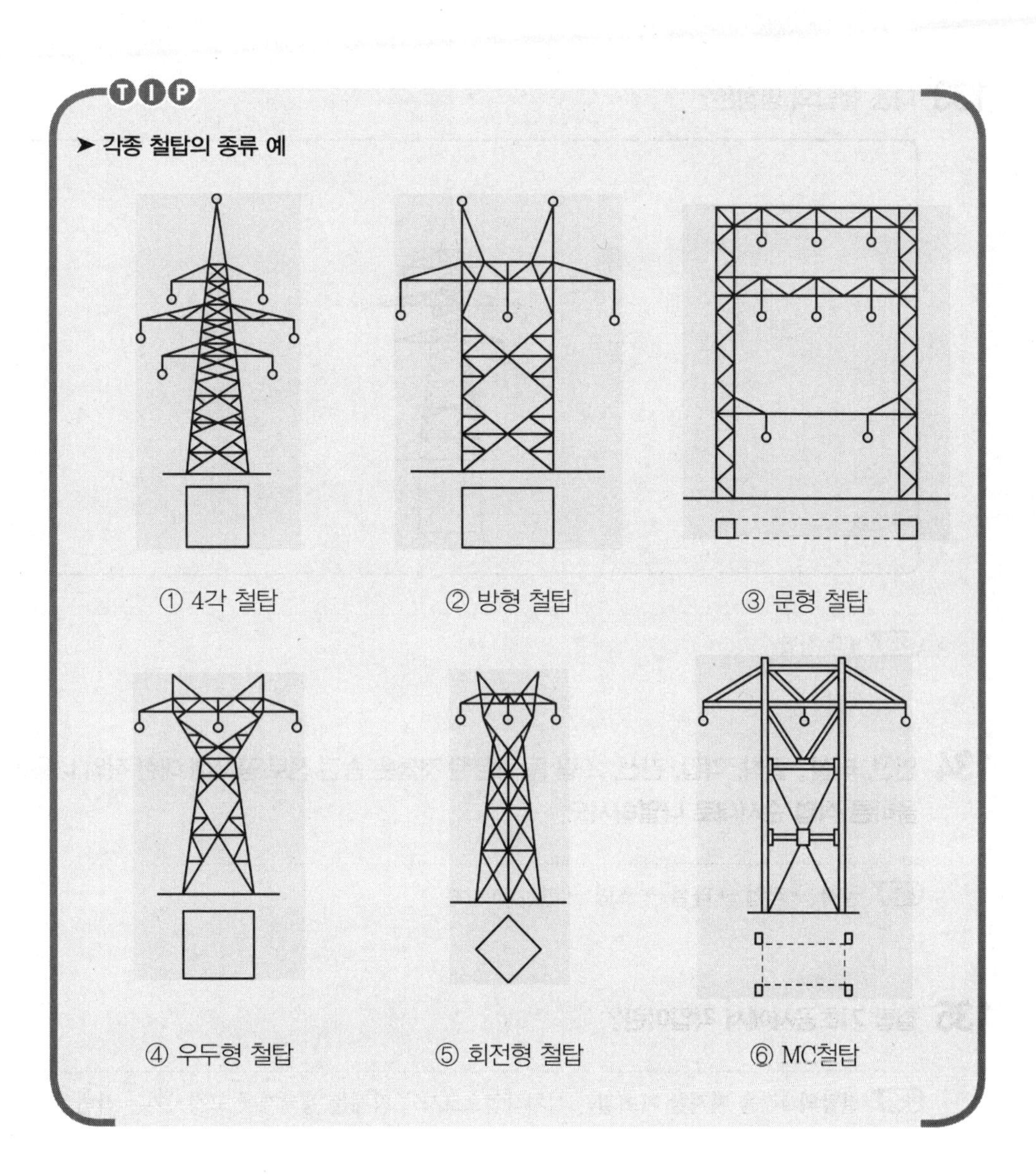

133 다음 철탑의 명칭은?

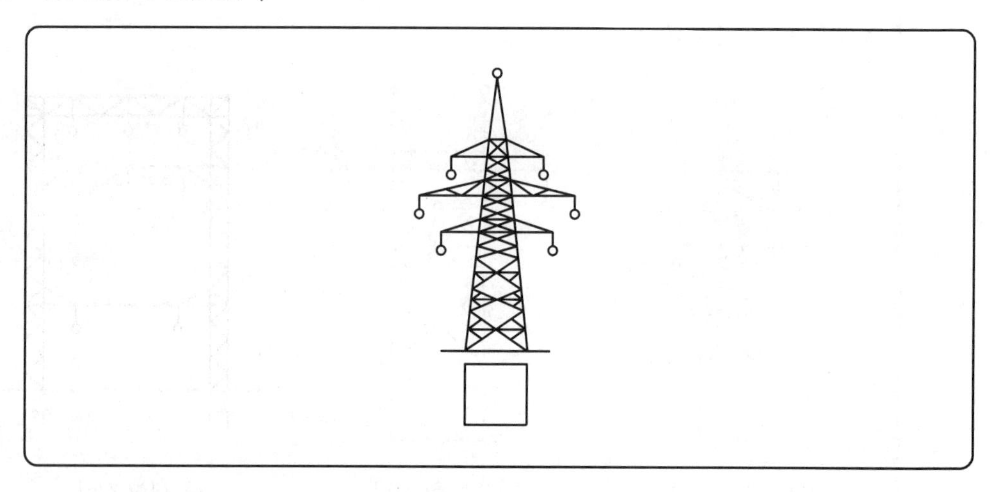

해답 4각 철탑

134 연선, 타설, 굴착, 각입, 긴선, 조립 등 나열된 것들은 송전 선로 공사에 대한 작업 내용이다. 올바른 작업 순서대로 나열하시오.

해답 굴착 → 각입 → 타설 → 조립 → 연선 → 긴선

135 철탑 기초공사에서 각입이란?

해답 철탑의 4각을 지지할 기초철근 설치작업으로서 주각재를 앵커재에 고정시키는 작업

136 345[kV]에 주로 적용되는 철탑기초 형상은?

해답 역T형

137 강도 자체의 경제성으로 현재 가장 많이 사용되는 결구로 그림과 같은 철탑부재의 결구 방식의 명칭은?

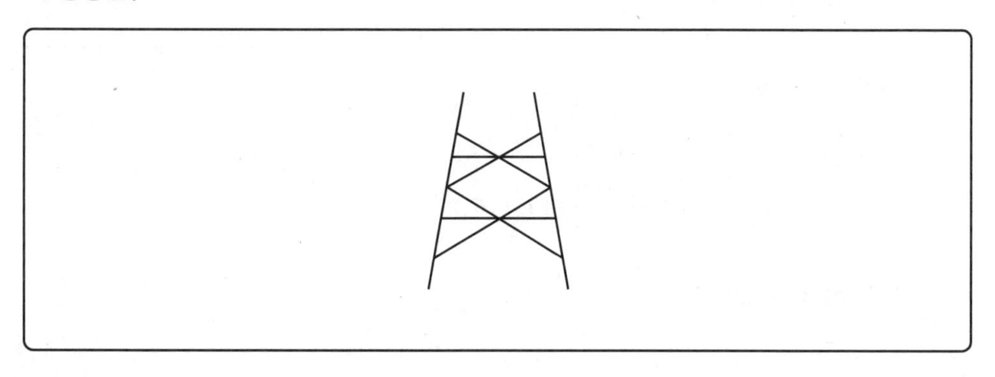

해답 브레히 결구

138 철탑을 보강하기 위하여 세워지며 직선 철탑이 다수 연속될 경우에는 약 10기 이하마다 1기의 단위로 설치하며 또는 서로 인접하는 경간의 길이가 크게 달라 지나친 불평형 장력이 가해지는 경우 등에 사용되는 철탑은?

해답 내장형 철탑

139 철탑조립 시 볼트의 조임 정도를 측정하기 위한 기구는 무엇인가?

해답 토르크렌치

140 경제적 송전선의 굵기를 결정하고자 할 때 적용되는 법칙은 무엇인가?

해답 켈빈의 법칙

TIP

➤ **켈빈의 법칙**

건설 후에 전선의 단위 길이를 기준으로 해서 1년간 입게 되는 손실 전력량의 금액과 건설 시 구입한 단위 길이의 전선비에 대한 이자와 상각비를 가산한 연경비가 같게 되게끔 하는 굵기가 가장 경제적인 전선의 굵기다.

141 다음은 1회선당 가능 송전능력이 4,000[kW], 송전선로 길이가 50[km]일 경우 경제적인 송전전압은 몇 [kV]인가?

해답 스틸의 식

$$V_s = 5.5\sqrt{0.6l[\text{km}] + \frac{P[\text{kW}]}{100}}$$

$$= 5.5\sqrt{0.6 \times 50 + \frac{4,000}{100}} = 46.016$$

$$= 46.02$$

답 46.02[kV]

142 765[kV] 6도체 가공송전방식에서 (345[kV] 4도체 방식도 동일) 각 도체 간에 간격유지와 진동방지를 위하여 설치하는 것의 정확한 명칭은?

해답 스페이서 댐퍼

143 가공지선이 있는 지지물 표준 접지 시공에 관한 그림이다. 그림을 참고로 하여 답란의 물음에 간단하게 쓰시오.

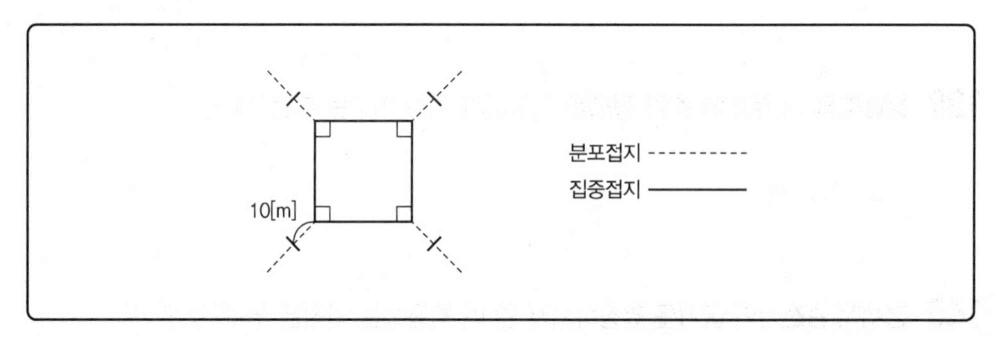

❶ 분포접지

❷ 집중접지

해답 ❶ 탑각에서 방사형으로 매설 지선을 포설하여 접지하는 방식
❷ 탑각에서 10[m] 떨어진 지점에서 분포접지에 직각 방향으로 접지하는 방식

144 송전선로에서 매설지선을 설치하는 목적은?

해답 철탑의 접지저항을 낮게 하여 피격작용을 높여준다.(철탑의 접지저항을 낮게 하여 역섬락방지 및 뇌해를 방지)

145 송전선로 연선작업 시 전선의 앞뒤에 설치하는 커넥터와 연결하고 전선의 손상을 방지하여 주는 공구는?

해답 브레이드 스토킹

146 배전 변전소 또는 발전소로부터 배전 간선에 이르기까지의 도중에 부하가 접속되어 있지 않은 선로를 무엇이라 하는가?

해답 급전선(Feeder)

TIP

- 간선(Distributing Main Line) : 급전선에 접속된 수용지역에서의 배전선로 가운데에서 부하의 분포 상태에 따라서 배전하거나 또는 분기선을 내어서 배전하는 주간부분을 말한다.
- 분기선(Branch Line) : 간선으로부터 분기하여 변압기에 이르기까지의 부분

147 LBS(Load Breaker Switch)의 특성에 대하여 설명하시오.

해답 부하전류는 개폐할 수 있으나 고장전류는 차단할 수 없음

TIP

기기명칭	기호	특성
선로개폐기	LS	충전전류개폐(부하전류는 개폐할 수 없음), 66[kV] 이상에서 사용
부하개폐기	LBS	부하전류는 개폐할 수 있으나 고장전류는 차단할 수 없음
자동고장구분개폐기	ASS	• 전부하상태에서 자동 • 수동 투입가능 • 과부하 보호기능

148 발전소 전기공사 중 EDB(Electrical Duck Bank)란 무엇인가?

해답 지하매설전선관 집합전선로

149 배전 방식 중에 저압네트워크방식, 직선뱅킹방식, 환상뱅킹방식 등이 있다. 이들 중 공급 신뢰도가 가장 우수한 계통 구성방식은?

해답 저압네트워크방식

150 우리나라 배전선로의 주된 배전전압과 배전방식에 대하여 정확하게 쓰시오.

1 주된 배전전압 2 배전방식

해답 1 22.9[kV](22.900[V])
2 3상 4선식(3ø4W 중성점 다중접지방식)

151 수전방식에서 다음 그림 및 특징을 보고 무슨 수전 방식인지 기입하시오.

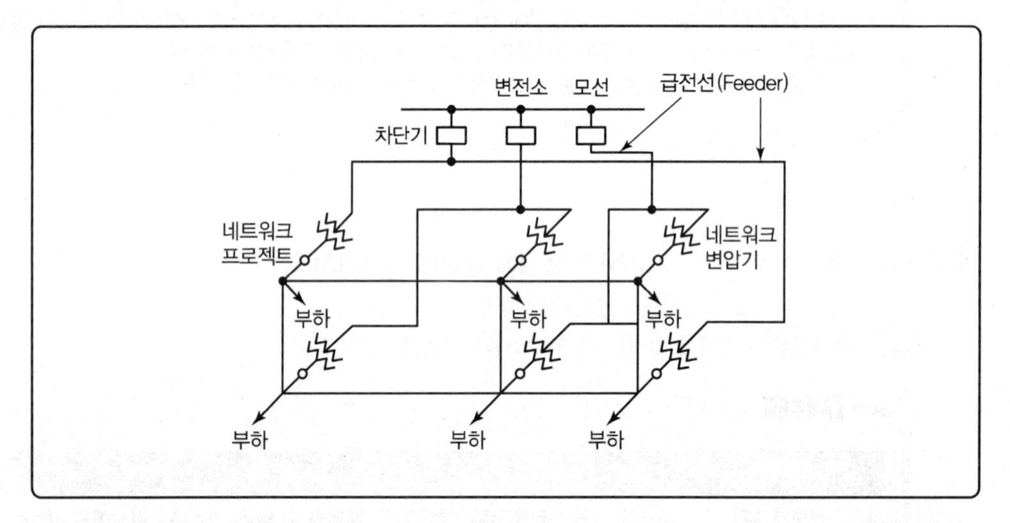

[특징]

- 무정전 공급이 가능하다.
- 효율 운전이 가능하다.
- 전압 변동률이 적다.
- 전력 손실을 감소시킬 수 있다.
- 부하 증가에 대한 적응성이 크다.

해답 저압네트워크방식

152 저압뱅킹식 중 캐스케이딩이란?

해답 저압선의 고장으로 인해서 건전한 변압기 일부 또는 전부가 차단되는 현상이다.

153 접속의 경우에 그림과 같이 전압선의 표시가 A상, N상, C상 B상으로 표시되었다. 전선 A, N, C, B의 색별은?

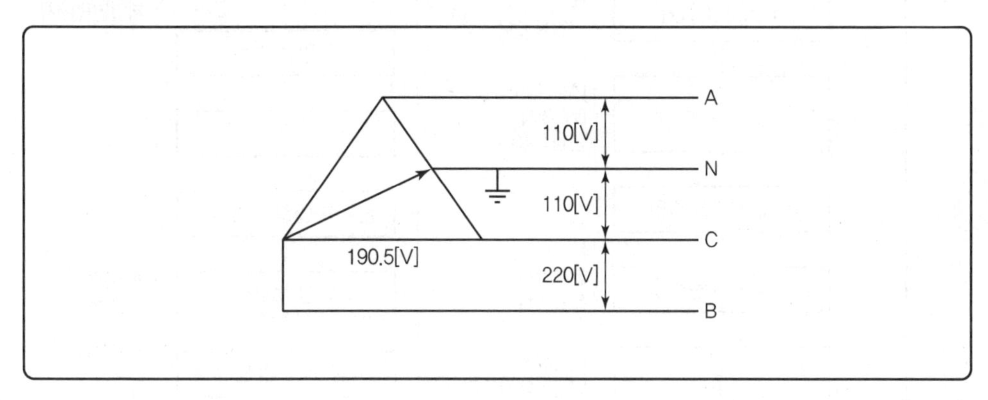

해답
- A : 갈색
- N : 청색
- C : 회색
- B : 흑색

154 공장이나 일반건축물에 있어서 변전실의 위치 선정 시 기능 및 경제면을 고려해야 할 사항 5가지를 간단히 적으시오.

해답 ① 부하 중심에 시설한다.
② 배전선로에서 가까운 곳으로부터 수전할 수 있도록 한다.
③ 기기의 운반과 수리가 용이하도록 한다.
④ 보수 관리에 지장이 없는 편리한 곳으로 한다.
⑤ 장래의 증설에 대비하여 위치를 정한다.

155 가공전선로는 전기의 수송로로서 전기적 성능과 혹독한 자연환경에도 견디는 기계적 성능을 갖추어야 한다. 가공전선로를 구성하는 가장 중요한 요소로 어떤 조건을 구비하여야 하는가?

해답 ① 도전율이 높을 것
② 기계적 강도가 클 것
③ 내구성이 있을 것
④ 비중이 작을 것
⑤ 가공성(유연성)이 좋을 것

156 가공 배전선로 인입선 공사의 시공 흐름도이다. 차트를 참고하여 ①~③의 빈 공간에 흐름도가 옳도록 완성하시오.

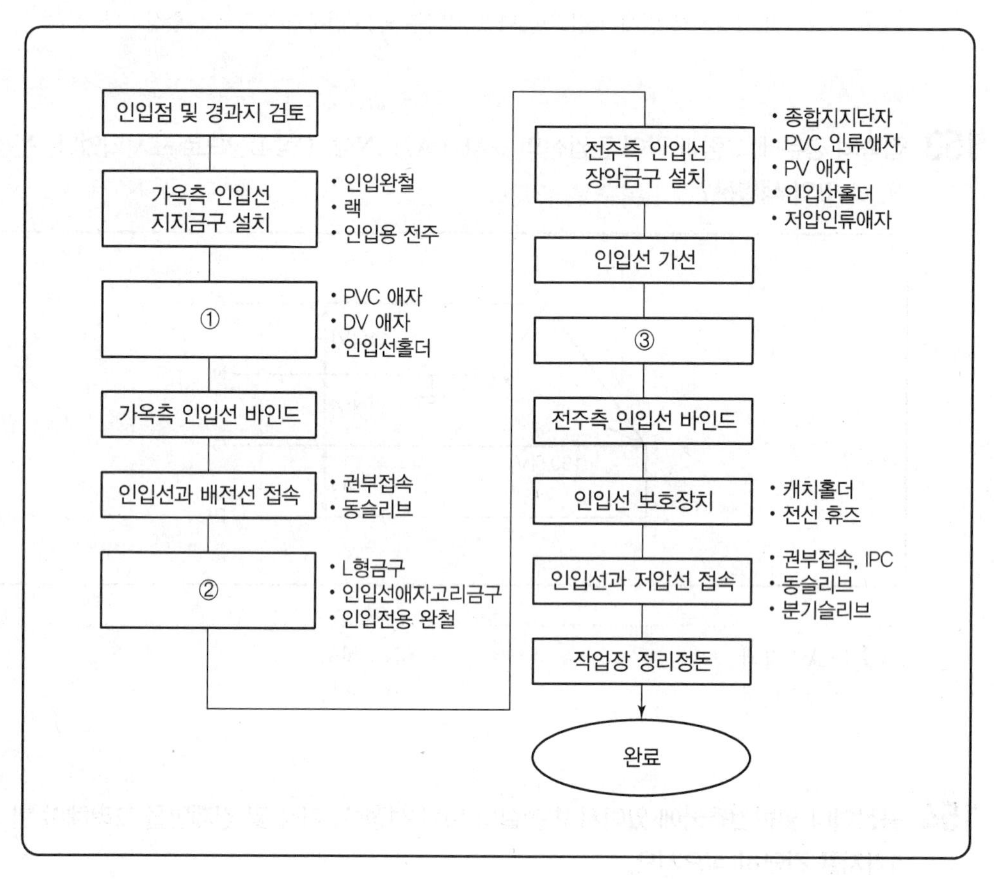

해답
① 가옥측 인입선 장악금구 설치
② 전주측 인입선 지지금구 설치
③ 인입선 이도 조정

157 전선의 종류에서 강심알루미늄연선의 약호와 규격 4종류 용도를 쓰시오.

1 약호
2 규격
3 용도

해답
1 ACSR
2 ① 32[mm^2] ② 58[mm^2] ③ 95[mm^2] ④ 160[mm^2]
3 특고압(22.9[kV] 전압선 및 중성선)

158 **가공전선공사에서 강심알루미늄연선(ACSR)의 용도는?(단, 규격은 32, 58, 95, 160[mm^2] 등이다.)**

해답 특고압 전압선 및 중성선에 사용

159 **22.9[kV] 배전선로에서 특고압 라인포스트애자를 사용하는 이유와 장소(2개)를 간단히 쓰시오.**

1 이유
2 장소

해답 1 ① 경년 열화가 적고, 염분에 의한 애자의 오손이 적다.
② 내무성이 좋고 보안점검이 용이하다.

2 ① 오손등급 B급지역(B급 염진해지역)
② 공해지역

160 **전선의 종류에서 용도는 특고압 전압선, 규격은 32, 58, 95, 160[mm^2]이며 약호는 특고압 ACSR-OC이다. 정확한 명칭은?**

해답 특고압 옥외용 강심 알루미늄도체 가교폴리에틸렌 절연전선

161 **다음 전선의 명칭을 기입하시오.**

1 OW
2 WO
3 AL-OC
4 AW-OC
5 OC-W
6 OW-W

해답 1 옥외용 비닐 절연전선
2 나경동 연선
3 특고압 강심 알루미늄 절연전선
4 특고압 알루미늄 피복 강심 알루미늄 절연전선
5 특고압 수밀형 가교폴리에틸렌 절연 동전선
6 저압 수밀형 비닐 절연전선

162 라인포스트(LP)애자를 완금에 부착시는 핀볼트를 1호핀, 2호핀을 사용한다. 이때 완금의 종류는?

❶ 1호핀

❷ 2호핀

해답 ❶ 완금 또는 완철(ㄱ형)

❷ 경완금 또는 경완철(ㅁ형)

163 가스절연개폐장치(GIS ; Gas Insulated Switchgear)에 사용하는 가스(Gas)의 종류는?

해답 SF_6(육불화 유황가스)

164 개폐장치 중에서 리클로저는 고장전류 차단 능력이 있는가, 없는가?

해답 있다.

165 송전선로에 ACSR(강심 알루미늄 연선)을 사용하는 이유는?

해답 비중이 작고 기계적 강도가 크며 코로나손을 방지할 수 있다.

166 가공 배전선로 및 인입선에서 인류애자를 취부하기 위하여 사용되는 금구류는?

해답 랙(Rack)

167 코로나 현상의 방지대책 3가지를 쓰시오.

해답 ① 전선을 굵게 한다.

② 복도체 방식을 채용한다.

③ 가선 금구를 개량한다.

168 다음 물음에 답하시오.

1 계장공사의 접지공사에서 신호선 한쪽을 접지하는 것을 무엇이라 하는가?

2 발전소의 가공전선 인입구 및 인출구에 전로로부터의 이상전압이 발전소 내로 내습하는 것을 방지하기 위해 설치하는 것은 무엇인가?

3 345[kV]에 주로 적용되는 철탑기초 형상은?

4 장선기(시메라)는 어떤 용도로 쓰이는 공구인가?

해답
1 시스템 접지
2 LA(피뢰기)
3 역 T형
4 전선 가선 시 적정이도까지 전선을 당겨주는 장비

169 활선근접작업에 대한 다음 설명의 ①~④에 알맞은 전압값을 써넣으시오.

> 활선근접작업이란 나도체(22.9[kV] ACSR-OC절연전선 포함) 상태에서 이격거리 이내에 근접하여 작업함을 말하며, AC(①)[V] 이상 (②)[V] 미만, DC(③)[V] 이상 (④)[V] 미만은 절연물로 피복된 경우 나도체된 부분으로부터 이격거리 내에서 작업할 때를 말한다.

해답
① 60[V] ② 1,000[V]
③ 60[V] ④ 1,500[V]

170 배전선로의 무정전 공법 3가지를 쓰시오.

해답
① 이동용 변압기차공법
② 바이패스 케이블 공법
③ 공사용 개폐기 공법

171 활선작업을 할 때에 필요한 사항으로 다음 각 물음에 답하시오.

1 활선 장구의 종류 5가지를 쓰시오.

2 충전되어 있는 활선을 움직이거나 작업권 밖으로 밀어낼 때 등에 사용되는 절연봉을 다른 말로 무엇이라 하는가?

해답
1 ① 와이어 통 ② 피박기
③ 활선용 장선기 ④ 유압 압축기
⑤ 활선용 압축기

2 와이어 통(Wire Tong)

172 충전되어 있는 활선을 움직이거나 작업권 밖으로 밀어낼 때 또는 활선을 다른 장소로 옮길 때 사용하는 절연봉의 명칭은?

해답 와이어 통

173 다음은 활선 장구에 대한 용어이다. 다음 각 물음에 답하시오.

1 와이어 통(Wire Tong)의 사용 목적을 쓰시오.
2 애자 커버의 사용 목적을 쓰시오.

해답 1 핀 애자나 현수애자의 장주에서 활선을 작업권 밖으로 밀어낼 때 사용하는 절연봉
2 활선 작업 시 특고핀 및 라인포스트 애자를 절연하여 작업자의 부주의로 접촉되더라도 안전사고가 발생하지 않도록 사용되는 절연 덮개

174 활선 클램프란 무엇인지 설명하시오.

해답 활선작업 시 분기고리와 결합하여 COS 1차측 인하선에 연결하는 금구류

175 절연전선으로 가선된 배전선로가 활선상태인 경우 전선의 피복을 벗기는 것은 매우 곤란한 작업이다. 이와 같은 활선상태에서 전선의 피복을 벗기는 공구로는 무엇을 사용하는지 그 공구 명칭을 쓰시오.

해답 활선 피박기

176 활선공법에서 특고압 핀애자 또는 라인포스트애자를 방호할 때 사용하는 절연체는 무엇인가?

해답 인슐레이터 커버=애자 덮개

177 정전작업 전 작업순서 5단계를 쓰시오.

해답 ① 전원차단(DS개로, 잔류전하방전)
② 전원 투입 금지(잠금장치, 경고표시장치)
③ 작업 장소 무전압 확인(검전기 사용)
④ 단락접지
⑤ 작업장소의 보호(충전부 절연용 방호구 설치)

178 절연재료는 그 허용온도에 따라 구분한다. 다음에 주어진 절연 종류의 최고허용온도[℃]를 쓰시오.

1. A종
2. B종
3. E종
4. F종
5. H종

해답
1. 105[℃]
2. 130[℃]
3. 120[℃]
4. 155[℃]
5. 180[℃]

179 그림은 전력케이블의 시공방법이다. 어떤 시공방법 설치도인지 답하시오.

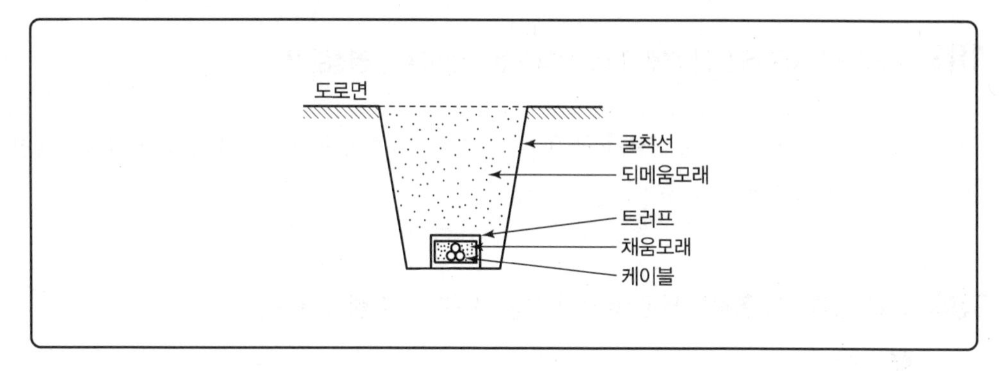

해답 직매식

TIP

- 직접매설식(직매식) : 구내 인입선 케이블 시공 시 사용되는 방식이고 트러프가 부설된다.
- 관로식 : 22.9[kV] 시가지 배전선로에 사용되는 방식으로 강관 안에 부설한다.(단, 강관을 많이 사용하나 굴곡이 심한 주택가 배전선로에서는 파형 PE관을 사용한다.)
- 암거식 : 발 · 변전소 인입구 및 인출구 부근 또는 고전압 대용량 시가지 간선 부근에서 부설된다.

180 지중 배선 공사의 현장 시험 항목을 아는 대로 나열하시오.

해답 ① 절연저항측정
② 검상
③ 상일치 확인(절연내력시험은 필요시에만 한다.)
④ 접지저항

181 CN－CV 케이블의 열화 형태에서 열화 발생요인 5가지를 쓰시오.

해답 ① 전기적 요인　② 열적 요인
③ 화학적 요인　④ 기계적 요인
⑤ 생물적 요인

182 특별고압 선로 25,000[V] 이하에 쓰이는 CV－CN 전력케이블은 어떤 계통의 선로에 주로 쓰이는가?

해답 22.9[kV] 배전선로 및 인입선의 지중 전선로

183 우리나라 지중배전선로에 주로 사용되는 케이블의 명칭은?

해답 동심중성선 수밀형 전력케이블(CNCV－W)＝수밀형 동심 중성선 가교폴리에틸렌 절연 비닐 시스 케이블

184 고압 개폐기의 종류에서 단로기의 기능, 용도, 기호를 쓰시오.

1 기능
2 용도
3 기호

해답 1 무부하전류(여자전류, 충전전류) 개폐
2 기기를 전로에서 개방하거나 모선의 접속을 변경하는 데 사용
3 DS

185 지중 케이블의 고장 개소를 찾는 방법 5가지를 쓰시오.

해답 ① 머레이루프(Murray Loop)법
② 펄스인가(Pulse Rader)법
③ 정전용량브리지법(Capacity Bridge)법
④ 수색코일법
⑤ 음향탐지법

186 다음 각 물음에 답하시오.

1 배전선로에서 가장 많이 사용되는 개폐기 4가지를 쓰시오.

2 소호원리에 따른 차단기의 종류에는 OCB 등 여러 종류가 있지만 소호원리가 대기 중에서 전자력을 이용하여 아크를 소호실 내로 유도해서 냉각 차단하는 차단기 종류는?

해답 **1** ① 자동고장구분개폐기
② 리클로저
③ 섹셔널라이저
④ COS

2 자기차단기(MBB)

187 고압케이블에서 단말처리의 주목적은 무엇인가?

해답 수분침입 등 절연물의 강도 저하를 방지하여 케이블의 절연을 보호함

188 피뢰기 구비조건 4가지를 쓰시오.

해답 ① 충격방전개시전압이 낮을 것
② 제한전압이 낮을 것
③ 뇌전류 방전능력이 클 것
④ 속류차단을 확실하게 할 수 있을 것
⑤ 상용주파 방전개시전압이 높을 것

189 피뢰기의 구비조건에 대한 다음 물음에 답하시오.

1 충격방전 개시전압이 높아야 하는가, 낮아야 하는가?

2 상용주파방전 개시전압이 높아야 하는가, 낮아야 하는가?

해답 **1** 낮아야 한다.
2 높아야 한다.

190 피뢰기 설치 시 점검사항 3가지를 쓰시오.

해답 ① 피뢰기 애자부분 손상 여부 점검
② 피뢰기 1, 2차측 단자 및 단자볼트 이상 유무 점검
③ 피뢰기의 절연저항 측정

191 특별고압 가공배전선로 $3\Phi 4\mathrm{w}$, 22.9[kV − Y]를 공급하는 배전변전소의 인출구에 설치하는 피뢰기정격전압[kV]은?

해답 21[kV]

192 154[kV] 중성점 직접 접지 계통에서 접지 계수가 0.75이고, 여유도가 1.1이라면 전력용 피뢰기의 정격전압은 피뢰기 정격전압 중 어느 것을 택하여야 하는가?(단, 피뢰기 정격 전압 표준값[kV]은 126, 144, 154, 168, 196 등이다.)

해답 계산 : $E = 0.75 \times 1.1 \times 170 = 140.25$

답 144[kV]

193 피뢰기를 시설해야 하는 곳을 4개소로 요약하여 열거하시오.

해답 ① 발 · 변전소의 인입구 및 인출구

② 고압 · 특고압수용가 인입구

③ 배전용변압기의 고압측 및 특고압측

④ 가공전선로와 지중전선로가 접속되는 곳

194 수전전압 13.2/22.9[kV−Y]에 진공차단기와 몰드 변압기를 사용 시 어떤 흡수기를 사용하여 이상전압으로부터 변압기를 보호하는가?

해답 서지흡수기(SA)

195 피뢰기를 설치하여야 할 개소 중 IKL(Iso Karaumic Lavel)이 11일 이상인 지역에서는 전선로 매 500[m] 이내마다 LA를 설치하고 있다. 여기서 IKL이란?

해답 연간 평균 뇌 발생일수(뇌습빈도수)

196 옥내선로에서 발생할 수 있는 개폐서지, 순간과 도전압 등으로 이상전압이 2차기기에 악영향을 주는 것을 막기 위해 서지 흡수기를 시설하는 것이 바람직하다. 서지 흡수기의 설치 위치도를 그리시오.(단, 서지흡수기는 보호하고자 하는 기기전단으로 개폐서지를 발생하는 차단기 후단 부하측 사이에 설치한다.)

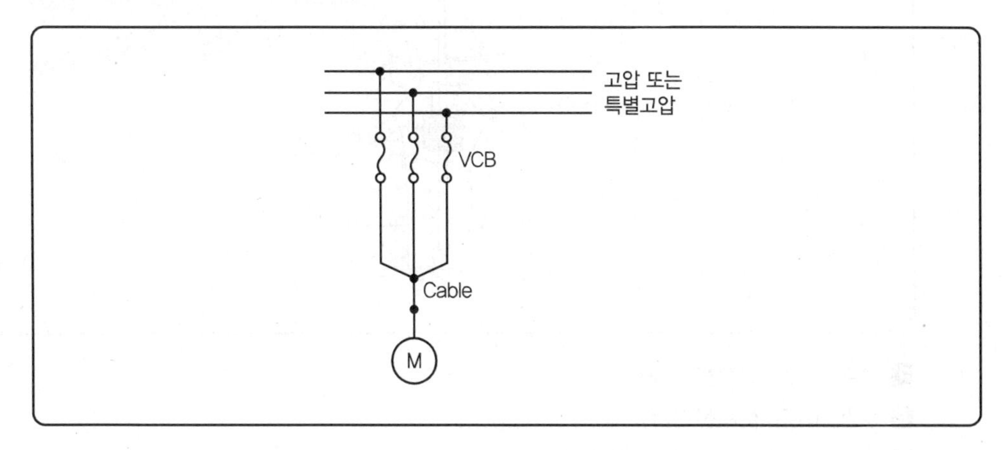

해답

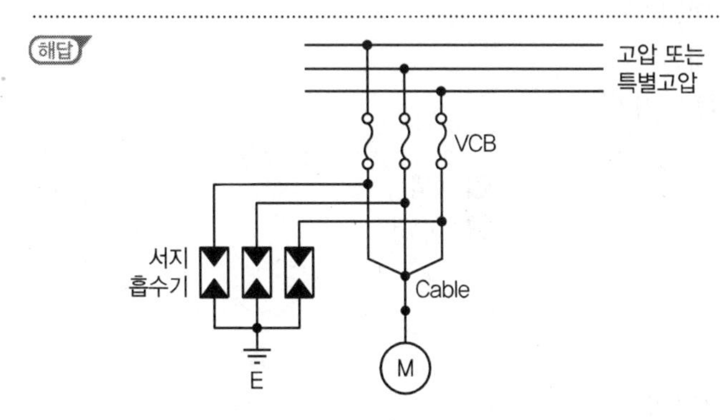

197 수전 차단용량이 520[MVA]이고, 22.9[kV]에 설치하는 피뢰기용 접지선의 굵기를 계산하고 선정하시오.

해답 $A = \frac{\sqrt{1.1}}{282} \times \frac{520 \times 10^3}{\sqrt{3} \times 22.9} = 48.75[\text{mm}^2]$

$\therefore A = 50[\text{mm}^2]$

198 그림은 피뢰기 설치에서 개폐기 보호용 피뢰기 리드선 접속이다. 그림을 보고 물음에 답하시오.(단, 배전계통의 피뢰기 접지방식이다.)

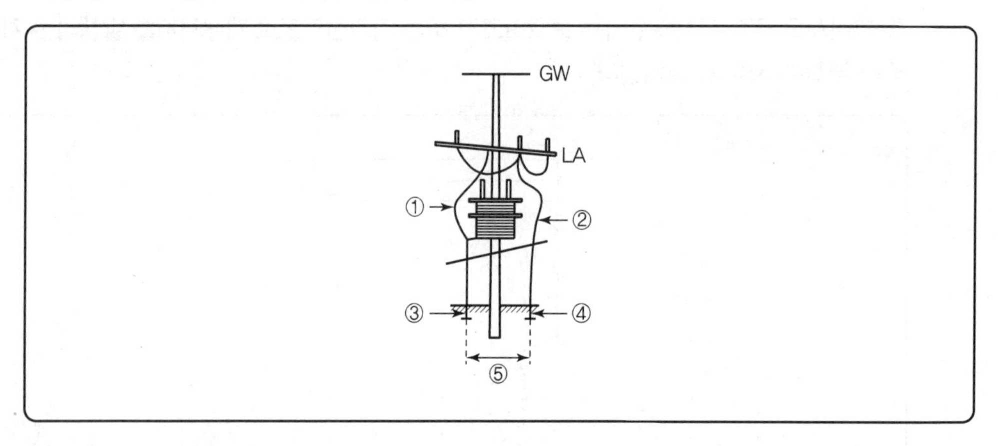

1. ①은 어떤 접지선인가?
2. ②는 어떤 접지선인가?
3. ③의 접지는 몇 [Ω] 이하인가?
4. ④의 접지는 몇 [Ω] 이하인가?
5. ⑤의 간격은 몇 [m] 이하인가?

해답
1. 완금접지선
2. 피뢰기
3. 25[Ω]
4. 25[Ω]
5. 1[m]

199 피뢰방식의 종류 5가지를 쓰시오.

해답
① 돌침방식
② 용마루 위 도체방식
③ 케이지방식
④ 독립 피뢰침방식
⑤ 독립가공지선방식
⑥ 수평도체방식

200 피뢰기(LA)의 종류 5가지를 쓰시오.

해답
① 저항형 피뢰기
② 밸브형 피뢰기
③ 밸브저항형 피뢰기
④ 방출통형 피뢰기
⑤ 갭레스 피뢰기

201 피뢰기 공사 시설 흐름도이다. ①~④의 빈 공간에 흐름도가 옳도록 완성하시오.

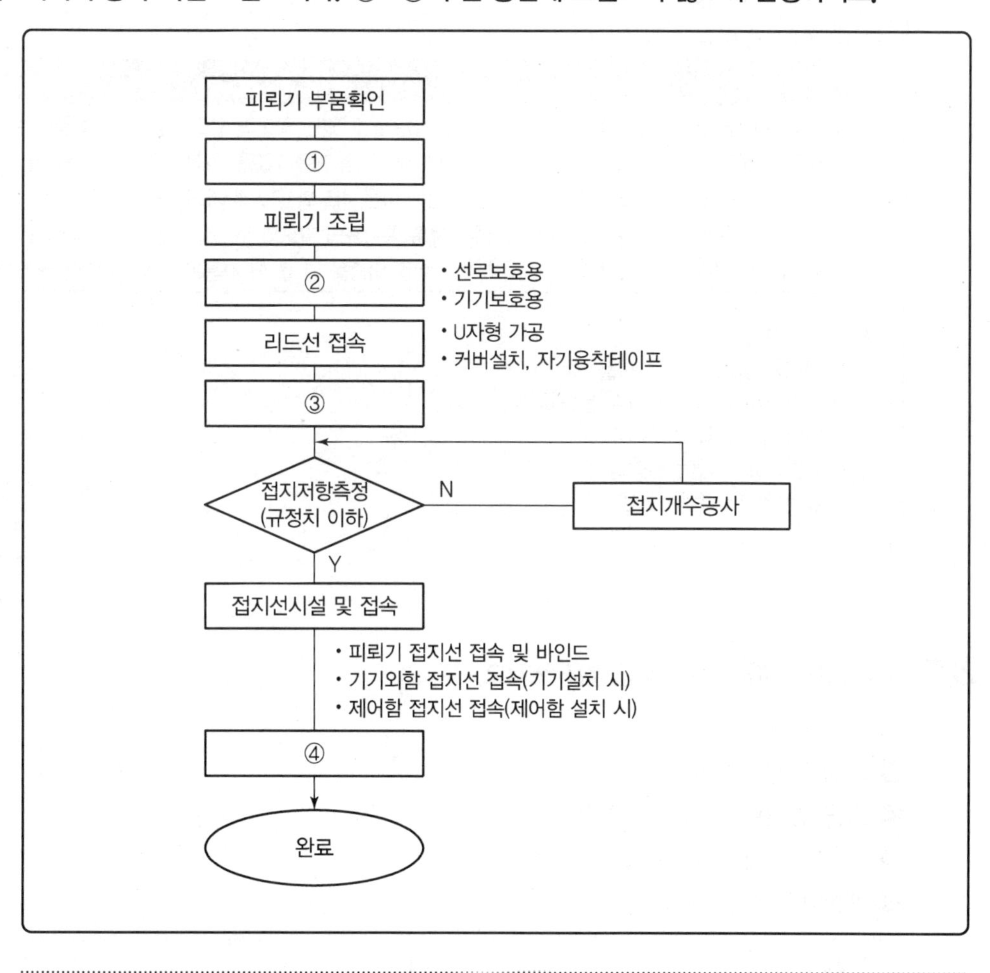

해답 ① 피뢰기 점검 ② 피뢰기 설치
③ 접지극 설치 ④ 작업장 정리정돈

202 0.2급, 0.5급, 1.0급, 1.5급에서 배전반에 취부되는 지시 계기 중에서 일반적으로 많이 사용되는 것은 몇 급인가?

해답 1.5급

TIP

1 계기의 등급별 분류

급수		허용 오차[%]	적용	용도
0.2급	특별정밀급	±0.2	부표준기로 사용될 수 있는 확도와 구조를 가짐	실험실용
0.5급	정밀급	±0.5	정밀측정에 사용되는 구조를 가짐	휴대용
1.0급	준정밀급	±1.0	0.5급에 따른 확도와 구조를 가짐	휴대용(소형)
1.5급	보통급	±1.5	공업용 보통 측저용의 확도와 구조를 가짐	배전반용
2.5급	준보통급	±2.5	확도에 큰 비중을 안 둘 때 사용됨	배전반용(소형)

2 계기의 구비조건

① 확도가 높고 오차가 적을 것
② 눈금이 균등하거나 대수 눈금일 것
③ 응답도가 높을 것
④ 튼튼하고 취급이 편리할 것
⑤ 절연 및 내구력이 높을 것

203 다음 용도에 따른 계기의 급별을 쓰시오.

1 대형 부표준기
2 휴대용 계기(정밀급)
3 소형 휴대용 계기(정밀 측정)
4 배전반용 계기(공업용 보통 측정)
5 배전반용 소형 계기

해답 **1** 0.2급 **2** 0.5
3 1.0급 **4** 1.5급
5 2.5급

204 그림과 같은 눈금판을 가진 계기가 있다. 이 계기에 대하여 다음 물음에 답하시오.

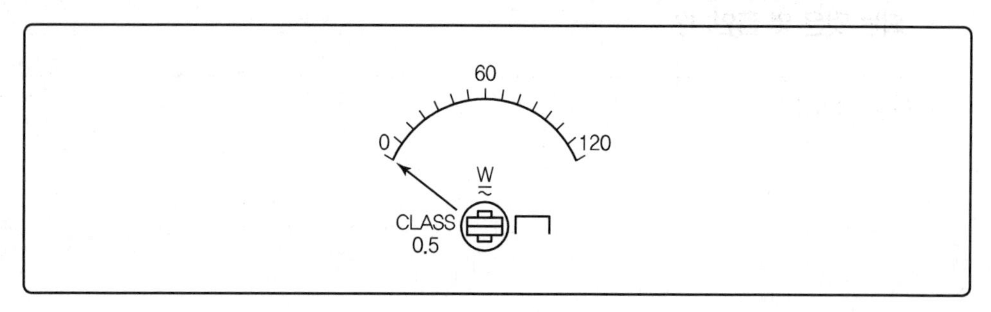

❶ 계기의 유형
❷ 계기의 명칭
❸ 계기의 거치방법(예 수직, 수평, 경사)
❹ 계기의 허용오차[%]

거치방법	수직	수평	경사
기호	⊥	⊓	∠ 각도

해답 ❶ 전류력계형 ❷ 단상 전력계
❸ 수평 ❹ 0.5[%]

205 지시 전기 계기의 동작 원리에 의한 분류를 나타낸 것으로 번호 ①~④에 적당한 문자를 주어진 답안지에 기입하시오.

계기의 종류	기호	사용회로 교 · 직류
가동 코일형	(기호)	직류
①	(기호)	③
②	(기호)	④

해답 ① 전류력계형
② 유도형
③ 교류, 직류
④ 교류

206 다음과 같은 저항을 측정할 때 가장 적당한 측정방법은?

❶ 굵은 나전선의 저항
❷ 수천 옴의 가는 전선의 저항
❸ 전해액의 저항
❹ 옥내 전등선의 절연저항

해답 ❶ 켈빈더블 브리지법 ❷ 휘트스톤 브리지법
❸ 콜라우시 브리지법 ❹ 절연저항계법(메거법)

207 다음 그림기호의 명칭을 쓰시오.

EQ 100～170Gal

(해답) 지진 감지기(가속도 100～170Gal)

208 아날로그 멀티 테스터로 교류(AC) 전압을 측정하려면 부하설비와 어떻게 연결하여 측정하는가?

(해답) 병렬

209 휴대용 Tester로 측정할 수 있는 5가지를 쓰시오.

(해답)
① 직류전압
② 교류전압
③ 직류전류
④ 저항
⑤ 도통(통전)시험
⑥ 건전지 양부측정

210 전원이 인가된 상태에서 아날로그 멀티 테스터를 사용하여 전기회로의 저항값을 측정할 수 있는가?

(해답) 측정할 수 없다.

211 후크온 미터기는 주로 무엇을 측정할 때 사용하는가?

(해답) 전압 및 통전 유무, 활선 시 부하전류

212 조상설비를 설치하는 목적은?

(해답) 무효전력(진상 또는 지상)을 조정하여 전압의 조정과 전력손실 경감

213 **전선로 부근이나 애자 부근(애자와 전선의 접속부근)에 임계전압 이상이 가해지면 전선로나 애자 부근에 공기의 절연이 부분적으로 파괴되는 현상이 발생하는데 이것을 무슨 현상이라고 하는가? 그리고 이러한 현상이 미치는 영향과 그 방지대책을 간단하게 답하시오.**

1 현상
2 영향
3 방지책

해답 1 코로나 현상
2 영향 : 코로나 손상에 의해 송전용량이 감소하고 전선의 부식, 전파방해 등 통신선에 유도장해 발생
3 방지책 : 굵은 전선을 사용, 복도체 다도체 방식 채용

214 **리액터의 종류 4가지를 쓰고, 그 사용목적을 쓰시오.**

해답

종 류	사용목적
분로 리액터	페란티 현상의 방지
직렬 리액터	제5고조파 제거
소호 리액터	지락아크를 제한
한류 리액터	단락전류를 제한

215 **과전류에 대한 보호장치로서 주상변압기 1차측, 2차측에 설치하는 것은?**

1 1차측
2 2차측

해답 1 1차측 : 컷아웃스위치
2 2차측 : 캐치홀더

216 **COS 설치 시 사용자재를 5가지만 쓰시오.(COS 포함)**

해답 ① COS
② 브래킷
③ 내오손 결합애자
④ COS 커버
⑤ 퓨즈 링크

217 변압기 공사 시공 흐름도이다. ①~⑥ 빈 공간에 시공흐름도가 옳도록 완성하시오.

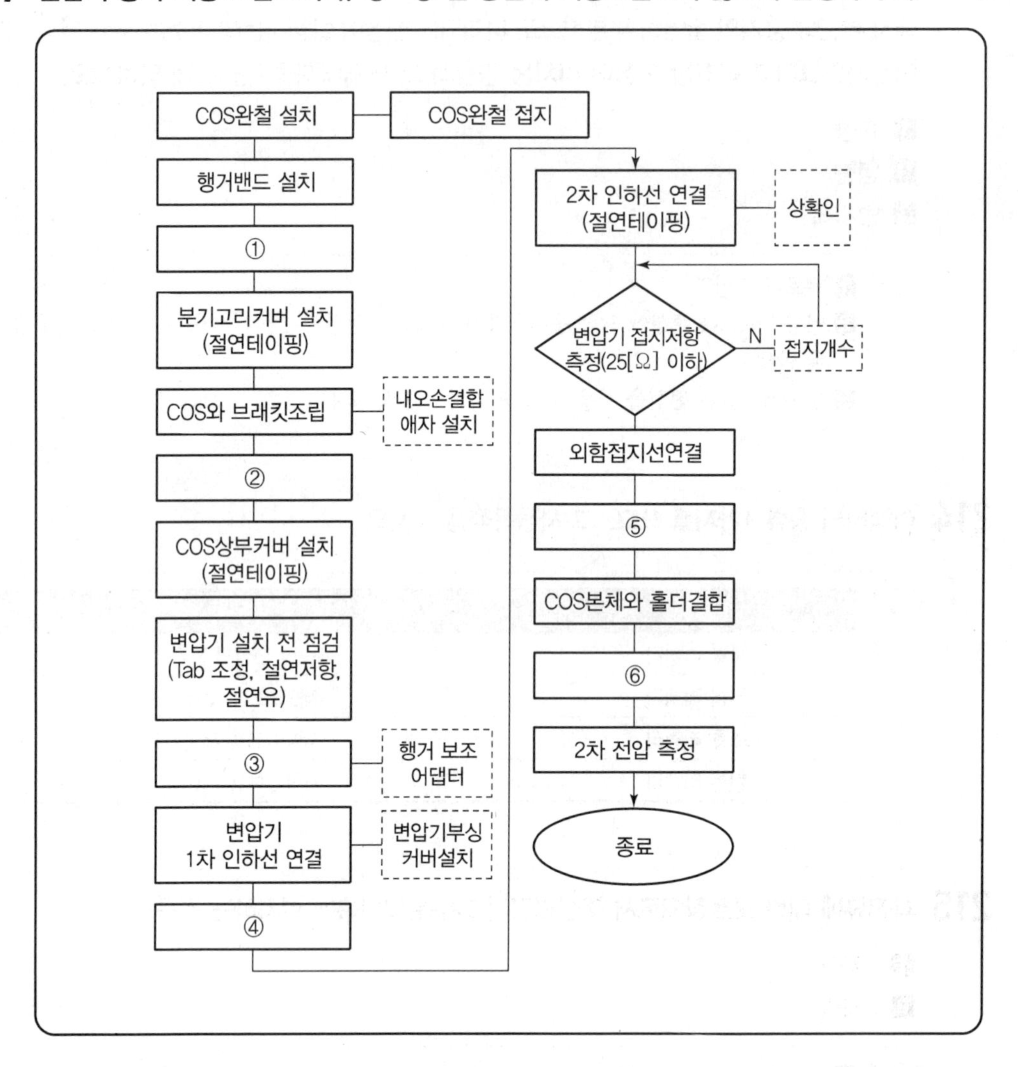

해답 ① 전선에 분기고리 압축설치
② COS 부착
③ 변압기 설치
④ 변압기 2차측 결선
⑤ 퓨즈링크(Fuse Link) 조립
⑥ COS 투입

218 주상변압기 설치 시 고려사항이다. 다음 각 물음에 답하시오.

1 주상변압기 설치 전 점검사항 5가지를 쓰시오.

2 주상변압기 설치 후 점검사항 4가지를 쓰시오.

해답 1 ① 절연저항 측정
② 절연유 상태(유량, 누유 상태)
③ 외관 상태(부싱의 손상 유무), 핸드홀 커버 조임 상태
④ Tap changer의 위치(1차와 2차의 전압비)
⑤ 변압기 명판 확인

2 ① 2차 전압 측정
② 상측정
③ 변압기 이상 유무 확인
④ 점검 및 측정결과 기록

219 다음 내용을 읽고 물음에 답하시오.

1 주상변압기 설치 전 절연유 상태점검 시 무엇을 확인하여야 하는가?

2 뱅크(Bank)의 용어 정의를 간단하게 쓰시오.

3 구내선로에서 발생할 수 있는 개폐서지, 순간과도전압 등으로 이상전압이 2차 기기에 악영향을 주는 것을 막기 위해 무엇을 시설하는 것이 바람직한가?

4 브리지의 원리를 이용하여 선로의 고장점(1선지락)을 검출하는 방법은?

해답 1 절연유 유면표시선 확인
2 전로에 접속된 변압기 및 콘덴서의 결선상 단위
3 서지흡수기
4 머레이루프법

220 다음 각 물음에 답하시오.

1 행거밴드의 용도는?

2 배전선로에 보통 사용되는 피뢰기는?

3 고압 및 특고압 케이블의 단말 거치대의 명칭은?

4 고장전류 특히 단락전류의 값을 제한하기 위하여 변전소에 설치하는 것은?

5 케이블선의 절연저항을 측정하는 계측기의 명칭은?

해답 1 주상 변압기를 전주에 설치하기 위해 사용
2 갭레스형 피뢰기
3 케이블 헤드
4 한류리액터
5 메거(Megger)

221 계전기별 고유 번호에서 88A의 명칭은?

해답 공기 압축기용 개폐기

222 저압진상용 콘덴서의 설치장소에 관한 사항이다. 다음 (　　) 안에 알맞은 내용을 쓰시오.

저압 진상용 콘덴서를 옥내에 설치하는 경우에는 (①) 장소 또는 (②) 장소 및 주위온도가 (③)[℃]를 초과하는 장소 등을 피하여 견고하게 설치하여야 한다.

해답 ① 습기가 많은
② 수분이 있는
③ 40

223 그림은 거치용 축전지의 충전장치를 간략하게 표시한 도면이다. 다음 각 물음에 답하시오.

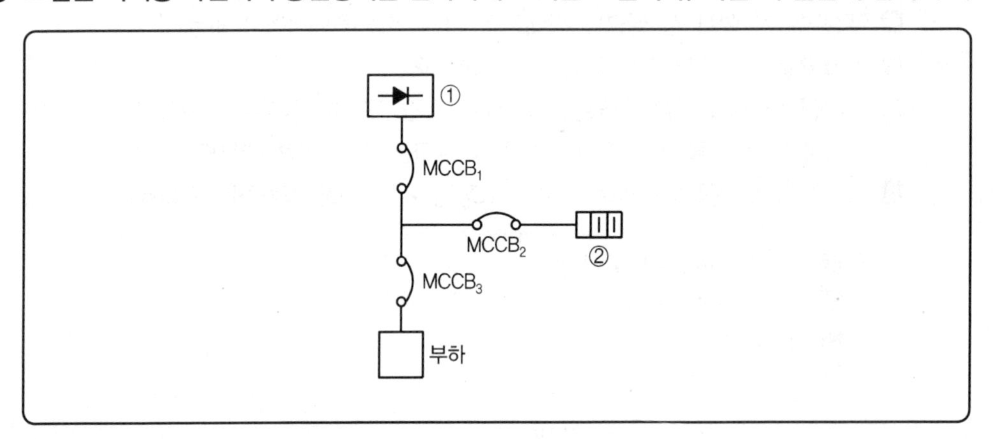

1 도면에 표시된 ①의 명칭은?
2 도면에 표시된 ②의 명칭은?

해답 1 정류기(컨버터)
2 축전지

224 UPS의 운전상태에서 바이패스(Bypass) 전환 회로는 어떤 역할을 하는지 쓰시오.

해답 UPS 내부회로 이상 시나 기타 문제 발생 시 UPS를 거치지 않고 부하설비에 직접 상용전원을 공급하도록 하는 회로

225 UPS 설비 블록 다이어그램 중에 대한 각 물음에 답하시오.

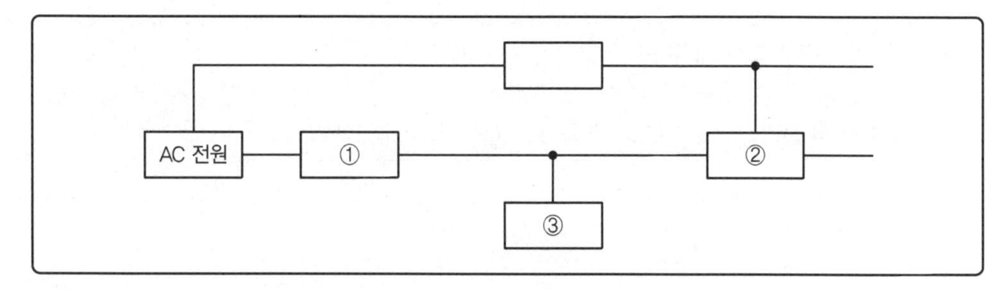

1 ①, ②, ③ 안에 들어갈 기구는 무엇인가?

2 ①, ②에 대한 역할을 쓰시오.

해답 **1** ① 컨버터 ② 인버터 ③ 축전지

2 ① 교류를 직류로 변환 ② 직류를 사용 주파수의 교류로 변환

226 전력변환에서 사용하는 Converter는 어떤 변환기인가?

해답 교류를 직류로 변환

227 축전지 용량 결정(산출)에 필요한 조건 6가지를 쓰시오.

해답 ① 허용 최저전압 ② 방전시간, 방전전류

③ 보수율 ④ 축전지 셀 수

⑤ 최저 축전지 온도 ⑥ 용량환산시간계수

228 예비전원설비가 구비하여야 할 조건 4가지를 쓰시오.

해답 ① 비상용 부하의 사용목적에 적합한 방식을 전원 설비할 것

② 신뢰도가 높을 것

③ 취급 운전 조작이 쉬울 것

④ 경제적일 것

229 축전지의 전해액이 변색되며 충전하지 않고 방치된 상태에서도 다량으로 가스가 발생되고 있다. 어떤 원인의 고장으로 추정되는가?

해답 불순물 혼입

230 축전지에 다음과 같은 현상이 발생하였다. 어떤 현상인가?

- 극판이 백색으로 되거나 백색반점이 발생하였다.
- 비중이 저하하고 충전용량이 감소하였다.
- 충전 시 전압상승이 빠르고 다량으로 가스가 발생하였다.

해답 설페이션 현상

231 상용전원과 예비전원의 양 전원 접속점에 반드시 설치해야 할 전로 기구는?

해답 자동전환 개폐기

232 예비전원으로 시설하는 저압 발전기에서 부하에 이르는 전로에는 발전기에 가까운 곳에서 쉽게 개폐 및 점검을 할 수 있는 곳에 무엇을 시설하여야 하는지 4가지를 쓰시오.

해답 ① 개폐기 ② 과전류차단기
③ 전압계 ④ 전류계

233 예비전원에서 축전지의 전압은 연축전지는 1단위당 몇 [V], 알칼리축전지는 몇 [V]로 계산하는가?

1 연축전지 2 알칼리축전지

해답 1 2[V] 2 1.2[V]

234 변전소에 200[Ah]의 연축전지가 55개 설치되어 있다. 다음 물음에 답하시오.

1 묽은 황산의 농도는 표준이고, 액면이 저하하여 극판이 노출되어 있다. 어떤 조치를 하여야 하는가?
2 부동충전 시에 알맞은 전압은?
3 충전 시에 발생하는 가스의 종류는?
4 가스 발생 시 주의 사항을 쓰시오.
5 충전이 부족할 때 극판에 발생하는 현상을 무엇이라고 하는가?

(해답) ❶ 증류수를 보충한다.

❷ 부동충전 시 1셀의 전압은 2.15[V]이다.

$\therefore 2.15 \times 55 = 118.25[V]$

❸ 수소(H_2)

❹ 화재 및 폭발

❺ 전체 셀의 전압불균일, 과대

235 연축전지의 정격 용량은 250[Ah]이고 상시부가 8[kW]이며 표준전압이 100[V]인 부동충전 방식의 충전전류는 몇 [A]인가?

(해답) 계산 : $2\text{차 충전전류} = \dfrac{\text{축전지 용량[Ah]}}{\text{방전율[h]}} + \dfrac{\text{상시 부하[W]}}{\text{표준전압[V]}}$

$= \dfrac{250}{10} + \dfrac{8,000}{100} = 105[A]$

답 105[A]

236 비상용 조명부하 40[W] 120등, 60[W] 50등, 합계 7,800[W]가 있다. 방전 시간 30분, 축전지 HS셀 54셀, 허용 최저전압 92[V], 최저 축전지 온도 5[℃]일 때 주어진 표를 이용하여 축전지 용량을 계산하시오.

| 연축전지의 용량환산시간 K(900[Ah] 이하) |

형식	온도	10분			30분		
		1.6V	1.8V	1.8V	1.6V	1.7V	1.8V
HS	25	0.58	0.7	0.93	1.03	1.14	1.38
	5	0.62	0.74	1.05	1.11	1.22	1.54
	−5	0.68	0.82	1.15	1.2	1.35	1.67

(해답) 계산 : $I = \dfrac{7,800}{100} = 78[A]$

1셀 전압 $\dfrac{92}{54} = 1.7[V]$

$k = 1.22$

$C = \dfrac{1}{0.8} \times 1.22 \times 78 = 118.95[Ah]$

답 118.95[Ah]

237 예비전원설비로 이용되는 축전지에 대한 물음에 답하시오.

1. 축전지와 부하를 충전기에 병렬로 접속하여 사용하는 충전방식은?
2. 비상용 조명부하 200[V]용 50[W] 80등, 30[W] 70등이 있다. 방전시간은 30분이고, 축전지는 HS형 110[cell]이며, 허용 최저 전압은 190[V], 최저 축전지 온도는 5[℃]일 때 축전지 용량은 몇 [Ah]이겠는가?(단, 보수율은 0.8, 용량환산시간은 1.2이다.)

해답 1 부동충전방식

2 계산 : $I = \frac{50 \times 80 + 30 \times 70}{200} = 30.5[A]$

$C = \frac{1}{0.8} \times 1.2 \times 30.5$

답 45.75[Ah]

238 그림과 같은 부하 특성일 때 사용 축전지의 보수율(L)은 0.8, 최저 축전지 온도 5[℃], 허용 최저 전압이 1.06[V/셀]일 때 축전지의 용량[C]을 계산하시오.(단, $K_1 = 1.17$, $K_2 = 0.93$이다.)

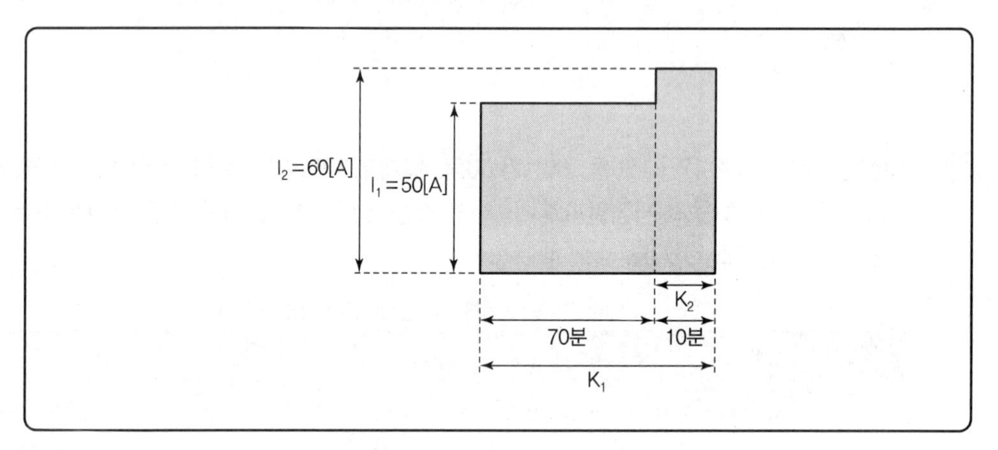

해답

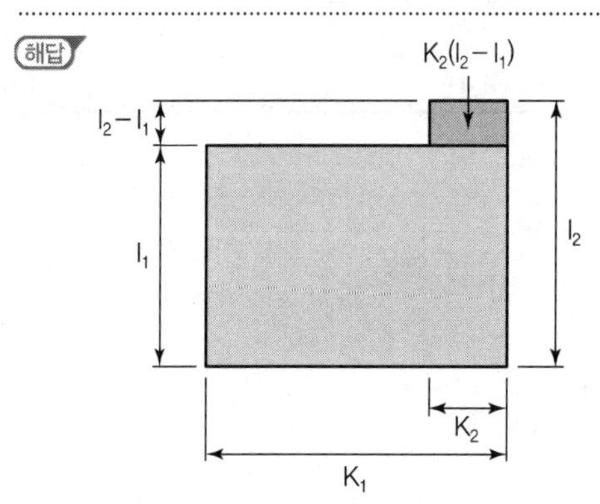

계산 : $C = \frac{1}{L}[K_1 I_1 + K_2(I_2 - I_1)] = \frac{1}{0.8}[1.17 \times 50 + 0.93(60 - 50)] = 84.75[AH]$

답 84.75[AH]

≫Chapter

02 견적

1 공사원가계산서 작성요령

재무부 회계 예규 "원가계산에 의한 작성준칙"에 의거 공사원가계산서 작성요령을 간략하게 정리한다.

<table>
<tr><td rowspan="6">총
원
가</td><td rowspan="5">순공사
원가</td><td rowspan="2">재료비</td><td>직접
재료비</td><td>공사목적물의 실체를 구성하는 물품(주재료비, 부분품비)</td></tr>
<tr><td>간접
재료비</td><td>공사목적물의 실체를 구성하지는 않지만 공사에 보조적으로 사용하는 물품(소모재료비, 소모공구, 기구, 비품비)
※잡품 및 소모성 물품비 : 직접재료비(전산과 배관자재비)×2~5[%]</td></tr>
<tr><td rowspan="2">노무비</td><td>직접
노무비</td><td>공사현장에서 직접작업에 종사하는 종업원 및 노무자에게 지급되는 기본금, 제수당, 상여금, 퇴직금의 합계액</td></tr>
<tr><td>간접
노무비</td><td>공사현장에서 보조작업에 종사하는 노무자, 종업원, 현장감독자에게 지급되는 기본금, 제수당, 상여금, 퇴직급의 합계액
※간접노무비 계산 : 직접노무비×간접노무비 비율[%]

| 간접노무비 계산 |
<table>
<tr><th colspan="2">구분</th><th>간접노무비율
[%]</th></tr>
<tr><td rowspan="4">공사 종류별</td><td>건축공사</td><td>14.5</td></tr>
<tr><td>토목공사</td><td>15</td></tr>
<tr><td>특수공사(포장 · 준설 등)</td><td>15.5</td></tr>
<tr><td>기타(전문 · 전기 · 통신 등)</td><td>15</td></tr>
<tr><td rowspan="3">공사 규모별 *품셈에 의하여 산출되는 공사원가 기준</td><td>5억 원 미만</td><td>14</td></tr>
<tr><td>5~30억 원</td><td>15</td></tr>
<tr><td>30억 원 이상</td><td>16</td></tr>
<tr><td rowspan="3">공사 기간별</td><td>6개월 미만</td><td>13</td></tr>
<tr><td>6~12개월 미만</td><td>15</td></tr>
<tr><td>12개월 이상</td><td>17</td></tr>
</table>
※활용예시(공사 규모 4억 원, 공사 기간 5개월인 전기공사의 경우)
※간접노무비율＝(15＋14＋13)÷3＝14[%]</td></tr>
<tr><td>경비</td><td colspan="2">공사시공을 위하여 공사원가 중 재료비, 노무비를 제외한 원가를 말한다(전력비, 운반비 기계경비, 기술료, 품질관리비, 보험료, 보관비, 복리후생비, 소모품비 등).</td></tr>
</table>

<table>
<tr><td rowspan="2">총
원
가</td><td>일반
관리비</td><td>공사현장을 감독하는 본사직원의 기본금, 제수당, 상여금, 퇴직금 합계액
<table><tr><th colspan="2">전문, 전기, 전기통신공사</th></tr><tr><th>공사원가</th><th>일반관리비율[%]</th></tr><tr><td>5천만 원 미만</td><td>6</td></tr><tr><td>5천만 원 이상~3억 원 미만</td><td>5.5</td></tr><tr><td>3억 원 이상</td><td>5</td></tr></table>※ 일반관리비 계산 : 순공사원가×일반관리 비율[%]</td></tr>
<tr><td>이윤</td><td>영업이익을 말하며, 유지 및 관리비에 사용된다.
※ 이윤 계산 : (노무비+경비+일반관리비)×15[%]</td></tr>
</table>

2 공사원가계산

공사원가계산을 하고자 할 때는 다음 표의 공사원가계산서를 작성하고 공사원가계산서 작성요령에 의거 비목별 산출근거를 명시한 기초계산서를 첨부하여야 한다.

공사원가계산서

공사명 : 공사기간 :

<table>
<tr><th colspan="3">구분 / 비목</th><th>금액</th><th>구성비</th><th>비고</th></tr>
<tr><td rowspan="18">순
공
사
원
가</td><td rowspan="4">재료비</td><td>직접재료비</td><td></td><td></td><td></td></tr>
<tr><td>간접재료비</td><td></td><td></td><td></td></tr>
<tr><td>작업설, 부산물 등(△)</td><td></td><td></td><td></td></tr>
<tr><td>소계</td><td></td><td></td><td></td></tr>
<tr><td rowspan="3">노무비</td><td>직접노무비</td><td></td><td></td><td></td></tr>
<tr><td>간접노무비</td><td></td><td></td><td></td></tr>
<tr><td>소계</td><td></td><td></td><td></td></tr>
<tr><td rowspan="9">경비</td><td>전력비</td><td></td><td></td><td></td></tr>
<tr><td>수도광열비</td><td></td><td></td><td></td></tr>
<tr><td>운반비</td><td></td><td></td><td></td></tr>
<tr><td>기계경비</td><td></td><td></td><td></td></tr>
<tr><td>특허권사용료</td><td></td><td></td><td></td></tr>
<tr><td>기술료</td><td></td><td></td><td></td></tr>
<tr><td>연구개발비</td><td></td><td></td><td></td></tr>
<tr><td>품질관리비</td><td></td><td></td><td></td></tr>
<tr><td>가설비</td><td></td><td></td><td></td></tr>
</table>

비목		구분	금액	구성비	비고
순공사원가	경비	시험검사비			
		지급임차료			
		보험료			
		복리후생비			
		보관비			
		외주가공비			
		안전관리비			
		소모품비			
		여비 · 교통비 · 통신비			
		세금과공과			
		폐기물처리비			
		도서인쇄비			
		지급수수료			
		환경보전비			
		보상비			
		기타 법정경비			
		소계			
일반관리비(　)[%]					
이윤(　)[%]					
총원가					

3 원가계산서 참고자료(표준 품셈 발췌)

표준 품셈의 적용기준에 규정되어 있는 각종 재료의 할증률은 다음과 같다.

1) 재료할증

종류		할증률[%]
전선	옥내	10
	옥외	5
케이블	옥내	5
	옥외	3
전선관배관		10
애자류(500개 이상)		1.5

2) 소운반

평지는 수평거리 20[m] 이내 운반, 경사지는 직고 1[m]에 수평거리 6[m] 비율 이내 운반을 말한다.

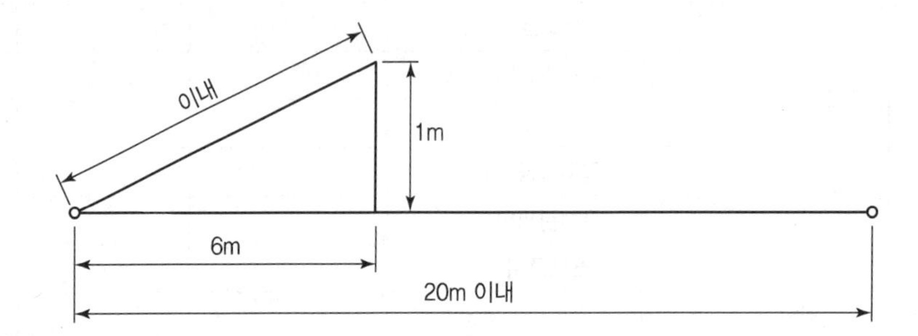

※ 소운반거리 내에서는 운반비가 인건비에 포함되어 있으며 초과 운반 시에는 별도의 운반비를 산정한다.

3) 공구손료

① 공구손료는 일반공구 및 시험용 계측기구류의 손료
 ㉠ 공사 중 상시 일반적으로 사용하는 것
 ㉡ 직접노무비(노임할증 제외)의 3[%]까지 계상
② 특수공구 및 특수시험검사용 기구류의 손료 산정은 경장비 손료 적용

4) 경장비손료

① **중장비에 속하지 않는 동력장치에 의해 구동되는 장비류의 손료**
 전기용접기, 그라인더, 윈치 등으로 별도 계상
② **경장비의 시간당 손료**
 ㉠ 기계경비 산정표에 명시된 가장 유사한 장비의 제수치를 참조하여 계상
 ㉡ 내용시간, 연간 표준 가동시간, 상각비율, 정비비율, 연간관리비율 등

5) 건물 층수별 할증률

구분	층별 할증률	비고
지상층 할증	• 2~5층 이하 : 1[%] • 10층 이하 : 3[%] • 15층 이하 : 4[%] • 20층 이하 : 5[%] • 25층 이하 : 6[%] • 30층 이하 : 7[%]	30층 초과층은 매 5층 이내 증가마다 1.0[%]씩 가산
지하층 할증	• 지하 1층 : 1[%] • 지하 2~5층 : 2[%]	지하 6층 이하는 지하 1개 층 증가마다 0.2[%]씩 가산

6) 지세별 할증률

① **평탄지(보통)** : 0[%]
② **야산지(불량)** : 25[%]
③ **산악지(매우 불량)** : 50[%]
④ **주택가** : 10[%]
⑤ **번화가 1** : 20[%](단, 지중케이블 공사 시는 30[%])
⑥ **번화가 2** : 10[%](단, 지중케이블 공사 시는 15[%])

7) 시공 직종

직종	작업 구분
플랜트전공	발 · 변전설비 및 중공업설비의 시공 및 보수
계장공	플랜트 프로세스의 자동 제어 장치, 공업 제어 장치, 공업 계측 및 컴퓨터 등 설비의 시공 및 보수
송전전공	철탑 및 송전설비의 시공 및 보수
배전전공	전주 및 배전설비의 시공 및 보수
내선전공	옥내배관, 배선 및 등구류 설비의 시공 및 보수
특고압 케이블전공	특고압 케이블설비의 시공 및 보수(7[kV] 초과)
고압 케이블전공	고압 케이블설비의 시공 및 보수(교류 1[kV] 초과 7[kV] 이하, 직류 1.5[kV] 초과)
저압 케이블전공	저압 및 제어 케이블설비의 시공 및 보수(교류 1[kV] 이하, 직류 1.5[kV] 이하)
송전활선전공	송전전공으로서 활선 작업을 하는 전공
배전활선전공	배전전공으로서 활선 작업을 하는 전공
전기공사기사	전기공사업법에 의한 전기 기술자
전기공사산업기사	전기공사업법에 의한 전기 기술자

[주] 플랜트란 철강, 석유, 제지 화학 및 발전 등의 프로세스 공업에서 일반적인 원료나 에너지를 공급하여 소요의 물질이나 에너지를 얻기 위하여 필요한 물리적 · 화학적 작용을 행하는 장치를 말한다.

4 특고압 가공전선로의 각부 명칭

① 다음은 3상 4선식 선로의 특수경간에서 내장주(耐張柱)의 각 부분 명칭 및 수량을 표시한 것이다.

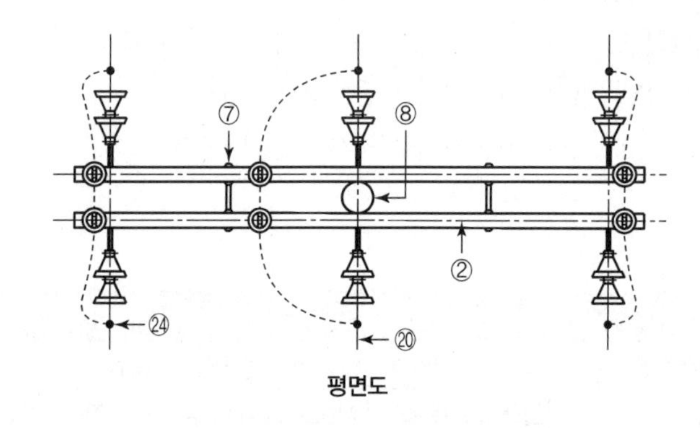

평면도

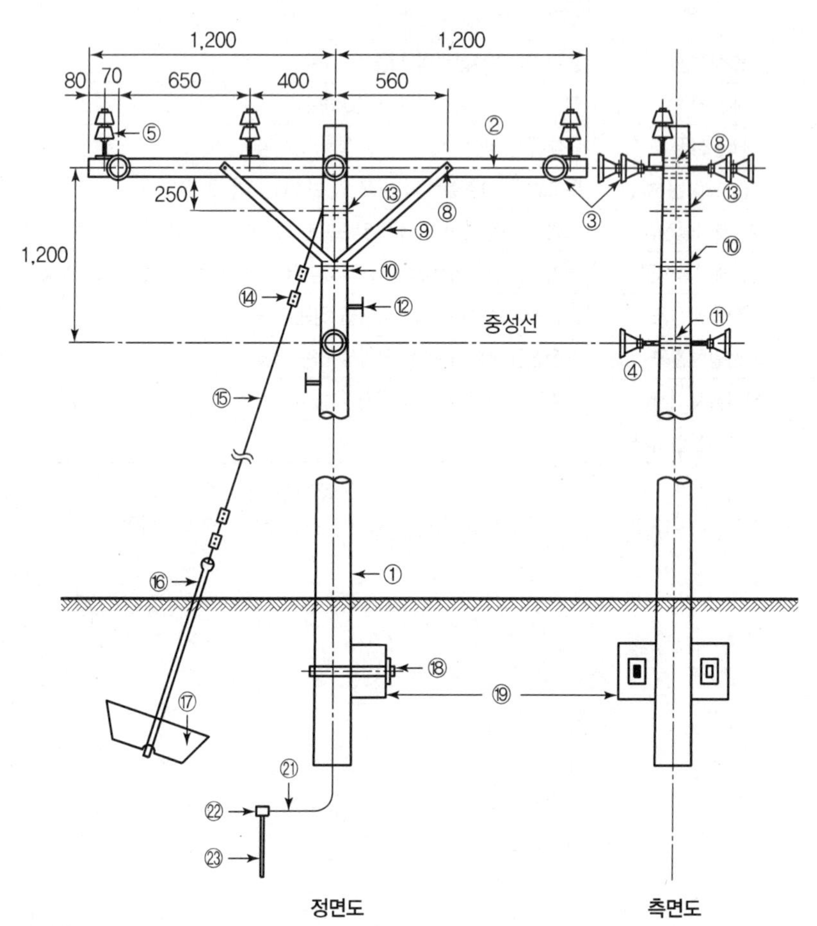

정면도 측면도

② **기기일람표**

번호	명칭	규격	단위	수량	비고
①	콘크리트전주	12[m]	본	1	특별고압의 경우 최소 10[m] 이상, 기기를 장치할 경우 최소 12[m] 이상
②	완금(완철)	90×90×9[t]×2,400	본	2	경완금(경완철)의 경우 : 75×75×3.2t×2,400
③	현수애자	191[mm](볼소켓형) 2개연	조	6	• 191[mm] : 15,000LBS(23[kV]에 사용) • 254[mm] : 25,000LBS(35,000LBS) (154[kV]에 사용)
④	현수애자	191[mm](볼소켓형) 1개연	조	2	
⑤	특고압 pin애자	23[kV] pin 2호	개	6	라인포스트애자를 사용할 경우 : 23[kV](152×304)
⑥	머신볼트	4각머리 16×40[mm]	개	7	
⑦	머신볼트	4각머리 16×310[mm]	개	2	
⑧	완금밴드	2방 3호	개	1	• 1호 : 140[mm] • 2호 : 170[mm] • 3호 : 200[mm]
⑨	각암타이	40×40×6×900	개	4	평암타이일 경우 : 38×6×900[mm]
⑩	암타이밴드	2방 3호	개	1	• 1호 : 150~200[mm] • 3호 : 220~250[mm] • 5호 : 250~300[mm]
⑪	랙밴드	2방 3호	개	1	암타이밴드를 사용할 수도 있다.
⑫	발판볼트	CP용 16×160[mm]	개	8	전주의 승주를 위하여 설치
⑬	지선밴드	1방 2호	개	1	• 1호 : 150~170[mm] • 2호 : 180~207[mm] • 5호 : 200~207[mm]
⑭	지선클램프	강연선용	개	4	
⑮	지선	아연도철선 7/2.5[mm]	kg	5.67	45[°], 10[m]의 위치에 설치기준
⑯	지선로드	16×1,650[mm]	개	1	
⑰	지선근가	con'c 0.7[m] 55[kg]	개	1	
⑱	근가용 U볼트	15×28×500	개	1	
⑲	전주근가	con'c 1.5[m] 120[kg]	개	1	
⑳	전선	ACSR 58[mm^2]	m		
㉑	접지전선	나동연선 22[mm^2]	m	14	
㉒	접지동봉 클램프	18[mm]Φ	개	1	
㉓	접지동봉	18Φ×2,400[mm]	개	1	
㉔	활선용 커넥터	58[mm^2]	개	6	

Chapter 02 실·전·문·제

01 수전 전압이 22.9[kV]이고 전력 회사와의 계약 종별이 산업용 전력(을)인 어느 공장의 전력 요금계량 장치를 주상 및 별도 계량기함에 설치하기 위한 노무비(직접, 간접 포함) 합계는 얼마인가?(잡기기 신설표를 적용하여 구하시오.)

- MOF와 계량기 간의 배관, 배선은 무시하며 MOF는 거치형임
- 산업용 전력(을)은 3종 계기를 설치함
- 3종 계기 및 무효전력량계를 설치함
- 간접노무비는 15[%](가정)로 보고 적용
- 내선전공 노임단가는 12,410원으로 가정
- 노무비 및 인건비 합계에서 소수점 이하는 버림

| 잡기기 신설 |　(대당)

종별	내선전공
선풍기 날개직경 30[cm] 이하(벽면)	0.20
선풍기 날개직경 30[cm] 이하(천장면)	0.50
환풍기 날개직경 30[cm] 기준(벽면)	0.48
환풍기 날개직경 50[cm] 기준(천장면)	0.80
적산 전력계 1Φ2W용	0.14
적산 전력계 1Φ3W용, 3Φ3W	0.21
적산 전력계 3Φ4W용	0.3
CT 설치(저고압)	0.4
PT 설치(저고압)	0.4
현수용 MOF 설치(고압 · 특고압)	3.0
거치용 MOF 설치(고압 · 특고압)	2.0
계기함 설치	0.30
특수 계기함 설치	0.45

① 철거 30[%] (재사용 50[%]. 단, 실효 계기 교체에 따른 철거 반입분이 수리 가능 품목일 경우에도 재사용 적용)
② 거치용 MOF를 주상에 설치 시에는 본품의 180[%](설치대 조립품 포함)

해답 표준 품셈(잡기기 신설) 참고

(1) MOF(거치형) 대당 내선전공 2[인], 해설 ②의 주상설치 180[%]를 적용하면

$\therefore 2 \times 1.8 = 3.6$[인]

(2) 특수계기함 설치는 내선전공 0.45[인]

$\therefore 0.45$[인]

(3) 3종 계기 및 무효전력량계 설치는 적산전력계($3\phi 4W$)에서 대당 내선전공 0.3[인]을 적용하면 2대이므로

$\therefore 2 \times 0.3 = 0.6$[인]

(4) 직접노무비 $= (3.6 + 0.45 + 0.6) \times 12{,}410 = 57{,}706.5$

$\therefore 57{,}706$[원]

(5) 간접노무비=57,706×0.15=8,655.9

∴ 8,655[원]

(6) 노무비 합계=57,706+8,655=66,361[원]

답 66,361[원]

02 3P 30[A] 노퓨즈 브레이커[NFB] 15개로 구성된 분전반을 설치한 후 5개를 2P 30[A] NFB로 교체하려고 한다. 이때 필요한 인공은 얼마인가?(단, 분전반은 매입형이며 완제품임)

| 분전반 신설 |

(개당 : 내선전공)

개폐기용량	배선용 차단기			나이프 스위치		
	1P	2P	3P	1P	2P	3P
30[A] 이하	0.34	0.43	0.54	0.38	0.48	0.60
60[A] 이하	0.43	0.58	0.74	0.48	0.65	0.82
100[A] 이하	0.58	0.74	1.04	0.65	0.93	1.16
200[A] 이하	0.74	1.04	1.35	0.82	1.20	1.50
300[A] 이하	0.92	1.35	1.65	1.20	1.47	1.84
400[A] 이하	–	1.65	1.95	–	1.74	2.20
600[A] 이하	–	1.94	2.24	–	2.40	2.54
800[A] 이하	–	2.24	2.55	–	–	–

① 이 품은 분전반의 조립 및 매입설치 기준
② 완제품 설치공량은 이 품의 65[%]
③ 외함은 철재 또는 PVC제를 기준한 것이며 목재인 경우에는 이 품의 80[%]로 함
④ 분전반 외함의 노출 설치인 경우에는 이 품의 90[%]로 함
⑤ 계기류의 Switch류, 반이면 배선 등 기타 공량은 별도 가산함
⑥ 철거 50[%]
⑦ 방폭 200[%]
⑧ 4P 개폐기는 3P 개폐기의 130[%]
⑨ 누전차단기는 이 품의 배선용 차단기에 준함
⑩ 마그넷 스위치는 이 품의 나이프 스위치에 준함

해답 표준 품셈(분전반 신설) 참고

(1) 3P 30[A] NFB 설치(분전반 완제품 매입)

3P 30[A] NFB 기본품 개당 내선전공 0.54[인] 완제품 설치, 해설 ②의 65[%] 적용

(2) 3P 30[A] 5개 철거하고 2P 30[A] 5개 설치(교체)

3P 20[A] NFB 기본품 개당 내선전공 0.54[인] 철거, 해설 ⑥의 50[%] 적용

3P 30[A] NFB 기본품 개당 내선전공 0.43[인]을 적용

계산 : (1) 15×0.54×0.65=5.265[인]

(2) 5×0.54×0.5+5×0.43=3.5[인]

∴ 인공계 : 5.265+3.5=8.765[인]

답 8.765[인]

03 6.6[kV] 325□ 3C 가교폴리에틸렌 절연비닐 외장케이블 100[m]를 구내(옥외)의 기존 전선관 내에 포설하려고 한다. 케이블에 대한 재료비, 인공, 공구손료를 구하시오.(단, 재료비는 52,540[원/m]이고 해당되는 노임 단가는 50,000[원]이다.)

| 전력 케이블 신설(구내) | ([m]당)

PVC 및 고무 절연 외장 저압 케이블		케이블공
600[V]	14[mm²]×1C	0.202
〃	22[mm²]×1C	0.026
〃	30[mm²]×1C	0.030
〃	38[mm²]×1C	0.036
〃	50[mm²]×1C	0.043
〃	60[mm²]×1C	0.049
〃	80[mm²]×1C	0.060
〃	100[mm²]×1C	0.071
〃	125[mm²]×1C	0.084
〃	150[mm²]×1C	0.097
〃	200[mm²]×1C	0.117
〃	250[mm²]×1C	0.142
〃	325[mm²]×1C	0.172
〃	400[mm²]×1C	0.205
〃	500[mm²]×1C	0.240

① 전선관, 랙, 덕트, 피트, 공동구, 새들 부설 기준
② 600[V] 8[mm²] 이하는 제어 케이블 신설 준용
③ 직매 시 80[%]
④ 철거 50[%] (드럼 감기 90[%])
⑤ 2심은 140[%], 3심은 200[%], 4심은 260[%]
⑥ 연피 벨트지 케이블 120[%]
⑦ 강대외장 케이블은 150[%], 동심 중성선형 케이블(CNCV) 110[%]
⑧ 전압에 대한 가산율 적용
- 3.3[kV] – 10[%] 증
- 6.6[kV] – 20[%] 증
- 11[kV] – 30[%] 증
- 22[kV] – 50[%] 증
- 66[kV] – 80[%] 증

1 재료비
2 인공
3 공구손료

해답 1 100[m]를 포설하므로 옥외(구내) 케이블 할증 3[%]를 적용한다.
계산 : 100×1.03×52,540=5,411,620[원] 답 5,411.620[원]

2 표준 품셈(전력케이블 신설 : 구내) 참고
600[V] 325[mm²] 1심 기본품 [m]당 케이블공 0.172[인] 6.6[kV] 전압할증
해설 ⑧의 20[%] 3심 해설 ⑤의 200[%]를 적용한다.
계산 : 100×0.172×2×1.2=41.28[인] 답 41.28[인]

3 직접노무비×3[%]
계산 : 41.28×50,000×0.03=61,920[원] 답 61,920[원]

04 **다음과 같은 전열 수구배치 평면도가 있다. 분전반에서부터 각 전열수구까지의 최단거리 시공을 위한 배관배선도를 심벌을 사용하여 전열수구 배치평면도 위에 완성하고 소요 전선관의 길이를 산출하시오.**

- 모든 콘센트의 높이는 바닥에서 30[cm] 상부에, 분전반의 설치높이는 바닥에서 분전반 하단까지를 120[cm]로 한다.
- 회로는 1회로로 구성한다.
- 매입 배관에 따른 전선관 매입 증가분은 고려하지 않는다.
- 전선관 배관의 할증은 없는 것으로 한다. 소수점 이하는 버린다.

(심벌)-------- 바닥매입 배관전선 16C(IV 2.0[mm], E 2.0[mm])

: 전열수구 : 분전반

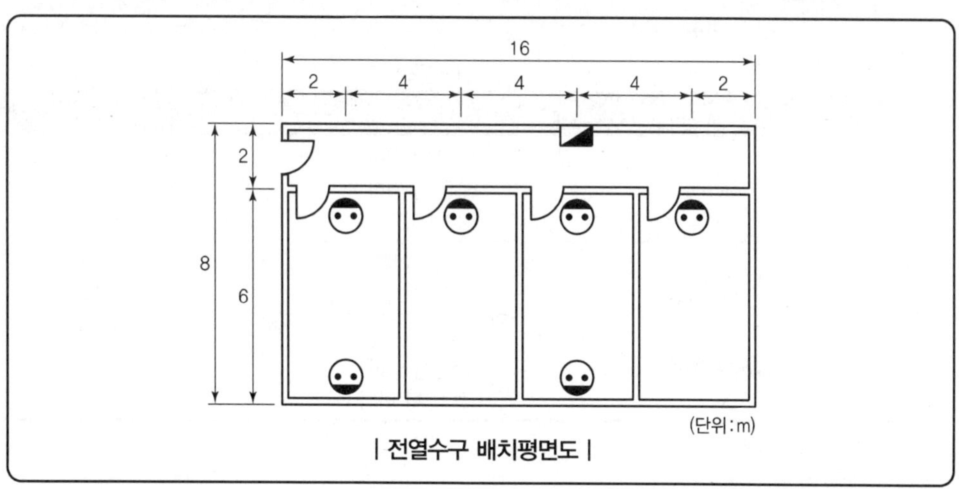

| 전열수구 배치평면도 |

1 최단거리 배관배선도

2 소요 전선관 길이

해답 바닥은 배선으로 분기회로 1회이다. 모든 배관은 1회로로 한다.

1

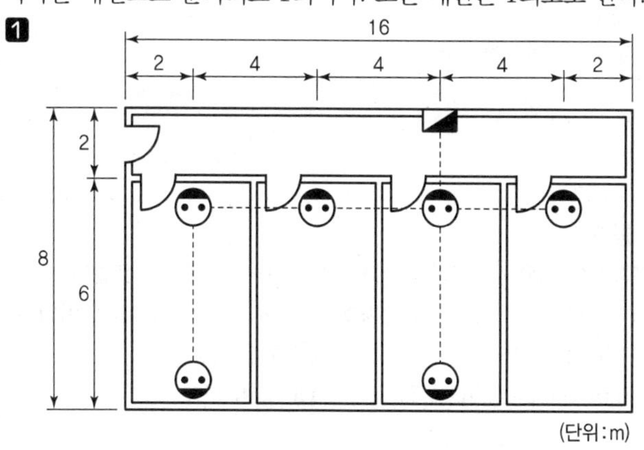

2 • 바닥매입 배관길이 : $6\times2+4\times3+2=26$[m]
• 분전반에서 바닥까지 배관길이 : 1.2[m]
• 콘센트에서 바닥까지 배관길이 : $0.3\times11=3.3$[m]
∴ 소요 전선관 길이 : $26+1.2+3.3=30.5$
답 30[m]

05 다음 물음을 읽고 답하시오.(단, 금액 계산 시 1원 미만은 버리고 필요시는 참고 자료를 이용하며, 공구 손료는 전기 공사 표준 품셈에 명시된 최대 요율을 적용할 것)

선로 개폐기 레버형 3상 800[A] 1대를 주상에 가대를 설치하고 시설하려 한다. 이때의 소요 인공과 공구손료를 구하시오.(단, 소단위 공사 할증은 무시한다. 해당되는 노임 단가는 15,860[원]이다.)

| 단로기 | (개당)

종별	용량	배전 전공
DS 훅형(1P)	400[A] 이하 800[A] 이하 1,200[A] 이하	0.80 1.00 1.20
FDS (1P)	30[A] 이하 200[A] 이하	0.80 1.00
LS 레버형(3P)	400A] 이하 800[A] 이하 1,200[A] 이하	4.80 5.00 5.30

① 1P는 3P의 40[%]
② 2P는 3P의 70[%]
③ 인터럽터 SW는 레버형에 준함
④ 철거 50[%]
⑤ 주상 설치 120[%]
⑥ 가대 설치 시는 개당 1.5[인] 가산하며, 인터럽터 SW의 가대 설치는 별도 계상
⑦ 리드선 압축 접속은 별도 계상
⑧ 부하 개폐기는 LS Level형에 준함(퓨즈부 공용)

1 인공
2 공구손료

해답 **표준 품셈(단로기) 참고**
LS LEVER형 3상(3P) 800[A] 기본품 개당 배전전공 5[인], 주상설치 해설 ⑤의 120[%] 가대설치, 해설 ⑥의 개당 1.5[인] 가산을 적용한다. 공구손료는 직접노무비의 3[%]이다.
1 계산 : $5\times1.2+1.5=7.5$[인] 답 7.5[인]
2 계산 : $7.5\times15,860\times0.03=3,568.5$[원] 답 3,568[원]

06 22,900[V] 3상 4선식 배전선로의 표준 장주를 다음 자재를 참고로 하여 답안지에 그리시오. (단, 장주도에서 다음의 치수는 반드시 표시되어야 한다.)

- 지지물이 땅에 묻히는 깊이
- 최초 발판못의 지표상의 높이
- 중성선의 지표상의 높이
- 전압선용 완금과 랙의 거리

| 장주에 필요한 자재 |

품명	규격	단위	수량	품명	규격	단위	수량
철근콘크리트주	10[m]	본	1	볼트	Φ16×60	개	2
핀애자	23[kV]	개	3	볼트	Φ16×230	개	1
암타이	900[mm]	개	2	근가블록	1.2[m]	개	1
밴드	암타이용	개	1	U볼트	근가용	개	1
완금	90×90×2,400[mm]	개	1	발판못	–	개	5
랙	랙용	개	1				

해답 주자재가 완금 1개, 핀애자 3개만 주어졌기 때문에 10° 미만에 시설하는 직선주이다.

① 완철은 말구의 250[mm] 하부에 설치한다.

② 중성선은 완철의 900[mm] 하부에 설치한다.

③ 최초 발판못의 지표상 높이는 1,800[mm] 지점에 설치한다.

④ 지지물이 땅에 묻히는 깊이는 전장이 10[m]이므로 $\frac{1}{6}$을 묻는다.

$\therefore 10{,}000 \times \frac{1}{6} = 1{,}666.6$이므로 1,700[mm]를 묻는다.

⑤ 중성선의 지표상 높이 : $[10{,}000-(250+900+1{,}700)]=7{,}150$[mm]

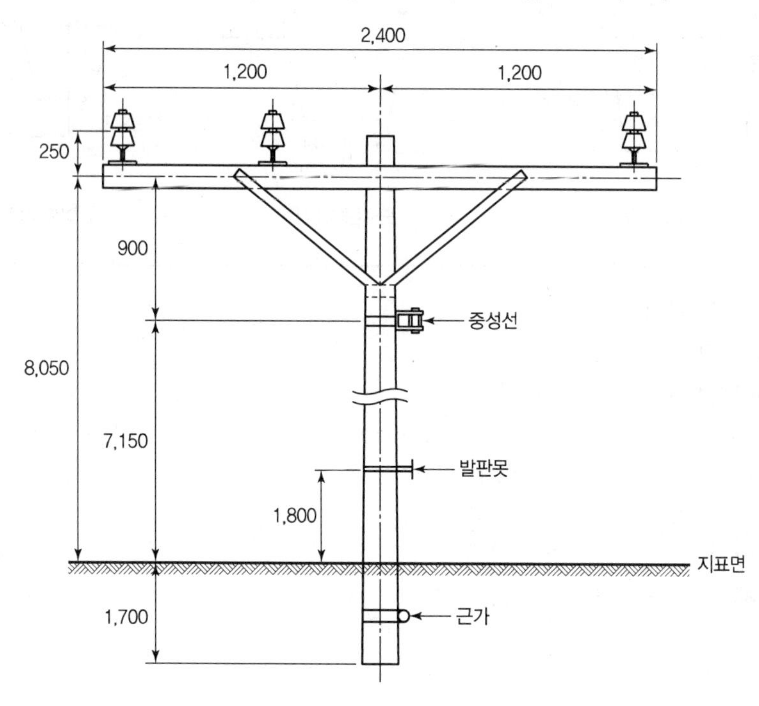

07 그림은 특고압가공전선로 일부의 평면도이다. ①~⑤의 명칭을 정확히 쓰시오.

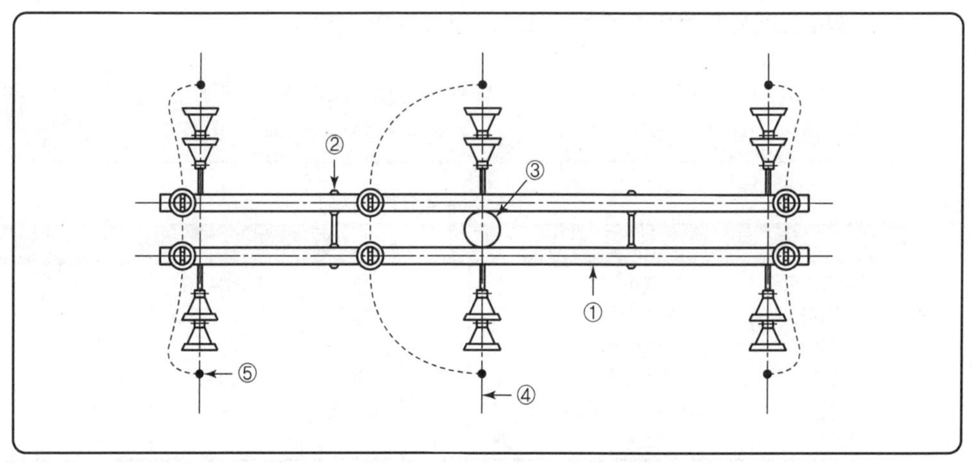

해답 ① 배전용 완철　　② 머신볼트
③ 완금밴드　　④ 가공전선
⑤ 활선용 커넥터

08 다음 그림의 터파기 계산방법을 수식으로 적어라.

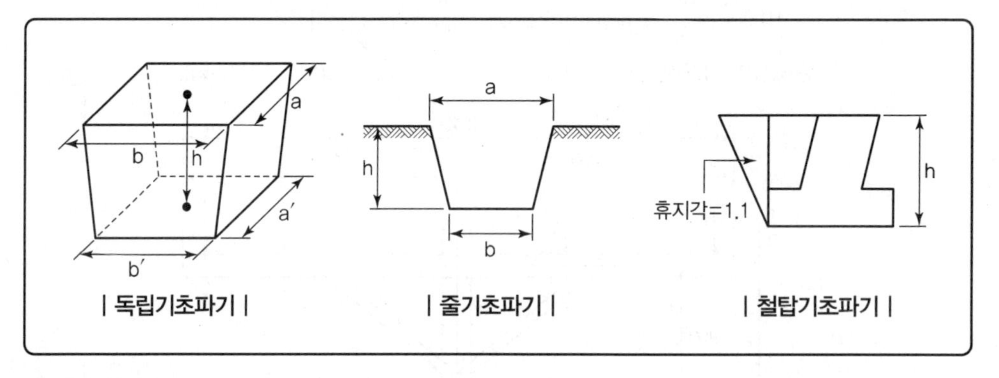

| 독립기초파기 |　| 줄기초파기 |　| 철탑기초파기 |

1. 독립기초파기
2. 줄기초파기
3. 철탑기초파기

해답 1. $\frac{h}{6}[(2a+a')b+(2a'+a)b'][m^3]$

2. $\left(\frac{a+b}{2}\right)h\times$줄기초길이$[m^3]$

3. 가로×세로×$h\times1.1^2[m^3]$

09 품에서 규정된 소운반이라 함은 무엇을 뜻하는가?

해답 평지는 수평거리 20[m] 이내 운반을 말하고, 경사지 운반은 직고 1[m]에 수평거리 6[m] 비율 이내를 말한다.

10 단면적 330[mm²]인 154[kV] ACSR 송전선로 10[km] 2회선을 가선하기 위한 직접노무비 계를 자료를 이용하여 구하시오.

- 송전선은 수직배열하여 평탄지 기준이며 장비비는 고려하지 않음
- 정부노임 단가에서 전기공사기사는 64,241[원], 특별인부 233,000[원], 송전전공 73,930[원]이다.
- 소수점 이하는 버리고 계산과정을 모두 쓸 것

| 송전선 가선 |

[km]당

공종	전선규격	기사	송전전공	특별인부
연선	ACSR 610[mm²]	1.51	22.4	33.5
	410	1.47	21.8	32.7
	330	1.44	21.4	32.1
	240	1.37	20.4	30.5
	160	1.30	19.4	29.0
	95	1.12	16.8	26.8
긴선	ACSR 610[mm²]	1.14	17.3	24.7
	410	1.12	16.8	24.1
	330	1.09	16.4	23.7
	240	1.04	15.7	22.5
	160	0.97	14.9	21.4
	95	0.93	14.4	19.8

① 1회선(3선) 수직 배열 평탄지 기준
② 수평배열 120[%]
③ 2회선 동시 가선은 180[%]
④ 특수 개소는 (장경간) 별도 가산
⑤ 장비(Engine Wintch) 사용료는 별도 가산
⑥ 철거 50[%]
⑦ 장력 조정품 포함

해답 표준 품셈(송전선 가선) 참고

(1) 연선작업(2회선 동시 작업이므로 해설 ③에서 180[%] 적용)

- 기사 : 10×1.44×1.8×64,241=1,665,126.72
- 송전전공 : 10×21.4×1.8×73,930=28,477,836
- 특별인부 : 10×32.1×1.8×233,000=134,627,400
- 소계 : 1,665,126.72+28,477,836+134,627,400=164,770,362.72

(2) 긴선작업

- 기사 : 10×1.09×1.8×64,241=1,260,408.42
- 송전전공 : 10×16.4×1.8×73,930=21,824,136
- 특별인부 : 10×23.7×1.8×233,000 = 99,397,800
- 소계 : 1,260,408.42+21,824,136+99,397,800=122,482,344.42

(3) 직접노무비계 : 164,770,362.72+122,482,344.42=287,252,707.14[원]

답 287,252,707[원]

11 다음 22.9[kV] 배전선로에서 애자를 노후로 인하여 교체하는 경우 총 인건비(직접노무비, 간접노무비 포함)가 얼마인지 자료를 이용하여 구하시오.

- 간접노무비는 15[%]로 계산한다.
- 노임단가는 배전전공 15,860[원], 보통인부 6,520[원]이다.
- 인공을 산출하고 이를 합계한 후 노임단가를 적용하여 원까지만 구하고 소수점 이하는 버린다.

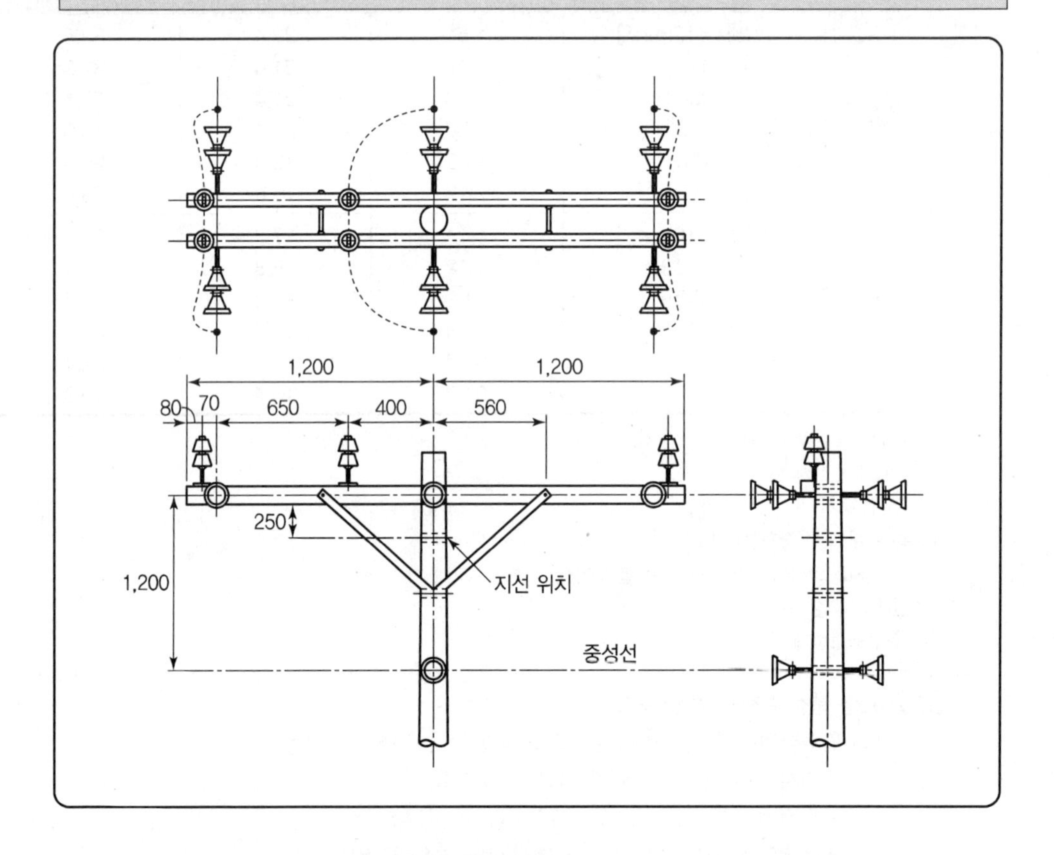

| 배전용애자 및 랙(Rack) 신설 | (개당).

종별	배전전공	보통인부
특고압용 핀애자	0.064	0.126
고압 및 특고압 현수애자	0.065	0.05
고압용 핀애자	0.044	–
인류애자	0.056	–
내장애자	0.035	0.083
저압용 핀애자	0.034	–
저압용 인류애자	0.044	–
랙 1선용	0.125	–
랙 2선용	0.20	–
랙 3선용	0.275	–
랙 4선용	0.350	–

① 애자 철거 50[%](재사용 80[%])
② 애자 교환 또는 갈아 끼우기 : 150[%]
③ 인류애자는 다대애자를 고친 것임
④ 애자 닦기
- 주상(탑상) 손 닦기 : 신설품의 50[%]
- 주상(탑상) 기계 닦기 : 기계 손료만 계상(인건비 포함)
- 발췌 손 닦기는 신설품의 170[%]

⑤ 특고압용 라인포스트애자 취급품은 특고압용 핀애자 취급품에 준함
⑥ 랙 철거는 이 품의 30[%](재사용 50[%])를 적용함

해답 **표준 품셈(애자 및 랙 신설) 참고**

특고압 핀애자 기본품 개당 배전전공 0.064[인], 보통인부 0.126[인]
특고압 현수애자 기본품 개당 배전전공 0.065[인], 보통인부 0.05[인]
철거 해설 ①의 150[%]를 적용하면
계산 :
- 특고압 핀애자
  배전전공 : 6×0.064×1.5=0.576[인]
  보통인부 : 6×0.126×1.5=1.134[인]
- 현수애자
  배전전공 : 14×0.065×1.5=1.365[인]
  보통인부 : 14×0.05×1.5=1.05[인]
- 직접노무비
  배전전공 : (0.576+1.365)×15,860=30,784[원]
  보통인부 : (1.134+1.05)×6,520=14,239[원]
  소계 : 30,784+14,239=45,023[원]
- 간접 노무비 : 45,023×0.15=6,753.45=6,753[원]
- 총 인건비 : 45,023+6,753=51,776[원]

답 51,776[원]

12 물가변동으로 인한 공사비 변경이다. 괄호 안에 답하시오.

공사 계약을 체결한 날로부터 (   )일 이상 경과하고 동시에 재정경제부령이 정하는 바에 의하여 산출된 중복조정률 또는 지수조정률이 (   )분의 (   ) 이상 증감된 때 시행하는 공사비 변경을 말한다.

해답 ① 계약체결 후 90일 이상 경과하고 노임 및 물가변동으로 인하여 당초 계약금액의 100분의 3 이상 증감되었을 경우

② 당해 공사의 설계변경으로 공사계약금액(자재대를 포함한다)이 당초 금액보다 10[%] 이상 증감된 경우. 다만, 물가변동으로 인하여 공사계약금액이 조정된 경우는 제외한다.

답 90, 100, 3

13 가로등용 기초를 설치하기 위하여 다음의 그림과 같이 굴착을 해야 한다. 이때의 터파기량은 몇 [m³]인가?(단, 소수 셋째 자리에서 반올림할 것)

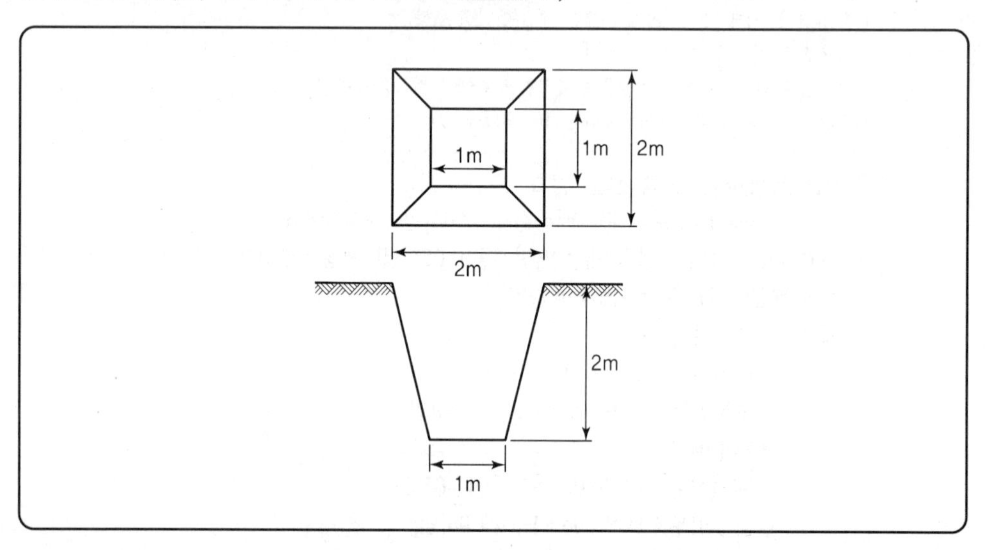

해답 터파기량 $V : \frac{h}{6}[(2a+a')b+(2a'+a)b']$ [m³]

여기서, $h=2$,

$a=b=2$

$a'=b'=1$

계산 : $V=\frac{2}{6}[(2\times2+1)\times2+(2\times1+2)\times1]=4.666$

답 4.67[m³]

14 ACSR 38[mm²] 전선으로 전력을 공급하는 긍장 1[km]인 3상 2회선의 배전선로를 포설하기 위한 직접인건비 계는 얼마인가?(단, 노임단가 배전전공은 35,000[원], 보통인부는 25,000[원]이다.)

| 배전선 가선 | (100[m]당)

구분	규격	보통인부	배전전공
나동선	14[mm²] 이하	0.10	0.20
	22[mm²] 이하	0.16	0.32
	30[mm²] 이하	0.20	0.40
	38[mm²] 이하	0.26	0.52
	60[mm²] 이하	0.38	0.76
	100[mm²] 이하	0.54	1.08
	150[mm²] 이하	0.66	1.32
	200[mm²] 이하	0.72	1.44
	200[mm²] 초과	0.76	1.52
ACSR ASC	38[mm²] 이하	0.30	0.60
	58[mm²] 이하	0.44	0.88
	95[mm²] 이하	0.64	1.28
	160[mm²] 이하	0.78	1.56
	240[mm²] 이하	0.9	1.8

① 이 품은 1선당 수작업으로 연선, 긴선, 이도 조정품 포함
② 애자에 묶는 품 포함
③ 피복선 120[%]
④ 기설 선로 상부 가설 120[%]
⑤ 장력 조정만 할 시 20[%]
⑥ 철거 50[%], 재사용 80[%]
⑦ 가공 지선 80[%]
⑧ 재사용 전선 110[%]
⑨ [m]당으로 환산 시는 본품을 100으로 나누어 산출
⑩ 22[kV], 66[kV] HDCC 송전선 1회선 기선품은 본 품의 300[%]
⑪ 660[kV] HDCC 송전선 가선은 송전 전공이 시공한다.

해답 표준 품셈(배전선 가선) 참고

ACSR 38[mm²] 기본품 100[m]당 배전전공 0.6[인], 보통인부 0.3[인], 3상 2회선 1[km]로 전체길이가 6[km]이므로 수량은 6,000[m]이다.

계산 : • 배전전공 : $\frac{6,000}{100} \times 0.6 = 36$[인]

• 보통인부 : $\frac{6,000}{100} \times 0.3 = 18$[인]

• 직접노무비 : 36×35,000+18×25,000=1,710,000[원]

답 1,710,000[원]

15 장주공사의 ㄱ형 완금에는 어떤 규격이 있는지 5가지를 쓰시오.

해답 ① 900[mm]
② 1,400[mm]
③ 1,800[mm]
④ 2,400[mm]
⑤ 2,600[mm]

16 장주에 경완금을 사용하고, 취부에 각암타이를 사용한 경우이다. 그림에 표시된 ①~⑦의 자재명을 쓰시오.

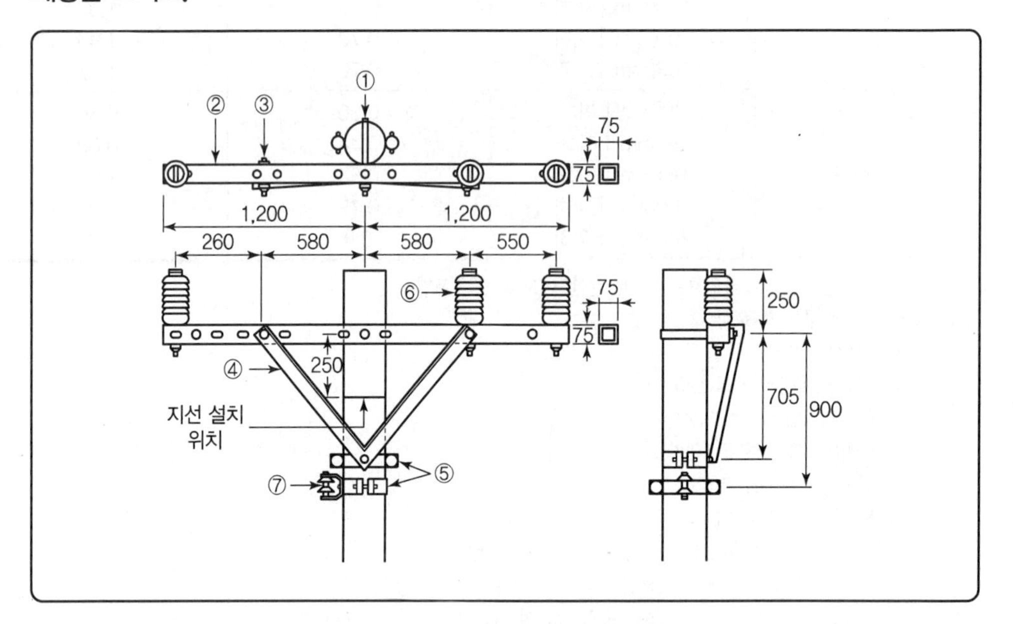

해답 이론 '특고압 가공전선로의 각부 명칭' 참고
① 완철용 U볼트
② 경완금(경완철)
③ 머신볼트
④ 각암타이
⑤ 암타이밴드
⑥ 특고압 핀애자
⑦ 인류애자

17 철거손실률에 대하여 설명하시오.

해답 전기설비 공사에서 철거 작업 시 발생하는 폐자재를 환입할 때 재료의 파손, 손실, 망실 및 일부 부식 등에 의한 손실률이다.

18 3상 4선식 선로의 각도주이다. 도면에 표시된 번호의 자재명칭을 쓰시오.

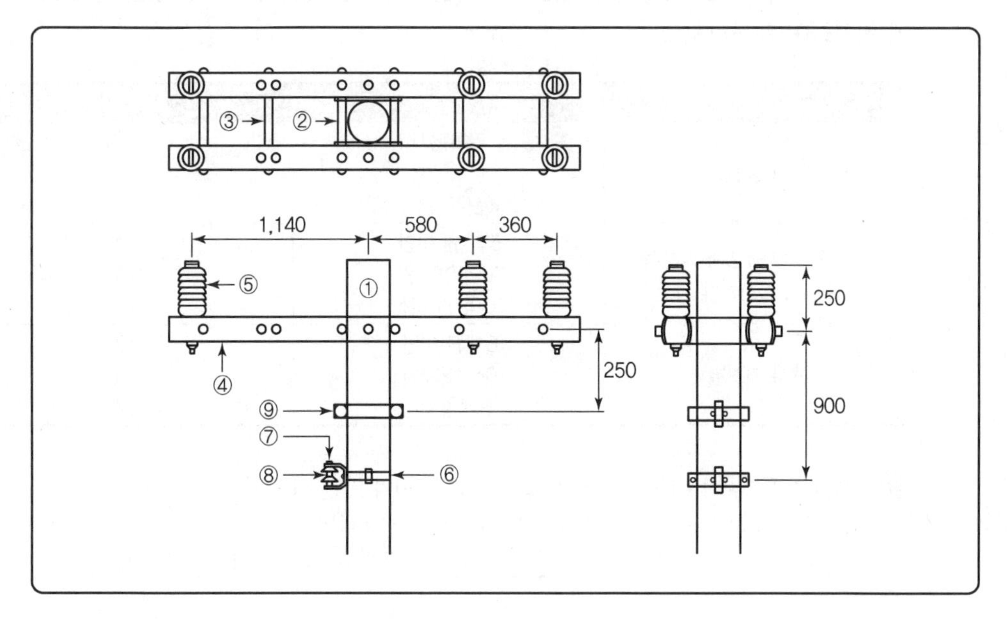

해답 ① 콘크리트주 ② 완금밴드
③ 머신볼트 ④ 배전용 완철
⑤ 특고압 핀애자 ⑥ 랙밴드
⑦ 랙(래크) ⑧ 인류애자
⑨ 지선밴드

19 부가가치세는 무엇의 10[%]인가?

해답 총(공사)원가

20 총 공사비가 29억 원이고, 공사기간이 11개월인 전기공사의 간접노무비율[%]을 참고 자료에 의거하여 계산하시오.

구별		간접노무비율[%]
공사 종류별	건축공사	14.5
	토목공사	15
	기타(전기, 통신 등)	15
공사 규모별 품셈에 의하여 산출되는 공사원가 기준	5억 원 미만	14
	5~30억 원	15
	30억 원 이상	16
공사 기간별	6개월 미만	13
	6~12개월	15
	12개월 이상	17

해답 표에서 전기공사 : 15[%], 공사비 29억이므로 30억 미만 : 15[%]

공사기간 11개월이므로 12개월 미만 : 15[%]를 적용하면

$$\therefore \text{간접노무비율} = \frac{\text{전기공사비율}[\%] + \text{공사규모비율}[\%] + \text{공사기간비율}[\%]}{3}[\%]$$

$$\text{계산} : \frac{15+15+15}{3} = 15[\%]$$

답 15[%]

21 다음 도면은 어느 상점 옥내의 전등 및 콘센트배선 평면도이다. 주어진 조건을 읽고 답란(①~⑳)의 빈칸을 채우시오.

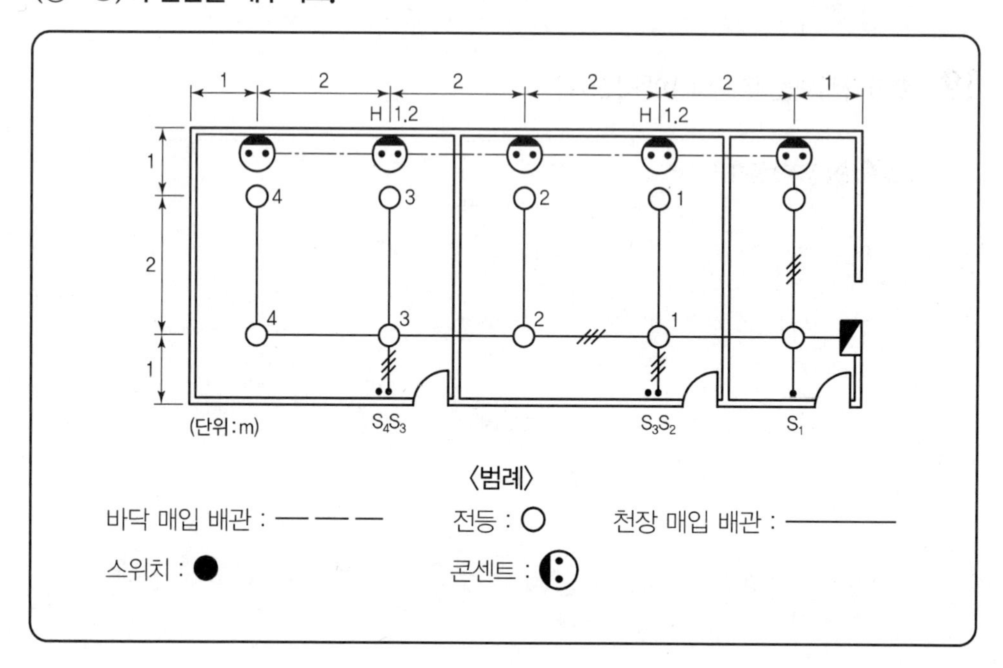

[유의사항]

- 바닥에서 천장 슬래브까지 높이는 2.5[m]임
- 전선은 600[V] IV 전선으로 전등, 전열 1.6[mm]임
- 전선관은 후강전선관을 이용하고 특기 없는 것은 16[mm]임
- 4조 이상의 배관과 접속되는 박스는 4각 박스를 사용한다. 단, 콘센트 전부 4각 박스를 사용한다.
- 스위치 설치높이는 1.2[m]임(바닥에서 중심까지)
- 특기 없는 콘센트의 설치높이는 0.3[m]임(바닥에서 중심까지)
- 분전반의 설치높이는 1.8[m]임(바닥에서 중심까지). 단, 바닥에서 하단까지는 0.5[m]를 기준으로 한다.

[재료산출 조건]

- 분전반의 내부에서 배선여유는 전선 1본당 0.5[m]로 한다.
- 자재산출 시 산출수량과 할증수량은 소수점 이하로 기록하고, 자재별 총수량(산출량+할증수량)은 소수점 이하는 반올림한다.
- 배관 및 배선 이외의 자재는 할증을 보지 않는다. 배관 및 배선의 할증은 10[%]로 본다.

[인공산출 조건]

- 재료의 할증분에 대해서는 품셈을 적용하지 않는다.
- 소수점 이하 한 자리까지 계산한다.
- 품셈은 다음 표의 품셈을 적용한다.

자재 및 규명	단위	내선전공
후강전선관 16[mm]	m	0.08
관내배선 5.5[mm^2]	m	0.01
매입스위치	개	0.056
매입 콘센트 2[P], 15[A]	개	0.056
아웃렛 박스 4각	개	0.12
아웃렛 박스 8각	개	0.12
스위치 박스 1개용	개	0.2
스위치 박스 2개용	개	0.2

자재명	규격	단위	산출 수량	할증 수량	총수량 (산출수량+할증수량)	내선전공[인] 수량×인공수
후강전선관	16[mm]	m	①		③	⑭
600[V] 비닐절연전선	2.0[mm]	m	②		④	⑮
스위치	300[V], 10[A]	개			⑤	⑯
스위치 플레이트	1개용	개			⑥	
스위치 플레이트	2개용	개			⑦	
매입 콘센트	300[V], 15[A] 2개용	개			⑧	⑰
4각 박스		개			⑨	⑱
8각 박스		개			⑩	
스위치 박스	1개용	개			⑪	⑲
스위치 박스	2개용	개			⑫	⑳
콘센트 플레이트	2개구용	개			⑬	

해답 시설 조건대로 인하, 상승 배관을 그리면 다음과 같다.

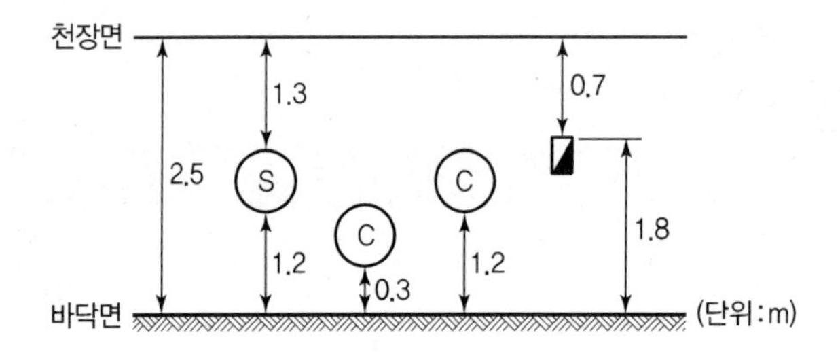

계산 : ① 16[mm] 후강전선관 길이는

$2\times13+1\times5+1.3\times3(S)+2.2(C)+0.7(분)+0.3\times4(C)+1.2\times4(C)=43.8[m]$

여기서, S : 스위치, C : 콘센트, 분 : 분전반

답 43.8[m]

② 600[V] 2.0[mm] 비닐절연전선의 길이는

$2\times28+1\times12+1.3\times8(S)+2.2\times2(C)+0.7\times2(분)+0.5\times2(분여)$

$+0.3\times8(C)+1.2\times8(C)=97.2[m]$

여기서, 분여 : 분전반여유

답 97.2[m]

③ $43.8+4.38=48.18$

답 48[m]

④ $97.2+9.72=106.92$

답 107[m]

⑤ 모두 단극 스위치이다.

답 5[개]

⑥ 답 1[개]

⑦ 답 2[개]

⑧ 답 5[개]

⑨ 콘센트 박스 4각이고 4분기 4각이므로 5+3=8[개]이다.

답 8[개]

⑩ 전등 박스가 8각이므로 10[개]에서 4분기 4각 3개가 제외되므로 10−3=7[개]이다.

답 7[개]

⑪ 답 1[개]

⑫ 답 2[개]

⑬ 콘센트가 5개이므로 콘센트 덮개 5[개]이다.

답 5[개]

⑭ 인공산출조건과 ②번을 참고할 것

43.8×0.08=3.504

답 3.5[인]

⑮ 인공산출조건과 ②번을 참고할 것

97.2×0.01=0.972

답 0.9[인]

⑯ 5×0.056=0.28

답 0.2[인]

⑰ 5×0.056=0.28

답 0.2[인]

⑱ 8×0.12=0.96

답 0.9[인]

⑲ 1×0.2=0.2

답 0.2[인]

⑳ 2×0.2=0.4

답 0.4[인]

22 송전설계에 있어서 다음과 같은 철탑 기초의 굴착량을 산출하려고 한다. 이 철탑의 굴착량은 얼마인가?

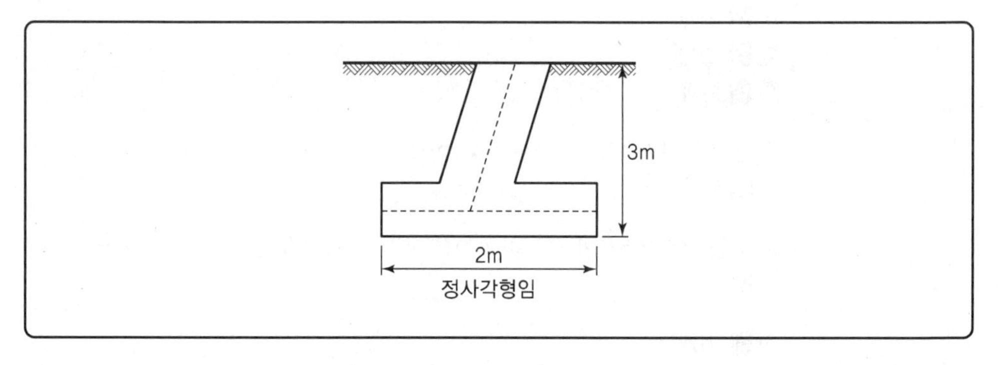

해답 철탑굴착량=가로×세로×높이×1.21[m³]

여기서, 가로=세로=2[m], 높이=3[m]

계산 : 2×2×3×1.21=14.52

답 14.52[m³]

23 공사원가라 함은 무엇인가 답하시오.

해답 공사시공과정에서 발생한 재료비, 노무비, 경비의 합계액을 말한다.

24 송전선로에서 단면적 330[mm²]인 154[kV] 강심알루미늄연선 20[km] 2회선을 가선하기 위한 간접노무비계를 잘 이해하여 정확히 구하시오.

[조건]

- 송전선은 수평 배열이고 장력 조정까지 하며 장비비는 제외할 것
- 정부노임단가에서 전기공사기사는 40,000[원], 송전전공은 32,650[원], 특별인부는 33,500[원]이다.
- 계산과정을 모두 쓰고 소수점 이하는 버릴 것

| 송전선 가선 |

([km]당).

공종	전선규격	기사	송전전공	특별인부
연선	ACSR 610[mm²]	1.51	22.4	33.5
	410	1.47	21.8	32.7
	330	1.44	21.4	32.1
	240	1.37	20.4	30.5
	160	1.30	19.4	29.0
	95	1.12	16.8	26.8
긴선	ACSR 610[mm²]	1.14	17.3	24.7
	410	1.12	16.8	24.1
	330	1.09	16.4	23.7
	240	1.04	15.7	22.5
	160	0.97	14.9	21.4
	95	0.93	14.4	19.8

① 1회선(3선) 수직 배열 평탄지 기준
② 수평배열 120[%]
③ 2회선 동시 가선은 180[%]

해답 1. 표준 품셈(송전선 가선) 참고
330[mm²] 연선, 긴선작업 기본품을 적용하고 해설 ②번 수평배열 120[%], 해설 ③번 2회선 동시 180[%]를 적용한다.

2. 간접노무비는 전기공사 간접노무비율 15[%]를 적용한다(공사기간, 공사규모가 없으므로)

계산 : (1) 기사 : 20×(1.44+1.09)×1.2×1.8×40,000=4,371,840[원]

답 4,371,840[원]

(2) 송전전공 : 20×(21.4+16.4)×1.2×1.8×32,650=53,136,144[원]

답 53,136,144[원]

(3) 특별인부 : 20×(32.1+23.7)×1.2×1.8×33,500=80,753,700[원]

답 80,753,760[원]

(4) 간접노무비 : (4,371,840+53,136,144+80,753,760)×0.15=20,766,261.6

답 20,766,261[원]

25 주어진 물가자료표에 의거하여 다음 물음에 답하시오.

| 전기나동선 |

(단위 : [m])

품명	단면적	가격	품명	단면적	가격
°경동선	[mm²]	원	°연동선	[mm²]	원
1.0[mm]	0.875	27	1.0	0.285	27
1.2	1.131	41	1.2	1.131	41
1.6	2.011	76	1.6	2.011	76
2.0	3.142	116	2.0	3.142	116
2.3	4.155	142	2.3	4.155	142

| PE절연 비닐 외장(EV) | (단위 : [m])

품명	가격
°600[V]	원
3심 2.0[mm²]	665
3.5	791
5.5	1,121
8.0	1,465
14	2,120
22	3,173
30	4,000

| 가교 PE절연 비닐 외장(CV) | (단위 : [m]).

품명	가격
°600[V]	원
3심 2.0[mm²]	595
3.5	832
5.5	1,241
8.0	1,625
14	2,352
22	3,332
30	4,208

1 경동선 2.0[mm], 2[km]와 연동선 2.0[mm], 2[km]의 구입비[원]는?

2 AC 440[V] 3상 3선식 동력배선에 3C 22[mm²] 케이블 150[m]를 구입하려고 한다. EV(PE절연비닐 시즈케이블)와 CV(가교 PE절연 외장 케이블) 중 어떤 케이블을 사용하며 구입가는 얼마나 경감되는가?

해답 1 전기나동선에서 경동선 2.0[mm] [m]당 116[원], 연동선 2.0[mm] [m]당 116[원]이고 [m]당 가격이므로 2,000[m]씩 구입한다.

계산 : 2,000×116+2,000×116=464,000[원]

답 464,000[원]

2 EV 22[mm²] [m]당 3,173[원], CV 22[mm²] [m]당 3,332[원]이고 150[m]씩 구입하여 CV 가격에서 EV 가격의 차를 구한다.

계산 : (150×3,332)−(150×3,173)=23,850[원]

답 케이블 : EV, 경감액 : 23,850[원]

26 공사원가라 함은 공사시공과정에서 발생한 무엇의 합계액을 말하는가?

해답 재료비, 노무비, 경비

27 □75×75×3.2×2,400의 규격은 장주공사에 사용하는 어떤 자재명인가?

해답

완금종류	용도	규격(가로×세로×두께×길이)
경완금	배전용(6종) (1400s와 1800s는 직선핀 장주개소 및 COS 완철용으로 사용)	75×45×2.3×900[mm]
		75×45×2.3×1,400[mm]
		75×75×2.3×1,400[mm]
		75×45×3.2×1,800[smm]
		75×75×3.2×1,800[mm]
		75×75×3.2×2,400[mm]

답 경완금 또는 경완철

28 설계서의 작성 순서에서 변경설계를 하려고 한다. 괄호 안에 알맞은 말은?

> 표지 – 목차 – (　　　　) – 일반시방서 – 특별시방서 – 예정공정표 – 동원인원 계획표 – 내역서 – 이하 생략

해답 변경설계 작성순서

표지 – 목차 – 변경이유서 – 일반시방서 – 특별시방서 – 예정공정표 – 동원인원계획표 – 내역서 – 일위대가표 – 자재표 – 중기사용료 및 잡비계산서 – 수량계산서 – 설계도면

답 변경이유서

29 견적 순서를 발주자 및 수주자 입장에서 작성해 보면 다음의 흐름도와 같다. 빈칸 ①~⑤에 알맞은 답을 써넣으시오.

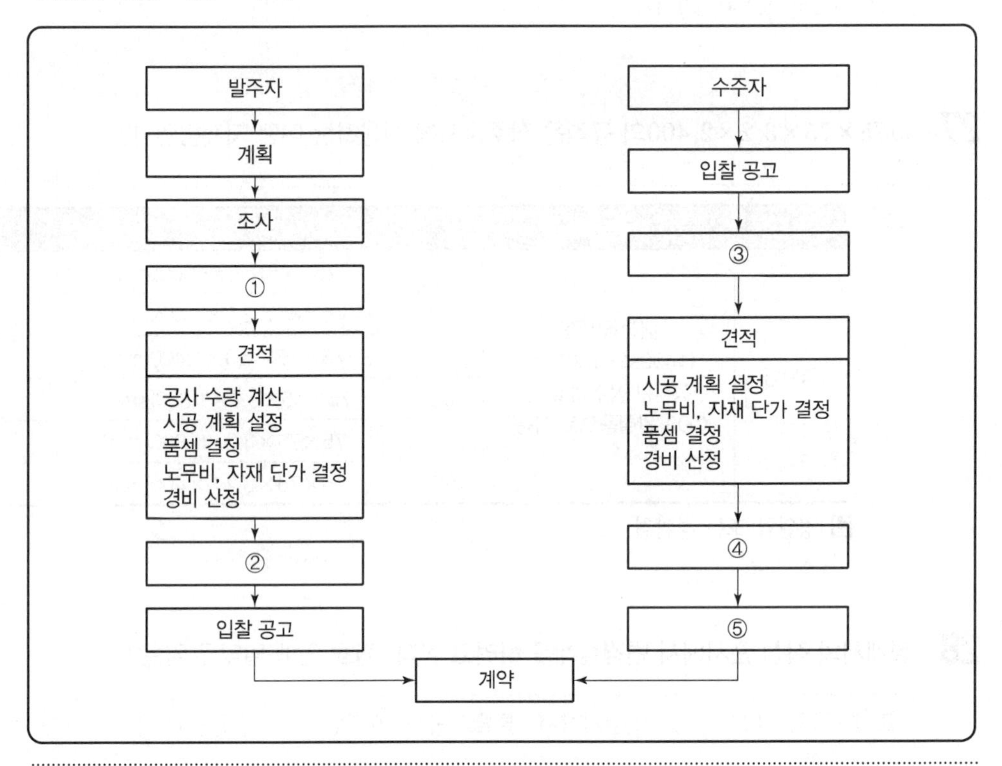

해답 ① 설계
② 예정가격 결정
③ 현장설명
④ 견적가 결정
⑤ 입찰

30 표준 품셈에서 옥외전선의 할증률은 몇 [%] 이내로 하여야 하는가?

해답 ① 옥내전선 : 10[%]
② 옥외전선 : 5[%]
답 5[%]

31 전기공사의 물량 산출 시 일반적으로 다음과 같은 재료는 몇 [%]의 할증률을 계상하는지 빈칸에 써 넣으시오.

종류	할증률[%]
옥외전선	
옥내전선	
케이블(옥외)	
케이블(옥내)	
전선관	

해답

종류	할증률[%]
옥외전선	5[%]
옥내전선	10[%]
케이블(옥외)	3[%]
케이블(옥내)	5[%]
전선관	10[%]

32 건설기술관리법에서 정하는 시방서의 종류 3가지를 쓰시오.

해답 ① 표준시방서 : 시설물의 안전 및 공사시행의 적정성과 품질확보 등을 위하여 시설별로 정한 표준적인 시공기준으로서 발주청 또는 설계 등 용역업자가 공사시방서를 작성하는 경우에 활용하기 위한 시공기준을 말한다.

② 전문시방서 : 시설물별 표준시방서를 기본으로 모든 공종을 대상으로 하여 특정한 공사의 시공 또는 공사시방서의 작성에 활용하기 위한 종합적인 시공기준을 말한다.

③ 공사시방서 : 공사별로 건설공사 수행을 위한 기준으로서 계약문서의 일부가 되며, 설계도면에 표시하기 곤란하거나 불편한 내용과 당해 공사의 수행을 위한 재료 공법, 품질시험 및 검사 등 품질관리 안전관리계획 등에 관한 사항을 기술하고, 당해 공사의 특수성, 지역여건 공사방법 등을 고려하여 공사별, 공종별로 정하여 시행하는 시공기준을 말한다.

답 표준시방서, 전문시방서, 공사시방서

33 그림과 같이 설치된 전주의 완금을 경완금으로 교체하려고 한다. 다음 각 물음에 답하시오.

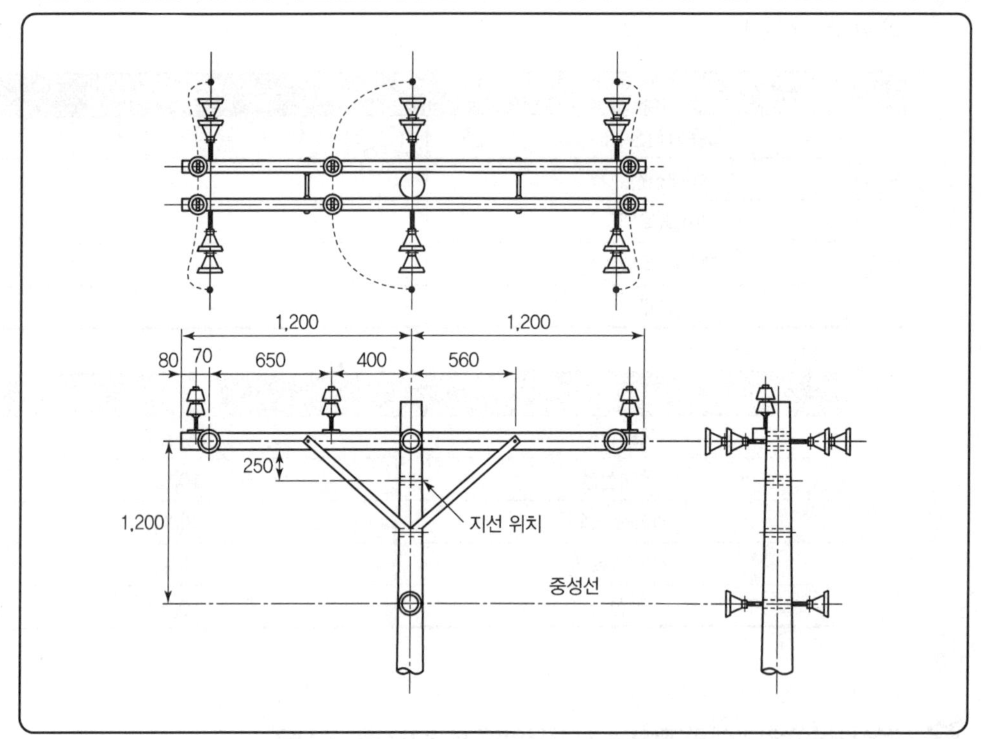

1 철거되는 자재(불필요한 자재)의 수량을 구하시오.

철거되는 자재명	수량
U －볼트(또는 머신볼트)	
암타이	
암타이밴드	
볼 클레비스	
완금	
특고압용 핀애자용 볼트 1호	
앵커쇄클	

2 추가로 소요되는 자재의 수량을 구하시오.

추가로 소용되는 자재명	수량
경완금	
완금밴드	
볼쇄클	
특고압용 핀애자용 볼트 2호	

(해답) ❶ U볼트는 완금용이므로 1개, 머신볼트(완금용)는 평면도를 보면 2개, 암타이밴드는 4방짜리 1개, 볼 클레비스, 앵커쇄클은 현수애자 1련에 1개씩이고 평면도를 보면 6개련이므로 6개씩이다. 핀애자볼트는 핀애자 1개에 1개씩이므로 평면도를 보면 6개이다.

철거되는 자재명	수량
U－볼트(또는 머신볼트)	1(2)
암타이	4
암타이밴드	1
볼 클레비스	6
완금	2
특고압용 핀애자용 볼트 1호	6
앵커쇄클	6

❷ 완금이 2개이므로 경완금도 2개이다. 볼쇄클은 현수애자 1련에 1개씩이므로 6개이다.

추가로 소요되는 자재명	수량
경완금	2
완금밴드	1
볼쇄클	6
특고압용 핀애자용 볼트 2호	6

34 그림은 22.9[kV] 특별고압선로의 기본 장주도이다. 이 장주에 표시된 ①~④의 종류별 명칭을 구체적으로 쓰시오.

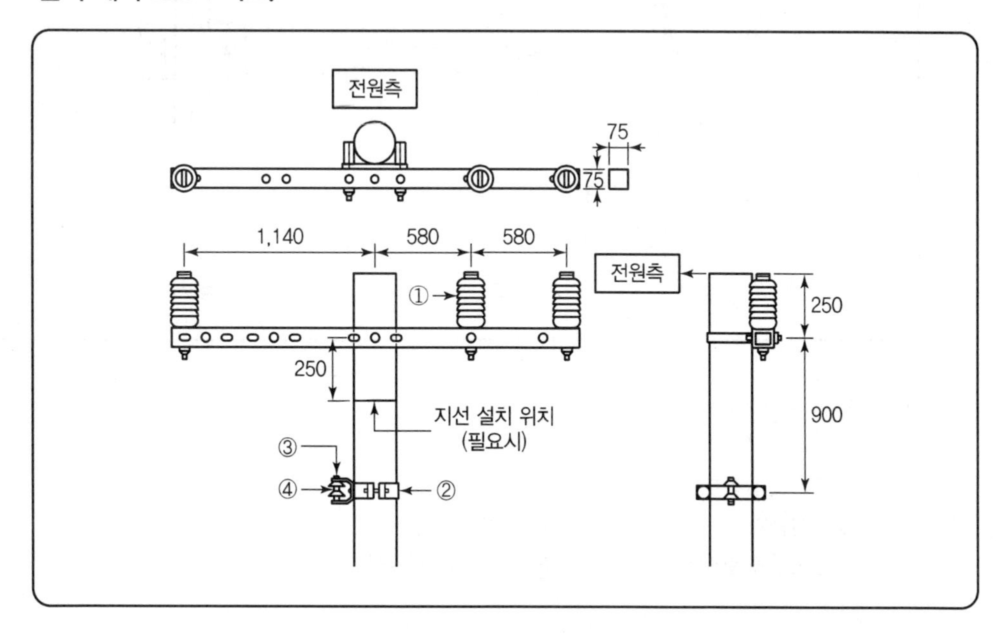

해답 ① 특고압 핀애자
② 랙 밴드
③ 랙(Rack)
④ 인류애자

35 그림은 특고압 가공전선로주이다. 번호의 명칭을 주어진 답란에 답하시오.

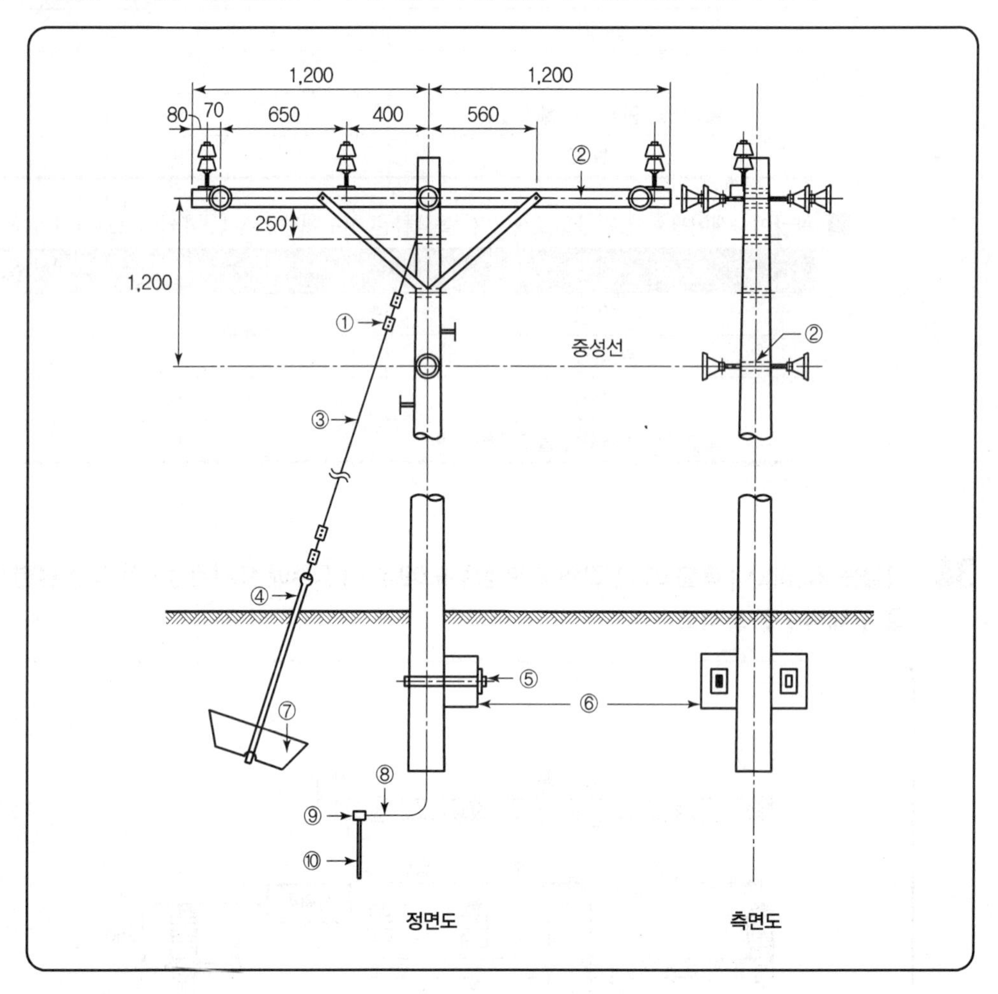

해답 ① 지선 클램프 ② 랙 밴드
③ 지선 ④ 지선로드
⑤ 근가용 U볼트 ⑥ 전주근가
⑦ 지선근가 ⑧ 접지전선(접지선)
⑨ 접지동봉 클램프 ⑩ 접지동봉(접지봉)

36 편출장주에 대하여 설명하시오.

해답 장주공사는 전주에 완금, 경완금을 부착하는 공사로서 보통장주, 창출장주, 편출장주 3가지가 있다.

답 도심지 인가밀집지역에서 건물 등 조영물과 이격거리 유지가 어려운 경우 한쪽 방향(도로쪽)으로만 돌출하여 시공하는 장주공사이다.

37 전기공사에 관한 다음 각 물음에 답하시오.

1 품에서 규정된 소운반이라 함은 몇 [m] 이내의 수평거리를 말하는가?

2 공구 손료에서 Chain Hoist, Block, Pipe Expander, Straight Edge, 절연내압시험기, 변압기, 탈기기, 자동전압조정기, Synchroscope, Potentiometer 등 특수공구 및 특수시험 검사용 기구류의 손료 산정은 어느 손료에 준하여 산정하는가?

3 20층짜리 현대식 빌딩의 옥내 조명기구로 형광등을 사용하고자 한다. 천장은 2중천장(Suspension Coil)이며 형광등은 매입으로 부착하고자 한다. 형광등 배치 위치 결정 시 고려하여야 할 천장에 부착되는 건축 설비를 4가지만 열거하시오.

4 전기공사의 물량 산출 시 건물 층수에 따라 지상층 할증이 적용된다. 2~5층 이하의 할증률은 몇 [%]를 적용하는가?

해답 1 소운반이라 함은 평지는 수평거리 20[m] 운반, 경사지는 직고 1[m]에 수평거리 6[m] 비율 이내 운반이다.

답 20[m]

2 공구손료는 일반공구 및 시험용 계측기구류의 손료

- 공사 중 상시 일반적으로 사용하는 것
- 직접노무비(노임할증 제외)의 3[%]까지 계상
- 특수공구 및 특수시험검사용 기구류의 손료 산정은 경장비 손료 적용

답 경장비 손료

3 냉난방설비, 방송설비, 자동화재탐지설비, 공기조화설비

4

구분	층별	비고
지상층 할증	• 2~5층 이하 : 1[%] • 10층 이하 : 3[%] • 15층 이하 : 4[%] • 20층 이하 : 5[%] • 25층 이하 : 6[%] • 30층 이하 : 7[%]	30층 초과층은 매 5개 층 이내 증가마다 1[%]씩 가산
지하층 할증	• 지하 1층 : 1[%] • 지하 2~5층 : 2[%]	지하 6층 이하는 1개 층 증가마다 0.2[%]씩 가산

답 1[%]

38 공구손료란 무엇인가 답하시오.

해답 일반공구 및 시험용 계측기기의 손료로서 공시 중 상시 일반적으로 사용하는 공구이다.

39 중복할증가산 요령식에 대하여 쓰시오.

해답 인분계산식 : 기본품 $\times (1+\alpha+\alpha'+\alpha''+\cdots)$ [인]

답 $1+\alpha+\alpha'+\alpha''+\cdots\cdots$

40 일반적으로 공구 손료는 직접노무비(제수당, 상여금, 또는 퇴직 급여 충당금 제외)의 몇 [%]까지 계상할 수 있는가?

해답 3[%]

41 공사원가 구성에 관하여 아래의 답안에 적당한 비목을 완성하시오.

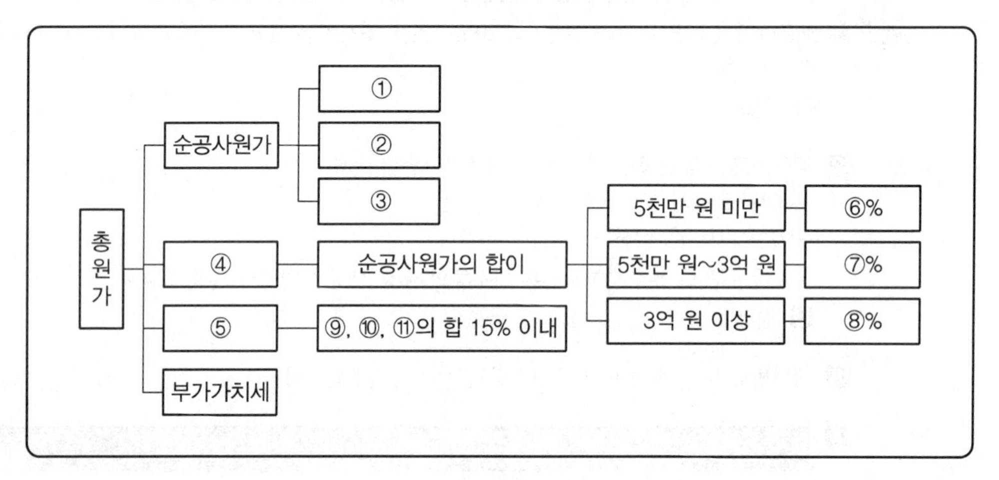

해답 ① 재료비 ② 노무비
③ 경비 ④ 일반관리비
⑤ 이윤 ⑥ 6[%]
⑦ 5.5[%] ⑧ 5[%]
⑨ 노무비 ⑩ 경비
⑪ 일반관리비

42 공사원가의 비목 5가지를 쓰시오.

해답 공사원가라 함은 공사 시공 과정에서 발생한 재료비, 노무비 경비의 합계액을 말한다.

답 직접재료비, 간접재료비, 직접노무비 간접노무비, 경비

43 재료비 60, 노무비 20, 복리후생비 1.5일 때 복리후생비율을 구하시오.

해답 복리후생비율 : $\frac{\text{복리후생비}}{\text{재료비}+\text{노무비}} \times 100[\%]$

계산 : $\frac{1.5}{60+20} \times 100 = 1.88$

답 1.88[%]

44 설계서의 작성순서에서 변경설계를 하려고 한다. 다음 (　) 안에 알맞은 용어는?

표지－목차－(　　)－일반시방서－특별시방서－(　　)－동원인원계획표－내역서－이하 생략

해답 변경설계 작성순서

표지－목차－(변경이유서)－일반시방서－특별시방서－(예정공정표)－동원인원계획표－내역서－일위대가표－자재표－중기사용료 및 잡비계산서－수량계산서－설계도면

답 변경이유서, 예정공정표

45 설계서의 작성순서에서 변경설계를 하려고 한다. 괄호 안에 알맞은 용어를 쓰시오.

표지－목차－변경이유서－(①)－특별시방서－(②)－동원인원계획표－(③)－일위대가표－(④)－중기사용료 및 잡비계산서－(⑤)－설계도면－이하 생략

해답 ① 일반시방서

② 예정공정표

③ 내역서

④ 자재표

⑤ 수량계산서

46 시방서란 어떤 문서를 말하는지 정확하게 답하시오.

해답 시방서는 설계 도면만으로 명시할 수 없는 여러 가지 사항을 명문화한 것으로서 표준시방서, 자재구입시방서, 견적시방서 등이 있다.

47 참고사항을 이용하여 다음 물음에 답하시오.

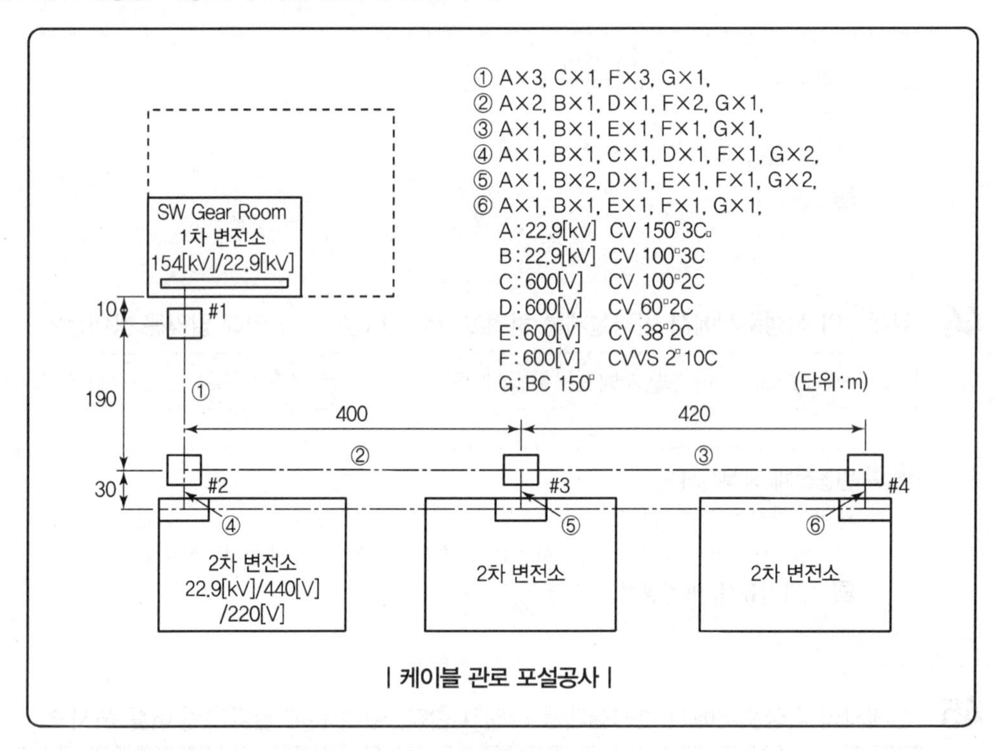

| 케이블 관로 포설공사 |

[유의사항]

- 생략된 도면과 문제지에 나타나 있지 않은 사항은 임의로 생각하지 말고 도면대로 하시오. 단, 할증 또는 규정은 문제지에 나타나 있지 않으므로 임의로 생각하지 말고 규정에 준하여 계산할 것
- 맨홀(Man Hole)과 관로는 완성되어 있다.
- 맨홀(Man Hole)에서 SW GEAR ROOM과 2차 변전소 간의 거리는 표시된 숫자만큼 계산한다.
- 케이블 수량을 구한 후 할증을 적용하여 소수점 미만은 버리시오.
- 자재 수량 산출 내역(계산 과정을 생략하지 말고 모두 쓰시오.)

번호	품명	규격	단위	수량
(가)	케이블	22.9[kV] CV 150□ 3C	[m]	
(나)	케이블	22.9[kV] CV 100□ 3C	[m]	
(다)	케이블	600[V] CV 100□ 2C	[m]	
(라)	케이블	600[V] CV 60□ 2C	[m]	
(마)	케이블	600[V] CV 38□ 2C	[m]	
(바)	케이블	600[V] CVVS 2□ 10C	[m]	
(사)	케이블	B.C. 150□ 나연동	[m]	
(아)	케이블 헤드(단말처리)	22.9[kV] CV 150□ 3C	EA	
(자)	케이블 헤드(단말처리)	22.9[kV] CV 100□ 3C	EA	

해답 (가) 200×3+400×2+420+30+30+30=1,910×1.03=1,967.3 ∴ 1,967[m]

(나) 400+420+30+30×2+30=940×1.03=968.2 ∴ 968[m]

(다) 200+30=230×1.03=236.9 ∴ 236[m]

(라) 400+30+30=460×1.03=473.8 ∴ 473[m]

(마) 420+30+30=480×1.03=494.4 ∴ 494[m]

(바) 200×3+400×2+420+30+30=1,910×1.03=1,967.3 ∴ 1,967[m]

(사) 200+400+420+30×2+30×2+30=1,170×1.03=1,205.1 ∴ 1,205[m]

(아) A케이블이 포설된 단면도를 그려본다.

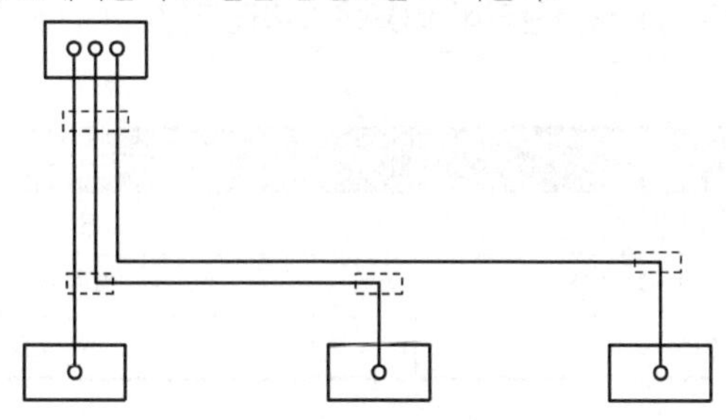

A케이블이 3심이므로 케이블 헤드는 3(단말/kit) 6개이다.

(자) B케이블이 포설된 단면도를 그려본다.

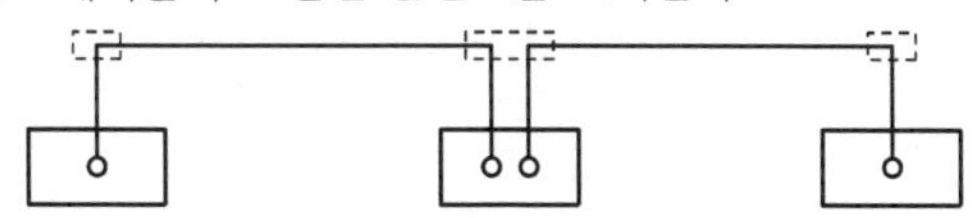

B케이블이 3심이므로 케이블 헤드는 3(단말/kit) 4개이다.

답

번호	품명	규격	단위	수량
(가)	케이블	22.9[kV] CV 150□ 3C	[m]	1,967
(나)	케이블	22.9[kV] CV 100□ 3C	[m]	968
(다)	케이블	600[V] CV 100□ 2C	[m]	236
(라)	케이블	600[V] CV 60□ 2C	[m]	473
(마)	케이블	600[V] CV 38□ 2C	[m]	494
(바)	케이블	600[V] CVVS 2□ 10C	[m]	1,967
(사)	케이블	B.C. 150□ 나연동	[m]	1,205
(아)	케이블 헤드(단말처리)	22.9[kV] CV 150□ 3C	EA	6
(자)	케이블 헤드(단말처리)	22.9[kV] CV 100□ 3C	EA	4

48 다음은 자재구입 단계별 요소들이다. 보기를 참고하여 순서대로 나열하시오.

① 원단위 산정 ② 자재계획 ③ 구매계획 ④ 재고계획

해답 ② → ③ → ① → ④

49 전기공사금액이 3억 원 미만일 때 일반관리비 비율은 얼마인가?

해답

순공사원가	일반관리비 비율[%]
5천만 원 미만	6
5천만 원 이상 3억 원 미만	5.5
3억 원 이상	5

답 5.5[%]

50 **전기공사의 공사원가 비목이 다음과 같이 구성되었을 경우 일반관리비와 이윤을 산출하라.**

- 재료비 소계 : 70,000,000[원]
- 노무비 소계 : 30,000,000[원]
- 경비 소계 : 15,000,000[원]

❶ 일반관리비
❷ 이윤

해답 문제에 공사원가비목 중 재료비, 노무비, 경비 합계가 1억 1천5백만 원이므로 5천만 원 이상 3억 원 미만 일반관리비 계산 시 일반관리비율 5.5[%]를 적용하고 이윤계산 시는 15[%]를 적용한다.

❶ (재료비＋노무비＋경비)×5.5[%]
계산 : 일반관리비＝(70,000,000＋30,000,000＋15,000,000)×0.055＝6,325,000[원]
답 6,325,000[원]

❷ (노무비＋경비＋일반관리비)×15[%]
계산 : 이윤＝(30,000,000＋15,000,000＋6,325,000)×0.15＝7,698,750[원]
답 7,698,750[원]

51 **그림과 같이 외등용 전선관을 지중에 매설하려고 한다. 터깎기(흙파기)량은 얼마인가?(단, 매설거리는 50[m]이고, 전선관의 면적은 무시한다.)**

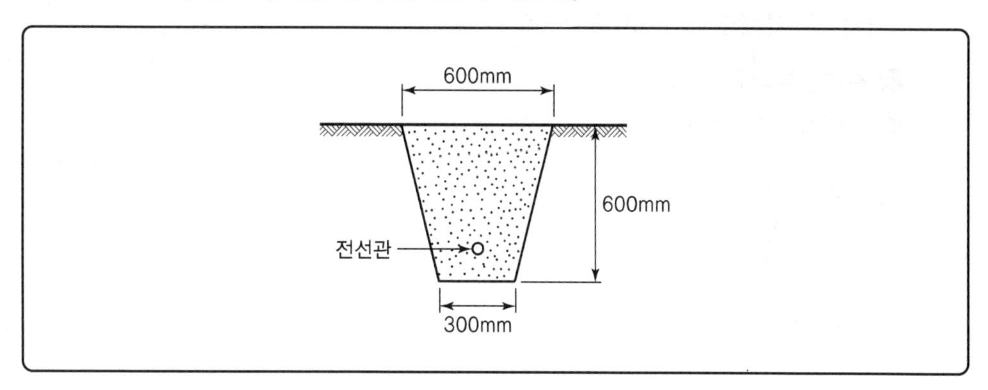

해답 • 터파기량 : $\frac{\text{윗변}+\text{밑변}}{2}\times\text{높이}\times\text{줄기초길이}[m^3]$

• 터파기량은 체적[m^3]이므로 문제지의 [mm]를 [m]로 바꾼다.

계산 : $\frac{0.6+0.3}{2}\times 0.6\times 50=13.5$

답 13.5[m^3]

52 다음 물음에 답하시오.

1 소운반거리란 수평거리 몇 [m] 이내 운반인가?
2 지하 2~5층의 층수별 할증은 몇 [%]인가?
3 중복할증 가산요령식을 쓰시오.
4 PEL이란?

해답 1 지하층 할증
- 지하 1층 : 1[%]
- 지하 2~5층 : 2[%]
- 지하 6층 이하는 지하 1개 층 증가마다 0.2[%] 가산

답 20[m]

2 2[%]

3 $1+\alpha+\alpha'+\alpha''+\cdots\cdots$

4
- PEN선 : 보호선과 중성선의 기능을 겸한 전선을 말한다.
- PEM선 : 보호선과 중간선의 기능을 겸한 전선을 말한다.
- PEL선 : 보호선과 전압선의 기능을 겸한 전선을 말한다.

답 보호선과 전압선의 기능을 겸한 전선

53 고압이상선로의 수평장주와 저압선로의 수직장주로 구분하여 시설하고 있다. 수평장주형태 3가지, 수직장주형태 1가지를 쓰시오.

1 수평장주형태 3가지
2 수직장주형태 1가지

해답 1 ① 보통장주
② 창출장주
③ 편출장주

2 랙장주

54 건물의 설치 시 층별에 따른 할증률이 있다. 10층 이하인 경우와 20층 이하인 경우의 할증률을 기술하시오.

1 10층 이하
2 20층 이하

해답 건물 층수별 할증률

구분	층별	비고
지상층 할증	• 2~5층 이하 : 1[%] • 10층 이하 : 3[%] • 15층 이하 : 4[%] • 20층 이하 : 5[%] • 25층 이하 : 6[%] • 30층 이하 : 7[%]	30층 초과층은 매 5개 층 이내 증가마다 1[%]씩 가산
지하층 할증	• 지하 1층 : 1[%] • 지하 2~5층 : 2[%]	지하 6층 이하는 1개 층 증가마다 0.2[%]씩 가산

1 3[%]
2 5[%]

55 시방서(Specification)를 작성할 때 요구되는 전문성에 대하여 예시와 같이 5가지만 표현을 하시오.

[예시]
사용 자재 및 장비에 관한 기술적 지식

해답 ① 설계도서 구성 및 작성에 대한 이해
② 계획수립 및 관리 과정에 관한 지식
③ 설계도서의 활용에 대한 이해
④ 공사개시 전 준비단계에 대한 이해
⑤ 공사 추진 과정의 단계별 활용에 대한 이해

56 **합성수지 파형 전선관을 100[mml 2열, 175[mm] 6열, 200[mm] 4열을 층계별로 100[m]를 동시에 포설하는 경우 배전전공, 보통인부의 공량은 얼마인가?**

| 파상형 경질 폴리에틸렌 전선관 부설 | (m당)

구분	배전전공	보통인부
50[mm] 이하	0.012	0.029
80[mm] 이하	0.015	0.035
100[mm] 이하	0.018	0.057
125[mm] 이하	0.025	0.077
150[mm] 이하	0.030	0.097
175[mm] 이하	0.036	0.117
200[mm] 이하	0.041	0.129

① 이 품은 터파기, 되메우기 및 잔토처리 제외
② 접합품이 포함되어 있으며, 접합부의 콘크리트 타설품 및 지세별 할증은 별도 계상
③ 철거 50[%], 재사용 철거 80[%]
④ 이 품은 30~60[m] Roll식으로 감겨 있는 합성수지 파형관의 지중포설 기준임
⑤ 동시배열이란 동일 장소에서 공(孔)당의 파형관을 열로 형성하여 층계별로 포설하는 것을 말하며, 100[mm] 2열, 175[mm] 6열, 200[mm] 4열을 층계별로 동시 포설 시 산출은 다음과 같다. 이는 12공을 층계별로 동시 배열하는 것으로서, 동시 적용률은 660[%]로 따라서, 합산품은 (100[mm] 기본품×2열+175[mm] 기본품×6열+200[mm] 기본품×4열)×660[%]÷12이다.(열은 관로의 공수를 뜻함)
⑥ 100[mm] 이상 이종관 접속 시는 동시배열(공수)에 관계없이 접속 개당 배전전공 0.1인, 보통인부 0.1인 적용

해답 해설 ⑥을 참고하여 계산식을 쓰면 된다.

계산

- 배전전공
  $[(0.018\times2)+(0.036\times6)+(0.041\times4)]\times6.6\times100\div12=22.28$[인]

- 보통인부
  $[(0.057\times2)+(0.117\times6)+(0.129\times4)]\times6.6\times100\div12=73.26$[인]

답 배전전공 : 22.28[인], 보통인부 : 73.26[인]

57 콘크리트 전주(13[m])에 대해 설치 지형상 소운반(인력 운반)이 필요하여 이를 산출하고자 한다. 아래 조건을 참고하여 다음 물음에 답하여라.

[조 건]

- 소운반 거리 : 950[m]
- 운반 도로 : 도로 상태 불량
- 전주 무게 : 1,350[kg]
- 1일 실질 작업 시간 : 360[분]
- 목도공 노임은 10,050[원]이고 목도공은 1일 6시간 기준으로 한다.

[인력 운반 및 적상하 시간 기준]

① 인부(지게) 운반과 장대물 · 중량물 등 목도 운반비 산출 공식

- 기본 공식

$$\text{운반비} = \frac{A}{T} \times M \times \left(\frac{60 \times 2 \times L}{V} + t\right)$$

여기서, A : 목도공의 노임[인부(지게) 운반일 경우 보통 인부의 노임]

M : 필요한 목도공의 수$\left(M = \frac{\text{총 운반량[kg]}}{\text{1인당 1회 운반량[kg]}}\right)$

L : 운반거리[km]

T : 1일 실작업 시간[분]

t : 준비 작업 시간(2[분])

V : 왕복 평균 속도[km/hr](1회 운반량은 25[kg/인])

② 왕복 평균 속도

구분	장대물, 중량물 등 목도 운반, 왕복 평균 속도	인부(지게) 운반 왕복 평균 속도
도로 상태 양호	2[km/hr]	3[km/hr]
도로 상태 보통	1.5[km/hr]	2.5[km/hr]
도로 상태 불량	1.0[km/hr]	2.0[km/hr]
물논, 도로가 없는 산림지 및 숲이 우거진 지역	0.5[km/hr]	1.5[km/hr]

1 필요한 운반 인원수는?

2 전주 운반에 따른 인력 운반비계는?

해답 **1** 목도공의 수$(M) = \frac{1,350}{25} = 54$[인]

답 54[인]

2 $\text{운반비계} = \frac{A}{T} \cdot M \cdot \left(\frac{60 \times 2 \times L}{V} + t\right) = \frac{10,050}{360} \times 54 \times \left(\frac{60 \times 2 \times 0.95}{1} + 2\right)$

$= 171,857$[원]

답 171,857[원]

Engineer Electric Work

58 다음 도면은 일반주택 옥내의 전등 및 콘센트의 평면 배선도이다. 주어진 조건을 읽고 질문에 답하시오.

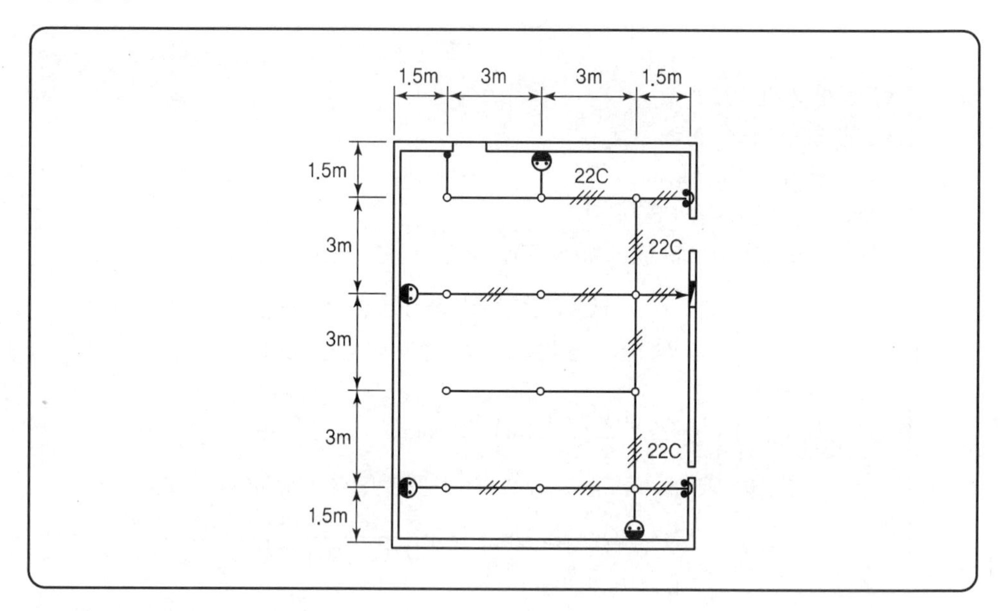

바닥에서 천장 슬래브까지 높이는 3m임

[시설 조건]

- 전선은 NR 전선 4.0mm²를 사용한다.
- 전선관은 후강전선관을 사용하고 특기 없는 것은 16mm임
- 4조 이상의 배관과 접속되는 박스는 4각 박스를 사용한다.
- 스위치 설치 높이 : 1.2m(바닥에서 중심까지)
- 콘센트 설치 높이 : 0.3m(바닥에서 중심까지)
- 분전함 설치 높이 : 1.8m(바닥에서 중심까지)
  단, 바닥에서 하단까지는 0.5m를 기준으로 한다.

[재료산출 조건]

- 분전함 내부에서 배선 여유는 전선 1본당 0.5m로 한다.
- 자재 산출 시 산출 수량과 할증 수량은 소수점 이하로 기록하고, 자재별 총수량(산출 수량+할증 수량)은 소수점 이하는 반올림한다.
- 배관 및 배선 이외의 자재는 할증을 보지 않는다.(배관 및 배선의 할증은 10%로 한다.)
- 콘센트용 박스는 4각 박스로 본다.

[인건비산출 조건]

- 재료의 할증분에 대해서는 품셈을 적용하지 않는다.
- 소수점 이하도 계산한다.
- 품셈은 아래 표의 품셈을 적용한다.

자재명 및 규격	단위	내선전공
후강전선관 16mm	m	0.08
후강전선관 22mm	m	0.11
관내배선 6mm^2 이하	m	0.01
매입스위치	개	0.056
매입콘센트 2P, 15[A]	개	0.056
아웃렛박스 4각	개	0.12
아웃렛박스 8각	개	0.12
스위치박스 1개용	개	0.2
스위치박스 2개용	개	0.2

1 도면에 의해 다음 재료표의 ①부터 ⑮번까지 빈칸을 기입하시오.

자재명	규격	단위	산출 수량	할증 수량	총수량 (산출 수량+할증 수량)
후강전선관	16mm	m	①		④
후강전선관	22mm	m	②		⑤
NR 전선	4.0mm^2	m	③		⑥
스위치	300V, 10A	개		/	⑦
스위치플레이트	1개용	개		/	⑧
스위치플레이트	2개용	개		/	⑨
매입콘센트	300V, 15A 2개용	개		/	⑩
4각 박스		개		/	⑪
8각 박스		개		/	⑫
스위치박스	1개용	개		/	⑬
스위치박스	2개용	개		/	⑭
콘센트플레이트	2개구용	개		/	⑮
이하 생략					

2 다음 표의 각 재료별 전공수를 ①부터 ⑨번까지 계산하여 기입하시오.

자재명	규격	단위	수량	인공수 (재료 단위별)	내선전공 (수량+인공수)
후강전선관	16mm	m			①
후강전선관	22mm	m			②
NR 전선	$4.0mm^2$	m			③
스위치	300V, 10A	개			④
스위치플레이트	1개용	개			
스위치플레이트	2개용	개			
매입콘센트	300V, 15A 2개용	개			⑤
4각 박스		개			⑥
8각 박스		개			⑦
스위치박스	1개용	개			⑧
스위치박스	2개용	개			⑨
콘센트플레이트	2개구용	개			
이하 생략					

1 ① 16mm 관$=1.5\times8+3\times8+1.8\times3+2.7\times4+1.2=53.4$m

$\therefore 53.4\times\underline{1.1}=58.74$m

└ 할증

② 22mm 관$=3\times3=9$m

$\therefore 9\times\underline{1.1}=9.9$m

└ 할증

③ $4mm^2$ 전선$=1.5\times2\times5+1.5\times3\times3+3\times2\times3+3\times3\times5+3\times4\times3+1.8\times2\times1$

$+1.8\times3\times2+2.7\times2\times4+1.2\times3+0.5\times3=168.6$m

할증은 10%이므로, $\therefore 168.6\times\underline{1.1}=185.46$m

└ 할증

답

자재명	규격	단위	산출 수량	할증 수량	총수량 (산출 수량+할증 수량)
후강전선관	16mm	m	53.4	5.34	58.74≒59
후강전선관	22mm	m	9	0.9	9.9≒10
NR 전선	$4.0mm^2$	m	168.6	16.86	185.46≒185
스위치	300V, 10A	개			5
스위치플레이트	1개용	개			1
스위치플레이트	2개용	개			2
매입콘센트	300V, 15A 2개용	개			4

4각 박스		개			6
8각 박스		개			10
스위치박스	1개용	개			1
스위치박스	2개용	개			2
콘센트플레이트	2개구용	개			4
이하 생략					

2 ① 16mm 후강전선관, 〈품셈〉에서 내선전공 0.08인이므로, 53.4×0.08=4.272인

② 22mm 후강전선관, 〈품셈〉에서 내선전공 0.11인이므로, 9×0.11=0.99인

③ 168.6×0.01=1.686인

④ 5×0.056=0.28인

⑤ 4×0.056=0.224인

⑥ 6×0.12=0.72인

⑦ 10×0.12=1.2인

⑧ 1×0.2=0.2인

⑨ 2×0.2=0.4인

답

자재명	규격	단위	수량	인공수 (재료 단위별)	내선전공 (수량+인공수)
후강전선관	16mm	m	53.4	0.08	4.272
후강전선관	22mm	m	9	0.11	0.99
NR 전선	4.0mm^2	m	168.6	0.01	1.686
스위치	300V, 10A	개	5	0.056	0.28
스위치플레이트	1개용	개			
스위치플레이트	2개용	개			
매입콘센트	300V, 15A 2개용	개	4	0.056	0.224
4각 박스		개	6	0.12	0.72
8각 박스		개	10	0.12	1.2
스위치박스	1개용	개	1	0.2	0.2
스위치박스	2개용	개	2	0.2	0.4
콘센트플레이트	2개구용	개			
이하 생략					

59 다음 도면은 어느 수용가의 전등 및 콘센트의 평면 배선도이다. 각 항의 조건을 읽고 질문에 답하시오.

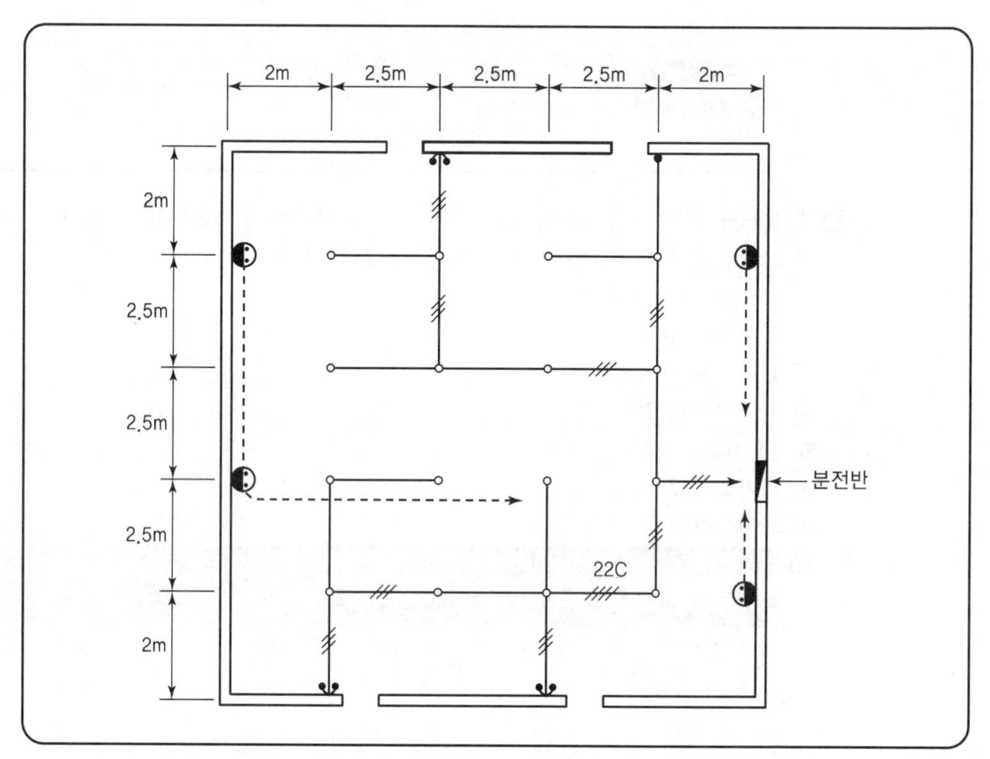

(1) 바닥에서 천장 슬래브까지의 높이는 3m이다.

(2) 분전반의 규격은 다음에 의한다.

① 주차단기 MCCB 3P 60AF(60AT)－1개
분기 차단기 MCCB 1P 30AF(20AT)－4개

② 철제 매입 설치 완제품 기준

[시설 조건]

- 전선은 NR 전선 4.0mm²를 사용한다.
- 전선관은 후강전선관을 사용하고 특기 없는 것은 16mm이다.
- 4조 이상의 배관과 접속되는 박스는 4각 박스를 사용한다.
- 스위치 설치 높이 : 1.2m(바닥에서 중심까지)
- 콘센트 설치 높이 : 0.3m(바닥에서 중심까지)
- 분전함 설치 높이 : 1.8m(바닥에서 중심까지)
  단, 바닥에서 하단까지는 0.5m를 기준으로 한다.

[재료산출 조건]

- 분전함 내부에서 배선 여유는 전선 1본당 0.5m로 한다.
- 자재 산출 시 산출 수량과 할증 수량은 소수점 이하로 기록하고, 자재별 총수량(산출 수량 + 할증 수량)은 소수점 이하는 반올림한다.
- 배관 및 배선 이외의 자재는 할증을 보지 않는다.(배관 및 배선의 할증은 10%로 한다.)
- 바닥면에서의 전선 매설 깊이까지와 천장 슬래브에서 천장 슬래브 내의 전선 설치 높이까지는 자재산출에 포함시키지 않는다.
- 콘센트용 박스는 4각 박스로 본다.

[인건비산출 조건]

- 재료의 할증분에 대해서는 품셈을 적용하지 않는다.
- 소수점 이하도 계산한다.
- 품셈은 아래 표의 품셈을 적용한다.
- 분전반 품셈은 별첨 품셈표를 적용한다.

자재명 및 규격	단위	내선전공
후강전선관 16mm	m	0.08
후강전선관 22mm	m	0.11
관내배선 $6mm^2$ 이하	m	0.01
매입스위치	개	0.056
매입콘센트 2P, 15[A]용	개	0.056
아웃렛박스 4각	개	0.12
아웃렛박스 8각	개	0.12
스위치박스 1개용	개	0.2
스위치박스 2개용	개	0.2

[분전반 신설]

개폐기용량	MCCB		
	1P	2P	3P
30A 이하	0.34	0.43	0.54
60A 이하	0.43	0.58	0.74
100A 이하	0.58	0.74	1.04
200A 이하	0.74	1.04	1.35
300A 이하	0.92	1.35	1.65
400A 이하	–	1.65	1.95
600A 이하	–	1.94	2.24
800A 이하	–	2.24	2.55

[**해설**] 완제품 설치공량은 본공량의 65%

1 도면에 의해 다음 재료표의 ①부터 ⑮번까지 빈칸을 기입하시오.

자재명	규격	단위	산출 수량	할증 수량	총수량 (산출 수량+할증 수량)
후강전선관	16mm	m	①		④
후강전선관	22mm	m	②		⑤
NR 전선	4.0mm^2	m	③		⑥
스위치	300V, 10A	개			⑦
스위치플레이트	1개용	개			⑧
스위치플레이트	2개용	개			⑨
매입콘센트	300V, 15A 2개용	개			⑩
4각 박스		개			⑪
8각 박스		개			⑫
스위치박스	1개용	개			⑬
스위치박스	2개용	개			⑭
콘센트플레이트	2개구용	개			⑮
이하 생략					

2 다음 표의 각 재료별 전공수를 ①부터 ⑪번까지 계산하여 기입하시오.

자재명	규격	단위	수량	인공수 (재료 단위별)	내선전공
후강전선관	16mm	m			①
후강전선관	22mm	m			②
NR 전선	4.0mm^2	m			③
스위치	300V, 10A	개			④
스위치플레이트	1개용	개			
스위치플레이트	2개용	개			
매입콘센트	300V, 15A 2개용	개			⑤
4각 박스		개			⑥
8각 박스		개			⑦
스위치박스	1개용	개			⑧
스위치박스	2개용	개			⑨
콘센트플레이트	2개구용	개			
분전반	1 · MCCB 3P 60AF(60AT) 4 · MCCB 1P 30AF(20AT)	면			⑩
내선전공 합계					⑪

해답 **1** ① 16mm 관

- 천장 은폐 배선 : 2×5+2.5×14+1.8×4+1.2=53.4m
- 바닥 은폐 배선 : 2×2+2.5×8+0.3×5+0.5×3=27m

∴ 53.4+27=80.4m, 80.4×1.1=88.44m (1.1 → 할증)

② 22mm 관=2.5m, 2.5×1.1=2.75m (1.1 → 할증)

③ $4mm^2$ 전선

- 천장 은폐 배선 : 2×2+2×3×4+2.5×2×9+2.5×3×5+2.5×4+1.8×2+1.8×3×3+1.2×3+0.5×3=145.4m
- 바닥 은폐 배선 : 2.5×2×8+2×2×2+0.5×6+0.3×2×5+0.5×6=57m

∴ 145.4+57=202.4m, 202.4×1.1=222.64m (1.1 → 할증)

답

자재명	규격	단위	산출 수량	할증 수량	총수량 (산출 수량+할증 수량)
후강전선관	16mm	m	80.4	8.04	88.44≒88
후강전선관	22mm	m	2.5	0.25	2.75≒3
NR 전선	$4.0mm^2$	m	202.4	20.24	222.64≒223
스위치	300V, 10A	개			7
스위치플레이트	1개용	개			1
스위치플레이트	2개용	개			3
매입콘센트	300V, 15A 2개용	개			4
4각 박스		개			5
8각 박스		개			15
스위치박스	1개용	개			1
스위치박스	2개용	개			3
콘센트플레이트	2개구용	개			4
이하 생략					

2 ① 16mm 후강전선관, 〈표〉에서 내선전공 0.08인이므로, 80.4×0.08=6.432인

② 22mm 후강전선관, 〈표〉에서 내선전공 0.11인이므로, 2.5×0.11=0.275인

③ 202.4×0.01=2.024인

④ 7×0.056=0.392인

⑤ 4×0.056=0.224인

⑥ 5×0.12=0.6인

⑦ 15×0.12=1.8인

⑧ 1×0.2=0.2인

⑨ 3×0.2=0.6인

⑩ 〈분전반 신설〉 $(1\times0.74+4\times0.34)\times0.65=1.365$인

⑪ 13.912인

답

자재명	규격	단위	수량	인공수 (재료 단위별)	내선전공
후강전선관	16mm	m	80.4	0.08	6.432
후강전선관	22mm	m	2.5	0.11	0.275
NR 전선	4.0mm^2	m	202.4	0.01	2.024
스위치	300V, 10A	개	7	0.056	0.392
스위치플레이트	1개용	개			
스위치플레이트	2개용	개			
매입콘센트	300V, 15A 2개용	개	4	0.056	0.224
4각 박스		개	5	0.12	0.6
8각 박스		개	15	0.12	1.8
스위치박스	1개용	개	1	0.2	0.2
스위치박스	2개용	개	3	0.2	0.6
콘센트플레이트	2개구용	개			
분전반	1 · MCCB 3P 60AF(60AT) 4 · MCCB 1P 30AF(20AT)				1.365
내선전공 합계					13.912

60 다음은 어느 수용가의 전등 및 콘센트의 평면 배선도이다. 각 항의 조건을 읽고 질문에 답하시오.

[설치 높이]

- 바닥에서 천장 슬래브까지의 높이 : 3.5m
- S.W의 설치 높이(바닥에서 중심까지) : 1.2m
- 콘센트 설치 높이(바닥에서 중심까지) : 0.3m
- 분전함 설치 높이(바닥에서 상단까지) : 1.8m
  단, 바닥에서 하단까지는 1.0m를 기준으로 한다.

[재료산출 조건]

- 전선관은 후강전선관을 사용하고 특기 없는 것은 16mm임
- 3조를 초과하는 배관과 접속되는 박스는 4각 박스를 사용함
- 분전함 내부의 여유 배선은 없는 것으로 한다.
- 전선관 및 전선 이외의 자재는 할증을 보지 않는다.(전선관 및 전선의 할증은 10%로 한다.)
- 바닥 슬래브에서 콘센트까지의 입상 배관은 0.5m로 하고 기타는 설치 높이를 기준으로 한다.
- 콘센트용 박스는 4각 박스로 산출한다.
- 총 수량은 소수점 이하도 모두 구한다.(단, 커플링은 소수점 이하 반올림 할 것)
- 부싱은 배관 1조당 2개로 산출하고 로크 너트는 부싱 개수의 2배로 산출할 것
- 커플링은 전선관 4m당 1개로 산출할 것(할증분 제외)

[인건비산출 조건]

- 재료의 할증분은 품셈을 적용하지 않는다.
- 소수점 이하도 계산한다.
- 품셈은 아래 표의 품셈을 적용한다. 주어진 품셈 이외의 것은 임의대로 생각하지 말 것
- 분전반의 규격은 다음과 같으며 별첨 품셈표에 의한다.
  (가) MCCB 3P 60AF(60AT) : 1EA(주차단기)
  MCCB 1P 30AF(20AT) : 6EA(분기 차단기)
  (나) 철제 매입 설치 완제품 기준

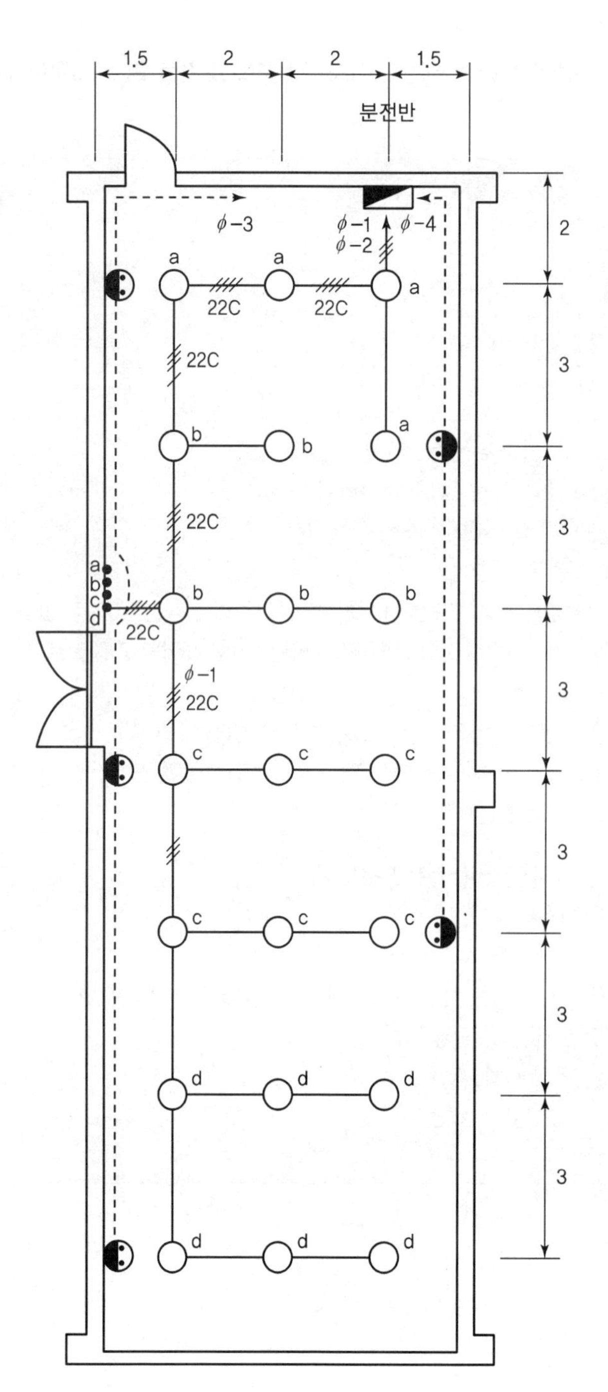

〈범례〉

- ○ : 백열등 (Pipe pendant)
- ◐ : 콘센트(매입) (2P 15A)
- ── : NR 4.0□×2(16c)
- - - - : NR 6.0□×2, E -4.0□ (22C)
- ● : 텀블러 S.W(매입) (10A 300V)

단위 : m

1 다음 재료 내역서의 품목별 수량을 산출하시오.

번호	품명	규격	단위	산출수량	할증수량	총수량
1	후강전선관	16mm	m			
2	후강전선관	22mm	m			
3	NR 전선	4.0mm^2	m			
4	NR 전선	6mm^2	m			
5	백열등기구	파이프펜던트형 220V 100W	등			
6	4각 박스		개			
7	8각 박스		개			
8	스위치박스	2개용	개			
9	콘센트플레이트	2개구용	개			
10	스위치플레이트	2개용	개			
11	부싱	16mm	개			
12	부싱	22mm	개			
13	로크너트	16mm	개			
14	로크너트	22mm	개			
15	커플링	16mm	개			
16	커플링	22mm	개			
17	매입콘센트	2P 15A 2구용	개			
18	매입텀블러스위치	10A 300V	개			

2 다음 표의 각 재료별 공량을 산출하시오.

품명	규격	단위	공량산출(수량×단위인공)	내선전공 계
후강전선관	16mm	m		
후강전선관	22mm	m		
NR 전선	4.0mm^2	m		
NR 전선	6mm^2	m		
백열등기구	파이프펜던트	등		
4각 박스		개		
8각 박스		개		
스위치박스	2개용	개		
매입콘센트		개		
매입텀블러스위치		개		
전등분전반	1 · MCCB 3P 60AF(60AT) 6 · MCCB 1P 30AF(20AT)	면		
내선전공 합계		인		

해답 **1** (1) 16mm 관 : 천장 은폐 배선 $=2\times12+3\times4+1.7=37.7$m
할증 10%이므로, $37.7\times(1+0.1)=41.47$m

(2) 22mm 관
- 천장 은폐 배선 $=1.5+2\times2+3\times3+2.3=16.8$m
- 바닥 은폐 배선 $=1.5\times2+2\times4+3\times10+1\times2+0.5\times8=47$m

$\therefore$ $47+16.8=63.8$, 할증 10%이므로, $63.8\times(1+0.1)=70.18$m

(3) NR 전선 : 4.0mm^2 전선
- 천장 은폐 배선 : $1.5\times5\times1+2.3\times5\times1+2\times2\times11+2\times3\times1+1.7\times3\times1+2\times4\times2+3\times2\times3+3\times3\times1+3\times4\times2+3\times5\times1=156.1$m
- 바닥 은폐 배선(접지선) : $1.5\times2+1\times2+2\times4+3\times10+0.5\times8=47$m

$\therefore$ $156.1+47=203.1$m, 할증 10%이므로,
$203.1\times(1+0.1)=223.41$m

(4) 6mm^2 전선 : $1.5\times2\times2+1\times2\times2+2\times2\times4+3\times10\times2+0.5\times8\times2=94$m
할증 10%이므로, $94\times(1+0.1)=103.4$m

(11) $16\times2=32$, (12) $11\times2=22$, (13) $32\times2=64$, (14) $22\times2=44$

(15) $\dfrac{37.7}{4}=9.425$(개)

(16) $\dfrac{63.8}{4}=15.95$(개)

답

번호	품명	규격	단위	산출수량	할증수량	총수량
1	후강전선관	16mm	m	37.7	3.77	41.47
2	후강전선관	22mm	m	63.8	6.38	70.18
3	NR 전선	4.0mm^2	m	203.1	20.31	223.41
4	NR 전선	6mm^2	m	94	9.4	103.4
5	백열등기구	파이프펜던트형 220V 100W	등	21		21
6	4각 박스		개	6		6
7	8각 박스		개	20		20
8	스위치박스	2개용	개	2		2
9	콘센트플레이트	2개구용	개	5		5
10	스위치플레이트	2개용	개	2		2
11	부싱	16mm	개	16×2=32		32
12	부싱	22mm	개	11×2=22		22
13	로크너트	16mm	개	64		64
14	로크너트	22mm	개	44		44
15	커플링	16mm	개	9.425		9
16	커플링	22mm	개	15.95		15
17	매입콘센트	2P 15A 2구용	개	5		5
18	매입텀블러스위치	10A 300V	개	4		4

2

품명	규격	단위	공량산출(수량×단위인공)	내선전공 계
후강전선관	16mm	m	37.7×0.08	3.016
후강전선관	22mm	m	63.8×0.11	7.018
NR 전선	4.0mm^2	m	203.1×0.01	2.031
NR 전선	6mm^2	m	94×0.01	0.94
백열등기구	파이프펜던트	등	21×0.15	3.15
4각 박스		개	6×0.12	0.72
8각 박스		개	20×0.12	2.4
스위치박스	2개용	개	2×0.2	0.4
매입콘센트		개	5×0.056	0.28
매입텀블러스위치		개	4×0.056	0.224
전등분전반	1 · MCCB 3P 60AF(60AT) 6 · MCCB 1P 30AF(20AT)	면	(0.74×1+0.34×6)×0.65	1.807
내선전공 합계		인		21.986

|〈표 1〉 전선관 배관 |

(m당)

박강 및 합성 수지 전선관			후강전선관		금속가요전선관	
규격		내선전공	규격(mm)	내선전공	규격(mm)	내선전공
박강	PVC					
–	14mm	0.04	–	–	–	–
15mm	16mm	0.05	16(1/2″)	0.08	15	0.039
19mm	22mm	0.06	22(1/4″)	0.11	17	0.049
25mm	28mm	0.08	28(1″)	0.14	24	0.063
31mm	36mm	0.10	36(1 1/4″)	0.20	30	0.077
39mm	42mm	0.13	42(1 1/2″)	0.25	38	0.091
51mm	54mm	0.19	54(1 1/2″)	0.34	50	0.13
63mm	70mm	0.28	70(2″)	0.44	63	0.15
75mm	82mm	0.37	82(3″)	0.54		
	92mm	0.45	92(3 1/2″)	0.60		
	104mm	0.46	104(4″)	0.71		

① 콘크리트 매입 경우임
② 철근 콘크리트 노출 및 블록 칸막이 벽내는 120%, 목조 건물은 110%, 철간 노출은 125%
③ 기설 콘크리트 노출 공사 시 앵커 볼트 매입 깊이가 10cm 이상인 경우는 앵커 볼트 매입품을 별도 계상하고 전선관 설치품은 매입품으로 계상
④ 천장 속, 마루 밑 공사 130%
⑤ 이 품에는 관의 절단, 나사 내기, 구부리기, 나사 조임 관내 청소 점검, 도입선 넣기품 포함
⑥ 계장 및 통신용 배관 공사도 이에 준함
⑦ 방폭 설비 시는 120%

⑧ 폴리에틸렌 전선관(CD관) 및 합성수지제 가요전선관은 합성 수지전선관품의 80% 적용
⑨ 나사 없는 전선관은 박강품의 75% 적용
⑩ 철거 30%(재사용 40%)
⑪ 후강전선관 및 합성수지전선관을 지중 매설 시는 해당품의 70% 적용

| 〈표 2〉 옥내배선 |

(m당 : 내선전공)

규격	관내배선
$6mm^2$	0.010
$16mm^2$	0.020
$38mm^2$ 이하	0.031
$50mm^2$ 이하	0.052
$70mm^2$ 이하	0.064
$100mm^2$ 이하	0.088
$150mm^2$ 이하	0.107
$200mm^2$ 이하	0.130
$250mm^2$ 이하	0.160

① 애자 배선은 은폐 공사이며 노출 및 그리드 애자 공사 시는 130%
② 분기접속 포함
③ 관내 배선 바닥 공사가 80%
④ 관내 배선품에 대하여 천장 금속 덕트 내 공사 시는 200%, 바닥 붙임 덕트 내 공사 시는 150%, 금속 및 목재몰딩 내 배선 130%
⑤ 옥내 케이블 관내 배선은 전력 케이블 신설(구내) 준용
⑥ 철거 30%

| 〈표 3〉 백열등 기구 신설 |

종별	내선전공
cord pendant 등	0.13
pipe pendant 등	0.15
chain pendant 등	0.15
ceiling light 등	0.18
옥내 bracket 등	0.15
옥외 bracket 등	0.24
직부등	0.13
hood 등 pole light	0.50
high way 등	0.90
샹들리에(2등용)	0.40
투광기 400W용	1.00
투광기 700W용	1.40
투광기 1,000W용	1.80
다운라이트	0.24

① bracket은 1등 증가마다 20% 증
② 샹들리에는 1등 증가마다 10% 증
③ 방폭형 200%

| 〈표 4〉 아웃렛 박스(Outlet box) |

(개당)

종별		내선전공
8각 concrete box	(천장면)	0.12
4각 concrete box	(천장면)	0.12
8각 outlet box	(벽 면)	0.20
중형 4각 outlet box	(벽 면)	0.20
대형 4각 outlet box	(벽 면)	0.20
1개용 switch box	(벽 면)	0.20
2~3개용 switch box	(벽 면)	0.20
4~5개용 switch box	(벽 면)	0.25
노출형 box(콘크리트 노출 기준)	(벽 면)	0.29

① 콘크리트 내 매설 경우임
② box 위치의 먹줄치기, 구멍뚫기, 첨부 커버 포함
③ block 벽체의 공동 내 설치 120%
④ 방폭형 및 방수형 300%
⑤ 기타 할증은 전선관 배관 준용

| 〈표 5〉 배선 기구 신설 |

(개당 : 내선전공)

종별	2P	3P
콘센트 15A	0.07	0.09
콘센트 20A	0.08	0.10
콘센트 30A	0.09	0.14
스위치 1접점	0.07	
스위치 2접점	0.09	
스위치 Pull	0.10	
벨용 푸시 버튼	0.06	
리모컨 릴레이	0.12	
리모컨 스위치	0.07	
벨 트랜스	0.10	
리모콘 트랜스	0.10	
표지 등	0.07	

① 노출 기준 인하선 불포함
② 2구용 한 개로 간주
③ 목대 없을 때는 80%
④ SW 2~4개 연용은 20~30% 증
⑤ 매입 시 80%
⑥ 층수별 할증률 적용
⑦ 1접점이란 편절을 말하며 2접점은 절체를 말함
⑧ 방폭 200%
⑨ 3접점 스위치(3로 스위치) 부설 시는 1접점 스위치 품의 150%

| 〈표 6〉 분전반 신설 |

(개당 : 내선전공)

개폐기 용량	노퓨즈 브레이커			나이프 스위치		
	1P	2P	3P	1P	2P	3P
30A 이하	0.34	0.43	0.54	0.38	0.48	0.60
60A 이하	0.43	0.58	0.74	0.48	0.65	0.82
100A 이하	0.58	0.74	1.04	0.65	0.93	1.16
200A 이하	0.74	1.04	1.35	0.82	1.20	1.50
300A 이하	0.92	1.35	1.65	1.20	1.47	1.84
400A 이하	–	1.65	1.95	–	1.74	2.20
600A 이하	–	1.94	2.24	–	2.40	2.54
800A 이하	–	2.24	2.55	–	–	–

① 이 품은 분전반의 조립 및 매입 설치 기준이다.
② 완제품 설치 공량은 본 품의 65%로 한다.
③ 외상은 철제 또는 PVC제를 기준으로 한 것이며 목제인 경우에는 본 공량의 80%로 한다.
④ 외상 노출 설치인 경우에는 본 품의 90%로 한다.
⑤ 계기류의 switch류 기타의 공량은 별도 가산한다.
⑥ 철거 50%
⑦ 방폭 200%

61 그림과 같이 두 개의 맨홀 사이에 지중 전선 관로를 시설하려고 한다. 다음 물음에 답하시오.

1 200mm PVC 전선관 3열을 설치하고 6.6kV 150mm^2×1C 케이블 각 열에 3조씩 포설하는 경우 공사에 소요되는 공구손료를 포함한 직접 인건비 계를 산출하여라.(단, ① 인공계산은 소수 셋째 자리까지만 구하며, 인건비는 원 이하는 버린다. ② 계산 과정을 모두 답안지에 기입하여야 한다. 고압 케이블 전공 노임은 189,000원이며, 보통 인부 노임은 81,500원, 배관공 노임은 200,000원이다.)

2 배전 선로용 전기 맨홀 내에 시설되는 부속품의 종류를 아는 대로 열거하여라.

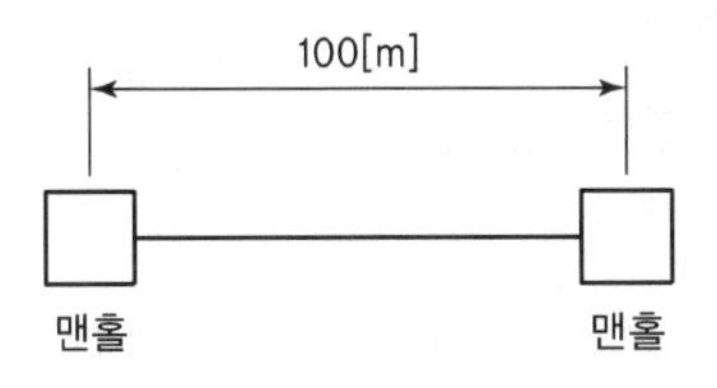

| 〈표 1〉 강관 부설 |

(m당)

강관	배관공
ϕ75mm 이하	0.13
ϕ100mm 이하	0.152
ϕ150mm 이하	0.188
ϕ200mm 이하	0.222
ϕ250mm 이하	0.299
ϕ300mm 이하	0.330

① 〈표 1〉 해설을 준용하며, 터파기, 되메우기 및 잔토 처리는 제외
② 반매입, 지표식, 지중식을 공히 준용함
③ 관로 600mm, 800mm, 1,200mm를 공히 준용함
④ 철거 50%
⑤ 2열 동시 180%, 3열 260%, 4열 340%, 6열 420%, 8열 500%, 10열 580%
⑥ 접합품 포함
⑦ PVC 관은 강관의 60%
⑧ 본 공사에 부수되는 토건 공사 품셈 적용 시 지세별 할증률 적용

| 〈표 2〉 전력 케이블 신설 |

(km당)

PVC 고무절연 외장 케이블류	케이블공	보통 인부
저압 6mm^2 이하 3심	10	10
16mm^2 이하 3심	11	11
38mm^2 이하 3심	14	11
50mm^2 이하 3심	15	14
60mm^2 이하 3심	17	17
100mm^2 이하 3심	23	22
150mm^2 이하 3심	29	29
200mm^2 이하 3심	35	34
325mm^2 이하 3심	50	49
400mm^2 이하 단심	25	25
500mm^2 이하 단심	27	27
600mm^2 이하 단심	31	31
800mm^2 이하 단심	38	38
1,000mm^2 이하 단심	45	45

① 드럼 다시 감기 소운반품 포함
② 지하관 내 부설 기준, Cu, Al 도체 공용
③ 트러프 내 설치 110%, 2심 70%, 단심 50%, 직매 80%(장애물이 없을 시)
④ 가공 케이블(조가선 불포함 Hanger품 불포함)은 이 품의 130%
⑤ 연피 및 벨트지 케이블은 이 품의 120%, 강대 개장 150%, 수저 케이블 200%, 동심중성선형 케이블 110%
⑥ 가공 시 이도 조정만 할 때는 가설품의 20%
⑦ 철거 50%(드럼 감기 90%)
⑧ 단말 처리 직선 접속 및 접지 공사 불포함(600V 8mm^2 이하의 단말 처리 및 직선 접속품 포함)
⑨ 관내 기설 케이블 정리가 필요할 때는 10% 가산
⑩ 선로 횡단 개소 및 커브 개소에는 개소당 0.056인 가산
⑪ 케이블만의 임시 부설 30%
⑫ 터파기, 되메우기, 트러프관 설치품 제외
⑬ 2열 동시 180%, 3열 260%, 4열 340%, 수저 부설 200%
⑭ 단심 케이블을 동일 공내에서 2조 이상 포설 시 1조 추가마다 이 품의 80%씩 가산(관로식일 경우만 해당)
⑮ 구내부설 시는 이 품에 50% 가산
⑯ 전압 할증률 적용

600V 이하 0% 증	11kV 이하 30% 증
3.3kV 이하 10% 증	22kV 이하 50% 증
6.6kV 이하 20% 증	66kV 이하 80% 증

⑰ 공동구(전력구 포함)의 경우는 이 품의 110% 적용
⑱ 사용 케이블의 공칭전압에 따라 케이블공 직종을 구분 적용

해답 ❶ • <표 1> 강관 부설에서, 배관공 0.222인, 3열이므로 260%, PVC관은 강관의 60%이므로,
배관공 $=0.222\times2.6\times100\times0.6=34.632$인
• <표 2>에서, 케이블공 29인, 보통 인부 29인, 단심 50%, 3열 260%, 6.6kV급 할증 20%, 2조 이상 포설 시 1조 추가마다 본 품의 80%씩 가산이므로

고압 케이블공 : $\frac{100}{1,000}\times29\times0.5\times2.6\times(1+0.2+0.8+0.8)=10.556$인

보통 인부 : $\frac{100}{1,000}\times29\times0.5\times2.6\times(1+0.2+0.8+0.8)=10.556$인

∴ 직접 노무비 $=34.632\times200,000+10.556\times189,000+10.556\times81,500=9,781,798$원
공구 손료 $=9,781,798\times0.03=293,453.94$원
∴ 직접 인건비 계 $=9,781,798+293,453.94=10,075,251.94$원

답 직접 인건비 계 $=10,075,251.94$원

❷ 지지물, 사다리, 물받이, 발판못, 칸막이, 접속부, 접지 및 방수설비, Hook, 맨홀 뚜껑

62 **다음 문제를 읽고 〈표〉를 이용하여 각 물음에 답하시오.(단, 계산 과정을 모두 쓰고, 노임은 원 이하를 버리고 기타는 소수점을 모두 구하시오.)**

❶ 변전소 옥외에 설치된 3ϕ 3.3[kV] / 220[V] 150[kVA] 건식 변압기 1대와 1ϕ 3.3[kV] / 105[V] 100[kVA] 건식 변압기 2대를 옮겨 설치할 때 기능공 (가)인과 보통 인부 (나)인이 필요하다.(단, 기능공이라 함은 보통 인부를 제외한다.)

❷ 3P 쌍투 60[A] 방폭 안전 개폐기 2대를 신설할 때 (가)전공 (나)인이 필요하고 노임은 (다)원이 소요된다.(단, 노임단가는 200,000원이다.)

❸ 표준 품셈에 의하여 물량 산출 시 케이블(옥외)의 할증률은 (가)이고 전선관 배관은 (나)로 계산한다.

| 〈표 1〉 3.3~6.6[kV] 건식 변압기 |

(대당)

용량[kVA]	플랜트전공	비계공	보통 인부	목도공
7.5 이하	1.0	–	0.4	0.6
10 이하	1.1	–	0.6	0.7
15 이하	1.2	–	1.0	0.8
30 이하	1.3	–	1.2	1.0
50 이하	1.5	0.5	1.8	–
75 이하	1.7	0.5	2.0	–
100 이하	1.8	0.6	2.5	–
150 이하	1.8	0.7	2.8	–
200 이하	2.0	0.8	3.0	–
300 이하	2.3	1.0	3.2	–

① 상기 품은 1ϕ 기준으로 소운반, 점검, 결선 및 megger test 시험을 포함한 품임
② 본 품은 단상, 옥외, 지상 인력 작업을 기준으로 한 것임
③ 옥내 설치 시는 본 품의 20% 가산
④ 철거품은 본 품의 50%
⑤ 구내 이설품은 본 품의 150%
⑥ 3상 130%

| 〈표 2〉 개폐기 신설 |

(개당 : 내선전공)

저압용	배선용 차단기	안전 개폐기	나이프 스위치	마그넷 스위치	커버나이프 스위치
30A 이하	0.19	0.20	0.20	0.30	0.08(2P)
60A 이하	0.26	0.30	0.29	0.45	0.11(2P)
100A 이하	0.36	0.40	0.40	0.60	0.16(2P)
200A 이하	0.47	0.55	0.53	0.80	0.20(2P)
300A 이하	0.58	0.70	0.64	1.05	0.25(2P)
400A 이하	0.68	0.87	0.77	1.25	0.29(2P)
600A 이하	0.78	1.15	0.89	1.70	0.35(2P)
800A 이하	0.89	1.50	1.00	2.20	0.41(2P)

① 3P 단투 경우임
② 1P는 50%, 2P는 70%, 쌍투는 120%, 매입은 130%
③ 유입형 130%
④ 철거 50%
⑤ 접속, 시험품 포함
⑥ 방폭 200%
⑦ 누전 차단기는 안전 개폐기에 준함
⑧ 전류 제한기는 노퓨즈 브레이커에 준함

해답 **1** 〈표 1〉에서

- 플랜트 전공$=(1.8\times1.3+1.8\times2)\times1.5=8.91$인
- 비계공$=(0.7\times1.3+0.6\times2)\times1.5=3.165$인

(가) 기능공$=8.91+3.165=12.075$인
(나) 보통 인부$=(2.8\times1.3+2.5\times2)\times1.5=12.96$인

답 (가) 12.075인
(나) 12.96인

2 〈표 2〉에서

(가) 내선전공$=0.3\times1.2\times2\times2=1.44$인
(다) 노임$=1.44\times200{,}000=288{,}000$원

답 (가) 내선, (나) 1.44인, (다) 288,000원

3 (가) 3%, (나) 10%

ENGINEER ELECTRIC WORK

조명설계

Chapter 01 조명설계

1 조명계산의 기본

1) 광속 : F[lm]

복사 에너지를 눈으로 보아 빛으로 느끼는 크기로서 나타낸 것으로 광원으로부터 발산되는 빛의 양이다.(빛의 양이라고도 하며 단위는 루멘)

① 구(면)광원 : $F = 4\pi I$

② 원주광원 : $F = \pi^2 I$

③ 평면판 광원 : $F = \pi I$

2) 광도 : I[cd]

광원에서 어떤 방향에 대한 단위 입체각당 발산되는 광속으로서 광원의 능력을 나타낸다.
(빛의 세기라고도 하며 단위는 칸델라)

$$I = \frac{F}{\omega} = \frac{F}{2\pi(1-\cos\theta)}[cd]$$

3) 조도 : E[lx]

어떤 면의 단위 면적당의 입사 광속으로서 피조면의 밝기를 나타낸다.
(피조면의 밝기라고도 하며 단위는 럭스)

① **조도 계산**

㉠ 거리 역제곱의 법칙

$$E = \frac{I}{r^2}[lx]$$

즉, 조도 E는 광도 I에 비례하고 거리 r의 제곱에 반비례한다.

㉡ 입사각 여현의 법칙

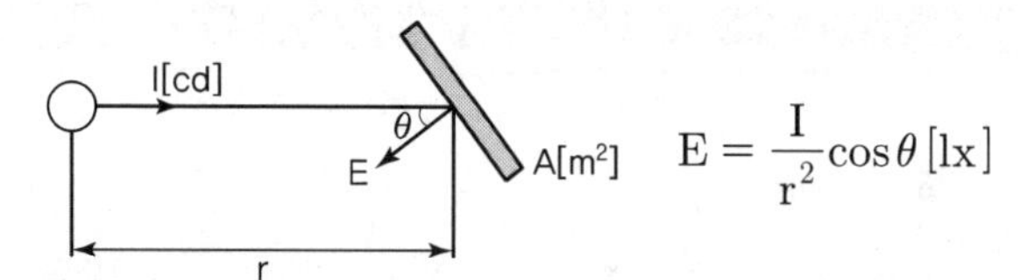

$$E = \frac{I}{r^2}\cos\theta\,[lx]$$

② **조도의 구분**

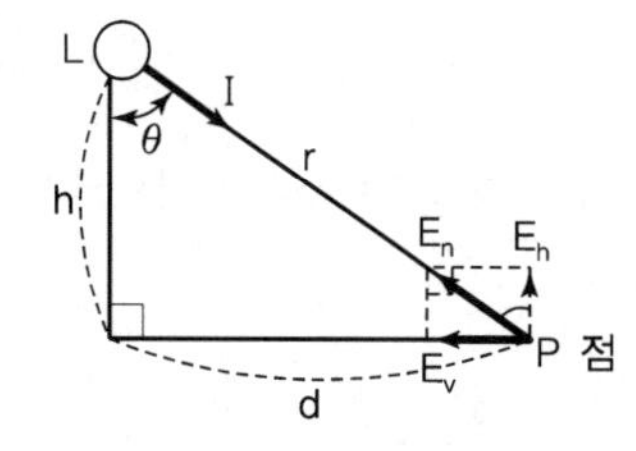

㉠ 법선조도 : $E_n = \frac{I}{r^2}$

㉡ 수평면 조도 : $E_h = E_n\cos\theta = \frac{I}{r^2}\cos\theta = \frac{I}{h^2}\cos^3\theta$

㉢ 수직면 조도 : $E_v = E_n\sin\theta = \frac{I}{r^2}\sin\theta = \frac{I}{d^2}\sin^3\theta$

4) 휘도 : $B[nt]$

광원의 임의의 방향에서 본 단위 투영 면적당의 광도로서 광원의 빛나는 정도를 나타낸다. (눈부심의 정도라고도 하며 단위는 니트)

$$B = \frac{I}{S}[nt]$$

TIP

➤ **휘도의 단위**

1[sb]=1[cd/cm²] → 1 [sb]=10^4[nt], 1[nt]=10^{-4}[sb]

1[nt] =1[cd/m²]

5) 광속발산도 : R[rlx]

광원의 단위 면적으로부터 발산하는 광속으로서 광원 혹은 물체의 밝기를 나타낸다.(물체의 밝기라고도 하며 단위는 래드럭스)

$$R = \frac{F}{S} \times \eta = \pi B = \rho E = \tau E\,[\mathrm{rlx}]$$

TIP

반지름 r인 완전확산성 구형 글로브 $R = \frac{\tau I}{r^2(1-\rho)}$

6) 반사율(ρ), 투과율(τ), 흡수율(α)의 관계

$$\rho + \tau + \alpha = 1$$

7) 램프의 효율

$$효율\,[\mathrm{lm/W}] = \frac{광속\,[\mathrm{lm}]}{소비\ 전력\,[\mathrm{W}]}$$

8) 글로브의 효율

$$\eta = \frac{\tau}{1-\rho}$$

핵심 과년도 문제

01 상품 진열장에 하이빔 전구(산광형 100[W])를 설치하였는데 이 전구의 광속은 840[lm]이다. 전구의 직하 2[m] 부근에서의 수평면 조도는 몇 [lx]인지 주어진 배광 곡선을 이용하여 구하시오.

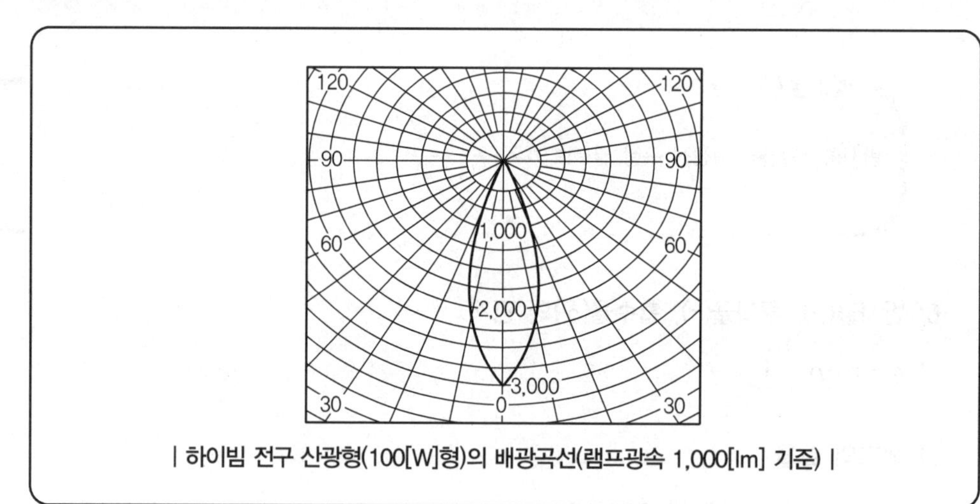

| 하이빔 전구 산광형(100[W]형)의 배광곡선(램프광속 1,000[lm] 기준) |

해답 계산 : 0°에서 만나는 배광곡선 3,000[cd], 1,000[lm]이므로

$$I = 3{,}000 \times \frac{840}{1{,}000} = 2{,}520[\text{cd}]$$

$$\therefore E_h = \frac{I}{r^2}\cos\theta = \frac{2{,}520}{2^2}\cos 0° = 630[\text{lx}]$$

답 630[lx]

02 그림과 같이 완전 확산형의 조명기구가 설치되어 있다. A점에서의 광도와 수평면 조도를 계산하시오.(단, 조명기구의 전 광속은 18,500[lm]이다.)

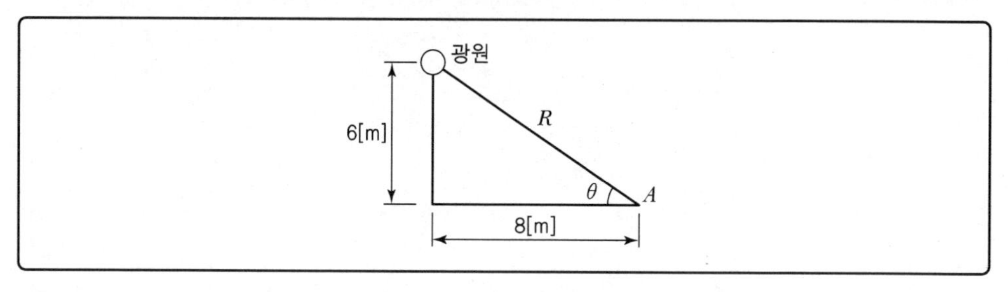

1. 광도[cd]를 구하시오.
2. A점의 수평면 조도를 구하시오.

해답 **1** 광원의 광도

계산 : $I = \frac{F}{\omega} = \frac{F}{4\pi} = \frac{18,500}{4\pi} = 1,472.18[cd]$

답 1,472.18[cd]

2 수평면 조도

계산 : $E_h = \frac{I}{l^2}\cos\theta = \frac{1,472.18}{10^2} \times \frac{6}{\sqrt{6^2+8^2}} = 8.83[lx]$

답 8.83[lx]

03 각 방향에 900[cd]의 광도를 갖는 광원을 높이 3[m]에 취부한 경우 직하로부터 30° 방향의 수평면 조도[lx]를 구하시오.

해답 계산 : $E_h = \frac{I}{l^2}\cos\theta = \frac{I}{\left(\frac{h}{\cos\theta}\right)^2}\cos\theta = \frac{I}{h^2}\cos^3\theta = \frac{900}{3^2}\cos^3 30° = 64.95$

답 64.95[lx]

TIP

① 법선 조도 $E_n = \frac{I}{l^2}$

② 수직면 조도 $E_l = \frac{I}{l^2}\sin\theta$

③ 수평면 조도 $E_h = \frac{I}{l^2}\cos\theta$

④ 광원

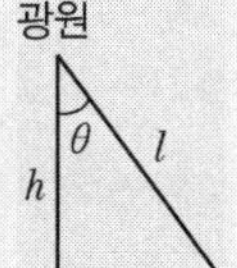

$\cos\theta = \frac{h}{l}$

$l = \frac{h}{\cos\theta}$

04 그림과 같은 점광원으로부터 원뿔 밑면까지의 거리가 4[m]이고, 밑면의 반지름이 3[m]인 원형 면의 평균 조도가 100[lx]라면 이 점광원의 평균 광도[cd]는?

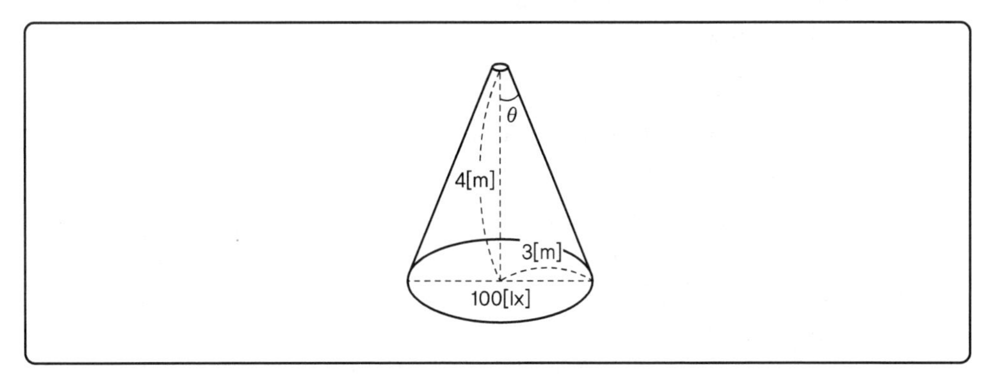

(해답) 계산 : $E=\frac{F}{S}=\frac{\omega I}{\pi r^2}=\frac{2\pi(1-\cos\theta)I}{\pi r^2}$

$$100=\frac{2I\left(1-\frac{4}{5}\right)}{3^2},\ 900=2I\times0.2,\ I=2{,}250$$

답 2,250[cd]

2 조명설계

1) 옥내 조명 설계

① 조명기구 배광에 의한 분류

㉠ 직접조명

㉡ 반직접조명

㉢ 전반확산조명

㉣ 반간접조명

㉤ 간접조명

② 조명기구 배치에 의한 분류

㉠ 전반조명

㉡ 국부조명

㉢ 전반국부조명

③ 광속법에 의한 조명 설계순서

㉠ 광원의 선택

㉡ 조명기구의 선택

㉢ 조명기구 간격 및 배치

㉣ 조도의 결정

㉤ 실지수 결정

㉥ 조명률 결정

㉦ 감광보상률(유지율 및 보수율 고려)

㉧ 광원의 크기 계산

㉨ 실내면의 광속 발산도 계산

④ 조명 기구의 배치 결정

㉠ 광원의 높이

- 직접조명 시 H = 피조면에서 광원까지
- 반간접조명 시 H_0 = 피조면에서 천장까지

㉡ 등기구의 간격

- 등기구~등기구 : $S \leq 1.5H$(직접, 전반조명의 경우)
- 등기구~벽면 : $S_0 \leq \frac{1}{2}H$(벽면을 사용하지 않을 경우)

㉢ 천장과 광원 사이의 간격은

- 간접 및 반간접조명인 경우 : 등간격/5

⑤ **실지수(Room Index)의 결정**

광속의 이용에 대한 방 크기의 척도로 나타낸다.

$$K = \frac{X \cdot Y}{H(X+Y)}$$

여기서, H : 등고[m]
X : 방의 가로 길이[m]
Y : 방의 세로 길이[m]

TIP

➤ **H 등고 계산**

① 이중 천장
H=천장에서 바닥까지 거리－이중 천장 높이－작업면 높이

② 이중 천장이 아닌 경우
H=천장에서 바닥까지 거리－작업면 높이

③ 엘리베이터 홀 다운라이트 방식 및 철공공장
H=광원으로부터 바닥까지 거리

⑥ **조명률**

조명률이란 사용 광원의 전 광속과 작업면에 입사하는 광속의 비를 말한다.

$$U = \frac{F}{F_0} \times 100[\%]$$

여기서, F : 작업면에 입사하는 광속[lm]
F_0 : 광원의 총 광속[lm]

⑦ **감광보상률**

조명설계를 할 때 점등 중에 광속의 감소를 미리 예상하여 소요 광속의 여유를 두는 정도를 말하며 항상 1보다 큰 값이다. 그리고 감광보상률의 역수를 유지율 혹은 보수율이라고 한다.

$$M = \frac{1}{D}$$

여기서, M : 유지율(보수율)
D : 감광보상률(D > 1)

⑧ **광속법에 의한 조명 설계식**

$$NFU = EAD$$

여기서, N : 광원의 수
F : 광속
E : 조도
D : 감광보상률
U : 조명률
M : 유지율

⑨ **조명 설비에서 에너지 절약 방안**

㉠ 고효율 등기구 채용
㉡ 고조도 저휘도 반사갓 채용
㉢ 슬림라인 형광등 및 전구식 형광등 채용
㉣ 창측 조명기구 개별 점등
㉤ 재실감지기 및 카드키 채용
㉥ 적절한 조광제어 실시
㉦ 전반조명과 국부조명의 적절한 병용(TAL 조명)
㉧ 고역률 등기구 채용
㉨ 등기구의 격등제어 회로 구성
㉩ 등기구의 보수 및 유지관리

2) 도로조명 설계

① **도로조명의 목적** : 야간 도로이용자의 시환경을 개선하여 안전하고 원활하며 쾌적한 도로 교통을 확보하는 것이 목적이다.

② **도로조명 설계 시 고려사항**

㉠ 노면 전체를 평균 휘도로 조명
㉡ 알맞은 조도
㉢ 눈부심의 정도가 적을 것
㉣ 정연한 배치 및 배열
㉤ 광속의 연색성이 적절한 것
㉥ 주변 풍경과 조화
㉦ 균제도 확보

③ **조명기구의 배치방법에 의한 분류**

㉠ 도로 중앙 배열 $S = a \cdot b[m^2]$

㉡ 도로 편측 배열 $S = a \cdot b[m^2]$

㉢ 도로 양측으로 대칭 배열 $S = \frac{1}{2}a \cdot b[m^2]$

㉣ 도로 양측으로 지그재그 배열 $S = \frac{1}{2}a \cdot b[m^2]$

핵심 과년도 문제

05 **도로의 너비가 30[m]인 곳의 양쪽으로 30[m] 간격으로 지그재그식으로 등주를 배치하여 도로 위의 평균 조도를 6[lx]가 되도록 하고자 한다. 도로면의 광속 조명률은 32[%], 유지율은 80[%]로 한다고 할 때 각 등주에 사용되는 수은등의 크기는 몇 [W]의 것을 사용하여야 하는지, 전광속을 계산하고, 주어진 수은등 규격표에서 찾아 쓰시오.**

| 수은등의 규격표 |

크기[W]	전광속[lm]
100	2,200~3,000
200	4,000~5,500
250	7,700~8,500
300	10,000~11,000
500	13,000~14,000

해답 계산 : FUN=DEA

$$F = \frac{\frac{1}{0.8} \times 6 \times \frac{30 \times 30}{2}}{0.32 \times 1} = 10,546.875[\text{lm}]$$

답 300[W] 선정

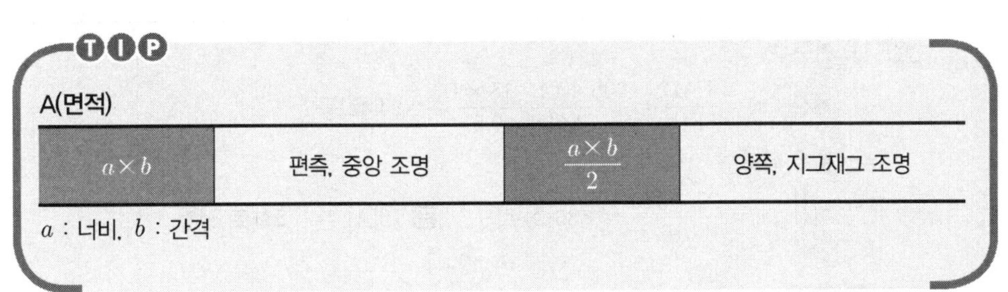

06 가로 10[m], 세로 14[m], 천장 높이 2.75[m], 작업면 높이 0.75[m]인 사무실에 천장 직부 형광등 F32×2를 설치하려고 한다.

❶ 이 사무실의 실지수는 얼마인가?

❷ F32×2의 심벌을 그리시오.

❸ 이 사무실의 작업면 조도를 250[lx], 천장 반사율 70[%], 벽 반사율 50[%], 바닥 반사율 10[%], 32[W] 형광등 1등의 광속 3,200[lm], 보수율 70[%], 조명률 50[%]로 한다면 이 사무실에 필요한 소요 등기구 수는 몇 등인가?

해답 ❶ 계산 : $k = \dfrac{XY}{H(X+Y)} = \dfrac{10 \times 14}{(2.75-0.75)(10+14)} = 2.92$　　답 2.92

❷

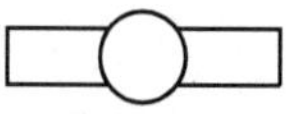

F32×2

❸ 계산 : $N = \dfrac{250 \times 10 \times 14 \times \dfrac{1}{0.7}}{3{,}200 \times 2 \times 0.5} = 15.63$[등]　　답 16[등]

TIP

FUN=DEA

유지율$(D) = \dfrac{1}{M}$　　M : 보수율

07 12×18[m]인 사무실의 조도를 200[lx]로 할 경우에 광속 4,600[lm]의 형광등 40[W] 2등용을 시설할 경우 사무실의 최소 분기 회로수는 얼마가 되는가?(단, 40[W] 2등용 형광등 기구 1개의 전류는 0.87[A]이고, 조명률 50[%], 감광보상률 1.3, 전기방식은 단상 2선식으로서 1회로의 전류는 최대 16[A]로 제한한다.)

해답 ① 전등수

계산 : $N = \dfrac{EAD}{FU} = \dfrac{200 \times 12 \times 18 \times 1.3}{4{,}600 \times 0.5} = 24.42$[등]

② 분기 회로수

계산 : $n = \dfrac{25 \times 0.87}{16} = 1.36$[회로]　　답 16[A] 분기 2회로 선정

TIP

40[W] 2등용 형광등의 전광속이 4,600[lm]이다.

08 어느 건물의 가로 32[m], 세로 20[m]의 직접조명에 LED형광등 160[W], 효율 123[lm/W]의 평균조도로 500[lx]를 얻기 위한 광원의 소비전력을 구하려고 한다. 주어진 조건과 참고자료를 이용하여 다음 각 물음에 답하시오.

[조건]

- 천장 반사율 75[%], 벽면의 반사율은 50[%]이다.
- 광원과 작업면의 높이는 6[m]이다.
- 감광보상률의 보수 상태는 양호하다.
- 배광은 직접 조명으로 한다.
- 조명 기구는 금속 반사갓 직부형이다.

1. 실지수 표를 이용하여 실지수를 구하시오.
2. 실지수 그림을 이용하여 실지수를 구하시오.
3. 조명률 표를 이용하여 조명률을 구하시오.
4. 필요한 등수를 구하시오.
5. 16[A] 분기회로수는 몇 회로인가?(단, 전압은 220[V]이다.)
6. 등과 등 사이의 최대 거리는 얼마인가?
7. 등과 벽 사이의 최대 거리는 얼마인가?(단, 벽면을 사용하지 않는 것으로 한다.)
8. ▭○▭의 명칭은?

| 표 1. 조명률, 감광보상률 및 설치 간격 |

번호	배광 / 설치간격	조명 기구	감광보상률(D) / 보수상태 양중부	반사율 ρ 천장	0.75			0.50			0.3	
				벽	0.5	0.3	0.1	0.5	0.3	0.1	0.3	0.1
				실지수	조명률 U[%]							
(1)	간 접		전 구	J0.6	16	13	11	12	10	08	06	05
				I0.8	20	16	15	15	13	11	08	07
	0.80		1.5 1.7 2.0	H1.0	23	20	17	17	14	13	10	08
				G1.25	26	23	20	20	17	15	11	10
				F1.5	29	26	22	22	19	17	12	11
			형 광 등	E2.0	32	29	26	24	21	19	13	12
	0			D2.5	36	32	30	26	24	22	15	14
			1.7 2.0 2.5	C3.0	38	35	32	28	25	24	16	15
				B4.0	42	39	36	30	29	27	18	17
	S ≤1.2H			A5.0	44	41	39	33	30	29	19	18

번호	배광 / 설치간격	조명기구	감광보상률(D) / 보수상태 양중부	반사율 ρ / 실지수	천장 0.75 / 벽 0.5	천장 0.75 / 벽 0.3	천장 0.75 / 벽 0.1	천장 0.50 / 벽 0.5	천장 0.50 / 벽 0.3	천장 0.50 / 벽 0.1	천장 0.3 / 벽 0.3	천장 0.3 / 벽 0.1
					조명률 U[%]							
(2)	반 간 접		전 구	J0.6	18	14	12	14	11	09	08	07
				I0.8	22	19	17	17	15	13	10	09
	0.70		1.4 1.5 1.7	H1.0	26	22	19	20	17	15	12	10
				G1.25	29	25	22	22	19	17	14	12
			형 광 등	F1.5	32	28	25	24	21	19	15	14
				E2.0	35	32	29	27	24	21	17	15
	0.10			D2.5	39	35	32	29	26	24	19	18
			1.7 2.0 2.5	C3.0	42	38	35	31	28	27	20	19
				B4.0	46	42	39	34	31	29	22	21
	S ≤1.2H			A5.0	48	44	42	36	33	31	23	22
(3)	전반확산		전 구	J0.6	24	19	16	22	18	15	16	14
				I0.8	29	25	22	27	23	20	21	19
	0.40		1.3 1.4 1.5	H1.0	33	28	26	30	26	24	24	21
				G1.25	37	32	29	33	29	26	26	24
			형 광 등	F1.5	40	36	31	36	31	29	29	26
				E2.0	45	40	36	40	36	33	32	29
	0.40			D2.5	48	43	39	43	39	36	34	33
			1.4 1.7 2.0	C3.0	51	46	42	45	40	38	37	34
				B4.0	55	50	47	49	45	42	40	37
	S ≤1.2H			A5.0	57	53	49	51	47	44	41	40
(4)	반 직 접		전 구	J0.6	26	22	19	24	21	18	19	17
				I0.8	33	28	26	30	26	24	25	23
	0.25		1.3 1.4 1.5	H1.0	36	32	30	33	30	28	28	26
				G1.25	40	36	33	36	33	30	30	29
			형 광 등	F1.5	43	39	35	39	35	33	33	31
				E2.0	47	44	40	43	39	36	36	34
	0.05			D2.5	51	47	43	46	42	40	39	37
			1.6 1.7 1.8	C3.0	54	49	45	48	44	42	42	38
				B4.0	57	53	50	51	47	45	43	41
	S≤H			A5.0	59	55	52	53	49	47	47	43
(5)	직 접		전 구	J0.6	34	29	26	32	29	27	29	27
				I0.8	43	38	35	39	36	35	36	34
	0		1.3 1.4 1.5	H1.0	47	43	40	41	40	38	40	38
				G1.25	50	47	44	44	43	41	42	41
			형 광 등	F1.5	52	50	47	46	44	43	44	43
				E2.0	58	55	52	49	48	46	47	46
	0.75			D2.5	62	58	56	52	51	49	50	49
			1.4 1.7 2.0	C3.0	64	61	58	54	52	51	51	50
				B4.0	67	64	62	55	53	52	52	52
	S≤1.3H			A5.0	68	66	64	56	54	53	54	52

| 표 2. 실지수 기호 |

기호	A	B	C	D	E	F	G	H	I	J
실지수	5.0	4.0	3.0	2.5	2.0	1.5	1.25	1.0	0.8	0.6
범위	4.5 이상	4.5 ~ 3.5	3.5 ~ 2.75	2.75 ~ 2.25	2.25 ~ 1.75	1.75 ~ 1.38	1.38 ~ 1.12	1.12 ~ 0.9	0.9 ~ 0.7	0.7 이하

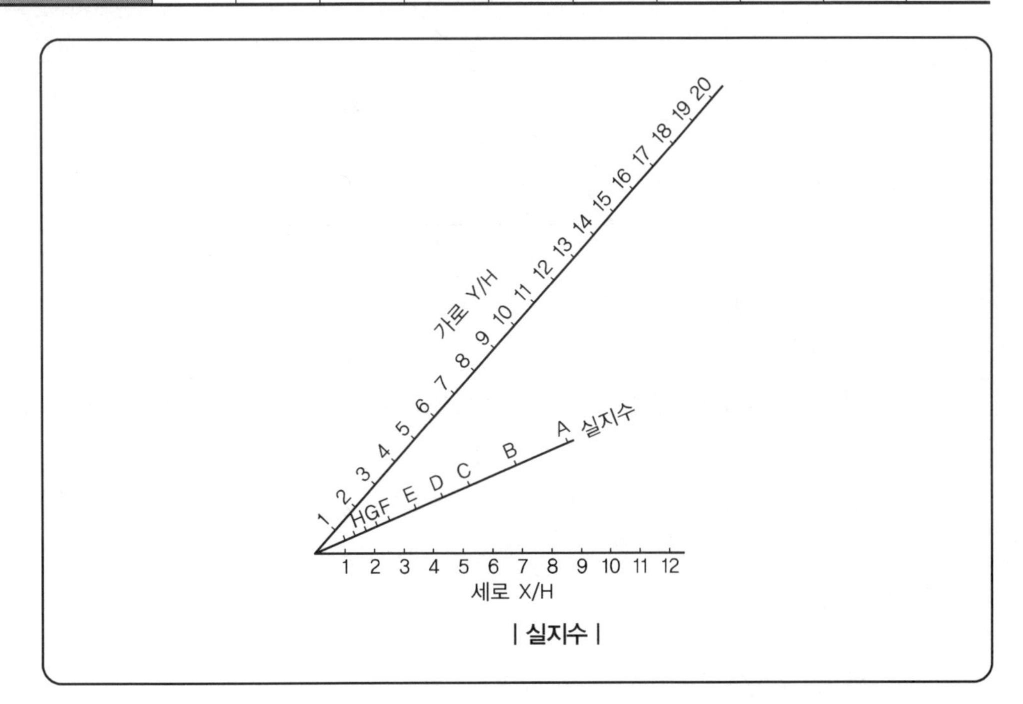

| 실지수 |

해답 **1** $K=\dfrac{XY}{H(X+Y)}=\dfrac{32\times20}{6(32+20)}=2.05$

$\therefore$ 표 2에서 실지수 $E(2.0)$ 선정

답 E(2.0)

2 $\dfrac{Y}{H}=\dfrac{32}{6}=5.33$

$\dfrac{X}{H}=\dfrac{20}{6}=3.33$

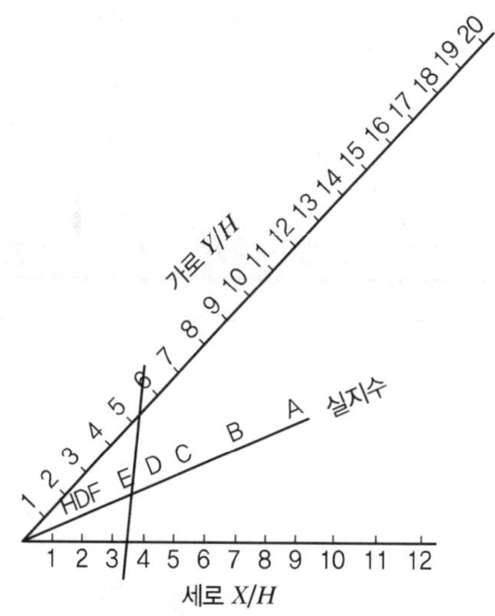

5.33과 3.33이 만나는 곳 실지수 E 선정

답 E

3 표 1의 직접에서 실지수 E2.0과 천장 반사율 75%, 벽반사율 50%의 교차점 58%로 선정

답 58%

4 표 1에서 직접조명의 보수상태 양호의 감광보상률 1.4 선정

계산 : $N=\dfrac{EAD}{FU}=\dfrac{500\times 32\times 20\times 1.4}{160\times 123\times 0.58}=39.249$[등]

답 40[등]

5 분기회로수 $N=\dfrac{40\times 160}{220\times 16}=1.82$[회로]

답 16[A] 2분기회로

6 표 1에서 등과 등 사이 설치 간격 $S\leq 1.3H$이므로 $S\leq 1.3\times 6$

$\therefore\ S\leq 7.8$

답 7.8[m]

7 벽면을 사용하지 않을 경우 $S\leq 0.5H$이므로 $S\leq 0.5\times 6$

$\therefore\ S\leq 3$

답 3[m]

8 형광등

09 다음 그림과 같은 사무실이 있다. 이 사무실의 평균조도를 150[lx]로 하고자 할 때 다음 각 물음에 답하시오.

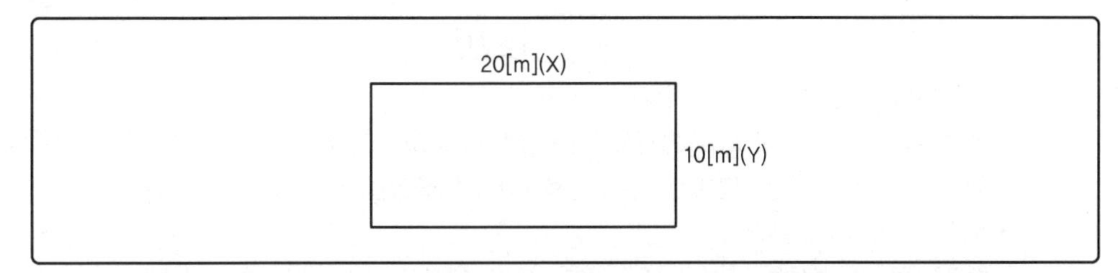

[조 건]

- 형광등은 32[W]를 사용하고, 형광등의 광속은 2,900[lm]으로 한다.
- 조명률은 0.6, 감광보상률은 1.2로 한다.
- 건물 천장 높이는 3.85[lm], 작업면은 0.85[lm]으로 한다.
- 가장 경제적인 설계로 한다.

❶ 이 사무실에 필요한 형광등의 수를 구하시오.

❷ 실지수를 구하시오.

❸ 양호한 전반 조명이라면 등간격은 등높이의 몇 배 이하로 해야 하는가?

해답 ❶ 계산 : $N = \frac{EAD}{FU} = \frac{150 \times 20 \times 10 \times 1.2}{2900 \times 0.6} = 20.69$[등] 답 21[등]

❷ 계산 : 실지수$= \frac{XY}{H(X+Y)} = \frac{20 \times 10}{(3.85-0.85) \times (20+10)} = 2.22$ 답 2.22

❸ 1.5배

TIP

➤ **조명기구 간격 및 배치**

① 기구의 최대간격 $S \leq 1.5H$

② 광원과 벽면거리 $S_0 \leq \frac{H}{2}$(벽측을 사용하지 않을 경우)

$S_0 \leq \frac{H}{3}$(벽측을 사용할 경우)(단, H : 작업면상의 광원의 높이[m])

10 폭 16[m], 길이 22[m], 천장 높이 3.2[m]인 사무실이 있다. 주어진 조건을 이용하여 이 사무실의 조명 설계를 하고자 할 때 다음 각 물음에 답하시오.

[조건]

- 이 사무실의 평균조도는 550[lx]로 한다.
- 펜던트의 길이는 0.5[m], 책상면의 높이는 0.85[m]로 한다.
- 램프는 40[W] 2등용(H형) 펜던트를 사용하되, 노출형을 기준으로 하여 설계한다.
- 보수율은 0.75로 한다.
- 램프의 광속은 형광등 한 등당 3,500[lm]으로 한다.
- 조명률은 반사율 천장 50[%], 벽 30[%], 바닥 10[%]를 기준으로 하여 0.64로 한다.
- 기구 간격의 최대한도는 1.4H를 적용한다. 여기서, H[m]는 피조면에서 조명기구까지의 높이이다.
- 경제성과 실제 설계에 반영할 사항을 가장 최적의 상태로 적용하여 설계하도록 한다.
- 천장은 백색 텍스로, 벽면은 옅은 크림색으로 마감한다.

❶ 이 사무실의 실지수를 구하시오.

❷ 이 사무실에 시설되어야 할 조명기구의 수를 계산하고 실제로 몇 열, 몇 행으로 하여 몇 조를 시설하는 것이 합리적인지를 쓰시오.

해답 ❶ 계산 : $K = \frac{XY}{H(X+Y)} = \frac{16 \times 22}{(3.2 - 0.5 - 0.85) \times (16 + 22)} = 5.01$

답 5.01

❷ • 조도 기준상 필요한 등수

계산 : $N = \frac{EA}{FUM} = \frac{550 \times (16 \times 22)}{3{,}500 \times 2 \times 0.64 \times 0.75} = 57.62$

답 58[등]

• 등기구 배치 조건상 필요한 등수

조건에서 등간격 $\leq 1.4H = 1.4 \times 1.85 = 2.59$[m]

$\frac{16}{2.59} = 6.18 \rightarrow$ 7열, $\frac{22}{2.59} = 8.49 \rightarrow$ 9행

이므로 전체 등수는 $7 \times 9 = 63$조

답 7열 9행 63조

TIP

① 실지수(K)는 단위가 없다.

② FUN = DEA

③ $D = \frac{1}{M}$

여기서, M : 보수율, D : 감광보상률

11 조명설비에서 전력을 절약하는 효율적인 방법에 대해 5가지만 쓰시오.

해답 ① 고효율 등기구 채택
② 고조도, 저휘도 반사갓 채택
③ 적절한 조광제어 실시
④ 고역률 등기구 채택
⑤ 등기구의 적절한 보수 및 유지 관리

TIP

그 외
⑥ 슬림라인 형광등 및 안정기 내장형 램프 채택
⑦ 창 측 조명기구 개별 점등
⑧ 재실감지기 및 카드키 채택
⑨ 전반조명과 국부조명의 적절한 병용(TAL 조명)
⑩ 등기구의 격등 제어 회로 구성

12 도로의 조명설계에 관한 다음 각 물음에 답하시오.

1 도로 조명설계에 있어서 성능상 고려하여야 할 중요 사항을 5가지만 쓰시오.

2 도로의 너비가 40[m]인 곳의 양쪽으로 35[m] 간격으로 지그재그식으로 등주를 배치하여 도로 위의 평균 조도를 6[lx]가 되도록 하고자 한다. 도로면의 광속 이용률은 30[%], 유지율은 75[%]로 한다고 할 때 각 등주에 사용되는 수은등은 몇 [W]의 것을 사용하여야 하는지, 전광속을 계산하고, 주어진 수은등 규격표에서 찾아 쓰시오.

| 수은등 규격표 |

크기[W]	램프 전류[A]	전광속[lm]
100	1.0	3,200~4,000
200	1.9	7,700~8,500
250	2.1	10,000~11,000
300	2.5	13,000~14,000
400	3.7	18,000~20,000

해답 **1** ① 노면 전체에 가능한 한 높은 평균 휘도로 조명할 수 있을 것
② 조명기구등의 눈부심(Glare)이 적을 것
③ 도로 양측의 보도, 건축물의 전면 등이 높은 조도로 충분히 밝게 조명할 수 있을 것
④ 조명의 광색, 연색성이 적절할 것
⑤ 휘도 차이에 따른 균제도(최소, 최대)를 확보할 것

❷ 계산 : $F = \frac{EBA}{2MU} = \frac{6 \times 40 \times 35}{2 \times 0.75 \times 0.3} = 18{,}666.67[lm]$

답 표에서 400[W] 선정

TIP

❶ 이 외에도 ⑥ 주간에 도로의 풍경을 손상하지 않는 디자인으로 할 것

❷ 지그재그식 1등당 조명 면적 $A = \frac{1}{2} \times B(\text{도로 폭}) \times S(\text{등 간격})$

감광보상률 $D = \frac{1}{M(\text{유지율})}$

$\therefore$ FNU = EAD에서 $F = \frac{EAD}{N} = \frac{EBA}{2MU}[lm]$

13 일반용 조명에 관한 다음 각 물음에 답하시오.

❶ 백열등의 그림 기호는 ◯이다. 벽붙이의 그림 기호를 그리시오.

❷ HID등의 종류를 표시하는 경우는 용량 앞에 문자기호를 붙이도록 되어 있다. 수은등, 메탈할라이드등, 나트륨등은 어떤 기호를 붙이는가?

❸ 그림 기호가 ⊗로 표시되어 있다. 어떤 용도의 조명등인가?

❹ 조명등으로서의 일반 백열등을 형광등과 비교할 때의 그 기능상의 장점을 3가지만 쓰시오.

해답 ❶ ◐

❷ 수은등 : H　　　메탈할라이드등 : M　　　나트륨등 : N

❸ 옥외등

❹ ① 역률이 좋다.

② 연색성이 우수하다.

③ 안정기가 불필요하며, 기동시간이 짧다.

그 외

④ 램프의 점등 방식이 간단하다.

⑤ 가격이 저렴하다.

TIP

➤ **형광등의 장점**

① 효율이 높다.　　② 다양한 광색을 얻는다.

③ 수명이 길다.　　④ 눈부심이 적다.

14 **HID(High Intensity Discharge) Lamp에 대한 다음 각 물음에 답하시오.**

1. 이 램프는 어떠한 램프를 말하는가?(단, 우리말 명칭 또는 이 램프의 의미에 대한 설명을 쓸 것)
2. 가장 많이 사용되는 램프의 종류를 3가지만 쓰시오.

해답 1. 고휘도 방전램프
2. 고압 수은등, 고압 나트륨등, 메탈할라이드 램프

3 광원의 종류

1) HID(High Intensity Discharge Lamp)의 종류

① 고압수은등
② 고압나트륨등
③ 메탈할라이드등
④ 초고압수은등
⑤ 고압크세논방전등

2) 형광등이 백열등에 비하여 우수한 점

① 효율이 높다.
② 수명이 길다.
③ 열방사가 적다.
④ 필요로 하는 광색을 쉽게 얻을 수 있다.

3) 백열전구의 필라멘트 구비 조건

① 융해점이 높을 것
② 고유 저항이 클 것
③ 선팽창 계수가 적을 것
④ 온도 계수가 정확할 것
⑤ 가공이 용이할 것
⑥ 높은 온도에서 증발(승화)이 적을 것
⑦ 고온에서 기계적 강도가 감소하지 않을 것

4) 광원의 효율

램프	효율[lm/W]	램프	효율[lm/W]
나트륨램프	80~150	수은램프	35~55
메탈할라이드램프	75~105	할로겐램프	20~22
형광램프	48~80	백열전구	7~22

5) 할로겐램프

① 용도

㉠ 옥외의 투광조명, 고천장 조명, 광학용, 비행장활주로용, 자동차용, 복사기용, 히터용

㉡ 백화점 상점의 스포트라이트, 후드라이트

㉢ 색온도를 중요시하는 컬러 TV 스튜디오의 스포트라이트, 백라이트

② 특징

㉠ 초소형, 경량의 전구(백열전구의 $\frac{1}{10}$ 이상 소형화)이다.

㉡ 단위 광속이 크다.

㉢ 수명이 백열전구에 비하여 2배로 길다.

㉣ 별도의 점등장치가 필요치 않다.

㉤ 열충격에 강하다.

㉥ 배광제어가 용이하다.

㉦ 연색성이 좋다.

㉧ 온도가 높다(할로겐 전구의 베이스로 세라믹 사용).

㉨ 휘도가 높다.

㉩ 흑화가 거의 발생하지 않는다.

6) 형광등

① 광색에 의한 형광등의 분류

광색의 종류	기호	비고(I E C)
주광색 주백색 백색 온백색 전구색	D N W WW L	• D : Daylight • CW : Cool White • W : White • WW : Warm White

② **연색성에 의한 형광등의 분류**

㉠ 보통형, 고연색형(A, AA, AAA), 삼파장역 발광형

㉡ 광색에 의한 형광등 분류 중 기호에 DL 고연색형을 나타내고 EX는 삼파장형을 의미

③ **형광등 특징**

㉠ 장점

- 형광체의 혼합에 의하여 주광색, 백색 등 필요로 하는 광색을 얻을 수 있다.
- 휘도가 낮다.
- 효율이 높다.
- 열방사가 적다(백열전구의 $\frac{1}{4}$).
- 수명이 길다.
- 전압변동에 대하여 광속변동이 작다.

㉡ 단점

- 점등시간이 길다.
- 부속장치(글로우램프 안정기 콘덴서)가 필요하여 가격이 비싸다.
- 온도의 영향을 받는다.
- 역률이 낮다.
- 깜박거림과 빛의 어른거림이 발생한다.
- 라디오장해 발생(고조파)이 우려된다.
- 전원주파수의 변동이 가속수명에 영향을 준다.

④ **형광체 광색**

형광체	분자식	광색
텅스텐산 칼슘	$CaWO_4$ − Sb	청색
규산아연	$ZnSiO_3$ − Mn	녹색
규산카드뮴	$CdSiO_2$ − Mn	등색
붕산카드뮴	CdB_2O_5	핑크색

⑤ **삼파장 형광등** : 청색, 녹색 및 적색의 빛을 조합하여 효율이 높은 백색 빛을 얻는 등으로 특징은 다음과 같다.

㉠ 가장 밝은 형광등이다.

㉡ 색상이 보다 자연적이며 아름답고 선명하게 보인다.

㉢ 산뜻하고 싱싱한 분위기를 만든다.

㉣ 전기요금이 절약된다.

⑥ **오파장 형광등** : 청색, 녹색, 적색, 심적(deep red) 및 청록 빛을 조합하여 평균 연색평가지수가 우수하나 가격이 고가이다.

4 건축화 조명

1) 천장 매입방법

① **매입형광등** : 하면개방형, 하면확산판설치형, 반매입형 등이 있다.

| 하면개방형 | | 하면확산판설치형 | | 반매입형 |

② **다운라이트** : 천장에 작은 구멍을 뚫고 조명기구를 매입하여 빛의 방향을 아래로 유효하게 조명하는 방법

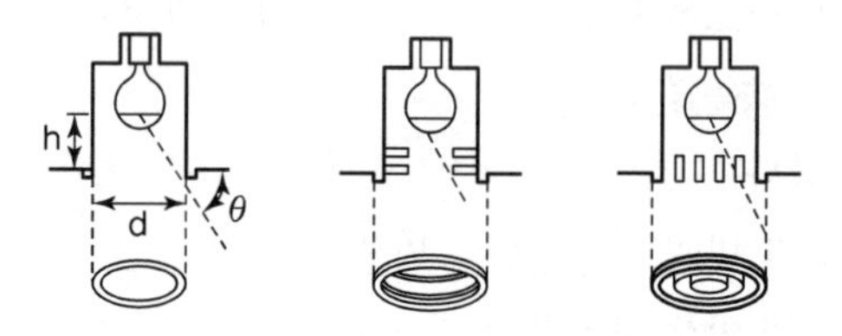

③ **핀홀라이트** : 다운라이트의 일종으로 아래로 조사되는 구멍을 작게 하거나 렌즈를 달아 복도에 집중 조사되도록 하는 방식

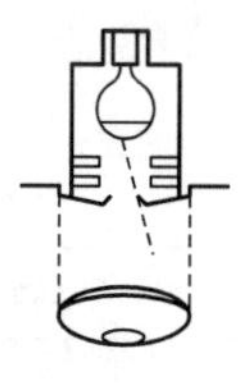

④ **코퍼라이트** : 대형의 다운라이트 방식 천장면을 둥글게 또는 사각으로 파내어 내부에 조명기구를 배치하는 조명방식

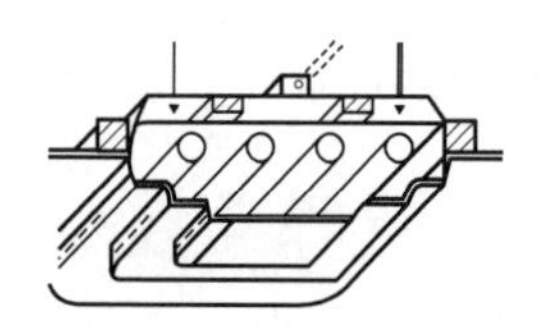

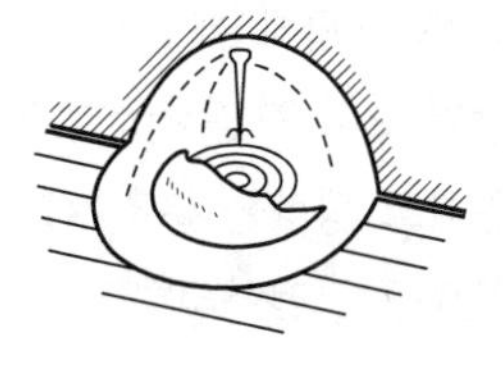

⑤ **라인라이트** : 매입 형광등 방식의 일종으로 형광등을 연속으로 배치하는 조명방식

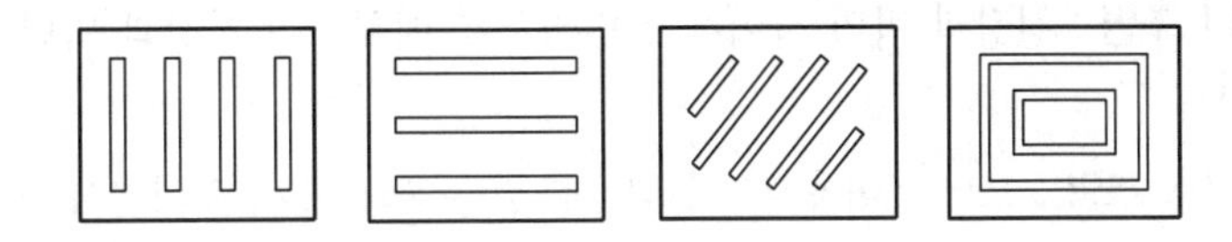

2) 천장면 이용방법

① **광천장 조명** : 실의 천장 전체를 조명기구화하는 방식으로 천장 조명 확산 패널로서 유백색의 아크릴판이 사용된다.

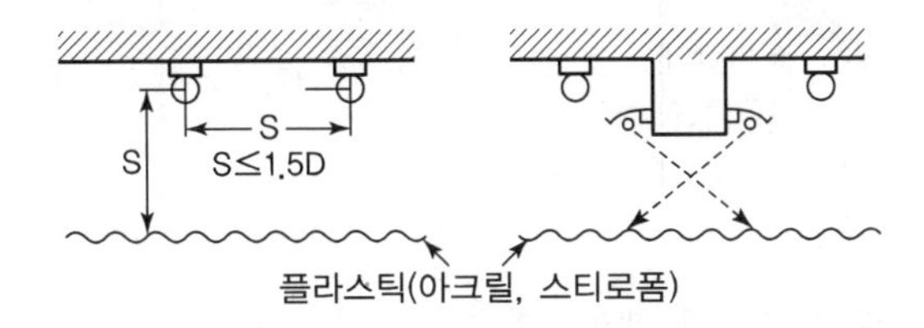

② **루버 조명** : 실의 천장면을 조명기구화하는 방식으로 천장면 재료로 루버를 사용하여 보호각을 증가시킨다.

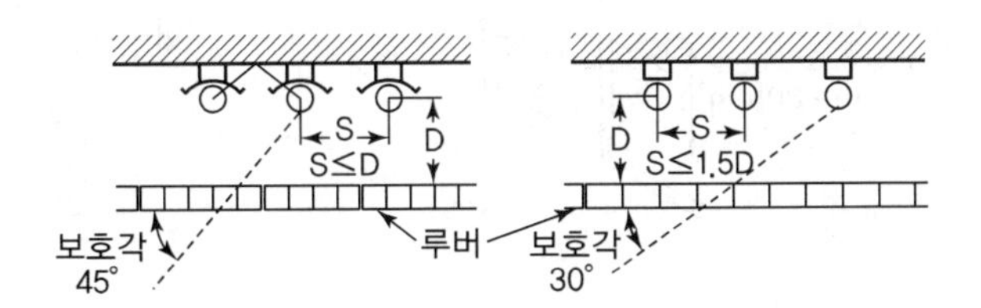

③ **코브 조명** : 광원으로 천장이나 벽면 상부를 조명함으로써 천장면이나 벽에 반사되는 반사광을 이용하는 간접조명방식

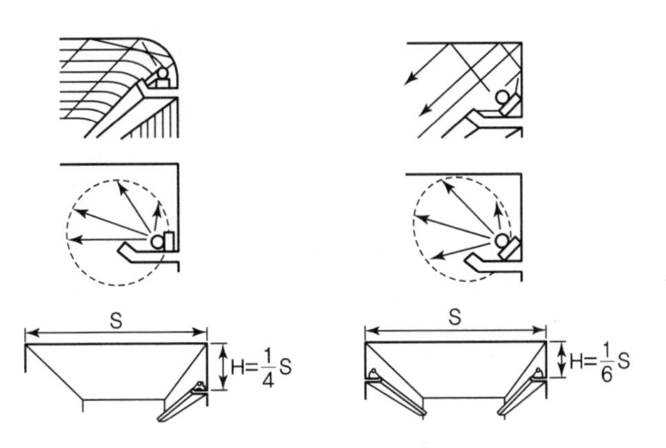

3) 벽면 이용방법

① **코너 조명** : 천장과 벽면 사이에 조명기구를 배치하여 천장과 벽면을 동시에 조명하는 방식

② **코니스 조명** : 코너를 이용하여 코니스를 15~20[cm] 정도 내려서 아래쪽의 벽 또는 커튼을 조명하는 방식

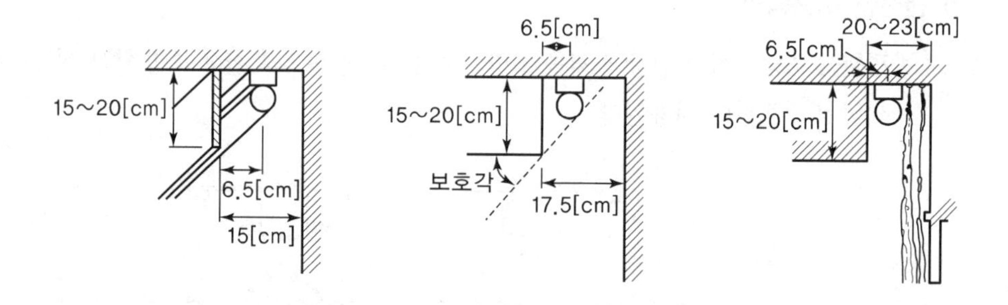

③ **밸런스** : 광원의 전면에 밸런스판을 설치하여 천장면이나 벽면으로 반사시켜 조명하는 방식

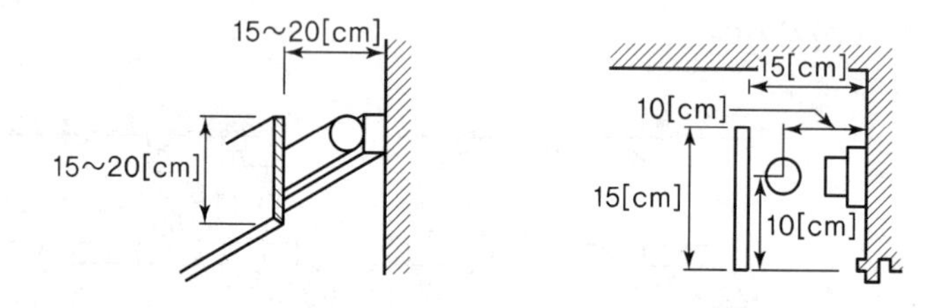

④ **광창 조명** : 지하실이나 무창실에 창문이 있는 효과를 내는 방법으로 인공창의 뒷면에 형광등을 배치하는 방법

Chapter

02 심벌

배관공사명[mm]

① 강제전선관 : 1본의 길이 3.6[m]
(AC) 박강 : 외경홀수 19, 25, 31, 39, 51, 63, 75 → 7종
(BC) 후강 : 내경짝수 16, 22, 28, 36, 42, 54, 70, 82, 92, 104 → 10종

② 합성수지관 : 1본의 길이 4[m]
근사내경 14, 16, 22, 28, 36, 42, 54, 70, 82 → 9종

③ 폴리에틸렌관(PE)

④ 제2종 금속제 가요전선관(F_2)

⑤ 콘크리트관 무근(C), 철근(R)

⑥ 경질비닐관(VE)

⑦ 합성수지제 가요관(PF)

TIP

➤ **전선규격[mm^2]**
1.5, 2.5, 4, 6, 10, 16, 25, 35, 50, 70, 95, 120, 150, 185, 240, 300, 400

| 절연전선 및 케이블 |

ABC순	약호	품명
A	A	연동선
	A-A2	연알루미늄선
	ABC-W	특고압 수밀형 가공케이블
	ACSR	강심알루미늄 연선
	ACSR-DV	인입용 강심 알루미늄도체 비닐절연전선
	ACSR-OC	옥외용 강심 알루미늄도체 가교 폴리에틸렌 절연전선
	ACSR-OE	옥외용 강심 알루미늄도체 폴리에틸렌 절연전선
	A1-OC	옥외용 알루미늄도체 가교 폴리에틸렌 절연전선
	A1-OE	옥외용 알루미늄도체 폴리에틸렌 절연전선
	A1-OW	옥외용 알루미늄도체 비닐 절연전선
	AWP	클로로프렌, 천연합성고무 시스 용접용 케이블
	AWR	고무 시스 용접용 케이블
B	BL	300/500[V] 편조 리프트 케이블
	BRC	300/500[V] 편조 고무코드
C	CA	강복알루미늄선
	CB-EV	콘크리트 직매용 폴리에틸렌 절연비닐 시스케이블(환형)
	CB-EVF	콘크리트 직매용 폴리에틸렌 절연비닐 시스케이블(평형)
	CCE	0.6/1[kV] 제어용 가교 폴리에틸렌 절연 폴리에틸렌 시스케이블
	CCV	0.6/1[kV] 제어용 가교 폴리에틸렌 절연 비닐 시스케이블
	CD-C	가교 폴리에틸렌 절연 CD케이블
	CE1	0.6/1[kV] 가교 폴리에틸렌 절연 폴리에틸렌 시스케이블
	CE10	6/10[kV] 가교 폴리에틸렌 절연 폴리에틸렌 시스케이블
	CET	6/10[kV] 트리플렉스형 가교 폴리에틸렌 절연 폴리에틸렌 시스케이블
	CIC	300/300[V] 실내 장식 전등 기구용 코드
	CLF	300/300[V] 유연성 가교 비닐 절연 가교 비닐 시스 코드
	CN-CV	동심중성선 치수형 전력케이블
	CN-CV-W	동심중성선 수밀형 전력케이블
	CSL	원형 비닐 시스 리프트 케이블
	CV1	0.6/1[kV] 가교 폴리에틸렌 절연비닐 시스케이블
	CV10	6/10[kV] 가교 폴리에틸렌 절연비닐 시스케이블
	CVV	0.6/1[kV] 비닐절연 비닐 시스 제어 케이블
	CVT	6/10[kV] 트리플렉스형 가교 폴리에틸렌 절연비닐 시스케이블
D	DV	인입용 비닐절연전선

ABC순	약호	품명
E	EE	폴리에틸렌절연 폴리에틸렌 시스케이블
	EV	폴리에틸렌절연 비닐 시스케이블
F	FL	형광방전등용 비닐전선
	FSC	300/300[V] 평형 비닐 코드
	FR CNCO－W	동심중성선 수밀형 저독성 난연 전력 케이블
	FSL	평형 비닐 시스 리프트 케이블
	FTC	300/300[V] 평형 금사 코드
H	H	경동선
	HA	반경동선
	HAL	경알루미늄선
	HFCCO	0.6/1[kV] 가교 폴리에틸렌 절연 저독성 난연 폴리올레핀 시스 제어 케이블
	HFCO	0.6/1[kV] 가교 폴리에틸렌 절연 저독성 난연 폴리올레핀 시스 전력 케이블
	HLPC	300/300[V] 내열성 연질 비닐 시스 코드(90℃)
	HOPC	300/300[V] 내열성 범용 비닐 시스 코드(90℃)
	HPSC	450/750[V] 경질 클로로프렌, 합성 고무 시스 유연성 케이블
	HR(0.5)	500[V] 내열성 고무 절연전선(110℃)
	HR(0.75)	750[V] 내열성 고무 절연전선(110℃)
	HR(0.5)	500[V] 내열성 유연성 고무 절연전선(110℃)
	HRF(0.75)	750[V] 내열성 유연성 고무 절연전선(110℃)
	HRS	300/500[V] 내열 실리콘 고무 절연전선(180℃)
I	IACSR	강심알루미늄 합금연선
L	LPS	300/500[V] 연질 비닐 시스케이블
	LPC	300/300[V] 연질 비닐 시스 코드
M	MI	미네랄 인슐레이션 케이블
N	NEV	폴리에틸렌 절연 비닐 시스 네온전선
	NF	450/750[V] 일반용 유연성 단심 비닐절연전선
	NFI(70)	300/500[V] 기기 배선용 유연성 단심 비닐절연전선(70℃)
	NFI(90)	300/500[V] 기기 배선용 유연성 단심 절연전선(90℃)
	NR	450/750[V] 일반용 단심 비닐절연전선
	NRC	고무절연 클로로프렌 시스 네온전선
	NRI(70)	300/500[V] 기기 배선용 단심 비닐절연전선(70℃)
	NRI(90)	300/500[V] 기기 배선용 단심 비닐절연전선(90℃)
	NRV	고무절연 비닐 시스 네온전선
	NV	비닐절연 네온전선

ABC순	약호	품명
O	OC	옥외용 가교 폴리에틸렌 절연전선
	OE	옥외용 폴리에틸렌 절연전선
	OPC	300/500[V] 범용 비닐 시스 코드
	OPSC	300/500[V] 범용 클로로프렌, 합성고무 시스 코드
	ORPSF	300/500[V] 오일내성 비닐절연 비닐시스 차폐 유연성 케이블
	ORPUF	300/500[V] 오일내성 비닐절연 비닐시스 비차폐 유연성 케이블
	ORSC	300/500[V] 범용 고무시스 코드
	OW	옥외용 비닐절연전선
P	PCSC	300/500[V] 장식 전등 기구용 클로로프렌, 합성 고무 시스 케이블(원형)
	PCSCF	300/500[V] 장식 전등 기구용 클로로프렌, 합성 고무 시스 케이블(평면)
	PDC	6/10[kV] 고압 인하용 가교 폴리에틸렌 절연전선
	PDP	6/10[kV] 고압 인하용 가교 EP 고무 절연전선
	PL	300/500[V] 폴리클로로프렌, 합성고무 시스 리프트 케이블
	PN	0.6/1[kV] EP 고무절연 클로로프렌 시스 케이블
	PNCT	0.6/1[kV] EP 고무절연 클로로프렌 캡타이어 케이블
	PV	0.6/1[kV] EP 고무절연 비닐 시스 케이블
R	RIF	300/300[V] 유연성 고무절연 고무 시스 코드
	RICLF	300/300[V] 유연성 고무절연 가교 폴리에틸렌 비닐 시스 코드
	RL	300/500[V] 고무 시스 리프트 케이블
V	VCT	0.6/1[kV] 비닐절연 비닐캡타이어 케이블
	VVF	0.6/1[kV] 비닐절연 비닐 시스 평형 케이블

1 적용범위

이 규격은 일반 옥내배선에서 전동 · 전력 · 통신 · 신호 · 재해방지 · 피뢰설비 등의 배선, 기기 및 부착위치, 부착방법 표시하는 도면에 사용하는 그림기호에 대하여 규정한다.

2 배선

1) 일반 배선

배관 · 덕트 · 금속선 홈통 등을 포함한다.

명칭	그림기호	적용
천장 은폐배선 바닥 은폐배선 노출배선	———— — — — - - - - - - -	① 천장 은폐배선 중 천장 속의 배선을 구별하는 경우는 천장 속의 배선에 —·—·—를 사용하여도 된다. ② 노출배선 중 바닥면 노출배선을 구별하는 경우는 바닥면 노출배선에 —··—··—를 사용하여도 된다. ③ 전선의 종류를 표시할 필요가 있는 경우는 기호를 기입한다. **보기** 600V 비닐 절연전선 IV 600V 2종 비닐 절연전선 HIV 가교 폴리에틸렌 절연 비닐 시스 케이블 CV 600V 비닐절연 비닐 시스 케이블(평형) VVF 내화케이블 FP 내열전선 HP 통신용 PVC 옥내선 TIV ④ 절연전선의 굵기 및 전선 수는 다음과 같이 기입한다. 단위가 명백한 경우는 단위를 생략하여도 된다. **보기** ///1.6 //2 //2[mm²] ///8 **숫자 표기의 보기** 1.6×5 / 5.5×1 다만, 시방서 등에 전선의 굵기 및 심선 수가 명백한 경우는 기입하지 않아도 된다. ⑤ 케이블의 굵기 및 심선 수(또는 쌍수)는 다음과 같이 기입하고 필요에 따라 전압을 기입한다. **보기** 1.6[mm] 3심인 경우 : 1.6~3C 0.5[mm] 100쌍인 경우 : 0.5~100P 다만, 시방서 등에 케이블의 굵기 및 심선 수가 명백한 경우는 기입하지 않아도 된다.

명칭	그림기호	적용
		⑥ 전선의 접속점은 다음에 따른다. ⑦ 배관은 다음과 같이 표시한다. 1.6(19) : 강제 전선관인 경우 1.6(VE16) : 경질 비닐 전선관인 경우 1.6($F_2$17) : 2종 금속제 가요전선관인 경우 1.6(PF16) : 합성수지제 가요관인 경우 (19) : 전선이 들어 있지 않은 경우 다만, 시방서 등에 명백한 경우는 기입하지 않아도 된다. ⑧ 플로어 덕트의 표시는 다음과 같다. (F7) (FC6) 정션 박스를 표시하는 경우는 다음과 같다. ⑨ 금속 덕트의 표시는 다음과 같다. MD ⑩ 금속선 홈통의 표시는 다음과 같다. 1종 MM_1 2종 MM_2 ⑪ 라이팅 덕트의 표시는 다음과 같다. LD LD □는 피드인 박스를 표시한다. 필요에 따라 전압, 극수, 용량을 기입한다. **보기** LD 125[V] 2[P] 15[A] ⑫ 접지선의 표시는 다음과 같다. E2.0 ⑬ 접지선과 배선을 동일관 내에 넣는 경우는 다음과 같다. 2.0(25) E2.0 다만, 접지선의 표시 E가 명백한 경우는 기입하지 않아도 된다. ⑭ 케이블의 방화구획 관통부는 다음과 같이 표시한다. H ⑮ 정원등 등에 사용하는 지중매설 배선은 다음과 같다. ⑯ 옥외배선은 옥내배선의 그림기호를 준용한다. ⑰ 구별할 필요가 없는 경우는 실선만으로 표시하여도 된다. ⑱ 건축도의 선과 명확히 구별한다.

명칭	그림기호	적용
상승 인하 소통		① 동일 층의 상승, 인하는 특별히 표시하지 않는다. ② 관, 선 등의 굵기를 명기한다. 다만, 명백한 경우는 기입하지 않아도 된다. ③ 필요에 따라 공사 종별을 표기한다. ④ 케이블의 방화구획 관통부는 다음과 같이 표시한다. 상승 인하 소통
풀 박스 및 접속 상자		① 재료의 종류, 치수를 표시한다. ② 박스의 대소 및 모양에 따라 표시한다.
VVF용 조인트 박스		단자붙이임을 표시하는 경우는 t를 표기한다. t
접지 단자		의료용인 것은 H를 표기한다.
접지 센터	EC	의료용인 것은 H를 표기한다.
접지극		
수전점		인입구에 이것을 적용하여도 좋다.
점검구		

2) 버스 덕트

명칭	그림기호	적용
버스 덕트		① 필요에 따라 다음 사항을 표시한다. a. 피드 버스 덕트 FBD 플러그인 버스 덕트 PBD 트롤리 버스 덕트 TBD b. 방수형인 경우는 WP c. 전기방식, 정격전압, 정격전류 보기 FBD3ϕ 3W 300V 600A ② 익스팬션을 표시하는 경우는 다음과 같다. ③ 옵셋을 표시하는 경우는 다음과 같다. ④ 탭붙이를 표시하는 경우는 다음과 같다. ⑤ 상승, 인하를 표시하는 경우는 다음과 같다. 상승 인하 ⑥ 필요에 따라 정격전류에 의해 너비를 바꾸어 표시하여도 좋다.
합성수지 선홈통		① 필요에 따라 전선의 종류, 굵기, 가닥 수, 선홈통의 크기 등을 기입한다. 보기 IV 16×4(PR35×18) (PR35×18) 전선이 들어 있지 않은 경우 ② 회선수를 다음과 같이 표시하여도 좋다. 보기 2회선인 경우 ③ 그림기호 는 PR 로 표시하여도 좋다. ④ 조인트 박스를 표시하는 경우는 다음과 같다. ⑤ 콘센트를 표시하는 경우는 다음과 같다. ⑥ 점멸기를 표시하는 경우는 다음과 같다. ⑦ 걸림 로제트를 표시하는 경우는 다음과 같다.

3) 증설

동일 도면에서 증설 · 기설을 표시하는 경우 증설은 굵은 선, 기설은 가는 선 또는 점선으로 한다. 또한, 증설은 적색, 기설은 흑색 또는 청색으로 하여도 좋다.

4) 철거

철거인 경우는 X를 붙인다.

예 ╳╳╳⊗╳╳╳╳

3 기기

명칭	그림기호	적용
전동기	Ⓜ	필요에 따라 전기방식, 전압, 용량을 표기한다. Ⓜ 3ϕ200V 3.7kW
콘덴서	[콘덴서 기호]	전동기의 적요를 준용한다.
전열기	Ⓗ	전동기의 적요를 준용한다.
환기 팬(선풍기를 포함한다.)	(∞)	필요에 따라 종류 및 크기를 표기한다.
룸 에어컨	RC	① 옥외 유닛에는 0을, 옥내 유닛에는 1을 표기한다. RC 0 RC 1 ② 필요에 따라 전동기, 전열기의 전기방식, 전압, 용량 등을 표기한다.
소형변압기	Ⓣ	① 필요에 따라 용량, 2차 전압을 표기한다. ② 필요에 따라 벨 변압기는 B, 리모콘 변압기는 R, 네온 변압기는 N, 형광등용 안정기는 F, HID등(고효율 방전등)용 안정기는 H를 표기한다. Ⓣ B Ⓣ R Ⓣ N Ⓣ F Ⓣ H ③ 형광등용 안정기 및 HID등용 안정기로서 기구에 넣는 것은 표시하지 않는다.
정류 장치	[정류 장치 기호]	필요에 따라 종류, 용량, 전압 등을 표기한다.
축전지	[축전지 기호]	필요에 따라 종류, 용량, 전압 등을 표기한다.
발전기	Ⓖ	전동기의 적요를 준용한다.

4 전등 · 전력

1) 조명 기구

명칭	그림기호	적용
일반용 조명 백열등 HID등	○	① 벽붙이는 벽 옆을 칠한다. ② 기구종류를 표시하는 경우는 ○ 안이나 또는 표기로 글자명, 숫자 등의 문자기호를 기입하고 도면의 비고 등에 표시한다. ㉯ ○나 ① ○1 Ⓐ ○A 등 같은 방에 기구를 여러 개 시설하는 경우는 통합하여 문자기호와 기구 수를 기입하여도 좋다. ③ ②에 따르기 어려운 경우는 다음 보기에 따른다. **보기** 걸림 로제트만 펜던트 실링 · 직접부착 CL 샹들리에 CH 매입 기구 DL ◎로 하여도 좋다. ④ 용량을 표시하는 경우는 와트 수(W)×램프 수로 표시한다. **보기** 200×3 ⑤ 옥외등은 로 하여도 좋다. ⑥ HID등의 종류를 표시하는 경우는 용량 앞에 다음 기호를 붙인다. 수은등 H 메탈할라이드등 M 나트륨등 N **보기** H400
형광등	▭○▭	① 그림기호 ▭○▭는 ▭⊖▭로 표시하여도 좋다. ② 벽붙이는 벽 옆을 칠한다. 가로붙이인 경우 세로붙이인 경우 ③ 기구종류를 표시하는 경우는 ○ 안이나 또는 표기로 글자명, 숫자 등의 문자기호를 기입하고 도면의 비고 등에 표시한다. **보기** ㉯ ○나 ① ○1 Ⓐ ○A 등 같은 방에 기구를 여러 개 시설하는 경우는 통합하여 문자기호와 기구 수를 기입하여도 좋다. 또한, 여기에 다루기 어려운 경우는 '일반용 조명 백열등·HID등'의 적용 ③을 준용한다.

명칭		그림기호	적용
형광등			④ 용량을 표시하는 경우는 램프의 크기(형)×램프 수로 표시한다. 또 용량 앞에 F를 붙인다. 보기 F40 F40×2 ⑤ 용량 외에 기구 수를 표시하는 경우는 램프의 크기(형)×램프 수–기구 수로 표시한다. 보기 F40–2 F40×2–3 ⑥ 기구 내 배선의 연결방법을 표시하는 경우는 다음과 같다. 보기 F40–2 F40–3 ⑦ 기구의 대소 및 모양에 따라 표시하여도 좋다. 보기
비상용 조명 (건축 기준법에 따르는 것)	백열등		① 일반용 조명 백열등의 적요를 준용한다. 다만, 기구의 종류를 표시하는 경우는 표기한다. ② 일반용 조명 형광등에 조립하는 경우는 다음과 같다.
	형광등		① 일반용 조명 백열등의 적요를 준용한다. 다만, 기구의 종류를 표시하는 경우는 표기한다. ② 계단에 설치하는 통로유도등과 겸용인 것은 로 한다.
유도등 (소방법에 따르는 것)	백열등		① 일반용 조명 백열등의 적요를 준용한다. ② 객석 유도등인 경우는 필요에 따라 S를 표기한다. S
	형광등		① 일반용 조명 백열등의 적요를 준용한다. ② 기구의 종류를 표시하는 경우는 표기한다. 보기 중 ③ 통로 유도등인 경우는 필요에 따라 화살표를 기입한다. 보기 ④ 계단에 설치하는 비상용 조명과 겸용인 것은 로 한다.

명칭		그림기호	적용
불멸 또는 비상용등 (건축 기준법, 소방법에 따르지 않는 것)	백열등	⊗	① 벽붙이는 벽 옆을 칠한다. ② 일반용 조명 백열등의 적요를 준용한다. 다만, 기구의 종류를 표시하는 경우는 표기한다.
	형광등	▭⊗▭	① 벽붙이는 벽 옆을 칠한다. ② 일반용 조명 형광등의 적요를 준용한다. 다만, 기구의 종류를 표시하는 경우는 표기한다.

2) 콘센트

명칭	그림기호	적용
콘센트	⦂	① 그림기호는 벽붙이를 표시하고 벽 옆을 칠한다. ② 그림기호 ⦂는 ⊖로 표시하여도 좋다. ③ 천장에 부착하는 경우는 다음과 같다. ④ 바닥에 부착하는 경우는 다음과 같다. ⑤ 용량의 표시방법은 다음과 같다. a. 15A는 표기하지 않는다. b. 20A 이상은 암페어 수를 표기한다. 보기 ⦂ 20A ⑥ 2구 이상인 경우는 구수를 표기한다. 보기 ⦂ 2 ⑦ 3극 이상인 것은 극수를 표기한다. 보기 ⦂ 3P ⑧ 종류를 표시하는 경우는 다음과 같다. • 빠짐 방지형 : ⦂ LK • 걸림형 : ⦂ T • 접지극붙이 : ⦂ E • 접지단자붙이 : ⦂ ET • 누전차단기붙이 : ⦂ EL

명칭	그림기호	적용
콘센트	(콘센트 기호)	⑨ 방수형은 WP를 표기한다. (기호) WP ⑩ 방폭형은 EX를 표기한다. (기호) EX ⑪ 타이머붙이, 덮개붙이 등 특수한 것은 표기한다. ⑫ 의료용은 H를 표기한다. (기호) H ⑬ 전원종별을 명확히 하고 싶은 경우는 그 뜻을 표기한다.
비상콘센트 (소방법에 따르는 것)	(비상콘센트 기호)	
점멸기	●	① 용량의 표시방법은 다음과 같다. a. 10A는 표기하지 않는다. b. 15A 이상은 전류치를 표기한다. **보기** ● 15A ② 극수의 표시방법은 다음과 같다. a. 단극은 표기하지 않는다. b. 2극 또는 3으로, 4로는 각각 2P 또는 3, 4의 숫자를 표기한다. **보기** ●2P ●3 ③ 플라스틱은 P를 표기한다. ●P ④ 파일럿 램프를 내장하는 것은 L을 표기한다. ●L ⑤ 따로 놓인 파일럿 램프는 ○로 표시한다. **보기** ○● ⑥ 방수형은 WP를 표기한다. ●WP ⑦ 방폭형은 EX를 표기한다. ●EX ⑧ 타이머붙이는 T를 표기한다. ●T ⑨ 지동형, 덮개붙이 등 특수한 것은 표기한다. ⑩ 옥외등 등에 사용하는 자동 점멸기는 A 및 용량을 표기한다. **보기** ●A(3A)

명칭	그림기호	적용
조광기	● (↗)	용량을 표시하는 경우는 표기한다. 보기 ● (↗) 15A
리모콘 스위치	● R	① 파일럿 램프붙이는 ○을 병기한다. 보기 ○● R ② 리모콘 스위치임이 명백한 경우는 R을 생략하여도 된다.
셀렉터 스위치	⊛	① 점멸 회로수를 표기한다. 보기 ⊛9 ② 파일럿 램프붙이는 L을 표기한다. 보기 ⊛9L
리모콘 릴레이	▲	리모콘 릴레이를 집합하여 부착하는 경우는 [▲▲▲]를 사용하고 릴레이 수를 표기한다. 보기 [▲▲▲] 10
개폐기	[S]	① 상자인 경우는 상자의 재질 등을 표기한다. ② 극수, 정격전류, 퓨즈 정격전류 등을 표기한다. 보기 [S] 2P 30 A f 15 A ③ 전류계붙이는 [Ⓢ]를 사용하고 전류계의 정격전류를 표기한다. 보기 [Ⓢ] 2P 30 A f 15 A A 5
배선용 차단기	[Ⓑ]	① 상자인 경우는 상자의 재질 등을 표기한다. ② 극수, 프레임의 크기, 정격전류 등을 표기한다. 보기 [Ⓑ] 3P 225 AF 150 A ③ 모터브레이커를 표시하는 경우는 [B]를 사용한다. ④ [B]를 [S] MCB로서 표시하여도 좋다.

명칭	그림기호	적용
누전 차단기	E	① 상자인 경우는 상자의 재질 등을 표기한다. ② 과전류 소자붙이는 극수, 프레임의 크기, 정격전류, 정격 감도전류 등 과전류 소자 없음은 극수, 정격전류, 정격 감도전류 등을 표기한다. **과전류 소자 있음의 보기** E 2P 30AF 15A 30mA **과전류 소자 없음의 보기** E 3P 15A 30mA ③ 과전류 소자 있음은 BE를 사용하여도 된다. ④ E 를 S ELB로 표시하여도 된다.
전자개폐기용 누름 버튼	⦿B	텀블러형 등인 경우도 이것을 사용한다. 파일럿 램프붙이인 경우는 L을 표기한다.
압력 스위치	⦿P	
플로트 스위치	⦿F	
플로트레스 스위치 전극	⦿LF	전극수를 표기한다. **보기** ⦿LF3
타임스위치	TS	
전력량계	Wh	① 필요에 따라 전기방식, 전압, 전류 등을 표기한다. ② 그림기호 Wh는 WH로 표시하여도 좋다.
전력량계 (상자들이 또는 후드붙이)	Wh	① 전력량계의 적요를 준용한다. ② 집합계기 상자에 넣을 경우 전력량계의 수를 표기한다. **보기** Wh 12
변류기(상자)	CT	필요에 따라 전류를 표기한다.
전류 제한기	L	① 필요에 따라 전류를 표기한다. ② 상자인 경우는 그 뜻을 표기한다.
누전 경보기	G	필요에 따라 종류를 표기한다.
누전 화재 경보기 (소방법에 따르는 것)	F	필요에 따라 급별을 표기한다.
지진 감지기	EQ	필요에 따라 동작특성을 표기한다. **보기** EQ 100~170 cm/S^2 EQ 100~170 Gal

3) 배전반 · 분전반 · 제어반

명칭	그림기호	적용
배전반, 분전반 및 제어반	▭	① 종류를 구별하는 경우는 다음과 같다. 배전반 ⊠ 분전반 ◪ 제어반 ⧓ ② 직류용은 그 뜻을 표기한다. ③ 재해방지 전원회로용 배전반 등인 경우는 2중 틀로 하고 필요에 따라 종별을 표기한다. ⊠ 1종 ◪ 2종

5 통신 · 신호

1) 전화

명칭	그림기호	적용
내선 전화기	(T)	버튼 전화기를 구별하는 경우는 BT를 표기한다. (T)BT
가입 전화기	◎T	
공중 전화기	(PT)	
팩시밀리	MF	
전환기	⊡	양쪽을 끊는 전환기인 경우는 다음과 같다.
보안기	⊡	집합 보안기인 경우는 다음과 같이 표시하고 개수(실장/용량)를 표기한다. **보기** 3/5
단자반	⊟	① 대수(실장/용량)를 표기한다. **보기** 30P/40P ② 전화 이외의 단자반에도 이것을 적용한다. ③ 중간 단자반, 주 단자반, 국선용 단자반을 구별하는 경우는 다음과 같다. 중간 단자반 주 단자반 국선용 단자반
본 배선반	MDF	
교환기	⊠	
버튼전화 주 장치	▭	형식을 기입한다. **보기** 206

명칭	그림기호	적용
전화용 아웃렛	⊙	① 벽붙이는 벽 옆을 칠한다. ② 바닥에 설치하는 경우는 다음에 따라도 좋다.

2) 경보 · 호출 · 표시장치

명칭	그림기호	적용
누름버튼	⊡	① 벽붙이는 벽 옆을 칠한다. ② 2개 이상인 경우는 버튼 수를 표기한다. **보기** ⊡3 ③ 간호부 호출용은 ⊡N 또는 N으로 한다. ④ 복귀용은 다음에 따른다. ●
손잡이 누름버튼	⊙	간호부 호출용은 ⊙N 또는 Ⓝ으로 한다.
벨		경보용, 시보용을 구별하는 경우는 다음과 같다. 경보용 A 시보용 T
버저		경보용, 시보용을 구별하는 경우는 다음과 같다. 경보용 A 시보용 T
차임		
경보 수신반		
간호부 호출용 수신반	N C	창수를 표기한다. **보기** N C 10
표시기(반)		창수를 표기한다. **보기** 10
표시 스위치 (발신기)		표시 스위치반은 다음에 따라 표시하고 스위치 수를 표기한다. **보기** ●●● 10
표시등	◎	벽붙이는 벽 옆을 칠한다.

3) 전기시계 설비

명칭	그림기호	적용
자시계		① 모양, 종류 등을 표시하는 경우는 그 뜻을 표기한다. ② 아웃렛만인 경우는 ◔으로 한다. ③ 스피커붙이 자시계는 다음과 같이 표시한다.
시보 자시계		자시계의 적요를 준용한다.
부시계		시계 감시반에 부시계를 조립한 경우는 [ ]로 표시한다.

4) 확성장치 및 인터폰

명칭	그림기호	적용
스피커		① 벽붙이는 벽 옆을 칠한다. ② 모양, 종류를 표시하는 경우는 그 뜻을 표기한다. ③ 소방용 설비 등에 사용하는 것은 필요에 따라 F를 표기한다. ④ 아웃렛만 있는 경우는 다음과 같다. ⑤ 방향을 표시하는 경우는 다음과 같다. ⑥ 폰형 스피커를 구별하는 경우는 다음과 같다.
잭	J	종별을 표시할 때는 다음과 같다. 마이크로폰용 잭 (J)M 스피커용 잭 (J)S
감쇠기		
라디오 안테나	R	
전화기형 인터폰 (부)	T	
전화기형 인터폰 (자)	t	
스피커형 인터폰 (부)		

명칭	그림기호	적용
스피커형 인터폰 (자)		간호부 호출용으로 사용하는 경우는 N을 표기한다.
증폭기	AMP	소방용 설비 등에 사용하는 것은 필요에 따라 F를 표기한다.
원격 조작기	RM	소방용 설비 등에 사용하는 것은 필요에 따라 F를 표기한다.

5) 텔레비전

명칭	그림기호	적용
텔레비전 안테나		필요에 따라 VHF, UHF, 소자 수 등을 표기한다.
혼합분파기		
증폭기		
4분기기		
2분기기		
4분배기		
2분배기		
직렬 유닛 1단자형 (75Ω)		① 분기단자 300Ω인 경우는 ~로 한다. ② 종단 저항붙이인 경우는 R을 표기한다.
직렬 유닛 2단자형 (75Ω, 300Ω)		① 분기단자 75Ω 2단자인 경우는 로 한다. ② 종단 저항붙이인 경우는 R을 표기한다.
벽면 단자		
기기 수용상자		

6 방화

1) 자동 화재검지 설비

명칭	그림기호	적용
차동식 스포트형 감지기		필요에 따라 종별을 표기한다.
보상식 스포트형 감지기		필요에 따라 종별을 표기한다.
정온식 스포트형 감지기		① 필요에 따라 종별을 표기한다. ② 방수인 것은 로 한다. ③ 내산인 것은 로 한다. ④ 내알칼리인 것은 로 한다. ⑤ 방폭인 것은 EX를 표기한다.
연기 감지기	S	① 필요에 따라 종별을 표기한다. ② 점검 박스붙이인 경우는 S 로 한다. ③ 매입인 것은 S 로 한다.
감지선		① 필요에 따라 종별을 표기한다. ② 감지선과 전선의 접속점은 로 한다. ③ 가건물 및 천장 안에 시설할 경우는 로 한다. ④ 관통 위치는 로 한다.
공기관		① 배선용 그림기호보다 굵게 한다. ② 가건물 및 천장 안에 시설할 경우는 로 한다. ③ 관통 위치는 로 한다.
열전대		가건물 및 천장 안에 시설할 경우는 로 한다.
열반도체		
차동식 분포형 감지기의 검출부		필요에 따라 종별을 표기한다.
P형 발신기	P	① 옥외용인 것은 P 로 한다. ② 방폭인 것은 EX를 표기한다.
회로 시험기		
경보벨	B	① 방수용인 것은 B 로 한다. ② 방폭인 것은 EX를 표기한다.

명칭	그림기호	적용
수신기		다른 설비의 기능을 갖는 경우는 필요에 따라 해당 설비의 그림기호를 표기한다. **보기** 가스누설 경보설비와 일체인 것 가스 누설 경보설비 및 방배연 연동과 일체인 것
부 수신기(표시기)		
중계기		
표시등		
표지판		
보조 전원	TR	
이보기 (이동경보기)	R	필요에 따라 해당 설비의 기호를 표기한다. • 경비회사 등 기기 : G • 비상 방송 : E • 소화 장치 : X • 소화전 : H • 방화문 · 배연 등 : D • 기타 : F
차동 스포트 시험기	T	필요에 따라 개수를 표기한다.
종단 저항기	Ω	**보기** Ω (P)Ω Ω
기기 수용상자		
경계구역 경계선		배선의 그림 기호보다 굵게 한다.
경계구역 번호		① ◯ 안에 경계구역 번호를 넣는다. ② 필요에 따라 ⊖로 하고 상부에 필요사항, 하부에 경계구역 번호를 넣는다. **보기** 계단 시프트

2) 비상경보 설비

명칭	그림기호	적용
기동 장치	Ⓕ	① 방수용인 것은 Ⓕ(지붕형)로 한다. ② 방폭인 것은 EX를 표기한다.
비상 전화기	(ET)	필요에 따라 번호를 표기한다.
경보벨	Ⓑ	
경보 사이렌	○◁	
경보구역 경계선	━━ ■ ■ ━━	자동 화재경보 설비의 경계구역 경계선의 적요를 준용한다.
경보구역 번호	△	△ 안에 경보구역 번호를 넣는다.

* 상기 이외의 그림기호는 1)을 준용한다.

3) 소화 설비

명칭	그림기호	적용
기동 버튼	Ⓔ	가스계 소화설비는 G, 수계 소화설비는 W를 표기한다.
경보벨	Ⓑ	자동 화재경보 설비의 경보벨 적요를 준용한다.
경보 버저	(BZ)	자동 화재경보 설비의 경보벨 적요를 준용한다.
사이렌	○◁	자동 화재경보 설비의 경보벨 적요를 준용한다.
제어반	⊠	
표시반	⊞	필요에 따라 창수를 표기한다. **보기** ⊞3
표시등	◐	시동표시등과 겸용인 것은 ◉로 한다.

4) 방화 댐퍼, 방화문 등의 제어기기

명칭	그림기호	적용
연기 감지기 (전용인 것)	Ⓢ	① 필요에 따라 종별을 표기한다. ② 매입인 것은 Ⓢ로 한다.
열 감지기 (전용인 것)	⊖	필요에 따라 종류, 종별을 표기한다.
자동 패쇄장치	(ER)	용도를 표시하는 경우는 다음 기호를 표기한다. • 방화문용 : D • 방화 셔터용 : S • 연기방진 수직 벽용 : W • 방화 댐퍼용 : SD
연동 제어기	▭	조작부를 가진 것은 ▭로 한다.
동작 구역번호	◇	◇ 안에 동작 구역번호를 넣는다.

5) 가스누설 경보관계 설비

명칭	그림기호	적용
검지기	G	① 벽걸이형인 것에서는 G로 한다. ② 분리형의 검지부는 G로 한다. ③ 버저, 램프를 내장하고 있는 것은 필요에 따라 그 뜻을 표기한다. **보기** G L G LB
검지구역 경보장치	(BZ)	자동 화재경보 설비의 경보 벨 적요를 준용한다.
음성 경보장치	◁	확성장치 및 인터폰의 스피커 적요를 준용한다.
수신기	⊠	
중계기	⊟	① 복수 개로 일체인 것은 개수를 표기한다. **보기** ⊟ ×3 ② 가스누설 표시등의 중계기에서는 L로 한다.
표시등	◐	
경계구역 경계선	━━ ▪▪ ━━	
경계구역 번호	△	△ 안에 경계구역 번호를 넣는다.

6) 무선통신 보조 설비

명칭	그림기호	적용
누설 동축 케이블	━━━	① 일반 배선용 그림기호보다 굵게 한다. ② 천장에 은폐하는 경우는 ━━ ━ ━━을 사용하여도 좋다. ③ 필요에 따라 종별, 형식, 사용 길이 등을 기입한다. 보기 LC×500 100m ④ 내열형인 것은 필요에 따라 H를 기입한다. 보기 H-LC×200 50m
안테나		① 필요에 따라 종별, 형식 등을 기입한다. ② 내열형인 것은 필요에 따라 H를 표기한다.
혼합기		주파수가 다른 경우는 다음과 같다. U/V U/U V/V
분배기		① 분배 수에 따른 그림기호는 다음과 같이 한다. 4분기기의 보기 ② 필요에 따라 종별 등을 표기한다.
분기기		필요에 따라 분기 수에 따른 그림기호로 한다. 2분기기의 보기
종단 저항기		
무선기 접속단자	◎	필요에 따라 소방용 F, 경찰용 P, 자위용 G를 표기한다. 보기 ◎F
커넥터		필요에 따라 생략할 수 있다.
분파기 (필터를 포함한다)	F	

7 피뢰설비

명칭	그림기호	적용
돌침부		평면도용
		입면도용
피뢰도선 및 지붕 위 도체	───	① 필요에 따라 재료의 종류, 크기 등을 표기한다. ② 접속점은 다음과 같다.
접지저항 측정용 단자	⊗	접지용 단자 상자에 넣을 경우 다음과 같다.

TIP

➤ 고장표시 기호

고장 (일반)							
종류		단선도	복선도	종류		단선도	복선도
지락	1선 지락			단락	2선 단락		
	2선 지락				3선 단락		
	3선 지락						
단선	1선 단선			단선 지락	1선 단선 지락		
	2선 단선						

TIP

➤ 3로, 4로 스위치를 이용한 점멸

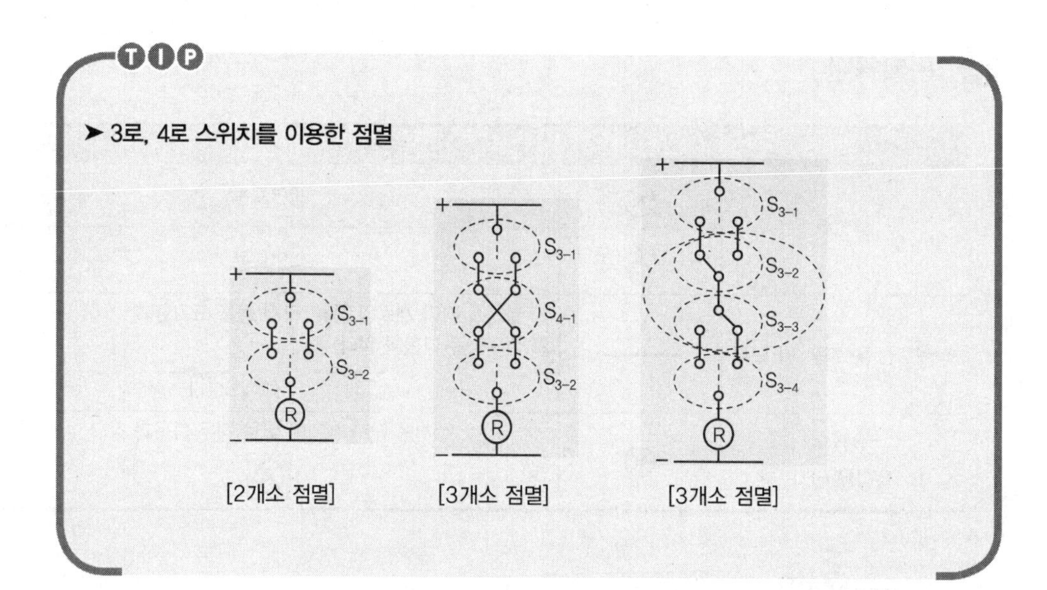

실·전·문·제

01 **다음의 배관 배선용 심벌과 해당되는 곳을 선으로 연결하시오.**

1 천장 은폐배선 ⓐ ·····························
2 노출배선 ⓑ -·-·-·-·-·-·-·-·-·-·-·-·-
3 바닥 은폐배선 ⓒ ―――――――――――
4 바닥면 노출배선 ⓓ -··-··-··-··-··-··-··-
5 지중 매설배선 ⓔ - - - - - - - - - - - - - - -

해답 1 천장 은폐배선 ― ⓒ
2 노출배선 ― ⓐ
3 바닥 은폐배선 ― ⓔ
4 바닥면 노출배선 ― ⓑ
5 지중 매설배선 ― ⓓ

02 (19) **은 일반 배선(배관, 금속선, 덕트 등)용 옥내 배선 심벌이다. KSC 규정에 의한 명칭을 간단히 설명하시오.**

해답 19[mm] 박강 전선관 천장 은폐배선공사(전선 없음)

03 **22[mm] 후강 전선관에 지름 2[mm], 600[V] 비닐절연전선 3가닥과 접지선 6[mm²] 1가닥을 넣은 경우 배선 심벌을 표시하여라.(단, 450/750[V] 비닐절연전선 심벌은 기입하지 말 것)**

해답
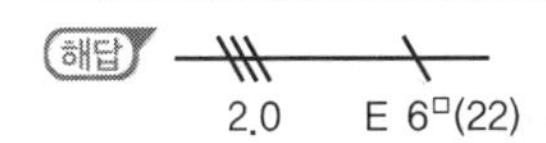

04 도면에 표시된 ①의 2.0(16)에서 ( ) 안의 숫자 16이 뜻하는 정확한 의미는 무엇인가?

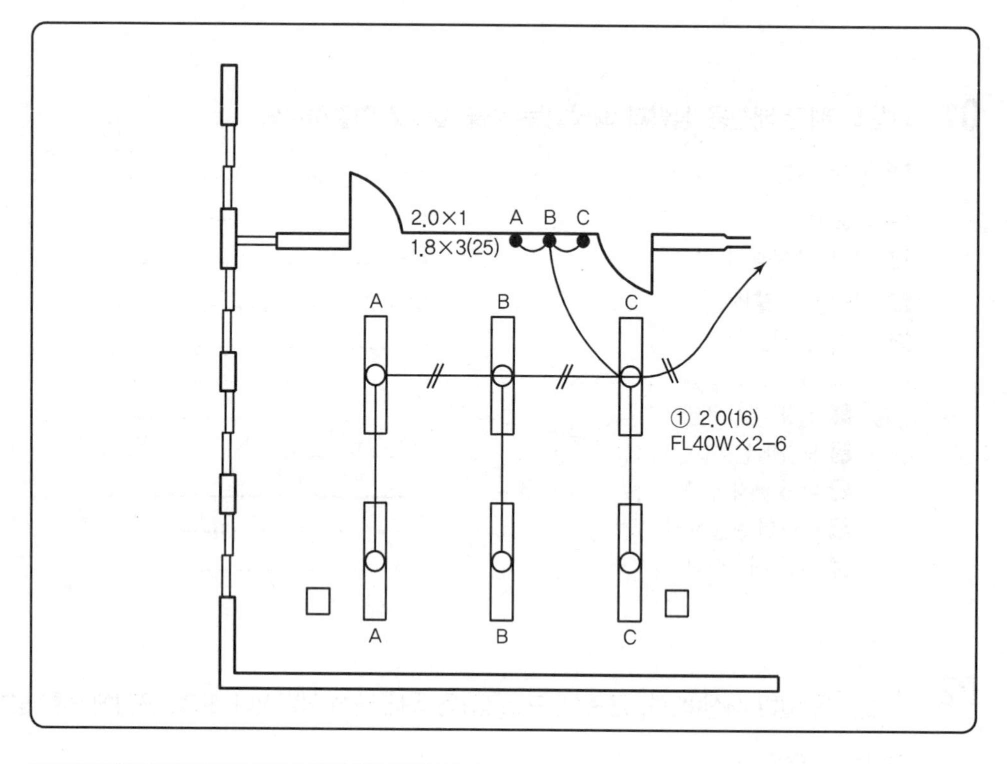

 16[mm] 후강 전선관

05 다음 전선의 표시약호에 대한 우리말 명칭을 쓰시오.

1. RB 전선
2. DV 전선
3. IV 전선
4. OW 전선
5. GV 전선
6. HIV 전선
7. H-AL
8. VV

해답
1. 450/750[V] 고무절연전선
2. 인입용 비닐절연전선
3. 450/750[V] 비닐절연전선
4. 옥외용 비닐절연전선
5. 접지용 비닐절연전선
6. 내열용 비닐절연전선
7. 경 알루미늄전선
8. 비닐절연 비닐시스 케이블

06 전선의 명칭은 옥외용 비닐절연전선이고 규격은 22, 38, 60, 100, 150[mm²]가 있다. 용도는 저압전압선, 변압기 2차 인하선에 사용한다. 이 전선의 약호는?

종류	규격	용도
나경동연선	22, 38, 60, 100, 150[mm²]	특고압중성선, 저압접지축전선
OW	22, 38, 60, 100, 150[mm²]	저압전압선, 변압기 2차 인하선
ACSR	32, 58, 95, 160[mm²]	특고중성선
450/750[V] 비닐절연전선	22[mm²]	접지선

해답 OW

07 수전을 지중 인입선으로 시설하는 경우 22.9[kVY] 계통에서는 주로 어떤 케이블을 사용하는지 그 명칭을 쓰시오.

해답 CNCV−W : 동심중성선 수밀형 전력케이블

08 케이블에 대한 품명이다. 알맞은 기호를 기입하시오.(예 캡타이어 케이블 : CTF)

1. 가교폴리에틸렌절연 비닐시스 케이블
2. 가교폴리에틸렌절연 폴리에틸렌시스 케이블
3. 부틸고무절연 클로로프렌시스 케이블
4. 접지용 비닐전선
5. 고무절연 클로로프렌시스 케이블
6. 폴리에틸렌절연 비닐시스 케이블

해답
1. CV
2. CE
3. BN
4. GV
5. RN
6. EV

09 백열 전등의 표준 심벌을 KSC−0301에 준하여 그리시오.

1. 벽붙이 백열 전등
2. 유도등 백열등

해답 

2 ⊗

10 다음 심벌의 WP 명칭과 설치 시 바닥면상 몇 [cm] 이상으로 해야 하는가?

해답 80[cm]

11 다음 콘센트의 심벌을 그리시오.

1. 바닥에 부착하는 50[A] 콘센트
2. 천장붙이 콘센트
3. 벽에 부착하는 의료용 콘센트
4. 천장에 부착되는 접지단자붙이 콘센트
5. 비상콘센트
6. 방폭형 콘센트

 1 

2

3 H

4 ET

5

6 EX

12 다음의 그림 기호는 콘센트의 종류를 표시한 것이다. 어떤 종류를 표시한 것인지 답하시오.

1. LK
2. T
3. E
4. ET
5. EL
6. TM

해답
1. 빠짐 방지형
2. 걸림형
3. 접지극붙이
4. 접지극단자붙이
5. 누전차단기붙이
6. 타이머붙이

13 콘센트 및 설치된 그림 기호에 대한 다음 각 물음에 답하시오.

1 ⊗로 표시되는 등은 어떤 등인가?

2 벽붙이용 백열등의 심벌을 그리시오.

3 HID등을 ① ○H400 ② ○M400 ③ ○N400로 표시하였을 때 각 등의 명칭은 무엇인가?

4 콘센트의 그림 기호는 ⓒ이다.

① 천장에 부착하는 경우의 그림 기호는?

② 바닥에 부착하는 경우의 그림 기호는?

5 다음 그림 기호를 구분하여 설명하시오.

① ⓒ2　　　　② ⓒ3P

6 ⓒ15A의 잘못된 부분을 고쳐서 그리시오.

해답 1 옥외등

2 ◐

3 ① 400[W] 수은등

② 400[W] 메탈할라이드등

③ 400[W] 나트륨등

4 ①

②

5 ① 2구 벽붙이 콘센트

② 3극

6

14 다음 감지기 심벌은 무슨 형인가?

해답 방수형

15 전기 기호의 명칭은?

1 Ⓣ N　　2 Ⓣ B　　3 Ⓣ R

4 Ⓣ H　　5 Ⓣ F

해답 1 네온 변압기　　2 벨 변압기
3 리모콘 변압기　　4 고휘도 방전등용 안정기
5 형광등용 안정기

16 다음 심벌에 대한 명칭은?

1 ⊗　　2 ⊡　　3 ⏚

해답 1 유도등 백열등　　2 벽붙이 누름버튼
3 접지단자

17 그림은 점멸기의 심벌이다. 각 심벌의 용도, 방기용을 구분하여 설명하시오.

1 ●$_L$　　2 ●$_3$

3 ●$_4$　　4 ○●

해답 1 파일럿 램프 내장 점멸기　　2 3로 점멸기
3 4로 점멸기　　4 따로 놓인 파일럿 램프 점멸기

18 점멸기의 그림기호에 대한 다음 각 물음에 답하시오. (참고 점멸기의 그림기호 : ●)

1 용량 몇 [A] 이상은 전류치를 방기하는가?

2 ① 방수형과 ② 방폭형은 어떤 문자를 방기하는가?

해답 1 15A
2 ① WP　② EX

19 지진감지기의 그림기호를 그리시오.

해답 (EQ)

20 다음에 나타낸 전기용 기호의 명칭은?

1 (S) 2 ($) 3 S
4 (:) 5 ○

해답 1 전류계붙이 개폐기 2 전류계붙이 전자 개폐기
3 개폐기 4 벽붙이 콘센트
5 백열등

21 일반 배선에 관한 옥내 배선용 심벌로 무엇을 표시하는가?

1 MD 2 (F7)
3 PBD 4 ◎
5 LD

해답 1 금속덕트 2 플로어 덕트
3 플러그인 버스덕트 4 정션 박스
5 라이딩 덕트

22 다음 명칭에 알맞은 그림 기호를 그리시오.

1 단자붙이 VVF용 조인트 박스 2 환풍기
3 룸 에어컨 4 리모콘 릴레이 20개

해답 1 ⊘t 2 (∞)
3 RC 4 ▲▲▲ 20

23 공사의 전기배선 평면도를 작성할 때, 100[HP] 3상 380[V] 8극 전동기의 표준 심벌을 그리시오.

해답 Ⓜ 3ø380V 100HP 8P

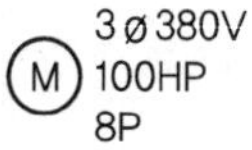

24 동일 도면에 증설, 기설을 표시할 경우 다음 사항을 답하시오.

❶ 선의 굵기
❷ 색깔

해답

구분	증설	기설
선의 굵기	굵은 선	가는 선
색깔	적색	흑색

25 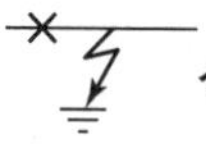 심벌의 명칭은?

해답 1선 단선지락

26 3선 단락 기호의 단선도를 그리시오.

해답

27 다음은 전기 배선용 심벌을 나타낸 것이다. 각 명칭을 기입하여라.

❶ 15A　　　❷

❸ G　　　❹

해답 ❶ 15[A]용 조광기　　❷ 셀렉터 스위치

❸ 누전 경보기　　❹ 배 · 분전반

28 다음 심벌의 명칭을 정확하게 답하시오.

❶　　❷

❸　　❹

❺　　❻

해답 ❶ 분전반　　❷ 배전반

❸ 제어반　　❹ 매입기구

❺ 천장 은폐배선　　❻ 철탑

29 표시된 그림기호는 벨에 관한 기호이다. 어떤 용도인지 구분하여 답하시오.

❶ 

❷ T

❸ 

❹ T

해답 ❶ 경보용 벨　　❷ 시보용 벨

❸ 경보용 버저　　❹ 시보용 버저

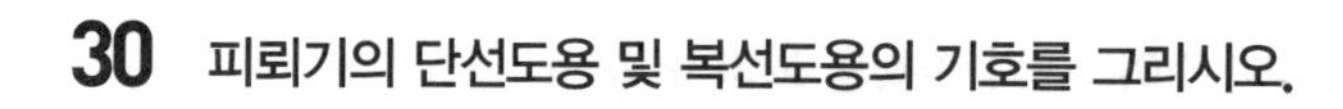

30 피뢰기의 단선도용 및 복선도용의 기호를 그리시오.

해답

단선도용	복선도용

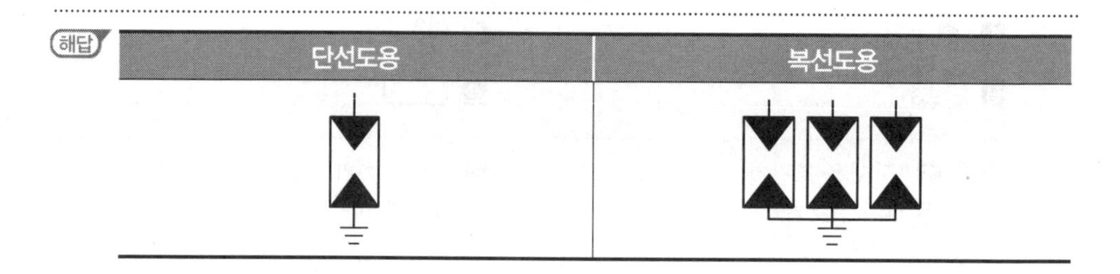

31 다음 기호의 명칭을 기입하여라.

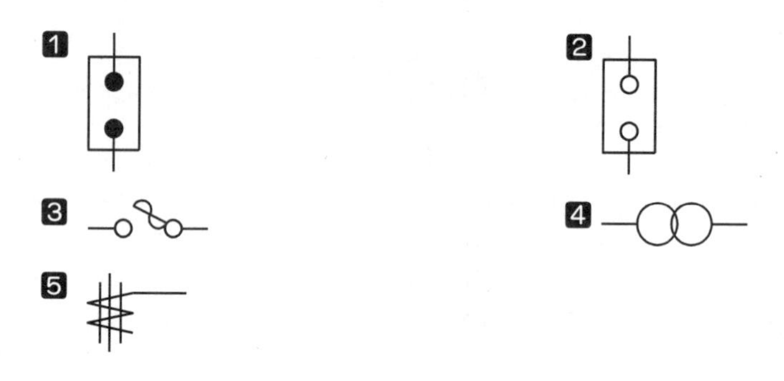

해답
1. 고압교류개폐기(유입개폐기)
2. 교류차단기
3. 퓨즈 달린 단로기 또는 고압 퓨즈
4. 수전용 변압기
5. 영상변류기

32 다음 약호의 명칭을 정확히 쓰시오.

1. OCB
2. MBB
3. ACB
4. GCB
5. ABB
6. MCCB
7. VCB
8. ELB
9. BCT
10. ZCT

해답
1. 유입차단기
2. 자기차단기
3. 기중차단기
4. 가스차단기
5. 공기차단기
6. 배선용 차단기
7. 진공차단기
8. 누전차단기
9. 부싱형 변류기
10. 영상변류기

33 1개의 전등을 3개소에서 점멸하고자 할 때 3로 스위치를 이용하여 점멸할 수 있도록 회로도를 그리시오.

해답

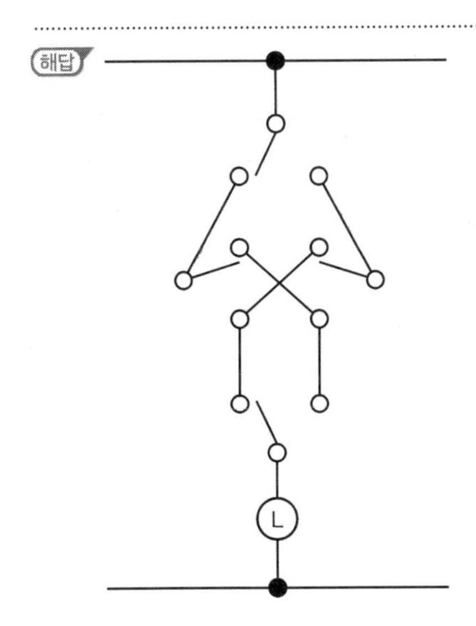

34 그림과 같이 전등 L_1은 3로 스위치 2개와 4로 스위치 1개를 사용하여 3개소 점멸을 할 수 있고, 전등 L_2는 단극 텀블러 스위치에 의해 점멸되도록 한 배선도이다. (1), (2), (3)으로 표시된 부분의 옥내 배선용 표준 심벌과 (4) 및 (5)로 표시된 곳의 최소 전선 가닥(접지선 제외) 수를 표준 심벌(보기 : —///—)로 표시하시오.

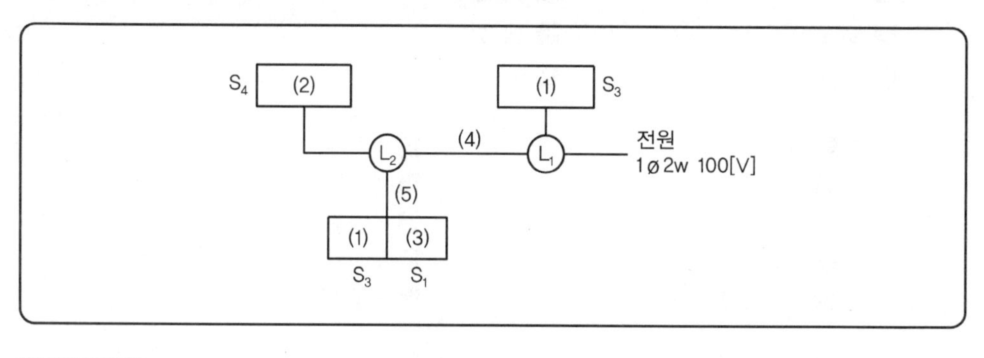

해답 (1) ●3　　(2) ●4

(3) ●　　(4) —////—

(5) —////—

35 옥내배선도에서 (가), (나), (다) 부분의 전선 가닥 수를 기호로 표기하시오.

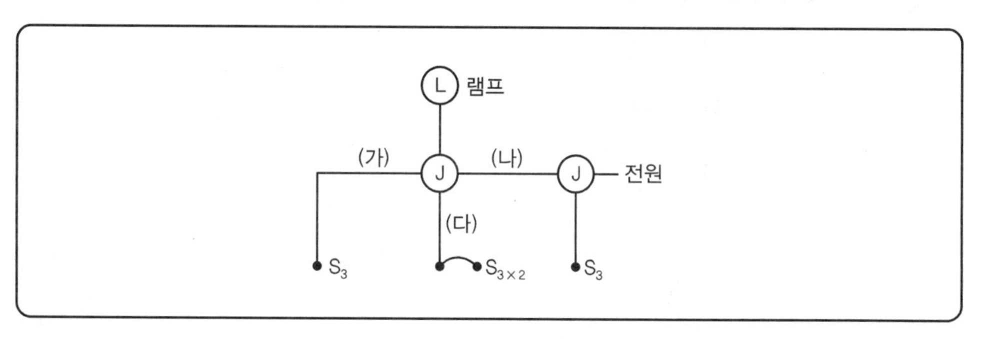

해답 (가) —\\\—

(나) —\\\—

(다) —\\\\—

36 다음 옥내 배선용 심벌에 대한 명칭을 쓰고 각 번호 부분에 있는 전선의 가닥 수를 산출하시오.

1 다음 심벌의 명칭을 쓰시오.

①

②

③

2 ①, ②, ③, ④ 가닥 수를 산출하시오.

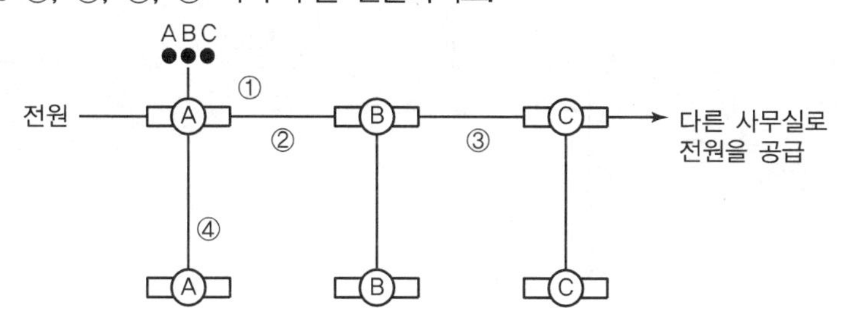

해답 **1** ① 형광등(1등용) ② 단극스위치
③ 천장 은폐배선

2 ① 4가닥 ② 4가닥
③ 3가닥 ④ 2가닥

37 그림은 옥내전등 배관도의 일부를 표시한 것이다. ①~④까지의 전선(가닥) 수를 기입하시오.(단, 접지선은 제외하고 최소가닥 수를 기입하시오.)

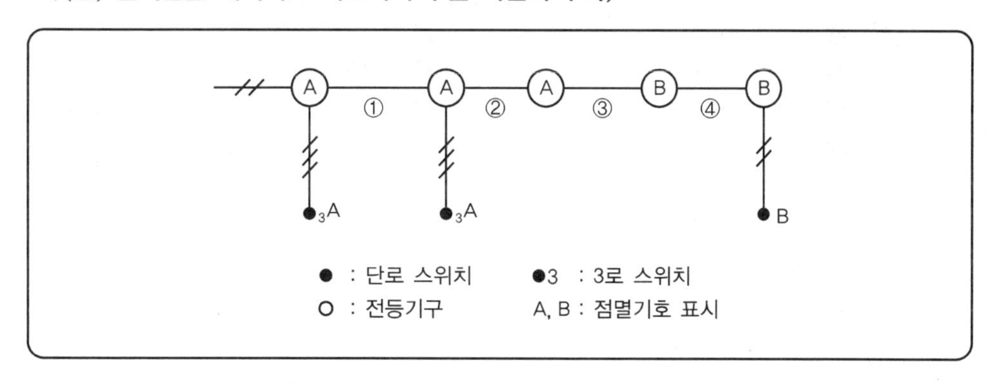

해답 ① 5가닥 ② 3가닥
③ 2가닥 ④ 3가닥

38 다음의 배선도와 결선도를 잘 숙지하고 물음에 답하시오.

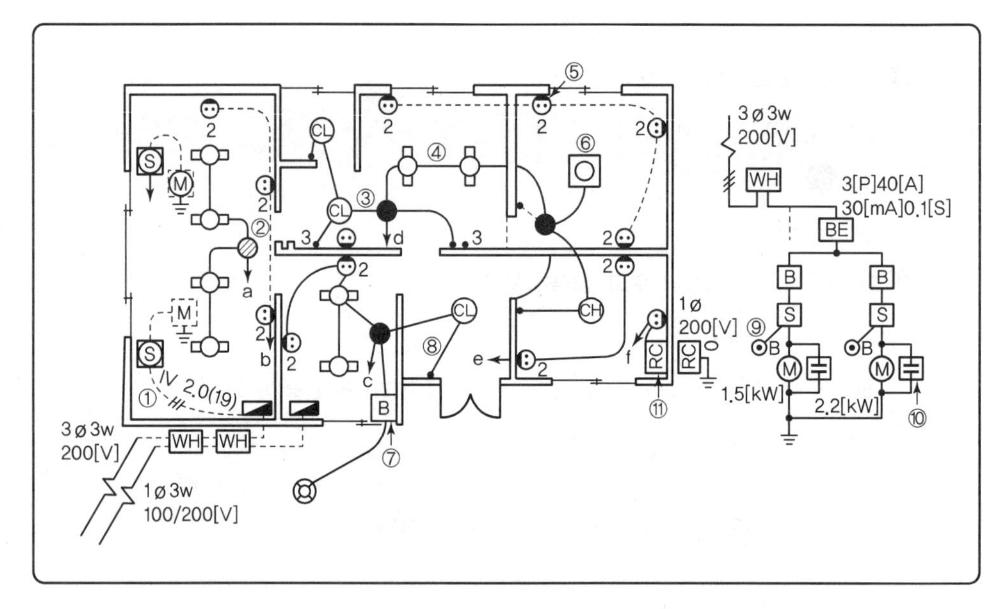

1. ④의 배선방법
2. ②의 기기 명칭
3. ⑩의 기기의 역할
4. ⑦의 기기 명칭
5. ①의 배선방법
6. ⑤의 기기의 명칭과 취부 위치
7. ⑪의 기기 명칭

해답

1. 천장 은폐배선
2. VVF용 조인트 박스
3. 전동기 역률개선
4. 배선용 차단기
5. 바닥 은폐배선
6. 2구 벽붙이 콘센트, 바닥면상 30[cm] 이상
7. 룸 에어컨

39 다음은 어떤 공장의 동력배선 일부분이다. 각 물음에 답하시오.

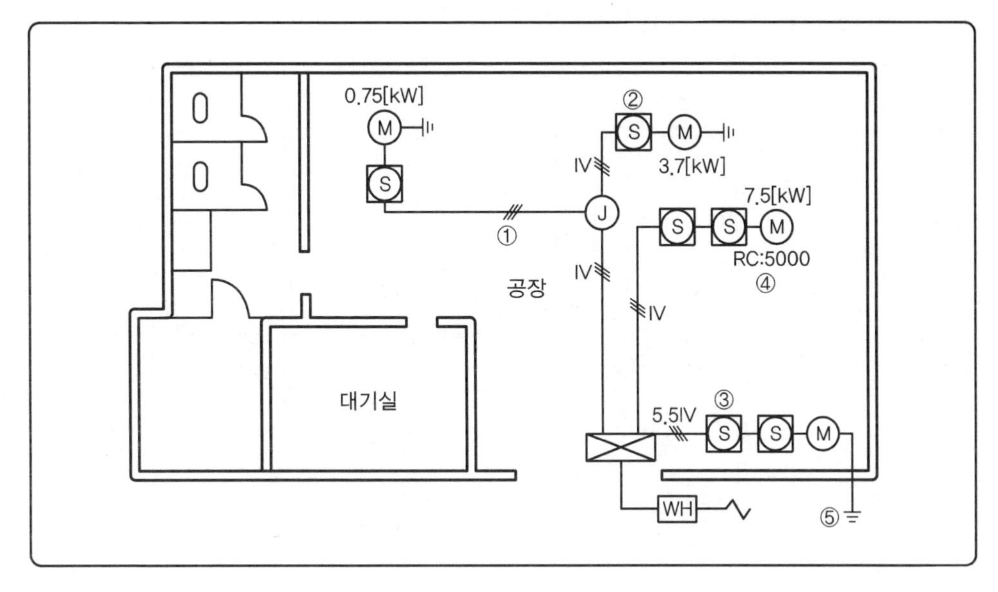

1 ① 부분의 공사방법은 어떤 공사를 표시한 것인가?
2 ② 부분의 기호는 무엇을 의미하는가?
3 ③ 부분의 기호는 무엇을 의미하는가?
4 ④ 부분의 RC:5000에서 RC는 무엇을 의미하는가?
5 ⑤ 부분의 접지공사 종류는?

해답
1 천장 은폐배선
2 전류계붙이 개폐기
3 전류계붙이 개폐기
4 룸에어컨
5 제3종 접지공사[E_3]

40 다음 그림은 목조형 주택 및 가게의 배선도로 전기방식은 단상 3선식 220/110[V]이다. 다음 10개소 (1)~(10) 질문에 답하시오.

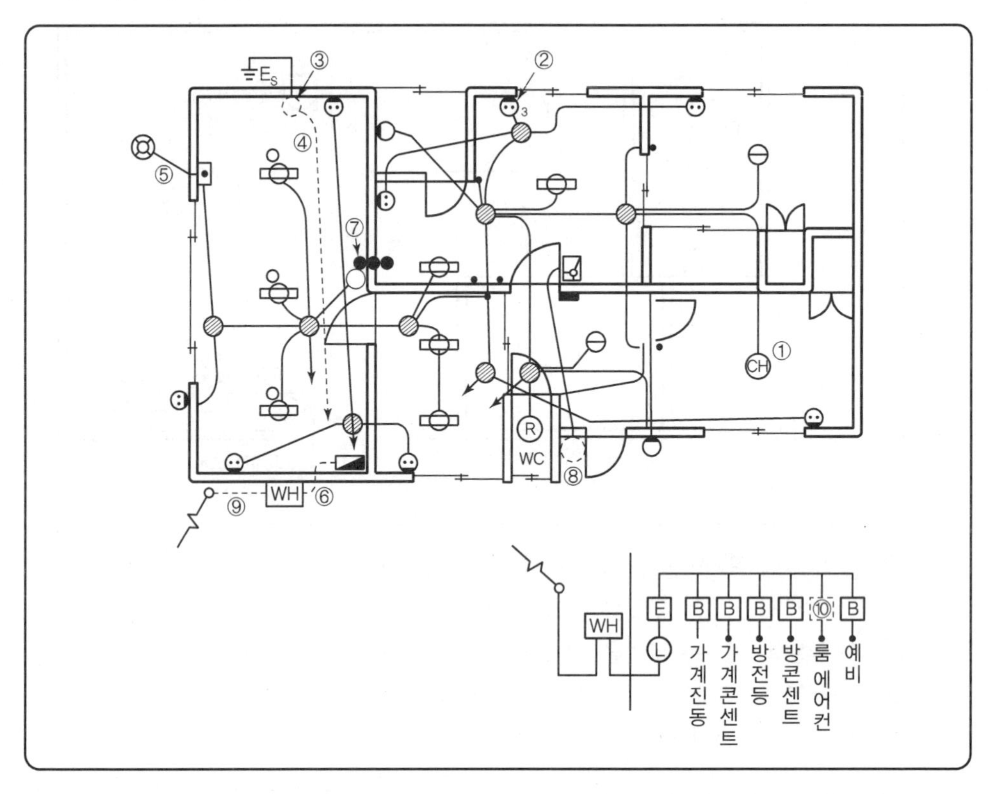

1. ① 조명기구의 명칭은 무엇인가?
2. ② 심벌에 방기된 2의 의미는 무엇인가?
3. ③ 룸 에어컨의 심벌을 그리시오.
4. ④ 배선의 명칭은 무엇인가?
5. ⑤ 배선의 명칭은 무엇인가?
6. ⑥의 명칭은 무엇인가?
7. ⑦ 스위치용 전선의 심선수는 몇 가닥인가?(①, ②, ③)
8. ⑧ 취부해야 할 누름 스위치의 심벌을 그리시오.
9. ⑨의 공사방법 종류는?
10. ⑩ 부분에 취부할 수 있는 개폐기의 종류는 다음 중 어느 것인가?(2극 1소자 배선용 차단기, 2극 1소자 전류제한기, 2극 2소자 배선용 차단기, 2극 2소자 전류제한기)

해답

1. 샹들리에
2. 2구
3. RC
4. 노출배선
5. 지중매설배선
6. 애관
7. 4가닥
8. ●
9. 케이블공사
10. 2극 2소자 배선용 차단기

ENGINEER ELECTRIC WORK

자동제어 운용

Chapter 01 시퀀스

1 시퀀스 제어

시퀀스 제어의 정의 및 종류

미리 정해진 순서나 일정한 논리에 의하여 정해진 순서에 따라 제어의 각 단계를 순서적으로 진행하는 방식을 시퀀스 제어라 하며, 기계 혹은 장치의 시동, 운전, 정지 등의 상태 변화의 해석에 의의를 둔다.

1) 유접점 회로

릴레이 시퀀스라고도 부르며 임의의 시퀀스 제어회로를 계전기, 즉 릴레이, 타이머, 전자접촉기 등의 내부 접점을 이용하여 각각의 동작사항을 구성하는 기계적 제어를 말한다.

TIP

➤ **릴레이**

입력이 어떤 값에 도달하였을 때 작동하여 다른 회로를 개폐하는 장치로서 접점이 있는 릴레이, 서머릴레이, 압력릴레이, 광 릴레이 등이 대표적이다.

2) 무접점 회로

기계적인 접점을 가지지 않는 반도체 스위칭 소자를 이용하여 구성하는 회로를 말한다. 일반적으로 로직시퀀스, 논리회로 등으로 부른다.

2 유접점 회로의 이해

1) 접점의 구분

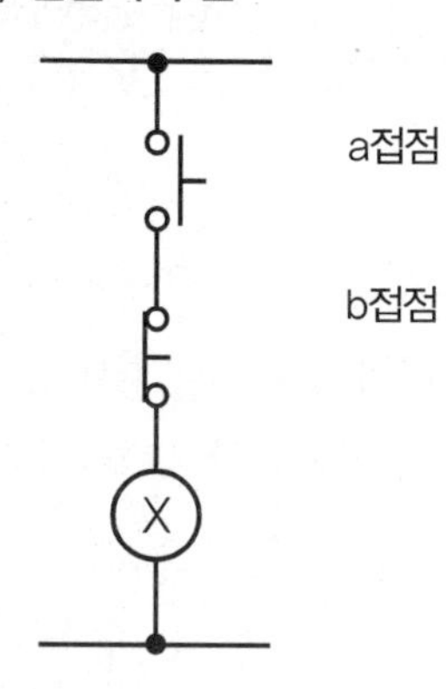

- 평상시 : OFF 상태
- 조작 시 : ON 상태

- 평상시 : ON 상태
- 조작 시 : OFF 상태

- 접점의 명칭
  : 수동조작 자동복귀(a, b) 접점　　　(내부구조 : 2a , 2b)

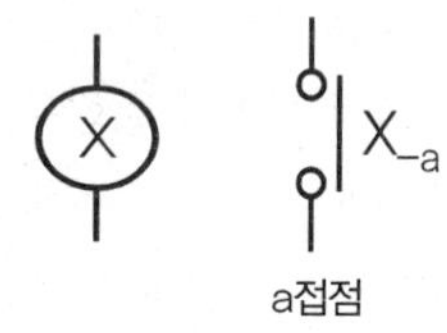

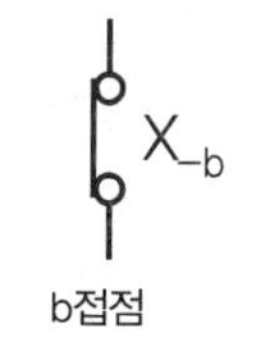

- 접점의 명칭
  : 순시동작 순시복귀(a, b) 접점

2) a접점과 b접점의 용도

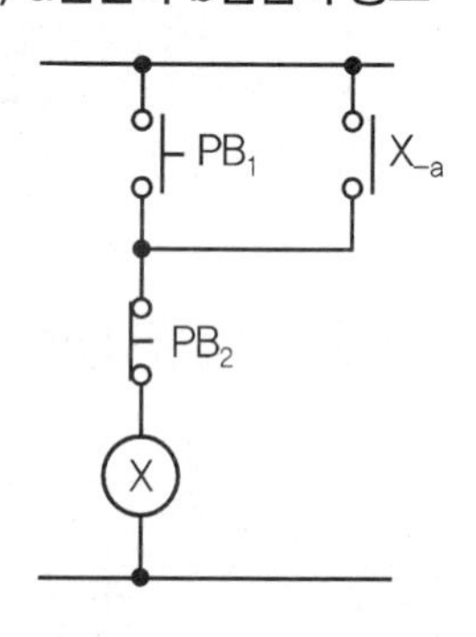

※ 정지우선 자기유지 회로의 동작설명

PB_1을 ON하면 릴레이 ⓧ가 여자되어 X_{-a} 접점이 폐로된다. 이때, PB_1을 OFF하여도 X_{-a} 접점이 계속 폐로되어 있어 릴레이 ⓧ는 계속 여자된다. 이를 자기유지라고 한다. 만일, PB_2를 ON하면(누르면) 릴레이 ⓧ는 소자되고 X_{-a} 접점은 개로한다.

- PB_1의 용도 : 기동(a접점)
- X_{-a}의 용도 : 자기유지(a접점)
- PB_2의 용도 : 정지(b접점)

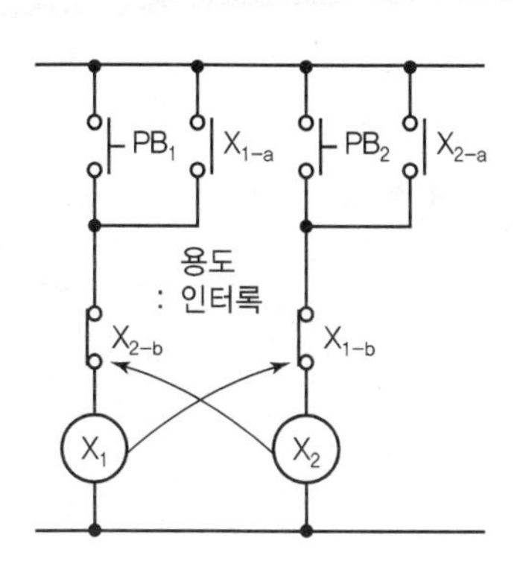

※ 선입력 우선회로(병렬우선회로)의 동작설명

- 먼저 PB_1을 눌렀다 놓으면 릴레이 (X_1)이 여자되고 X_{1-a}접점이 폐로되어 자기유지하며 X_{1-b}접점은 개로한다. 이때 PB_2를 눌러도 릴레이 (X_2)는 여자되지 않는다.
- 먼저 PB_2를 눌렀다 놓으면 릴레이 (X_2)가 여자되고 X_{2-a}접점이 폐로되어 자기유지하며 X_{2-b}접점은 개로한다. 이때 PB_1을 눌러도 릴레이 (X_1)은 여자되지 않는다.
- X_{1-b} 및 X_{2-b}의 용도 : 동시투입 방지(인터록, b접점)

3) 자기유지 회로의 구분

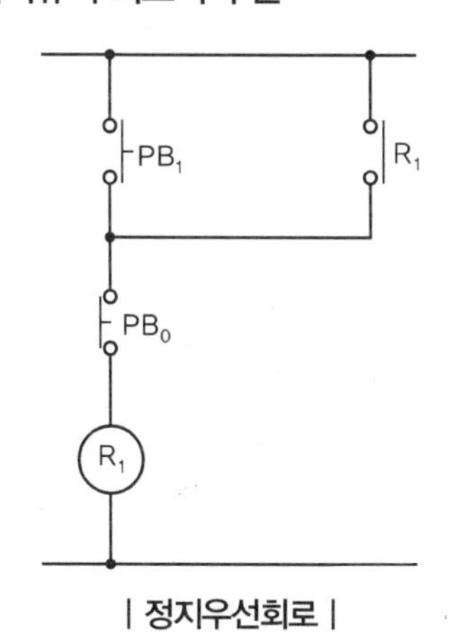

| 정지우선회로 |

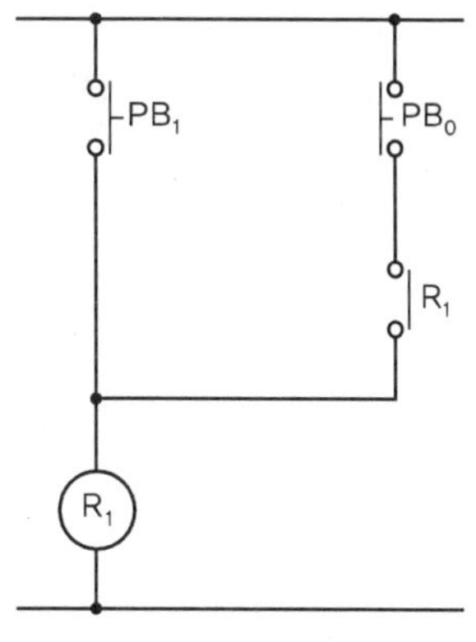

| 기동우선회로 |

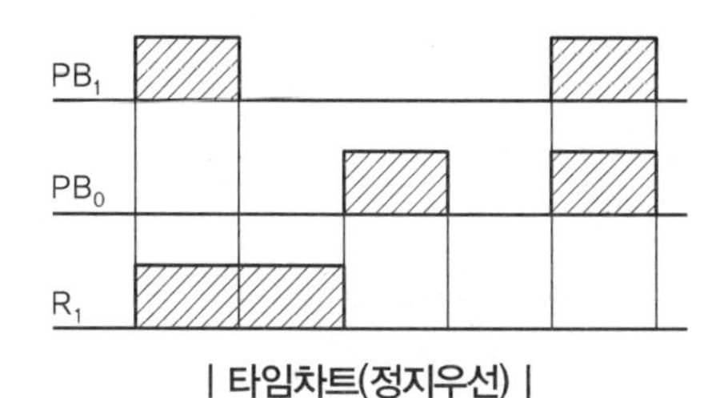

| 타임차트(정지우선) |

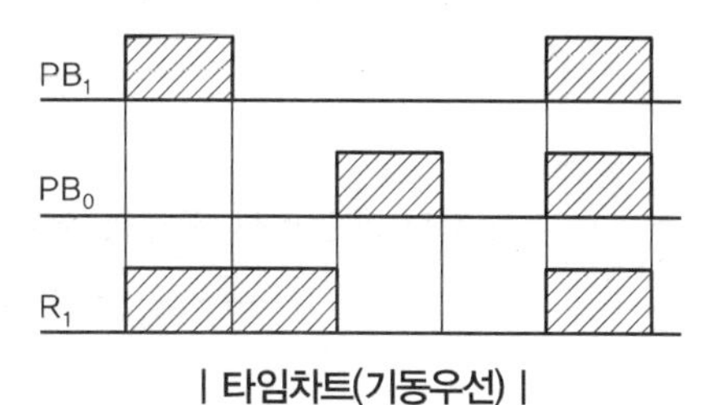

| 타임차트(기동우선) |

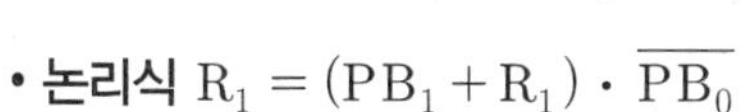

- **논리식** $R_1 = (PB_1 + R_1) \cdot \overline{PB_0}$
- **논리식** $R_1 = PB_1 + \overline{PB_0} \cdot R_1$

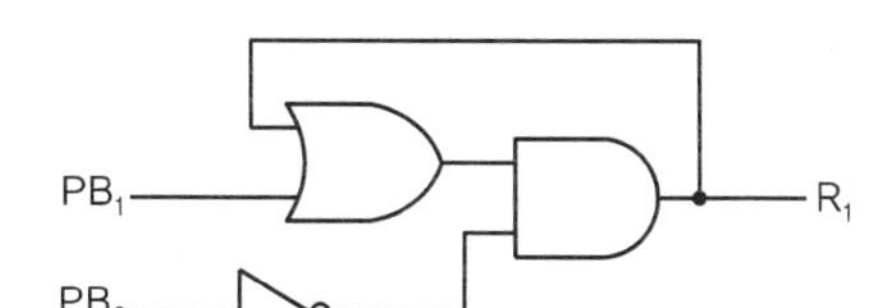

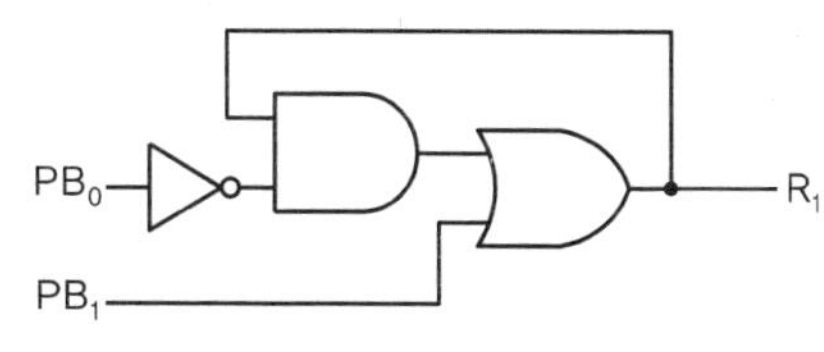

| 논리회로 |

TIP

➤ **기출문제 분석**

선입력 우선회로 및 신입력 우선회로로 변경하여 보조회로를 그릴 수 있어야 한다.

4) 선입력 우선회로 = 병렬우선회로

- **회로동작설명** : 릴레이 R_1과 릴레이 R_2의 동시 투입 방지

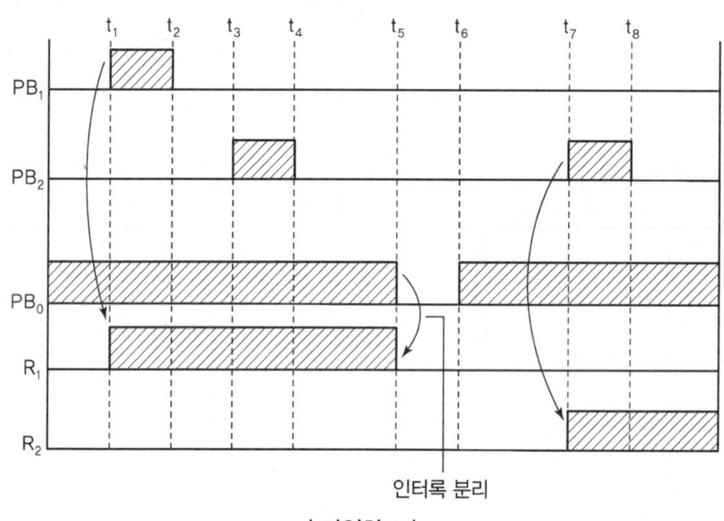

| 타임차트 |

- **논리식**

$$R_1 = \overline{PB_0} \cdot (PB_1 + R_1) \cdot \overline{R_2}$$

$$R_2 = \overline{PB_0} \cdot (PB_2 + R_2) \cdot \overline{R_1}$$

TIP

➤ **기출문제 분석**

미완성 **접점** 및 **논리식**, **유접점**, **논리회로** 그리기

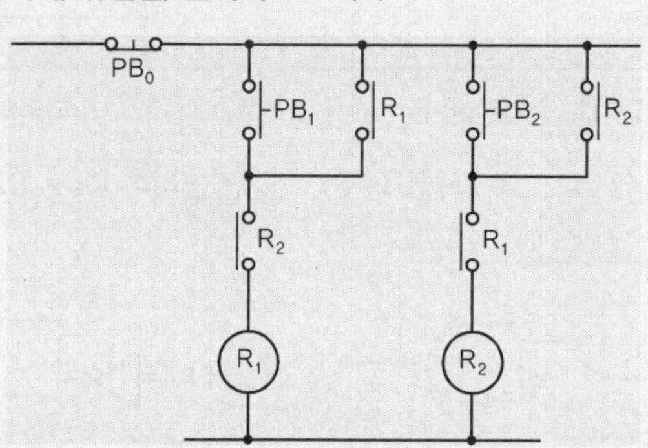

핵심 과년도 문제

01 그림은 누름버튼 스위치 PB_1, PB_2, PB_3를 ON 조작하여 전동기 A, B, C를 운전하는 시퀀스 회로도이다. 이 회로를 타임차트 1~3의 요구사항과 같이 병렬 우선순위 회로로 고쳐서 그리시오.(단, R_1, R_2, R_3는 계전기이며, 이 계전기의 보조 a접점 또는 b접점을 추가 또는 삭제하여 작성하되 불필요한 접점을 사용하지 않도록 하며, 보조 접점에는 접점명을 기입하도록 한다.)

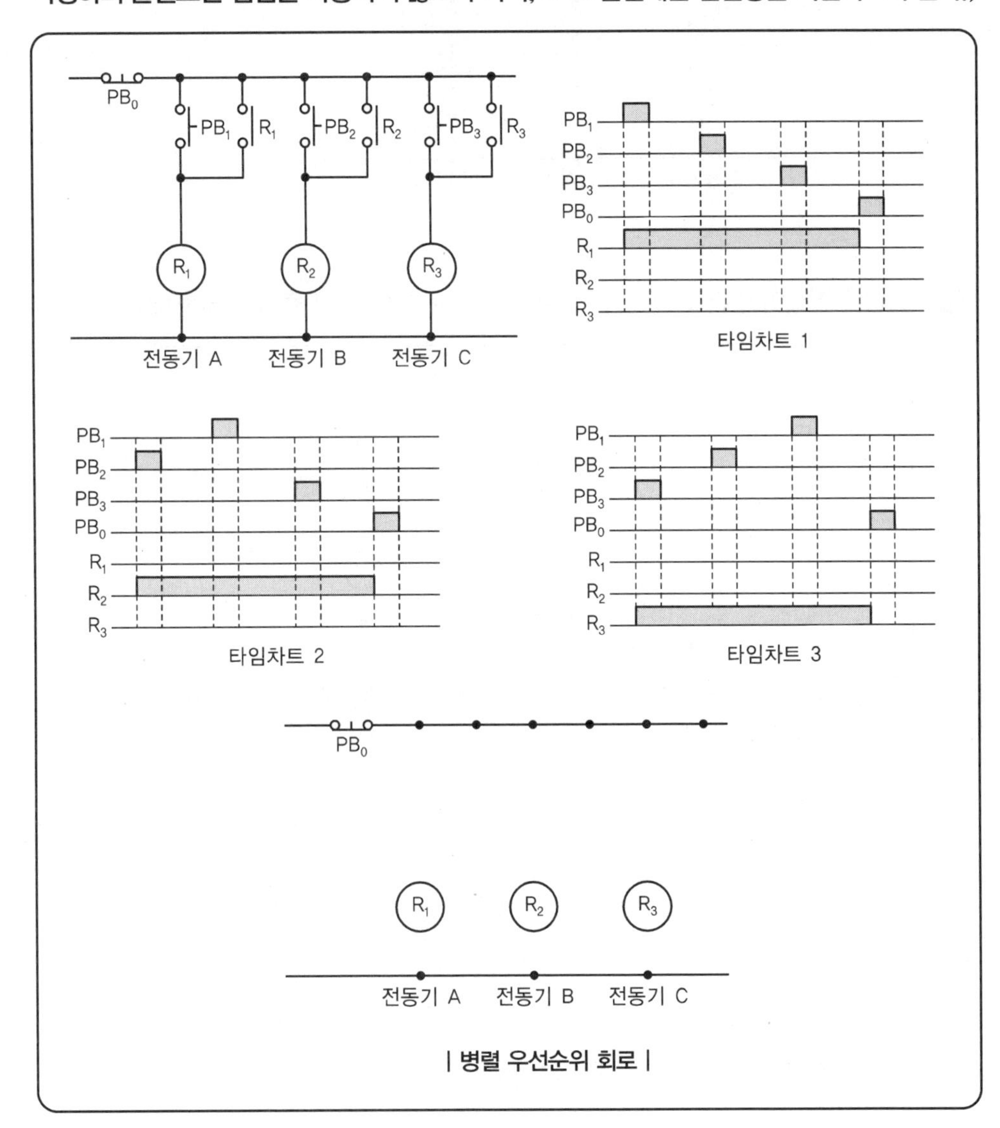

해답

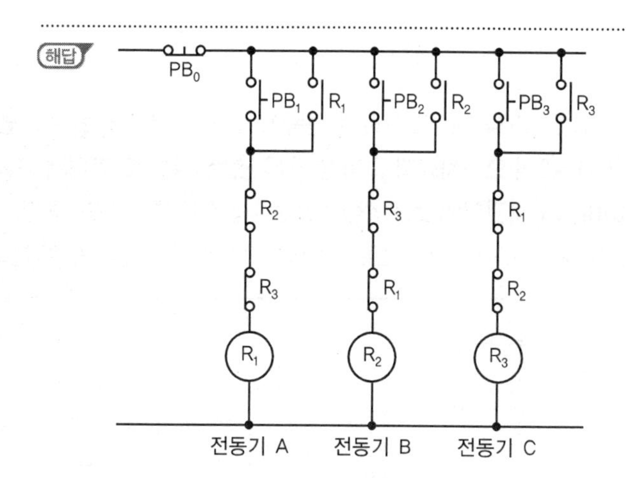

02 그림은 릴레이 인터록 회로이다. 이 그림을 보고 다음 각 물음에 답하시오.

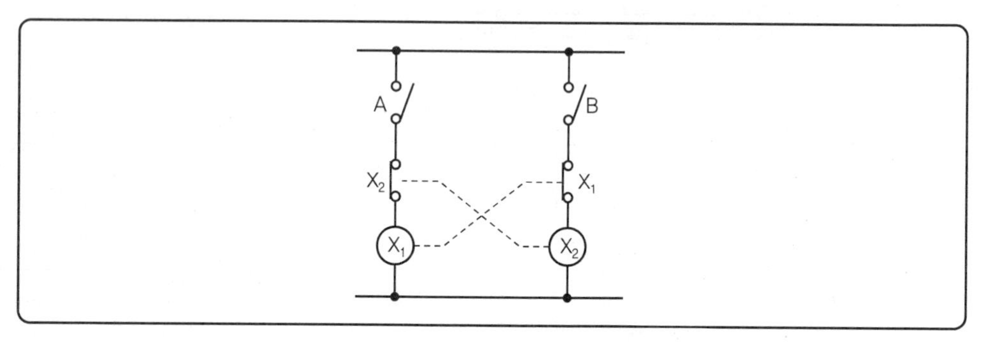

1 이 회로를 논리회로로 고쳐서 그리고, 주어진 타임차트를 완성하시오.

① 논리회로

② 타임차트

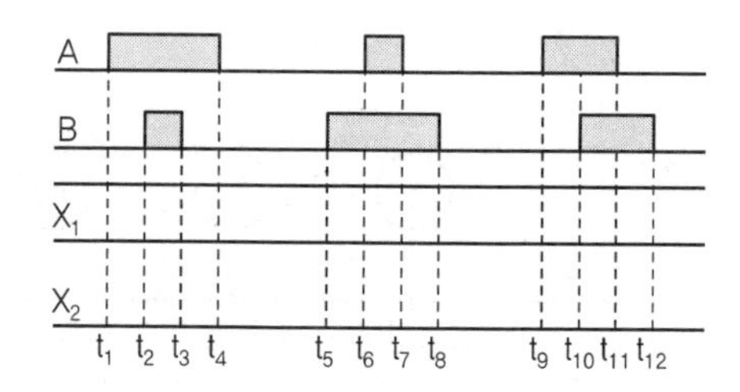

2 인터록 회로는 어떤 회로인지 상세하게 설명하시오.

해답 **1** ① 논리회로

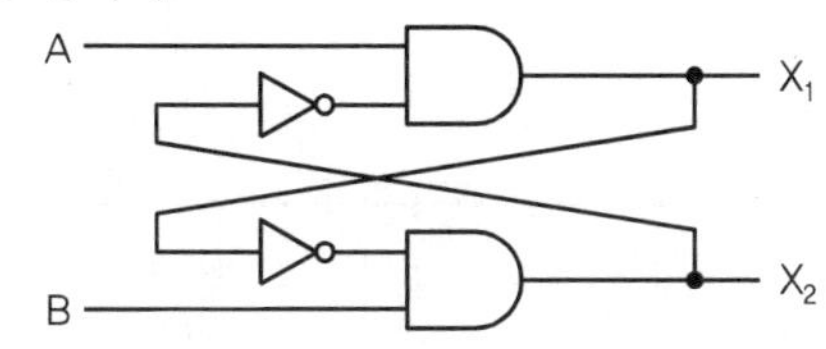

② 타임차트

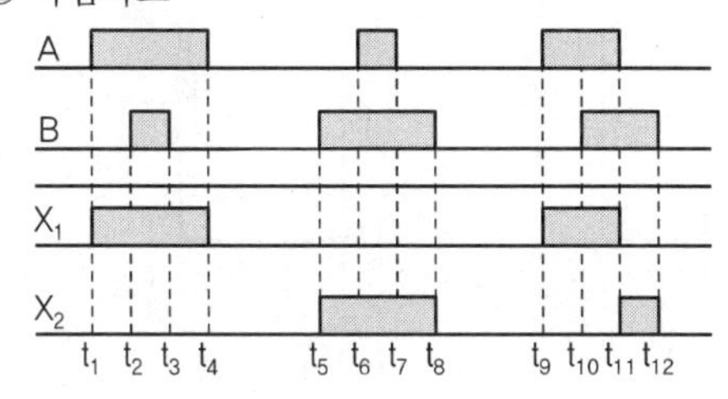

2 릴레이 (X_1)이 여자되어 있을 때 스위치 B로 릴레이 (X_2)를 여자할 수 없고, 릴레이 (X_2)가 여자되어 있을 때 스위치 A로 릴레이 (X_1)을 여자할 수 없는 회로

5) 신입력 우선회로 = 후입력 우선회로

- **회로동작설명** : 항상 새로운 입력이 우선되어 동작하는 회로

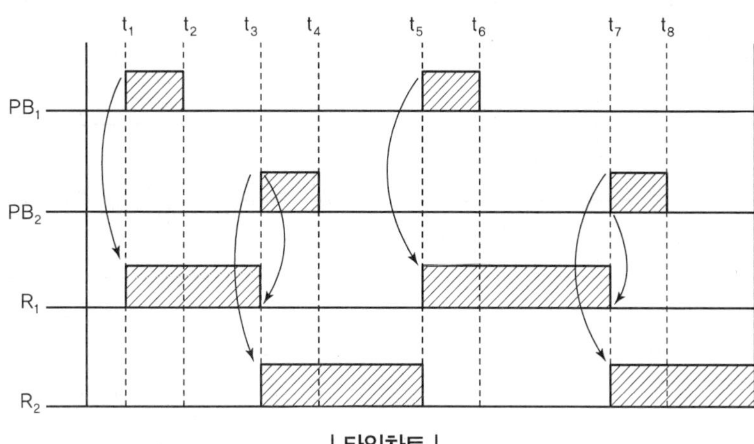

| 타임차트 |

TIP

➤ **기출문제 분석**

동작설명을 읽고 **유접점** 회로 그리기

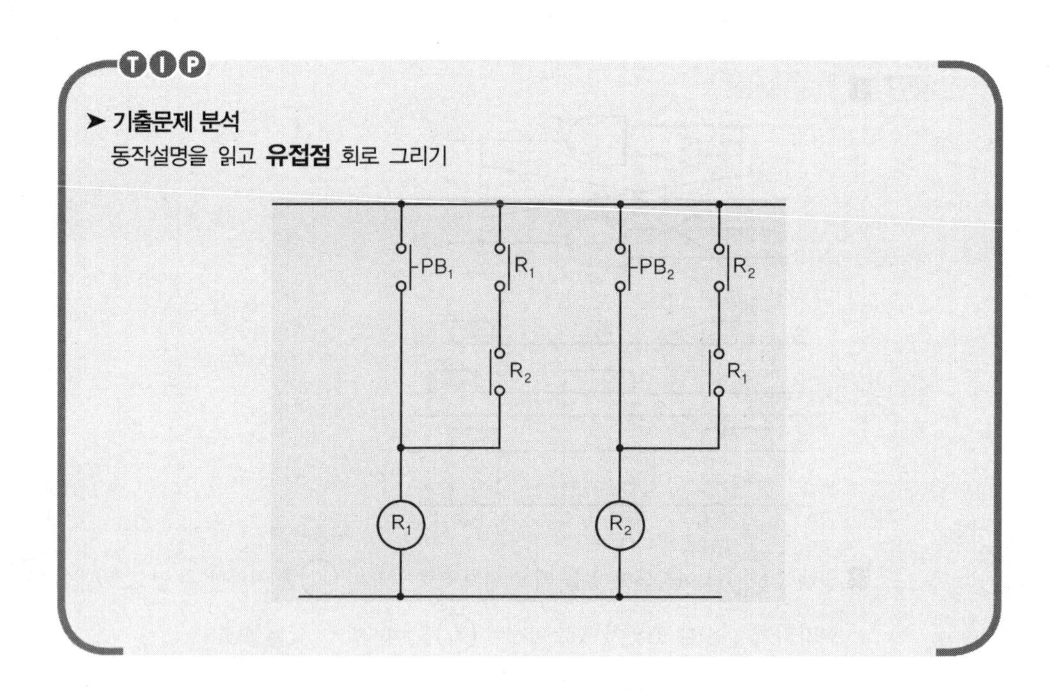

6) 직렬우선회로 = 순차회로

- **회로동작설명** : $PB_1 \rightarrow PB_2 \rightarrow PB_3$ 순으로 누르지 않으면 동작하지 않는 회로이다.

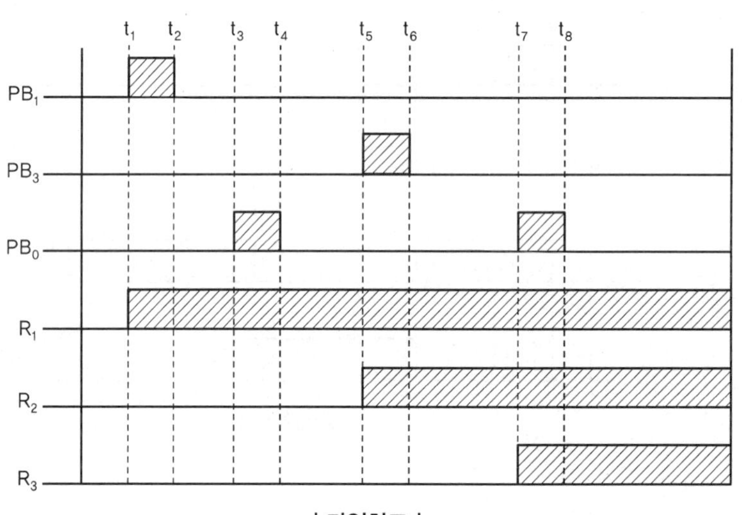

| 타임차트 |

- **논리식** : $R_1 = \overline{PB_0} \cdot (PB_1 + R_1)$

$R_2 = \overline{PB_0} \cdot (PB_1 + R_1) \cdot (PB_2 + R_2)$

$R_3 = \overline{PB_0} \cdot (PB_1 + R_1) \cdot (PB_2 + R_2) \cdot (PB_3 + R_3)$

TIP

➤ 기출문제 분석

회로명칭, 논리식, 동작설명, 타임차트 그리기

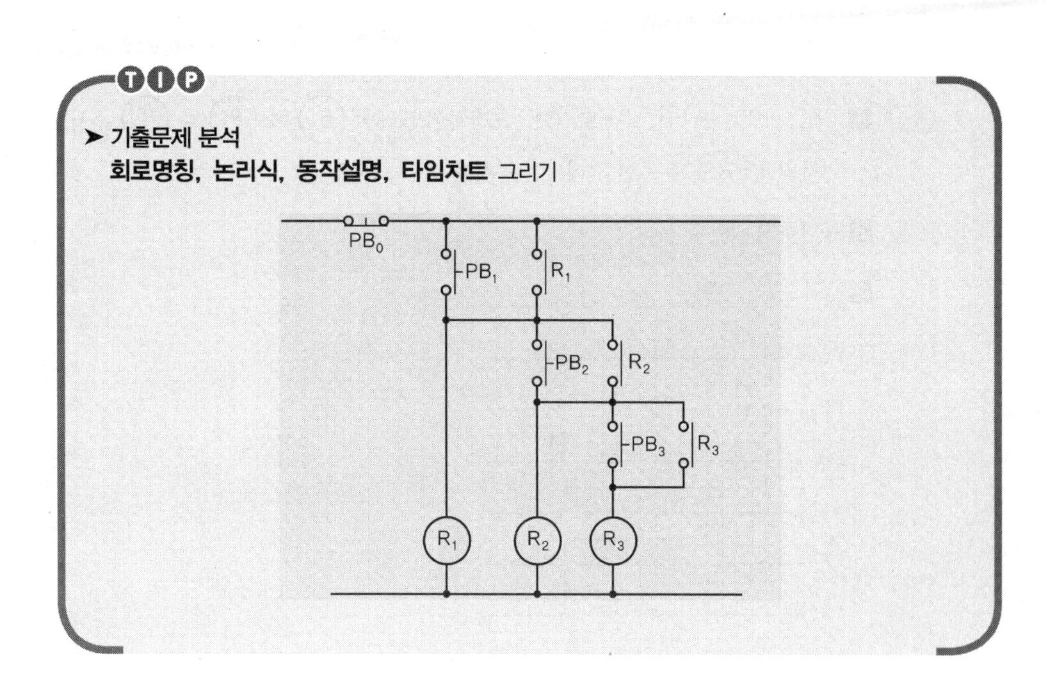

핵심 과년도 문제

03 시퀀스도를 보고 다음 각 물음에 답하시오.

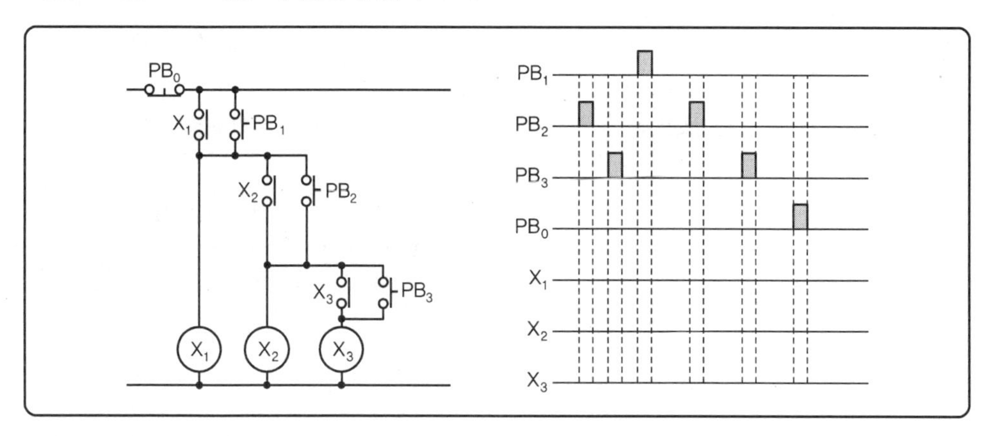

1. 전원 측에 가장 가까운 푸시버튼 PB_1으로부터 PB_3, PB_0까지 "ON" 조작할 경우의 동작사항을 간단히 설명하시오.
2. 최초에 PB_2를 "ON" 조작한 경우에는 어떻게 되는가?
3. 타임차트를 푸시버튼 PB_1, PB_2, PB_3, PB_0와 같이 타이밍으로 "ON" 조작하였을 때의 타임차트의 X_1, X_2, X_3를 완성하시오.

해답 1 $PB_1 \rightarrow PB_2 \rightarrow PB_3$ 순서로 'ON' 조작하면 릴레이 $(R_1) \Rightarrow (R_2) \Rightarrow (R_3)$ 순서로 여자되고 PB_0을 누르면 릴레이는 동시에 모두 소자된다.

2 동작하지 않는다.

3

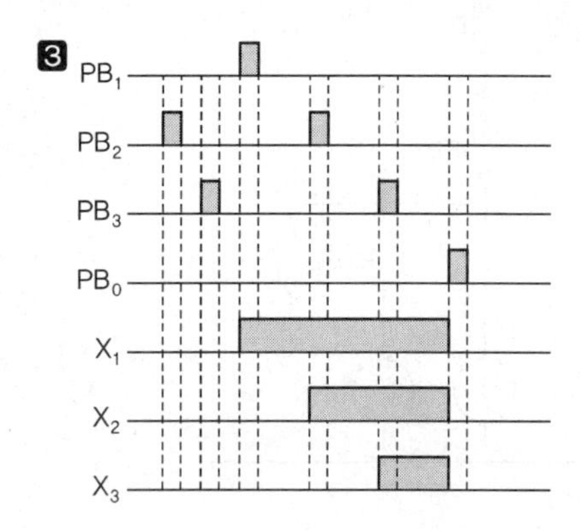

3 논리곱회로(AND Gate, 직렬접속)

입력 A, B가 동시에 동작 시 출력이 생기는 회로이다.

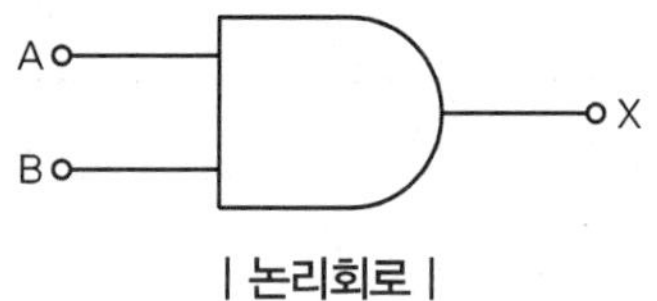

| 논리회로 |

$$X = A \cdot B$$

| 논리식(출력식) |

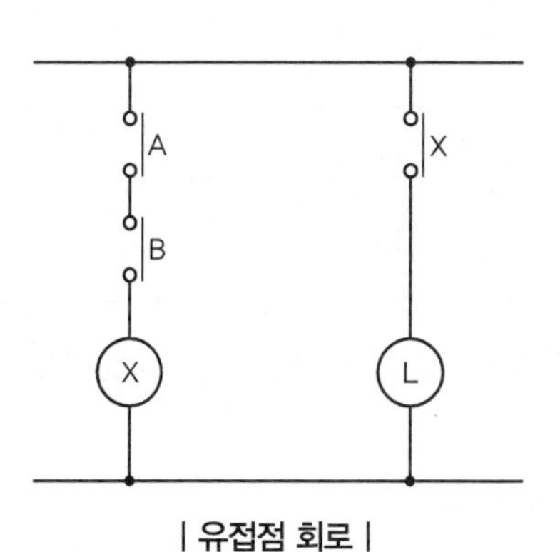

| 유접점 회로 |

| 진리표(출력표) |

입력		출력
A	B	X
0	0	0
0	1	0
1	0	0
1	1	1

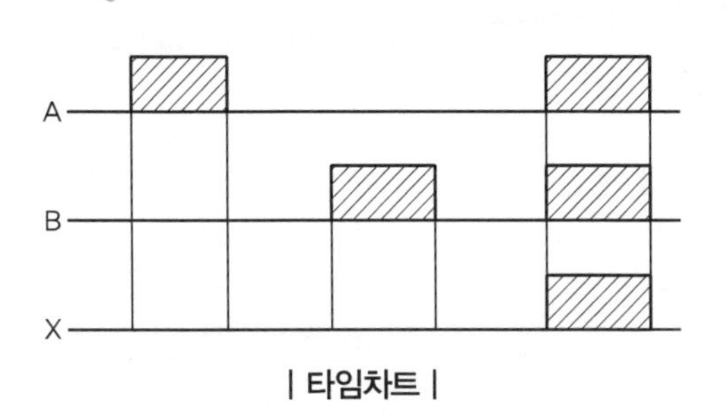

| 타임차트 |

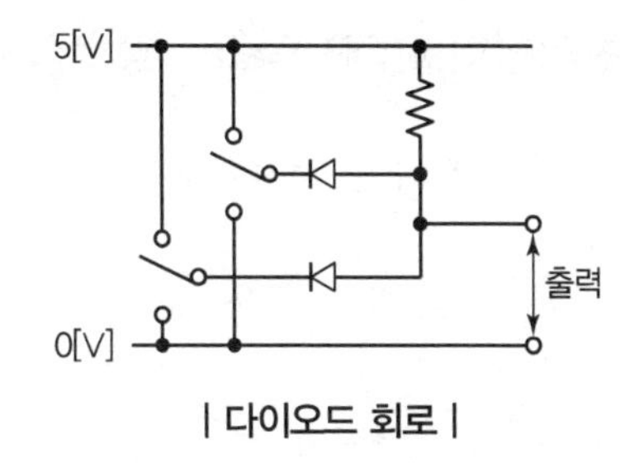

| 다이오드 회로 |

TIP

➤ 기출문제 분석

논리기호, 유접점, 타임차트, 다이오드 회로 명칭은 반드시 출제된다.

핵심 과년도 문제

04 그림과 같은 무접점 릴레이 회로의 출력식 Z를 구하고 이것의 타임차트를 그리시오.

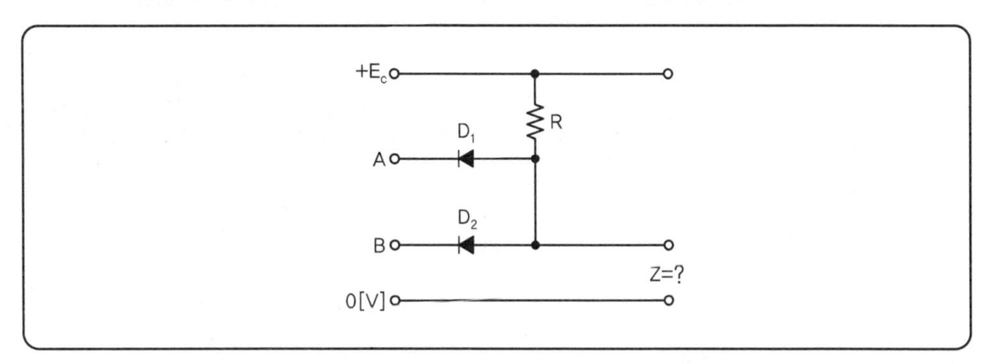

해답 • 출력식 : $Z = A \cdot B$

• 타임차트

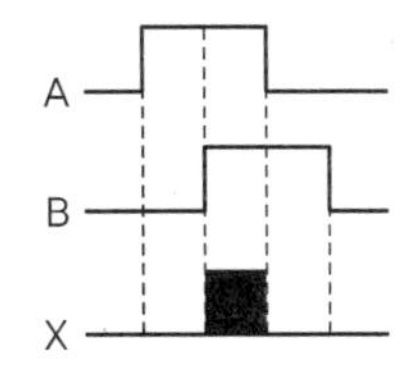

4 논리합회로(OR Gate, 병렬접속)

입력 A, B 중 어느 하나만 동작하여도 출력 X가 생긴다.

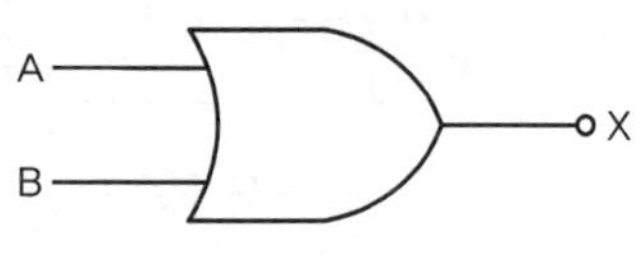

| 논리회로 |

$$X = A + B$$

| 논리식(출력식) |

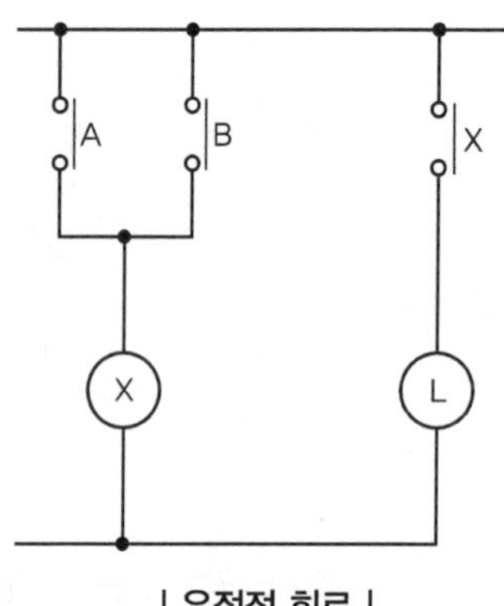

| 유접점 회로 |

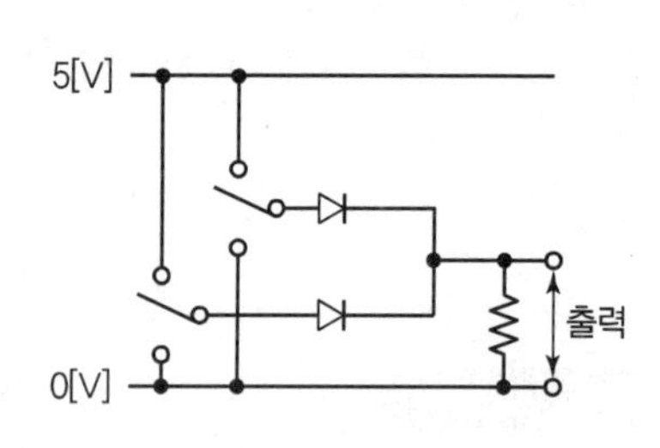

| 다이오드 회로 |

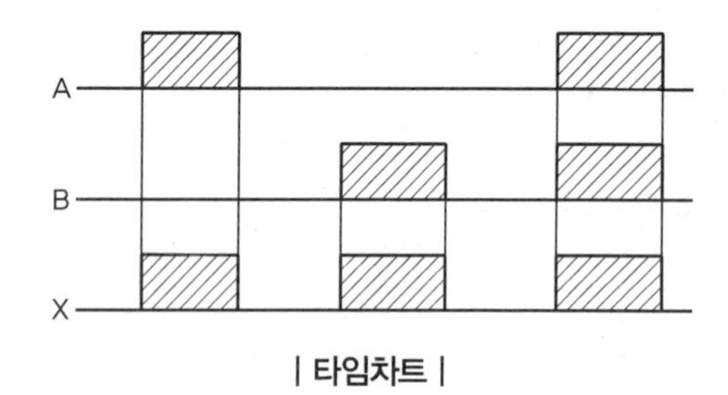

| 타임차트 |

| 진리표(출력표) |

입력		출력
A	B	X
0	0	0
0	1	1
1	0	1
1	1	1

TIP

➤ 기출문제 분석
논리기호, 유접점, 타임차트, 다이오드 회로 명칭은 반드시 출제된다.

핵심 과년도 문제

05 다음 그림과 같은 무접점 릴레이 출력을 쓰고 이것을 전자릴레이 회로로 그리시오.

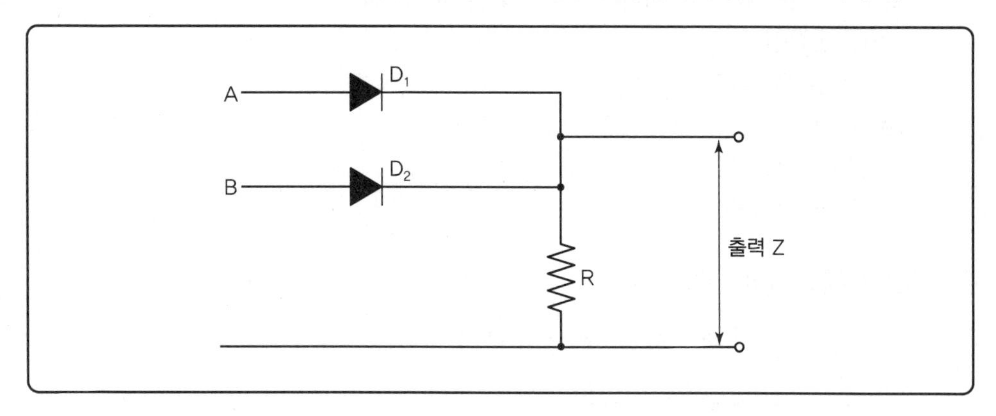

해답 $Z = A + B$

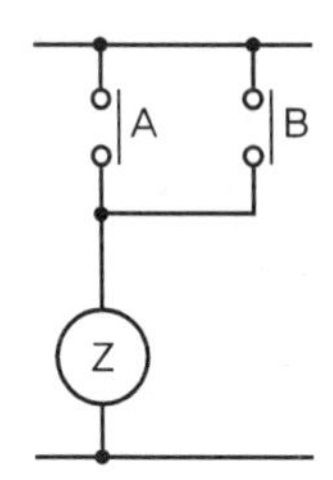

TIP

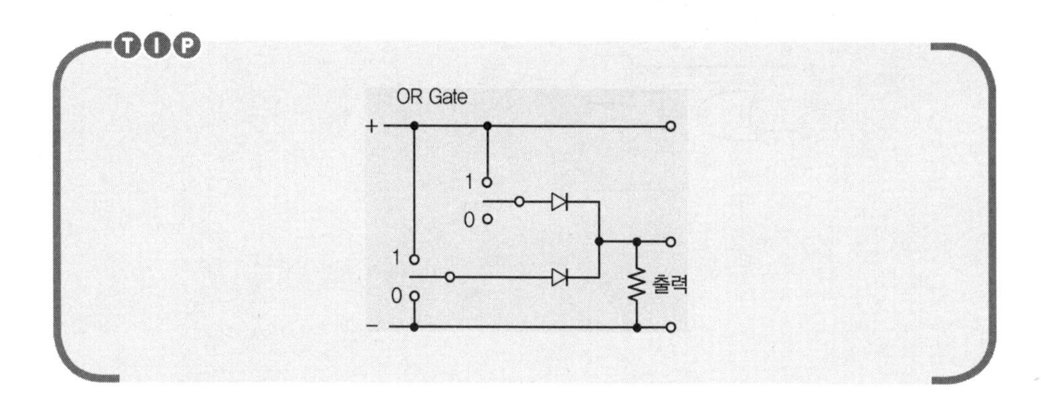

06 보조 릴레이 A, B, C의 계전기로 출력(H레벨)이 생기는 유접점 회로와 무접점 회로를 그리시오.(단, 보조 릴레이의 접점은 모두 a접점만을 사용하도록 한다.)

1 A와 B를 같이 ON 하거나 C를 ON 할 때 X_1 출력

① 유접점 회로

② 무접점 회로

2 A를 ON 하고 B 또는 C를 ON 할 때 X_2 출력

① 유접점 회로

② 무접점 회로

해답 **1** ① 유접점 회로

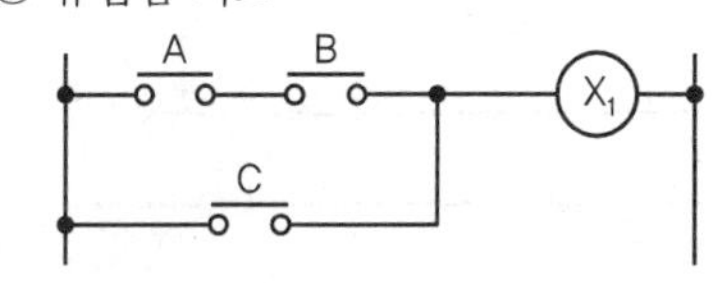

② 무접점 회로

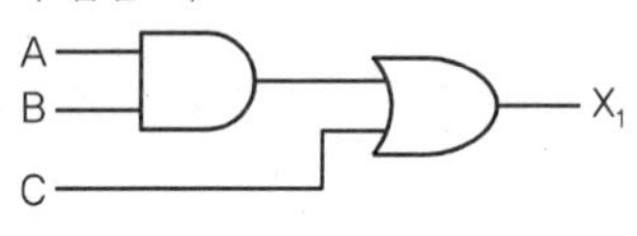

2 ① 유접점 회로

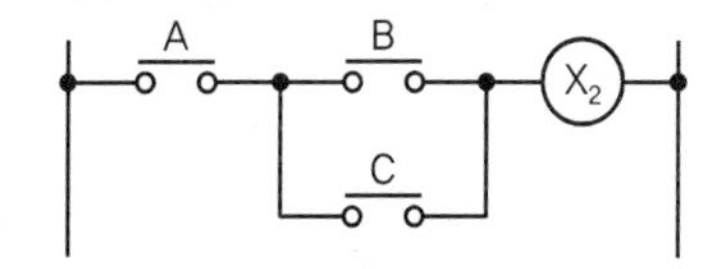

② 무접점 회로

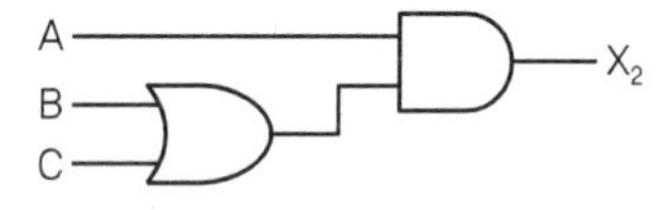

5 논리부정회로(NOT Gate, Inverter)

출력이 입력의 반대가 되는 회로로서 입력이 1이면 출력이 0이고 입력이 0이면 출력이 1이 되는 반전(부정)회로이다.

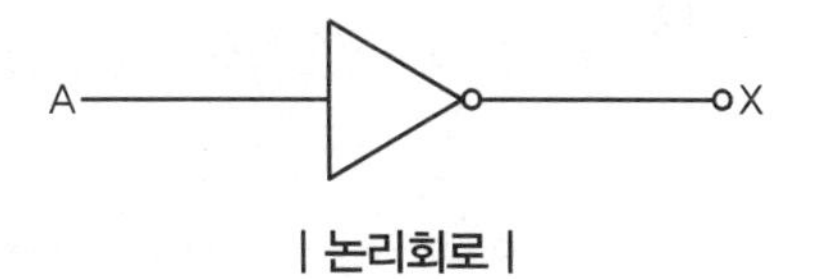

| 논리회로 |

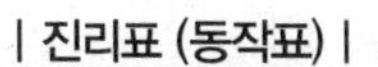

$$X = \overline{A}$$

| 논리식(출력식) |

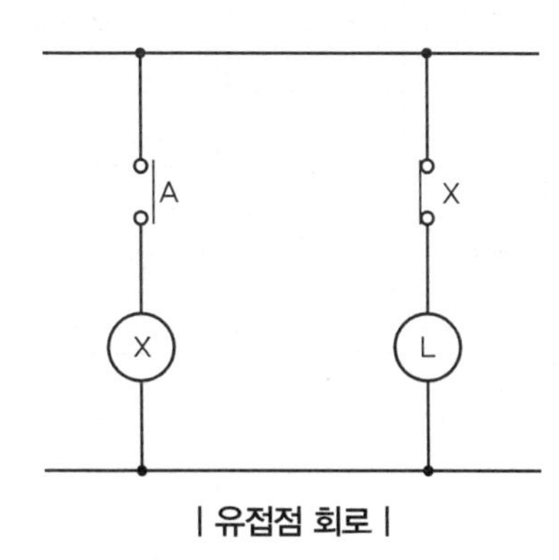

| 유접점 회로 |

| 진리표 (동작표) |

입력	출력
A	X
0	1
1	0

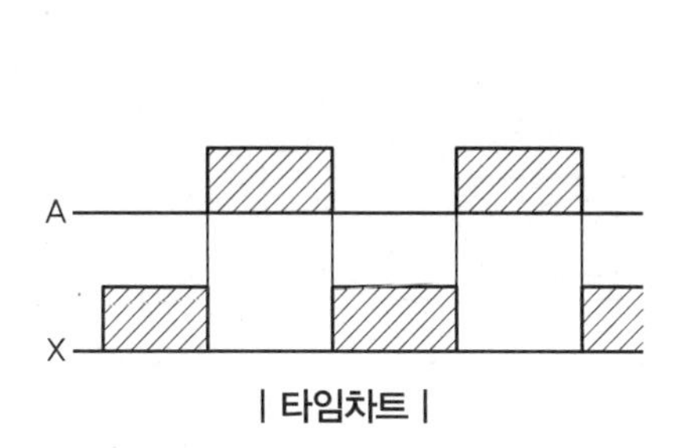

| 타임차트 |

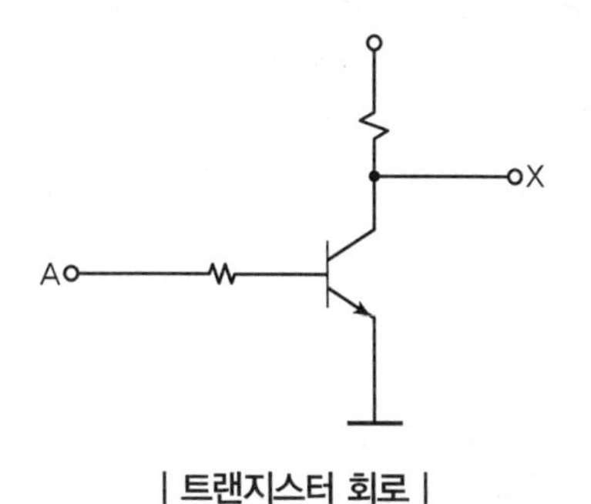

| 트랜지스터 회로 |

TIP

➤ NPN 트랜지스터
베이스(Base)에 전류가 흘러야 콜렉터(Collector)에서 이미터(Emitter)로 전류가 흐른다.

핵심 과년도 문제

07 다음 그림과 같은 회로에서 램프 Ⓛ의 동작을 답안지의 타임차트에 표시하시오. (단, PB : 푸시버튼 스위치, Ⓡ : 릴레이 접점, LS : 리밋 스위치)

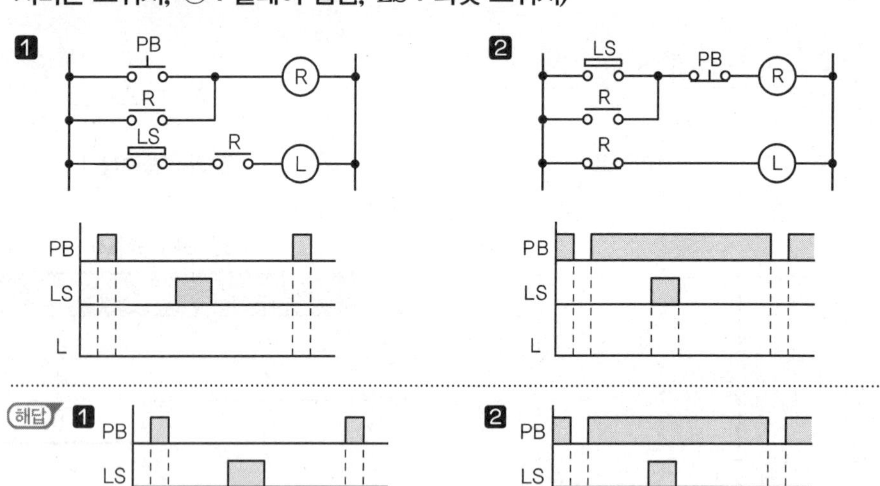

해답

08 그림과 같은 무접점의 논리회로도를 보고 다음 각 물음에 답하시오.

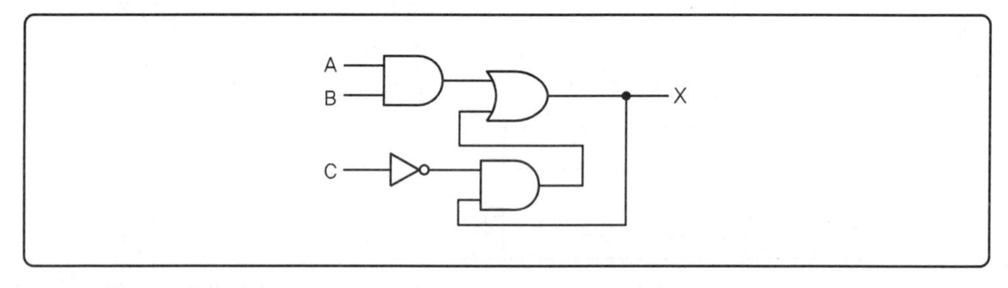

1 출력식을 나타내시오.

2 주어진 무접점 논리회로를 유접점 논리회로로 바꾸어 그리시오.

해답 1 $X = AB + \overline{C}X$

2

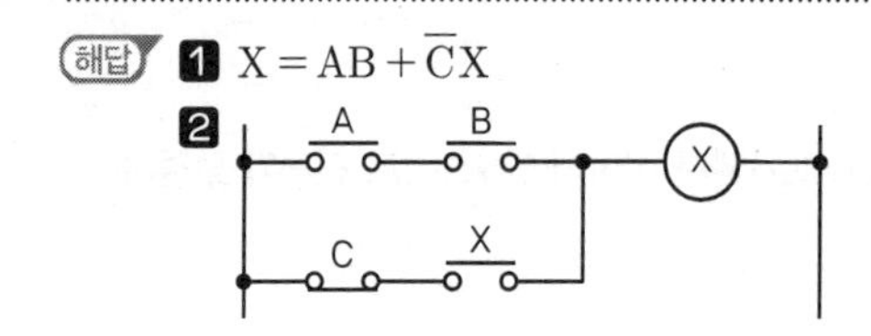

6 부정논리곱(NAND Gate)

AND 회로와 반대로 동작하는 회로이다.

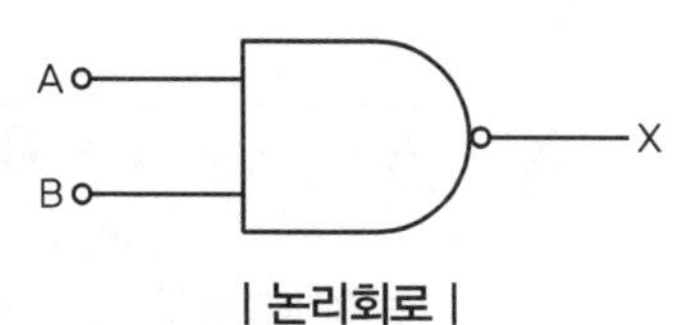

| 논리회로 |

$$X = \overline{A \cdot B} = \overline{A} + \overline{B}$$

| 논리식(출력식) |

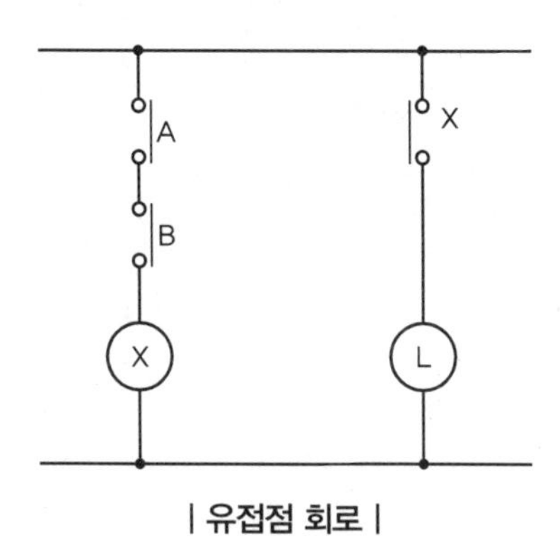

| 유접점 회로 |

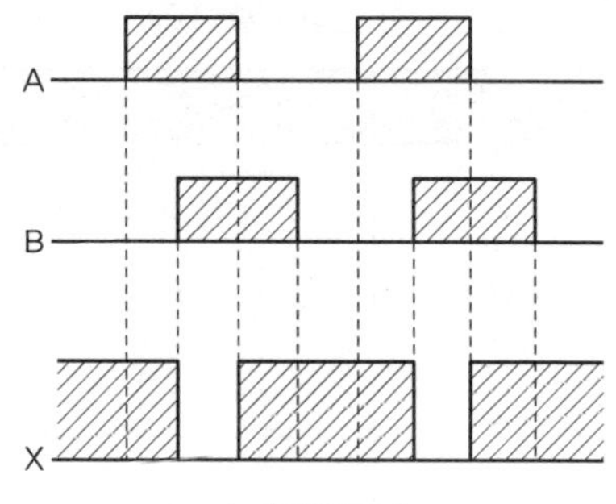

| 타임차트 |

| 진리표(출력표) |

입력		출력
A	B	Y
0	0	1
0	1	1
1	0	1
1	1	0

TIP

➤ **기출문제 분석**

AND, OR, NOT 회로를 NAND 회로로 변환하여 그리기 등의 문제가 자주 출제된다.

7 부정논리합회로(NOR Gate)

OR 회로와 반대로 출력이 생기는 회로이다.

| 논리회로 |

$$X = \overline{A+B} = \overline{A} \cdot \overline{B}$$

| 논리식(출력식) |

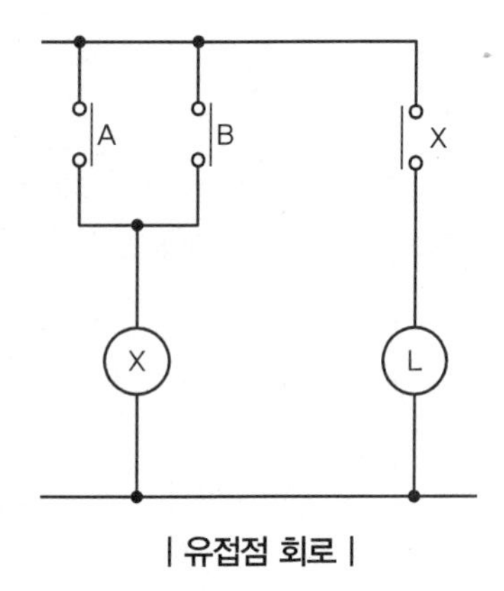

| 유접점 회로 |

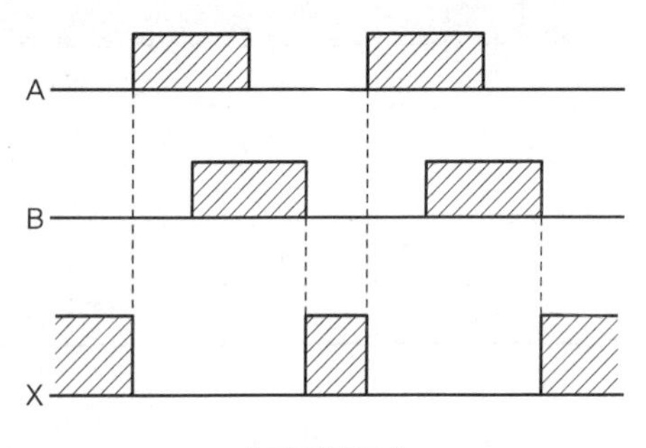

| 타임차트 |

| 진리표(출력표) |

입력		출력
A	B	Y
0	0	1
0	1	0
1	0	0
1	1	0

핵심 과년도 문제

09 그림과 같은 회로의 출력을 입력변수로 나타내고 AND 회로 1개, OR 회로 2개, NOT 회로 1개를 이용한 등가회로를 그리시오.

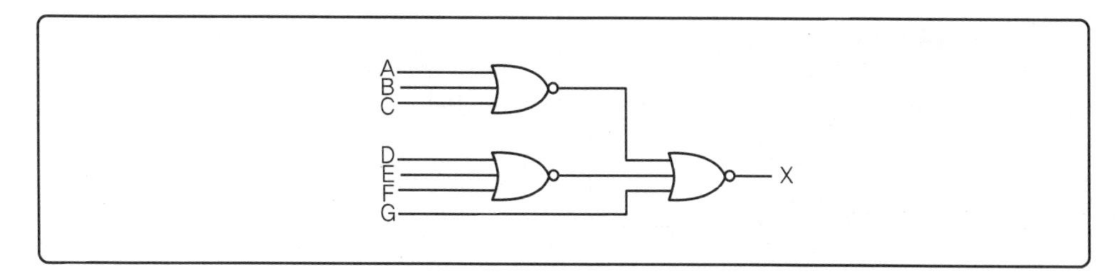

❶ 출력식

❷ 등가회로

해답 ❶ 출력식 : $X = \overline{\overline{A+B+C}+\overline{D+E+F}+G}$

$= (A+B+C) \cdot (D+E+F) \cdot \overline{G}$

❷ 등가회로

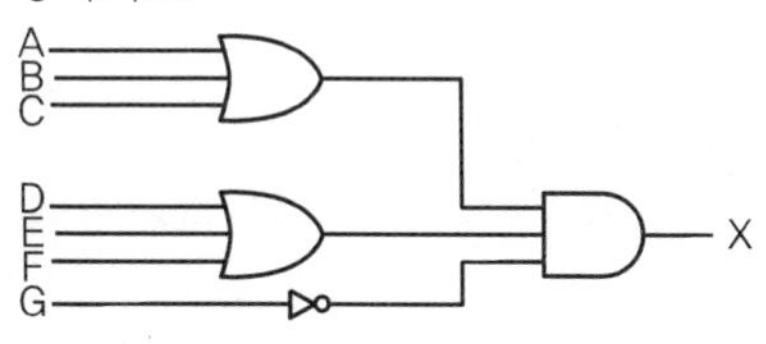

TIP

$X = \overline{\overline{A+B+C}+\overline{D+E+F}+G}$

$= \overline{\overline{A+B+C}} \cdot \overline{\overline{D+E+F}} \cdot \overline{G}$

$= (A+B+C) \cdot (D+E+F) \cdot \overline{G}$

10 다음은 어느 계전기 회로의 논리식이다. 이 논리식을 이용하여 다음 각 물음에 답하시오.(단, 여기에서 A, B, C는 입력이고, X는 출력이다.)

논리식 : $X = (A+B) \cdot \overline{C}$

❶ 이 논리식을 로직을 이용한 시퀀스도(논리회로)로 나타내시오.

❷ 물음 ❶에서 로직 시퀀스도로 표현된 것을 2입력 NAND Gate만으로 등가 변환하시오.

❸ 물음 ❶에서 로직 시퀀스도로 표현된 것을 2입력 NOR Gate만으로 등가 변환하시오.

해답

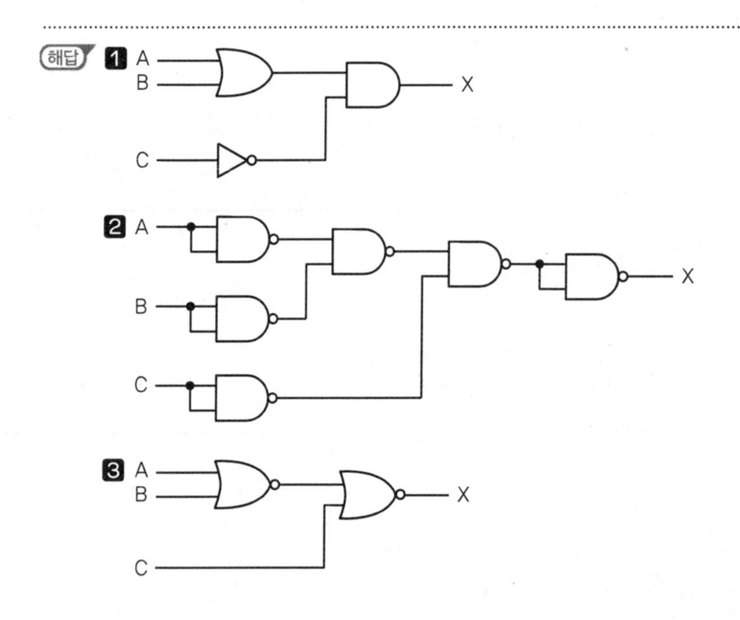

11 다음 논리식에 대한 물음에 답하시오.

$$X = A + B\overline{C}$$

1. 무접점 시퀀스로 그리시오.
2. NAND Gate로 그리시오.
3. NOR Gate를 최소로 이용하여 그리시오.

해답

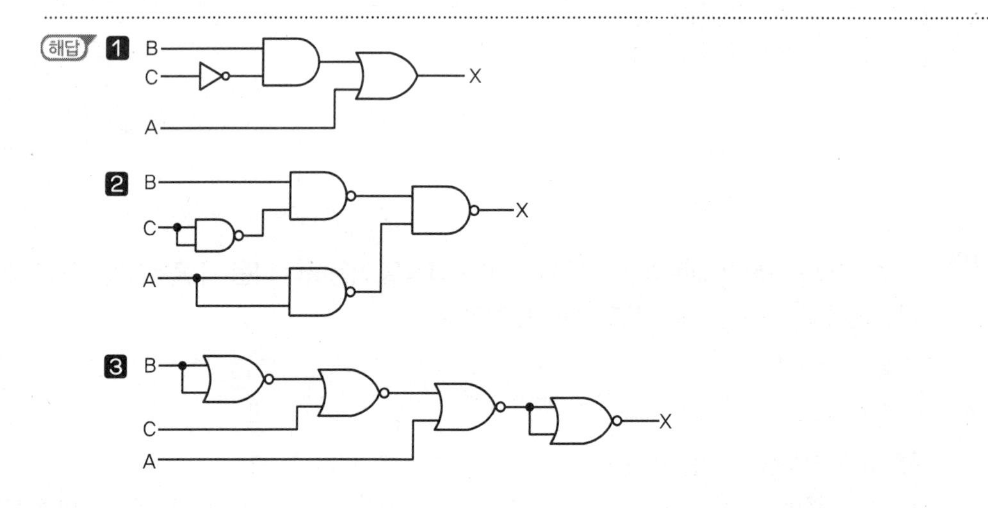

TIP

❷ NAND Gate : $\overline{\overline{A+B\overline{C}}}=\overline{\overline{A}\cdot\overline{B\overline{C}}}$

❸ NOR Gate : $\overline{\overline{A+B\overline{C}}}=\overline{A+\overline{\overline{B\overline{C}}}}=\overline{\overline{A+\overline{\overline{B}+C}}}$

12 그림과 같은 논리회로를 이용하여 다음 각 물음에 답하시오.

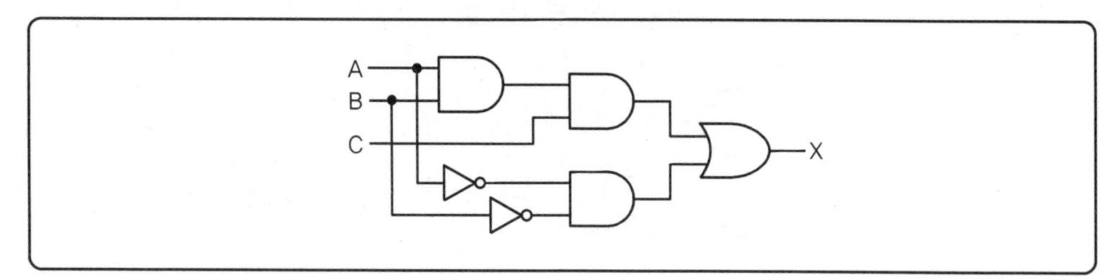

❶ 주어진 논리회로를 논리식으로 표현하시오.

❷ 논리회로의 동작상태를 다음의 타임차트에 나타내시오.

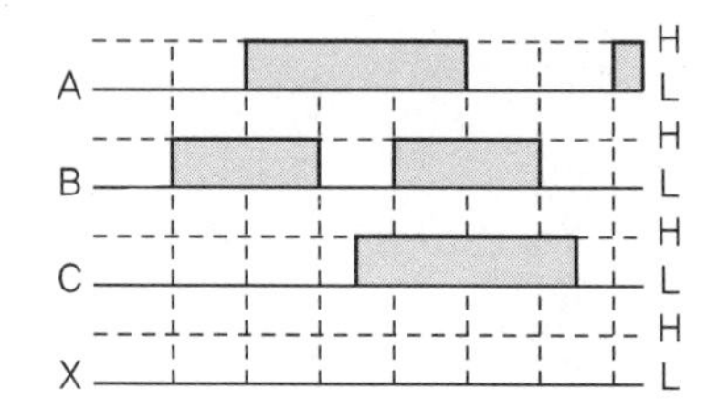

❸ 다음과 같은 진리표를 완성하시오.(단, L은 Low이고, H는 High이다.)

A	L	L	L	L	H	H	H	H
B	L	L	H	H	L	L	H	H
C	L	H	L	H	L	H	L	H
X								

해답 ❶ $X=A\cdot B\cdot C+\overline{A}\cdot\overline{B}$

❷

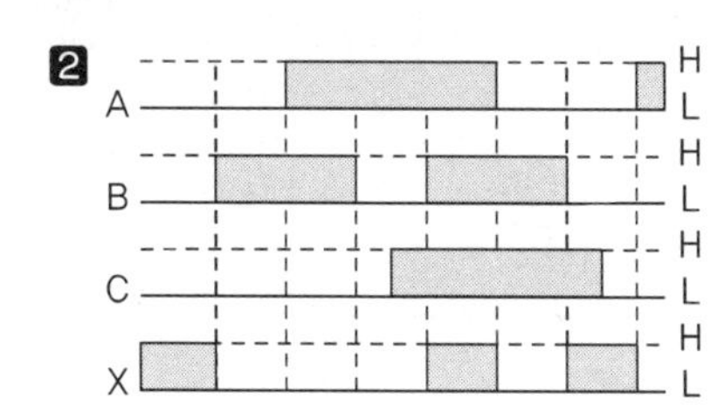

③

A	L	L	L	L	H	H	H	H
B	L	L	H	H	L	L	H	H
C	L	H	L	H	L	H	L	H
X	H	H	L	L	L	L	L	H

8 배타적 논리합 회로(Exclusive OR Gate)

A, B 입력상태가 서로 다를 경우 출력이 생기는 회로이다.

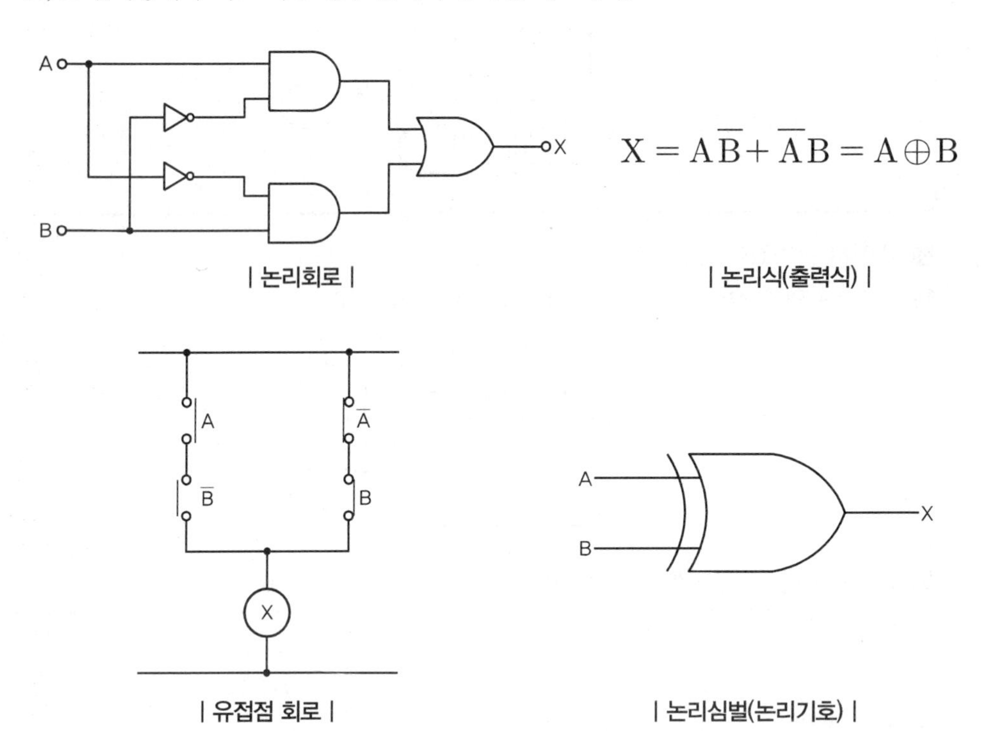

$$X = A\overline{B} + \overline{A}B = A \oplus B$$

| 논리회로 |

| 논리식(출력식) |

| 유접점 회로 |

| 논리심벌(논리기호) |

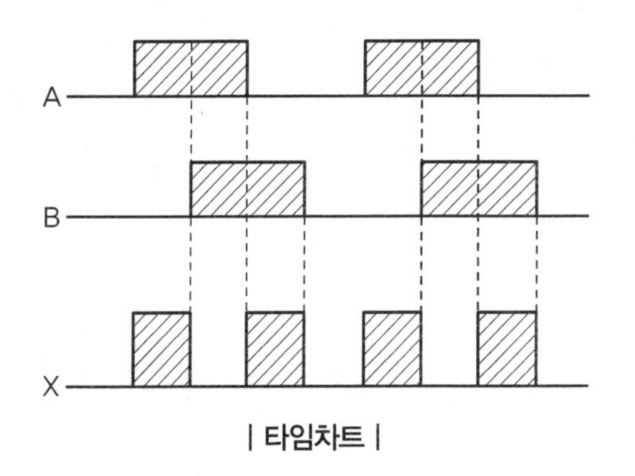

| 타임차트 |

| 진리표(출력표) |

입력		출력
A	B	X
0	0	0
0	1	1
1	0	1
1	1	0

TIP

➤ **기출문제 분석**
다양한 형태로 변경하여 다수의 문제가 출제된다.

핵심 과년도 문제

13 다음 회로를 이용하여 각 물음에 답하시오.

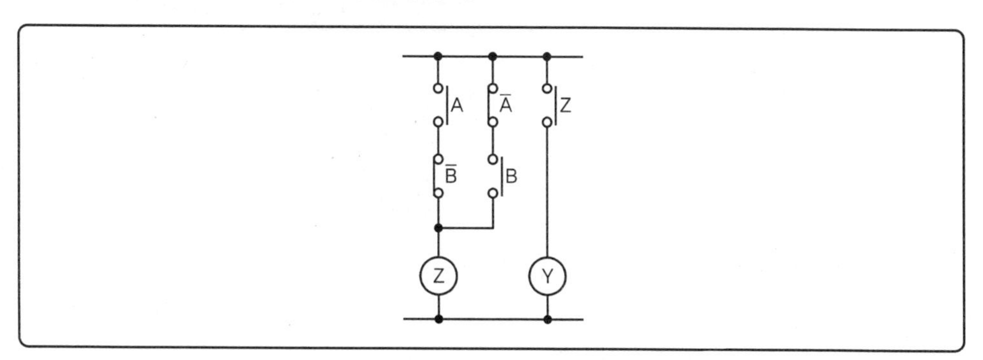

❶ 그림과 같은 회로의 명칭을 쓰시오.
❷ 논리식을 쓰시오.
❸ 무접점 논리회로를 그리시오.

해답 ❶ 배타적 논리합 회로
❷ $Z = A\overline{B} + \overline{A}B = A \oplus B$, $Y = Z$
❸

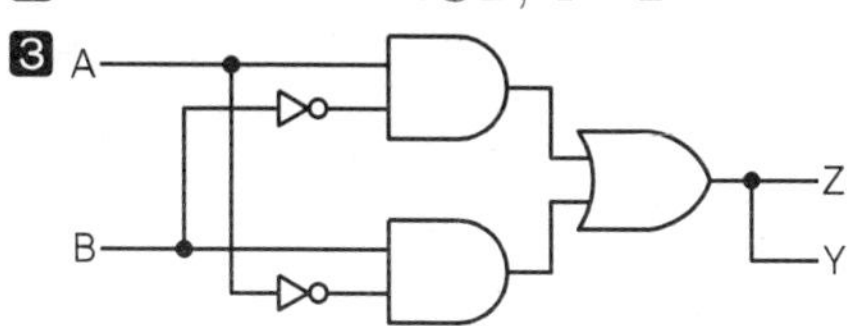

14 3개의 입력신호 A, B, C에 의한 조건이 ①~③일 때, 이 조건을 이용하여 다음 각 물음에 답하시오.

[조건]

① 입력신호 A, B 중 어느 하나의 신호로 동작하거나 혹은 C의 신호가 소멸하면 동작
② A, C 양쪽의 신호가 들어가고 B의 신호가 소멸하면 동작
③ A, B 양쪽의 신호가 들어가고 C의 신호가 소멸하면 동작

❶ ①~③에 대한 논리식을 쓰고 논리회로를 그리시오.

❷ ①의 조건과 ②, ③의 조건 중 하나를 만족하는 조건이 동시에 이루어졌을 때 출력이 나타나는 논리식을 쓰고 논리회로를 그리시오.[단, ①~③을 직접 합성하는 경우와 이것을 최소화한 논리 소자로 구성되는 경우(즉, 간략화하는 경우)로 답하도록 한다.]

- 간략화하지 않고 직접 합성하는 경우
- 간략화(최소화)하는 경우

해답 ❶

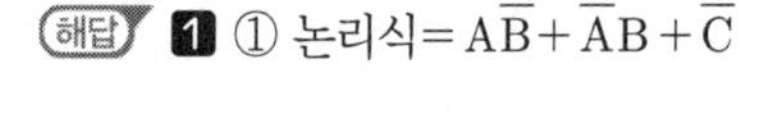

① 논리식$=A\overline{B}+\overline{A}B+\overline{C}$

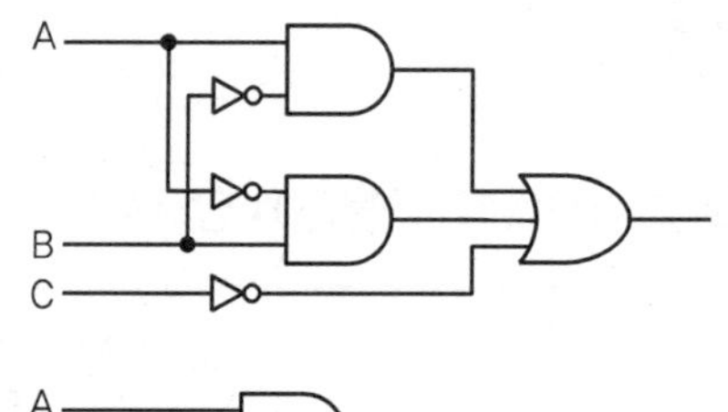

② 논리식$=A\overline{B}C$

③ 논리식$=AB\overline{C}$

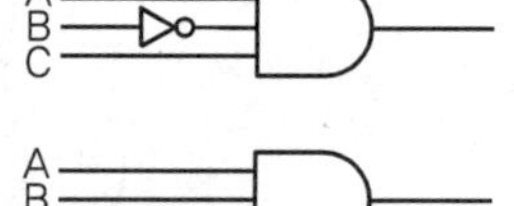

❷ • 간략화하지 않고 직접 합성하는 경우

논리식 $=①(②\overline{③}+\overline{②}③)=(A\overline{B}+\overline{A}B+\overline{C})(A\overline{B}C\cdot\overline{AB\overline{C}}+\overline{A\overline{B}C}\cdot AB\overline{C})$

$=(A\overline{B}+\overline{A}B+\overline{C})(A\overline{B}C+AB\overline{C})$

논리회로

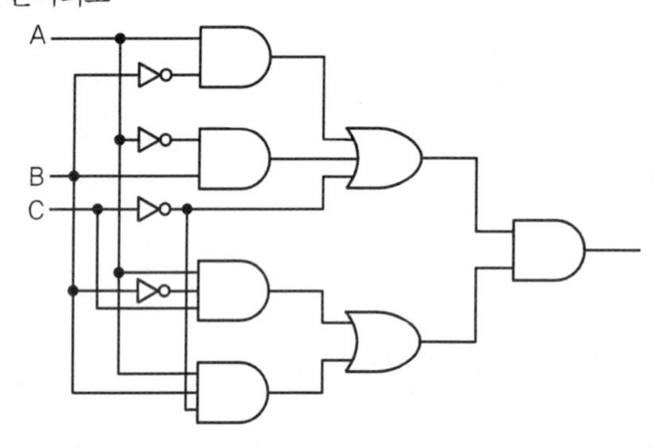

• 간략화(최소화)하는 경우

논리식$=(A\overline{B}+\overline{A}B+\overline{C})(A\overline{B}C+AB\overline{C})=A\overline{B}C+AB\overline{C}$

$=A(\overline{B}C+B\overline{C})$

논리회로

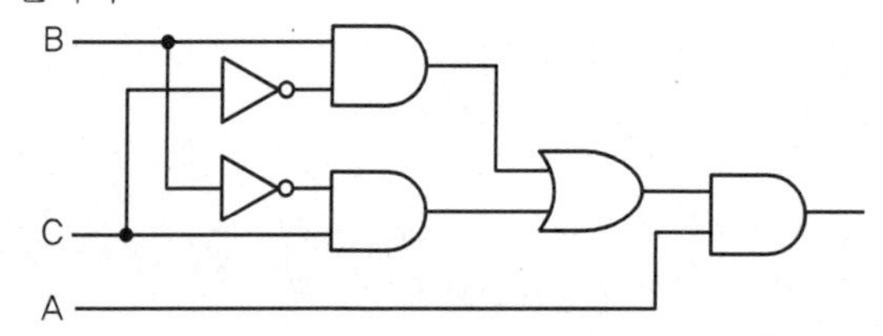

15 그림과 같은 릴레이 시퀀스도를 이용하여 다음 각 물음에 답하시오.

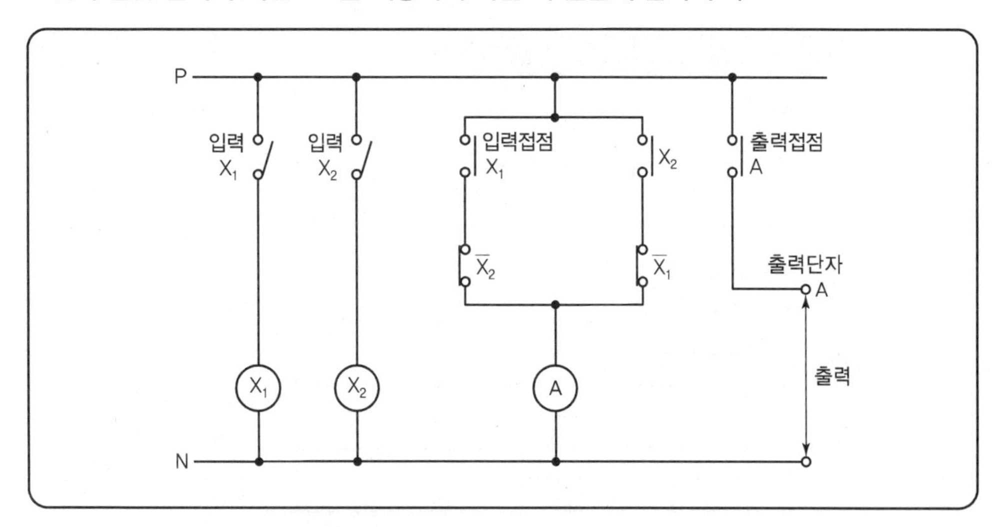

1 AND, OR, NOT 등의 논리심벌을 이용하여 주어진 릴레이 시퀀스도를 논리회로로 바꾸어 그리시오.

2 물음 1에서 작성된 회로에 대한 논리식을 쓰시오.

3 논리식에 대한 진리표를 완성하시오.

X_1	X_2	A
0	0	
0	1	
1	0	
1	1	

4 진리표를 만족할 수 있는 로직회로를 간소화하여 그리시오.

5 주어진 타임차트를 완성하시오.

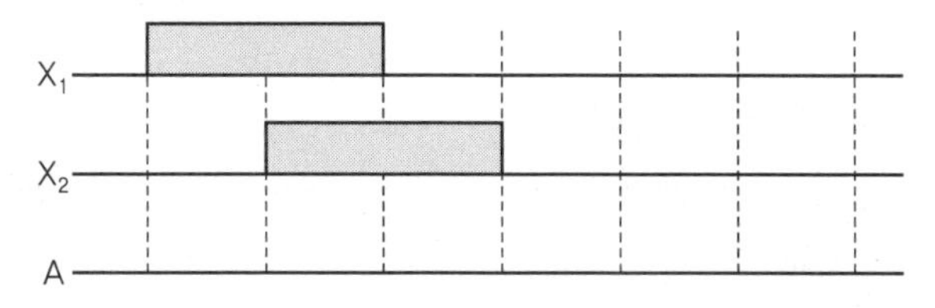

해답 1

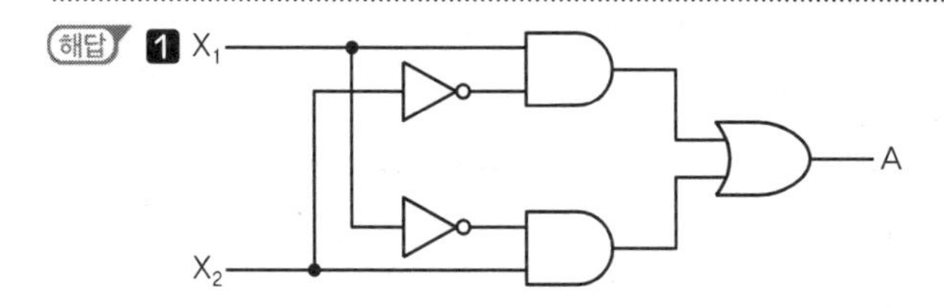

❷ $A = X_1\overline{X}_2 + \overline{X}_1 X_2$

❸

X_1	X_2	A
0	0	0
0	1	1
1	0	1
1	1	0

❹ X_1, X_2 — A

❺

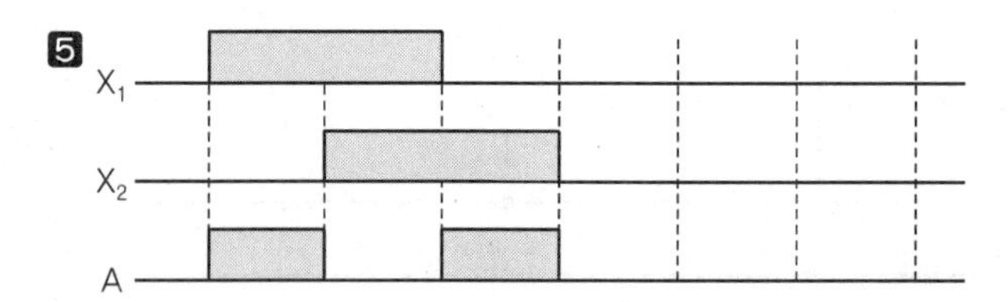

9 논리식의 간소화

1) 부울대수

부울대수는 논리 판단을 하는 데 이용되는 수학적인 기법이다. 본래 부울대수는 결과가 참 혹은 거짓으로 되는 명제만을 취급하였으나 시퀀스 제어에서 부울대수는 상태가 1 또는 0 으로 될 수 있는 회로를 취급하는 데 사용한다.

이때 기호 1과 0은 각각 논리적 1 및 논리적 0을 의미하지만 2진법의 수학 1 및 0과도 대응하게 된다. 그리고 논리 1과 논리 0은 각각 스위치의 ON과 OFF의 상태를 나타내는 것으로 해석한다.

2) 부울대수 기본연산 및 기본정리

AND	1 · 1=1	1 · 0=0	0 · 0=0
OR	1+1=1	1+0=1	0+0=0

AND	A · 0=0	A · 1=A	A · A=A	$A \cdot \overline{A} = 0$
OR	A+0=A	A+1=1	A+A=A	$A + \overline{A} = 1$

① **교환법칙**

㉠ $A+B=B+A$

㉡ $A \cdot B=B \cdot A$

② **결합법칙**

㉠ $A+(B+C)=(A+B)+C$

㉡ $A \cdot (B \cdot C)=(A \cdot B) \cdot C$

③ **분배법칙**

㉠ $A(B+C)=AB+AC$

㉡ $A+BC=(A+B)(A+C)$

④ **흡수법칙**

㉠ $A+A=A$

㉡ $A \cdot A=A$

㉢ $A+AB=(A+A)(A+B)=AA+AB=A+AB=A(1+B)=A$

㉣ $A(A+B)=AA+AB=A+AB=A(1+B)=A$

3) 드모르간의 정리

부울대수 식에서 0과 1 및 논리곱과 논리합을 동시에 교환한 식은 반드시 성립한다는 것이다. 이것은 논리합(OR)과 논리곱(AND)이 완전히 독립되어 성립하는 것이 아니라 부정(NOT)을 조합시켜서 상호 교환이 가능하도록 하는 중요한 정리로 논리회로 결합의 구성상 필수적인 성질이다.

① **제1정리** : 논리합을 논리곱으로 바꾸는 정리

$\overline{A+B} = \overline{A} \cdot \overline{B}$

② **제2정리** : 논리곱을 논리합으로 바꾸는 정리

㉠ $\overline{A \cdot B} = \overline{A}+\overline{B}$

㉡ $\overline{\overline{A \cdot B}} = A \cdot B$

㉢ $\overline{\overline{A+B}} = A+B$

③ **부정의 법칙**

$\overline{\overline{A}} = A$

4) 카르노 도표(맵)

그래프(도표)를 사용하여 논리식의 간소화를 쉽게 해결하는 방법이다.

① 3변수 카르노 맵의 작성 및 해석법

임의의 3변수 A, B, C에 대한 출력 Y가 아래와 같을 때 카르노 맵의 작성법은 다음과 같다. 우선, 변수가 3개일 경우에는 $2^3 = 8(2^n)$가지의 상태 변화가 존재하며 진리표는 다음과 같다.

| 진리표 |

A	B	C	Y
0	0	0	0
0	0	1	0
0	1	0	1
0	1	1	1
1	0	0	0
1	0	1	0
1	1	0	1
1	1	1	1

| 3변수 |

C \ AB	00	01	11	10
0	0	1	1	0
1	0	1	1	0

위 표와 같이 가로에 2개의 변수와 그의 보수를 작성하고, 세로에는 1개의 변수와 그의 보수를 배열한다. 이때, 가로와 세로의 경우의 수는 변경이 가능하다. 다만, 2변수 배열 순서에 유의할 필요가 있다. 2변수가 AB라면 00, 01, 10, 11의 순서가 아닌 00, 01, 11, 10의 순서를 작성함에 주의한다.

다음으로 진리표상에 출력이 1이 되는 부분을 찾아서 맵의 맞는 위치에 1로 표시하고 나머지 칸은 모두 0으로 작성한다.

이제 작성한 1을 기준으로 수평, 수직으로 (1,2,4,8, …) 2^n개로 묶어 준다. 이때 묶음의 크기를 최대한 크게 묶어 주는 것이 간소화를 가장 잘한 경우이다.

끝으로 묶음 원에서 변화하지 않은 변수를 찾아 1로 변하지 않을 경우는 그대로 0으로, 변하지 않을 경우는 부정으로 표시하면 Y=B가 된다.

② **부울대수를 통한 간소화**

$$Y = \overline{A}B\overline{C} + AB\overline{C} + \overline{A}BC + ABC = B\overline{C} \cdot (\overline{A} + A) + BC \cdot (\overline{A} + A)$$
$$= B\overline{C} + BC = B \cdot (\overline{C} + C) = B$$

TIP

➤ **기출문제 분석**

- 간략화 및 간소화를 요하는 문제는 무조건 부울대수를 기준으로 작성함을 원칙으로 한다. 다만 출제자의 의도가 카르노 맵을 사용하고자 할 때는 반드시 카르노 맵을 사용하여 간소화한다.
- 간소화를 통한 로직회로 작성, 진리표 작성 등의 유형이 출제된다.

핵심 과년도 문제

16 스위치 S_1, S_2, S_3에 의하여 직접 제어되는 계전기 X, Y, Z가 있다. 전등 L_1, L_2, L_3, L_4가 동작표와 같이 점등된다고 할 때 다음 각 물음에 답하시오.

| 동작표 |

X	Y	Z	L_1	L_2	L_3	L_4
0	0	0	0	0	0	1
0	0	1	0	0	1	0
0	1	0	0	0	1	0
0	1	1	0	1	0	0
1	0	0	0	0	1	0
1	0	1	0	1	0	0
1	1	0	0	1	0	0
1	1	1	1	0	0	0

[조건]

- 출력 램프 L_1에 대한 논리식 $L_1 = X \cdot Y \cdot Z$
- 출력 램프 L_2에 대한 논리식 $L_2 = \overline{X} \cdot Y \cdot Z + X \cdot \overline{Y} \cdot Z + X \cdot Y \cdot \overline{Z}$
- 출력 램프 L_3에 대한 논리식 $L_3 = \overline{X} \cdot \overline{Y} \cdot Z + \overline{X} \cdot Y \cdot \overline{Z} + X \cdot \overline{Y} \cdot \overline{Z}$
- 출력 램프 L_4에 대한 논리식 $L_4 = \overline{X} \cdot \overline{Y} \cdot \overline{Z}$

1 답안지의 유접점 회로에 대한 미완성 부분을 최소 접점수로 도면을 완성하시오.

예

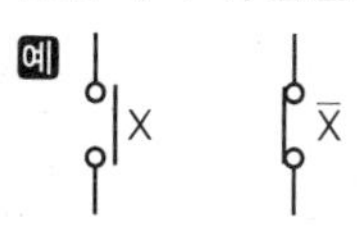

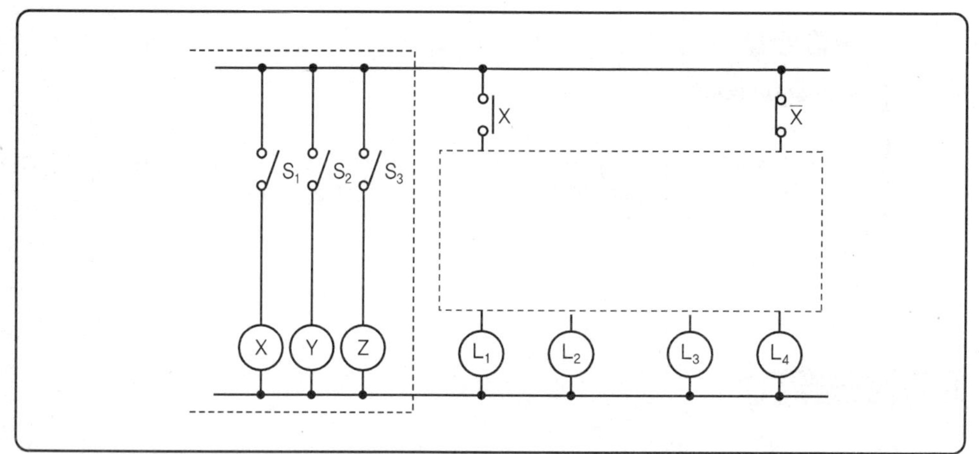

2 답안지의 무접점 회로에 대한 미완성 부분을 완성하고 출력을 표시하시오.

예 출력 L_1, L_2, L_3, L_4

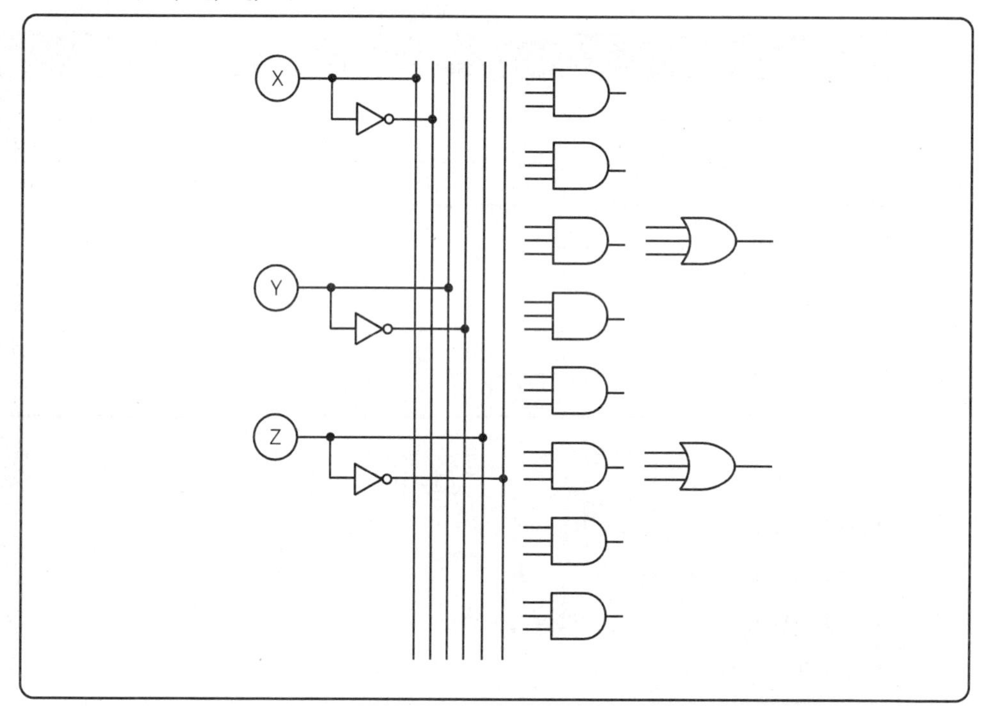

해답 **1** L_2, L_3를 간소화하면

$$L_2 = \overline{X} \cdot Y \cdot Z + X \cdot \overline{Y} \cdot Z + X \cdot Y \cdot \overline{Z} = \overline{X} \cdot Y \cdot Z + X \cdot (\overline{Y} \cdot Z + Y \cdot \overline{Z})$$

$$L_3 = \overline{X} \cdot \overline{Y} \cdot Z + \overline{X} \cdot Y \cdot \overline{Z} + X \cdot \overline{Y} \cdot \overline{Z} = X \cdot \overline{Y} \cdot \overline{Z} + \overline{X} \cdot (Y \cdot \overline{Z} + \overline{Y} \cdot Z)$$

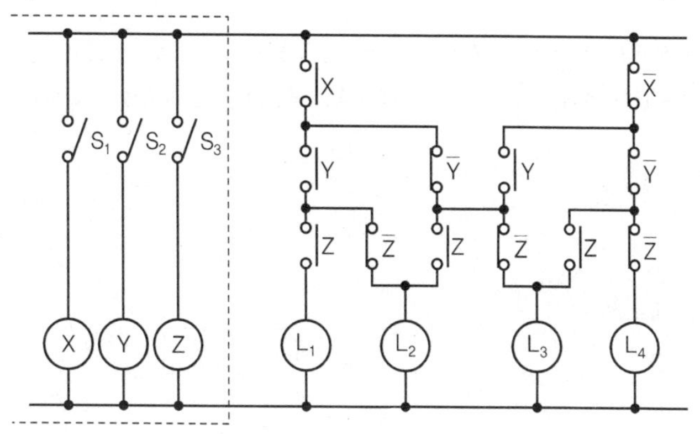

2

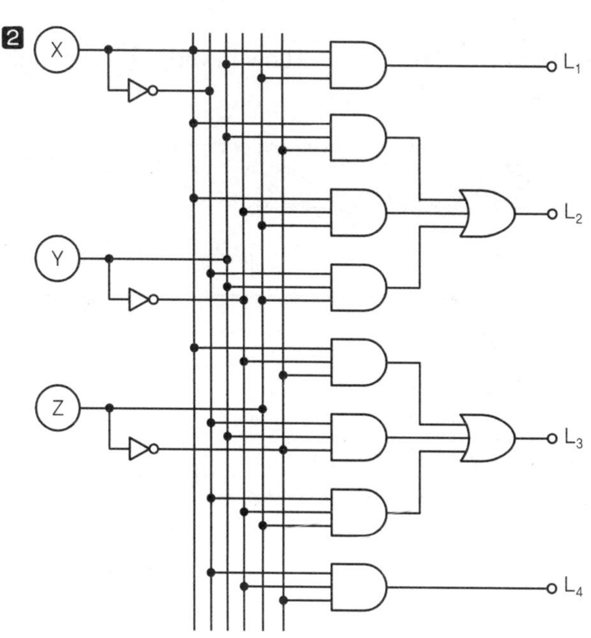

17 다음의 논리식을 간소화하시오.

1 $X=(A+B+C)A$

2 $X=\overline{A}C+BC+AB+\overline{B}C$

(해답) **1** $X=(A+B+C)A=AA+AB+AC=A+AB+AC=A(1+B+C)=A$

2 $X=C(B+\overline{B})+AB+\overline{A}C=C+AB+\overline{A}C=C(1+\overline{A})+AB=AB+C$

TIP

① $AA=A$
② $1+B+C=1$
③ $A+\overline{A}=1$, $B+\overline{B}=1$

18 카르노 도표를 보고 물음에 답하시오.(단, "0" : L(Low Level), "1" : H(High Level)이며, 입력은 A B C, 출력은 X이다.)

A \ BC	00	01	11	10
0		1		1
1		1		1

1 논리식으로 나타낸 후 간략화하시오.

2 무접점 논리회로를 그리시오.

(해답) **1** 계산 : $X=\overline{A}\,\overline{B}C+A\overline{B}C+\overline{A}B\overline{C}+AB\overline{C}$

$=(\overline{A}+A)\overline{B}C+(\overline{A}+A)\cdot B\overline{C}$ ········· 보수법칙

$=\overline{B}C+B\overline{C}$

답 $X=\overline{B}C+B\overline{C}$

2

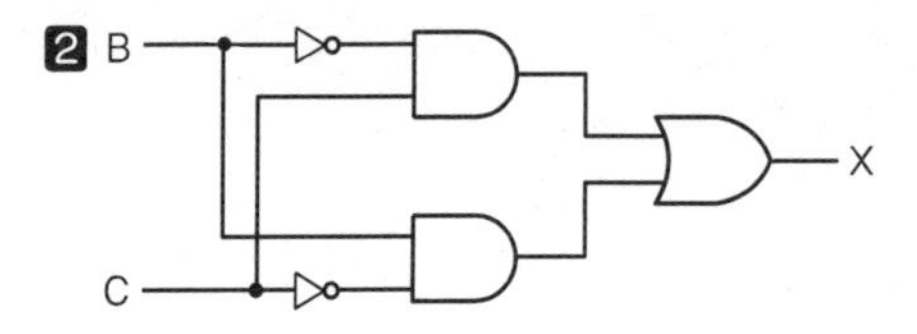

TIP

➤ **논리식의 보수법칙**
$(\overline{A}+A)=1$, $(\overline{B}\cdot B)=0$

19 진리값(참값) 표는 3개의 리미트 스위치 LS_1, LS_2, LS_3에 입력을 주었을 때 출력 X와의 관계표이다. 정확히 이해하고 다음 물음에 답하시오.

| 진리값(참값) 표 |

LS_1	LS_2	LS_3	X
0	0	0	0
0	0	1	0
0	1	0	0
0	1	1	1
1	0	0	0
1	0	1	1
1	1	0	1
1	1	1	1

❶ 진리값(참값) 표를 보고 Karnaugh 도표를 완성하시오.

LS_3 \ LS_1LS_2	0 0	0 1	1 1	1 0
0				
1				

❷ Karnaugh 도표를 보고 논리식을 쓰시오.

❸ 진리값(참값)과 논리식을 보고 무접점 회로도로 표시하시오.

해답 ❶

LS_3 \ LS_1LS_2	0 0	0 1	1 1	1 0
0	0	0	1	0
1	0	1	1	1

❷ $X = LS_2LS_3 + LS_1LS_3 + LS_1LS_2$

❸

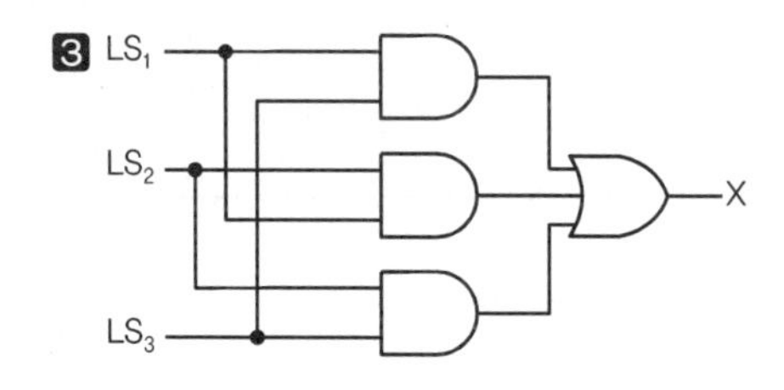

20 어느 회사에서 한 부지 A, B, C에 세 공장을 세워 3대의 급수 펌프 P_1(소형), P_2(중형), P_3(대형)으로 다음 계획에 따라 급수 계획을 세웠다. 계획 내용을 잘 살펴보고 다음 물음에 답하시오.

[계획]

① 모든 공장 A, B, C가 휴무일 때 또는 그중 한 공장만 가동할 때에는 펌프 P_1만 가동시킨다.

② 모든 공장 A, B, C 중 어느 것이나 두 개의 공장만 가동할 때에는 P_2만 가동시킨다.

③ 모든 공장 A, B, C가 모두 가동할 때에는 P_3만 가동시킨다.

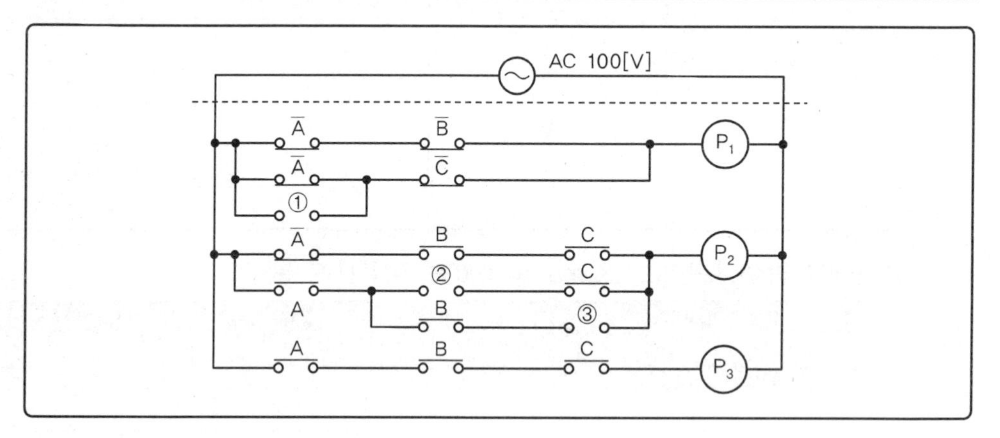

1 조건과 같은 진리표를 작성하시오.

2 ①~③의 접점 문자 기호를 쓰시오.

3 P_1~P_3의 출력식을 각각 쓰시오.

※ 접점 심벌을 표시할 때는 A, B, C, $\overline{A}$, $\overline{B}$, $\overline{C}$ 등 문자 표시도 할 것

해답 **1**

A	B	C	P_1	P_2	P_3
0	0	0	1	0	0
0	0	1	1	0	0
0	1	0	1	0	0
0	1	1	0	1	0
1	0	0	1	0	0
1	0	1	0	1	0
1	1	0	0	1	0
1	1	1	0	0	1

2 ① $\overline{B}$ ② $\overline{B}$ ③ $\overline{C}$

3 $P_1 = \overline{A}\,\overline{B}\,\overline{C} + \overline{A}\,\overline{B}\,C + \overline{A}\,B\,\overline{C} + A\,\overline{B}\,\overline{C} = \overline{A}\,\overline{B} + \overline{A}\,\overline{C} + \overline{B}\,\overline{C}$

$P_2 = \overline{A}\,B\,C + A\,\overline{B}\,C + A\,B\,\overline{C}$

$P_3 = A\,B\,C$

21 다음 무접점 회로를 보고 논리 식을 적고 유접점 회로를 그리시오.

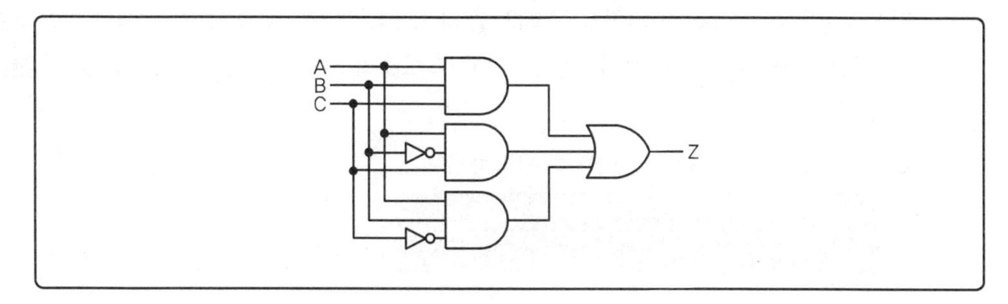

1 논리식을 표시하시오.

2 유접점 회로를 나타내시오.

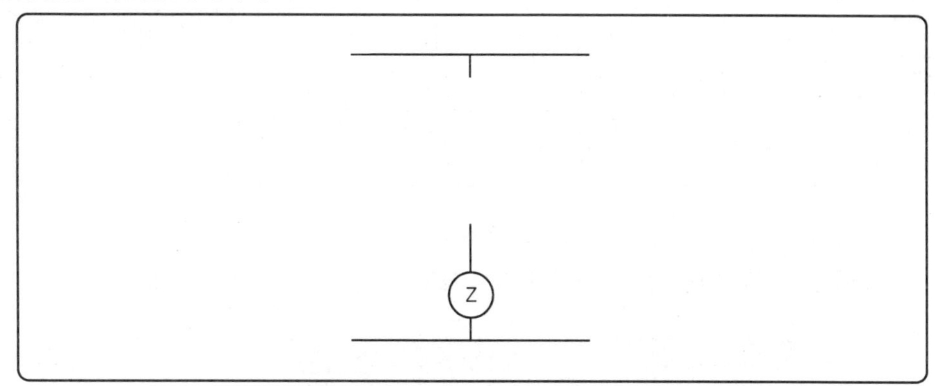

해답 1 $Z = ABC + A\overline{B}C + AB\overline{C}$

2

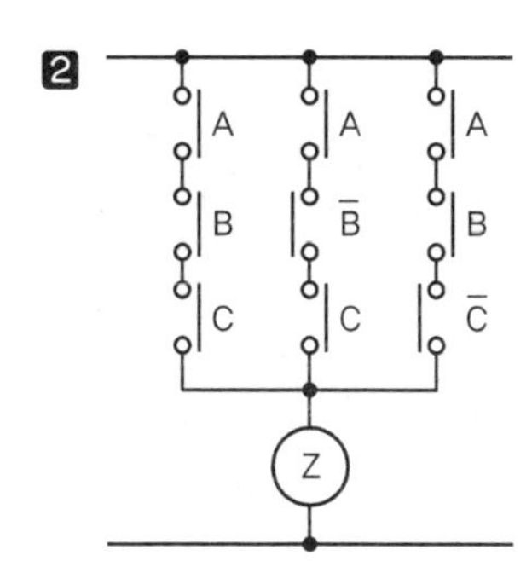

22 누름버튼 스위치 BS_1, BS_2, BS_3에 의하여 직접 제어되는 계전기 X_1, X_2, X_3가 있다. 이 계전기 3개가 모두 소자(복귀)되어 있을 때만 출력램프 L_1이 점등되고, 그 이외에는 출력램프 L_2가 점등되도록 계전기를 사용한 시퀀스 제어회로를 설계하려고 한다. 이때 다음 각 물음에 답하시오.

1 본문 요구조건과 같은 진리표를 작성하시오.

입력			출력	
X_1	X_2	X_3	L_1	L_2
0	0	0		
0	0	1		
0	1	0		
0	1	1		
1	0	0		
1	0	1		
1	1	0		
1	1	1		

2 최소 접점수를 갖는 논리식을 쓰시오.

3 논리식에 대응되는 계전기 시퀀스 제어회로(유접점 회로)를 그리시오.

해답 **1**

입력			출력	
X_1	X_2	X_3	L_1	L_2
0	0	0	1	0
0	0	1	0	1
0	1	0	0	1
0	1	1	0	1
1	0	0	0	1
1	0	1	0	1
1	1	0	0	1
1	1	1	0	1

2 $L_1 = \overline{X_1} \cdot \overline{X_2} \cdot \overline{X_3}$

$$\begin{aligned} L_2 &= \overline{X_1} \cdot \overline{X_2} \cdot X_3 + \overline{X_1} \cdot X_2 \cdot \overline{X_3} + \overline{X_1} \cdot X_2 \cdot X_3 \\ &\quad + X_1 \cdot \overline{X_2} \cdot \overline{X_3} + X_1 \cdot \overline{X_2} \cdot X_3 + X_1 \cdot X_2 \cdot \overline{X_3} + X_1 \cdot X_2 \cdot X_3 \\ &= X_1 + X_2 + X_3 \end{aligned}$$

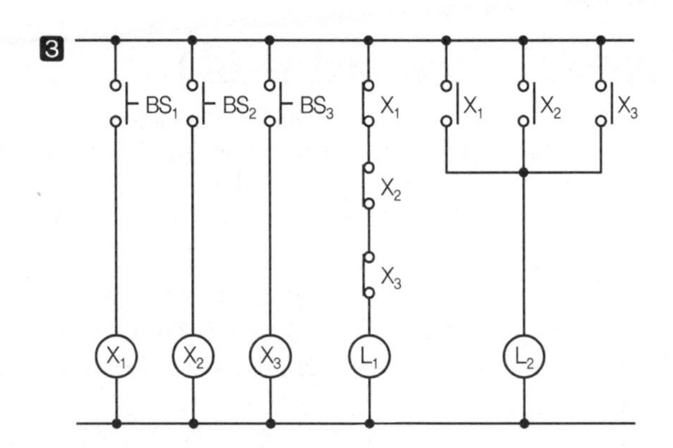

23 다음 논리회로의 출력을 논리식으로 나타내고 간략화하시오.

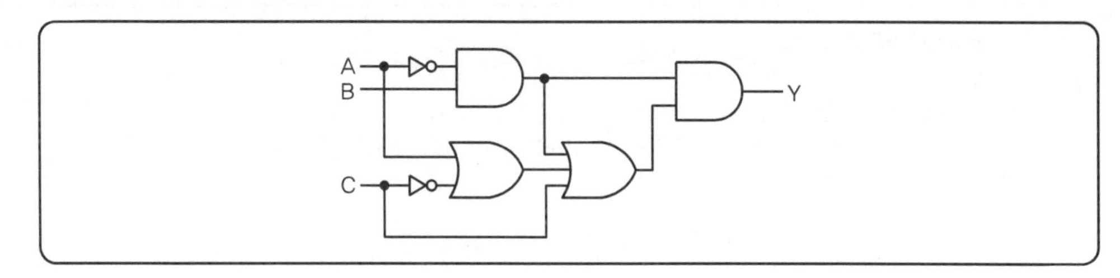

해답 $Y=(\overline{A}B)(\overline{A}B+A+\overline{C}+C)=(\overline{A}B)(\overline{A}B+A+1)=\overline{A}B$

10 릴레이 접점의 종류

접점의 종류	접점의 심벌	접점의 동작 설명
① a접점	릴레이 코일 X a 접점	릴레이 코일이 여자된 때에 ON 되고, 여자를 잃으면 OFF 되는 접점을 말한다. 메이크(Make) 접점이라고 한다.
② b접점	릴레이 코일 X b 접점	릴레이 코일이 여자된 때에 OFF 되고, 여자를 잃을 때에 ON 되는 접점을 말한다. 브레이크(Break)접점이라고 한다.
③ c접점	릴레이 코일 X a b c 접점	a접점과 b접점과의 절체 접점을 말한다. 트랜스퍼(Transfer) 접점이라고도 한다.
④ 명칭 : 한시동작계전기 작동상태 : 한시동작 순시복귀접점	X a b	보통 릴레이에서는 코일을 여자하면 접점은 곧 ON이 되고, 여자를 풀면 접점도 OFF로 되지만 한시 접점은 코일을 여자한 때 또는 여자를 풀었을 때 일정 시간 지나서 동작하는 것이다. 한시동작(순시복귀)접점은 코일이 여자되면 일정 시간 후에 ON 되고, 여자가 풀리면 순시에 OFF 된다.

접점의 종류	접점의 심벌	접점의 동작 설명
⑤ 명칭 : 한시복귀계전기 작동상태 : 순시동작 한시복귀접점	X a b	코일이 여자되면 a접점은 순시에 닫히고, 코일의 여자가 풀리면 일정한 시간 후에 열리며, 역으로 b접점은 코일이 여자되면 순시에 열리고 코일의 여자가 풀리면 일정 시간 후에 닫힌다.
⑥ 명칭 : 플리커계전기 작동상태 : 한시동작 한시복귀접점	X a b	코일이 여자된 때부터 일정한 시간 후에 a접점은 닫히고 b접점은 열린다. 또 코일의 여자가 풀리면 일정한 시간 후에 a접점은 열리고 b접점은 닫힌다.
⑦ 명칭 : 열동계전기 작동상태 : 자동동작 수동복귀접점	X a b	릴레이 접점은 릴레이의 여자가 끊어지면 릴레이의 동작과 같이 접점도 복귀하지만, 열동 계전기의 접점과 같이 동작을 한 접점은 여자가 끊어져도 계속 동작 상태를 하고 있어 복구되려면 수동 조작으로 복귀하여야 한다.

TIP

➤ **기출문제 분석**

위의 각 접점의 종류별 동작 특성을 구분하여야 하는 문제가 출제된다.

✔ 핵심 과년도 문제

24 주어진 시퀀스도와 작동원리를 이용하여 다음 각 물음에 답하시오.

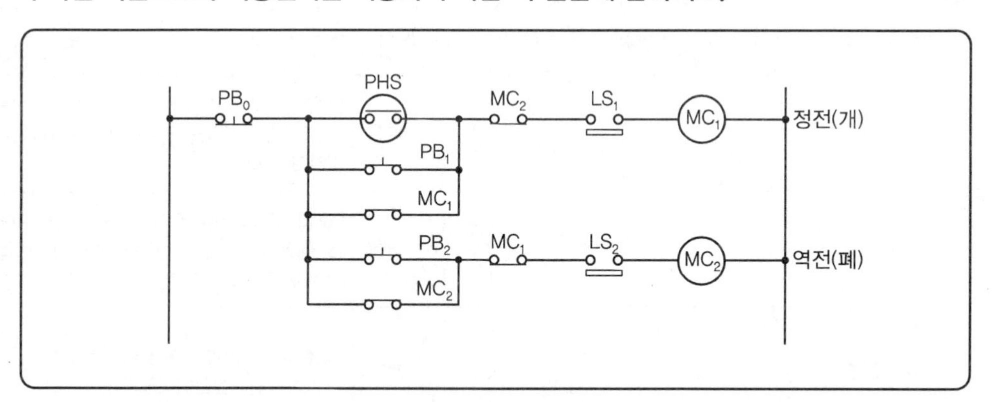

[작동원리]

자동차 차고의 셔터에 라이트가 비치면 PHS에 의해 셔터가 자동으로 열리며 또한 PB_1을 조작(ON)해도 열린다. 셔터를 닫을 때는 PB_2를 조작(ON)하면 셔터는 닫힌다. 리밋 스위치 LS_1은 셔터의 상한이고, LS_2는 셔터의 하한이다.

1 MC_1, MC_2의 a접점은 어떤 역할을 하는 접점인가?

2 MC_1, MC_2의 b접점은 상호 간에 어떤 역할을 하는가?

3 LS_1, LS_2의 명칭을 쓰고 그 역할을 설명하시오.

① 명칭 :

② 역할 :

4 시퀀스도에서 PHS(또는 PB_1)과 PB_2를 타임차트와 같은 타이밍으로 ON 조작하였을 때의 타임차트를 완성하여라.

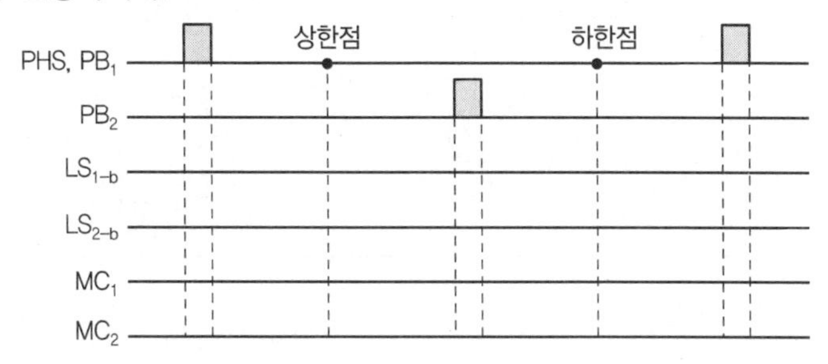

해답 **1** MC_{1-a} : MC_1 자기유지, MC_{2-a} : MC_2 자기유지

2 인터록(MC_1, MC_2 동시투입 방지)

3 ① 명칭 : LS_1 : 상한 리밋 스위치

LS_2 : 하한 리밋 스위치

② 역할 : LS_1 : 셔터의 상한점 감지 시 MC_1을 소자시킨다.

LS_2 : 셔터의 하한점 감지 시 MC_2를 소자시킨다.

4

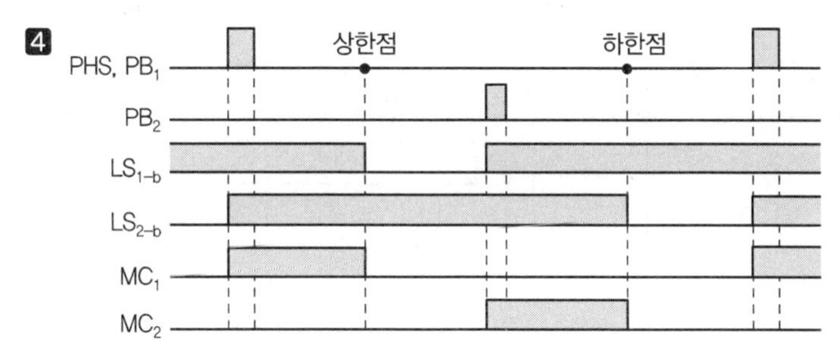

25 다음은 펌프용 유도전동기의 수동 및 자동 절환 운전 회로도이다. 그림의 ①~⑦ 기기의 명칭을 쓰시오.

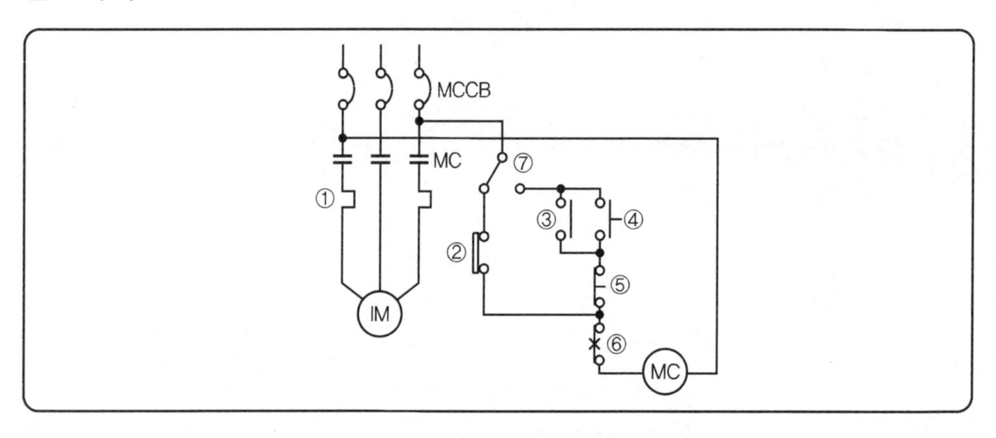

해답 ① 열동계전기
② 리밋 스위치
③ 순시동작순시복귀 a접점
④ 수동조작자동복귀 a접점
⑤ 수동조작자동복귀 b접점
⑥ 열동계전기 b접점(수동복귀 b접점)
⑦ 수동 및 자동절환 스위치(=셀렉터스위치)

26 그림과 같은 회로의 램프 Ⓛ에 대한 점등을 타임차트로 표시하시오.

1

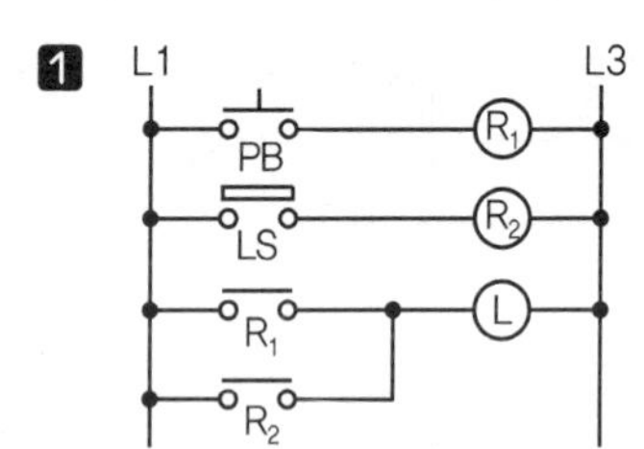

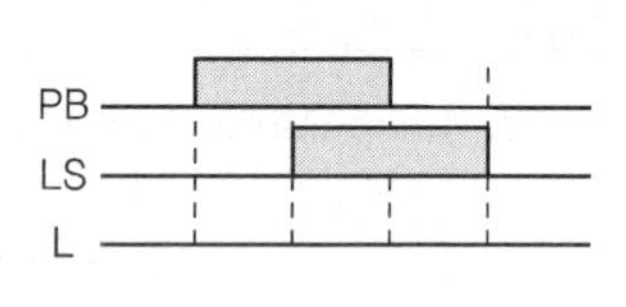

2

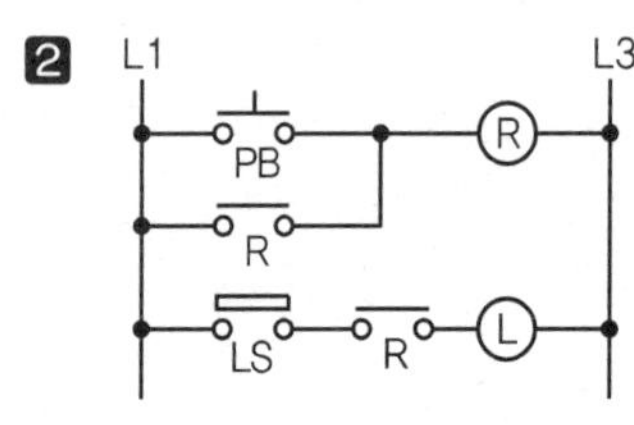

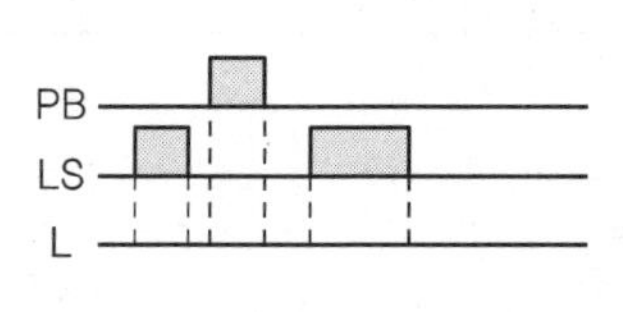

3

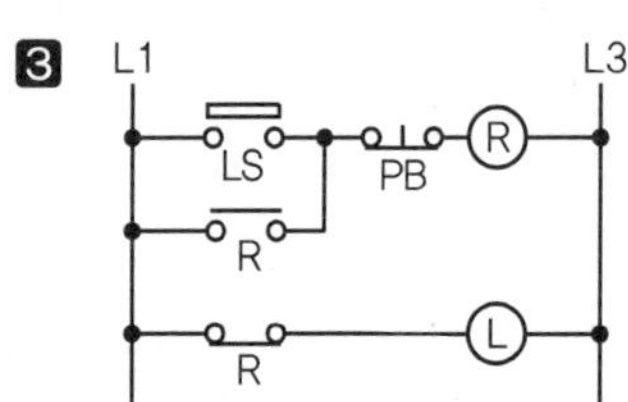

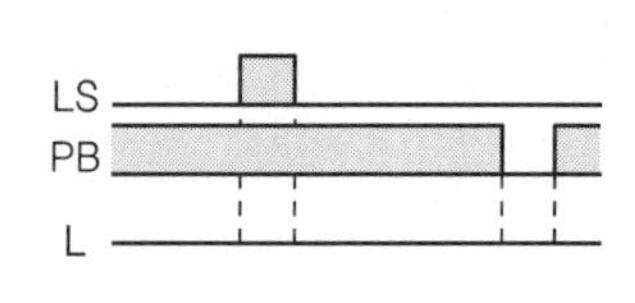

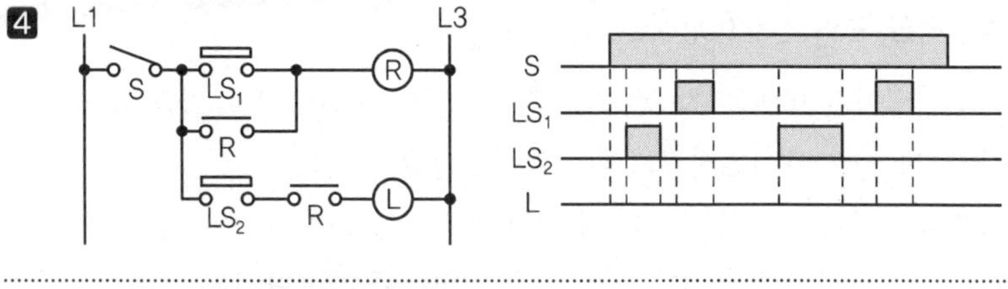

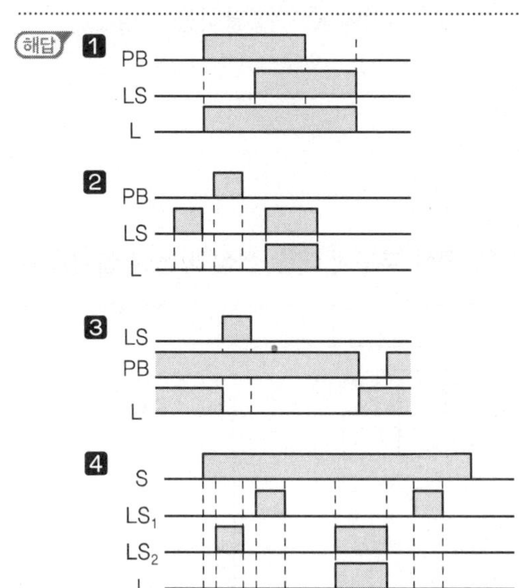

11 타이머 회로의 구분

1) 타이머

대체로 전자릴레이는 전자코일에 전류가 흐르면 그 접점은 순간적으로 폐로 또는 개로하게 되어 있다. 하지만 타이머는 전기적 또는 기계적인 입력을 부여하면 전자릴레이와는 달리 미리 정해진 시한을 경과한 후에 그 접점이 폐로 혹은 개로하는 것이다. 따라서 타이머의 접점을 한시(시한)접점이라 하며, 이 한시(시한)접점에는 한시(시한)동작 접점과 한시(시한)복귀 접점이 있다.

2) 한시(시한)동작 순시복귀 접점(On Delay Timer)

한시(시한)동작 접점이란, 타이머가 동작할 때에 시간지연이 있고 복귀할 때에 순시에 복귀하는 접점을 말하며, 한시동작 a접점과 한시동작 b접점이 있다.

① **한시동작 a접점** : 타이머가 동작할 때에 시간지연이 있으며 닫히는 접점

② **한시동작 b접점** : 타이머가 동작할 때에 시간지연이 있으며 열리는 접점

3) 순시동작 한시(시한)복귀 접점(Off Delay Timer)

한시(시한)복귀 접점이란, 타이머가 동작할 때에 순시에 동작하고 복귀할 때에 시간지연이 있는 접점을 말하며, 한시복귀 a접점과 한시복귀 b접점이 있다.

① **한시복귀 a접점** : 타이머가 복귀할 때에 시간지연이 있으며 열리는 접점

② **한시복귀 b접점** : 타이머가 복귀할 때에 시간지연이 있으며 닫히는 접점

핵심 과년도 문제

27 **그림은 타이머 내부 결선도이다. * 표시의 점선 부분에 대한 접점의 동작 설명을 하시오.**

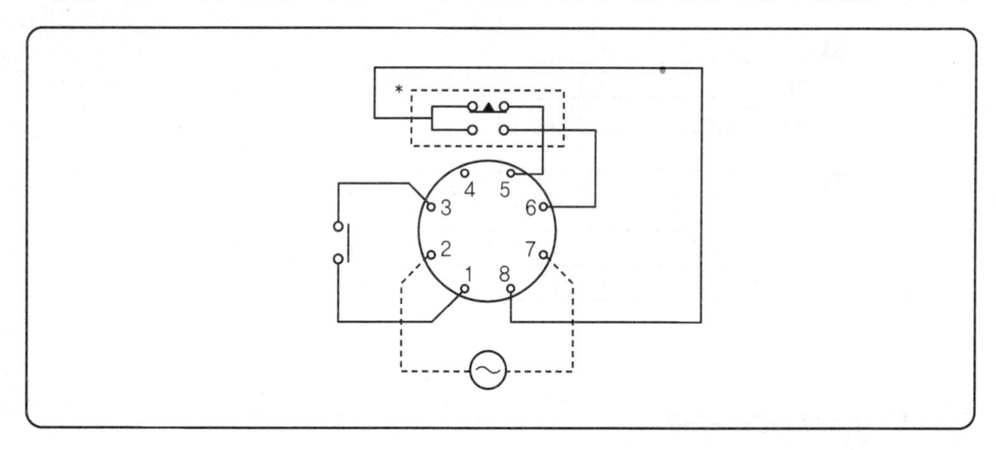

해답 한시동작 순시복귀 a, b접점으로 타이머가 여자된 후 설정시간 후에 동작되며, 소자되면 즉시 복귀한다.

28 그림은 기동입력 BS_1을 준 후 일정 시간이 지난 후에 전동기 M이 기동 운전되는 회로의 일부이다. 여기서 전동기 M이 기동하면 릴레이 X와 타이머 T가 복구되고 램프 RL이 점등되며 램프 GL은 소등되고, Thr이 트립되면 램프 OL이 점등하도록 회로의 점선 부분을 아래의 수정된 회로에 완성하시오.[단, MC의 보조접점(2a, 2b)을 모두 사용한다.]

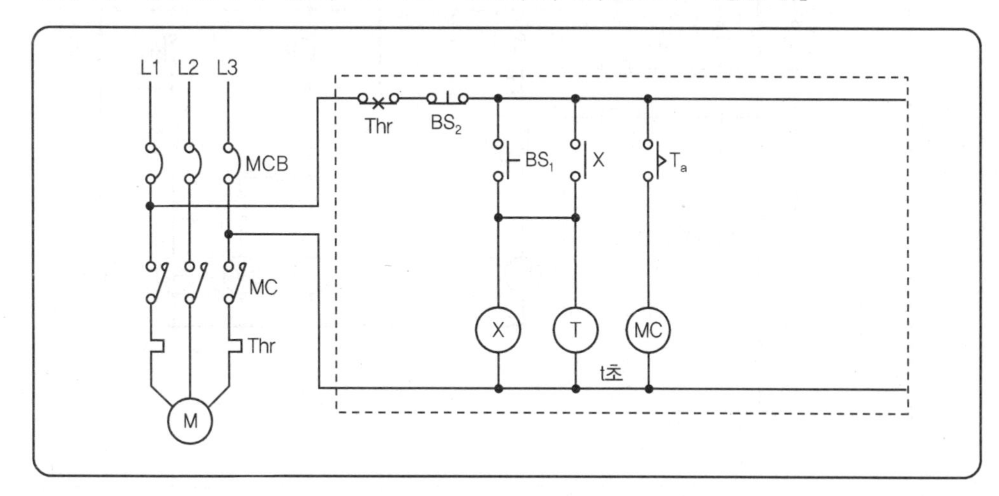

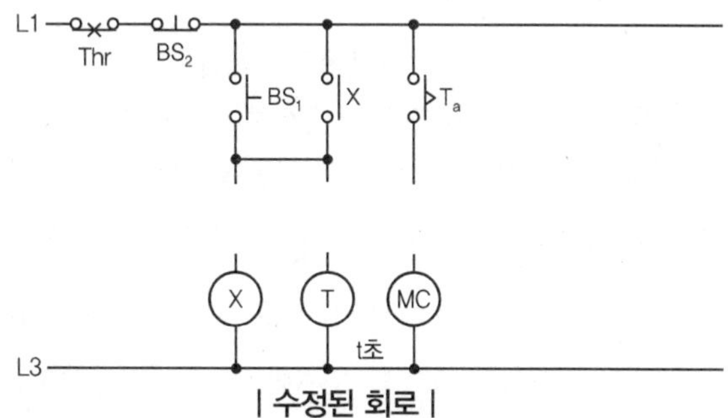

| 수정된 회로 |

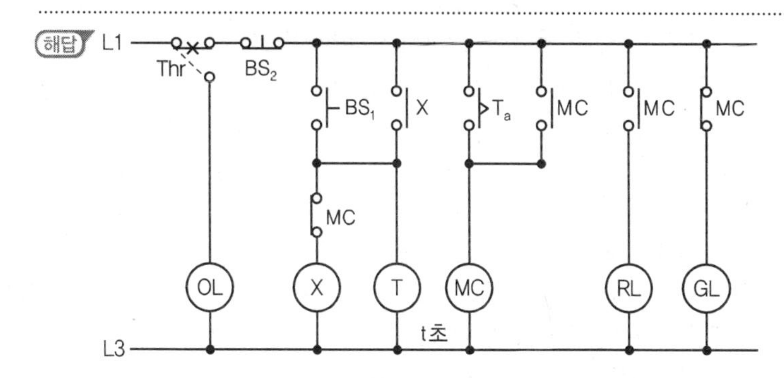

29 다음 회로는 환기 팬의 자동운전회로이다. 이 회로와 동작 개요를 보고, 다음 각 물음에 답하시오.

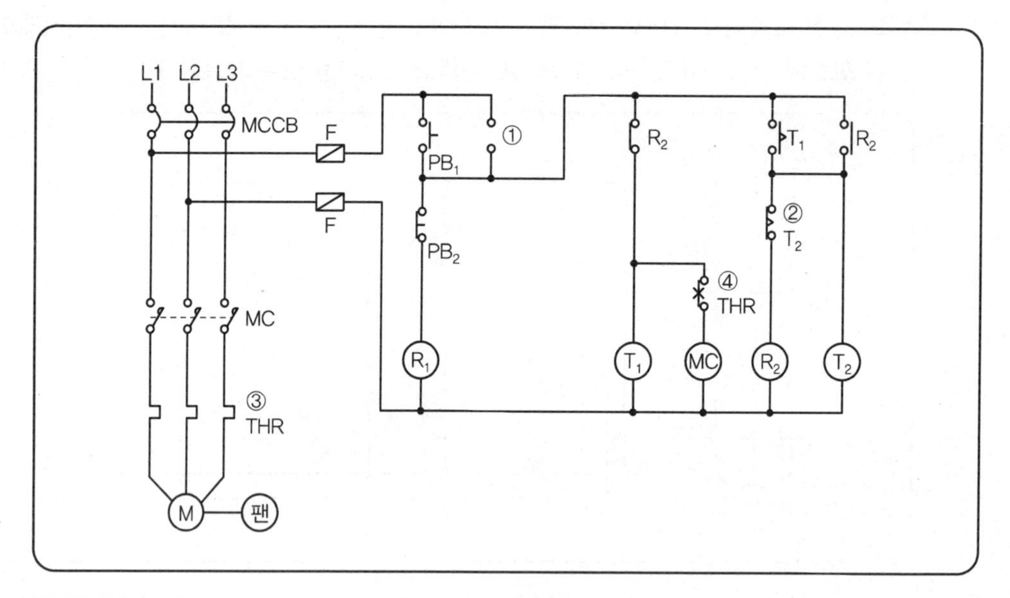

[동작 설명]

① 한시 동작할 경우가 없는 환기용 전등의 운전 회로에서 기동 버튼에 의하여 운전을 개시하면 그 다음에는 자동적으로 운전 정지를 반복하는 회로이다.

② 기동 버튼 PB_1을 'ON' 조작하면 타이머 (T_1)의 설정 기간만 환기팬을 운전하고 자동적으로 정지한다. 그리고 타이머 (T_2)의 설정 기간에만 정지하고 재차 자동적으로 운전을 개시한다.

③ 운전 도중에 환기팬을 정지시키려고 할 경우에는 버튼 스위치 PB_2를 'ON' 조작하여 실행한다.

1 ②로 표시된 접점 기호의 명칭과 동작을 간단히 설명하시오.

2 THR로 표시된 ③, ④의 명칭과 동작을 간단히 설명하시오.

3 위 시퀀스도에서 릴레이 R_1이 자기 유지될 수 있도록 ①로 표시된 곳에 접점 기호를 그려 넣으시오.

해답 **1** 명칭 : 한시 동작 순시 복귀 b접점(타이머 b접점)

동작 : T_2가 여자되면 일정 시간 후 접점이 열리고, T_2가 소자되면 즉시 접점이 닫힌다.

2 ③ 명칭 : 열동계전기, 동작 : 전동기의 과부하 운전 방지

④ 명칭 : 열동계전기 b접점, 동작 : 전동기의 과부하 운전 시 접점이 열린다.

3 (접점 기호) R_1

30 도면은 전동기 A, B, C 3대를 기동시키는 데 필요한 제어회로이다. 이 회로를 보고 다음 각 물음에 답하시오.(단, MA : 전동기 A의 기동정지 개폐기, MB : 전동기 B의 기동정지 개폐기, MC : 전동기 C의 기동정지 개폐기이다.)

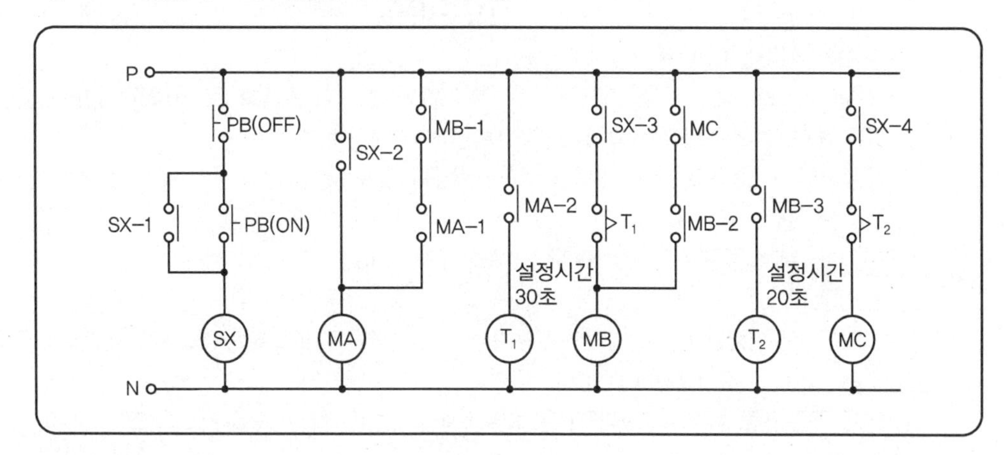

1 전동기를 기동시키기 위하여 PB(ON)를 누를 경우 전동기의 기동과정을 상세히 설명하시오.

2 SX－1의 역할에 대한 접점 명칭은 무엇인가?

3 전동기를 정지시키고자 PB(OFF)를 눌렀을 때, 전동기가 정지되는 순서는 어떻게 되는가?

해답 **1** PB(ON)을 누르면 (SX)가 여자되어 (T_1), (MA)가 여자되고 A전동기가 기동한다. (T_1)의 설정시간 30초 후 (MB), (T_2)가 여자되고 B전동기가 기동한다. (T_2)의 설정시간 20초 후 (MC)가 여자되고 C전동기가 기동한다.

2 (SX) 자기유지접점

3 C → B → A

TIP

유접점 동작을 이해하고 접촉기 동작 순서에 따라 전동기 동작순서를 이해하자!

31 **다음의 요구사항에 의하여 동작이 되도록 회로의 미완성된 부분(①~⑦)에 접점기호를 그리시오.**

[요구사항]

- 전원이 투입되면 GL이 점등하도록 한다.
- 누름버튼 스위치(PB-ON 스위치)를 누르면 MC에 전류가 흐름과 동시에 MC의 보조접점에 의하여 GL이 소등되고 RL이 점등되도록 한다. 이때 전동기는 운전된다.
- 누름버튼 스위치(PB-ON 스위치) ON에서 손을 떼어도 MC는 계속 동작하여 전동기의 운전은 계속된다.
- 타이머 T에 설정된 일정 시간이 지나면 MC에 전류가 끊기고 전동기는 정지, RL은 소등, GL은 점등된다.
- 타이머 T에 설정된 시간 전이라도 누름버튼 스위치(PB-OFF 스위치)를 누르면 전동기는 정지되며, RL은 소등, GL은 점등된다.
- 전동기 운전 중 사고로 과전류가 흘러 열동계전기가 동작되면 모든 제어회로의 전원이 차단된다.

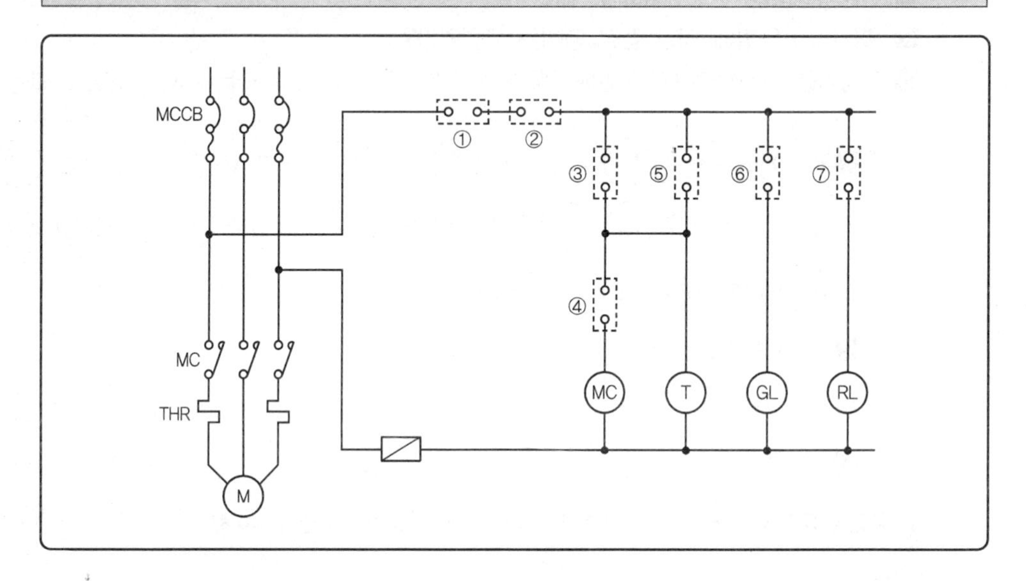

해답 ① THR ② PB-OFF ③ PB-ON ④ T ⑤ MC ⑥ MC ⑦ MC

32 그림과 같은 시퀀스 회로에서 접점 "PB"를 눌러서 폐회로가 될 때 표시등 L의 동작사항을 설명하시오.(단, X는 보조릴레이, $T_1 \sim T_2$는 타이머이며 설정시간은 3초이다.)

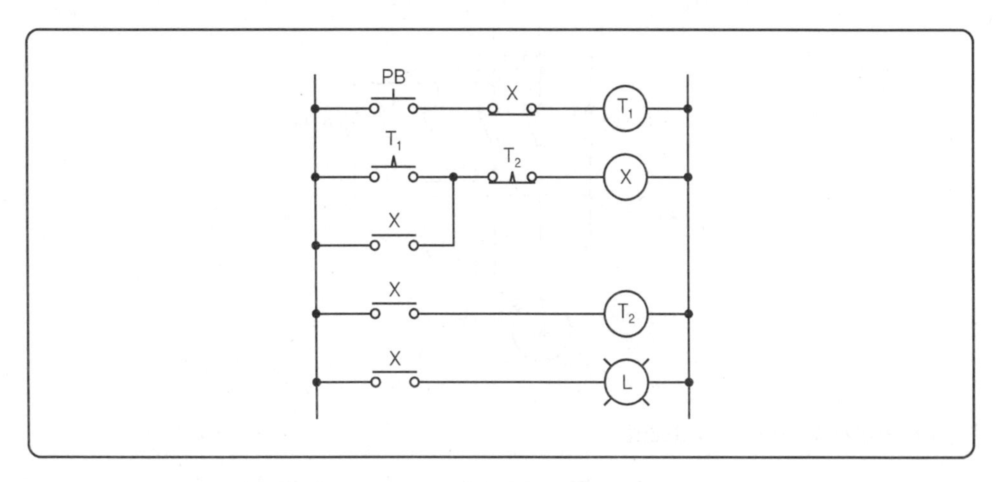

해답 PB를 누르면 (T_1)이 여자되고, 설정시간 3초 후 (X), (T_2)가 여자되어 (L)이 점등된다.

(T_2)의 설정시간 3초 후 (X)가 소자되고 (L)은 소등된다.

이상의 동작은 PB가 눌러져 폐회로가 되어 있는 동안 반복한다.

12 전동기 정 · 역 운전 회로

셔터의 개폐 및 컨베이어의 회전, 리프트의 상승 · 하강 등 회전방향을 바꾸거나 이송방향을 바꿈에 있어 전동기의 회전방향을 바꿈으로써 제어하는 방법으로, 전동기의 회전방향을 정방향에서 역방향으로 또는 역방향에서 정방향으로 절환하여 운전을 제어하는 회로를 의미한다. 이때 전동기의 회전방향은 특별한 지정이 없을 경우 시계방향을 정방향으로, 반시계방향을 역방향으로 정할 수 있다.

1) 전동기의 정 · 역 주회로 결선방법

① **3상 전동기** : 전원의 3단자 중 2단자의 접속을 변경한다.

② **단상 전동기** : 기동권선의 접속을 바꾼다.

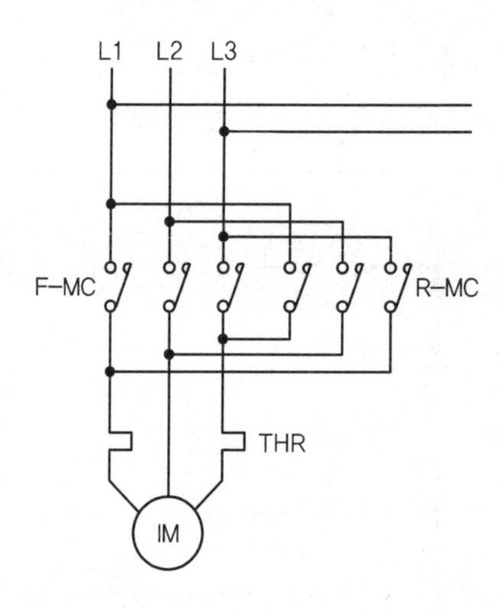

2) 전동기의 정 · 역 보조회로

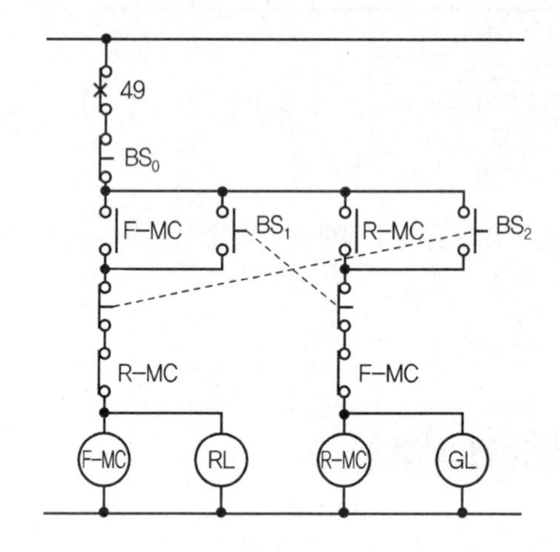

3) 논리회로

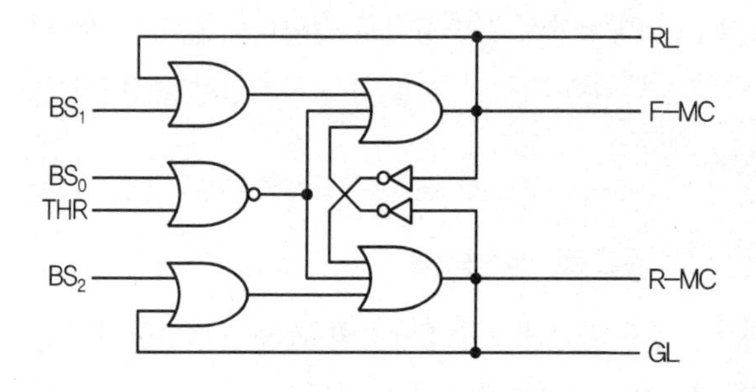

핵심 과년도 문제

33 아래의 그림은 전동기의 정 · 역 운전 회로도의 일부분이다. 동작 설명과 미완성 도면을 이용하여 다음 각 물음에 답하시오.

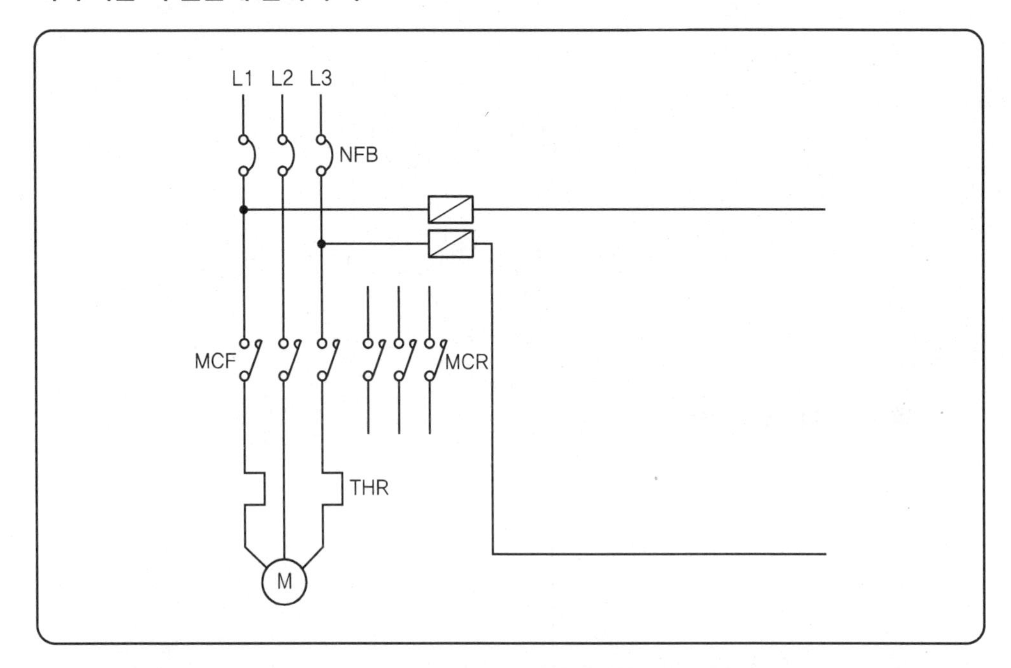

- NFB를 투입하여 전원을 인가하면 Ⓖ등이 점등되도록 한다.
- 누름버튼 스위치 PB_1(정)을 ON하면 MCF가 여자되며, 이때 Ⓖ등은 소등되고 Ⓡ등은 점등되도록 하며 또한 정회전한다.
- 누름버튼 스위치 PB_0를 OFF하면 전동기는 정지한다.
- 누름버튼 스위치 PB_2(역)을 ON하면 MCR가 여자되며, 이때 Ⓨ등이 점등되게 된다.
- 과부하 시에는 열동계전기 THR이 동작되어 THR의 b접점이 개방되어 전동기는 정지된다.

※ 위와 같은 사항으로 동작되며, 특이한 사항은 MCF나 MCR 어느 하나가 여자되면 나머지 하나는 전동기가 정지 후 동작시켜야 동작이 가능하다.

※ MCF, MCR의 보조접점으로는 각각 a접점 1개, b접점 2개를 사용한다.

1 다음 주회로 부분을 완성하시오.

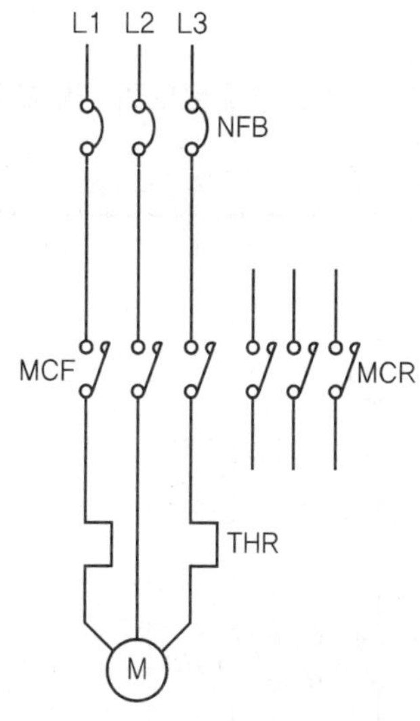

2 다음 보조회로 부분을 완성하시오.

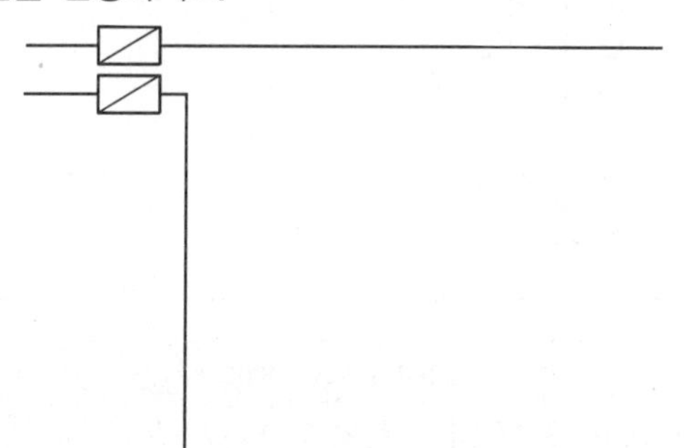

해답 1

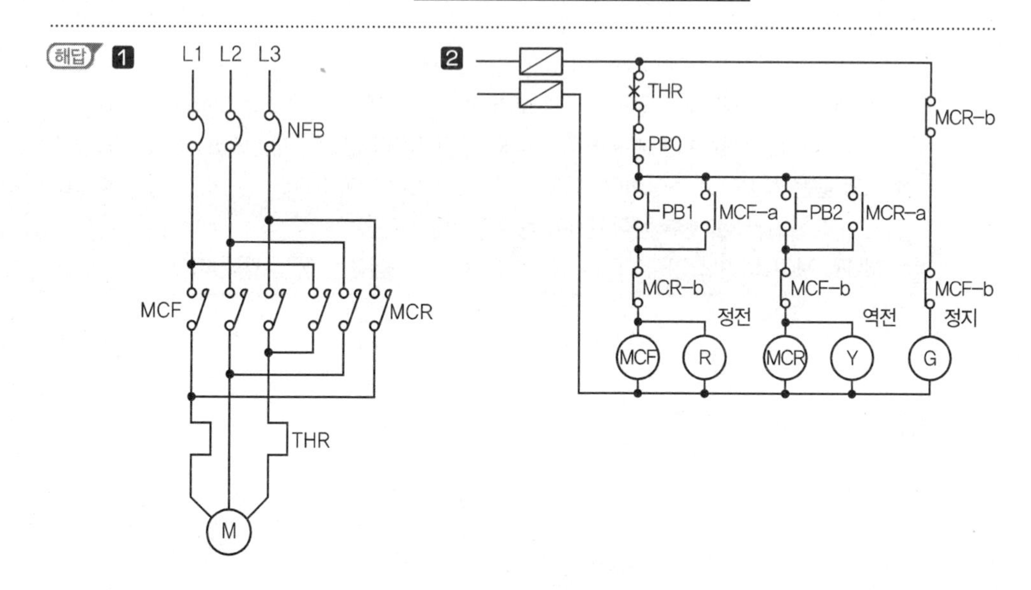

34 그림은 전동기의 정 · 역 변환이 가능한 미완성 시퀀스 회로도이다. 이 회로도를 보고 다음 각 물음에 답하시오.(단, 전동기는 가동 중 정 · 역을 곧바로 바꾸면 과전류와 기계적 손상이 발생되기 때문에 지연 타이머로 지연시간을 주도록 하였다.)

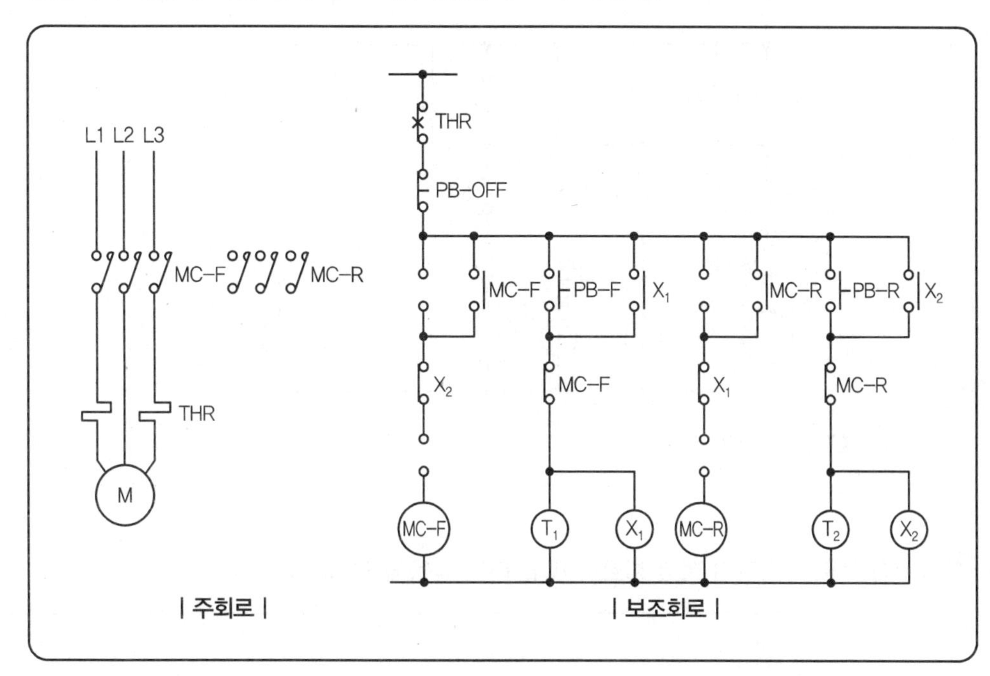

❶ 정 · 역 운전이 가능하도록 주어진 회로의 주회로의 미완성 부분을 완성하시오.

❷ 정 · 역 운전이 가능하도록 주어진 보조(제어)회로의 미완성 부분을 완성하시오.(단, 접점에는 접점 명칭을 반드시 기록하도록 하시오.)

❸ 주회로 도면에서 약호 THR은 무엇인가?

해답 ❶

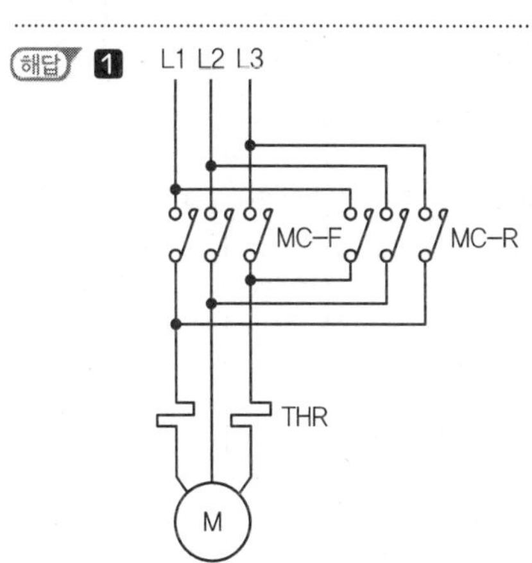

2

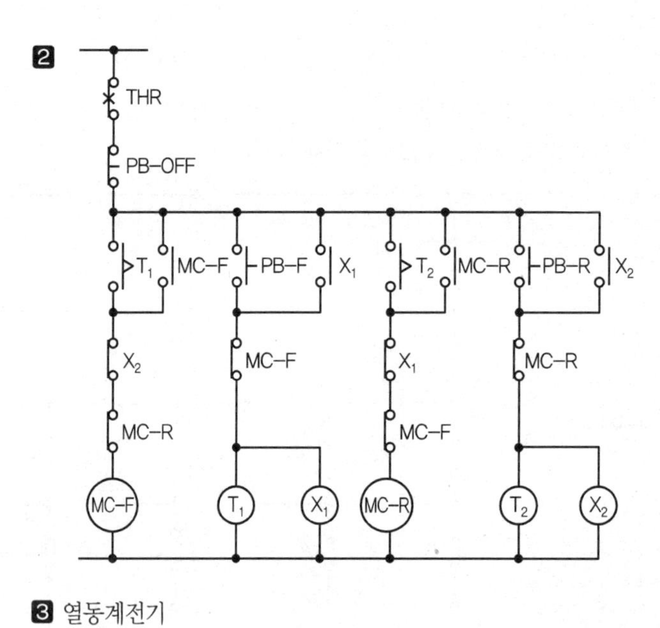

3 열동계전기

35 3상 유도 전동기의 정역 회로도이다. 다음 물음에 답하시오.

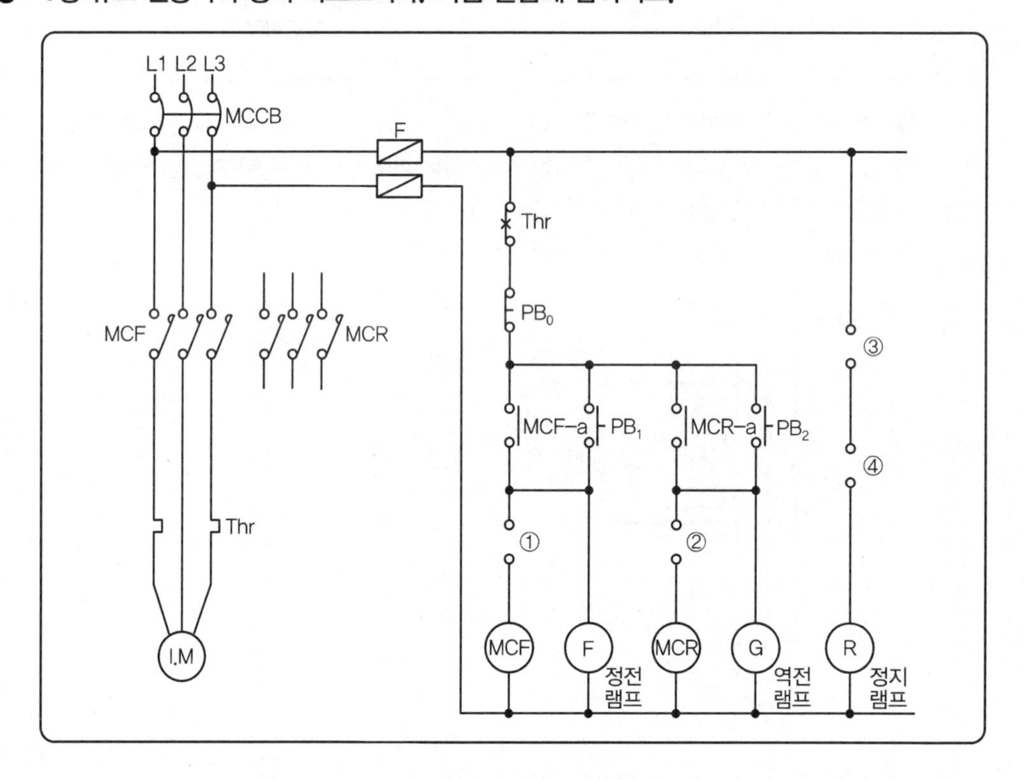

1 주회로 및 보조회로의 미완성 부분(①~④)을 완성하시오.

2 타임차트를 완성하시오.

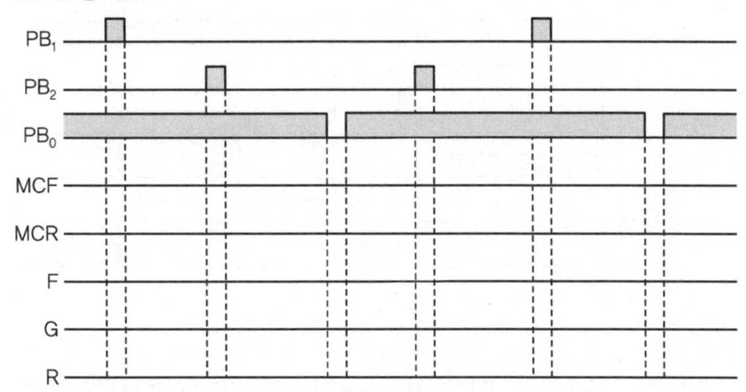

해답 **1**

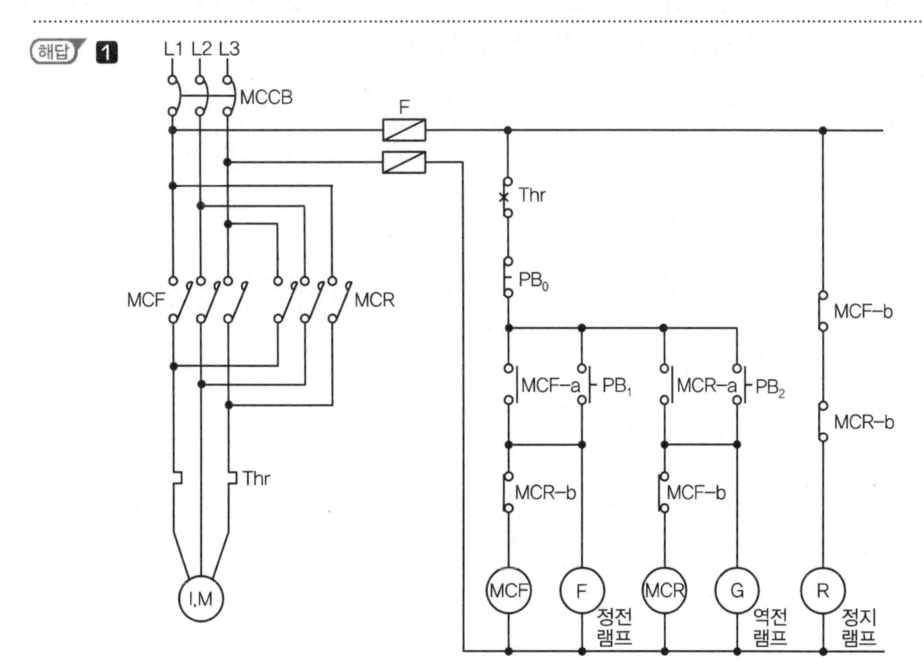

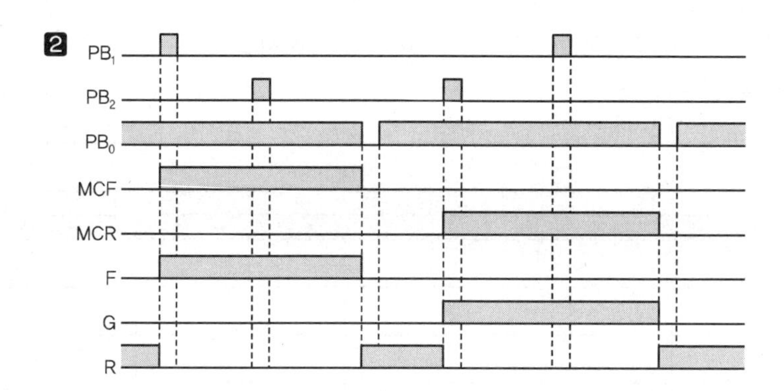

36 **아래 요구사항을 만족하는 주회로 및 제어회로의 미완성 결선도를 직접 그려 완성하시오. (단, 접점기호와 명칭 등을 정확히 나타내시오.)**

[요구사항]

- 전원스위치 MCCB를 투입하면 주회로 및 제어회로에 전원이 공급된다.
- 누름버튼스위치(PB_1)를 누르면 MC_1이 여자되고 MC_1의 보조접점에 의하여 RL이 점등되며, 전동기는 정회전한다.
- 누름버튼스위치(PB_1)를 누른 후 손을 떼어도 MC_1은 자기유지되어 전동기는 계속 정회전한다.
- 전동기 운전 중 누름버튼스위치(PB_2)를 누르면 연동에 의하여 MC_1이 소자되어 전동기가 정지되고, RL은 소등된다. 이때 MC_2는 자기유지되어 전동기는 역회전(역상제동을 함)하고 타이머가 여자되며, GL이 점등된다.
- 타이머 설정시간 후 역회전 중인 전동기는 정지하고 GL도 소등된다. 또한 MC_1과 MC_2의 보조접점에 의하여 상호 인터록이 되어 동시에 동작되지 않는다.
- 전동기 운전 중 과전류가 감지되어 EOCR이 동작되면, 모든 제어회로의 전원은 차단되고 YL만 점등된다.
- EOCR을 리셋하면 초기상태로 복귀한다.

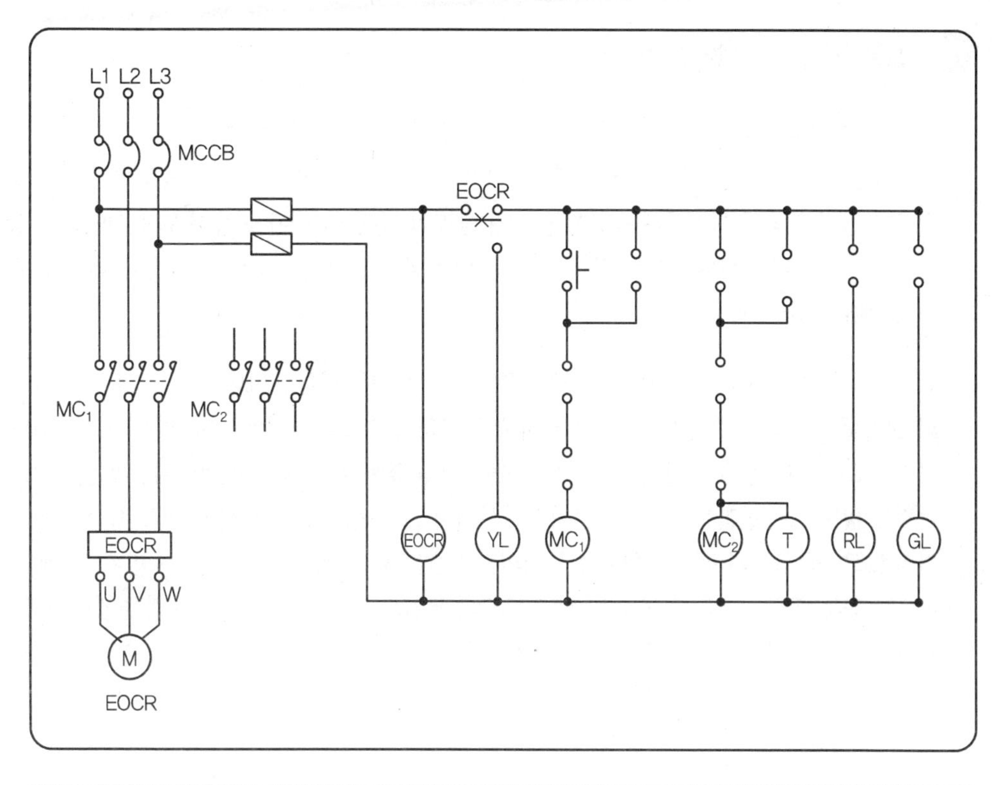
L1 L2 L3
MCCB
EOCR
MC1
MC2
EOCR
U V W
M
EOCR
EOCR
YL
MC1
MC2
T
RL
GL

해답

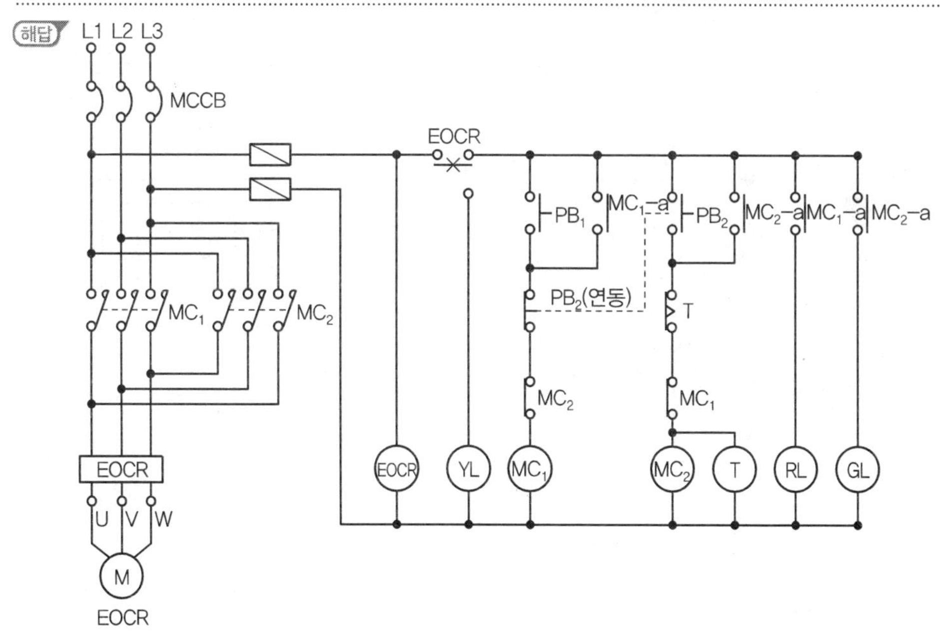
L1 L2 L3
MCCB
EOCR
PB1
MC1-a
PB2
MC2-a
MC1-a
MC2-a
MC1
MC2
PB2(연동)
T
MC2
MC1
EOCR
U V W
M
EOCR
EOCR
YL
MC1
MC2
T
RL
GL

13 전동기 Y－△ 운전

종래 사용되고 있는 Y－△ 회로의 결선은 Y결선 시의 U · X 권선의 유도 기전력의 위상이 $L_1 - L_2$ 상 간의 전압보다도 대략 30° 뒤져 있다. 또 Y결선 시에 △결선으로 전환하는 때에 기동회로가 열려 전동기 회전자의 속도가 늦어져 슬립이 발생한다. 이 슬립 때문에 전압의 위상차는 30°보다 더욱 커진 상태에서 △결선이 된다. 따라서 전동기의 권선이 △접속이 되었을 때에 큰 돌입 전류가 흐른다.

한편 개선된 Y－△ 회로의 결선은 전동기의 U · X 권선의 유도 기전력의 위상이 $L_1 - L_3$ 상 간의 전압보다 대략 30° 앞서 있다. 따라서 전동기의 권선을 Y결선에서 △결선으로 전환할 때에 기동회로가 열려 전동기 회전자의 속도가 늦어져 슬립이 발생해도 전압의 위상차는 30°보다 작아지는 방향으로 변환한다. 이로 인해 Y결선에서 △결선으로 전환 시의 개로 시간이 현저하게 길지 않고, 또 그간의 부하에 의한 전동기의 속도 감속이 현저하게 크지 않는 한 Y결선에서 △결선으로 전환한 직후의 과도 전류 및 과도 토크의 크기는 종래의 방식에 의해 작을 것이 예상된다. 또 이들의 기동회로에 대해서는 실측 데이터에 의해서도 돌입 전류가 낮아지는 현상이 나타나고 있어 개선된 Y－△ 회로 결선의 사용을 권장하고 있다.

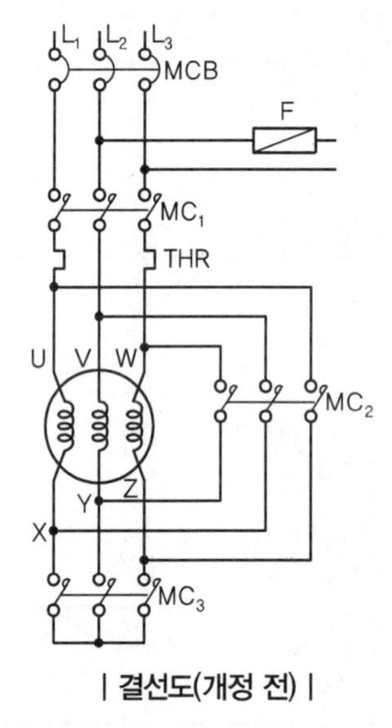

| 결선도(개정 전) |

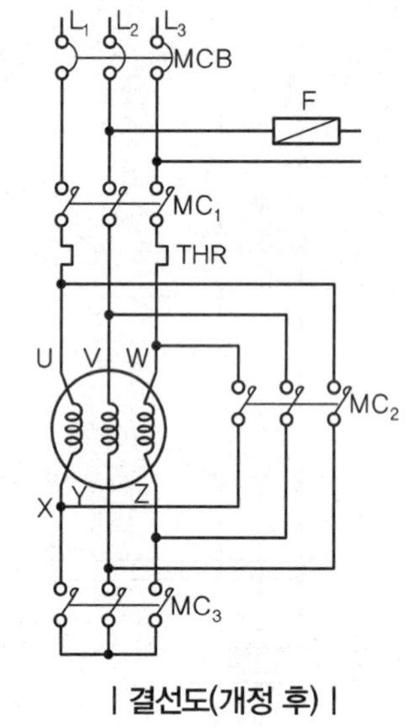

| 결선도(개정 후) |

※ 주회로 결선 시 개정 후 결선도 변경(기동 시 슬립, 위상 보상)

TIP

➤ 기출문제 분석
주회로, 보조회로 그리기, **동작설명** 쓰기 등이 자주 출제된다.

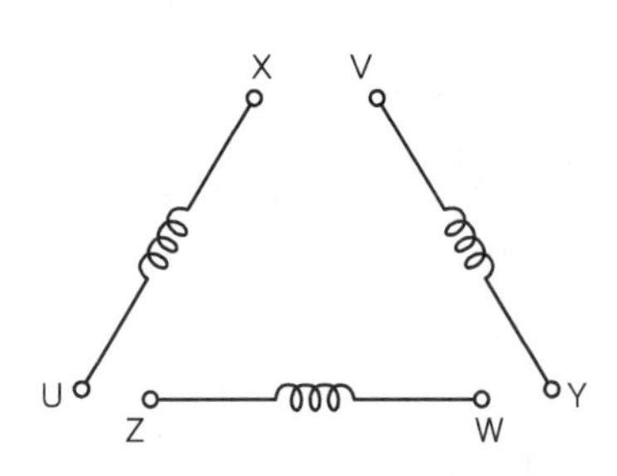

Y결선			Δ결선		
L_1	L_2	L_3	L_1	L_2	L_3
|	|	|	|	|	|
U	V	W	U	V	W
			|	|	|
Z − X − Y			Z	X	Y

| 종래 사용되고 있는 Y − Δ결선(권선 접속도) |

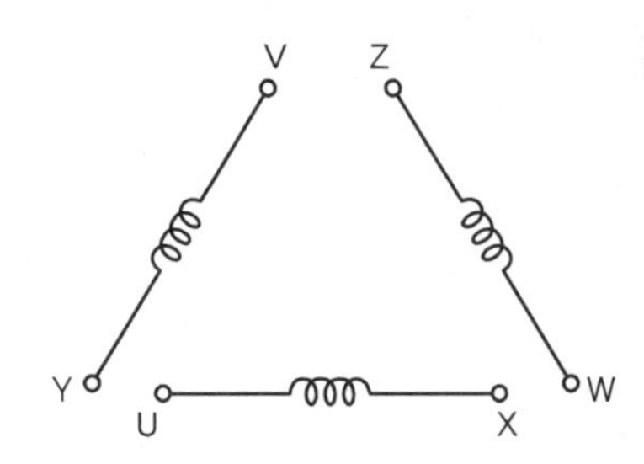

Y결선			Δ결선		
L_1	L_2	L_3	L_1	L_2	L_3
|	|	|	|	|	|
U	V	W	U	V	W
			|	|	|
Y − Z − X			Y	Z	X

| 개정된 Y − Δ회로의 결선(권선 접속도) |

Δ를 Y로 바꾸면 기동 시의 1차 전류는 보통 선전류를 말하므로

V : 선간전압

Z : 1차로 환산한 기동 시 1상의 임피던스

$I_\triangle$: Δ결선일 때의 선전류

I_Y : Y결선일 때의 선전류

T : 토크라 하면

$$I_\triangle = \sqrt{3}\frac{V}{Z},\ I_Y = \frac{V}{\sqrt{3}\cdot Z}$$

$$\frac{I_Y}{I_\triangle} = \frac{\dfrac{V}{\sqrt{3}\cdot Z}}{\sqrt{3}\cdot\dfrac{V}{Z}} = \frac{1}{3}$$

즉, $\frac{1}{3}$로 감소한다.

또한 Δ에서 Y로 변환하면 1상에 가해지는 전압(상전압)이 $\frac{1}{\sqrt{3}}$배가 된다.

토크는 전압의 2승이 되므로 $T = \left(\frac{1}{\sqrt{3}}\right)^2 = \frac{1}{3}$이 된다.

Engineer Electric Work

핵심 과년도 문제

37 **그림의 회로는 Y-△ 기동방식의 주회로 부분이다. 도면을 보고 다음 각 물음에 답하시오.**

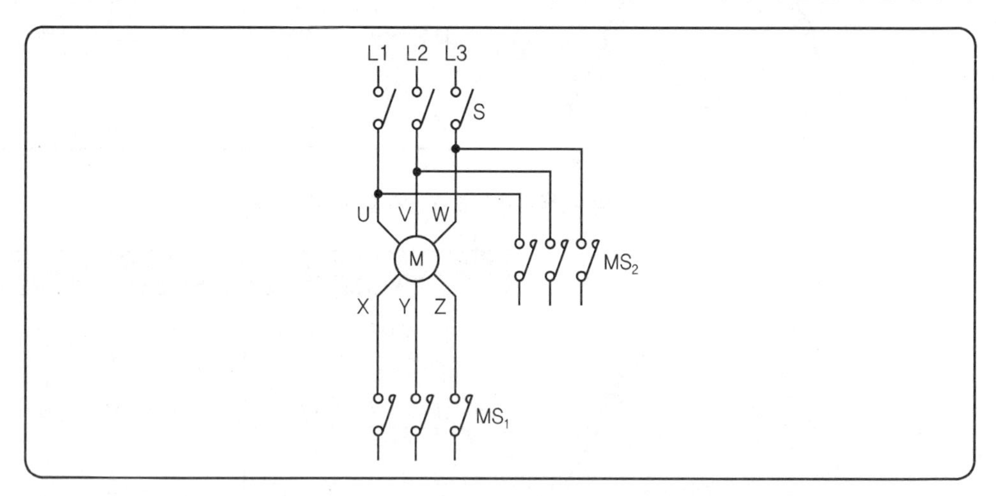

1 주회로 부분의 미완성 회로에 대한 결선을 완성하시오.

2 Y-△ 기동 시와 전전압 기동 시의 기동전류를 비교 설명하시오.

3 전동기를 운전할 때 Y-△ 기동에 대한 기동 및 운전에 대한 조작요령을 설명하시오.

해답 1

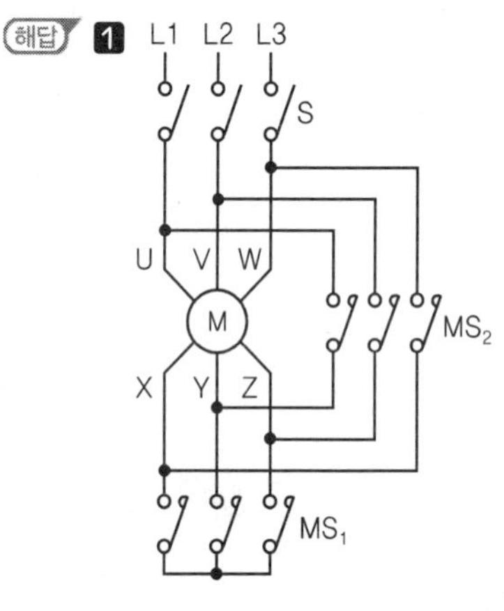

2 Y－△ 기동 시 기동전류는 전전압 기동 시 기동전류의 1/3배이다.

3 S와 MS_1이 폐로되어 전동기는 Y결선으로 기동하고, 설정시간 후 기동이 완료되면 MS_1은 개로되고 MS_2가 폐로되어 전동기는 △결선으로 운전한다. 이때, Y와 △는 동시투입이 되어서는 안 된다.

TIP

① 기동전류 $\dfrac{I_Y}{I_\triangle}=\dfrac{\dfrac{V_l}{\sqrt{3}Z}}{\dfrac{\sqrt{3}V_l}{Z}}=\dfrac{1}{3}$

② 기동전압 $V_l=\sqrt{3}V_p \qquad \therefore V_p=\dfrac{1}{\sqrt{3}}V_l$

③ 기동토크 $T_s \propto V^2 \qquad \therefore \left(\dfrac{1}{\sqrt{3}}\right)^2=\dfrac{1}{3}$

38 답란의 그림은 농형 유도전동기의 Y－△ 기동 회로도이다. 이 중 미완성 부분인 ①~⑨까지 완성하시오.(단, 접점 등에는 접점 기호를 반드시 쓰도록 하며, $MC_\triangle$, MC_Y, MC는 전자접촉기, Ⓞ, Ⓡ, Ⓖ는 각 경우의 표시등이다.)

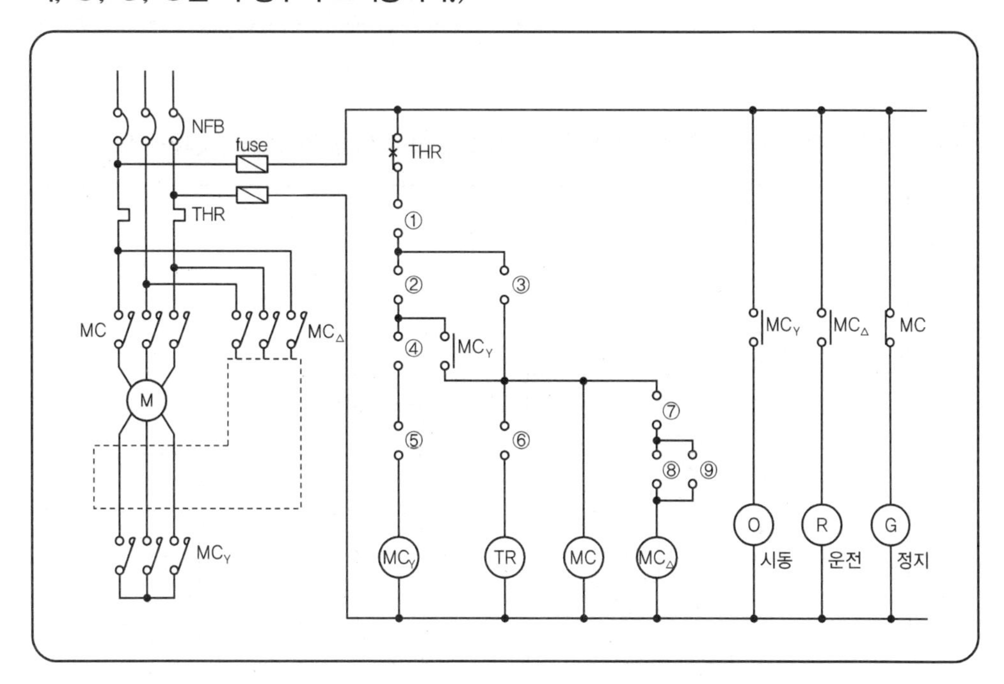

해답

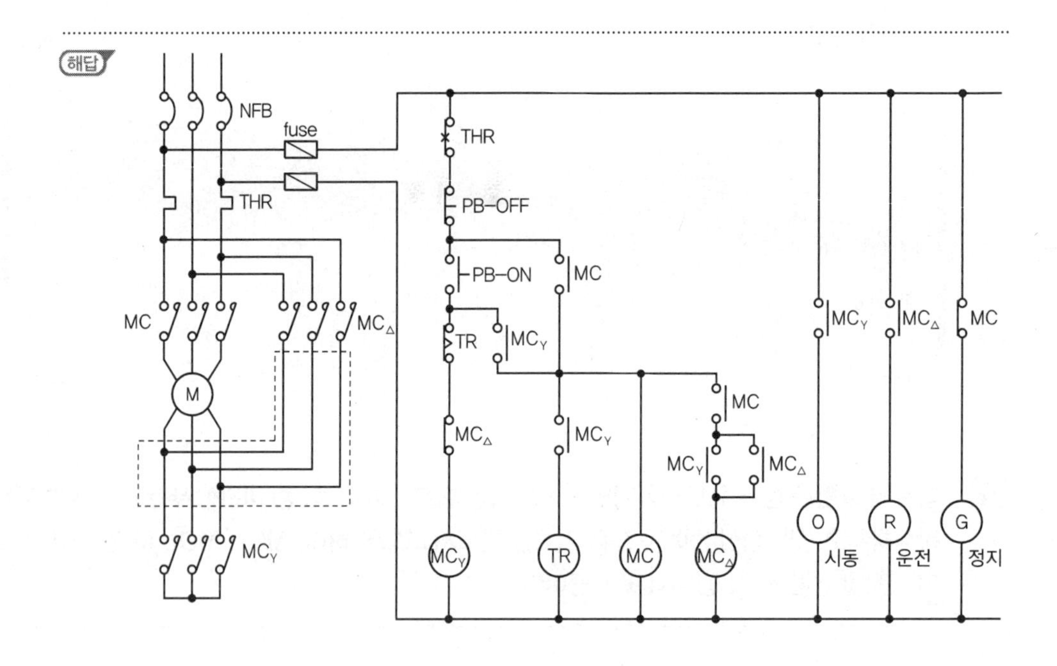

39 그림은 자동 Y-△ 기동회로이다. 이 회로를 보고 다음 각 물음에 답하시오.

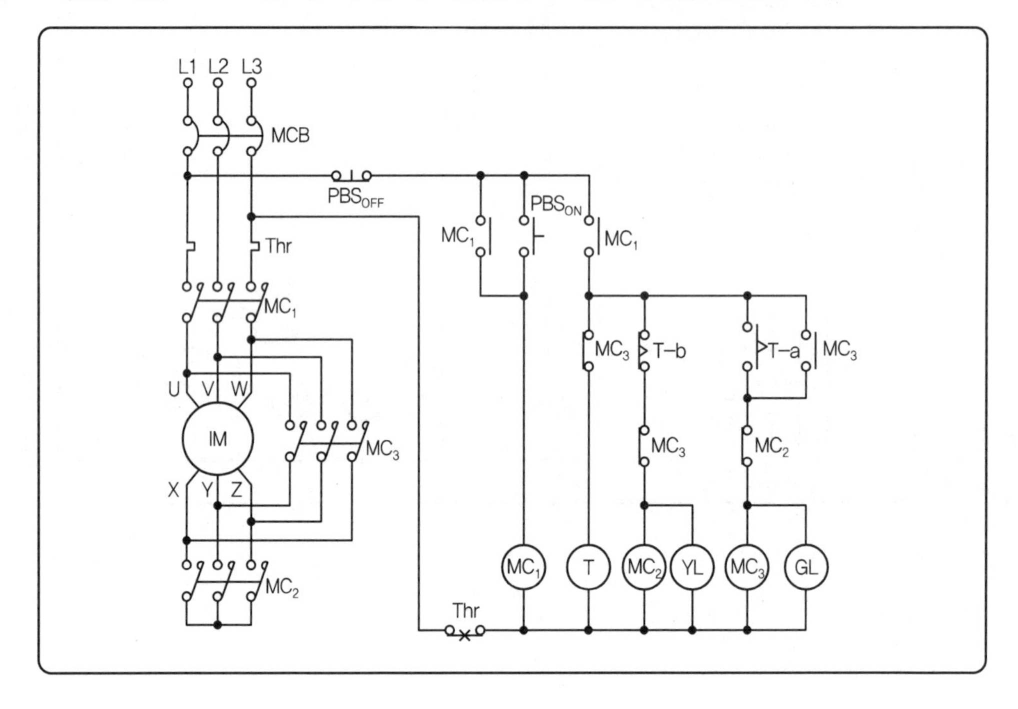

1 작동 설명의 (   ) 안에 알맞은 내용을 쓰시오.

- 기동스위치 PBS_{ON}을 누르면 (①)이 여자되고, (②)가 여자되면서 일정시간 동안 (③)와 (④) 접점에 의해 MC_2가 여자되어 MC_1, MC_2가 작동하여 (⑤) 결선으로 전동기가 기동된다.
- 일정시간 이후에 (⑥) 접점에 의해 개회로가 되므로 (⑦)가 소자되고, (⑧)와 (⑨) 접점에 의해 MC_3이 여자되어 MC_1, (⑩)가 작동하여 (⑪) 결선에서 (⑫) 결선으로 변환되어 전동기가 정상운전 된다.

2 주어진 기동회로에 인터록 회로의 표시를 한다면 어느 부분에 어떻게 표현하여야 하는가?

해답 **1** ① MC_1　② T　③ T−b　④ MC_3−b
⑤ Y　⑥ T−b　⑦ MC_2　⑧ T−a
⑨ MC_2−b　⑩ MC_3　⑪ Y　⑫ △

2 (MC_2) 회로에 있는 MC_3−b와 (MC_3)를 점선으로 연결하고,

(MC_3) 회로에 있는 MC_2−b와 (MC_2)를 점선으로 연결한다.

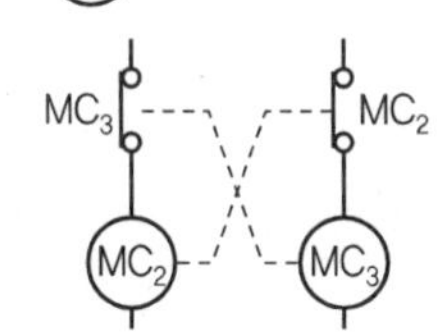

40 그림은 3상 유도전동기의 Y−△ 기동법을 나타내는 결선도이다. 다음 물음에 답하시오.

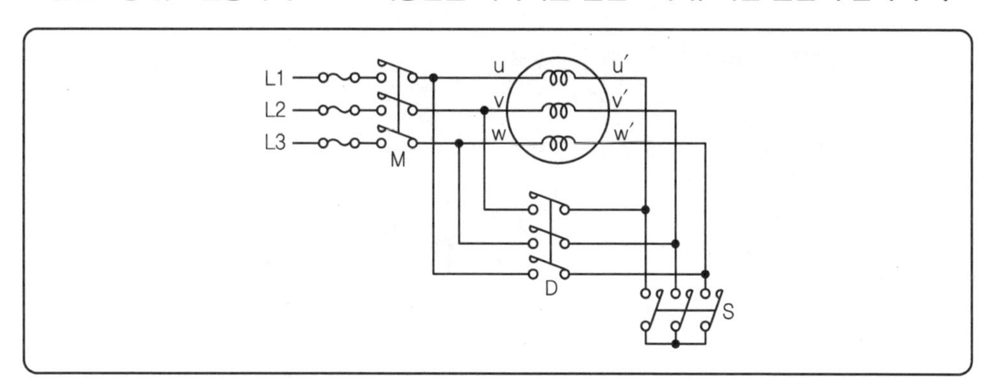

1 다음 표의 빈칸에 기동 시 및 운전 시의 전자개폐기 접점의 ON, OFF 상태 및 접속상태(Y 결선, △결선)를 쓰시오.

구분	전자개폐기 접점상태(ON, OFF)			접속상태
	S	D	M	
기동 시				
운전 시				

2 전전압 기동과 비교하여 Y−△ 기동법의 기동 시 기동전압, 기동전류 및 기동토크는 각각 어떻게 되는가?

① 기동전압(선간전압)

② 기동전류

③ 기동토크

해답 **1**

구분	전자개폐기 접점상태(ON, OFF)			접속상태
	S	D	M	
기동 시	ON	OFF	ON	Y결선
운전 시	OFF	ON	ON	Δ결선

2 ① 기동전압 : $\frac{1}{\sqrt{3}}$배

② 기동전류 : $\frac{1}{3}$배

③ 기동토크 : $\frac{1}{3}$배

TIP

- Y결선의 기동전류 $I_Y = \frac{\frac{V}{\sqrt{3}}}{Z} = \frac{V}{\sqrt{3}Z}$
- Δ결선의 기동전류 $I_\Delta = \sqrt{3}\frac{V}{Z}$
- 기동전류 비교 $\frac{I_Y}{I_\Delta} = \frac{\frac{V}{\sqrt{3}Z}}{\frac{\sqrt{3}V}{Z}} = \frac{1}{3}$배

따라서 Y기동 시 기동전류가 Δ운전 시 전류의 $\frac{1}{3}$배가 된다.

기동토크 $T_S \propto V^2$ $\therefore \left(\frac{1}{\sqrt{3}}\right) = \frac{1}{3}$배

41 **도면과 같은 시퀀스도는 기동 보상기에 의한 전동기의 기동제어 회로의 미완성 도면이다. 도면을 보고 다음 각 물음에 답하시오.**

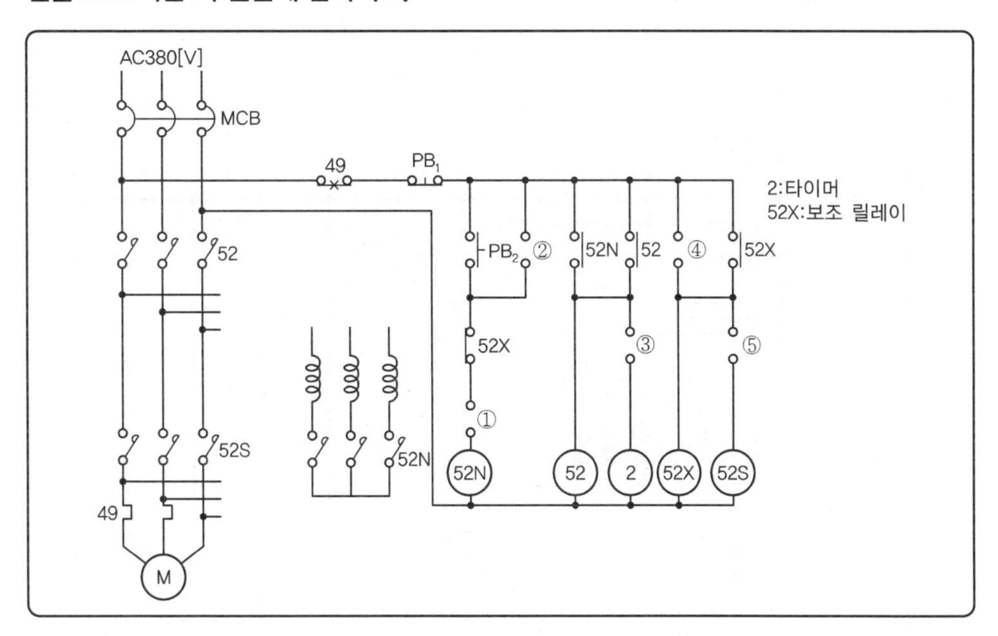

1 전동기의 기동 보상기에 의한 기동제어 회로란 어떤 기동방법인지 그 방법을 상세히 설명하시오.

2 주 회로에 대한 미완성 부분을 완성하시오.

3 보조 회로의 미완성 접점을 그리고 그 접점의 명칭을 표기하시오.

해답 1 전동기 기동 시 인가전압을 단권 변압기로 감압하여 공급함으로써 기동전류를 감소시키고 일정시간 후 기동이 완료되면 전전압으로 운전하는 방식

2 3

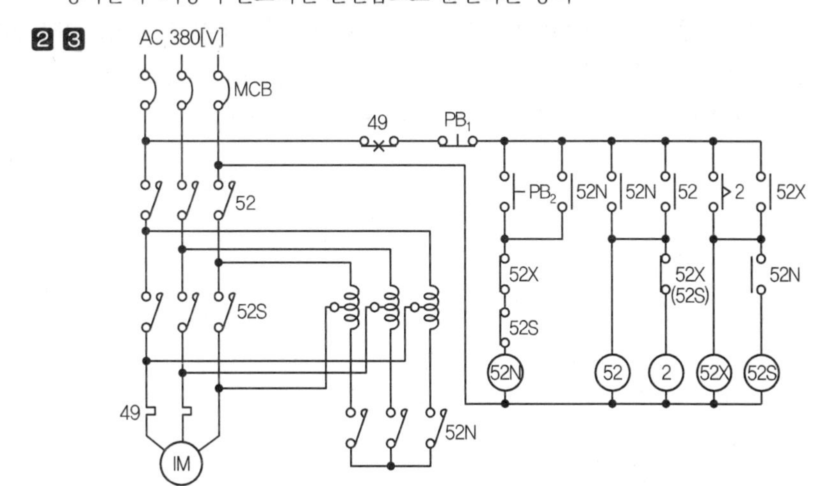

42 다음 도면은 3상 유도전동기의 기동보상기에 의한 기동제어회로 미완성 도면이다. 이 도면을 보고 다음 각 물음에 답하시오.

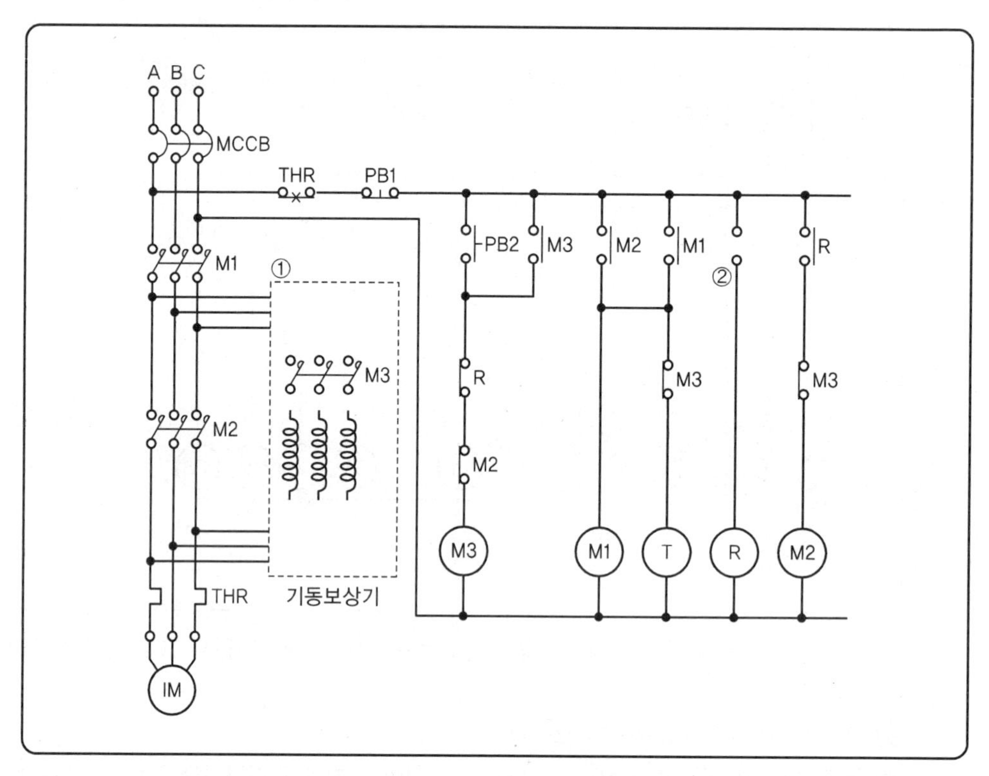

• M_1, M_2, M_3 : 전자개폐기	• THR : 열동계전기
• T : 타이머	• R : 릴레이

1 ① 부분에 들어갈 기동보상기와 M3의 주회로 배선을 회로도에 직접 그리시오.

2 ② 부분에 들어갈 적당한 접점의 기호와 명칭을 회로도에 직접 그리시오.

3 보조회로에서 잘못된 부분이 있으면 올바르게 수정하시오.

해답

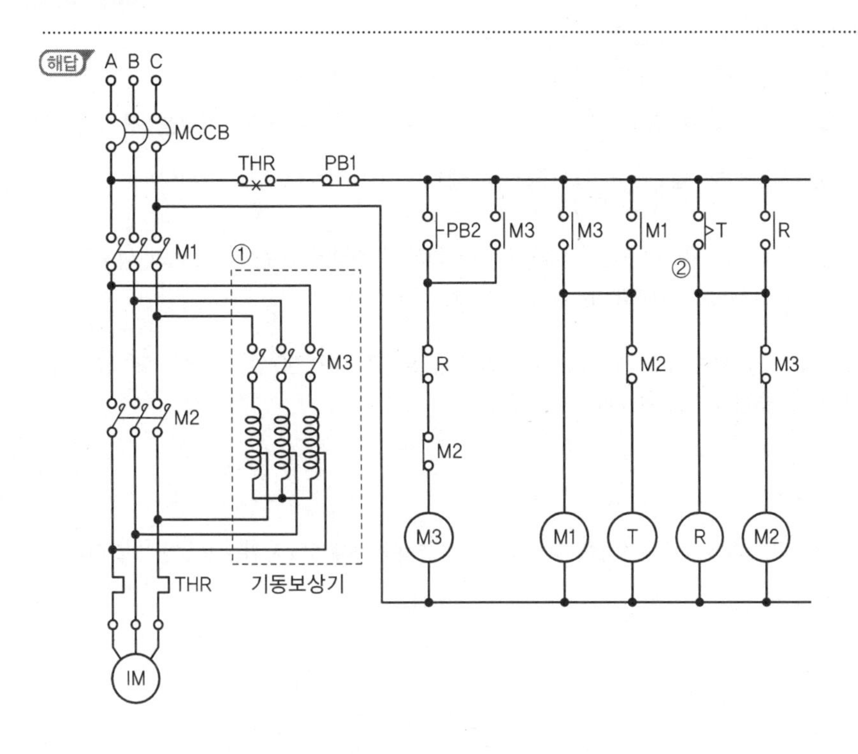

43 답안지의 그림은 리액터 기동 정지 시퀀스 제어회로의 미완성 회로이다. 도면을 이용하여 다음 각 물음에 답하시오.

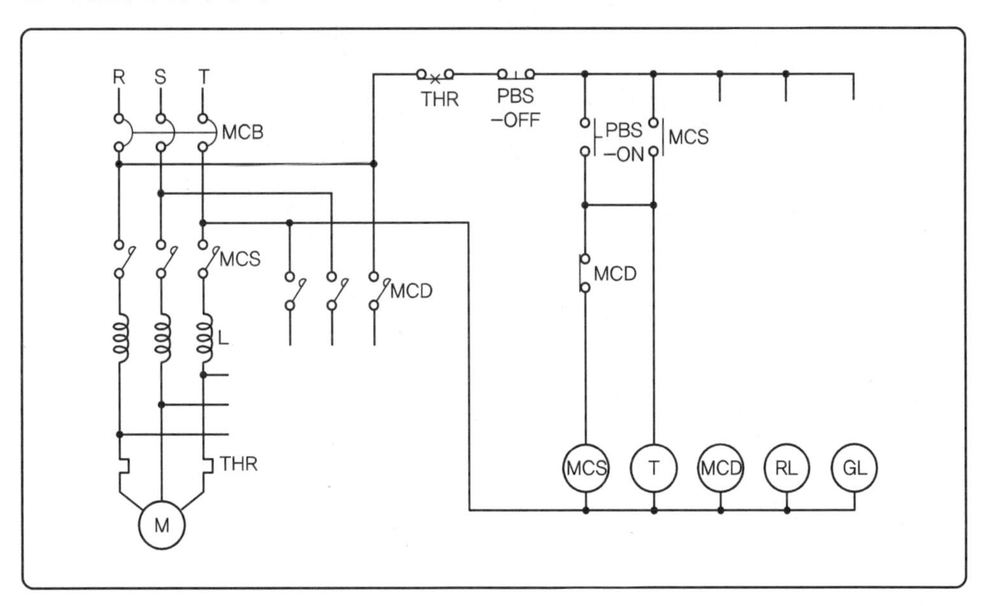

1 미완성 부분의 다음 회로를 완성하시오.

① 리액터 입력용 전자접촉기 MCD의 주 회로를 완성하시오.

② PBS-ON 스위치를 투입하였을 때 자기유지가 될 수 있는 회로를 구성하시오.

③ 전동기 운전용 램프 (RL)과 정지용 램프 (GL) 회로를 구성하시오.

2 정격전류가 6배가 흐르는 전동기를 80[%] 탭에서 리액터 시동한 경우의 시동전류는 직입 시동 시 시동전류의 약 몇 배 정도 되는가?

3 직입시동 시의 시동 토크가 정격 토크의 2배였다고 하면 80[%] 탭에서 리액터 시동한 경우의 시동 토크는 약 몇 배로 되는가?

TIP

감전압기동법에 속하는 리액터 시동법으로서 기동전류를 감소시키는 방법을 이해하자!

(해답) **1**

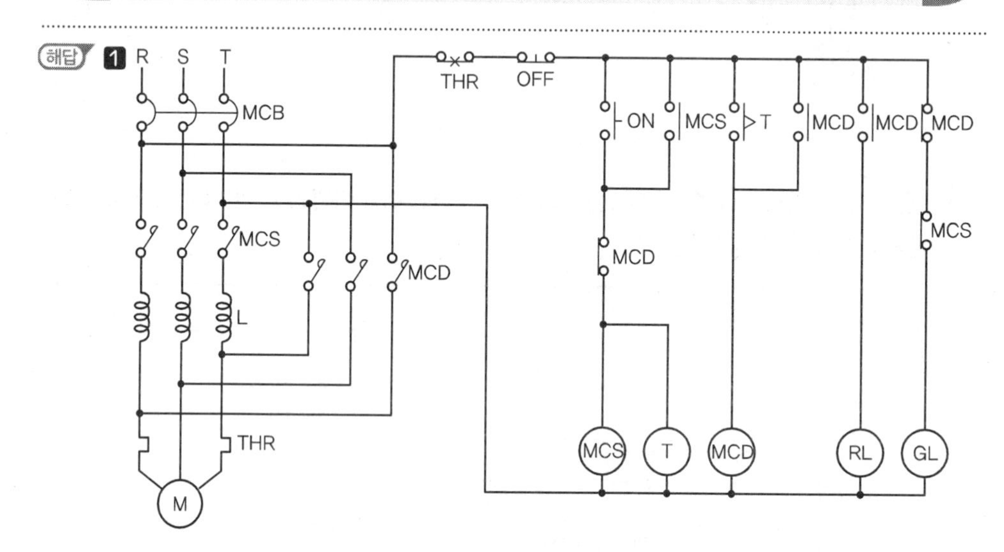

2 기동전류 $I_s \propto V$ 이고, 시동전류는 정격전류의 6배이므로

계산 : $I_s = 6I \times 0.8 = 4.8I$

답 정격전류의 4.8배

3 시동토크 $T_s \propto V^2$이고, 시동토크는 정격토크의 2배이므로

계산 : $T_s = 2T \times (0.8)^2 = 1.28T$

답 정격토크의 1.28배

44 다음 그림은 리액터 기동 정지 조작회로의 미완성 도면이다. 이 도면에 대하여 다음 물음에 답하시오.

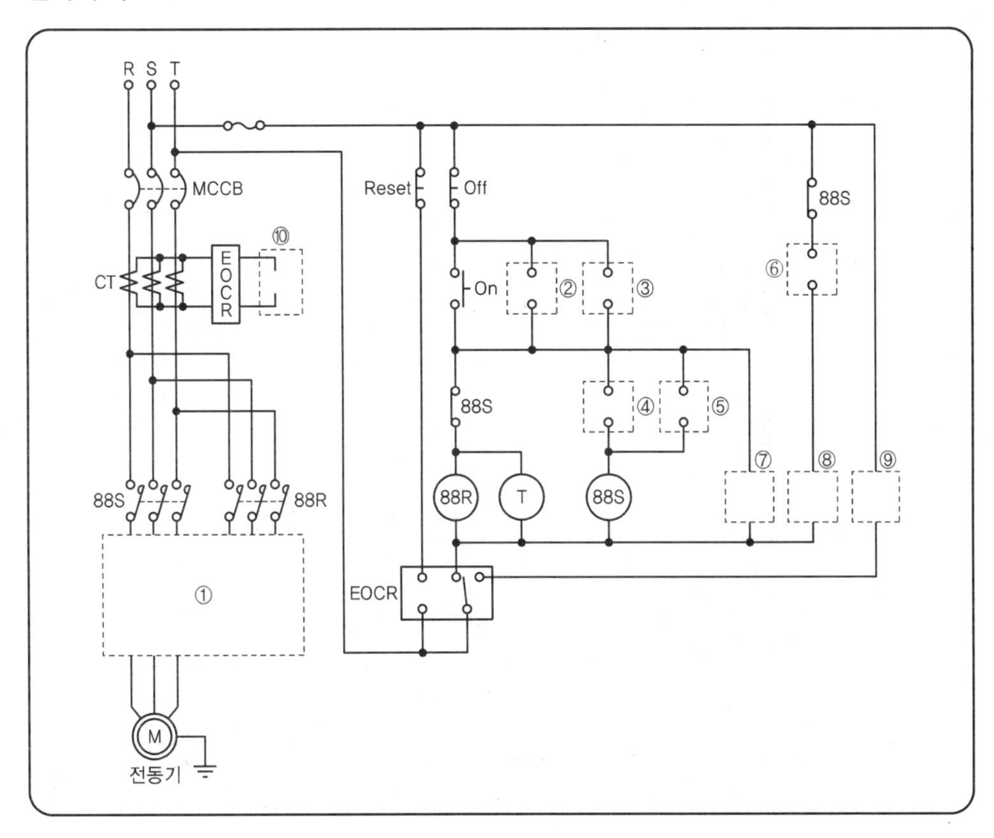

1. ① 부분의 미완성 주회로를 회로도에 직접 그리시오.
2. 제어회로에서 ②, ③, ④, ⑤, ⑥ 부분의 접점을 완성하고 그 기호를 쓰시오.
3. ⑦, ⑧, ⑨, ⑩ 부분에 들어갈 LAMP와 계기의 그림 기호를 그리시오.(예 : Ⓖ 정지, Ⓡ 기동 및 운전, Ⓟ 과부하로 인한 정지)
4. 직입기동 시 시동전류가 정격전류의 6배가 되는 전동기를 65[%] 탭에서 리액터 시동한 경우 시동전류는 약 몇 배 정도가 되는지 계산하시오.
5. 직입기동 시 시동토크가 정격토크의 2배였다고 하면 65[%] 탭에서 리액터 시동한 경우 시동토크는 어떻게 되는지 설명하시오.

 1

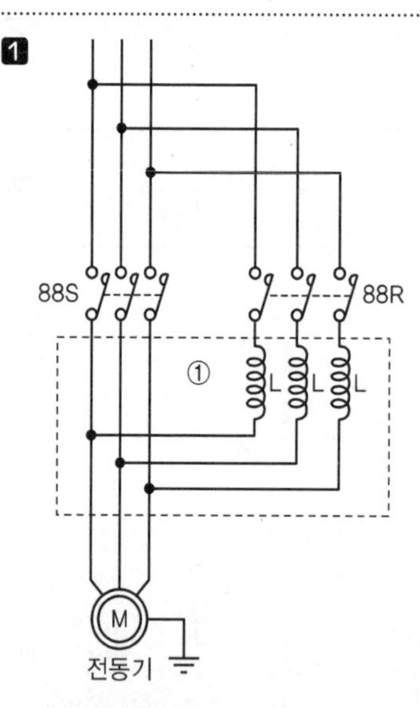

2

구분	②	③	④	⑤	⑥
접점 및 기호	88R	88S	T-a	88S	88R

3

구분	⑦	⑧	⑨	⑩
그림 기호	R	G	P	A

4 계산 : 기동 전류 $I_0 \propto V_1$이고, 시동 전류는 정격 전류의 6배이므로

$I_0 = 6I \times 0.65 = 3.9I$

답 3.9배

5 계산 : 시동 토크 $T_0 \propto V_1^{\,2}$이고, 시동 토크는 정격 토크의 2배이므로

$T_0 = 2T \times 0.65^2 = 0.845T$

답 0.85배

45 그림과 같은 전자 릴레이 회로를 미완성 다이오드 매트릭스 회로에 다이오드를 추가시켜 다이오드 매트릭스 회로로 바꾸어 그리시오.

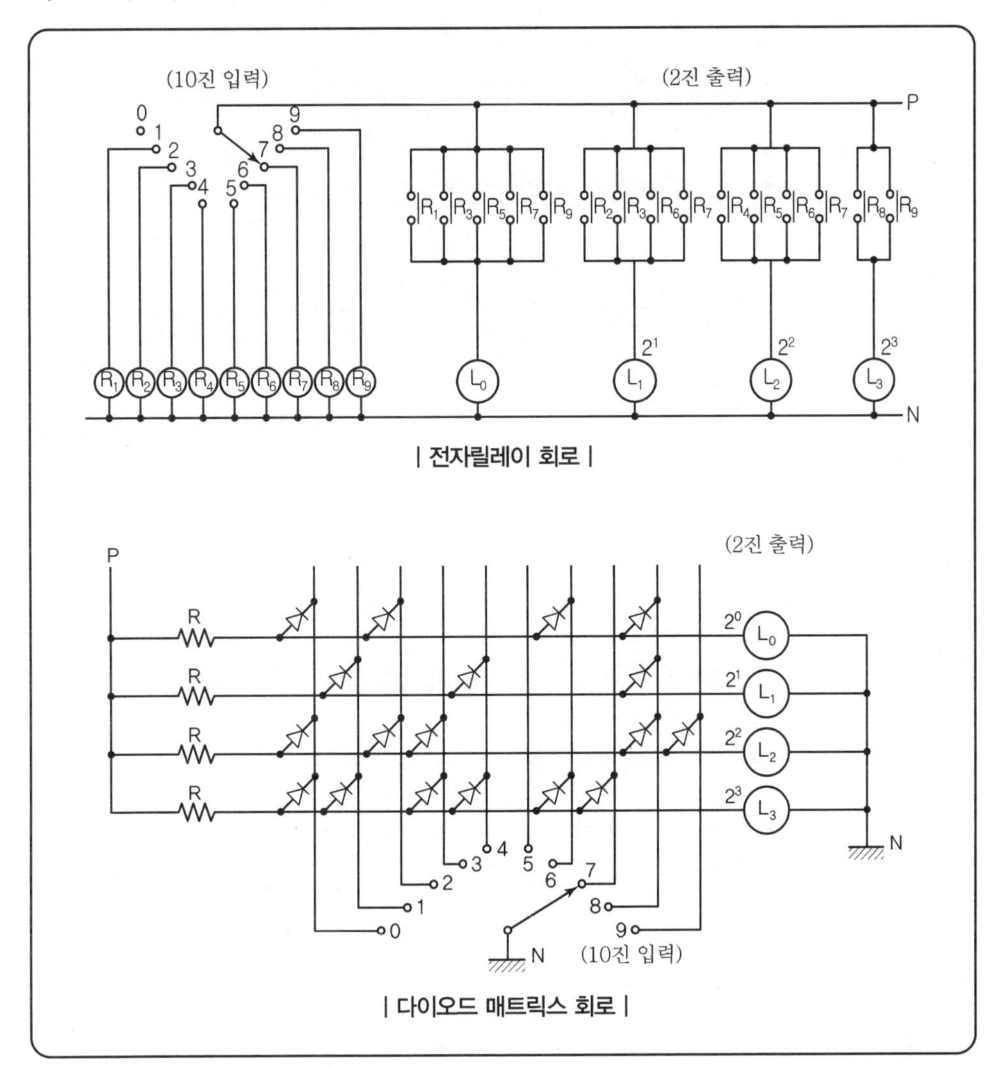

해답

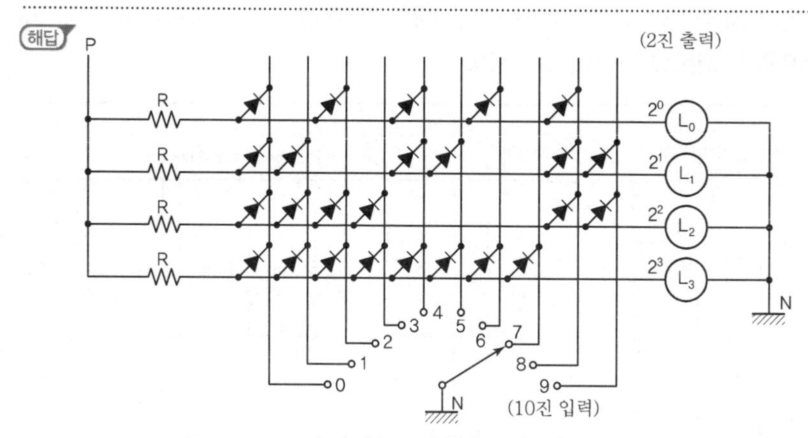

| 다이오드 매트릭스 회로 |

TIP

다이오드를 추가하면 램프가 소등되는 동작을 이해하고 회로를 완성한다.

46 그림은 전동기 5대가 동작할 수 있는 제어회로 설계도이다. 회로를 완전히 숙지한 다음 ( ) 안에 알맞은 말을 넣어 완성하시오.

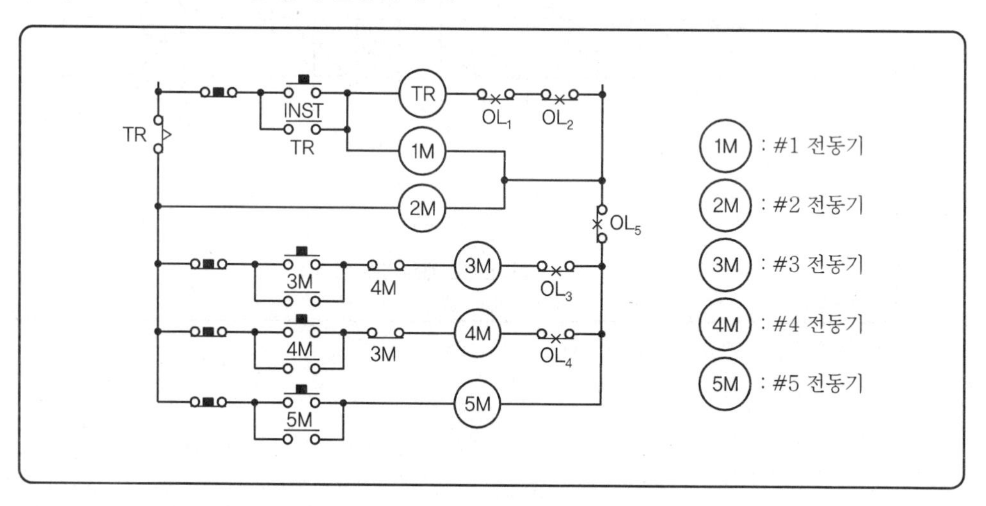

1. #1 전동기가 기동하면 일정시간 후에 (①) 전동기도 기동하고 #1 전동기가 운전 중에 있는 한 (②) 전동기도 동작한다.
2. #1, #2 전동기가 운전 중이 아니면 (①) 전동기는 기동할 수 없다.
3. #4 전동기가 운전 중일 때 (①) 전동기는 기동할 수 없으며 #3 전동기가 운전 중일 때 (②) 전동기는 기동할 수 없다.

4 #1 또는 #2 전동기의 과부하 계전기가 트립하면 (①) 전동기는 정지하여야 한다.

5 #5 전동기의 과부하 계전기가 트립하면 (①) 전동기가 정지한다.

(해답) **1** ① : #2　　② : #2

2 ① : #3, #4, #5

3 ① : #3　　② : #4

4 ① : #1, #2, #3, #4, #5

5 ① : #3, #4, #5

47 답안지의 그림과 같이 송풍기용 유도전동기의 운전을 현장인 전동기 옆에서도 할 수 있고, 멀리 떨어져 있는 제어실에서도 할 수 있는 시퀀스 제어 회로도를 완성하시오.

- 그림에 있는 전자개폐기에는 주접점 외에 자기유지 접점이 부착되어 있다.
- 도면에 사용되는 심벌에는 심벌의 약호를 반드시 기록하여야 한다.
  (예 PBS－ON, MC－a, PBS－OFF)
- 사용되는 기구는 누름버튼 스위치 2개, 전자코일 MC 1개, 자기 유지 접점(MC－a) 1개이다.
- 누름버튼 스위치는 기동용 접점과 정지용 접점이 있는 것으로 한다.

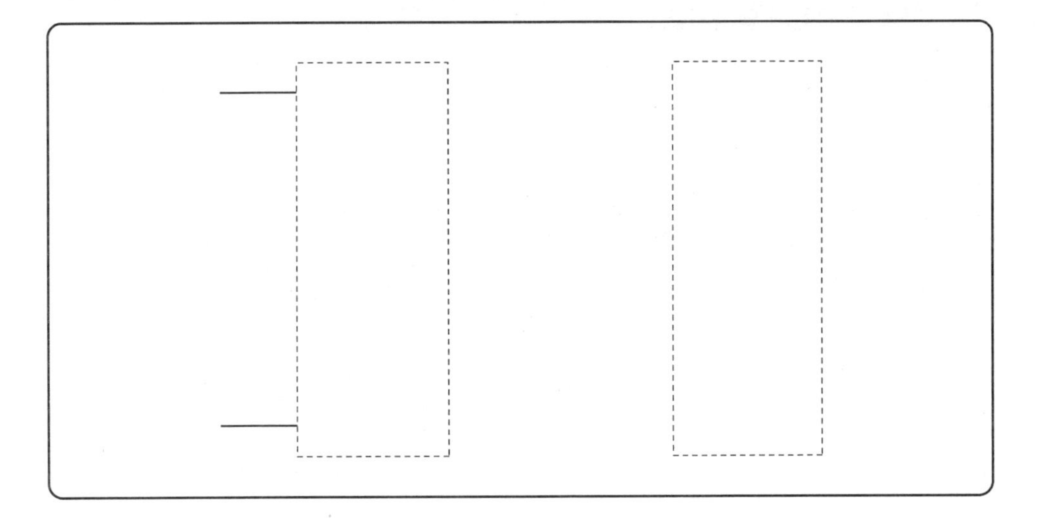

(해답)

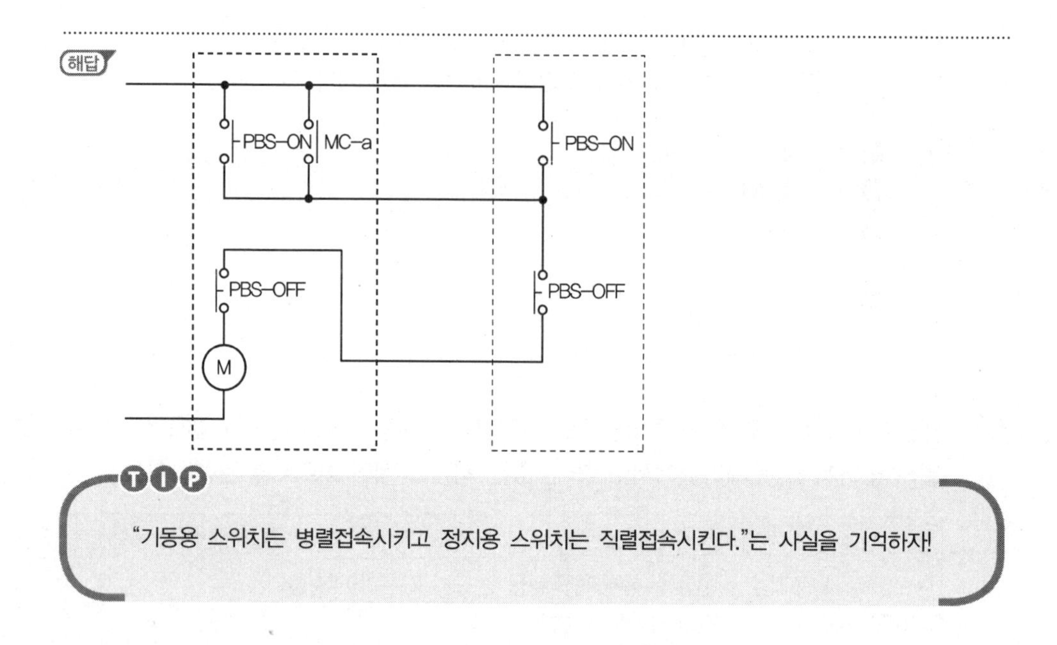

TIP

"기동용 스위치는 병렬접속시키고 정지용 스위치는 직렬접속시킨다."는 사실을 기억하자!

48 그림은 플로트레스(플로트스위치가 없는) 액면 릴레이를 사용한 급수제어의 시퀀스도이다. 다음 각 물음에 답하시오.

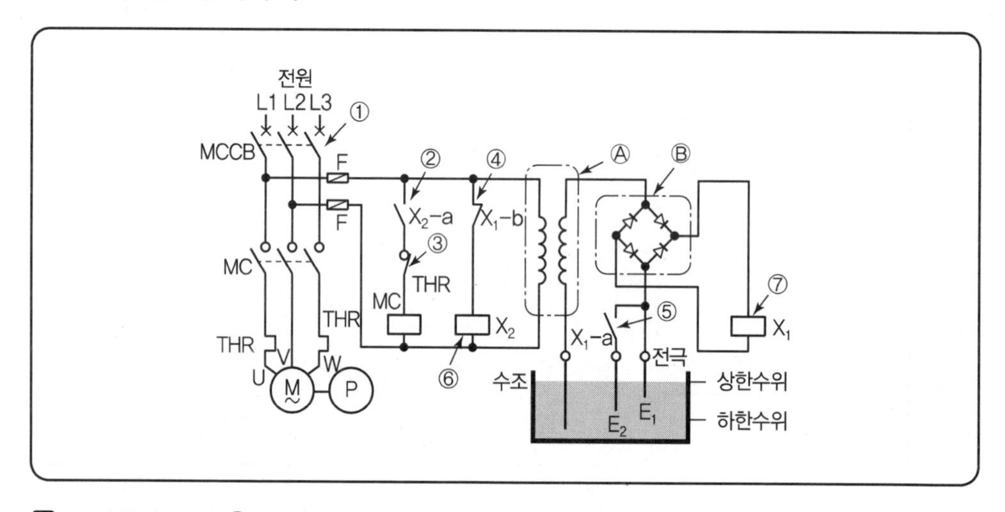

1 도면에서 기기 Ⓑ의 명칭을 쓰고 그 기능을 설명하시오.
   ① 명칭 :
   ② 기능 :

2 전동펌프가 과전류가 되었을 때 최초에 동작하는 계전기의 접점을 도면에 표시되어 있는 번호로 지적하고 그 명칭(동작에 관련된 명칭)은 무엇인지를 구체적으로 쓰시오.

3 수조의 수위가 전극보다 올라갔을 때 전동펌프는 어떤 상태로 되는가?

4 수조의 수위가 전극 E_1보다 내려갔을 때 전동펌프는 어떤 상태로 되는가?

5 수조의 수위가 전극 E_2보다 내려갔을 때 전동펌프는 어떤 상태로 되는가?

해답 **1** ① 명칭 : 브리지 정류 회로

② 기능 : 교류를 직류로 변환하여 릴레이 X_1에 공급

2 ③, 수동 복귀 b접점

3 정지 상태

4 정지 상태

5 운전 상태

49 다음 그림은 환기팬의 수동 운전 및 고장 표시등 회로의 일부이다. 이 회로를 이용하여 다음 각 물음에 답하시오.

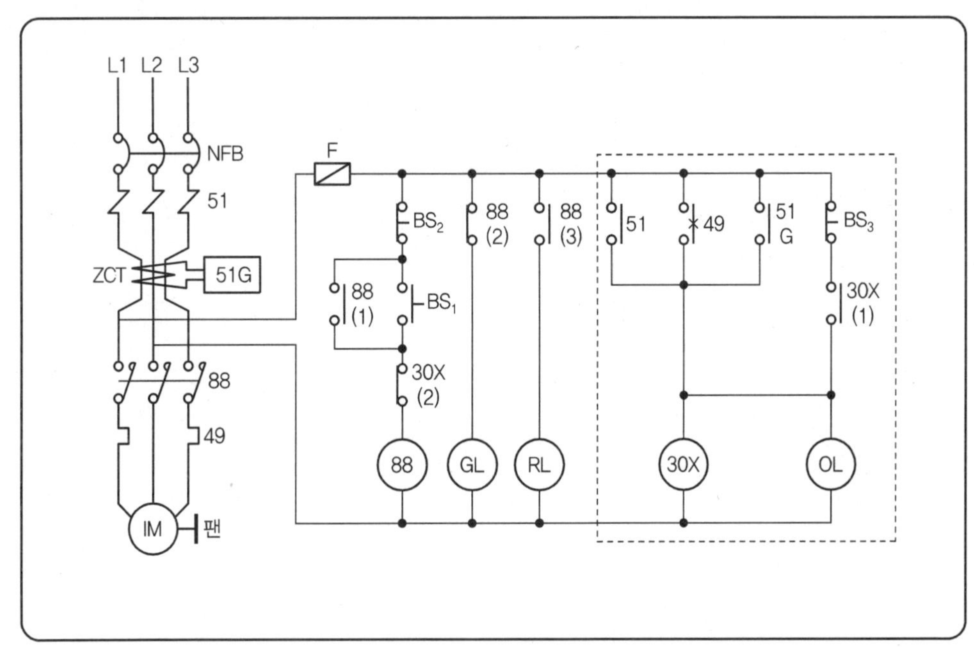

1 88은 MC로서 도면에서는 출력기구이다. 도면에 표시된 기구에 대하여 다음에 해당되는 명칭을 그 약호로 쓰시오.(단, 중복은 없고 NFB, ZCT, IM, 팬은 제외하며, 해당되는 기구가 여러 가지일 경우에는 모두 쓰도록 한다.)

① 고장표시기구 : ② 고장회복 확인기구 :

③ 기동기구 : ④ 정지기구 :

⑤ 운전표시램프 : ⑥ 정지표시램프 :

⑦ 고장표시램프 : ⑧ 고장검출기구 :

2 그림의 점선으로 표시된 회로를 AND, OR, NOT 회로를 사용하여 로직회로를 그리시오. (단, 로직소자는 3입력 이하로 한다.)

해답 **1** ① 30X ② BS_3
③ BS_1 ④ BS_2
⑤ RL ⑥ GL
⑦ OL ⑧ 51, 51G, 49

2

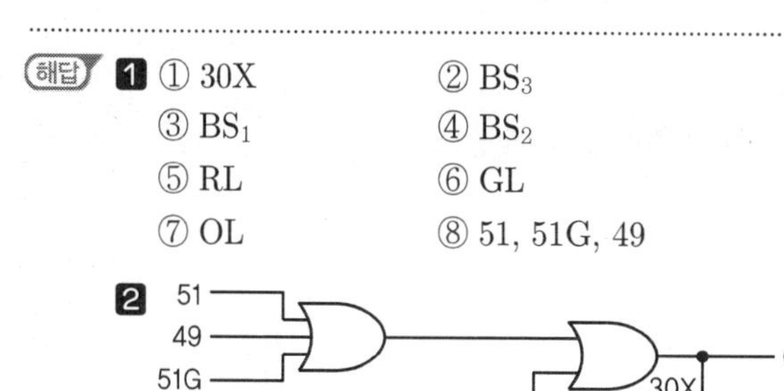

Chapter 02 PLC

1 PLC(Programmable Logic Controller) 구성

아래 그림과 같이 입력기기, 입력회로, CPU, 출력회로, 출력기기의 5단계로 구성되며 시퀀스의 내용을 CPU에 입력하는 프로그램 장치, 기타, 모니터, TV, 통신 링크, 프린터, 컴퓨터 등의 주변 기기로 되어 있다.

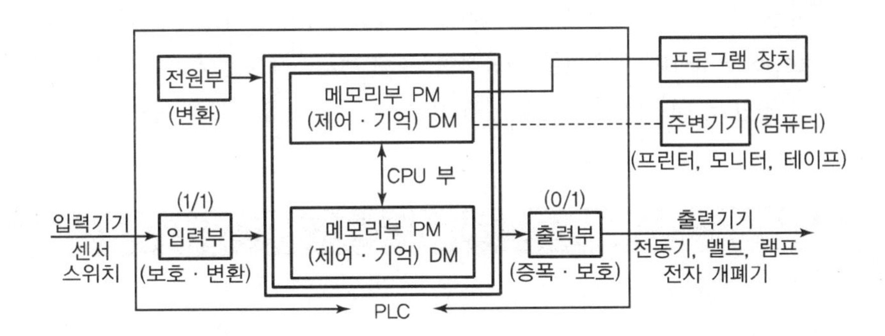

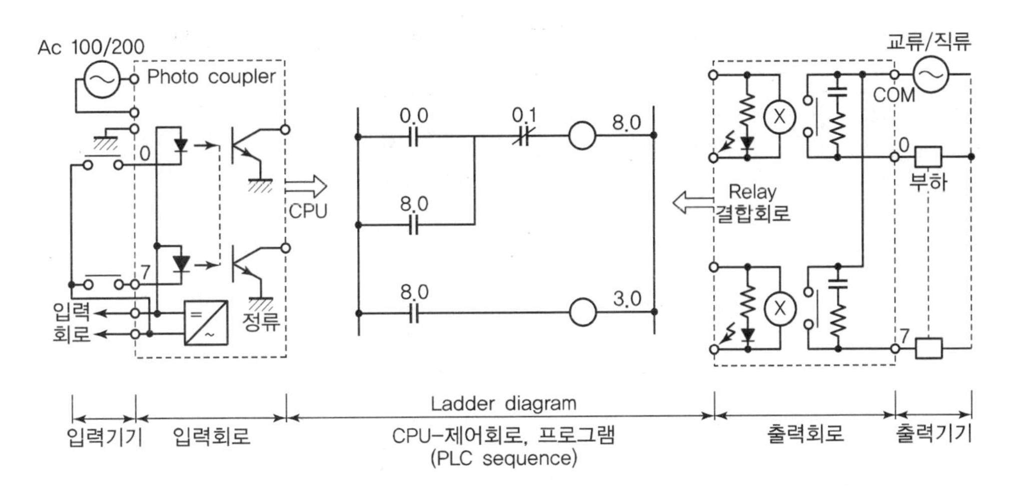

| PLC 구성 |

1) **입 · 출력부(I/O card)는 레벨 변환, 절연 결합 회로로 되어 있다.**

2) **CPU는 연산부와 메모리(DM, PM)부로 구성된다.**

① **DATA Memory** : 시퀀스 구성 소자를 a접점으로 기억시키고 제어회로 구성의 연산용 자료로 사용한다.

② **PROGRAM Memory** : 시퀀스의 순서, 명령을 기억시켜 연산부에 실행을 지령한다.

③ **연산부** : DM의 자료를 사용하여 PM에 따라 시퀀스를 작성한다.

2 PLC 시퀀스와 프로그램

PLC에서는 사용 기구를 기억시킬 번지를 정하고, 시퀀스 회로인 래더 다이어그램(Ladder Diagram)을 작성하며 명령어를 사용하여 프로그램을 작성한 후 프로그램 장치(Loader)로 CPU에 입력한다. PLC의 표현은 각 제조 회사마다 차이가 있으므로 여기서는 일부 회사 제품의 예를 든다.

내용	명령어	부호	번지설정
시작 입력	① R(Read), ② LOAD, ③ STR		입력기구 : ① 0.0~2.7 ② P000~P0070 ③ 0~17 출력기구 : ① 3.0~4.7 ② P010~P017 ③ 20~37 보조기구 : ① 8.0~ (내부출력) ② M000~ ③ 170~ 타이머 : ① T40~(40.7~) ② T000~ ③ T600 카운터 : ① C400~ ② C000~ ③ C600~ 설정시간 : ① DS ② 〈DATA〉
	RN, LOAD NOT, STR NOT		
직렬	A, AND		
	AN, AND NOT		
병렬	O, OR		
	ON, OR NOT		
출력	W(Write), OUT		
직렬 묶음	A MRG, AND LOAD, AND STR		
병렬 묶음	O MRG, OR LOAD, OR STR		
공통 묶음	W[WN, NRG, MCS[MCR]		
타이머	T[DS], TMR〈DATA〉, TIM		
카운터	CNT		

| LOAD 방식의 명령어 일람 및 세부설명 |

명령어	Loader상의 Symbol	대상접점	용도
LOAD	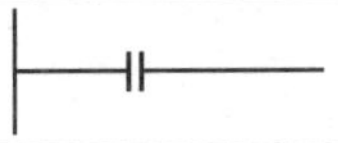	입출력 접점, 보조접점 불휘발성접점, Counter Timer	논리연산의 시작(a접점)
LOAD NOT	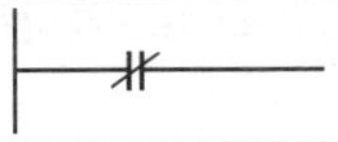	입출력 접점, 보조접점 불휘발성접점, Counter Timer	논리연산의 시작(b접점)
AND	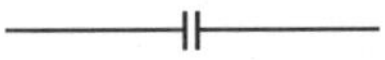	입출력 접점, 보조접점 불휘발성접점, Counter Timer	직렬접속(a접점)
AND NOT		입출력 접점, 보조접점 불휘발성접점, Counter Timer	직렬접속(b접점)
OR	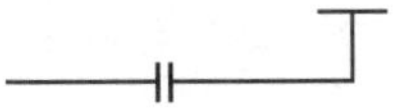	입출력 접점, 보조접점 불휘발성접점, Counter Timer	병렬접속(a접점)
OR NOT		입출력 접점, 보조접점 불휘발성접점, Counter Timer	병렬접속(b접점)
AND LOAD		–	Block 간의 직렬접속
OR LOAD		–	Block 간의 병렬접속
OUT	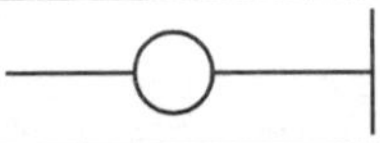	출력접점, 보조접점 불휘발성 접점	연산 결과의 출력
D	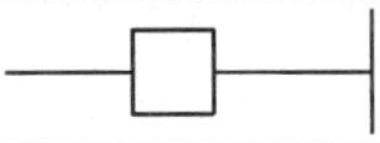	출력접점, 보조접점 불휘발성 접점	입력 ON일 때의 미분 Pulse 출력
D NOT	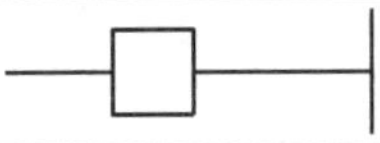	출력접점, 보조접점 불휘발성 접점	입력 OFF일 때의 미분 Pulse 출력
TMR	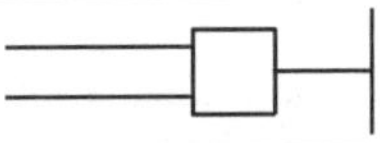	Timer	Timer 동작
CTR	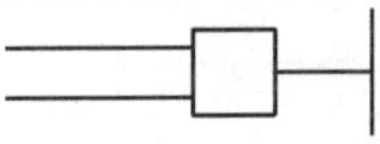	Counter	Counter 동작
SR	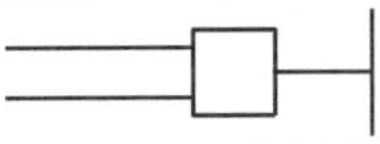	출력접점, 보조접점 불휘발성 접점	Card 내의 1bit shift 동작
SC	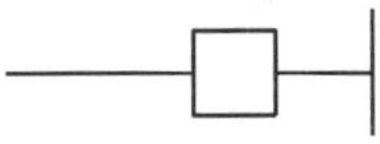	출력접점, 보조접점 불휘발성 접점	Step Contoller 동작 Self-holding 기능 Card 내 상관 interlock 기능
SET	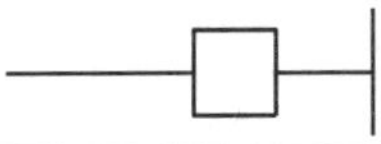	출력접점, 보조접점 불휘발성 접점	Bit 단위 Self-holding (ON)
RST	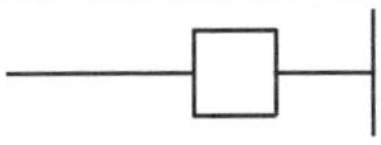	출력접점, 보조접점 불휘발성 접점	Bit 단위 Self-holding (OFF)
CLR	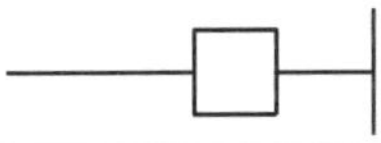	출력접점, 보조접점 불휘발성 접점	1Card 분의 Data CLEAR
MCS		–	공통 interlock Set
MCSCLR		–	공통 interlock Reset

Chapter 02 실·전·문·제

01 그림의 유접점 회로에 대한 PLC 래더 다이어그램을 그리고 프로그램하시오.

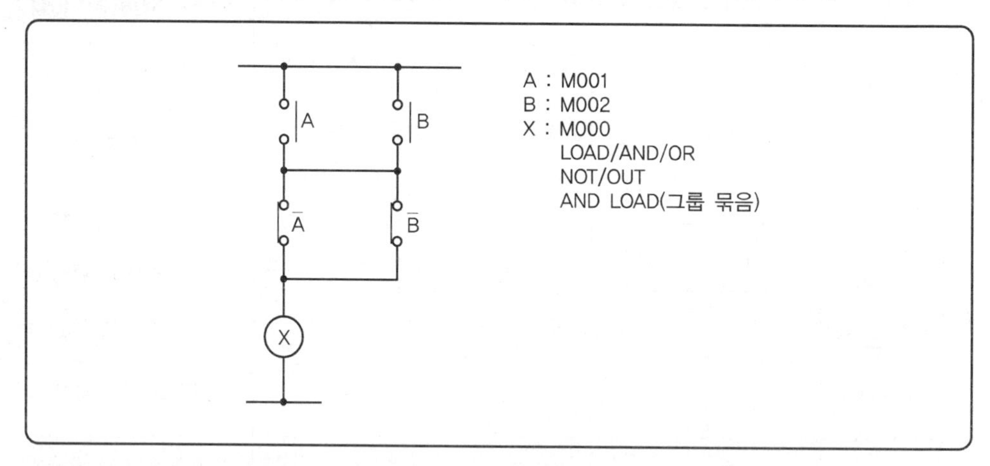

차례	명령	번지
0		
1		
2		
3		
4		
5		

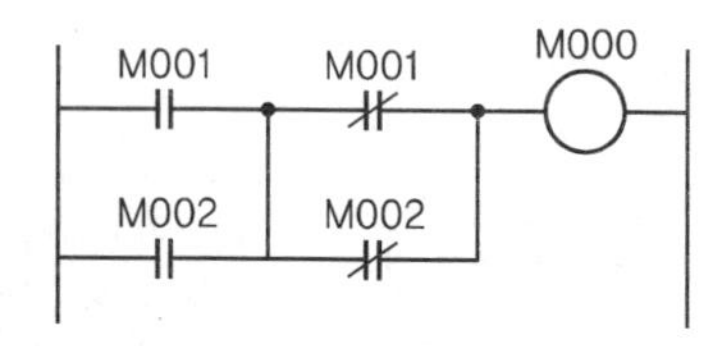

차례	명령	번지
0	LOAD	M001
1	OR	M002
2	LOAD NOT	M001
3	OR NOT	M002
4	AND LOAD	–
5	OUT	M000

TIP

➤ **PLC 프로그램 작성순서**

1) 유접점 회로를 PLC 래더 다이어그램으로 변환한다.
2) PLC 래더 다이어그램을 보고 PLC 프로그램으로 작성한다.

02 다음 PLC에 대한 내용으로 아래 그림의 기능을 간단하게 쓰시오.

명칭	기호	기능
NOT	—✕—	

해답 입력과 출력의 상태가 반대로 되는 회로

TIP

입력이 1이면 출력이 0이고 입력이 0이면 출력 1이 되는 회로

03 다음 PLC 프로그램을 보고 래더 다이어그램을 완성하시오.

프로그램번지(어드레스)	명령어	데이터	비고	프로그램번지(어드레스)	명령어	데이터	비고
01	STR	001	W	07	ANDN	002	W
02	STR	003	W	08	OR	003	W
03	ANDN	002	W	09	OB		W
04	OB		W	10	OUT	200	W
05	OUT	100	W	11	END		W
06	STR	001	W				

- STR : 입력 a접점(신호)
- AND : AND a접점
- OR : OR a접점
- OB : 병렬접속점
- END : 끝
- STRN : 입력 b접점(신호)
- ANDN : AND b접점
- ORN : OR b접점
- OUT : 출력
- W : 각 번지 끝

해답

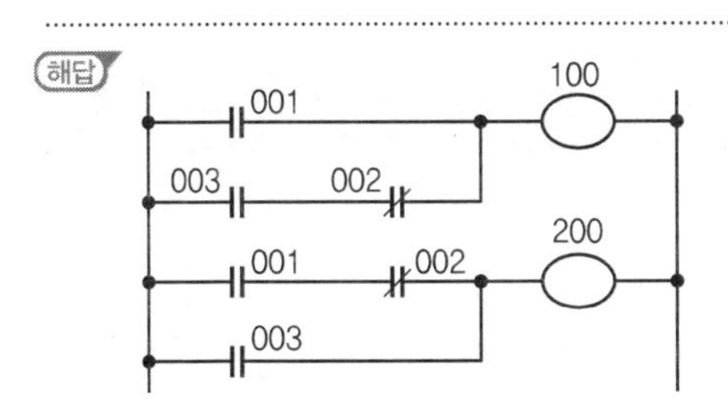

04 그림의 프로그램 번지를 적으시오.(단, 회로 시작 LOAD, 출력 OUT, 직렬 AND, 병렬 OR, b접점 NOT, 그룹 간 직렬 AND LOAD이다.)

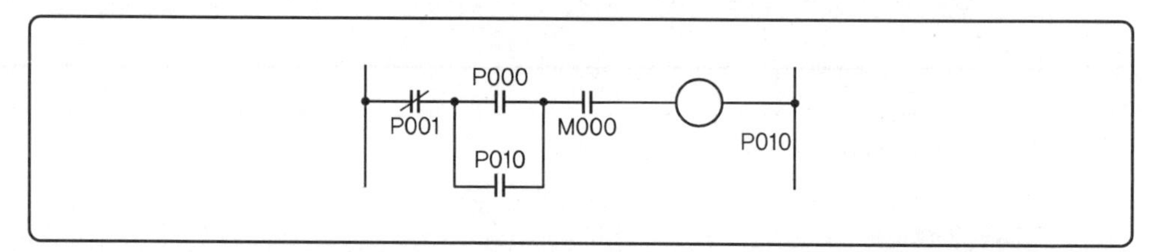

스텝	명령	번지
0	LOAD NOT	(1)
1	LOAD	(2)
2	OR	(3)
3	AND LOAD	–
4	AND	(4)
5	OUT	(5)

해답

스텝	명령	번지
0	LOAD NOT	P001
1	LOAD	P000
2	OR	P010
3	AND LOAD	–
4	AND	M000
5	OUT	P010

TIP

1) LOAD NOT : B접점
2) OR : 병렬 A접점
3) OUT : 출력

05 다음 PLC의 표를 보고 물음에 답하시오.

단계	명령어	번지
0	LOAD	P000
1	OR	P010
2	AND NOT	P001
3	ANT NOT	P002
4	OUT	P010

❶ 래더 다이어그램을 그리시오.

❷ 논리회로를 그리시오.

해답 ❶

❷

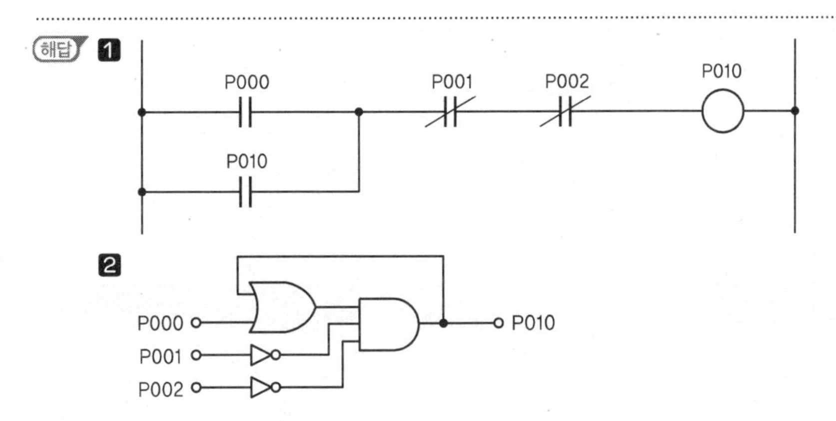

06 **그림의 프로그램(A~F)을 완성하시오.(단, 회로 시작 LOAD, 출력 OUT, 직렬 AND, 병렬 OR, b접점 NOT만을 사용한다.)**

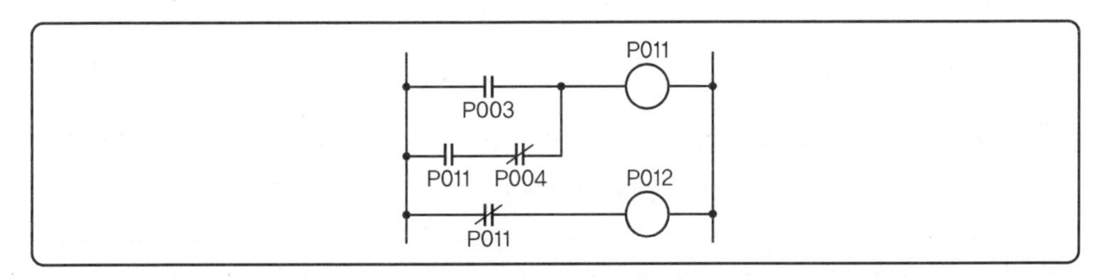

스텝	명령	번지
0	LOAD	P011
1	(A)	(B)
2	(C)	(D)
3	OUT	P011
4	(E)	P011
5	(F)	P012

해답 (A) AND NOT (B) P004 (C) OR
(D) P003 (E) LOAD NOT (F) OUT

07 그림의 PLC 시퀀스의 프로그램상의 (1)~(5)를 완성하시오.(단, 명령어는 LOAD(시작 입력), OUT(출력), AND, OR, NOT, 그룹 간의 접속은 AND LOAD, OR LOAD이다.)

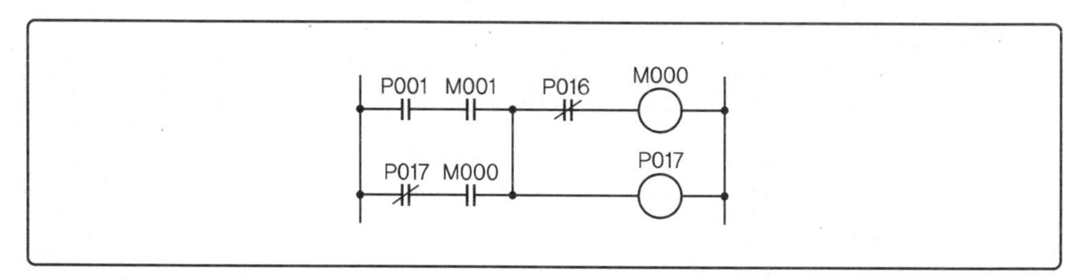

step	op	add	step	op	add
0	LOAD	P001	4	(2)	–
1	AND	M001	5	OUT	(3)
2	(1)	P017	6	(4)	P016
3	AND	M000	7	OUT	(5)

해답 (1) LOAD NOT (2) OR LOAD (3) P017
(4) AND NOT (5) M000

08 그림의 프로그램을 완성하시오.(명령어는 회로 시작 LOAD, 출력 OUT, AND, OR, NOT, TMR를 사용하고 시간은 0.1초 단위이다.)

step	op	add	step	op	add
0	LOAD	(1)	4	(4)	M000
1	TMR	(2)	5	(5)	(7)
2	DATA	(3)	6	(6)	(8)

해답 (1) P000 (2) T000
(3) 50 (4) LOAD
(5) AND (6) OUT
(7) T000 (8) P010

09 표의 PLC 프로그램을 보고 PLC 시퀀스, 로직 회로, 논리식을 각각 구하시오.(단, 명령어는 입력 시작(STR), 출력(OUT), AND, OR, NOT이고 논리식은 번지로 표시한다.)

차례	명령	번지
5	STR NOT	170
6	AND	171
7	OR	170
8	OUT	172

해답

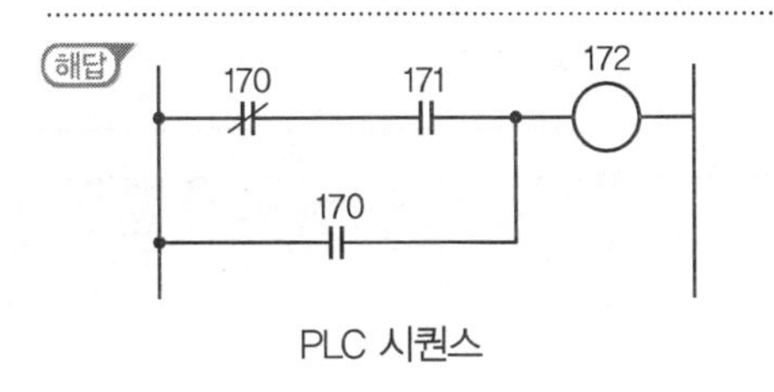

PLC 시퀀스

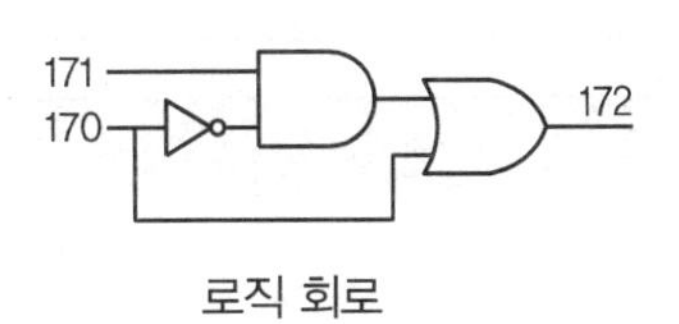

로직 회로

논리식 : $172 = 171 \cdot \overline{170} + 170$

10 그림의 릴레이 회로를 로직 회로로 바꾸고 PLC 래더 다이어그램을 그리시오.(단, 번지는 문자 기호를 그대로 사용한다.)

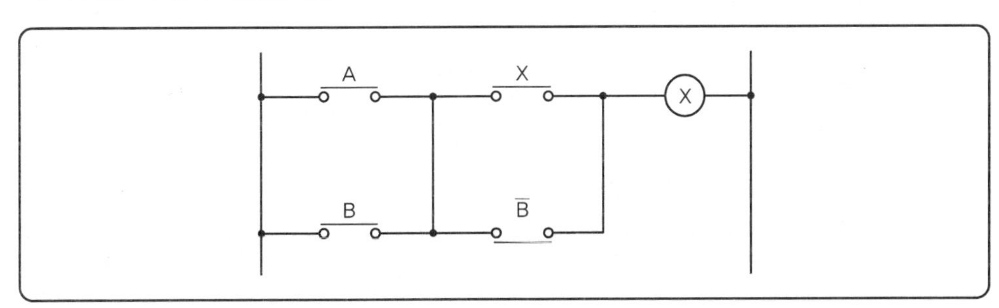

해답

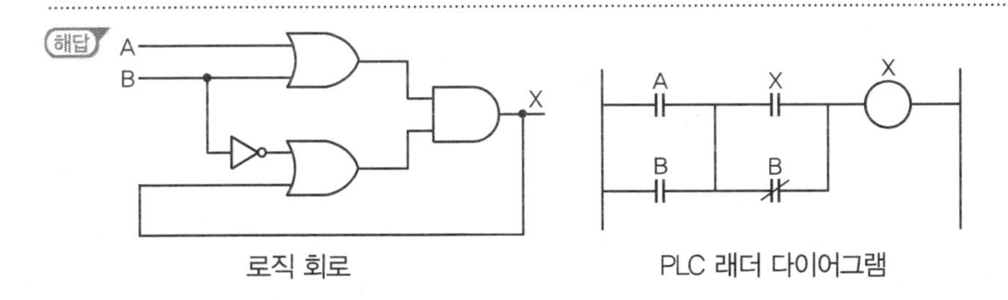

로직 회로　　　PLC 래더 다이어그램

TIP

로직 회로는 유접점회로에서 논리식을 완성 후 작성한다.

$X = (A+B) \cdot (X+\overline{B})$

11 그림의 로직 회로를 보고 PLC 래더 다이어그램을 그리고, 니모닉 프로그램을 완성하시오. (단, 회로 시작 LOAD, 출력 OUT, AND, OR, NOT 명령을 쓴다.)

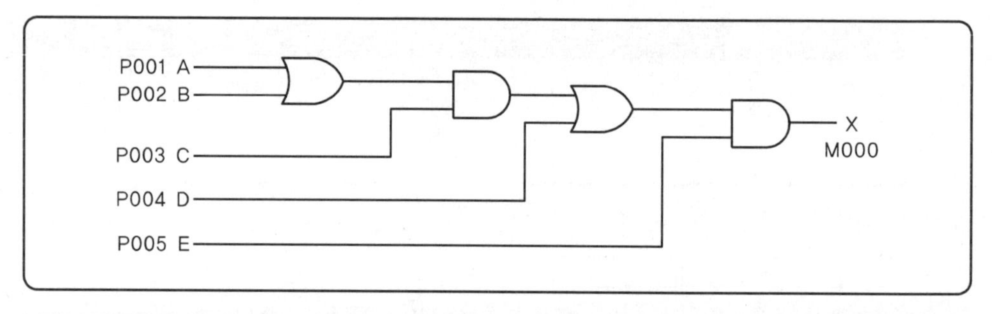

스텝	명령	번지
0		
1		
2		
3		
4		
5		

해답

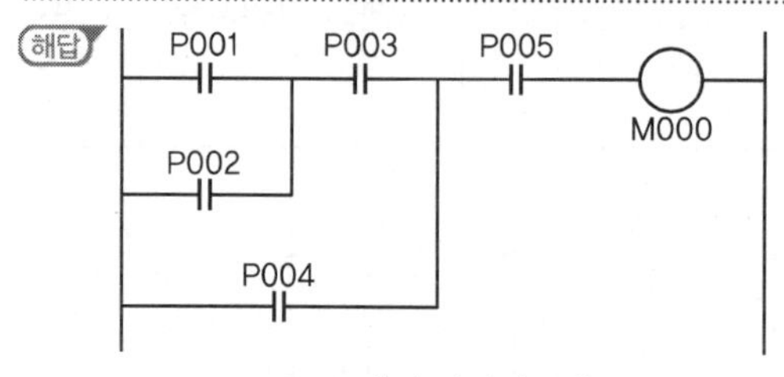

PLC 래더 다이어그램

스텝	명령	번지
0	LOAD	P001
1	OR	P002
2	AND	P003
3	OR	P004
4	AND	P005
5	OUT	M000

TIP

논리식 : $X = ((A+B) \cdot C + D) \cdot E$

$\rightarrow M000 = ((P001 + P002) \cdot P003 + P004) \cdot P005$

12 그림의 로직 회로를 이해하고 논리식을 쓰고 PLC 프로그램을 완성하시오.(단, 회로 시작(STR), 출력(OUT), AND, OR, NOT의 명령어를 쓴다.)

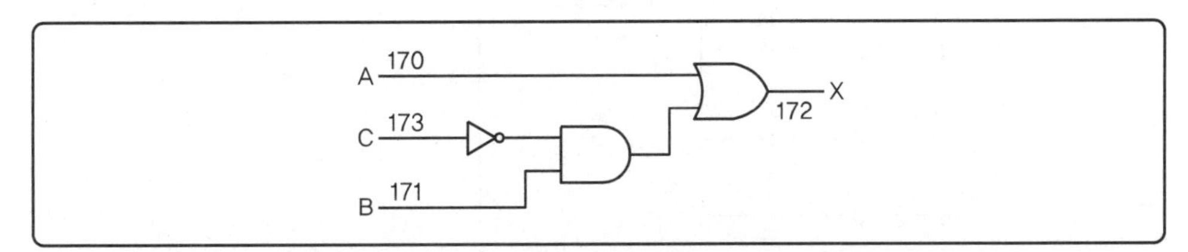

차례	명령	번지
11	STR	(4)
12	(1)	(5)
13	(2)	(6)
14	(3)	172

해답 논리식 : $172 = \overline{173} \cdot 171 + 170$

(1) AND NOT (2) OR

(3) OUT (4) 171

(5) 173 (6) 170

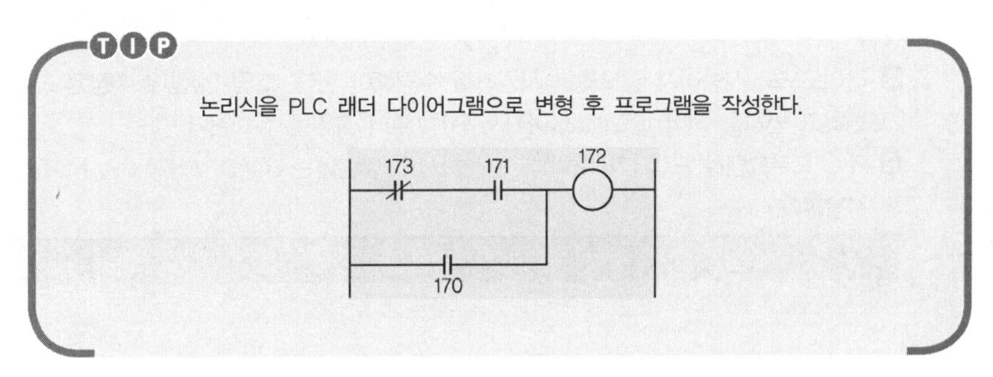
TIP

논리식을 PLC 래더 다이어그램으로 변형 후 프로그램을 작성한다.

13 그림과 같은 PLC시퀀스(래더 다이어그램)가 있다. PLC 프로그램에서의 신호 흐름은 단방향이므로 시퀀스를 수정해야 한다. 문제의 도면을 바르게 작성하시오.

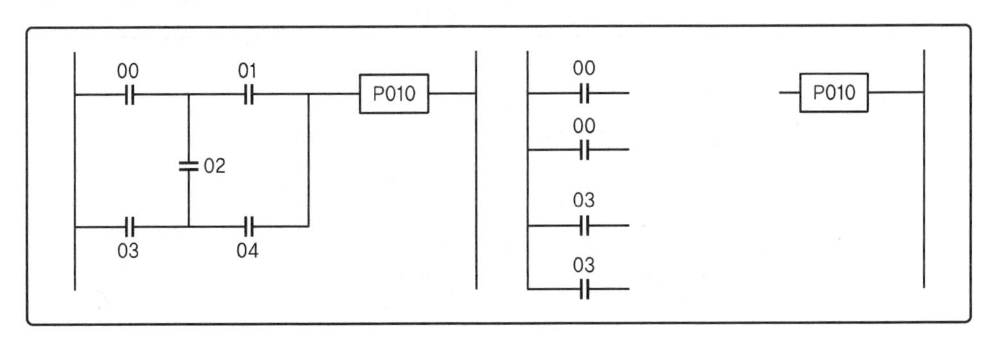

해답

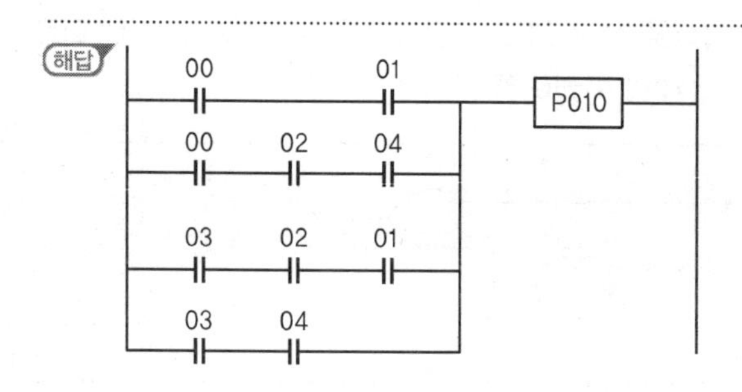

14 그림 (a)와 같은 PLC 시퀀스가 있다. ❶, ❷의 물음에 답하시오.(여기서 D는 역방향 저지 다이오드이다.)

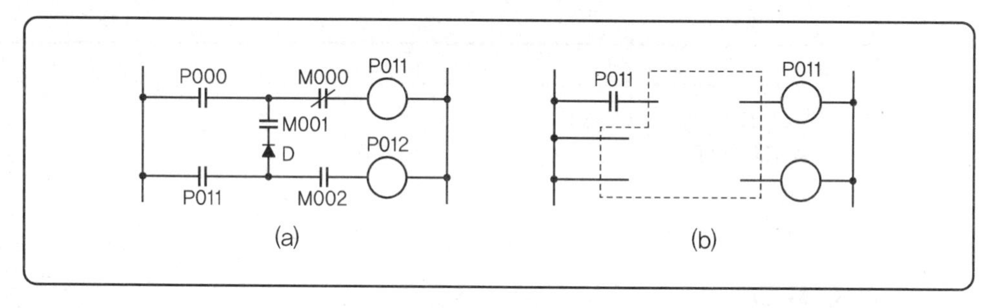

(a) (b)

❶ 다이오드를 사용하지 않으려면 시퀀스를 수정해야 한다. 그림 (b)란에 수정된 그림을 완성하고 번지를 적어 넣으시오.(여기서 P011부터 그림을 유의한다.)

❷ PLC 프로그램을 표의 (가)~(바)에 완성하시오.(명령어는 LOAD, AND, OR, NOT, OUT를 사용한다.)

스텝	명령	번지
생략	LOAD (가) OR (다) (라) LOAD AND OUT	P011 M001 (나) M000 P011 (마) M002 (바)

해답 ❶

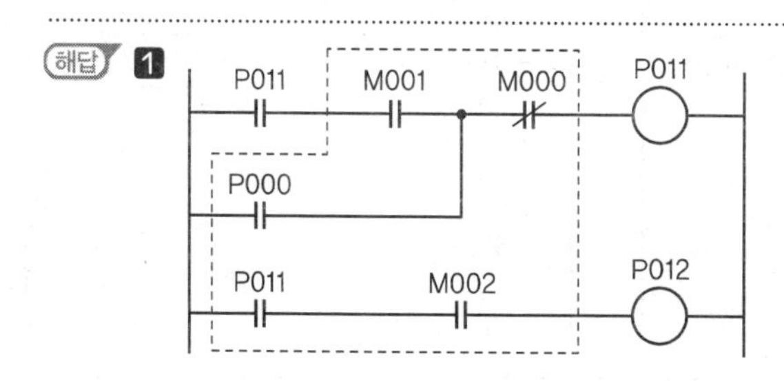

2 (가) AND (나) P000 (다) AND NOT
(라) OUT (마) P011 (바) P012

15 다음은 컨베이어시스템 제어회로의 도면이다. 3대의 컨베이어가 A → B → C 순서로 기동하며, C → B → A 순서로 정지한다고 할 때, 타임차트도를 보고 PLC 프로그램 입력 ①~⑤를 답안지에 완성하시오.

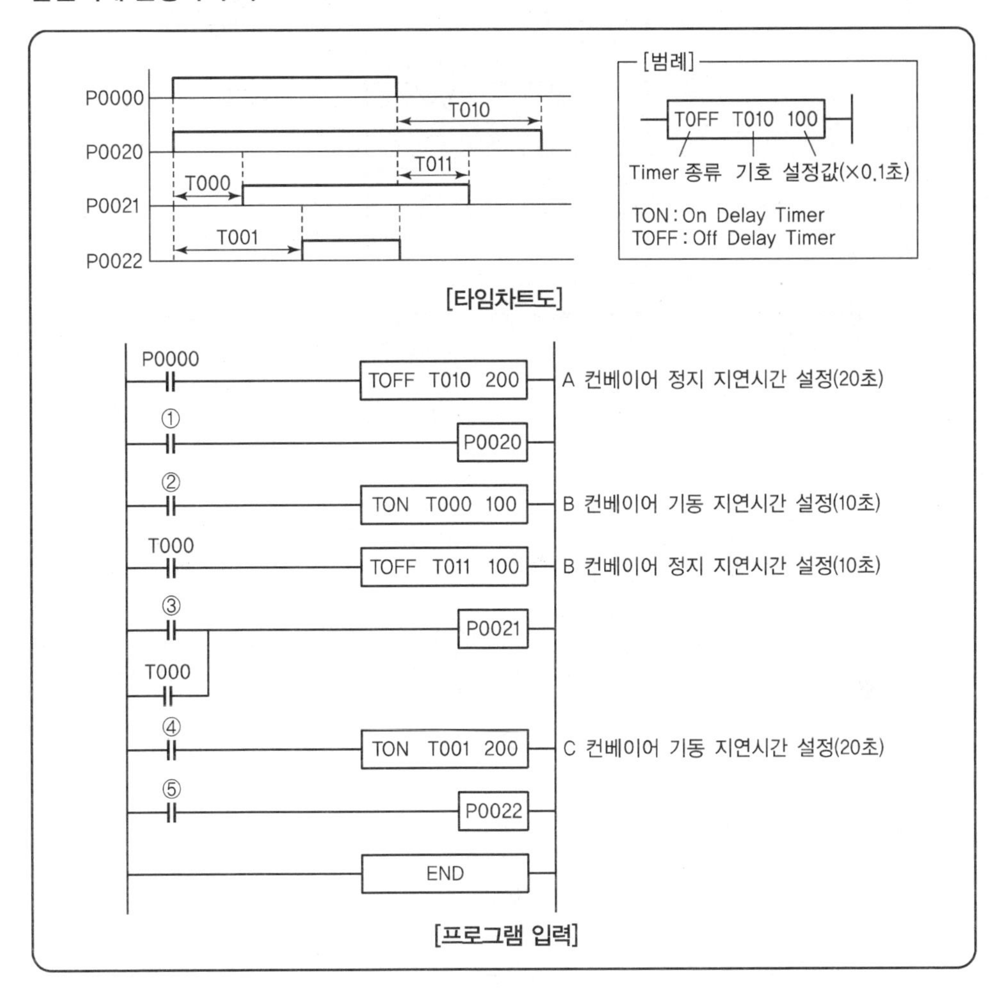

[타임차트도]

[프로그램 입력]

해답

①	②	③	④	⑤
T010	P0000	T011	P0000	T001

16 그림은 입력을 주면 10초 후에 램프가 점등한 후 60초 후에 자동으로 소등된다. 프로그램을 완성하시오.(단, 명령어는 회로 시작 LOAD, 출력 OUT, 타이머 TMR(TON), 시간 지연 DATA 0.1초 단위이다.)

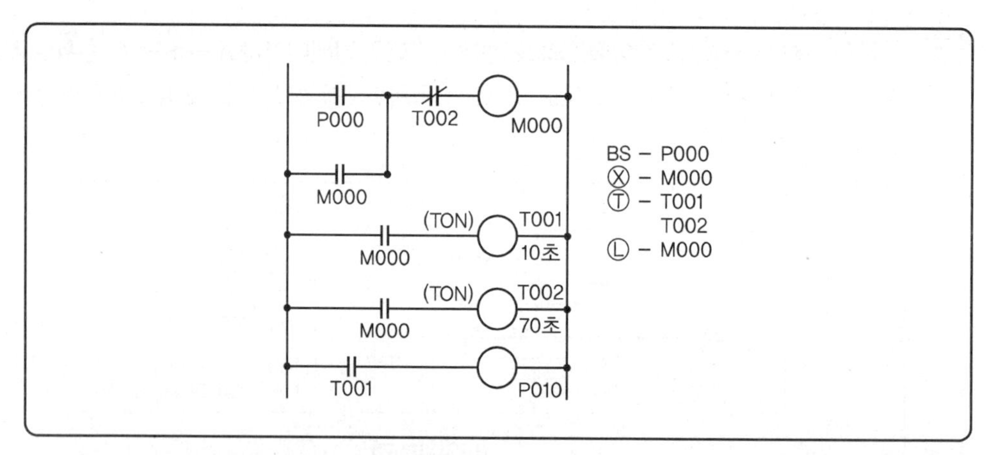

스텝	명령	번지
0000	LOAD	P000
0001	①	㉮
0002	②	㉯
0003	OUT	㉰
0004	③	M000
0005	TMR	㉱
0006	〈DATA〉	100
0008	④	㉲
0009	⑤	T002
0010	〈DATA〉	700
0012	LOAD	㉳
0013	⑥	P010

해답 ① OR　　㉮ M000
② AND NOT　　㉯ T002
③ LOAD　　㉰ M000
④ LOAD　　㉱ T001
⑤ TMR　　㉲ M000
⑥ OUT　　㉳ T001

17 그림의 PLC 시퀀스의 프로그램에서 잘못된 곳이 3군데 있다. 찾아서 스텝 수를 밝히고 답란에 수정하시오.(여기서 입력 시작(STR), 출력(OUT), AND, OR, NOT, 그룹 간 접속(AND STR, OR, STR)의 명령어를 사용한다.)

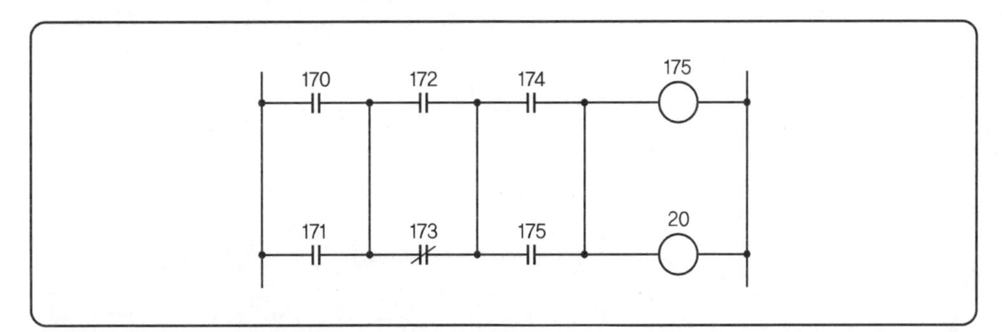

step	op	add	step	op	add
0	STR	170	5	AND	174
1	OR	171	6	OR	175
2	AND	172	7	AND STR	–
3	OR NOT	173	8	OUT	175
4	OR	–	9	OUT	20

해답

step	op	add	step	op	add
0	STR	170	5	STR	174
1	OR	171	6	OR	175
2	STR	172	7	AND STR	–
3	OR NOT	173	8	OUT	175
4	AND STR	–	9	OUT	20

18 그림과 같은 PLC 시퀀스의 프로그램을 표의 차례 1~9에 알맞은 명령어를 각각 쓰시오.(여기서 시작 입력 STR, 출력 OUT, 직렬 AND, 병렬 OR, 부정 NOT, 그룹 병렬 OR STR의 명령을 사용한다.)

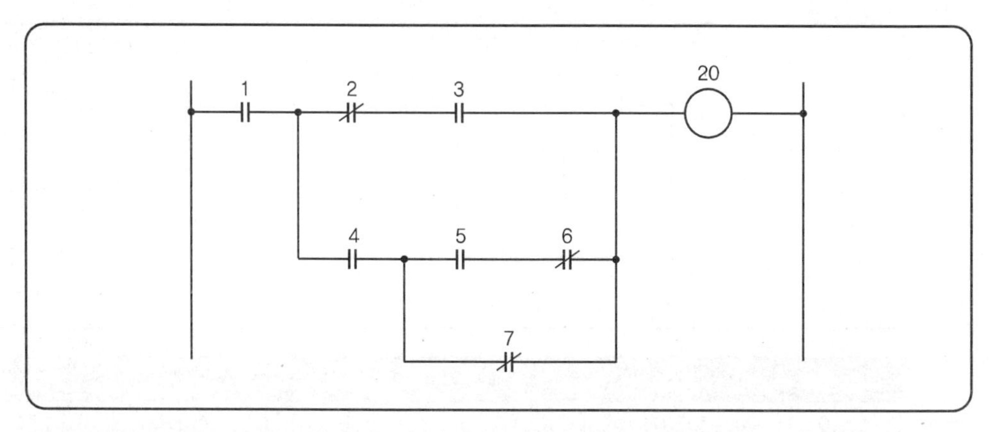

차례	명령	번지	차례	명령	번지
0	STR	1	6		7
1		2	7		–
2		3	8		–
3		4	9		–
4		5	10	OUT	20
5		6			

해답

차례	명령	번지	차례	명령	번지
0	STR	1	6	OR NOT	7
1	STR NOT	2	7	AND STR	–
2	AND	3	8	OR STR	–
3	STR	4	9	AND STR	–
4	STR	5	10	OUT	20
5	AND NOT	6			

19 다음은 PLC 래더 다이어그램에 의한 프로그램이다. 아래의 명령어를 활용하여 각 스텝에 알맞은 내용으로 프로그램을 입력하시오.

[명령어]

- 입력 a접점 : LD
- 직렬 a접점 : AND
- 병렬 a접점 : OR
- 블록 간 병렬접속 : OB
- 입력 b접점 : LDI
- 직렬 b접점 : ANI
- 병렬 b접점 : ORI
- 블록 간 직렬접속 : ANB

P_{01} P_{02} P_{03} P_{04} G_{01}
P_{04} P_{05}

STEP	명령어	번지
1	LDI	P_{01}
2		
3		
4		
5		
6		
7		
8		
9	OUT	G_{01}

해답

STEP	명령어	번지
1	LDI	P_{01}
2	ANI	P_{02}
3	LD	P_{03}
4	ANI	P_{04}
5	LDI	P_{04}
6	AND	P_{05}
7	OB	–
8	ANB	–
9	OUT	G_{01}

20 그림은 Y - △ 기동회로의 일부분이다. P010은 모선 접속, P011은 Y 기동용이며, 7초 후 P012로 △ 운전되며, 운전 시 타이머 기구는 복구된다. 여기서 BS_1 기능은 P001이다. 물음에 답하시오.

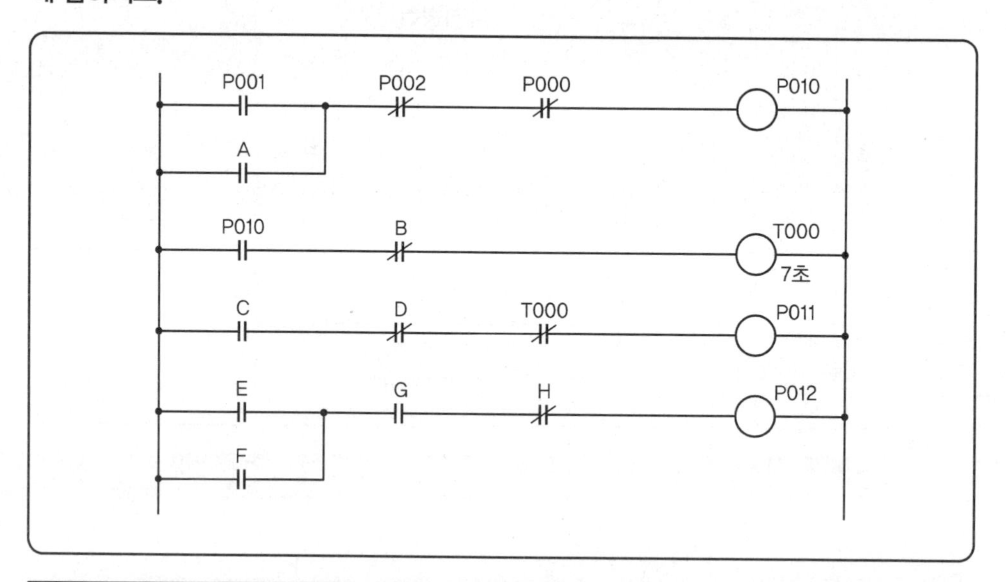

스텝	명령	번지	스텝	명령	번지
생략	LOAD	P001	생략	LOAD	C
	㉮	A		AND NOT	D
	AND NOT	P002		㉰	T000
	AND NOT	P000		㉱	P011
	OUT	P010		LOAD	E
"	㉯	P010	"	OR	F
	AND NOT	B		AND	G
	TMR	T000		AND NOT	H
	DATA	70		OUT	P012

1. A~F에 알맞은 번지를 쓰시오.
2. ㉮~㉱에 알맞은 명령어를 쓰시오.
3. A~H 중 유지 기능으로 사용된 것 1개만 쓰시오.
4. A~H 중 인터로크 기능으로 사용된 것 1개만 쓰시오.
5. A~H 중 정지 기능으로 사용된 것 1개만 쓰시오.
6. A~H 중 P001과 같이 기동 기능이 있는 것 1개를 쓰시오.
7. 회로 전체를 정지시킬 수 있는 기능이 있는 기구의 번지를 2개 쓰시오.
8. ─╫─과 같은 기능의 릴레이(타이머) 접점을 그리시오.

해답 **1** A : P010, B : P012, C : P010, D : P012, E : T000, F : P012, G : P010, H : P011

2 ㉮ OR, ㉯ LOAD, ㉰ AND NOT, ㉱ OUT

3 A

4 D

5 B

6 E

7 P002, P000

8 

memo

ENGINEER ELECTRIC WORK

과년도 기출문제

국가기술자격 실기시험 문제 및 답안지

20○○년도 공사기사 제○회 필답형 실기시험

종목	시험시간	배점	문제수	형별
전기공사기사	2시간 30분	100점		

수험자 유의사항

1. 시험문제지를 받는 즉시 응시하고자 하는 종목의 문제지가 맞는지 여부를 확인하여야 합니다.
2. 시험문제지 총면수・문제번호 순서・인쇄상태 등을 확인하고, 수험번호 및 성명은 답안지 매 장마다 기재하여야 합니다.
3. 수험자 인적사항 및 답안작성(계산식 포함)은 흑색 또는 청색 필기구만 사용하되, 동일한 한가지 색의 필기구만 사용하여야 하며 흑색, 청색을 제외한 유색 필기구 또는 연필류를 사용하거나 2가지 이상의 색을 혼합 사용하였을 경우 그 문항은 0점 처리됩니다.
4. 답란에는 문제와 관련 없는 불필요한 낙서나 특이한 기록사항 등을 기재하여서는 안 되며 부정의 목적으로 특이한 표식을 하였다고 판단될 경우에는 모든 문항이 0점 처리됩니다.
5. 답안을 정정할 때에는 반드시 정정부분을 두 줄(=)로 그어 표시하여야 하며, 두 줄로 긋지 않은 답안은 정정하지 않은 것으로 간주합니다.(수정테이프, 수정액 사용불가)
6. 계산문제는 반드시 「계산과정」과 「답」란에 계산과정과 답을 정확히 기재하여야 하며 계산과정이 틀리거나 없는 경우 0점 처리됩니다.(단, 계산연습이 필요한 경우는 연습란을 이용하여야 하며, 연습란은 채점대상이 아닙니다.)
7. 계산문제는 최종 결과 값(답)에서 소수 셋째 자리에서 반올림하여 둘째 자리까지 구하여야 하나 개별문제에서 소수처리에 대한 요구사항이 있을 경우 그 요구사항에 따라야 합니다.(단, 문제의 특수한 성격에 따라 정수로 표기하는 문제도 있으며, 반올림한 값이 0이 되는 경우는 첫 유효숫자까지 기재하되 반올림하여 기재하여야 합니다.)
8. 답에 단위가 없으면 오답으로 처리됩니다.(단, 문제의 요구사항에 단위가 주어졌을 경우는 생략되어도 무방합니다.)
9. 문제에서 요구한 가지 수(항수) 이상을 답란에 표기한 경우에는 답란기재 순으로 요구한 가지 수(항수)만 채점하여 한 항에 여러 가지를 기재하더라도 한 가지로 보며 그중 정답과 오답이 함께 기재되어 있을 경우 오답으로 처리됩니다.
10. 한 문제에서 소문제로 파생되는 문제나, 가지수를 요구하는 문제는 대부분의 경우 부분배점을 적용합니다.
11. 부정 또는 불공정한 방법으로 시험을 치른 자는 부정행위자로 처리되어 당해 검정을 중지 또는 무효로 하고, 3년간 국가기술 자격검정의 응시자격이 정지됩니다.
12. 복합형 시험의 경우 시험의 전 과정(필답형, 작업형)을 응시하지 않은 경우 채점대상에서 제외합니다.
13. 저장용량이 큰 전자계산기 및 유사 전자제품 사용 시에는 반드시 저장된 메모리를 초기화한 후 사용하여야 하며, 시험위원이 초기화 여부를 확인할 시 협조하여야 합니다. 초기화되지 않은 전자계산기 및 유사 전자제품을 사용하여 적발 시에는 부정행위로 간주합니다.
14. 시험위원이 시험 중 신분확인을 위하여 신분증과 수험표를 요구할 경우 반드시 제시하여야 합니다.
15. 시험 중에는 통신기기 및 전자기기(휴대용 전화기 등)를 지참하거나 사용할 수 없습니다.
16. 문제 및 답안(지), 채점기준은 일체 공개하지 않습니다.
17. 국가기술자격 시험문제는 일부 또는 전부가 저작권법상 보호되는 저작물이고, 저작권자는 한국산업인력공단입니다. 문제의 일부 또는 전부를 무단 복제, 배포, 출판, 전자출판 하는 등 저작권을 침해하는 일체의 행위를 금합니다.

※ 수험자 유의사항 미준수로 인한 채점상의 불이익은 수험자 본인에게 책임이 있음

2014년도 1회 시험

과년도 기출문제

01 수 · 변전설비에서 전력용 콘덴서 설치 시 어떤 효과가 있는지 4가지를 쓰시오.

해답 ① 전력요금 경감
② 전력손실 저감
③ 설비 용량의 여유 증가
④ 전압 강하 경감

TIP
➤ 전력용 콘덴서 설치 목적
역률 개선

02 3상 4선식 380/220[V]에서 3상 동력부하와 단상 전등 부하를 동시에 사용 가능한 방식으로 불평형 부하의 한도는 단상접속부하로 계산하여 설비불평형률을 30[%] 이하로 하는 것을 원칙으로 한다. 이 경우 설비불평형률을 식으로 나타내시오.

해답 설비불평형률

$$= \frac{\text{각 간선에 접속되는 단상부하 총 설비용량[kVA]의 최대와 최소의 차}}{\text{총 부하 설비용량의 } 1/3} \times 100[\%]$$

TIP
① 단상 3선식에서의 설비불평형률

$$\text{설비불평형률} = \frac{\text{중성선과 각 전압 측 선간에 접속되는 부하 설비용량[kVA]의 차}}{\text{총 부하 설비용량의 } 1/2} \times 100[\%]$$

② 3상 4선식에서의 설비불평형률

$$\text{설비불평형률} = \frac{\text{각 전선에 접속되는 단상부하 총 설비용량[kVA]의 최대와 최소의 차}}{\text{총 부하 설비용량의 } 1/3} \times 100[\%]$$

03 3상 4선식 특고압 수전 수용가인 어떤 건물의 총 부하설비가 3,400[kW], 수용률 0.6일 때, 이 수용가에 필요한 3상 변압기의 용량을 선정하시오.(단, 역률은 85[%], 부하 상호 간 부등률은 1.2로 한다.)

해답 계산 : $P = \dfrac{3{,}400 \times 0.6}{1.2 \times 0.85} = 2{,}000[\text{kVA}]$

답 2,000[kVA] 선정

TIP

$$변압기용량 = \frac{설비\ 용량[kW] \times 수용률}{역률 \times 부등률}[kVA]$$

04 송 · 배전선 이도설계 시 부하계수를 정의하고, 전선의 자중, 합성하중, 방설하중, 풍압하중 등을 이용하여 부하계수를 구하는 계산식을 쓰시오.(단, W : 합성하중, W_i : 전선의 자중, W_c : 빙설 중량, W_p : 풍압하중이다.)

1 부하계수

2 계산식

해답 1 부하계수 : 합성하중에 대한 전선 자중의 비

2 계산식 $= \dfrac{W}{W_i} = \dfrac{\sqrt{(W_i + W_c)^2 + {W_p}^2}}{W_i}$

TIP

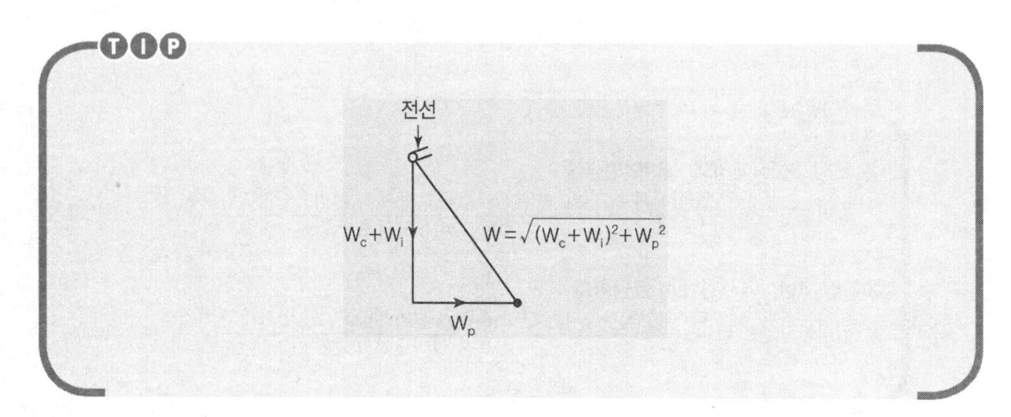

05 그림과 같이 전선관을 지중에 매설하려고 한다. 터파기(흙파기)량은 얼마인가?(단, 매설 거리는 50[m]이고, 전선관의 면적은 무시한다.)

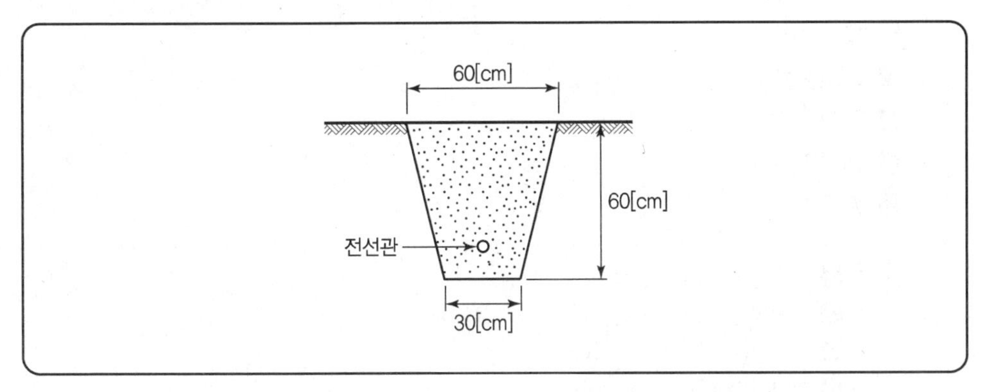

해답 계산 : 줄기초파기이므로

$$V_o = \frac{0.6+0.3}{2} \times 0.6 \times 50 = 13.5[m^3]$$

답 $13.5[m^3]$

TIP

① $V_o = \frac{A+B}{2} \times hL$

② 단위는 $[m^3]$

06 **건축물(공공기관 등)에서 전기공사의 물량 산출 시 다음 재료의 할증률은 몇 [%] 이내로 하여야 하는지 쓰시오.**

1 옥내전선
2 옥외전선
3 전선관(옥외)
4 전선관(옥내)
5 트롤리선

해답 1 옥내전선 : 10[%] 이하
2 옥외전선 : 5[%] 이하
3 전선관(옥외) : 5[%] 이하
4 전선관(옥내) : 10[%] 이하
5 트롤리선 : 1[%] 이하

TIP

종류	할증률[%]	철거손실률[%]
옥외전선	5	2.5
옥내전선	10	–
Cable(옥외)	3	1.5
Cable(옥내)	5	–
전선관(옥외)	5	–
전선관(옥내)	10	–
Trolley 선	1	–
동대, 동봉	3	1.5

※ 철거손실률이란 전기설비공사에서 철거작업 시 발생하는 폐자재를 환입할 때 재료의 파손, 손실, 망실 및 일부 부식 등에 의한 손실률을 말함

07 다음 표는 서지흡수기(SA)의 적용범위에 대한 것이다. 괄호 안에 적용범위를 '적용' 또는 '불필요'로 나타내시오.

차단기 종류 / 전압등급 / 2차 보호기기		VCB				
		3[kV]	6[kV]	10[kV]	20[kV]	30[kV]
전동기		적용	(①)	적용	–	–
변압기	유입식	(②)	불필요	불필요	불필요	불필요
	몰드식	적용	적용	적용	(③)	적용
	건식	적용	적용	적용	(④)	적용
콘덴서		불필요	불필요	불필요	불필요	(⑤)
변압기와 유도기기 혼용 시		적용	(⑥)	–	–	–

해답 ① 적용 ② 불필요 ③ 적용 ④ 적용 ⑤ 불필요 ⑥ 적용

TIP

➤ 내선규정 3260－3 서지흡수기의 적용

차단기 종류 / 전압등급 / 2차 보호기기		VCB				
		3[kV]	6[kV]	10[kV]	20[kV]	30[kV]
전동기		적용	적용	적용	–	–
변압기	유입식	불필요	불필요	불필요	불필요	불필요
	몰드식	적용	적용	적용	적용	적용
	건식	적용	적용	적용	적용	적용
콘덴서		불필요	불필요	불필요	불필요	불필요
변압기와 유도기기 혼용 시		적용	적용	–	–	–

※ 상기 표에서와 같이 VCB 사용 시 반드시 서지흡수기를 설치하여야 하나 VCB와 유입변압기 사용 시에는 설치하지 않아도 된다.

08 그림과 같은 계통보호용 과전류 계전기를 정정하기 위한 단락전류 등을 산출하는 절차이다. 주어진 물음에 답하시오.

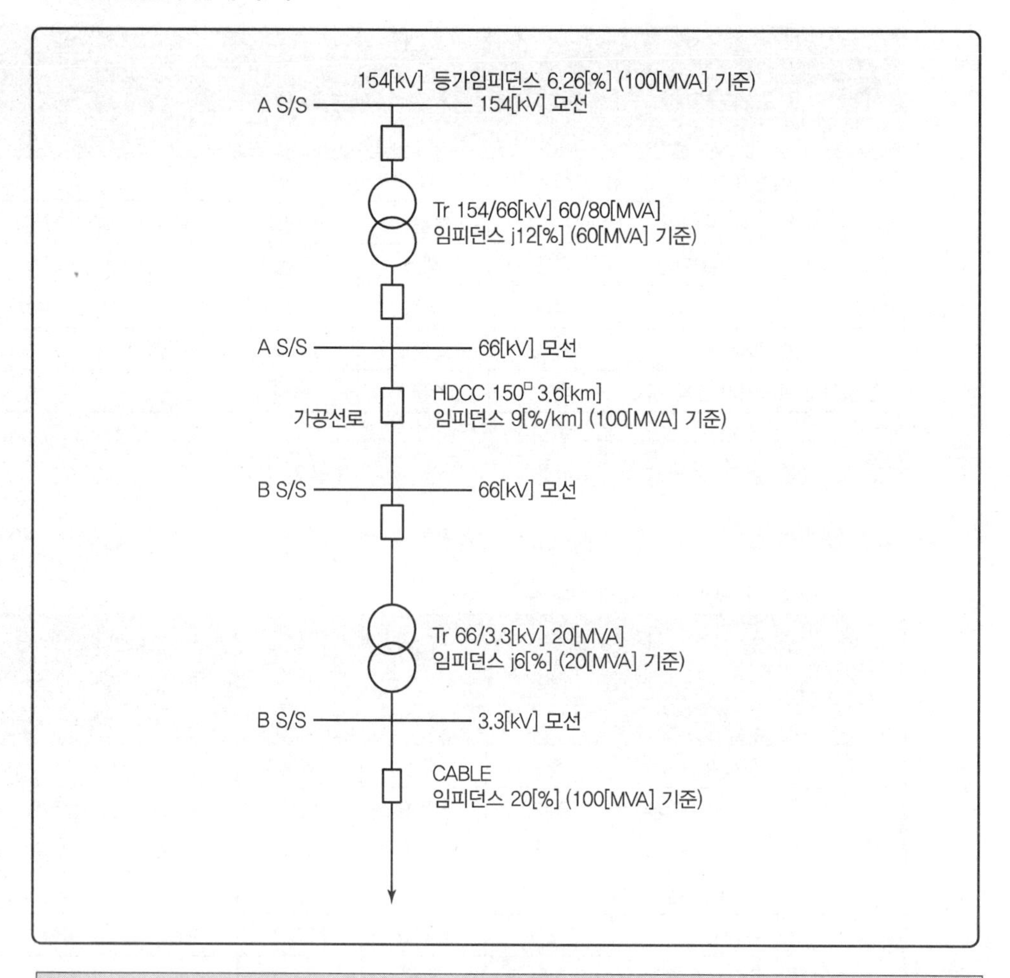

[조건]

- A변전소 154[kV] 모선의 전원등가 임피던스는 6.26[%]이다.
- 회로의 [%] 임피던스는 편의상 모두 리액턴스분으로만 간주한다.
- 그림상에 표시되지 않은 임피던스는 무시한다.

1 다음 그림은 100[MVA] 기준으로 환산한 등가 임피던스 도면이다. (　　) 속의 값은 얼마인가?

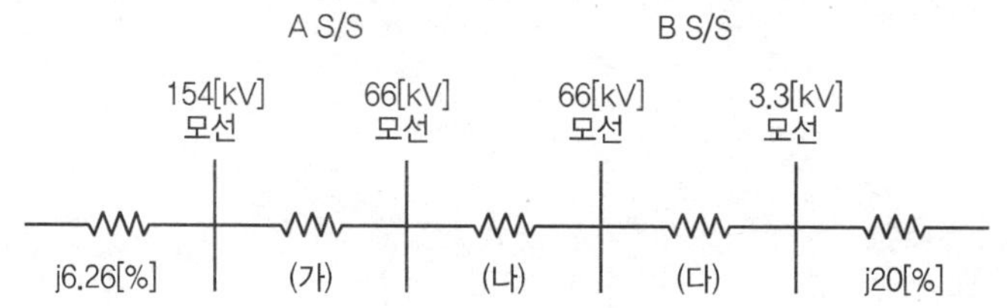

해답 **1** (가) $j12 \times \frac{100}{60} = j20[\%]$

(나) $j9 \times 3.6 = j32.4[\%]$

(다) $j6 \times \frac{100}{20} = j30[\%]$

TIP

$\%Z(\text{변환값}) = \frac{\text{기준용량}}{\text{자기용량}} \times \%Z(\text{현재 값})$

09 3상 3선 380[V] 회로에 전열기 15[A]와 전동기 2.2[kW], 역률 85[%], 전동기 3.75[kW], 역률 80[%], 전동기 7.5[kW], 역률 95[%]가 있다. 간선의 허용전류를 계산하시오.

※ KEC 규정에 따라 삭제

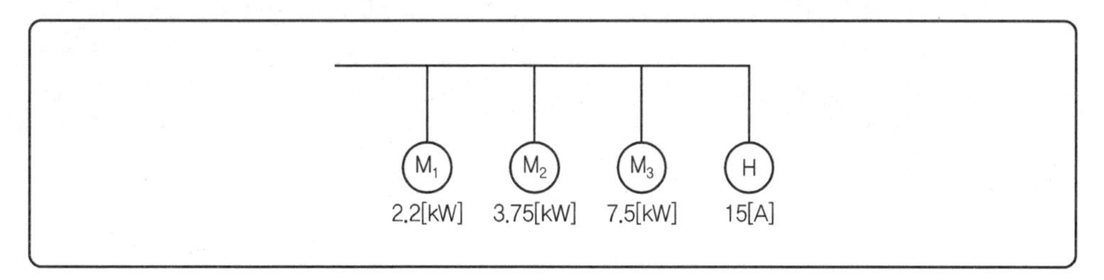

10 수용가 인입구의 전압이 22.9[kV], 주 차단기의 차단 용량이 250[MVA]이다. 10[MVA], 22.9/3.3[kV] 변압기의 임피던스가 5.5[%]일 때, 변압기 2차 측에 필요한 차단기 용량을 다음 표에서 산정하시오.

| 차단기 정격용량[MVA] |

10	20	30	50	75	100	150	250	300	400	500	750	1,000

해답 계산 : 기준 용량은 10[MVA]로 하면

• 전원 측 %Z

$P_s = \frac{100}{\%Z} P$

여기서, P_s : 차단기 용량

P : 전원 측 기준 용량

$\%Z = \frac{100}{250} \times 10 = 4[\%]$

- 변압기의 $\%Z_{TR} = 5.5[\%]$
- 합성 $\%Z = \%Z + \%Z_{TR} = 4 + 5.5 = 9.5[\%]$

차단기의 차단용량$= \dfrac{100}{\%Z}P = \dfrac{100}{9.5} \times 10 = 105.26[MVA]$

답 150[MVA]

TIP

기준 용량이 없는 경우 변압기 용량을 기준으로 한다.

11 다음 설명의 괄호 안(①~④)에 적합한 전선의 굵기를 써 넣으시오.

"저압 옥내배선에 사용하는 전선은 단면적 (①)[mm^2] 이상의 연동선 또는 전선의 단면적 (②)[mm^2] 이상의 미네랄 인슐레이션(MI)케이블이어야 한다. 다만, 옥내배선의 사용전압이 400[V] 미만의 경우로 전광표시 장치, 출퇴표시등, 기타 이와 유사한 장치 또는 제어회로 등의 배선에는 단면적 (③)[mm^2] 이상의 연동선 또는 (④)[mm^2] 이상의 다심케이블 또는 다심캡타이어케이블을 사용한다."

해답 ① 2.5　② 1　③ 1.5　④ 0.75

12 강제 전선관의 치수에서 후강전선관의 호칭(규격) 10가지를 쓰시오.

해답 16, 22, 28, 36, 42, 54, 70, 82, 92, 104

TIP

➤ 금속관의 종류

종류	관의 호칭[mm]
후강전선관	16, 22, 28, 36, 42, 54, 70, 82, 92, 104(10종)
박강전선관	19, 25, 31, 39, 51, 63, 75(7종)

13 자가용수전설비에서 사용하는 보호계전기의 약호와 명칭 4가지를 쓰시오.

해답 ① OCR : 과전류 계전기
② OCGR : 지락과전류 계전기
③ UVR : 부족전압 계전기
④ OVR : 과전압 계전기

TIP
- OVGR : 지락과전압 계전기
- RDFR : 비율차동 계전기
- GR : 지락 계전기

14 다음 설명에 대한 철탑의 명칭을 쓰시오.

1 전선로의 직선 부분(3도 이하)에 사용하는 철탑
2 전선로 중 수평각도가 3도를 넘고 30도 이하인 곳에 사용하는 철탑
3 전가섭선을 인류하는 곳에 사용하는 철탑
4 계곡, 하천 등을 횡단하는 철탑으로, 직선형 철탑이 10기마다 1기의 비율로 설치되는 철탑

해답 1 직선형
2 각도형
3 인류형
4 내장형

15 다음 그림은 지지물에 대한 기호이다. 명칭을 주어진 답안지에 쓰시오.

1 
2
3 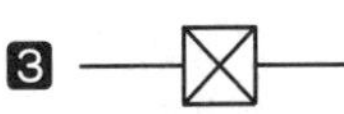
4

해답 1 철주
2 철근 콘크리트주
3 철탑
4 지선

16 다음 그림은 지중전선로에 사용하는 두 개의 맨홀 사이에 200[mm] PVC 전선관 3열을 설치하고 6.6[kV]1C 150[mm^2] 케이블을 각 열에 3조씩 포설하는 경우 공사에 소요되는 공구 손료를 포함한 직접 인건비계를 참고 자료를 이용하여 산출하시오.(단, ① 토목 공사는 고려하지 않으며, 인공 계산은 소수 셋째 자리까지만 구하며, 인건비는 원 이하는 버린다. ② 계산 과정을 모두 답안지에 기입하여야 한다. 고압 케이블 전공 노임은 18,900원이며 보통 인부 노임은 8,150원, 배관공 노임은 20,050원이다.)

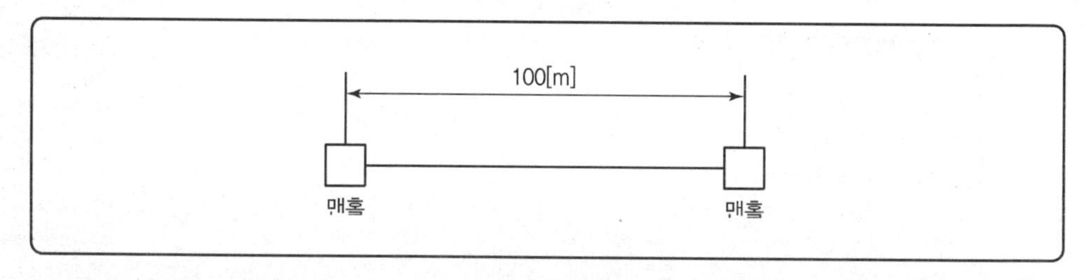

[참고 자료]

| 표 1. 전력 케이블 신설 | (km당)

PVC 고무절연 외장케이블류		케이블공	보통인부
저압 5.5[mm^2] 이하 3심		10	10
14	〃	11	11
22	〃	14	11
38	〃	15	14
60	〃	17	17
100	〃	23	22
150	〃	29	29
200	〃	35	34
325	〃	50	49
400[mm^2] 이하 단심		25	25
500	〃	27	27
600	〃	31	31
800	〃	38	38
1,000	〃	45	45

[해설]
① 드럼 다시 감기 소운반품 포함
② 지하관 내 부설기준, Cu, Al 도체 공용
③ 트러프 내 설치 110[%], 2심 70[%], 단심 50[%], 직매 80[%](장애물 없을 때)
④ 가공 케이블(조가선 불포함, Hanger품 불포함)은 이 품의 130[%]
⑤ 연피 및 벨트지 케이블은 이 품의 120[%], 강대개장 150[%], 수저케이블 200[%], 동심중성선형케이블(CNCV) 110[%]
⑥ 가공 시 이도 조정만 할 때는 가설품의 20[%]
⑦ 철거 50[%], 재사용 철거(단, 드럼감기품 포함) 90[%]
⑧ 단말처리, 직선접속 및 접지공사 불포함(600V 8[mm^2] 이하의 단말처리 및 직선접속품 포함)
⑨ 관내 기설케이블 정리가 필요할 때는 10[%] 가산

⑩ 선로 횡단개소 및 커브 개소에는 개소당 0.056인 가산
⑪ 케이블만의 임시부설 30[%]
⑫ 터파기, 되메우기, 트러프관 설치품 제외
⑬ 2열 동시 180[%], 3열 260[%], 4열 340[%], 수저부설 200[%]
⑭ 단심케이블을 동일 공내에서 2조 이상 포설 시 1조 추가마다 이 품의 80[%]씩 가산(관로식일 경우만 해당)
⑮ 송 · 배전 전력케이블 포설 시 구내 부분은 이 품에 50[%] 가산
⑯ 전압에 대한 가산율 적용
600[V] 이하 0[%]
3.3[kV] 〃10[%] 증
6.6[kV] 〃20[%] 〃
11[kV] 〃 30[%] 〃
22[kV] 〃 50[%] 〃
66[kV] 〃 80[%] 〃
⑰ 공동구(전력구 포함)의 경우는 이 품의 125[%] 적용
⑱ 사용케이블의 공칭전압에 따라 케이블공 직종을 구분 적용함

| 표 2. 강관부설 | (m당)

강관	배관공
ϕ75[mm] 이하	0.13
ϕ100[mm] 이하	0.152
ϕ150[mm] 이하	0.188
ϕ200[mm] 이하	0.222
ϕ250[mm] 이하	0.299
ϕ300[mm] 이하	0.330

[해설]
① 5－34~37까지 이 해설을 적용하며 터파기, 되메우기 및 잔토처리는 별도 계상. 이때 잔토처리를 현장 밖으로 처리할 경우 운반비 및 적상, 적하비용을 별도 계한다.
② 반매입, 지표식, 지중식을 공히 준용함
③ 철거 50[%]
④ 2열 동시 180[%], 3열 260[%], 4열 340[%], 6열 420[%], 8열 500[%], 10열 580[%]
⑤ 접합품 포함
⑥ PVC관은 강관의 60[%]
⑦ 이 공사에 부수되는 토건공사 품셈 적용 시 지세별 할증률 적용

해답 ① PVC전선관 : 표 2에서 배관공 : $0.222\times100\times2.6\times0.6=34.632$[인]

② 케이블전선 : 표 1에서

케이블공 : $\dfrac{100}{1,000}\times29\times0.5(1+0.8+0.8)\times1.2\times2.6=11.762$[인]

보통인부 : $\dfrac{100}{1,000}\times29\times0.5(1+0.8+0.8)\times1.2\times2.6=11.762$[인]

인건비 : 34.632×20,050원+11.762×18,900원+11.762×8,150원=1,012,530[원]

공구 손류 : 인건비×0.03=1,012,530×0.03=30,370[원]

인건비 합계 : 1,012,530+30,370=1,042,900[인]

TIP

① 표 2에서 배관공 0.222[인] / 3열 260[%] / PVC 60[%] 적용
② 표 1에서 각각 인공 29[인] / 단심 50[%] / 3조 260[%] / 3열 260[%] / 전압 할증 20[%] 적용

17 다음 문제의 접지공사를 답하시오. ※ KEC 규정에 따라 삭제

1. 고압용 금속제 케이블트레이 계통의 금속트레이
2. 에스컬레이터 내의 관등회로 배선으로 전선과 접촉하는 금속제의 조영재
3. 옥측 또는 옥외에 시설하는 관등회로의 사용전압이 1,000[V] 이하의 방전등
4. 400[V] 이상의 가요전선관 배선에 사용하는 가요전선관으로서 사람의 접촉 우려가 없는 경우
5. 다심형 전선을 사용하는 경우의 중성선 또는 접지 측 전선용으로서 절연물로 피복하지 아니한 도체

18 그림은 벨트 컨베이어 회로의 일부이다. FF는 $\overline{R}\overline{S}$ – latch SMC는 IC소자이다. BS_1으로 벨트 $B_1(MC_1)$이 가동하고 t_1초 후에 벨트 $B_2(MC_2)$가 움직이며 BS_2로 벨트 $B_3(MC_3)$이 움직인다. 또, BS_3으로 벨트 B_3이 정지하고, t_2초 후에 벨트 B_2가 정지하며 BS_4로 B_1 벨트가 정지한다. 다음 물음에 답하여라.(단, BS는 "L" 입력형이다.)

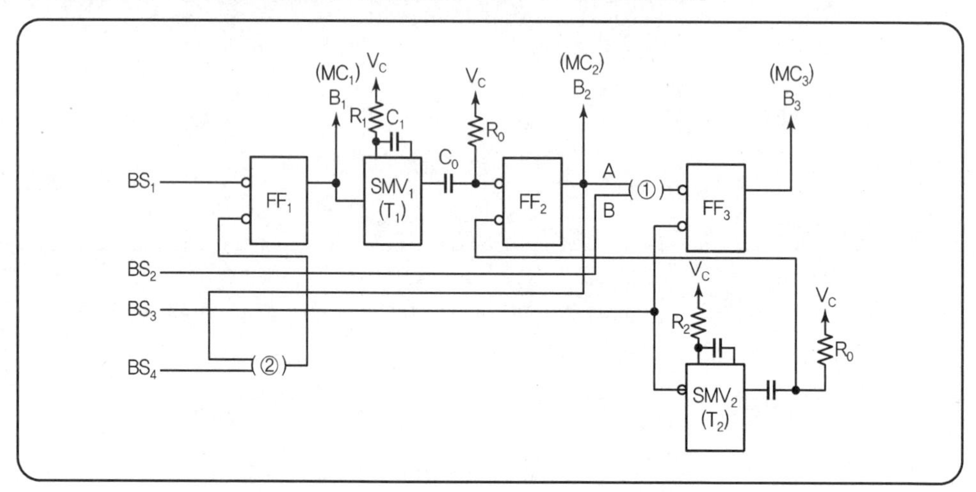

1. 그림의 ①, ②에 알맞은 논리 기호를 예시와 같이 그리시오.
   (예 :)
2. 공정 순서를 예시($B_2 - B_1 - B_3$)와 같이 쓰시오.

3 $R_1 = 500[k\Omega]$, $C_1 = 50[\mu F]$, 상수 0.6일 때 t_1은 몇 초인가?

4 $\overline{R}\,\overline{S}-$latch 회로(FF)를 NAND 회로( ) 2개로 나타내시오.

해답

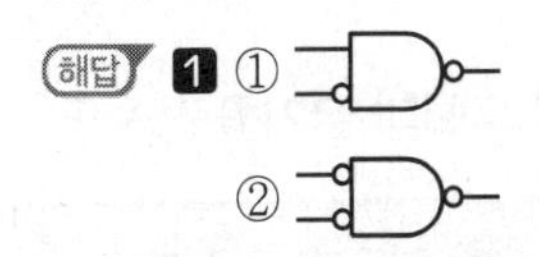

2 운전 : $B_1 - B_2 - B_3$

정지 : $B_3 - B_2 - B_1$

3 15[초]

4

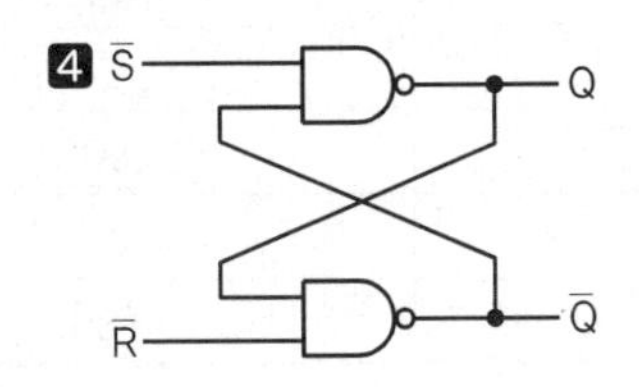

TIP

① 컨베이어의 기동 순서와 정지 순서(공정 순서)는 반대이어야 한다.

② 설정 시간은 $t = KCR$[초]이다. 따라서 $t = 0.6 \times 500 \times 10^3 \times 50 \times 10^{-6} = 15$[sec]

↘ 전기공사기사

2014년도 2회 시험 과년도 기출문제

01 **다음은 애자와 전선의 굵기이다. 괄호 안에 알맞은 사용전선의 최대 굵기를 쓰시오.**

애자의 종류		전선의 최대 굵기[mm^2]
놉 애자	소	(①)
	중	(②)
	대	(③)
	특대	(④)
인류 애자	특대	(⑤)
핀 애자	소	50
	중	95
	대	185

해답 ① 16　② 50
③ 95　④ 240
⑤ 25

02 **다음 옥내 배선 심벌에 대한 명칭을 설명하시오.**

1 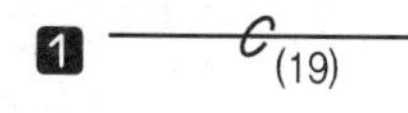

2 ―――///――― NR10□(28)

해답 **1** 19[mm] 박강전선관으로 전선관 내에 전선이 없음
2 28[mm] 후강전선관에 10[mm^2] NR전선 3가닥을 천장은폐 배선 공사로 넣음

TIP

① ――――― : 천장 은폐 배선

② ―――――( ) : 전선관 ┌ 홀수 : 박강전선관
　　　　　　　　　　└ 짝수 : 후강전선관

③ ―――///――― : 가닥수

④ 10□ : 10[mm^2]

03 출력 릴레이 X가 보조 릴레이 접점 A, B, C의 함수로서 다음 논리식으로 주어진다. 릴레이 시퀀스, 로직 시퀀스 및 NOR gate만을 사용한 로직 시퀀스를 각각 그리시오.

논리식 : $X = (A+B)(C+\overline{B}\cdot\overline{C})$

❶ 릴레이 시퀀스를 그리시오.

❷ 로직 시퀀스를 그리시오.

A ○——

B ○——

C ○——

❸ NOR gate만을 사용한 로직 시퀀스를 그리시오.

A ○——

B ○——

C ○——

해답 ❶ 릴레이 시퀀스

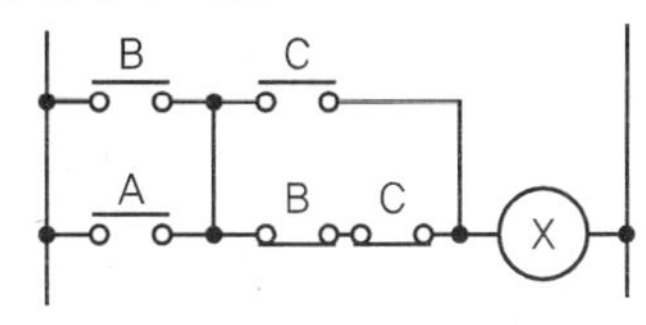

❷ 로직 시퀀스

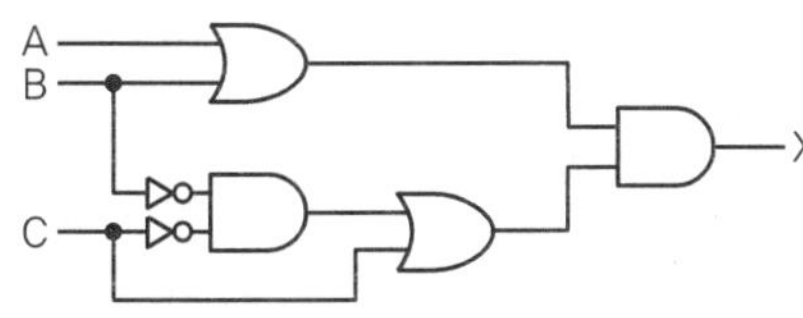

❸ NOR gate

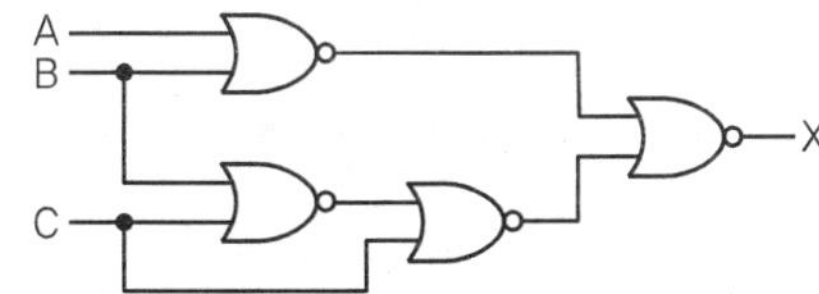

04 SF_6 가스 차단기에 대한 특징을 3가지만 쓰시오.

해답 ① 밀폐구조이므로 소음이 적다.
② 절연내력이 우수하다.
③ 변전소는 소형화할 수 있다.

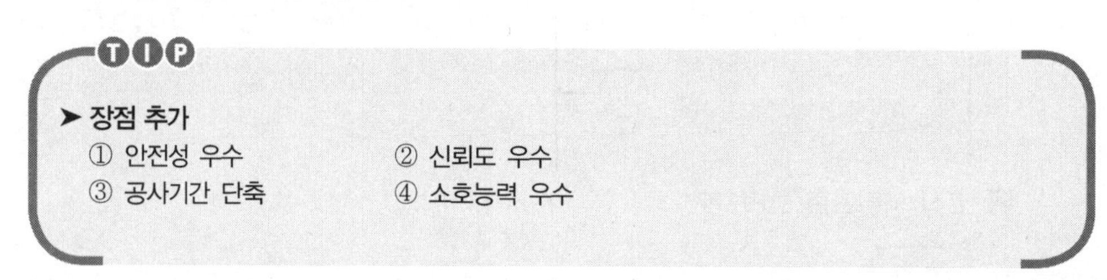
TIP

➤ 장점 추가

① 안전성 우수　　② 신뢰도 우수
③ 공사기간 단축　　④ 소호능력 우수

05 3상 3선, 380[V] 회로에 그림과 같이 부하가 연결되어 있다. 다음 물음에 답하시오.(단, 전동기의 평균 역률은 80[%]이다.) ※ KEC 규정에 따라 삭제

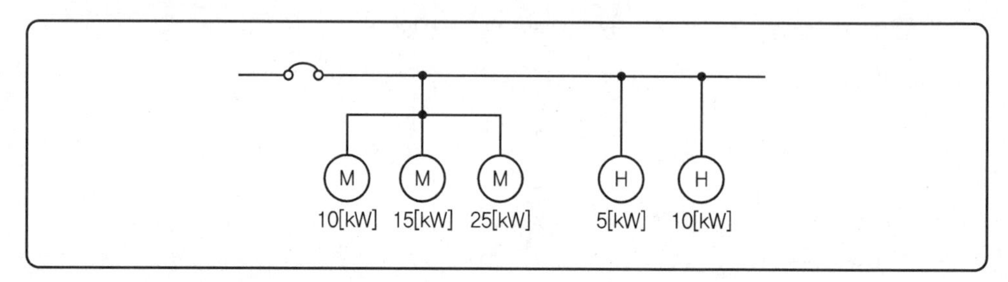

1 간선의 허용전류[A]를 구하시오.
2 과전류 차단기의 정격전류[A]를 구하시오.

06 다음은 PLC프로그램의 Ladder도를 Mnemonic으로 변환하여 나타낸 것이다. 이때, 프로그램상의 빈칸을 채우시오.(단, 명령어는 LD(논리연산 시작), AND(직렬), OR(병렬), NOT(부정), OUT(출력), D(Positive Pulse), MCS(Master Control Set), MCSCLR(Master Control Set Clear)로 한다.)

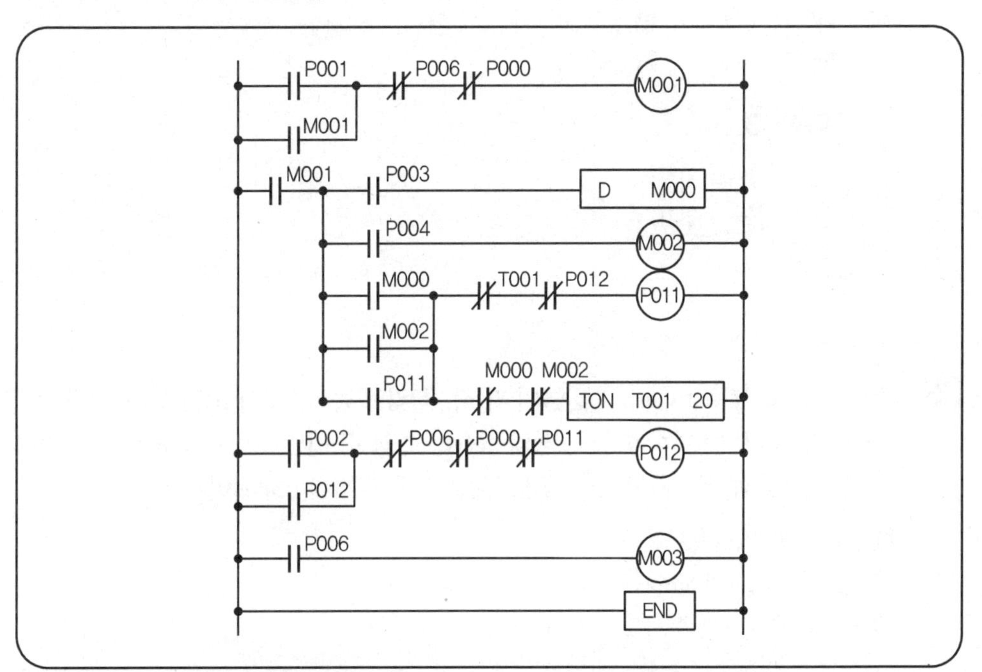

스텝	명령어	디바이스	스텝	명령어	디바이스	스텝	명령어	디바이스
0	①	P001	11	LD	M000	23	⑧	P002
1	②	M001	12	⑤	M002	24	OR	P012
2	AND NOT	P006	13	OR	⑥	25	⑨	P006
3	AND NOT	P000	14	AND NOT	T001	26	AND NOT	P000
4	OUT	M001	15	AND NOT	P012	27	AND NOT	P011
5	LD	M001	16	OUT	P011	28	OUT	⑩
6	MCS		17	AND NOT	M000	29	LD	P006
7	LD	P003	18	AND NOT	M002	30	OUT	M003
8	D	③	19	⑦	T001	31	END	
9	LD	P004			20			
10	OUT	④	22	MCSCLR				

해답 ① LD ② OR ③ M000 ④ M002 ⑤ OR
⑥ P011 ⑦ TON ⑧ LD ⑨ AND NOT ⑩ P012

Engineer Electric Work

07 다음 차단기의 명칭을 쓰시오.

❶ MCCB ❷ VCB ❸ ACB
❹ ABB ❺ MBB

해답 ❶ 배선용 차단기 ❷ 진공 차단기 ❸ 기중 차단기
❹ 공기 차단기 ❺ 자기 차단기

TIP

- MCCB : 배선용 차단기
- NFB : 배선용 차단기

08 가로 12[m], 세로 15[m], 천장높이 3[m], 작업면 높이 0.85[m]인 곳에 작업면의 조도를 300[lx]로 하기 위하여 형광등 1등의 광속이 2,940[lm]인 40[W] 형광등을 설치하고자 한다. 다음 물음에 답하시오.(단, 감광보상률 1.3, 조명률 63[%]이다.)

❶ 실지수를 계산하시오.
❷ 소요 등수를 계산하시오.
❸ 공간비율을 계산하시오.

해답 ❶ 계산 : 실지수 $K = \frac{X \cdot Y}{H(X+Y)} = \frac{12 \times 15}{(3-0.85)(12+15)} = 3.27$ 답 3.27

❷ 계산 : 소요 등수 $N = \frac{300 \times 12 \times 15 \times 1.3}{2{,}940 \times 0.63} = 37.9$ 답 38[등]

❸ 계산 : 공간비율 $CR = \frac{5 \times 3 \times (12+15)}{12 \times 15} = 2.25$ 답 2.25

TIP

(1) $FUN = EAD$에서 $N = \frac{EAD}{FU}$

(2) 공간비율 $CR = \frac{5h \times (\text{공간의 길이} + \text{공간의 폭})}{\text{공간의 면적}}$

(공간비율 : 조명률을 산정하기 위한 지수)

09 어느 건물 내의 접지공사용 용량이 다음과 같다. 이때 전공 노임, 보통인부 노임, 직접노무비, 간접노무비, 공구 손료, 계를 구하시오.(단, 공구 손료는 3[%], 간접노무비 15[%]로 보고 계산한다. 노임단가 내선 전공은 12,410원, 보통인부 6,520원이다. 인공을 산출한 후 이를 합계하여 노임단가를 적용하여 소수점 이하는 버린다.)

[접지공사용 용량]

- 접지봉(2[m]), 15개(1개소에 1개씩 설치)
- 접지선 매설 60□, 300[m]
- 후강전선관 28ϕ, 250[m](콘크리트 매입)

| 접지공사 |

구분	단위	전공	보통인부
접지봉(지하 0.75[m] 기준)			
길이 1~2[m]×1본	개소	0.20	0.10
×2본 연결		0.30	0.15
×3본 연결		0.45	0.23
동판 매설(지하 1.5[m] 기준)			
0.3[m]×0.3[m]	매	0.30	0.30
1.0[m]×1.5[m]		0.50	0.50
1.0[m]×2.5[m]		0.80	0.80
접지 동판 가공	매	0.16	
접지선 부설 600[V] 비닐 전선	개소	0.05	0.025
완금 접지 2.9(11.4[kV−Y]) D/L		0.05	
접지선 매설			
14[mm²] 이하	m	0.010	
38″		0.012	
80″		0.015	
150″		0.020	
200″ 이상		0.025	
접속 및 단자 설치			
압축	개	0.15	
압축 평행		0.13	
납땜 또는 용접		0.19	
압축 단자		0.03	
체부형		0.05	

박강 및 PVC 전선관			후강전선관	
규격		내선 전공	규격	내선 전공
박강	PVC			
	14[mm]	0.01		
15[mm]	16[mm]	0.05	16[mm](1/2″)	0.08
19[mm]	22[mm]	0.06	22[mm](3/4″)	0.11
25[mm]	28[mm]	0.08	28[mm](1″)	0.14
31[mm]	36[mm]	0.10	36[mm](1 1/4″)	0.20
39[mm]	42[mm]	0.13	42[mm](1 1/2″)	0.25
51[mm]	51[mm]	0.19	54[mm](2″)	0.31
63[mm]	70[mm]	0.28	70[mm](2 1/2″)	0.41
75[mm]	82[mm]	0.37	82[mm](3″)	0.51
	100[mm]	0.45	90[mm](3 1/2″)	0.60
	104[mm]	0.46	104[mm](1″)	0.71

[해설]

① 콘크리트 매입 기준임

② 철근 콘크리트 노출 및 블록 칸막이 경매는 12[%], 목조 건물은 121[%], 철강조 노출은 120[%]

③ 기설 콘크리트 노출 공사 시 앵커 볼트 매입 깊이가 10[cm] 이상인 경우는 앵커 볼트 매입품을 별도 계상하고 전선관 설치품은 매입품으로 계상

④ 천장 속 마루 밑 공사 130[%]

해답 ① 전공 노임

내선 전공 : (0.2×15)+(0.015×300)+(0.14×250)=42.5[인]

노임=42.5×12,410=527,425[원]

답 527,425[원]

② 보통인부 노임

보통인부 : 0.1×15=1.5[인]

노임=1.5×6,520=9,780[원]

답 9,780[원]

③ 직접노무비

직접노무비=내선전공+보통인부=527,425+9,780=537,205[원]

답 537,205[원]

④ 간접노무비

간접노무비=직접노무비×15[%]=537,205×0.15=80,580[원]

답 80,580[원]

⑤ 공구 손료

공구손료=직접노무비×3[%]=537,205×0.03=16,116[원]

답 16,116[원]

⑥ 계

계=537,205+80,580+16,116=633,901[원]

답 633,901[원]

10 변압기 내부고장 보호장치를 4가지만 쓰시오.

해답 ① 비율차동 계전기

② 과전류 계전기

③ 부흐홀츠 계전기

④ 충격압력 계전기

11 380[V] 3상 유도 전동기 부하에 전력을 공급하는 저압간선의 최소 굵기를 구하고자 한다. 전동기의 종류가 다음과 같을 때 380[V] 3상 유도 전동기 간선의 굵기 및 기구의 용량표를 이용하여 각 공사방법(A1, B1, C)에 따른 간선의 최소 굵기를 답하시오.(단, 전선은 XLPE 절연전선으로 한다.)

부하
- 1[kW] 직입기동 전동기
- 1.5[kW] 직입기동 전동기
- 3.5[kW] 직입기동 전동기
- 3.7[kW] 직입기동 전동기

1 공사방법 A1

2 공사방법 B1

3 공사방법 C

[참고 자료]

| 380[V] 3상 유도 전동기 간선의 굵기 및 기구의 용량 |

전동기 [kW] 수의 총계 ① [kW] 이하	최대 사용 전류 ①' [A] 이하	배선 종류에 의한 간선의 최소 굵기[mm²] ②						직입기동 전동기 중 최대용량의 것											
		공사방법 A1		공사방법 B1		공사방법 C		0.75 이하	1.5	2.2	3.7	5.5	7.5	11	15	18.5	22	30	37 ~ 55
								기동기 사용 전동기 중 최대용량의 것											
		3개선		3개선		3개선		–	–	–	5.5	7.5	11 15	18.5 22	–	30 37	–	45	55
		PVC	XLPE, EPR	PVC	XLPE, EPR	PVC	XLPE, EPR	과전류 차단기[A]……(칸 위 숫자) ③ 개폐기용량[A]……(칸 아래 숫자) ④											
3	15	2.5	2.5	2.5	2.5	2.5	2.5	15 30	20 30	30 30	–	–	–	–	–	–	–	–	–
4.5	20	4	2.5	2.5	2.5	2.5	2.5	20 30	20 30	30 30	50 60	–	–	–	–	–	–	–	–
6.3	30	6	4	6	4	4	2.5	30 30	30 30	50 60	50 60	75 100	–	–	–	–	–	–	–
8.2	40	10	6	10	6	6	4	50 60	50 60	50 60	75 100	75 100	100 100	–	–	–	–	–	–
12	50	16	10	10	10	10	6	50 60	50 60	50 60	75 100	75 100	100 100	150 200	–	–	–	–	–
15.7	75	35	25	25	16	16	16	75 100	75 100	75 100	75 100	100 100	100 100	150 200	150 200	–	–	–	–
19.5	90	50	25	35	25	25	16	100 100	100 100	100 100	100 100	100 100	150 200	150 200	200 200	200 200	–	–	–
23.2	100	50	35	35	25	35	25	100 100	100 100	100 100	100 100	100 100	150 200	150 200	200 200	200 200	200 200	–	–
30	125	70	50	50	35	50	35	150 200	150 200	150 200	150 200	150 200	150 200	150 200	200 200	200 200	200 200	–	–
37.5	150	95	70	70	50	70	50	150 200	150 200	150 200	150 200	150 200	150 200	150 200	200 200	300 300	300 300	300 300	–
45	175	120	70	95	50	70	50	200 200	200 200	200 200	200 200	200 200	200 200	200 200	200 200	300 300	300 300	300 300	300 300
52.5	200	150	95	95	70	95	70	200 200	200 200	200 200	200 200	200 200	200 200	200 200	200 200	300 300	300 300	400 400	400 400
63.7	250	240	150	–	95	120	95	300 300	300 300	300 300	300 300	300 300	300 300	300 300	300 300	300 300	400 400	400 400	500 600
75	300	300	185	–	120	185	120	300 300	300 300	300 300	300 300	300 300	300 300	300 300	300 300	300 300	400 400	400 400	500 600
86.2	350	–	240	–	–	240	150	400 400	400 400	400 400	400 400	400 400	400 400	400 400	400 400	400 400	400 400	400 400	600 600

[주]
1. 최소 전선 굵기는 1회선에 대한 것이며, 2회선 이상일 경우는 복수회로 보정계수를 적용하여야 한다.
2. 공사방법 A1은 벽 내의 전선관에 공사한 절연전선 또는 단심케이블, B1은 벽면의 전선관에 공사한 절연전선 또는 단심케이블, 공사방법 C는 벽면에 공사한 단심 또는 다심케이블을 시설하는 경우의 전선 굵기를 표시하였다.
3. 「전동기 중 최대의 것」에는 동시 기동하는 경우를 포함함
4. 과전류차단기의 용량은 해당 조항에 규정되어 있는 범위에서 실용상 거의 최댓값을 표시함
5. 과전류차단기의 선정은 최대용량의 정격전류의 3배에 다른 전동기의 정격전류의 합계를 가산한 값 이하를 표시함
6. 고리퓨즈는 300[A] 이하에서 사용하여야 한다.

해답 ❶ $10[mm^2]$ ❷ $10[mm^2]$ ❸ $6[mm^2]$

TIP

전동기[kW] 수의 총계 $P = 1 + 1.5 + 3.5 + 3.7 = 9.7[kW]$

전동기 총계[kW]	A1 XLPE	B1 XLPE	C XLPE
12[kW]	10	10	6

Engineer Electric Work

12 다음 철탑의 명칭을 쓰시오.

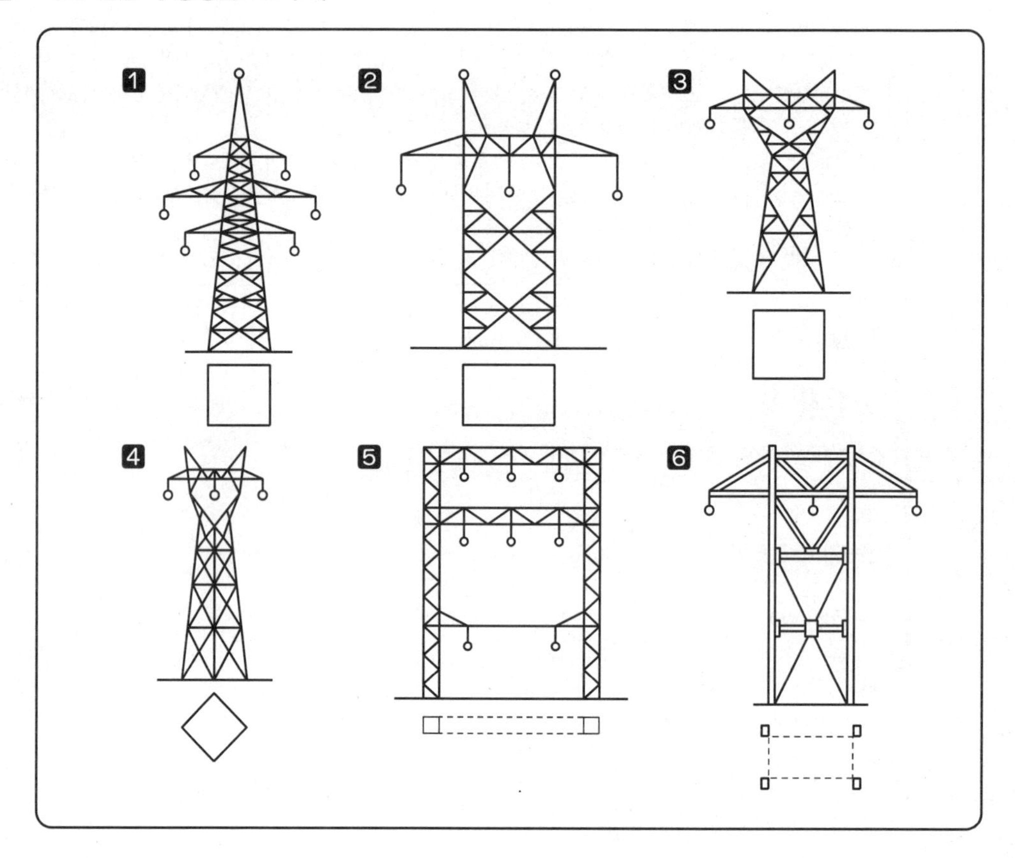

해답 1 사각 철탑 2 방형 철탑 3 우두형 철탑
4 회전형 철탑 5 문형 철탑 6 MC 철탑

13 400[V] 이하 전동기의 과부하 보호장치를 3가지만 쓰시오.

해답 전동기 퓨즈, 열동계전기, 전동기 보호용 배선용 차단기

TIP

➤ **전동기 과부하 보호장치의 시설**

전동기는 소손을 방지하기 위하여 전동기용 퓨즈, 열동계전기, 전동기 보호용 배선용 차단기, 유도형 계전기, 정지형 계전기(전자식 계전기, 디지털식 계전기 등) 등의 전동기용 과부하 보호장치를 사용하여 자동적으로 회로를 차단하거나 과부하 시에 경보를 내는 장치를 사용하여야 한다.

14 비선형 부하에 의해 고조파의 영향을 받는 기계기구(변압기 등)가 과열현상 없이 부하에 전력을 안정적으로 공급해 줄 수 있는 능력을 무엇이라 하는가?

해답 K－Factor

TIP

고조파에 의한 변압기 권선의 온도 상승, 과열 등의 문제를 최소화하기 위해 내구성을 크게 하는 능력을 말한다.

15 어느 공장의 부하 설비 용량이 1,050[kW], 부하역률은 0.9[%], 수용률은 60[%]라고 할 때, 변압기의 용량[kVA]을 선정하시오.(단, 부등률은 1이다.)

해답 계산 : $VI = \dfrac{1,050 \times 0.6}{1 \times 0.9} = 750[kVA]$

답 750[kVA]

16 그림과 같이 줄기초터파기를 하려고 한다. 다음 물음에 답하시오.(단, 지중전선로 길이는 80[m]이며, 되메우기 및 잔토 처리는 계산하지 않는다. 인부는 1[m^3]당 0.2인으로 하고 보통 토사를 기준으로 하며 해당되는 노임은 120,000원이다.)

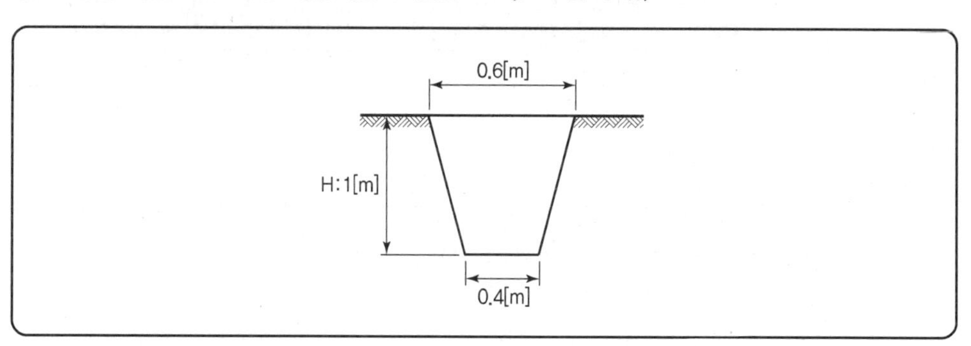

1. 기초터파기량은 얼마인가?
2. 인부는 몇 인이 필요한가?
3. 노임은 얼마인가?

해답 ❶ 계산 : 터파기량$=\left(\dfrac{0.6+0.4}{2}\right)\times 1\times 80=40[m^3]$

답 40[m³]

❷ 계산 : 인공은 1[m³]당 0.2[인]이므로 40×0.2=8[인]
답 8[인]

❸ 계산 : 노임=120,000×8=960,000[원]
답 960,000[원]

TIP

터파기량$=\left(\dfrac{a+b}{2}\right)\times H\times$줄기초 길이

17 변압기의 병렬 운전 조건을 4가지 기술하고 이들 조건이 맞지 않을 경우에 어떤 현상이 나타나는지 간단히 서술하시오.

해답

병렬운전 조건	조건이 맞지 않을 경우
① 정격 전압(권수비)이 같은 것	순환 전류가 흘러 권선이 가열
② 극성이 일치할 것	큰 순환 전류가 흘러 권선이 가열
③ %임피던스 강하(임피던스 전압)가 같을 것	부하 분담 불균형
④ 내부 저항과 누설 리액턴스의 비가 같을 것	위상차가 발생하여 동손이 증가

18 다음 각 물음에 답하시오.

❶ 금속몰드 배선 시 조영재에 부착할 경우에는 (　　)[m] 이하마다 견고하게 부착해야 한다.
❷ 금속관을 조영재에 따라 시공할 때는 새들 또는 행거 등으로 견고하게 지지하고, 그 간격을 (　　)[m] 이하로 한다.
❸ 금속덕트는 취급자만 출입이 가능한 장소로서, 수직으로 설치하는 경우 (　　)[m] 이하의 간격으로 견고하게 지지하여야 한다.
❹ 400[V] 이하 애자사용 공사 시 전선 상호 간의 이격거리는 (　　)[cm] 이상으로 한다.
❺ 케이블을 조영재에 따라 시설하는 경우 그 지지점 간의 거리는 (　　)[m] 이하로 한다.

해답 ❶ 1.5　❷ 2　❸ 6　❹ 6　❺ 2

↘ 전기공사기사

2014년도 4회 시험

과년도 기출문제

01 전기공사에서 건축물(지상층) 층수별 물량산출 시 건축 층수에 따라 할증률 규정이 적용된다. 이때의 할증률[%]은 각각 얼마인지 쓰시오.

1. 10층 이하
2. 20층 이하
3. 30층 이하

해답 1. 10층 이하 : 3[%] 2. 20층 이하 : 5[%] 3. 30층 이하 : 7[%]

TIP

➤ 건물의 층수별 할증

지상층 2~5층 이하	1[%]
10층 이하	3[%]
15층 이하	4[%]
20층 이하	5[%]
25층 이하	6[%]
30층 이하	7[%]
30층 초과	매 5층 이내 증가마다 1.0[%] 가산

02 그림의 유접점 회로를 무접점 회로로 변경하시오.

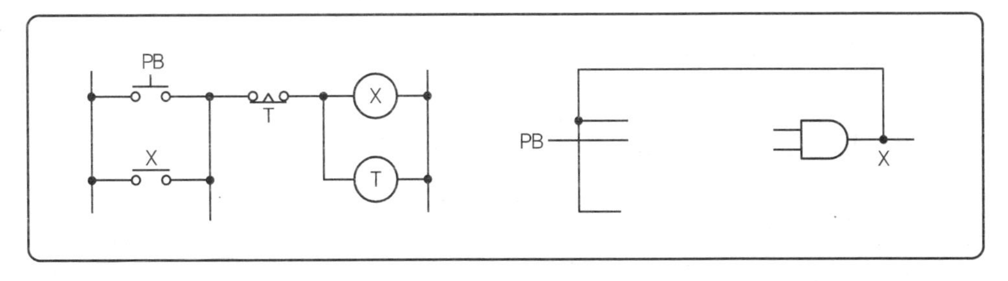

해답

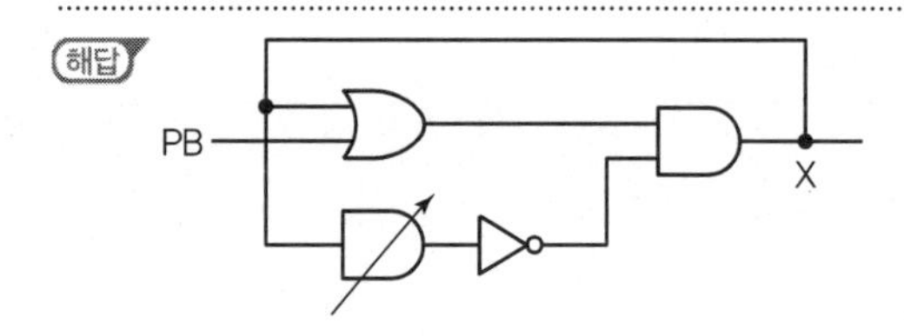

03 어느 수용가의 가로가 8[m], 세로가 12[m] 바닥에서 천장까지의 높이가 3.8[m]인 방에서 조명기구를 천장에 설치하고자 한다. 이 실의 실지수는 얼마인가?(단, 작업대 높이가 0.85[m])

해답 계산 : $K = \dfrac{X \cdot Y}{H(X+Y)} = \dfrac{8 \times 12}{(3.8-0.85)(8+12)} = 1.63$

답 1.63

04 플로어덕트의 시설장소(용도)를 쓰시오.

해답 옥내의 건조한 콘크리트, 신더(Cinder) 콘크리트 플로어(Floor) 내

05 변압기 용량을 계산할 때 수용률, 부등률, 부하율의 공식을 각각 쓰시오.

1. 수용률
2. 부등률
3. 부하율

해답 1. $\text{수용률} = \dfrac{\text{최대 수용 전력[kW]}}{\text{부하 설비 용량[kW]}} \times 100[\%]$

2. $\text{부등률} = \dfrac{\text{각 개 최대 수용 전력의 합[kW]}}{\text{합성 최대 수용 전력[kW]}}$

3. $\text{부하율} = \dfrac{\text{평균 수용 전력[kW]}}{\text{합성 최대 수용 전력[kW]}} \times 100[\%]$

TIP

최대 수용 전력=최대 전력

06 고압배전선로의 1선 지락전류가 5[A]일 때 변압기 2차 측에 시공하는 접지공사의 접지저항값[Ω]을 계산하시오.(단, 고압배전선로에는 2초 이내의 자동차단장치 설치)

해답 계산 : $R_2 = \frac{300}{1선\ 지락전류} = \frac{300}{5} = 60[\Omega]$

답 60[Ω]

TIP

➤ **접지공사의 접지저항**

① $R_2 = \frac{150}{1선\ 지락전류}[\Omega]$

② 2초 이내에 동작하는 자동차단장치가 있는 경우

$R_2 = \frac{300}{1선\ 지락전류}[\Omega]$

③ 1초 이내에 동작하는 자동차단장치가 있는 경우

$R_2 = \frac{600}{1선\ 지락전류}[\Omega]$

07 직렬 리액터(SR)의 설치효과 4가지를 쓰시오.

해답 ① 콘덴서 투입 시 돌입전류 방지
② 개폐 시 계통의 과전압 억제
③ 제5고조파에 의한 전압 파형의 찌그러짐 방지
④ 고조파 전류에 의한 계전기 오동작 방지

08 금속관 공사에서 관 단면적 선정에 대하여 각각 설명하시오.

1 굵기가 다른 절연전선인 경우
2 굵기가 같은 절연전선의 경우

해답 **1** 전선의 피복절연물을 포함한 단면적의 총합계를 관 내 단면적의 $\frac{1}{3}$ 이하로 선정 가능

2 전선의 피복절연물을 포함한 단면적의 총합계를 관 내 단면적의 $\frac{1}{3}$ 이하로 선정 가능

TIP

금속관, 합성수지관이 동일하게 적용받는다.

09 최근 건축물에서 공통접지가 많이 사용되고 있다. 공통접지의 장점 3가지를 쓰시오.

해답 ① 접지선이 짧아지고 접지배선 구조가 단순하여 보수 점검이 쉽다.
② 각 접지전극이 병렬로 연결되므로 합성저항을 낮추기가 쉽다.
③ 여러 접지전극을 연결하므로 신뢰성이 우수하다.

TIP

➤ **단점**
① 사고 시 다른 기기의 전위 상승 파급
② 사고 시 기기 계통으로부터 영향을 받는다.

10 그림은 전력회사의 고압가공 전선로로부터 자가용 수용가 구내기둥을 거쳐 수변전 설비에 이르는 지중인입선의 시설도이다. 다음 물음에 답하시오.

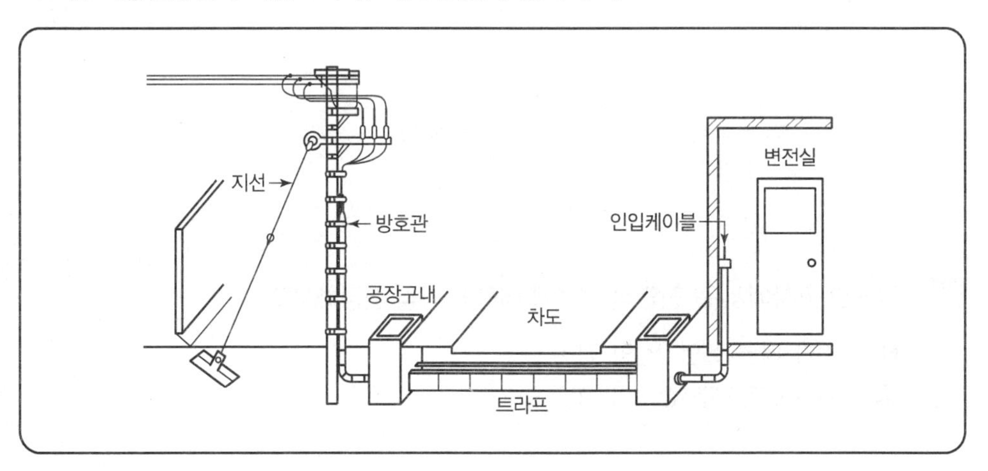

1 가공전선로 지지물에 시설하는 지선은 몇 가닥 이상의 연선이어야 하며, 소선 지름은 몇 [mm] 이상의 금속선이어야 하는가?

① 가닥 수

② 소선 지름

2 지선의 안전율은 몇 이상으로 하고 허용 인장하중의 최저는 몇 [kN]으로 하는가?

① 안전율

② 인장하중의 최저값

3 고압용 지중전선로에 사용할 수 있는 케이블을 3가지만 쓰시오.

4 지중전선로의 차도부분 매설깊이의 최솟값은 몇 [m] 이상이어야 하는가?

해답 **1** ① 가닥 수 : 3조 ② 소선 지름 : 2.6[mm]

2 ① 안전율 : 2.5 이상 ② 인장하중의 최저값 : 4.31[kN]

3 클로로프렌 외장케이블, CD케이블, 폴리에틸렌 외장케이블

4 1.2[m]

TIP

➤ **지중 케이블 종류**

알루미늄피케이블, 클로로프렌 외장케이블, 비닐외장케이블, 폴리에틸렌 외장케이블, 콤바인덕트(CD) 케이블

11 강제 전선관(금속관)에서 사용되는 박강전선관과 후강전선관의 규격(호칭)을 나열하였다. (   ) 안에 알맞은 규격(호칭)을 쓰시오.

1 후강전선관 : 16, 22, (   ), 36, (   ), 54, (   ), 82, 92, (   )

2 박강전선관 : 19, (   ), 31, (   ), 51, 63, (   )

해답 **1** 후강전선관 : 28, 42, 70, 104

2 박강전선관 : 25, 39, 75

TIP

종류(전선관)	관의 호칭
후강전선관	16, 22, 28, 36, 42, 54, 70, 82, 92, 104
박강전선관	19, 25, 31, 39, 51, 63, 75

12 고압 배전계통의 배전 방식 중 사고가 났을 때 정전 범위를 가장 좁게 할 수 있는 저압 배전 방식은?

해답 저압 네트워크 배전 방식

TIP

➤ **저압 네트워크 방식**

① 무정전 공급이 가능해서 공급 신뢰도가 높다.
② 플리커, 전압 변동률이 적다.
③ 전력 손실이 감소된다.
④ 기기의 이용률이 향상된다.
⑤ 부하 증가에 대한 적응성이 좋다.
⑥ 변전소의 수를 줄일 수 있다.

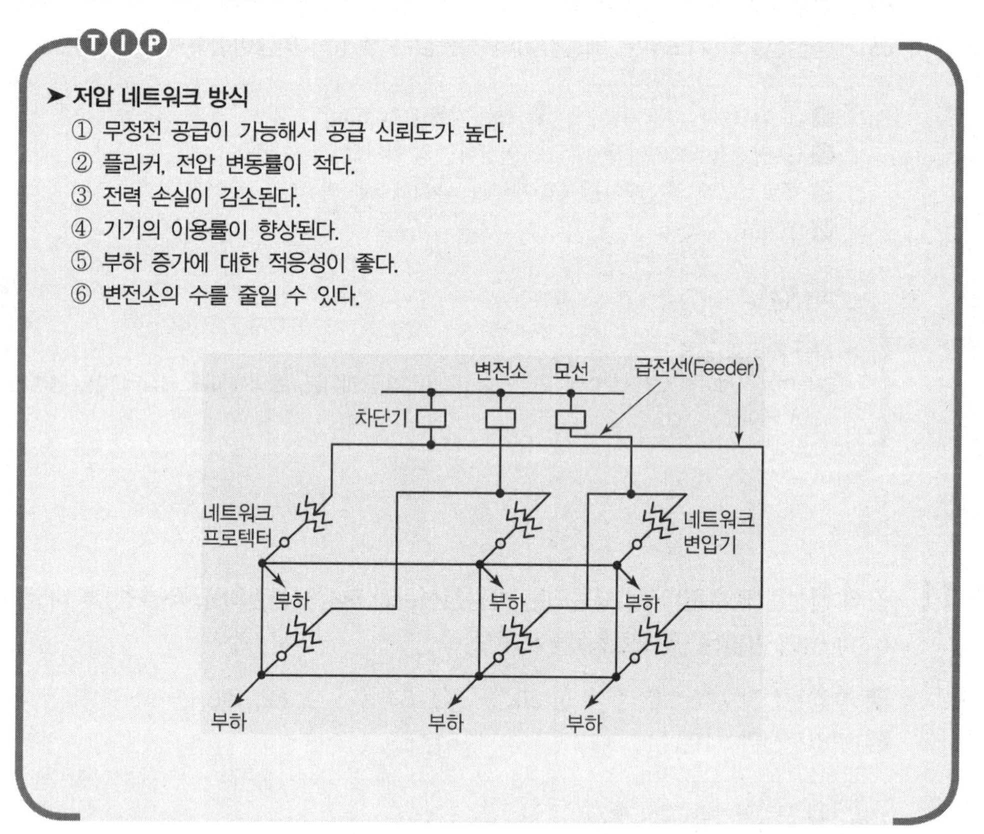

13 비상 발전기의 병렬 운전 조건을 4가지 이상 쓰시오.

해답 ① 단자전압이 같을 것
② 주파수가 같을 것
③ 위상이 동일할 것
④ 파형이 같을 것

14 유입 변압기에 대하여 몰드(Mold) 변압기의 장점 및 단점을 각각 3개씩 쓰시오.

❶ 장점

❷ 단점

해답 **1** 장점

① 난연성이 우수하다.
② 소형 경량화할 수 있다.
③ 보수 및 점검이 용이하다.

2 단점

① 고전압 대용량의 몰드 변압기 제작이 곤란하다.
② 서지에 약하므로 VCB와 결합 시 서지흡수기(SA)가 필요하다.
③ 용량이 큰 경우 소음 방지 대책이 필요하다.

TIP

➤ **장점**

- 저손실, 고효율
- 단시간 과부하 내량이 큼
- 내진, 내습성 우수

15 "변압기 등 전력계통의 중성점을 접지하는 것으로 1선 지락 시 건전상의 전압상승이 선간전압보다 80[%] 이하의 계통으로 직접접지 계통이 이에 속한다."는 어떠한 것을 설명하는가?

해답 유효 접지계

16 변압기의 접지 목적에 대하여 3가지만 쓰시오.

해답 ① 인체 감전방지
② 이상전압의 억제
③ 보호계전기의 동작 확보

17 주어진 조건을 참조하여 다음 각 물음에 답하시오.

> 차단기 명판(Name Plate)에 BIL 150[kV], 정격차단전류 20[kV], 차단시간 8사이클, 솔레노이드(Solenoid)형이라고 기재되어 있다.(단, BIL은 절연계급 20호 이상의 비유효 접지계에서 계산하는 것으로 한다.)

1 BIL이란 무엇인가?

2 이 차단기의 정격전압은 몇 [kV]인가?('계산식'과 '답'을 구분하여 쓰시오.)

3 이 차단기의 정격차단 용량은 몇 [MVA]인가?('계산식'과 '답'을 구분하여 쓰시오.)

해답 **1** 기준 충격 절연강도

2 계산 : BIL = 절연계급×5+50[kV]에서

$$절연계급 = \frac{BIL - 50}{5} = \frac{150 - 50}{5} = 20[kV]$$

$$절연계급 = \frac{공칭전압}{1.1}에서$$

공칭전압 = 절연계급×1.1 = 20×1.1 = 22[kV]

$$\therefore 정격전압 = 공칭전압 \times \frac{1.2}{1.1} = 22 \times \frac{1.2}{1.1} = 24[kV]$$

답 24[kV]

3 계산 : $P_s = \sqrt{3}V_nI_s = \sqrt{3} \times 24 \times 20 = 831.38[MVA]$

답 831.38[MVA]

TIP

① 유입변압기 BIL = 5E + 50

② 건식변압기 BIL = $V \times \sqrt{2} \times 1.25$

여기서, E : 절연계급

V : 상용주파 내전압 시험치

18 25[kW] 4극 3상 농형 유도전동기의 정격 시 효율이 90[%]이다. 이 전동기의 손실을 구하시오.

해답 계산 : $효율\ \eta = \frac{출력}{입력} = \frac{P}{P_s}$ 에서

$$입력\ P_s = \frac{P}{\eta} = \frac{25}{0.9} = 27.777[kW]$$

∴ 손실 = 입력 − 출력 = 27.777 − 25 = 2.777[kW]

답 2.78[kW]

19 **케이블의 절연열화를 측정하기 위하여 교류전압을 인가한 유전정전법($\tan\delta$)법의 등가회로이다. 다음 물음에 답하시오.**

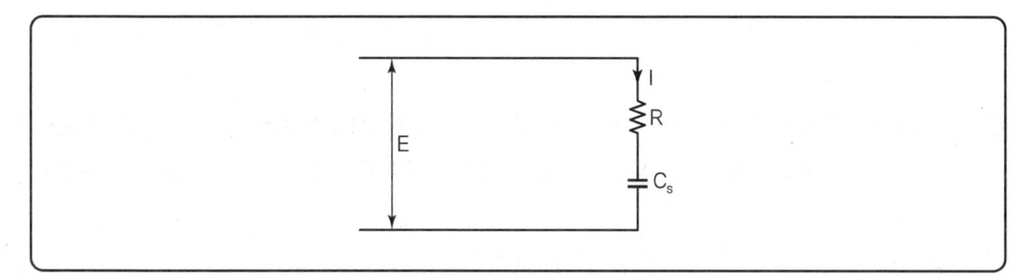

❶ 위상각 δ의 명칭을 쓰시오.

❷ 등가회로의 임피던스가 $Z = R + \dfrac{1}{j\omega C_s}$일 때 $\tan\delta$를 R와 C_s를 이용하여 표시하시오.

해답 ❶ 유전손각(손실각)

❷ $\tan\delta = \dfrac{\dfrac{1}{\omega C_s}}{R} = \dfrac{1}{\omega C_s R}$

TIP

① $\tan\delta$: 유전역률

② 케이블, 변압기, 발전기 등에서 절연 열화 진단법으로 이용된다.

전기공사기사

2015년도 1회 시험 과년도 기출문제

01 3상 3선식 380/220[V] 구내 선로 100[m], 부하의 최대 전류는 150[A]인 배선에서 전압강하를 6[V]로 하고자 하는 경우에 사용하는 전선의 공칭 단면적[mm^2]은 얼마인가?

해답 계산 : $A = \frac{30.8LI}{1,000e} = \frac{30.8 \times 100 \times 150}{1,000 \times 6} = 95[mm^2]$

답 $95[mm^2]$

TIP

① 전압강하 계산

전기 방식	전압 강하		전선 단면적
단상 3선식 3상 4선식	$e = IR$	$e = \frac{17.8LI}{1,000A}$	$A = \frac{17.8LI}{1,000e}$
단상 2선식 직류 2선식	$e = 2IR$	$e = \frac{35.6LI}{1,000A}$	$A = \frac{35.6LI}{1,000e}$
3상 3선식	$e = \sqrt{3}IR$	$e = \frac{30.8LI}{1,000A}$	$A = \frac{30.8LI}{1,000e}$

② 전선규격

1.5, 2.5, 4, 6, 10, 16, 25, 35, 50, 70, 95, 120, 150, 185, 240, 300, 400, 500, 630[mm^2]

02 가스 차단기에 사용되는 SF_6 가스의 특징 중 전기적 성질 4가지를 쓰시오.

해답 ① 절연내력이 높다.

② 소호성능이 뛰어나다.

③ 고전압 대전류 차단이 용이하다.

④ 개폐서지의 발생이 적다.

TIP

① 원리 : 가스차단기는 전로의 차단이 육불화유황(SF_6) 기체인 불활성 가스를 소호매질로 사용하는 차단기를 말한다.

② 장점
- ㉠ 전기적 성질이 우수하다.
- ㉡ 소호능력이 대단히 크다.(100~200배 정도 높다.)
- ㉢ 회복능력이 빨라 고전압 대전류 차단에 적합하다.
- ㉣ 소음공해가 전혀 없다.
- ㉤ 변압기의 여자전류 차단과 같은 소전류 차단에도 안정된 차단이 가능하다.
- ㉥ 개폐 시 과전압 발생이 적고, 근거리 선로고장, 탈조 차단, 이상지락 등 가혹한 조건에도 강하다.
- ㉦ 절연내력은 공기의 2~3배 정도 높다.

③ SF_6 가스의 특징
- ㉠ 열전도성이 뛰어나다.
- ㉡ 화학적으로 불활성이므로 화재위험이 없다.
- ㉢ 무색, 무취, 무해하다.(독성이 없다.)
- ㉣ 안정성이 뛰어나다.
- ㉤ 절연내력이 높다.
- ㉥ 소호능력이 뛰어나다.
- ㉦ 절연회복이 빠르다.

03 우리나라 345[kV]급 현수애자에 대한 2도체(복도체) 송전선로와 4도체 송전선로에 대한 IEC규격에서의 애자의 크기(규격)를 쓰시오.

해답
- 2도체 송전선로 : 254[mm]
- 4도체 송전선로 : 320[mm]

TIP

➤ 345[kV] 선로에 사용 중인 애자

특성	2도체 선로		4도체 선로	
	현수 개소	내장 개소	현수 개소	내장 개소
직경	254[mm]	254[mm]	320[mm]	320[mm]
강도	120[kN]	160[kN]	210[kN]	300[kN]

04 COS 설치에(COS 포함) 사용되는 자재를 5가지만 쓰시오.

해답 ① COS ② COS 브래킷 ③ 내오손 결합애자 ④ 경완철 ⑤ 퓨즈 링크

TIP

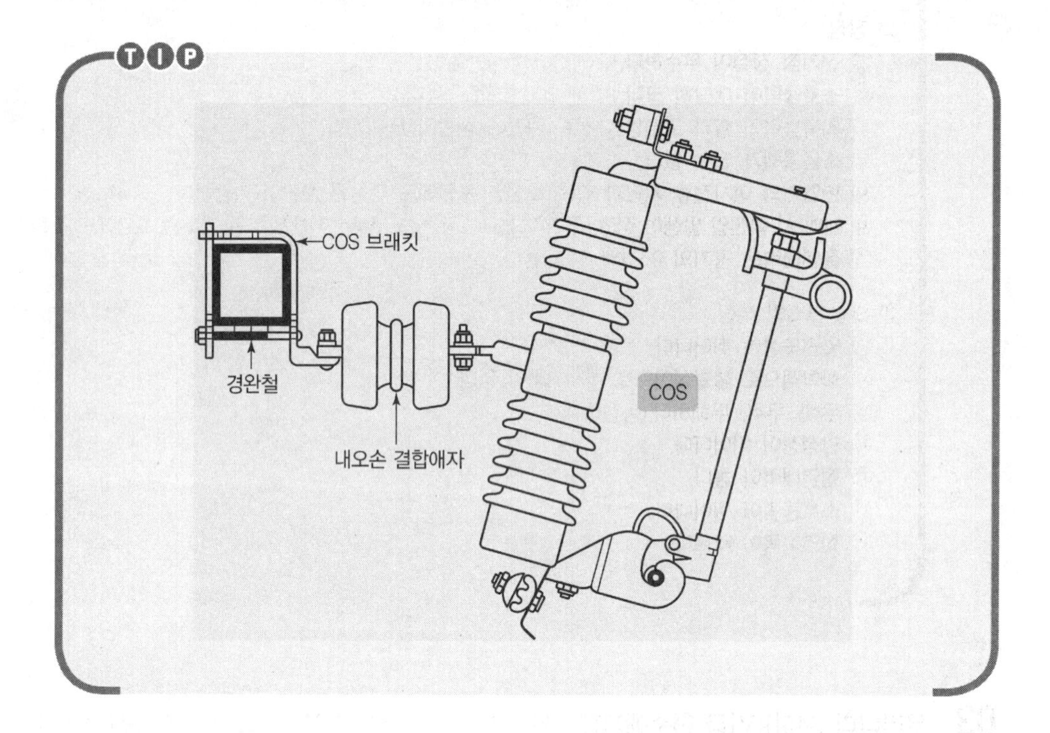

05 수전 차단 용량이 1,000[MVA]이고, 22.9[kV]에 설치하는 피뢰기용 접지선의 굵기를 계산하고 선정하시오.

해답 계산 : 접지선 굵기 공식

$$A = \frac{\sqrt{t}}{282} \cdot I_s = \frac{\sqrt{1.1}}{282} \times \frac{1,000 \times 10^3}{\sqrt{3} \times 25.8} = 83.23[mm^2]$$

답 $95[mm^2]$

TIP

$$\text{차단기의 정격차단전류 } I_s = \frac{\text{차단기의 차단용량}}{\sqrt{3} \times \text{차단기의 정격전압}} = \frac{P_s}{\sqrt{3} \times V}$$

06 다음은 계전기별 고유 기구번호이다. 정확한 명칭을 쓰시오.

1 37A
2 37D
3 37F

해답 1 교류 부족 전류 계전기
2 직류 부족 전류 계전기
3 Fuse 용단 계전기

07 경간이 120[m]인 가공배전전선로가 있다. 길이 1[m]의 무게가 0.2[kg]이고, 수평장력 200[kg]인 전선을 사용할 때 이도(Dip)와 전선의 실제 길이는 각각 몇 [m]인지 계산하시오.

1 이도(Dip)
2 전선의 실제 길이

해답 1 계산 : $D=\dfrac{WS^2}{8T}=\dfrac{0.2\times 120^2}{8\times 200}=1.8[m]$ 답 4.5[m]

2 계산 : $L=S+\dfrac{8D^2}{3S}=120+\dfrac{8\times 1.8^2}{3\times 120}=120.072$ 답 120.07[m]

TIP

① 이도 $D=\dfrac{WS^2}{8T}$

② 전선의 실제 길이 $L=S+\dfrac{8D^2}{3S}$

여기서, D : 이도[m]
W : 단위 길이당 전선의 중량[kg/m]
S : 경간[m]
T : 전선의 수평장력[kg] $=\dfrac{\text{인장하중}}{\text{안전율}}$

08 **콘크리트 전주(CP주)의 지표면에서의 지름[cm]을 구하여라.(단, 설계하중 : 500[kg], 전주 규격 : 16[m], 전주 말구 지름 : 19[cm])**

해답 계산 : 지표면에서의 지름 $D = 19 + (16 - 2.5) \times 10^2 \times \frac{1}{75} = 37[cm]$

답 37[cm]

TIP

① 설계하중 6.8[kN] 이하, 전장 16[m]인 경우 길이 2.5[m] 이상 배설한다.

② $D[cm] = d[cm] + H \times \frac{1}{75} \times 100$

여기서, D : 지표면에서 전주의 지름[cm]
d : 전주 말구 지름[cm]
H : 전주의 지표면상 길이[m]

③ 전주의 지름 증가율
- 목주 : $\frac{9}{1,000}$
- CP주 : $\frac{1}{75}$

09 **바닥면적 500[m²]의 사무실에 36[W] 2등용 형광등을 시설하여 평균조도를 150[lx]로 하자면 36[W] 2등용 형광등(등기구)은 몇 개가 필요한지 계산하시오.(단, 조명률 50[%], 감광보상률 1.25, 형광등 36[W] 2등용의 광속은 4,000[lm]이다.)**

해답 계산 : $N = \frac{EAD}{FU} = \frac{150 \times 500 \times 1.25}{4,000 \times 0.5} = 46.875[등]$

답 47[등]

10 PT 및 CT를 조합한 경우의 3상 3선식 전력량계의 결선도를 접지를 포함하여 완성하시오.

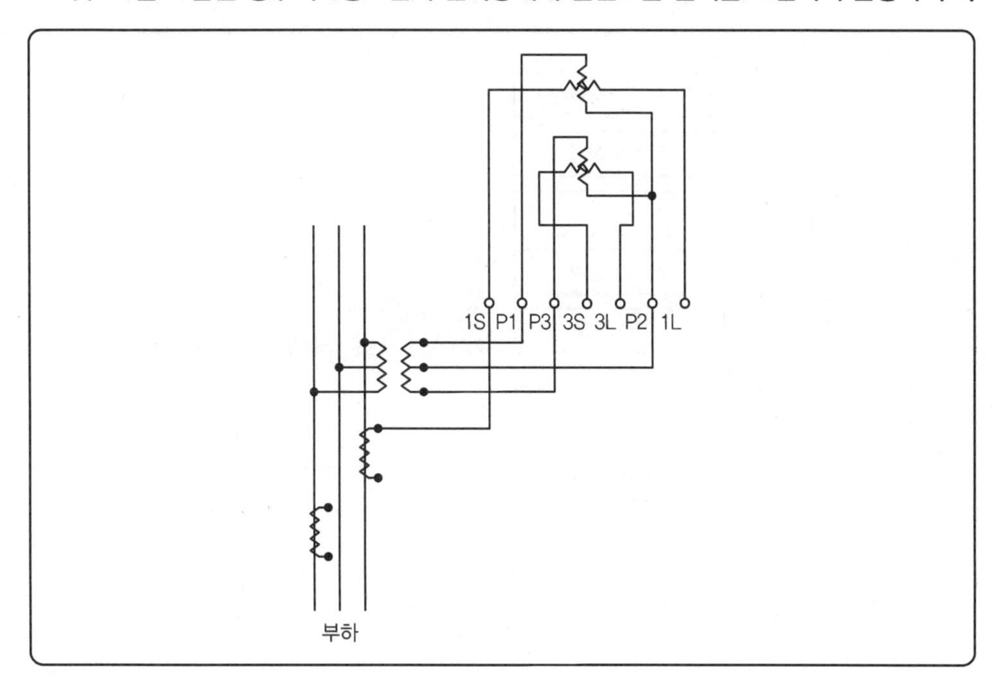

해답

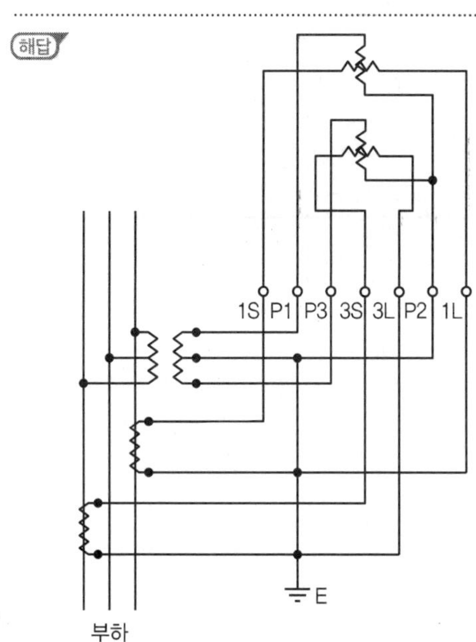

11 배전선로 시공에서 다음 피뢰기 공사 시공 흐름도의 ①, ②를 완성하시오.

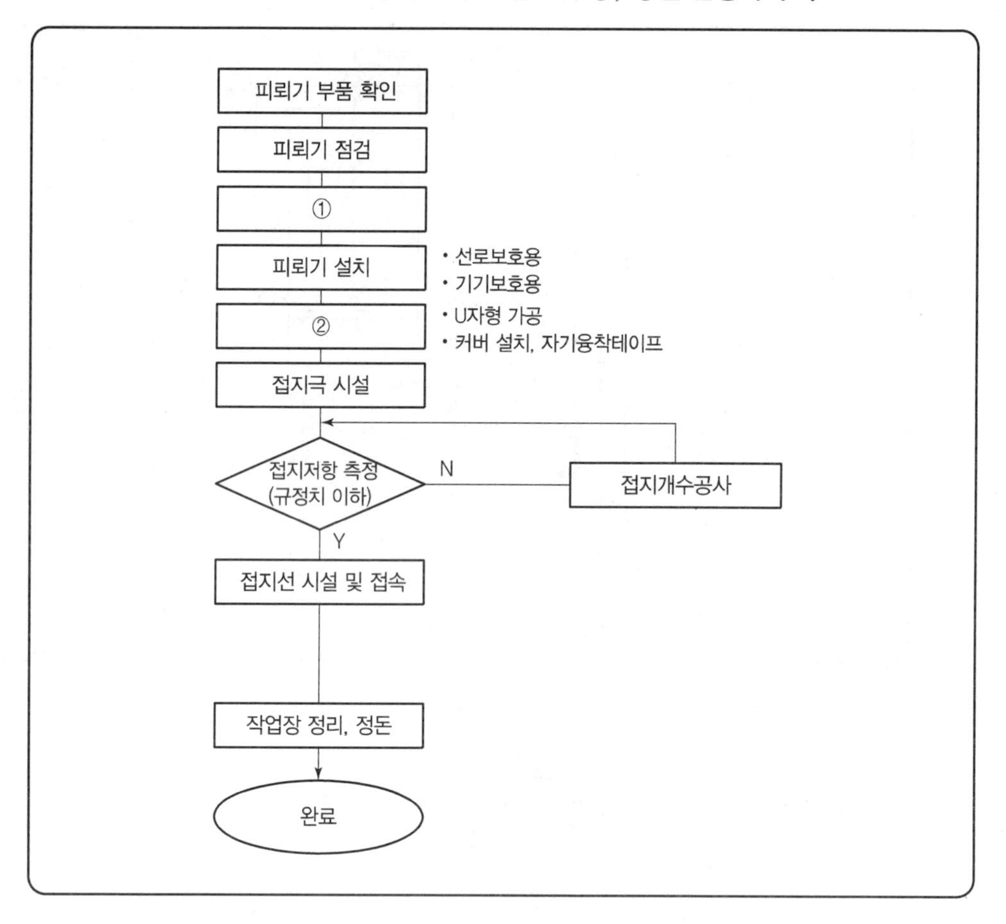

해답 ① 피뢰기 조립
② 리드선 접속

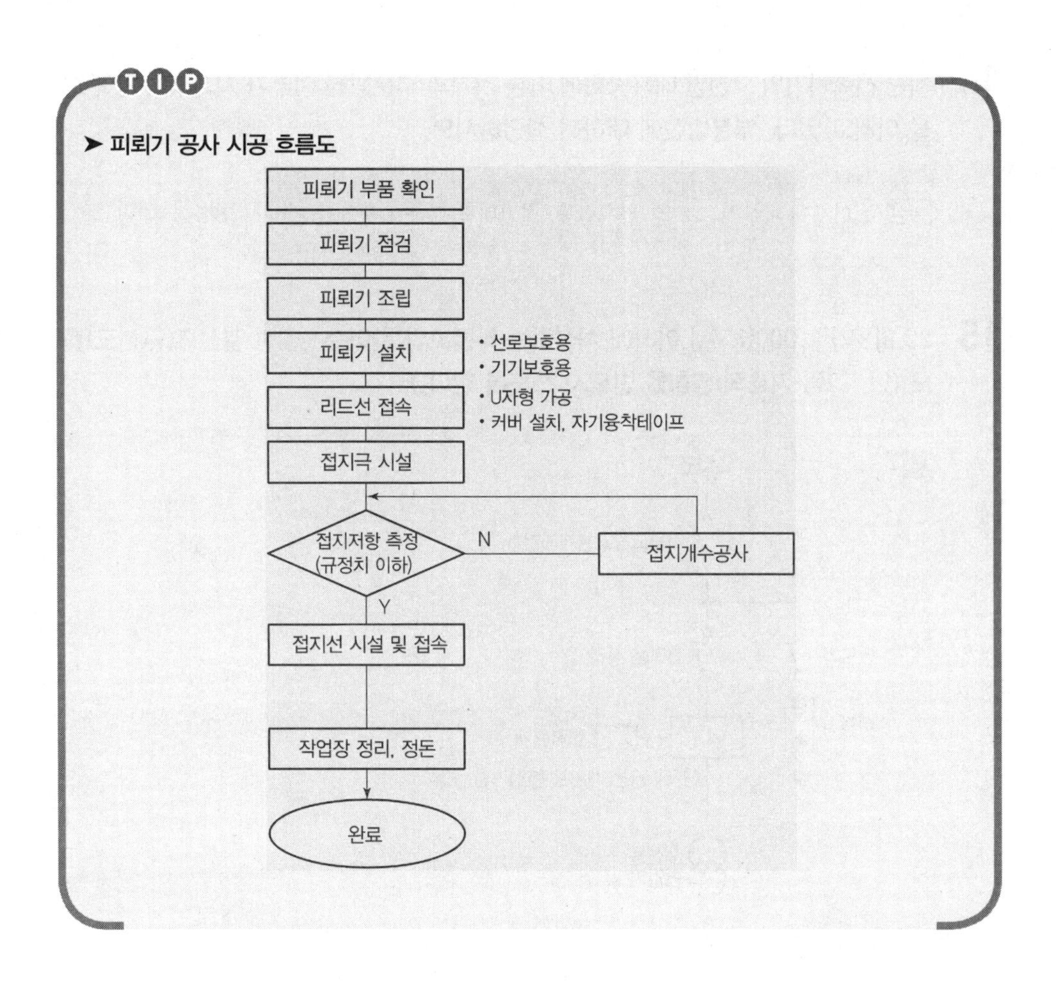

12 다음 (　　) 안에 알맞은 내용을 쓰시오.

> 가공송전선로의 철탑의 높이가 (①)[m] 이상인 경우 항공장애표시장치를 (②)에 취부하고, (③)는(은) 철탑 높이 및 비행구역에 따라 취부한다.

해답 ① 60　② 가공지선　③ 항공장애 표시등

13 다음 (　　) 안에 알맞은 내용을 쓰시오.

> 유리애자는 70[%] 이상의 성분이 (①)로 구성되어 있고 저온으로 용해하기 위하여 (②)를, 내구성 향상을 위하여 (③)를 제작상의 편리와 특성 유지를 위하여 (④) 등의 성분을 적당한 비율로 배합하여 용광로에서 용융한 후 금형에 부어 제작하는 것

해답 ① 규토　② Na_2O　③ CaO　④ MgO, Al_2O_3, K_2O

14 최근 전력기기의 고전압 대용량화에 따른 기기의 부분방전 여부가 기기의 수명에 크게 영향을 미치고 있다. 부분방전에 대하여 설명하시오.

해답 절연체에 국부적으로 전계의 집중, 절연내력 저하로 방전을 발생시킨다.

15 22.9[kV] 1,000[kVA] 이하에 시설하는 특별고압 간이수전설비 결선도(단선도)를 그리시오.(단, 그림 기호의 명칭을 반드시 쓰도록 한다.)

해답

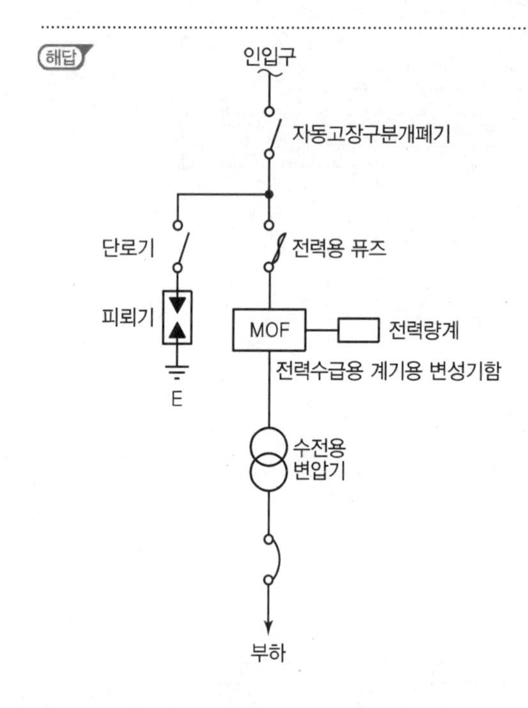

16 [●] 심벌의 명칭은?

해답 벽붙이 누름 버튼

TIP

: 누름 버튼

17 다음 동작을 읽고 물음에 답하시오.

[동작 설명]

1. 전등 및 전열회로(단상 220[V])

   2P $MCCB_1$이 ON인 상태에서

   (1) C에는 전원이 직접 걸린다.

   (2) ① S_1을 ON하고, S_2, S_3가 OFF 상태에서 L_1, L_2, L_3가 직렬 점등된다.

   ② S_1 ON 상태에서 S_2를 ON하면 L_2, L_3가 직렬 점등된다.

   ③ S_1 ON 상태에서 S_2를 OFF하고 S_3을 ON하면 L_1, L_2가 직렬 점등된다.

   ④ S_1 ON 상태에서 S_2를 ON하고 S_3을 ON하면 L_2만 점등된다.

2. 신호회로(단상 220[V])

   2P $MCCB_2$이 ON인 상태에서

   (1) PL이 점등된다. X_1, X_2, X_3 중 1개라도 동작되면 PL은 소등된다.

   (2) PB_1를 누르는 순간만 X_1이 동작, X_1에 의하여 BZ_2, BZ_3가 동작된다.

   (3) PB_2를 누르는 순간만 X_2가 동작, X_2에 의하여 BZ_1, BZ_3가 동작된다.

   (4) PB_3를 누르는 순간만 X_3가 동작, X_3에 의하여 BZ_1, BZ_2가 동작된다.

   (5) PB_4를 누르는 순간만 X_4와 BZ_4가 동작되는 동시에 X_1, X_2, X_3가 동작, BZ_1, BZ_2, BZ_3가 동작된다.

1 주어진 동작 설명에 의하여 전등 및 전열회로와 신호 회로도를 각각 완성하시오.

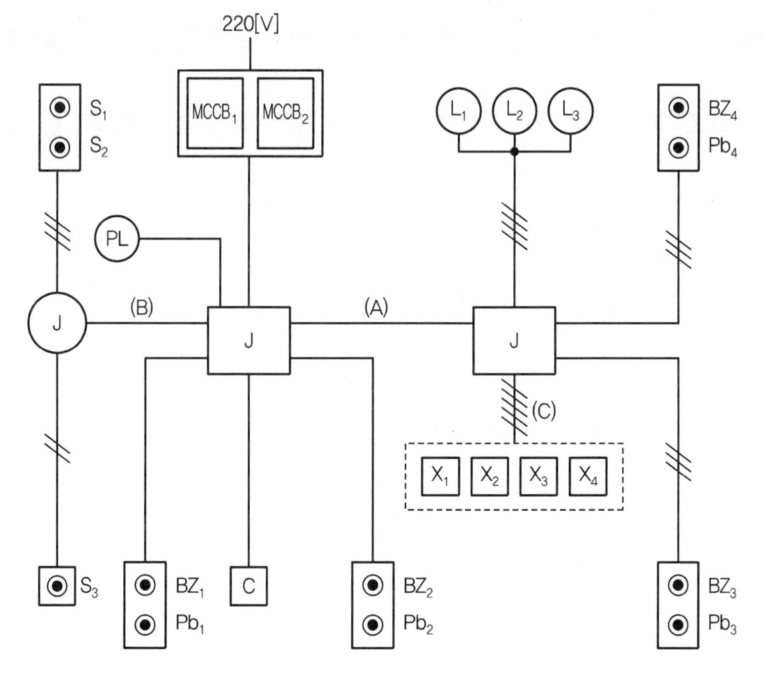

① 전등 및 전열회로

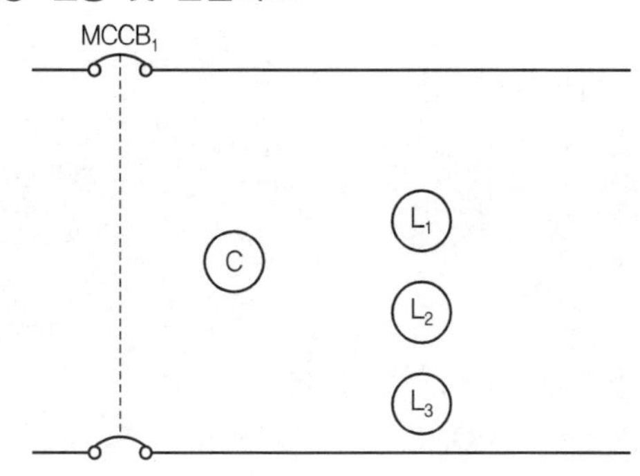

② 신호회로

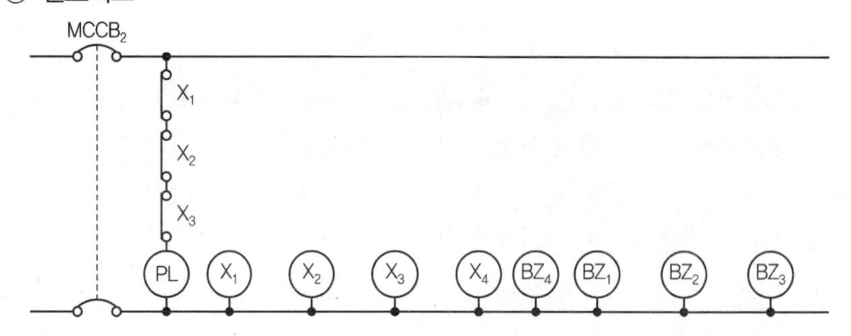

2 완성된 회로도에 의하여 배관도의 (A) 부분에는 최소 몇 가닥의 전선이 들어가야 되는지 답하시오.

3 완성된 회로도에 의하여 배관도의 (B) 부분에는 최소 몇 가닥의 전선이 들어가야 되는지 답하시오.

4 완성된 회로도에 의하여 배관도의 (C) 부분에는 최소 몇 가닥의 전선이 들어가야 되는지 답하시오.

해답 **1** ① 전등 및 전열회로

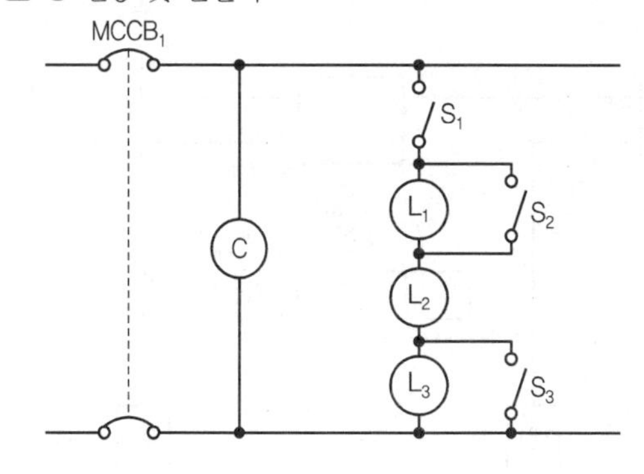

② 신호회로

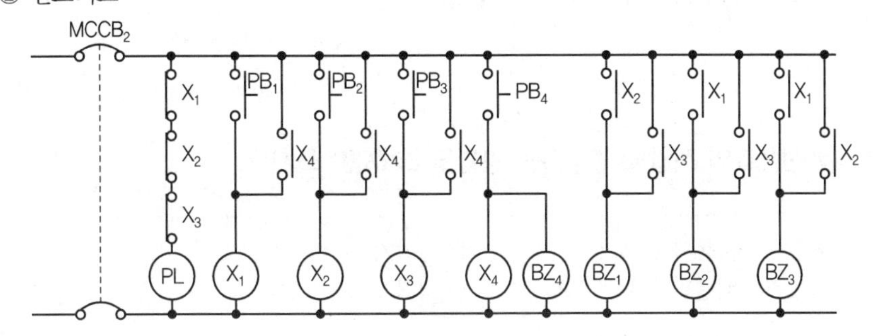

2 A : 11가닥

3 B : 5가닥

4 C : 10가닥

18 3상 3선식 선로의 길이가 60[km], 단상 2선식 20[km]의 6.6[kV] 가공배선 선로에 접속된 주상 변압기의 저압 측에 시설될 제2종 접지공사의 저항값을 구하시오.

※ KEC 규정에 따라 삭제

19 서지 과전압의 발생원인 3가지를 쓰시오.

해답 ① 차단기 개폐서지에 의한 과전압
② 뇌에 의한 과전압
③ 지락사고에 의한 과전압

전기공사기사

2015년도 2회 시험

과년도 기출문제

01 배전선로의 전압을 조정하는 방법을 4가지만 쓰시오.

해답 ① 자동 전압 조정기 ② 승압기
③ 배전변압기 탭 조정 ④ 병렬 콘덴서

TIP
배전 변압기 탭 조정을 많이 사용하고 있다.

02 6,600[V] 고압가공 전선로의 전선 연장이 500[km]로 되어 있고 고저압 혼촉 시 1초 이내에 동작하는 자동차단장치가 있다. 이 전로의 저압 측에 시설한 제2종 접지 저항값은 얼마인가?
※ KEC 규정에 따라 삭제

03 UPS용 축전지의 선정과 관련하여 축전지의 용량 산정에 필요한 조건 6가지를 쓰시오.

해답 ① 부하의 크기와 성질 ② 순시 최대 방전전류의 세기
③ 예상 정전시간 ④ 제어 케이블에 의한 전압강하
⑤ 경년에 의한 용량의 감소 ⑥ 온도 변화에 의한 용량 보정

04 한국전기설비규정에 의하여 과전류차단기를 시설하여서는 안 되는 3곳을 쓰시오.

해답 ① 접지공사의 접지선
② 다선식 전로의 중성선
③ 변압기 저압(2차 측) 가공전선로의 접지 측 전선

05 송전선로에 경동선보다 ACSR(강심알루미늄연선)을 많이 사용하는 이유 2가지를 쓰시오.

해답 ① 경동선에 비해 기계적 강도가 크고 비중이 작다.
② 직경이 경동선보다 크기 때문에 코로나 발생이 적다.

06 도면은 어느 공장의 수전 설비이다. 필요한 [참고 자료]를 이용하여 물음에 답하시오.

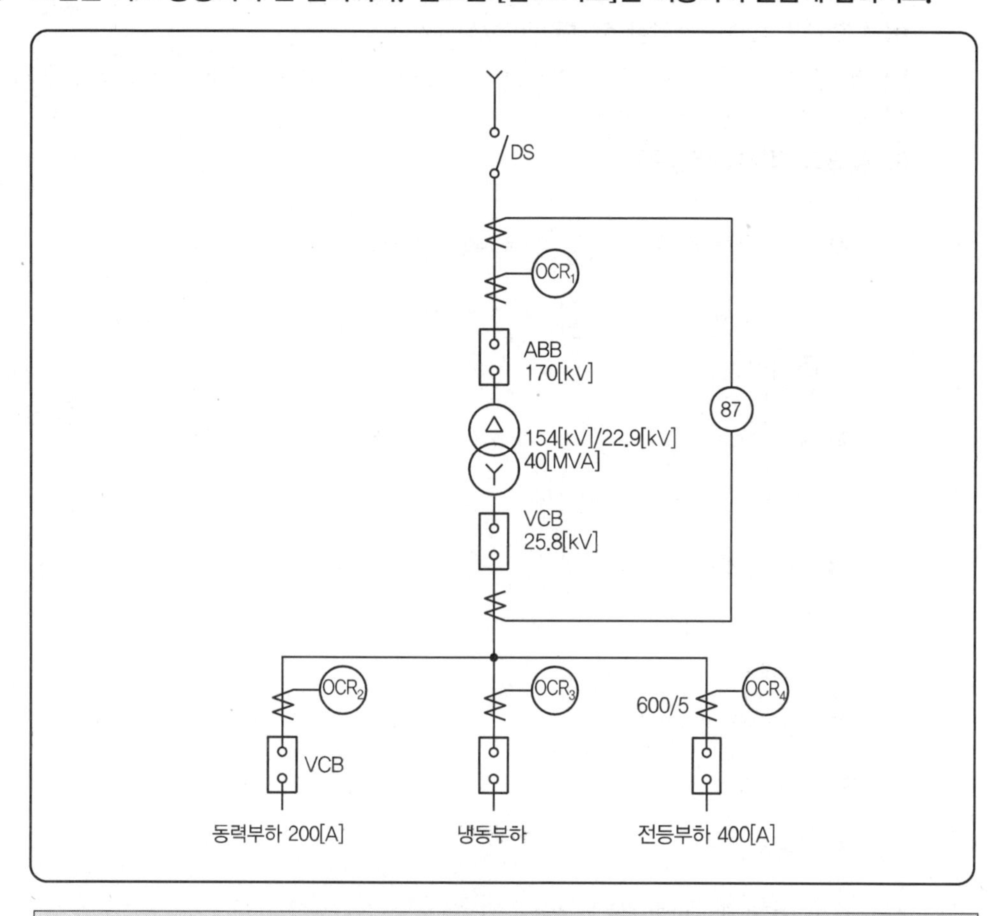

[참고 자료]

- 전원 등가 Impedance는 2.5[%](100[MVA] 기준)이고 변압기 %임피던스는 자기 용량 기준으로 7[%]이다.
- 전원 측 변전소에서 설치된 OCR의 정정치는 Pick 2.5에 LEVER가 20이다.
- 전위와 후비보호장치와의 INTERVAL은 최소 30[c/s]은 주어야 동시 동작을 피할 수 있다.
- OCR_1의 Tap은 전 부하전류의 160[%]로 선정하며, 부하 측에서 설치된 OCR_2~OCR_4의 사용 Tap은 150[%]로 설정한다.
- 170[kV] 차단기 용량은 1,500[MVA], 2,500[MVA], 3,000[MVA], 5,000[MVA], 7,500[MVA] 중 선택하며 차동계전기 CT 변류기는 1,200[A], 1,500[A], 2,000[A], 2,300[A], 3,000[A], 5,000[A] 중에서 선택한다.

1. 과전류 계전기 OCR_1의 적당한 Tap은?(단, CT값은 정격전류의 1.25배이다.)
2. 170[kV] ABB의 적당한 차단용량[MVA]은?
3. 계전기 87의 22.9[kV] 측의 적당한 CT비는?(단, CT값은 정격전류의 1.25배이다.)
4. 87 계전기의 정확한 명칭은?
5. ABB의 정확한 명칭은?

해답 1. 계산 : 부하전류 $I = \frac{40,000}{\sqrt{3} \times 154} = 149.96[A]$

$$TAP = 149.96 \times \frac{5}{200} \times 1.6 = 5.99[A]$$

답 6[A]

2. 계산 : $P_s = \frac{100}{\%z}P = \frac{100}{2.5} \times 100 = 4,000[MVA]$

답 5,000[MVA]

3. 계산 : 2차 전류 $I_2 = \frac{40,000}{\sqrt{3} \times 22.9} = 1,008.47[A]$

그러므로 CT 2차 전류는

답 1,200/5

4. 비율 차동 계전기

5. 공기차단기

TIP

① (87T) : 주 변압기 비율 차동 계전기
② OCR 탭(Trip) : 2, 3, 4, 5, 6, 7…

07 품에서 규정된 소운반이라 함은 무엇을 뜻하는가?

해답 20[m] 이내의 수평 거리를 말하며, 경사면의 소운반 거리는 직고 1[m], 수평 거리 6[m]의 비율로 본다.

TIP

품에서 규정된 소운반이라 함은 20[m] 이내의 수평 거리를 말하며 소운반이 포함된 품에 있어서 운반 거리가 20[m]를 초과할 경우에는 초과분에 대하여 별도 계상하며 소운반 거리는 직고 1[m], 수평 거리 6[m]의 비율로 본다.

08 다음 그림을 보고 물음에 답하시오.

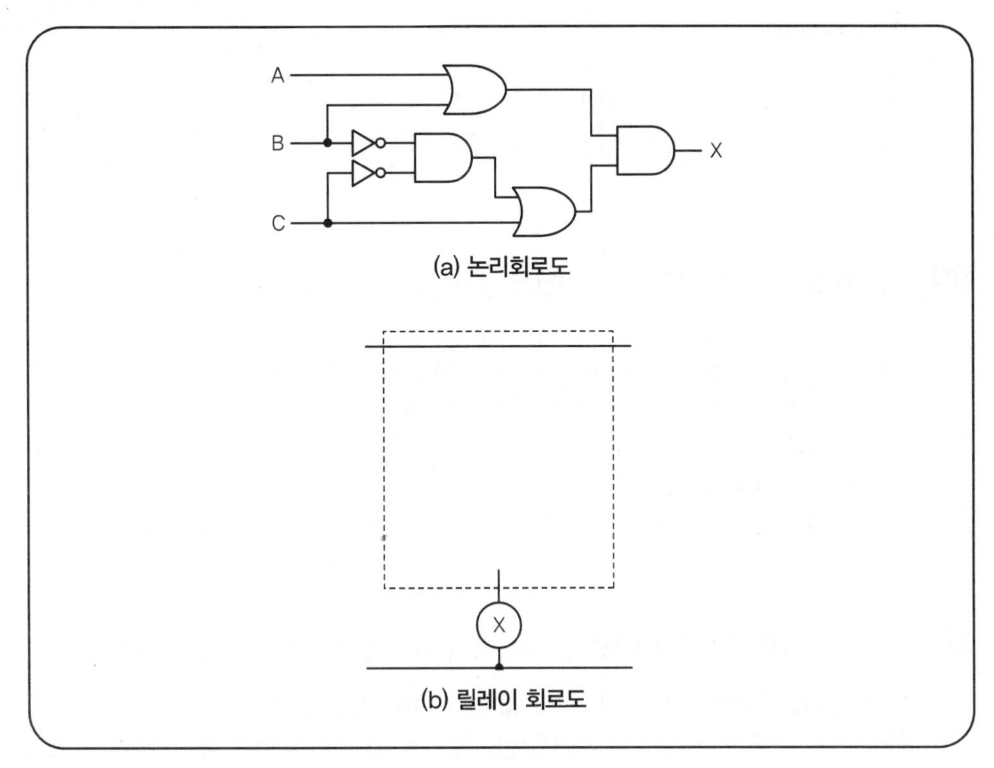

(a) 논리회로도

(b) 릴레이 회로도

1 (a)의 논리회로에 대한 논리식을 간략화하여 나타내시오.

2 논리식을 이용하여 (b) 릴레이회로(점선 안)의 미완성 부분을 완성하시오.

해답 1 $X=(A+B)\cdot(\overline{B}\cdot\overline{C}+C)$

$=(A+B)\cdot[(\overline{B}+C)\cdot(\overline{C}+C)]$

$=(A+B)\cdot(\overline{B}+C)$

2

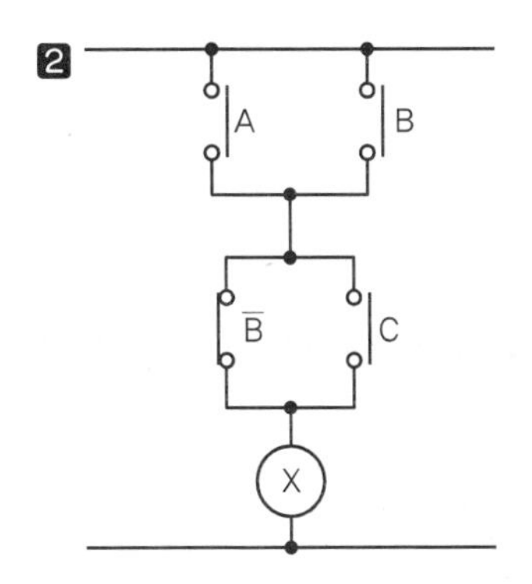

TIP

➤ **분배법칙**

① A+(B·C)=(A+B)·(A+C)

② A·(B+C)=A·B+A·C

09 국제화재안전기준에 따른 누전경보기 설치장소 5곳을 쓰시오.

해답 ① 가연성의 증기, 먼지, 가스 등이나 부식성의 증기 가스 등이 다량으로 체류하는 장소
② 화약류를 제조하거나 저장 또는 취급하는 장소
③ 습도가 높은 장소
④ 온도의 변화가 급격한 장소
⑤ 대전류 회로, 고주파 발생회로 등에 따른 영향을 받을 우려가 있는 장소

10 다음은 금속관 공사에서 사용되는 부속품에 대한 설명이다. 물음에 답하시오.

1 노출배관공사에서 관이 직각으로 굽히는 곳에 사용되는 부속품은?
2 전선관 상호의 접속용으로 관이 고정되어 있을 때 또는 관의 양측을 돌려서 접속할 수 없는 경우에 사용되는 부속품은?
3 금속관으로부터 전선을 뽑아 전동기 단자 부분에 접속할 때 사용되는 부속품은?
4 인입구, 인출구의 관단에 접속하여 옥외의 빗물을 막는 데 사용되는 부속품은?
5 아웃렛 박스에 조명기구를 부착할 때 기구 중량의 장력을 보강하기 위해 사용되는 부속품은?

해답 1 유니버설 엘보
2 유니언 커플링
3 터미널 캡 또는 서비스 캡
4 엔트런스캡
5 픽스처스터드와 히키

11 지상 5층, 지하 2층의 일반 건물의 자동화재 탐지설비의 시공내역에 대한 설명이다. 아래 조건을 보고 소요인공을 각각 구하시오.

1 지상층 감지기
2 지하층 감지기
3 수신기
4 감지기 선로시험

| 자동화재 경보장치 설치 |

공종	단위	내선전공	비고
스포트형 감지기 [(차동식, 정온식, 보상식) 노출형]	개	0.13	① 천장높이 4[m] 기준 1[m] 증가 시마다 10[%] 가산 ② 매입형 또는 특수구조인 경우 조건에 따라서 산정
시험기(공기관 포함)	개	0.15	① 상동 ② 상동
분포형의 공기관 (열전대선 감지선)	m	0.025	① 상동 ② 상동
검출기	개	0.30	
공기관식의 Booster	개	0.10	
발신기 P-1 발신기 P-2 발신기 P-3	개 개 개	0.30 0.30 0.20	1급(방수형) 2급(보통형) 3급(푸시 버튼만으로 응답 확인이 없는 것)
회로시험기	개	0.10	
수신기 P-1(기본공수) (회선수 공수 산출 가산요)	대	6.0	[회선수에 대한 산정] 매 1회선에 대해서 형식 \ 직종 : 내선전공 P-1 : 0.3 P-2 : 0.2 부수신기 : 0.2 ※ R형은 수신반 인입 감시 회선수 기준 참고 : 산정 예[P-1]의 10회분 기본공수는 6인, 회선당 할증수는 (10×0.3)=3 ∴ 6+3=9인
수신기 P-2(기본공수) (회선수 공수 산출 가산요)	대	4.0	
부수신기(기본공수)	대	3.0	
R형 수신반(기본공수) (회선수 공수 산출 가산요)	대	6.0	
R형 중계기	개	0.30	
비상전원반	대	1.68	
소화전 기동 릴레이	대	1.5	수신기 내장되지 않은 것으로 별개로 취부할 경우에 적용
전령(電鈴)	개	0.15	
표시등(유도등)	개	0.20	
표시판	개	0.15	
비상콘센트함	대	0.36	
수동조작함	대	0.36	소화약제용, 스프링클러용, 댐퍼용 등의 수동조작함
프리액션밸브 결선	개	0.31	프리액션밸브에 장착된 압력스위치, 댐퍼 스위치, 솔레노이드 등의 결선
MCC 연동릴레이(소방)	개	0.33	
제연댐퍼 결선	대	0.32	댐퍼에 장착된 모터기동 및 동작확인 회로의 결선

[해설]
1. 시험품은 회로당 내선전공 0.025인 적용
2. 취부상 목대를 필요로 할 경우 목대 매 개당 내선전공 0.02인 가산
3. 공기관의 길이는 [텍스] 붙인 평면 천장의 산출식에 의한 수량에 5[%]를 가산하고, 보돌림과 시험기로 인하되는 수량은 별도 가산
4. 방폭형 200[%]
5. 아파트의 경우는 노출 SPOT형 감지기(차동식, 정온식, 보상식) 설치 품은 개당 내선전공 0.1인 적용
6. 철거 30[%], 재사용 철거 50[%]

[조건]

- 지상층은 층고가 3.5[m]이고 차동식 스포트형 감지기를 각 층별로 30개씩 시공한다.
- 지하층은 층고가 4.5[m]이고 차동식 스포트형 감지기를 각 층별로 40개씩 시공한다.
- 각 층마다 P형 1급 발신기가 2개 있고, P형 1급(20회선) 수신기는 1층에 1개 있다.
- 경계구역은 16개 구역으로 되어 있다.
- 배관 및 배선은 고려하지 않는다.

해답

공정	소요인공	
지상층 감지기	① 계산과정 : 30개×5개 층×0.13인=19.5[인]	답 19.5[인]
지하층 감지기	② 계산과정 : 40개×2개 층×0.13인×1.1=11.44[인]	답 11.44[인]
수신기	③ 계산과정 : 6인+20회로×0.3인=12[인]	답 12[인]
감지기 선로시험	④ 계산과정 : 16회로×0.025인=0.4[인]	답 0.4[인]

TIP

① 지하층 감지기의 소요인공
천장높이 4[m] 기준으로 1[m] 증가 시마다 10[%] 가산, 지하층의 층고는 4.5[m]이므로 10[%] 가산을 적용한다.

② 수신기의 소요인공
P형 1급(20회선) 수신기이므로 6인+20회로×0.3인=12인

③ 감지기 선로시험 시 소요인공(해설 참고)
시험품은 회로당 내선전공 0.025인 적용이라고 되어 있으므로
16회로×0.025인=0.4인

12 시방서(Specification)를 작성할 때 요구되는 전문성에 대하여 예시와 같이 5가지만 표현을 하시오.

[예시]
사용 자재 및 장비에 관한 기술적 지식

해답 ① 설계도서 구성 및 작성에 대한 이해
② 계약 수립 및 관리 과정에 관한 지식
③ 설계도서의 활용에 대한 이해
④ 공사 추진 과정의 단계별 활용에 대한 이해
⑤ 공사 개시 전 준비단계에 대한 이해

TIP
⑥ 공사 완성 단계의 업무에 대한 이해
⑦ 법적 · 기술적 책임한계를 명확하게 표현할 수 있는 지식

13 납축전지에서 발생되는 설페이션(Sulfation) 현상에 대하여 간단히 쓰시오.

해답 납축전지를 방전 상태에서 오랫동안 방치하면 가스 발생이 심하게 되며 납축전지의 용량이 감소하고 수명이 단축되는 현상을 설페이션 현상이라 한다.

14 합성수지관의 굵기가 22[mm]인 경우 2.5[mm²] 전선을 몇 가닥까지 배선할 수 있는가?(단, 단면적은 40[%] 미만이고, 2.5[mm²] 전선의 바깥지름은 4[mm]이다.)

해답 계산 : • 2.5[mm²] 전선의 단면적 $A = \pi r^2 = \pi \times \left(\frac{4}{2}\right)^2 = 12.57[mm^2]$

• 전선관의 내단면적 $A = \pi r^2 = \pi\left(\frac{22}{2}\right)^2 = 380.13[mm^2]$

$N = \frac{380.13 \times 0.4}{12.57} = 12.1$

답 12[가닥]

15 자동차 전용도로(폭 25[m])의 양쪽에 고압나트륨등(300[W]), 조명률 0.25, 감광보상률 1.4, 광속 25,000[lm]의 등기구를 설치하여 노면 휘도를 1.2[nt]로 하려면 도로 양쪽에 등 설치 시 등 간격은?(단, 평균조도는 노면 휘도의 10배로 하고 소수점 이하는 버린다.)

해답 계산 : $A = \frac{NFU}{ED} = \frac{1 \times 25,000 \times 0.25}{1.2 \times 10 \times 1.4} = 372.02[m^2]$(조도는 노면 휘도의 10배)

도로 양쪽 조명 $A = \frac{간격 \times 폭}{2}$

$\therefore$ 간격 $= \frac{A \times 2}{폭} = \frac{372.02 \times 2}{25} = 29.76[m]$

답 29[m]

TIP

➤ **도로조명 면적(A)**

① 양쪽 조명, 지그재그 조명 : $A = \frac{a \times b}{2}$

② 중앙 조명, 한쪽 조명 : $A = a \times b$

여기서, a : 간격

b : 폭

16 총 공사비가 40억 원이고, 공사 기간이 13개월인 전기 공사의 간접 노무 비율[%]을 참고 자료에 의거 계산하시오.

[참고 자료]

구분		간접노무비율[%]
공사 종류별	건축 공사 토목 공사 기타(전기, 통신 등)	14.5 15 15
공사 규모별 * 품셈에 의하여 산출되는 공사 원가 기준	5억 원 미만 5~30억 원 미만 30억 원 이상	14 15 16
공사 기간별	6개월 미만 6~12개월 미만 12개월 이상	13 15 17

해답 계산 : 간접 노무 비율$=\frac{15+16+17}{3}=16[\%]$

답 15[%]

TIP

간접 노무 비율 $=\frac{\text{공사 종류별}[\%]+\text{공사 규모별}[\%]+\text{공사 기간별}[\%]}{3}$

17 다음 전선의 약호를 보고 그 명칭을 쓰시오.

1 EV

2 MI

해답 1 폴리에틸렌 절연 비닐 시스케이블

2 미네랄 인슐레이션 케이블

18 다음 그림기호의 명칭을 쓰시오.

1 [E]　　2 [B]　　3 [TS]

4 [S]　　5 ◁ (원 안)　　6 ↗

해답 1 누전차단기

2 배선용 차단기

3 타임스위치

4 연기감지기

5 스피커

6 조광기

19 전선 지지점의 고저차가 없을 경우 경간 200[m]에서 이도가 6[m]인 송전선로가 있다. 이도를 8[m]로 증가시키고자 할 경우 증가되는 전선의 길이는 몇 [cm]인가?

해답 계산 : 이도 6[m]일 때 전선의 길이 $L_1 = 200 + \frac{8 \times 6^2}{3 \times 200} = 200.48[m]$

이도 8[m]일 때 전선의 길이 $L_2 = 200 + \frac{8 \times 8^2}{3 \times 200} = 200.85[m]$

$\therefore L_2 - L_1 = 200.85 - 200.48 = 0.37[m] = 37[cm]$

답 37[cm]

TIP

$L = S + \frac{8D^2}{3S}$

여기서, L : 전선의 길이[m]

D : 이도[m]

S : 경간[m]

과년도 기출문제

01 변압기 저압 측 전압이 220[V]이고, 한 상에 대한 변압기의 합계용량이 150[kVA]일 때 접지공사의 접지선을 선정하시오.(단, 아래의 접지선의 굵기를 결정하기 위한 계산 조건에 따른다.)

[계산 조건]

- 접지선에 흐르는 고장전류의 값은 전원 측 과전류차단기 정격전류의 20배로 한다.
- 과전류차단기는 정격전류 20배의 전류에서는 0.1초 이하에서 끊어지는 것으로 한다.
- 고장전류가 흐르기 전의 접지선 온도는 30[℃]로 한다.
- 고장전류가 흘렀을 때의 접지선의 허용온도는 160[℃]로 한다.
  (따라서, 허용온도 상승은 130[℃]가 된다.)

해답 계산 : ① 온도 상승식 $\theta = 0.008\left(\frac{I}{A}\right)^2 \cdot t$[℃]에 대입하면

$$130 = 0.008\left(\frac{20I_n}{A}\right) \times 0.1$$

단면적 $A = 0.0496 \times I_n$[mm²]

② 변압기 2차 측의 정격전류는

$$I_2 = \frac{P}{V_2} = \frac{150 \times 10^3}{220} = 681[A]$$

$A = 0.0496 \times 681 = 33.818$[mm²]

답 35[mm²]

TIP

➤ **전선규격**

1.5, 2.5, 4, 6, 10, 16, 25, 35, 50, 70, 95, 120, 150, 185, 240, 300, 400, 500, 630[mm²]

02 그림과 같이 옥외 외등용 전선관을 지중에 매설하려고 한다. 터파기(흙파기) 양은 얼마인가?(단, 매설 거리는 50[m]이고, 전선관의 면적은 무시한다.)

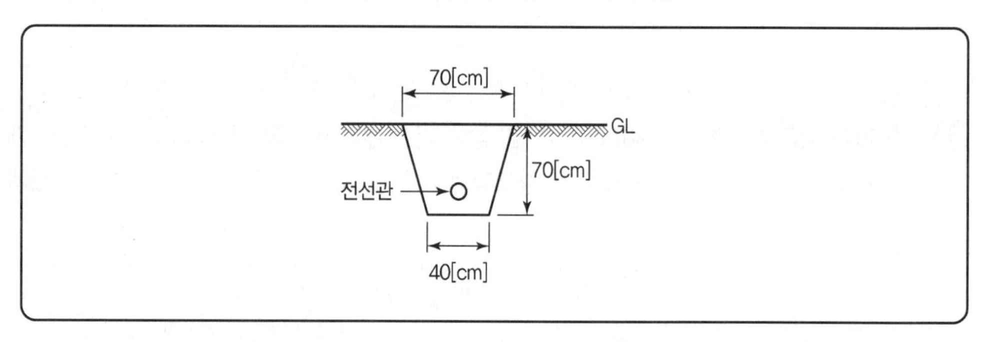

해답 계산 : 줄기초파기이므로

$$E_o = \frac{0.7+0.4}{2} \times 0.7 \times 50 = 19.25[m^3]$$

답 $19.25[m^3]$

TIP

$$E_o = \frac{A+B}{2} \times hL$$

03 그림은 합성수지관의 접속도이다. 설명을 읽고 어떤 커플링 접속법인지 쓰시오.

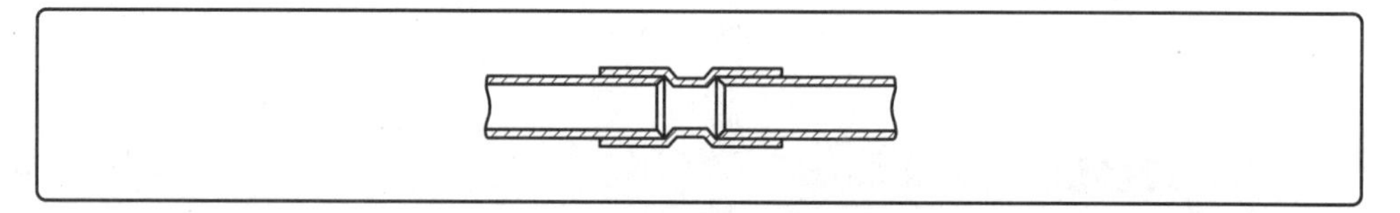

[설명]

- 관단 내면 두께의 약 1/3 정도가 남을 때까지 깎아낸다.
- 커플링 안지름과 관 바깥지름의 접속면을 마른 걸레로 잘 닦는다.(특히 기름기는 잘 닦아낸다.)
- 커플링 안지름과 관 바깥지름의 접속면에 속효성 접착제를 얇게 고루 바른다.
- 관을 커플링에 끼워 90° 정도 관을 비틀어 그대로 10~20초 정도 눌러서 접속을 완료하고 튀어나온 접착제는 닦아낸다.

해답 TS 커플링에 의한 방법

04 일반 조명용(백열등, HID등) 옥내배선 심벌을 보고 각각의 적용분야를 쓰시오.

심벌	적용	심벌	적용
◐		⊗	
⊖		CL	
CH		DL	

해답

심벌	적용	심벌	적용
◐	벽붙이	⊗	옥외등
⊖	펜던트	CL	실링 · 직접 부착
CH	샹들리에	DL	매입 기구

TIP

명칭	심벌	적용
일반용 조명, 백열등, HID등	○	① 벽붙이는 벽 옆을 칠한다. ◐ ② 걸림 로제트만 ( ) ③ 펜던트 ⊖ ④ 실링 · 직접 부착 CL ⑤ 샹들리에 CH ⑥ 매입 기구 DL(◎로 하여도 좋다.) ⑦ 옥외등은 ⊗로 하여도 좋다. ⑧ HID등의 종류를 표시하는 경우에는 용량 앞에 다음 기호를 붙인다. 수은등 H 메탈할라이드등 M 나트륨등 N 예 H400

05 수전 차단 용량이 1,000[MVA]이고, 22.9[kV]에 설치하는 피뢰기용 접지선의 굵기를 계산하고 선정하시오.

해답 **피뢰기 접지선 굵기 공식**

계산 : $A = \dfrac{\sqrt{t}}{282} \cdot I_s = \dfrac{\sqrt{1.1}}{282} \times \dfrac{1,000 \times 10^3}{\sqrt{3} \times 25.8} = 83.23[mm^2]$

답 95[mm²]

TIP

① $I_s = \dfrac{\text{정격 차단 전류}}{\sqrt{3} \times \text{정격전압}}[A]$

② 전선규격

1.5, 2.5, 4, 6, 10, 16, 25, 35, 50, 70, 95, 120, 150, 185, 240, 300, 400, 500, 630[mm²]

06 EL 램프(Electro Inuminescent Lamp)의 특징 5가지를 쓰시오.

해답 ① 얇은 산화물 피막으로 전기저항이 낮다.

② 기계적으로 강하다.

③ 빛의 투과율이 높다.

④ 램프 충전 시 제1피크(Peak), 램프 방전 시 제2피크가 나타나는 일종의 콘덴서와 비슷하다.

⑤ 정현파 전압을 높이면 광속발산도가 급격히 증가한다.

TIP

⑥ 전압을 더욱 높이면 광속발산도가 포화상태가 된다.

⑦ 주파수가 낮을 때는 광속발산도가 직선적으로 증가한다.

⑧ 주파수가 높아지면 포화의 경향으로 표시된다.

07 그림과 같은 회로에서 전동기가 누전된 경우 3,000[Ω]의 인체 저항을 가진 사람이 전동기에 접촉할 때 인체에 흐르는 전류 시간 합계[mA · sec]는?(단, 30[mA], 0.1[sec]의 경우 정격 ELB를 설치하였다.)

고압 220[V] M 20[Ω] 80[Ω] 3,000[Ω]

해답 계산 : $I_g = \dfrac{220}{20 + \dfrac{80 \times 3{,}000}{80 + 3{,}000}} = 2.25[A]$

$I' = \dfrac{80}{80 + 3{,}000} \times 2.25 = 0.05844[A] = 58.44[mA]$

주어진 조건에서 정격 감도 전류는 30[mA], 동작 시간은 0.1[sec]이므로

인체에 흐르는 전류 시간 합계=58.44×0.1=5.84[mA · sec]

여기서, I_g : 지락전류, I' : 인체에 흐르는 전류

답 5.84[mA · sec]

08 무정전 전원 공급장치(UPS)의 동작 방식 3가지를 쓰시오.

해답 ① 온라인 방식(ON－LINE)
② 오프라인 방식(OFF－LINE)
③ 라인 인터랙티브 방식

TIP

➤ UPS 동작방식

① 온라인(ON－LINE) 방식
항상 충전기와 인버터에 직류전원을 공급하는 방식으로, 평상시에도 인버터를 통하여 부하에 전원이 공급되는 방식이다.

② 오프라인(OFF－LINE) 방식
정상 시에는 직접 상용전원을 부하에 공급하고 있다가 정전 시에만 인버터를 동작하여 부하에 전원을 공급하는 방식으로 주로 소용량에 사용된다.

③ 라인 인터랙티브(LINE INTERACTIVE) 방식
정상적인 상용전원 인입 시에는 인버터 모듈 내의 IGBT 프리 휠링 다이오드를 통한 풀 브리지 정류방식으로 충전기 기능을 하고 정전 시에는 인버터로 동작을 하여 출력전원을 공급하는 방식이다.

09 고압개폐기기의 종류이다. 각각의 용도를 쓰시오.

1 단로기
2 고압부하개폐기
3 진공부하개폐기
4 고압차단기
5 고압전력용 퓨즈

해답 1 단로기 : 무부하 시 선로로부터 기기를 분리하여 점검 · 수리할 때 사용되는 개폐장치
2 고압부하개폐기 : 평상 운전 시의 부하 전류의 개폐에 사용하는 것으로서 인입개폐기로 사용된다.
3 진공부하개폐기 : 평상 운전 시의 부하 전류의 개폐에 사용하는 것으로서 고압 전동기 등의 제어용으로 사용된다.
4 고압차단기 : 부하전류 및 고장전류 차단에 사용된다.
5 고압전력용퓨즈 : 단락전류를 차단한다.

10 다음 저항을 측정하는 데 가장 적당한 계측기 또는 적당한 방법은?

1. 변압기의 절연저항
2. 검류계의 내부저항
3. 전해액의 저항
4. 백열전구의 필라멘트(백열상태)
5. 배전선의 전류

해답 1 절연저항계(Megger) 2 휘트스톤 브리지
3 콜라우시 브리지 4 전압강하법
5 훅온 미터

11 가공인입선의 인입선 접속점 및 인입구 배선을 보여주는 그림이다. 그림 각 부위(①~⑤)의 명칭을 쓰시오.

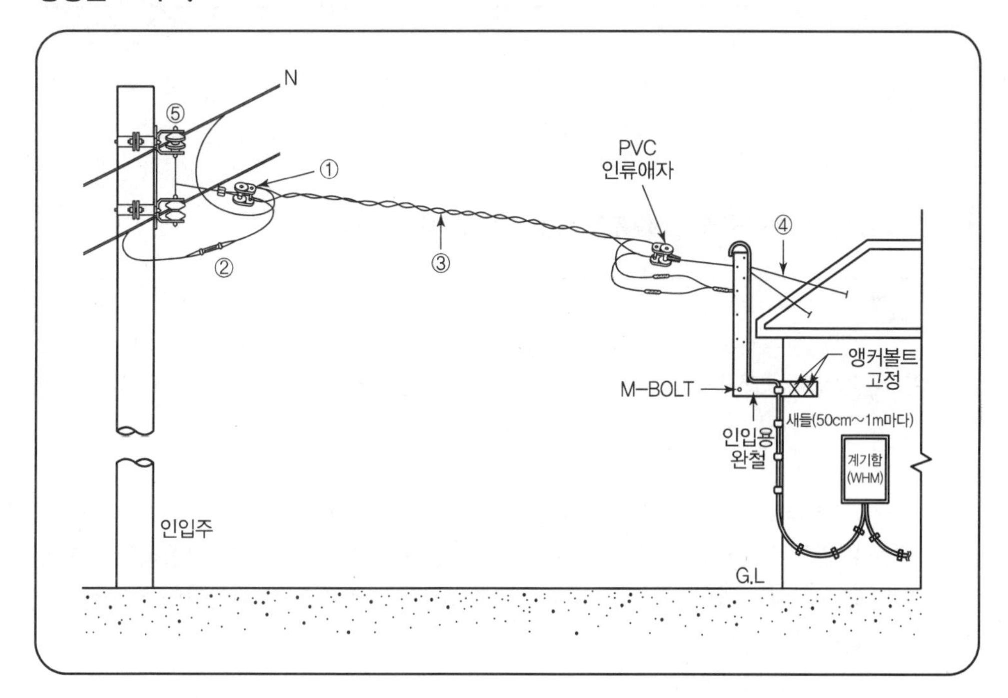

해답 ① PVC 애자
② 전선퓨즈
③ DV 전선
④ 완철지선
⑤ 랙(Rack)

TIP

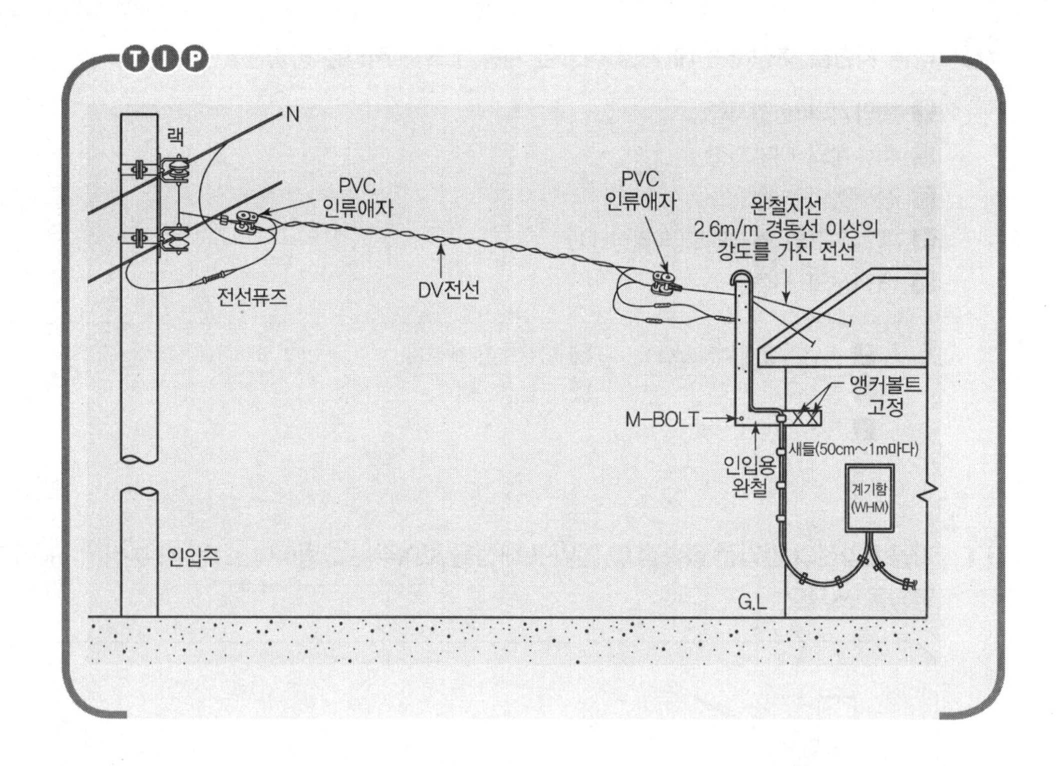

12 전기설비의 방폭구조(防爆構造)의 종류를 5가지만 쓰시오.

해답
① 내압 방폭구조 ② 유입 방폭구조
③ 안전증 방폭구조 ④ 본질안전 방폭구조
⑤ 특수 방폭구조

13 6,600[V] 고압가공 전선로의 전선 연장이 400[km]로 되어 있고 이 전로는 케이블을 사용한 부분이 없고 비접지식으로 되어 있으며, 고저압 혼촉 시 2초 이내에 자동적으로 고압전로를 차단하는 장치가 있다. 이 전로의 저압 측에 시설한 제2종 접지 저항값의 최대는 얼마인가? (단, 공칭값은 1.1이다.)

※ KEC 규정에 따라 삭제

14 변전실의 위치 선정 시 고려하여야 할 사항을 5가지만 쓰시오.

해답
① 부하의 중심에 가깝고, 배전에 편리할 것
② 전원 인입과 구내 배전선의 인출이 편리할 것

③ 기기의 반출 · 입에 지장이 없고 증설 · 확장이 용이할 것
④ 부식성 가스, 먼지 등이 적을 것
⑤ 고온 다습한 곳을 피할 것

TIP

⑥ 진동이 없고 지반이 견고한 장소일 것
⑦ 폭발물, 가연성 저장소 부근을 피할 것
⑧ 침수의 우려가 없고 경제적일 것

15 3상 3선, 380[V] 회로에 그림과 같이 부하가 연결되어 있다. 간선의 허용전류[A]를 구하시오.(단, 전동기의 평균 역률은 90[%]이다.) ※ KEC 규정에 따라 삭제

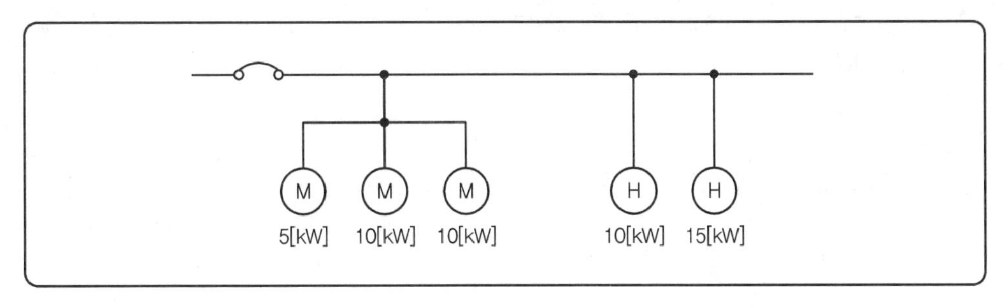

16 7.5[kV] N－EV는 네온관용 절연 전선기호이다. 여기서 E는 무엇인가?

해답 폴리에틸렌

TIP

➤ 7.5[kV] N－EV : 폴리에틸렌 절연 비닐 시스 네온전선

- N : 네온전선
- V : 비닐
- E : 폴리에틸렌
- R : 고무
- C : 클로로프렌

17 옥내 배선도를 작성하는 기본 순서를 열거한 것이다. 번호로 나열하시오.

① 점멸기의 위치를 평면도에 표시한다.
② 전등, 전열기, 전동기의 전압별 부하 집계표로 분기회로 수를 결정한다.
③ 건물의 평면도를 준비한다.
④ 각 부분의 배선에 전선의 종류, 굵기, 전선 수를 표시한다.
⑤ 전기 사용기계, 기구를 심벌을 써서 위치를 표시한다.

해답 ③ → ⑤ → ② → ① → ④

18 345[kV] 특고압 송전선을 산지에 시설할 때 전선의 최소 높이는 지표상 얼마인가?

해답 계산 : 5m+[(34.5−16)×0.12]=7.28[m]

답 7.28[m]

TIP

① 160[kV] 이하

기준
- 산지 : 5[m]
- 평지 : 6[m]

② 160[kV] 초과

기준+[(전압−16)×0.12]

∵ 34.5−16=18.5=19

19 3상 4선식 380[V]로 수전하는 수용가의 부하 전력이 100[kW], 부하 역률이 85[%], 구내 배전선의 길이가 4,000[m]이며, 대지 간 전압 강하를 6[V]까지 허용하는 경우 구내 배선의 굵기를 구하시오.(단, 이때 배선의 굵기는 전선의 공칭 단면적으로 표시하시오.)

해답 계산 : 전류 $I = \dfrac{100 \times 10^3}{\sqrt{3} \times 380 \times 0.85} = 178.75[A]$

$$A = \frac{17.8LI}{1,000e} = \frac{17.8 \times 400 \times 178.75}{1,000 \times 6} = 212.12[mm^2]$$

답 212.12[mm²] (단, 전선규격에서 찾을 경우 240[mm²])

TIP

① 전압 강하 계산

전기 방식	전압 강하	
단상 3선식 3상 4선식	$e = IR$	$e = \frac{17.8LI}{1,000[A]}$
단상 2선식	$e = 2IR$	$e = \frac{35.6LI}{1,000[A]}$
3상 3선식	$e = \sqrt{3}IR$	$e = \frac{30.8LI}{1,000[A]}$

② 전선규격

1.5, 2.5, 4, 6, 10, 16, 25, 35, 50, 70, 95, 120, 150, 185, 240, 300, 400, 500, 630[mm^2]

↘ 전기공사기사

2016년도 1회 시험

과년도 기출문제

01 다음 그림은 역조형 내장 애자장치(2련)이다. ①~⑦까지 명칭을 쓰시오.

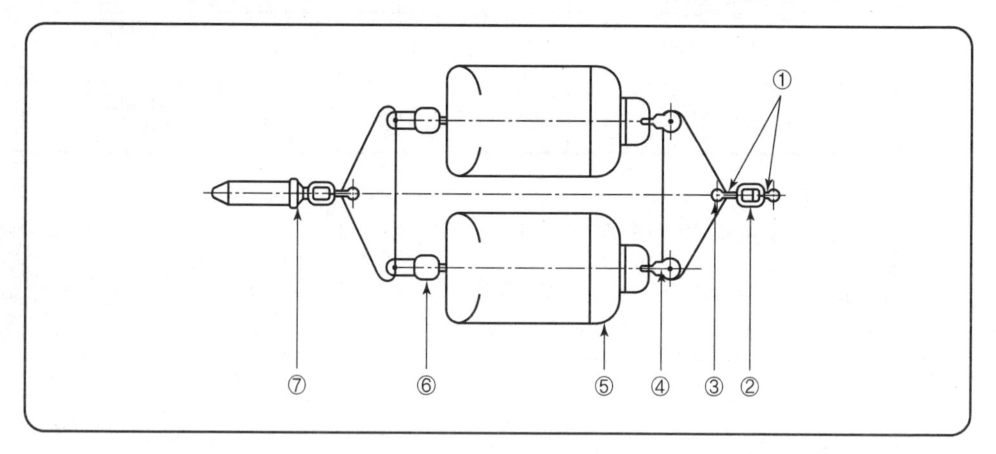

해답 ① 앵커쇄클
② 체인링크
③ 삼각요크
④ 볼크레비스
⑤ 현수애자
⑥ 소켓 크레비스
⑦ 압축형 인류 클램프

02 가공 전선의 애자에 대한 내용이다. (　　) 안에 알맞은 내용을 쓰시오.

1. 애자 일련의 개수 결정은 (　　)에 대하여 (　　)이 일어나지 않도록 하는 것을 기준으로 하고 있다.
2. 애자의 상하 금구 사이에 전압을 인가하고 전압을 점점 높여가면 애자 주위의 공기를 통해서 아크가 발생되어 애자가 단락되게 되는 전압을 (　　)이라 한다.
3. 전선 측에 붙여서 전선에 대한 전압 분담을 동일하게 하고, 선로의 섬락 시 애자가 열적으로 파괴되는 것을 막는 데 효과가 있는 것을 (　　)이라 한다.

해답 1. 내부이상전압, 섬락
2. 섬락전압
3. 소호환, 소호각

03 그림과 같은 변전설비에서 변압기의 부하율이 각각 40[%]일 때 변압기의 전체손실[kW]을 구하시오.(단, 3상 300[kVA] 변압기의 철손은 2.2[kW], 전부하 동손은 4.2[kW]이다.)

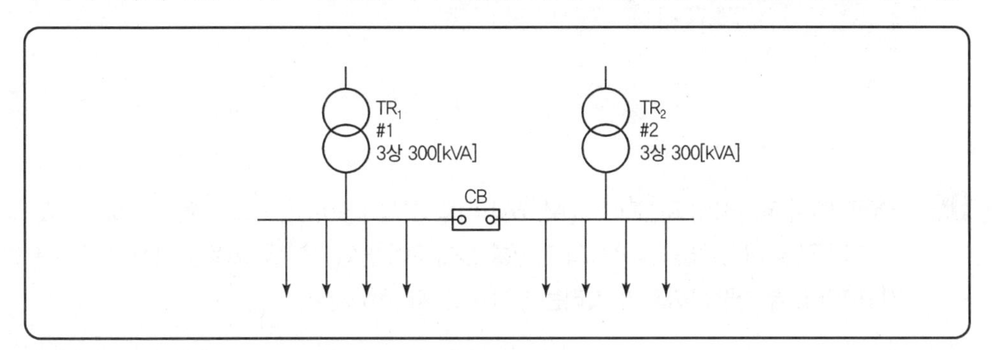

1 변압기 2대 운전 시의 전체손실을 구하시오.
2 변압기 1대 운전 시의 전체손실을 구하시오.

해답 1 계산 : 전손실 $P_l = (P_i + m^2 P_c) \times 2 = (2.2 + 0.4^2 \times 4.2) \times 2 = 5.74[kW]$

답 5.74[kW]

2 계산 : 전손실 $P_l = P_i + m^2 P_c = 2.2 + 0.8^2 \times 4.2 = 4.89[kW]$

답 4.89[kW]

TIP

변압기 부하율이 각각 40[%]일 때 1대 운전 시 40[%]×2배이므로 80[%] 부하율이 걸린다.

04 다음 표의 수용가 A, B, C에 공급하는 공급설비의 최대 전력은 500[kW]이다. 이때 수용가의 부등률을 구하시오.

수용가	설비용량[kW]	수용률[%]
A	400	60
B	300	60
C	400	80

해답 계산 : 부등률 $= \dfrac{400 \times 0.6 + 300 \times 0.6 + 400 \times 0.8}{500} = 1.48$

답 1.48

TIP

$$부등률 = \frac{개별\ 최대\ 전력의\ 합}{합성\ 최대\ 전력} = \frac{(설비용량 \times 수용률)}{합성\ 최대\ 전력}$$

05 공급점에서 50[m]의 지점에 80[A], 60[m]의 지점에 50[A], 80[m]의 지점에 30[A]의 부하가 걸려 있을 때 부하 중심까지의 거리를 산출하여 전압강하를 고려한 전선의 굵기를 결정하려고 한다. 부하중심까지의 거리는 몇 [m]인지 구하시오.

해답 계산 : $L = \dfrac{L_1I_1 + L_2I_2 + L_3I_3}{I_1 + I_2 + I_3} = \dfrac{50 \times 80 + 60 \times 50 + 80 \times 30}{80 + 50 + 30} = 58.75[m]$

답 58.75[m]

06 접지극 형태와 목적에 따라 사용하는 접지공법이 구분되는데 봉상접지공법, 망상접지공법, 구조체 접지공법이 있다. 이 중 봉상접지공법에 대하여 간단히 설명하시오.

해답 봉상접지공법은 건물의 부지면적이 제한된 도시지역 등 평면적인 접지공법이 곤란한 지역에서 주로 시공한다.

TIP

➤ **봉상접지공법 종류**

① 심타공법 : 접지봉을 지표에서 타입하는 방법으로 접지봉을 직렬 접속한다.

② 병렬접지공법 : 독립 접지봉을 여러 개 묻고 각 접지봉을 병렬로 연결하는 방법이다.

07 경간 200[m]인 가공 송전선로가 있다. 전선 1[m]당 무게는 2.0[kg/m]이고 풍압 하중이 없다고 한다. 인장강도 4,000[kg]의 전선을 사용할 때 이도(D)와 전선의 실제 길이(L)를 구하시오. (단, 안전율은 2.2로 한다.)

1 이도(D)

2 전선의 길이 실제 길이(L)

해답 **1** 이도

계산 : $D = \frac{WS^2}{8T} = \frac{2.0 \times 200^2}{8 \times 4,000/2.2} = 5.5[m]$

답 5.5[m]

2 전선의 실제 길이

계산 : $L = S + \frac{8D^2}{3S} = 200 + \frac{8 \times 5.5^2}{3 \times 200} = 200.4[m]$

답 200.4[m]

TIP

① 이도 $D = \frac{WS^2}{8T}[m]$

② 전선의 실제 길이 $L = S + \frac{8D^2}{3S}[m]$

여기서, D : 이도[m]
W : 단위 길이당 전선의 중량[kg/m]
S : 경간[m]
T : 전선의 수평장력[kg]

$T = \frac{\text{인장강도(인장하중)}}{\text{안전율}}$

08 감전의 위험이 있는 전기시설의 부위에는 전기의 충전 여부를 식별할 수 있는 활선 표시장치 등을 각 상에 부착하도록 권장하고 있다. 이 활선 표시장치의 권장 설치장소 3곳을 쓰시오.

해답 ① 수전점 개폐기의 전원 측 및 부하 측 각 상
② 분기회로 개폐기의 전원 측 및 부하 측 각 상
③ 변압기 등의 전원 측 및 부하 측 각 상

TIP

- 전원 측 : 1차 측
- 부하 측 : 2차 측

09 조명기구를 도로 조명에 배치하는 방식 4가지를 열거하시오.

해답 ① 중앙 배열 ② 편측 배열
③ 양쪽 배열 ④ 지그재그 배열

10 **3상 3선식 배전선로에 역률 0.8, 출력 120[kW]인 3상 평형 유도부하가 접속되어 있는 경우, 부하단의 수전전압이 3,300[V], 배전선 1가닥의 저항이 4[Ω], 리액턴스가 6[Ω]일 때의 송전단 전압을 구하시오.**

해답 계산 : $V_s = V_r + \sqrt{3}I(R\cos\theta + X\sin\theta)$ [V]

$$= 3{,}000 + \sqrt{3} \times \frac{120 \times 10^3}{\sqrt{3} \times 3{,}300 \times 0.8} \times (4 \times 0.8 + 6 \times 0.6) = 3{,}609.0909\,[V]$$

답 3,609.09[V]

TIP

3,300 : 선간전압, 상전압인 경우 $V_s = V_R + I(R\cos\theta + X\sin\theta)$

11 **가공전선로 하중 설계 시 부하계수란 무엇인지 쓰시오.**

해답 합성하중과 전선의 자중에 대한 비

TIP

$$\text{부하계수} = \frac{\text{전선자중}}{\text{합성하중}}$$

12 **건물의 종류에 대응한 표준부하값을 빈칸의 (　) 안에 쓰시오.**

건물의 종류	표준부하[VA/m²]
기숙사, 여관, 호텔, 병원, 학교, 음식점, 다방	(①)
공장, 공회당, 사원, 교회, 극장, 영화관 등	(②)
주택, 아파트, 사무실, 은행, 상점, 이발소, 미용원	(③)

해답 ① 20　② 10

③ 30

13 조명기구는 시간이 경과하면 조명기구의 오염 및 실내면의 반사율 저하로 조도가 감소되는데, 설계 시 이러한 조도의 감소를 감안하여 보정계수를 적용하고 있다. 이처럼 조명기구가 필요시까지 조도를 유지할 수 있도록 여유를 두는 비율을 무엇이라 하는지 쓰시오.

해답 감광보상률

TIP

(1) 광속의 감소 원인
① 점등 중 광원의 노화로 인한 광속의 감소(필라멘트 증발, 흑화 등)
② 조명기구에 붙은 먼지, 오물 그리고 반사면의 화학적 변질에 의한 광속의 흡수율 증가
③ 실내 반사면(천장, 벽, 바닥)에 붙은 먼지, 오물 그리고 반사면의 화학적 변질에 의한 광속의 흡수율 증가
④ 공급전압과 광원의 정격전압의 차이에서 오는 광속의 감소

(2) 감광보상률(D)의 역수를 유지율(M) 또는 보수율이라고 한다.

즉, $M = \frac{1}{D}$

여기서, M : 유지율(보수율)
D : 감광보상률($D > 1$)

14 345[kV] 옥외 변전소시설에 있어서 울타리의 높이와 울타리에서 충전부분까지의 거리의 최소값[m]을 구하시오.

해답 계산 : 6[m]+[(34.5−16)×0.12]
답 8.28[m]

TIP

사용 전압의 구분	울타리 · 담 등의 높이와 울타리 · 담 등으로부터 충전 부분까지의 거리의 합계
35[kV] 이하	5[m]
35[kV] 초과 160[kV] 이하	6[m]
160[kV] 초과	• 6[m]를 기준하여 10,000[V]당 12[cm]를 더한 값 • 공식 6[m]+[(전압−16)×0.12](단, (전압−16)에서 소수점 이하 절상)

15 자동화재탐지설비 중 부착 높이 15[m] 이상 20[m] 미만에 적용하는 감지기의 종류 3가지만 쓰시오.

해답 ① 이온화식 1종 ② 연기복합형
③ 불꽃감지기

TIP

➤ 층고에 따른 감지기 선정기준

부착높이	감지기의 종류
4[m] 미만	• 차동식(스포트형, 분포형) • 보상식 스포트형 • 정온식(스포트형, 감지선형) • 이온화식 또는 광전식(스포트형, 분리형, 공기흡입형) • 열복합형 • 연기복합형 • 열연기복합형 • 불꽃감지기
4[m] 이상 8[m] 미만	• 차동식(스포트형, 분포형) • 보상식 스포트형 • 정온식(스포트형, 감지선형) 특종 또는 1종 • 이온화식 1종 또는 2종 • 광전식(스포트형, 분리형, 공기흡입형) 1종 또는 2종 • 열복합형 • 연기복합형 • 열연기복합형 • 불꽃감지기
8[m] 이상 15[m] 미만	• 차동식 분포형 • 이온화식 1종 또는 2종 • 광전식(스포트형, 분리형, 공기흡입형) 1종 또는 2종 • 연기복합형 • 불꽃감지기
15[m] 이상 20[m] 미만	• 이온화식 1종 • 광전식(스포트형, 분리형, 공기흡입형) 1종 • 연기복합형 • 불꽃감지기
20[m] 이상	• 불꽃감지기 • 광전식(분리형, 공기흡입형) 중 아날로그방식

16 전기설비에 지락단락 등의 고장이 발생한 경우에, 해당 전기설비에 사람 등이 접촉되어 발생하는 간접접촉의 감전예방 보호방법 5가지를 쓰시오.

해답 ① 전원의 자동차단에 의한 보호
② Ⅱ급 기기의 사용 또는 이것과 동등 이상의 절연에 의한 보호
③ 비도전성 장소에 의한 보호
④ 비접지용 국부적 등전위 접속에 의한 보호
⑤ 전기적 분리에 의한 보호

TIP

➤ 내선규정

(1) 직접접촉예방

전기설비가 정상으로 운영하고 있는 상태에서 전기설비에 사람 또는 동물이 접촉되는 경우를 대비하여 감전예방을 위한 보호

① 충전부의 절연에 의한 보호
② 격벽 또는 외함에 의한 보호
③ 장애물에 의한 보호
④ 손의 접근한계 외측 설치에 따른 보호
⑤ 누전차단기에 의한 추가 보호

(2) 간접접촉예방

전기설비에 지락 등의 고장이 발생한 경우에 해당 전기설비에 사람 또는 동물이 접촉한 경우를 대비하여 감전예방을 위한 보호로서 다음 중 하나의 방법으로 실시한다.

① 전원의 자동차단에 의한 보호
② Ⅱ급 기기의 사용 또는 이것과 동등 이상의 절연에 의한 보호
③ 비도전성 장소에 의한 보호
④ 비접지용 국부적 등전위 접속에 의한 보호
⑤ 전기적 분리에 의한 보호

17 **다음은 지하 저가수조에서 고가수조로 양수하여 물을 사용하기 위한 급수장치의 일부 그림이다. 다음 물음에 답하시오.**

[동작사항]

① 전원을 투입하면 전원 표시등 RL이 점등되고 EOCR에 전원이 공급된다.
② PB를 누르면 (눌렀다 놓으면) MC, T, FLS, GL에 전원이 즉시 공급되어 전동기가 회전하여 Pump가 고가수조에 급수를 시작한다.
③ 고가수조의 수위가 고수위가 되면 급수는 정지되고 표시등 GL은 소등되며 T와 FLS에는 전원이 계속 공급되고 있다.
④ 수조의 수위가 저수위가 되면 다시 급수를 시작하여 GL이 점등된다.
⑤ 전원이 순간적으로 정전되었다가(약 3~5초간) 다시 전원이 공급되면, 버튼 스위치 PB를 누르지 않아도 정전이 되기 전과 같이 제어회로에 전원이 공급된다. 여기서 T는 적어도 6초 이상 설정해 놓아야 한다.
⑥ 전동기가 운전 중 과부하가 되었을 때 제어회로에는 전원이 차단되어 급수가 정지되고 FR에 전원이 공급되어 표시등 YL과 버저 BZ가 교대로 계속 동작한다. 이때 차단기 MCCB를 OFF하면 모든 동작이 정지된다.

[범례]

기호	설명	기호	설명
: FLS(Floatless Relay) a, b접점		GL, YL, RL : 표시등	
: T(타이머) a, b접점		BZ : 버저	
: PB(누름버튼) a, b접점		EOCR : 전자식 과전류 계전기	
: FR(플리커 릴레이) a, b접점		P : 수조용 전극봉	

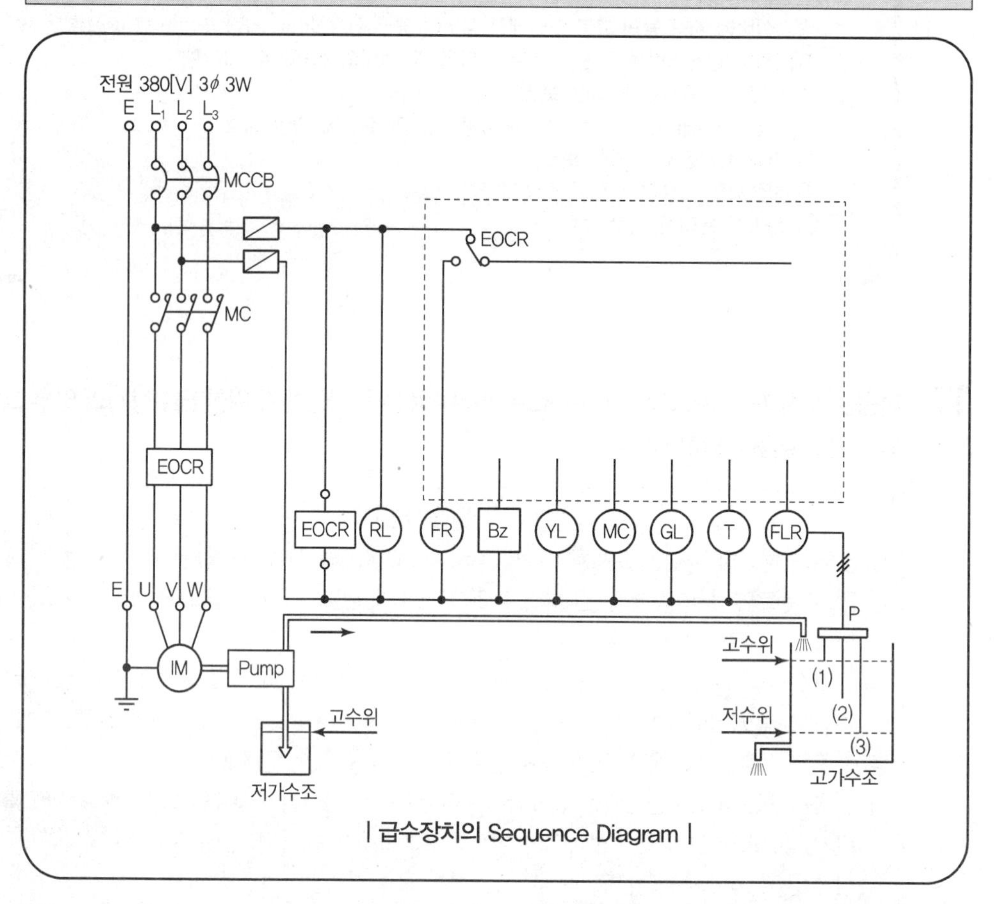

| 급수장치의 Sequence Diagram |

1. 이 급수장치가 완전히 동작되도록 동작사항을 참고하여 점선 안의 회로를 완성하시오.(단, 지하 저가수조의 수위는 항상 고수위가 되어 있는 것으로 하시오.)
2. 고가수조의 P 부분에 있는 전극 (1), (2), (3)의 명칭을 쓰시오.

해답 **1** 전원 380[V] 3ϕ 3W

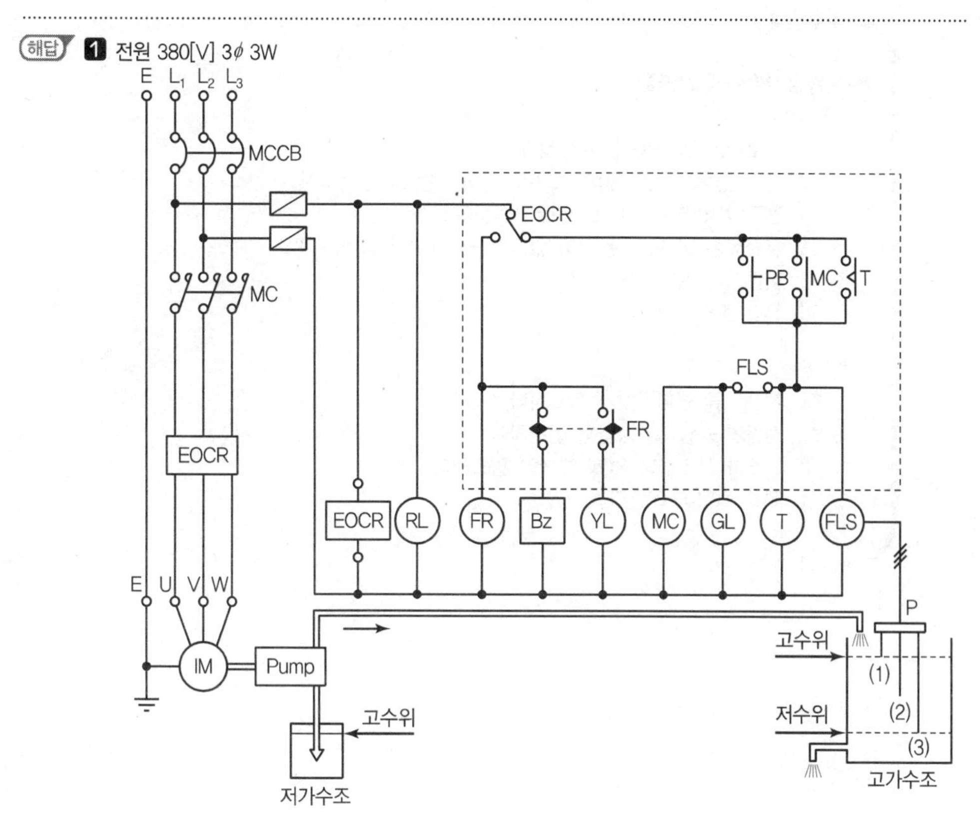

2 (1) E_1

(2) E_2

(3) E_3

18 송전방식에는 교류송전과 직류송전방식이 있다. 직류송전방식의 장점을 3가지만 쓰시오.

해답 ① 송전효율이 우수하다(역률 1이므로).

② 절연레벨을 낮춘다.

③ 리액턴스가 없으므로 안정도가 좋다.

TIP

➤ **직류송전방식의 장단점**

(1) 장점

① 코로나손 및 전력손실이 적다.
② 단락 전류가 적고 임의 크기의 교류 계통을 연계시킬 수 있다.
③ 선로의 리액턴스가 없으므로 안정도가 높다.
④ 유전체손 및 충전 용량이 없고 절연 내력이 강하다.
⑤ 비동기 연계가 가능하다.
⑥ 유도 장해가 작다.

(2) 단점

① 직 · 교류 변환장치가 필요하다.
② 전압의 승압 및 강압이 불리하다.
③ 고조파나 고주파 억제 대책이 필요하다.
④ 직류 차단이 어렵다.

2016년도 2회 시험 과년도 기출문제

01 가공 배전 선로로 가선할 때의 전선 가선 시 실 소요량은 일반적으로 선로가 평탄할 때 어떻게 산출하는가?

해답 ① 선로 고저차가 심할 때 : 선로길이×전선조수×1.03

② 길이=긍장

답 선로길이×전선조수×1.02

02 12×18[m²]인 사무실의 조도를 200[lx]로 유지하고자 한다. 등기구 1개의 전광속 4,600[lm], 등기구 램프전류 0.87[A]의 2×40[W] LED 형광등으로 시설할 경우에 조명률 50[%], 감광보상률 1.3으로 가정하면 이 사무실의 분기회로 수를 구하시오.

해답 계산 : $N = \frac{AED}{FU} = \frac{12 \times 18 \times 200 \times 1.3}{4{,}600 \times 0.5} = 24.42 \quad \therefore 25$[등]

분기회로 수 $n = \frac{25 \times 0.87}{16} = 1.359$

답 16[A] 분기 2회로

TIP

① FUN=DEA

② 분기회로 수 및 등기구 개수를 계산할 때 반드시 소수점 이하는 절상한다.

③ 분기회로[A]는 16[A]를 기준으로 한다.

03 옥내배선용 심벌 중 지진감지기의 그림기호를 그리시오.

해답 (EQ)

TIP

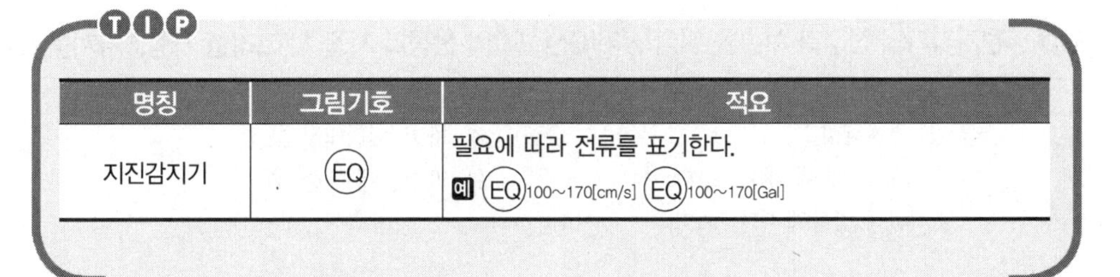

명칭	그림기호	적요
지진감지기	(EQ)	필요에 따라 전류를 표기한다. 예 (EQ)100~170[cm/s] (EQ)100~170[Gal]

Engineer Electric Work

04 배선도에 그림과 같이 표현되어 있다. 그림기호가 나타내는 배관의 종류(명칭)를 쓰시오.

1 —//— 2.5□($F_2$17)

2 —//— 2.5□(VE16)

3 —//— 2.5□(PF16)

해답 1 2종 금속제 가요전선관
2 경질비닐전선관
3 합성수지제 가요관

TIP

명칭	그림기호	적요
천장 은폐 배선	————	① 천장 은폐 배선 중 천장 속의 배선을 구별하는 경우는 천장 속의 배선에 —·—·—를 사용하여도 좋다.
바닥 은폐 배선	— — — —	② 노출 배선 중 바닥면 노출 배선을 구별하는 경우는 바닥면 노출 배선에 —··—··—를 사용하여도 좋다.
노출 배선	-----------	③ 전선의 종류를 표시할 필요가 있는 경우는 기호를 기입한다.
		④ 배관은 다음과 같이 표시한다. 가닥 수 / 전단 단면적 → 2.5□(VE19) / 전선관의 종류 / 전선관의 굵기 ⑤ 전선관의 종류 • 강제전선관은 별도의 표기 없음 • VE : 경질비닐전선관(VE) • F_2 : 2종 금속제 가요전선관(F_2) • PF : 합성수지제 가요관(PF)

05 전기기기의 선정과 시설을 위한 전기배선설비의 선정과 시공 시 고려할 사항 5가지를 쓰시오.

해답 ① 감전예방
② 과전류에 대한 보호
③ 고장전류에 대한 보호
④ 과전압에 대한 보호
⑤ 열적 영향에 대한 보호

06 공구손료에 대하여 설명하시오.

해답 일반공구 및 시험용 계측 기구류의 손료로서 공사 중 상시 일반적으로 사용하는 것을 말하며, 직접 노무비의 3[%]까지 계상한다.

07 납축전지의 정격용량 200[Ah], 상시부하 12[kW], 표준전압 100[V]인 부동충전방식의 2차 충전전류는 몇 [A]인지 구하시오.

해답 계산 : 2차 충전전류 $I = \frac{200}{10} + \frac{12,000}{100} = 140[A]$

답 140[A]

TIP

① $\text{충전기 2차 충전 전류}[A] = \frac{\text{축전지 용량}[Ah]}{\text{방전률}[h]} + \frac{\text{상시 부하 용량}[VA]}{\text{표준 전압}[V]}$

② 방전율
- 납축전지 : 10시간율
- 알칼리전지 : 5시간율

08 사람이 상시 통행하는 터널 내의 배선방법을 3가지만 쓰시오.(단, 사용전압이 저압에 한한다.)

해답 ① 애자사용배선 ② 금속관 배선
③ 케이블 배선

TIP

➤ 사람이 상시 통행하는 터널 내 배선방법의 종류
① 애자사용배선 ② 금속관 배선
③ 합성수지관배선 ④ 금속제 가요전선관배선
⑤ 케이블 배선

09 **송전선로에 사용되는 접지방식에 대하여 각 물음에 답하시오.**

1. 1선 지락 고장 시 지락전류가 간헐적으로 생기거나, 계속 흐르면서 이상전압이 발생하므로 고전압 송전선로에서 사용되지 않는 접지방식은?
2. 1선 지락 시 건전상의 전위상승이 높지 않아 유효접지의 대표적인 방식으로 초고압 송전선로에서 경제성이 매우 우수하여 우리나라 송전계통에 사용되고 있는 접지방식은?

해답 1. 비접지방식
2. 직접접지방식

10 **분기회로의 용어 정의를 설명하시오.**

해답 분기회로란 간선에서 분기하여 분기과전류차단기를 거쳐서 부하에 이르는 사이의 배선을 말한다.

11 **다음 그림은 심야전력기기의 인입구 장치 부근의 배선을 나타낸 것이다. 이 그림은 어떤 경우의 시설을 나타낸 것인지 쓰시오.**

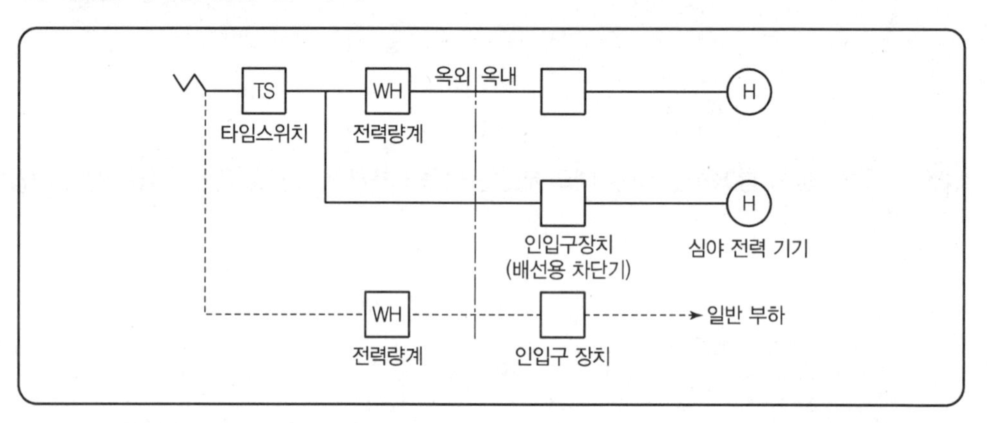

해답 정액제 · 종량제 병용

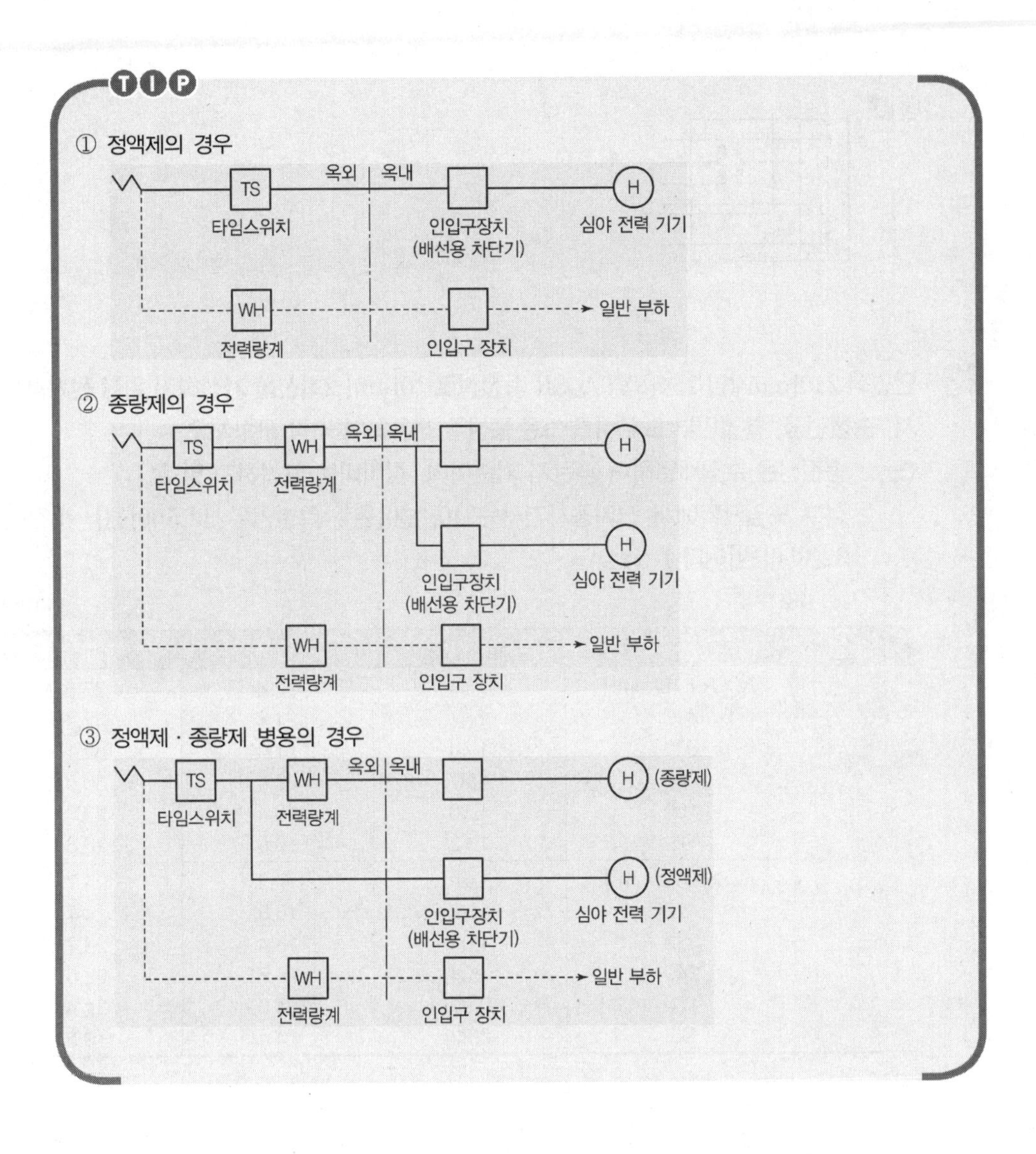

12 다음 표준 심벌은 계기용 변압 변류기(MOF)의 단선도이다. 이것을 복선도로 그리시오.(단, 전기방식은 3상 3선식이다.)

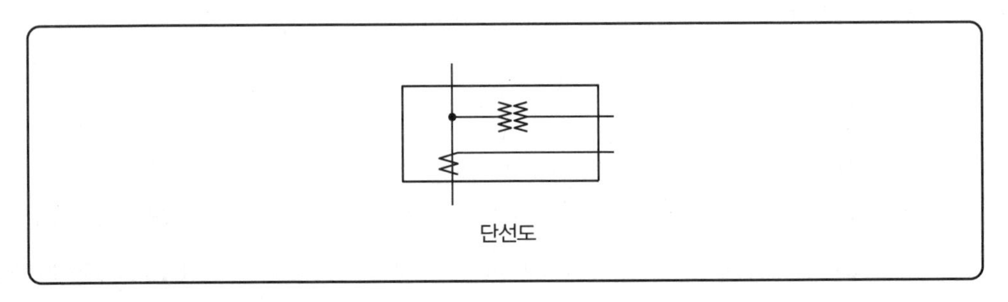

해답

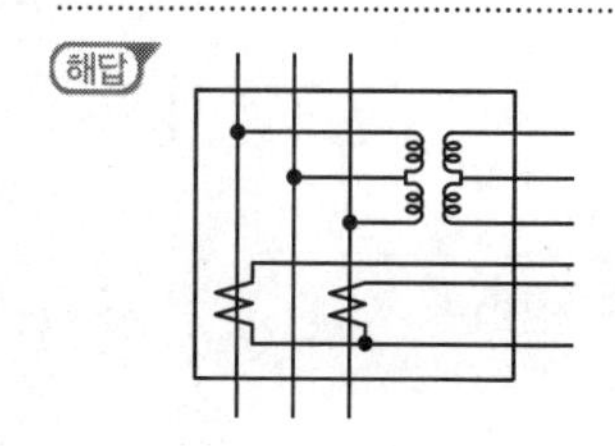

13 단면적 240[mm²]인 154[kV] ACSR 송전선로 10[km] 2회선을 가선하기 위한 전기공사기사, 송전전공, 특별인부 노무비를 표준품셈을 적용하여 각각 구하시오.
(단, • 송전선은 수직배열하여 평탄지 기준이며, 장비비는 고려하지 말 것
• 정부 노임단가에서 전기공사기사는 40,000[원], 특별인부 33,500[원], 송전전공 32,650[원]이다.)

[km당]

공종	전선규격	기사	송전전공	특별인부
연선	ACSR 610[mm²]	1.51	22.4	33.5
	410	1.47	21.8	32.7
	330	1.44	21.4	32.1
	240	1.37	20.4	30.5
	160	1.30	19.4	29.0
	95	1.12	16.8	26.8
긴선	ACSR 610[mm²]	1.14	17.3	24.7
	410	1.12	16.8	24.1
	330	1.09	16.4	23.7
	240	1.04	15.7	22.5
	160	0.97	14.9	21.4
	95	0.93	14.4	19.8

[해설] ① 1회선(3선) 수직배열 평탄지 기준
② 수평배열 120[%]
③ 2회선 동시가선은 180[%]
④ 특수 개소는(장경간) 별도 가산
⑤ 장비(Engine, Winch) 사용료는 별도 가산
⑥ 철거 50[%]
⑦ 장력조정품 포함
⑧ 기사는 전기공사업법에 준함
⑨ HDCC 가선은 배전선가선 참조

1 전기공사기사 노무비
2 송전전공 노무비
3 특별인부 노무비

해답 1 계산 : 기사 $= 10 \times (1.37 + 1.04) \times 1.8 \times 40000 = 1,735,200$[원] 답 1,735,200[원]

2 계산 : 송전전공 $= 10 \times (20.4 + 15.7) \times 1.8 \times 32650 = 21,215,970$[원] 답 21,215,970[원]

3 계산 : 특별인부 $= 10 \times (30.5 + 22.5) \times 1.8 \times 33500 = 31,959,000$[원] 답 31,959,000[원]

14 직경 10[m]인 원형의 사무실에 평균 구면광도 100[cd]의 전등 4개를 점등할 때 조명률 0.5, 감광보상률 1.6이면, 이 사무실의 평균조도[lx]를 구하시오.

1 계산

2 평균조도[lx]

해답
- 균등 점광원에서의 광속 $F = 4\pi I = 4\pi \times 100 = 400\pi$[lm]
- 원형인 사무실의 면적 $A = \pi r^2 = \pi\left(\frac{d}{2}\right)^2 = \left(\frac{10}{2}\right)^2 \pi = 25\pi$[m²]

여기서, r : 반지름

d : 직경(지름)

1 계산 : 평균조도 $E = \frac{FUN}{AD} = \frac{4\pi \times 100 \times 0.5 \times 4}{\left(\frac{10}{2}\right)^2 \pi \times 1.6} = 20$[lx]

2 20[lx]

15 차단기의 정격투입전류는 정격차단전류의 몇 배 이상을 선정하는지 쓰시오.

해답 차단기 정격투입전류 : 단락사고 시 개폐할 경우 단락전류가 흘러 전자반발력으로 차단동작이 방해를 받아 차단 불능이 되는 경우가 발생한다.

답 2.5배

16 아래 그림은 경완철에서 현수애자를 설치하는 순서를 나타낸 것이다. 각 부품의 명칭을 보기에서 찾아 그 번호를 (   ) 안에 쓰시오.

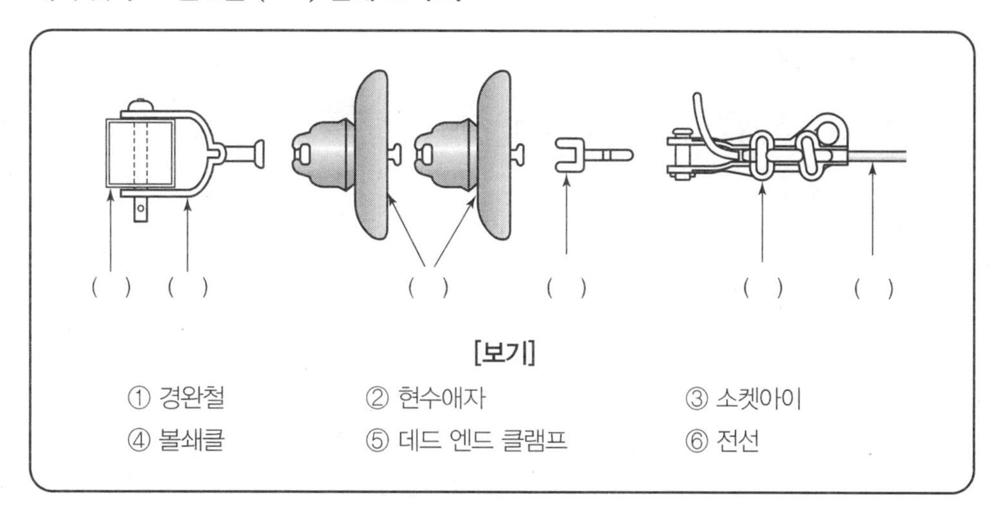

[보기]

① 경완철 ② 현수애자 ③ 소켓아이

④ 볼쇄클 ⑤ 데드 엔드 클램프 ⑥ 전선

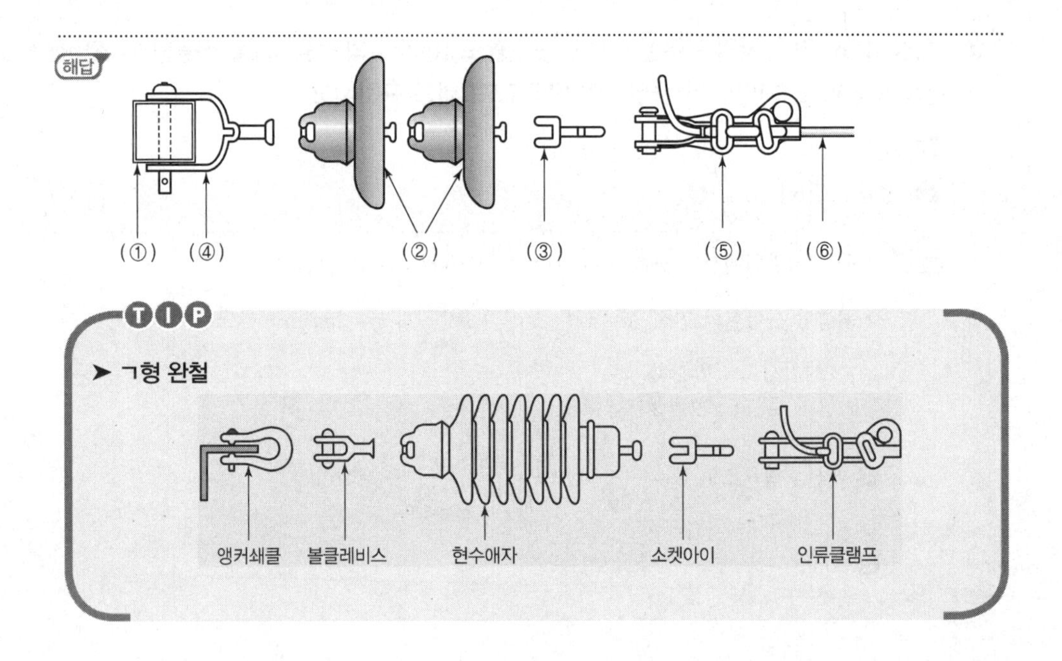

17 부하 설비용량 50[kW], 30[kW], 25[kW], 25[kW]의 부하설비에 수용률이 각각 50[%], 65[%], 75[%], 60[%]인 경우 변압기 용량 [kVA]을 선정하시오.(단, 부등률은 1.2, 종합 부하 역률은 90[%]이다.)

| 변압기 표준 용량표[kVA] |

20	30	50	75	100	150	200

해답 계산 : $P_a = \dfrac{(50 \times 0.5) + (30 \times 0.65) + (25 \times 0.75) + (25 \times 0.6)}{0.9 \times 1.2} = 72.45[\text{kVA}]$

답 75[kVA]

TIP

$$\text{kVA} = \frac{\text{합성최대전력}}{\text{역률}} = \frac{\text{설비용량} \times \text{수용률}}{\text{역률} \times \text{부등률}}$$

18 아래 보통지선의 도면을 보고 다음 물음에 답하시오.

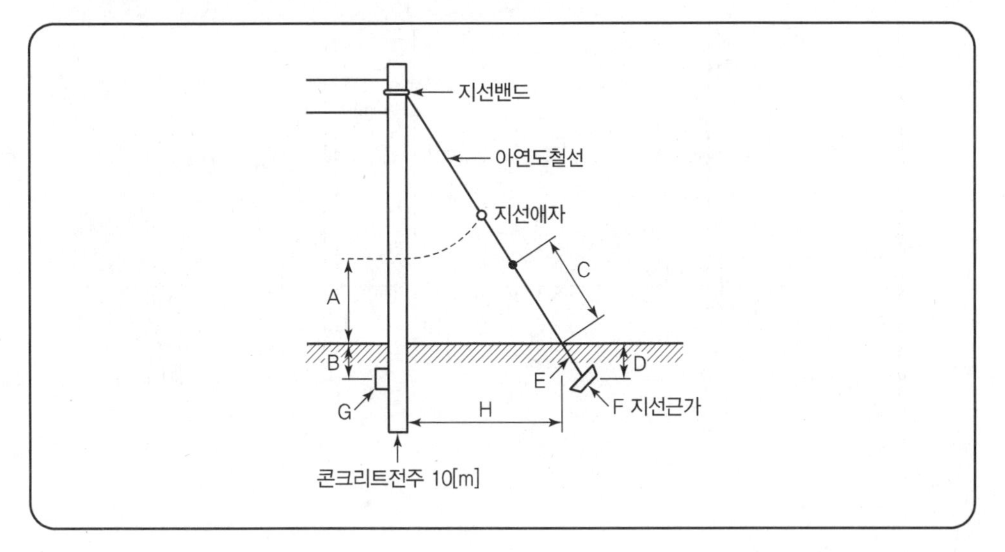

❶ 소선의 최소 가닥 수는?

❷ 지선용 소선으로 금속선을 사용할 경우 최소 지름은 몇 [mm] 이상인가?

❸ B의 깊이는 몇 [m] 이상인가?

❹ D의 깊이는 최소 몇 [m] 이상인가?

❺ E의 명칭은?

❻ H의 간격은 약 몇 [m]로 하면 되는가?

❼ 콘크리트주 전체의 길이가 10[m]인 경우 땅에 묻히는 최소 깊이[m]는?

❽ A는 최소 몇 [m] 이상을 원칙으로 하는가?

❾ 지선의 안전율은 최소 얼마인가?(단, 허용 인장하중의 최저는 4.31[kN]으로 한다.)

해답

❶ 3가닥

❷ 2.6[mm]

❸ 0.5[m]

❹ 1.5[m]

❺ 지선로드

❻ 전주의 높이 $\times \frac{1}{2} = 10 \times \frac{1}{2} = 5$[m]

❼ $10 \times \frac{1}{6} = 1.67$[m]

❽ 2.5[m]

❾ 2.5

TIP

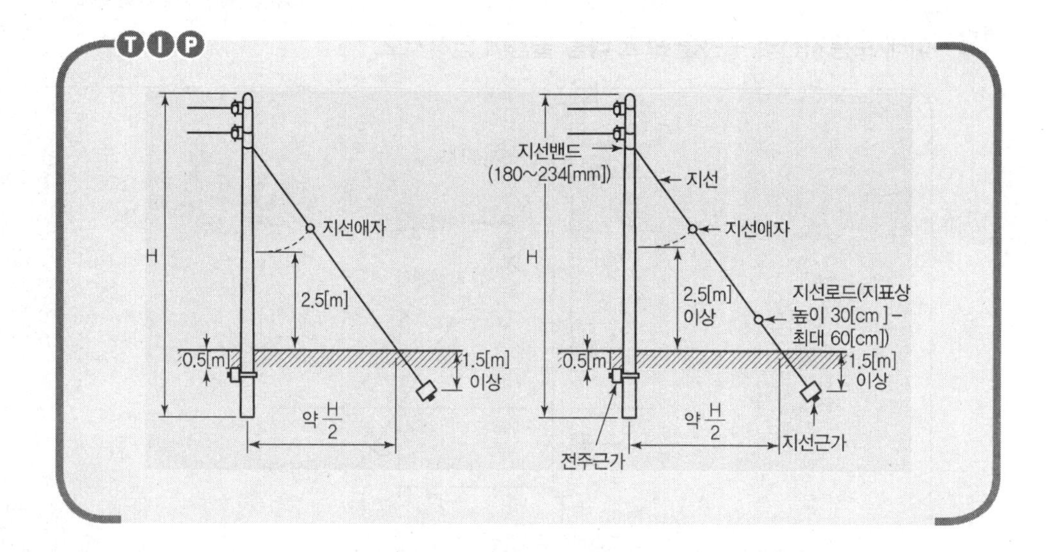

지선애자
H
2.5[m]
0.5[m]
1.5[m]
이상
약 H/2
지선밴드
(180~234[mm])
지선
지선애자
H
2.5[m]
이상
지선로드(지표상
높이 30[cm] -
최대 60[cm])
0.5[m]
1.5[m]
이상
약 H/2
전주근가
지선근가

01 LP애자나 현수애자를 사용한 전기설비에서 활선을 상부로 올리거나 작업권 밖으로 밀어낼 때, 또는 활선을 다른 장소로 이동할 때 사용하는 활선 공구를 쓰시오.

해답 와이어 통

TIP

➤ 활선작업공구

① 고무브래킷 : 활선작업 시 작업자에게 위험한 충전 부분을 절연하기에 아주 편리한 고무판으로서 접거나 둘러쌓을 수도 있고 걸어 놓을 수도 있는 다목적 절연 보호장구이다. 주로 변압기 1, 2차 측 내장애자개소, COS 등 덮개류로 절연하기 어려운 여러 가지 개소에 사용한다.
② 고무소매 : 방전 고무장갑과 더불어 작업자의 팔과 어깨가 충전부에 접촉되지 않도록 착용하는 절연장구
③ 그립 올 클램프 스틱 : 활선 바인드 작업 시 전선의 진동 방지 및 절단된 전선을 슬리브에 삽입할 때 전선이 빠지지 않도록 잡아주며, 간접 작업 시 활선 장구류(덮개)의 설치 및 제거 등 여러 용도로 사용되는 절연봉
④ 나선형 링크스틱 : 작업 장소가 좁아서 스트레인 링크스틱을 직접 손으로 안전하게 설치할 수 없을 때 사용하는 절연장구
⑤ 데드 엔드 덮개 : 활선작업 시 작업자가 현수애자 및 데드 엔드 클램프에 접촉되는 것을 방지하기 위하여 사용되는 절연장구
⑥ 라인호스 : 활선 작업자가 활선에 접촉되는 것을 방지하고자 절연고무관으로 전선을 덮어 씌워 절연하는 장구로서 유연성이 있어 설치, 제거가 용이하고 내면이 나선형으로 굴곡이 져 있어서 취부개소로부터 미끄러지지 않는다.
⑦ 래칫형 전선커터 : 이 전선 절단기는 아주 제한된 작업 구간 내에서 전선, 점퍼선, 바인드선 등을 절단할 수 있는 절연장구
⑧ 롤러링크 스틱 : 전주 교체 시 전주에 전선이 닿지 않도록 전선을 벌려 주어야 할 때 봉의 밑고리에 로프를 매어 양편으로 잡아당겨 전선 간격을 벌려주어 전주 교체 작업이 수월하도록 사용되는 절연장구
⑨ 바이패스 점퍼스틱 : 활선작업 시 점퍼선을 절단할 필요가 있을 때 정전되지 않도록 전류를 바이패스시켜 주는 절연봉과 케이블, 클램프로 구성된 장구
⑩ 애자덮개 : 활선작업 시 특고핀 및 라인포스트 애자를 절연하여 작업자의 부주의로 접촉되더라도 안전사고가 발생하지 않도록 사용되는 절연 덮개
⑪ 와이어 홀딩스틱 : 점퍼선 작업 시 형태잡기, 구부리기, 위치 잡아주기 등 기타 작업 시에 전선을 다각도에서 잡아주는 데 편리하고 안전하게 작업할 수 있는 장구
⑫ 와이어 통 : 핀 애자나 현수애자의 장주에서 활선을 작업권 밖으로 밀어낼 때 사용하는 절연봉
⑬ 절연고무장화 : 활선작업 시 작업자가 전기적 충격을 방지하기 위하여 고무장갑과 더불어 이중 절연의 목적으로 작업화 위에 신고 작업할 수 있는 절연장구
⑭ 핫스틱 텐션풀러 : 내장형 장주에서 현수애자 교체 또는 이도 조정작업 시 전선의 장력을 잡아주는 래칫식(기계식)으로 된 절연장구
⑮ 회전 갈퀴형 바인드 스틱 : 주로 바인드 선을 감거나 풀 때 많이 사용되는 봉으로서 전선에 캄아롱을 부착할 때 고리에 갈퀴를 걸어 사용한다.
⑯ 활선 클램프 : 활선작업 시 분기고리와 결합하여 COS 1차 측 인하선에 연결하는 금구류로 가공 배전선로의 장력이 걸리지 않는 장소에 사용

02 다음 ( ) 안에 들어갈 알맞은 말을 쓰시오.

절연체에 고전압의 전압이 인가되면 절연체 표면의 각종 오손물로 인하여 국부적인 전계 집중현상이 발생하게 되고 부분적인 연면방전이 일어나게 된다. 부분적인 방전현상이 지속되면 방전로를 따라 절연체 표면에 수지상의 방전흔이 남게 되고 이를 (①)이라 한다. 이러한 국부적 절연파괴가 지속되면 결국 전면적인 절연파괴에 의한 (②)가 발생된다.

해답 ① 트래킹 현상 ② 지락사고

03 다음 그림은 장주를 배열에 따라 구분한 것이다. 각 장주의 명칭을 쓰시오.

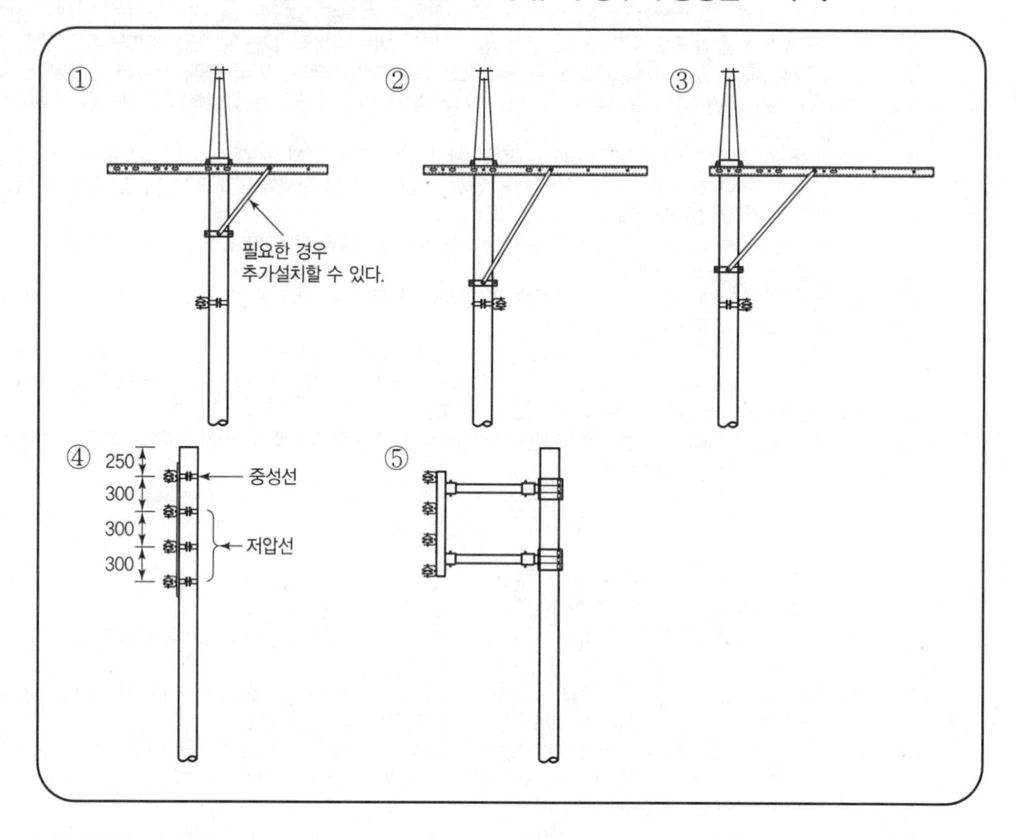

해답 ① 보통장주 ② 창출장주
③ 편출장주 ④ 랙장주
⑤ 편출용 D형 랙장주

TIP

➤ **장주형태별 표준장주**

① 특고압선로

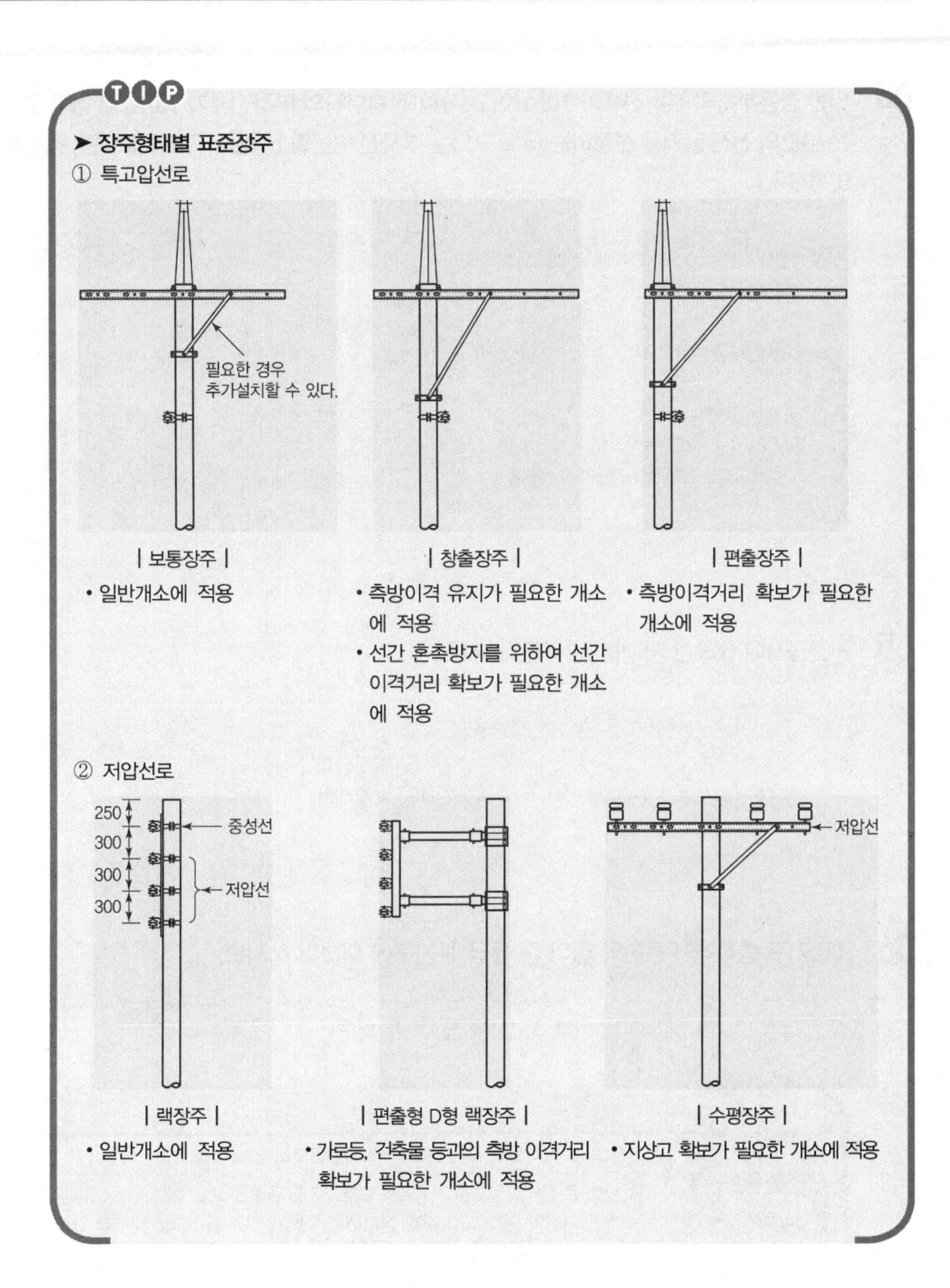

| 보통장주 |
- 일반개소에 적용

| 창출장주 |
- 측방이격 유지가 필요한 개소에 적용
- 선간 혼촉방지를 위하여 선간 이격거리 확보가 필요한 개소에 적용

| 편출장주 |
- 측방이격거리 확보가 필요한 개소에 적용

② 저압선로

| 랙장주 |
- 일반개소에 적용

| 편출형 D형 랙장주 |
- 가로등, 건축물 등과의 측방 이격거리 확보가 필요한 개소에 적용

| 수평장주 |
- 지상고 확보가 필요한 개소에 적용

04 일반 전등부하의 부하전류가 10[A]이고, 심야전력부하의 부하전류가 15[A]일 경우 공용하는 부분의 전선 굵기를 선정하는 데 요구되는 부하전류는 몇 [A]인지 구하시오.(단, 중첩률은 0.7이다.)

해답 계산 : $I = 10 \times 0.7 + 15 = 22$[A]

답 22[A] 이상

TIP

$I = I_0 \times 중첩률 + I_1$

여기서, I_0 : 일반 부하전류

I_1 : 심야전력부하의 부하전류

05 지선공사에 필요한 자재를 5가지만 쓰시오.

해답 ① 아연도 철연선 또는 아연도 강연선

② 지선근가

③ 지선로드

④ 지선밴드

⑤ 지선애자

06 조명기구 통칙에서 용어의 정의 중 등급 Ⅲ기구에 대하여 쓰시오.

해답 정격 전압이 AC 30[V] 이하인 전압에 접속하는 기구

TIP

등급	정의
등급 0기구	접지단자 또는 접지선을 갖지 않고, 기초절연만으로 전체가 보호된 기구
등급 Ⅰ기구	기초절연만으로 전체를 보호한 기구로서, 보호 접지단자 혹은 보호 접지선 접속부를 갖거나 또는 보호 접지선이 든 코드와 보호 접지선 접속부가 있는 플러그를 갖추고 있는 기구
등급 Ⅱ기구	2중 절연을 한 기구(다만, 원칙적인 2중 절연을 하기 어려운 부분에는 강화절연을 한 기구를 포함한다) 또는 기구의 외곽 전체를 내구성이 있는 견고한 절연재료로 구성한 기구와 이들을 조합한 기구
등급 Ⅲ기구	정격 전압이 AC 30[V] 이하인 전압에 접속하는 기구

07 다음은 철탑의 형태별 종류이다. 철탑의 명칭(이름)을 쓰시오.

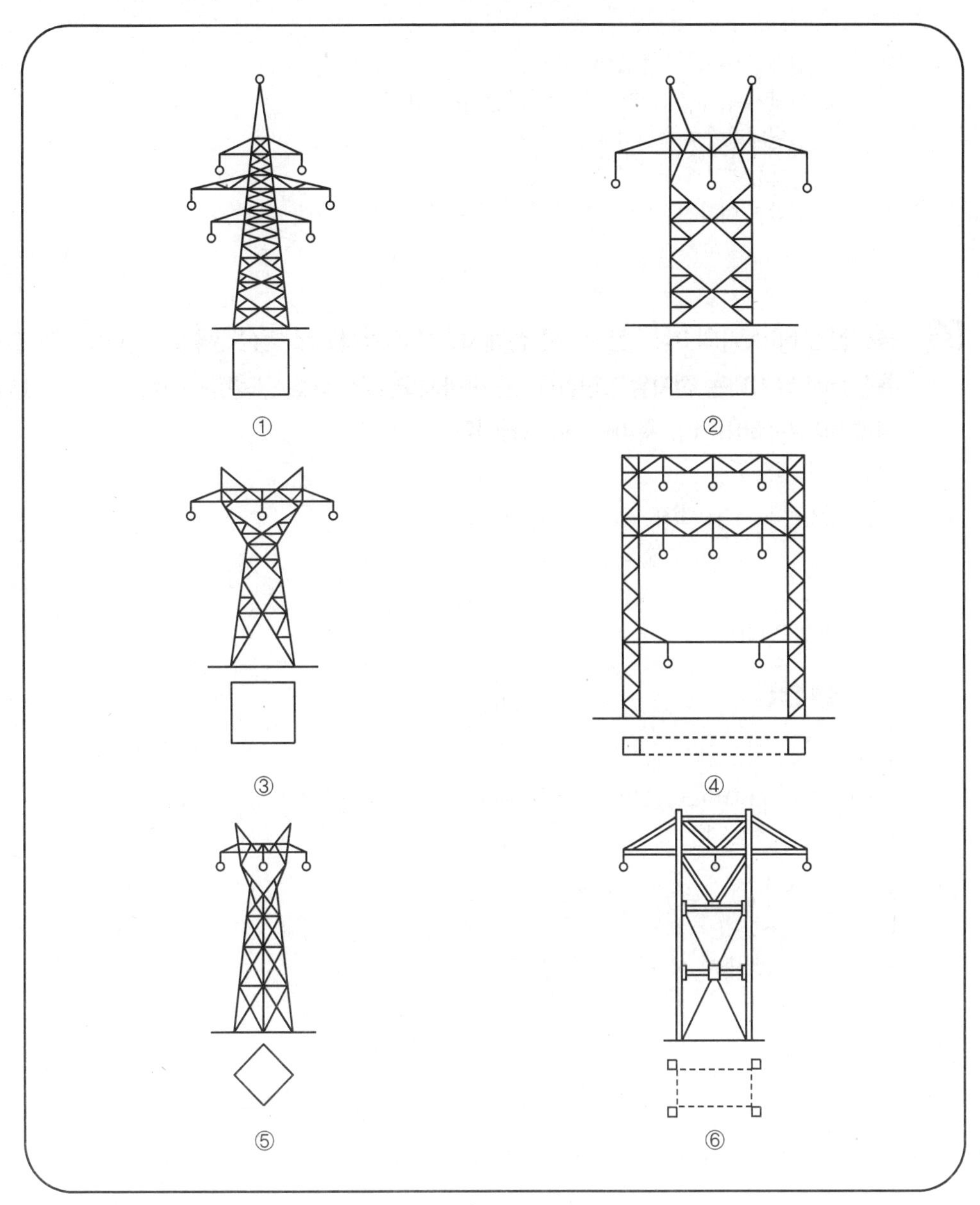

해답 ① 사각 철탑 ② 방형 철탑
③ 우두형 철탑 ④ 문형 철탑
⑤ 회전형 철탑 ⑥ MC 철탑

08 가스 차단기(GCB ; Gas Circuit Breaker)의 특징을 5가지만 쓰시오.

해답 ① 밀폐구조이므로 소음이 적다.
② 차단기 전체를 소형화 및 경량화할 수 있다.
③ 절연내력이 우수하다.
④ 소호능력이 뛰어나다.
⑤ 변압기 여자전류 등 소전류 차단 시 안정된 차단이 가능하다.

09 송전전압 66[kV]의 3상 3선식 송전선에서 1선 지락사고로 영상전류 $I_0 = 100$[A]가 흐를 때 통신선에 유기되는 전자유도전압[V]을 구하시오.(단, 상호 인덕턴스 $M = 0.05$[mH/km], 병행거리 $l = 50$[km], 주파수 60[Hz]이다.)

해답 계산 : $E_m = j\omega Ml(\dot{I}_a + \dot{I}_b + \dot{I}_c) = j\omega Ml(3I_0)$

$= j2\pi \times 60 \times 0.05 \times 10^{-3} \times 50 \times 3 \times 100$

$= 282.74$[V]

답 282.74[V]

TIP

① $\omega M = \omega L[\Omega]$

② $j\omega MlI_a + j\omega MlI_b + j\omega MlI_c$

$j\omega Ml(I_a + I_b + I_c)$

③ $I_0 = \frac{1}{3}(I_a + I_b + I_c)$

$I_a + I_b + I_c = 3I_0$

$\therefore$ I_0 : 영상전류

10 주어진 그림의 전기설비 명칭과 그림의 전기설비를 사용할 경우 얻을 수 있는 효과 4가지만 쓰시오.

1 명칭 2 효과

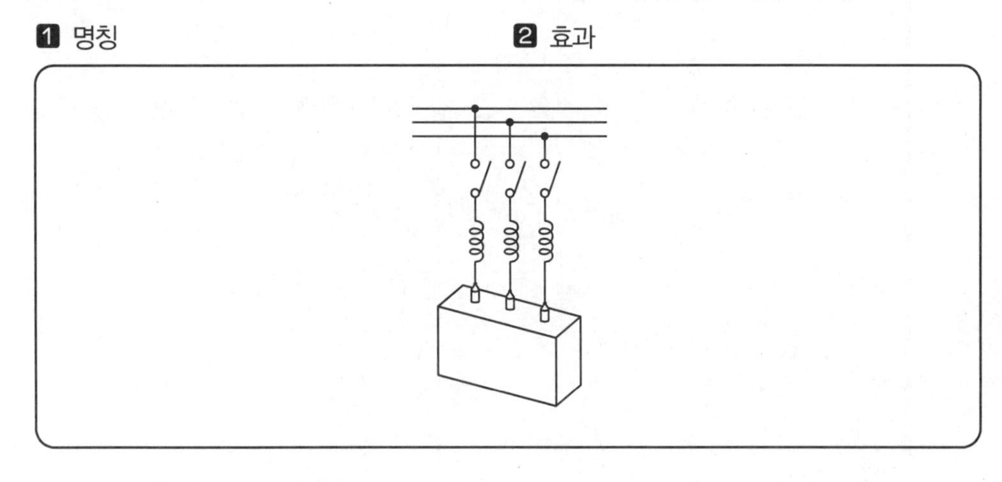

해답 1 전력용 콘덴서(SC)

2 ① 전력손실 경감 ② 전압강하의 감소

③ 설비용량의 여유 증가 ④ 전기요금의 감소

11 자동고장구분개폐기, DS, LA, PF, MOF, 접지, 수전용 변압기의 심벌을 이용하여 22.9[kV−Y], 1,000[kVA] 이하에 적용 가능한 특고압 간이 수전설비 표준결선도를 그리시오. (단, 인입구 및 부하 표시는 반드시 할 것)

해답

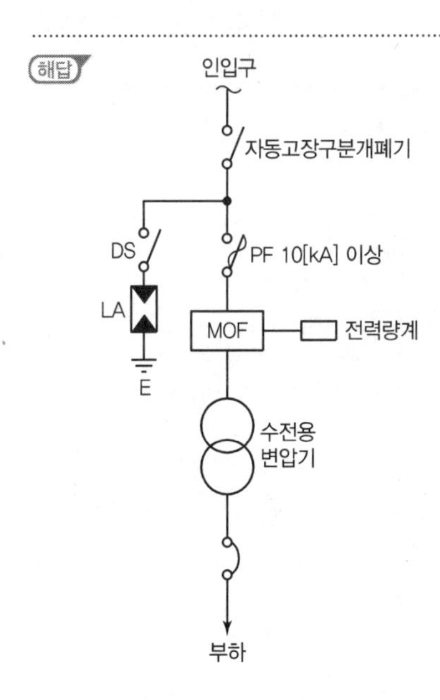

TIP

➤ **간이 수전설비 표준결선도(내선 규정)**

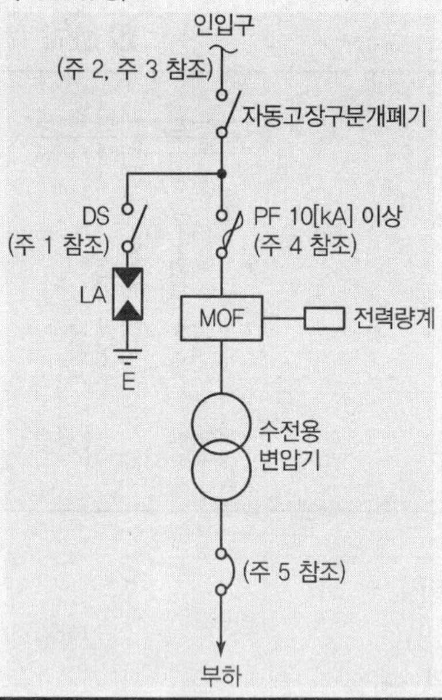

약호	명칭
DS	단로기
ASS	자동고장구분개폐기
LA	피뢰기
MOF	전력 수급용 계기용 변성기
COS	컷아웃 스위치
PF	전력 퓨즈

[주] 1. LA용 DS는 생략할 수 있으며 22.9[kV－Y]용의 LA는 Disconnector(또는 Isolator) 붙임형을 사용하여야 한다.
2. 인입선을 지중선으로 시설하는 경우로서 공동주택 등 사고 시 정전피해가 큰 수전설비 인입선은 예비선을 포함하여 2회선으로 시설하는 것이 바람직하다.
3. 지중인입선의 경우에 22.9[kV–Y] 계통은 CNCV–W 케이블(수밀형) 또는 TR CNCV–W(트리억제형)을 사용하여야 한다. 다만, 전력구 · 공동구 · 덕트 · 건물구내 등 화재의 우려가 있는 장소에서는 FR CNCO–W(난연) 케이블을 사용하는 것이 바람직하다.
4. 300[kVA] 이하인 경우 PF 대신 COS(비대칭 차단 전류 10[kA] 이상의 것)를 사용할 수 있다.
5. 간이 수전설비는 PF의 용단 등에 의한 결상 사고에 대한 대책이 없으므로 변압기 2차 측에 설치되는 주 차단기에는 결상 계전기 등을 설치하여 결상 사고에 대한 보호 능력이 있도록 함이 바람직하다.

12 아래 그림은 어느 수용가 옥내 수변전설비에 대한 단선결선도이다. 수변전설비를 노후로 인하여 일부 교체하려고 할 경우 물음에 답하시오.

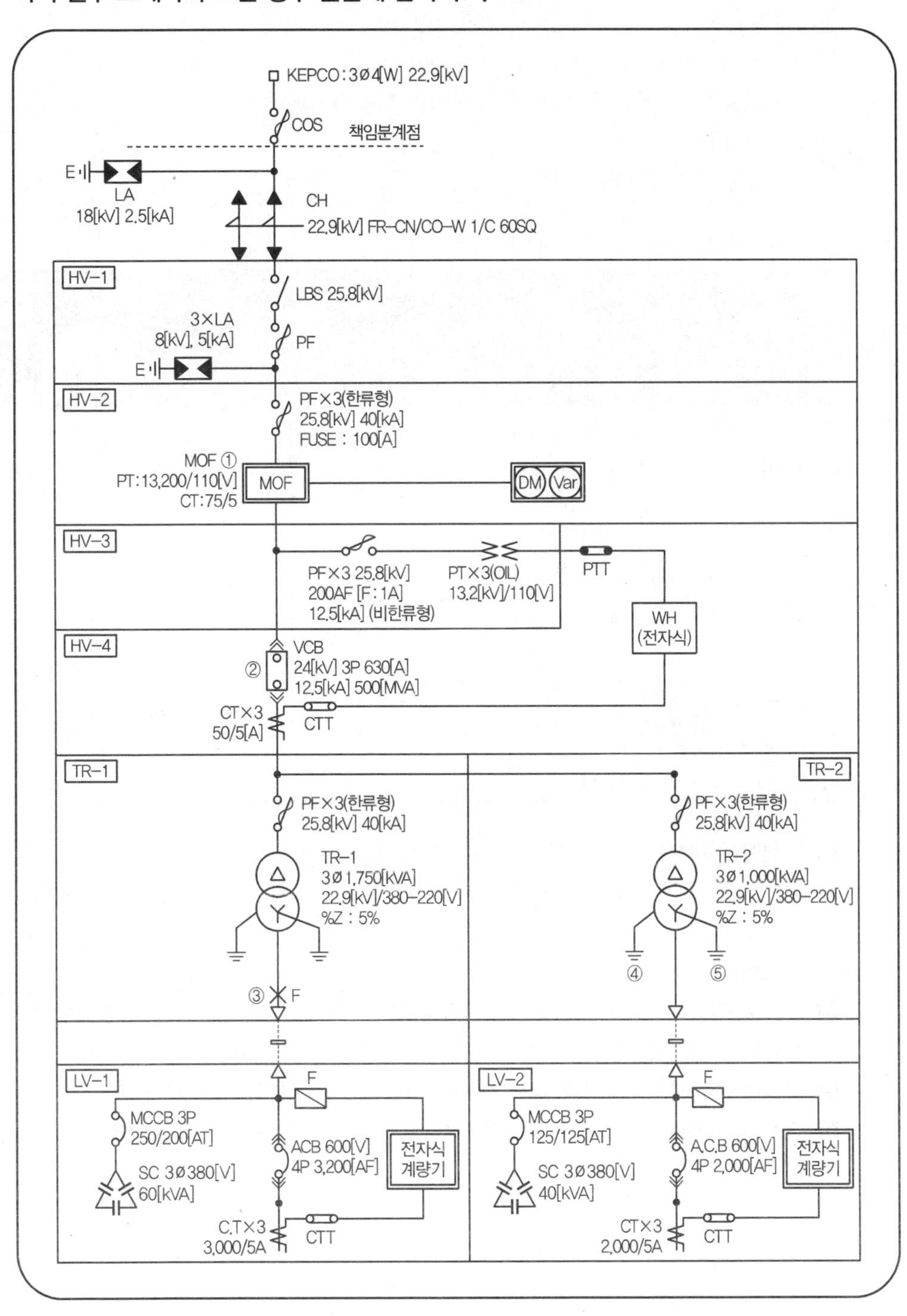

[주의사항]

- 참고자료가 필요할 경우 참고자료(표 1, 2, 3, 4, 5, 6)를 이용하시오.
- 큐비클의 무게는 1면당 500[kg] 이하로 하시오.
- 특고압 큐비클 1면(面) 사이즈[mm] : 2,200×2,500×2,500
- 철거에는 할증을 주지 않는다.(단, 철거품만 적용한다.)
- MOF는 거치용으로 한다.
- 질문 이외의 것은 모두 무시하시오.

1 다음 공량 산출서를 작성하시오.(①~⑩)

품명	규격	단위	총계	내선전공		변전전공		비계공		특별인부	
				단위공량	공량계	단위공량	공량계	단위공량	공량계	단위공량	공량계
변압기	3상 1,750[kVA] (철거)	대	1			①					
	3상 1,750[kVA] (설치)	대	1			②				③	
VCB	24[kV] 3P 630[A] (철거)	대	1			④					
	24[kV] 3P 630[A] (설치)	대	1			⑤					
MOF	거치용(철거)	대	1	⑥							
	거치용(신설)	대	1	⑦							
특고압 CUBICLE	2,200×2,500 ×2,500(설치)	면	⑧					⑨	⑩		

2 단선결선도에서 ①의 MOF 과전류 강도는 얼마인지 구하시오.

3 단선결선도에서 ②의 VCB의 규격에서 500[MVA], 12.5[kA]는 무엇을 의미하는지 쓰시오.

- 500[MVA]
- 12.5[kA]

4 단선결선도에서 ③의 1,750[kVA] 변압기 2차 F점에서 3상 단락사고가 발생할 경우 단락전류의 크기는 정격전류의 몇 배인가?(단, %Z는 1,750[kVA] 변압기만 적용한다.)

5 단선결선도에서 ④의 접지공사 종류를 쓰시오. **※ KEC 규정에 따라 삭제**

6 단선결선도에서 ⑤의 접지공사 종류를 쓰시오. **※ KEC 규정에 따라 삭제**

| 표 1. 22.9[kV] 변압기 설치 |

[단위 : 대]

용량	공종	변전전공	비계공	특별인부	기계설비공	인력운반공
1,000[kVA] 이하	소운반설치	1.8	0.9	2.6	–	1.5
	OT 처리	1.8	–	2.6	–	–
	부속품설치	1.9	–	1.9	–	–
	점검	0.9	–	0.9	–	–
	계	6.4	0.9	8.0	–	1.5
2,000[kVA] 이하	소운반설치	2.0	1.0	3.1		1.8
	OT 처리	2.0	–	3.1		–
	부속품설치	2.7	–	2.7		–
	점검	1.1	–	1.1		–
	계	7.8	1.0	10.0		1.8

[해설] ① 단상기준으로 소운반, 점검, 결선 및 Megger test 포함
② 옥외, 지상 인력작업 기준
③ 옥내 설치는 120[%], 3상은 130[%]
④ 15,000[kVA]는 10,000[kVA]의 120[%]
⑤ 20,000[kVA]는 10,000[kVA]의 150[%]
⑥ 몰드변압기 및 분로리액터도 이 품을 적용
(다만, 몰드변압기는 OT처리, 라디에이터, 콘서베이터 조립품 제외)
⑦ 3.3~6.6[kV] 건식 또는 거치형은 해당 공종의 60[%] 적용(기설 변압기 OT 처리품은 이 품 적용)
⑧ 구내 이설은 150[%]
⑨ SFRA(Sweep Frequency Response Analysis) 측정 시 시험 및 조정품에 변전전공 1.75인 별도가산 (Bank 단위)
⑩ 철거 50[%], 1,000[kVA] 이상의 재사용 철거 80[%](철거 해당품에 한함)

| 표 2. 22.9[kV]급 진공 차단기 설치 |

[단위 : 대]

용량	공종	변전전공	비계공	특별인부	보통인부
520~1,000[MVA] 12.5~25[kA] (60~2,000[A])	포장해체, 소운반 및 설치준비	0.4	0.4	0.5	0.5
	본체설치	4.0	1.0	5.0	1.1
	제어케이블 결선	0.8	–	–	–
	시험 및 조정	0.5	–	0.5	–
	기타 작업	0.2	–	0.2	–
	계	5.9	1.4	6.2	1.6

[해설] ① 구내 이설은 150[%]
② 3.3~6.6[kV] 진공차단기는 60[%] 적용
③ 제어케이블 분리는 변전전공 단독작업으로 결선의 50[%] 적용
④ 철거는 50[%](철거 해당분 품에 한함)

| 표 3. 전력량계 및 부속장치 설치 |

[단위 : 대]

종별	내선 전공
현수용 MOF(고압, 특고압)	3.00
거치용 MOF(고압, 특고압)	2.00
계기함	0.30
특수 계기함	0.45
변성기함(저압, 고압)	0.60

[해설] ① 방폭 200[%]
② 아파트 등 공동주택 및 기타 이와 유사한 동일 장소 내에서 10대를 초과하는 전력량계 설치 시 추가 1대당 해당품의 70[%]
③ 특수계기함은 3종 계기함, 농사용 계기함, 집합 계기함 및 저압변류기용 계기함 등임
④ 고압변성기함, 현수용 MOF 및 거치용 MOF(설치대 조립품 포함)를 주상설치 시 배전전공 적용
⑤ 전력량계 본체커버 분리작업 시 단상은 내선전공 0.003인, 3상은 0.004인 적용
⑥ 철거 30[%], 재사용 철거 50[%]

| 표 4. Cubicle 설치 |

[단위 : 대]

규격	중량 500[kg] 이하			
체적[m^3] (W×D×H)	변전전공	비계공	기계설비공	보통인부
1.0 이하	1.50	0.65	0.32	1.20
1.5 이하	1.70	0.70	0.35	1.35
2.5 이하	2.10	0.80	0.40	1.50
3.5 이하	2.25	0.95	0.45	1.70
6.0 이하	2.45	1.20	0.50	2.10
10.0 이하	3.00	1.70	0.60	2.65
10.0 초과	3.60	2.50	0.70	3.20

[해설] ① 소운반, 청소, 시험, 조정 내부결선 등을 포함
② 계기, 계전기, 내부기기와 완전히 취부된 상태에 있는 설치기준
③ 조작 Cable 포설결선은 불포함
④ 기계설비공은 공기식 제어장치 설치에만 계상
⑤ Thyrister는 본품 준용
⑥ 이설 140[%]
⑦ 철거 30[%], 재사용 철거 40[%]
⑧ 단일 수전설비 공사 시 20[%] 가산

| 표 5. 내선규정 표 300-16-2 변류기의 정격 과전류 강도 |

정격 1차 전류[A] \ 정격 1차 전압 [kV]	6.6/3.3	22.9/13.2
60[A] 이하	75배	75배
60[A] 초과 500[A] 미만	40배	40배
500[A] 이상	40배	40배

| 표 6. 계기용 변성기의 전류비에 따른 과전류 강도 |

계기용 변성기(MOF)		과전류 강도
전류비[A]	거리[km]	
5/5	1[km] 이내	300배
	1 ~ 7[km] 이내	150배
	7 ~ 20[km] 이내	75배
10/5	~ 3[km] 이내	150배
	3 ~ 20[km] 이내	75배
15/5	1[km] 이내	150배
	1 ~ 20[km] 이내	75배
20/5~60/5		75배
75/5~750/5		40배

해답 **1** ① 계산 : $7.8 \times 0.5 = 3.9$[인]
답 3.9[인]

② 계산 : $7.8 \times 1.3 = 10.14$[인]
답 10.14[인]

③ 계산 : $10 \times 1.3 = 13$[인]
답 13[인]

④ 계산 : $5.9 \times 0.5 = 2.95$[인]
답 2.95[인]

⑤ 답 5.9[인]

⑥ 계산 : $2 \times 0.3 = 0.6$[인]
답 0.6[인]

⑦ 답 2[인]

⑧ 답 6[면]

⑨ 답 2.5[인]

⑩ 계산 : $2.5 \times 6 = 15$[인]
답 15[인]

2 40배

3 • 500[MVA] : 정격차단용량
• 12.5[kA] : 정격차단전류

4 계산 : $I_s = \frac{100}{\%Z} I_n = \frac{100}{5} I_n = 20 I_n$

답 20배

5 ※ KEC 규정에 따라 삭제

6 ※ KEC 규정에 따라 삭제

TIP

1 ① 표 1에서 철거는 50[%]를 적용하며, 철거에는 할증을 주지 않는다.(단, 처리품만 적용한다.)
⑧ 특고압 큐비클은 변압기 1차 측을 각각 포함하므로 6면이다.
⑨ 특고압 큐비클 체적=$2.2 \times 2.5 \times 2.5 = 13.75$[$m^3$]로 표 4에서 체적 10[$m^3$] 초과 적용

2 과전류 강도는 표 6에서 75/5이므로 40배

Engineer Electric Work

13 가공전선로의 이도설계 시 부하계수를 설명하고 합성하중, 전선자중, 빙설하중, 풍압하중 등을 이용하여 부하계수를 구하는 산술식을 쓰시오.(단, W : 합성하중, W_i : 전선자중, W_c : 빙설하중, W_p : 풍압하중이다.)

1 부하계수

2 산술식

해답 1 부하계수 : 전선자중에 대한 합성하중의 비

2 부하계수$=\dfrac{W}{W_i}=\dfrac{\sqrt{(W_i+W_c)^2+{W_p}^2}}{W_i}$

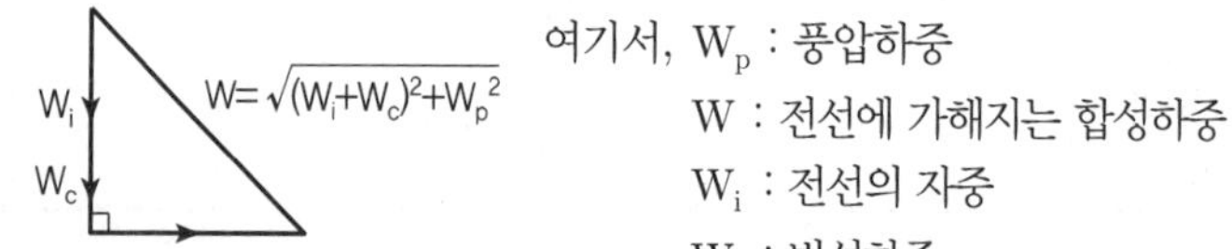

여기서, W_p : 풍압하중

W : 전선에 가해지는 합성하중

W_i : 전선의 자중

W_c : 빙설하중

14 다음과 같은 부하조건일 경우 주어진 표를 이용하여 간선의 굵기, 개폐기 및 배선용 차단기의 용량으로 알맞은 값을 빈칸 ①, ②, ③에 쓰시오.(단, 공사방법은 A1이며, 사용전압은 단상 220[V], 사용전선은 XLPE이다.)

[부하조건]

- 소형전기기계기구 : 10[A]
- 대형전기기계기구 : 25[A]
- 전등 : 3[A]

| 간선의 굵기, 개폐기 및 과전류차단기의 용량 |

최대상정부하전류[A]	배선 종류에 의한 간선의 동 전선 최소 굵기[mm²]								개폐기 정격[A]	과전류차단기 정격[A]	
	공사방법 A1				공사방법 B1						
	전선 수-2개		전선 수-3개		전선 수-2개		전선 수-3개				
	PVC	XLPE, EPR	PVC	XLPE, EPR	PVC	XLPE, EPR	PVC	XLPE, EPR		B종 퓨즈	배선용 차단기
20	4	2.5	4	2.5	2.5	2.5	2.5	2.5	30	20	20
30	6	4	6	4	4	2.5	6	4	30	30	30
40	10	6	10	6	6	4	10	6	60	40	40
50	16	10	16	10	10	6	10	10	60	50	50
60	16	10	25	16	16	10	16	10	60	60	60

항목	내용
간선굵기[mm^2]	①
개폐기의 정격[A]	②
배선용 차단기의 정격[A]	③

해답 ① 6

② 60

③ 40

TIP

① 총 전류 : 38[A]

② 가닥 수 2, 공사방법 A1, XLPE 전선

01 가공배전공사의 지선공사에는 수평지선이 있는데, 수평지선공사 ①, ②에 흐름도를 완성하시오.

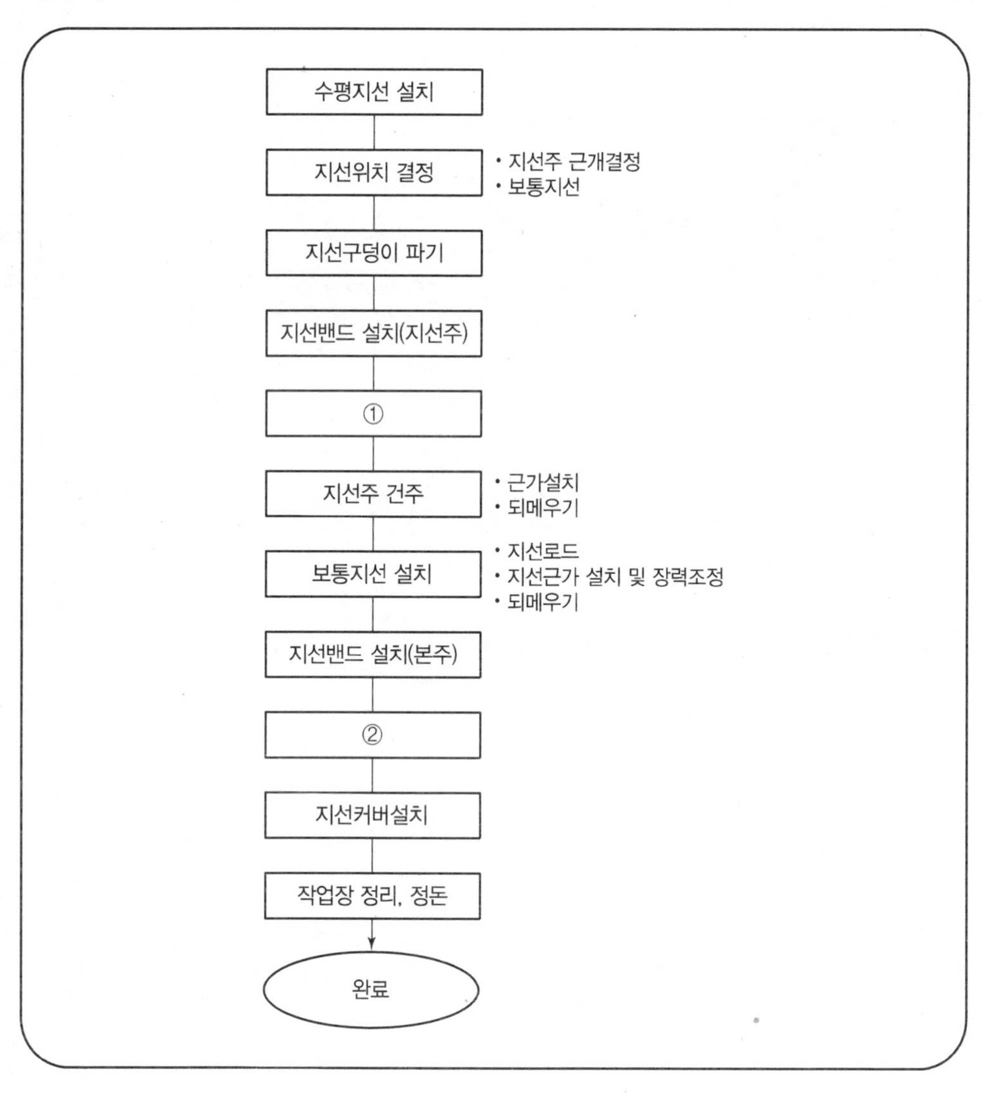

해답 ① 지선애자 설치
② 수평지선장력 조정

02 송전선로에서 용도상으로 설계하는 표준 철탑의 종류 4가지만 쓰시오.

해답 ① 직선형 ② 각도형
③ 인류형 ④ 내장형

TIP

➤ **철탑의 종류**

① 직선형 : 전선로의 직선 부분(3도 이하의 수평 각도를 이루는 곳을 포함)에 사용하는 것
② 각도형 : 전선로 중 3도를 넘는 수평 각도를 이루는 곳에 사용하는 것
③ 인류형 : 전가섭선을 인류하는 곳에 사용하는 것
④ 내장형 : 전선로 지지물의 양측의 경간의 차가 큰 곳에 사용하는 것

03 아래의 변압기 결선도를 보고 물음에 답하시오.

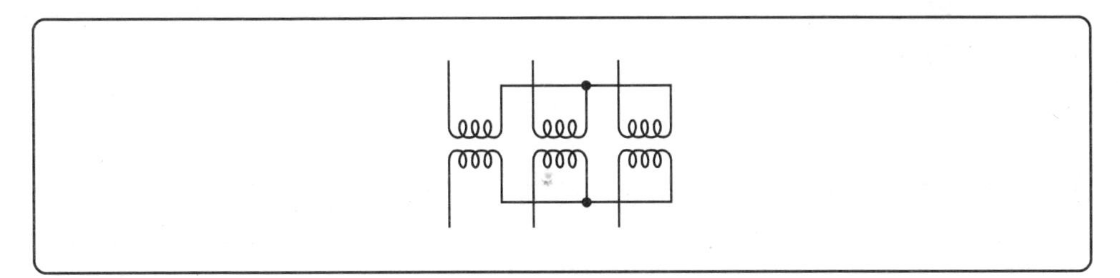

1 결선방식
2 결선방식의 장점(2가지)
3 결선방식의 단점(2가지)

해답 **1** Y－Y 결선
2 장점
① 1차, 2차 모두 중성점을 접지할 수 있다.
② 절연이 용이하다.
3 단점
① 제3고조파가 제거가 안 되어 왜형파가 된다.
② V－V 결선이 불가능하다.

TIP

➤ **결선방식의 장단점**

① 장점
• 1차 전압, 2차 전압 사이에 위상차가 없다.
• 1차, 2차 모두 중성점을 접지할 수 있으며 고압의 경우 이상 전압을 감소시킬 수 있다.

② 단점
- 중성점을 접지하면 제3고조파 전류가 흘러 통신선에 유도 장해를 일으킨다.
- 부하의 불평형에 의하여 중성점 전위가 변동하여 3상 전압이 불평형을 일으키므로 송 · 배전 계통에 거의 사용하지 않는다.

04 병원에서 사용되는 의료기기 등 안전을 확보하기 위하여 주 접지단자에 접속되는 등전위본딩선의 단면적은 다음의 재료일 때 최소 얼마 이상이어야 하는지 쓰시오.

1 동(Cu) : (①) [mm^2]
2 알루미늄(Al) : (②) [mm^2]
3 철(Fe) : (③) [mm^2]

해답 1 6
2 16
3 50

05 다음 도면은 강의실의 옥내 전등 배선 평면도이다. 주어진 조건을 읽고 답란의 빈칸을 채우시오.

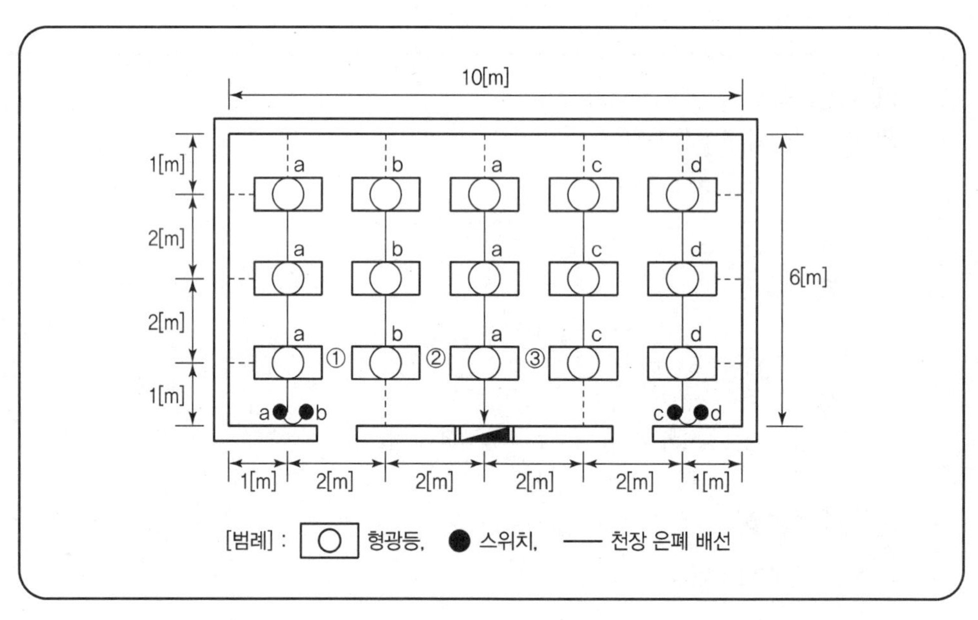

[시설 조건]

1. 전등용 전선은 HFIX 2.5[mm²]를 사용하고, 접지용 전선은 TFR－GV 2.5[mm²]를 사용하여 등기구마다 실시하며 전등회로는 1회로, a, b, c, d는 2구 스위치를 시설한다.
2. 벽과 등기구 간의 간격은 1[m], 등기구와 등기구 간격은 2[m]로 시설한다.
3. 전선관은 후강전선관을 사용하고 16[mm] 전선관 내 전선 수는 접지선 포함 4가닥까지이며, 전선 수 5가닥 이상은 22[mm] 전선관을 사용하여 시설한다.
4. 4방출 이상의 배관과 접속되는 박스는 4각 박스를 사용한다.
5. 각각의 등기구마다 1대 1로 아웃렛 박스를 사용하며 천장에서 등기구까지는 금속가요전선관을 이용하여 등기구에 연결한다. 금속가요전선관 길이는 1[m]로 시설한다.
6. 천장은 이중 천장으로 바닥에서 등기구까지 높이 3[m], 전등배관은 바닥에서 3.5[m]에 후강전선관을 이용하여 시설한다.
7. 스위치 설치 높이 1.2[m](바닥에서 중심까지)
8. 분전함 설치 높이 1.8[m](바닥에서 상단까지)
   (단, 바닥에서 하단까지는 0.5[m]를 기준으로 한다.)

[재료의 산출 조건]

1. 분전함 상부를 기준으로 하며 분전함 내부에서 배선 여유는 전선 1본당 0.5[m]로 한다.
2. 자재 산출 시 산출수량과 할증수량은 소수점 이하로 첫째 자리까지 기록하고 자재별 총수량(산출수량＋할증수량)은 소수점 이하 반올림한다.
3. 배관 및 배선 이외의 자재는 할증하지 않는다.(단, 배관, 배선의 할증은 10[%]로 한다.)

[인건비 산출 조건]

1. 재료의 할증에 대해서는 공량을 적용하지 않는다.
2. 소수점 이하 둘째 자리까지 계산한다.(단, 소수점 셋째 자리 반올림)
3. 품셈은 아래 표의 품셈을 적용한다.

자재명 및 규격	단위	내선전공
후강전선관 16[mm]	[m]	0.08
후강전선관 22[mm]	[m]	0.11
금속가요전선관 16[mm]	[m]	0.044
관내 배선 6[mm²] 이하	[m]	0.01
매입스위치 2구	개	0.065
아웃렛 박스 4각, 8각	개	0.2
스위치 박스 1개용, 2개용	개	0.2

1 도면의 ①, ②, ③ 전선관 배관에 접지선을 포함한 전선 가닥 수를 순서대로 쓰시오.

2 HFIX 전선의 명칭을 우리말로 쓰고, 공칭 단면적[mm²]을 순서대로 쓰시오.

① 명칭 :

② 규격 : 1.5－(ⓐ)－(ⓑ)－(ⓒ)－10－16－25－35

3 도면을 보고 아래 표의 ①~⑫까지 빈칸에 산출량 및 총수량을 쓰시오.(단, 계산식은 생략한다.)

자재명	규격	단위	산출 수량	할증 수량	총수량 (산출수량＋할증수량)
후강전선관	16[mm]	[m]	①		⑤
후강전선관	22[mm]	[m]	②		⑥
금속가요전선관	16[mm]	[m]	③		⑦
HFIX 전선	2.5[mm²]	[m]	④		⑧
매입스위치 2구	250[V], 15[A]	개			⑨
아웃렛 박스 4각	54[mm]	개			⑩
아웃렛 박스 8각	54[mm]	개			⑪
스위치 박스 1개용	54[mm]	개			⑫

4 아래 표의 각 자재별 내선전공수를 ①~⑧까지 기입하시오.(단, 계산식은 생략한다.)

자재명	규격	단위	수량	인공수 (재료 단위별)	내선전공
후강전선관	16[mm]	[m]			①
후강전선관	22[mm]	[m]			②
금속가요전선관	16[mm]	[m]			③
HFIX 전선	2.5[mm²]	[m]			④
매입스위치 2구	250[V], 15[A]	개			⑤
아웃렛 박스 4각	54[mm]	개			⑥
아웃렛 박스 8각	54[mm]	개			⑦
스위치 박스 1개용	54[mm]	개			⑧

5 공사원가계산을 할 때 순공사 원가를 구성하는 요소를 3가지만 쓰시오.

해답 **1** ① 배관도

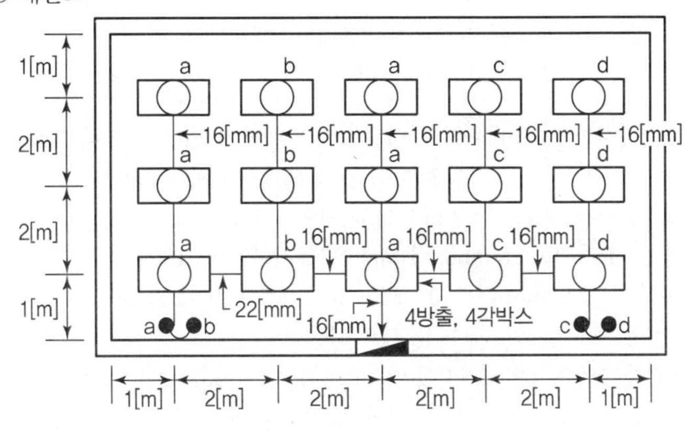

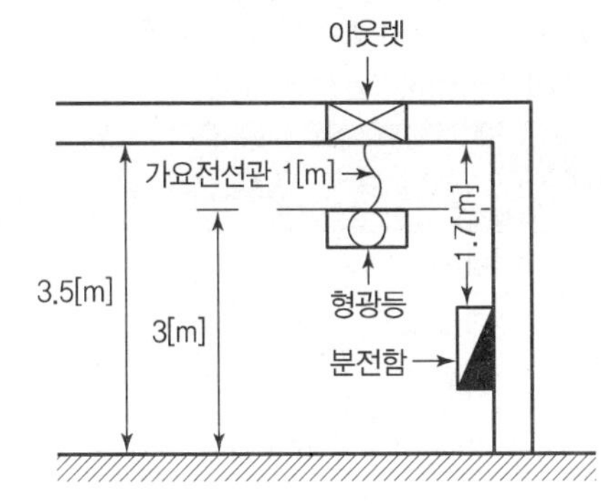

② 배선도

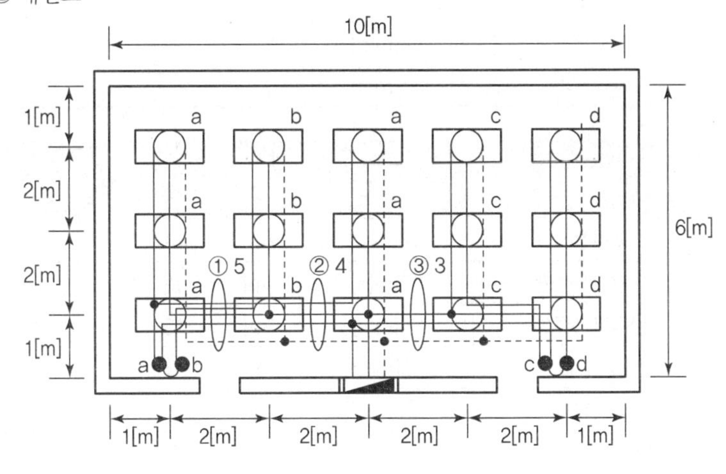

답 ① 5 ② 4 ③ 3

2 HFIX 공칭단면적

1.5, 2.5, 4, 6, 10, 16, 25, 35, 50, 70, 95, 120, 150, 185, 240, 300, 400[mm^2]

답 ① 명칭 : 저독성 난연 가교 폴리올레핀 절연전선

② 규격 : ⓐ 2.5 ⓑ 4 ⓒ 6

3 ① 후강전선관 16[mm]=2[m]×10(전등 세로열)+2[m]×3(전등 가로열)+(1[m]+2.3[m])×2+(1[m]+1.7[m])×1=35.3[m]

② 후강전선관 22[mm]=2[m]×1(5가닥인 부분)=2[m]

③ 금속가요전선관 16[mm]=1[m]×15(등기구 수)=15[m]

④ HFIX전선 2.5[mm^2]=40+24+19.8+6.5+30=120.2[m]

- 전등 세로열=2[m]×2[선]×10=40[m]
- 전등 가로열=2[m]×4[선]+2[m]×3[선]+2[m]×2[선]+2[m]×3[선]=24[m]
- 스위치=(1[m]+2.3[m])×3[선]×2=19.8[m]
- 분전함=[1[m]+1.7[m]+0.5[m](분전반 내부 여유)]×2[선]=6.4[m]
- 아웃렛 박스에서 등기구=1[m]×2[선]×15[등]=30[m]

답

자재명	규격	단위	산출 수량	할증 수량	총수량 (산출수량+할증수량)
후강전선관	16[mm]	[m]	① 35.3	3.5	⑤ 39
후강전선관	22[mm]	[m]	② 2	0.2	⑥ 2
금속가요전선관	16[mm]	[m]	③ 15	1.5	⑦ 17
HFIX 전선	2.5[mm^2]	[m]	④ 120.2	12	⑧ 132
매입스위치 2구	250[V], 15[A]	개	2		⑨ 2
아웃렛 박스 4각	54[mm]	개	1		⑩ 1
아웃렛 박스 8각	54[mm]	개	14		⑪ 14
스위치 박스 1개용	54[mm]	개	2		⑫ 2

4

자재명	규격	단위	수량	인공수 (재료 단위별)	내선전공
후강전선관	16[mm]	[m]	35.3	0.08	① 2.82
후강전선관	22[mm]	[m]	2	0.11	② 0.22
금속가요전선관	16[mm]	[m]	15	0.044	③ 0.66
HFIX 전선	2.5[mm^2]	[m]	120.2	0.01	④ 1.2
매입스위치 2구	250[V], 15[A]	개	2	0.065	⑤ 0.13
아웃렛 박스 4각	54[mm]	개	1	0.2	⑥ 0.2
아웃렛 박스 8각	54[mm]	개	14	0.2	⑦ 2.8
스위치 박스 1개용	54[mm]	개	2	0.2	⑧ 0.4

5 재료비, 노무비, 경비

06 저압인 경우 사람이 상시 통행하는 터널 내의 배선방법 중 3가지만 쓰시오.

해답 ① 애자사용배선
② 금속관배선
③ 케이블배선

TIP

➤ 사람이 상시 통행하는 터널 내의 배선(저압)
① 애자사용배선
② 금속관배선
③ 합성수지관배선
④ 금속제 가요전선관배선
⑤ 케이블배선

07 3상 4선식 선로의 각도주이다. 그림에 표시된 번호의 자재명을 쓰시오.

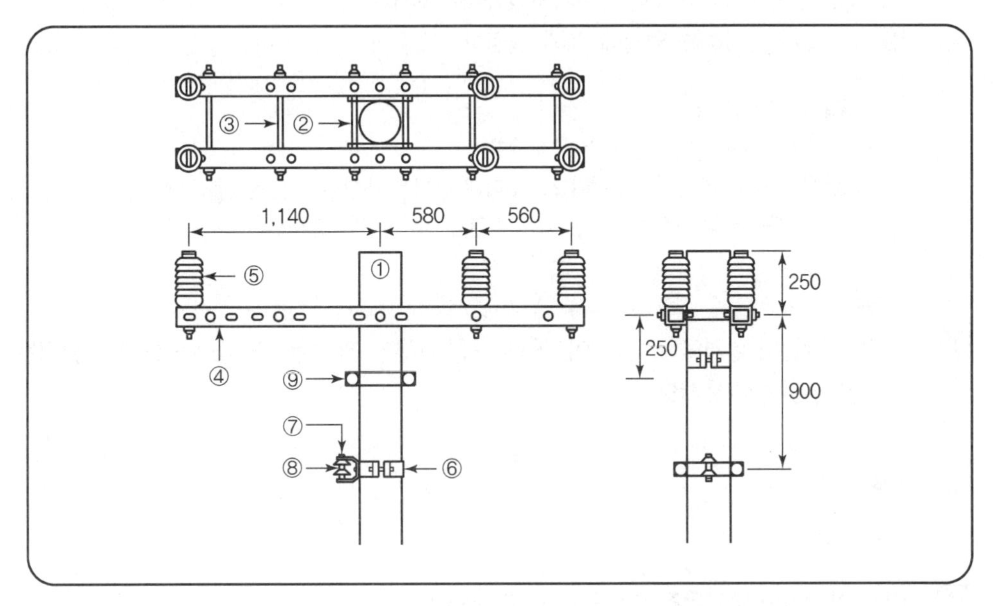

해답 ① 콘크리트 전주 ② 완철 밴드 ③ 6각 볼트 너트(M볼트)
④ 경완철 ⑤ 라인포스트애자 ⑥ 랙 밴드
⑦ 랙 ⑧ 저압 인류애자 ⑨ 지선 밴드

08 전력용 콘덴서 설비를 보호하기 위한 계통도이다. 그림을 보고 답하시오.

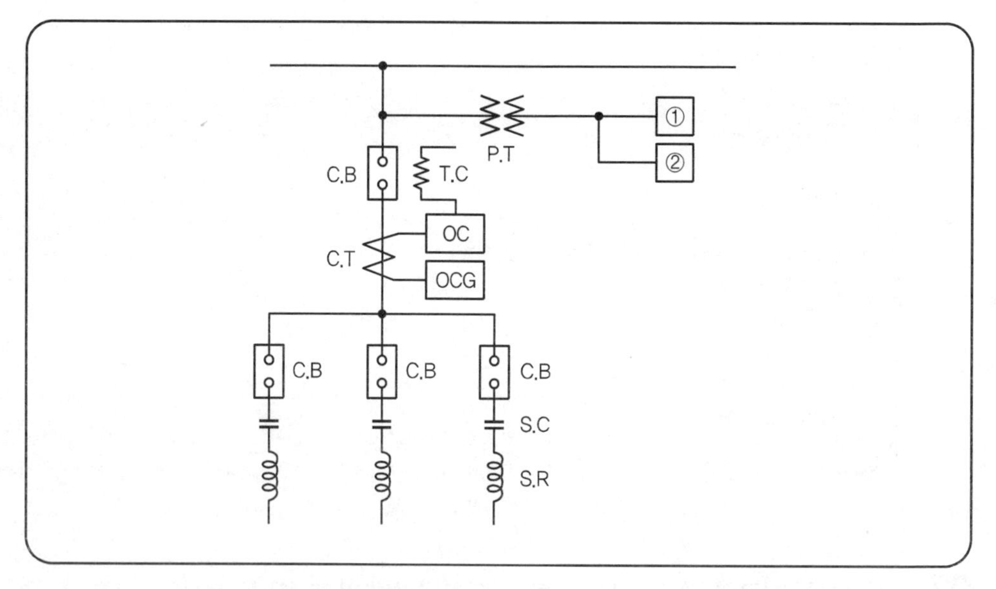

1 그림 중 ①, ②의 적합한 기기의 명칭을 쓰시오.

2 ①, ②가 담당하는 역할에 대해 설명하시오.

해답 **1** ① 과전압 계전기

② 부족전압 계전기(저전압 계전기)

2 ① 과전압 계전기 : 과전압으로부터 차단기를 개방하여 콘덴서를 보호

② 부족전압 계전기 : 정전 또는 저전압 시에 차단기를 개방하여 콘덴서 보호

09 다단의 완철이 설치되고, 장력이 클 때 또한 H주일 때 보통지선을 2단으로 부설하는 지선 명칭은 무엇인지 쓰시오.

해답 Y지선

10 단상 변압기의 병렬운전조건을 4가지만 쓰시오.

해답 ① 극성이 같을 것

② 정격 전압(1차, 2차)이 같을 것

③ %임피던스 강하(임피던스 전압)가 같을 것

④ 내부 변압기의 저항과 누설리액턴스 비가 같을 것

TIP

3상 변압기에서는 위의 조건 외에 각 변압기의 상회전 방향 및 각 변위가 같아야 한다.

11 부하의 설비용량이 400[kW], 수용률 60[%], 월 부하율 50[%]의 수용가가 있다. 1개월(30일)의 사용전력량[kWh]을 구하시오.

해답 계산 : 평균 전력 $P = 400 \times 0.6 \times 0.5 = 120$[kW]

따라서, 사용전력량 $W = 120 \times 24 \times 30 = 86{,}400$[kWh]

답 86,400[kWh]

TIP

- 평균전력=부하율×최대전력=부하율×설비용량×수용률
- 사용전력량=평균전력×사용시간

12 변압기 보호를 위해 사용하는 보호 장치 4가지만 쓰시오.

해답 ① 비율차동 계전기

② 과전류 계전기

③ 방압 안전장치

④ 부흐홀츠 계전기

TIP

➤ 그 외

⑤ 충격압력 계전기

13 수용가 구내선로에서 발생할 수 있는 개폐서지, 순간과도전압 등으로 이상전압이 2차 기기에 악영향을 주는 것을 막기 위해 시설하는 것은 무엇인지 쓰시오.

해답 서지 흡수기(S.A)

TIP

진공차단기 2차 측에 설치한다.

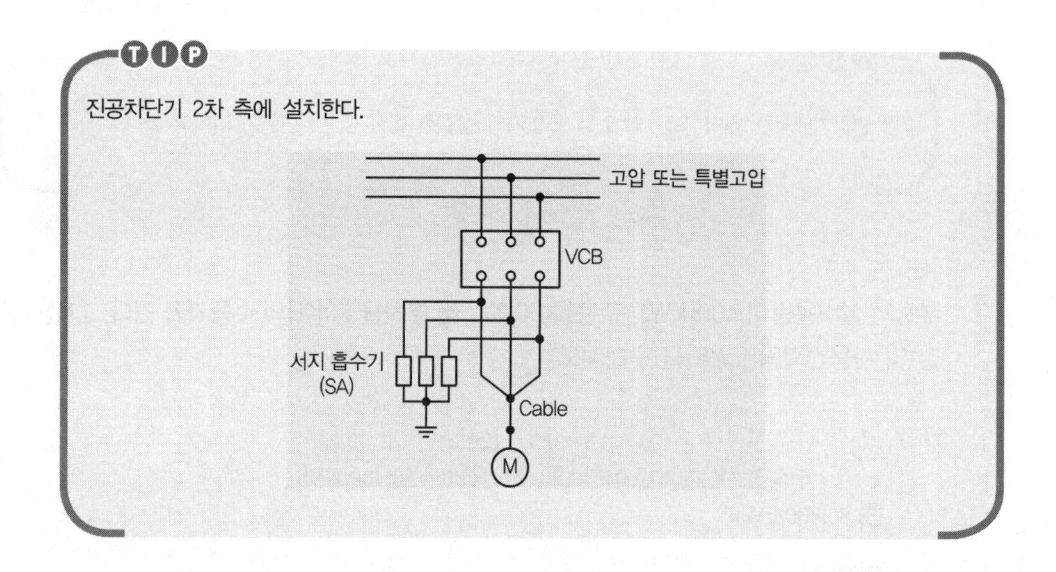

14 저압 배선설비에서 사용전압 400[V] 초과이고 옥내에 습기가 많고 물기가 있는 점검이 불가능한 은폐장소에 적합한 배선방법을 5가지만 쓰시오.

해답 ① 금속관 배선
② 합성수지관(CD관 제외) 배선
③ 비닐 피복 2종 가요전선관 배선
④ 케이블 배선
⑤ 케이블 트레이 배선

TIP

➤ 시설 장소에 따른 저압 배선 방법(400[V] 초과)

배선 방법		시설의 가능							
		옥내						옥측 옥내	
		노출 장소		은폐 장소					
				점검 가능		점검 불가능			
		건조한 장소	습기가 많은 장소 또는 물기가 있는 장소	건조한 장소	습기가 많은 장소 또는 물기가 있는 장소	건조한 장소	습기가 많은 장소 또는 물기가 있는 장소	우선 내	우선 외
애자사용배선		○	○	○	○	×	×	①	①
금속관배선		○	○	○	○	○	○	○	○
합성수지관 배선	합성수지관(CD관 제외)	○	○	○	○	○	○	○	○
	CD관	②	②	②	②	②	②	②	②

가요 전선관 배선	1종 가요전선관	③	×	③	×	×	×	×	×
	비닐 피복 1종 가요전선관	⑤	⑤	⑤	⑤	×	×	×	×
	2종 가요전선관	○	×	○	×	○	×	○	×
	비닐 피복 2종 가요전선관	○	○	○	○	○	○	○	○
금속덕트배선		○	×	○	×	×	×	×	×
버스덕트배선		○	×	○	×	×	×	×	×
케이블 배선		○	○	○	○	○	○	○	○
케이블 트레이 배선		○	○	○	○	○	○	○	○

전기공사기사

2017년도 2회 시험 과년도 기출문제

01 조도 계산에 필요한 요소 중 조도 계산을 하기 전에 건축도면을 입수하여 조사하여야 하는 사항을 3가지만 쓰시오.

해답 ① 방의 마감상태(천장, 벽, 바닥 등의 반사율)
② 방의 사용목적과 작업내용
③ 방의 크기(가로, 세로, 높이)

TIP
➤ 그 외
④ 보와 기둥의 간격
⑤ 공조 덕트 등 설비와 천장 내부의 상태

02 정격부담이 50[VA]인 변류기의 2차에 연결할 수 있는 최대 합성 임피던스의 값이 몇 [Ω]인지 구하시오.(단, 변류기의 2차 정격전류는 5[A]이다.)

해답 계산 : $Z=\frac{P_a}{I^2}=\frac{50}{5^2}=2[\Omega]$

여기서, P_a : 피상전력(VA)

답 2[Ω]

TIP
$P_a=I^2Z$(VA)

03 가연성 분진(소맥분 · 전분 · 유황, 기타 가연성의 먼지)에 전기설비가 발화원이 되어 폭발할 우려가 있는 곳에 시설하는 저압 옥내 배선으로 적합한 공사 방법 3가지를 쓰시오.

해답 ① 금속관 배선
② 합성수지관 배선
③ 케이블 배선

04 GPT에서 Open(오픈)델타 결선에 연결한 Ⓡ의 명칭과 용도를 쓰시오.

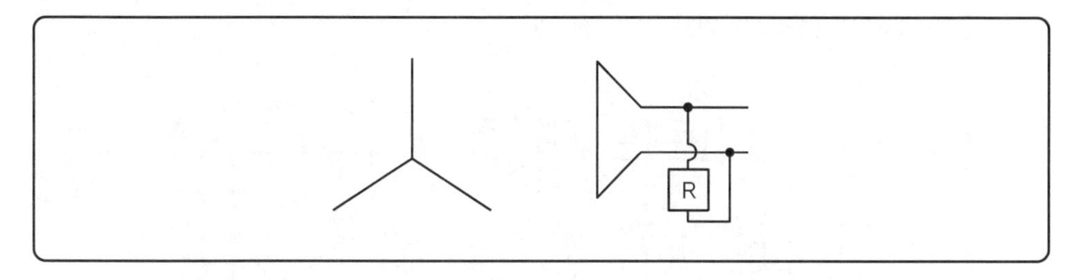

해답
- 명칭 : 한류저항기
- 용도 : 유효전류를 얻어 계전기 동작

05 내선규정에 의하여 접지공사를 한 저압전로에 접속하는 옥내배선의 중성선 또는 접지 측 전선에 접속하는 그림과 같은 분기회로에서 다음 물음에 답하시오.

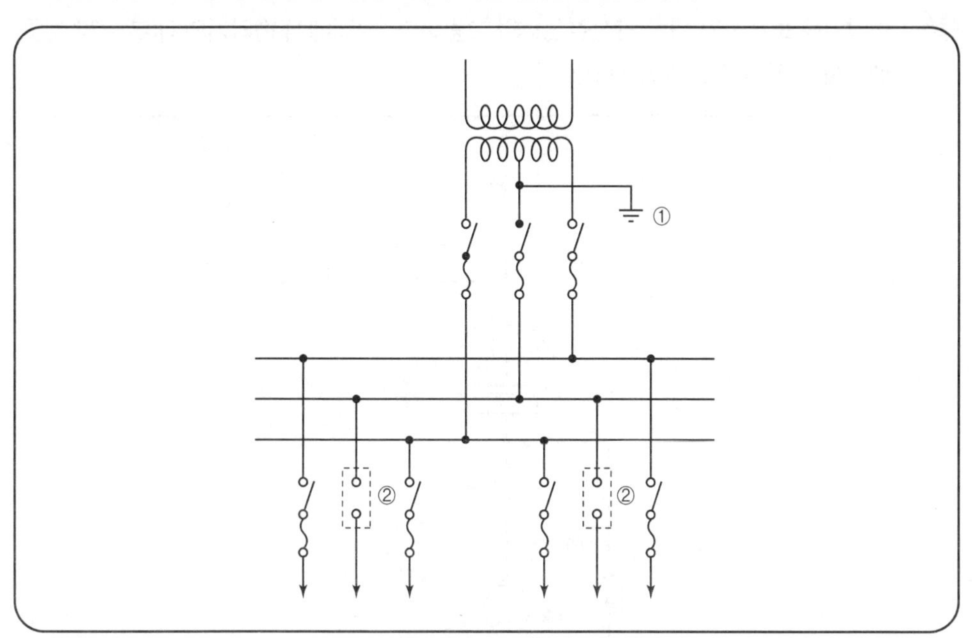

1 누전차단기를 시설하지 않은 경우의 접지저항 값은 몇 [Ω] 이하인지 쓰시오.
2 그림번호 ①의 접지공사는 몇 종 접지공사인지 쓰시오. ※ KEC 규정에 따라 삭제
3 그림번호 ②의 전기적으로 완전히 접속하고 쉽게 분리할 수 있는 경우에 생략할 수 있는 것을 쓰시오.

해답
1 3[Ω]
2 ※ KEC 규정에 따라 삭제
3 개폐기

TIP

➤ 개폐기를 생략할 수 있는 경우(내선규정)

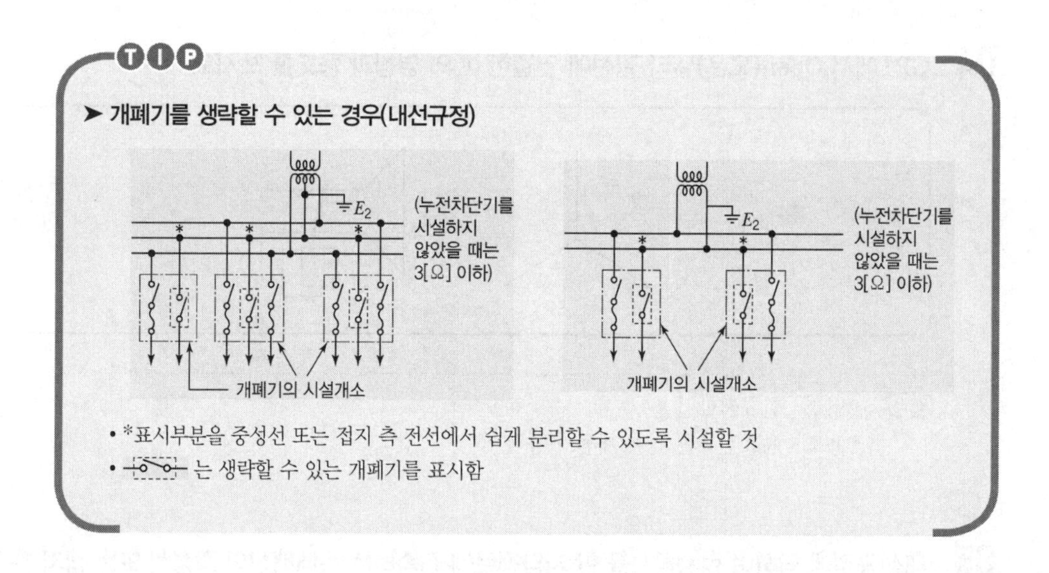

- *표시부분을 중성선 또는 접지 측 전선에서 쉽게 분리할 수 있도록 시설할 것
- ⊸⊸ 는 생략할 수 있는 개폐기를 표시함

06 변압기를 보호하기 위한 단선결선도의 그림이다. 그림에서 변압기의 내부 고장 검출을 위한 ❶~❸ 기기의 명칭을 쓰시오.

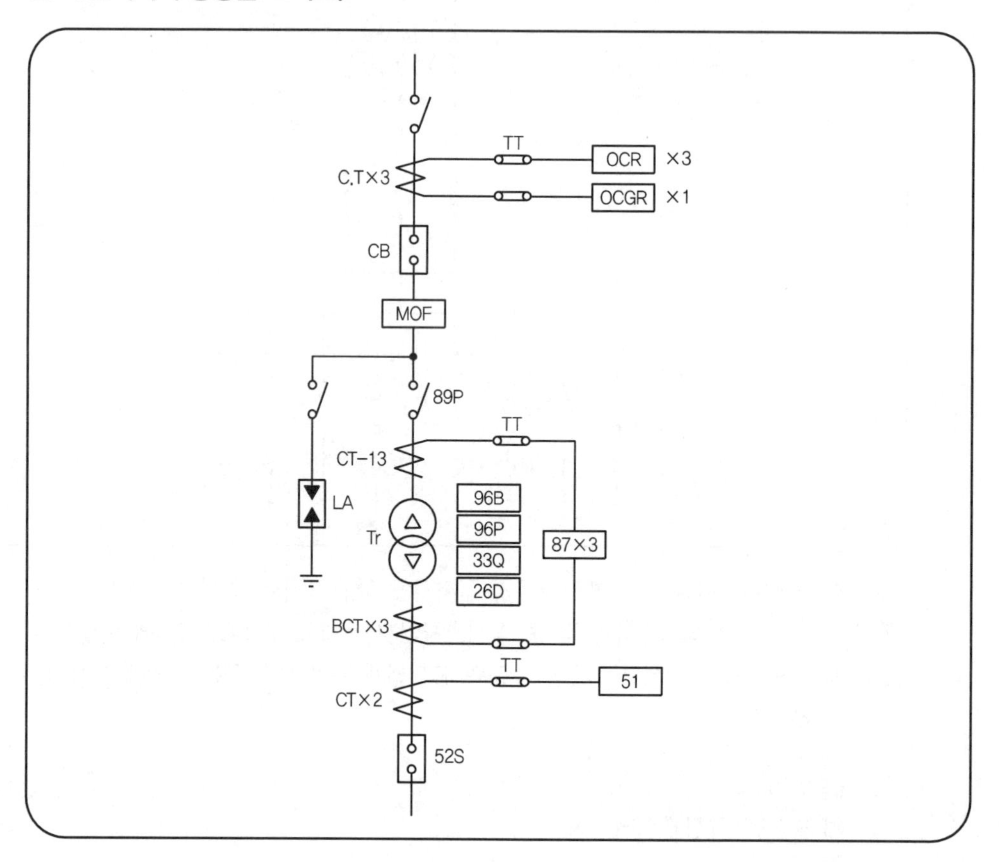

1 96B
2 96P
3 33Q

해답 1 부흐홀츠 계전기
2 충격압력 계전기
3 유면검출장치

TIP

26D : 온도 계전기

07 전기회로 또는 전기기기의 충전부와 노출 도전성부분 또는 보호선 간에 고장이 발생하여 교류 몇 [V](실효값)를 초과하는 접촉전압이 발생한 경우는 그 전원을 자동적으로 차단하는지 답하시오.

해답 50[V]

08 매입방식에 따른 건축화 조명방식에 대한 설명이다. 각각에 맞는 조명방식을 쓰시오.

1 천장면에 작은 구멍을 많이 뚫어 그 속에 여러 형태의 전구 등의 등기구를 매입하여 조명하는 방법
2 천장면에 메탈 또는 유백색 아크릴을 붙이고 천장 내부에 광선을 배치하여 조명하는 방법
3 천장면을 여러 형태의 사각, 동그라미 등으로 오려내고 내부에 조명기구를 취부하여 실내의 단조로움을 피하는 조명 방법
4 벽면을 밝은 광원으로 조명하는 방식으로 숨겨진 램프의 직접광이 아래쪽, 벽, 커튼, 위쪽 천장면에 쪼이도록 조명하는 분위기 조명 방법
5 천장과 벽면 사이에 등기구를 설치하여 조명하는 방법

해답 1 다운라이트 조명
2 광천장 조명
3 코퍼 조명
4 밸런스 조명
5 코너 조명

09 일반 시가지의 폭 9[m] 도로에 다음과 같이 가로등을 설치하려고 한다. 물음에 답하시오.

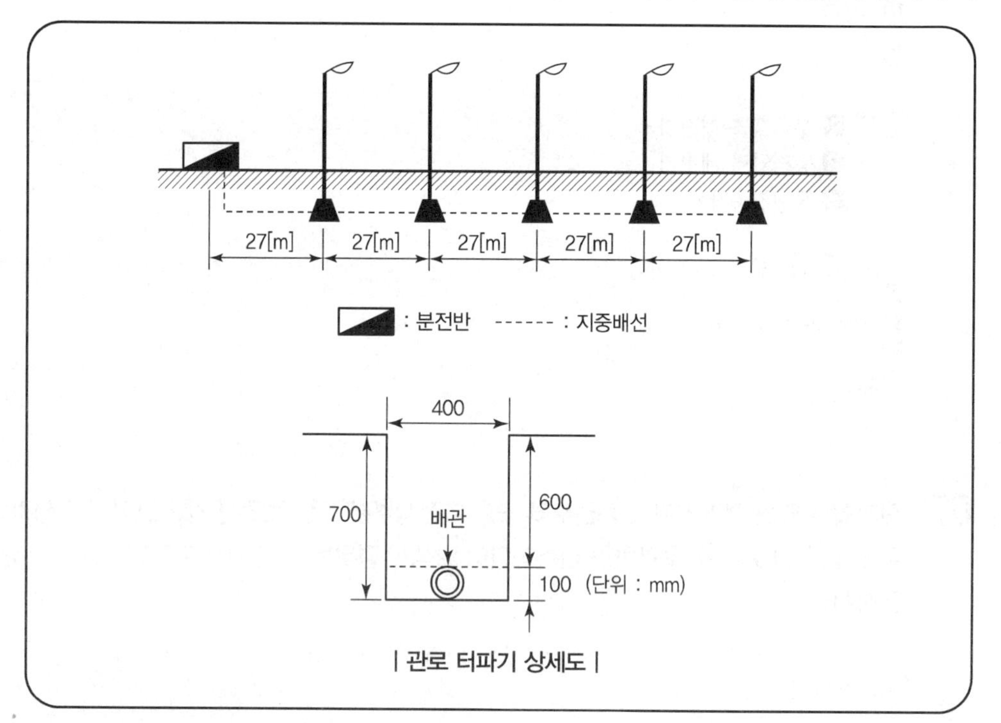

| 관로 터파기 상세도 |

[조건]

① 등주 높이는 9[m]이고, 인력 설치한다.
② 광원은 LED 200[W] 1등용이다.
③ 등주 간격은 27[m], 한쪽 배열로 설치한다.
④ 케이블은 CV 6[mm^2]/1C × 2, E 6[mm^2]/1C(HFIX : 연접 접지, 녹색)를 적용한다.
⑤ 배관은 합성수지 파형관 30[mm]를 사용하며, 터파기와 되메우기는 [m^3]당 각각 보통인부 0.28[인], 0.1[인]을 적용한다.
⑥ 가로등 기초 터파기는 개당 0.75[m^3]이고, 콘크리트 타설량은 0.55[m^3]이다.
⑦ 접지는 연접 접지를 적용한다.
⑧ 재료의 할증에 대해서는 공량을 적용하지 않는다.
⑨ 아래의 품셈과 문제에 주어진 사항 이외는 고려하지 않는다.

[표준품셈]

| 표 1. 제어용 케이블 설치 |

(단위 : [m] 설치, 적용직종 : 저압케이블전공)

선심 수	4[mm^2] 이하	6[mm^2] 이하	8[mm^2] 이하
1C	0.011	0.013	0.014
2C	0.016	0.018	0.020

① 연접 접지선도 이에 준한다.
② 옥외 케이블의 할증률은 3[%] 적용

| 표 2. LED 가로등기구 설치 |

(단위 : 개)

종별	내선전공	종별	내선전공
100[W] 이하	0.204	200[W] 이하	0.221
150[W] 이하	0.231	250[W] 이하	0.229

LED 등기구 일체형 기준(컨버터 내장형)

| 표 3. POLE LIGHT 인력 설치 |

(단위 : 본)

규격	내선전공	규격	내선전공
8[m] 이하(1등용)	2.76	10[m] 이하(1등용)	3.49
9[m] 이하(1등용)	3.13	12[m] 이하(1등용)	4.19

| 표 4. 합성수지 파형관 설치 |

(단위 : [m])

규격	배선전공	보통인부
16[mm] 이하	0.005	0.012
30[mm] 이하	0.006	0.014
50[mm] 이하	0.007	0.018

① 합성수지 파형관의 지중포설 기준
② 가로등 공사, 신호등 공사, 보안등 공사 또는 구내 설치 시 50[%] 가산
③ 옥외전선관의 할증률은 5[%] 적용

1 가로등 기초를 포함한 전체 터파기량과 공량을 구하시오.(단, 전원함의 기초 그리고 가로등 기기량 · 계산 기초와 관로 중첩부분은 무시한다.)

① 터파기량
② 공량(보통인부)

2 가로등 기초를 포함한 전체 되메우기량과 공량을 구하시오.(단, 전원함의 기초 그리고 가로등 기초와 관로 중첩부분 및 배관의 체적은 무시한다.)

① 되메우기량
② 공량(보통인부)

3 전선관 물량과 공량을 산출하시오.(단, 지중에서 전원함 그리고 가로등 기초에서 가로등주까지의 배관은 무시한다.)

① 물량
② 공량(배전전공, 보통인부)

4 케이블과 접지선의 물량과 공량(저압케이블전공)을 산출하시오.(단, 케이블의 길이는 가로등 기초에서 안정기 박스까지의 거리를 고려하여 경간당 2[m]를 추가 적용한다. 그리고 안정기 박스에서 등기구까지의 배선은 무시한다.)

① 물량(CV, HFIX)

② 공량(저압케이블전공)

5 등기구를 포함한 가로등 설치 공량(내선전공)을 산출하시오.

해답 **1** ① 터파기량

계산 : 관로 터파기=0.4×0.7×27×5=37.8[m³]

외등 기초 터파기=0.75×5=3.75[m³]

따라서 전체 터파기량=37.8+3.75=41.55[m³]

답 41.55[m³]

② 공량(보통인부)

계산 : 공량(보통인부)=41.55×0.28=11.634[인]

답 11.634[인]

2 ① 되메우기량

계산 : 되메우기량=전체 터파기량−콘크리트 타설량

=41.55−0.55×5=38.8[m³]

답 38.8[m³]

② 공량(보통인부)

계산 : 공량(보통인부)=38.8×0.1=3.88[인]

답 3.88[인]

3 ① 전선관 물량

계산 : 물량=27×5×1.005=141.75[m]

답 141.75[m]

② 전선관 공량(배전전공, 보통인부)

계산 : 배전전공=27×5×0.006×1.05(할증)=1.215[인]

보통인부=27×5×0.014×1.05(할증)=2.835[인]

답 배전전공 1.215[인]

보통인부 2.835[인]

4 ① 물량(CV, HFK)

계산 : CV=(27+2)×5×2×1.03(할증)=298.7[m]

HFIX=(27+2)×5×1.03(할증)=149.35[m]

답 CV 298.7[m]

HFIX 149.35[m]

② 공량(저압케이블전공)

계산 : $CV=(27+2)\times5\times2\times0.013=3.77$[인]

$HFIX=(27+2)\times5\times0.013=1.885$[인]

∴ 공량 합계$=3.77+1.885=5.655$[인]

답 5.655[인]

5 계산 : 공량(내선전공)$=(3.13+0.221)\times5=16.755$[인]

답 16.755[인]

10 전선공사 중 가공배전선로에서 전선 접속 작업흐름도이다. 흐름도가 옳도록 ①~③에 들어갈 알맞은 용어를 답란에 쓰시오.

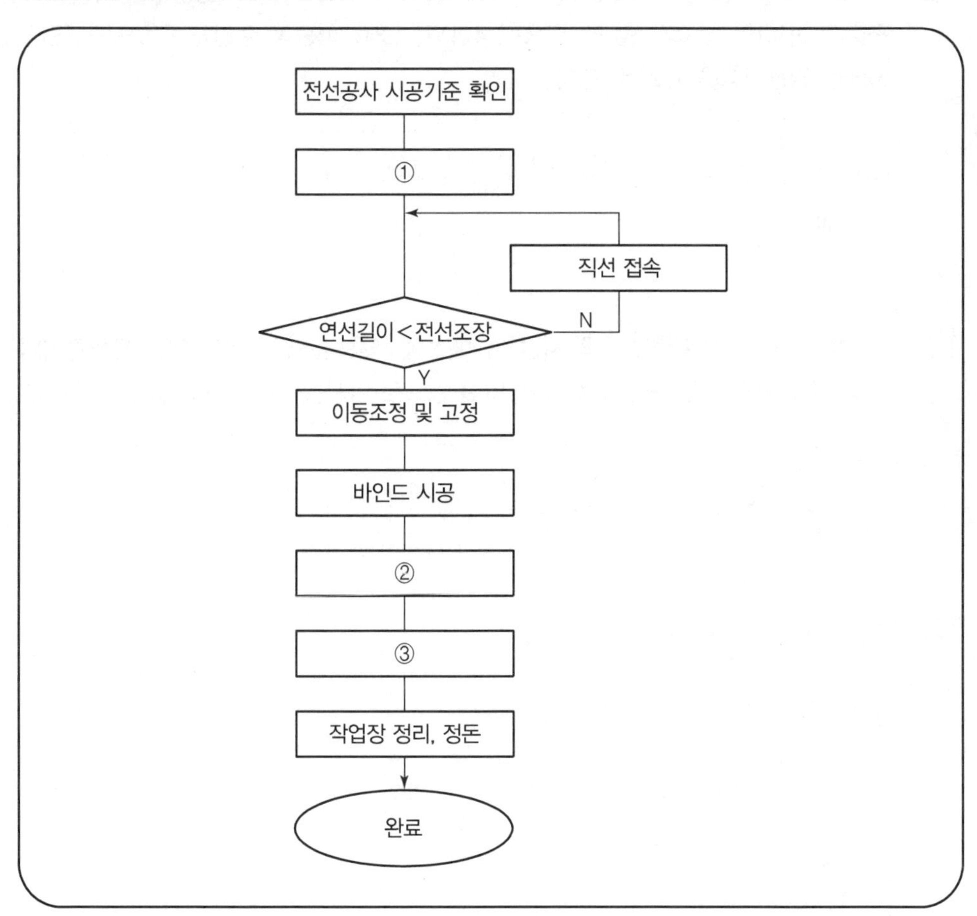

해답 ① 연선(전선 펴기)

② 전선 접속

③ 절연 처리

11 **방폭 · 방식 · 방습 · 방온 · 방진 및 정전기 차폐 등의 방호 조치가 되어 있지 않은 누전경보기의 수신부를 설치할 수 없는 장소 5가지를 쓰시오.**

해답 ① 가연성의 증기, 먼지, 가스 등이나 부식성 증기 가스 등이 다량으로 체류하는 장소
② 화약류를 제조하거나 저장 또는 취급하는 장소
③ 습도가 높은 장소
④ 온도의 변화가 급격한 장소
⑤ 대전류 회로, 고주파 발생회로 등에 따른 영향을 받을 우려가 있는 장소

12 **바닥면적 1,000[m²]의 사무실에 광속 5,000[lm]의 40[W] LED 형광등을 시설하여 평균조도를 300[lx]로 하고자 할 때 필요한 40[W] LED 형광등 수량을 구하시오.(단, 조명률 50[%], 감광보상률 1.25로 한다.)**

해답 계산 : 전등 수 $N=\dfrac{AED}{FU}=\dfrac{1{,}000\times300\times1.25}{5{,}000\times0.5}=150$[등]

답 150[등]

13 **폭연성 분진이 있는 위험장소의 저압옥내배선에 사용되는 금속관은 어떤 전선관이며, 관 상호 및 관과 박스의 접속은 몇 턱 이상의 조임으로 나사를 시공하여야 하는지 쓰시오.**

해답 • 전선관의 종류 : 박강 전선관
• 최소 나사조임 턱 수 : 5턱

14 **지선의 시설목적을 3가지만 쓰시오.**

해답 ① 지지물의 강도를 보강하고자 할 경우
② 전선로의 안전성을 증대하고자 할 경우
③ 불평형 하중에 대한 평형을 이루고자 할 경우

TIP

➤ 그 외
④ 전선로가 건조물 등과 접근할 때 보안상 필요한 경우

2017년도 4회 시험

과년도 기출문제

01 폭 15[m]의 도로 양측에 간격 20[m]를 두고 가로등이 점등되고 있다. 1등당의 전광속은 3,000[lm]으로 그 45[%]가 가로 전면에 방사하는 것으로 하면 가로면의 평균조도[lx]는 얼마인가?

해답 계산 : $E=\dfrac{FUN}{DA}=\dfrac{3,000\times 0.45\times 1}{\dfrac{1}{2}\times 15\times 20\times 1}=9[\text{lx}]$

답 9[lx]

TIP

➤ 양쪽 조명인 경우

면적 $A=\dfrac{a\times b}{2}$

여기서, a : 폭

b : 간격

02 피뢰설비의 보호등급이 IV등급인 경우 인하도선 간 평균거리는 몇 [m]인지 쓰시오.

해답 20[m]

TIP

➤ 인하도선의 설치 간격

보호등급	평균거리[m]
I	10
II	10
III	15
IV	20

03 가스 차단기(GCB : Gas Circuit Breaker)의 특징을 3가지만 쓰시오.

해답 ① 소호능력이 우수하다.
② 고전압 대전류 차단에 적합하다.
③ 절연내력이 우수하다.

TIP

➤ 그 외
④ 개폐 시 과전압이 발생되지 않는다.
⑤ 소음공해가 없다.

04 다음 전기 심벌의 명칭을 쓰시오.

1 ⊗G　　2 (∞)　　3 TS

해답 1 누전경보기
2 환기팬(선풍기 포함)
3 타임스위치

05 수전용량 3상 500[kVA]이고, 전압 22.9[kV], 역률 90[%]인 경우, 다음 물음에 답하시오.

1 정격전류를 계산하시오.
2 차단기정격의 표준값(정격전류)을 선정하시오.

해답 1 계산 : 정격전류 $I_n = \frac{P}{\sqrt{3}\,V_n} = \frac{500 \times 10^3}{\sqrt{3} \times 22.9 \times 10^3} = 12.61[\text{A}]$

답 12.61[A]

2 600[A]

TIP

➤ 22.9[kV] 차단기 정격전류의 표준값
600[A], 1,200[A], 2,000[A], 3,000[A]

06 다음은 전선의 병렬 사용에 대한 설명이다. ( ) 안에 알맞은 답을 쓰시오.

- 병렬로 사용하는 각 전선의 굵기는 동 (①)[mm^2] 이상 또는 알루미늄 (②)[mm^2] 이상이고, 동일한 (③), 동일한 (④), 동일한 (⑤)이어야 한다.
- 같은 극의 각 전선은 동일한 터미널러그에 완전히 접속할 것
- 같은 극인 각 전선의 터미널러그는 동일한 도체에 (⑥) 이상의 리벳 또는 (⑦) 이상의 나사로 헐거워지지 않도록 확실하게 접속할 것
- 병렬로 사용하는 전선은 각각에 (⑧)을(를) 장치하지 말아야 한다.
- 각 전선에 흐르는 전류는 (⑨)을(를) 초래하지 않도록 할 것

해답 ① 50　② 70　③ 도체　④ 굵기　⑤ 길이
⑥ 2개　⑦ 2개　⑧ 퓨즈　⑨ 불평형

TIP

➤ **전선의 병렬 사용**

옥내에서 전선을 병렬로 사용하는 경우는 다음 각 호에 의하여 시설하는 것을 원칙으로 한다.

① 병렬로 사용하는 각 전선의 굵기는 동 50[mm^2] 이상 또는 알루미늄 70[mm^2] 이상이고, 동일한 도체, 동일한 굵기, 동일한 길이이어야 한다.

② 공급점 및 수전점에서 전선의 접속은 다음 각 호에 의하여 시설하여야 한다.
- 같은 극의 각 전선은 동일한 터미널러그에 완전히 접속할 것
- 같은 극인 각 전선의 터미널러그는 동일한 도체에 2개 이상의 리벳 또는 2개 이상의 나사로 헐거워지지 않도록 확실하게 접속할 것
- 기타 전류의 불평형을 초래하지 않도록 할 것

③ 병렬로 사용하는 전선은 각각에 퓨즈를 장치하지 말아야 한다(공용 퓨즈는 지장이 없다).

07 1[m]의 하중 0.35[kg]인 전선을 지지점에 수평인 경간 60[m]에서 가설하여 이도를 0.7[m]로 하려면 장력[kg]은?

해답 계산 : $T=\dfrac{WS^2}{8D}=\dfrac{0.35\times 60^2}{8\times 0.7}=225$[kg]

답 225[kg]

TIP

$$D=\frac{WS^2}{8T}[\text{m}]$$

여기서, D=이도, S=경간, W=1개당 무게, T=수평장력[kg]

08 전용면적 99[m²]인 아파트에서 표준부하 산정법에 의하여 부하[VA]를 산정하시오.(단, 가산부하(VA)는 내선규정에 의한 최고치로 한다.) ※ KEC 규정에 따라 변경

해답 계산 : 99×40+1,000=4,960[VA]

답 4,960[VA]

TIP

① 부하산정=(바닥면적×표준부하 밀도)+가산부하

② 표준부하

건축물의 종류	표준부하[VA/m²]
공장, 공회당, 사원, 교회, 극장, 영화관, 연회장 등	10
기숙사, 여관, 호텔, 병원, 학교, 음식점, 다방, 대중목욕탕	20
주택, 아파트, 사무실, 은행, 상점, 이발소, 미용실	40

- 건물이 음식점과 주택 부분의 2종류로 될 때에는 각각 그에 따른 표준부하를 사용할 것
- 학교와 같이 건물의 일부분이 사용되는 경우에는 그 부분만을 적용한다.

③ 가산부하

- 주택, 아파트(1세대마다) : 500~1,000[VA]
- 상점의 진열장 폭 1[m]에 대해 : 300[VA]

09 다음 (   ) 안에 알맞은 내용을 쓰시오.

직류전기설비의 접지시설을 양(+)도체에 접지하는 경우는 (①)에 대한 보호를 하여야 하며, 음(−)도체에 접지하는 경우는 (②)를 하여야 한다.

해답 ① 감전　② 전기부식방지

10 아래의 보기를 보고 무슨 현상을 말하는지 답하시오.

[보기]

- 극판이 백색으로 되거나 표면에 백색반점이 생긴다.
- 비중이 저하되고 충전용량이 감소한다.
- 충전 시 전압 상승이 빠르고 가스 발생이 심하나 비중이 증가하지 않는다.

해답 설페이션(Sulfation) 현상

11 그림과 같은 변압기에 대하여 전류 차동 계전기의 미완성 도면을 완성하시오.(단, 변류기(C.T) 결선은 감극성을 기준으로 한다.)

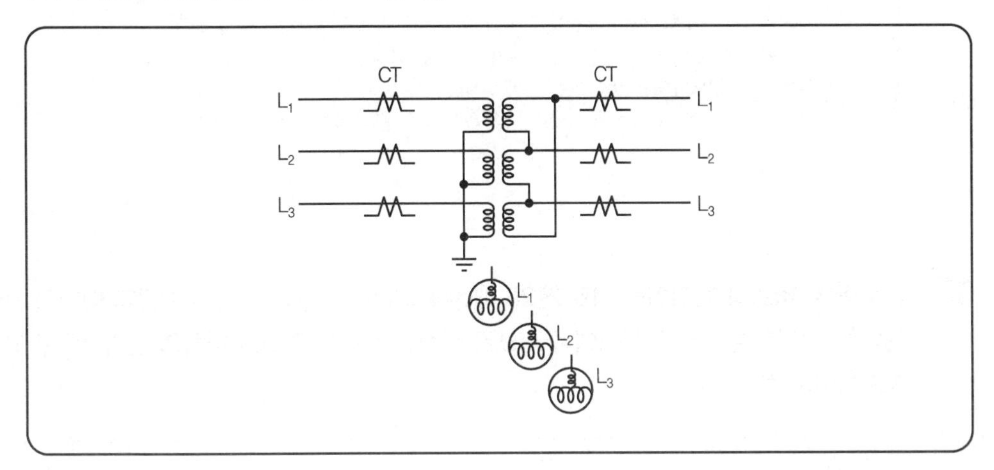

해답

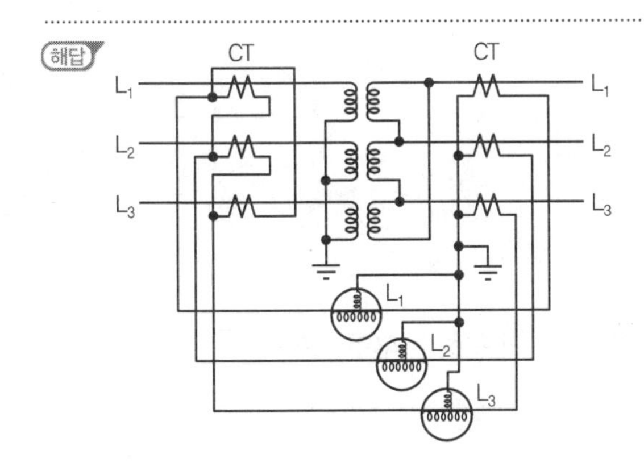

TIP

변압기 결선이 Y－△ 결선이므로 차동계전기는 △－Y 결선을 한다.

12 전가섭선을 인류하는 곳에 사용하는 철탑은 무엇인지 쓰시오.

해답 인류형 철탑

TIP

➤ 철탑의 종류

① 직선형 : 전선로의 직선 부분(3도 이하의 수평 각도를 이루는 곳을 포함)
② 각도형 : 전선로 중 3도를 넘는 수평 각도를 이루는 곳에 사용하는 것
③ 인류형 : 전가섭선을 인류하는 곳에 사용하는 것
④ 내장형 : 전선로 지지물의 양측의 경간의 차가 큰 곳에 사용하는 것

13 **금속덕트, 버스덕트(라이팅 덕트 제외) 배선에 의하여 시설하는 경우 취급자 이외의 사람이 출입할 수 없도록 설비된 장소에 수직으로 설치하는 경우 몇 [m] 이하의 간격으로 견고하게 지지하여야 하는가?**

해답 6[m]

TIP

수평 : 3[m], 수직 : 6[m]

14 **전주의 지선과 지선근가를 연결해주는 금구의 명칭은 무엇인가?**

해답 지선로드

TIP

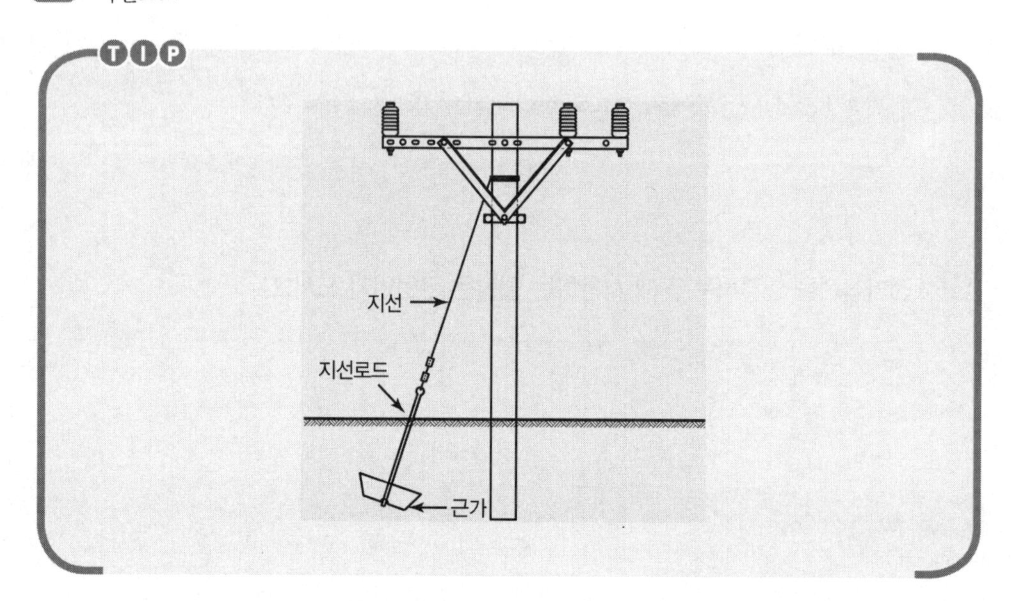

15 다음 도면은 어느 건물 옥내의 전등 및 콘센트 배선 평면도이다. 주어진 조건을 읽고 ①~⑳까지의 답란의 빈칸을 채우시오.

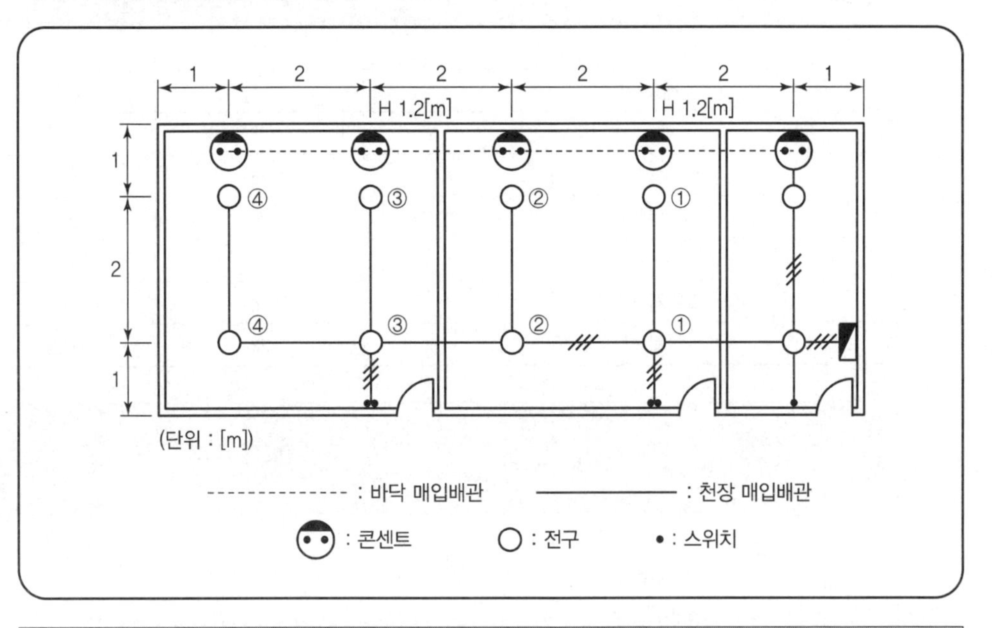

[유의사항]

① 바닥에서 천장 슬래브까지는 2.5[m]임
② 전선은 NR전선으로 전등, 전열 2.5[mm²]를 사용한다.
③ 전선관은 후강 전선관으로 사용하고 특기 없는 것은 16[mm]임
④ 4조 이상의 배관과 접속하는 박스는 4각 박스를 사용한다.(단, 콘센트는 전부 4각 박스를 사용한다.)
⑤ 스위치의 설치 높이는 1.2[m]임(바닥에서 중심까지)
⑥ 특기 없는 콘센트의 높이는 0.3[m]임(바닥에서 중심까지)
⑦ 분전반의 설치높이는 1.8[m]임(단, 바닥에서 하단까지 0.5[m]를 기준으로 한다.)

[재료의 산출]

① 분전함 내부에서 배선 여유는 전선 1본당 0.5[m]로 한다.
② 자재 산출 시 산출 수량과 할증 수량은 소수점 이하도 기록하고, 자재별 총수량(산출수량+할증 수량)은 소수점 이하는 반올림한다.
③ 배관 및 배선 이외의 자재는 할증을 보지 않는다.(배관 및 배선의 할증은 10[%]로 한다.)
④ 콘센트용 박스는 4각 박스로 본다.

[인건비 산출 조건]

① 재료의 할증분에 대해서는 품셈을 적용하지 않는다.
② 소수점 이하 한 자리까지 계산한다.
③ 품셈은 다음 표의 품셈을 적용한다.

[품셈 보기]

자재명 및 규격	단위	내선 전공
후강전선관 16[mm]	[m]	0.08
관내 배선 6[mm^2] 이하	[m]	0.01
매입 스위치	개	0.056
매입 콘센트2P, 15[A]	개	0.056
아웃렛 박스 4각	개	0.12
아웃렛 박스 8각	개	0.12
스위치 박스 1개용	개	0.2
스위치 박스 2개용	개	0.2

자재명	규격	단위	산출수량	할증수량	총수량 (산출수량 +할증수량)	내선 전공(인) (수량×인공수)
후강 전선관	16[mm]	[m]	①		③	⑭
NR 전선	2.5[mm^2]	[m]	②		④	⑮
스위치	300[V], 10[A]	개			⑤	⑯
스위치 플레이트	1개용	개			⑥	
스위치 플레이트	2개용	개			⑦	
매입 콘센트	300[V] 15[A] 2개용	개			⑧	⑰
4각 박스		개			⑨	⑱
8각 박스		개			⑩	
스위치 박스	1개용	개			⑪	⑲
스위치 박스	2개용	개			⑫	⑳
콘센트 플레이트	2개구용	개			⑬	

해답

자재명	규격	단위	산출수량	할증수량	총수량 (산출수량 +할증수량)	내선 전공(인) (수량×인공수)
후강 전선관	16[mm]	[m]	① 43.8	4.38	③ 48	⑭ 3.5
NR 전선	2.5[mm^2]	[m]	② 99.4	9.94	④ 109	⑮ 0.9
스위치	300[V], 10[A]	개			⑤ 5	⑯ 0.2
스위치 플레이트	1개용	개			⑥ 1	
스위치 플레이트	2개용	개			⑦ 2	
매입 콘센트	300[V] 15[A] 2개용	개			⑧ 5	⑰ 0.2
4각 박스		개			⑨ 8	⑱ 0.9
8각 박스		개			⑩ 7	
스위치 박스	1개용	개			⑪ 1	⑲ 0.2
스위치 박스	2개용	개			⑫ 2	⑳ 0.4
콘센트 플레이트	2개구용	개			⑬ 5	

TIP

① 후강전선관(총길이)

분전반 : 2.5－1.8＝0.7[m]

콘센트 : 1＋(2.5－0.3)＋0.3＋1.2×2×2＋0.3×2＋2×4＋0.3＝17.2[m]

전구 : 2×9＋1＝19[m]

스위치 : 1×3＋(2.5－1.2)×3＝6.9[m]

∴ 합계 : 0.7＋17.2＋19＋6.9＝43.8[m]

② NR 전선 길이

전선관 길이×2＋전선 3가닥 입선되는 전선관 길이＋분전반 내부여유

＝43.8×2＋2＋2＋1×3＋(2.5－1.2)×2＋(2.5－1.8)×1＋0.5×3＝99.4[m]

전기공사기사

2018년도 1회 시험

과년도 기출문제

01 COS 설치에(COS 포함) 사용하는 자재를 5가지만 쓰시오.

해답 ① COS ② 브래킷 ③ 내오손 결합애자
④ COS 커버 ⑤ 퓨즈링크

TIP

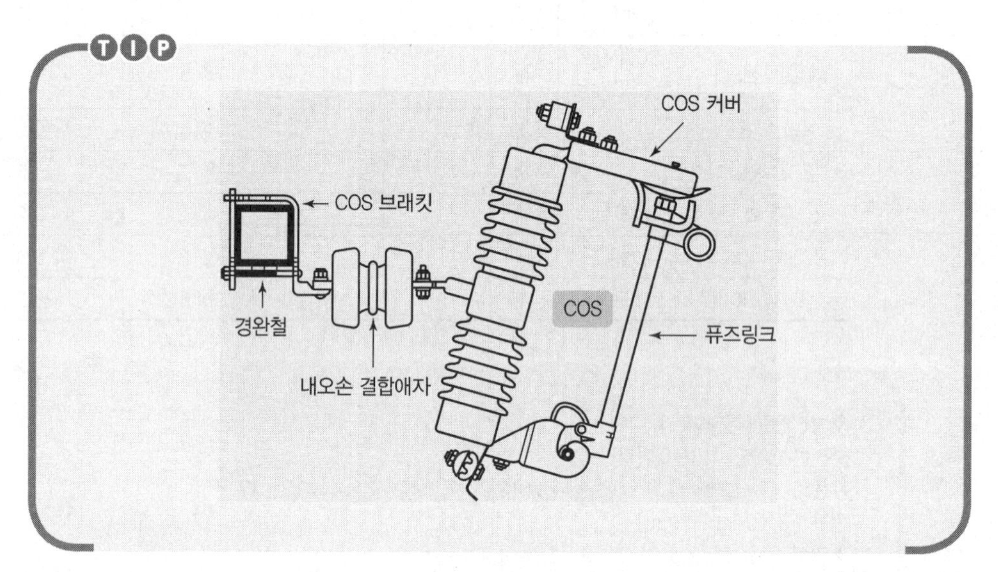

02 그림은 UPS 설비의 블록 다이어그램이다. 그림을 보고 다음 각 물음에 답하시오.

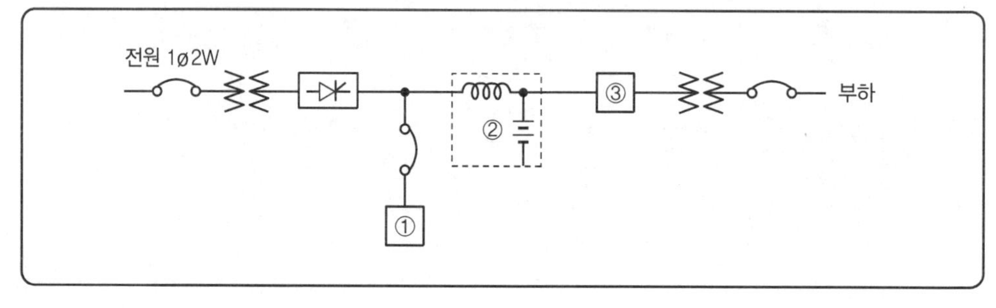

1 UPS의 기능 2가지를 쓰시오.

2 ①의 명칭을 쓰시오.

3 ②의 명칭을 쓰시오.

4 ③의 명칭 및 그 역할은 무엇인지 쓰시오.

해답 **1** ① 무정전 전원 공급장치
② 정전압 정주파수 공급장치
2 축전지
3 DC 필터
4 • 명칭 : 인버터
• 역할 : 직류를 교류로 변환

03 전압 전류 서지를 제거하는 장치인 SPD(서지보호장치)에 대하여 물음에 답하시오.

1 기능에 따른 종류 3가지를 쓰시오.
2 구조에 따른 종류 2가지를 쓰시오.

해답 **1** ① 전압 스위칭형 SPD
② 전압제한형 SPD
③ 복합형 SPD
2 ① 1포트 SPD
② 2포트 SPD

TIP

① SPD의 기능에 따른 종류

종류	역할
전압 스위칭형 SPD	서지가 없을 때는 임피던스가 높은 상태이고, 전압 서지가 있을 때는 임피던스가 급격히 낮아지는 기능을 가진 서지보호장치이다.
전압제한형 SPD	서지가 없을 때는 임피던스가 높은 상태이고, 서지 전류와 전압이 상승하면 임피던스가 연속적으로 감소하는 기능을 가진 서지보호장치이다.
복합형 SPD	전압제한형 소자와 전압 스위치형 소자를 모두 갖는 서지보호장치이다.

② SPD의 구조에 따른 종류

구조 구분	특징	표시 예
1포트 SPD	1단자 또는 2단자를 갖는 SPD로 보호하는 기기에 대하여 서지를 분류하도록 접속한다.	SPD
2포트 SPD	2단자 또는 4단자를 갖는 SPD로 입력단자와 출력단자 사이에 직렬 임피던스가 삽입되어 있다.	SPD

04 통합접지공사를 한 경우 과전압으로부터 전기설비들을 보호하기 위하여 서지보호장치(SPD)를 설치하여야 한다. 과전압에 대한 효과적인 보호를 위해서는 SPD의 연결전선의 길이가 가능한 한 짧고 어떠한 접속도 없어야 하는데 이때 SPD의 연결전선은 몇 [m]를 초과하지 않아야 하는가?

해답 0.5[m]

05 다음 그림은 특고압 수용가인 경우의 수변전설비 단선결선도이다. ①~⑩까지의 문자기호와 명칭을 아래 표에 쓰시오.

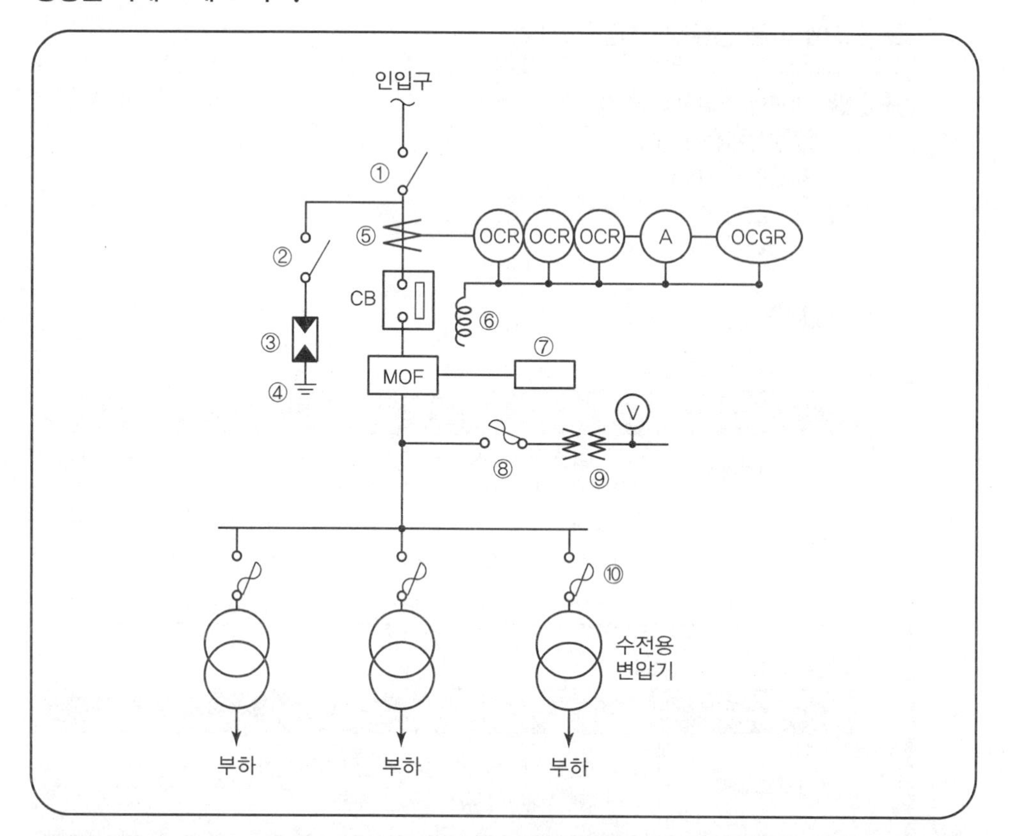

구분	문자기호	명칭	구분	문자기호	명칭
①			⑥		
②			⑦		
③			⑧		
④	※ KEC 규정에 따라 삭제		⑨		
⑤			⑩		

해답

구분	문자기호	명칭	구분	문자기호	명칭
①	DS	단로기	⑥	TC	트립코일
②	DS	단로기	⑦	WH	전력량계
③	LA	피뢰기	⑧	COS 또는 PF	컷아웃 스위치 또는 전력퓨즈
④	E_1	제1종 접지공사	⑨	PT	계기용 변압기
⑤	CT	변류기	⑩	COS, PF	컷아웃 스위치, 전력퓨즈

TIP

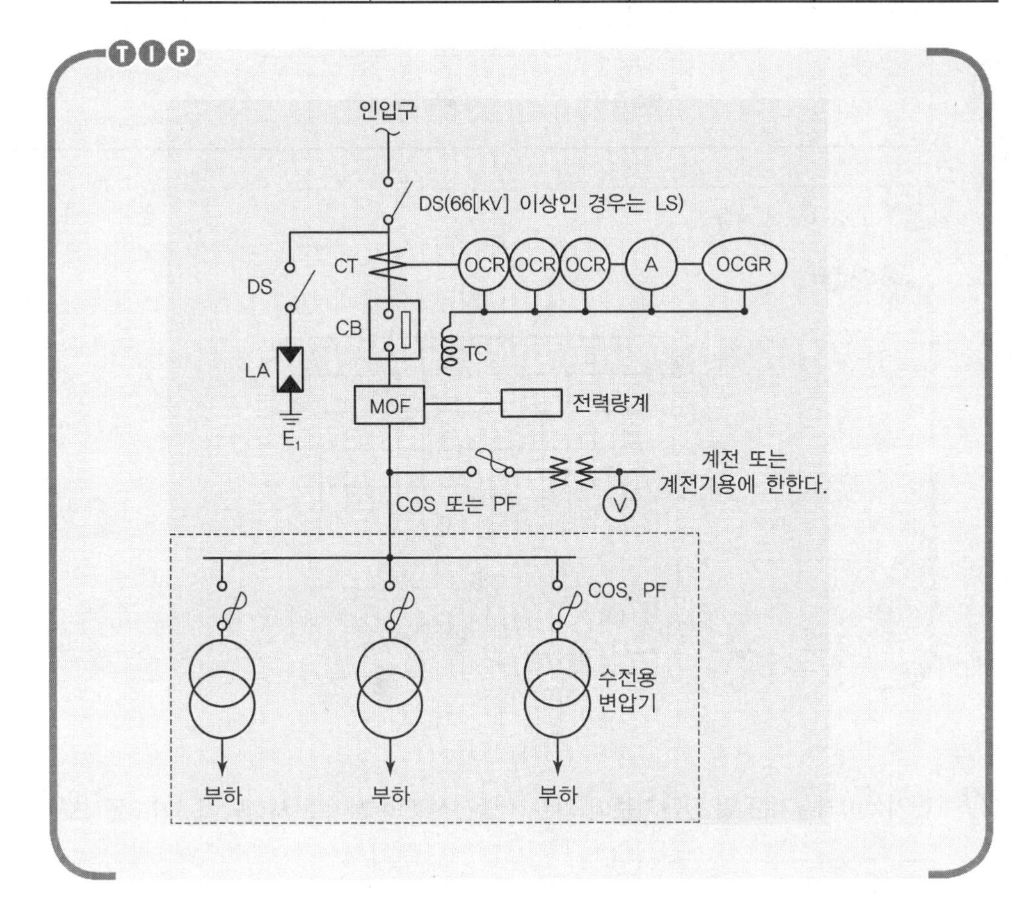

06 다음 그림은 TN 계통의 일부분이다. 무슨 계통인지 쓰시오.(단, 계통 일부의 중성선과 보호선을 동일 전선을 사용한다.)

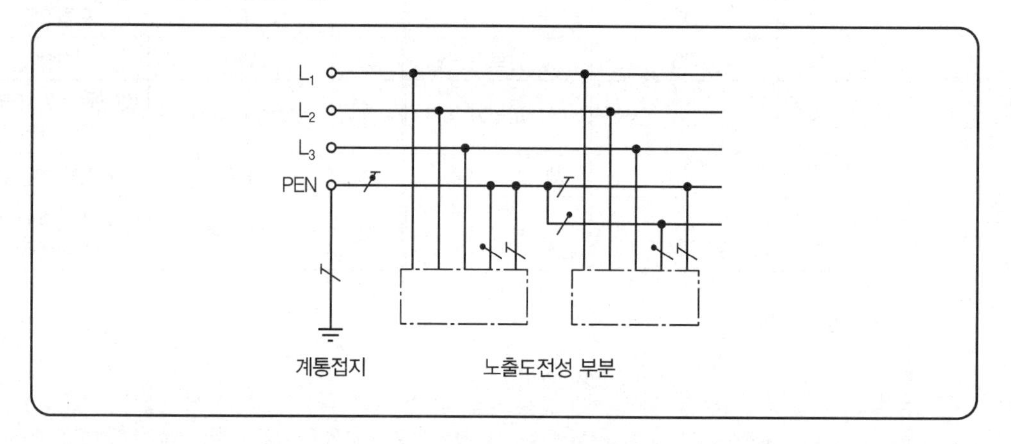

해답 TN−C−S 계통

TIP

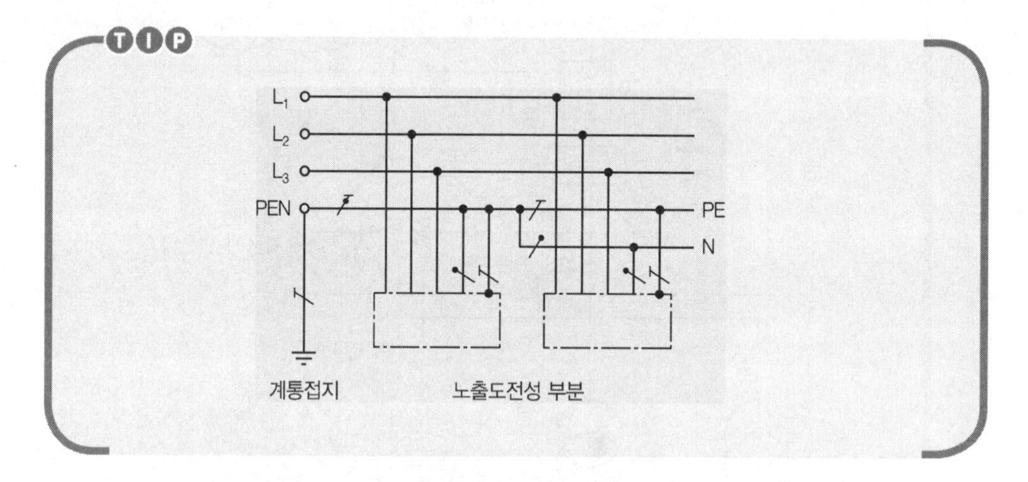

07 전기설비기술기준 및 판단기준에 의한 지중전선로의 케이블 시설방법 3가지를 쓰시오.

해답 ① 직접매설식
② 관로식
③ 암거식

08 고압 가공 배전선로에 접속된 주상 변압기의 저압측에 시설된 접지공사의 저항값을 구하시오.(단, 1선 지락전류는 5[A]이고, 고압측과 저압측의 혼촉사고 발생 시 1초 이내에 자동적으로 고압전로를 차단할 수 있게 되어 있다.)

해답 계산 : $R_2 = \dfrac{600}{5} = 120[\Omega]$

답 $120[\Omega]$

TIP

➤ 접지공사의 접지저항

① 자동차단장치가 없는 경우

$$R_2 = \frac{150}{I_1}[\Omega]$$

② 2초 이내에 동작하는 자동차단장치가 있는 경우

$$R_2 = \frac{300}{I_1}[\Omega]$$

③ 1초 이내에 동작하는 자동차단장치가 있는 경우

$$R_2 = \frac{600}{I_1}[\Omega]$$

09 차단기의 종류이다. 명칭을 쓰시오.

❶ MCCB ❷ VCB ❸ ACB
❹ ABB ❺ MBB

해답 ❶ 배선용 차단기 ❷ 진공 차단기 ❸ 기중 차단기
❹ 공기 차단기 ❺ 자기 차단기

10 저압진상용 콘덴서의 설치장소에 관한 사항이다. 다음 ( ) 안에 알맞은 내용을 쓰시오.

> 저압 진상용 콘덴서를 옥내에 설치하는 경우에는 (①) 장소 또는 (②) 장소 및 주위 온도가 (③)[℃]를 초과하는 장소 등을 피하여 견고하게 설치하여야 한다.

해답 ① 습기가 많은
② 수분이 있는
③ 40

TIP

➤ **저압 진상용 콘덴서를 옥내에 시설하는 경우 제외 장소**
① 습기가 많은 장소
② 수분이 있는 장소(방수형 제외)
③ 주위 온도가 40[℃]를 초과하는 장소 등을 피하여 견고하게 지지하여 설치할 것

11 철탑 기초 공사에서 각입이란 무엇인지 간단히 쓰시오.

해답 철탑 기초재와 주각재, 앵커재를 조립 후 소정의 콘크리트 블록 위에 설치하는 것

12 조상설비의 설치목적에 대하여 간단히 서술하시오.

해답 무효전력을 이용하여 전압 조정, 전력 손실을 작게 한다.

13 240[mm²] ACSR 전선을 200[m]의 경간에 가설하려고 하는데 이도는 계산상 8[m]였지만 가설 후의 실측결과는 6[m]이어서 2[m] 증가시키려고 한다. 이때 전선을 경간에 몇 [m]만큼 밀어 넣어야 하는가?

해답 계산 : 이도 6[m]일 때 전선의 길이 $L_1 = 200 + \frac{8 \times 6^2}{3 \times 200} = 200.48[\mathrm{m}]$

이도 8[m]일 때 전선의 길이 $L_2 = 200 + \frac{8 \times 8^2}{3 \times 200} = 200.85[\mathrm{m}]$

$\therefore\ L_2 - L_1 = 200.85 - 200.48 = 0.37[\mathrm{m}]$

답 0.37[m]

TIP

$$L = S + \frac{8D^2}{3S}$$

여기서, L : 전선의 길이[m], D : 이도[m], S : 경간[m]

14 다음은 옥외 간이수변전설비에 대한 단선도이다. 그림을 보고 다음 물음에 답하시오.(단, 참고 자료를 이용할 것, 변압기 이외의 시설은 주상에 설치하는 것임)

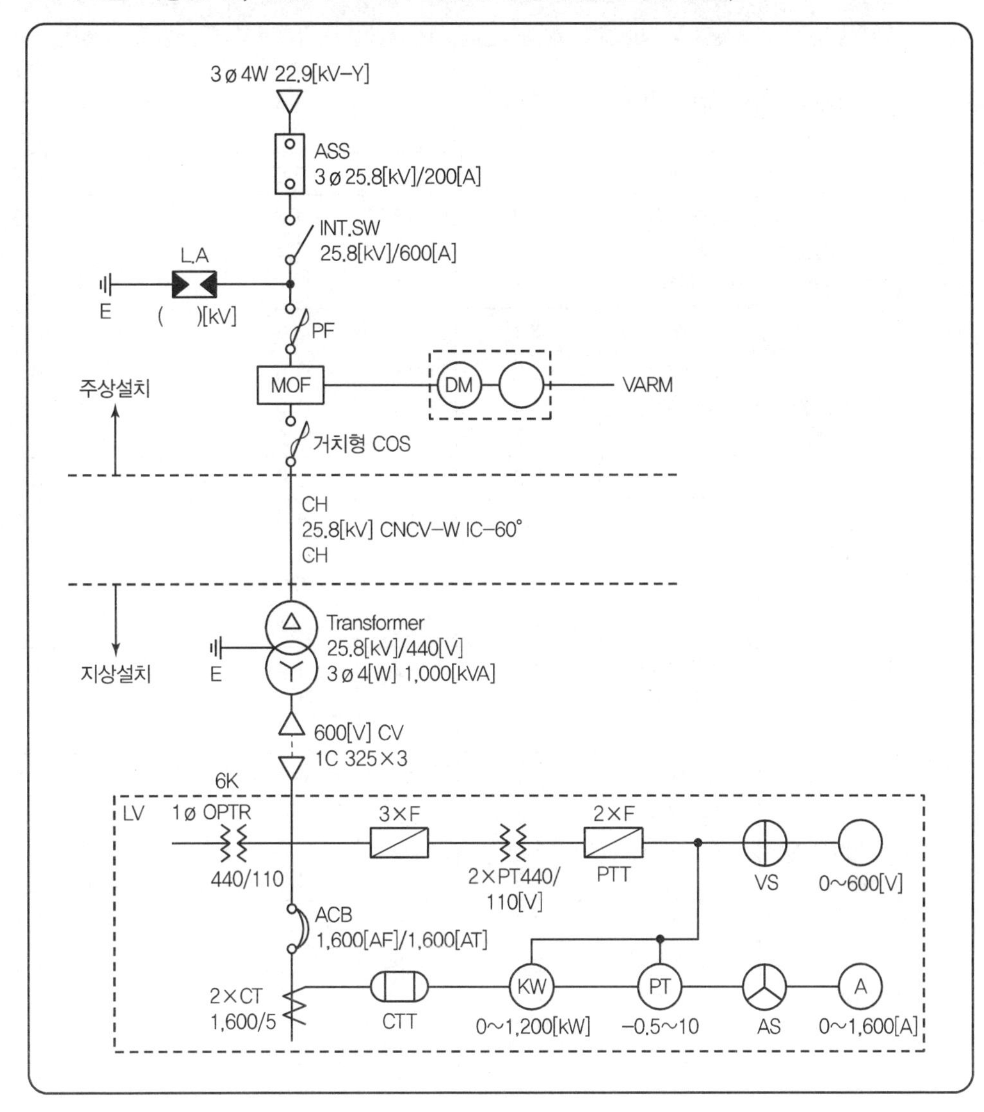

| 22[kV] 변압기 |

(대당)

용량	공종	플랜트전공	비계공	특별인부	기계설치공	목도공
100[kVA] 이하	운반 설치 OT 처리 점검	1.0 1.0 0.6	0.5 – –	1.2 1.2 0.6	– – –	0.7 – –
	계	2.6	0.5	3.0	–	0.7
150[kVA] 이하	운반 설치 OT 처리 점검	1.2 1.2 0.7	0.5 – –	1.3 1.3 0.7	– – –	0.9 – –
	계	3.1	0.5	3.3	–	0.9
200[kVA] 이하	운반 설치 OT 처리 점검	1.2 1.3 0.8	0.5 – –	1.5 1.5 0.8	– – –	0.9 – –
	계	3.3	0.5	3.8	–	0.9
250[kVA] 이하	운반 설치 OT 처리 점검	1.4 1.5 0.9	0.6 – –	1.6 1.6 0.9	– – –	1.0 – –
	계	3.8	0.6	4.1	–	1.0
300[kVA] 이하	운반 설치 OT 처리 점검	1.5 1.5 0.9	0.7 – –	1.7 1.7 0.9	– – –	1.1 – –
	계	3.9	0.7	4.3	–	1.1
400[kVA] 이하	운반 설치 OT 처리 점검	1.8 1.8 1.1	0.8 – –	2.0 2.0 1.1	– – –	1.3 – –
	계	4.7	0.8	5.1	–	1.3
500[kVA] 이하	소운반 설치 OT 처리 점검	2.2 2.3 1.4	0.9 – –	2.5 2.5 1.4	– – –	1.6 – –
	계	5.9	0.9	6.4	–	1.6
750[kVA] 이하	소운반 설치 OT 처리 부속품 붙임 점검	2.0 2.3 2.6 1.4	1.0 – – –	2.3 2.5 2.6 1.4	– – – –	1.6 – – –
	계	8.3	1.0	8.8	–	1.6
1,000[kVA] 이하	소운반 설치 OT 처리 부속품 붙임 점검	2.3 2.3 3.1 1.4	1.1 – – –	2.7 2.7 3.1 1.4	– – – –	1.7 – – –
	계	9.1	1.1	9.9	–	1.7

용량	공종	플랜트전공	비계공	특별인부	기계설치공	목도공
1,500[kVA] 이하	소운반 설치	2.5	1.2	3.0	–	1.8
	OT 처리	2.6	–	3.0	–	–
	부속품 붙임	3.5	–	3.5	–	–
	점검	1.6	–	1.6	–	–
	계	10.2	1.2	11.1	–	1.8
2,000[kVA] 이하	소운반 설치	2.9	1.3	3.3	–	2.1
	OT 처리	3.0	–	3.3	–	–
	부속품 붙임	3.9	–	3.9	–	–
	점검	1.8	–	1.8	–	–
	계	11.6	1.3	12.3	–	2.1

① 이 품은 1ϕ 기준으로 소운반, 점검, 결선 및 메거테스트를 포함한 품임
② 15,000[kVA]는 10,000[kVA]의 120[%]로 함
③ 20,000[kVA]는 10,000[kVA]의 150[%]로 함
④ 장비를 사용할 때는 운반 설치, 라디에이터 붙임, 콘서베이터 붙임, 부싱 붙임 및 각 부분품 붙임 품의 35[%]로 하고 장비의 제 경비를 별도 가산함
⑤ 철거 50[%](750[kVA] 이상의 재사용 시 80[%])(철거 해당 부품에 한함)
⑥ 기타는 건식 변압기 해설 준용

| 3.3~6.0[kV] 건식 변압기 |

(대당)

용량	플랜트 전공	비계공	보통 인부	목도공
7.5[kVA] 이하	1.0	–	0.4	0.6
10[kVA] 이하	1.1	–	0.6	0.7
15[kVA] 이하	1.2	–	1.0	0.8
30[kVA] 이하	1.3	–	1.2	1.0
50[kVA] 이하	1.5	0.5	1.8	–
75[kVA] 이하	1.7	0.5	2.0	–
100[kVA] 이하	1.8	0.6	2.5	–
150[kVA] 이하	1.8	0.7	2.8	–
200[kVA] 이하	2.0	0.8	3.0	–
300[kVA] 이하	2.3	1.0	3.2	–

① 상기 품은 1ϕ 기준으로 소운반, 점검, 결선 및 메거테스트 시험을 포함한 품임
② 본 품은 단상, 옥외, 지상 인력 작업을 기준으로 한 것임
③ 옥내 설치 시는 본 품의 20[%]를 가산함
④ 철거품은 본 품 50[%]
⑤ 구내 이설품은 본 품의 150[%]
⑥ 3상 130[%]

| 차단기 신설 |

(대당)

공종	배전 전공	보통 인부
22.9[kV] 리클로저	2.7	2.7
22.9[kV] 섹셔널라이저	2.7	2.7
22.9[kV] 자동고장구분개폐기	2.7	2.7
22.9[kV] 자동부하절체개폐기(ALTS)	6.85	6.85
22.9[kV] 가공전용 가스절연부하개폐기(SF_6 Gas)	1.57	1.06

① 3상 주상 설치 기준
② 단상은 40[%]
③ 철거 50[%]
④ 11.4[kV]용 섹셔널라이저는 60[%]
⑤ 리드선(이하선) 접속, 기기 장치대(행거 밴드) 취부 별도 가산
⑥ 자동 부하 절체 개폐기는 H주 3상 설치 기준임

| 단로기 |

(개당)

종별	용량	배전 전공
DS 훅형(1P)	400[A] 이하 800[A] 이하 1,200[A] 이하	0.80 1.00 1.20
FDS(1P)	30[A] 이하 200[A] 이하	0.80 1.00
LS 레버형(3P)	400[A] 이하 800[A] 이하 1,200[A] 이하	4.80 5.00 5.30

① 1P는 3P의 40[%]
② 2P는 3P의 70[%]
③ 인터럽터 SW는 레버형에 준함
④ 철거 50[%]
⑤ 주상 설치 120[%]
⑥ 가대 설치 시는 개당 1.5[인]을 가산하며, 인터럽터 SW의 가대 설치는 별도 계상

| 피뢰침 및 피뢰기 신설 |

(개당)

구분	전공	비고
피뢰침 설치 높이 7.5[m] 이하	1.50	내선 전공
〃 10[m] 이하	1.90	〃
〃 15[m] 이하	2.60	배전 전공
〃 20[m] 이하	3.40	〃
〃 25[m] 이하	4.10	〃
〃 30[m] 이하	4.80	〃
〃 35[m] 이하	5.50	〃
〃 40[m] 이하	6.20	〃
피뢰기 직류 1,500[V]용	0.40	〃
피뢰기 교류 3~11.4[kV]용	0.17	〃
피뢰기 교류 22.9[kV]용	0.24	〃

① 구조물로서 발판이 좋은 곳(철탑 등)은 60[%]
② 배선 포함 접지 불포함
③ 철거 30[%]
④ 높이 40[m] 이상은 매 5[m]마다 1.0 가산

| 잡기기 신설 |

(대당)

종별	내선전공
선풍기 날개직경 30[cm] 이하(벽면)	0.20
선풍기 날개직경 30[cm] 이하(천장면)	0.50
환풍기 날개직경 30[cm] 기준(벽면)	0.48
환풍기 날개직경 50[cm] 기준(천장면)	0.80
적산 전력계 1ϕ2W용	0.14
적산 전력계 1ϕ3W용, 3ϕ3W	0.21
적산 전력계 3ϕ4W용	0.3
CT 설치(저고압)	0.4
PT 설치(저고압)	0.4
현수용 MOF 설치(고압 · 특고압)	3.0
거치용 MOF 설치(고압 · 특고압)	2.0
계기함 설치	0.30
특수 계기함 설치	0.45

① 철거 30[%](재사용 50[%].(단, 실효 계기 교체에 따른 철거 반입분이 수리 가능 품목일 경우에도 재사용 적용))
② 방폭 200[%]
③ 아파트 등 공동 주택 및 기타 이와 유사한 집단 지역의 동일 구내(한 건물 내)에서 10호 이상의 적산 전력계 설치 시에는 70[%]
④ 특수 계기함이라 함은 3종 계기함, 농사용 철제 계기함, 집합 계기함 및 저압 변류기용 계기함을 말함
⑤ 거치용 MOF를 주상에 설치 시에는 본품의 180[%](설치대 조립품 포함)

1 단선도상 LA의 정격전압은 몇 [kV]인가?
2 MOF와 DM, VARH, METER 간 연결된 전선의 최소 가닥 수는?
3 OPTR의 설치 목적은 무엇인가?
4 그림과 같이 수전하는 방식을 무엇이라고 하는가?
5 그림과 같은 방식으로 수전 가능한 최대 용량은 몇 [kVA]인가?
6 부하 용량 증설로 인하여 변압기를 2,000[kVA]로 교체하는 경우 소요 인공을 구하시오. (단, 철거변압기는 차후에 대비하여 보관하는 것임)
7 문제 **6**과 같이 용량이 증가하는 경우 교체하여야 할 자재는 변압기 이외에 어떤 것들이 있는가?(2가지만 쓰시오.)
8 수전 용량 변경 없이 변압기의 2차 전압은 440[V]에서 380[V]로 변경하는 경우 교체해야 하는 자재는 변압기 이외에 어떤 것들이 있는가?(2가지만 쓰시오.)
9 그림 중 아래 자재를 설치하는 데 소요되는 인공을 구하시오.
① 자동고장구분개폐기(ASS)
② 인터럽터 스위치(Interrupter Switch)
③ 피뢰기(LA)
④ 계기용 변압 변류기(MOF)

해답 **1** 18[kV]

2 $3\phi 4W$이므로
답 7[가닥]

3 개방 델타(open delta) TR의 약자로서 접지계전기(OVGR, SGR, DGR) 등을 동작시키기 위한 계기용 변성기로서 비접지 방식에서 2차 영상전압을 검출하기 위해 사용된다. 그러나 본 문제에서는 ACB조작전원으로 사용함
답 ACB 조작전원

4 변압기 용량이 1,000[kVA] 이하이므로
답 PF−S 간이수전설비

5 표준 품셈(22[kV] 변압기) 참고
1ϕ22.9[kV] 1,000[kVA] 기본품은 대당 플랜트 전공 9.1[인], 비계공 1.1[인], 특별인부 9.9[인], 목도공 2.1[인]이고, 차후보관철거(재사용) 해설 ⑤번 80[%], 3.3−6.6[kV] 건식변압기 해설 ⑥번 130[%]를 적용하고, 1ϕ 22.9[kV] 2,000[kVA] 기본품은 대당 플랜트 전공 11.6[인], 비계공 1.3[인], 특별인부 12.3[인], 목도공 2.1[인]을 적용한다.
계산 : 플랜트 전공 $9.1 \times 1.3 \times 0.8 + 11.6 \times 1.3 = 24.544$[인]
비계공 : $1.1 \times 1.3 \times 0.8 + 1.3 \times 1.3 = 2.834$[인]
특별인부 : $9.9 \times 1.3 \times 0.8 + 12.3 \times 1.3 = 26.286$[인]
목도공 : $1.7 \times 1.3 \times 0.8 + 2.1 \times 1.3 = 4.498$[인]
답 플랜트 전공 : 24.544[인], 비계공 : 2.834[인], 특별인부 : 26.286[인], 목도공 : 4.498[인]

7 변압기 용량이 증가하면 부하전류가 커지므로 전류와 관계되는 설비는 모두 바꾼다(단, 변압기 1차측 것만 바꾼다).

답 PF, COS

8 변압기 용량 변경 없이 2차 전압이 작아졌으므로 부하전류가 커진다(단, 변압기 2차측 것만 바꾼다).

답 PT, OPTR

9 ① 표준 품셈(차단기 신설) 참고

22.9[kV] 자동고장구분개폐기 주상설치 기본품 배전전공 2.7[인], 보통인부 2.7[인]을 적용한다.

계산 : 2.7+2.7=5.4[인]

답 5.4[인]

② 표준 품셈(단로기) 참고

인터럽터 스위치는 해설 ③을 적용하여 도면에서 600[A]이므로 800[A] 이하 기본품 배전전공 5[인], 주상설치 해설 ⑤의 120[%]를 적용한다.

계산 : 5×1.2=6[인]

답 6[인]

③ 표준 품셈(피뢰침 및 피뢰기 신설) 참고

22.9[kV]용 기본품 개당 배전전용 0.24[인]을 적용한다.

계산 : 3×0.24=0.72[인]

답 0.72[인]

④ 표준 품셈(잡기기 신설) 참고

거치용 MOF 기본품 대당 내선전공 2[인], 주상설치 해설 ⑤의 180[%]를 적용한다.

계산 : 2×1.8=3.6[인]

답 3.6[인]

전기공사기사

2018년도 2회 시험 과년도 기출문제

01 그림은 전류 동작형 누전 차단기의 원리를 나타낸 것이다. 여기에서 저항 R의 설치목적은?

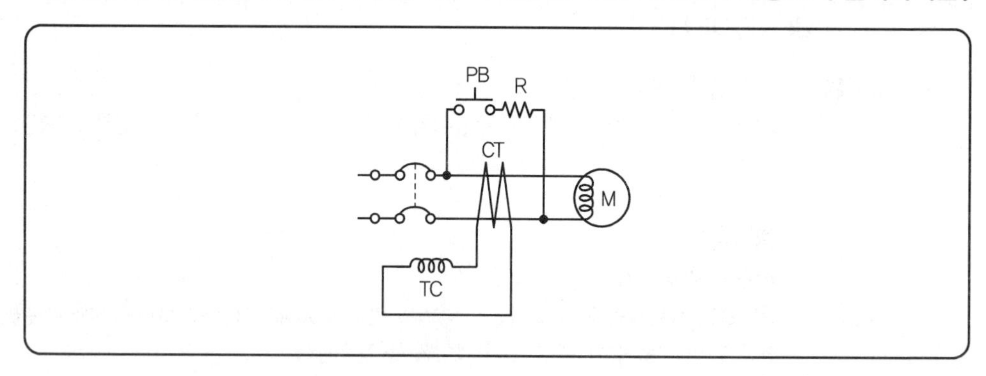

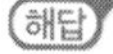 전류를 작게 하여 누전상태와 동일하게 한다.

02 다음은 계전기별 고유 기구번호이다. 정확한 명칭을 쓰시오.

1. 37A
2. 37D
3. 37F

해답
1. 교류 부족 전류 계전기
2. 직류 부족 전류 계전기
3. Fuse 용단 계전기

03 옥내에서 전선을 병렬로 사용하는 경우의 원칙을 5가지만 쓰시오.

해답 ① 전선의 굵기는 동 50[mm²] 이상 또는 알루미늄 70[mm²] 이상일 것
② 병렬로 사용하는 전선은 각각에 퓨즈를 장착하지 말아야 한다.
③ 동일한 도체, 동일한 굵기, 동일한 길이이어야 한다.
④ 같은 극의 각 전선은 동일한 터미널러그에 완전히 접속할 것
⑤ 각 전선에 흐르는 전류는 불평형을 초래하지 않도록 할 것

04 장간형 현수애자 설치방법이다. ①~⑤의 명칭을 쓰시오.

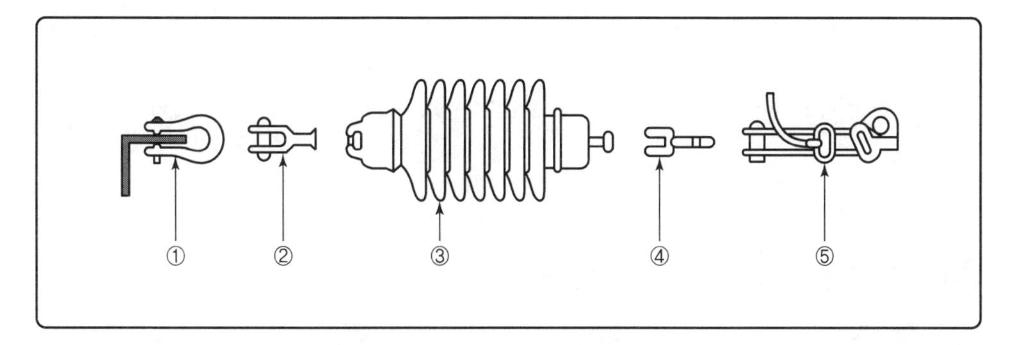

해답 ① 앵커쇄클 ② 볼크레비스
③ 현수애자 ④ 소켓아이
⑤ 데드엔드클램프

05 철근콘크리트 전주(CP주)의 지표면에서의 지름[cm]을 구하여라. (단, 설계하중 : 500[kg], 전주 규격 : 16[m], 전주 말구 지름 : 19[cm])

해답 계산 : 지표면에서의 지름

$$D = d + \left(H \times \frac{1}{75} \times 100\right) = 19 + (16 - 2.5) \times \frac{1}{75} \times 100 = 37[\text{cm}]$$

답 37[cm]

TIP

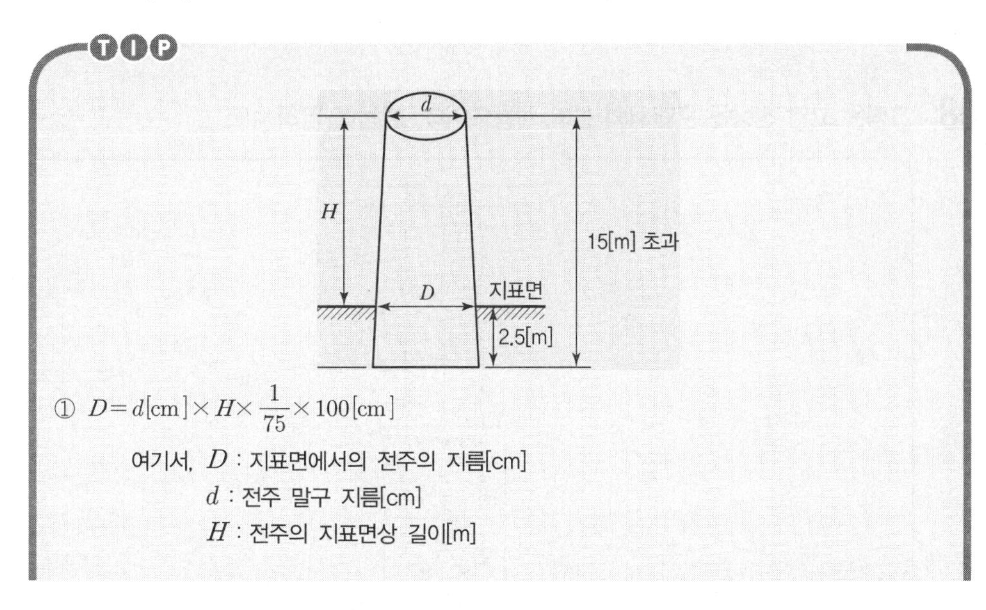

① $D = d[\text{cm}] \times H \times \frac{1}{75} \times 100[\text{cm}]$

여기서, D : 지표면에서의 전주의 지름[cm]
d : 전주 말구 지름[cm]
H : 전주의 지표면상 길이[m]

② 전주의 지름 증가율 { 목주 : $\frac{9}{1,000}$, CP주 : $\frac{1}{75}$ }

③ 전주의 길이가 15[m] 초과일 경우 전주의 근입은 2.5[m] 이상(설계하중 6.8[kN] 이하)

06 다음 전선의 약호를 보고 그 명칭을 쓰시오.

1 DV　　2 MI　　3 ACSR

4 EV　　5 OC

해답 1 인입용 비닐절연 전선　　2 미네랄 인슐레이션 케이블

3 강심 알루미늄 연선　　4 폴리에틸렌 절연 비닐 시스 케이블

5 옥외용 가교 폴리에틸렌 절연전선

07 변압기의 부흐홀츠 계전기에 대한 다음 물음에 답하시오.

1 원리

2 설치위치

해답 1 원리 : 변압기 내 오일의 분해된(발생된) 가스로부터 내부 고장 검출

2 설치위치 : 변압기 본체와 콘서베이터 사이에 설치

08 그림은 고압 진상용 콘덴서의 설비 계통도이다. 물음에 답하시오.

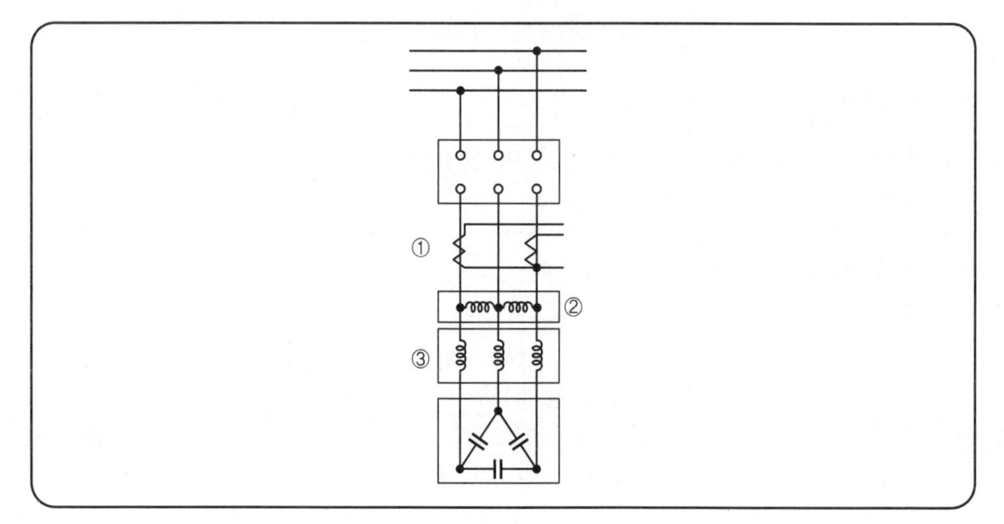

1 ①의 명칭과 2차 정격 전류의 값은?

2 ②의 방전시간은 5초 이내에 콘덴서의 잔류전하를 몇 [V] 이하로 저하시킬 수 있어야 하는가?

3 ③ SR의 목적은?

4 SC의 내부 고장에 대한 보호방식 4가지를 쓰시오.

해답 **1** ① 변류기　② 5[A]

2 50[V]

3 제5고조파 제거

4 ① 과전압 보호방식　② 과전류 보호방식
③ 부족전압 보호방식　④ 지락 보호방식

09 2중 천장 내에서 옥내배선으로부터 분기하여 조명기구에 접속하는 배선은 원칙적으로 어떤 배선인가?

해답 케이블 배선 또는 금속제 가요전선관 배선(점검할 수 없는 장소에는 2종 금속제 가요전선관)

> **TIP**
>
> **➤ 조명기구 등을 직부(直附) 또는 매입하는 경우의 시설방법**
> 2중 천장 내에서 옥내배선으로부터 분기하여 조명기구에 접속하는 배선은 케이블 배선 또는 금속제 가요전선관 배선(점검할 수 없는 장소는 2종 금속제 가요전선관에 한한다.)으로 하는 것을 원칙으로 한다.

10 가공송전선로에서 이도 설계 시 전선에 가해지는 하중의 종류 3가지를 쓰시오.

해답 ① 전선의 자중
② 풍압 하중
③ 빙설 하중

11 다음은 전기기기 및 전등 · 전력에 대한 전기 배선용 심벌을 나타낸 것이다. 각각의 명칭을 쓰시오.

1 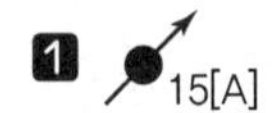

2 

3 

4 

5 

해답 ❶ 15[A] 조광기 ❷ 셀렉터 스위치
❸ 누전 경보기 ❹ 분전반
❺ 소형 변압기

12 **장주의 종류에서 수평배열에 해당하는 장주 3종류와 수직배열에 해당하는 장주 1종류를 쓰시오.**

해답
- 수평배열 : ① 보통장주 ② 창출장주 ③ 편출장주
- 수직배열 : ① 랙장주

TIP

➤ **이 외**
- 수직배열 : ② D형 랙장주

13 **선로를 시공 완료하고, 선로운전 전압으로 가압하기 전에 케이블 절연층의 절연상태를 전기적으로 확인하기 위해 행하는 준공시험은 무엇인지 쓰시오.**

해답 절연내력시험(내전압시험)

14 **다음 상용전원과 예비전원 운전 시 유의하여야 할 사항이다. ( ) 안에 알맞은 내용을 쓰시오.**

상용전원과 예비전원 사이에는 병렬운전을 하지 않는 것이 원칙이므로 수전용 차단기와 발전용 차단기 사이에는 전기적 또는 기계적 (①)을 시설해야 하며 (②)를 사용해야 한다.

해답 ① 인터록
② 전환개폐기

TIP

➤ **전환개폐기의 설치**
상시전원의 정전 시에 상시전원에서 예비전원으로 전환하는 경우에 그 접속하는 부하 및 배선이 동일한 경우는 양 전원의 접속점에 전환개폐기를 사용하여야 한다.

15 다음 도면은 어느 수용가의 전등 및 콘센트의 평면 배선도이다. 각 항의 조건을 읽고 질문에 답하시오.

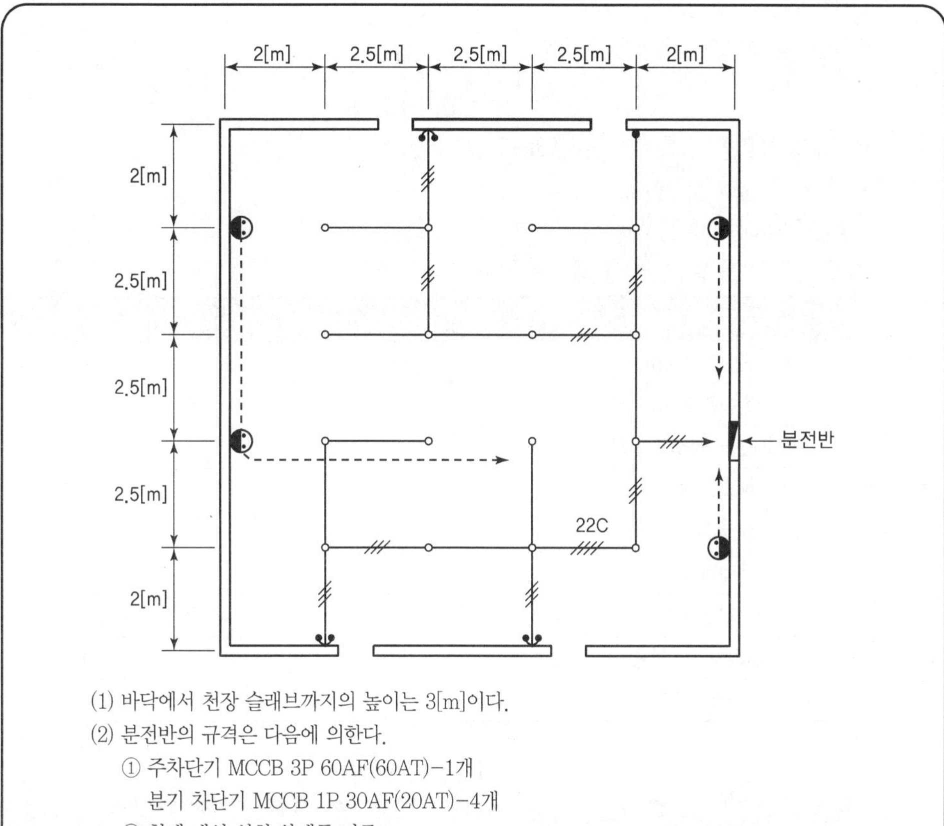

(1) 바닥에서 천장 슬래브까지의 높이는 3[m]이다.
(2) 분전반의 규격은 다음에 의한다.
① 주차단기 MCCB 3P 60AF(60AT)－1개
분기 차단기 MCCB 1P 30AF(20AT)－4개
② 철제 매입 설치 완제품 기준

[시설 조건]

- 전선은 NR 전선 4.0[mm²]를 사용한다.
- 전선관은 후강전선관을 사용하고 특기 없는 것은 16[mm]이다.
- 4조 이상의 배관과 접속되는 박스는 4각 박스를 사용한다.
- 스위치 설치 높이 : 1.2[m](바닥에서 중심까지)
- 콘센트 설치 높이 : 0.3[m](바닥에서 중심까지)
- 분전함 설치 높이 : 1.8[m](바닥에서 중심까지)
(단, 바닥에서 하단까지는 0.5[m]를 기준으로 한다.)

[재료 산출 조건]

- 분전함 내부에서 배선 여유는 전선 1본당 0.5[m]로 한다.
- 자재 산출 시 산출수량과 할증수량은 소수점 이하로 기록하고, 자재별 총수량(산출수량＋할증수량)은 소수점 이하는 반올림한다.

• 배관 및 배선 이외의 자재는 할증을 보지 않는다.(배관 및 배선의 할증은 10[%]로 한다.)
• 바닥면에서의 전선 매설 깊이까지와 천장 슬래브에서 천장 슬래브 내의 전선 설치 높이까지는 자재 산출에 포함시키지 않는다.
• 콘센트용 박스는 4각 박스로 본다.

[인건비 산출 조건]

• 재료의 할증분에 대해서는 품셈을 적용하지 않는다.
• 소수점 이하도 계산한다.
• 품셈은 아래 표의 품셈을 적용한다.
• 분전반 품셈은 별첨 품셈표를 적용한다.

자재명 및 규격	단위	내선전공
후강전선관 16[mm]	[m]	0.08
후강전선관 22[mm]	[m]	0.11
관내배선 6[mm^2] 이하	[m]	0.01
매입스위치	개	0.056
매입콘센트 2P, 15[A]용	개	0.056
아웃렛박스 4각	개	0.12
아웃렛박스 8각	개	0.12
스위치박스 1개용	개	0.2
스위치박스 2개용	개	0.2

[분전반 신설]

개폐기용량	MCCB		
	1P	2P	3P
30[A] 이하	0.34	0.43	0.54
60[A] 이하	0.43	0.58	0.74
100[A] 이하	0.58	0.74	1.04
200[A] 이하	0.74	1.04	1.35
300[A] 이하	0.92	1.35	1.65
400[A] 이하	–	1.65	1.95
600[A] 이하	–	1.94	2.24
800[A] 이하	–	2.24	2.55

[해설] 완제품 설치공량은 본 공량의 65[%]

1 도면을 보고 다음 재료표의 ①~⑮까지 빈칸을 기입하시오.

자재명	규격	단위	산출 수량	할증 수량	총수량 (산출 수량+할증 수량)
후강전선관	16[mm]	[m]	①		④
후강전선관	22[mm]	[m]	②		⑤
NR 전선	4.0[mm^2]	[m]	③		⑥
스위치	300[V], 10[A]	개			⑦
스위치플레이트	1개용	개			⑧
스위치플레이트	2개용	개			⑨
매입콘센트	300[V], 15[A] 2개용	개			⑩
4각 박스		개			⑪
8각 박스		개			⑫
스위치박스	1개용	개			⑬
스위치박스	2개용	개			⑭
콘센트플레이트	2개구용	개			⑮
이하 생략					

2 다음 표의 각 재료별 전공수를 ①~⑪까지 계산하여 기입하시오.

자재명	규격	단위	수량	인공수 (재료 단위별)	내선전공
후강전선관	16[mm]	[m]			①
후강전선관	22[mm]	[m]			②
NR 전선	4.0[mm^2]	[m]			③
스위치	300[V], 10[A]	개			④
스위치플레이트	1개용	개			
스위치플레이트	2개용	개			
매입콘센트	300[V], 15[A] 2개용	개			⑤
4각 박스		개			⑥
8각 박스		개			⑦
스위치박스	1개용	개			⑧
스위치박스	2개용	개			⑨
콘센트플레이트	2개구용	개			
분전반	1 · MCCB 3P 60AF(60AT) 4 · MCCB 1P 30AF(20AT)	면			⑩
내선전공 합계					⑪

해답 **1** ① 16[mm] 관

- 천장 은폐 배선 : 2×5+2.5×14+1.8×4+1.2=53.4[m]
- 바닥 은폐 배선 : 2×2+2.5×8+0.3×5+0.5×3=27[m]

∴ 53.4+27=80.4[m], 80.4×1.1=88.44[m]
└ 할증

② 22[mm] 관 : 2.5[m], 2.5×1.1=2.75[m]
└ 할증

③ $4[mm^2]$ 전선

- 천장 은폐 배선 : 2×2+2×3×4+2.5×2×9+2.5×3×5+2.5×4+1.8×2 +1.8×3×3+1.2×3+0.5×3=145.4[m]
- 바닥 은폐 배선 : 2.5×2×8+2×2×2+0.5×6+0.3×2×5+0.5×6=57[m]

∴ 145.4+57=202.4[m], 202.4×1.1=222.64[m]
└ 할증

답

자재명	규격	단위	산출 수량	할증 수량	총수량 (산출 수량+할증 수량)
후강전선관	16[mm]	[m]	80.4	8.04	88.44≒88
후강전선관	22[mm]	[m]	2.5	0.25	2.75≒3
NR 전선	4.0[mm²]	[m]	202.4	20.24	222.64≒223
스위치	300[V], 10[A]	개			7
스위치플레이트	1개용	개			1
스위치플레이트	2개용	개			3
매입콘센트	300[V], 15[A] 2개용	개			4
4각 박스		개			5
8각 박스		개			15
스위치박스	1개용	개			1
스위치박스	2개용	개			3
콘센트플레이트	2개구용	개			4
이하 생략					

2 ① 16[mm] 후강전선관, 〈표〉에서 내선전공 0.08인이므로, 80.4×0.08=6.432[인]

② 22[mm] 후강전선관, 〈표〉에서 내선전공 0.11인이므로, 2.5×0.11=0.275[인]

③ 202.4×0.01=2.024[인]

④ 7×0.056=0.392[인]

⑤ 4×0.056=0.224[인]

⑥ 5×0.12=0.6[인]

⑦ 15×0.12=1.8[인]

⑧ 1×0.2=0.2[인]

⑨ 3×0.2=0.6[인]

⑩ 〈분전반 신설〉 (1×0.74+4×0.34)×0.65=1.365[인]

⑪ 13.912[인]

답

자재명	규격	단위	수량	인공수 (재료 단위별)	내선전공
후강전선관	16[mm]	[m]	80.4	0.08	6.432
후강전선관	22[mm]	[m]	2.5	0.11	0.275
NR 전선	4.0[mm^2]	[m]	202.4	0.01	2.024
스위치	300[V], 10[A]	개	7	0.056	0.392
스위치플레이트	1개용	개			
스위치플레이트	2개용	개			
매입콘센트	300[V], 15[A] 2개용	개	4	0.056	0.224
4각 박스		개	5	0.12	0.6
8각 박스		개	15	0.12	1.8
스위치박스	1개용	개	1	0.2	0.2
스위치박스	2개용	개	3	0.2	0.6
콘센트플레이트	2개구용	개			
분전반	1 · MCCB 3P 60AF(60AT) 4 · MCCB 1P 30AF(20AT)				1.365
내선전공 합계					13.912

전기공사기사

2018년도 4회 시험 과년도 기출문제

01 고압 옥내배선 시설 공사법 3가지를 쓰시오.

해답 ① 애자 사용배선
② 케이블 배선
③ 케이블 트레이 배선

02 일반 조명용(백열등, HID등) 옥내배선 그림기호를 보고 각각의 적용 분야를 쓰시오.

그림기호	적용	그림기호	적용
◐		⊗	
⊖		(CL)	
(CH)		(DL)	

해답

그림기호	적용	그림기호	적용
◐	벽붙이	⊗	옥외등
⊖	펜던트	(CL)	실링, 직접 부착
(CH)	샹들리에	(DL)	매입 기구

03 차단기의 종류이다. 명칭을 쓰시오.

1 ELB　2 MCCB　3 OCB
4 MBB　5 GCB

해답 1 누전 차단기　2 배선용 차단기　3 유입 차단기
4 자기 차단기　5 가스 차단기

04 전력계 지시값이 600[W], 변압비 30, 변류비 20인 경우 수전전력은 몇 [kW]인가?

해답 계산 : $P_1 = P_2 \times PT$ 비 $\times CT$ 비 $= 600 \times 30 \times 20 \times 10^{-3} = 360$[kW]

답 360[kW]

05 다음에 해당하는 옥내배선의 그림기호를 보고 각각의 명칭을 쓰시오.

1 ————————

2 - - - - - - - - - - - -

3 - - - - - - - - - - - - - - - - - -

해답 1 천장 은폐 배선

2 바닥 은폐 배선

3 노출 배선

TIP

명칭	그림 기호	적요
천장 은폐 배선	————————	① 천장 은폐 배선 중 천장 속의 배선을 구별하는 경우는 천장 속의 배선에 —·—·— 을 사용하여도 좋다. ② 노출 배선 중 바닥면 노출 배선을 구별하는 경우는 바닥면 노출 배선에 —··——··— 을 사용하여도 좋다. ③ 전선의 종류를 표시할 필요가 있는 경우는 기호를 기입한다.
바닥 은폐 배선	- - - - - - - -	
노출 배선	- - - - - - - - - - - -	

06 수전 차단용량이 520[MVA]이고, 22.9[kV] 선로에 설치되는 피뢰기의 접지선 굵기를 계산하고 선정하시오.(단, 22[kV]급 선로에서는 고장지속시간을 1.1로 적용한다.)

해답 계산 : 접지선 굵기

$$A = \frac{\sqrt{t}}{282} \cdot I_s = \frac{\sqrt{1.1}}{282} \times \frac{520 \times 10^3}{\sqrt{3} \times 25.8} = 43.28[\text{mm}^2]$$

답 50[mm²]

TIP

① 차단용량 $I_s = \dfrac{P}{\sqrt{3} \times V}$[A] $= \sqrt{3} \times$차단기정격전압×정격차단전류[MVA]

② 전선규격

1.5, 2.5, 4, 6, 10, 16, 25, 35, 50, 70, 95, 120, 150, 185, 240, 300, 400, 500, 630[mm²]

Engineer Electric Work

07 다음 그림은 심야전력기기의 인입구 장치 부근의 배선을 나타낸 것이다. 이 그림은 어떤 경우의 시설을 나타낸 것인지 쓰시오.

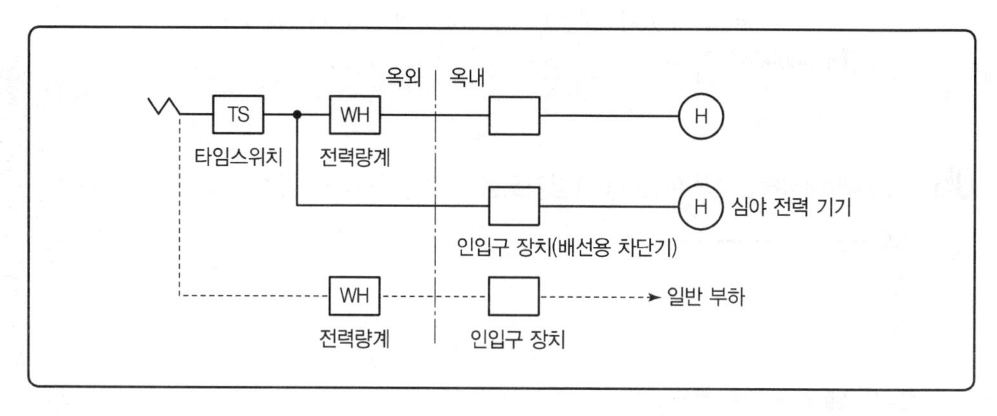

해답 정액제 · 종량제 병용

TIP

① 정액제의 경우

② 종량제의 경우

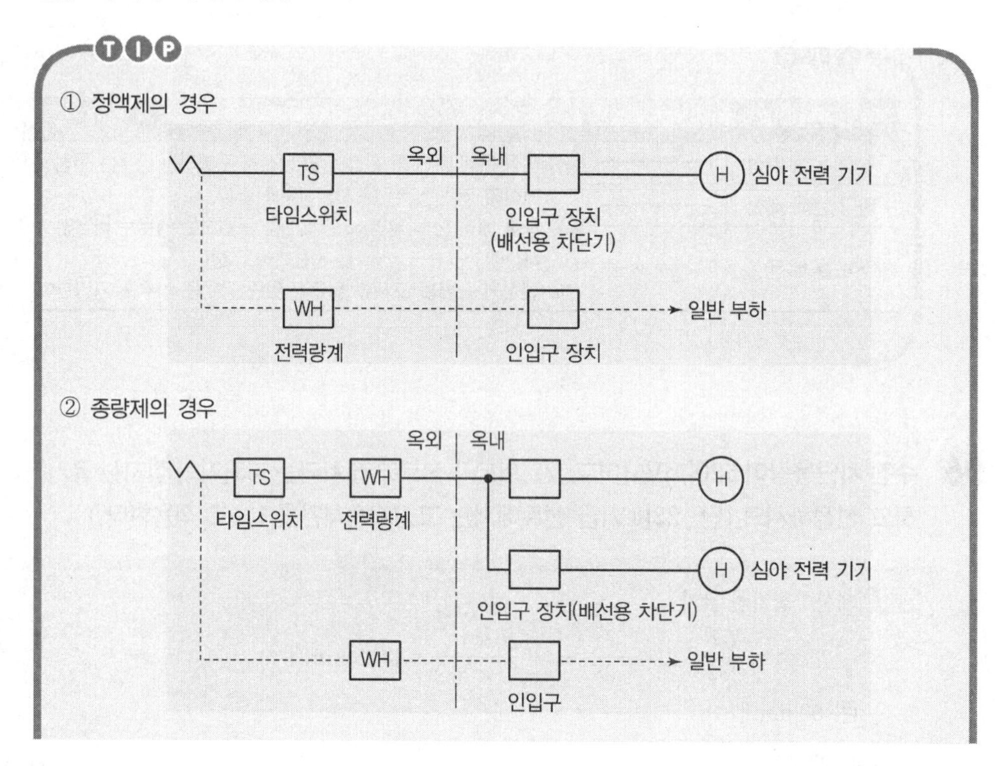

③ 정액제 · 종량제 병용의 경우

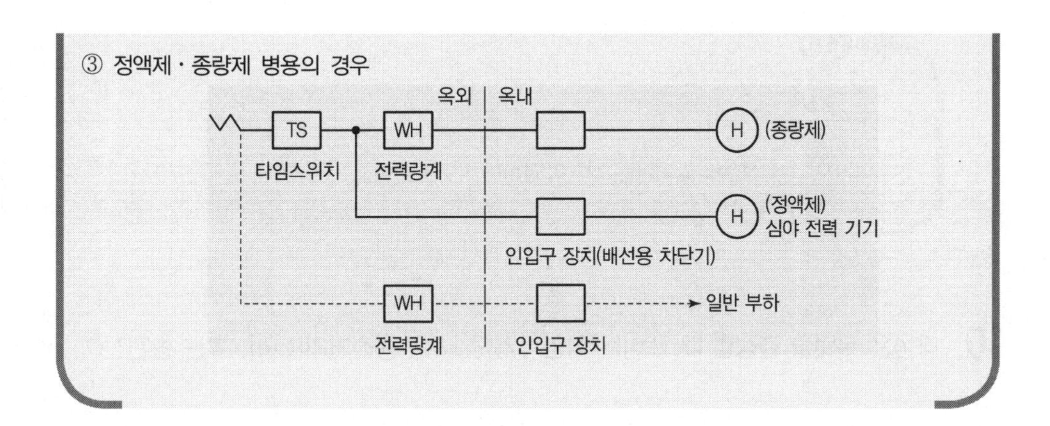

08 토지의 상황이나 그 외 사유로 인하여 보통지선을 설치할 수 없을 때 전주와 전주 간 또는 전주와 지선주 간에 시설하는 지선의 명칭을 쓰시오.

해답 수평지선

TIP

➤ 수평지선

토지의 상황이나 그 외 사유로 인하여 보통지선을 설치할 수 없을 때 전주와 전주 간 또는 전주와 지선주 간에 시설하는 지선

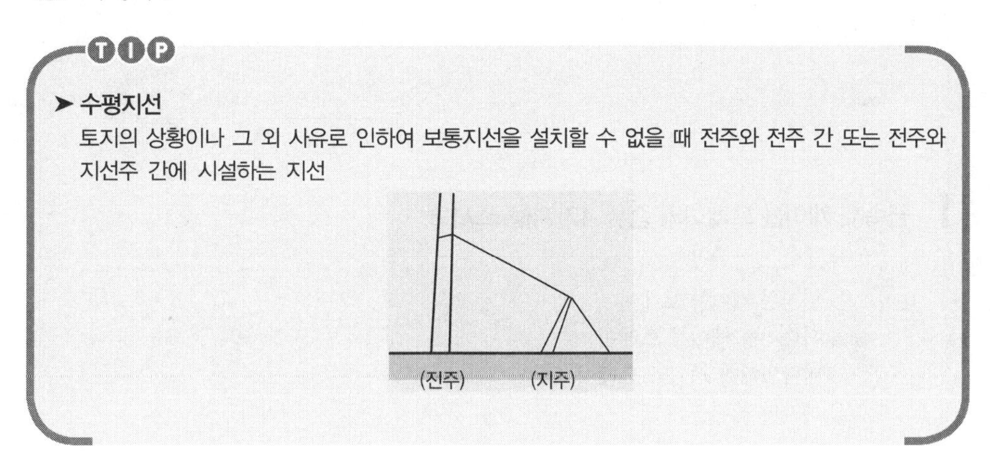

09 240[mm²] ACSR 전선을 200[m]의 경간에 가설하려고 하는데 이도는 계산상 8[m]였지만 가설 후의 실측 결과는 6[m]이어서 2[m] 증가시키려고 한다. 이때 전선을 경간에 몇 [cm]만큼 밀어 넣어야 하는가?

해답 계산 : 이도 6[m]일 때 전선의 길이 $L_1 = 200 + \dfrac{8 \times 6^2}{3 \times 200} = 200.48[\mathrm{m}]$

이도 8[m]일 때 전선의 길이 $L_2 = 200 + \dfrac{8 \times 8^2}{3 \times 200} = 200.85[\mathrm{m}]$

$\therefore\ L_2 - L_1 = 200.85 - 200.48 = 0.37[\mathrm{m}] = 37[\mathrm{cm}]$

답 37[cm]

TIP

$$L = S + \frac{8D^2}{3S}$$

여기서, L : 전선의 길이[m], D : 이도[m], S : 경간[m]

10 다음은 무엇을 결정할 때 쓰이는 식인가?(단, L은 송전거리[km], P는 송전전력[kW])

$$5.5\sqrt{0.6L + \frac{P}{100}}$$

해답 경제적인 송전전압의 결정

TIP

➤ Still 식

$$V_s = 5.5\sqrt{0.6L + \frac{P}{100}}\,[\text{kV}]$$

11 금속제 케이블 트레이의 종류 4가지를 쓰시오.

해답 ① 펀칭형 케이블 트레이

② 사다리형 케이블 트레이

③ 바닥밀폐형 케이블 트레이

④ 메시형 케이블 트레이

12 아래 조건을 참고하여 물음에 답하시오.

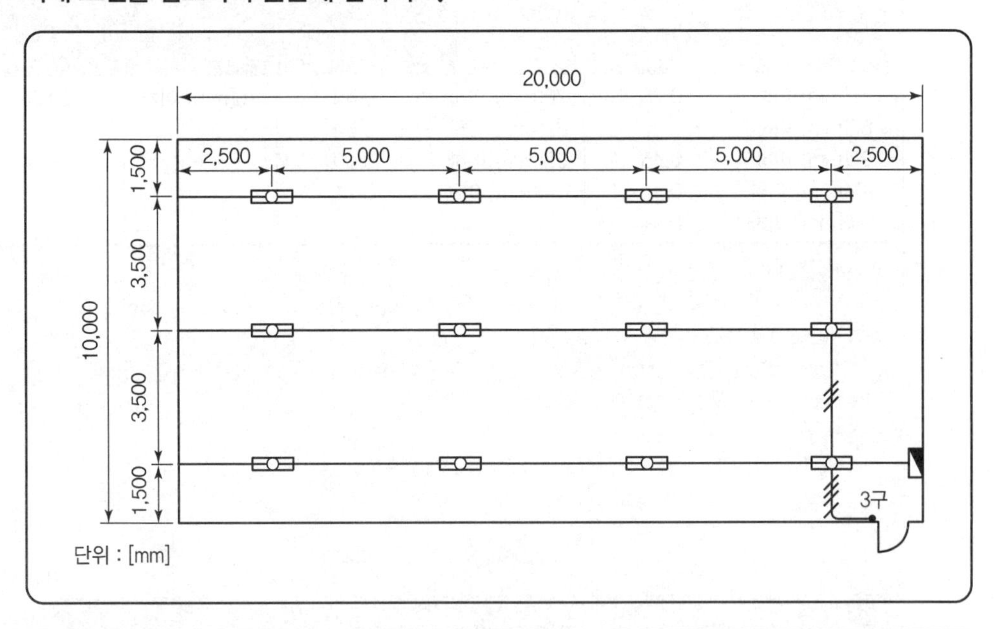

[조건]

① 실내의 바닥에서 광원까지의 높이는 3[m]이다.
② 조명률 0.5, 유지율 0.67이다.
③ 32[W] 형광등의 광속 : 2,500[lm]
④ 설계 시 등기구 표시는 KS 심벌을 사용하고 F32[W] 2등용 사용한다.
⑤ 전기설비기술기준 및 판단기준, 내선규정, 전기설비설계기준에 의한다.
⑥ 주어진 품셈에 의하여 산출한다.
⑦ 전선관은 합성수지전선관을 사용한다.
⑧ 등기구는 직부등으로 한다.
⑨ 분전반 설치는 상부를 기준으로 지상 1.5[m]에 설치한다.
⑩ 기준조도는 100[lx]이다.

| 표 1. 전선관 배관 |

단위 : [m]

합성수지 전선관		후강 전선관		금속가요 전선관	
규격[mm]	내선전공	규격[mm]	내선전공	규격[mm]	내선전공
14[mm] 이하	0.04	–	–	–	–
16[mm] 이하	0.05	16[mm] 이하	0.08	16[mm] 이하	0.044
22[mm] 이하	0.06	22[mm] 이하	0.11	22[mm] 이하	0.059
28[mm] 이하	0.08	28[mm] 이하	0.14	28[mm] 이하	0.072
36[mm] 이하	0.10	36[mm] 이하	0.20	36[mm] 이하	0.087
42[mm] 이하	0.13	42[mm] 이하	0.25	42[mm] 이하	0.104
54[mm] 이하	0.19	54[mm] 이하	0.34	54[mm] 이하	0.136

합성수지 전선관		후강 전선관		금속가요 전선관	
규격[mm]	내선전공	규격[mm]	내선전공	규격[mm]	내선전공
70[mm] 이하	0.28	70[mm] 이하	0.44	70[mm] 이하	0.156
82[mm] 이하	0.37	82[mm] 이하	0.54	–	–
92[mm] 이하	0.45	92[mm] 이하	0.60	–	–
104[mm] 이하	0.46	104[mm] 이하	0.71	–	–
125[mm] 이하	0.51	–	–	–	–

① 콘크리트 매입 기준
② 블록벽체 및 철근콘크리트 노출은 120[%], 목조건물은 110[%], 철강조노출은 125[%], 조적 후 배관 및 건축방음재(150[mm] 이상) 내 배관 시 130[%]
③ 기설콘크리트 노출 공사 시 앵커볼트를 매입할 경우 앵커볼트 설치품은 5－29 옥내 잡공사에 의하여 별도 계상하고 전선관 설치품은 매입품으로 계상
④ 천장 속, 마루 밑 공사 130[%]
⑤ 관의 절단, 나사내기, 구부리기, 나사조임, 관내청소, 관통시험 포함
⑥ 계장 배관공사도 이 품에 준함

| 표 2. 박스(Box) 설치 |

단위 : [개]

종별	내선전공
Concrete Box	0.12
Outlet Box	0.20
Switch Box(2개용 이하)	0.20
Switch Box(3개용 이상)	0.25
노출형 Box(콘크리트 노출기준)	0.29
플로어 박스	0.20
연결용 박스	0.04

① 콘크리트 매입 기준
② Box 위치의 먹줄치기, 첨부커버 포함
③ 블록벽체 및 철근콘크리트 노출은 120[%], 목조건물은 110[%], 철강조 노출은 125[%], 조적 후 배관 및 건축방음재(150[mm] 이상) 내 배관 시 130[%]
④ 방폭형 및 방수형 300[%]
⑤ 천장 속, 마루 밑은 130[%]
⑥ 공동주택 및 교실 등과 같이 동일 반복 공정으로 비교적 쉬운 공사의 경우는 90[%]
⑦ 접지선 연결(Earth Bonding)은 나동선 1.6[mm]~2.0[mm]를 감아서 연결하는 것을 기준으로, 전선관 70[mm] 이하는 개소당 내선전공 0.01인, 70[mm] 초과는 개소당 내선전공 0.02[인] 계상하며, 접지클램프 사용 시는 "3－38 접지공사"의 접지클램프 품 적용
⑧ 기타 할증은 전선관 배관 준용
⑨ 철거 30[%]

| 표 3. 옥내배선 |

(단위 : [m], 직종 : 내선전공)

규격	관내배선
6[mm²] 이하	0.010
16[mm²] 이하	0.023
38[mm²] 이하	0.031

규격	관내배선
50[mm^2] 이하	0.043
60[mm^2] 이하	0.052
70[mm^2] 이하	0.061
100[mm^2] 이하	0.064
120[mm^2] 이하	0.077
150[mm^2] 이하	0.088
200[mm^2] 이하	0.107
250[mm^2] 이하	0.130
300[mm^2] 이하	0.148
325[mm^2] 이하	0.160
400[mm^2] 이하	0.197

① 관내배선 기준, 애자배선 은폐공사는 150[%], 노출 및 그리드애자공사는 200[%], 직선 및 분기접속 포함
② 관내배선 바닥공사는 80[%]
③ 관내배선 품에는 도입선 넣기 품 포함, 천장 금속덕트 내 공사는 200[%], 바닥붙임 덕트 내 공사는 150[%], 금속 및 PVC 몰딩 공사는 130[%]
④ 옥내케이블 관내배선은 5-11 전력케이블 구내설치 준용
⑤ 철거 30[%]

| 표 4. 배선기구 설치 |

(가) 콘센트류 (단위 : [개], 적용직종 : 내선전공)

종류	2P	3P	4P
콘센트 15[A]	0.065	0.095	0.10
콘센트(접지극부) 15[A]	0.08	–	–
콘센트(접지극부) 20[A]	0.085	–	–
콘센트(접지극부) 30[A]	0.11	0.145	0.15
플로어 콘센트 15[A]	0.096	–	–
플로어 콘센트 20[A]	0.096	–	–
하이텐션(로텐션)	0.096	–	–

① 매입 설치기준, 노출설치 120[%]
② 방폭형 200[%]
③ System Box 내에 설치되는 콘센트는 하이텐션(로텐션) 적용
④ 철거 30[%], 재사용 철거 50[%]

(나) 스위치류 (단위 : [개])

종류	내선전공
텀블러 스위치 단로용	0.085
텀블러 스위치 3구용	0.085
텀블러 스위치 4로용	0.10
풀스위치	0.10
푸시버튼	0.065
리모콘 스위치	0.07
리모콘 셀렉터 스위치(6L) 이하	0.33
리모콘 셀렉터 스위치(12L) 이하	0.59
리모콘 셀렉터 스위치(18L) 이하	0.97

종류	내선전공
리모콘 릴레이(1P)	0.12
리모콘 릴레이(2P)	0.16
리모콘 트랜스	0.20
표시등	0.10
자동점멸기(광전식)	0.19
자동점멸기(컴퓨터식)	0.21
조광스위치(IL용 400[W])	0.11
조광스위치(IL용 800[W])	0.13
조광스위치(IL용 1,500[W])	0.15
조광스위치(FL용 8[A])	0.13
조광스위치(FL용 15[A])	0.15
타임스위치	0.20
타임스위치(현관 등의 소등지연용)	0.065

① 매입설치 기준, 노출설치 시 120[%]
② 방폭 200[%]
③ 철거 30[%], 재사용 철거 50[%]

| 표 5. 형광등기구 설치 |

(단위 : [등], 적용직종 : 내선전공)

종별	직부형	펜던트형	매입 및 반매입형
10[W] 이하×1	0.123	0.150	0.182
20[W] 이하×1	0.141	0.168	0.214
〃 ×2	0.177	0.2145	0.273
〃 ×3	0.223	–	0.335
〃 ×4	0.323	–	0.489
30[W] 이하×1	0.150	0.177	0.227
〃 ×2	0.189	–	0.310
40[W] 이하×1	0.223	0.268	0.340
〃 ×2	0.277	0.332	0.418
〃 ×3	0.359	0.432	0.545
〃 ×4	0.468	–	0.710
110[W] 이하×1	0.414	0.495	0.627
〃 ×2	0.505	0.601	0.764

① 하면 개방형 기준임. 루버 또는 아크릴 커버형일 경우 해당 등기구 설치 품의 110[%]
② 등기구 조립 · 설치, 결선, 지지금구류 설치, 장내 소운반 및 잔재 정리 포함
③ 매입 또는 반매입 등기구의 천장 구멍뚫기 및 취부 설치 별도 가산
④ 매입 및 반매입 등기구에 등기구보강대를 별도로 설치할 경우 이 품의 20[%] 별도 계상
⑤ 광천장 방식은 직부형 품 적용
⑥ 방폭형 200[%]
⑦ 높이 1.5[m] 이하의 Pole형 등기구는 직부형 품의 150[%] 적용(기초 내 설치 별도)
⑧ 형광등 안정기 교환은 해당 등기구 신설 품의 110[%]. 다만, 펜던트형은 90[%]
⑨ 아크릴 간판의 형광등 안정기 교환은 매입형 등기구 설치 품의 120[%]
⑩ 공동주택 및 교실 등과 같이 동일 반복공정으로 비교적 쉬운 공사의 경우는 90[%]

1 필요한 자재 수량과 합계금액을 산출하시오.

번호	품명	규격	단위	수량	단가	금액
1	등기구	32[W]×2	[EA]	①	30,000	
2	스위치	3구	[EA]	②	10,000	
3	전선	HFIX 2.5[mm^2]	[m]	195	2,000	
4	배관	HI−PVC 16C	[m]	62	3,000	
5	아웃렛박스	8각 Box	[EA]	12	1,000	
6	스위치박스	3구용	[EA]	1	1,000	
	합계					③

2 표준품셈에 의거 인공과 합계금액을 산출하시오.

번호	품명	수량	적용직종	수량	단가	금액
1	등기구		내선전공	④		
2	스위치		내선전공	⑤		
3	전선	195	내선전공	⑥		
4	배관	62	내선전공	⑦		
5	아웃렛박스	12	내선전공	0.2		
6	스위치박스	1	내선전공	0.2		
	합계					⑧

※ 내선전공 : 150,000[원]　　배전전공 : 250,000[원]
　보통인부: 86,000[원]　　저압케이블공: 190,000[원]

3 원가계산서를 작성하시오.

비목			금액	비고
순공사비	재료비	직접재료비	959,000	
		간접재료비	−	
	노무비	직접노무비	1,658,850	
		간접노무비	⑨	소수점 이하 절사
	경비	기타 경비	⑩	소수점 이하 절사
순공사비 합계			⑪	소수점 이하 절사
일반관리비			⑫	소수점 이하 절사
이윤			⑬	소수점 이하 절사
부가가치세			⑭	소수점 이하 절사
총공사비			⑮	소수점 이하 절사

주 ① 간접노무비는 직접노무비의 9[%]를 적용한다.
② 기타 경비는 (재료비+노무비)의 5[%]를 적용한다.
③ 일반관리비는 순공사비의 6[%]를 적용한다.

④ 이윤은 (노무비+기타 경비+일반관리비)의 10[%]를 적용한다.
⑤ 부가가치세는 (순공사비+일반관리비+이윤)의 10[%]를 적용한다.
⑥ 간접재료비는 적용하지 않는다.

해답 1

번호	품명	규격	단위	수량	단가	금액
1	등기구	32[W]×2	[EA]	① 12	30,000	
2	스위치	3구	[EA]	② 1	10,000	
3	전선	HFIX 2.5[mm^2]	[m]	195	2,000	
4	배관	HI-PVC 16C	[m]	62	3,000	
5	아웃렛박스	8각 Box	[EA]	12	1,000	
6	스위치박스	3구용	[EA]	1	1,000	
	합계					③ 959,000(원)

2

번호	품명	수량	적용직종	수량	단가	금액
1	등기구		내선전공	④ 0.277		
2	스위치		내선전공	⑤ 0.085		
3	전선	195	내선전공	⑥ 0.01		
4	배관	62	내선전공	⑦ 0.05		
5	아웃렛박스	12	내선전공	0.2		
6	스위치박스	1	내선전공	0.2		
	합계					⑧ 1,658,850(원)

3

비목			금액	비고
순공사비	재료비	직접재료비	959,000	
		간접재료비	–	
	노무비	직접노무비	1,658,850	
		간접노무비	⑨ 149,296(원)	소수점 이하 절사
	경비	기타 경비	⑩ 138,357(원)	소수점 이하 절사
순공사비 합계			⑪ 2,905,503(원)	소수점 이하 절사
일반관리비			⑫ 174,330(원)	소수점 이하 절사
이윤			⑬ 212,083(원)	소수점 이하 절사
부가가치세			⑭ 329,191(원)	소수점 이하 절사
총공사비			⑮ 3,621,107(원)	소수점 이하 절사

TIP

(1) ③ 계산 : 12×30,000+1×10,000+195×2,000+62×3,000+12×1,000+1×1,000
=959,000[원]
답 959,000[원]

(2) ⑧ 계산 : 인공=12×0.277+1×0.085+195×0.01+62×0.05+12×0.2+1×0.2
=11.059[인]
금액=11.059×150,000=1,658,850[원]
답 1,658,850[원]

(3) ⑨ 계산 : 1,658,850×0.09=149,296.5[원]
답 149,296[원]
⑩ 계산 : (959,000+1,658,850+149,296)×0.05=138,357.3[원]
답 138,357[원]
⑪ 계산 : 959,000+1,658,850+149,296+138,357=2,905,503[원]
답 2,905,503[원]
⑫ 계산 : 2,905,503×0.06=174,330.18[원]
답 174,330[원]
⑬ 계산 : (1,658,850+149,296+138,357+174,330)×0.1=212,083.3[원]
답 212,083[원]
⑭ 계산 : (2,905,503+174,330+212,083)×0.1=329,191.6[원]
답 329,191[원]
⑮ 계산 : 2,905,503+174,330+212,083+329,191=3,621,107[원]
답 3,621,107[원]

13 특고압 가공 전선로의 지지물로 사용하는 B종 철주, B종 철근 콘크리트주 또는 철탑의 종류에는 어떤 것이 있는가를 아는 대로 쓰시오.

해답 ① 직선형 ② 각도형 ③ 인류형 ④ 내장형 ⑤ 보강형

14 조명기구를 직선도로에 배치하는 방식을 4가지만 열거하시오.

해답 ① 중앙 배열 ② 편측 배열 ③ 대칭 배열 ④ 지그재그 배열

15 유도 전동기의 슬립 측정 방법을 3가지만 쓰시오.

해답 ① 회전계법 ② 직류 밀리볼트계법 ③ 스트로보스코프법

전기공사기사

2019년도 1회 시험

과년도 기출문제

01 87T의 정확한 명칭이 무엇인지 쓰시오.

해답 주변압기 비율차동계전기

TIP

주변압기 차동계전기=주변압기 비율차동계전기

02 차단와 단로기의 차이점을 설명하시오.

해답
- 차단기 : 부하전류 차단, 사고전류 차단
- 단로기 : 무부하 시 개폐는 가능하며, 부하전류 및 사고전류는 차단이 안 됨

03 콘덴서 설비를 보호하고자 할 때 사용되는 보호종류 4가지를 쓰시오.

해답 ① 과전압 보호
② 부족전압 보호
③ 단락 보호
④ 지락 보호

04 다음 약호의 명칭을 쓰시오.

1 CNCV－W
2 CV_1

해답 1 동심 중성선 수밀형 전력 케이블
2 0.6/1[kV] 가교 폴리에틸렌 절연 비닐 시스 케이블

TIP

- CV : 가교 폴리에틸렌 절연 비닐 시스 케이블
- CV_{10} : 6/10[kV] 가교 폴리에틸렌 절연 비닐 시스 케이블

05 $3\phi 3W$, 380[V] 회로에 그림과 같이 부하가 연결되어 있다. 간선의 허용전류를 구하시오. (단, 전동기의 평균 역률은 90[%]이다.) ※ KEC 규정에 따라 삭제

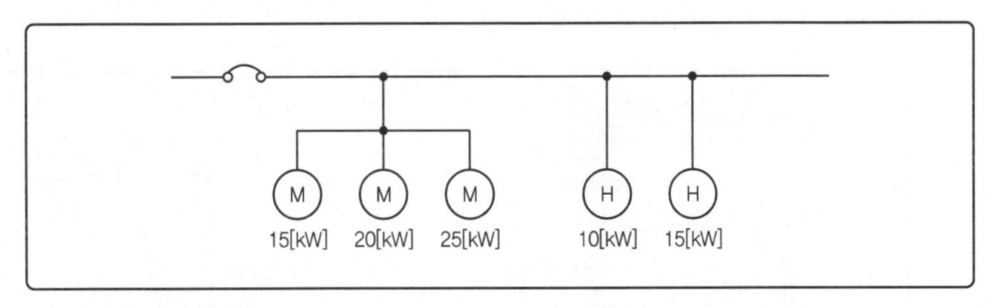

06 3상4선식 22.9[kV]의 고장전류를 구할 때 변압기 %임피던스가 자기용량 1,000[kVA]의 6[%]일 경우, %임피던스를 기준용량으로 환산하시오.(100[MVA]기준)

해답 계산 : $\%Z = \dfrac{100 \times 10^6}{1,000 \times 10^3} \times 6 = 600[\%]$

답 600[%]

TIP

$\%Z = \dfrac{P \cdot Z}{10V^2}$에서 $\%Z \propto P$이므로

$\%Z_2 = \dfrac{\text{기준용량}}{\text{자기용량}} \times \%Z_1$

07 그림은 전력회사의 고압가공 전선로로부터 자가용 수용가 구내기둥을 거쳐 수변전 설비 수전실에 이르는 지중인입선의 시설도이다. 다음 물음에 답하시오.(단, 전기설비기술기준에 준할 것)

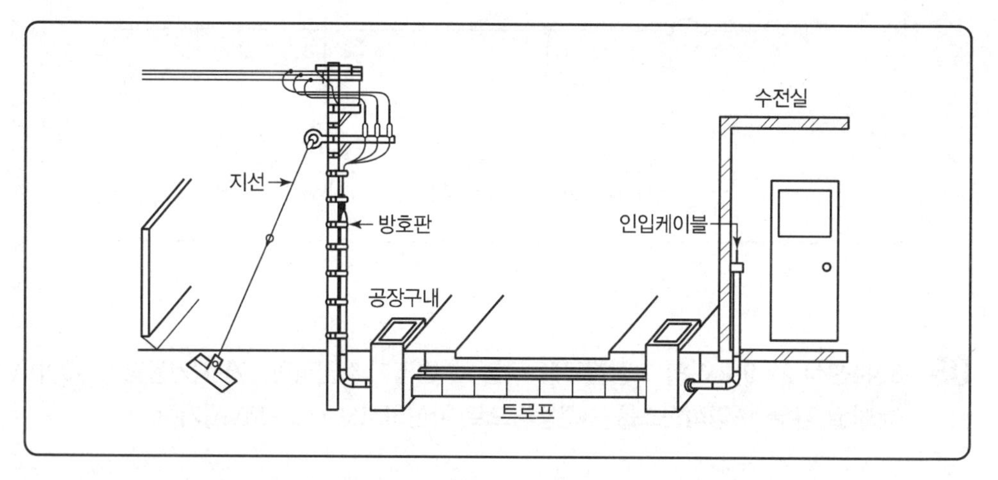

1. 가공전선로의 지지물에 시설하는 지선은 몇 가닥 이상의 연선이이야 하며, 소선지름 몇 [mm] 이상의 금속선이어야 하는가?
2. 지선의 안전율은 몇 이상으로 하고 허용 인장하중은 최저 몇 [kN]으로 하는가?
3. 고압용 지중전선로에 사용할 수 있는 케이블을 3가지만 쓰시오.
4. 지중전선로의 차도 부분 매설깊이의 최솟값은 몇 [m] 이상이어야 하는가?(단, 직매설인 경우)

해답

1. • 가닥수 : 3가닥(또는 3조)
   • 소선지름 : 2.6[mm]
2. • 안전율 : 2.5 이상
   • 인장하중의 최저값 : 4.31[kN] 이상
3. • 비닐 외장 케이블
   • 폴리에틸렌 외장 케이블
   • 클로로프렌 외장 케이블

   그 외
   • 콤바인덕트 케이블
   • 알루미늄피 케이블
4. 1[m]

08 설비용량이 2,800[kW], 수용률이 60[%]인 수전용 변압기의 용량을 표준용량으로 선정하시오.(단, 역률이 85[%]이고, 변압기의 표준용량은 1,200, 1,500, 2,000, 2,500, 3,000[kVA]이다.)

해답 계산 : $\text{변압기용량} = \dfrac{\text{설비용량} \times \text{수용률}}{\text{역률}} = \dfrac{2,800 \times 0.6}{0.85} = 1,976.47[\text{kVA}]$

답 2,000[kVA]

09 주상변압기 설치 시 고려사항이다. 다음 각 물음에 답하시오.

1 주상변압기 설치 전 점검사항 5가지를 쓰시오.

2 주상변압기 설치 후 점검사항 4가지를 쓰시오.

해답 1 ① 절연저항 측정
② 절연유 상태(유량, 누유 상태)
③ 외관 상태(부싱의 손상 유무), 핸드홀 커버 조임 상태
④ tap changer의 위치(1차와 2차의 전압비)
⑤ 변압기 명판 확인

2 ① 2차 전압 측정
② 상측정
③ 변압기 이상 유무 확인
④ 점검 및 측정 결과 기록

10 전로의 절연저항을 측정하는 계기의 명칭은?

해답 절연저항계(메거)

11 철거손실률에 대하여 설명하시오.

해답 전기설비공사에서 철거작업 시 발생하는 폐자재를 환입할 때 재료의 파손, 손실, 망실 및 일부 부식 등에 의한 손실률을 말한다.

12 비상용 조명부하 40[W] 120등, 60[W] 50등, 합계 7,800[W]가 있다. 방전 시간 30분, 축전지 HS셀 54형, 허용 최저전압 92[V], 최저 축전지 온도 5[℃]일 때 주어진 표를 이용하여 축전지 용량을 계산하시오.

| 연축전지의 용량환산시간계수 K(900[Ah] 이하) |

형식	온도[℃]	10분			30분		
		1.6[V]	1.8[V]	1.8[V]	1.6[V]	1.7[V]	1.8[V]
HS	25	0.58	0.7	0.93	1.03	1.14	1.38
	5	0.62	0.74	1.05	1.11	1.22	1.54
	−5	0.68	0.82	1.15	1.2	1.35	1.67

해답 계산 : $I=\frac{7,800}{100}=78[\text{A}]$

$1\text{셀 전압}=\frac{92}{54}=1.7[\text{V}]$

$k=1.22$

$C=\frac{1}{0.8}\times 1.22\times 78=118.95[\text{Ah}]$

답 $118.95[\text{Ah}]$

13 다음 승강기 및 승강로에 사용하는 동 전선의 최소 굵기를 선정하시오.

1 절연전선

2 이동케이블

해답 1 절연전선 : $1.5[\text{mm}^2]$

2 이동케이블 : $0.75[\text{mm}^2]$

TIP

➤ 엘리베이터 등의 전선 및 이동케이블의 굵기

전선의 종류	동 전선의 최소 굵기[mm^2]
절연 전선	1.5
케이블	0.75
이동 케이블	0.75

14 그림과 같은 전선에 가해지는 장력이 800[kg]이라면 4[mm] 지선을 몇 가닥 사용해야 하는가?(단, 철선의 단위 면적당 인장강도는 35[kg/mm²], 안전율은 2.5로 한다.)

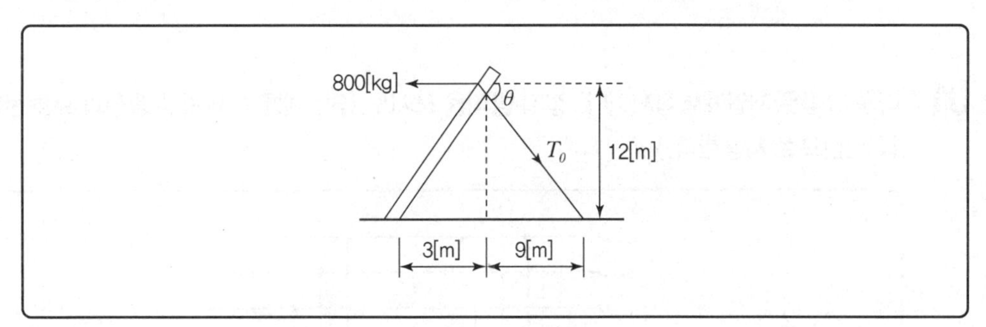

해답 계산 : $T_0 = \dfrac{\sqrt{12^2+9^2}}{3+9} \times 800 = 1{,}000[\text{kg}]$

$T_0 = \dfrac{\text{인장하중} \times \text{가닥수}}{\text{안전율}}[\text{kg}]$

$\text{가닥수} = \dfrac{1{,}000 \times 2.5}{35 \times \pi \times 2^2} = 5.68[\text{본}]$

답 6가닥

TIP

➤ **경사진 전주의 지선이 받는 장력**

$T_0 = \dfrac{\sqrt{H^2+b^2}}{a+b} \times T$

$a = 3[\text{m}],\ b = 9[\text{m}],\ H = 12[\text{m}],\ T = 800[\text{kg}]$

※ 견적문항은 복원되지 않았습니다.

전기공사기사

2019년도 2회 시험 과년도 기출문제

01 다음 그림은 저압계통접지이다. 접지 방식을 쓰시오.(단, 계통 전체의 중성선과 보호선을 동일 전선으로 사용한다.)

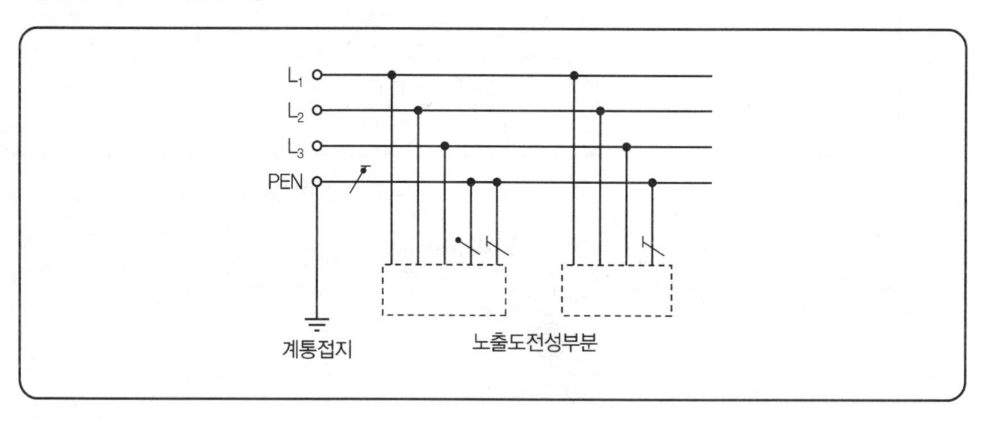

해답 TN−C 접지 계통

TIP

- TN−C : 중성선(N)과 보호선(PE)을 겸용
- TN−S : 중성선(N)과 보호선(PE)을 분리

02 송전전압 154[kV]의 3상 3선식 송전선에서 1선 지락사고로 영상전류 $I_0 = 100[\mathrm{A}]$가 흐를 때 통신선에 유기되는 전자유도전압[V]을 구하시오. 단 상호 인덕턴스 $M = 0.05[\mathrm{mH/km}]$, 병행 거리 $l = 100[\mathrm{km}]$, 주파수는 60[Hz]이다.

해답 계산 : $E_m = \omega Ml \cdot 3I_0 = 2\pi \times 60 \times 0.05 \times 10^{-3} \times 100 \times 3 \times 100 = 565.486$

답 565.49[V]

TIP

$E_m = I \cdot Z = 3I_0 \times \omega Ml = \omega Ml \times 3I_0$

$\because \omega_L = \omega M[\Omega]$

03 수전전압 22.9[kV], 수전전력 2,000[kVA]인 특고압 수용가의 수전용 차단기에 사용하는 과전류 계전기의 사용 탭은 몇 [A]인가?(단, CT의 변류비는 75/5로 하고 탭 설정값은 부하 전류의 150[%]로 한다.)

해답 계산 : $I=\dfrac{2,000}{\sqrt{3}\times 22.9}=50.42[\text{A}]$

$$\text{탭전류}=50.42\times 1.5\times \frac{5}{75}=5.04[\text{A}]$$

답 5[A]

TIP

- 과전류 계전기의 정정 탭전류 : 4, 5, 6, 7, 8, 9, 10, 11, 12[A]
- $tap=I_1\times \dfrac{1}{CT\text{비}}\times$배수(1.25~1.5)

04 어느 수용가의 부하설비가 50[kW], 30[kW], 25[kW], 25[kW]이고, 수용률이 각각 50[%], 65[kW], 75[%], 60[%]라고 할 경우 변압기 용량을 결정하시오.(단, 부등률은 1.2, 종합 부하 역률은 90[%]로 한다.)

| 변압기 표준 용량표[kVA] |

25	30	50	75	100	150	200

해답 계산 : $P_a=\dfrac{50\times 0.5+30\times 0.65+25\times 0.75+25\times 0.6}{0.9\times 1.2}=72.45[\text{kVA}]$

답 75[kVA] 선정

TIP

$$\text{변압기 용량}=\frac{\text{설비 용량[kW]}\times\text{수용률}}{\text{역률}\times\text{부등률}}[\text{kVA}]$$

05 어떤 변전실에서 그림과 같은 일 부하곡선 A, B, C인 부하에 전기를 공급하고 있다. 이 변전실의 총 부하에 대한 다음 각 물음에 답하시오.(단, A, B, C 역률은 시간에 관계없이 각각 80[%], 100[%] 및 60[%]이다.)

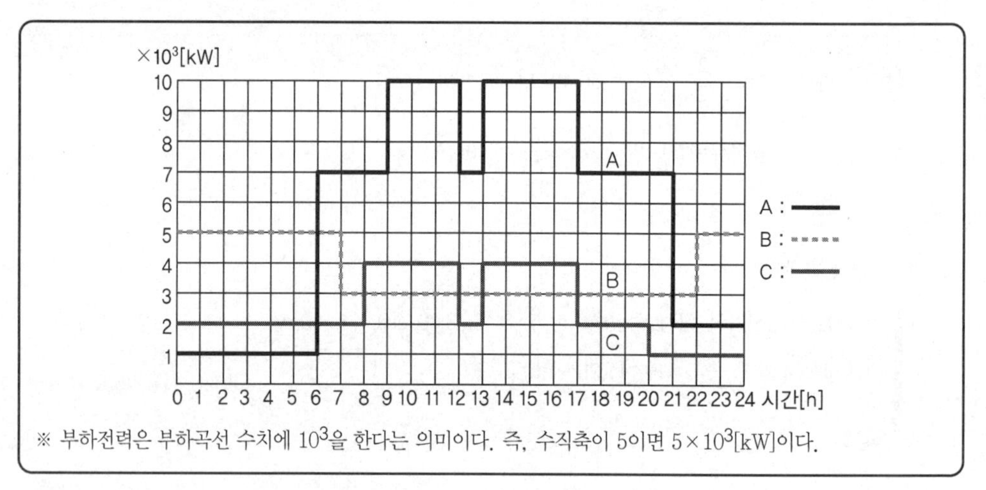

※ 부하전력은 부하곡선 수치에 10^3을 한다는 의미이다. 즉, 수직축이 5이면 5×10^3[kW]이다.

❶ 합성최대전력은 몇 [kW]인가?

❷ A, B, C 각 부하에 대한 평균전력은 몇 [kW]인가?

❸ 총 부하율은 몇 [%]인가?

해답 ❶ 합성최대전력인 시간은 9시부터 12시, 13시부터 17시이므로

계산 : $10{,}000+4{,}000+3{,}000=17{,}000$[kW]

답 17,000[kW]

❷ 부하율 $=\dfrac{\text{평균전력}}{\text{최대전력}}$ 에서 평균전력=최대전력×부하율

여기서, 평균전력 $=\dfrac{\text{사용전력량}}{\text{시간}}$

① A 수용가의 평균전력

계산 : $\dfrac{2{,}000\times6+7{,}000\times3+10{,}000\times3+7{,}000\times1+10{,}000\times4+7{,}000\times4+2{,}000\times3}{24}=6{,}000$[kW]

답 6,000[kW]

② B 수용가의 평균전력

계산 : $\dfrac{5{,}000\times7+3{,}000\times15+5{,}000\times2}{24}=3{,}750$[kW]

답 3,750[kW]

③ C 수용가의 평균전력

$$\text{계산 : } \frac{1{,}000\times6+2{,}000\times2+4{,}000\times4+2{,}000\times1+4{,}000\times4+2{,}000\times3+1{,}000\times4}{24}=2{,}250[\text{kW}]$$

답 2,250[kW]

3 총 (합성)부하율

$$\text{계산 : } \frac{\text{합성평균전력}}{\text{합성최대전력}}=\frac{6{,}000+3{,}750+2{,}250}{17{,}000}\times100=70.58$$

답 70.58[%]

06 매입 방법에 따른 건축화 조명 방식의 종류를 5가지만 쓰시오.

해답 ① 매입 형광등 방식
② 다운 라이트(down light) 방식
③ 핀 홀 라이트(pin hole light) 방식
④ 코퍼 라이트(coffer light) 방식
⑤ 라인 라이트(line light) 방식

07 비선형 부하들에 의한 고조파의 영향에 대하여 변압기가 과열현상 없이 전원을 안정적으로 공급할 수 있는 능력은 무엇인가?

해답 K－factor

TIP

- K : 상수
- factor : 요소

08 다음 옥내 배선의 그림 기호를 보고 각각의 명칭을 쓰시오.

❶ ⊠ ❷ ◪

❸ ⧓ ❹ S

❺ B ❻ E

해답 ❶ 배전반 ❷ 분전반
❸ 제어반 ❹ 개폐기
❺ 배선용 차단기 ❻ 누전차단기

09 송전선로에 사용되는 접지방식에 대하여 각 물음에 답하시오.

❶ 1선 지락 고장 시 충전전류에 외해 간헐적인 아크 지락을 일으켜서 이상 전압이 발생하므로 고전압 송전선로에서 사용되지 않는 접지방식은?

❷ 1선 지락 시 건전상의 전위 상승이 높지 않아 유효접지의 대표적인 방식으로 초고압 송전선로에서 경계성이 매우 우수하여 우리나라 송전계통에 사용되고 있는 접지방식은?

해답 ❶ 비접지방식
❷ 직접접지방식

10 22.9[kV] 3상 4선식 다중 접지 전력계통의 배전선로에 부설하는 피뢰기의 정격전압은 몇 [kV]인가?

해답 18[kV]

TIP

➤ 피뢰기 공칭방전전류

공칭방전전류	설치장소	적용조건
10,000[A]	변전소	• 154[kV] 이상 계통 • 66[kV] 이하 계통에서 용량이 3,000[kVA]를 초과하는 곳
5,000[A]	변전소	66[kV] 이하 계통에서 용량이 3,000[kVA] 이하인 곳
2,500[A]	선로	배전선로
	변전소	배전선 피더 인출측

11 **3상 3선식 선로의 길이가 60[km], 단상 2선식 20[km]의 6.6[kV] 가공배선 선로에 접속된 주상 변압기의 저압측에 제2종 접지공사가 시설되어 있다. 다음 물음에 답하시오.**

※ KEC 규정에 따라 삭제

1 1선 지락전류를 구하시오.

2 제2종 접지저항값을 구하시오.

12 **그림과 같은 계통에서 단로기 DS_3을 통하여 부하를 공급하고 차단기 CB를 점검하고자 할 때 다음의 물음에 답하시오.(단, 평상시에 DS_3는 열려 있는 상태임)**

1 점검을 하기 위한 조작순서를 쓰시오.

2 CB를 점검 완료 후 원상복귀시킬 때의 조작순서를 쓰시오.

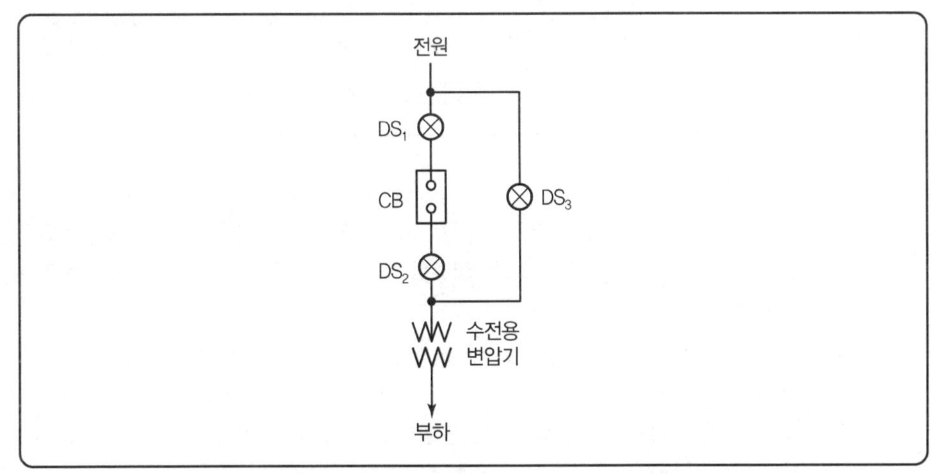

해답 **1** $DS_3(ON) \rightarrow CB(OFF) \rightarrow DS_2(OFF) \rightarrow DS_1(OFF)$

2 $DS_2(ON) \rightarrow DS_1(ON) \rightarrow CB(ON) \rightarrow DS_3(OFF)$

13 **부하의 역률 개선에 대한 다음 물음에 답하시오.**

1 부하설비의 역률이 저하되는 경우 수용가가 볼 수 있는 손해 4가지를 쓰시오.

2 역률을 개선하기 위한 기기의 명칭과 설치방법을 간단하게 쓰시오.

해답 **1** ① 전력손실이 커진다.
② 전기요금이 증가한다.
③ 전압강하가 커진다.
④ 설비 이용률이 저하된다.

2 • 명칭 : 전력용 콘덴서
• 설치방법 : 부하와 병렬로 접속

14 다음 도면은 사무실의 전등 및 콘센트 배선 평면도이다. 주어진 조건을 읽고 답란의 빈칸을 채우시오.

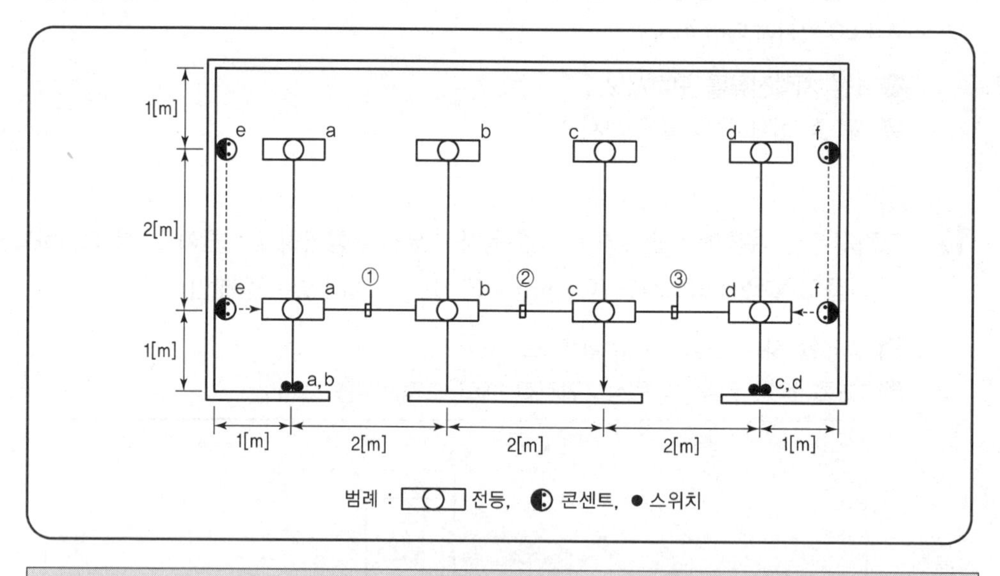

[시설 조건]

1. 전등회로는 1회로로 전선은 HFIX 2.5[mm²]를 사용하며, 전열회로는 1회로로 전선은 HFIX 4[mm²]를 사용하고 접지는 스위치 회로를 제외하고 전등, 전열회로에 회로선과 동일한 굵기로 시설한다.
2. 벽과 등기구 간의 간격은 1[m], 등기구와 등기구 간격은 2[m]로 시설한다.
3. 전선관은 후강전선관을 사용하고 16[mm] 전선관 내 전선 수는 접지선 포함 4가닥까지이며, 전선 수 5가닥 이상은 22[mm] 전선관을 사용하여 시설한다.
4. 4방출 이상의 배관과 접속되는 박스는 4각 박스를 사용한다.
5. 각각의 등기구마다 1대 1로 아웃렛 박스를 사용하며 천장에서 등기구까지는 금속가요전선관을 이용하여 등기구에 연결한다. 금속가요전선관 길이는 1[m]로 시설한다.
6. 천장은 이중 천장으로 바닥에서 등기구까지 높이 3[m], 전등배관은 바닥에서 3.5[m]에 후강전선관을 이용하여 시설한다.
7. 스위치 설치 높이는 1.2[m](바닥에서 중심까지)로 한다.
8. 콘센트의 높이는 0.3[m](바닥에서 중심까지)로 한다.
9. 분전함 설치 높이는 1.8[m](바닥에서 상단까지)로 한다. 단, 바닥에서 하단까지는 0.5[m]를 기준으로 한다.
10. 전등은 천장으로 배관하며, 전열은 바닥으로 배관하여 구분하여 시설한다.

[재료의 산출 조건]

1. 분전함 내부에서 배선 여유는 전선 1본당 0.5[m]로 한다.
2. 전등회로용 TB는 분전함 내부 상단에 설치되어 있고, 콘센트용 TB는 분전함 내부 하단에 설치되어 있다.

3. 자재 산출 시 산출수량과 할증수량은 소수점 셋째 자리에서 반올림하고 자재별 총수량은 (산출수량+할증수량) 소수점 이하 올림한다.
4. 배관 및 배선 이외의 자재는 할증을 보지 않는다(배관, 배선의 할증은 10[%]로 한다).

[인건비 산출 조건]

1. 재료의 할증에 대해서는 공량을 적용하지 않는다.
2. 소수점 이하 두 자리까지 계산한다(소수점 셋째 자리 반올림).
3. 품셈은 다음 표의 품셈을 적용한다.

| 표 1. 전선관 배관 |

(단위 : [m])

후강전선관		금속가요전선관	
규격	내선전공	규격	내선전공
16[mm] 이하	0.08	16[mm] 이하	0.044
22[mm] 이하	0.11	22[mm] 이하	0.059
28[mm] 이하	0.14	28[mm] 이하	0.072
36[mm] 이하	0.20	36[mm] 이하	0.087
42[mm] 이하	0.25	42[mm] 이하	0.104
54[mm] 이하	0.34	54[mm] 이하	0.136

콘크리트 매입 기준

| 표 2. 박스(Box) 설치 |

(단위 : [개])

종별	내선전공
Concrete Box	0.12
Outlet Box	0.20
Switch Box(2개용 이하)	0.20
Switch Box(3개용 이상)	0.25
노출형 Box(콘크리트 노출기준)	0.29
플로어 박스	0.20
연결용 박스	0.04

콘크리트 매입 기준

| 표 3. 옥내배선(관내배선) |

(단위 : [m])

규격	내선전공
6[mm^2] 이하	0.010
16[mm^2] 이하	0.023
38[mm^2] 이하	0.031

50[mm^2] 이하	0.043
60[mm^2] 이하	0.052
70[mm^2] 이하	0.061
100[mm^2] 이하	0.064
120[mm^2] 이하	0.077

관내배선 기준. 애자배선 은폐공사는 150[%], 노출 및 그리드애자공사는 200[%], 직선 및 분기접속 포함

| 표 4. 배선기구 설치 |

(가) 콘센트류 (단위 : [개], 적용직종 : 내선전공)

종류	2P	3P	4P
콘센트 15[A]	0.065	0.095	0.10
콘센트(접지극부) 15[A]	0.08	–	–
콘센트(접지극부) 20[A]	0.085	–	–
콘센트(접지극부) 30[A]	0.11	0.145	0.15
플로어 콘센트 15[A]	0.096	–	–
플로어 콘센트 20[A]	0.096	–	–
하이텐션(로텐션)	0.096	–	–

매입 설치기준, 노출설치 120[%]

(나) 스위치류 (단위 : [개])

종류	내선전공
텀블러 스위치(단로용)	0.085
텀블러 스위치(3로용)	0.085
텀블러 스위치(4로용)	0.10
풀스위치	0.10
푸시버튼	0.065
리모컨 스위치	0.07

매입 설치기준, 노출설치 120(%)

1 도면에 표시된 ①, ②, ③ 전선관 배관에 접지선을 포함한 전선 가닥수를 순서대로 쓰시오.

2 콘센트 배관기호 및 전등 배관기호의 명칭을 쓰시오.

① 콘센트 배관기호

② 전등 배관기호

3 도면을 보고 아래 표의 ①부터 ⑩까지 빈칸에 산출량 및 총수량을 기입하시오.

자재명	규격	단위	산출 수량	할증 수량	총수량 (산출수량 + 할증수량)
후강전선관	16[mm]	[m]	①		⑤
금속가요전선관	16[mm]	[m]	②		⑥
HFIX	2.5[mm^2]	[m]	③		⑦
HFIX	4[mm^2]	[m]	④		⑧
매입스위치 2구	250[V], 15[A]	[개]			⑨
아웃렛 박스 4각	54[mm]	[개]			
아웃렛 박스 8각	54[mm]	[개]			
스위치 박스 1개용	54[mm]	[개]			
매입콘센트 2P, 15[A]	250[V], 15[A] 접지극부	[개]			⑩

4 아래 표의 각 자재별 내선 전공수를 ①부터 ⑥까지 기입하시오.

자재명	규격	단위	수량	인공수 (재료 단위별)	내선전공
후강전선관	16[mm]	[m]			①
금속가요전선관	16[mm]	[m]			②
HFIX	2.5[mm^2]	[m]			③
HFIX	4[mm^2]	[m]			④
매입스위치 2구	250[V], 15[A]	[개]			⑤
매입콘센트 2P, 15[A]	250[V], 15[A] 접지극부	[개]			⑥
아웃렛 박스 4각	54[mm]	[개]			
아웃렛 박스 8각	54[mm]	[개]			
스위치 박스 1개용	54[mm]	[개]			

5 인건비 계산 시 할증에 대한 중복 할증 가산 방법을 주어진 조건을 이용하여 식으로 쓰시오.

[조건]

W : 할증이 포함된 품, P : 기본품, α : 첫 번째 할증요소, β : 두 번째 할증요소

해답 **1** ① 4가닥
② 3가닥
③ 4가닥

2 ① 바닥 은폐 배선
② 천장 은폐 배선

3 ① 계산 : 전등선회로 23.3[m]+절열선회로 16.8[m]=40.1[m]

답 40.1[m]

② 계산 : 1[m]×8=8[m]

답 8[m]

③ 계산 : 1[m]×3가닥×8+2[m]×(3가닥×4+3가닥×1+4가닥×2)+3.3[m]×3가닥×2
+3.2[m]×3가닥×1=99.4[m]

답 99.4[m]

④ 계산 : 0.3[m]×3가닥×6+2[m]×3가닥×2+(7[m]+5[m])×3가닥=53.4[m]

답 53.4[m]

⑤ 계산 : 40.1×1.1=44.11[m]
└ 할증

답 45[m]

⑥ 계산 : 8×1.1=8.8[m]
└ 할증

답 9[m]

⑦ 계산 : 99.4×1.1=109.34[m]
└ 할증

답 110[m]

⑧ 계산 : 53.4×1.1= 58.74[m]
└ 할증

답 59[m]

⑨ 2[개]

⑩ 4[개]

4 ① 계산 : 40.1[m]×0.08=3.21[인]

답 3.21[인]

② 계산 : 8[m]×0.044=0.35[인]

답 0.35[인]

③ 계산 : 99.4[m]×0.010=0.99[인]

답 0.99[인]

④ 계산 : 53.4[m]×0.010=0.53[인]

답 0.53[인]

⑤ 계산 : 2[개]×0.085×2=0.34[인]

답 0.34[인]

⑥ 계산 : 4[개]×0.08=0.32[인]

답 0.32[인]

5 $W=P\times(1+\alpha+\beta)$

TIP

1

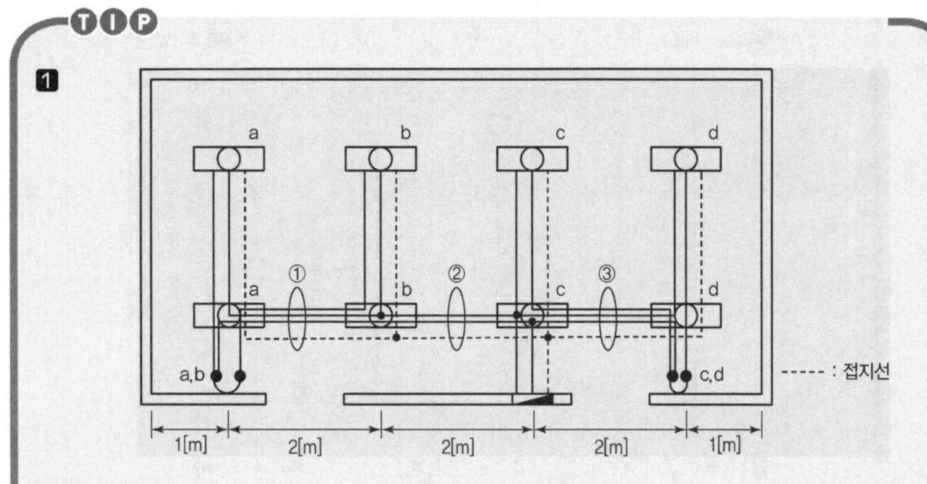

2 ① 측면도

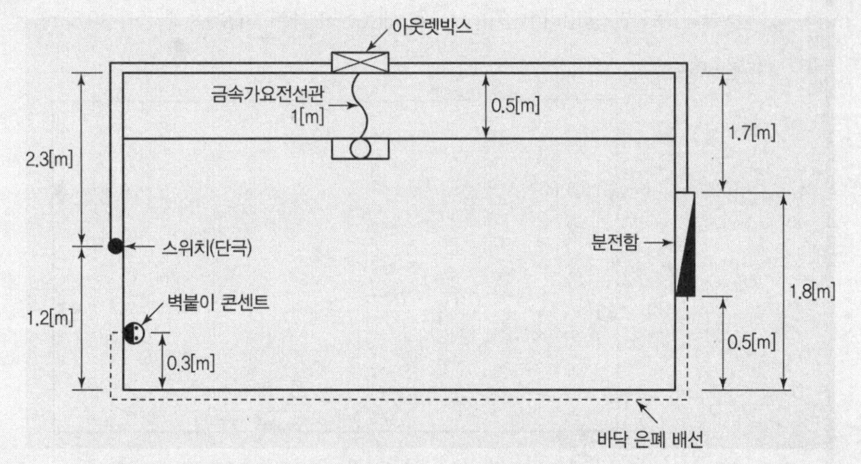

• 전등회로 금속가요전선관 16[mm]=1[m]×8(등기구 수)=8[m]

② 전등회로 후강전선관 16[mm]=14+6.6+2.7=23.3[m]

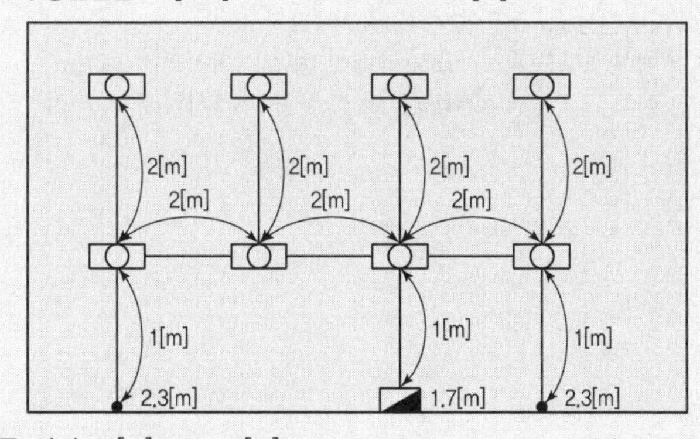

• 등과 등 사이=2[m]×7=14[m]
• 등과 스위치=3.3[m]×2=6.6[m]
• 등과 분전반=1[m]+1.7[m]=2.7[m]

③ 전등회로 배선 : HFIX 전선 $2.5[mm^2]$=24+46+19.8+9.6=99.4[m]

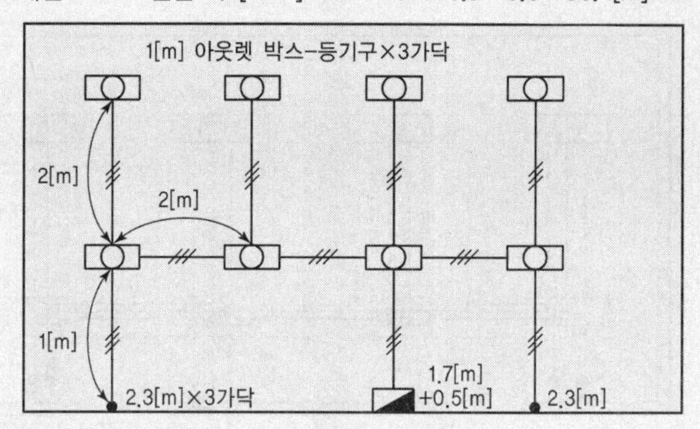

- 아웃렛 박스와 등=1[m]×3[가닥]×8[등]=24[m]
- 등과 등=2[m]×(3[가닥]×4+3[가닥]×1+4(가닥)×2)=46[m]
- 등과 스위치=(1[m]+2.3[m])×3[가닥]×2=19.8[m]
- 등과 분전반=[1[m]+1.7[m]+0.5[m](분전반 내부 여유)]×3[가닥]=9.6[m]

④ 전열회로

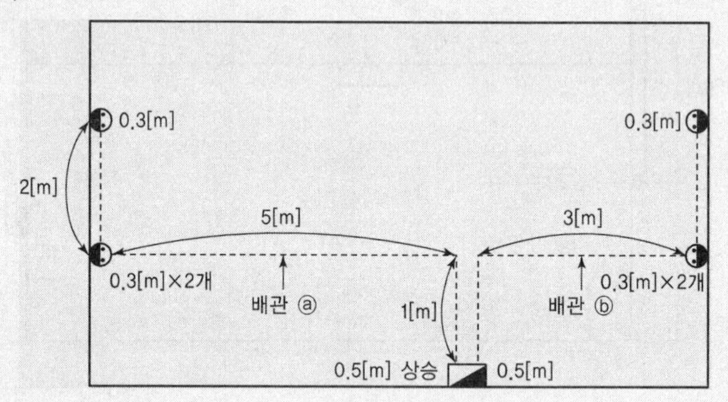

㉠ 후강전선관 16[mm]=9.4+7.4=16.8[m]
- 배관 ⓐ : 0.3[m]+2[m]+0.3[m]×2[개]+5[m]+1[m]+0.5[m]=9.4[m]
- 배관 ⓑ : 0.3[m]+2[m]+0.3[m]×2[개]+3[m]+1[m]+0.5[m]=7.4[m]

㉡ HFIX 전선 $4[mm^2]$=29.7+23.7=53.4[m]
- 배선 ⓐ : [9.4[m]+0.5[m](배선 여유)]×3[가닥]=29.7[m]
- 배선 ⓑ : [7.4[m]+0.5[m](배선 여유)]×3[가닥]=23.7[m]

과년도 기출문제

01 배전선로의 주상 변압기 공사 시공 흐름도이다. [   ] 안의 1, 2, 3, 4, 5 빈 공간에 시공흐름도가 바르도록 보기에서 골라 완성하시오.

[보기]
외함 접지선 연결, COS 설치, 분기고리 설치, 변압기 설치, 내오손결합애자 설치, 절연처리, 변압기 2차 측 결선, Fuse Link 조립

| 주상 변압기 공사 시공 흐름도 |

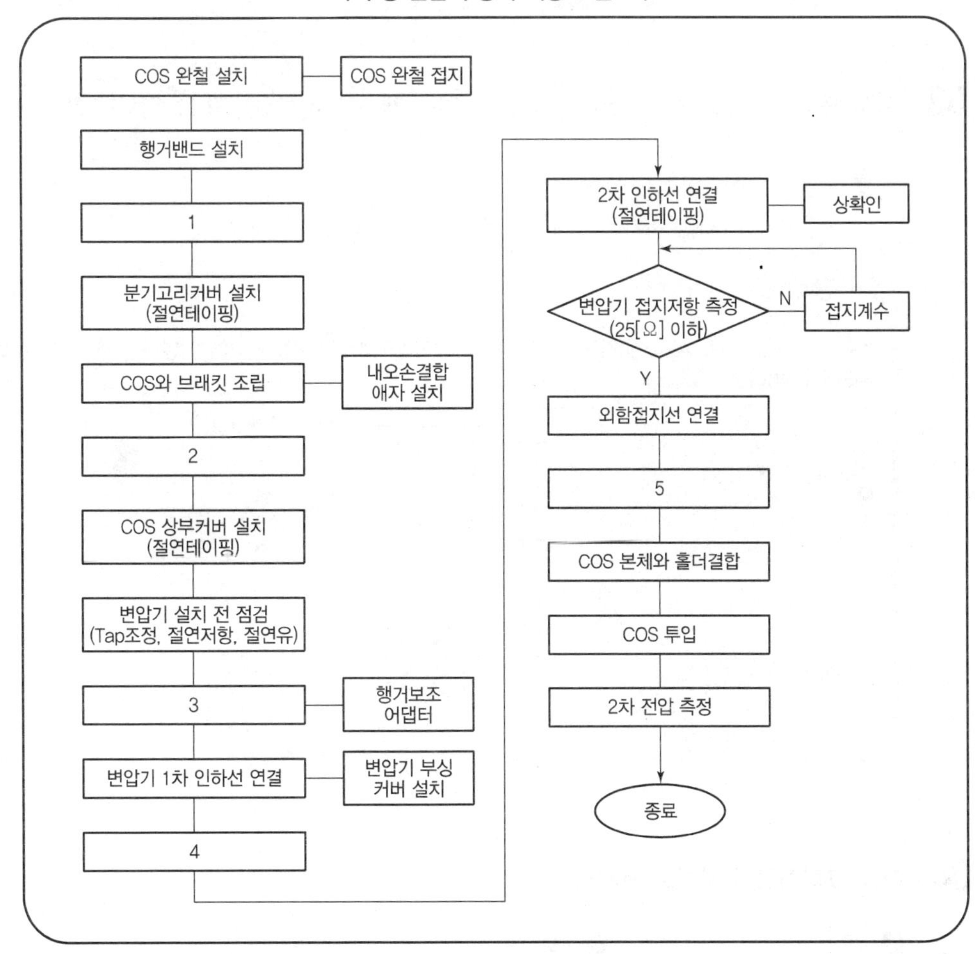

해답 1. 분기고리 설치　　2. COS 설치　　3. 변압기 설치
4. 변압기 2차 측 결선　　5. Fuse Link 조립

02 상판부 등에 의한 하중을 지반에 직접 전달하는 구조물로서 역T형 콘크리트 기초는 무엇인가?

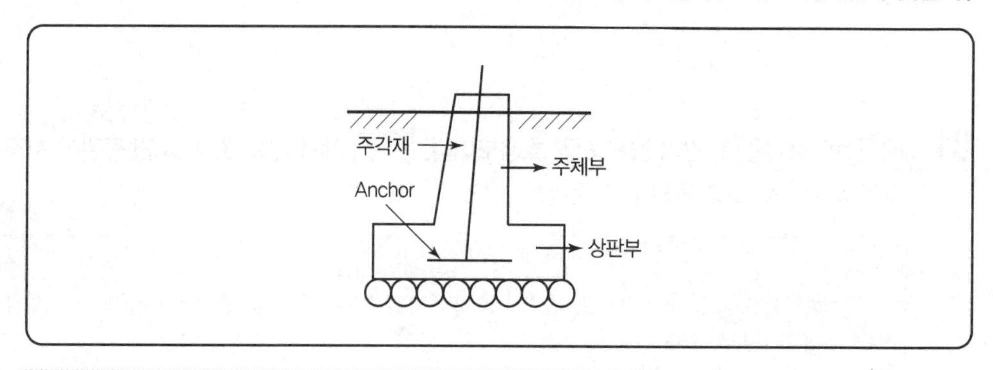

해답 직접기초

03 서지 흡수기(Surge Absorbor)의 기능과 어느 개소에 설치하는지 그 위치를 쓰시오.

해답
- 기능 : 개폐 서지를 억제하여 기기 보호
- 설치위치 : 개폐 서지를 발생하는 차단기 2차 측과 부하 측 사이

TIP

서지 흡수기는 개폐 서지, 순간과 도전압 등 이상전압으로부터 2차 기기에 악영향을 주는 것을 막기 위해 시설한다.

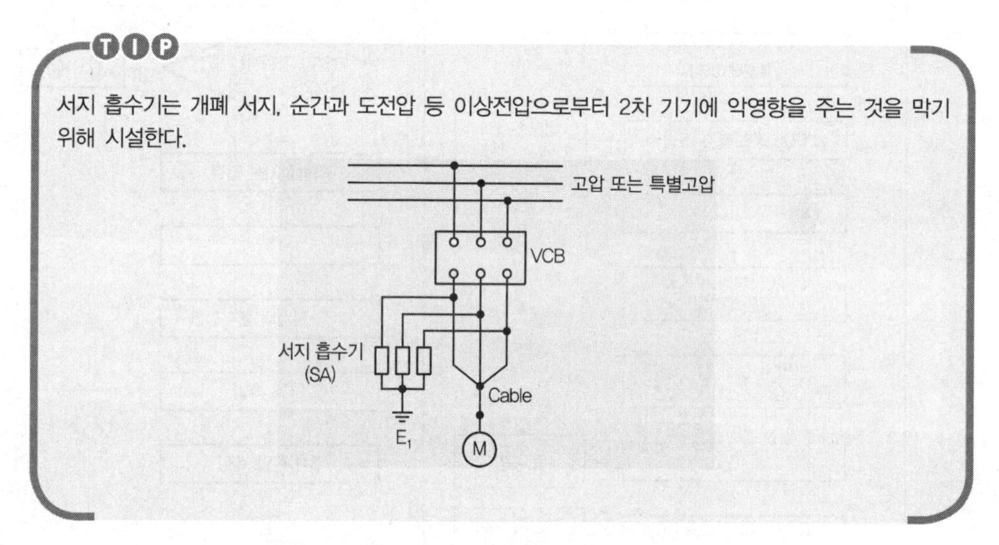

04 다음 그림기호의 명칭을 쓰시오.

1 E　　2 ●　　3 TS

4 S　　5 　　6

해답 ❶ 누전 차단기 ❷ 누름 버튼 ❸ 타임 스위치
❹ 연기감지기 ❺ 스피커 ❻ 조광기

05 **공급 측 전압이 380[V]인 3상 3선식 옥내 배선이 있다. 그림과 같이 150[m] 떨어진 곳에서부터 10[m] 간격으로 용량 5[kVA]의 3상 동력을 3대 설치하려고 한다. 부하 말단까지의 전압 강하를 5[%] 이하로 유지하기 위한 동력선의 단면적을 표에서 산정하시오.(단, 전선으로는 도전율이 97[%]인 비닐 절연 동선을 사용하여 금속관 내에 설치하여 부하 말단까지 동일한 굵기의 전선을 사용한다.)**

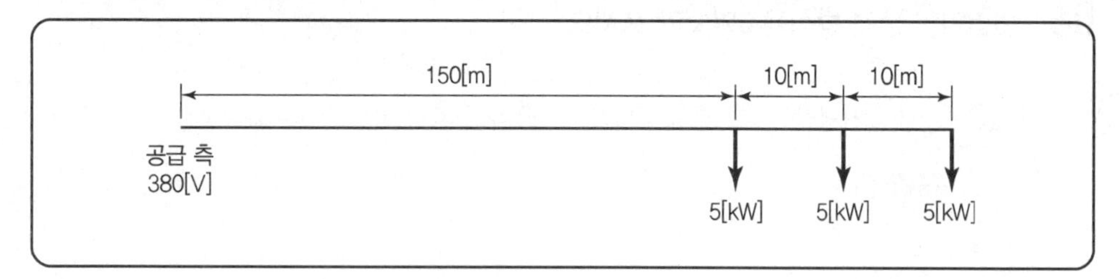

| 전선의 굵기 및 허용 전류 |

전선의 단면적[mm²]	6	10	16	25	35
전선의 허용 전류[A]	49	61	88	115	162

해답 계산 : • 부하의 중심 거리 $L=\dfrac{5\times150+5\times160+5\times170}{5+5+5}=160[\text{m}]$

• 전부하 전류 $I=\dfrac{5\times10^3\times3}{\sqrt{3}\times380}\fallingdotseq22.79[\text{A}]$

• 전압 강하 $e=380\times0.05=19[\text{V}]$

• 전선 1[m]의 저항을 $r[\Omega/\text{m}]$라 하면 선로의 전 저항 $R=160\times r$이고

$e=19=\sqrt{3}\,IR=\sqrt{3}\times22.79\times160\times r[\text{V}]$이므로

$$r=\frac{19}{\sqrt{3}\times22.79\times160}=3\times10^{-3}[\Omega/\text{m}]$$

$$r=\frac{1}{58}\times\frac{100}{97}\times\frac{1}{A}$$

$$\frac{1}{A}=r\times\frac{58\times97}{100}$$

$$\therefore\ A=\frac{1}{0.169}\fallingdotseq5.92[\text{mm}^2]$$

<별해> $A=\dfrac{30.8LI}{1{,}000e}=\dfrac{30.8\times160\times22.79}{1{,}000\times19}=5.911$

답 $6[\text{mm}^2]$

TIP

① 부하의 중심거리 $L=\dfrac{I_1l_1+I_2l_2+I_3l_3}{I_1+I_2+I_3}[\mathrm{m}]$

② $R=\rho\cdot\dfrac{L}{A}$(ρ : 고유저항)

③ $\rho=\dfrac{1}{58}\times\dfrac{100}{\%c}$($\%c$: 도전율)

06 변압기의 냉각 방식을 5가지만 쓰시오.

해답 ① 건식 자냉식　② 건식 풍냉식　③ 유입 자냉식　④ 유입 풍냉식　⑤ 유입 수냉식

TIP

➤ 그 외
⑥ 송유 자냉식
⑦ 송유 풍냉식
⑧ 송유 수냉식

07 일반 건물의 총 설비용량이 전등 · 전열부하 500[kVA]이다. 전등 · 전열 부하수용률은 70[%], 동력부하 수용률은 60[%], 전등 · 전열 및 동력부하 간의 부등률이 1.25라고 한다. 배전선로의 전력 손실이 전등, 전열, 동력 모두 부하전력의 10[%]라고 하면 변전실의 최대전력은 몇 [kVA]인가?

해답 계산 : 전등부하 최대수용전력 $=500\times0.7=350$[kVA]
동력부하 최대수용전력 $=600\times0.6=360$[kVA]
변전소 최대전력 $=\dfrac{350+360}{1.25}\times(1+0.1)=624.8$[kVA]

답 624.8[kVA]

TIP

$$\text{합성최대전력}=\frac{\text{개별 최대수용전력의 합}}{\text{부등률}}=\frac{\text{설비용량}\times\text{수용률}}{\text{부등률}}$$

08 스폿 네트워크(Spot Network) 수전방식의 특징을 3가지만 쓰시오.

해답 ① 무정전 전력공급이 가능하다.
② 공급 신뢰도가 높다.
③ 전압변동률이 낮다.

TIP
➤ 그 외
④ 부하 증가에 대한 적응성이 좋다.
⑤ 기기의 이용률이 향상된다.

09 피뢰기의 구비 조건을 3가지만 쓰시오.

해답 ① 상용주파 방전 개시 전압이 높을 것
② 충격 방전 개시 전압이 낮을 것
③ 속류차단 능력이 클 것

TIP
➤ 그 외
④ 제한전압이 낮을 것

10 도면과 같은 고압 또는 특고압 수전설비의 진상콘덴서 접속 뱅크 결선도를 보고 다음 각 물음에 답하시오.

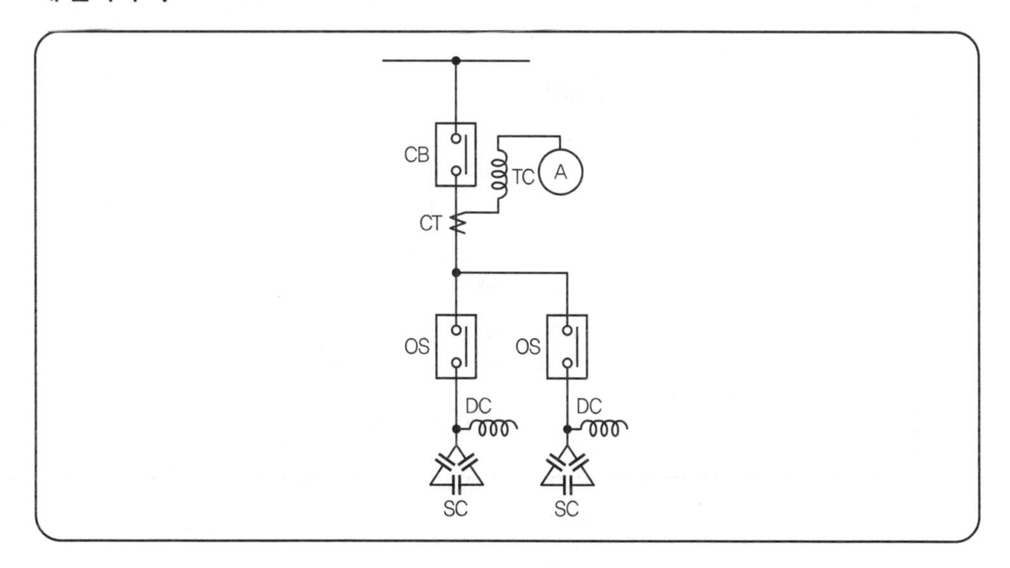

1 콘덴서 용량이 몇 [kVA] 초과 몇 [kVA] 이하인 경우인가?
2 콘덴서 용량이 100[kVA] 이하인 경우 CB 대신 사용 가능한 개폐기는?
3 콘덴서 용량이 50[kVA] 미만인 경우 사용 가능한 개폐기는?

해답 1 콘덴서 총 용량이 300[kVA] 초과, 600[kVA] 이하인 경우
2 유입 개폐기(OS)
3 컷아웃 스위치(COS)

11 피뢰기에서 다음과 같이 사용되는 계측장비를 쓰시오.

1 절연저항
2 누설전류

해답 1 절연저항계(메거)
2 누설전류계

12 일반 시가지의 폭 9[m] 도로에 다음과 같이 가로등을 설치하려고 한다. 물음에 답하시오. (유사문제로 대체함)

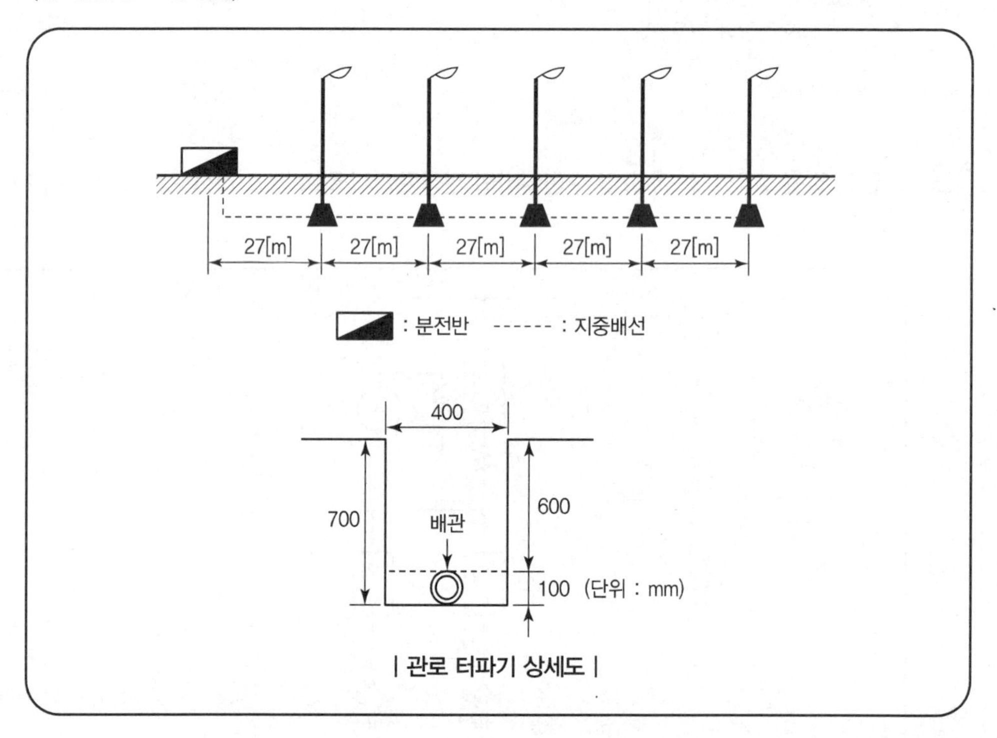

| 관로 터파기 상세도 |

[조건]

1. 등주 높이는 9[m]이고, 인력 설치한다.
2. 광원은 LED 200[W] 1등용이다.
3. 등주 간격은 27[m], 한쪽 배열로 설치한다.
4. 케이블은 CV 6[mm^2]/1C × 2, E 6[mm^2]/1C(HFIX : 연접 접지, 녹색)를 적용한다.
5. 배관은 합성수지 파형관 30[mm]를 사용하며, 터파기와 되메우기는 [m^3]당 각각 보통인부 0.28[인], 0.1[인]을 적용한다.
6. 가로등 기초 터파기는 개당 0.75[m^3]이고, 콘크리트 타설량은 0.55[m^3]이다.
7. 접지는 연접 접지를 적용한다.
8. 재료의 할증에 대해서는 공량을 적용하지 않는다.
9. 아래의 품셈과 문제에 주어진 사항 이외는 고려하지 않는다.

[표준품셈]

| 표 1. 제어용 케이블 설치 |

(단위 : [m] 설치, 적용직종 : 저압케이블전공)

선심 수	4[mm^2] 이하	6[mm^2] 이하	8[mm^2] 이하
1C	0.011	0.013	0.014
2C	0.016	0.018	0.020

① 연접 접지선도 이에 준한다.
② 옥외 케이블의 할증률은 3[%] 적용

| 표 2. LED 가로등기구 설치 |

(단위 : 개)

종별	내선전공	종별	내선전공
100[W] 이하	0.204	200[W] 이하	0.221
150[W] 이하	0.231	250[W] 이하	0.229

LED 등기구 일체형 기준(컨버터 내장형)

| 표 3. POLE LIGHT 인력 설치 |

(단위 : 본)

규격	내선전공	규격	내선전공
8[m] 이하(1등용)	2.76	10[m] 이하(1등용)	3.49
9[m] 이하(1등용)	3.13	12[m] 이하(1등용)	4.19

| 표 4. 합성수지 파형관 설치 |

(단위 : [m])

규격	배선전공	보통인부
16[mm] 이하	0.005	0.012
30[mm] 이하	0.006	0.014
50[mm] 이하	0.007	0.018

① 합성수지 파형관의 지중포설 기준
② 가로등 공사, 신호등 공사, 보안등 공사 또는 구내 설치 시 50[%] 가산
③ 옥외전선관의 할증률은 5[%] 적용

1 가로등 기초를 포함한 전체 터파기량과 공량을 구하시오.(단, 전원함의 기초 그리고 가로등 기기량 · 계산 기초와 관로 중첩부분은 무시한다.)

① 터파기량

② 공량(보통인부)

2 가로등 기초를 포함한 전체 되메우기량과 공량을 구하시오.(단, 전원함의 기초 그리고 가로등 기초와 관로 중첩부분 및 배관의 체적은 무시한다.)

① 되메우기량

② 공량(보통인부)

3 전선관 물량과 공량을 산출하시오.(단, 지중에서 전원함 그리고 가로등 기초에서 가로등주까지의 배관은 무시한다.)

① 물량

② 공량(배전전공, 보통인부)

4 케이블과 접지선의 물량과 공량(저압케이블전공)을 산출하시오.(단, 케이블의 길이는 가로등 기초에서 안정기 박스까지의 거리를 고려하여 경간당 2[m]를 추가 적용한다. 그리고 안정기 박스에서 등기구까지의 배선은 무시한다.)

① 물량(CV, HFIX)

② 공량(저압케이블전공)

5 등기구를 포함한 가로등 설치 공량(내선전공)을 산출하시오.

해답 **1** ① 터파기량

계산 : 관로 터파기 $=0.4\times0.7\times27\times5=37.8[m^3]$

외등 기초 터파기 $=0.75\times5=3.75[m^3]$

∴ 전체 터파기량 $=37.8+3.75=41.55[m^3]$

답 $41.55[m^3]$

② 공량(보통인부)

계산 : 공량(보통인부) $=41.55\times0.28=11.634$[인]

답 11.634[인]

2 ① 되메우기량

계산 : 되메우기량 = 전체 터파기량 − 콘크리트 타설량 $=41.55-0.55\times5=38.8[m^3]$

답 $38.8[m^3]$

② 공량(보통인부)

계산 : 공량(보통인부) $=38.8\times0.1=3.88$[인]

답 3.88[인]

3 ① 전선관 물량

계산 : 물량 $=27\times5\times1.005=141.75[m]$

답 141.75[m]

② 전선관 공량(배전전공, 보통인부)

계산 : 배전전공=27×5×0.006×1.05(할증)=1.215[인]

보통인부=27×5×0.014×1.05(할증)=2.835[인]

답 배전전공 : 1.215[인]

보통인부 : 2.835[인]

4 ① 물량(CV, HFIX)

계산 : CV=(27+2)×5×2×1.03(할증)=298.7[m]

HFIX=(27+2)×5×1.03(할증)=149.35[m]

답 CV 298.7[m]

HFIX 149.35[m]

② 공량(저압케이블전공)

계산 : CV=(27+2)×5×2×0.013=3.77[인]

HFIX=(27+2)×5×0.013=1.885[인]

∴ 공량 합계=3.77+1.885=5.655[인]

답 5.655[인]

5 계산 : 공량(내선전공)=(3.13+0.221)×5=16.755[인]

답 16.755[인]

13 다음 접지공사의 접지선 굵기를 쓰시오. ※ KEC 규정에 따라 삭제

1 제1종 접지공사(E_1)

2 제2종 접지공사(E_2)(단, 22.9[kV] 다중접지 및 고압 전로가 아닌 경우)

3 제3종 접지공사

4 특별 제3종 접지공사

14 송전선로에 경동선보다 ACSR(강심알루미늄연선)을 많이 사용하는 이유 2가지를 쓰시오.

해답 ① 경동선에 비해 기계적 강도가 크고 비중이 작다.

② 직경이 경동선보다 크기 때문에 코로나 발생이 적다.

전기공사기사

2020년도 1회 시험 과년도 기출문제

01 다음은 전등 및 콘센트의 평면 배선도이다. 각 항의 조건을 읽고 물음에 답하시오.

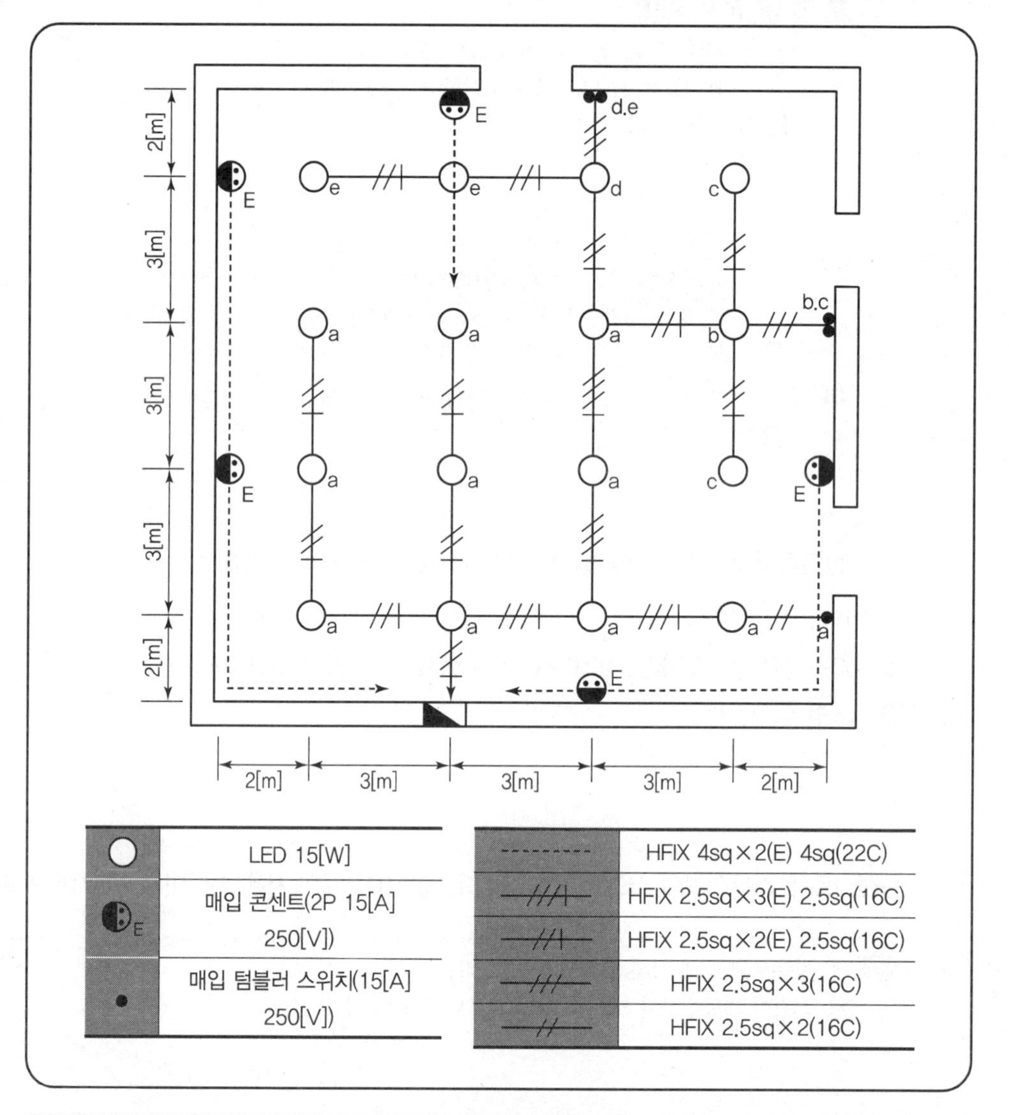

[시설 조건]

1. 4조 이상의 배관과 접속되는 박스는 4각 박스를 사용한다.
2. 스위치 설치 높이는 1.2[m](바닥에서 중심까지)로 한다.
3. 콘센트 설치 높이는 0.3[m](바닥에서 중심까지)로 한다.

4. 분전함 설치 높이는 1.8[m](바닥에서 상단까지)로 한다.(단, 바닥에서 하단까지는 0.5[m]를 기준으로 한다.)
5. 바닥에서 천장 슬래브까지의 높이는 3[m]로 한다.
6. 분전반의 규격은 다음에 의한다.
   - 주차단기 CB 3P 60AF(60AT) : 1개
   - 분기차단기 CB 2P 30AF(20AT) : 4개
   - 철제매입 설치 완제품 기준

[재료의 산출 조건]

1. 분전함 내부에서 배선 여유는 전선 1본당 0.5[m]로 한다.
2. 자재 산출 시 산출 수량과 할증 수량은 소수점 이하도 기록하고, 자재별 총수량(산출수량 + 할증 수량)의 소수점 이하는 반올림한다.
3. 배관 및 배선 이외의 자재는 할증을 보지 않는다.(단, 배관 및 배선의 할증은 10[%]로 한다.)
4. 바닥면에서의 전선 매설 깊이까지와 천장 슬래브에서 천장 슬래브 내의 전선설치 높이까지는 자재 산출에 포함시키지 않는다.
5. 콘센트용 박스는 4각 박스로 본다.
6. 콘센트용 및 등기구 내 배선 여유는 무시한다.
7. 콘센트용 전선은 분전반 하단기준, 전등용 전선은 분전반 상단을 기준으로 한다.
8. 접지선은 HFIX선을 사용한다.

[인건비 산출 조건]

1. 재료의 할증분에 대해서는 품셈을 적용하지 않는다.
2. 소수점 이하도 계산한다.
3. 품셈은 아래 표의 품셈을 적용한다. 주어진 품셈 이외의 것은 임의로 생각하지 말 것
4. 분전반 품셈은 별첨 품셈표를 적용한다.

[품셈표]

| 박스(BOX) 설치 |

(단위 : 개)

종별	내선전공
Concrete Box	0.12
Outlet Box	0.20
Switch Box(2개용 이하)	0.20
Switch Box(3개용 이하)	0.25
노출형 Box(콘크리트 노출기준)	0.29
플로어 박스	0.20
연결용 박스	0.04

[해설] 콘크리트 매입기준

| 배선기구 설치 |

(가) 콘센트류

(단위 : 개, 적용직종 : 내선전공)

종류	2P	3P	4P
콘센트 15[A]	0.065	0.095	0.10
콘센트(접지극부) 15[A]	0.08	-	-
콘센트(접지극부) 20[A]	0.085	-	-
콘센트(접지극부) 30[A]	0.11	0.145	0.15
플로어 콘센트 15[A]	0.096	-	-
플로어 콘센트 20[A]	0.096	-	-
하이텐션(로우텐션)	0.096	-	-

[해설] 매입 설치기준, 노출설치 120[%]

(나) 스위치류

종별	내선전공
텀블러 스위치 단로용	0.085
텀블러 스위치 3로용	0.085
텀블러 스위치 4로용	0.10
풀스위치	0.10
푸시버튼	0.065
리모컨 스위치	0.07

[해설] 매입설치 기준, 노출설치 시 120[%]

| 분전반 조립 및 설치 |

(단위 : 개, 적용직종 : 내선전공)

배선용 차단기				나이프 스위치			
용량	2P	3P	4P	용량	2P	3P	4P
30AF 이하	0.34	0.43	0.54	30AF 이하	0.38	0.48	0.6
50AF 이하	0.43	0.58	0.74	60AF 이하	0.48	0.65	0.82
100AF 이하	0.58	0.74	1.04	100AF 이하	0.65	0.93	1.16
225AF 이하	0.74	1.04	1.35	200AF 이하	0.82	1.20	1.50
				300AF 이하	1.20	1.47	1.84
400AF 이하		1.65	1.95	400AF 이하		1.74	2.20
600AF 이하		1.94	2.24	600AF 이하		2.40	2.54
800AF 이하		2.24	2.55	800AF 이하			

[해설] ① 차단기 및 스위치를 조립, 결선하고, 매입 설치하는 기준
② 차단기 및 스위치가 조립된 완제품(내부배선 포함) 설치 시는 차단기 및 스위치를 각각 개별 적용하여 합산한 품의 35[%]

1 도면을 보고 다음 재료표의 ①부터 ⑥까지 빈칸을 기입하시오.

자재명	규격	단위	산출수량	할증수량	총수량 (산출수량+할증수량)
후강전선관	16[mm]	m			①
후강전선관	22[mm]	m			②
HFIX	2.5sq	m			③
HFIX	4sq	m			④
4각 박스		개			⑤
8각 박스		개			⑥

2 다음 표의 각 재료별 전공 수를 ①부터 ④까지 기입하시오.

자재명	규격	단위	산출수량	할증수량	내선전공
스위치	15[A], 250[V]	개			①
매입 콘센트	2P, 15[A], 250[V]	개			②
스위치박스	1개용, 2개용	개			③
분전반	1－CB 3P 60AF(60AT) 4－CB 2P 30AF(20AT)	면			④

해답 **1** ① 후강전선관 16[mm]

1) 산출수량
- a회로 $1.2+2+3+6+6+3+6+3+2+1.8=34$[m]
- b, c회로 $3+3+3+2+1.8=12.8$[m]
- d, e회로 $3+6+2+1.8=12.8$[m]

계 : $34+12.8+12.8=59.6$[m]

2) 할증수량 $59.6\times0.1=5.96$[m]

3) 총수량$=59.6+5.96=65.56$[m]$\fallingdotseq66$[m]

② 후강전선관 22[mm]

1) 산출수량
- $0.5+5+5+0.3\times2+6+0.3=17.4$[m]
- $0.5+13+0.3=13.8$[m]
- $0.5+3+0.3\times2+5+5+0.3=14.4$[m]

계 : $17.4+13.8+14.4=45.6$[m]

2) 할증수량 $45.6\times0.1=4.56$[m]

3) 총수량$=45.6+4.56=50.16$[m]$\fallingdotseq50$[m]

③ HFIX 2.5sq

1) 산출수량

- a회로 (0.5+1.2+2+9+6)×3+(3+6+3)×4+(2+1.8)×2=111.7[m]
- b, c회로 (3+6+2+1.8)×3=38.4[m]
- d, e회로 (3+6+2+1.8)×3=38.4[m]

계 : 111.7+38.4+38.4=188.5[m]

2) 할증수량 188.5×0.1=18.85[m]

3) 총수량=188.5+18.85=207.35[m]≒207[m]

④ HFIX 4sq

1) 산출수량

- (17.4+0.5)×3=53.7[m]
- (13.8+0.5)×3=42.9[m]
- (14.4+0.5)×3=44.7[m]

계 : 53.7+42.9+44.7=141.3[m]

2) 할증수량 141.3×0.1=14.13[m]

3) 총수량=141.3+14.13=155.43[m]≒155[m]

답

자재명	규격	단위	산출 수량	할증 수량	총수량 (산출수량+할증수량)
후강전선관	16[mm]	[m]			① 66
후강전선관	22[mm]	[m]			② 50
HFIX	2.5sq	[m]			③ 207
HFIX	4sq	[m]			④ 155
4각 박스		개			⑤ 7
8각 박스		개			⑥ 14

2 ① 스위치(단로용) : 5×0.085=0.425[인]

② 매입콘센트 : 5×0.08=0.4[인]

③ 스위치박스(2개용 이하) : 3×0.2=0.6[인]

④ 분전반

- 3P 60[AF] : 1×0.74=0.74[인]
- 2P 30[AF] : 4×0.34=1.36[인]

계 : (0.74+1.36)×0.35=0.735[인]

답

자재명	규격	단위	산출 수량	할증 수량	내선전공
스위치	15[A], 250[V]	개			① 0.425
매입콘센트	2P, 15[A], 250[V]	개			② 0.4
스위치박스	1개용, 2개용	개			③ 0.6
분전반	1-CB 3P 60AF(60AT) 4-CB 2P 30AF(20AT)	면			④ 0.735

TIP

1 총수량 계산

(1) 콘센트회로

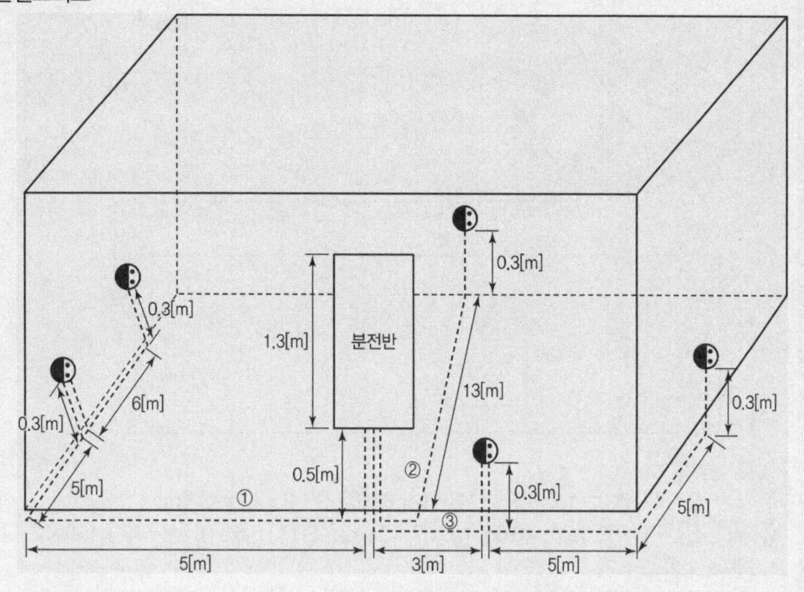

① 콘센트 ①번

- 배관(22C)=0.5+5+5+0.3×2+6+0.3=17.4[m]
- 전선=(배관길이+분전함 내부 배선여유)×3=(17.4+0.5)×3=53.7[m]

② 콘센트 ②번

- 배관=0.5+13+0.3=13.8[m]
- 전선=(13.8+0.5)×3=42.9[m]

③ 콘센트 ③번

- 배관=0.5+3+0.3×2+5+5+0.3=14.4[m]
- 전선=(14.4+0.5)×3=44.7[m]

계 : 전선관 22C=17.4+13.8+14.4=45.6[m]

전선 HFIX 4sq=53.7+42.9+44.7=141.3[m]

(2) 전등회로

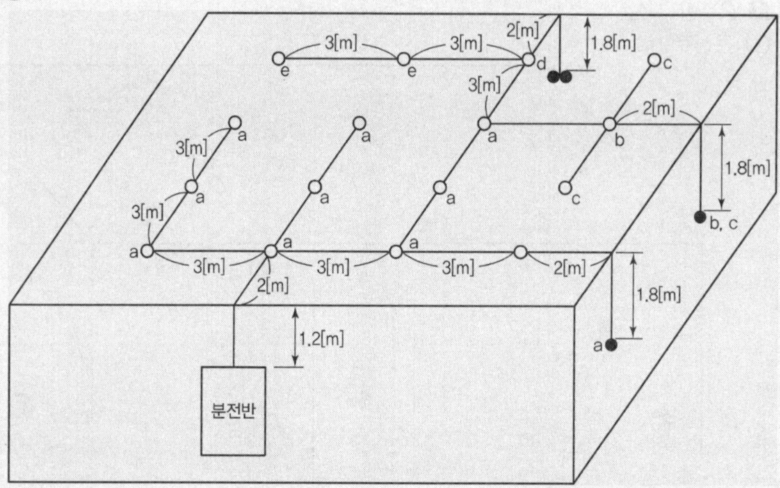

① a회로
- 전선관(16C)=1.2+2+3+6+6+3+6+3+2+1.8=34[m]
- 전선(HFIX 2.5sq)=(0.5+1.2+2+9+6)×3+(3+6+3)×4+(2+1.8)×2=111.7[m]

② b, c회로
- 전선관(16C)=3+3+3+2+1.8=12.8[m]
- 전선(HFIX 2.5sq)=(3+6+2+1.8)×3=38.4[m]

③ d, e회로
- 전선관(16C)=3+6+2+1.8=12.8[m]
- 전선(HFIX 2.5sq)=(3+6+2+1.8)×3=38.4[m]

계 : 전선관(16C)=34+12.8+12.8=59.6[m]
전선(HFIX 2.5sq)=111.7+38.4+38.4=188.5[m]

④ 4각 박스 : 콘센트 5개+전등(4조 이상의 배관이 접속되는 박스) 2개=7[개]

⑤ 8각 박스 : 전등(4조 이상의 배관이 접속되는 박스 2개 제외) : 14[개]

2 재료별 전공 수 계산

① 스위치 : 매입 텀블러 스위치(15[A], 250[V], a, b, c, d, e회로)

② 매입 콘센트 : 접지극부 2P, 15[A]

③ 스위치박스 : 1개용 : 1[개], 2개용 : 2[개]

④ 분전반 : 완제품 기준(개별 차단기 설치품의 합계×0.35)

02 **전력시스템에서 운용되고 있는 SCADA 시스템은 자동급전, 배전 사령실의 지역급전 및 배전 자동화 등에 이용된다. SCADA의 기능을 3가지만 쓰시오.**

해답 ① 경보기능 ② 감시 제어기능 ③ 지시・표시기능

03 **건축물의 조명설계 시 눈부심(Glare)을 방지하는 방법을 6가지만 쓰시오.**

해답 ① 보호각 조정
② 아크릴 루버 등 설치
③ 수평에 가까운 방향에 광도가 적은 배광기구를 사용
④ 반간접조명이나 간접조명 방식을 채택
⑤ 건축화 조명을 적용
⑥ 휘도가 낮은 광원을 선택

04 **부하개폐기(LBS)의 설치목적을 2가지만 쓰시오.**

해답 ① 부하전류를 개폐할 수 있다.
② PF용단 등 결상사고를 방지한다.

05 **송전전압이 154[kV], 선로길이가 30[km]인 경우 1회선당 가능한 송전전력은 몇 [kW]인지 Still의 식에 의거하여 구하시오.**

해답 계산 : $V_s = 5.5\sqrt{0.6 \times l[\text{km}] + \frac{P[\text{kW}]}{100}}$

$\therefore$ 송전전력 $P = \left(\frac{{V_s}^2}{5.5^2} - 0.6l\right) \times 100 = \left(\frac{154^2}{5.5^2} - 0.6 \times 30\right) \times 100 = 76{,}600[\text{kW}]$

답 76,600[kW]

TIP

➤ Still의 식

$V_s = 5.5\sqrt{0.6l + \frac{P}{100}}$ [kV]

여기서, l:송전 거리[km], P:송전 용량[kW]

06 그림은 어느 박물관의 배선에 경보장치를 설치하려고 하는 미완성 배선 접속도이다. 이 미완성 배선 접속도를 완성시켜 복선도를 그리시오.(단, 누전경보기 내부 전선은 생략하고 단자까지만 배선하며, 영상변류기는 WH와 KS 사이에 시설하는 것으로 하고, 경보장치의 전원단에는 별도의 개폐기를 설치한다. 또한 경보기구(벨)도 포함하여 작성한다.)

[참고사항]

경보장치에서의 C_1, C_2는 ZCT의 단자이며, S_1, S_2는 경보장치 전원단자, A_1, A_2는 경보기구(벨)의 단자이다.

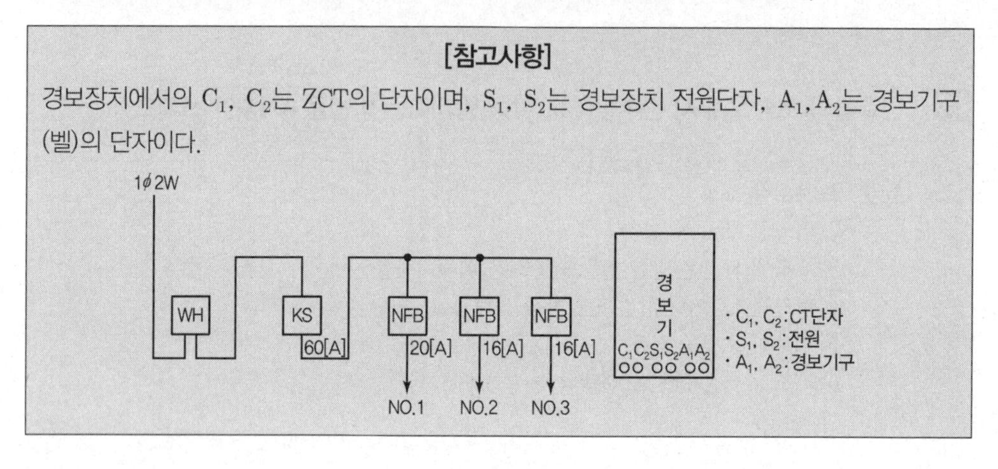

해답

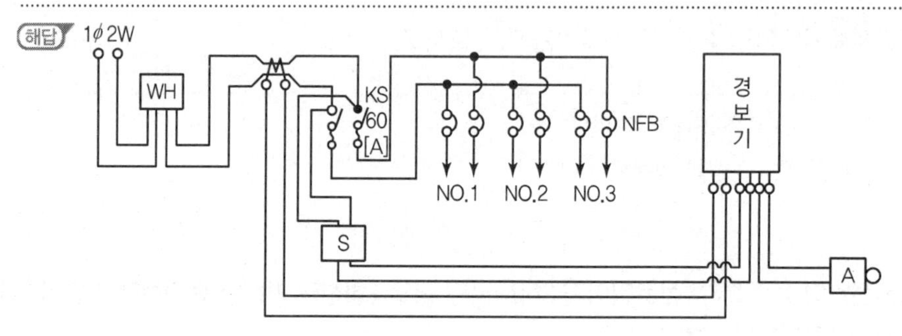

07 한국전기설비규정에 의거 KS C IEC 60364－1 규격에 의한 TN 접지계통의 종류 3가지를 쓰시오.

해답 ① TN－S 계통 ② TN－C－S 계통 ③ TN－C 계통

TIP

➤ 저압배선계통의 접지방식

기호설명	
	중성선(N)
	보호도체(PE)
	보호도체와 중성선 결합(PEN)

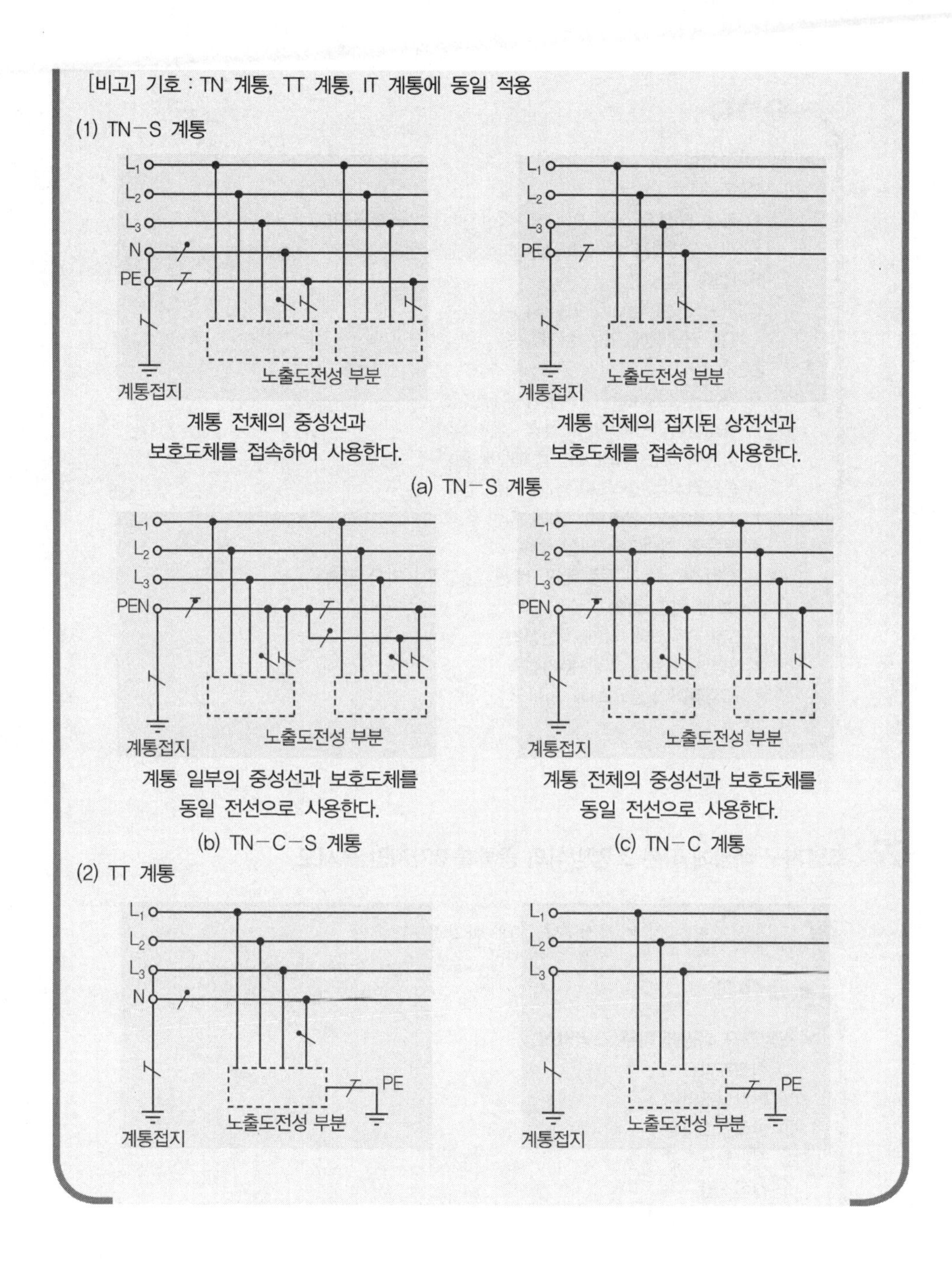

08 전선의 접속방법 중 동(Cu)전선의 접속에서 직선접속의 종류를 2가지만 쓰시오.

해답 ① 가는 단선(6[mm^2] 이하)의 직선접속(트위스트조인트)
② 직선맞대기용 슬리브(B형)에 의한 압착접속

TIP

➤ 동(Cu)전선접속

① 직선접속
- 가는 단선(6[mm²] 이하)의 직선접속(트위스트조인트)
- 직선맞대기용 슬리브(B형)에 의한 압착접속

② 분기접속
- 가는 단선(6[mm²] 이하)의 분기접속
- T형 커넥터에 의한 분기접속

③ 종단접속
- 가는 단선(4[mm²] 이하)의 종단접속
- 동선압착단자에 의한 접속
- 비틀어 꽂는 형의 전선접속기에 의한 접속
- 종단겹침용 슬리브(E형)에 의한 접속
- 직선겹침용 슬리브(P형)에 의한 접속
- 꽂음형 커넥터에 의한 접속
- 천장조명 등기구용 배관, 배선 일체형에 의한 접속

④ 슬리브에 의한 접속
- S형 슬리브에 의한 직선접속
- S형 슬리브에 의한 분기접속
- 매킹타이어 슬리브에 의한 직선접속

09 조명기구 배광에 따른 조명방식의 종류를 3가지만 쓰시오.

해답 ① 직접조명 ② 반간접조명 ③ 반직접조명

TIP

➤ 조명기구 배광에 따른 조명방식

① 직접조명

② 반간접조명

③ 반직접조명

④ 전반확산조명

⑤ 간접조명

10 버스덕트의 종류를 3가지만 쓰시오.

해답 ① 피더 버스덕트
② 익스팬션 버스덕트
③ 탭붙이 버스덕트

TIP

➤ 버스덕트의 종류

명칭	설명
피더 버스덕트	도중에 부하를 접속하지 아니한 것
익스팬션 버스덕트	열 신축에 따른 변화량을 흡수하는 구조인 것
탭붙이 버스덕트	종단 및 중간에서 기기 또는 전선 등과 접속시키기 위한 탭을 가진 것
트랜스포지션 버스덕트	각 상의 임피던스를 평균시키기 위해서 도체 상호의 위치를 관로 내에서 교체시키도록 만든 것
플러그 인 버스덕트	도중에 부하접속용으로 꽂음 플러그를 만든 것

11 다음 단선결선도를 보고 물음에 답하시오.

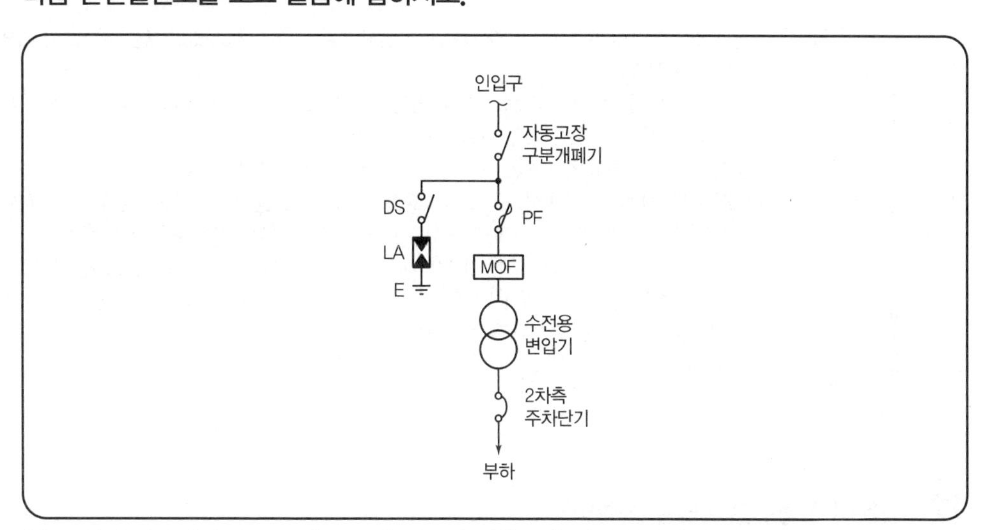

1. 그림의 단선결선도는 22.9[kV－Y] 계통의 몇 [kVA] 이하의 용량에만 적용하는 것인지 쓰시오.
2. 피뢰기의 수량을 쓰시오.
3. 지중인입선의 경우 22.9[kV－Y] 계통은 어떤 종류의 케이블을 사용하여야 하는지 2가지를 쓰시오.
4. 수전용 변압기가 300[kVA] 이하인 경우 PF 대신 사용 가능한 개폐기(비대칭 차단전류 10[kA] 이상)를 쓰시오.

해답 **1** 1,000[kVA]
2 3개
3 CNCV－W 케이블(수밀형)
TR CNCV－W 케이블(트리억제형)
4 COS

TIP

➤ 22.9[kV－Y] 1,000[kVA] 이하를 시설하는 경우

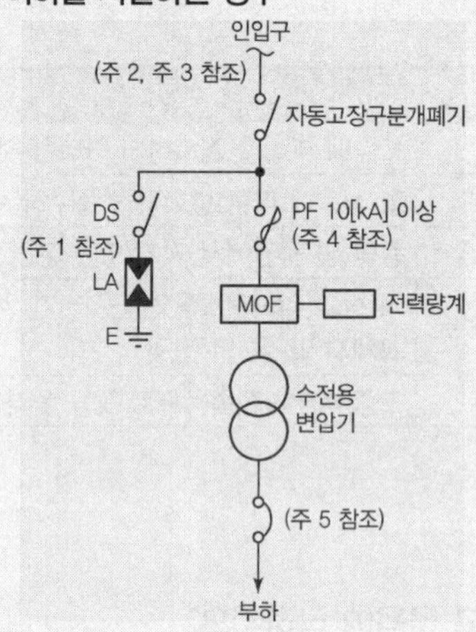

[주] ① LA용 DS는 생략할 수 있으며 22.9[kV－Y]용의 LA는 Disconnector (또는 Isolator) 붙임형을 사용하여야 한다.
② 인입선을 지중선으로 시설하는 경우로 공동주택 등 고장 시 정전피해가 큰 경우에는 예비 지중선을 포함하여 2회선으로 시설하는 것이 바람직하다.
③ 지중인입선의 경우에 22.9[kV－Y] 계통은 CNCV－W 케이블(수밀형) 또는 TR CNCV－W 케이블(트리억제형)을 사용하여야 한다. 다만, 전력구 · 공동구 · 덕트 · 건물구내 등 화재의 우려가 있는 장소에서는 FR CNCO－W 케이블(난연)을 사용하는 것이 바람직하다.
④ 300[kVA] 이하인 경우는 PF 대신 COS(비대칭 차단전류 10[kA] 이상의 것)을 사용할 수 있다.
⑤ 특고압 간이수전설비는 PF의 용단 등의 결상사고에 대한 대책이 없으므로 변압기 2차측에 설치되는 주차단기에는 결상계전기 등을 설치하여 결상사고에 대한 보호능력이 있도록 함이 바람직하다.

12 다음의 작업구분에 맞는 직종명을 쓰시오.

① 발전설비 및 중공업 설비의 시공 및 보수
② 철탑 등 송전설비의 시공 및 보수
③ 송전전공으로 활선작업을 하는 전공

해답 ① 플랜트전공　② 송전전공　③ 송전활선전공

TIP

① 플랜트전공 : 발전소 중공업설비 · 플랜트설비의 시공 및 보수에 종사하는 사람
② 송전전공 : 발전소와 변전소 사이의 송전선의 철탑 및 송전설비의 시공 및 보수에 종사하는 사람
③ 송전활선전공 : 소정의 활선작업교육을 이수한 숙련 송전전공으로서 전기가 흐르는 상태에서 필수 활선장비를 사용하여 송전설비에 종사하는 사람

13 공칭단면적이 100[mm²]인 경동선을 사용한 가공전선로가 있다. 경간은 100[m]로 지지점의 높이는 동일하다. 전선 1[m]의 무게는 0.7[kg], 풍압하중이 1.1[kg/m]인 경우 전선의 안전율을 2.2로 하기 위한 전선의 길이[m]를 구하시오.(단, 전선의 인장하중은 1,100[kg]으로서 장력에 의한 전선의 신장은 무시한다.)

해답 계산 : 합성하중 $W=\sqrt{0.7^2+1.1^2}=1.3[\text{kg/m}]$

이도 $D=\dfrac{WS^2}{8T}=\dfrac{1.3\times100^2}{8\times\left(\dfrac{1100}{2.2}\right)}=3.25[\text{m}]$

$\therefore$ 전선의 길이 $L=S+\dfrac{8D^2}{3S}=100+\dfrac{8\times3.25^2}{3\times100}=100.28[\text{m}]$

답 100.28[m]

TIP

① 합성하중

$W=\sqrt{W_i+W_c)^2+W_p^2}$

여기서, W_p : 풍압하중
W : 합성하중
W_c : 빙설하중
W_i : 전선자중

② 장력 $T=\dfrac{\text{인장강도}}{\text{안전율}}$

14 동일 변전소로부터 인출되는 2회선 이상의 고압 배전선에 접속되는 변압기 2차측을 모두 동일 저압선에 연계하는 공급방식으로 1차측 배전선 또는 변압기에 고장이 발생해도 다른 건전 설비에 의하여 무정전 전원공급이 가능하고 공급신뢰도가 높은 배전방식을 쓰시오.

해답 스포트 네트워크 방식

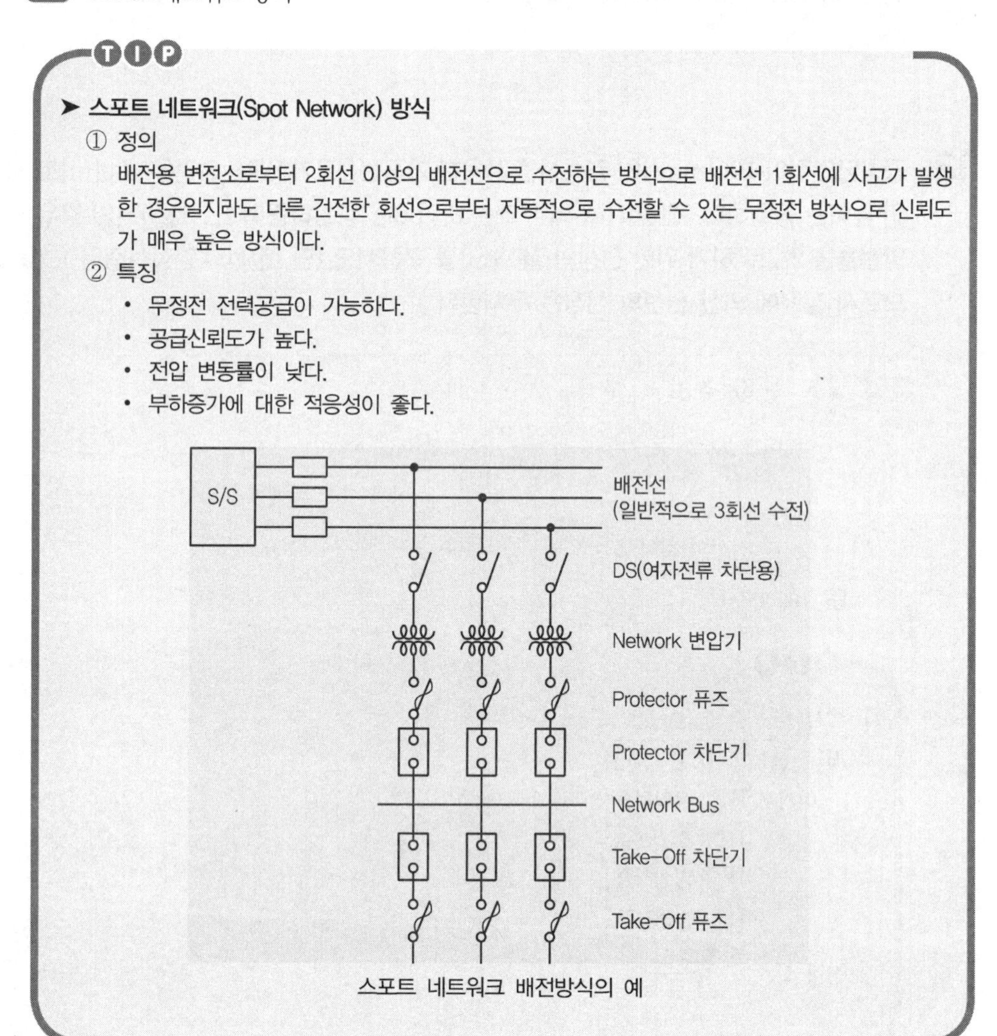

TIP

➤ 스포트 네트워크(Spot Network) 방식

① 정의

배전용 변전소로부터 2회선 이상의 배전선으로 수전하는 방식으로 배전선 1회선에 사고가 발생한 경우일지라도 다른 건전한 회선으로부터 자동적으로 수전할 수 있는 무정전 방식으로 신뢰도가 매우 높은 방식이다.

② 특징

- 무정전 전력공급이 가능하다.
- 공급신뢰도가 높다.
- 전압 변동률이 낮다.
- 부하증가에 대한 적응성이 좋다.

스포트 네트워크 배전방식의 예

15 축전지를 방전 상태에서 오랫동안 방치하면 극판의 황산납이 회백색으로 변하고 내부저항이 증가하여 충전 시 전해액의 온도가 상승하고 전지의 수명이 단축되는 현상을 쓰시오.

해답 설페이션 현상

16 모든 작업이 작업대에서 이루어지는 작업장의 크기가 가로 6[m], 세로 10[m], 바닥에서 천장까지의 높이가 3.6[m]인 방에서 조명기구를 천장에 설치하고자 한다. 이 방의 실지수는 얼마인가?(단, 작업대는 바닥에서부터 0.6[m]이다.)

해답 계산 : 실지수 $K=\dfrac{X\cdot Y}{H(X+Y)}=\dfrac{6\times 10}{(3.6-0.6)(6+10)}=1.25$

답 1.25

17 공급점에서 50[m]의 지점에 80[A], 60[m]의 지점에 50[A], 80[m]의 지점에 30[A]의 부하가 걸려 있을 때 부하 중심까지의 거리를 산출하여 전압강하를 고려한 전선의 굵기를 결정하려고 한다. 부하 중심까지의 거리는 몇 [m]인지 구하시오.

해답 계산 : 직선부하에서 부하 중심점까지의 거리

$$L=\frac{L_1 I_1+L_2 I_2+L_3 I_3}{I_1+I_2+I_3}=\frac{50\times 80+60\times 50+80\times 30}{80+50+30}=58.75[\text{m}]$$

답 58.75[m]

Engineer Electric Work

전기공사기사

2020년도 2회 시험 과년도 기출문제

01 345[kV] 옥외 변전소시설에 있어서 울타리의 높이와 울타리에서 충전부분까지의 거리의 최솟값[m]을 구하시오.

해답 계산 : 6[m]+[(34.5−16)×0.12]=8.28[m]

답 8.28[m]

TIP

사용 전압의 구분	울타리 · 담 등의 높이와 울타리 · 담 등으로부터 충전 부분까지의 거리의 합계
35[kV] 이하	5[m]
35[kV] 초과 160[kV] 이하	6[m]
160[kV] 초과	• 6[m]를 기준하여 10,000[V]당 12[cm]를 더한 값 • 공식 6[m]+[(전압−16)×0.12](단, (전압−16)에서 소수점 이하 절상)

02 금속제 전선관에는 후강전선관, 박강전선관, 나사 없는 전선관이 있다. 다음과 같이 후강전선관의 규격을 순서대로 나열할 때 빈칸에 알맞은 규격을 쓰시오.

16[mm], (①), 28[mm], (②), 42[mm], (③), 70[mm]

해답 ① 22[mm] ② 36[mm] ③ 54[mm]

TIP

➤ 금속관의 종류

종류	관의 호칭
후강전선관(짝수)	16, 22, 28, 36, 42, 54, 70, 82, 92, 104
박강전선관(홀수)	19, 25, 31, 39, 51, 63, 75
나사 없는 전선관	박강전선관과 치수가 같다.

03 다음은 22.9[kV−Y], 1,000[kVA] 이하에 적용 가능한 특고압 간이 수전설비 표준결선도이다. 각 물음에 답하시오.

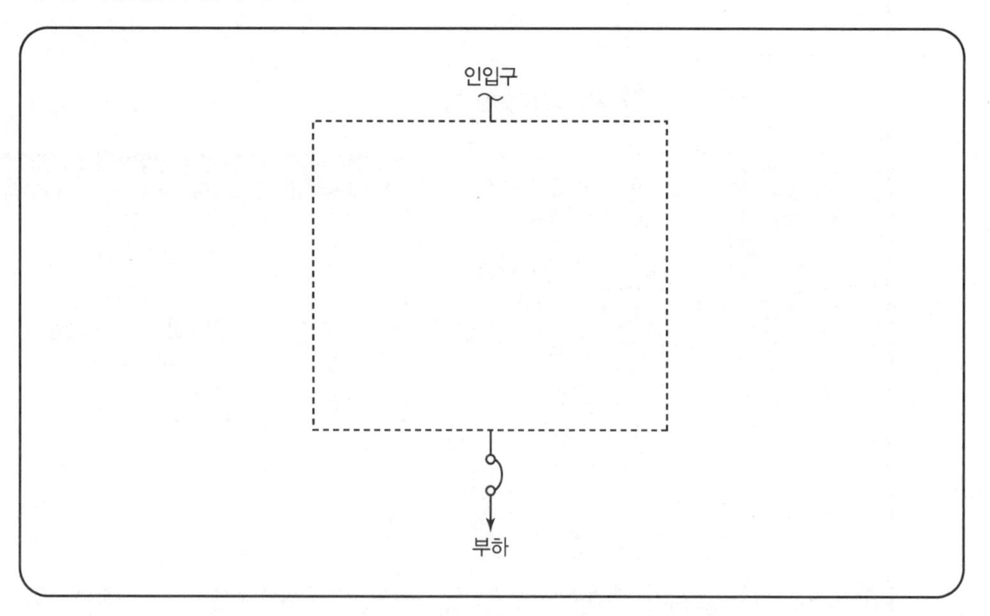

❶ 점선으로 표시된 미완성 부분의 결선도를 접지를 포함하여 완성하시오.(단, 자동고장구분개폐기, DS, LA, PF, MOF, 수전용 변압기, 전력량계만 사용하는 조건이다.)

❷ 22.9[kV−Y] 계통에서 지중인입선으로 주로 사용하는 케이블 종류 2가지를 쓰시오.

해답 ❶

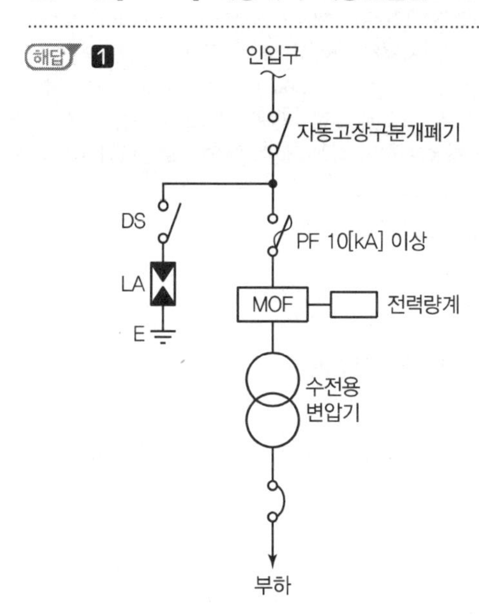

❷ CNCV−W 케이블(수밀형), TR CNCV−W(트리억제형)

TIP

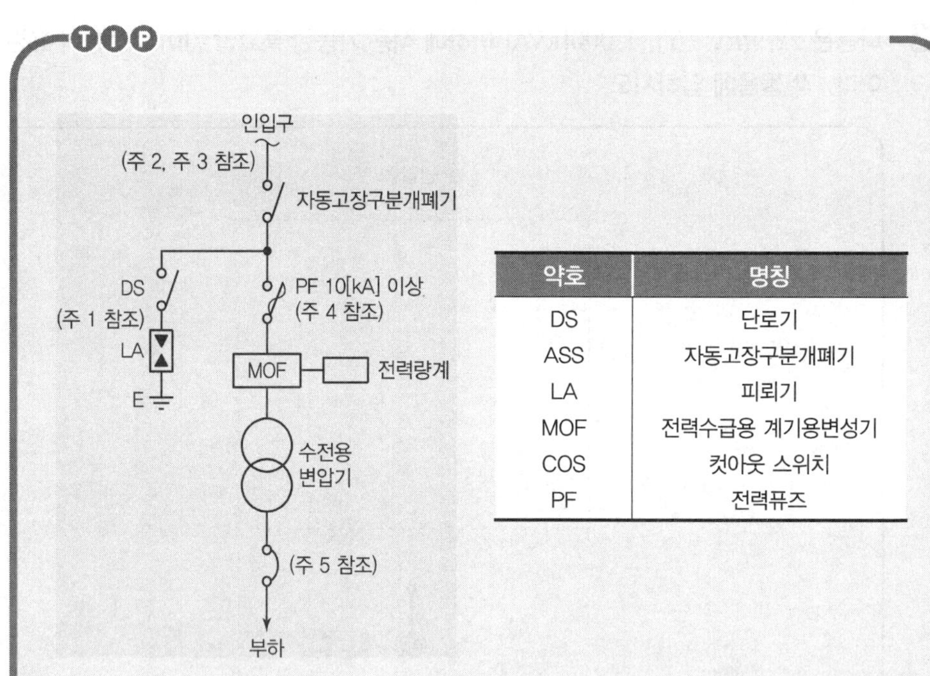

약호	명칭
DS	단로기
ASS	자동고장구분개폐기
LA	피뢰기
MOF	전력수급용 계기용변성기
COS	컷아웃 스위치
PF	전력퓨즈

[주] ① LA용 DS는 생략할 수 있으며 22.9[kV−Y]용의 LA는 Disconnector (또는 Isolator) 붙임형을 사용하여야 한다.
② 인입선을 지중선으로 시설하는 경우로서 공동주택 등 사고 시 정전피해가 큰 수전설비 인입선은 예비선을 포함하여 2회선으로 시설하는 것이 바람직하다.
③ 지중인입선의 경우에 22.9[kV−Y] 계통은 CNCV−W 케이블(수밀형) 또는 TR CNCV−W(트리억제형)을 사용하여야 한다. 다만, 전력구 · 공동구 · 덕트 · 건물구내 등 화재의 우려가 있는 장소에서는 FR CNCO−W(난연) 케이블을 사용하는 것이 바람직하다.
④ 300[kVA] 이하인 경우 PF 대신 COS(비대칭 차단전류 10[kA] 이상의 것)을 사용할 수 있다.
⑤ 간이수전설비는 PF의 용단 등에 의한 결상사고에 대한 대책이 없으므로 변압기 2차측에 설치되는 주차단기에는 결상 계전기 등을 설치하여 결상사고에 대한 보호능력이 있도록 함이 바람직하다.

04 COS 설치에(COS 포함) 사용되는 자재를 5가지만 쓰시오.

해답 ① COS ② COS 브래킷 ③ 내오손 결합애자 ④ 경완철 ⑤ 퓨즈 링크

05 지중전선로의 시설방법 3가지를 쓰시오.

해답 ① 직접매설식 ② 관로식 ③ 암거식

06 다음 도면은 횡단보도 안전을 위하여 기존 가로등주에서 분기하여 신호등주에 투광기를 설치한 장소 중 일부 개소에 해당하는 평면 배치도이다. 각 항의 조건을 읽고 물음에 답하시오.

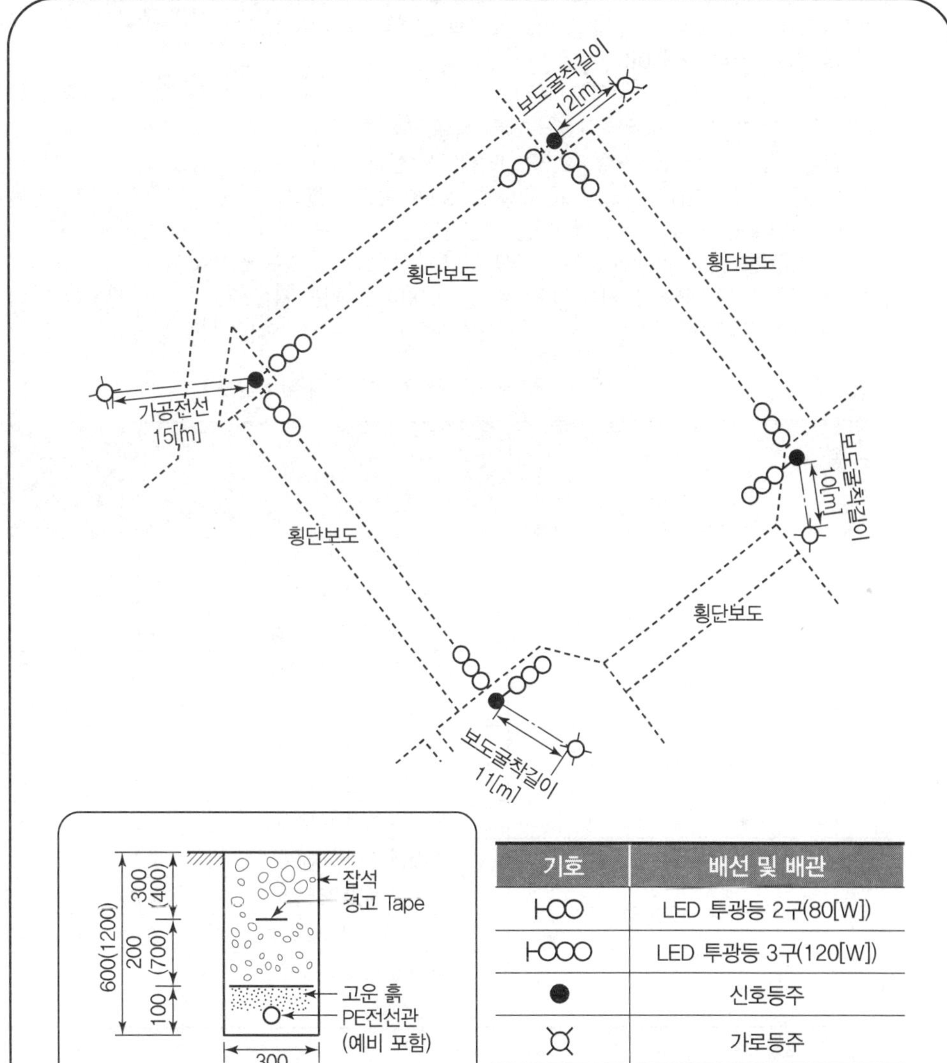

※ 괄호 내의 치수는 하중을 받는 장소인 차도에만 적용

터파기 상세도

기호	배선 및 배관
⊢○○	LED 투광등 2구(80[W])
⊢○○○	LED 투광등 3구(120[W])
●	신호등주
⊗	가로등주
—·—·—·—	지중전선로, 0.6/1[kV] F－CV 4sq/3C
—··—··—	가공전선로, 0.6/1[kV] F－CV 4sq/3C

[조건]

1. 금액산정 시 단위는 원단위이고, 소수점조건 이하는 절사한다.
2. 도면 및 조건에 따라 산정하고, 그 외에는 무시하도록 한다.
3. (재료비+직접노무비+산출경비)의 합계액 기준은 일억 원 이하이다.
4. 총 공사기간은 3개월이다.
5. 고용보험료는 7등급 이하를 적용한다.
6. 연금보험료는 (직접노무비)×4.5[%]를 적용한다.
7. 건강보험료는 (직접노무비)×3.335[%]를 적용한다.
8. 노인장기요양보험료는 (건강보험료)×10.25[%]를 적용한다.
9. 산재보험료는 (노무비)×3.75[%]를 적용한다.
10. 산업안전보건관리비는 (재료비+직접노무비)×1.2×2.93[%]를 적용한다.
11. 누전차단기(W.P)는 분기한 가로등주 1개소마다 1개씩만 시설한다.
12. 철판구멍따기는 투광등이 설치되는 신호등주 1개소마다 2개씩만 적용한다.

| 표 1. 공사규모, 공사기간별 기타경비 산출 |

공사규모 (재료비+직접노무비+산출경비)의 합계액 기준	공사기간	비율[%]	
		건축	기타
50억 미만	6개월 이하(183일)	5.6	5.6
	7~12개월(365일)	5.8	5.8
	13~36개월(1095일)	7.0	7.0
	36개월 초과(1096일)	7.3	7.3
50억 이상~300억 미만	6개월 이하(183일)	6.8	6.8
	7~12개월(365일)	7.0	7.0
	13~36개월(1095일)	8.2	8.2
	36개월 초과(1096일)	8.5	8.5
300억 이상~1000억 미만	6개월 이하(183일)	7.1	7.1
	7~12개월(365일)	7.2	7.2
	13~36개월(1095일)	8.4	8.4
	36개월 초과(1096일)	8.7	8.7
이하 생략			

[해설] 기타경비는 (재료비+노무비)×비율로 산출한다.

| 표 2. 고용보험료 산출 |

등급별 비율[%]	등급별 비율[%]
• 1등급 : 1.39	• 5등급 : 0.89
• 2등급 : 1.17	• 6등급 : 0.88
• 3등급 : 0.97	• 7등급 : 0.87
• 4등급 : 0.92	

[해설] 고용보험료는 (노무비)×비율로 산출한다.

| 표 3. 단가조사서 |

명칭	규격	단위	적용 단가	조사가격 1		조사가격 2	
				단가[원]	PAGE	단가[원]	PAGE
누전차단기(W.P)	2P 30AF/20AT	개	①	27,500	405	27,700	1,117
F－CV CABLE	0.6/1[kV] F－CV 3C×4sq	m		1,678	266	1,793	993
이하 생략							

[해설] 조사가격 중에서 가장 적은 금액으로 단가를 적용한다.

| 표 4. 도급수량 내역 |

명칭	규격	단위	수량	호표적용
보도굴착구간	기계＋인력	m		제1호
F－CV CABLE	0.6/1[kV] F－CV 3C×4sq	m	50	제2호
누전차단기(W.P)	2P 30AF/20AT	개		제3호
이하 생략				

| 표 5. 일위대가 재료비 |

명칭	규격	단위	수량	재료비	
				단가[원]	금액[원]
[제1호] 보도굴착구간 기계＋인력					
보판 걷기		m^2	1	335	335
보도블록 포장		m^2	1	596	596
터파기		m^3	②	430	
되메우기 및 다짐		m^3			97
위험표시테이프	저압	m	1	184	184
공구 손료		식	1	273	273
(합 계)		m	1		
[제2호] F－CV CABLE 0.6/1[kV] F－CV 3C×4sq					
(합 계)		m	1		1,863
[제3호] 누전차단기(W.P) 2P 30AF/20AT					
(합 계)		개	1		28,456
이하 생략					

[해설] [제2호], [제3호]의 일위대가 재료비는 합계값을 표시함

| 표 6. 일위대가 노무비 |

코드	명칭	규격	단위	노무비[원]
제1호	보도굴착구간	기계+인력	m	9,846
제2호	F-CV CABLE	0.6/1[kV] F-CV 3C×4sq	m	4,465
제3호	누전차단기(W.P)	2P 30AF/20AT	개	1,325
제4호	철판구멍따기		개	28,765
이하 생략				

❶ 위 표 안에 ①, ②에 대하여 답하시오.(단, 소수점 셋째 자리에서 반올림하여 소수점 둘째 자리까지 표시하시오.)

❷ 아래 표는 도급내역서의 일부이다. ③부터 ⑥까지 금액에 대하여 답하시오.(단, 소수점 이하는 절사한다.)

자재명	규격	단위	합계		
			수량	재료비[원]	노무비[원]
보도굴착구간	기계+인력	m		③	
F-CV CABLE	0.6/1[kV] F-CV 3C×4sq	m	50	④	
누전차단기(W.P)	2P 30AF/20AT	개		⑤	
철판구멍따기		개			⑥
이하 생략					

❸ 아래 표는 총괄 원가계산서의 일부이다. ⑦부터 ⑩까지 금액에 대하여 답하시오.(단, 소수점 이하는 절사한다.)

구분		금액[원]
재료비	직접재료비	2,000,523
	간접재료비	160,042
	소계	2,160,565
노무비	직접재료비	7,903,956
	간접재료비	632,316
	소계	8,536,272
경비	경비	172,768
	건강보험료	
	연금보험료	
	노인장기요양보험료	⑦
	산재보험료	
	고용보험료	⑧
	산업안전보건관리비	⑨
	기타경비	⑩
	소계	
이하 생략		

해답

1 ① 누전차단기 적용단가 : 27,500[원]

② 터파기 수량

계산 : 0.3×0.6×1=0.18

답 0.18

2 ③ 보도굴착구간 재료비

계산 : (11+10+12)×1,562=51,546

답 51,546[원]

④ F−CV CABLE 재료비

계산 : 50×1,863=93,150

답 93,150[원]

⑤ 누전차단기 재료비

계산 : 4×28,456=113,824

답 113,824[원]

⑥ 철판구멍따기 노무비

계산 : 8×28,765=230,120

답 230,120[원]

3 ⑦ 노인장기요양보험료

- 건강보험료

  계산 : 7,903,956×0.03335=263,596

- 노인장기요양보험료

  계산 : 263,596×0.1025=27,018

답 27,018[원]

⑧ 고용보험료

계산 : 8,536,272×0.0087=74,265

답 74,265[원]

⑨ 산업안전보건관리비

계산 : (2,160,565+7,903,956)×1.2×0.0293=353,868

답 353,868[원]

⑩ 기타경비

계산 : (2,160,565+8,536,272)×0.056=599,022

답 599,022[원]

TIP

1 ① 조사가격 중 가장 적은 금액으로 단가를 적용하므로 조사가격 1의 27,500[원] 적용

② 폭×깊이×길이(1[m])=0.3×0.6×1=0.18[m^3]

2 ③ • 1[m]당 터파기 재료비 : 0.18[m^3]×430=77[원]

• 제1호 재료비 : 335+596+77+97+184+273=1,562[원]

∴ 보도굴착구간 재료비 : (11+10+12)×1,562=51,546[원]

④ 표 5 일위대가 재료비에서 F−CV 3C 1[m]당 1,863[원]

07 지선공사에 필요한 자재를 5가지만 쓰시오.

해답 ① 아연도 철연선 또는 아연도 강연선

② 지선근가 ③ 지선로드

④ 지선밴드 ⑤ 지선애자

08 아스팔트 포장의 자동차 도로(폭 25[m])의 양쪽에 고압나트륨 등기구(250[W])를 설치하여 도로의 노면휘도를 1.2[nt]로 하려고 한다. 다음 조건을 고려하여 각 등 사이의 간격[m]을 구하시오.

[조건]

① 아스팔트 포장의 경우 평균조도는 노면휘도의 10배(휘도계수 10), 콘크리트 포장의 경우 15배(휘도계수 15)로 한다.

② 고압나트륨 등기구(250[W])의 광속은 25,000[lm]이다.

③ 조명률은 0.25이고, 감광보상률은 1.4이다.

④ 도로 양측으로 대칭하여 조명을 배치한다.

⑤ 최종 답 작성 시 소수점 이하는 버린다.

해답 계산 : $A = \frac{NFU}{ED} = \frac{1 \times 25{,}000 \times 0.25}{1.2 \times 10 \times 1.4} = 372.02[\text{m}^2]$ (조도는 노면휘도의 10배)

도로 양쪽 조명 $A = \frac{\text{간격} \times \text{폭}}{2}$

$\therefore \text{간격} = \frac{A \times 2}{\text{폭}} = \frac{372.02 \times 2}{25} = 29.76[\text{m}]$

답 29[m]

09 수용가 구내선로에서 발생할 수 있는 개폐서지, 순간과도전압 등으로 이상전압이 2차 기기에 악영향을 주는 것을 막기 위해 시설하는 것은 무엇인지 쓰시오.

해답 서지 흡수기(S.A)

TIP

서지 흡수기는 진공차단기 2차측에 설치한다.

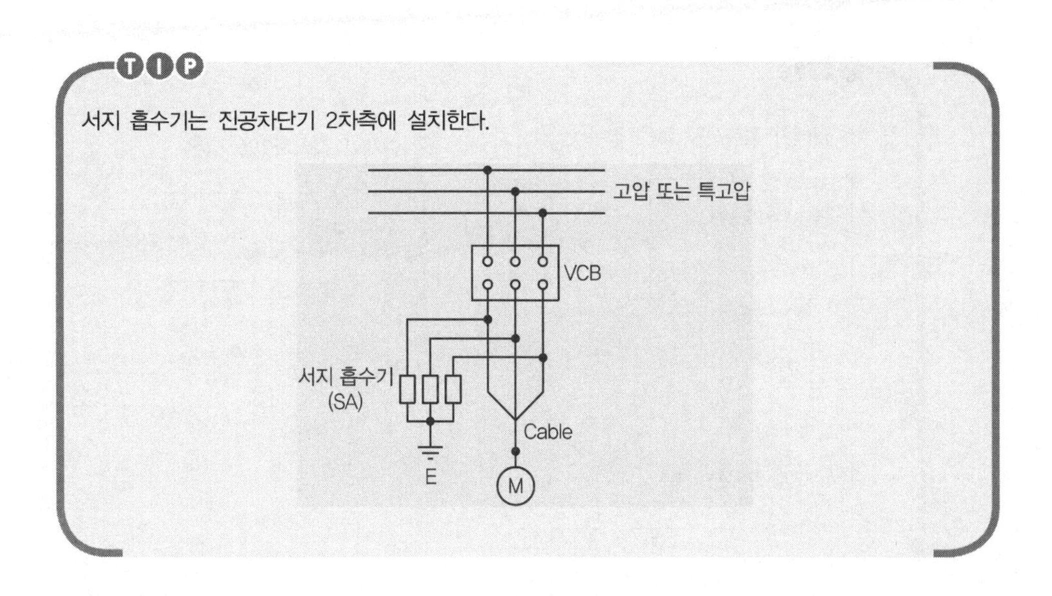

10 그림과 같은 계통의 A 점에서 완전지락이 발생하였을 경우 다음 물음에 답하시오.

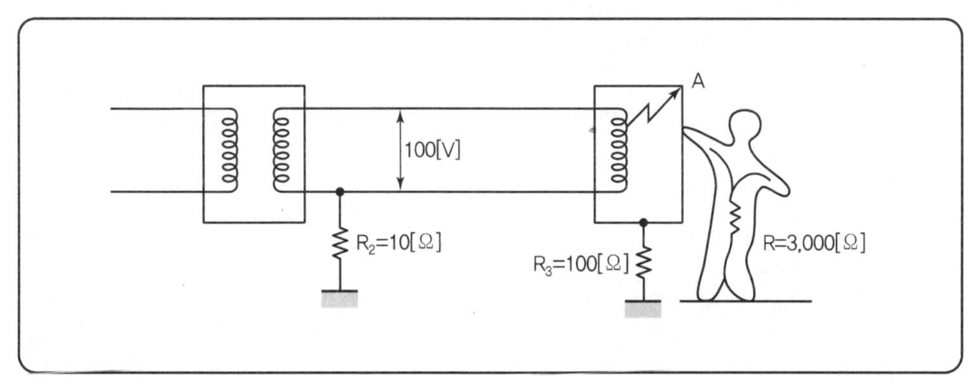

1. 기기의 외함에 인체가 접촉하고 있지 않을 경우 이 외함의 대지전압은 몇 [V]로 되겠는가?
2. 인체 접촉 시 인체에 흐르는 전류를 10[mA] 이하로 하고자 할 때 기기의 외함에 시공된 접지공사의 접지저항 $R_3[\Omega]$의 최댓값을 구하시오.

해답 1. 계산 : 외함의 대지전압＝지락전류×접지저항＝$\frac{100}{100+10}\times 100 = 90.91[\text{V}]$

답 90.91[V]

2. 계산 : 기기의 접지저항을 R_3라 하면

$$0.01 = \frac{100}{10+\frac{3{,}000R_3}{R_3+3{,}000}} \times \frac{R_3}{R_3+3{,}000}$$

답 $R_3 = 4.29[\Omega]$

① 인체가 접촉하지 않은 경우

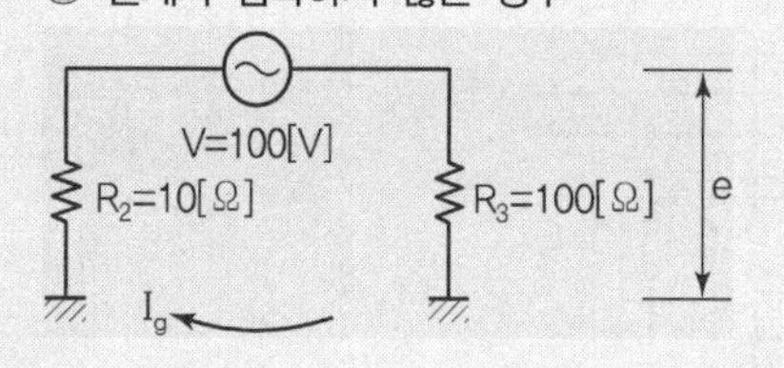

$$e=\frac{R_3}{R_2+R_3}\cdot V$$

② 인체가 접촉하였을 경우

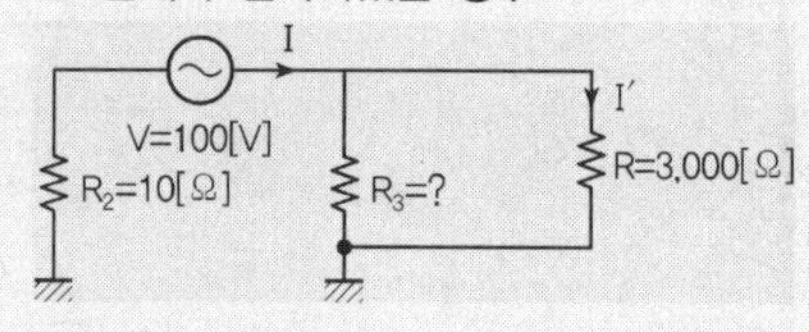

$$I'=\frac{R_3}{R_3+R}\quad I=\frac{R_3}{R_3+R}\cdot\frac{V}{R_2+\dfrac{R_3\cdot R}{R_3+R}}$$

③ 인체에 흐르는 전류

$$0.01=\frac{100}{10+\dfrac{R_3\cdot 3{,}000}{R_3+3{,}000}}\times\frac{R_3}{R_3+3{,}000}$$

$$0.01=\frac{100\cdot R_3}{10(R_3+3{,}000)+\dfrac{(R_3\cdot 3{,}000)(R_3+3{,}000)}{R_3+3{,}000}}$$

$$0.01=\frac{100\cdot R_3}{10(R_3+3{,}000)+R_3\cdot 3{,}000}$$

$$0.01=\frac{100\cdot R_3}{10R_3+30{,}000+R_3\cdot 3{,}000}$$

$$0.01=\frac{100\cdot R_3}{R_3\cdot 3{,}010+3{,}000}$$

$$100\cdot R_3=30.1R_3+300$$

$$100.R_3-30.1R_3=300$$

$$R_3(100-30.1)=300$$

$$R_3=\frac{300}{69.9}=4.2918[\Omega]$$

11 수전전압 6.6[kV], 수전전력 400[kW](역률 0.9)인 고압 수용가의 수전용 차단기에 사용하는 과전류계전기의 한시 탭[A] 값을 구하시오.(단, CT의 변류비는 75/5로 하고 탭 설정 값은 부하전류의 150[%]로 한다.)

해답 계산 : 부하전류 $I=\frac{P}{\sqrt{3}\ V\cos\theta}=\frac{400\times10^3}{\sqrt{3}\times6{,}600\times0.9}=38.88[\mathrm{A}]$

$$\mathrm{Tap}=38.88\times\frac{5}{75}\times1.5=3.89[\mathrm{A}]$$

답 4[A]

TIP

➤ **과전류 계전기의 전류 탭**

부하전류$(I) \times \frac{1}{\text{변류비}} \times$ 배수

12 합성수지관공사에 관한 사항이다. 다음 ( ) 안에 알맞은 내용을 쓰시오.

> 합성수지관 상호 간 및 관과 박스는 접속 시에 삽입하는 깊이를 관 바깥지름의 (①)배 이상으로 접속하여야 하며, 접착제를 사용하는 경우에는 (②)배 이상으로 삽입하여 접속하여야 한다.

해답 ① 1.2배 ② 0.8배

13 비상용 조명부하 110[V]용 100[W] 58등, 60[W] 50등이 있다. 방전시간 30분, 축전지 HS형 54[cell], 허용 최저전압 100[V], 최저 축전지온도 5[℃]일 때 축전지용량은 몇 [Ah]인가?(단, 보수율 0.8, 용량환산시간 $K=1.2$이다.)

해답 계산 : 부하전류 $I=\frac{P}{V}=\frac{100\times58+60\times50}{110}=80[A]$

$\therefore$ 축전지용량 $C=\frac{1}{L}KI=\frac{1}{0.8}\times1.2\times80=120[Ah]$

답 120[Ah]

14 25[kW] 4극 3상 농형 유도전동기의 정격 시 효율이 90[%]이다. 이 전동기의 손실을 구하시오.

해답 계산 : 효율 $\eta=\frac{\text{출력}}{\text{입력}}=\frac{P}{P_s}$에서

입력 $P_s=\frac{P}{\eta}=\frac{25}{0.9}=27.777[kW]$

$\therefore$ 손실＝입력－출력＝27.777－25＝2.777[kW]

답 2.78[kW]

15 전기공사의 물량 산출 시 일반적으로 다음과 같은 재료는 몇 [%]의 할증률을 계상하는지 그 할증률을 빈칸에 써 넣으시오.

종류	할증률[%]
옥외전선	
옥내전선	
케이블(옥외)	
케이블(옥내)	
전선관(옥내)	

해답

종류	할증률[%]
옥외전선	5
옥내전선	10
케이블(옥외)	3
케이블(옥내)	5
전선관(옥내)	10

TIP

종류	할증률[%]	철거손실률[%]
옥외전선	5	2.5
옥내전선	10	–
케이블(옥외)	3	1.5
케이블(옥내)	5	–
전선관(옥외)	5	–
전선관(옥내)	10	–
Trolley 선	1	–
동대, 동봉	3	1.5

[해설] 철거손실률이란 전기설비공사에서 철거작업 시 발생하는 폐자재를 환입할 때 재료의 파손, 손실, 망실 및 일부 부식 등에 의한 손실률을 말한다.

16 다음에서 설명하는 것이 무엇인지 답하시오.

발전기 또는 변압기 등 전력계통의 중성점을 접지시키는 것으로 전력계통에 설치한 보호 계전기로 하여금 고장점을 판별시킬 목적으로 접지를 하며, 1선 지락 시 건전상의 전압상승이 선간전압보다 낮은 75[%] 이하의 계통으로 직접접지 계통이 이에 속한다.

해답 유효 접지계

전기공사기사

2020년도 3회 시험 과년도 기출문제

01 가공배전선로의 장력이 걸리지 않는 장소에서 분기고리와 기기 리드선을 결선하는 데 적용되는 다음 기기의 명칭을 쓰시오.

기기 그림	기기 명칭
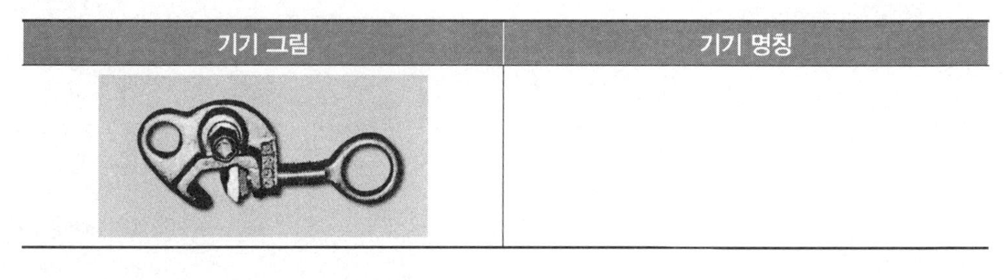	

해답 활선클램프

02 애자의 전기적 특성에서 섬락전압의 종류를 2가지만 쓰시오.

해답 ① 건조섬락전압 ② 주수섬락전압

03 다음 그림은 TN 계통의 일부분이다. 무슨 계통인지 쓰시오.(단, 계통 일부의 중성선과 보호선을 동일 전선을 사용한다.)

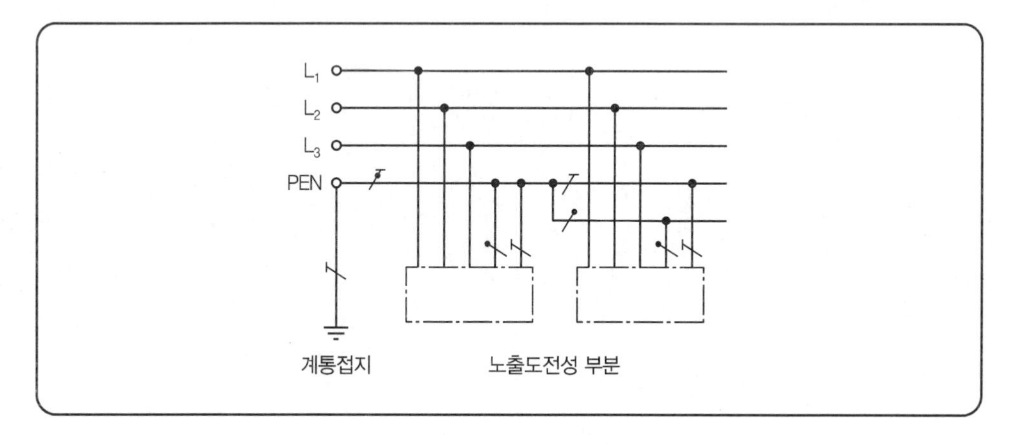

해답 TN−C−S 계통

TIP

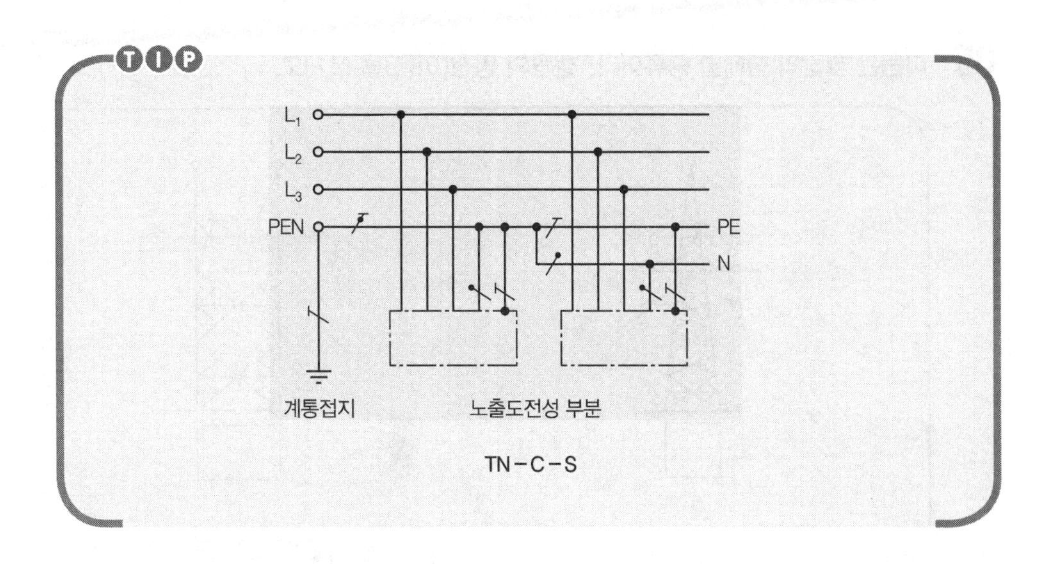

04 H주일 때 현장여건상 전주별로 별도의 보통지선 설치가 곤란하거나 1개의 지선용 근가로 저항력을 확보할 수 있는 경우 1개의 지선 로드 및 근가로 2단의 지선을 시설하는 지선 명칭은 무엇인지 쓰시오.

해답 Y지선

TIP

➤ **Y지선**

H주일 때 현장여건상 전주별로 별도의 보통지선 설치가 곤란하거나 1개의 지선용 근가로 저항력을 확보할 수 있는 경우 1개의 지선 로드 및 근가로 2단의 지선을 시설하는 것이다.(단주의 경우 Y지선을 설치하지 않는다.)

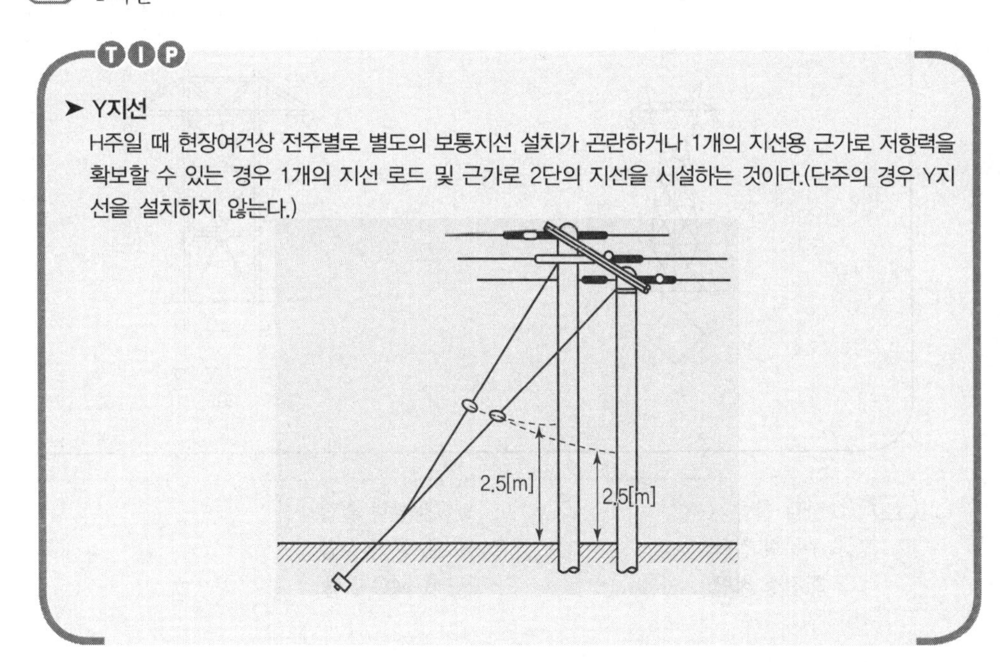

05 다음은 철탑의 형태별 종류이다. 철탑의 명칭(이름)을 쓰시오.

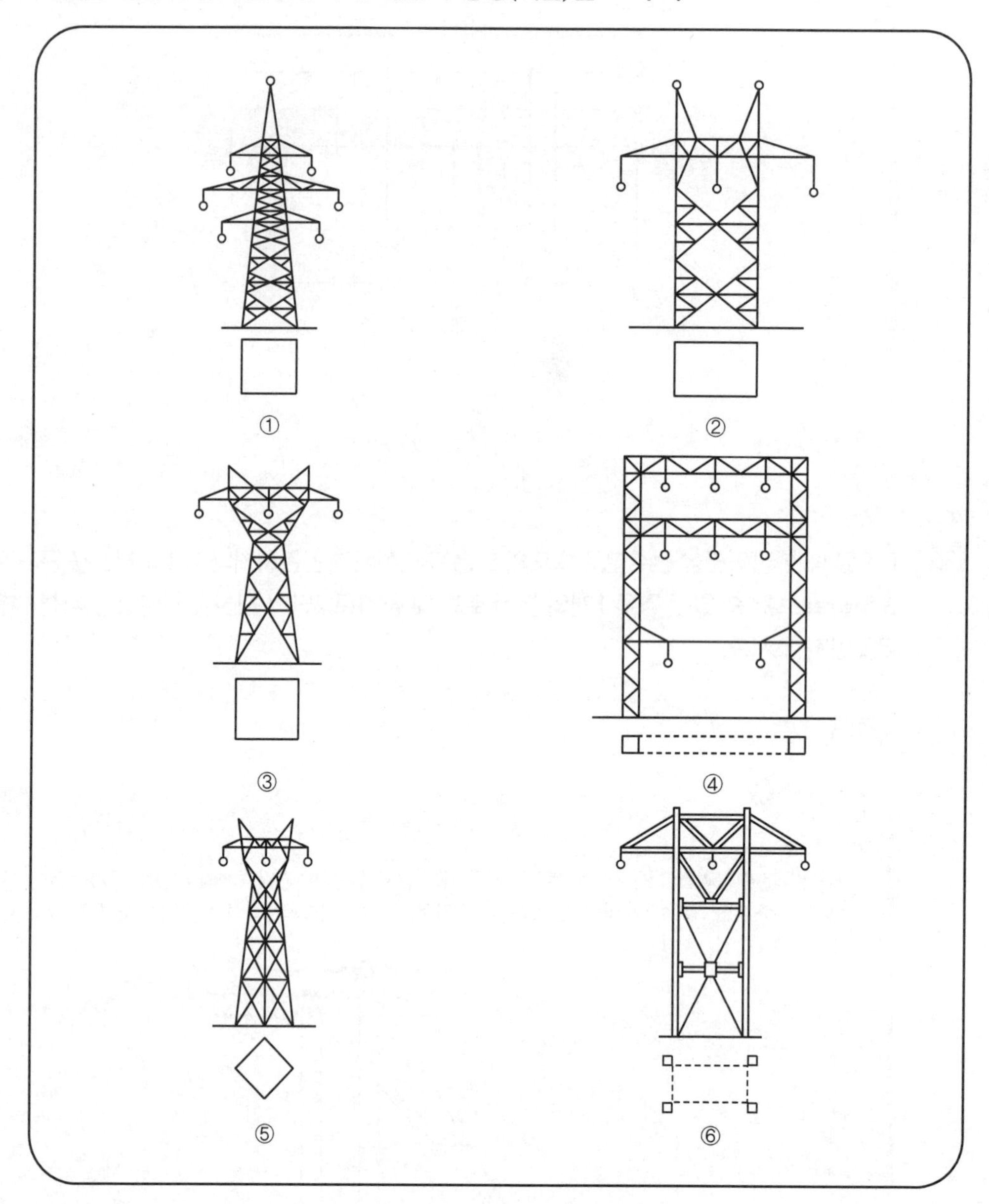

해답 ① 사각 철탑 ② 방형 철탑
③ 우두형 철탑 ④ 문형 철탑
⑤ 회전형 철탑 ⑥ MC 철탑

06 다음 그림은 역조형 내장 애자장치(2련)이다. ①~⑦까지 명칭을 쓰시오.

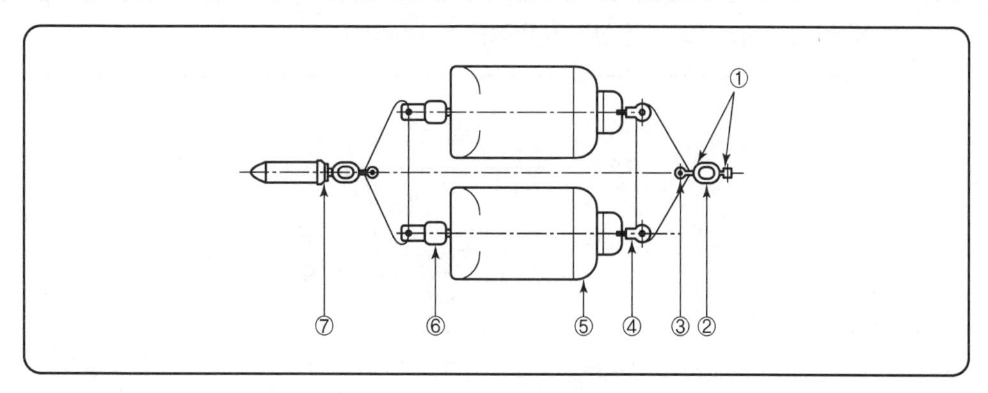

해답 ① 앵커쇄클 ② 체인링크
③ 삼각요크 ④ 볼크레비스
⑤ 현수애자 ⑥ 소켓 크레비스
⑦ 압축형 인류 클램프

07 정격부담이 50[VA]인 변류기의 2차에 연결할 수 있는 최대 합성 임피던스의 값이 몇 [Ω]인지 구하시오.(단, 변류기의 2차 정격전류는 5[A]이다.)

해답 계산 : $Z = \frac{P_a}{I^2} = \frac{50}{5^2} = 2[\Omega]$

답 $2[\Omega]$

TIP

$P_a = I^2 Z[\text{VA}]$에서 $Z = \frac{P_a}{I^2}[\Omega]$

08 그림과 같이 외등용 전선관을 지중에 매설하려고 한다. 터파기(흙파기)량은 얼마인가?(단, 매설거리는 50[m]이고, 전선관의 면적은 무시한다.)

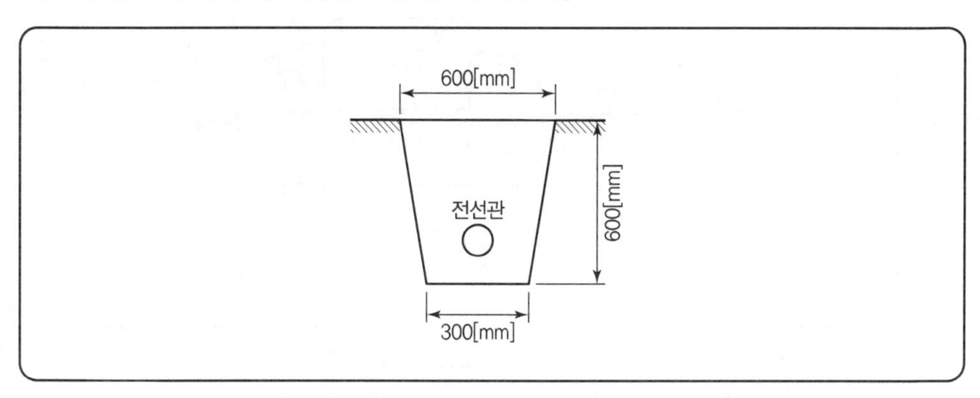

해답 계산 : 줄기초파기이므로

$$V_o = \frac{0.6+0.3}{2} \times 0.6 \times 50 = 13.5[\mathrm{m}^3]$$

답 $13.5[\mathrm{m}^3]$

TIP

$$V_o = \frac{A+B}{2} \times hL$$

09 전력계통에서 적용하는 보호방식 중 방사성 계통의 단락보호에 적합하며, 계전기 간의 동작 시간차로 고장구간을 차단하는 것으로 주보호와 후비보호를 동시에 할 수 있어 경제적이지만 보호시간이 길어지는 단점을 가지는 보호방식을 쓰시오.

해답 한시차 계전방식

10 강심알루미늄연선의 약호와 공칭단면적을 기입하여 다음 표를 완성하시오.(단, $60[\mathrm{mm}^2]$ 이하의 공칭단면적을 쓰시오.)

약호	공칭단면적[mm²]		
①	②	③	④

해답 ① ACSR ② 19 ③ 32 ④ 58

TIP

➤ ACSR 공칭단면적

19 , 32, 58, 80, 95, 120, 160, 200, 240, 330, 410, 520, 610[mm^2]

11 주어진 조건을 참조하여 다음 각 물음에 답하시오.

차단기 명판(Name Plate)에 BIL 150[kV], 정격차단전류 20[kV], 차단시간 8사이클, 솔레노이드(Solenoid)형이라고 기재되어 있다.(단, BIL은 절연계급 20호 이상의 비유효 접지계에서 계산하는 것으로 한다.)

1. BIL이란 무엇인가?
2. 이 차단기의 정격전압은 몇 [kV]인가?('계산식'과 '답'을 구분하여 쓰시오.)
3. 이 차단기의 정격차단용량은 몇 [MVA]인가?('계산식'과 '답'을 구분하여 쓰시오.)

해답 1 기준 충격 절연강도

2 계산 : BIL = 절연계급×5 + 50[kV]에서

$$절연계급 = \frac{BIL - 50}{5} = \frac{150 - 50}{5} = 20[kV]$$

$$절연계급 = \frac{공칭전압}{1.1} 에서$$

$$공칭전압 = 절연계급 \times 1.1 = 20 \times 1.1 = 22[kV]$$

$$\therefore 정격전압 = 공칭전압 \times \frac{1.2}{1.1} = 22 \times \frac{1.2}{1.1} = 24[kV]$$

답 24[kV]

3 계산 : $P_s = \sqrt{3}\, V_n I_s = \sqrt{3} \times 24 \times 20 = 831.38[MVA]$

답 831.38[MVA]

TIP

① 유입변압기 $BIL = 5E + 50$

② 건식변압기 $BIL = V \times \sqrt{2} \times 1.25$

여기서, E : 절연계급

V : 상용주파 내전압 시험치

12 모든 작업면이 작업대(방바닥에서 0.85[m]의 높이)에서 행하여지는 가로 8[m], 세로 12[m] 방바닥에서 천장까지의 높이 3.8[m]인 방에 조명기구를 천장에 설치하고자 한다. 이 때의 실지수를 구하시오.

해답 계산 : 실지수 $K=\dfrac{X \cdot Y}{H(X+Y)}=\dfrac{8\times 12}{(3.8-0.85)(8+12)}=1.63$ 답 1.63

13 아래의 변압기 결선도를 보고 물음에 답하시오.

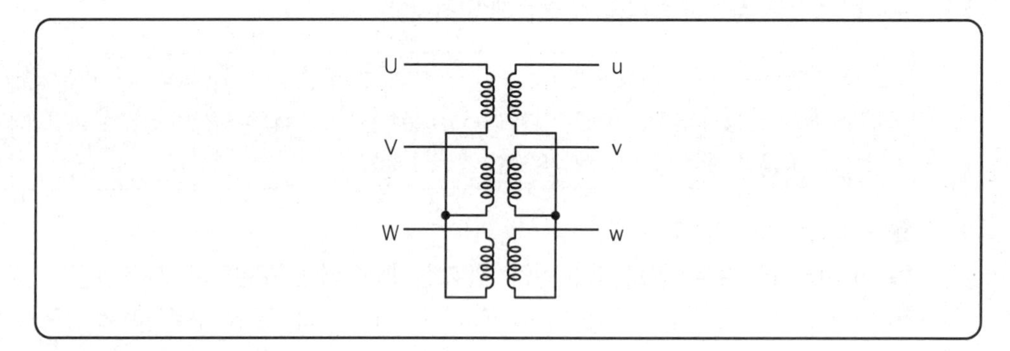

1 결선방식
2 결선방식의 장점(2가지)
3 결선방식의 단점(2가지)

해답 1 Y−Y 결선
2 장점
① 1차, 2차 모두 중성점을 접지할 수 있다.
② 절연이 용이하다.
3 단점
① 제3고조파가 제거가 안 되어 왜형파가 된다.
② V−V 결선이 불가능하다.

TIP

➤ **결선방식의 장단점**

① 장점
- 1차 전압, 2차 전압 사이에 위상차가 없다.
- 1차, 2차 모두 중성점을 접지할 수 있으며 고압의 경우 이상 전압을 감소시킬 수 있다.

② 단점
- 중성점을 접지하면 제3고조파 전류가 흘러 통신선에 유도장해를 일으킨다.
- 부하의 불평형에 의하여 중성점 전위가 변동하여 3상 전압이 불평형을 일으키므로 송 · 배전 계통에 거의 사용하지 않는다.

14 다음은 피뢰기의 특성에 대한 설명이다. 빈칸에 알맞은 용어를 쓰시오.

피뢰기의 구비조건에서 이상전압 침입 시 신속하게 (①)하는 특성이 있어야 하고 또한 이상전류 통전 시 피뢰기의 단자전압을 나타내는 (②)은(는) 일정전압 이하로 억제할 수 있어야 한다.

해답 ① 방전 ② 제한전압

15 다음 도면은 전등 및 콘센트의 평면 배선도이다. 각 항의 조건을 읽고 질문에 답하시오.

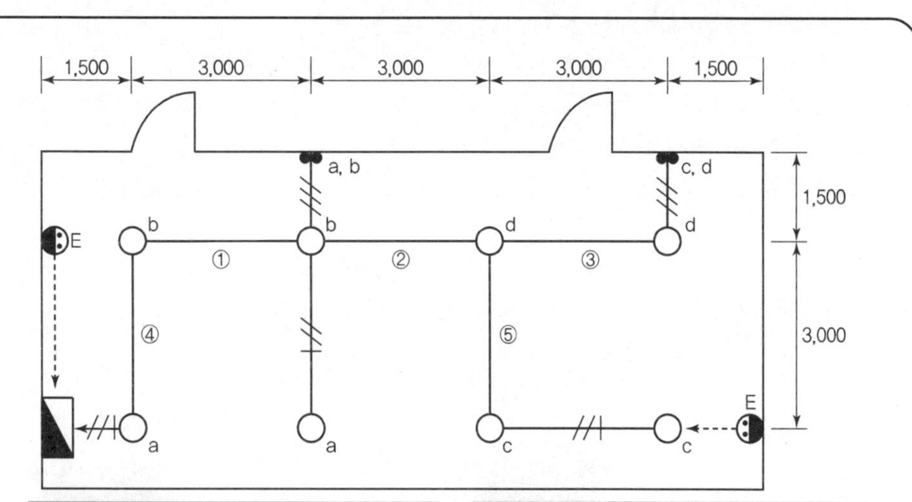

기호	명칭
	LED 15[W]
E 접지 2구	매입 콘센트(2P 15[A] 250[V])
	매입 텀블러 스위치(15[A] 250[V])
	분전반

기호	배선
	HFIX 2.5sq×2(E) 2.5sq(16C)
	HFIX 2.5sq×3(E) 2.5sq(16C)
	HFIX 2.5sq×3(16C)
	HFIX 2.5sq×3(E) 2.5sq(16C)
	HFIX 2.5sq×4(E) 2.5sq(22C)

[주] ① 바닥에서 천장 슬래브까지의 높이는 3[m]이다.

② 분전반의 규격은 다음에 의한다.

- 주차단기 MCCB 3P 60AF(60AT) – 1개
- 분기차단기 MCCB 2P 30AF(20AT) – 3개
- 철재 매입 설치 완제품 기준

③ 배관은 콘크리트 매입, 배선기구는 매입 설치하는 것으로 한다.

④ 도면 및 조건에 따라 산정하고, 그 외에는 무시하도록 한다.

[시설 조건]

1. 전선은 HFIX 2.5[mm^2]를 사용한다.
2. 전선관은 CD전선관을 사용하며, 범례 및 주기사항을 참조한다.
3. 전선관 28C 이하는 매입 배관한다.
4. 스위치 설치높이 1.2[m](바닥에서 중심까지)
5. 콘센트 설치높이 0.3[m](바닥에서 중심까지)
6. 분전함 설치높이 1.8[m](바닥에서 상단까지)(단, 바닥에서 하단까지는 0.5[m]이다.)

[재료의 산출 조건]

1. 분전함 내부에서 배선 여유는 없는 것으로 한다.
2. 자재 산출 시 산출수량과 할증수량은 소수점 이하도 계산한다.
3. 배관 및 배선 이외의 자재는 할증을 고려하지 않는다.(배관 및 배선의 할증은 10[%]로 한다.)
4. 천장 슬래브의 전등박스에서 전등까지의 배관, 배선은 무시한다.
5. 바닥 슬래브에서 콘센트까지의 입상 배관은 0.5[m]로 하고, 기타는 설치높이를 기준으로 한다.

[인건비 산출 조건]

1. 재료의 할증부에 대해서는 품셈을 적용하지 않는다.
2. 소수점 이하도 계산한다.
3. 품셈은 아래 표의 품셈을 적용한다.

| 표 1. 전선관 배관 |

(단위 : [m])

합성수지 전선관		후강 전선관		금속가요 전선관	
규격	내선전공	규격	내선전공	규격	내선전공
14[mm] 이하	0.04				
16[mm] 이하	0.05	16[mm] 이하	0.08	16[mm] 이하	0.044
22[mm] 이하	0.06	22[mm] 이하	0.11	22[mm] 이하	0.059
28[mm] 이하	0.08	28[mm] 이하	0.14	28[mm] 이하	0.072
36[mm] 이하	0.10	36[mm] 이하	0.20	36[mm] 이하	0.087

[해설] ① 콘크리트 매입 기준
② 합성수지제 가요전선관(CD관)은 합성수지 전선관 품의 80[%] 적용

| 표 2. 옥내배선 |

(단위 : [m], 적용직종 : 내선전공)

규격	관내 배선
6[mm²] 이하	0.010
16[mm²] 이하	0.023
38[mm²] 이하	0.031
50[mm²] 이하	0.043
60[mm²] 이하	0.052
70[mm²] 이하	0.061
100[mm²] 이하	0.064

[해설] 관내 배선 기준

| 표 3. 분전반 조립 및 설치 |

(단위 : [개], 적용직종 : 내선전공)

배선용 차단기				나이프 스위치			
용량	1P	2P	3P	용량	1P	2P	3P
30AF 이하	0.34	0.43	0.54	30AF 이하	0.38	0.48	0.60
50AF 이하	0.43	0.58	0.74	60AF 이하	0.48	0.65	0.82
100AF 이하	0.58	0.74	1.04	100AF 이하	0.65	0.93	1.16
225AF 이하	0.74	1.01	1.35	200AF 이하	0.82	1.20	1.50

[해설] ① 차단기 및 스위치를 조립 · 결선하고, 매입설치하는 기준
② 차단기 및 스위치가 조립된 완제품 설치 시는 65[%]
③ 외함은 철제 또는 PVC제를 기준
④ 4P 개폐기는 3P 개폐기의 130[%]

| 표 4. 콘센트류 배선기구 설치 |

(단위 : [개], 적용직종 : 내선전공)

종별	2P	3P	4P
콘센트 15[A]	0.065	0.095	0.10
콘센트(접지극부) 15[A]	0.08	–	–
콘센트(접지극부) 20[A]	0.085	–	–
콘센트(접지극부) 30[A]	0.11	0.145	0.15
플로어 콘센트 15[A]	0.096	–	–
플로어 콘센트 20[A]	0.096	–	–

[해설] ① 매입 1구 설치 기준, 노출설치 120[%]
② 1구를 초과할 경우 매 1구 증가마다 20[%] 가산

| 표 5. 스위치류 배선기구 설치 |

(단위 : [개])

종류	내선전공
텀블러 스위치 단로용	0.085
텀블러 스위치 3로용	0.085
텀블러 스위치 4로용	0.10
풀스위치	0.10
푸시버튼	0.065
리모컨 스위치	0.07

[해설] 매입 설치 기준, 노출설치 시 120[%]

1 도면을 보고 ①부터 ⑤까지 접지선을 포함하여 최소전선(가닥) 수를 표시하시오.
(표시 예 : 접지선을 포함하여 3가닥인 경우 → —///—)

2 아래 표의 총수량(①, ②)에 대하여 답하시오.
(소수점 넷째 자리에서 반올림하여 소수점 셋째 자리까지 표시하시오.)

자재명	규격	단위	수량	할증수량	총수량 (수량+할증수량)
CD 전선관	16[mm]	m			①
CD 전선관	22[mm]	m			②
이하 생략					

3 아래 표의 내선전공 공량계(①, ②, ③, ④)에 대하여 답하시오.
(소수점 넷째 자리에서 반올림하여 소수점 셋째 자리까지 표시하시오.)

자재명	규격	단위	수량	할증수량	총수량 (수량+할증수량)
CD 전선관	16[mm]	m			①
스위치	250[V], 15[A]	개			②
매입 콘센트	250[V], 15[A], 2P	개			③
분전반	MCCB 3P 60AF(60AT) 1개 MCCB 2P 30AF(20AT) 3개	면			④
이하 생략					

해답 **1** ① —////— ② —///— ③ —////— ④ —///— ⑤ —///—

2 ① 계산 : ㉠ 수량

- 전등 16C : 1.2+1.5+3×7+1.8×2=27.3[m]
- 콘센트 16C : 0.5+3+0.7×2+12+0.5=17.4[m]
- 합계=2.73+17.4=44.7[m]

㉡ 할증수량=44.7×0.1=4.47[m]

∴ 총수량=44.7+4.47=49.17[m] **답** 49.17[m]

② ㉠ 수량

- 전등 22C : 3+3=6[m]

㉡ 할증수량=6×0.1=0.6[m]

∴ 총수량=6+0.6=6.6[m] **답** 6.6[m]

3 ① 계산 : 44.7×0.05×0.8=1.788[인] **답** 1.788[인]

② 계산 : 4×0.085=0.34[인] **답** 0.34[인]

③ 계산 : 2×0.08=0.16[인] **답** 0.16[인]

④ 계산 : (1.04×1+0.43×3)×0.65=1.5145[인] **답** 1.5145[인]

TIP

1 최소전선 수

① L1, L2, S/W a, S/W b, E : 5가닥

② L1, L2, E : 3가닥

③ L1, L2, S/W c, S/W d, E : 5가닥

④ L1, L2, S/W a, E : 4가닥

⑤ L2, S/W c, E : 3가닥

2 총수량

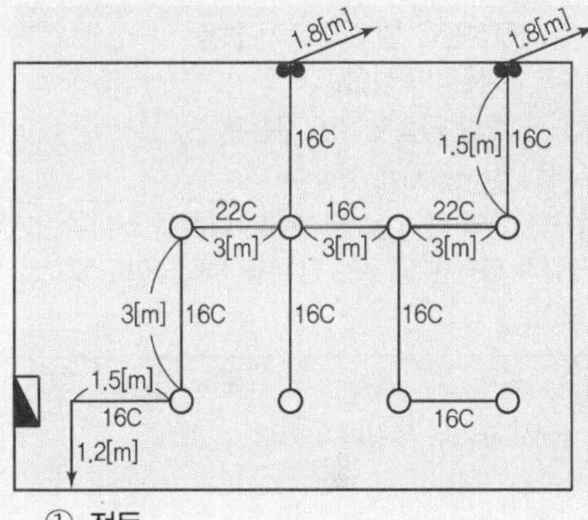

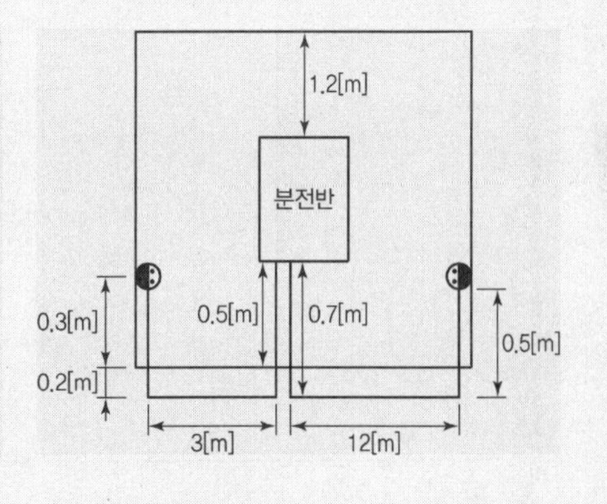

① 전등

- 16C=1.2+1.5+3+3+3+1.8+3+3+3+3+1.8=27.3[m]
- 22C=3+3=6[m]

② 콘센트

- 16C=0.5+3+0.7+0.7+12+0.5=17.4[m]

③ 계

- 16C=27.3+17.4=44.7[m]
- 22C=6[m]

16 다음 옥내배선의 그림기호를 보고 배선의 명칭을 표에 쓰시오.

그림기호	명칭
————————	①
···························	②
- - - - - - - - - - - -	③
—··—··—··—··—	④

해답 ① 천장은폐배선 ② 노출배선 ③ 바닥은폐배선 ④ 바닥면노출배선

TIP

명칭	그림기호	적요
천장은폐배선	————	① 천장은폐배선 중 천장 속의 배선을 구별하는 경우는 천장 속의 배선에 —·—·— 를 사용하여도 좋다. ② 노출배선 중 바닥면 노출배선을 구별하는 경우는 바닥면 노출배선에 —··—··— 를 사용하여도 좋다. ③ 전선의 종류를 표시할 필요가 있는 경우는 기호를 기입한다. ④ 배관은 다음과 같이 표시한다. —//— 2.5°(PF19) 전선관의 종류 / 전선관의 굵기 [전선관의 종류] • 강제전선관은 별도의 표기 없음 • VE : 경질비닐전선관 • F_2 : 2종 금속제 가요전선관 • PF : 합성수지제 가요관 ⑤ 절연전선의 굵기 및 전선수는 다음과 같이 기입한다. 단위가 명백한 경우는 단위를 생략하여도 좋다. [보기] —///— 2.5° —//— 2 —//— 2[mm²] —///— 8 숫자 표기의 보기: 1.6×5 5.5×1
바닥은폐배선	- - - - - - - - -	
노출배선	·····················	

17 축전지의 다음과 같은 현상이 무엇인지 쓰시오.

- 극판이 백색으로 되거나 표면에 백색반점이 생긴다.
- 비중이 저하되고 충전용량이 감소한다.
- 충전 시 전압 상승이 빠르고 다량의 가스가 발생하였다.

해답 셀페이션(Sulfation) 현상

TIP

➤ **셀페이션(Sulfation) 현상**

(1) 정의

납 축전지를 방전상태에서 오랫동안 방치하여 두면 극판의 황산납이 회백색으로 변하고(황산화 현상) 내부저항이 대단히 증가하여 충전 시 전해액의 온도 상승이 크고 황산의 비중 상승이 낮으며 가스 발생이 심하게 되며 전지의 용량이 감퇴하고 수명이 단축되는 현상을 말한다.

(2) 원인

① 방전 상태에서 장시간 방치하는 경우
② 방전 전류가 대단히 큰 경우
③ 불충분한 충전을 반복하는 경우

(3) 현상

① 극판이 회백색으로 변하고 극판이 휘어진다.
② 충전 시 전해액의 온도 상승이 크고 비중 상승이 낮으며 가스의 발생이 심하다.

18 3상 3선식 380/220[V] 구내 선로 100[m], 부하의 최대 전류는 150[A]인 배선에서 전압강하를 6[V]로 하고자 하는 경우에 사용하는 전선의 공칭단면적[mm²]은 얼마인가?

해답 계산 : $A=\dfrac{30.8LI}{1,000e}=\dfrac{30.8\times100\times150}{1,000\times6}=95[\text{mm}^2]$

답 95[mm²]

TIP

① 전압강하 계산

전기방식	전압강하		전선단면적
단상 3선식 3상 4선식	$e=IR$	$e=\dfrac{17.8LI}{1,000A}$	$A=\dfrac{17.8LI}{1,000e}$
단상 2선식 직류 2선식	$e=2IR$	$e=\dfrac{35.6LI}{1,000A}$	$A=\dfrac{35.6LI}{1,000e}$
3상 3선식	$e=\sqrt{3}IR$	$e=\dfrac{30.8LI}{1,000A}$	$A=\dfrac{30.8LI}{1,000e}$

② KEC 전선규격

1.5, 2.5, 4, 6, 10, 16, 25, 35, 50, 70, 95, 120, 150, 185, 240, 300, 400, 500, 630[mm²]

전기공사기사

2020년도 4회 시험 과년도 기출문제

01 다음 도면은 옥외에 설치된 보안등 설비 평면도 및 상세도 일부분이다. 각 항의 조건을 읽고 다음 물음에 답하시오.

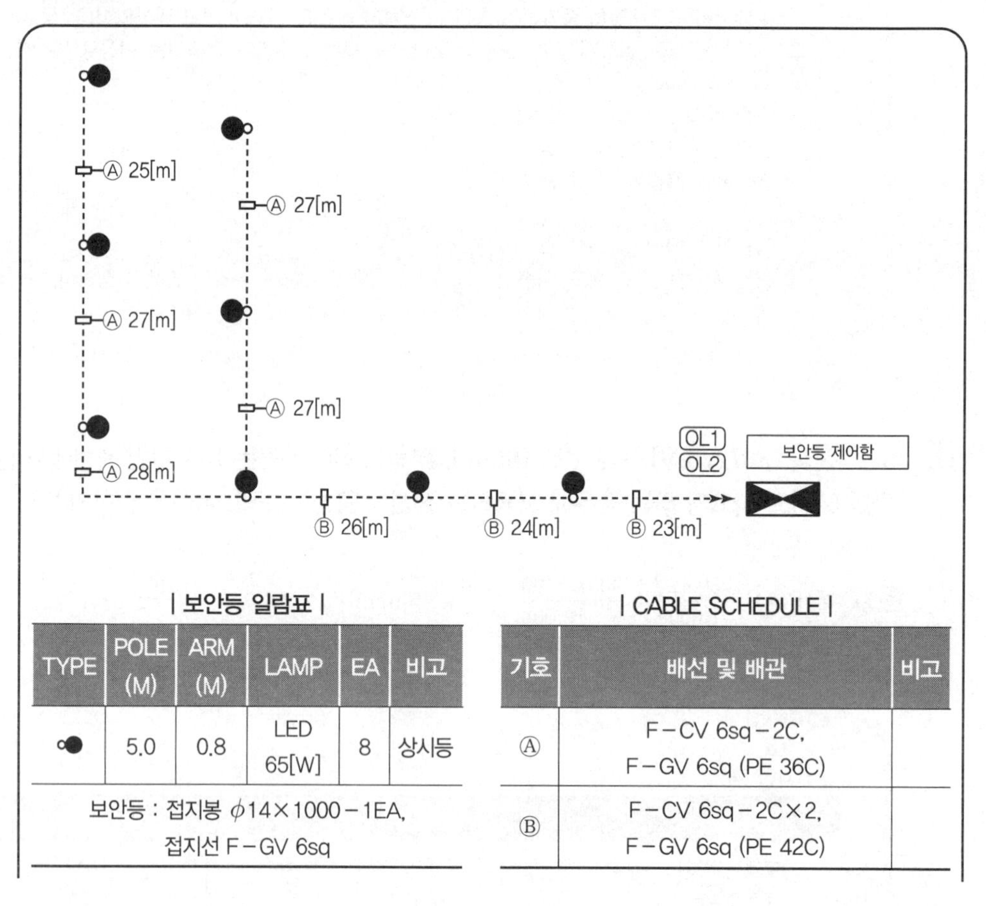

| 보안등 일람표 |

TYPE	POLE (M)	ARM (M)	LAMP	EA	비고
○●	5.0	0.8	LED 65[W]	8	상시등
보안등 : 접지봉 ϕ14×1000－1EA, 접지선 F－GV 6sq					

| CABLE SCHEDULE |

기호	배선 및 배관	비고
Ⓐ	F－CV 6sq－2C, F－GV 6sq (PE 36C)	
Ⓑ	F－CV 6sq－2C×2, F－GV 6sq (PE 42C)	

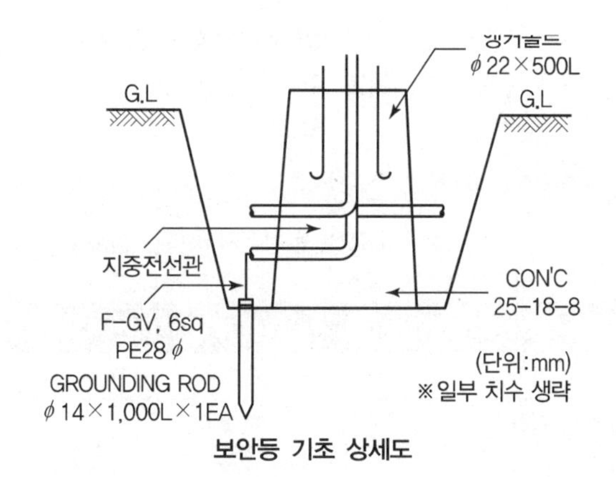

보안등 기초 상세도

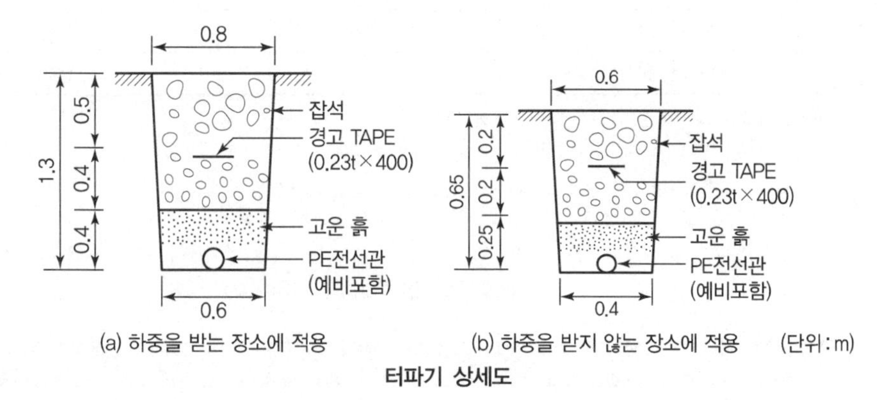

터파기 상세도

[주] ① Ⓐ부분의 터파기는 하중을 받는 장소에 적용하고, Ⓑ부분의 터파기는 하중을 받지 않는 장소에 적용한다.

② 도면 및 조건에 따라 산정하고, 그 외에는 무시하도록 한다.

③ 보안등은 LED 65[W] 상시등으로 시설한다.

[시설 조건]

1. 전선은 F-CV 6sq-2C, F-GV 6sq를 사용한다.
2. 전선관은 PE전선관을 사용하여, 범례 및 주기사항을 참조한다.

[재료의 산출 조건]

1. 보안등 배관길이는 보안등 기초, LED함 및 보안등 제어반의 수직높이를 고려하여 각각 1.5[m]를 수평배관길이에 가산하며, 케이블은 배관길이에 각각 0.5[m]를 가산한다.
2. 자재 산출 시 산출수량과 할증수량은 소수점 이하도 계산한다.
3. 배관, 배선, 케이블 표지시트(경고 TAPE) 이외의 자재는 할증을 고려하지 않는다.
   - 배관, 배선의 할증은 3[%]로 한다.
4. Ⓐ부분과 Ⓑ부분의 터파기(토사) 수량 산출 시 보안등 기초 터파기 부분은 포함하여 산출하지 않는다.

[인건비 산출 조건]

1. 재료의 할증부에 대해서는 품셈을 적용하지 않는다.
2. 소수점 이하도 계산한다.
3. 품셈은 표준품셈을 적용한다.

| 표 1. 합성수지 파형관 설치 |

(단위 : [m])

규격	배전전공	보통인부
16[mm] 이하	0.005	0.012
30[mm] 이하	0.006	0.014
50[mm] 이하	0.007	0.018
80[mm] 이하	0.009	0.022
100[mm] 이하	0.012	0.036

[해설] ① 합성수지 파형관의 지중포설 기준
② 2열 동시 180[%], 3열 260[%], 4열 340[%] 적용
③ 접합품 포함, 접합부의 콘크리트 타설품 및 지세별 할증은 별도 계상
④ 가로등공사, 신호등공사, 보안등공사 또는 구내 설치 시 50[%] 가산

| 표 2. 전력케이블 설치 |

(단위 : [km])

PVC 고무절연 외장케이블류	케이블전공	보통인부
저압 6[mm²] 이하 단심	4.62	4.62
10[mm²] 이하 단심	4.84	4.84
16[mm²] 이하 단심	5.28	5.28
25[mm²] 이하 단심	6.09	6.09
35[mm²] 이하 단심	6.58	6.58
50[mm²] 이하 단심	7.32	7.32
70[mm²] 이하 단심	8.46	8.46

[해설] ① 600[V] 케이블 기준, 드럼 다시 감기 소운반품 포함
② 지하관내 부설기준, Cu, Al 도체 공용
③ 2심 140[%], 3심 200[%] 적용
④ 2열 동시 180[%], 3열 260[%], 4열 340[%] 적용
⑤ 가로등공사, 신호등공사, 보안등공사 시 50[%] 가산

1 아래 표를 보고, ①부터 ⑥까지 자재별 총수량을 산출하시오.(단, 소수점 넷째 자리에서 반올림하여 소수점 셋째 자리까지 표시하시오.)

〈Ⓐ, F－CV 2C/6sq×1 (E) F－GV 6sq (PE 36C)〉			자재별 총수량 (산출수량＋할증수량)
품명	규격	단위	
0.6/1[kV] CABLE(보안등)	F－CV 2C/6sq×1	m	①
폴리에틸렌전선관	PE 36C	m	②
터파기(토사)	인력 10[%]＋기계 90[%]	m^3	③
이하 생략			

〈Ⓑ, F－CV 2C/6sq×2 (E) F－GV 6sq (PE 42C)〉			자재별 총수량 (산출수량＋할증수량)
품명	규격	단위	
0.6/1[kV] CABLE(보안등)	F－CV 2C/6sq×2열 동시	m	④
폴리에틸렌전선관	PE 42C	m	⑤
터파기(토사)	인력 10[%]＋기계 90[%]	m^3	⑥
이하 생략			

2 아래 표를 보고, ①부터 ④까지 공량계를 산출하시오.(단, 소수점 넷째 자리에서 반올림하여 소수점 셋째 자리까지 표시하시오.)

품명	규격	단위	자재수량	전공	단위공량	공량계
폴리에틸렌전선관	PE 36C	m		배전전공		①
				보통인부		
폴리에틸렌전선관	PE 42C	m		배전전공		②
				보통인부		
0.6/1[kV] CABLE (보안등)	F－CV 2C/6sq×1	m		저압케이블전공		③
				보통인부		
0.6/1[kV] CABLE (보안등)	F－CV 2C/6sq× 2열 동시	m		저압케이블전공		④
				보통인부		
이하 생략						

해답 **1** 자재별 총수량 산출

① 계산 :

㉠ 산출수량＝배관 직선길이＋케이블 가산길이＝134＋2×10＝154[m]

㉡ 할증＝154×0.03＝4.62[m]

∴ 총수량＝154＋4.62＝158.62[m]

답 158.62[m]

② 계산 :

㉠ 산출수량＝배관 직선길이＋배관 가산길이＝134＋1.5×10 ＝149[m]

㉡ 할증＝149×0.03＝4.47[m]

∴ 총수량＝149＋4.47＝153.47[m]

답 153.47[m]

③ 계산 :

$\left(\frac{0.6+0.8}{2}\right)\times 1.3\times 134 = 121.94[m^3]$

답 $121.94[m^3]$

④ 계산 :

㉠ 산출수량=(배관 직선길이+케이블 가산길이)×2=(73+2×6)×2=170[m]

㉡ 할증=170×0.03=5.1[m]

∴ 총수량=170+5.1=175.1[m]

답 175.1[m]

⑤ 계산 :

㉠ 산출수량=배관 직선길이+배관 가산길이=73+1.5×6=82[m]

㉡ 할증=82×0.03=2.46[m]

∴ 총수량=82+2.46=84.46[m]

답 84.46[m]

⑥ 계산 :

$\left(\frac{0.4+0.6}{2}\right)\times 0.65\times 73 = 23.725[m^3]$

답 $23.725[m^3]$

2 공량계 산출

① 계산 : 149×0.007×1.5=1.565[인]

답 1.565[인]

② 계산 : 82×0.007×1.5=0.861[인]

답 0.861[인]

③ 계산 :

$154\times\frac{4.62}{1,000}\times 1.4\times 1.5 = 1.494$[인]

답 1.494[인]

④ 계산 :

$85\times\frac{4.62}{1,000}\times 1.4\times 1.8\times 1.5 = 1.484$[인]

답 1.484[인]

1

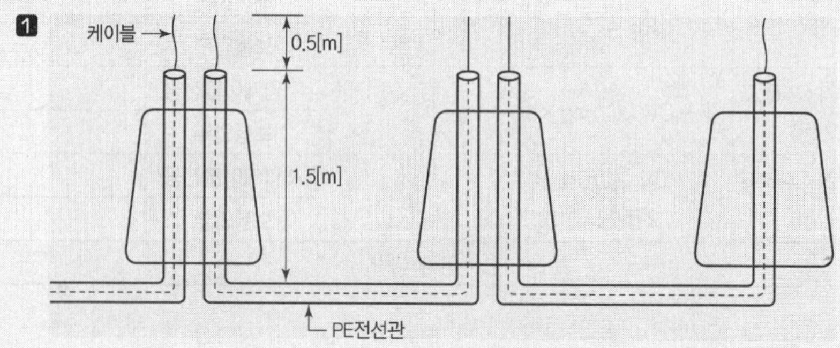

- Ⓐ배관 직선길이=25+27+28+27+27=134[m]
- Ⓐ배관 가산길이=1.5×10개소=15[m]
- Ⓐ케이블 가산길이=(1.5+0.5)×10개소=20[m]
- Ⓐ구간 터파기=$\left(\frac{0.6+0.8}{2}\right)\times 1.3\times 134 = 121.94[m^3]$
- Ⓐ구간 케이블(F−CV 6sq−2C)=배관 직선길이+케이블 가산길이=134+20=154[m]
- Ⓐ구간 전선관(PE 36C)=배관 직선길이+배관 가산길이=134+15=149[m]

2 ④ 케이블길이×케이블 1[m]당 포설 인건비×2심×2열 동시×보안등공사 가산

02 다음 철탑의 구조를 보고 각 부분의 명칭을 쓰시오.

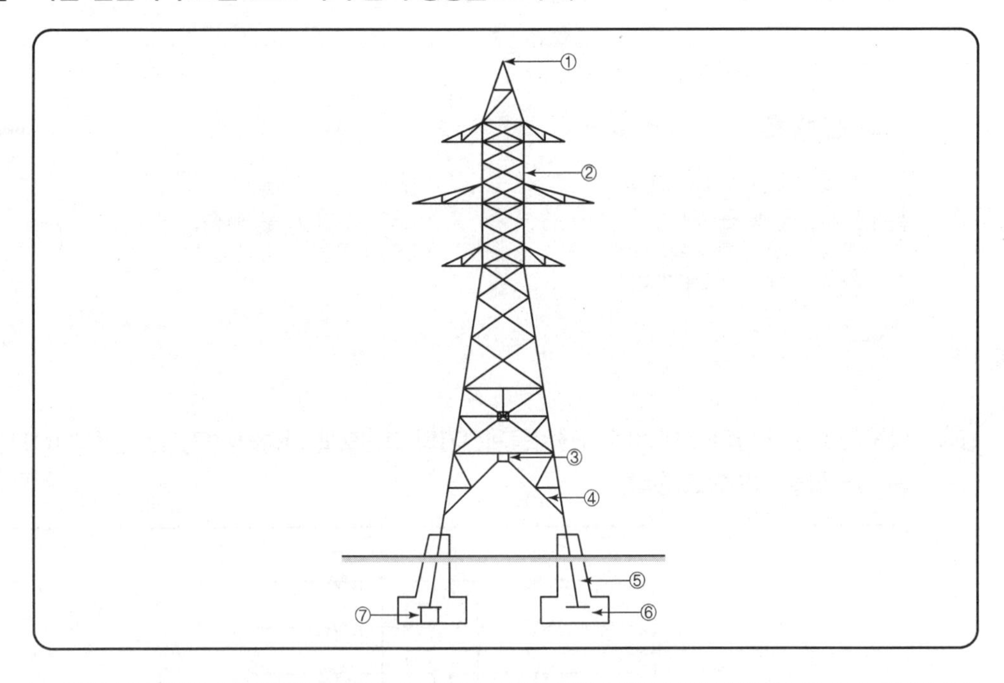

해답 ① 철탑정부 ② 주주재 ③ 거싯플레이트 ④ 사재 ⑤ 주체부 ⑥ 상판부 ⑦ 앵커블록

TIP

➤ 철탑 각부의 명칭

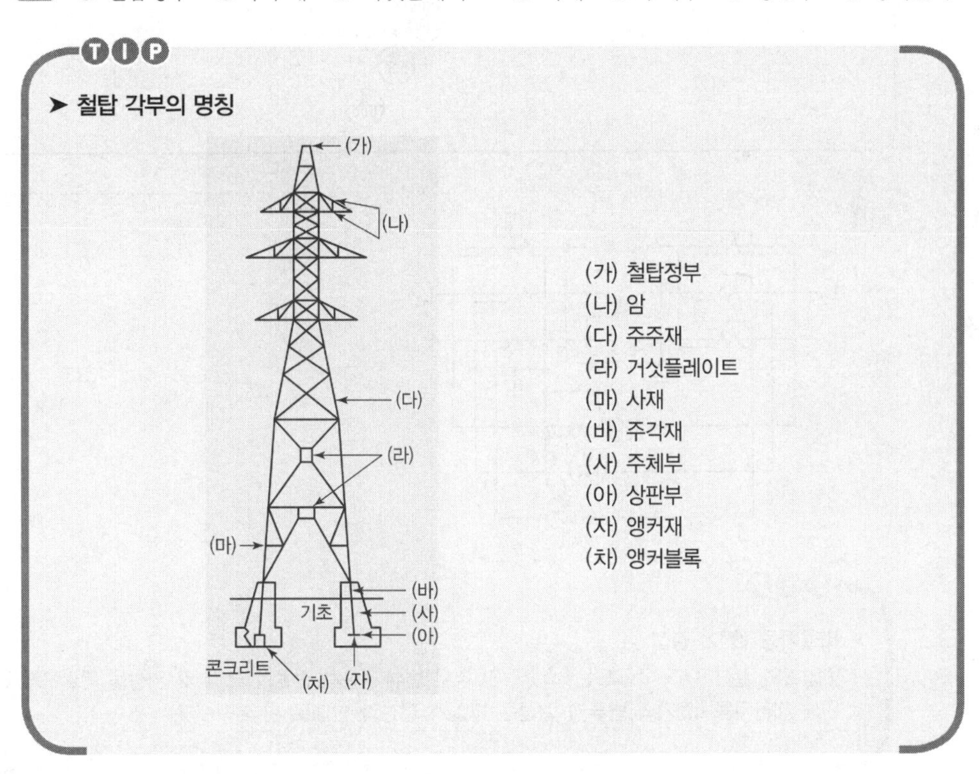

03 계전기별 고유 번호에서 88Q 명칭을 쓰시오.

해답 유압펌프용 개폐기

TIP

- 88A : 공기압축기용 개폐기
- 88H : Heater용 개폐기
- 88QT : OT 순환펌프용 개폐기
- 88W : 냉각수펌프용 개폐기
- 88F : Fan용 개폐기
- 88Q : 유압펌프용 개폐기
- 88V : 진공펌프용 개폐기

04 다음과 같은 변압기에 대하여 비율차동계전기의 결선도를 완성하시오.(단, 변류기(CT)결선은 감극성을 기준으로 한다.)

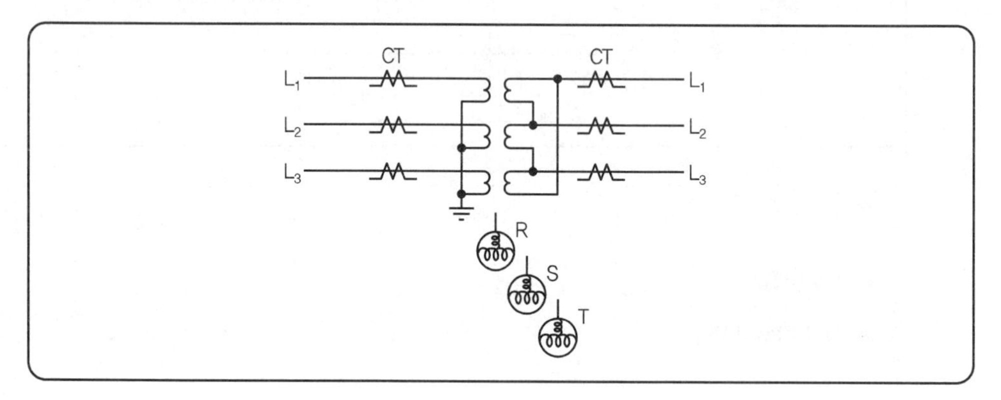

해답

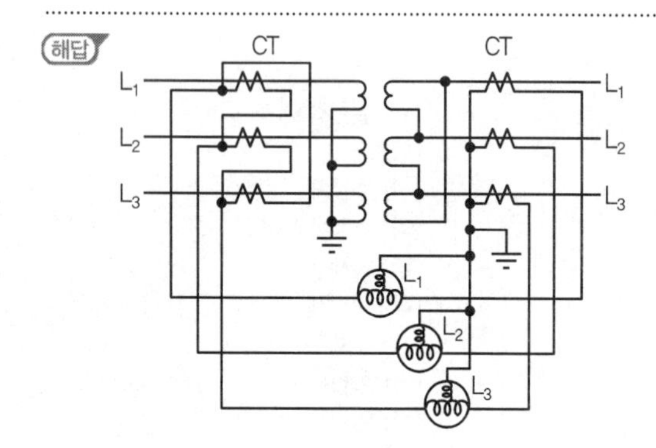

TIP

➤ **비율차동계전기 결선**

변압기의 결선이 Y－△ 또는 △－Y인 경우 변류기 2차 전류의 크기 및 위상을 동일하게 하기 위해 비율차동계전기의 변류기 결선은 변압기 결선과 반대로 한다.

05 수용가 인입구의 전압이 22.9[kV], 주 차단기의 차단용량이 250[MVA]이다. 10[MVA], 22.9/3.3[kV] 변압기의 임피던스가 5.5[%]일 때, 변압기 2차측에 필요한 차단기용량을 다음 표에서 산정하시오.

| 차단기 정격용량[MVA] |

10	20	30	50	75	100	150	250	300	400	500	750	1,000

해답 계산 : 기준용량을 10[MVA]로 하면

① 전원 측 $\%Z$

$$P_s = \frac{100}{\%Z}P$$

여기서, P_s : 차단기용량

P : 전원측 기준용량

$$\%Z = \frac{100}{250} \times 10 = 4[\%]$$

② 변압기의 $\%Z_{TR} = 5.5[\%]$

③ 합성 $\%Z = \%Z + \%Z_{TR} = 4 + 5.5 = 9.5[\%]$

$\therefore$ 차단기의 차단용량$= \dfrac{100}{\%Z}P = \dfrac{100}{9.5} \times 10 = 105.26[\text{MVA}]$

답 150[MVA]

TIP

기준용량이 없는 경우 변압기용량을 기준으로 한다.

06 주 접지극 X와 보조접지극 상호 간의 접지저항을 측정한 값이 그림과 같다면 G_a, G_b, G_c의 접지저항은 각각 몇 [Ω]인지 계산하시오.

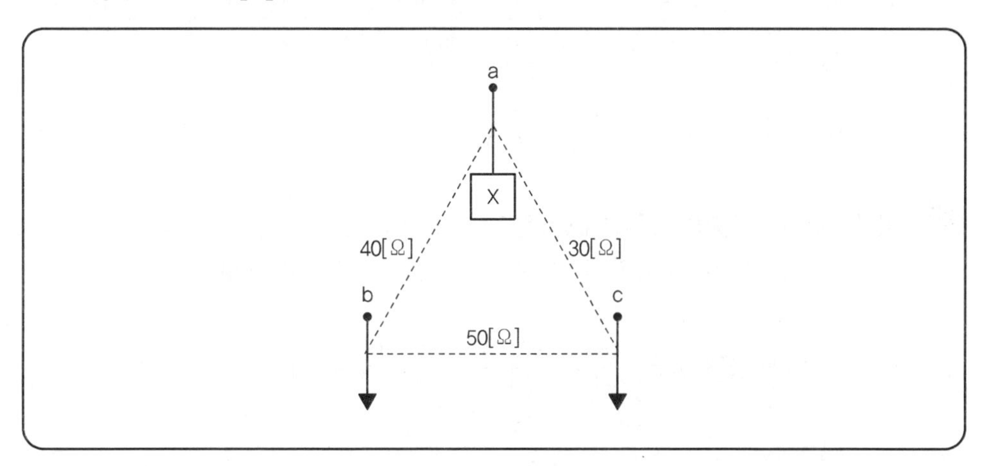

1. G_a 지점
2. G_b 지점
3. G_c 지점

해답 1. 계산 : $G_a = \frac{1}{2}(G_{ab} + G_{ca} - G_{bc}) = \frac{1}{2}(40 + 30 - 50) = 10[\Omega]$

답 $10[\Omega]$

2. 계산 : $G_b = \frac{1}{2}(G_{bc} + G_{ab} - G_{ca}) = \frac{1}{2}(50 + 40 - 30) = 30[\Omega]$

답 $30[\Omega]$

3. 계산 : $G_c = \frac{1}{2}(G_{ca} + G_{bc} - G_{ab}) = \frac{1}{2}(30 + 50 - 40) = 20[\Omega]$

답 $20[\Omega]$

TIP

① 측정하려는 값의 저항값은 연결된 것은 더하고 연결되지 않은 값은 빼주면 된다.
② X : 주 접지극(a)　　　b, c : 보조접지극

07 수변전설비 용량을 추정하는 수용률, 부등률, 부하율을 구하는 공식을 각각 쓰시오.

1. 수용률
2. 부등률
3. 부하율

해답 1. $\text{수용률} = \frac{\text{최대수용전력[kW]}}{\text{총 부하설비 용량[kW]}} \times 100[\%]$

2. $\text{부등률} = \frac{\text{각개 최대수용전력의 합[kW]}}{\text{합성 최대수용전력[kW]}}$

3. $\text{부하율} = \frac{\text{평균수용전력[kW]}}{\text{합성 최대수용전력[kW]}} \times 100[\%]$

08 직경 10[m]인 원형의 사무실에 평균 구면광도가 100[cd]인 전등 4개를 점등할 때 조명률이 0.5, 감광보상률이 1.6이면, 이 사무실의 평균조도가 몇 [lx]인지 구하시오.

해답 계산 : 평균조도 $E = \frac{FUN}{AD} = \frac{4\pi \times 100 \times 0.5 \times 4}{\left(\frac{10}{2}\right)^2 \pi \times 1.6} = 20[\text{lx}]$

답 $20[\text{lx}]$

TIP

① 균등 점광원에서의 광속 $F=4\pi I=4\pi\times 100=400\pi[\text{lm}]$

② 원형인 사무실의 면적 $A=\left(\frac{d}{2}\right)^2\pi=\left(\frac{10}{2}\right)^2\pi=25\pi[\text{m}^2]$

09 공칭단면적이 100[mm²]인 경동선을 사용한 가공전선로가 있다. 경간은 100[m]로 지지점의 높이는 동일하다. 전선 1[m]의 무게는 0.7[kg], 풍압하중이 1.1[kg/m]인 경우 전선의 안전율을 2.2로 하기 위한 전선의 길이[m]를 구하시오.(단, 전선의 인장하중은 1,100[kg]으로서 장력에 의한 전선의 신장은 무시한다.)

해답 계산 : 합성하중 $W=\sqrt{0.7^2+1.1^2}=1.3[\text{kg/m}]$

이도 $D=\dfrac{WS^2}{8T}=\dfrac{1.3\times 100^2}{8\times\left(\dfrac{1100}{2.2}\right)}=3.25[\text{m}]$

∴ 전선의 길이 $L=S+\dfrac{8D^2}{3S}=100+\dfrac{8\times 3.25^2}{3\times 100}=100.28[\text{m}]$

답 100.28[m]

TIP

① 합성하중

$W=\sqrt{W_i+W_c)^2+W_p^2}$

여기서, W_p : 풍압하중

W : 합성하중

W_c : 빙설하중

W_i : 전선자중

② 장력 $T=\dfrac{\text{인장강도}}{\text{안전율}}$

10 전력계통에서 서지현상(Surge)에 의해 발생되는 과전압을 서지 과전압이라 한다. 서지 과전압의 발생원인 3가지를 쓰시오.

해답 ① 차단기 개폐에 의한 과전압
② 뇌에 의한 과전압
③ 지락사고에 의한 과전압

11 다음은 154[kV] 송전선로의 1련 현수애자 장치도이다. 그림에 표시된 번호를 보고 명칭을 정확히 답하시오.

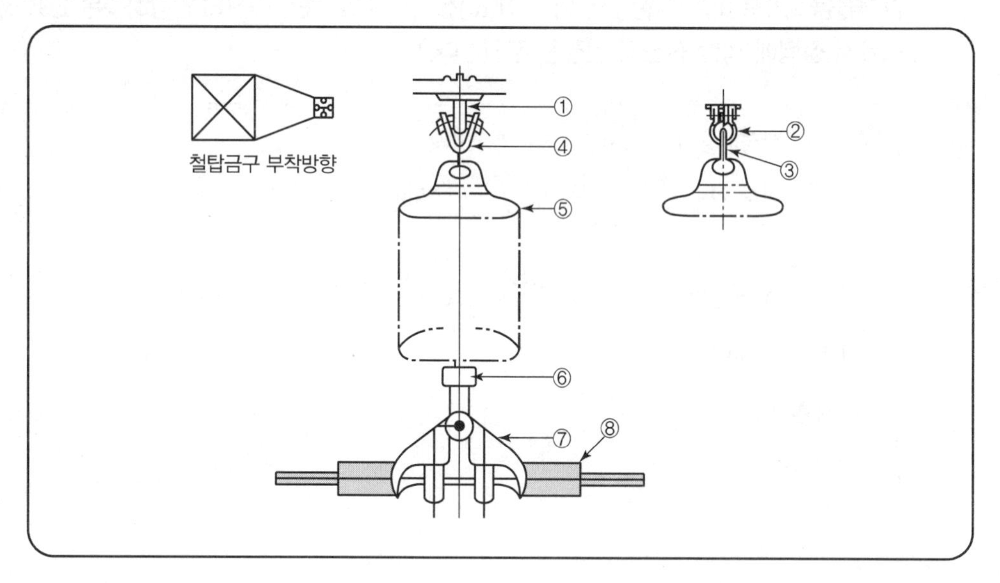

해답 ① 애자장치 U볼트　② 앵커쇄클　③ 볼아이　④ Y크레비스볼
⑤ 현수애자　⑥ 소켓아이　⑦ 현수클램프　⑧ 아머로드

12 풍력발전소의 풍속이 5[m/s]이고 날개지름이 10[m]일 때의 출력[kW]을 구하시오. (단, 공기밀도는 1.225[kg/m³]이다.)

해답 계산 : $P=\frac{1}{2}\rho A V^3=\frac{1}{2}\times 1.225\times\pi\times\left(\frac{10}{2}\right)^2\times 5^3=6.01\times 10^3[\text{W}]=6.01[\text{kW}]$

답 6.01[kW]

TIP

➤ **풍력발전소 출력**

$$P=\frac{1}{2}mV^2=\frac{1}{2}(\rho AV)V^2=\frac{1}{2}\rho AV^3$$

여기서, P:에너지[W], m:에너지[kg], V:평균풍속[m/s]

ρ:공기의 밀도(1.225[kg/m³]), A:로터의 단면적[m²]

13 다음 그림기호의 명칭과 숫자 10이 나타내는 의미를 쓰시오.

▲▲▲ 10

해답 ① 명칭 : 리모컨 릴레이

② 숫자 10이 나타내는 의미 : 릴레이 수

TIP

명칭	그림기호	적요
리모컨 릴레이	▲	리모컨 릴레이를 집합하여 부착하는 경우는 ▲▲▲ 를 사용하고 릴레이 수를 표기한다. [보기] ▲▲▲ 10

14 매입방식에 따른 건축화 조명방식에 대한 설명이다. 각각에 맞는 조명방식을 쓰시오.

1 천장면에 확산 투과재인 메탈 아크릴수지판을 붙이고 천장 내부에 광원을 배치하여 조명하는 방식이다. 주로 고조도가 필요한 장소인 1층홀, 쇼룸 등에 적용된다.

2 천장과 벽면의 경계구석에 등기구를 배치하여 조명하는 방식이다. 천장과 벽면에 동시에 투사되며 주로 지하도, 터널에 적용된다.

3 천장면을 여러 형태의 사각, 삼각 등으로 구멍을 내어 다양한 형태의 매입기구를 취부하여 실내의 단조로움을 피하는 조명방식이다.

해답 1 광천장조명

2 코너조명

3 코퍼조명

15 **다음 콘센트의 심벌을 그리시오.**

1 바닥에 부착하는 30[A] 콘센트
2 벽에 부착하는 의료용 콘센트
3 천장에 부착되는 접지단자 붙이 콘센트
4 비상 콘센트

01 다음 도면을 보고 각 물음에 답하시오.

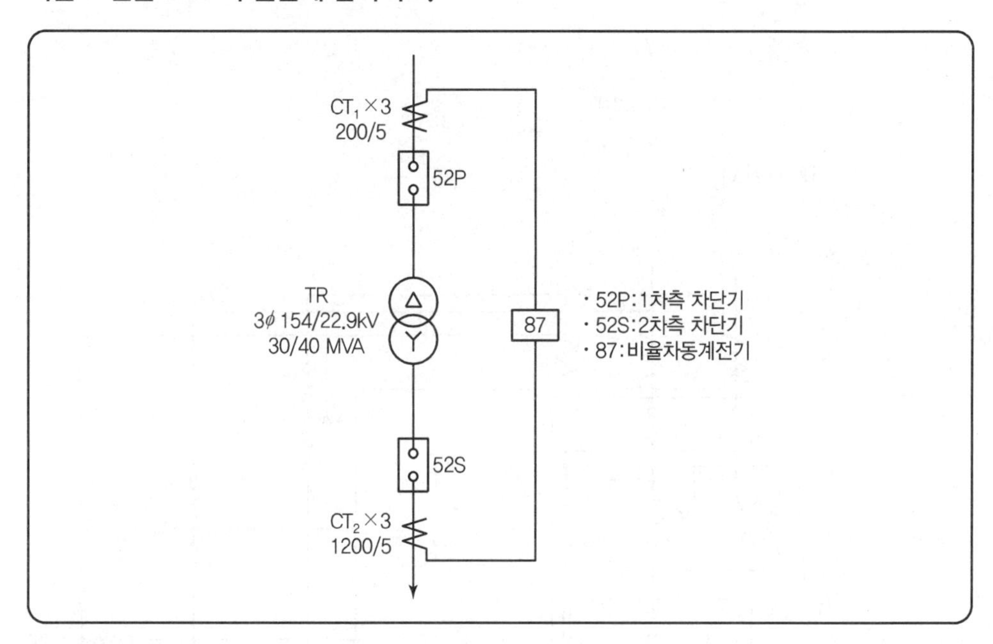

1 변압기 최대용량 40[MVA]에서 1, 2차 CT의 2차측에 흐르는 전류를 각각 구하시오.

① 변압기 1차측 $\mathrm{CT_1}$의 2차 전류[A]

② 변압기 2차측 $\mathrm{CT_2}$의 2차 전류[A]

2 87계전기 회로의 3상 결선도를 완성하시오.(단, 접지표시를 할 것)

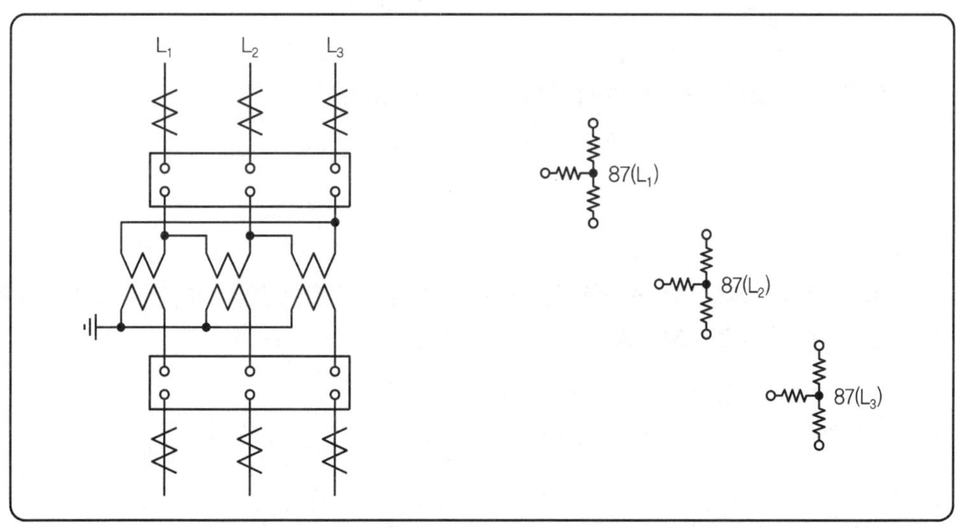

해답 **1** ① 계산 : $CT_1 = I_1 \times \frac{1}{CT비}$

$$I = \frac{40 \times 10^3}{\sqrt{3} \times 154} \times \frac{5}{200} = 3.75[A]$$

답 3.75[A]

② 계산 : $CT_2 = I_1 \times \frac{1}{CT비}$

$$I = \frac{40 \times 10^3}{\sqrt{3} \times 22.9} \times \frac{5}{1200} = 4.2[A]$$

답 4.2[A]

2

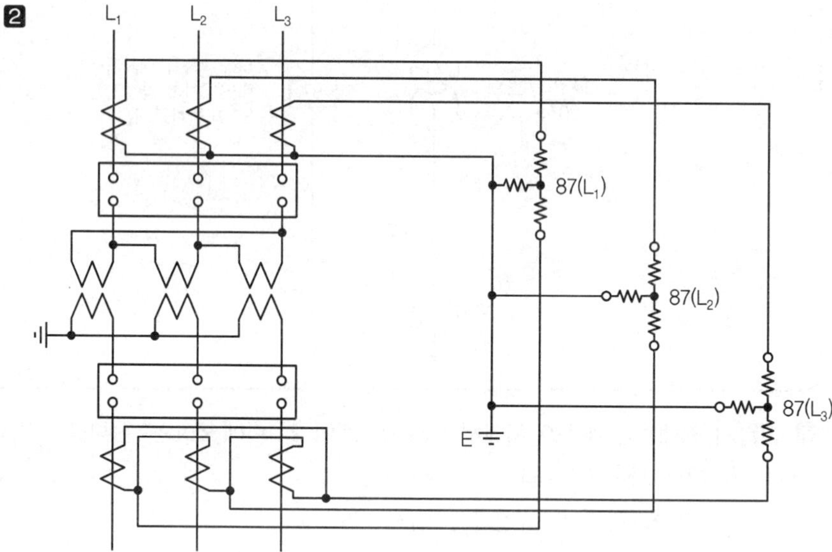

TIP

87계전기 결선은 동위상 때문에 변압기 결선과 반대로 한다.

02 버스덕트공사에서 버스덕트를 조영재에 수직으로 설치하는 경우 최대 몇 [m] 이하의 간격으로 지지하여야 하는지 쓰시오.

해답 6[m]

03 아래 그림은 22.9[kV] 배전선로의 내장주 건주공사도이다. 주어진 조건과 품셈을 이용하여 물음에 답하시오.

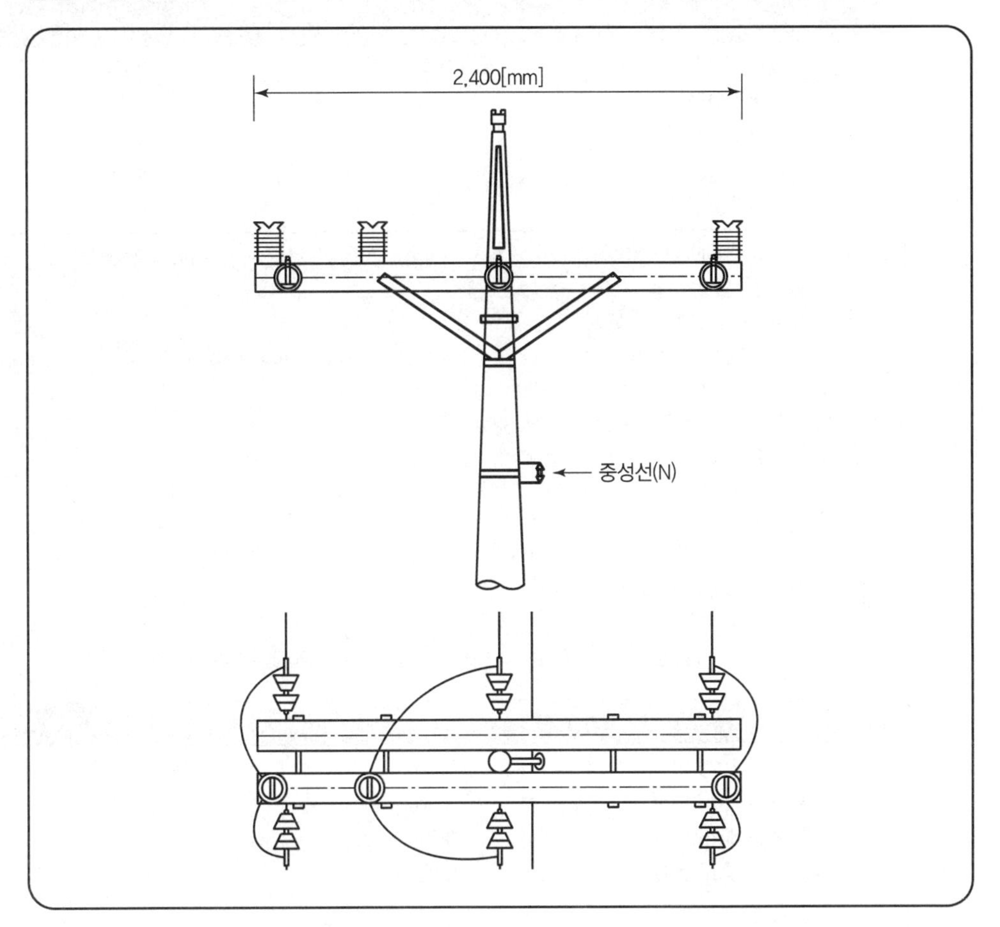

[조건]

① 전주는 CP 16[m]이며, 전주용 근가는 1개를 설치한다.
② 중성선용 랙 및 지선밴드 설치는 고려하지 않는다.
③ 완철, 가공지선지지대, 애자는 주상설치 기준이며 지상조립이 불가능한 경우이다.
④ 공구손료는 노무비의 3[%]로 계산한다.
⑤ 직접노무비는 노무비+공구손료로 계산한다.
⑥ 간접노무비는 직접노무비의 15[%]로 계산한다.
⑦ 노임단가는 배전전공은 336,973원, 보통인부는 125,427원이다.
⑧ 인공은 소수점 넷째 자리까지 구한다.
⑨ 각 금액 계산 시 소수점 이하는 버린다.
⑩ 기타 조건은 무시한다.

| 품셈 1. 콘크리트전주 인력건주 |

(단위 : 본)

규격	배전전공	보통인부
8[m] 이하	0.89	1.01
10[m] 이하	1.10	1.39
12[m] 이하	1.52	1.60
14[m] 이하	1.95	2.29
16[m] 이하	2.70	2.76

[해설] ① 전주길이의 1/6을 묻는 기준이며, 계단식 터파기, 되메우기 포함, 암반 터파기는 별도 계상
② 근가 1본 포함, 1본 추가마다 10[%] 가산
③ 지주공사는 건주공사 적용
④ 주입목주는 콘크리트전주의 50[%], 불주입목주는 콘크리트전주의 40[%]
⑤ H주 건주 200[%], A주 건주 160[%]
⑥ 3각주 건주 300[%], 4각주 건주 400[%]
⑦ 단계주 및 인자형 계주의 건주는 각각의 단주 건주품을 합한 품 적용
⑧ 주의표 및 번호표 설치 시 1매당 보통인부 0.068인, 기입만 할 때는 전기공사산업기사 0.043인 계상
⑨ 조립식 강관주도 본 품을 적용하며, 조립 후의 전장길이를 기준으로 한다.(단, 16[m] 초과 시 [m]당 배전전공 0.56[인], 보통인부 0.59[인]을 가산하며, 1[m] 미만은 사사오입한다.)
⑩ 철거 50[%], 재사용 철거 80[%]

| 품셈 2. ㄱ형 완철 및 피뢰선(가공지선) 지지대 주상설치 |

규격	배전전공	보통인부
ㄱ형 완철 1[m] 이하	0.05	0.05
ㄱ형 완철 2[m] 이하	0.06	0.06
ㄱ형 완철 3[m] 이하	0.07	0.07
ㄱ형 완철 3[m] 초과	0.09	0.09
가공지선지지대 (내장용 및 직선용)	0.10	0.05

[해설] ① ㄱ형 완철 설치 기준, 경완철 80[%]
② Arm Tie 설치 포함
③ 편출공사 120[%]
④ 지상조립 75[%](공동설치 과다 개소, 수목접촉 개소, 공간협소 개소 등 지장물 및 안전위해요소로 지상조립이 불가능한 경우 제외)
⑤ 피뢰선 지지대 철거 50[%], 재사용 철거 80[%]
⑥ 철거 30[%], 재사용 철거 50[%]
⑦ 단일형 내장완철의 경우 ㄱ형 완철에 준함

| 품셈 3. 배전용 애자 설치 |

종별	배전전공	보통인부
라인포스트애자	0.046	0.046
현수애자	0.032	0.032
내오손 결합애자	0.025	0.025
저압용 인류애자	0.020	–

[해설] ① 애자 교체 150[%]
② 특고압 핀애자는 라인포스트 애자에 준함
③ 철거 50[%], 재사용 철거 80[%]
④ 동일 장소에 추가 1개마다 기본품의 45[%] 적용
⑤ 저압용 인류애자 지상조립 75[%](공동설치 과다 개소, 수목접촉 개소, 공간협소 개소 등 지장물 및 안전위해 요소로 지상조립이 불가능한 경우 제외)

1 재료의 수량을 답란에 채우시오.

품명	규격	단위	수량	비고
전주	CP 16[m]	본	1	
라인포스트애자		개	①	
특고압현수애자		개	②	
완철	경완철	개	③	
가공지선지지대		개	④	

2 "**1**"항 재료들의 배전전공 및 보통인부의 총 공량[인]을 계산하시오.
① 배전전공
② 보통인부

3 노무비를 산출하시오.
① 노무비
② 공구손료
③ 간접노무비

해답 **1** ① 3 ② 12 ③ 2 ④ 1

2 ① 배전전공

계산 : $2.7\times1+0.046(1+0.45\times2)+0.032(1+0.45\times11)+0.07\times2\times0.8+1\times0.10=3.1898$[인]

답 3.1898[인]

② 보통인부

계산 : $2.76\times1+0.046(1+0.45\times2)+0.032(1+0.45\times11)+0.07\times2\times0.8+1\times0.05=3.1998$[인]

답 3.1998[인]

3 ① 총공량

계산 : 배전전공=3.1898×336,973=1,074,876[원]

보통인부=3.1998×125,427=401,341[원]

∴ 노무비=1,074,876+401,341=1,476,217[원]

답 1,476,217[원]

② 공구손료

계산 : 공구손료=1,476,217×0.03=44,286[원]

답 44,286[원]

③ 간접노무비

계산 : 간접노무비=(1,476,217+44,286)×0.15=228,075[원]

답 228,075[원]

TIP

2 인공은 소수점 넷째 자리까지 구하고, 라인포스트애자, 현수애자는 동일 장소에 추가 1개마다 기본 품의 45[%] 적용한다.

① 배전전공

- 전주(16[m] 이하) : 2.7×1=2.7[인]
- 라인포스트애자 : 0.046×[1+0.45(3−1)]=0.0874[인]
- 특고압현수애자 : 0.032×[1+0.45(12−1)]=0.1904[인]
- 완철(경완철) : 0.07×2×0.8=0.112[인]
- 가공지선지지대 : 0.1×1=0.1[인]

합계=2.7+0.0874+0.1904+0.112+0.1=3.1898[인]

② 보통인부

- 전주(16[m] 이하) : 2.76×1=2.76[인]
- 라인포스트애자 : 0.046×[1+0.45(3−1)]=0.0874[인]
- 특고압현수애자 : 0.032×[1+0.45(12−1)]=0.1904[인]
- 완철(경완철) : 0.07×2×0.8=0.112[인]
- 가공지선지지대 : 0.05×1=0.05[인]

합계=2.76+0.0874+0.1904+0.112+0.05=3.1998[인]

3 각 금액 계산 시 소수점 이하는 버린다.

② 공구손료=노무비×0.03

③ 직접노무비=노무비+공구손료

간접노무비=직접노무비×0.15

04 KEC에 따른 피뢰시스템의 등급별 병렬 인하도선 사이의 최대 간격에 대한 표이다. 빈칸에 알맞은 답을 쓰시오.

피뢰시스템의 등급	간격[m]
Ⅰ	①
Ⅱ	②
Ⅲ	③
Ⅳ	④

해답

피뢰시스템의 등급	간격[m]
Ⅰ	① 10
Ⅱ	② 10
Ⅲ	③ 15
Ⅳ	④ 20

05 한국전기설비규정(KEC)에 의한 전선 및 케이블의 구분에 따른 배선설비의 공사방법에 대한 표이다. 다음 표의 비고를 활용하여 빈칸을 채워 완성하시오.

전선 및 케이블		공사방법		
		전선관시스템	케이블덕팅시스템	애자공사
나전선		(①)	×	(④)
절연전선		(②)	○	○
케이블 (외장 및 무기질 절연물을 포함)	다심	○	(③)	△
	단심	○	○	(⑤)

[비고] ○ : 사용할 수 있다.
× : 사용할 수 없다.
△ : 적용할 수 없거나 실용상 일반적으로 사용할 수 없다.

해답 ① ×　② ○　③ ○　④ ○　⑤ △

TIP

전선 및 케이블		공사방법							
		케이블공사			전선관 시스템	케이블 트렁킹 시스템 (몰드형, 바닥 매입형 포함)	케이블 덕팅 시스템	케이블 트레이 시스템 (레더, 브래킷 등 포함)	애자 공사
		비고정	직접 고정	지지선					
나전선		×	×	×	×	×	×	×	○
절연전선[b]		×	×	×	○	○[a]	○	×	○
케이블 (외장 및 무기질 절연물을 포함)	다심	○	○	○	○	○	○	○	△
	단심	△	○	○	○	○	○	○	△

○ : 사용할 수 있다.
× : 사용할 수 없다.
△ : 적용할 수 없거나 실용상 일반적으로 사용할 수 없다.

[주]
a : 케이블트렁킹시스템이 IP4X 또는 IPXXD급 이상의 보호조건을 제공하고, 도구 등을 사용하여 강제적으로 덮개를 제거할 수 있는 경우에 한하여 절연전선을 사용할 수 있다.
b : 보호도체 또는 보호 본딩도체로 사용되는 절연전선은 적절하다면 어떠한 절연방법이든 사용할 수 있고 전선관시스템, 트렁킹시스템 또는 덕팅시스템에 배치하지 않아도 된다.

06 아래 그림과 같이 전선 지지점에 고저차가 없는 곳에 경간의 이도가 각각 1[m], 4[m]로 동일한 장력으로 전선이 가설되어 있다. 그림과 같이 중앙의 지지점에서 전선이 떨어졌다면 전선의 지표상 최저 높이 [m]를 구하시오.

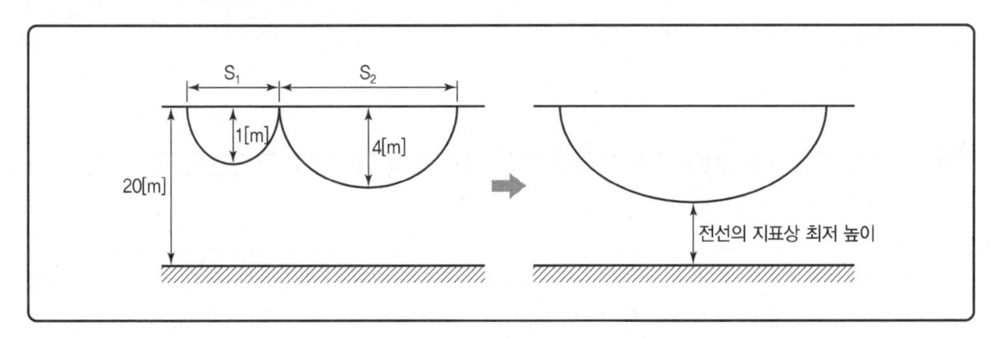

해답 ① 계산 : 이도 $D=\dfrac{WS^2}{8T}$에서 장력 $T=\dfrac{WS^2}{8D}$이다.

1[m]의 이도와 경간을 D_1, S_1, 4[m]의 이도와 경간을 D_2, S_2라고 하면,
동일한 장력의 전선이므로

$$\frac{W{S_1}^2}{8D_1}=\frac{W{S_2}^2}{8D_2}$$

$$\frac{S_2}{S_1}=\sqrt{\frac{D_2}{D_1}}=\sqrt{\frac{4}{1}}=2[\text{m}]$$

$$\therefore\ S_2=2S_1$$

② 중간 지지점에서 전선이 떨어진 경우의 이도를 D_x라고 하면

$$D_x=\sqrt{\left(\frac{{D_1}^2}{S_1}+\frac{{D_2}^2}{S_2}\right)(S_1+S_2)}=\sqrt{\left(\frac{1^2}{S_1}+\frac{4^2}{2S_1}\right)(S_1+2S_1)}$$

$$=\sqrt{\left(\frac{1^2}{1}+\frac{4^2}{2}\right)\frac{1}{S_1}\times(1+2)S_1}=3\sqrt{3}\,[\text{m}]$$

$\therefore$ 전선의 지표상 최저 높이 H

$$H=20-3\sqrt{3}=14.80[\text{m}]$$

답 14.80[m]

07 345[kV] 송전선로를 설치하는 경우 지표상의 최소 높이[m]를 구하시오.(단, 철도레일을 횡단하는 경우이다.)

해답 계산 : $6.5+[(34.5-16)\times0.12]=8.78[\text{m}]$

답 8.78[m]

TIP

(34.5－16)＝18.5 절상하여 19

08 **한국전기설비규정(KEC)에 따른 가연성 가스 등의 위험장소 금속관공사에서 유의사항에 대한 내용이다. 빈칸에 알맞은 내용을 쓰시오.**

- 관 상호 간 및 관과 박스 기타의 부속품 · 풀 박스 또는 전기기계기구와는 (①)턱 이상 나사 조임으로 접속하는 방법 또는 기타 이와 동등 이상의 효력이 있는 방법에 의하여 견고하게 접속할 것
- 전동기에 접속하는 부분으로 가요성을 필요로 하는 부분의 배선에는 (②)의 방폭형 또는 안전증가 방폭형의 유연성 부속을 사용할 것

해답 ① 5 ② 내압

TIP

➤ KEC 242.3 가연성 가스 등의 위험장소(가스증기 위험장소)

① 저압 옥내배선 등은 금속관공사 또는 케이블공사에 의할 것

② 금속관공사에 의하는 때에는 다음에 의할 것

- 관 상호 간 및 관과 박스 기타 부속품 · 풀 박스 또는 전기기계기구와는 5턱 이상 나사 조임으로 접속할 것
- 전동기에 접속하는 부분으로 가요성을 필요로 하는 부분의 배선에는 방폭의 부속품 중 내압의방폭형 또는 안전증가 방폭형의 유연성 부속을 사용할 것

09 **가로 12[m], 세로 18[m], 천장높이 3[m], 작업면높이 0.8[m]인 곳에 작업면의 조도를 500[lx]로 하기 위하여 형광등 1등의 광속이 2,750[lm]인 40[W] 형광등을 설치하고자 한다. 다음 물음에 답하시오.(단, 감광보상률 1.3, 조명률 63[%]이다.)**

1 실지수를 계산하시오.

2 설치 등기구(형광등) 수량을 구하시오.

3 공간비율(Cavity Ratio)을 구하시오.

해답 **1** 계산 :

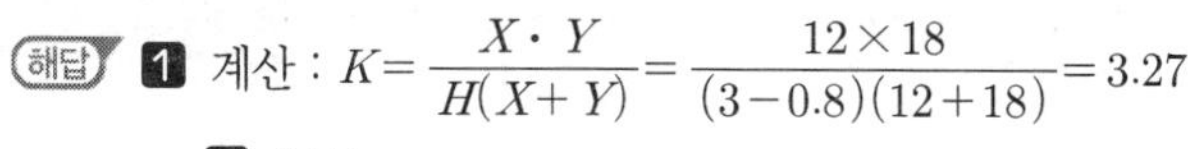

$$K=\frac{X\cdot Y}{H(X+Y)}=\frac{12\times18}{(3-0.8)(12+18)}=3.27$$

답 3.27

❷ 계산 : $N = \frac{500 \times 12 \times 18 \times 1.3}{2,750 \times 0.63} = 81.04$

답 82[등]

❸ 계산 : 공간비율 $CR = \frac{5 \times 3 \times (12+18)}{12 \times 18} = 2.08$

답 2.08

TIP

❷ $FUN = EAD$에서 $N = \frac{EAD}{FU}$

❸ 공간비율 $CR = \frac{5h \times (\text{공간의 길이} + \text{공간의 폭})}{\text{공간의 면적}}$

10 다음 철탑의 명칭을 쓰시오.

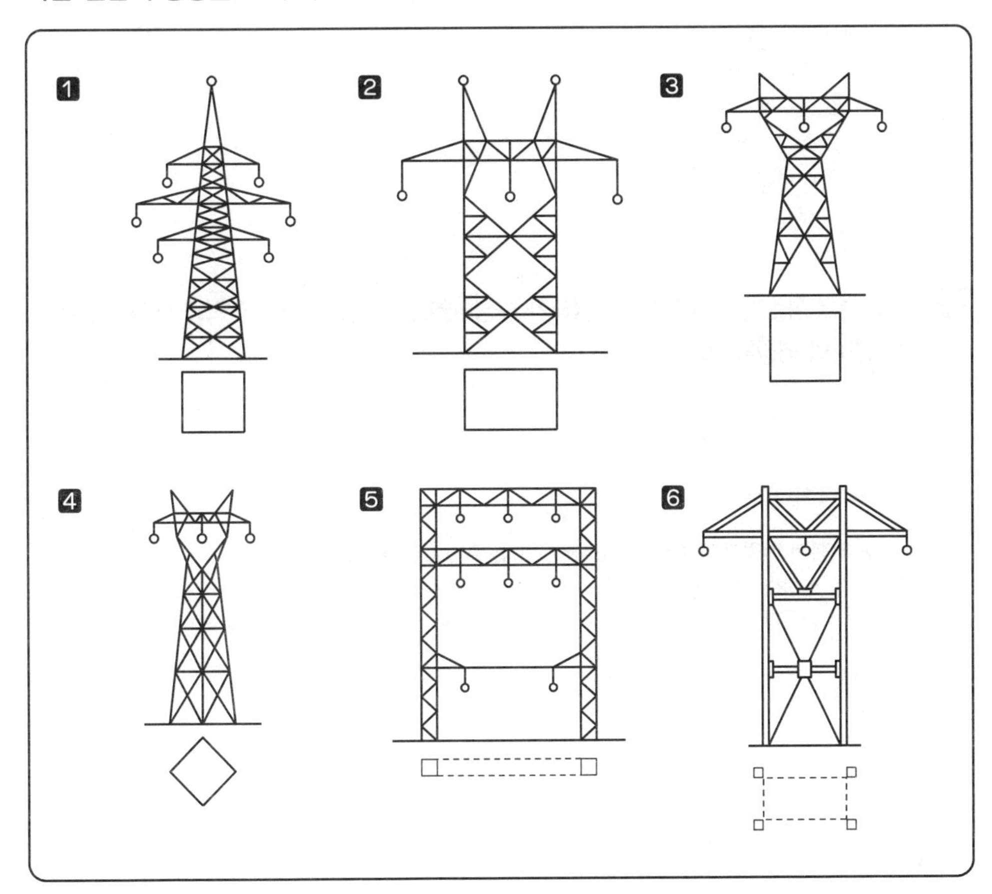

해답 ❶ 사각 철탑 ❷ 방형 철탑
❸ 우두형 철탑 ❹ 회전형 철탑
❺ 문형 철탑 ❻ MC 철탑

11 장간형 현수애자 설치방법이다. ①~⑤의 명칭을 쓰시오.

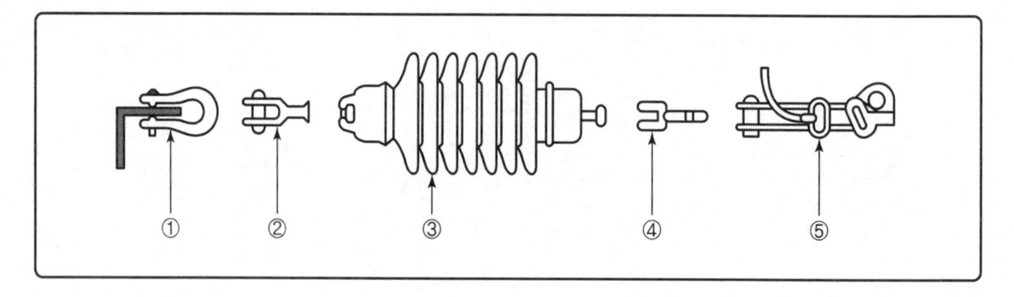

해답 ① 앵커쇄클
② 볼크레비스
③ 현수애자
④ 소켓아이
⑤ 데드엔드클램프

12 상용전원 정전이나 전원에 이상상태가 발생하였을 때 정상적으로 전력을 부하측에 즉시 공급하는 설비의 명칭을 쓰시오.

해답 무정전 전원장치

TIP

➤ 무정전 전원장치(UPS : Uninterruptible Power Supply)의 기능
① 부하측 무정전 전원공급
② 정주파수 정전압공급

13 다음은 3상 전동기 Y－△ 기동 운전 제어회로도이다. 각 물음에 답하시오.

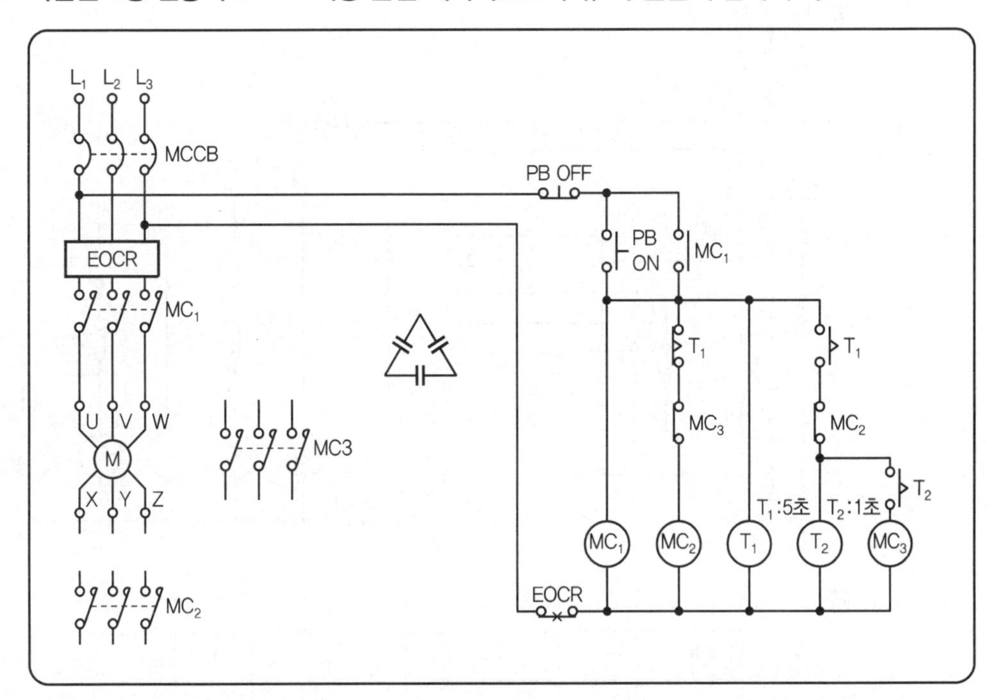

❶ Y－△ 기동 운전이 가능하고, 역률이 개선될 수 있도록 위의 회로도를 완성하시오.

❷ 회로도를 보고 아래의 타임차트를 완성하시오.

(단, 누름버튼스위치 PB의 신호는 PB를 누르는 동작을 의미하며 보조접점의 시간지연은 무시한다.)

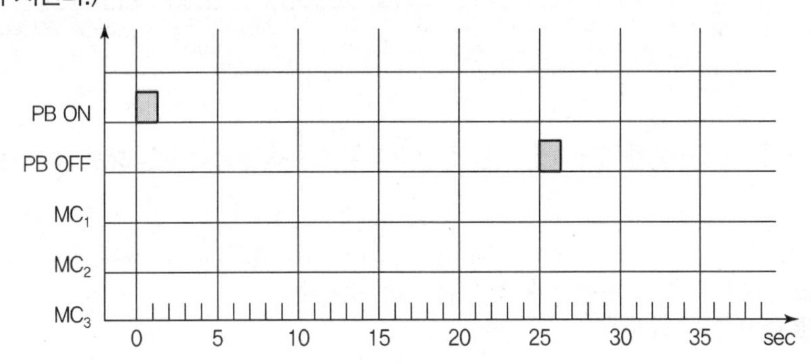

해답 1

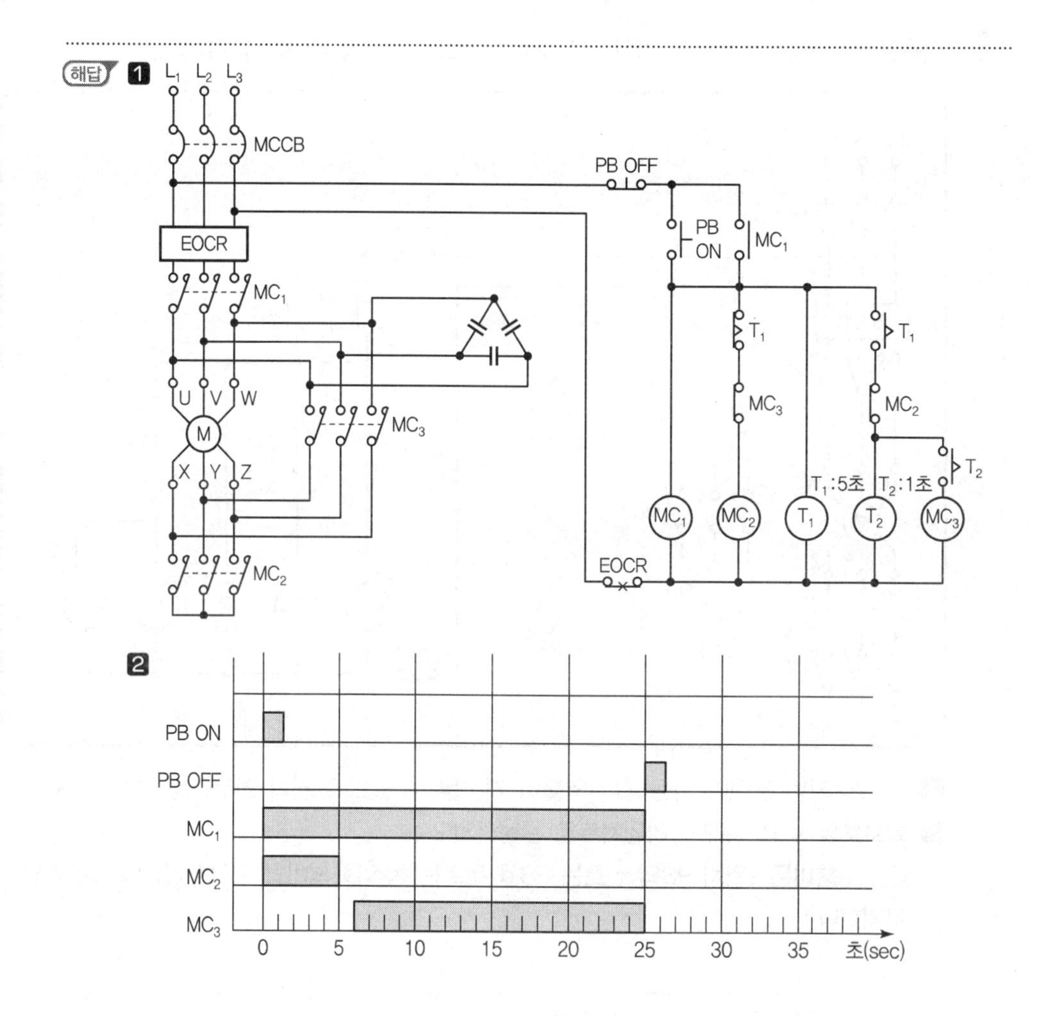

14 장주의 종류에서 수평배열에 해당하는 장주 3종류와 수직배열에 해당하는 장주 1종류를 쓰시오.

해답 1 수평배열 : ① 보통장주 ② 창출장주 ③ 편출장주

2 수직배열 : 랙장주

TIP

이 외에도 수직배열에서 D형 랙장주가 있다.

15 **다음 변압기의 내부 고장 검출을 위한 기기의 명칭을 쓰시오.**

❶ 96B
❷ 96P
❸ 33Q

해답 ❶ 96B : 부흐홀츠 계전기
❷ 96P : 충격압력 계전기
❸ 33Q : 유면검출장치

16 **3상 4선식 380/220[V] 구내배선 긍장이 60[m], 부하의 최대 전류는 200[A]인 배선에서 대지전압의 전압강하를 최대 5[V]로 하고자 한다. 이때 사용되는 전선의 공칭단면적[mm²]을 다음 표에서 산정하시오.**

전선의 공칭단면적[mm²]						
10	16	25	35	50	70	95

해답 계산 : $A=\dfrac{17.8LI}{1{,}000e}=\dfrac{17.8\times60\times200}{1{,}000\times5}=42.72[\mathrm{mm}^2]$

답 $50[\mathrm{mm}^2]$

TIP

① 전압강하 계산

전기방식	전압강하	전선단면적
단상 3선식 3상 4선식	$e=\dfrac{17.8LI}{1{,}000A}$	$A=\dfrac{17.8LI}{1{,}000e}$
단상 2선식	$e=\dfrac{35.6LI}{1{,}000A}$	$A=\dfrac{35.6LI}{1{,}000e}$
3상 3선식	$e=\dfrac{30.8LI}{1{,}000A}$	$A=\dfrac{30.8LI}{1{,}000e}$

여기서, A : 전선의 단면적[mm²]
e : 전압강하[V]
L : 전선 1본의 길이[m]
C : 전선의 도전율(97[%])

② KEC 전선규격
1.5, 2.5, 4, 6, 10, 16, 25, 35, 50, 70, 95, 120, 150, 185, 240, 300, 400, 500, 630[mm²]

17 **철탑 기초의 종류를 2가지만 쓰시오.**

해답 ① 역T형 ② 말뚝기초

TIP

➤ **철탑의 기초**

① 역T형
② 말뚝기초(파일기초)
③ Pier 기초
- 심형기초
- 정통기초

01 ACSR 58[mm²] 전선으로 부하에 전력을 공급하는 긍장 1[km]인 3상 2회선의 배전선로가 있다. 부하설비의 증가로 상부에 가설된 전선을 ACSR 95[mm²]로 교체하고자 할 때 다음 각 물음에 답하시오.

[시설 조건]

① 노임단가는 배전전공이 361,000원, 보통인부가 141,000원이다.
② 인공 산출 시 소수점 이하까지 모두 계산한다.
③ 간접노무비는 직접노무비의 15[%]로 계산한다.(단, 소수점 이하는 절사한다.)
④ 철거되는 전선은 재사용하는 것으로 한다.

| 배전선 전선설치(가선) |

(100[m] 당)

규격	배전전공	보통인부
나경동선 14[mm²] 이하	0.10	0.05
22[mm²] 이하	0.16	0.08
38[mm²] 이하	0.26	0.13
60[mm²] 이하	0.38	0.19
100[mm²] 이하	0.54	0.27
150[mm²] 이하	0.66	0.33
200[mm²] 이하	0.72	0.36
200[mm²] 초과	0.76	0.38
ACSR, ASC 38[mm²] 이하	0.30	0.15
58[mm²] 이하	0.44	0.22
95[mm²] 이하	0.64	0.32
160[mm²] 이하	0.78	0.39
240[mm²] 이하	0.90	0.45

[해설] ① 1선당 인력작업 기준으로 전선펴기, 당기기, 처짐정도조정 포함
② 애자에 묶는 품 포함
③ 피복선 120[%]
④ 기존선로 상부가설 120[%]
⑤ 장력조정 20[%], 주상이설 70[%]
⑥ 가공피뢰선(가공지선) 80[%]
⑦ 재사용 전선 설치 110[%]
⑧ [m]당으로 환산 시는 본품을 100으로 나누어 산출
⑨ 철거 50[%], 재사용 철거 80[%]
⑩ 기타 할증은 무시한다.

❶ 배전전공의 인공과 노임을 구하시오.
❷ 보통인부의 인공과 노임을 구하시오.
❸ 간접노무비를 구하시오.

해답 ❶ 계산 : • 배전전공 : $\frac{0.44}{100}\times 1,000\times 3\times 1.2\times 0.8+\frac{0.64}{100}\times 1,000\times 3\times 1.2=35.712$[인]

• 노임 : 35,712×361,000=12,892,032[원]

답 인공 : 35.712[인], 노임 : 12,892,032[원]

❷ 계산 : • 보통인부 : $\frac{0.22}{100}\times 1,000\times 3\times 1.2\times 0.8+\frac{0.32}{100}\times 1,000\times 3\times 1.2=17.856$[인]

• 17.856×141,000=2,517,696[원]

답 인공 : 17.856[인], 노임 : 2,517,696[원]

❸ 계산 : • 직접노무비 : 2,517,696+12,892,032=15,409,728[원]

• 간접노무비 : 15,409,728×0.15=2,311,459[원]

답 2,311,459[원]

TIP

❶, ❷ 인공 산출 시 소수점 이하까지 모두 계산한다.

① 2회선 중 상부전선 1회선만 교체하는 공사이다.

② ACSR 58[mm²] 철거

• 배전전공 $=0.44\times\frac{1,000}{100}\times 3\times 1.2\times 0.8=12.672$[인]

• 보통인부 $=0.22\times\frac{1,000}{100}\times 3\times 1.2\times 0.8=6..336$[인]

③ ACSR 95[mm²] 상부 가설

• 배전전공 $=0.64\times\frac{1,000}{100}\times 3\times 1.2=23.04$[인]

• 보통인부 $=0.32\times\frac{1,000}{100}\times 3\times 1.2=11.52$[인]

❸ 노무비 계산 시 소수점 이하는 절사한다.

02 한국전기설비규정(KEC)에 따라 저압 전기설비에서 과전류차단기로 저압전로에 사용하는 주택용 배선차단기의 특성에 관한 표이다. 빈칸에 알맞은 내용을 쓰시오.

| 과전류트립 동작시간 및 특성(주택용 배선차단기) |

정격전류의 구분	시간	정격전류의 배수 (모든 극에 통전)	
		부동작전류	동작전류
63[A] 이하	60분	①	②
63[A] 초과	120분	1.13배	1.45배

해답 ① 1.13배 ② 1.45배

TIP

① 과전류트립 동작시간 및 특성(산업용 배선차단기)

정격전류의 구분	시간	정격전류의 배수 (모든 극에 통전)	
		부동작전류	동작전류
63[A] 이하	60분	1.05배	1.3배
63[A] 초과	120분	1.05배	1.3배

② 과전류트립 동작시간 및 특성(주택용 배선차단기)

정격전류의 구분	시간	정격전류의 배수 (모든 극에 통전)	
		부동작전류	동작전류
63[A] 이하	60분	1.13배	1.45배
63[A] 초과	120분	1.13배	1.45배

03 22.9[kV−Y] 3상 4선식 선로의 전선을 수평으로 배열하기 위한 완금의 표준규격(길이)을 쓰시오.

해답 2,400[mm]

TIP

➤ **완금의 표준길이**

(단위 : mm)

가선조수	특고압	고압		저압
		중부하	경부하	
2조	1,800	1,400	900	900
3조	2,400	1,800	1,400	1,400
4조	–	2,400	2,400	1,400

[주] 개폐기나 피뢰기 등을 설치할 경우, 장경간 또는 특수 장주의 경우 및 공사상 불가피한 경우에는 길이를 증가할 수 있다.

04 전기안전관리법 시행규칙에 따라 자가용 전기설비(1,500[kW])의 신규 설치 시 공사계획신고서를 제출하여야 한다. 공사계획신고서의 첨부서류를 5가지만 쓰시오.(단, 부득이한 공사 및 원자력발전소의 경우가 아니다.)

해답 ① 공사계획서 ② 기술자료 ③ 설계도서 ④ 공사공정표 ⑤ 기술시방서

TIP

➤ 공사계획 신고서 및 변경신고서의 첨부서류[전기안전관리법 시행규칙 제4조(별지 제2호서식)]

① 공사계획서 1부
② 전기설비의 종류에 따라 별표 2의 제2호에 따른 사항을 적은 서류 및 기술자료 1부
③ 「전력기술관리법」 제2조제3호에 따른 설계도서 1부
④ 공사공정표 1부
⑤ 기술시방서 1부
⑥ 전기안전공사 사전기술검토서(제출대상기관이 산업통상자원부장관인 경우만 첨부한다) 1부
⑦ 「전력기술관리법」 제12조의2제4항에 따른 감리원 배치확인서(공사감리대상인 경우만 해당한다). 다만, 전기안전관리자가 자체감리를 하는 경우에는 자체감리를 확인할 수 있는 서류 1부
⑧ 공사계획을 변경하는 경우에는 변경이유서 및 변경내용을 적은 서류 1부

05 다음의 논리식과 같은 기능의 유접점(시퀀스) 회로, 무접점(논리) 회로 및 타임차트를 작성하시오.(단, 입력은 A, B, C이며 수동동작 후 자동 복귀되는 푸시버튼이다. 또한 출력은 Y_A, Y_B, Y_C이다.)

논리식 $Y_A = Y_A \cdot \overline{Y_B} \cdot \overline{Y_C} + A$

$Y_B = Y_B \cdot \overline{Y_C} \cdot \overline{Y_A} + B$

$Y_C = Y_C \cdot \overline{Y_A} \cdot \overline{Y_B} + C$

1 유접점(시퀀스) 회로

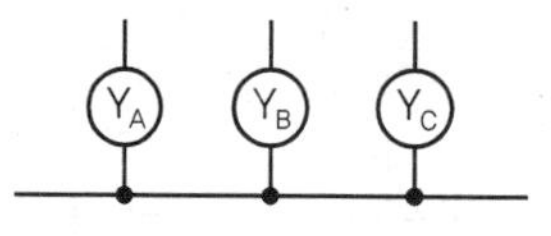

2 무접점(논리) 회로

❸ 타임차트

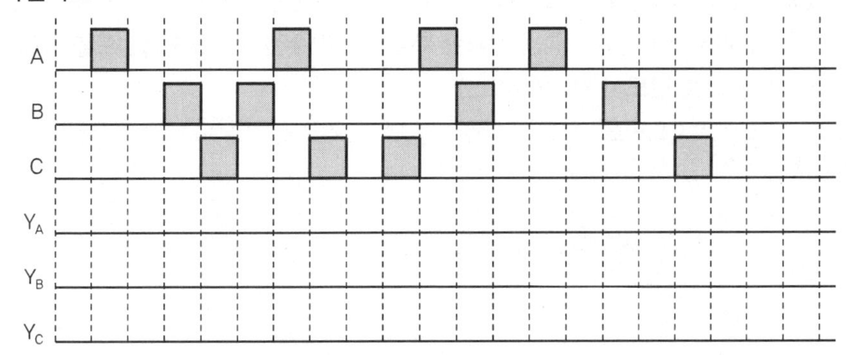

해답 ❶

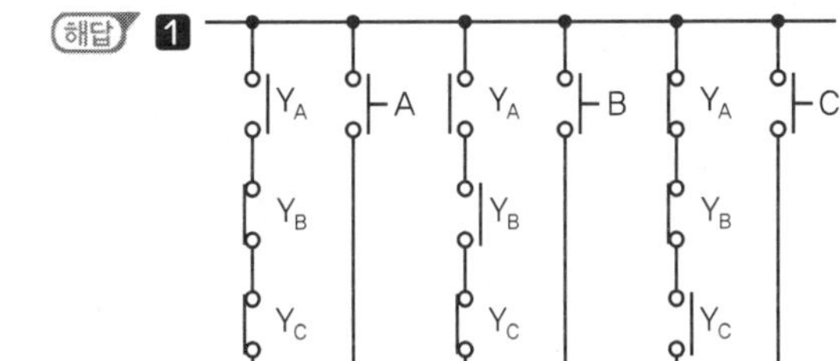

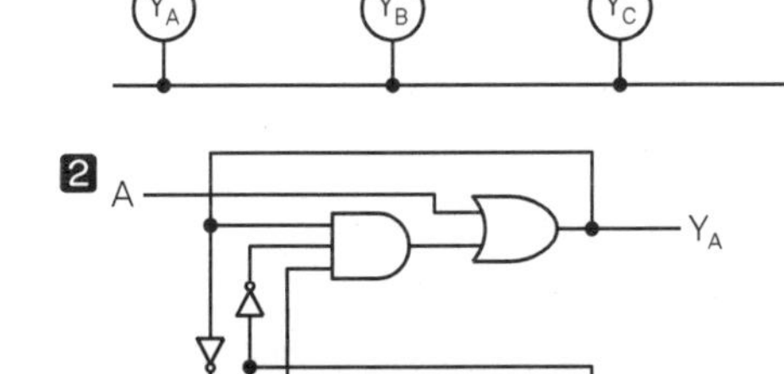

❷

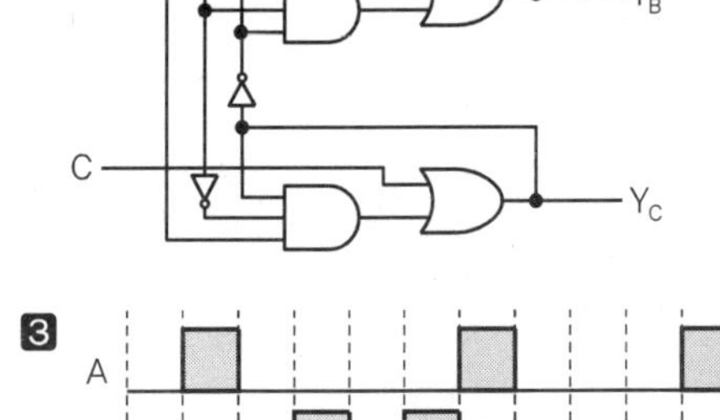

❸

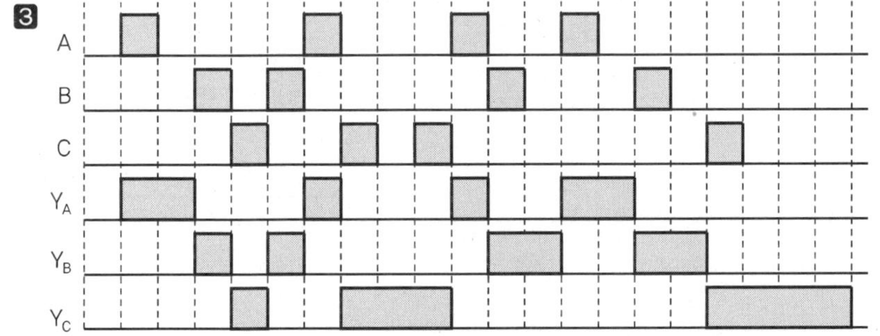

06 자동고장구분개폐기, DS, LA, PF, MOF, 접지, 수전용 변압기의 심벌을 이용하여 22.9[kV-Y] 1,000[kVA] 이하에 적용 가능한 특고압 간이수전설비 표준결선도를 그리시오.(단, 인입구 및 부하를 반드시 표시하시오.)

해답

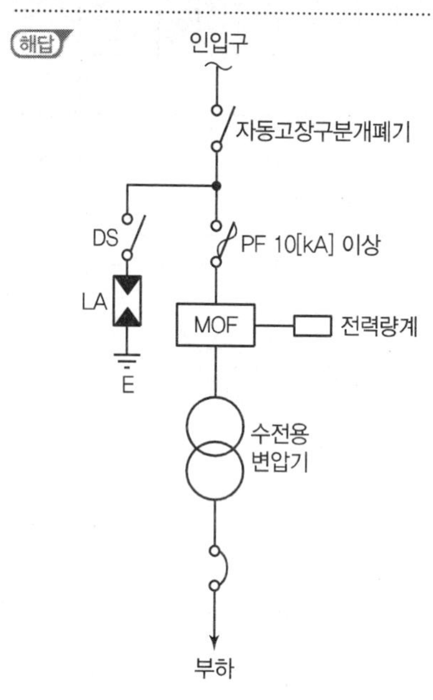

TIP

➤ 간이수전설비 표준결선도

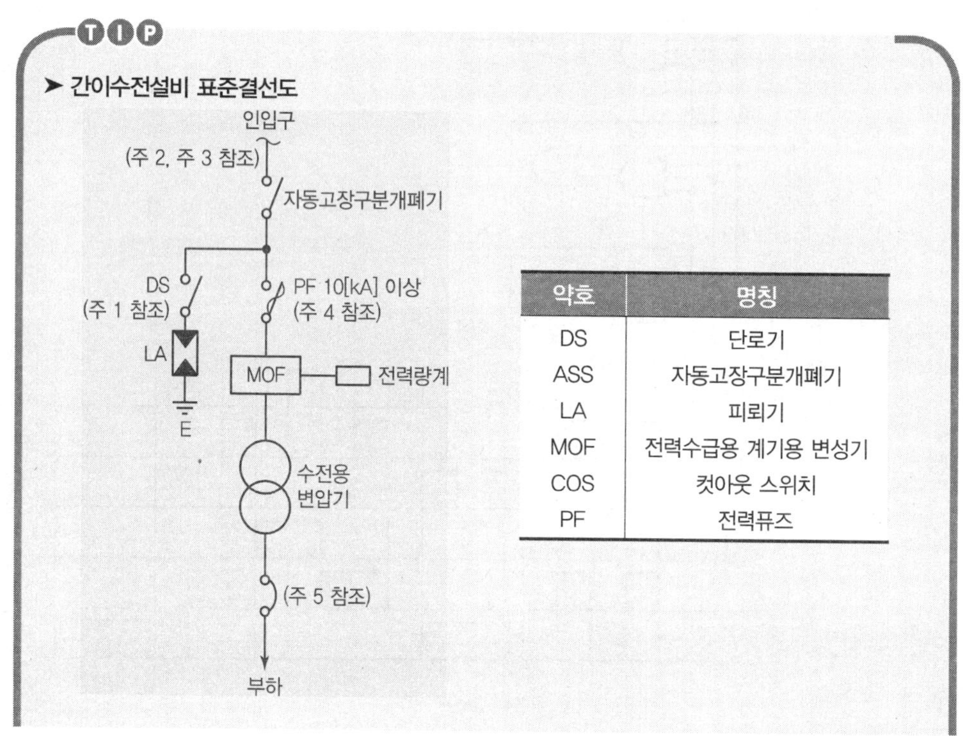

약호	명칭
DS	단로기
ASS	자동고장구분개폐기
LA	피뢰기
MOF	전력수급용 계기용 변성기
COS	컷아웃 스위치
PF	전력퓨즈

[주] ① LA용 DS는 생략할 수 있으며 22.9[kV-Y]용의 LA는 Disconnector (또는 Isolator) 붙임형을 사용하여야 한다.
② 인입선을 지중선으로 시설하는 경우로서 공동주택 등 사고 시 정전피해가 큰 수전설비 인입선은 예비선을 포함하여 2회선으로 시설하는 것이 바람직하다.
③ 지중인입선의 경우에 22.9[kV-Y] 계통은 CNCV-W 케이블(수밀형) 또는 TR CNCV-W(트리억제형)을 사용하여야 한다. 다만, 전력구 · 공동구 · 덕트 · 건물구내 등 화재의 우려가 있는 장소에서는 FR CNCO-W(난연) 케이블을 사용하는 것이 바람직하다.
④ 300[kVA] 이하인 경우 PF 대신 COS(비대칭 차단전류 10[kA] 이상의 것)을 사용할 수 있다.
⑤ 간이수전설비는 PE의 용단 등에 의한 결상사고에 대한 대책이 없으므로 변압기 2차측에 설치되는 주차단기에는 결상계전기 등을 설치하여 결상사고에 대한 보호능력이 있도록 함이 바람직하다.

07 일반용 단심 비닐전연전선 2.5[mm^2] 3본, 10[mm^2] 3본을 넣을 수 있는 후강전선관의 최소 굵기[mm]를 다음 표를 참고하여 산정하고 관의 호칭으로 답하시오.

| 표 1. 전선(피복절연물을 포함)의 단면적 |

도체 단면적[mm^2]	전선의 단면적[mm^2]	비고
1.5	9	전선의 단면적은 평균 완성 바깥지름의 상한값을 환산한 값이다.
2.5	13	
4	17	
6	21	
10	35	
16	48	

| 표 2. 절연전선을 금속관 내에 넣을 경우의 보정계수 |

도체 단면적[mm^2]	보정계수
2.5, 4	2.0
6, 10	1.2
16 이상	1.0

| 표 3. 후강전선관 내단면적의 32[%] 및 48[%] |

관의 호칭	내단면적의 32[%] [mm^2]	내단면적의 48[%] [mm^2]
16	67	101
22	120	180
28	201	301
36	342	513
42	460	690

해답 계산 : 보정계수를 고려한 전선의 총 단면적$=(13\times3\times2)+(35\times3\times1.2)=204$[mm²]
∴ 표 3에서 내단면적의 32[%], 342[mm²] 난의 36호를 선정한다.
답 36[호]

08 그림은 어떤 변전소의 도면이다. 변압기 상호 부등률이 1.3이고, 부하의 역률이 90[%]이다. STr의 내부 임피던스가 4.6[%], TR_1, TR_2, TR_3의 내부 임피던스가 10[%], 154[kV], BUS의 내부 임피던스가 0.4[%]이다. 다음 물음에 답하시오.

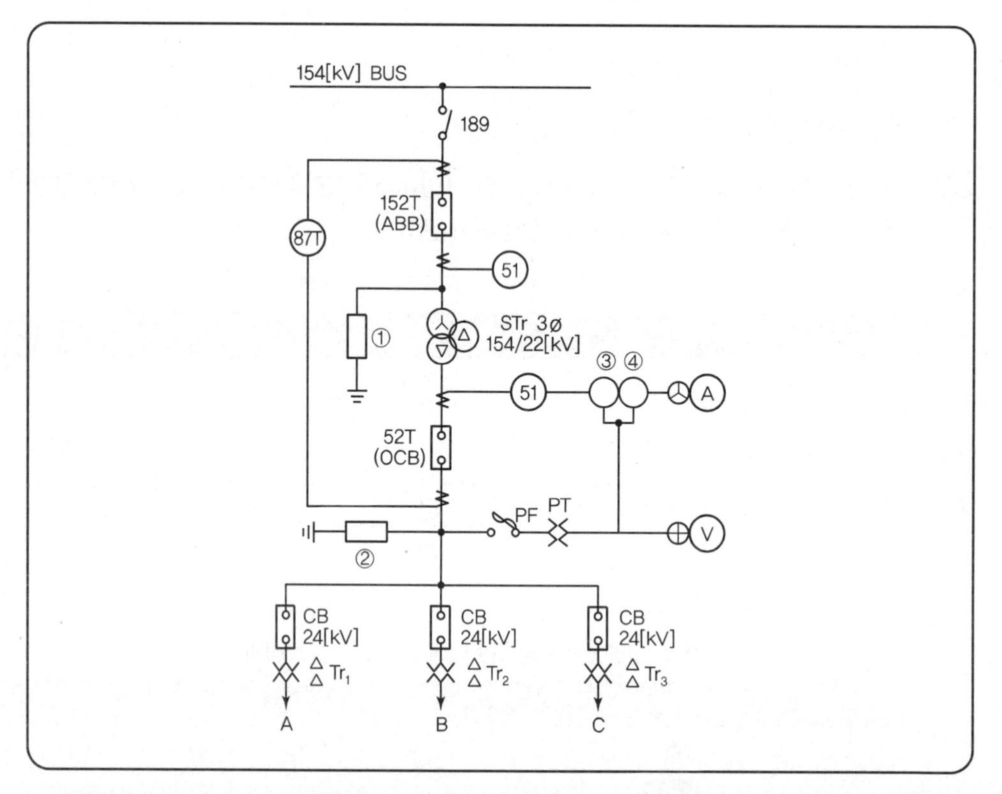

부하	용량	수용률	부등률
A	4,000[kW]	80[%]	1.2
B	3,000[kW]	84[%]	1.2
C	6,000[kW]	92[%]	1.2

154[kV] ABB 용량표[MVA]

2,000	3,000	4,000	5,000	6,000	7,000

22[kV] OCB 용량표[MVA]

200	300	400	500	600	700

154[kV] 변압기 용량표[kVA]

10,000	15,000	20,000	30,000	40,000	50,000

22[kV] 변압기 용량표[kVA]

2,000	3,000	4,000	5,000	6,000	7,000

1 TR_1, TR_2, TR_3 변압기 용량[kVA]은? **2** STr의 변압기 용량[kVA]은?

3 차단기 152T의 용량[MVA]은? **4** 차단기 52T의 용량[MVA]은?

5 87T의 명칭은? **6** (51)의 명칭은?

7 ①~④에 알맞은 심벌을 기입하시오.

해답 **1** 계산 : $TR_1 = \dfrac{4,000 \times 0.8}{1.2 \times 0.9} = 2,962.96[kVA]$ 답 3,000[kVA]

$TR_2 = \dfrac{3,000 \times 0.84}{1.2 \times 0.9} = 2,333.33[kVA]$ 답 3,000[kVA]

$TR_3 = \dfrac{6,000 \times 0.92}{1.2 \times 0.9} = 5,111.11[kVA]$ 답 6,000[kVA]

2 계산 : $\dfrac{2,962.96 + 2,333.33 + 5,111.11}{1.3} = 8,005.69$ 답 10,000[kVA]

3 계산 : $\dfrac{100}{0.4} \times 10 = 2,500[MVA]$ 답 3,000[MVA]

4 계산 : $\dfrac{100}{0.4 + 4.6} \times 10 = 200[MVA]$ 답 200[MVA]

5 주변압기 비율차동계전기

6 과전류계전기

7 ①, ② (심벌) ③ KW ④ PF

TIP

① TR 용량$= \dfrac{\text{개별최대전력(수×설)[kW]}}{\text{부등률×역률}}$

$= \dfrac{\text{개별최대전력(수×설)[kVA]}}{\text{부등률}}$

② CB 용량$= \dfrac{100}{\%Z} \cdot P$

여기서, P : 전원측 용량(기준 용량)

주변압기 용량

③ (87T) : 주변압기 비율차동계전기

(87G) : 발전기 비율차동계전기

(87B) : 모선보호 비율차동계전기

09 자동고장구분개폐기(ASS)의 동작기능을 3가지만 쓰시오.

해답 ① 고장구간을 자동 개방

② 전부하상태에서 자동 또는 수동 투입 및 개방

③ 과부하전류 차단(검출)

10 다음 그림의 터파기 계산방법을 예시를 보고 쓰시오.

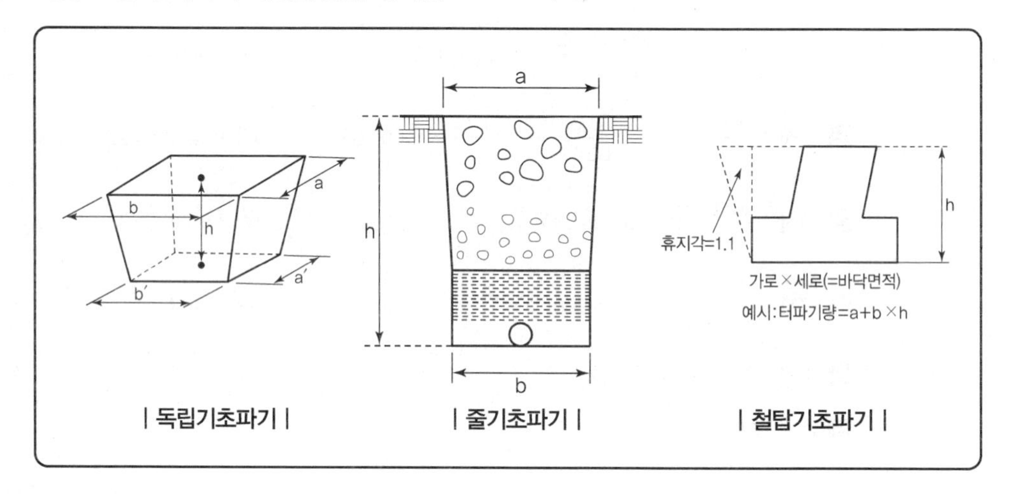

해답 **1** 독립기초파기 : 터파기량$=\dfrac{h}{6}\{(2a+a')b+(2a'+a)b'\}[\mathrm{m}^3]$

2 줄기초파기 : 터파기량$=\left(\dfrac{a+b}{2}\right)h\times$줄기초길이$[\mathrm{m}^3]$

3 철탑기초파기 : 터파기량=가로×세로×$h\times 1.21[\mathrm{m}^3]$

11 전주의 지선과 지하에 매설되는 지선근가와의 연결용으로 사용하는 기자재의 명칭을 쓰시오.

해답 지선로드

TIP

➤ 특고압 가공전선로의 각부 명칭

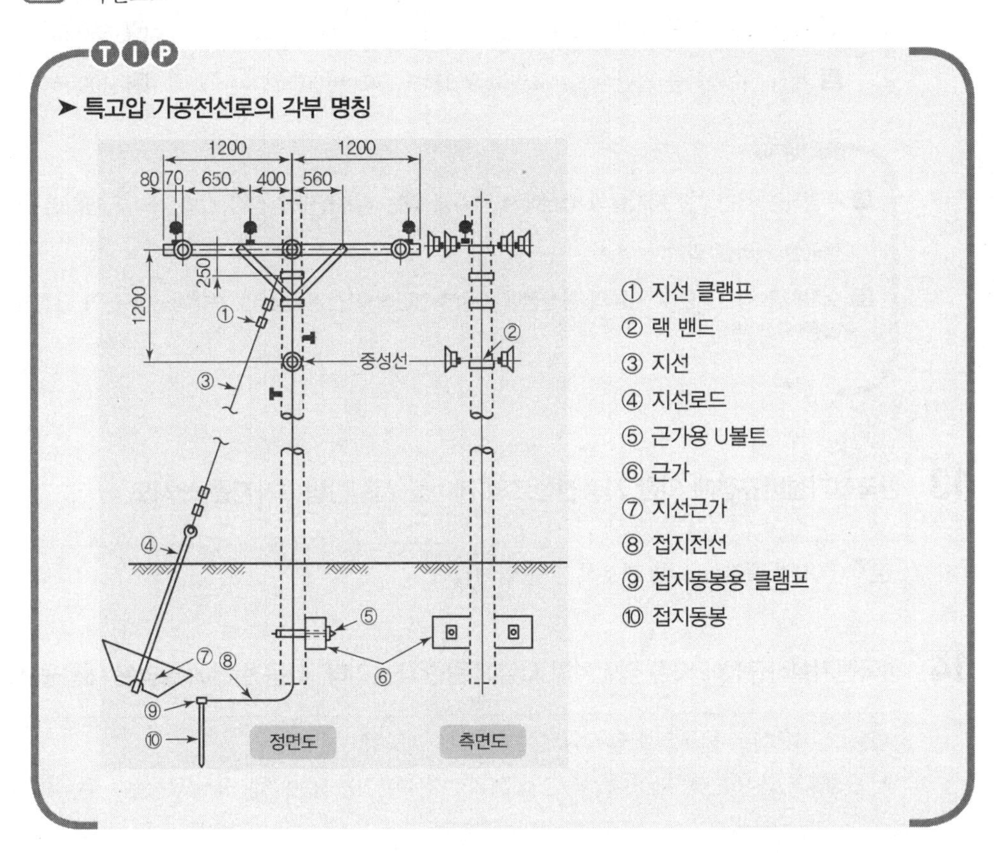

12 전선 지지점 간 고도차(h_1, h_2)가 있으며 그림과 같이 수평하중 경간 $S_1 = 300[\mathrm{m}]$, $S_2 = 400[\mathrm{m}]$이고 수직하중 경간 중 $a_1 = 250[\mathrm{m}]$, $a_2 = 150[\mathrm{m}]$일 때 수평하중 경간과 수직하중 경간을 구하시오.

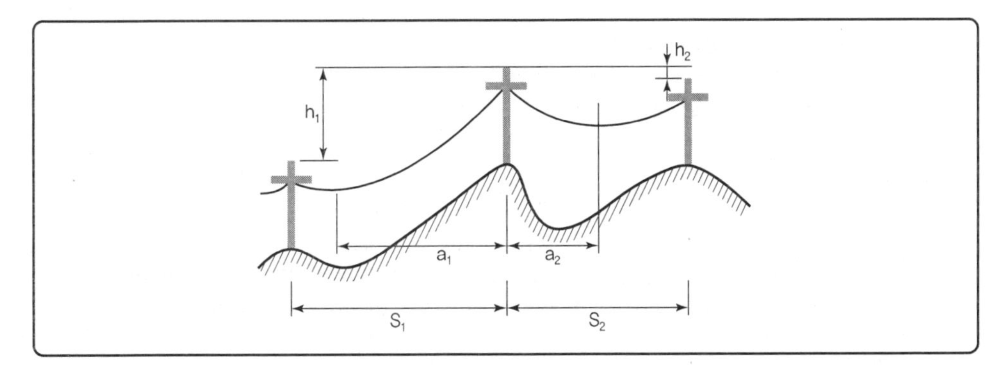

❶ 수평하중 경간
❷ 수직하중 경간

해답 ❶ 계산 : 수평하중 경간 $= S_0 = \dfrac{S_1+S_2}{2} = \dfrac{300+400}{2} = 350[\text{m}]$ 답 $350[\text{m}]$

❷ 계산 : 수직하중 경간 $= S_0 = a_1 + a_2 = 250 + 150 = 400[\text{m}]$ 답 $400[\text{m}]$

TIP

❶ 수평하중 경간 : 한 지지물의 중심에서 양측에 있는 지지물의 중심점 간의 거리를 합하여 이것을 평균한 거리를 말한다. $S_0 = \dfrac{S_1+S_2}{2}$

❷ 수직하중 경간 : 한 지지물의 중심점에서 양측경간에 가선된 전선의 최대이도점 간의 양측거리를 말한다. $S_0 = a_1 + a_2$

13 한국전기설비규정에 의한 지중전선로의 케이블 시설방법 3가지를 쓰시오.

해답 ① 직접 매설식 ② 관로식 ③ 암거식

14 한국전기설비규정에 따른 점멸기의 시설에 관한 내용이다. 다음 빈칸에 알맞은 내용을 쓰시오.

다음의 경우에는 센서등(타임스위치 포함)을 시설하여야 한다.
- 관광숙박업 또는 숙박업(여인숙업을 제외한다.)에 이용되는 객실의 입구등은 (①)분 이내에 소등되는 것
- 일반주택 및 아파트 각 호실의 현관등은 (②)분 이내에 소등되는 것

해답 ① 1 ② 3

TIP

➤ **KEC 234.6 점멸기의 시설**

점멸기는 다음에 의하여 설치하여야 한다.

① 점멸기는 전로의 비접지측에 시설하고 분기개폐기에 배선용차단기를 사용하는 경우는 이것을 점멸기로 대용할 수 있다.
② 욕실 내는 점멸기를 시설하지 말 것
③ 가정용전등은 매 등기구마다 점멸이 가능하도록 할 것
④ 다음의 경우에는 센서등(타임스위치 포함)을 시설하여야 한다.
- 관광숙박업 또는 숙박업(여인숙업을 제외한다)에 이용되는 객실의 입구등은 1분 이내에 소등되는 것
- 일반주택 및 아파트 각 호실의 현관등은 3분 이내에 소등되는 것

15 **부하의 설비용량이 400[kW], 수용률이 70[%], 부하율이 70[%]인 수용가가의 1개월(30일) 동안의 사용전력량[kWh]을 구하시오.**

해답 계산 : 평균전력 $P = 400 \times 0.7 \times 0.7 = 196$[kW]

$\therefore$ 사용전력량 $W = 196 \times 24 \times 30 = 141120$[kWh]

답 141,120[kWh]

TIP

- 부하율 $= \dfrac{\text{평균전력}}{\text{최대전력}} \times 100 = \dfrac{\text{전력량/시간}}{\text{최대전력}} \times 100$
- 전력량 = 평균전력 × 시간

16 **비상용 조명부하 40[W] 120등, 60[W] 50등의 합계 7800[W]가 있다. 방전시간 30분, 축전지 HS형 54[cell], 허용최저전압 90[V], 최저축전지온도 5[℃]일 때의 축전지 용량[Ah]을 구하시오.(단, 전압은 100[V], 용량환산시간 $K = 1.22$, 축전지의 보수율 $L = 0.8$이다.)**

해답 계산 : 부하전류 $I = \dfrac{P}{V} = \dfrac{7,800}{100} = 78$[A]

$\therefore$ 축전지 용량 : $C = \dfrac{1}{L}KI = \dfrac{1}{0.8} \times 1.22 \times 78 = 118.95$[Ah]

답 118.95[Ah]

TIP

$C = \dfrac{1}{L}KI$[Ah]

여기서, C : 축전지 용량[Ah], L : 보수율(경년용량저하율)

K : 용량환산시간계수, I : 방전전류[A]

17 **철탑기초공사에서 각입이란 무엇인지 간단히 쓰시오.**

해답 철탑 기초재와 주각재, 앵커재를 조립 후 소정의 콘크리트 블록 위에 설치하는 것이다.

18 진상용(전력용) 커패시터는 수용가의 구내계통, 부하 조건에 따라 설치 효과, 보수, 점검, 경제성 등을 검토하여 설치된다. 진상용(전력용) 커패시터의 설치 방법(위치 등)을 3가지만 쓰시오.

해답 ① 고압측에 설치하는 방법
② 저압측에 일괄해서 설치하는 방법
③ 저압측 각 부하에 개별적으로 설치하는 방법

19 PT 및 CT를 조합한 경우의 3상 3선식 전력량계의 결선도를 접지를 포함하여 완성하시오.

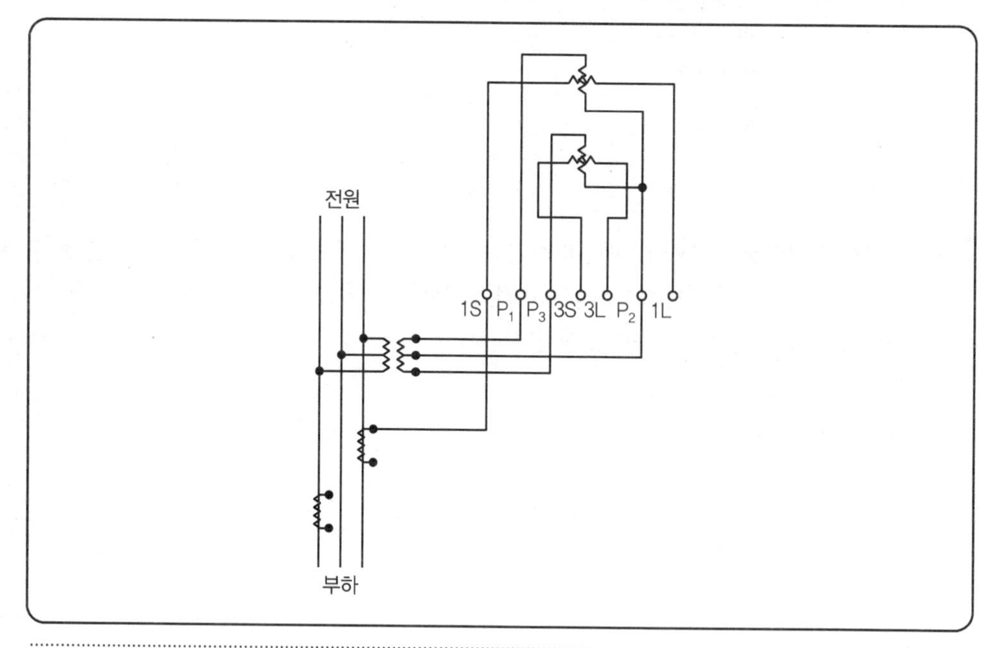

해답

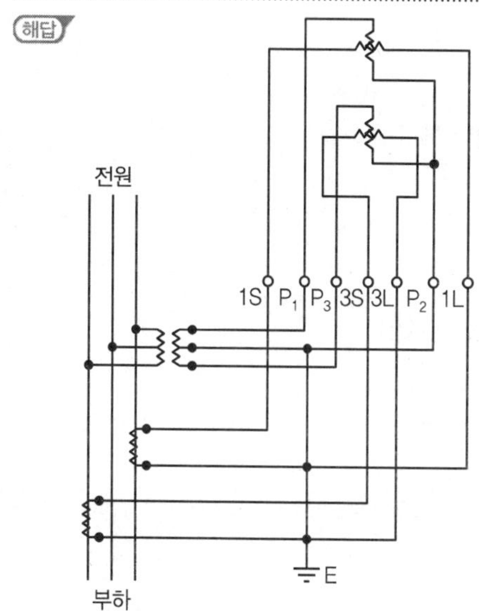

20 지선의 시설목적을 3가지만 쓰시오.

해답 ① 지지물의 강도를 보강하고자 할 경우
② 전선로의 안전성을 증대하고자 할 경우
③ 불평형하중에 대한 평형을 이루고자 할 경우

TIP

이 외에
④ 전선로가 건조물 등과 접근할 때 보안상 필요한 경우

전기공사기사

2021년도 4회 시험

과년도 기출문제

01 다음의 절연전선 및 케이블에 해당하는 기호를 ①~④까지 쓰시오.

종류	기호
인입용 비닐절연전선 2개 꼬임	DV 2R
인입용 비닐절연전선 2심 평행	①
옥외용 비닐절연전선	②
0.6/1[kV] 비닐절연 비닐캡타이어 케이블	③
450/750[V] 저독성 난연 가교폴리올레핀 절연전선	④

해답 ① DV 2F ② OW ③ 0.6/1[kV] VCT ④ 450/750[V] HFIX

02 한국전기설비규정(KEC)에 따라 시가지 등에 시설되는 사용전압 170[kV] 이하인 특고압 가공전선로의 경간 제한에 대한 표이다. 다음 표의 빈칸을 채워 완성하시오.

지지물의 종류	경간
A종 철주 또는 A종 철근 콘크리트주	(①)[m] 이하
B종 철주 또는 B종 철근 콘크리트주	(②)[m] 이하
철탑	400[m] 이하(단주인 경우에는 300[m] 이하) 다만, 전선이 수평으로 2 이상 있는 경우에 전선 상호 간의 간격이 4[m] 미만인 때에는 (③)[m] 이하

해답 ① 75 ② 150 ③ 250

TIP

➤ KEC 333.1 시가지 등에서 특고압 가공전선로의 시설

특고압 가공전선로의 경간은 표에서 정한 값 이하일 것

지지물의 종류	경간
A종 철주 또는 A종 철근 콘크리트주	75[m]
B종 철주 또는 B종 철근 콘크리트주	150[m]
철탑	400[m] 이하(단주인 경우에는 300[m] 이하) 다만, 전선이 수평으로 2 이상 있는 경우에 전선 상호 간의 간격이 4[m] 미만인 때에는 250[m]

03 변압기 보호에 사용되는 부흐홀츠(Buchholz) 계전기의 작동원리와 설치위치에 대하여 설명하시오.

1 작동원리
2 설치위치

해답 **1** 작동원리 : 변압기 본체 탱크 내에 발생한 가스 또는 이에 따른 유류를 검출하여 변압기 내부 고장을 검출
2 설치위치 : 변압기 본체와 콘서베이터 사이에 설치

04 한국전기설비규정(KEC)에서 정하는 수중조명등에 대한 내용이다. 빈칸에 알맞은 내용을 쓰시오.

수영장 기타 이와 유사한 장소에 사용하는 수중조명등에 전기를 공급하기 위해서는 절연변압기를 사용하고, 그 사용전압은 다음에 의하여야 한다.
- 절연변압기의 1차측 전로의 사용전압은 (①)[V] 이하일 것
- 절연변압기의 2차측 전로의 사용전압은 (②)[V] 이하일 것

해답 ① 400 ② 150

TIP

➤ **KEC 234.14 수중조명등 사용전압**
수영장 기타 이와 유사한 장소에 사용하는 조명등에 전기를 공급하기 위해서는 절연변압기를 사용하고, 그 사용전압은 다음에 의하여야 한다.
① 절연변압기의 1차측 전로의 사용전압은 400[V] 이하일 것
② 절연변압기의 2차측 전로의 사용전압은 150[V] 이하일 것

05 다음은 전기부문 표준품셈에 명시된 활선근접작업에 대한 설명이다. 빈칸에 알맞은 말을 쓰시오.

활선근접작업이란 나도체(22.9[kV], ACSR－OC 절연전선 포함)상태에서 이격거리 이내에 근접하여 작업함을 말하며, AC (①)[V] 이상 (②)[kV] 미만, DC (③)[V] 이상 (④)[kV] 미만은 절연물로 피복된 경우 나도체된 부분으로부터 이격거리 이내에서 작업할 때를 말한다.

해답 ① 60 ② 1 ③ 60 ④ 1.5

06 철탑조립공사에 적용되고 있는 조립공법을 3가지만 쓰시오.

해답 ① 조립봉 공법
② 이동식 크레인 공법
③ 철탑 크레인 공법

TIP

➤ **철탑조립공법의 종류**

① 조립봉 공법 : 철탑의 주주 1각(Single Pier)에 목재 혹은 강재 조립봉을 부착하고 부재를 들어올려 조립하는 공법으로서 비교적 소형 철탑에 적합한 공법
② 이동식 크레인 공법 : 이동 가능한 트럭 크레인, 크롤러 크레인을 사용하여 철탑을 조립하는 공법
③ 철탑 크레인 공법 : 철탑 중심부에 철주를 구축하고 그 꼭대기에 360° 선회가 가능한 철탑크레인을 장착하여 철탑을 조립하는 공법
④ 헬기공법 : 지상 조립한 부재를 헬기를 이용해서 조립하는 공법

07 전기공사의 공사원가 비목이 다음과 같이 구성되었을 경우 아래 표를 참고하여 일반관리비와 이윤을 구하시오.(단, 원가계산에 의한 예정가격 작성이며 일반관리비와 이윤은 최댓값으로 계산한다.)

- 재료비 소계 : 80,000,000원
- 노무비 소계 : 40,000,000원
- 경비 소계 : 25,000,000원

종합공사		전문 · 전기 · 정보통신 · 소방 및 기타공사	
공사원가	일반관리비율[%]	공사원가	일반관리비율[%]
50억 원 미만	6.0	50억 원 미만	6.0
50억 원~300억 원 미만	5.5	50억 원~300억 원 미만	5.5
300억 원 이상	5.0	300억 원 이상	5.0

1 일반관리비
2 이윤

해답 1 계산 : 일반관리비 = (80,000,000 + 40,000,000 + 25,000,000) × 0.06 = 8,700,000[원]
답 8,700,000[원]

2 계산 : 이윤 = (40,000,000 + 25,000,000 + 8,700,000) × 0.15 = 11,055,000[원]
답 11,055,000[원]

TIP

❷ 이윤=(노무비+경비+일반관리비)×15[%]

08 3상 4선식 22.9[kV], 수전용량이 750[kVA]인 수용가가 있다. 이 수용가의 인입구에 MOF를 시설하고자 할 때 MOF의 변류비를 아래 표에서 산정하시오.(단, 변류비는 정격 1차 전류의 1.5배 값으로 결정한다.)

변류비					
10/5	15/5	20/5	30/5	40/5	50/5

해답 계산 : $I_1 = \dfrac{750}{\sqrt{3} \times 22.9} \times 1.5 = 28.36[\mathrm{A}]$

답 변류비 30/5

TIP

$I_1 = \dfrac{P}{\sqrt{3} \times V_1} \times 1.25 \sim 1.5$

09 다음은 한국전기설비규정(KEC)에서 정하는 감전보호용 등전위본딩에 대한 설명이다. ( ) 안에 들어갈 알맞은 내용을 답란에 쓰시오.

가. 보호등전위본딩
  1) 건축물 · 구조물의 외부에서 내부로 들어오는 각종 금속제 배관은 다음과 같이 하여야 한다.
    (가) 1개소에 집중하여 인입하고, 인입구 부근에서 서로 접속하여 등전위본딩 바에 접속하여야 한다.
    (나) 대형건축물 등으로 1개소에 집중하여 인입하기 어려운 경우에는 본딩도체를 (①) 개의 본딩 바에 연결한다.
  2) 수도관 · 가스관의 경우 내부로 인입된 최초의 밸브 (②)에서 등전위본딩을 하여야 한다.
나. 비접지 국부증전위본딩
  1) 절연성 바닥으로 된 비접지 장소에서 다음의 경우 국부등전위본딩을 하여야 한다.
    (가) 전기설비 상호 간이 (③)[m] 이내인 경우
    (나) 전기설비와 이를 지지하는 금속체 사이

해답 ① 1 ② 후단 ③ 2.5

10 계기용 변류기의 분류방식에서 절연구조에 따른 분류를 3가지만 쓰시오.

해답 ① 건식 ② 몰드형 ③ 유입형

TIP

➤ 절연구조에 따른 분류

① 건식
② 몰드형
③ 유입형
④ 가스형

11 EL 램프(Electro Luminescence Lamp)의 특징 5가지를 쓰시오.

해답 ① 얇은 산화물 피막으로 전기저항이 낮다.
② 기계적으로 강하다.
③ 빛의 투과율이 높다.
④ 램프충전 시 제1피크(Peak), 램프방전 시 제2피크가 나타나는 일종의 콘덴서와 비슷하다.
⑤ 정현파 전압을 높이면 광속발산도가 급격히 증가한다.

TIP

그 외에도
⑥ 전압을 더욱 높이면 광속발산도가 포화상태가 된다.
⑦ 주파수가 낮을 때는 광속발산도가 직선적으로 증가한다.
⑧ 주파수가 높아지면 포화의 경향으로 표시된다.

12 지형의 상황 등으로 보통지선을 시설할 수 없을 경우에 적용하며 전주와 전주 간 또는 전주와 지선주 간에 시설하는 지선의 종류를 쓰시오.

해답 수평지선

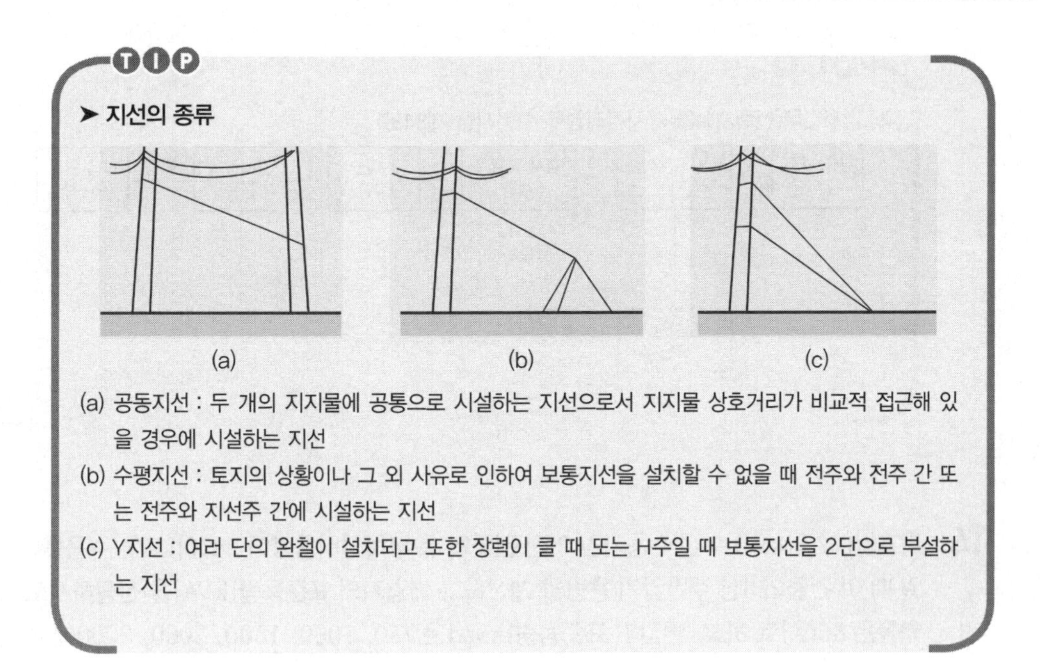

TIP

➤ **지선의 종류**

(a) 공동지선 : 두 개의 지지물에 공통으로 시설하는 지선으로서 지지물 상호거리가 비교적 접근해 있을 경우에 시설하는 지선
(b) 수평지선 : 토지의 상황이나 그 외 사유로 인하여 보통지선을 설치할 수 없을 때 전주와 전주 간 또는 전주와 지선주 간에 시설하는 지선
(c) Y지선 : 여러 단의 완철이 설치되고 또한 장력이 클 때 또는 H주일 때 보통지선을 2단으로 부설하는 지선

13 **전력시설물에 대한 공사감리업무 수행지침에 따른 검사절차에 관한 내용이다. 다음 빈칸에 알맞은 내용을 보기에서 골라 쓰시오.**

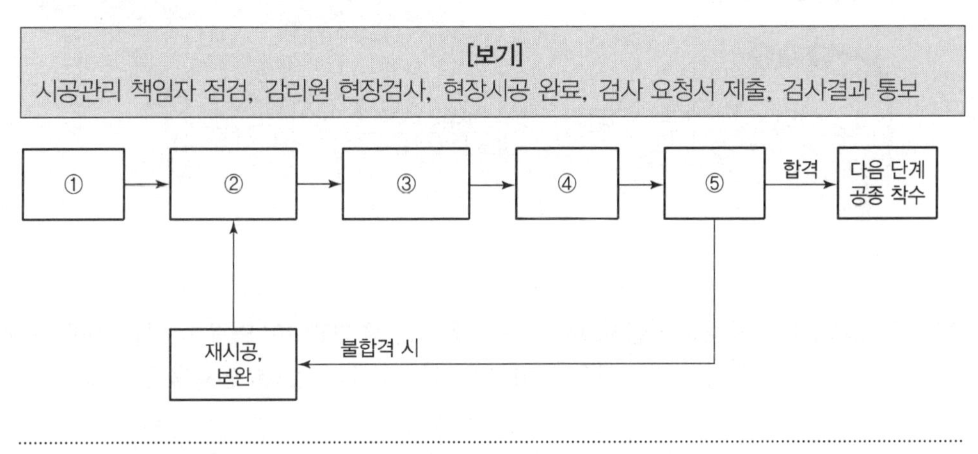

[보기]
시공관리 책임자 점검, 감리원 현장검사, 현장시공 완료, 검사 요청서 제출, 검사결과 통보

해답 ① 현장시공 완료
② 시공관리 책임자 점검
③ 검사 요청서 제출
④ 감리원 현장검사
⑤ 검사결과 통보

TIP

➤ 검사업무(전력시설물 공사감리업무 수행지침 제34조)

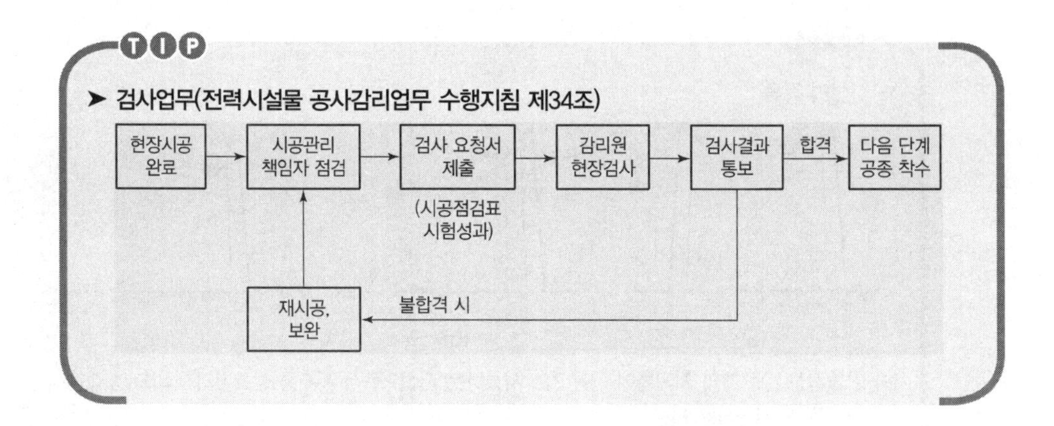

14 특고압(22.9[kV]) 수전 수용가인 어떤 건물의 총 부하설비용량이 2800[kW], 수용률이 0.6일 때 이 건물의 3상 주변압기 용량을 계산하고 변압기의 표준용량[kVA]을 선정하시오.(단, 역률은 85[%]로 하고, 변압기 표준용량[kVA]은 750, 1000, 1500, 2000, 3000에서 선정한다.)

해답 계산 : $변압기용량 = \dfrac{2800 \times 0.6}{1 \times 0.85} = 1976.47[kVA]$

답 2000[kVA] 선정

TIP

$$변압기용량 = \frac{합성\ 최대수용전력}{역률} = \frac{설비용량[kW] \times 수용률}{부등률 \times 역률}$$

15 다음과 같이 가로등을 가설하고자 한다. 다음 조건을 참고하여 외등 기초를 포함한 전체 터파기량과 되메우기량 그리고 해당 터파기 및 되메우기에 필요한 인공을 구하시오.

[조건]

① 전선관의 단면적은 무시한다.
② 잔토처리는 생략한다.
③ 터파기 및 되메우기에 필요한 보통인부는 각각 [m^3]당 0.28인, 0.1인이다.
④ 외등 기초용 터파기는 개당 0.615[m^3]이고 콘크리트 타설량은 0.496[m^3]이다.
⑤ 소수점이 네 자리 이상인 경우 소수 넷째 자리에서 반올림하여 셋째 자리까지 구한다.
⑥ 주어지지 않은 사항은 무시한다.

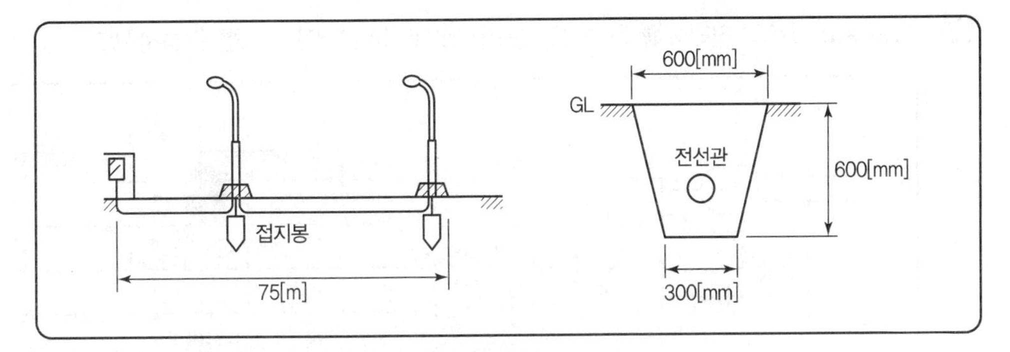

1 외등 기초를 포함한 전체 터파기량과 해당 터파기에 필요한 인공

2 외등 기초를 포함한 전체 되메우기량과 해당 되메우기에 필요한 인공

해답 **1** 전체 터파기량과 해당 터파기에 필요한 인공

계산 : ① 배관용 터파기량 $= \dfrac{0.6+0.3}{2} \times 0.6 \times 75 = 20.25[m^3]$

외등 기초터파기$=0.615\times2=1.23[m^3]$

$\therefore$ 전체 터파기량$=20.25+1.23=21.48[m^3]$

② 인공$=21.48\times0.28=6.014$[인]

답 ① 전체 터파기량 : $21.48[m^3]$

② 터파기에 필요한 인공 : 6.014[인]

2 전체 되메우기량과 해당 되메우기에 필요한 인공

계산 : ① 전체 되메우기량=전체 터파기량−콘크리트 타설량

$=21.48-0.496\times2=20.488[m^3]$

② 인공$=20.488\times0.1=2.049$[인]

답 ① 전체 되메우기량 : $20.488[m^3]$

② 되메우기에 필요한 인공 : 2.049[인]

16 **전기부문 표준품셈에 따라 PERT/CPM 공정계획에 의한 공기산출 결과 정상작업(정상공기)으로는 불가능하여 야간작업을 할 경우나 성질상 부득이 야간작업을 해야 할 경우에는 품을 몇 [%]까지 가산할 수 있는지 쓰시오.**

해답 25[%]

17 다음 논리회로의 진리표를 완성하고 논리회로에 대한 타임 차트를 완성하시오.

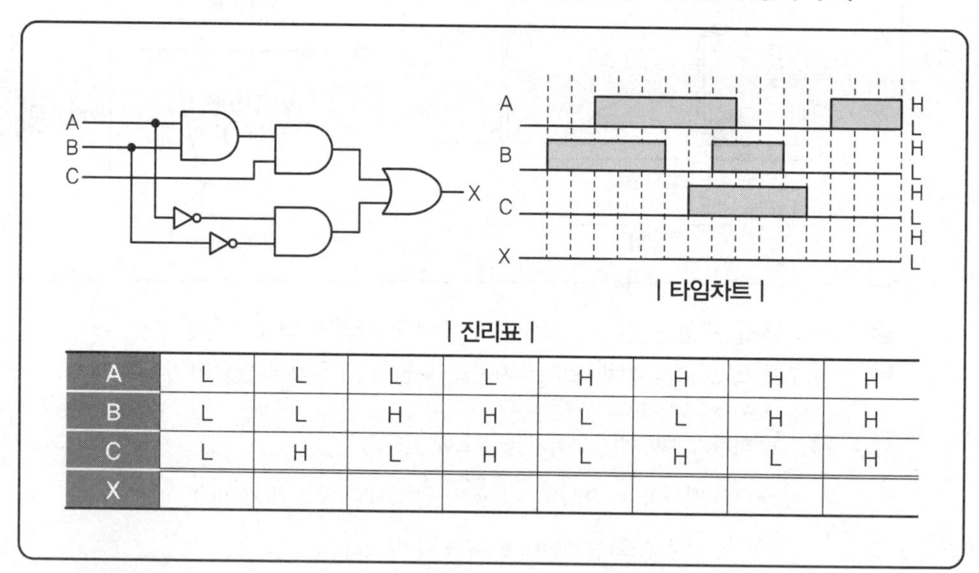

A	L	L	L	L	H	H	H	H
B	L	L	H	H	L	L	H	H
C	L	H	L	H	L	H	L	H
X								

해답

A	L	L	L	L	H	H	H	H
B	L	L	H	H	L	L	H	H
C	L	H	L	H	L	H	L	H
X	H	H	L	L	L	L	L	H

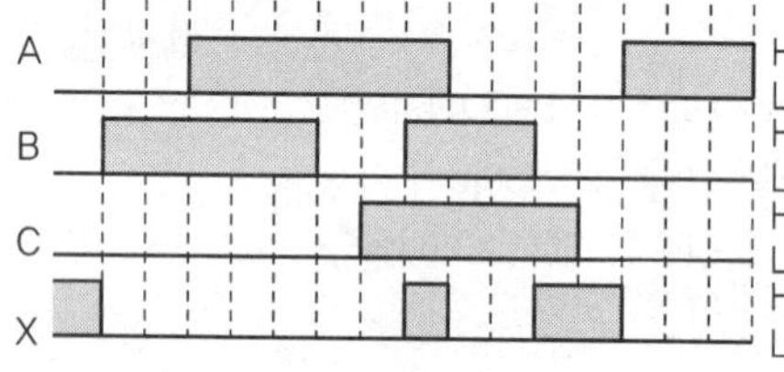

18 그림과 같이 부하전력을 측정하였을 때 전력계의 지시가 600[W]이었다면 부하전력은 몇 [kW]인지 구하시오.(단, 변압비와 변류비는 각각 30, 20이다.)

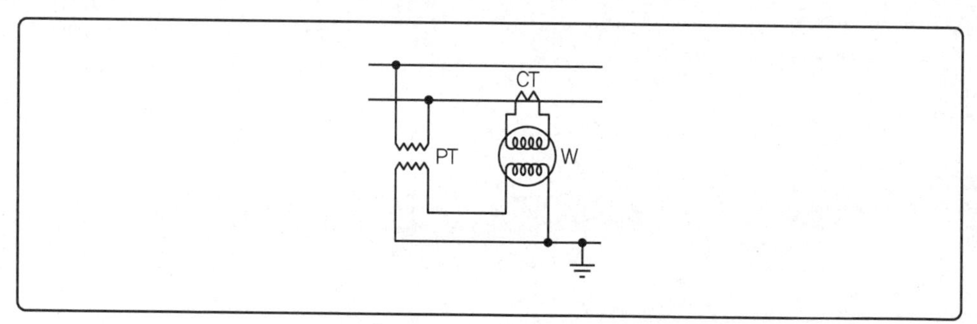

해답 계산 : 부하전력$(P_1) = P_2 \times$ CT비 $\times$ PT비

$$= 600 \times 20 \times 30 \times 10^{-3} = 360[\text{kW}]$$

답 360[kW]

19 다음 동작사항과 범례를 참고하여 시퀀스 회로를 완성하시오.

[동작사항]

① 3로 스위치 S_3가 OFF 상태에서 푸시버튼 스위치 PB_1을 누르면 부저 B_1이 울리며, PB_2를 누르면 부저 B_2가 울린다.

② 3로 스위치 S_3가 ON 상태에서 푸시버튼 스위치 PB_1을 누르면 전등 R_1이 점등되며, PB_2를 누르면 전등 R_2가 점등된다.

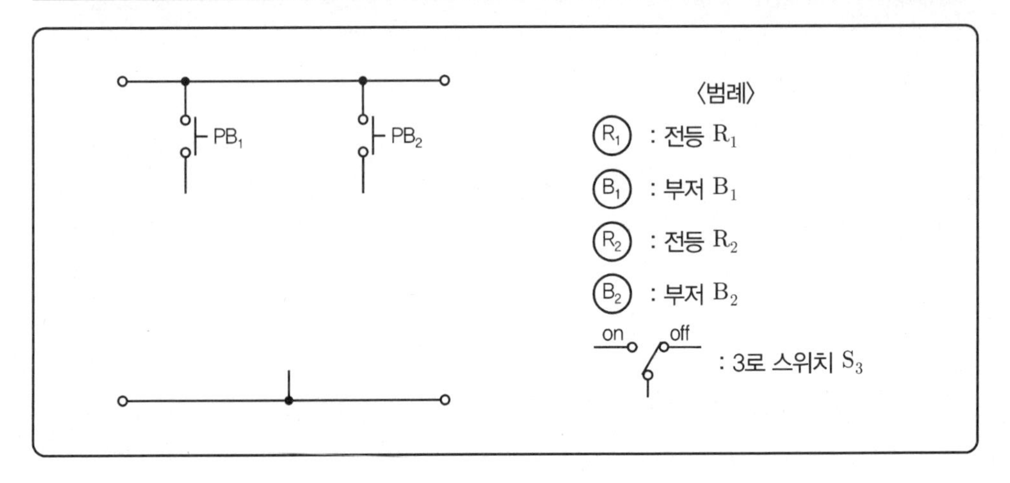

해답

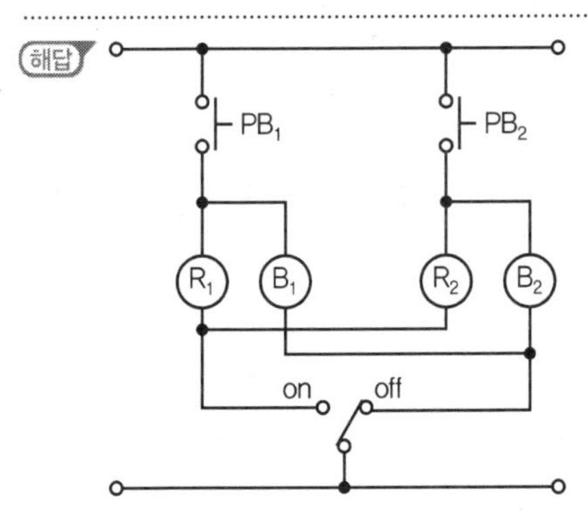

memo

전기공사 기사 실기

발행일 | 2017. 5. 10 초판발행
2020. 4. 20 개정 1판1쇄
2022. 7. 30 개정 2판1쇄

저 자 | 인천대산전기연구회
발행인 | 정 용 수
발행처 | 예문사

주 소 | 경기도 파주시 직지길 460(출판도시) 도서출판 예문사
TEL | 031) 955－0550
FAX | 031) 955－0660
등록번호 | 11－76호

• 예문사 홈페이지 http : //www.yeamoonsa.com

정가 : 32,000원

ISBN 978-89-274-4765-8 13560